城市管道施工技术问答

（下册）

陈振木　张润峰　李　广　编著
张崇馥　吴继东　杨俊秋　校审

中国建筑工业出版社

目　　录

（上册）

（下册）

第3章

城市给水管道施工

3.1 城市给水管网及附属构筑物概述

3-1-1 何谓给水工程?

答: 给水也称上水供水。最早的给水工程多指城市的公共给水工程，近代发展到工业、农业以及其他领域的给水工程和从江、河、湖向城市调水工程。现代的给水工程是控制水媒传染病的基本设施，也是发展工业、农业科研等的基础设施之一。

3-1-2 给水系统分类的四种形式是什么内容?

答: 水在人们生活和生产活动中占有重要地位，它会直接影响工业产值和国民经济的可持续发展。因此，给水工程是城市的重要基础设施。

给水系统是保证城镇、工矿企业等用水的各项构筑物和输配水管网组成的系统。根据系统的性质，可分类如下：

1）按水源种类，分为地表水（江河、湖泊、蓄水库、海等）和地下水（浅层地下水，深层地下水等）给水系统。

2）按给水方式，分为自流系统（重力给水）、水泵给水系统和混合给水系统。

有些水厂设置的地势较高，水厂的清水池水位较服务的区域地势高出很多，一般在30m以上，此时可采用自流的给水方式，即清水池出水管直接与管网连通。另外一种就是采用水泵加压给水方式，通过加压达到提高服务水量和水压。还有些地势存在高低区域，可适当考虑上述两种给水方式。无论采用哪一种都必须首先满足用户的水压、水量要求，其次考虑运行的经济效益。

3）按使用目的，可分为生活饮用、生产、消防、中水及近年来发展的直接饮用系统。

生活用水包括居住建筑、公共建筑，生活福利设施的生活饮用、洗涤、炊事、清洁卫生等用水，以及工业企业中工人的生活洗浴和食堂用水等。它的水质关系到人们的身体健康，在感官方面、化学方面和细菌学方面有严格的要求。各国根据本国的情况制定各自的水质标准。现我国实行的生活饮用水标准“GB 5749—2006”中针对水厂出厂水及管网水的水质有详细规定。

工业生产用水对水量、水质、水压的要求与生产种类有关。工业性质不同，生产种类不同，对水质、水量、水压的要求也不同。

消防用水是在发生火警时用于扑灭火灾的用水，可分为室外消防用水与室内消防用水。室外消防用水通过室外给水管网的消火栓上供给，每个室外消火栓应能供给10～15 L/s的水量，且消防时管网的服务水头一般不小于0.10MPa（10m水柱），以满足水从消火栓流入加压泵车的水头需求。

中水系统最早出现在国外水资源较为短缺的国家，但近年来在国内部分发达城市也有使用，中水主要指用于居民厨房洗涤等相对“清洁”的排放水经过收集系统，并经简单处理，又重新被利用到居民用于冲洗厕所。由于中水系统与原有系统是两套管网，因此管网的建设需要耗费大量资金，目前中水系统在国内应用较少。

直接饮用系统是“管道优质直接饮用水”的简称。它是用分质供水的方式，在居住小区（酒店、写字楼）内设净水站，运用纳滤、反渗透或超滤型等现代高科技生化与物化技术，对自来水进行深度净化处理，去除水中有机物、细菌、病毒等有害物质，保留对人体有益的微量元素和矿物质；同时采用优质管材设立独立循环式管网，将净化后的优质水送入用户家中（或客房、办公室），供人们直接饮用。

4）按给水的整体性可为分统一给水系统和分区给水系统

（1）统一给水系统是指整个给水区域，利用共同的取水构筑物、净水厂、输配水设备（水质、水压相同），统一供应生产、生活及消防等各项用水。

（2）给水区地势高差较大或功能区分比较明显，且用水量较大时，可以采用相互独立的给水系统，这种系统称为分区给水系统。根据用户对水质及水压的不同要求，分区给水又分为分压给水系统和分质给水系统。具体如下：

①当给水区域（给水管网）的地势高差较大时，若采用同一个给水系统，则势必因地势较低的区域水压过高，而造成不必要的水头浪费，同时给使用和维修带来困难，管网的使用寿命也将降低，运行及维护费用较高。对此我们可采用分压的给水方式，将管网分成高低两个供水区，或高、中、低等若干个区域分别进行加压的给水方式，这样减小了管网的工作压力，降低了管网的运行费用。一般地势高差达 30m 左右，可考虑分压给水。

②对一般的工业用水（除电子、仪表等行业外），其水质要求比城市生活饮用水质低，此时可以采用分质供水。若条件适宜，可不用同一水源。例如，取地表水经过简单处理后供工业用水，地下水经过标准处理后供生活饮用水。

3-1-3　给水系统的组成有哪五项工程设施？

答：给水系统由相互联系的一系列构筑物和输配水管网组成。它的任务是从水源取水，根据用户对水质的具体要求进行处理，然后将水输送到给水管网，并向用户配水。其工艺流程图如图 3-1-3 所示。

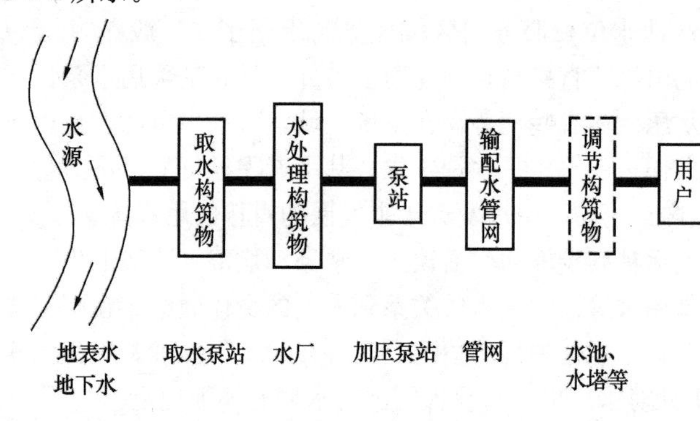

图 3-1-3　工艺流程

为了完成上述任务，给水系统常由下列工程设施组成：

1）取水构筑物：用以从选定的水源（包括地表水和地下水）取水，并输送原水至水厂。

2）水处理构筑物：用以将从取水构筑物的来水加以处理，以符合用户对水质的要求。这些构筑物常集中布置在水厂范围内。

3）泵站：用以将所需水量提升到要求的高度，可分为抽取原水的一级泵站、输送清水的二级泵站和设于管网中的增压泵站等。

4）输水管渠和管网：输水管渠是将原水送到水厂或将水厂的水送到管网的管渠，其主要特点是沿线基本无流量分出。管网则是将处理后的水送到各个给水区的全部管道（主要指直径较大的干管）。

5）调节构筑物：它包括各种类型的贮水构筑物，例如高位水池、水塔、清水池等，用以贮存调节不均匀的用水量。

泵站、输水管、管网和调节构筑物等总称为输配水系统。从给水系统整体来说，它是投资最大的子系统。

3-1-4　给水系统由哪几部分工程项目组成？

答：给水工程一般由给水水源的取水构筑物、输水管道、给水处理厂和配水管网4个部分组成，分别承担取集和输送原水，改善原水水质和输送合格用水供到用户的作用。在一般地形条件下，这个系统中还包括必要的贮水和抽升设施，如图3-1-4所示。

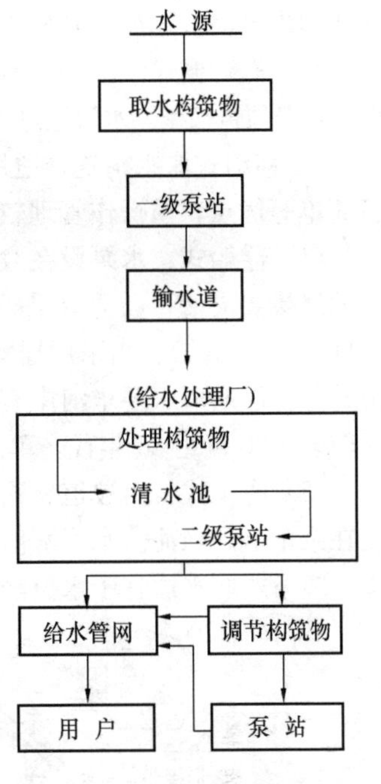

图3-1-4　给水工程的组成

3-1-5　给水系统有哪些类型？

答：根据水源、地形和节水节能要求，给水工程可分为如下几个系统。

1）重力供水系统：水从取水构筑物到用水点，或者从给水处理厂到用户点，都是靠重力输送，不必抽升，这是最省能源而又安全的系统。

2）多水源供水系统：由几个地面水源、几个地下水源或者地面水源和地下水源结合起来供水，适用于大城市供水。

3）分质供水系统：根据用水对象对水质的不同要求，可以分成完全处理、部分处理甚至不需要处理几个系统供水，它适用于分别向居民和工业供水或者几种工业用水水质相差较大的供水系统。

4）分压供水系统：根据用水区要求压力的不同，分为高压区和低压区供水，地形高程相差很大的地区可以采用这种系统。

5）循环给水系统：将用水点使用过的水，经过适当处理或添补新水后重复供给用水点，这是一种节约水资源的供水系统，如循环冷却水系统。

6）循序给水系统：将水质要求高的用水单位用过的水，供给水质要求较低的单位，这也是一种有效的节约水资源的工业用水系统。

7）中水给水系统：将水处理厂深度处理的水供给某些工业、农业和城市清洗、绿化等用水。

3-1-6　地表水取水构筑物有哪些类型？

答：给水工程中从江河、湖泊、水库及海洋等地表水源中的取水构筑物，分为固定式和移动式两大类。

1）固定式取水构筑物位置固定不变，安全可靠，应用较为广泛。由于水源的水位变化幅度、岸边的地形地质和冰冻、航运等因素，可有多种布置方式。常见的有4种。

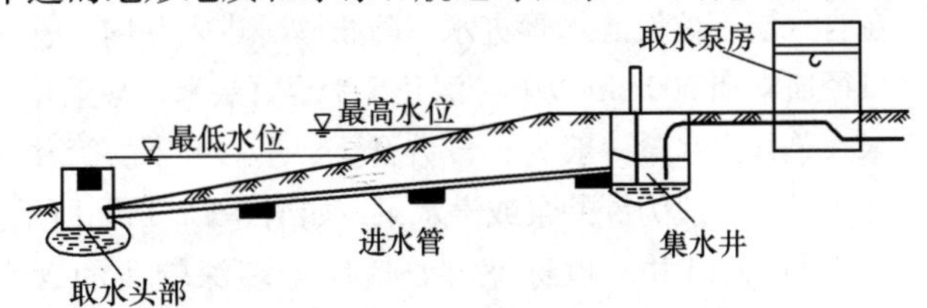

图3-1-6（1）　江心进水头式取水构筑物

（1）江心进水头式：由取水头部、进水管、集水井和取水泵房组成。常用于岸坡平缓、深水线离岸较远、高低水位相差不大、含砂量不高的江河和湖泊［见图3-1-6（1）］。原水通过设在水源最低水位之下的进水头部，经过进水管流至集水井，然后由泵房加压送至水厂。集水井可与泵房分建或合建。当取水量小时，可以不建集水井而由水泵直接吸水。取水头部外壁进水口上装有格栅，集水井内装有滤网以防止原水中的大块漂流杂物进入水泵，阻塞管道或损坏叶轮。

（2）江心桥墩式：也称塔式。常用于水库，建于尚未蓄水时。构筑物高耸于水体中，取水、泵水设施齐全，用输水管送水上岸。可以在不同深度取水，以得到水质较好的原水。

（3）岸边式：集水井与泵房分建或合建于岸边，原水直接由进水口进入。一般适用于岸坡较陡，深水线靠近岸边的江河。对含砂量大或冰凌严重或两者均出现的河流，取水量又较大时，可采用斗槽式取水构筑物，它是一种特殊的岸边式取水构筑物，其前以围堤筑成一个斗槽，粗砂将在斗槽内沉淀，冰凌则在槽内上浮。中国西北地区有多处斗槽式取水构筑物。

（4）底栏栅式：以山区溪流作为水源时，为避免急流中的砂砾，用低坝抬高水位，坝内有引水渠道，渠顶盖栏栅。水流溢过坝顶时从栏栅进入渠道，流至沉砂池沉除泥沙后，再用水泵输出。

2）移动式取水构筑物适用于水位变化大的河流。构筑物可随水位升降，具有投资较省、施工简单等优点，但操作管理较固定式麻烦，取水安全性也较差，主要有两种。

（1）浮船式：水泵设在驳船上，直接从河中取水，由斜管输送至岸。水泵的出水管和输水斜管的连接要灵活，以适应浮船的升降和摇摆。当采用阶梯式连接时须随水位涨落改换接头位置（见图 3-1-6（2））。当采用摇臂式连接时，加长联络管为摇臂，不换接头，浮船也可以随水位自由升降。浮船取水要求河岸有适当的坡度（20°～30°）。浮船式取水构筑物在中国西南和中南地区较多。20 世纪 80 年代，单船供水能力已超过每日 10 万 m^3。

（2）缆车式：由坡道、输水斜管和牵引设备等 4 个主要部分组成（见图 3-1-6（3））。取水泵设在泵车上。当河流水位涨落时，泵车可由牵引设备沿坡道上下移动，以适应水位，同时改换接头。缆车式取水适宜于水位涨落速度不大（如不超过 2m/h）、无冰凌和漂浮物较少的河流。

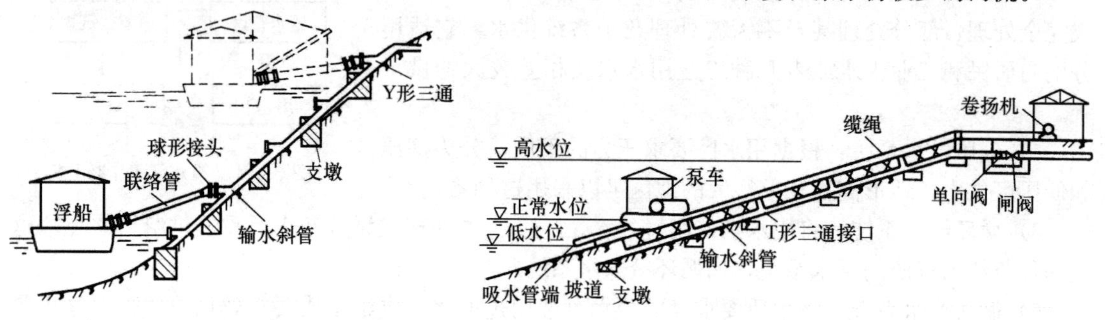

图 3-1-6（2） 浮船式取水构筑物

图 3-1-6（3） 缆车式取水构筑物

3-1-7 地下水取水构筑物有哪些类型？

答：从地下含水层取集表层渗透水、潜水、承压水和泉水等地下水的构筑物。有管井、大口井、辐射井、渗渠、泉室等类型。

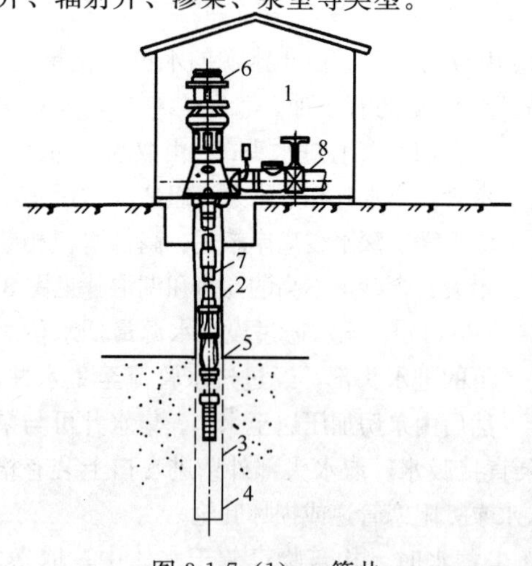

图 3-1-7（1） 管井

1—井室；2—井管；3—过滤器；4—沉砂管；5—离心泵；6、7—电动机；7、8—压水管

1）管井。管井是目前应用最广的形式，适用于埋藏较深、厚度较大的含水层。一般用钢管作井壁，在含水层部位设滤水管进水，防止砂砾进入井内。管井口径通常在 500mm 以下，深几十米至百余米，甚至几百米。单井出水量一般为每日数百至数千立方米。管井的提水设备一般为深井泵或潜水泵，如图 3-1-7（1）所示。

2）大口井。也称宽井，适用于埋深较浅的含水层。井的口径通常为 3～10m，井身用钢筋混凝土、砖、石等材料砌筑。取水泵房可以和井身合建也可分建。也有几个大口井用虹吸管连通后合建一个泵房的。大口井由井壁进水或井底共同进水，井壁上的进水孔和井底均应填铺一定级配的砂砾滤层，以防取水时进砂。单井出水量一般较管井为大。中国东北地区及铁路供水应用较多，如图 3-1-7（2）所示。

3）辐射井。适用于厚度较薄、埋深较大、砂粒较粗而不含漂卵石的含水层。从集水井壁上沿径向设置辐射井管借以取集地下水的构筑物，如图 3-1-7（3）所示。辐射管口径一般为 100～250mm，长度为 10～30m。单井出水量大于管井。

4）渗渠：适用于埋深较浅、补给和透水条件较好的含水层。利用水平集水渠以取集浅层地下水或河床、水库底的渗透水的取水构筑物。由水平集水渠、集水井和泵站组成，如图 3-1-7（4）所示。集水渠由集水管和反滤层组成。集水管可以为穿孔的钢筋混凝土管或浆砌块石暗渠。

集水管口径一般为 0.5～1.0m，长度为数十米至数百米。

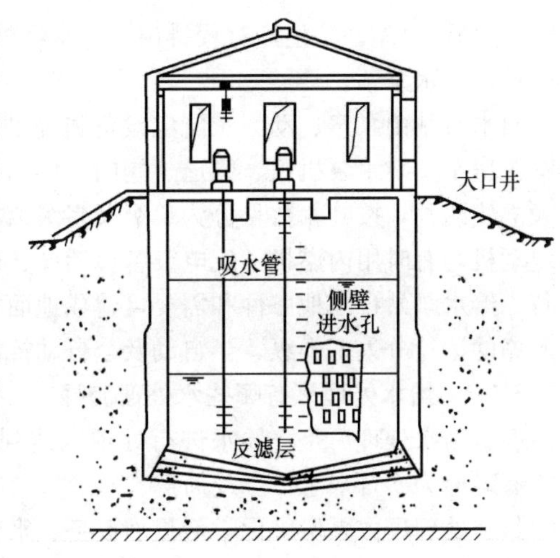

图 3-1-7（2） 大口井

5）泉室：取集泉水的构筑物。对于由下而上涌出地面的自流泉，可用底部进水的泉室，其构造类似大口井。

对于从倾斜的山坡或河谷流出的潜水泉，可用侧面进水的泉室。泉室可用砖、石、钢筋混凝土结构，应设置溢水管、通气管和放空管，并应防止雨水的污染。

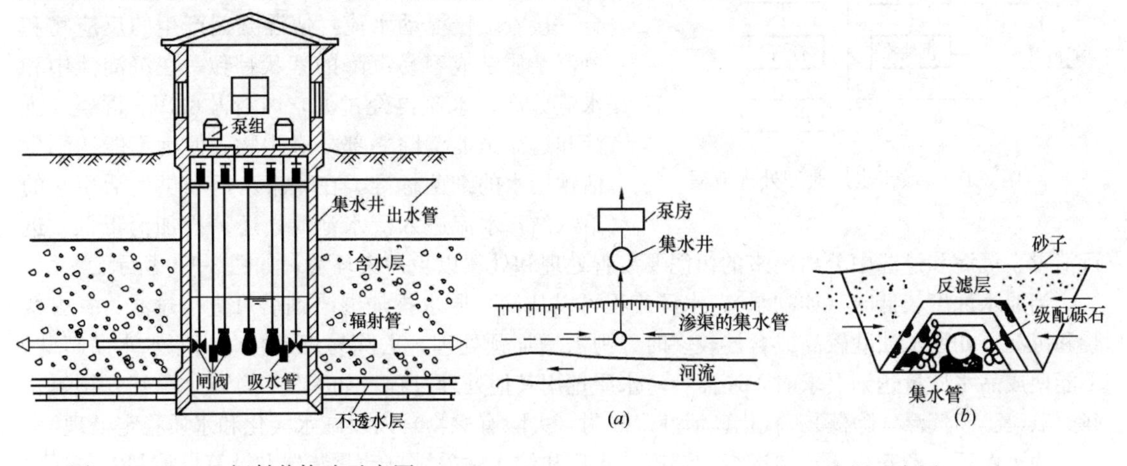

图 3-1-7（3） 辐射井构造示意图

图 3-1-7（4） 渗渠示意图
（a）平面布置图；（b）剖面图

3-1-8 给水系统中如何设置给水泵站？

答：给水泵站是给水工程系统中的扬水设施。主要有以下 4 种泵站。

1）一级泵站。将原水从水源地输送（一般为低扬程）到给水处理厂，当原水无需处理时直接送入给水管网、蓄水池或水塔。一级泵站可和取水构筑物合建或分建。泵站的输水能力等于给水处理厂供水能力加水厂用水量，一般全日均匀供水。

2）二级泵站。将处理厂清水池中的水输送（一般为高扬程）到给水管网，以供应用户需要。二级泵站的供水能力必须满足最高时的用水要求，同时也要适应用水量降低时的情况。为使水泵在高效条件下运行，一般设多台水泵，由泵间的不同组合，以及设置水塔或水池，来适应供水量的变化。有的采用调速水泵机组，以适应供水量和水压的变化。

3）增压泵站。提高给水管网中水压不足地带的泵站。在扩建或新建管网时都有可能采用。特别是在地形狭长或高差较大的城市或对个别水压不足的建筑物，设置增压泵站较为经济合理。

4）循环泵站。将生产过程排出的废水经处理后，再送回生产中使用的泵站，如冷却水的循环泵站、中水泵站。

给水泵站由泵房、动力及配电设备和辅助间3部分组成，其附属构筑物有进水池和阀门井等。泵房是安装水泵机组、管道、阀门、启动设备和吊车等的场所。水泵一般采用离心泵，有卧式及立式两种，按叶轮数目分为单级及多级离心泵，多级泵用于高压供水系统。动力设备通常采用电动机，有时用内燃机。配电设备包括高、低压配电和控制机组运行的电气设备及各种监测仪表等。给水泵站视当地条件和需要可建成地面式、半地下式或地下式，有的还可建露天泵站。给水泵站的运行分人工操纵、半自动及全自动控制等方式，以半自动泵站较多。

3-1-9　给水处理厂有哪些水处理流程？

答：给水处理厂是将原水进行处理以达到用户水质要求的水厂。供应城市用水的给水处理厂，有时称为“自来水厂”或简称“水厂”。在工业企业内部的，常称为“给水站”。

给水处理厂由泵房、化学剂投加设备、水处理构筑物、储存成品水的清水池及化验室等建筑物所组成。水处理构筑物是改善水质的主要设施。采用的处理过程和构造形式是由原水和供水水质以及当地工程状况和经济条件决定的。以去除悬浮杂质为主的水厂，一般采用混凝、沉淀、过滤和消毒的处理工艺。原水进入水厂后投加混凝剂并迅速混合，接着缓慢搅动水流，使混凝剂产生的反应物和悬浮杂质结成容易沉降的絮状颗粒，在沉淀池中和水流分离。水流再经过滤，即清澈可用。混凝、沉淀和过滤虽能消除一部分微生物，但远不能达到生活饮用水的细菌标准。在城市水厂和供生活用水的给水站，水流进入清水池时，还须投加消毒剂，进行消毒。沉淀和过滤中分离出来的污泥要妥善处理和处置以免污染环境，如图3-1-9所示。

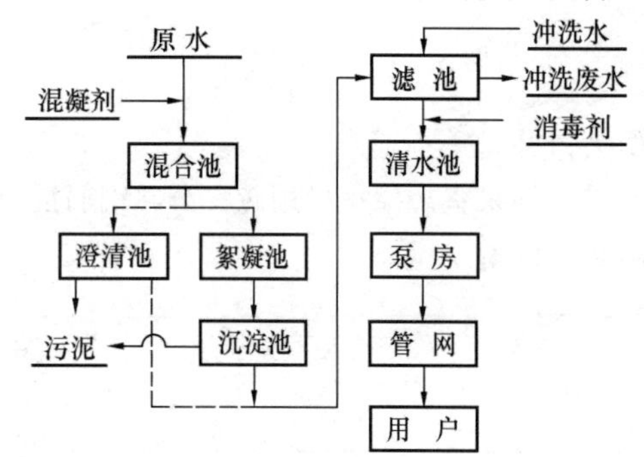

图3-1-9　城市水厂典型处理流程

当原水浊度较低时（如湖水），水厂流程可以从简，原水投加混凝剂后可直接过滤，省去絮凝和沉淀。如原水浊度较高或含沙较多时，则需增加预处理，去除易沉颗粒。当原水水质特殊，不能使成品水质量达到要求时，还需针对水质选用其他处理过程，如曝气、除铁、除锰、预氯化（除色、臭）、气浮（除藻）、软化、活性炭吸附（去除有机物）以及咸水淡化和水质稳定处理。

为了保证生产安全，控制运行和调度，水厂和给水站采用自动化装置和计算机控制。包括水质、水量、水压（出厂管和配水管网）、清水池水位以及电源电压等运行参数的遥信、遥测、记录和报警；药剂投加量、阀门启闭和水泵机组调节的自动控制和遥控。

给水处理厂的位置，应以整个给水系统综合考虑。一般选在工程地质条件较好，周围卫生条件符合防护规定和靠近电源的地方。当水源和供水区距离较远而用水量变化较大时，一般选在用水区域附近。

3-1-10　管道在给水系统中有何作用？

答：城市管网是连接各给水系统各构筑物及用户的唯一通道，在给水系统中占有重要地位，是整个给水系统中工程量最大，投资最多的部分，其投资额约占总系统投资的60%～70%。一座现代化的城市里，输配水系统管道纵横交错长达数千公里，口径也日愈增大。其次管道的口径及布局是否合理对整个管网系统今后的运行及保障用户水质、水压有着深远的影响。因此，如何保持管网输水畅通，输送水质稳定，应根据城市的总体发展规划、用户的用水量分布特征、地形地势等基础数据，按经济、合理、科学的方案输送配水，确保用户对水量、水压、水质的要求，是管网设计、施工、维护、管理的重要任务。

一般城市发展到哪里，给水管网就延伸（覆盖）到哪里。管网的设计、规划是否合理关系到给水管网的安全、可靠、经济、运行，并且直接关系到广大人民群众的生活及生产的水量、水压及水质。另一方面，由于管道一般敷设在地下，给管道的使用及维护都带来一定的难度，进行管网建设时，应尽量做到规划、设计、施工既经济又合理，运行既安全又可靠。

3-1-11 何谓给水管网?

答: 我们把水厂送水泵房到用户水表前部分的给水管道称为给水管网。给水管网的任务是把净水厂的净化水输配到各用水的区域，然后通过用户的引入管将水引入建筑物的给水管中，供生活设备或生产设备及消防设备等用水。也有将位于管道市政道路上的部分称为市政管网，小区或自然村的管网称为小区管网，用户表后的部分，一般称之为室内给水管网。

3-1-12 管网有哪二种基本形式?

答: 管网的布置形式多种多样，但是总的来说有两种基本形式：树状网和环状网。如图 3-1-12 所示。

树状网中，如图 3-1-12 所示，主管上分出支管，支管上分出用户管，管径逐渐变小，整个管网犹如树枝状。对于管网中用户，单方向来水，给水可靠性较差，任何一段管损坏或停水时，该管段以后的所有管线都会断水。此外，由于树状管网的水流为单向流动，当末端因用水量较小，水流就会缓慢，甚至停滞不动，水质容易变坏。

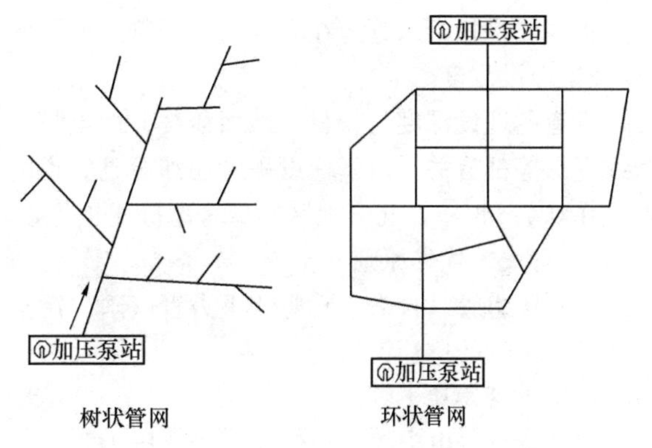

图 3-1-12 管网布置形式

环状网中，如上图所示，管道与管道之间相互连接，整个管网形成许多个环，对于管网中用户，双向来水，任一管段损坏时，可用阀门隔开，进行检修，水可以从其他方向的管线供应用户，缩小停水区域，从而增加给水可靠性。此外，环状管网，可大大减轻因水锤造成的危害，而在树状管网中，水锤对管网的冲击基本没有缓冲能力，易出现此类事故，但是由于管网连成环状，这使建设投资明显比树状管网高。

树状管网一般适用于小城镇和小型工矿企业，此外在城镇发展初期可采用树状管网，以后逐步连成环状。实际上，现有城镇给水管网多是树状网和环状网结合起来。在城镇中心地区，布置成环状网，在郊区则以树状网形式向四周延伸。给水可靠性要求较高的工矿企业必须采用环状网。设计施工中，尽量将环状网和树状网灵活地结合起来，可达到既安全又经济的效果。

3-1-13 城市管网的布置原则是什么?

答: 给水管网的布置既要求安全可靠供水，又要注重经济效益；一方面考虑一次性投资，也要兼顾其运行能耗。作为城市的基础设施，管网系统的建设、规划要与城市的其他设施一并考虑，目前各大中城市都进行总体规划，并颁布了各自供水条例，以确保城市给水管道的安全、可靠运行。

3-1-14 何谓输水管?

答: 水厂的送水泵房至城市管网之间的主干管我们称之为管网的输水管道。由于工业及人民生活用水的需要，供水是不允许间断的，输水管应当敷设两条以上。同时两条输水管一般平行敷设，并保持一定的距离，在适当位置设置连通管道，保障其中任何一条进行检修时，其余管道保证 70%的输水量。

3-1-15 何谓配水管?

答: 配水管是指输水管道送出的水，把它分配到各用水区域、各用户去的管道。配水管可分为配水干管和配水支管。配水干管是指在主要给水区域的较大口径的水管，配水支管是指口径相对较小的管道，一般是各用户、建筑物的进水管。对于大中城市一般指等于或大于 *DN*300 的配水管，这些管道多数是形成环状。

3-1-16　管道的敷设原则和要点是什么？

答：在城市里，给水管道一般是沿街道、道路敷设的，但在这些道路下面埋设的还有其他管线，例如：雨水管、污水管、煤气管、电缆沟、路灯线、通讯线等等，地面以上还有树木、广告牌、路灯等都需要占一定的位置，因此需要综合平衡和统一规划，对室内给水、消防管道也如此，具体要遵循国家（《城市工程管线综合规划规范》）及地方的相关规范。总的来说主要是以下几点：

1）平面及立体布置

平面布置主要考虑给水管线在平面上距离其他管线及构筑物的尺寸，以保证管道的安装及维修的空间并保护周边的设施。例如由于漏水导致土层下陷而使其他管线、建筑物沉陷等情况。立体位置主要是指给水管道在立面与其他管线的间距。

2）埋设深度

管道的埋设深度与管材、地面荷载、地质情况、土壤环境、温度（北方考虑冻土层）、其他管线埋深等都有关，由于埋设深度还涉及到管道的施工费用，因此要综合考虑。一般而言，管道埋设在 0.7m 以下，北方地区还应考虑冻土层厚度，埋深在冻土层以下。

3）管线的优先原则

(1) 压力管（自来水）避让重力管（雨、污水管），压力管上方覆土不够时，可从下方绕行。

(2) 小管径避让大管径。

(3) 支管避让干管。

(4) 软管（电力线、通信线）避让压力管（自来水）。

(5) 管道相互交叉时，其相互之间的垂直净距离不小于 0.15m。个别管线如电力管沟与其他管线最小垂直距离为 0.5m。

4）特殊地理条件的处理

由于城市建设的复杂性，给水管线往往还需要穿越河流、铁路、不良土壤、立交桥等特殊地理环境，对每种情况管道都有相应的处理及保护措施，规范都有总体要求。

3-1-17　管网的附属设施有哪些？

答：管网的运行及维护管理需要设置一些附属设施，常见的有阀门、排气阀、排泥阀、止回阀、消火栓及各种管件。

1）阀门

阀门是为了控制水的流向，调节水的流量。在管道出现故障时，关闭阀门实施管道的断流，便于进行检修。一般在支管驳接外、路口、管道长度达到一定距离等设置，设置数量不宜过多，但要考虑到实际的关阀方案。一般而言 *DN*400 以上可设置蝶阀，*DN*400 以下可设置闸阀。

2）排气阀

水中通常溶有一定数量的气体，溶解程度随稳定和水压而变化，气体释放时由于其密度小于水，往往聚集在管内的顶部，从而压缩了过水断面，增加了水头损失，同时由于其具有流动性，往往由于水流方向的改变导致气体的迅速压缩形成局部压力过大，对管道的运行带来危害，甚至还可能形成水锤。排气阀主要起到排除管内气体作用，一般设置于一段管最高处，设置的口径一般取主管的 1/8。

3）排泥阀

严格上讲，并不存在单独排泥阀，应该是排泥系统。其主要作用是：(1) 在管网进行维修抢修或停水碰口时，及时将管道内的存水或因阀门关闭不严的漏水及时排出，便于施工作业，提高维修、抢修的工作效率。(2) 定期对管网排放，使得管网中的砂、石、管垢等杂物顺利排出，维护管网的水质。主要由控制阀门、湿井、雨水井及连接管道组成。排泥阀的口径一般为主管的1/4～1/3。

4）止回阀

止回阀又称逆止阀或单向阀，是利用阀前阀后介质的压力差而自动启闭的阀门。其作用是控制介质的流向，只允许介质朝一个方向流动，反向流动时阀门自动关闭。主要安装在水泵出水管、用户水表后，阀体上标注介质的流向，不得装反。

5）消防栓

消防栓可分为室内和室外两种。室外消防栓的布局，按照其作用半径设置，通常消防栓的半径间距按 120m 考虑，一般安装在人行道的边缘，距离道牙 0.5m 以上，以便消防车接水。室外消防栓还可分为地上及地下两种，可结合具体情况分别选用。室内消防栓的设置按照建筑设计防火规范来执行。

6）管件

管件是指管路连接部分的成型零件，如接头、弯头、三通、法兰、异径管等。系统输配水管网由各种管道和连接件按设计要求组合安装而成，是给水系统的重要组成部分。管道和连接件在系统中用量大、规格多，所用的管道和连接件规格是否适合，质量好坏等，直接关系到工程费用的大小以及工程质量和使用寿命。一般可分为钢制管件、铸铁管件和非金属管件。从材质上、连接方式上、承受内压上及规格品种上与管材基本相同。

3-1-18　管道设计的依据是什么？

答：城市给水的根本目的是保证用户具有充沛的水量、充足的水压、优良的水质，管道设计的基本依据是水量、水压、水质。

管道设计时要首先计算该条管道输送的水量，需要对各类用水的数量按用水量标准进行计算，然后加以综合，作为设计的依据。

3-1-19　用水标准有哪四类？

答：按照用水性质不同，其用水的标准也不同，概括起来分为生活用水、生产用水、消防用水、直接饮用水四类。

1）生活用水量

生活用水量在各地区，甚至在同一地区的不同地点，其变化范围也较大，生活用水量的大小与人的生活水平、习惯、卫生设备条件、气候情况等因素有关。由于我国幅员辽阔，生活习俗差异大，具体每类标准的选择国家及地方有相应的标准，设计时应参照标准执行，执行的标准是地方优于国家。

2）生产用水量

生产用水量一般是用水户根据企业的性质提出要求，计算的方法有：

(1) 按照单位产品的具体需水量，如生产 1 吨化工材料需要多少水，从而计算出该厂总的生产需水量，其数值的选取主要根据工厂的生产工艺。

(2) 按照各台设备用水量计算，累计计算出整个工厂的总生产需水量，但要考虑设备同时利用的系数及水的回收。

两种计算比较，前者计算较为简便，一般可进行宏观的统计分析，后者计算要求原始设备的资料齐全，但数值较为精确。

3）消防用水量

消防用水是指发生火情时，用以扑灭火头所需要的水量，主要分为室内和室外两部分。

4）室外消防用水量

3-1-20　怎样合理布置给水管网？

答：给水管网是由水厂向用户输水和配水的管道系统，由管道、配件和附属设施组成。

1）给水管系。常用的给水管材料有钢管铸铁管和预应力混凝土管以及自应力混凝土管和硬聚乙烯塑料管等。金属管要注意防腐蚀，铸铁管常用水泥浆涂衬内壁。

管网中同时起输水和配水作用的管道称干管。从干管分出向用户供水的管道管径为100或150mm，起配水作用，称支管。从干管或支管接通用户的称用户支管，管上常设水表以记录用户用水量。消火栓一般接在支管上。

给水管网中适当部位设有闸阀。当管段发生故障或检修时，可关闭适当闸阀使它从管网中隔出来，以缩小停水范围。闸阀应按需要设置，但闸阀愈少，事故或检修时停水地区愈大。当管线有起伏或管道架空过河时，在管道的隆起点需设排气阀，以免水流挟带的气体或检修时留在管道中的气体积聚，影响水流。在管道的低凹处常设排水阀，用以放空水管。

2）附属设施。小型给水管网或大型给水管网的边缘地区，用水总量虽少，但流量变化较大，设置调节构筑物可降低管网造价和运行费用。再者，大型管网的水头损失很大，致使管网起端和末端的压力相差悬殊，如在管网中适当地点设置增压泵站，可以减小泵站前管网的压力，降低输水能耗和费用，并改善管网运行条件。此外，在地面高程相差甚大的丘陵地区或山区，为均衡管网的水压，常按地形高低分区供水。低压管网和高区管网可以串联，在前者末端设置增压泵站以供应后者；也可以并联，同时从供水点向低区和高区管网供水。

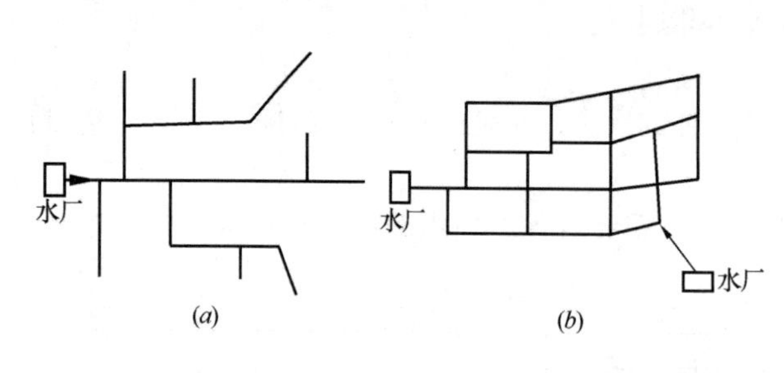

图3-1-20　管网布置图

（a）枝状管网；（b）环状管网

3）管网布置。给水管网的干管呈枝状或环状布置，见图3-1-20。如果把枝状管网的末端用水管接通，就转变为环状管网。环状管网的供水条件好，但造价较高。小城镇和小型工业企业一般采用枝状管网。大中型城市、大工业区和供水要求高的工业企业内部，多采用环状管网布置。设计时必须进行技术和经济评价，得出最合理的方案。

近代大型给水系统常有多个水源，这有利于保证水量、水压，并且供水既经济又可靠。随着社会的发展，用水量在不断增加，而优质水源却由于污染而减少，于是出现了分质供水的管网，即用不同的管网供应不同水质的水。

管网布置实质上是整个给水系统规划的一部分，合理与否涉及整个工程的效益。目前可以建立数学模型，充分运用数学分析方法和计算机技术来求得最优方案。

4）管网计算。在管网的线路布置完成后，要求通过计算确定各管段的管径、泵站扬程和扬水量以及水塔或水池的高程和容量等。管网计算中首先是用水量的分析和管道流水量的分配，然后是管径的确定和水压的计算。计算不仅是一个水力学问题，而且也是一个经济学问题。管径小些，造价低了，但水头损失大了。要求的水压高了，泵站的电耗和运行费用也就高了。这里就有一个最优方案问题。

环状管网的水压计算比枝状管网复杂，需要采用平差方法。按照水力学原理，每个管环的水头损失代数和应等于零；如果不等于零，就要调整分配给水管段的水量，一再复算，直至符合要求。因不准管环水头损失的代数和出现差额，故称管网平差。

3-1-21　给水、检验项目，检验方法及各项水质参数是什么？

答：1）给水水质检验项目

物理指标有：水温、浊度、臭和味、色度、悬浮物、电导率、氧化还原电位等

化学指标有：无机指标包括；pH、碱度、硬度、溶解性总固体、总含盐量。

有机指标：耗氧量OC或COD_{Mn}、COD、TOC

微生物指标：细菌总数、总大肠菌群、粪大肠菌群、大肠杆菌是非致病菌，用作指示菌。

2）给水水质检验方法：《生活饮用水标准检验法 pH 值》GB/T 5750—2006、《总硬度》、《铁》、《挥发酚类》、《硫酸盐》、《氯化物》、《溶解性总固体》、《铬》。

给水水质标准见表 3-1-21。

生活饮用水水质标准 **表 3-1-21**

项目		标准
感官性状和一般化学指标	色	色度不超过15度，并不得呈现其他异色
	浑浊度	不超过3度，特殊情况不超过5度
	臭和味	不得有异臭、异味
	肉眼可见物	不得含有
	pH	6.5～8.5
	总硬度（以碳酸钙计）	450mg/L
	铁	0.3mg/L
	锰	0.1mg/L
	铜	1.0mg/L
	锌	1.0mg/L
	挥发酚类（以苯酚计）	0.002mg/L
	阴离子合成洗涤剂	0.3mg/L
	硫酸盐	250mg/L
	氯化物	250mg/L
	溶解性总固体	1000mg/L
毒理学指标	氟化物	1.0mg/L
	氰化物	0.05mg/L
	砷	0.05mg/L
	硒	0.01mg/L
	汞	0.001mg/L
	镉	0.01mg/L
	铬（六价）	0.05mg/L
	铅	0.05mg/L
	银	0.05mg/L
	硝酸盐（以氮计）	20mg/L
	氯仿	60ug/L
	四氯化碳	3ug/L
	苯并（a）芘	0.01ug/L
	滴滴涕	1ug/L
	六六六	5ug/L
细菌学指标	菌总数	100个/mL
	总大肠菌群	3个/L
	游离余氯	在与水接触30min后应不低于0.3mg/L。集中式给水出厂水符合上述要求外，管网末梢水不应低于0.05mg/L
放射性指标	总α放射性	0.1Bq/L
	总β放射性	1Bq/L

3-1-22 给水工程简言之，可用“取、净、输、配”四字概括的内涵是什么？

答：取即取水，把水从水体（河、湖、地下）中取出，以备处理。取水需要取水口、取水

井、取水泵站等。

净。即水质净化，把取来的水经过各种必要的处理工艺进行处理，以达到生产、生活等活动对水质的要求。这里需要反应、沉淀、过滤、消毒，甚至除铁、锰、藻等特殊处理的构筑物。

输、配。即输送和分配水，把各种不同用途所需要的水通过管、渠、泵站送至配水管网并由管网配水至用水目的地。

3-1-23　给水系统各组成部分之间的流量、压力关系是怎样的?

答: 1）流量关系

（1）流量的确定

$$Q=Q_{生活}+Q_{生产}+Q_{消防}$$

（2）泵站与流量的关系。一级泵站是24h以均匀供水的；二级泵站流量基本与用水曲线吻合。

（3）由于二级泵站流量与用水曲线完全吻合，当供水量大于用水量时水塔则水，反之亦然，两者相等时水塔维持原有水量不变。

（4）清水池与流量的关系，清水池的容积等于全天一、二级泵站即时流量之差相同符号值的累积水量。

2）水压关系，理解下面四个公式的含义

（1）无水塔管网的水压关系

$$H_p=(Z_c-Z_p)+H_c+h_n+h_c+H_s+h_s$$

（2）网前水塔管网的水压关系

$$H_p=(Z_t-Z_p)+(H_t+h_o)+h_c+H_s+h_s$$

（3）网后水塔管网的水压关系

$$H'_p=(Z_t+H_t+h_o)+h'_c+h'_n+H_s+h_s-Z_p$$

（4）消防时的管网水压关系

$$H''_p=(Z_c-Z_p)+H_f+h'_n+h'_c+H_s+h'_s$$

3-1-24　供水量设计有哪几个重要参数?

答: 1）最高日用水量 Q_R（m^3/d）

Q_R＝居民生活用水量＋工业企业生产生活用水量＋公共建筑用水量＋消防用水量＋环卫绿化用水量＋未予见水量

2）最高日平均时用水量 Q_T（m^3/d）$Q_T=Q_R/24$

3）最高日最高时用水量 Q_s（m^3/d）

$$Q_S=K_s\frac{Q_p}{24}$$

4）时变化系数　$K_S=Q_s/Q_T$

3-1-25　水源选择的要点有哪些?

答: 1）在水源选择时我们将其分为地下水和地表水两大类。地下水取水构筑物简单、无须澄清处理、成本低、卫生条件好、便于防护；地表水水量丰沛，取水容易，矿化度低，是世界各国和我国大部分城市的主要供水水源。

2）水源选择时应考虑的主要因素，首先是水质好，水量丰沛，便于防护；第二是符合城乡总体规划，远、中、近期结合；第三是当地可供选择的资源情况。

3）水源的保护，在国家颁布的《生活饮用水卫生标准》中已有明确规定。一般说，不得在防护区内从事与取水无关的生产、生活活动。要尽量远离“三废源”、粪便、剧毒农药等污染源。

3-1-26 取水设施有哪些？

答：1）常用的管井、大口井、渗渠、引水泉池等地下水取水构筑物。

2）深井泵和潜水泵。

3）岸边式取水构筑物，即直接从岸边进水口取水的构筑物，它由集水井和泵站两部分组成。

4）河床式取水构筑物，即从河心进水口取水的构筑物，当河岸平坦，枯水期主流离岸较远，岸边水深不足或水质不好，而河心有足够水深或水质较好时，宜采用这种形式取水。

5）活动式取水构筑物，在水位变幅较大的河段上取水，为了节省投资，减少水下工程量，或者供水要求急，可采用活动式取水构筑物。活动式主要有缆车式和浮船式两种。

3-1-27 水质净化概论有哪些要点？

答：1）水质净化的目的就是要用人工的方法来去除水中的杂质和有害物质，达到生活饮用水水质标准。所以就要了解水中杂质和有害物质的特点。

2）水中杂质按形态可分为悬浮物质、胶体物质和溶解物质三大类；按性质分为有机物、无机物和微生物三大类。

3）常用的水质净化（给水处理）方法有：混凝（混合、反应、絮凝）、沉淀、过滤、消毒和特殊处理方法如软化、除锰除铁、除盐活性炭吸附等。

3-1-28 混凝的作用有哪些？

答：1）在原水中投入某一种絮凝剂，经混合与反应（即混凝）过程之后，使水中的杂质形成易于沉降的大颗粒絮凝体，这一过程即称作混凝。这一过程形成的絮凝体可通过沉淀池来进行重力分离，混凝是净化水质的十分重要的环节。

2）混凝剂和助凝剂是实现混凝的物质条件。常用的混凝剂有铝盐和铁盐两大类，助凝剂有氯和高分子助凝剂。混凝剂选择主要应考虑：对水质不产生不良影响；混凝效果好；货源充足，价格便宜。

3）影响混凝效果的因素，原水水质、水温和水力条件是影响混凝效果最主要的因素。原水的浊度、碱度、pH 值、杂质是决定混凝效果和选择混凝剂及其投加量的依据；水温低时不利用混凝，需加大混凝剂投量并加高分子助凝剂；水流的紊动有利于混合，在絮凝体的形成时又要求放慢流速。

4）投药、混合和反应，在了解影响混凝效果的因素之后，问题便好解决。首先，通过混、助凝剂的选择来适应原水水质的要求。第二是通过确定最佳的投药方式、投加量和水力条件等来达到良好的混凝效果。温度不便改善也没必要改变，暂且不考虑。一般来说，湿式投药有利混合，通过改善流态或机械搅拌来缩短反应时间。然后使水流处于层流状态既不使形成的颗粒破坏也不致沉在混凝池中。

3-1-29 沉淀作用是什么？

答：沉淀就是使原水或经过混凝作用的水中固体颗粒依靠重力的作用，从水中分离出来的过程。完成沉淀过程的构筑物称为沉淀池。按水中固体颗粒的性质，沉淀可分为以下三种：自然沉淀、混凝沉淀和化学沉淀。这里只对混凝沉淀加以阐述。

混凝沉淀即在沉淀过程，水中颗粒由于碰撞凝聚作用而改变其大小、形状和密度。在工程中，于原水进入沉淀池之前投加混凝剂，进行混凝处理，使原水中的细小悬浮物质和胶体颗粒凝聚成较粗重的絮凝体，这些絮凝体进入沉淀池后可获得良好的沉淀效果。

3-1-30 平流沉淀池有何特点？

答：平流沉淀池一般是矩形水池，它构造简单，造价低，处理效果稳定，操作管理方便。但占地多，排泥困难。

图 3-1-30 是平流沉淀池的平面图，下是纵断面图。设处理水流量为 Q，则水平流速为 $U=Q/$

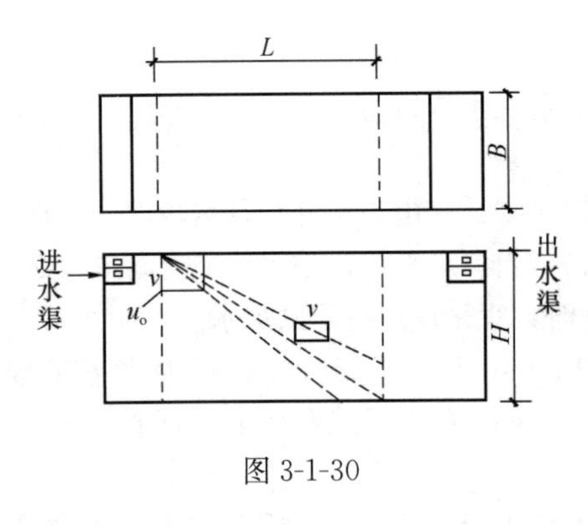

图 3-1-30

$H \cdot B$。又设颗粒沉降速度为U。如果颗粒要沉降到池底，必须有：

$$\frac{U_0}{U}=\frac{H}{L}$$

从图 3-1-30 中显然可见，当$U \geqslant U_0$时的颗粒完全可沉于池底。而$U<U_0$的颗粒从理论上讲一般都会随水流流出沉淀池。为了保证沉速为U_0的颗粒沉于池底，需要的时间T应保证：

$$T=\frac{H}{U_0}=\frac{U}{L}$$

因为$U=Q/H \cdot B=\frac{L \cdot H \cdot B}{Q}$，所以$T=\frac{L}{U}=\frac{L}{Q/H \cdot B}$。

式中$L \cdot H \cdot B$为沉淀池容积V，即有：

$$T=\frac{V}{Q}$$

$U_0=\frac{H \cdot U}{L}$，将$U=Q/H \cdot B$代入前式中，则$U_0=\frac{H \cdot Q/H \cdot B}{L}=\frac{Q}{L \cdot B}$。式中$L \cdot B$为沉淀池的平面积。

$$U_0=\frac{Q}{L \cdot B}$$

上式被称为沉淀池的表面负荷，其单位是$m^3/(m^2 \cdot h)$。

3-1-31　澄清是什么作用?

答: 澄清是利用原水中的颗粒杂质和池中积聚的活性泥渣相互接触碰撞、吸附、结合以后，又与水产生分离，从而使水质得到净化。

澄清池是完成混合、反应以及悬浮物分离的净水构筑物，也就是说它综合了混凝与沉淀于一体。澄清池分为悬浮泥渣型（泥渣过滤型）和循环泥渣型（回流泥渣型）两大类。

澄清池由于重复利用了有吸附能的矾花来净化原水，因此可以充分发挥混凝剂的净化效能，节约混凝剂的用量。它处理效果好，占地小，生产率高、节约药剂。但水温、水质、水量变化敏感，构造复杂，运行管理要求高。

3-1-32　过滤的作用有哪些?

答: 经过沉淀或澄清处理后的水，仍然含有一些极为细小的悬浮杂质和细菌，为了使水质达到饮用水标准，还需要进一步通过过滤处理。应该指出的是，我国由于经济原因，一般都充分发挥各处理环节的作用，而发达国家则将问题在滤前全部解决，过滤是为更加保险起见必须的一环。

1）过滤是将被净化的水通过具有孔隙的粒状滤料层，以截留水中杂质，使水澄清的一种净水工艺过程，过滤构筑物称为滤池。滤池按滤速可分为慢滤池和快滤池两类。

2）慢滤池。慢滤池滤速大致为 0.1～0.3m/h。它滤速低，占地多、洗砂工作繁重，但它截留细菌的能力强，出水水质好，构造简单。在当今人们越来越注重水质的情况，慢快池又重新得到人们的重视。

3）快滤池（重点）快滤池由洗水槽、滤料层、承托层、配水系统和池旁的管廊构成。

经过滤之后水的浊度、微生物基本完全被栏截去除，其作用机理是什么？主要是两个方面。一是机械筛滤作用，滤层如同一个大“筛子”；二是接触凝聚作用，过滤时水中的微小悬浮颗粒和滤池滤料颗粒表面以及已附在滤料表面上的絮凝体接触。由于分子引力的作用，杂质被粘附在滤料的表面上，滤过的水就得以清澈透明。

4）滤料和承托层。给水处理的滤料必须符合以下要求①具有足够的机械强度，防止破损②具有足够的化学稳定性，以免滤料与水产生化学反应而恶化水质。尤其不能含有对人体健康和生产有害的物质③具有一定的颗粒级配和适当的孔隙率。

承托层是起到阻止滤料从配水系统中流失及冲洗时均匀布水作用。

5）快滤池的冲洗。冲洗的目的是使滤料层在短时间内恢复工作能力。快滤池的冲洗通常采用水流自下而上的反冲洗。也有的在反冲洗同时，铺以表面冲洗。还有采用水力反冲辅以容气助冲。

普通快滤池运转效果良好，首先是冲洗效果得到保证，所以快滤池的冲洗系统是积为重要的。

3-1-33　消毒方法有哪些？

答：1）消毒是保证水质的最后一关，但是消毒并不是把细菌全部消灭，只要求消灭致病微生物。消毒包括物理法（如加热、紫外线和超声波杀菌）和化学法两种。给水处理中最常用的是氯消毒法。

2）氯消毒。氯消毒的作用，主要是通过所产生的次氯酸 HClO 起作用。这是最主要的消毒成分。HClO 为很小的中性分子，只有它才能扩散到带负电的细菌表面，并通过细菌的细胞壁穿透到细菌内部。当 HClO 分子到达细菌内部时，能起氧化作用破坏细菌的酶系统（酶是促进葡萄糖吸收和新陈代谢的催化剂）而使细菌死亡。OCl^- 虽亦为具有杀菌能力的有效氯，但带有负电，难于接近带负电的细菌表面，杀菌能力比 HClO 差得多。实践表明，pH 值越低则消毒作用越强，充分说明 HClO 是消毒的主要因素。

3）除氯消毒法之外，还有氯氨消毒法、漂白粉消毒、二氧化氯消毒，次氯酸钠消毒以及加热消毒、紫外线消毒、臭氧消毒、重金属消毒、其他氧化剂（如卤素、高锰酸钾等）消毒法。只作了解即可。

3-1-34　净水厂设计要考虑哪些因素？

答：1）厂址选择要尽量满足：第一是工程地质条件好的地方；第二是尽量在不受洪水干扰的地方；第三是少占农田和不占良田，并留有适当发展的余地；第四是交通方便，靠近电源；第五是当取水地点距离用水区较近时，水厂一般设计在取水构筑物附近；第六是节能要充分考虑，电费目前只占水成本三分之一强。如近年新建的成都水六厂，西安曲江水厂充分利用地形，从取水到配水完全没有动力用电问题，既降低成本又大大降低了设备管理的难度。

2）工艺流程的选择

当原水浊度较低时，不受工业废水污染一般选用如下流程（图 3-1-34）

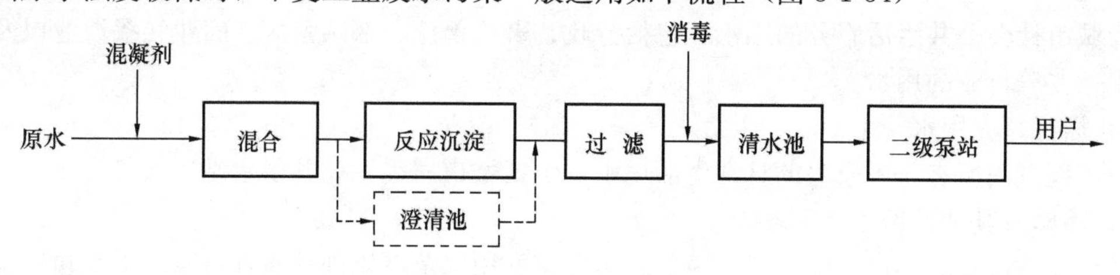

图 3-1-34　工艺流程图

地下水作为水源由于水质较好，通常不需任何处理，仅经消毒即可，水厂最简单。当地下水含铁量超过生活饮用水水质标准时则应采取除铁措施。

3）水厂平面布置内容有：各种构（建）筑物平面定位；各种管道、闸阀及管道节点的布置；排水管及井布置；道路、围墙、绿化及供电线路的布置等。布置要求：布置紧凑少占地；充分利用地形减少土石方量；各构筑物之间连接管应简单、短捷，尽量避免立体交叉并考虑施工与检修方便；沉淀、澄清池排泥方便；加氯间与氯库设在主导风向的下风向；水厂要考虑扩建的可能并留有余地。

4）水厂的高程布置，应尽量使各构筑物之间水流为重力流，充分考虑各构筑物及连接管之间的水头损失。

3-1-35　管网和输水管的布置应满足哪些要求？

答：1）给水管网有树状网和环状网两种形式。

2）给水管网布置应满足以下要求：

(1) 管线遍布整个给水区内，保证用户有足够的水量和水压。

(2) 必须安全可靠，当局部管网发生事故时仍能不间断供水。

(3) 力求沿最短距离敷设管线，供水到用户，以降低管网造价和经营管理费用。

(4) 按照城市规划，考虑给水系统分期建设的可能，留有充分的发展余地。

(5) 为便于维修管理，在管网适当部位安装阀门、消火栓、排气阀和泄水阀等。布置原则是尽可能少，但要便于使用和管理。

(6) 分配管的直径由消防流量确定，一般至少为100mm，大城市采用150～200mm。

3）输水管即从水源到水厂或水厂到管网的输水管。它一般很少接出支管。输水管布置往往因缺乏地形图或地图太粗略，需做多种方案比较后确定。为保证用水安全输水管一般采用两条或者一条管而在用水区附近设储水池。

3-1-36　管网附件、构筑物及调节构筑物有哪些？

答：1）管网附件有阀门、水锤消除设备、排气阀和泄水阀、消火栓、减压阀、给水栓

2）管网附属构筑物有阀门井、支墩（承插式管接头在转弯或三通用）、管线穿越障碍物时的构筑物、水表井等。

3）调节构筑物和泵站

调节构筑物有水塔和水池两类，还有给水泵站。

3-1-37　城市供水管网漏损控制及评定标准有哪些术语？

答：1）管网

出水厂后的干管至用户水表之间的所有管道及其附属设备和用户水表的总称。

2）生产运营用水

在城市范围内生产、运营的农、林、牧、渔业、工业、建筑业、交通运输业等单位在生产、运营过程中的用水。

3）公共服务用水

为城市社会公共生活服务的用水。包括行政、事业单位、部队营区、商业和餐饮业以及其他社会服务业等行业的用水。

4）居民家庭用水

城市范围内所有居民家庭的日常生活用水。包括城市居民，公共供水站用水等。

5）消防及其他特殊用水

城市消防以及除生产运营、公共服务、居民家庭用水范围以外的各种特殊用水。包括消防用水、深井回灌用水、管道冲洗用水等。

6）售水量

收费供应的水量。包括生产运营用水、公共服务用水、居民家庭用水以及其他计量用水。

7）免费供水量

实际供应并服务于社会而又不收取水费的水量。如消防灭火等政府规定减免收费的水量及冲

洗在役管道的自用水量。

8）有效供水量

水厂将水供出厂外后，各类用户实际使用到的水量，包括收费的（即售水量）和不收费的（即免费供水量）。

9）供水总量

水厂供出的经计量确定的全部水量。

10）管网漏水量

供水总量与有效供水量之差。

11）漏损率

管网漏水量与供水总量之比。

12）单位管长漏水量

单位管道长度（$DN \geqslant 75$），每小时的平均漏水量。

13）单位供水量管长

管网管道总长（$DN \geqslant 75$）与平均日供水量之比。

14）主动检漏法

地下管道漏水冒出地面前，采用各种检漏方法及相应仪器，主动检查地下管道漏水的方法。

15）被动检漏法

地下管道漏水冒出地面后发现漏水的方法。

16）音听法

采用音听仪器寻找漏水声，并确定漏水地点的方法。

17）相关分析检漏法

在漏水管道两端放置传感器，利用漏水噪声传到两端传感器的时间差，推算漏水点位置的方法。

18）区域检漏法

在一定条件下测定小区内最低流量，以判断小区管网漏水量，并通过并闭区内阀门以确定漏水管段的方法。

19）区域装表法

在检测区的进（出）水管上装置流量计，用进水总量和用水总量差，判断区内管网漏水的方法。

20）区域装表兼区域检漏法

同时具有区域装表法及区域检漏法装置来检测漏水的方法。当进水总量与用水总量差较大时，用区域检漏法检漏。

21）压力控制法

当管网压力超过服务压力过高时，用调节阀门等方法，适当降低管网压力，以减少漏水量的方法。

3-1-38　何谓音听法?

答：音听法是用电子音听器或听棒通过监听漏水声而发现漏水点的方法。为了避免环境噪声的干扰，一般选择在深夜寂静时进行。一般情况下，漏水声最大的地点为漏水点，但也不完全如此，尚需对漏水点进行仔细分辨。采用音听法检测，要求检测人员具有高度责任心和丰富的检漏实际经验。

测得的漏水点与实际距离小于1m的百分比称为检测正确率。检测正确率取决于检测人员的认真程度、经验以及仪器性能，音听法检漏的正确率有可能达90％。

在采用音听法检测前，应先充分掌握管道位置。检测时可先在消火栓、阀门等外露部分进行监听，以作初步判断，然后沿管线每隔1m左右进行检测。要注意区别漏水声和环境噪声。如现场条件适合，对检得的可疑漏水点位置用相关仪复核。

3-1-39　相关分析法是怎样的?

答：相关分析法是利用漏水噪声传到两端探测器的时间差来算出漏水点位置的方法。探测器必须直接与管壁或阀门、消火栓等接触。在输入管道材质和长度等数据后，相关仪能分析出漏水点距探测器的距离。

在检测过程中，探测器不断向前延伸，相关仪也跟着向前延伸。

对于两接触点距离小于200m、管径$DN\leqslant400$的金属管道，采用相关分析检漏法可获得较高的正确率。

采用相关分析法检漏，劳动力、时间及经费均较高，故一般用于复验音听法检测漏水可疑点的位置。

3-1-40　区域检漏法是怎样的?

答：区域检漏法是利用测定检测小区深夜瞬时最低进水量来判断漏水的方法。测定时进入小区的水量全部经过$DN50$的旁通管，旁通管必须能连续计量，流量计量仪表的精度必须达到1级表，一般采用电磁流量仪。测定一段时间，所测得的最低流量可视为该地区管网的漏水量或接近漏水量。

区域检漏法一般选用2～3km管长或2000～5000户居民为一个检测小区，对于超过上述范围，又符合测定条件的地区可分为多个检测小区，在上述范围内测得的旁通管最低流量低于0.5～1.0m^3/（km·h）时，可认为符合要求。对于漏损率大于15%的管网可选用上限。

当超过上述标准时，为寻找漏水管段，可采用关闭区内某些管段的阀门，对比阀门关闭前后的流量，若关阀后旁通管流量明显减少，则该管段存在漏水可能，然后再用音听法确定漏水点位置。

为正确测定最低流量及判断漏水点的管段，区内及边界的阀门必须均能关闭严密。

3-1-41　区域装表法是怎样的?

答：区域装表法是采用检测区域进水总量和用水总量的差值来判断管网漏水的方法。为了减少装表和提高检测精度，测定期间该供水区域宜采用单管或两个管进水，其余与外区联系的阀门均关闭。

进水量与同期用水量的差值小于3%～5%时可认为符合要求。对于漏损率大于15%的管网可取上限。

进水量与用水量之比超过上述规定要求时，可再用区域检漏法或其他方法检漏。

3-1-42　水量计量的规定有哪些?

答：1）城市供水企业出厂水计量工作，应符合《城镇供水水量计量仪表的配备和管理通则》CJ/T 454—2014的规定。

2）除消防和冲洗管网用水外，水厂的供水、生产运营用水、公共服务用水、居民家庭用水、绿化用水、深井回灌等都必须安装水量计量仪表。

3）用水计量仪表的性能应符合《封闭满管道中水流量的测量　饮用冷水水表和热水水表》GB/T 778.1～3—2007、《冷水水表检定规程》JJG 162—2009和《居民饮用水计量仪表安全规则》CJ 266—2008的规定。

4）供水量大于等于$10\times10^4m^3/d$的水厂，供水计量仪表应采用1级表，供水量小于$10\times10^4m^3/d$的水厂，供水计量仪表精度不应低于2.5级。用水量计量仪表宜采用B级表。

5）出厂水计量在线校核的方法、仪表及有关数据，应经当地计量管理部门审查认可。

6）水表强制鉴定应符合国家《强制检定的工作计量器具实施检定的有关规定》的要求。管径 DN15～25 的水表，使用期限不得超过六年；管径 DN>25 的水表，使用期限不得超过四年。

7）有关出厂供水计量校核依据、用户用水计量水表换表统计、未计量有效用水量的计算依据，必须存档备查。

3-1-43 漏水修复的时间规定是怎样的？

答：漏水修复时间应符合下列规定：

1）明漏自报漏之时起、暗漏自检漏人员正式转单报修之时起，90%以上的漏水次数应在24h内修复（节假日不能顺延）。

2）突发性爆管、折断事故应在报漏之时起，4h内止水并开始抢修。

3-1-44 管网管理规定有哪些？

答：1）供水企业必须及时详细掌握管网现状资料，应建立完整的供水管网技术档案，并应逐步建立管网信息系统。

2）管网技术档案应包括以下内容：

（1）管道的直径、材质、位置、接口形式及敷设年份；

（2）阀门、消火栓、泄水阀等主要配件的位置和特征；

（3）用户接水管的位置及直径，用户的主要特征；

（4）检漏记录、高峰时流量、阻力系数和管网改造结果等有关资料。

3）供水量大于 $20\times10^4 m^3/d$ 的城市供水企业，对供水管网应进行以下测定：

（1）应实施夏季高峰全面测压并绘制水等压线图；

（2）对管网中主要管段（$DN\geqslant500$，其中供水量大于 $100\times10^4 m^3/d$ 的供水企业为 $DN\geqslant700$），在每年夏季高峰时，宜测定流量。测定方法可采用插入式流量计或便携式超声波流量计；

（3）对管网中主要管段，每 2～4 年宜测定一次管道阻力系数。测定方法可利用管段测定流量装置和管段水头损失进行推算。

3-1-45 管网更新改造的规定有哪些？

答：1）供水企业应按计划作好管网改造工作。对 $DN\geqslant75$ 的管道，每年应安排不小于管道总长的1%进行改造；对 $DN\leqslant50$ 的支管，每年应安排不小于管道总长的 2%进行改造。

2）供水企业编制管网改造工作计划应符合下列规定；

（1）结合城市发展规划，应按 10 年或 10 年以上的发展需要来确定；

（2）应结合提高供水安全可靠性；

（3）应结合改善管网水质；

（4）应结合改进管网不合理环节，使管网逐步优化；

（5）漏水较频繁或造成影响较严重的管道，应作为改造的重点；

（6）具体改造计划通过上述因素的综合分析比较，加以确定。

3）管网改造应因地制宜。可选用拆旧换新、刮管涂衬、管内衬软管、管内套管道等多种方式。

4）新敷管道的材质、接口及施工要求应符合下列规定：

（1）新敷管道材质应按安全可靠性高、维修量少、管道寿命长、内壁阻力系数低、造价相对低的原则选择；

（2）除特殊管段外，接口应采用橡胶圈密封的柔性接口；

（3）管道施工应符合《给水排水管道工程施工及验收规范》GB 50268—2008 的规定。

3-1-46 采用音听法，应符合哪些规定？

答：采用音听法，应符合下列规定：

1）地下管道的检漏可采用此法；

2）用音听法检漏前应掌握被检查管道的有关资料；

3）先用电子音听器（或听棒）在可接触点（如消火栓、阀门）听音，以初步判断该点附近是否有管道漏水；

4）应选择寂静时段（一般为深夜），在沿管段的地面上，每1m左右，用音听器听音。当现场条件适合应用相关仪，可用该仪器复核漏水点。

3-1-47　采用相关分析检漏法，应符合哪些规定？

答：采用相关分析检漏法，应符合下列规定：

1）二接触点距离不大于200m，$DN \leqslant 400$ 的金属管，尤其是深埋的或经常有外界噪声的管段宜采用此法；

2）二个探测器必须直接接触管壁或阀门、消火栓等附属设备；

3）探测器与相关仪间的讯号传输，可采用有线或无线传输方式；

4）相关分析法与音听法结合使用，可复核漏水点位置。

3-1-48　采用区域检漏法，应符合哪些规定：

采用区域检漏法，应符合下列规定：

答：1）居民区和深夜很少用水的地区宜采用此法；

2）采用该检漏法时，区内管网阀门必须均能关闭严密；

3）检测范围宜选择2～3km管长或2000～5000户居民为一个检漏小区；

4）检漏宜在深夜进行，应关闭所有进入该小区的阀门，留一条管径为 $DN50$ 的旁通管使水进入该区，旁通管上安装连续测定流量计量仪表，精度应为1级表；

5）当旁通管最低流量小于0.5～1.0m^3/（km·h）时，可认为符合要求，不再检漏。超过上述标准时，可关闭区内部分阀门，进行对比，以确定漏水管段，然后再用音听法确定漏水位置。

3-1-49　采用区域装表法，应符合哪些规定？

答：采用区域装表法，应符合下列规定：

1）单管进水的居民区，以及一、二个进水管外其他与外区联系的阀门均可关闭的地区可采用此法；

2）进水管应安装水表，水表应考虑小流量时有较高精度；

3）检测时应同时抄该用户水表和进水管水表，当二者差小于3%～5%时，可认为符合要求，不再检漏；当超过时，应采用其他方法检查漏水点。

4）采用区域检漏兼区域装表检漏时，在检漏区同时具有区域装表法及区域检漏法的装置。当进水量与用户水量之比超过规定要求时，采用区域检漏法检漏。

3-1-50　室内给水方式有哪几种？

答：常用的室内给水方式有以下几种：

1）直接给水方式

如图3-1-50（1）（*a*）所示的直接给水方式与外部管网直接连接，利用其水压直接供水。这种方式供水较可靠，且系统简单，投资省，安装、维护简单，可充分利用外部管网水压，内部无储备水量，无日常运行能源费用。但当外部管网停水时内部立即断水，故只适用于建筑外部管网水压、水量昼夜均能满足用水要求，室内给水无特殊需要的单层和低层建筑，但在外网压力超过允许值时，应设减压装置。

2）下部直接供水、上部设水箱的供水方式

如图3-1-50（1）（*b*）所示的供水方式，与外部管网直接连接，利用外部水压直接供水，上层设水箱调节水量的水压。这种方式供水较可靠，且系统简单，投资较省，安装、维护简单，可充分利用外部管网水压，节省日常运行能源。但设有高位水箱，以便在夜间用水负荷低谷水压较大时，向水箱注水，以保证白天上层用户用水。外网水压昼夜周期性不足的多层建筑，大多采用这种供水方式。

3）下层直接供水、上层设水泵和水箱的供水方式

如图 3-1-50（1）（*c*）所示的供水方式，下层与外网直连，利用外部水压直接供水；上层供水则利用水泵供水至水箱，再由水箱调节供水。这种供水方式广泛用于高层建筑。当外部水压过低，不能向下层直接供水时，可将上下层给水管连同，由水箱各下层供水。

4）气压给水装置供水方式

如图 3-1-50（1）（*d*）所示的供水方式，利用水泵自外部管网直接抽水加压，利用气压罐调节流量并控制水泵运行。这种供水方式仍可利用外部管网水压，不需设高位水箱。但这种变压式气压给水方式水压波动较大，水泵启动频繁，运行效率低，电能消耗大。因此，这种系统仅适用于外部管网水压经常不足，用水压力允许有一定波动，且不宜设置高位水箱的建筑。不设水池而直接从外部管网直接抽水，会影响外部管网的水力状况，因而须证得市政有关部门或自来水公司的同意。

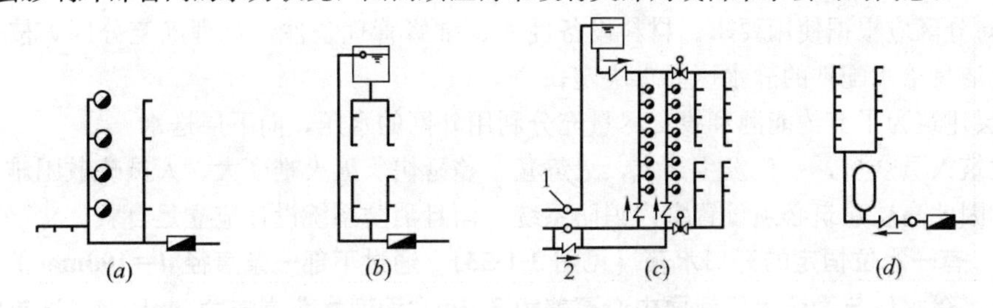

图 3-1-50（1） 给水方式示意图

（*a*）直接给水方式；（*b*）下部直接供水、上部设水箱的供水方式；

（*c*）下层直接供水、上层设水泵和水箱的供水方式；（*d*）气压给水装置供水方式

1—生活水泵；2—消防水泵

5）高层和超高层建筑的分区供水方式

建筑高度不超过 100m 的建筑和建筑高度超过 100m 的供水系统，有多种供水方式可供选择。

（1）建筑高度不超过 100m 的高层建筑，宜采用垂直分区并联供水或分区减压的供水方式。也就是说，在建筑的低层区靠市政水压直接供水，中区和高区各采用一组调速水泵供水，这就是垂直分区并联供水系统，发区内压力偏高的区域再用减压阀局部调压。这种系统设有高位水箱，水压稳定，是当前建筑高度小于 100m 的高层建筑宜采用的供水方式。

过去有相当一部分建筑采用过将水一次加压输送至屋顶水箱，再自流分区减压供水的方式，其缺点是耗能较高和减压阀减压值（或减压比）偏大，一旦减压阀失灵对阀后用水存在超压隐患，屋顶水箱也可能造成水质污染，且在地震时对建筑物安全十分不利，因此，不提倡作为主要的供水方式应用。

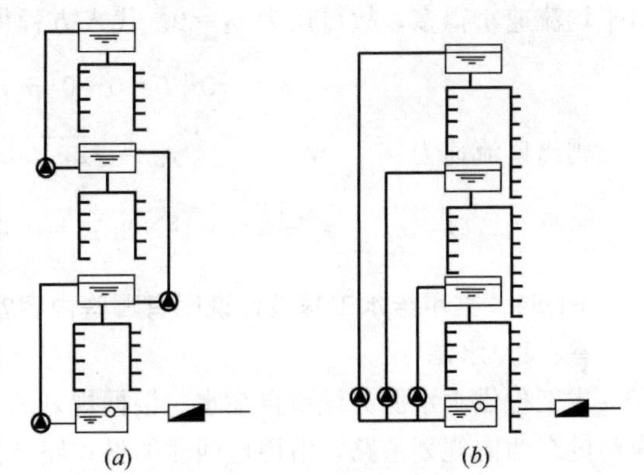

图 3-1-50（2） 高层建筑的分区给水系统

（*a*）分区串联供水方式；（*b*）分区并联供水方式

（2）建筑高度超过 100m 的建筑，可采用分区串联供水方式，设中间转输水箱，如图 3-1-50（2）（*a*）所示（也可采用调速水泵组取代中间转输水

箱，但需在管道上安装倒流防止器)；也可采用分区并联供水方式，各区采用不同扬程的水泵，如图 3-1-50（2）(*b*) 所示，但会使输往最高层的水管承压过高，造成不安全因素。

3-1-51　给水工程的组成有哪些?

答：室内给水工程：通常由引入管、立管、支管、配水支管、给水附件和配水龙头或用水设备组成。

室外给水工程：管道安装、井室设备安装、水压试验、消毒、警示带敷设。

3-1-52　高层建筑给水特点是什么?

答：高层给水特点是：

1）高层建筑依靠城市给水管网，水压不能保证其供水要求，因而必须设置水泵进行加压和水箱进行贮水，或变频泵及气压罐，以保证各楼层的用水；

2）建筑物高度大，如果只设一个给水系统，那么低层配水点上受静水压力就会很大，同时在运行中会或则产生水、水噪音。下层配水点出水量过大，影响上层出水量小，下层水龙头开启时水流喷射飞溅严重，使用不便。给水管道和配件由于受静水压力过大而损坏，需要调换修理。为此高层建筑给水系统都采取竖向分区供水；

3）竖向分区应根据使用要求、材料设备性能、维修管理条件，合理确定分区。按规范要求的最低卫生洁具给水配件的静水压要求决定；

4）高层建筑为了节约能源和投资尽量充分利用外网的水压，向下层送水。

高层建筑人员众多，一旦发生火灾，火势猛、蔓延快、灭火难度大、人员疏散困难，会造成严重后果。因此高层建筑必须设置室内消防系统，而且消防系统设计应立足自救。

3-1-53　有一水位恒定的开口水箱（见图 3-1-53)，通过下部一条直径 d=100mm 的管道向外供水。已知水箱水位与管道出口断面中心高差为 3.5m，管道水头损失为 3mH$_2$O，试求管道出口流速和流量是多少?

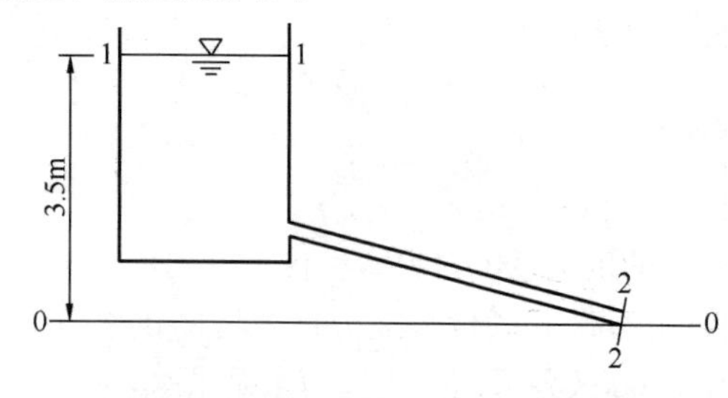

图 3-1-53　开口水箱下连出水管

答：取水箱水面为 1—1 断面，管道出口为 2—2 断面，基准平面 0—0 通过管道出口断面中心，是最低点。列出断面 1—1 和 2—2 的能量方程式：

$$Z_1+p_1/\gamma+v_1^2/2g=Z_2+p_2/\gamma+v_2^2/2g+h_w$$

式中　$Z_1=3.5$m，$Z_2=0$，p_1、p_2 与周围空气的大气压强相等，即相对压强为零。断面 1—1 比断面 2—2 大得多，则其断面平均流速比管道出口平均流速小得多，故可认为 $v_1=0$。代入方程得

$$3.5+0+0=0+0+v_2^2/2g+3 \quad v_2^2/2g=0.5$$

则出口流速为　$v_2=\sqrt{2g\times0.5}=3.13$m/s

流量为　$Q=w_2v_2=\frac{3.14}{4}\times0.1^2\times3.13=0.0246\text{m}^3/\text{s}=24.6\text{L/s}$

3-1-54　某甲给水工程设计说明有哪些内容?

答：1）水源

本工程供水水源为城市自来水。根据规划的××中心和××体育场外部市政条件，沿体育场东南的东西向规划道路，沿用地西侧的景观路和沿北侧的中一路均规划有市政给水管道，管径分别为 DN400、DN600 和 DN600，可为主体育场提供多个接水点。市政供水压力 0.25MPa。

2）用水量

	最高日（m^3/d）	最大时（m^3/h）
生活用水量	695.50	134.25
冷却补水量	750.00	75.00（待空调负荷确定后调整）

3）给水系统

给水系统供应体育场内的运动员淋浴、观众盥洗、饮水、餐饮用水。为充分利用体育场周边的市政供水条件，并考虑赛后运营基本上在二层以下。故二层以下的生活用水由市政供水管网直接供水，二层以上由设于各区0层的生活水箱和相对应的生活变压变量变频给水设备加压供水。

为了赛后运营独立使用的灵活性，设置四套独立的变频供水设备，分别服务全场1/4区域，使每个供水范围互不影响，提高设备的工作效率。

4）消防系统

根据《建筑设计防火规范》GB 50016—2006和《高层民用建筑设计防火规范》（2005年版）GB 50045—1995，体育场按一类建筑设计。设有室内、外消火栓给水系统、自动喷洒灭火给水系统、水喷雾灭火系统、局部气体灭火系统及特殊消防系统。

室内、外消火栓用水量各为30L/s，火灾延续时间3h；根据《自动喷水灭火系统设计规范》（2005年版）GB 50084—2001，体育场内地下车库、建筑面积大于1000m^2的地下商场属中危险Ⅱ级，其他部位属中危险Ⅰ级，喷水强度8L/minm^2，作用面积160m^2。设计水量为28L/s，火灾延续时间1h。柴油发电机房和锅炉房设水喷雾灭火系统，喷雾强度分别为20L/min·m^2、9L/(min·m^2)，延续时间分别为0.5h、1h。

（1）室外消防系统：

室外消火栓系统采用低压制。管网与低区生活给水系统共用，该系统直接与从市政给水管网引入的两条输水管线构成双水源环状管网。市政管网所提供的水量及水压均能满足消防要求。从该管网上接出若干套室外地下式消火栓，但城市消防车吸水，向着火部位加压供水灭火。地下式消火栓间距小于120m，保证半径小于150m。距道路边不大于0.2m，距建筑物外墙不小于5.0m。

（2）室内消防水源：

雨水和城市中水经处理后，出水完全满足消防用水的水质要求，作为消防水源，以充分利用天然水资源。

（3）室内消火栓系统：

消防泵房内设有500m^3专用消防水池（按自动喷洒系统和消火栓系统同时作用计算），室内消火栓系统加压泵和稳压泵。室内消火栓系统采用稳高压系统，平时系统由稳压装置稳压，消防时，由消防水泵供水。室内消火栓管网呈环状布置，各层全方位设置消火栓保护，保证同层任何一点均有两股水柱同时达到。室内消火栓设在明显和易于取用处。

（4）自动喷洒灭火系统：

本系统与室内消火栓系统共用消防水池，设有独立的加压泵和稳压装置。采用稳高压系统，平时系统压力由稳压装置维持，消防时，由加压泵供水。场内会议室、体育比赛附属用房、器械库、商业用房、餐厅、厨房、休息室、办公室、走道、车库、VIP包箱等均设自动喷洒头保护。无采暖的车库采用预作用或干式系统，其他部位采用湿式系统。

为减少干管的长度、节省吊顶空间，并使预作用系统报警阀后管网的充水时间小于2min。报警阀分散设置。

由于体育场的特殊性，消防高位水箱的设置与否，须经消防专题论证会确定。

（5）气体灭火系统：

中控室、通讯主机房、电视转播机房、其他贵重设备室等不宜用水灭火的房间，设气体灭火系统。为了体现科技奥运、人文奥运、绿色奥运的精神，所采用的灭火剂必须是绿色环保的洁净气体。IG-541 和 FM200 均属首选灭火剂。

（6）水喷雾灭火系统：

本系统与室内消火栓系统共用消防水池，设有独立的加压泵和稳压装置或与自动喷洒系统共用加压泵。平时系统压力由稳压装置维持，消防时，通过保护区的双路探测器报警，自动打开报警阀并启动加压泵供水。

（7）灭火器配置：

室内除设有固定的消防系统外，还设置移动式灭火器。车库按中危险级 B 类配置干粉灭火器，变配电机房按中危险级 B 类配置 CO_2 灭火器，其他部位均按中危险级 A 类配置干粉灭火器。

钢结构、看台、顶篷 ETFE 膜等特殊部位的防火保护措施须做专项防火性能化设计评估后，确定是否采用特殊的消防措施保护，如消防水炮系统。

观众集散大厅是否设喷洒保护，须经防火性能化设计后确定。为赛后的使用考虑，竖井中预留为集散大厅服务的喷洒管道。

5）生活热水系统：

（1）热源：

沿体育场东南的东西向规划路新建一条 *DN*300mm 的热力管线为体育场提供热源。奥运期间，城市热力应不间断供应；奥运会后，夏季城市热力检修期由自备燃气锅炉提供 0.4MPa 的饱和蒸汽。

（2）生活热水供应范围：

奥运期间——运动员淋浴、厨房、VIP 包厢、观众卫生间洗手盆（待定）；奥运会后——俱乐部淋浴、餐饮、客房（待定）、游泳池（待定）。

（3）生活热水量及耗热量：

	最高日（m^3/d）	最大时（m^3/h）	耗热量（kW）
奥运期间	404.80	78.31	2930.00
奥运会后	164.00	28.00	1530.00（不含游泳池所需热量）

供应方式采用集中加热和分散加热相结合的方式。由于热水用水点分散，用水时间差异很大，考虑将运动员淋浴、VIP 包厢、厨房部分的生活热水设集中换热站定时循环供应热水；奥运会后为客房、餐饮、俱乐部供应热水。观众卫生间洗手盆将根据业主要求或分散设置电热水器供应，或分散设小系统换热站定时循环供应热水。

6）中水系统：

根据市政规划条件，在体育场东侧的景观路，北侧的中一路规划新建普通水质中水管道，管径分别为 *DN*300、*DN*400；在东侧的湖边东路新建 *DN*400，沿景观路新建一条 DN200，沿中一路新建一条 DN200 的优质中水管道。为体育场提供中水用水水源。

中水用水量：

	最高日（m^3/d）	最大时（m^3/h）
室内中水用水量	632.50	97.96
冲洗跑道和车库用水量	110.00	41.25
	（冲洗跑道和车库不在同一天进行）	
足球场喷灌用水量	85.68	55.00
	（比赛场和热身场不在同一天喷灌）	
室外绿化、景观用水量	230.00	55.00

根据普通中水水质和优质中水水质的情况，合理考虑将优质中水用于室内冲厕和跑道冲洗。

为了充分体现“绿色奥运”的精神，中水水质的主要指标需达到生活饮用水水质标准。普通中水作为雨洪蓄水池的补水，经雨洪处理设备，达到相应的水质标准后，用于热身足球场和比赛足球场的喷灌用水及消防储水。

室内中水供水分区同给水系统。

7）冷却循环水系统：

空调用冷却水经冷却塔冷却后循环使用，冷却塔设在0层，其位置的设置考虑有良好的自然通风条件并借助机械排风保证冷却所需风量。冷却塔的补水可由两种补水方式：（1）由市政给水管道直接供给；（2）利用处理后的雨水。在循环管道上和补水管道上采用必要的防垢除藻措施，以稳定冷却水的水质。

8）其他节水节能措施：

本着“绿色奥运”、“人文奥运”的精神，奥运场馆的建设将对各种能源进行合理的规划和利用。水是人类生存和发展必不可少的资源，北京本身为缺水地区，随着经济的发展、人口的增加和生活质量的提高，对水的要求越来越大。因此作为奥运会主场馆的国家体育场，在水资源的利用上将采用先进的技术，作到充分合理地利用水资源。而雨水本身是一种可以再生利用的水资源。尤其是近年来，由于水资源的缺乏，地下水位的下降等原因，因此，寻求新的雨水处置或利用方法已成为必然趋势。

体育场区内统一考虑两个独立的雨洪利用设施

（1）体育场建筑外部用地红线范围内的雨洪利用：

体育场屋顶重现期1年的24h降雨和用地范围内除机动车道以外的地面1年一遇24h降雨全部回收利用，在体育场周边分散或集中建设蓄水池，采用必要的处理措施，处理后水质优于城市杂用水水质标准，用于景观用水和绿化。大于1年一遇且小于5年一遇的降雨经蓄水池的溢流口流至雨水渗井回灌给地下水，大于5年一遇的降雨经溢流口排入市政雨水管道。城市中水作为非雨季的补水。

（2）体育场内部的雨洪利用：

体育场可开启屋顶的5年一遇24h的降雨一部分经跑道和草坪径流至内环沟，一部分经草坪入渗。入渗部分一部分至排水盲管，一部分土层吸纳。除土层吸纳的雨水外，其余雨水全部收集至田赛区地下蓄水池而不外排。雨水蓄水量，除考虑最大程度的利用雨水，还要通过综合经济比较。根据足球场草坪对水质的要求采取合理的处理措施后主要用于热身场和比赛场的草坪喷灌及消防储水。另外，雨水的利用部位除满足规划条件外，还要根据水量、水质做出合理的、经济的优化组合。

①为满足优质灌溉用水的要求，体现“绿色奥运”的精神，处理设施采用先进成熟的技术，保证系统投产后的可靠性和安全性，保护经济技术指标的先进性，适应雨水原水的不稳定性。拟采用膜处理法，拦截细菌和病毒，防止传染病等的传播。使设计布局合理，减少占地面积，处理工艺流程畅通，工作和反洗完全智能化控制，运行管理简单方便。

②处理流程为：

雨水蓄水池 → 调节池 → 泵 → 砂滤过滤器 → 超滤膜 → 中水

中水补水 → 调节池

③为节省一次性投资，减小处理能力，并使设备连续运行，有利于膜的养护，足球场喷灌和两块热身场喷灌不在同一天进行。用水量约90m³/d，处理设施按20h连续运行设计，处理能力

约 5m³/h 中水贮水池储藏一天的喷灌用水量。

④在城市中水水质不明确的情况下，旱季雨水不足时，城市中水补入处理设施前的调节池，进一步处理后回用。一方面是绝对保证草坪的水质，另一方面避免膜组长期停用所带来的养护问题，再一方面使调节池内的水处于流动状态，避免池内淤泥沉积产生厌氧现象，出现异味。

⑤从节省一次性投资出发，处理工艺也可采用砂滤加紫外线。

雨水→细格栅

蓄水池↓↙爆气

中水补水→调节池→泵→砂滤过滤器→紫外线→中水池→用水

⑥要求出水主要水质指标：

参照美国环保局推荐指标和日本冷冻空调工业委员会制定的冷却水水质标准（见表 3-1-54）：

冷却水水质标准 **表 3-1-54**

色度	浊度	总溶解固体	SS	pH	硼浓度	氯浓度
≤15	≤3	≤450mg/L	不得含有	6～8	<1mg/L	<70mg/L
硝酸根浓度	镉	铜	镍	锌	总硬度（$CaCO_3$）	硫酸根离子
≤5mg/L	0.005mg/L	0.2mg/L	0.5mg/L	1mg/L	<50mg/L	<50mg/L
溶解氧	阴离子表面活性剂	BOD_5				
≥2mg/L	≤0.5mg/L	≤5mg/L				

毒理学指标和细菌学指标需满足生活饮用水水质标准

(3) 绿化和喷灌：

景观绿化采用微灌或滴灌头，以利节水，充分利用天然雨水。足球场草坪的养护采用自动升降节水喷灌器，场地内采用 24 个升降式体育场草坪专用喷灌喷头矩形布置。射程 12.7～14.6m，流量 1.56～2.12m³/h，降水量 7.14～10mm/h。采用加压泵将回用雨水或中水输送到喷灌头。场地心土内设置湿度感应探头，使得喷灌系统实现自动化、智能化控制，精确的开、关时间，使得适宜的喷水量满足不同季节、不同气厚条件下的草坪用水需求。热身场和比赛场分时段喷灌，启停单元的切换完全实现智能化，充分体现科技奥运的精神。

9) 饮用净水系统：

依据：《饮用净水水质标准》CJ 94—2005

饱水量标准：0.2L/（人·场）

	最高日（m³/d）	最大时（m³/h）
总饮水量	52.00	7.80

根据《奥运会体育场设计大纲》，观众供应免费饮水，工作人员、运动员供应开水。

从体育场的阶段性使用的特点考虑，又从体育场的管理角度出发，采用小系统终端处理站，每一竖向扇形区设一饮用净水处理站，自来水经过滤、纳滤膜或 RO 膜及消毒处理后，通过专用饮水管道竖向供给各饮水龙头。管道系统定时循环。赛后停用时，管道和设备泄空。

3-1-55 华北地区建筑设备施工安装通用图集给水工程分册编制说明是怎样的?

答：给水工程分册编制说明如下：

1) 设计条件：

(1) 设计荷载：均布 4kN/m² 适用于人行道或绿化地带的构筑物。

汽－15 或汽－10 适用于车行道下的构筑物。

(2) 土壤条件：土的重度：γ=1764kN/m³

地基承载力设计值 f=100kPa

内摩擦角 $\phi=30°$

（3）气候条件：采暖室外计算温度高于－20℃

（4）地震烈度：按 8 度计算。

（5）最大冻土深度为 1.6m。

2）选用条件：

（1）本图适用于一般工业企业及民用建筑的室内、室外给水设计和施工安装。

（2）如用于地震烈度 9 度和 9 度以上地区、湿陷性黄土地区、膨胀土地区、多年冻土地区及其他特殊地区时，应根据有关规范和规程的规定另作处理。

3-1-56　华北地区给水工程施工统一说明有哪七项？

答：1）管材：

管材　　**表 3-1-56（1）**

<table>
<tr><th>序号</th><th>系统类别</th><th colspan="3">管　材</th><th>连接方式</th></tr>
<tr><td rowspan="5">1</td><td rowspan="5">生活给水</td><td>明设</td><td>DN≥150</td><td rowspan="2">宜采用给水铸铁管</td><td rowspan="2">A. 石棉水泥接口
B. 水泥接口
C. 胶圈接口
D. 青铅接口</td></tr>
<tr><td>暗设或埋地</td><td>DN≥75</td></tr>
<tr><td>明设</td><td>DN≤125</td><td rowspan="2">宜采用镀锌钢管</td><td rowspan="2">螺纹连接</td></tr>
<tr><td>暗设或埋地</td><td>DN≤65</td></tr>
<tr><td>明设</td><td>DN≥150</td><td>宜采用镀锌无缝钢管</td><td>法兰连接</td></tr>
<tr><td rowspan="2">2</td><td rowspan="2">生活热水</td><td rowspan="2">明设或暗设</td><td>DN≥150</td><td rowspan="2">镀锌钢管</td><td>法兰连接</td></tr>
<tr><td>DN≤125</td><td>螺纹连接</td></tr>
<tr><td rowspan="5">3</td><td rowspan="5">消火栓专用</td><td rowspan="2">明设或暗设</td><td>DN≥80</td><td rowspan="3">宜采用焊接钢管
或无缝钢管</td><td>A. 法兰连接 B. 焊接</td></tr>
<tr><td>DN≤65</td><td rowspan="2">螺纹连接</td></tr>
<tr><td>埋地</td><td>DN≤65</td></tr>
<tr><td rowspan="2">埋地</td><td rowspan="2">DN≥75</td><td rowspan="2">宜采用给水铸铁管
或无缝钢管</td><td>A. 石棉水泥接口
B. 水泥接口
C. 胶圈接口
D. 青铅接口</td></tr>
<tr><td>A. 焊接
B. 法兰连接</td></tr>
<tr><td rowspan="3">4</td><td rowspan="3">自动喷水灭火</td><td rowspan="2">报警阀后
报警阀前</td><td>DN≥150</td><td rowspan="2">镀锌钢管或
镀锌无缝钢管</td><td>法兰连接</td></tr>
<tr><td>DN≤125</td><td>螺纹连接</td></tr>
<tr><td>报警阀前</td><td>DN≥75</td><td>给水铸铁管</td><td>A. 石棉水泥接口
B. 水泥接口
C. 胶圈接口
D. 青铅接口</td></tr>
<tr><td>5</td><td>蒸　汽</td><td colspan="2">工作压力≤1.0MPa
温度≤200℃</td><td>宜采用焊接钢管
或无缝钢管</td><td>DN≤32　螺纹连接
DN≥40　焊接</td></tr>
<tr><td>6</td><td>生产给水</td><td colspan="4">按工艺要求确定</td></tr>
</table>

注：1. 凡与生活给水合用的系统，按生活给水系统选材。

2. 镀锌钢管 DN≥100 螺纹连接有困难时，在质检主管部门允许条件下可采用焊接法兰盘连接，焊接部位内外应作防腐处理。

3. DN≥150 的镀锌钢管或镀锌无缝钢管焊接法兰连接时，焊接部位内外应作防腐处理。

2）防腐：

(1) 应严格按有关施工规程要求将管道表面除锈合格后方可涂漆。

(2) 埋设和暗设的管道一般情况下均涂刷沥青漆二道（给水铸铁管已作防腐的可不再涂刷)。

(3) 埋设在焦渣层内的管道，宜将管道铺设在小沟内与焦渣层隔离，沟内管道涂刷沥青漆两道。

(4) 明设镀锌钢管、镀锌无缝钢管涂刷面漆一道（镀锌层被破坏部分及管道螺纹露出部分涂刷防锈漆一道，面漆二道)。明设给水铸铁管和焊接钢管等涂刷防锈漆二道，银粉面漆（或设计指定面漆）二道。

(5) 有保温层和隔热层的管道应先作防腐，后作保温。给水铸铁管、焊接钢管、无缝钢管涂刷防锈漆二道；镀锌钢管、镀锌无缝钢管，镀锌层破坏部位补刷防锈漆一道。

3）保温：

(1) 生活热水明设横、立干管，暗设管和换热设备，有防冻要求的生活给水管、消防给水管，蒸汽管均须作保温。保温作法按个体设计要求参照《91SB—暖》管道、设备保温做法。

(2) 防管道表面结露的管道须做隔热处理，其隔热层作法应满足热工、隔气、消防和美观等要求。(可采用6～10mm厚阻燃型高压聚乙烯泡沫塑料管壳或板材，对缝粘接后外缠密纹玻璃丝布，外刷面漆二道)。

4）安装：

(1) 管道穿建筑物基础、墙、楼板的孔洞和管道墙槽，应配合土建施工预留。设计图未注明者，应按GB 50242—2002《建筑给水排水及采暖工程施工质量验收规范》第2.0.6条规定的尺寸预留。

(2) 管道穿地下防水墙体、顶板应作防水套管。

(3) 钢管穿楼板应做钢套管，套管直径比管道直径大2号，套管顶部高出地面20mm，套管底部与楼板底面平，套管与管道间填密封膏。

(4) 钢管、铸铁管道的支、吊架间距及支吊架作法参照《91SB—暖》。

(5) 给水管道与其他管道同沟或共架铺设时，宜铺设在排水管、冷冻管的上面，热水管、蒸汽管的下面。给水管不宜与输送易燃、可燃或有害的液体或气体的管道同沟铺设。

(6) 消防管道及消防设施的安装应符合有关规范规定。

5）冲洗：

(1) 生活、生产给水管，生活热水管在交付使用前须用水冲洗。冲洗时，以系统内最大设计流量为冲洗流量或不小于1.5m/s的流速冲洗，直到出口水色和透明度与入口目测一致为合格。

(2) 消防系统管道的冲洗

6）试压：

试压 **表3-1-56（2）**

系统类别	管　材	工作压力（P）MPa	试验压力 MPa
室内给水	钢　管	P	$1.5P$ 但不小于0.6 不大于1.0
	给水铸铁管	P	
室外给水	钢　管	P	$P+0.5$ 但不小于0.5
	给水铸铁管	$P\leqslant 0.5$	$2P$
		$P>0.5$	$P+0.5$

注：1. 水压试验时，先升至试验压力，10min压力降不大于0.05MPa，然后试验压力降至工作压力作外观检查，不渗不漏为合格。

2. 消防系统的试压见《91SB—暖》104页。

7）构筑物：

（1）无地下水的构筑物：

采用C20混凝土，MU7.5砖，M5.0混合砂浆，井内壁、外壁原浆勾缝。

（2）有季节性地下水的构筑物：

采用C20混凝土且抗渗标号不低于S_4，MU7.5砖，M7.5水泥砂浆，井内壁原浆勾缝，井外壁采用1：2防水水泥砂浆抹面厚20mm，最高地下水位按地面下1.0米计算。

（3）常年处于高水位下的构筑物由设计人定。

（4）钢筋混凝土板、盖等构件除现浇外，可采用当地的预制标准构件，其制作误差不超过±5mm。

8）本图尺寸：除图、表中注明者外均为毫米。

3-1-57　北京市市政设计研究院给水设计通用图集〈TG41〉管道管件设计总说明是怎样的？

答：1）本图集适用于北京市室外给水管道设计，也可供给水厂站设计参考。

2）本图集均为表格图。凡另绘制单规格管件的图纸，应按附于尺寸表后的图号编号。

3）设计依据：

（1）钢制管件的轴向尺寸、钢制管件与铸铁管配合的尺寸，铸铁管件的壁厚及承插口头部尺寸，均按冶金工业部部颁标准《排水用灰口铸铁直管及管件》YB/T 5188—1993（以下简称“冶标”）设计。

（2）钢制管件轴向尺寸，在“冶标”规格范围以外的管件用插入或外诞取值进行设计。

（3）钢制管件的壁厚，考虑主要配合铸铁管及预应力钢筋混凝土管的寿命，适当加厚；管外径按第一机械工业部部颁标准《凸面板式平焊钢制管法兰》JB/T 81—1994（以下简称“机标”）设计。

（4）法兰的连接尺寸，分别按“机标”和“冶标”设计。“机标”法兰的公称压力为Pg=2.5、6、10kg/cm^{2}三种。“冶标”法兰的公称压力为Pg=7.5kg/cm^2。

（5）与预应力钢筋混凝土管配合的尺寸，均按北京市第二水泥管厂的1978年产品规格设计。

（6）焊缝符号及尺寸按国家标准《气焊、焊条电弧焊、气体保护焊和高能束焊的推荐坡口》GB/T 985.1—2008和《焊缝符号表示法》GB/T 324—2008。

（7）三通、四通、叉通的开孔补强，参照美、日有关规范、设计。

4）为推广管件设计标准化和减少管件备品备件品种，尽量采用由标准单元组成的综合管件，本图集为标准单元设计，弯头、三通、四通、叉通、渐缩管等管件设计图中均末绘制接口。接口由选用人自行配置，也可直接与钢管对接。凡规定接口形式的管件（如短管甲、乙，转换口甲、乙等），图中只绘出接口形式，接口各部尺寸，分别见所注图号的单元设计图。

5）为简化工程设计，在提交加工单位订货或绘制管件结合图时，均采用下列图例和文字代号。

（1）采用的图例，见表3-1-57（1）

管件图例　　　　**表3-1-57（1）**

序号	名称	图例	序号	名称	图例
1	铸铁管用承口	)	4	预应力钢筋混凝土管用插口	—⊟
2	铸铁管用插口	╧	5	“冶标”法兰盘	│yB
3	预应力钢筋混凝土管用承口	⊐	6	“机标”2.5kg/cm^{2}法兰盘	│JB32.5

续表

序号	名　　称	图　例
7	“机标”6kg/cm^2 法兰盘	JB6
8	“机标”10kg/cm^2 法兰盘	JB10
9	活箍	
10	简易伸缩口	
11	抗震柔口	
12	铸铁管用揣袖	
13	预应力钢筋混凝土管用揣袖	
14	四通	
15	三通	
16	排气三通	
17	消火栓三通	
18	排泥、排空三通	
19	叉通	
20	渐缩管	
21	弯头*	
22	人孔口用排气法兰盖	
23	“冶标”法兰盘	yB
24	“机标”2.5kg/cm^2 法兰盖	JB2.5
25	“机标”6kg/cm^2 法兰盖	JB6
26	“机标”10kg/cm^2 法兰盖	JB10
27	椭圆封头	T
28	蝶形封头	D
29	法兰无折边封头	W
30	打泵盲板	
31	铸铁管用短管甲	
32	铸铁管用短管乙	
33	预应力钢筋混凝土管用短管甲	
34	预应力钢筋混凝土管用短管恸	
35	转换口甲	
36	转换口乙	

* 在规格内注明角度。

（2）在使用图例的同时，使用表 3-1-57（2）的文字代号，加注在规格后，以表示所采用材料的种类，举例见表 3-1-57（3）。

文　字　代　号　　　　**表 3-1-57（2）**

序号	名　　称	文字代号	序号	名　　称	文字代号
1	钢制管件	G	2	铸铁管件	Z

使　用　举　例　　　　**表 3-1-57（3）**

名　　称	规　　格	图　　例	说　　明
预应力钢筋混凝土管用四通	Dg1000×400G	J B10	在钢制 Dg1000×400 的四通上，配置 Dg1000 的预应力钢筋混凝土管用的承、插口；Dg400 铸铁管用的承口及“机标”Pg=10kg/cm^2 法兰盘
转换弯头	Dg800×15°G		在钢制 Dg800×15°的弯头上配置预应力钢筋混凝土管用的承口和铸铁管用的承口
转换排空三通	Dg1000×200G		在钢制 Dg1000×200 排空三通上，配置 Dg1000 预应力钢筋混凝土管用的承口，铸铁管用的插口，在排泥口上配置 Dg200 铸铁管用的承口

续表

名称	规格	图例	说明
叉通	Dg600×400G	T J B10	在钢制Dg600×400叉通的两端配置预应力钢筋混凝土管用的插口、JB10法兰盘，在支管上对接椭圆封头
预应力钢筋混凝土管用插堵	Dg2000G		在钢制Dg2000的打泵盲板上配置预应力钢筋混凝土管用的承口
预应力钢筋混凝土管用承堵	Dg1000G		在钢制Dg1000的打泵盲板上配置预应力钢筋混凝土管用的插口
转换渐缩管	Dg1200×600G		在钢制Dg1200×600的渐缩管上配置预应力钢筋混凝土管用的插口，铸铁管用的承口

注：本图集的铸铁管件的图例已在图例中全部列出，滲照钢制管件的使用举例，在规格后加注Z，说明此管件为铸铁管件，不再举例。

6）除图中提出的技术要求外，钢制管件及直管其他技术要求如下：

①材料：A_3（应符合国家标准《碳素结构钢》GB/T 700—2006的规定）。

②允许公差：参照《人造板制胶钢制焊接容器设备》LY/T 1033—2013。

③钢板厚度允差：应符合国家标准《热轧钢板和钢带的尺寸、外形重量及允许偏差》GB/T 709—2006的规定。

3-1-58 给水管道施工必须符合哪些要求？

答：1）目前所安装的上水管道，一般规定工作压力不大于5kg/cm^{2}试验压力不大于10kg/cm^{2}的承插销铁管和预应力钢筋混凝土管。近几年来，根据城市高层建筑的发展需要，使用压力和试验压力都有提高，高压管道多采用钢管。

2）不论使用哪种管材的上水管道，在完工后都必须符合下列要求：

（1）接口：接口严密牢固，经水压试验合格。

（2）位置和高程：平面位置和纵断高程准确。

（3）地基：地基和管件，闸门下支墩坚固稳定。

（4）消毒：保持管的清洁，经冲洗消毒，代验水质合格。

3）一般情况下，管道应尽量埋设。在埋设时必须注意外部荷载、管材强度及受冻等因素，北京地区上水管道的最小埋深，不应小于1m。

在特殊情况下必须明设时，要考虑到不易破坏，能适应温度变化和支撑加固等措施。

3-1-59 南水北调工程有多长？进京段工程建设条件有多复杂？成功解决了什么？北京市将形成怎样的供水系统和格局？

答：1）南水北调工程，将长江水调引到北京，增加了经济社会发展的水资源供给量，造福首都人民，这是一个复杂的系统工程，不仅包含技术层面的问题，还涉及环境及文物保护、移民安置、污水处理等诸多方面。

整个南水北调工程分东中西三条线路，涉及长江、黄河、淮河和海河四大流域。北京调水来自于南水北调中线。中线工程以丹江口水库为水源，渠首为于陶岔引水闸，采取以明渠为主局部管涵加压的输水方式。总干渠自陶岔引水闸北行，在方城口处穿越长江与淮河分水岭，继续北上在郑州附近穿黄河进入海河流域，然后再沿京广铁路线西侧北延至终点北京团城湖全长1246km。北京境内中线工程长80km，起点为房山区北拒马河，终点为团城湖。

2）南水北调中线北京段工程建设条件十分复杂。第一，工程所在区域内自然条件复杂，工程建设要考虑的因素多。区域内地质条件变化大，沿线有坚硬的岩石构造，也有松散的砂石料，还有无规则组分的加填料，且交错分布，区域内还有32条河流与工程相交。北京的气候四季分明，寒冬腊月工程防冻问题突出。第二区域内经济和社会发展速度快、节地和水质保护任务重。北京是一个人口多的现代化大城市土地利用率高，建设密度大，高楼大厦鳞次栉比。工程不仅横跨了北京郊区的良乡、房山城关等多个村镇，而且必须从城市主干道下直穿10.96km。地面上有公路、铁路、地铁等24条交通线路，地下有1300余条水电气热等各类管线，影响着工程的建设和运行。工程不仅要从中国规模最大的石化生产基地——燕山石化附近通过，而且沿线各种生产企业星罗棋布。

3）针对上述情况，经反复论证终于成功解决了：

（1）北京地区与输水与节地、环保、文物保护等的矛盾。

（2）在工程穿越北京城区段采用浅埋暗挖法施工，攻克了砂砾不地质条件下安全施工问题。

（3）掌握了在线运营道路桥梁和地铁站台不均匀沉降控制方法，成功完成了在城市快速主路下大型轮水涵洞的建设，并且做到"不断路、不断交通、不扰民"。

（4）通过设计、制造、运输、安装的联合攻关，成功解决了PCCP管芯混凝土碱骨料反应、管道接口安装、管道防腐和阴极保护、管道专用运输、隧洞穿管等一系列技术难题，首次成功建设了世界上最大口径的PCCP管道，且长度达到112km。

4）北京市城市供水系统将形成"26213"的空间布局：即两大动脉（调水中线总干渠、京密引水渠线）、六大水厂（北京第三自来水厂和第九自来水厂的改造扩建）、两个枢纽（团城湖和大宁调节池）、一条环路（五环）和三大应急水源地（怀柔、平谷和张坊应急供水工程）。这一体系依托现代数字流域技术，确保科学配置和高效利用本地地表水、地下水、再生水、雨洪水和外调水，真正实现五水联调的格局。

（摘自焦志忠主编《南水北调建设》）

3-1-60　2007年建设部公示稿建筑给水有哪些新技术？

答：建筑给水方面新技术的主要技术性能、特点及适用范围见表3-1-60。

建筑给水新技术简表　　**表3-1-60**

序号	技术名称	主要技术性能及特点	适用范围
1	城镇供水球墨铸铁管道系统	性能符合ISO 2531/GB 13295相关标准的要求，外镀锌符合ISO 8197标准要求，内衬水泥砂浆符合ISO 4179标准要求；臂件符合ISO 2531标准要求，并采用消失模和树脂砂等工艺生产。具有较强的韧性和抗高压、抗氧化、抗腐蚀等优良性能	城镇供水
2	城乡供水塑料管道系统	输送流体阻力小，能耗低，耐腐蚀，使用寿命长。品种包括：聚乙烯管（PE），硬聚氯乙烯管（PVC-U）（非铅盐稳定剂）、玻璃钢夹砂管（GRP）、钢骨架聚乙烯复合管、钢塑复合管（SP）。产品性能应符合相应的国家或行业标准要求，卫生性能应符合GB/T 17219要求，设计施工应符合相应的工程技术规程要求，且复合管端头金属外露处必须做好防腐处理	城乡供水
3	建筑给水（冷水）塑料管道系统	卫生、节能、环保；安装方便，工效高；耐腐蚀，耐介质温度不低于40℃，使用寿命长。品种包括：铝塑复合管（PAP）、聚乙烯管（PE）、交联聚乙烯管（PEX）、聚丙烯管（PP-R、PP-B）、PP-R稳态管、纤维增强PP-R复合管、硬聚氯乙烯管（PVC-U）（非铅盐稳定剂生产）、丙烯酸共聚聚氯乙烯管（AGR）等。产品性能应符合相应的国家或行业标准要求，卫生性能应符合GB/T 17219要求，设计施工时立管应做防伸缩和固定处理，并应符合相应的工程技术规程要求	建筑冷水管道

续表

序号	技术名称	主要技术性能及特点	适用范围
4	建筑给水（热水）塑料管道系统	卫生、节能、环保：安装方便，工效高；耐腐蚀，耐介质温度不低于70℃，使用寿命长。品种包括：交联铝塑复合管(XPAP)、交联聚乙烯管（PEX）、无规共聚聚丙烯管（PP-R）、PP-R稳态管，纤维增强PP-R复合管、耐热聚乙烯管（PE-RT）、聚丁烯臂（PB）等。产品性能应符合相应的国家或行业标准要求，设计施工时管道系统应做防伸缩和固定处理，并应符合相应的工程技术规程要求	建筑生活热水臂道
5	建筑给水涂（衬）塑钢管骨道系统	涂塑复合钢管是将树脂（聚乙烯或环氧树脂）粉末均匀涂敷于钢管内壁和固化而成；衬塑复合钢管是将塑料管紧衬于钢管内壁复合制成；配套管件为内涂（衬）塑铸铁或铸钢复合管件：管道系统连接可采用螺纹连接、法兰连接、沟槽连接等方式。该项技术具有机械强度高、卫生性能好，耐腐蚀、使用寿命长等特点。产品性能应符合国家或行业标准要求，设计施工应符合相应的工程技术标准要求。管材断口处、丝扣外露处必须做好防腐处理。涂塑钢管机械套丝时，注意防止涂塑层过热	建筑给水管、消防水管
6	地下金属管线探测技术	采用电磁法探测技术，一般可探测深度（h）大于5m，平面定位误差≤0.05m/＋0.05h，深度定位误差≤0.05m＋0.1h，工作温度－20～50℃，仪器性能稳定	地下金属管线探测
7	直埋式软密封闸阀	该技术可直接埋在土中，不设阀门井，不坏不漏，使城市道路平整，并可保证臂网安全	市政管网和住宅小区
8	自力式平衡压力恒温混水阀	利用金属膜片调节冷热水压力，使混水温度稳定、可控，并满足用户洗浴的要求，温度精度40±2.5℃	公共洗浴场所
9	IC卡智能水表	由水表、智能芯片、电路电源、液晶显示、脉冲电磁阀等部分组成。智能表集自动计量、状态显示、防止不正当使用（抗强磁干扰4000～6000Hz、拆卸表壳）等功能于一体。设有用水警戒提示。可显示充值、累计剩余水量和运行、故障等状态	各种中小型自来水用户和住宅水表
10	IC卡复费率水表	除具有IC卡智能水表的技术性能以外，还具有阶梯水价，分段计费和超定额累进加价计费的功能	实行阶梯水价或计划用水管理城市中供水单位对用水户的用水计量管理
11	红外线感应节水装置	由红外线探测装置、微电脑数字集成电路、电磁阀、给水配件组成。可在现场修改给水程序，调整冲水时间及水量，防止管道水倒流。具有节水、节能、环保、安全卫生、安装方便等特点。产品性能应符合国家或行业标准的要求	公用场所中用水器具节水控制
12	陶瓷片密封水嘴	采用陶瓷阀芯，密封性能好，耐磨性好，使用寿命较长，有利于节水。产品性能应符合国家或行业标准的要求	各类房屋建筑
13	供水管网漏水探测技术	采用多种漏水噪声放大和相关技术探测供水管网漏点位置。系统由检测，设备和漏水分析软件组成，可提供供水管网漏水探测计算、过程控制和结果报告全流程管理，实现高精度设备检测，漏水和控制状况客观评价，确认漏水位置	供水管网漏水探测

注：摘自兰天主编、孙钢主审《管道设备施工技术手册》中国建筑工业出版社，2010.9。

3.2 管材及管件

3-2-1 给水管道管材有哪些种?

答: 给水管道常用管材有钢管、铸铁管、自应力钢筋混凝土管、预应力钢筋混凝土管、低压钢筋混凝土管道、石棉水泥管等几种。

1) 钢管

钢管一般有直缝卷焊钢管和螺旋缝电焊钢管，系用普通碳素钢或普通低合金钢板制成。特殊情况下也有使用无缝钢管的。钢管制作方便，可以加工成任意管径的较长的管节。施工也较方便，可以在槽上长距离焊接后整体下管，也可在槽底稳管后焊接。钢管适用于多种基础形式。每延长米钢管的单位重量较轻，便于运输、吊装。钢材强度高，能够承受大于 $10kg/cm^2$ 的工作压力，抗震性能也好。以上所列都是它的优点。

钢管埋设后，由于受地下水的侵蚀，容易被腐蚀，因而敷设前应该仔细做好内外壁的除锈防腐工作。钢管的造价比较高，是它的缺点。

钢管既适用于埋管式施工，也适用于不开槽和架空施工，故穿越铁路、河流大多采用钢管。

2) 铸铁管

作为给水管道，铸铁管分为低压管、普压管、高压管三种，能承受最大工作压力为 $10kg/cm^2$。这种管材经久耐用、耐腐蚀，适用于各种土基，在接口位置设有支墩后也可用于架空管。铸铁管管径为 75～1500mm，直管一般加工成承插式接头，配件加工成法兰式接头。

铸铁管接口有石棉水泥、膨胀水泥、灌铅等几种。近年来多使用胶圈接口，可以大大减轻劳动强度，提高工作效率，加快施工速度。

3) 自应力钢筋混凝土管

用自应力水泥拌制的自应力混凝土在养护时，会大量膨胀，它的膨胀使钢筋受到拉应力，而钢筋给混凝土施加了压力使混凝土此时产生了压应力。用自应力混凝土制作的管子叫做自应力钢筋混凝土管。自应力钢筋混凝土管的外形是承插式的，多使用胶圈接口。这种管子安装简便，坚固耐用，通水能力稳定。管材如果出现宽度 0.25mm 以内的裂缝，在自应力作用下裂缝能够闭合。不过，自应力钢筋混凝土管自重大，比较脆，而容易撞坏。管径一般为 100～600mm，最大能承受 $6kg/cm^2$ 工作压力。

4) 预应力钢筋混凝土管

预应力钢筋混凝土管是在制管的同时，用特殊的张拉设备在管体周围预先施加压应力，依靠这些预加的压应力来抵抗管子使用时内水压力作用在管壁上的拉力，提高管子的抗拉性能，从而使管子能够承受较高的内水压力。这种管子与金属管材相比，可以节约大量钢铁，比金属管材的抗腐蚀性好，使用寿命长，通水能力不易变化，施工安管方便，由于采用胶圈柔性接口，所以抗震性能也好。

5) 现浇低压混凝土管道

在管径要求较大、又没有成品预制管材时，可在现场浇筑低压钢筋混凝土管道。当管线较长时一般采用“拉模”施工方法；而管线较短，则可支搭木模浇筑。

6) 混凝土低压离心管

当工作压力不大时，可将普通低压离心管安置在 180°混凝土管座基础上，然后，浇筑混凝土而将管道上半部包裹起来（也就是满包混凝土）。

7) 石棉水泥管

它具有耐腐蚀、内壁光滑、通水能力大等优点。管径一般为 75～300mm，能够承受的最大工作压力可达 10kg/cm^2。

3-2-2　选用给水管材，应符合哪些条件?

答：1）能承受所需的内压；

2）长期使用后，内壁光滑，能保持相当好的输水能力；

3）耐腐蚀，使用年限长；

4）与水接触不产生有毒、有害物质；

5）具备一定的抗外荷载能力；

6）安装方便，便于维修，便于开口接驳支管；

7）规格齐全，配套性强；

8）性价比合理。

3-2-3　常用管材有哪三大类?

目前，在给水管网中，采用的给水管材大体可分为金属、非金属、复合管材三大类。金属管材主要指铸铁管、钢管两种；非金属管材包括水泥压力管和塑料管两种；复合管常用的有钢塑管、铝塑管及 SPE 管等。其中，目前在城镇给水管网中最为常用的管材有钢管、球墨铸铁管、预应力钢筋混凝土管、钢筒预应力管（PCCP 管）、高密度聚乙烯管（HDPE 管）、聚氯乙烯管（PVC-U）等。钢塑管、铝塑管、不锈钢管等主要用于室内生活及消防供水系统。

3-2-4　给水铸铁管的规格有哪些?

答：1）铸铁直管：铸铁直管的种类较多，其规格综合如下表：

铸铁直管规格　　　　**表 3-2-4（1）**

名　称	主要规格范围		符　号
承插直管	管　径	75～1500mm	
	管　长	3～6m	
	承口长度	30～165mm	
	打口间隙	10～13mm	
	管皮厚度	9～30mm	
	每根管重	585～4530kg	

2）砂型离心铸铁管

（1）根据《砂型离心铸铁管》GB/T 3421 的规定，此种管材按壁厚的不同，压力等级分为 P 级和 G 级，管材的试验压力及力学性能见表 3-2-4（2）。

砂型离心铸铁管试验压力及力学性能　　　　**表 3-2-4（2）**

水压试验			管环抗弯强度	
管材级别	公称直径 *DN*	试验压力（MPa）	公称直径 *DN*	抗弯强度（MPa）
P 级	≤450	2.0	≤300 350～700 ≥800	≥333 ≥274 ≥235
	≥500	1.5		
G 级	≤450	2.5		
	≥500	2.0		

注：用于输送燃气，需做气密性试验时，由供需双方按协议规定。

管材的工作压力由设计确定，一般最高工作压力不超过表 3-2-4（2）中试验压力的 50%。施工完毕后再按设计或"施工质量验收规范"的规定进行压力试验。

（2）砂型离心铸铁管的承口及插口结构形式如图 3-2-4 所示，与施工有关的主要规格尺寸见表 3-2-4（3）。

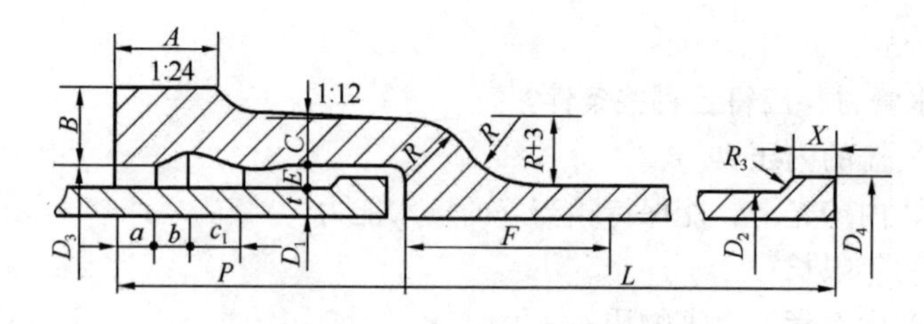

图 3-2-4　砂型离心铸铁直管

砂型离心铸铁直管主要规格尺寸　　　　表 3-2-4（3）

公称直径 DN	承口（mm）			插口（mm）			有效长度 L（m）
	D_3	P	E	D_4	D_2	X	
200	240.0	100	10	230.0	220.0	15	5
250	293.6	105	11	281.6	271.6	20	5
300	344.8	105	11	332.8	322.8	20	5，6
350	396.0	110	11	384.0	374.0	20	6
400	447.6	110	11	435.8	425.6	25	6
450	498.8	115	11	486.8	476.8	25	6
500	552.0	115	12	540.0	528.0	25	6

注：DN500 以上规格略。

（3）砂型离心铸铁管规格（表 3-2-4（4））。

砂型离心铸铁管规格　　　　表 3-2-4（4）

DN（mm）	壁厚（mm）		内径（mm）		外径（mm）	总重量（kg）			
						有效长度 5000mm		有效长度 6000mm	
	P 级	G 级	P 级	G 级		P 级	G 级	P 级	G 级
200	8.8	10.0	202.4	200	220.0	227.0	254.0		
250	9.5	10.8	252.6	250	271.6	303.0	340.0		
300	10.0	11.4	302.8	300	322.8	381.0	428.0	452.0	509.0
350	10.8	12.0	352.4	350	374.0			566.0	623.0
400	11.5	12.8	402.6	400	425.6			687.0	757.0
450	12.0	13.4	452.4	450	476.8			806.0	892.0
500	12.8	14.0	502.4	500	528.0			950.0	1030.0
600	14.2	15.6	602.4	599.6	630.8			1260.0	1370.0
700	15.5	17.0	702.0	698.8	733.0			1600.0	1750.0
800	16.8	18.5	802.6	799.0	838.0			1980.0	2160.0
900	18.2	20.0	902.6	899.0	939.0			2410.0	2630.0
1000	20.5	22.6	1000.0	955.8	1041.0			3020.0	3300.0

（4）连续铸铁管规格（表 3-2-4（5））

连续铸铁管规格 **表 3-2-4（5）**

DN（mm）	外径（mm）	壁厚（mm）			管子总重量（kg）								
					有效长度 4000mm			有效长度 5000mm		有效长度 6000mm			
		LA 级	A 级	B 级	LA 级	A 级	B 级	LA 级	A 级	B 级			
75	93.0	9.0	9.0	9.0	75.1	75.1	75.1	92.2	92.2	92.2			
100	118.0	9.0	9.0	9.0	97.1	97.1	97.1	119	119	119			
150	169.0	9.0	9.2	10.0	142	145	155	174	178	191	207	211	227
200	220.0	9.2	10.1	11.0	191	208	224	235	256	276	279	304	328
250	271.0	10.0	11.0	12.0	260	282	305	319	347	376	378	412	446
300	322.8	10.8	11.9	13.0	333	363	393	409	447	484	486	531	575
350	374.0	11.7	12.8	14.0	418	452	490	514	557	604	609	662	718
400	425.6	12.5	13.8	15.0	510	556	600	626	685	739	743	813	878
450	476.8	13.3	14.7	16.0	608	665	718	747	819	884	887	973	1050
500	528.0	14.2	15.6	17.0	722	785	848	887	966	1040	1050	1150	1240
600	630.8	15.8	17.4	19.0	963	1050	1140	1180	1290	1400	1400	1530	1660
700	733.0	17.5	19.3	21.0	1240	1360	1460	1530	1670	1800	1810	1980	2140
800	836.0	19.2	21.1	23.0	1560	1700	1830	1910	2080	2250	2270	2470	2680
900	939.0	20.8	22.9	25.0	1900	2070	2240	2340	2550	2760	2770	3020	3280
1000	1041.0	22.5	24.8	27.0	2290	2500	2700	2810	3070	3320	3330	3640	3940
1100	1144.0	24.2	26.6	29.0	2720	2960	3190	3330	3630	3930	3950	4300	4660
1200	1246.0	25.8	28.4	31.0	3170	3450	3730	3880	4230	4580	4590	5010	5430

3-2-5 铸铁管有哪几种类型？

答：用铸铁浇铸成型的管子称为铸铁管。铸铁管普遍用于给水工程输水管道和供水管网，它包括铸铁直管和管件。铸铁管按铸造方法不同，分为连续铸铁管和离心铸铁管，其中离心铸铁管又分为砂型和金属型两种。按材质不同又可分为灰口铸铁管和球墨铸铁管。

灰口铸铁管中的碳全部（或大部）不是与铁呈化合物状态，而是呈游离状态的片状石墨，所以灰口铸铁虽性脆而不硬。由于这种铸铁的断口呈灰色，所以叫做灰口铸铁。连续灰口铸铁管的公称口径为 75～1200mm，有效长度为 4m、5m 及 6m；按壁厚不同分 LA、A 和 B 三级。砂型离心灰口铸铁管的公称口径为 200～1000mm，有效长度为 5m 及 6m，按壁厚不同分 P、G 两级。

球墨铸铁是在灰口铸铁基础上，液态时加入球化剂和墨化剂，使碳析出并使呈游离状态的片状石墨球化。因这种铸铁中的碳，大部呈球状石墨存在于铸铁中，故称为球墨铸铁。球墨铸铁管的管径目前国内生产的口径为 100～1200mm，管长为 4m、5m、5.5m、6m。球墨铸铁管与灰口铸铁管相比，强度大、韧性好、管壁薄、金属用量小，能承受较高的压力，是铸铁管材的发展方向。

管与管之间的连接，按接口形式分，可分为承插式接口、法兰盘式接口和机械式接口；按接口的功能分，可分为柔性接口和刚性接口两种。柔性接口用橡胶圈密封，允许有一定限度的转角和位移，因而有良好的抗震性和密封性，比刚性接口安装简便快捷，劳动强度小。目前，被广泛采用。

3-2-6 铸铁管有什么技术标准？

答：1）铸铁管有下几种：

（1）砂型离心铸铁管（P-500-6000）表示壁厚为P级，口径500mm，有效长度为6m。

（2）连续铸铁管（LA-100-5000）表示壁厚为LA级，口径100mm，有效长度5m。

（3）柔性机械接口灰口铸铁管

（4）梯唇型橡胶圈接口铸铁管

（5）离心铸造球墨铸铁管

2）技术要求

（1）化学成分。连续铸铁管和砂型铸铁管的含磷量不应大于0.3%，含硫量不应大于0.1%。

（2）管环抗弯强度应符合表3-2-6（1）的规定。

管环抗弯强度标准 **表3-2-6（1）**

公称直径（mm）	管环抗弯强度（N/mm^2）
ϕ≤300	≥335
ϕ350～700	≥275
ϕ≥800	≥235

（3）表面硬度不得大于HB210。

（4）铸铁管水压试验应符合表3-2-6（2）的规定。

铸铁管水压试验标准 **表3-2-6（2）**

公称口径 DN（mm）	连续铸铁管			砂型离心铸铁管	
	试验压力（N/mm^2）				
	LA级	A级	B级	P级	G级
≤450	1.96	2.45	2.94	1.96	2.45
≥500	1.47	1.96	2.45	1.47	1.96

（5）组织。铸铁管应为灰口铸铁，组织致密易于切削、钻孔。

（6）铸铁管内外表面不允许有冷隔、裂缝、错位等妨碍使用的明显缺陷，凡是使壁厚减薄的各种局部缺陷，其深度不得超过（$2+0.05T$）mm（T为壁厚）。

3-2-7 铸铁管和球墨铸铁管有何不同？

答：世界上使用铸铁管输水已有300年的历史，在我国的使用也有上百年。根据材质铸铁管可分为普通灰口铸铁管、高级铸铁管、球墨铸铁管。目前国内生产的普通铸铁管中，其化学成分见表3-2-7（1）。

普通铸铁管中所含的化学成分表 **表3-2-7（1）**

碳C	硅Si	锰Mn	硫S	磷P
3%～3.8%	1.5%～3.2%	0.5%～0.9%	≤0.10%	≤0.3%

由于灰口铸铁管抗拉强度小、脆性大 、对地面的动荷载或不均匀沉降适应能力差等原因，在城市给水中现已逐渐被球墨铸铁管所代替。

球墨铸铁管是1948年由美国首先研发成功的一种高性能材料，是冶金行业的一次飞跃。球墨铸铁管与灰铁管的不同点是对原铁成分的严格精选，然后在溶化的铁水中加入镁、钙、铈等碱土金属或稀有金属，使铸铁中石墨组织呈球状存在，消除了由石墨产生的缺陷，因而材料本身的机械性能和抗腐蚀性能有了极大的改善。球墨铸铁管利用离心力铸造成形，管壁致密，石墨形态为球状，基体以铁素体为主，伸长率大、强度高，性能与钢管相似，具有柔韧性，适应环境能力强，且抗弯强度比钢管大，使用过程中管段不易弯曲变形。其接口为柔性接口，具有伸缩性和曲折性，适应基础不均匀沉陷。由于其优越的性能，很快被全世界推广采用。

球墨铸铁管根据其制造工艺又可以分为铸态球墨管和退火球墨铸铁管两种。退火球墨铸铁管相比铸态球墨管，在其制作工艺中增加了退火工艺，使球墨铸铁管在机械性能和适应性上都有大的提高，因此退火球墨铸铁管现已被广泛采用。

球墨铸铁管的化学成分控制指标见表 3-2-7（2）。

表 3-2-7（2）

碳 C	硅 Si	锰 Mn	硫 S	磷 P	镁 Mg
3.2%～3.8%	1.8%～2.7%	≤0.40%	≤0.15%	≤0.1%	≥0.05%

3-2-8 球墨铸铁管有哪些规格？

答：球墨铸铁管规格见表 3-2-8：

球墨铸铁管规格 **表 3-2-8**

DN（mm）	壁　厚（mm）	有效管长（mm）	制造方法	重量（kg）	
				直部每米重	每根管总量
500	8.5	6000	离心铸造	99.2	650
600	10			139	905
700	11			178	1160
800	12			222	1440
900	13			270	1760
1000	14.5		连续铸造	344	2180
1200	17			469	3060

3-2-9 钢管管材基本尺寸要求是怎样的？

答：1）螺旋缝钢管的外径、壁厚及质量（见表 3-2-9（1））

螺旋缝钢管参考规格 **表 3-2-9（1）**

外径 *D* mm	壁厚（mm）														
	5	5.4	5.6	6	6.3	7.1	8	8.8	10	11	12.5	14.2	16	17.5	20
	单位质量（kg/m）														
273	33.05	35.64	36.93	39.51	41.44	46.56	52.28	57.34	64.86						
232.9	39.32	42.42	43.96	47.04	49.34	55.47	62.32	68.38	77.41						
355.6	43.23	46.64	48.34	51.73	54.27	61.02	68.58	75.26	85.23						
(377)	45.87	49.49	51.29	54.90	57.59	64.77	72.80	79.91	90.51						
406.4	49.50	53.40	55.35	59.25	62.16	69.92	78.60	86.29	97.76	107.26					
(426)	51.91	56.01	58.06	62.15	65.21	73.35	82.47	90.54	102.59	112.58					
457	55.73	60.14	62.34	66.73	70.02	78.78	88.58	97.27	110.24	120.99	137.03				
508			69.38	74.28	77.95	87.71	98.65	108.34	122.81	134.82	152.75				
(529)			72.28	77.39	81.21	91.38	102.79	112.89	127.99	140.52	159.22				
559			76.43	81.83	85.87	96.64	108.71	119.41	135.39	148.66	168.47				
610				89.37	93.80	105.57	118.77	130.47	147.97	162.49	184.19				
(630)				92.33	96.90	109.07	122.72	134.81	152.90	167.92	190.36				
660				96.77	101.56	114.32	128.63	141.32	160.30	176.06	199.60	226.15			
711					109.49	123.25	138.70	152.39	172.88	189.89	215.33	244.01			
(720)					110.89	124.83	140.47	154.35	175.10	192.34	218.10	247.17			
762					117.41	132.18	148.76	163.46	185.45	203.73	231.05	261.87			

续表

外径 D mm	壁厚（mm）														
	5	5.4	5.6	6	6.3	7.1	8	8.8	10	11	12.5	14.2	16	17.5	20
	单位质量（kg/m）														
813					125.33	141.11	158.82	174.53	198.03	217.56	246.77	279.73			
864					133.26	150.04	168.88	185.60	210.61	231.40	262.49	297.59	334.61		
914							178.75	196.45	222.94	244.96	277.90	315.10	354.34		
1016							198.87	218.58	248.09	272.63	309.35	350.82	394.58		
1067								229.65	260.67	286.47	325.07	368.68	414.71		
1118								240.72	273.25	300.30	340.79	386.54	434.83	474.95	541.57
1168								251.57	285.58	313.87	356.20	404.05	454.56	496.53	566.23
1219								262.64	298.16	327.70	371.93	421.91	474.68	518.54	591.38
1321									260.67	286.47	325.07	368.68	414.71	452.94	516.41
1422									348.22	382.77	434.50	493.00	554.79	606.15	691.51
1524									373.38	410.44	465.95	528.72	595.03	650.17	741.82
1626									398.53	438.11	497.39	564.44	635.28	694.19	741.82
1727											528.53	599.81	675.13	737.78	841.94
1829											559.97	635.53	715.38	781.80	892.25
1930											591.11	670.90	755.23	825.39	942.07
2032												706.62	795.48	869.41	992.38
2134													835.73	813.42	1042.69
2235													875.58	957.02	1092.50
2337													915.83	1001.04	1142.81
2438													955.68	1044.63	1192.63
2540													995.93	1088.65	1242.94

注：钢管长度一般为6～12m，经购买方和制造方协商，也可提供加长或缩短的钢管；

加括号的外径为保留外径。

2）直缝焊接钢管参考规格（表 3-2-9（2））

直缝焊接钢管参考规格　　表 3-2-9（2）

DN (mm)	外径 (mm)	壁厚（mm）							
		4.5	6	7	8	9	10	12	14
		单位重量（kg/m）							
150	159	17.15	22.64						
200	219		31.51		41.63				
225	245			41.09					
250	273		39.51		52.28				
300	325		47.20		62.54				
350	377		54.89		72.89	81.6			
400	426		62.14		82.46	92.6			
450	478		69.84		92.72				
500	530		77.53			115.6			
600	630		92.33			137.8	152.9		
700	720		105.6		140.5	157.8	175.8		
800	820		120.4		160.2	180.0	199.8	239.1	
900	920		135.2		179.9	202.0	224.4	268.7	
1000	1020		150.0			224.4	249.1	298.3	
1100	1120				219.4		273.7		
1200	1220				239.1		298.4	357.5	
1300	1320				258.8			387.1	
1400	1420				278.6			416.7	
1500	1520				298.3			446.3	
1600	1620						397.1		554.5
1800	1820						446.4		632.5

3-2-10 铜水管与人体健康有何益处?

答: 铜，是人体健康不可缺少的金属元素之一，而人体本身不能生成铜，因此必须从膳食中补充足够的铜，以保证正常的摄入量。一个60kg重的健康人，体内应含0.1g左右的铜。这一数量虽小，但它对于维持人体健康非常重要。铜与人体内的一些蛋白质结合生成酶，酶能帮助人体形成胶原蛋白和弹性蛋白之间的交联，从而保持或修补细胞组织之间的连接，这一点对于心脏和动脉血管来说尤为重要。铜水管用于供水系统，水中的铜含量会有所增加，人们从饮用水中可随时补充铜的摄入，且绝对安全。经国外生物学研究显示，水中的大肠杆菌在铜水管内不能继续繁殖，99%以上的水中细菌在进入铜水管内5h后自行消失。英国公共卫生实验室的应用微生物研究中心在研究中发现，铜管表面细菌数比玻璃管和其他管表面少。专家们的研究表明，使用铜做饮水管对人体健康是大有好处的。

3-2-11 铜水管对环保有何影响?

答: 铜，可以说是“具有录色面孔的红色金属”，它既没有金属材料的易锈蚀，也没有非金属材料的易污染元素；铜焊接工艺安全、可靠 无毒；铜具有很强的耐腐蚀性、不可渗透性和长期不老化特点。用铜做供水材料，可称得上是绿色环保材料。由于铜水管具有很好的环保作用，在发达国家供水系统中独领风骚。我国供水系统多采用镀锌管，饮用水易造成二次污染，供水常常因管道锈蚀产生堵塞水流的现象，而使用铜水管就可避免这种不良现象。

铜，强度大，韧性好，延展性强，导热和导电性能优异，可塑性能高，用铜制作的管材集金属管和非金属管的优点于一身。铜水管适用于输送冷热水、海水、油类、酚醇、非氧化性有机流体和煤气等，用途广泛，水污染流体，不易积存污垢，一旦完工便可长期使用，几乎无需修理更换，即使更换也极其容易。铜本身的耐腐蚀性极强，人类在几千年前就用铜制作各种生活和生产工具，无数出土的铜器就是历史的证明，人们所需要的就是铜这样经久耐用、安全可靠的材料。安装铜水管，人们大可放心，不必为今后的维修保养而操心。铜水管的使和既能节省材料，又能节约能耗。作一个简单的投资比较，铜水管系统的初次投资有可能是镀锌管的2.5倍，但使用寿命至少是镀锌管的3～4倍，综合起来算铜水管质优价廉。

3-2-12 预应力混凝土管道抗裂性怎样?

答:（1）一阶段管抗裂压力检验指标（表3-2-12（1））。

一阶段管抗裂压力检验指标 表3-2-12（1）

公称内径	工作压力（MPa）					
（mm）	0.2	0.4	0.6	0.8	1.0	1.2
400	0.76	1.03	1.28	1.54	1.70	1.86
500	0.84	1.11	1.34	1.57	1.76	1.95
600	0.89	1.16	1.39	1.62	1.81	2.00
700	0.97	1.24	1.47	1.70	1.89	2.08
800	0.99	1.26	1.49	1.73	1.92	2.10
900	1.01	1.28	1.51	1.74	1.93	2.11
1000	1.02	1.29	1.52	1.75	1.94	2.12
1200	1.06	1.33	1.56	1.80	1.99	2.17
1400	1.10	1.37	1.60	1.84	2.03	2.21
1600	1.12（1.27）	1.39（1.54）	1.62（1.77）	1.85（2.00）	2.04（2.19）	2.22（2.37）
1800	1.12（1.27）	1.39（1.54）	1.62（1.77）	1.85（2.00）	2.04（2.19）	2.22（2.37）
2000	1.12（1.27）	1.39（1.54）	1.62（1.77）	1.85（2.00）	2.04（2.19）	2.22（2.37）

注：1. 本表数据适用铺设条件：素土基础，管顶覆土深度0.8～2.0m，地面允许两辆汽—20并列。

2. 括号内数据为立式水压检验指标，其余为卧式水压检验指标。

（2）三阶段管抗裂压力检验指标（表3-2-12（2））

三阶段管抗裂压力检验指标 **表 3-2-12（2）**

公称内径（mm）	工作压力（MPa）					
	0.2	0.4	0.6	0.8	1.0	1.2
400	0.68	0.95	1.18	1.41	1.60	1.80
500	0.75	1.02	1.25	1.49	1.67	1.86
600	0.78	1.05	1.29	1.52	1.71	1.89
700	0.84	1.11	1.34	1.57	1.76	1.94
800	0.87	1.14	1.38	1.61	1.79	1.98
900	0.88	1.15	1.38	1.61	1.80	1.98
1000	0.92	1.19	1.42	1.65	1.84	2.02
1200	0.98	1.22	1.45	1.68	1.87	2.05
1400	0.98	1.25	1.49	1.72	1.91	2.09
1600	0.98（1.13）	1.25（1.40）	1.49（1.64）	1.72（1.87）	1.91（2.06）	2.09（2.24）
1800	0.98（1.13）	1.25（1.40）	1.49（1.64）	1.72（1.87）	1.91（2.06）	2.09（2.24）
2000	0.98（1.13）	1.25（1.40）	1.49（1.64）	1.72（1.87）	1.91（2.06）	2.09（2.24）
2200	1.03（1.25）	1.30（1.52）	1.54（1.73）	1.77（1.96）	—（—）	—（—）
2400	1.03（1.25）	1.30（1.52）	1.57（1.76）	—（—）	—（—）	—（—）
2600	1.03（1.25）	1.30（1.52）	—（—）	—（—）	—（—）	—（—）
2800	1.03（1.25）	1.30（1.52）	—（—）	—（—）	—（—）	—（—）
3000	1.03（1.25）	1.30（1.52）	—（—）	—（—）	—（—）	—（—）

注：1. 本表数据适用铺设条件：素土基础，管顶覆土深度 0.8～2.0m，地面允许两辆汽－20 并列。
2. 括号内数据为立式水压检验指标，其余为卧式水压检验指标。

（3）管道抗渗性：

① 成品管材应进行管体抗渗性检验，抗渗检验压力值见表 3-2-12（3）。

预应力混凝土管抗渗压力 **表 3-2-12（3）**

工作压力（MPa）	0.2	0.4	0.6	0.8	1.0	1.2
抗渗压力（MPa）	0.3	0.6	0.9	1.2	1.5	1.8

② 在抗渗检验压力下，管材接头处不应滴水；管体不应出现冒汗、淌水、喷水现象管体出现的任何单个潮片面积不得超过 $20cm^2$，管体任意外表面每 m^2 面积出现的潮片数量不得超过 5 处。

3-2-13　预应力混凝土管的外观质量要求是怎样的？

答：预应力混凝土管的外观质量要求见表 3-2-13。

预应力混凝土管的外观质量要求 **表 3-2-13**

一阶段预应力混凝土管	三阶段预应力混凝土管
1. 承口工作面不应有蜂窝、脱皮现象，缺陷凹凸度不大于 2mm，单个缺陷面积不大于 $30mm^2$。 2. 插口工作面不应有蜂窝、刻痕、脱皮、缺边等现象。 3. 管体内壁应平整，不应露石，不宜有浮渣；局部凹坑深度不应大于壁厚的 1/5 或 10mm。 4. 管体外壁保护层不应有脱落和不密实现象。一阶段管保护层空鼓面积累计不得超过 $40cm^2$。 5. 一阶段管承插口端面外露的纵向钢筋头应清除掉并至少深入 5mm，其残留凹坑应采用砂浆或无毒防腐材料填补。 6. 管体所有标准允许修补的缺陷应修补完整、结合牢固，不应漏修	1. 承口和插口工作面不应有蜂窝、脱皮现象，缺陷凹凸度不大于 2mm，单个缺陷面积不大于 $300mm^2$。 2. 管材承插口工作面的环向连续碰伤长度不超过 250mm，且不降低接头密封性能和结构性能时，应予修补。 3. 插口端安装线内的保护层厚度不得超过止胶台高度。 4. 管体外壁保护层不应有脱落和不密实现象。管材内外表面不得出现结构性裂缝。 5. 管体内壁应平整，不应露石，不宜有浮渣；局部凹坑深度不应大于壁厚的 1/5 或 10mm

3-2-14　预应力混凝土管储存与运输有何要求?

答: 1）成品管材出厂前，制造厂应对合格的管材进行标志，具体内容包括：企业名称、产品商标、生产许可证编号、产品标记、生产日期和“严禁碰撞”等字样。

2）管材应按不同管材品种、公称内径、工作压力、覆土深度分别堆放，不得混放。管节堆放宜选择使用方便、平整、坚实的场地；堆放时必须垫稳，堆放层高应符合表 3-2-14 的规定。对于公称直径小于 1000mm 的管材如采取措施可适当增加堆放层数。使用管节时必须自上而下依次搬运。

管节堆放层高　　　　**表 3-2-14**

管径（mm）	400～500	600～800	900～1200	1400～1600	≥1800
层数	5	4	3	2	1 或立放

3）在干燥气候条件下，管材应定期进行洒水保养等工作。

4）管及管件应采用兜身吊带或专用工具起吊，装卸时应轻装轻放，运输时应垫稳、绑牢，不得相互撞击；对已就位的管件应采取措施，挡掩稳固。接口及钢管的内外防腐层应采取保护措施（见图 3-2-14）

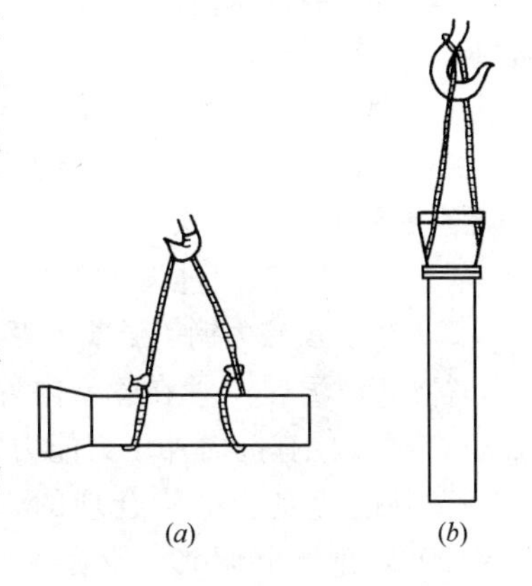

图 3-2-14　预应力钢筋混凝土管道的吊装

5）橡胶圈贮存运输应符合下列规定：

(1) 贮存室内温度宜为－5～30℃，温度不应大于 80%，存放位置不宜长期受紫外线光源照射，离热源距离不应小于 1m。

(2) 橡胶圈不得与溶剂、易挥发物、油脂和可产生臭氧的装置放在一起。

(3) 在贮存、运输中不得长期受挤压。

6）人工推运混凝土管件时，道路应平整坚实。对混凝土管件应有专人备、移掩木，保证管件与运输设备连接稳固。在平整道路人工推运时，两组管件间距前后应保持 5m 以上距离。

7）人工推运混凝土管件时，人员不得站在管件行进的前方，人工推行速度不得超过人的行走速度。遇有上下坡时，不得前后同时推运。

3-2-15　预应力混凝土输水管有什么样的型号和级别?

答: 震动挤压（一阶段）工艺制造的预应力混凝土输水管，为承插式双向预应力混凝土管。根据管道使用期间的静水压力将管子分为五级，如表 3-2-15 所示。

管　子　级　别　　　　**表 3-2-15**

级　　别	Ⅰ	Ⅱ	Ⅲ	Ⅳ	Ⅴ
静水压力（MPa）	0.4	0.6	0.8	1.0	1.2

五种级别管子的埋设深度，可根据定型产品由设计计算确定；当无设计资料时，可直接用于埋设深度 0.8～2.0m、采用素土平基，地面允许两辆汽－15 级汽车荷载的使用条件。

公称直径（插口端向管内 200mm 处尺寸）在 400～1000mm 之间，每 100mm 进位有七种规格，在 1200～2000mm 之间，每 200mm 进位有五种规格，每种规格有五个级别，计 60 个型号。

管材型号示例如下：YYG-1000-Ⅲ，其中，YYG 表示一阶段成型工艺制造的预应力混凝土管；1000 表示公称直径为 1000mm，Ⅲ表示按表 3-2-15 中罗马数字的管材级别为Ⅲ。

3-2-16　预应力混凝土输水管有什么优缺点?

答: 预应力混凝土管可以代替钢管或铸铁管用做给水管道中。它的优点是耐电化学腐蚀性能强，由于混凝土中有预应力钢丝，抗裂性能较强，使用的原材料主要是混凝土，可以节省大量的金属材料。预应力混凝土管承插式接口型号管材，接口方式为橡胶圈柔性接口，适用于地基不均匀地带或地震区。缺点是重量大、材质脆，运输及安装过程中需严加保护，目前尚无定型配套管件，厂家生产的管材质量尚不够稳定，部分管子存在椭圆度偏大，管口粗糙、管皮空鼓等问题。

3-2-17　怎样检验预应力混凝土输水管材质量?

答: 1）管子必须有合格证书，质量应满足现行国家标准《预应力混凝土输水管（震动挤压工艺)》或《预应力混凝土输水管（管芯绕丝工艺)》以及厂标（企业标准）的技术要求。

2）现场检查:

(1）管承口外表面应有标记，管子应附有出厂证明书，证明管子型号及出厂水压试验结果，制造及出厂日期，并须有质量检查部门签章。

(2）管体内外表面应无露筋、空鼓、蜂窝、裂纹、脱皮、碰伤等缺陷，用重为250g的轻捶检查保护层空鼓情况。

(3）承插口工作面应光滑平整，局部凹凸度用尺量不超过2mm。

(4）用尺量并记录每根管的承口内径、插口外径及其椭圆度、承插口配合的环形间隙，应能满足选配胶圈的要求。

(5）对出厂时间过长（跨季)，质量有所降低的管子应经水压试验合格，方可使用。

3-2-18　预应力钢筒混凝土管（PCCP）有什么优点?

答: PCCP是一种在管壁内置薄钢筒［分内衬型（L型）和埋置型（F型)］的预应力混凝土管材，具有抗内外压力能力强、抗渗性好、耐久性好等优点。在国内应用已有20多年，是一种性能优良、价格合理的管材。国内数十个生产厂家生产的PCCP规格由*DN*400到*DN*4000，南水北调北京段管线工程就是使用的这种PCCP管材。

3-2-19　内衬式预应力钢筒混凝土管（PCCPL）规格是怎样的?

答: PCCPL结构形式及管道接头见图3-2-19，尺寸见表3-2-19

内衬式预应力钢筒混凝土管基本尺寸　　**表3-2-19**

管材种类	公称直径(mm)	保护层净厚度 t_g (mm)	钢筒厚度 t_y (mm)	承口深度 C (mm)	插口长度 E (mm)	胶圈直径(mm)	有效长度 L_0 (mm)	管材长度 L (mm)	参考重量(t/m)
单胶圈	400	20	1.5	93	93	20	5000 6000	5078 6078	0.23
	500								0.28
	600								0.31
	700								0.41
	800								0.50
	900								0.60
	1000								0.70
	1200								0.94
	1400								1.35
双胶圈	1000	20	1.5	160	160	20	5000 6000	5135 6135	0.70
	1200								0.94
	1400								1.35

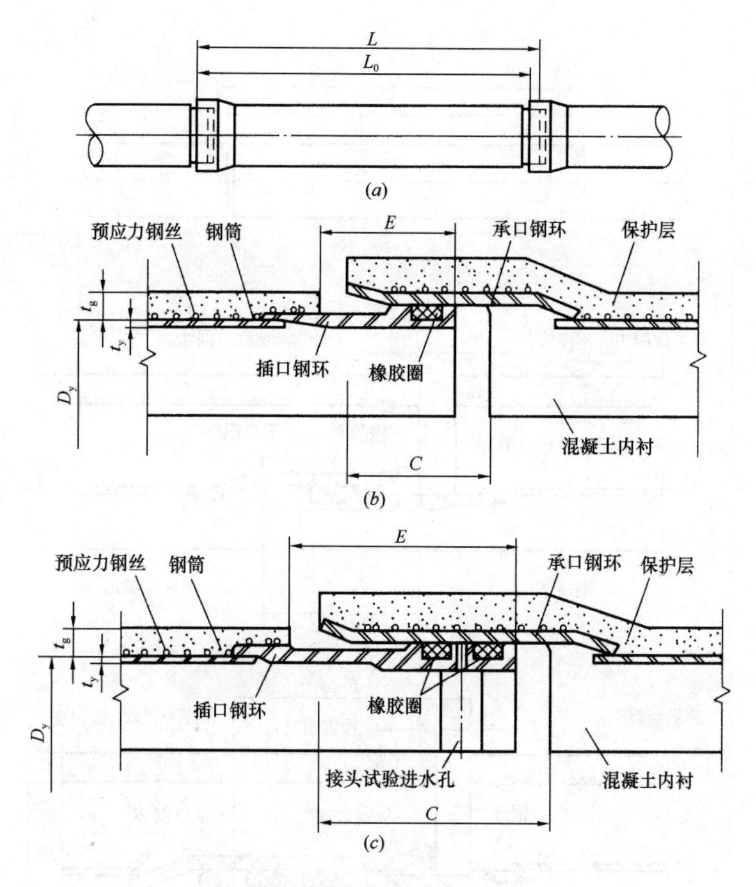

图 3-2-19 内衬式预应力钢筒混凝土管（PCCPL）示意图

（*a*）外形图；（*b*）、（*c*）接头图

3-2-20 埋置式预应力钢筒混凝土给水管（PCCPE）规格是怎样的？

答： PCCPE 结构形式及管道接头见图 3-2-20，尺寸见表 3-2-20

埋置式预应力钢筒混凝土管基本尺寸（单胶圈、双胶圈接头） **表 3-2-20**

公称直径（mm）	保护层净厚度 t_g（mm）	钢筒厚度 t_y（mm）	承口深度 C（mm）	插口长度 E（mm）	胶圈直径（mm）	有效长度 L_0（mm）	管材长度 L（mm）	参考重量（t/m）
1400	20	1.5	108（160）	108（160）	20	500 6000	5083 6083（5135 6135）	1.48
1600								1.67
1800								2.11
2000								2.52
2200								3.05
2400								3.53
2600								4.16
2800	20	1.5	150（160）	150（160）	20	5000 6000	5125 6125（5135 6135）	4.72
3000								5.44
3200								6.07
3400								7.05
3600								7.77
3800								8.69
4000								9.67

注：括号内为双胶圈接头管的尺寸。

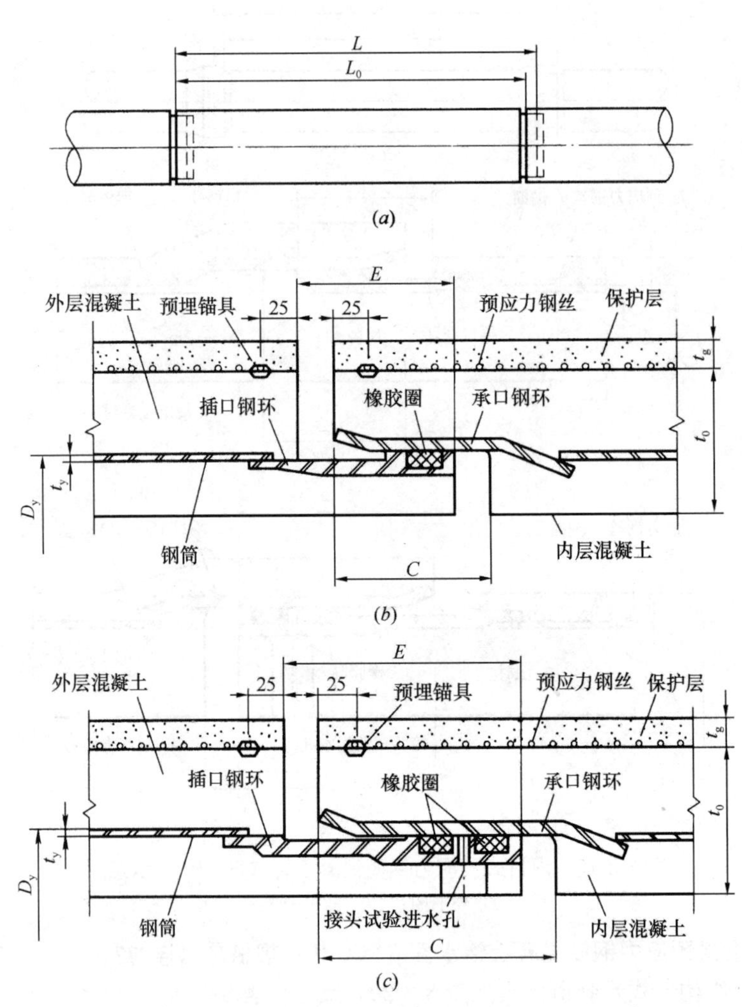

图 3-2-20　埋置式预应力钢筒混凝土管（PCCPE）示意图

(*a*) 外形图；(*b*)、(*c*) 接头图

3-2-21　预应力钢筒混凝土管（PCCP）管材承插口接头钢环规格是怎样的？

答：钢球的形状如图 3-2-21 所示，尺寸见表 3-2-21。

管材承插口钢环基本尺寸（mm）　　**表 3-2-21**

钢环种类	公称内径	插口环					承口钢环				
		t_s	W_s	a	b	c	t_b	W_b	d	e	f
单胶圈	400～1200	16.0	140	22.0	10.0	11.1	6.0～8.0	130	7.0	26.0	76
	1400～2600	16.0	140	22.0	10.0	11.1	8.0	165	7.0	26.0	110
	2800～4000	16.2	184	21.8	10.0	11.4	8.0～10.0	203	10.0	26.0	114
双胶圈	1000～2600	19.0	205	21.0	10.0	11.0	8.0	216	10.0	26.0	127
	2800～4000	19.0	205	21.0	10.0	11.0	8.0～10.0	216	10.0	26.0	127

3-2-22　PCCP 成品管材允许偏差是多少？

答：成品管材允许偏差见表 3-2-22。

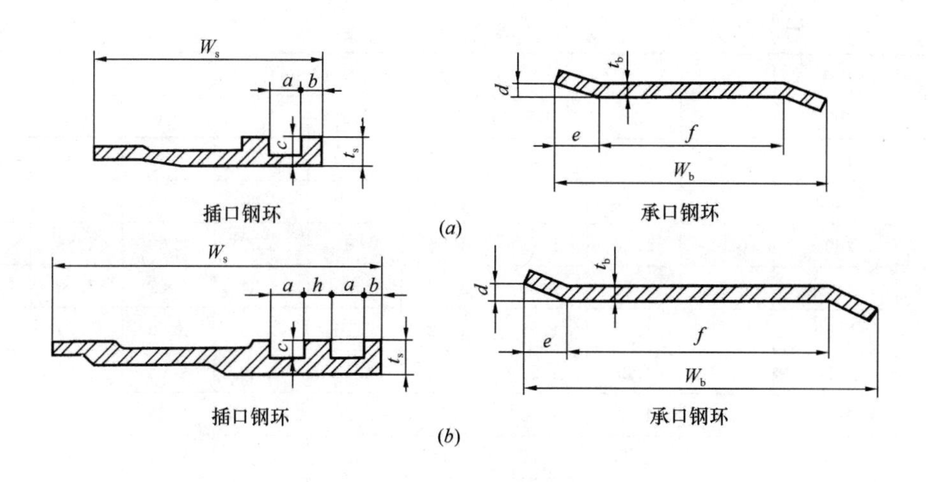

图 3-2-21　接头钢环截面图

(*a*) 单胶圈接头钢环截面详图；(*b*) 双胶圈接头钢环截面详图

成品管材允许偏差（mm）　　**表 3-2-22**

公称内径	内径 D_0	管芯厚度 t_c	保护层厚 t_g	管材总长 L	承口 内径 B_b	承口 深度 C	插口 外径 B_s	插口 长度 E	承插口工作面椭圆度	管子端面倾斜度
400～1200	±5	±	−1	±6	+1.0 +0.2	±3	−0.2 −1.0	±3	0.5%或12.7mm（最小值）	≤6
1400～3000	±8	±				±4		±4		≤9
3200～4000	±10	±		±10		±5		±5		≤13

3-2-23　PCCP 管材性能如何？

答： 1）成品管材抗裂检验压力（表 3-2-23（1））。

成品管材抗裂检验压力　　**表 3-2-23（1）**

管　型	公称内径（mm）	工作压力（MPa） 0.4	0.6	0.8	1.0	1.2	1.4	1.6	1.8	2.0
内衬式管	400	0.70	0.95	1.18	1.46	1.74	2.02	2.30	2.58	2.86
	500	0.70	0.95	1.18	1.46	1.74	2.02	2.30	2.58	2.86
	600	0.70	0.95	1.18	1.46	1.74	2.02	2.30	2.58	2.86
	700	0.70	0.95	1.18	1.46	1.74	2.02	2.30	2.58	2.86
	800	0.70	0.95	1.19	1.47	1.75	2.03	2.31	2.59	2.87
	900	0.70	0.95	1.21	1.49	1.77	2.05	2.33	2.61	2.89
	1000	0.70	0.94	1.22	1.50	1.78	2.06	2.34	2.62	2.90
	1200	0.70	0.97	1.25	1.53	1.81	2.09	2.37	2.65	2.93
	1400	0.70	1.04	1.32	1.60	1.88	2.16	2.44	2.72	3.00

续表

管　型	公称内径（mm）	工作压力（MPa）								
		0.4	0.6	0.8	1.0	1.2	1.4	1.6	1.8	2.0
埋置式管	1200	0.88	1.16	1.44	1.72	2.00	2.28	2.56	2.84	3.12
	1400	0.90	1.18	1.46	1.74	2.02	2.30	2.58	2.86	3.14
	1600	0.92	1.20	1.48	1.76	2.04	2.32	2.60	2.88	3.16
	1800	0.94	1.22	1.50	1.78	2.06	2.34	2.62	2.90	3.18
	2000	0.98	1.26	1.54	1.82	2.10	2.38	2.66	2.94	3.22
	2200	1.00	1.28	1.56	1.84	2.12	2.40	2.68	2.96	3.24
	2400	1.14	1.42	1.70	1.98	2.26	2.54	2.82	3.10	3.38
	2600	1.16	1.44	1.72	2.00	2.28	2.56	2.84	3.12	3.40
	2800	1.18	1.46	1.74	2.02	2.30	2.58	2.86	3.14	3.42
	3000	1.20	1.48	1.76	2.04	2.32	2.60	2.88	3.16	3.44
	3200	1.20	1.48	1.76	2.04	2.32	2.60	2.88	3.16	3.44
	3400	1.21	1.49	1.77	2.05	2.33	2.61	2.89	3.17	3.45
	3600	1.26	1.54	1.82	2.10	2.38	2.66	2.94	3.22	3.50
	3800	1.25	1.53	1.81	2.09	2.37	2.64	2.93	3.21	3.49
	4000	1.26	1.54	1.82	2.10	2.38	2.66	2.94	3.22	3.50

注：表内数据适用铺设条件：管顶覆土深度 0.8～2.0m，土弧基础（90°）；2 辆汽－20 并列。

2）管材接头允许相对转角（表 3-2-23（2））。

管材接头允许相对转角　　　　**表 3-2-23（2）**

公称内径（mm）	管材接头允许相对转角（°）	
	单胶圈接头	双胶圈接头
400～1000	1.5	—
1200～4000	1.0	0.5

注：1. 依管线工程实际情况，在进行管材结构设计时可以适当增加管材接头允许相对转角。
2. 管材接头转角试验在设计确定的工作压力下恒压 5min，达到标准规定的允许转角时管材接头不应出现渗漏水。

3-2-24　管材和橡胶圈的检验是怎样的？

答：1）管材的检验。

（1）管材承、插口端部管芯混凝土不应有缺料、掉角、孔洞等瑕疵。端面应光滑、并与轴线垂直。端面垂直度应符合表 3-2-24 的要求，管材外保护层不应出现任何空鼓、分层及剥落现象。

管端面垂直度　　　　**表 3-2-24**

管内径 D（mm）	管端面垂直度的允许偏差（mm）
600～1200	6
1400～3000	9
3200～4000	13

（2）管材内壁混凝土表面应平整光洁。内衬式预应力钢筒混凝土管内表面不应出现浮渣、露石和严重的浮浆层；埋置式预应力钢筒混凝土管内表面不应出现直径或深度大于 10mm 孔洞或凹

坑以及蜂窝麻面等不密实现象。

(3) 管材内表面出现的环向裂缝或螺旋状裂缝宽度不应大于0.5mm（浮浆裂缝除外）；距管材插口端300mm范围内出现的环向裂缝宽度不应大于1.5mm；成品管材内表面沿管纵轴线的平行线成15°夹角范围内不允许存在裂缝长度大于150mm的纵向可见裂缝。

(4) 覆盖在预应力钢丝表面上的水泥砂浆保护层不允许存在任何可见裂缝；覆盖在非预应力钢丝区域的水泥砂浆保护层出现的可见裂缝宽度不应大于0.25mm。

2) 胶圈的检验

(1) 橡胶圈的形状为圆形，表面不应有气孔、裂缝、重皮、平面扭曲、肉眼可见的杂质及有碍使用和影响密封效果的缺陷。

(2) 现场可用游标卡尺检验“O”形橡胶圈的自由状态直径。通过检查橡胶圈的合格证明及材质分析报告确定胶圈材质是否合格。

3-2-25 预应力钢筒混凝土管道的堆放有何要求?

答: 1) 管材吊运时，应采取必要的措施以防止管材碰伤。

2) 成品管材应按不同管材品种、公称内径、工作压力、覆土深度分别堆放，不得混放。

3) 成品管材允许的堆放层数见表3-2-25，对于公称内径小于1000mm的管材如采取措施可适当增加堆放层数。

成品管材允许的堆放层数 **表3-2-25**

公称内径（mm）	堆放层数	公称内径（mm）	堆放层数
400～500	4	1000～1200	2
600～900	3	≥1400	1或立放

3-2-26 PCCP配件的内外保护层施工要点有哪些?

答: PCCP配件的内外保护层一般采用带钢丝网片的水泥砂浆或细石混凝土。在结构设计中保护层参与了配件刚度的计算，因此配件保护层质量应按设计要求得到保证。

1) 钢筒管表面清理

配件进行保护层施工前，钢筒管管壁必须进行清扫。应去除松散的氧化皮、浮锈、泥土、油脂、焊渣、污杂物等附着物，钢筒管焊缝凸起用砂轮打磨，配件保护层施工时管壁不得有结露和积水。钢丝网铺设前，要先用钢丝刷清除管壁上的松散氧化皮、锈皮，用清洗剂清除油污，清除其他异物。

2) 保护层施工前的检查

配件水泥砂浆保护层施工前应检查钢筒管的变形状况；施工过程中，钢筒管必须处于稳定状态。

3) 钢丝网片的铺设

(1) 钢丝网片的网格尺寸不应大于50mm×100mm，钢丝的直径不应小于4mm，焊接钢丝网的技术符合GB/T 1499.3—2010的规定。

(2) 钢丝网片应布置在离保护层底面距离约1/3厚度处，对于厚度较小的部位可直接将钢丝网片点焊在配件钢材表面。

(3) 钢丝网片铺设的搭接接头的长度不小于1个网格长度，且不小于100mm。

(4) 钢丝网片应通过垫块与钢筒管表面点焊，点焊时应采用较小的焊接电流和较小直径的焊条，避免损伤钢筒管母材表面。点焊点的密度不应小于9点/m^2。

4) 水泥砂浆或细石混凝土

(1) 水泥砂浆或细石混凝土应致密、光滑、质量和浓度均匀，以保证有效的操作，在钢筒管管壁上形成均匀的水泥砂浆保护层。

(2) 水灰比：采用比较适合的水灰比，使拌合物中的水分含量不能低于拌合物总干重的7%；喷射施工稠度宜保持在4.5～5cm范围，手工施工宜采用更大的稠度，以方便操作。

(3) 配合比例：水泥砂浆中水泥∶砂不超过1∶3；细石混凝土中水泥∶石子（粒径不大于10mm）∶砂不超过1∶1∶2.5；喷射施工的配比中水泥用量宜偏大，以利于粘结和减小回弹量，水泥砂浆或细石混凝土强度等级不应低于C30。

(4) 施工中可采用砂浆回弹料进行拌合，但回弹料不应超过总拌合量的四分之一，并且回弹料只能作为细骨料的替代品使用；如果回弹料在1h之内不能被使用，则不得再用于拌合。

5) 配件保护层厚度

配件内保护层的最小厚度应符合表3-2-26的规定。外保护层厚度如没有特殊规定，应不小于19mm，且不大于38mm。

配件内保护层的最小厚度 **表3-2-26**

公称管径（mm）	衬砌厚度（mm）	允许偏差（mm）
100～250	6	(−1.6，+3.2)
250～600	8	(−1.6，+3.2)
600～900	10	(−1.6，+3.2)
>900	13	(−1.6，+4.8)

6) 配件保护层施工工艺要求

保护层施工之前应在钢板表面喷涂一层水泥浆，以利于增加保护层与钢板的粘结强度。保护层施工中：如采用喷射工艺，则应按照施工机械性能调整喷射参数，以达到良好的喷射效果，每遍喷射厚度不宜大于20mm，如厚度过大可采用分层喷射的方法，待前一层初凝后再喷射下一层；如采用手工操作工艺，每遍涂抹厚度不宜大于30mm，如厚度过大可采用分层涂抹的方法，待前一层初凝后再涂抹下一层。最后表面应用手工刮抹平整光滑，水泥砂浆施工环境温度要求不低于5℃。

7) 配件保护层的养护

(1) 自然养护：保护层施工完毕后，对于内保护层，管件两端宜用塑料布或草帘进行封堵，并洒水使其保持湿润；对于外保护层，宜用麻袋或草帘进行覆盖，并洒水以保持湿润。自然养护期不得小于7d，在干燥环境下应长期养护。

(2) 蒸汽养护：保护层施工完毕后，配件应用养护罩盖住，静停2～4h之后，开启阀门供给蒸汽；在升温期时段内，养护罩内的升温速度不得超过22℃/h，升温时段不宜大于2h；恒温时，温度宜控制在35～55℃之间，最少恒温时间为6h；相对湿度大于85%。

(3) 如无具体设计文件规定，同一批的配件要按相同施工工艺制作试块，在同等条件下养护，以检验其强度。

8) 配件保护层现场制作注意事项

配件管端如有需进行现场焊接或需现场作保护层的情况，在工厂应将管端预留不小于150mm宽度不作保护层，待现场安装完成，具备条件后方补作保护层。现场补作要求与厂内相同，材料内可掺入适量有早强或补偿收缩的掺合料，完成保护层后应及时覆盖湿润的麻布或草帘等，以利于保证质量。

3-2-27 硬聚氯乙烯给水管有什么特性？规格尺寸有哪些？

答：硬聚氯乙烯塑料管（PVC−U）是在聚氯乙烯树脂中加入稳定剂和增塑剂制成。它的优点是抗酸、碱腐蚀性强，操作简便，成本较低；它的缺点是具有脆性，当温度在0℃以下时，脆性更明显；适于埋设在地下或温差变化较小的地沟中。

给水用硬聚氯乙烯管材公称压力和规格尺寸见表 3-2-27。

管材公称压力和规格尺寸 **表 3-2-27**

公称外径 DN（mm）	公称压力 PN（MPa）				
	0.6	0.8	1.0	1.25	1.6
20					2.0
25					2.0
32				2.0	2.4
40			2.0	2.4	3.0
50		2.0	2.4	3.0	3.7
63	2.0	2.5	3.0	3.8	4.7
75	2.2	2.9	3.6	4.5	5.6
90	2.7	3.5	4.3	5.4	6.7
110	3.2	3.9	4.8	5.7	7.2
125	3.7	4.4	5.4	6.0	7.4
140	4.1	4.9	6.1	6.7	8.3
160	4.7	5.6	7.0	7.7	9.5
180	5.3	6.3	7.8	8.6	10.7
200	5.9	7.3	8.7	9.6	11.9
225	6.6	7.9	9.8	10.8	13.4
250	7.3	8.8	10.9	11.9	14.8
280	8.2	9.8	12.2	13.4	16.6
315	9.2	11.0	13.7	15.0	18.7
355	9.4	12.5	14.8	16.9	
400	10.6	14.0	15.3	19.1	
450	12.0	15.8	17.2	21.5	
500	13.3	16.8	19.1	23.9	
560	14.9	17.2	21.4	26.7	
630	16.7	19.3	24.1	30.0	
710	18.9	22.0	27.2		
800	21.2	24.8	30.6		
900	23.9	27.9			
1000	26.6	31.0			

注：表中数据为公称壁厚，mm。

3-2-28 何谓缠绕结构壁管材？挤压结合及环刚度定义是什么？

答：1）缠绕结构壁管材使用高密度聚乙烯（HDPE）材料作为辅助支撑结构，采用缠绕成型工艺，经加工制成的管材。管材的内管壁表面基本平滑，外管表面呈凹凸波纹状或基本平滑。

2）挤压结合的定义为在两根管的末端之间，用高密度聚乙烯（HDPE）树脂熔化后进行挤出结合的方式。

3）环刚度（SN）的定义为指管道承受外部荷载的能力，kN/m^2。

3-2-29 NDPE 缠绕结构壁管材分为几级？运输、贮存有何要求？

答：1）按质量等级分：S_1 级：环刚度≥$8kN/m^2$；

S_2 级：环刚度≥$6kN/m^2$；

S_3 级：环刚度≥$4kN/m^2$。

可根据用户需要提供相应的环刚度等级，可参考表 3-2-29。

2）运输要求

（1）产品在装卸运输过程中，不得受到剧烈的撞击、抛摔和重压。

（2）管径较小，且重量轻的管材可由人工装卸。管径较大的管材需用机械装卸，当采用机械装卸管材时，管材上两吊点应在距离管两端约 1/4 管长处。

（3）车、船底部与管材接触处应尽量平坦，并应有防止滚动和互相碰撞的措施，不得接触尖锐锋利的物体，以免划伤管材。

3）贮存要求

管材存放场地应平整，距离热源不少于 1m。直径小于 2m 的管材堆放高度应在 2m 以下；直径超过 2m 的管材其堆放高度不得超过其外径。存放日期自生产之日起不超过两年。

管材环刚度等级表 **3-2-29**

等　级	SN2	SN4	（SN6.3）	SN8	（SN12.5）	SN16
环刚度（kN/m^2）	2	4	6.3	8	12.5	16

注：1：括号内数值为非首选等级。

2：管材 *DN/ID*≥500mm 时允许有 SN2 等级；管材 *DN/ID*≥1200mm 时，可按工程条件选用环刚度低于 SN2 等级的产品。

3-2-30　缠绕结构壁管材连接方法有几种？

答：有 3 种：

1）螺丝固定连接；

2）热收缩带粘接；

3）热熔带连接。

3-2-31　缠绕结构壁管材型号编制方法是怎样的？

答：缠绕结构壁管材型号编制方法如下：

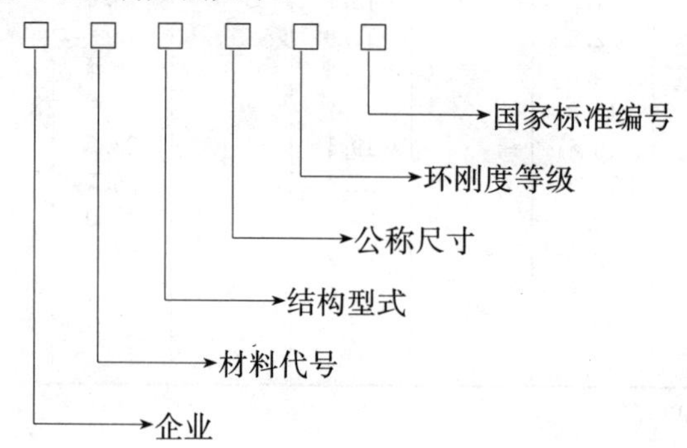

示例：公称尺寸为 800mm，环刚度等级为 SN4 的 A 型高密度聚乙烯结构壁管材的标记为：

HXGY PE A DN/ID800 SN4 GB/T

3-2-32　缠绕结构管材尺寸规则是怎样的？

答：管材的尺寸规格见下表 3-2-32。

尺寸规格及允许误差 **表 3-2-32**

公称内径（mm）	平均内径极限偏差（mm）	壁厚（mm）			长度（mm）
		S1 级	S2 级	S3 级	
200	±5.0	14			6000 或 12000
300		19			
400		25	19		
500		31	25	19	
600		39	31	25	
700	±6.3	44	39	31	
800		59	44	39	
900		56	50	44	
1000		62	56	50	
1200		75	62	56	

注：用户有其他尺寸规格要求按协议规定。

3-2-33　缠绕结构壁管材使用条件有哪些？

答：管材应在以下规定的条件中使用。

注：用户有超过以下规定条件运行要求的，按协议规定。

1）耐受压力

由于管材具有低压性，故管内承受的排水（气）压力应不大于0.1MPa。

2）埋设压强

在进行管材的埋设施工时，管外所承受的压强应不大于表2规定的环刚度最小值的40倍。

3）外观要求

(1) 管材的色泽、不透度、密度应均匀，内外表面为无光泽或半光泽状态，无黏性物质。彩色管材的彩条应间隔均匀、色泽一致。

(2) 除管材在缠绕结构壁设计上的空洞部分外，用肉眼可观察到管部段切面。

(3) 管材的内外壁应基本光滑平整，不允许有气泡、裂口、分解变色及明显的杂质和影响使用的划痕。

(4) 管材的两端切割平整，并与轴线垂直。

4）尺寸要求

(1) 管长按表3-2-29规定，允许偏差为0%～2%。

(2) 管壁厚度按表3-2-29规定，极限偏差±8%。

(3) 平均内径及极限偏差按表3-2-29规定。

3-2-34　缠绕结构壁管材物理性能应符合什么规定？

答：缠绕结构壁管材的物理性能应符合表3-2-34的规定。

缠绕结构壁管材物理性能　　表3-2-34

No.	项　目		要　求
1	环刚度（kN/m^2）	SN1	≥8
		SN2	≥6
		SN3	≥4
2	扁平试验（40%）		不分裂、龟裂、破损、两壁不脱形。
3	纵向尺寸收缩率，%		≤3
4	落锤冲击		管内壁不破裂，两壁不脱开。
5	液压试验		不破裂，不渗漏。（20℃、0.15MPa、1h）
6	连接部位密封试验		无泄露现象（23℃、0.75MPa、15min）
7	环境应力龟裂时间试验		无龟裂现象（50℃、240h）

3-2-35　HDPECPP高密度聚乙烯双壁波纹管有哪几种类型？

答：1）环刚度等级

环刚度等级分类见表3-2-35。

环刚度等级 kN/m^2　　表3-2-35

级　别	S1	S2	D3	S4
最小环刚度	4	8	16	32

2）管材类型及标记

(1) 类型

A型：管材一端承口，一端为插口，（见图3-2-35（1））。

B型：管材一端插口，一端为平口，（见图3-2-35（2））。

C型：管材两端为平口，管口与管轴线垂直，（见图3-2-35（3））。

图 3-2-35（1） A 型

图 3-2-35（2） B 型

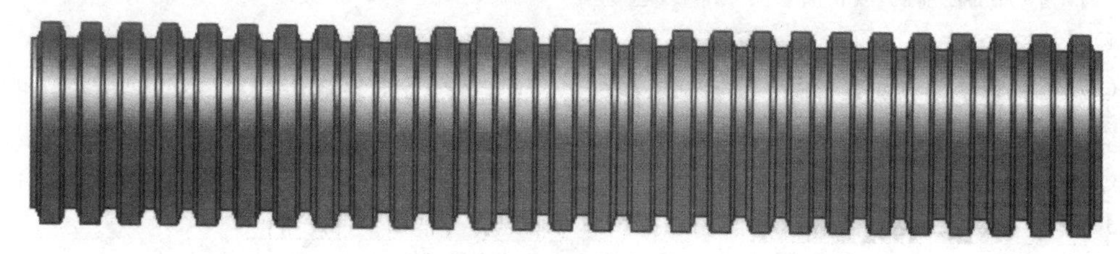

图 3-2-35（3） C 型

（2）标记

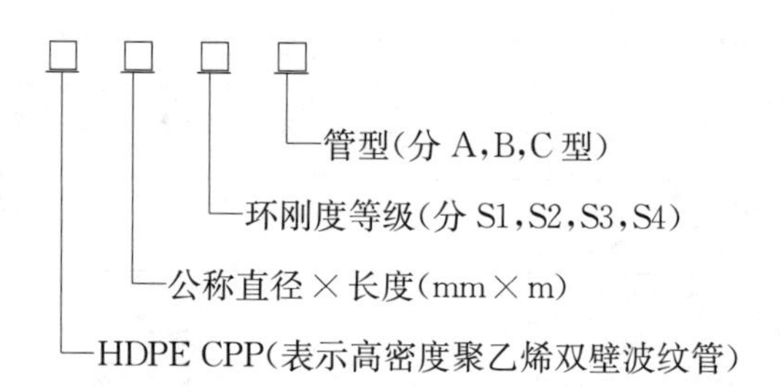

（3）标记示例

HDPE CPP—DN500×6—S2B 表示公称内径为 500mm，长度为 6m，环刚度等级为 S2 的高密度聚乙烯双壁波纹管 B 型管材。

3）连接形式

管材可通过对接焊接（见图 3-2-35（4）），承插口密封圈连接（见图 3-2-35（5））或密封圈加哈夫件连接（见图 3-2-35（6））三种形式进行连接。

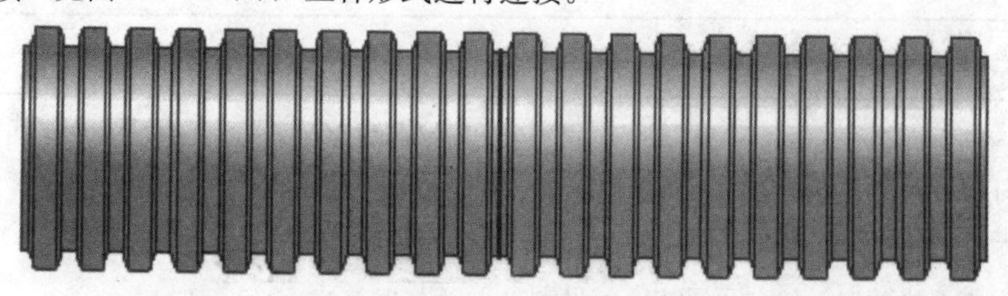

图 3-2-35（4） 对接焊接

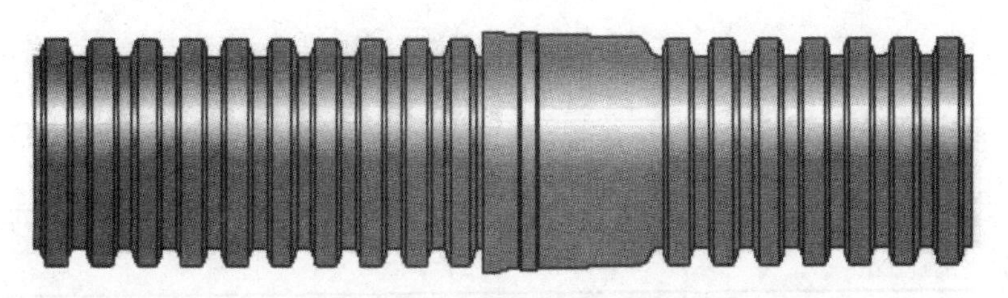

图 3-2-35（5） 承插口密封圈连接

图 3-2-35（6） 密封圈加哈夫件连接

3-2-36 HDPE CPP 外观、尺寸偏差有何规定?

答：1）外观

管材内外壁不允许有气泡、裂口、缩孔及明显的杂质，内壁应光滑平整，不应有明显的皱纹，外壁波纹应均匀，颜色应均匀一致。管材的两端应切割平整并与轴线垂直。管材凹部各处内外壁应紧密熔接，不应出现脱开现象。

2）尺寸及偏差 应符合表 3-2-36（1）的规定。

管材的规格尺寸及偏差（mm） **表 3-2-36（1）**

项目＼规格		110	225			300			400		
			标准	重型	特重	标准	重型	特重	标准	重型	特重
外径		121.5	249	247	245	338	335	332	450	448	446
偏差		±0.5	±1.5	±2.0	±3.0	±2.0	±2.5	±3.5	±2.5	±3.0	±4.0
内径 di		110.0	225	223	220	315	312	308	400	398	395
偏差	下限	−3.0	−0.6	−0.6	−0.6	−8.0	−8.0	−8.0	−10	−10	−10
	上限	+2.0	+4.0	+5.0	+5.0	+5.0	+6.0	+6.0	+6.0	+8.0	+8.0
标准长度		6000　8000　10000　12000									

管材的规格尺寸及偏差（mm） **表 3-2-36（2）**

项目＼规格		225			300			400		
		标准	重型	特重	标准	重型	特重	标准	重型	特重
外径		560	556	553	698	692	685	787	778	772
偏差		±3.0	±4.0	±5.0	±3.5	±4.5	±5.5	±4.0	±5.0	±6.0
内径 di		500	495	490	630	623	617	710	702	696
偏差	下限	−13	−13	−13	−15	−16	−16	−16	−18	−18
	上限	+7.0	+10	+10	+9	+13	+13	+10	+14	+14
标准长度		6000　8000　10000　12000								

3-2-37 HDPE CPP 物理机械性能应符合哪些规定？试验方法有何要求？

答：1）应符合表 3-2-37（1）的规定。

物理机械性能 表 3-2-37（1）

项　　目	单　　位	指　　标
环刚度 S1—S4	kN/m^2	≥对应级别环刚度最小值
液压试验		不渗漏，不破裂
连接密封试验		不渗漏，不破裂
落锤冲击试验 TIR	%	≤10

2）试验方法：

（1）环刚度

按 ISO 9969 进行。不同管径管材的压缩速度按表 3-2-37（2）的规定，当试样在垂直方向的内径变形量为原内径的 5%时，记录此时试样所受的负荷。试样结果取三个试样的算术平均值，保留两位有效数字。

不同管径管材的压缩速度 表 3-2-37（2）

规格 mm	110	225 330 400 500 630 710
速度 mm/min	5±1	10±2

（2）液压试验

按 GB 6111—2003 中规定进行。试验温度 20℃±2℃，试验压力为压力等级的 1.5 倍。恒压 1h，不渗漏，不破裂为合格。

（3）连接密封试验

将连接好的试样按 GB 6111—2003 的规定进行试验，试验压力为 0.05MPa，在常温下恒压 15min，不渗漏为合格。

（4）落锤冲击试验

试验按 GB/T 14152—2001 中规定的 0℃条件下进行。试样长度 200mm，冲头曲率半径为 50mm，用 V 形托板，落锤质量和冲击高度见表 3-2-37（3），观察冲击后的试样，以管内壁破裂为试样冲击破坏。

落锤质量和冲击高度 表 3-2-37（3）

公称内径（mm）	落锤质量（kg）	冲击高度（mm）
110	1.00±0.005	2000±10
225	2.50±0.005	2000±10
300	3.20±0.005	2000±10
400	3.20±0.005	2000±10
500	3.20±0.005	2000±10
630	3.20±0.005	2000±10
710	3.20±0.005	2000±10

3-2-38 高密度聚乙释缠绕增强管（HDPE SPP）是怎样分类的?

答：1）HDPE SPP 管材以缠绕截面形式分类

（1）PR 系列管：其内表面光滑，外部为异型增强结构。

（2）SQ 系列管：其内表面光滑，外部平整，管截面埋中空管。该系列按所埋中空管的层数又分为 SQ1、SQ2、SQ3 系列。

（3）VW 系列管：为内表面光滑，外部平整的实壁管。

2）HDPE SPP 管材按端口形式分类

（1）A 型：图 3-2-38 管材一端为承口、一端为插口。

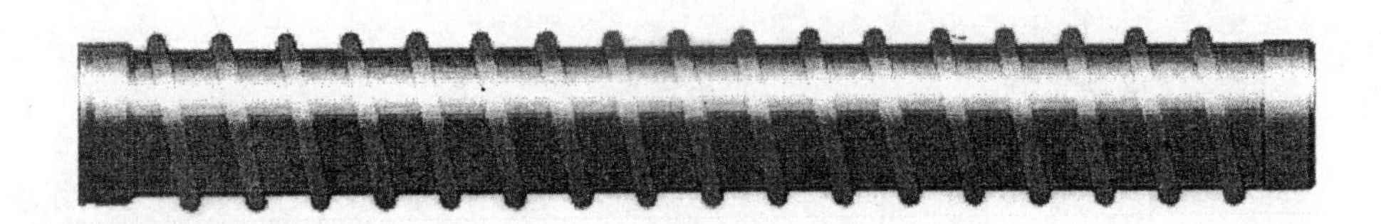

图 3-2-38

(2) B 型：管材两端均为插口。

(3) C 型：管材两端均为平口。

3) 管材按下述公称内径 *DN* 分类，单位为毫米（mm）。见表 3-2-38（1）。

内 径 规 格 **表 3-2-38（1）**

公称直径 *DN*（mm）	管材内径 *Di*（mm）	公称直径 *DN*（mm）	管材内径 *Di*（mm）
300	300	1400	1400
300	315	1500	1500
350	350	1600	1600
400	400	1800	1800
450	450	2000	2000
500	500	2200	2200
600	600	2200	2240
600	630	2400	2400
700	700	2500	2500
700	710	2600	2600
800	800	2800	2800
900	900	3000	3000
1000	1000	3500	3500
1200	1200	4000	4000
1200	1200		

4) HDPE SPP 管材按环刚度指标分为七个级别，见表 3-2-38（2）。

环 刚 度 等 级 **表 3-2-38（2）**

管级别	1	2	3	4	5	6	7
最小环刚度 $S_{R24'}$（kN/m^2）	2	4	8	16	31.5	63	125

3-2-39 型号标示方法是怎样的？

答：

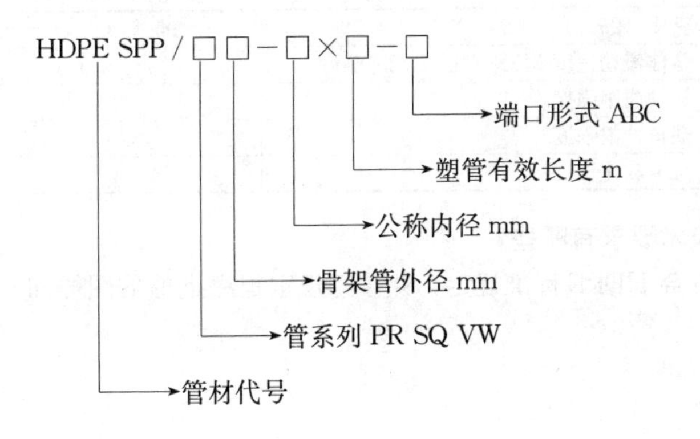

型号示例如下：

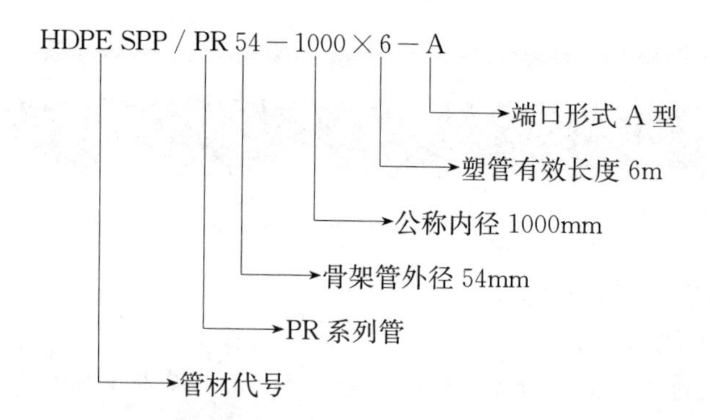

3-2-40　HDPE SPP主要原材料有哪些?

答: 1）生产用主要原材料，见表3-2-40（1）。

主 要 原 材 料　　**表3-2-40（1）**

序号	名　称	规　格	标　准
1	高密度聚乙烯树脂	PE63 PE80 PE100	
2	色母粒	炭墨	含量：30%
3	骨架管	DN21 DN34 DN42 DN54	PP或HDPE
4	金属电容丝	H65	

2）高密度聚乙烯树脂的性能指标，见表3-2-40（2）。

高密度聚乙烯树脂的性能指标　　**表3-2-40（2）**

序　号	项　　目	指　标	单　位
1	密度（23℃）	950～970	kg/m^3
2	熔体流动速度MFR（190℃/5kg）	0.45～0.60	g/10min
3	堆密度	＞550	kg/m^3
4	炭墨含量	1.50～3.00	%
5	含水率	＜0.06	%
6	耐环境应力开裂	≥1000	Hr
7	拉伸屈服强度	≥20	MPa
8	弹性模量	≥700	MPa

3）聚丙烯树脂（PP）的性能指标，见表3-2-40（3）。

聚丙烯树脂（PP）的性能指标　　**表3-2-40（3）**

序　号	项　　目	指　标	单　位
1	密度（23℃）	900～920	kg/m^3
2	熔体流动速度MFR（190℃/2.16kg）	0.30～0.40	g/10min
3	拉伸屈服强度	≥25	MPa
4	缺口冲击强度	≥20	kJ/m^2
5	维卡软化温度	≥60	℃

3-2-41　HDPE技术要求有哪些?

答: 1）产品应符合HDPE标准规定，并按经规定程序批准的图样和技术文件制造，设计寿命50年。

2）外观

（1）颜色

管材一般为黑色，不允许有色泽不均及分解变色线。

（2）内表面质量

内表面要求光滑平整，不允许有气泡，明显的划伤，凹陷，杂质，颜色不均等缺陷。管端头应切割平整，并与管轴线垂直。指标应符合表 3-2-41（1）规定。

表 3-2-41（1）

序　号	名　称	指标要求	图　示
1	凹陷	$h_1 \leqslant 2.5$mm	h_1
2	凸起	$h_2 \leqslant 2.5$mm	h_2
3	沟条	$h_3 \leqslant 1.5$mm $b_3 \leqslant 1.5$mm 最大长度 300mm	h_3 b_1
4	气泡	最大深度 1.0mm $b_2 \leqslant 120$mm $L \leqslant 200$mm	

3）外形尺寸

（1）长度尺寸偏差

管材的标准长度为 6m，极限偏差为$^{+50}_{0}$mm。

（2）承口尺寸偏差

管材的承口深度为 130mm，极限偏差为$^{+5}_{-10}$mm。

（3）内径尺寸极限偏差应符合表 3-2-41（2）规定。

内 径 尺 寸　　表 3-2-41（2）

内径 D_i	下极限偏差	上极限偏差		内径 D_i	下极限偏差	上极限偏差	
	环刚度 1～7 级	环刚度 1～4 级	环刚度 5～7 级		环刚度 1～7 级	环刚度 1～4 级	环刚度 5～7 级
300	−8	+4	+6	1400	−35	+21	+28
315	−8	+5	+6	1500	−38	+22	+30
350	−9	+5	+7	1600	−40	+24	+32
400	−10	+6	+8	1800	−45	+27	+36
450	−11	+7	+9	2000	−50	+30	+40
500	−13	+7	+10	2200	−55	+33	+44
600	−15	+9	+12	2240	−56	+34	+45
630	−16	+9	+13	2400	−60	+36	+48
700	−18	+10	+14	2500	−63	+37	+50
710	−18	+11	+14	2600	−65	+39	+52
800	−20	+12	+16	2800	−70	+42	+56
900	−23	+13	+18	3000	−75	+45	+60
1000	−25	+15	+20	3500	−88	+53	+70
1200	−30	+18	+24	4000	−100	+60	+80
1250	−31	+19	+25				

4）重量

塑管重量应符合现行有关规定。

5）物理机械性能

管材物理机械性能应符合表 3-2-41（3）的规定。

管材物理机械性能指标 **表 3-2-41（3）**

项目		指标
环刚度		见附录 A
耐压试验	温度：常温 时间：48h 压力：公称压力的 1.5 倍	不破裂 不渗漏

6）输送水饮水用管材卫生性能指标应符合 GB/T 17219—1998 的规定。

3-2-42 HDPE SPP 检验规则是怎样的？

答：1）产品需经生产厂质量检验部门检验合格并附有合格证后方可出厂。

2）组批

同一原料，配方和工艺连续生产的同一规格管材为一批，每批生产期为 30d，生产期不足 30d，则以实际生产期的产量为一批。

3）出厂检验

（1）出厂检验项目为外观、尺寸、重量。

（2）外观、尺寸检验按表 3-2-42 规定，采用正常检查一次抽样方案，取一般检验水平Ⅱ，合格质量水平为 6.5，其 N、n、Ac、Re 见表 3-2-42。

判 定 规 则 **表 3-2-42**

批量范围 N	样本大小 n	合格判定数 Ac	不合格判定数 Re
≤25	5	1	2
26～50	8	1	2
51～90	13	2	3
91～150	20	3	4
151～280	32	5	6
281～500	50	7	8
501～1200	80	10	11
1201～3200	125	14	15
3201～10000	200	21	22

注：N 表示组批塑管根数，n 表示抽取根数。

（3）在计数抽样合格的产品中随机抽取不少于 5 根的样品，进行重量测试。

4）形式检验

（1）形式检验项目为全部技术要求的内容。

（2）按 3）（2）规定对 3-2-41 题 2）、3）、4）进行检验。在检验合格的样品中随机抽取足够的样品进行其余各项性能的检验。

（3）形式检验：有以下情况之一，应进行形式检验。

①新产品或老产品转厂生产的试制定型鉴定；

②结构、材料、工艺有较大变动可能影响产品性能时；

③产品长期停产后恢复生产时；

④出厂检验结果与上次形式试验结果有较大差异时；

⑤国家质量监督机构提出进行检验要求时；

⑥正常生产时每年周期至少进行一次。

5）判定规则

外观、尺寸重量中任一条不符合表 3-2-42 进行判定，则判该批不合格。物理机械性能达不到规定指标时，可随机抽取双倍样品进行该项的复验，如仍不合格，则判形式检验不合格。

3-2-43 HDPE SPP 标志、包装、运输、贮存和维修要求是怎样的？

答：1）标志

产品上应有明显标志：产品名称、商标、标准代号、产品规格、批号、厂名及生产日期。

2）包装

管材两端由气垫膜内外包覆，胶带粘贴，也可以根据用户要求协商确定。

3）运输

(1) 管材在装卸运输过程中，不得受剧烈撞击、摔碰和重压。

(2) 管内径较小，且重量轻的管材，可由人工装卸。大型管材，需用叉车装卸。如用吊车装卸，其两吊点应放在距离管两端 1/4 管长处。

(3) 车、船底部与管材接触处应尽量平担，并应有防止滚动和互相碰撞的措施，不得接触尖锐锋利物体，以免划伤管材。

4）贮存

管材存放场地应平整，堆放要整齐，高度在 4m 以下；直径超过 2m 的管材，其堆放不得超过两层。管材距热源不少于 1m，不得露天曝晒。自生产之日起，储存期一般不超过两年。

5）维修

管材如有破损，可用热焊法修补（修补后需作密闭试验）。

3-2-44 HDPE SJG 高密度聚乙烯中空壁缠绕管是怎样分类的？

答：1）标记

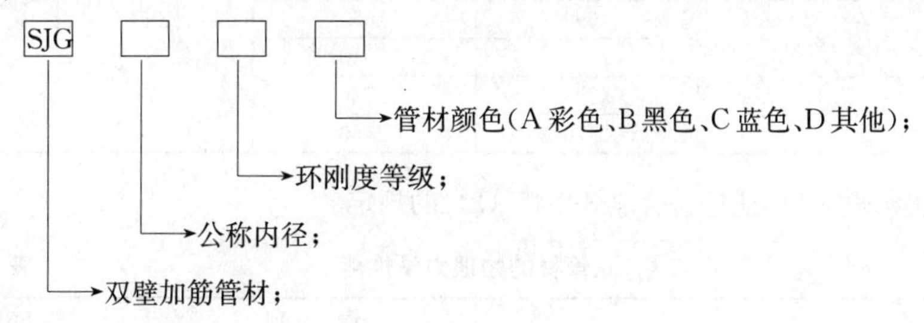

2）管材按环刚度分级（见表 3-2-44）

管材刚度分级 **表 3-2-44**

级　别	S0	S1	S2	S3
环刚度	2	4	8	16

3）管材内部结构见图 3-2-44。

3-2-45 HDPE SJG 技术要求有哪些？

答：1）材料

(1) 生产管材所用材料应以聚乙烯树脂为主，其中可含有利于管材性能的添加剂。

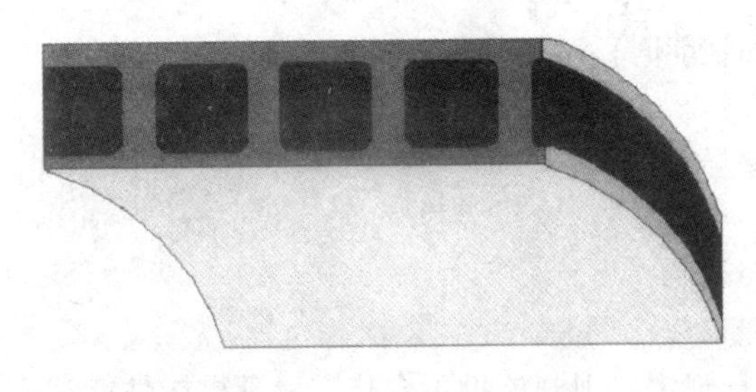

图 3-2-44　管材内部结构图

(2) 生产管材产生的清洁回收料，只要能生产出符合本标准的管材，可掺入新料中回用。

2）颜色

管材的颜色一般为彩色、黑色或蓝色，亦可由供需双方协商确定，但暴露在阳光下的敷设管道（如地上管道）必须为黑色。

3）外观

管材内外表面应清洁、光滑、不允有气泡、明显的划伤、凹陷、杂质。管端头应切割平整，并与管轴线垂直。

4）管材尺寸

管材的平均内径偏差、长度及其偏差应符合表 3-2-45（1）规定，长度也可由供需双方协商确定。

管材的平均内径偏差、长度及其偏差　　表 3-2-45（1）

公称内径	平均内径偏差	平均外径最大值	平均外径最小值	长　度	长度极限偏差
150	±4.5	173	172	6000 8000 10000	+0.4% −0.2%
200		228	224		
250		280	276		
300	±5.0	338	328		
350		394	380		
400		450	438		
450		508	494		
500		562	550		
600		678	662		
700	±6.5	788	778		
800		900	888		
900		1012	1000		
1000		1124	1112		
1200		1350	1324		
1500	±7.5	1690	1650		
1800		2030	2010		
2000	±9.0	2250	2230		
2200		2470	2450		

5）管材的物理力学性能应符合表 3-2-45（2）的规定

管材的物理力学性能　　表 3-2-45（2）

序　号	项　目	指　标	试验方法
1	环刚度 S0 S1 S2 S3	≥2kN/m² ≥4kN/m² ≥8kN/m² ≥1kN/m²	5.4
2	冲击试验	管壁不破裂	5.5
3	扁平试验	管不破裂	5.6
4	纵向尺寸回缩率	≤4	5.7

3-2-46　HDPE SJG 检验规则有哪些？

答： 1）产品需经生产质量检验部门检验合格并附有合格证方可出厂。

2）组批

同一原料、配方和工艺连续生产的统一规格管材作为一批，每一批数量不超过 100t。生产 7d 尚不足 100t，则以 7d 产量为一批。

3）出产检验

（1）出厂检验项目的扁平试验。

（2）抽样

检验按 GB/T 2828.1—2003 执行，采用正常检验一次抽样方案，见表 3-2-46。

单位：支　**表 3-2-46**

批量范围 N	样本大小 n	合格判定数 Ac	不合和判定数 Re
≤150	8	1	2
151～280	13	2	3
281～500	20	3	4
501～1200	32	5	6
1201～3200	50	7	8
3201～10000	80	10	11

4）形式检验

形式检验项目为本标准规定的全部技术要求项目。一般情况下，每一年至少一次，若有以下情况之一也应进行形式检验。

（1）新产品或老产品转厂生产的试制定形鉴定；

（2）结构、材料、工艺有较大变动可能影响产品性能时；

（3）产品长期停产后恢复生产时；

（4）出厂检验结果与上次形式检验结果有较大差异时；

（5）国家质量监督机构提出进行形式检验的要求时。

5）判定规则

物理力学性能中有一项达不到规定指标时，则随机抽取双倍样品进行该项的复验。如不合格，则判该批产品不合格。

3-2-47　HDPE SJG 标志运输、贮存有何要求？

答：1）标志

每根管材应有永久性的明显标志，标志至少应包括下列内容：

a）生产厂名或商标；

b）产品标记；

c）生产日期；

d）本标准号。

2）运输

管材运输时，不得受到重压、抛摔、剧烈撞击；

3）贮存

管材贮存在远离热源及化学品污染地，地面平整，通风良好的库房内，如室外堆放应有遮盖物。存放期自生产之日起，一般不超过两年。

管材应水平整齐堆放，堆放高度不得超过 2m。

3-2-48　给水附件的作用是什么？分为哪些名目？

答：给水附件用于给水管网中，用以控制和调节水的流量、压力、流向，以保证系统正常运行。按作用的不同，又分为调节附件、控制附件、安全附件。给水附件有给水管路上的阀门（包括闸阀、蝶阀、截止阀、球阀、减压阀、止回阀、浮球网等）、水锤消除器、多功能水泵控制阀、过滤器、减压孔板等。

3-2-49　何谓阀门？有何用途？截断类阀门是指什么？设置在何部位？

答： 1）阀门是一种管路附件。它是用来改变供水管道断面和介质流动方向，控制输送介质流动的一种设备。具体来讲有以下几种用途：

（1）接通或截断管路中的介质。如闸阀、截止阀、球阀、旋塞阀、隔膜阀、蝶阀等。

（2）调节、控制管路中介质的流量和压力。如蝶阀、调节阀、减压阀、安全阀等。

（3）改变管路中介质的流动方向。如分配阀、三通旋塞、三通或四通球阀等。

（4）阻止管路中的介质倒流。如各种不同结构的止回阀、底阀等。

（5）分离介质。如各种不同结构的蒸汽疏水阀、空气疏水阀等。

（6）指示和调节液面高度。如液面指示器、液面调节器等。

（7）其他特殊用途。如温度调节阀、过流保护紧急切断阀等。

在上述的各种通用阀门中，用于接通和截断管路中介质流动的阀门，其使用数量上约占全部阀门总数的80％。

2）截断类阀门的设置。截断类阀门是指闸阀、截止阀、蝶阀等。设置的部位如下：

（1）从市政给水管网到居住小区或建筑物的引入管上。

（2）居住小区或建筑物的室外环状管网的节点处，应按分隔要求设置阀门；环状管段过长时，宜设置分段阀门。

（3）从居住小区室外给水干管上接出的支管起端。

（4）室内给水管道各分支立管的起端和入户管的水表前面。

（5）室内给水管道向住户接出的配水管起端；在配水支管上有3个及3个以上配水点时应设置。

3-2-50　止回阀的设置宜在何部位？

答： 止回阀是允许水流单向流动的阀门，但不能防止倒流污染。管道倒流防止器具有防止倒流污染和止回阀的功能，而止回阀则不具备管道倒流防止器的功能，所以设有管道倒流防止器后，就不需再设止回阀。一般止回阀设置在以下部位：

1）从市政给水管网到居住小区或建筑物的引入管上。

2）密闭的水加热器或用水设备的进水管上。

3）水泵出水管上，应先装止回阀，再装截断类阀门。

4）进出水管合用一条管道的水箱、水塔、高位水池，在其出水管上应装止回阀，以防止从水箱、水塔、高位水池底部进水。

3-2-51　倒流防止器设置在何部位？

答： 倒流防止器是一种特殊的阀件组合体，用于防止水的倒流而造成对供水水源的污染。发达国家对管道连接中可能出现的倒流污染的控制是很严格的，即生活给水管道中的水只允许向前流动，一旦因某种原因倒流时，无论其水质是否已被污染，都称为“倒流污染”。倒流防止器就是防止管道中的水倒流的阀件。

从给水管道上直接接出下列用水管道时，应在这些用水管道上设置管道倒流防止器或其他有效地防止倒流污染的装置：

1）从城市给水环网的不同管段接出引入管向居住小区供水，且小区供水管与城市给水管形成环状管网时，其各引入管上（一般在水表后）应装设倒流防止器。

因为居住小区从城市管网不同管段接入供水时，由于城市环网不同管段的水压不可能相同，这样就使小区干管成了城市环网中的一条连通管兼配水管，使水由压力高的接口向压力低的接口流动，造成水表倒转和小区管网内的水污染城市管网内的水的情况，故应设倒流防止器。

2）从市政给水管道上直接吸水的水泵，其吸水管起端应设倒流防止器。

3）从建筑给水管道单独接出消防用水管道时，在消防用水管道的起端应装设倒流防止器。

因为消防管道中的水，多数情况下是备而不用，水质不好。

4）由城市给水管直接向锅炉、热水机组、水加热器、气压水罐等有压容器或密闭容器注水的注水管上应设倒流防止器。

5）当游泳池、水上游乐池、按摩池、水景观赏池、循环冷却水集水池等的充水或补水管道出口与溢流水位之间的空气间隙小于出口管径2.5倍时，在充（补）水管上应设倒流防止器。

6）垃圾处理站、动物养殖场（含动物园的饲养展览区）的冲洗管道及动物饮水管道的起端应设倒流防止器。

7）绿地等自动喷灌系统，当喷头为地下式或自动升降式时，其管道起端应设倒流防止器。

我国已经有了行业标准《双止回阀倒流防止器》CJ/T 160—2010。管道倒流防止器由进口止回阀、自动泄水阀和出口止回阀三部分组成，只有当阀前水压不小于0.12MPa，才能保证水能正常通过流动，当管路出现倒流防止器出口端压力高于进口端压力时，只要止回阀关闭无渗漏，泄水阀就不会打开泄水，管道中的水也不会出现倒流。当两个止回阀中有一个关闭不严有渗漏时，自动泄水阀就会泄水，从而防止了倒流的产生。

3-2-52　减压阀设置的要领有几点？

答：高层建筑中由于采用垂直分区，常用减压阀降低局部偏高的压力。

1）减压阀的公称直径应与管道管径相一致。

2）减压阀前应设阀门和过滤器；需拆卸阀体才能检修的减压阀后，应设管道伸缩器；检修时阀后水会倒流时，阀后应设阀门。

3）减压阀节点处的前后应装设压力表。

4）比例式减压阀宜垂直安装，可调式减压阀宜水平安装。

5）设置减压阀的部位，应便于管道过滤器的排污和减压阀的检修，地面宜有排水设施。

3-2-53　阀件的品种型号的选择根据是什么？

答：一般要求是给水管道上的阀门的工作压力等级，应等于或大于其所在管段的管道工作压力，根据管径、压力等级及使用温度，可采用铸铁阀体铜芯、铸钢阀体铜芯、全铜、全不锈钢和全塑阀门等。不应使用镀铜的铁杆、铁芯阀门。

3-2-54　阀门选用的根据是什么？

答：应根据使用要求选择给水管道上使用的阀门型号。

1）水流需双向流动的管段上和要求水流阻力小的部位（如水泵吸水管上），宜采用闸板阀。

2）设备机房等安装空间狭小或位置受限的场合，宜采用蝶阀。

3）需调节流量、水压时，宜采用调节阀、截止阀，但水流双向流动的管段上不得使用。调节阀是专门用于调节流量和压力的阀门，需调节流量或水压的配水管段有：公用洗手盆的进水管上；小便器（槽）和大便槽的自动冲洗水箱的进水管上等；

3-2-55　止回阀的选型根据什么？

答：应根据止回阀的安装部位、阀前水压、关闭后的密闭性能要求和关闭时引发的水锤大小等综合因素，进行止回阀的型号选择。止回阀的开启压力与止回阀关闭状态时的密封性能有关，关闭状态密封性好的，开启压力就大，反之就小。

1）当水流停止流动时，止回阀的阀瓣或阀芯，应能在重力或弹簧力作用下自行关闭。

2）在阀前水压小的部位，宜选用旋启式或梭式止回阀。

3）在要求削弱关闭水锤冲击的部位，宜选用速闭消声止回阀或有阻尼装置的缓闭止回阀。

4）对止回阀关闭后密闭性能要求严密的部位，宜选用有关闭弹簧的止回阀。

一般来说，旋启式止回阀宜安装在水平管段上，也可以安装在垂直或倾斜管段上，但液体应自下向上流动。卧式升降式止回阀和阻尼缓闭止回阀及多功能阀只能安装在水平管上。立式止回阀由于有辅助弹簧，阀瓣可在弹簧力作用下关闭，故能安装在水平管上，也能安装在垂直或倾斜管段上。

3-2-56　倒流防止器的构造有哪两种？调试的步骤有哪些？

答： 1）倒流防止器由进水止回阀、出水止回阀和中间腔内的自动排水阀三部分组成，用于严格限定管道中的有压水只能单向流动，是有效防止生活给水系统被回流污染的特种水力控制装置。倒流防止器阀组由下列组件构成，沿水流前进方向依次为：（1）前控制阀；（2）水表或流量计（当系统需要时才设置）；（3）管道过滤器；（4）倒流防止器；（5）可曲挠橡胶管接头或管道伸缩器（螺纹连接时采用活接头）；（6）后控制阀。螺纹连接倒流防止器的构造如图 3-2-56（1）所示，法兰连接倒流防止器的构造如图 3-2-56（2）所示。

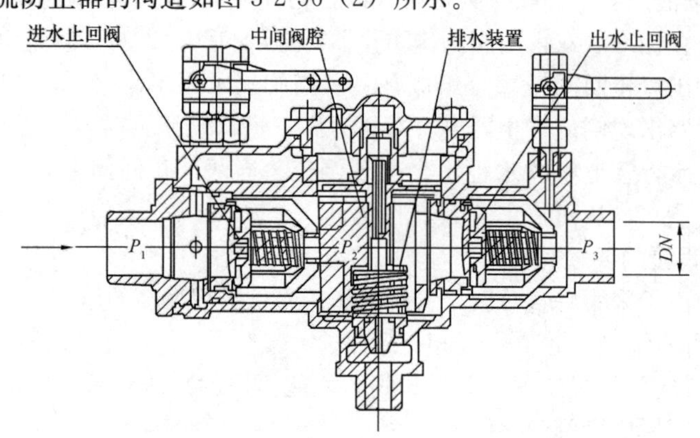

图 3-2-56（1）　螺纹连接倒流防止器构造

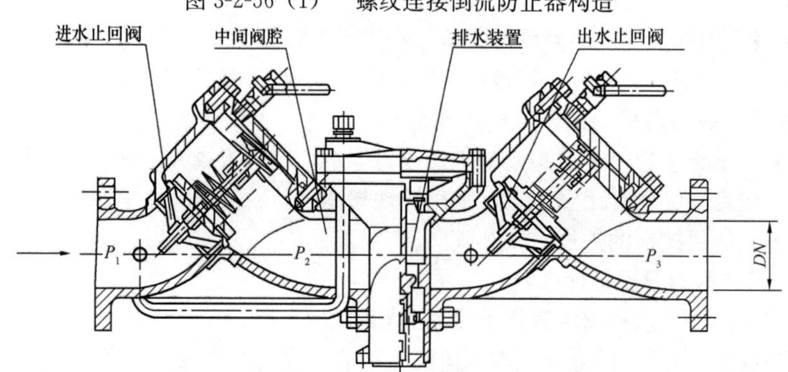

图 3-2-56（2）　法兰连接倒流防止器构造

螺纹连接和法兰连接倒流防止器阀组的组合安装形式见表 3-2-56（1）、（2）。

螺纹连接倒流防止器阀组的组合安装　　**表 3-2-56（1）**

序　号	倒流防止器阀组型号	安装组合	图　式
1	YQ、HS、WT-U009 系列	室内安装（带水表）	采用截止阀 采用闸阀 采用球阀
2	T-U009、KBP 系列		
3	YQ、HS、WT-U009 系列	室内安装（不带水表）	采用截止阀 采用闸阀 采用球阀
4	T-U009、KBP 系列		

法兰连接倒流防止器阀组的组合安装 **表 3-2-56（2）**

序　号	安装组合	图　式
1	室内安装（带水表）	采用闸阀 采用蝶阀
2	室内安装（不带水表）	采用闸阀 采用蝶阀
3	室外安装（带水表）	采用闸阀 采用蝶阀
4	室外安装（不带水表）	采用闸阀 采用蝶阀

2）倒流防止器阀组安装完毕后，可按下述步骤进行调试：

（1）将倒流防止器阀组前、后控制阀关闭；

（2）缓慢开启阀组前控制阀，并打开倒流防止器阀体上部测试球阀排除阀腔内的空气，让水流逐渐充满倒流防止器阀腔；

（3）关闭排气球阀，缓慢开启阀组后控制阀，使水流逐渐充满阀组后部管路系统；

（4）开启阀组后部管道上的配水龙头，观察能否正常出水，并检查倒流防止器排水阀是否呈正常关闭状态；

（5）关闭阀组后控制阀或阀组后部管道上的配水龙头，观察倒流防止器排水阀是否仍呈正常关闭状态；

（6）关闭阀组前控制阀，打开倒流防止器中间腔，测试球阀和阀组后控制阀，使出口端水压高于中间腔水压，观察倒流防止器排水阀是否泄水，以检验出水止回阀的密闭性能。

在调试过程中，控制阀开启或关闭时，泄水阀有少量水排出属正常观象。如果出现泄水阀连续排水、阀组后部配水管网断流等异常情况，应及时中断调试，并通和供货商派技术人员到场处理。

3-2-57　减压阀设置的要求是什么?

答：当给水管网的压力高于配水点允许的最高使用压力时，应按具体要求设置减压阀

1）为了防止阀内产生汽蚀损坏减压阀和减少振动及噪声，一般限制比例式减压阀的减压比不宜大于 3∶1，限制可调式减压阀的阀前与阀后的最大压差不应大于 0.4MPa，要求环境安静的场所不应大于 0.3MPa。

2）为防止减压阀失效时，阀后卫生器具的配水件损坏。阀后配水件处的最大压力应按减压阀失效情况下进行校核，其压力不应大于配水件的产品标准规定的水压试验压力。

3）减压阀前的水压宜保持稳定，只有阀前水压稳定，阀后水压才能稳定，故阀前的管道不宜兼作配水管，以免压力频繁波动。

4）当阀后压力允许波动时，宜采用比例式减压阀；阀后压力要求稳定时，宜采用可调式减压阀。

5）供水保证率要求高，停水会引起重大经济损失的给水管道上设置减压阀时，宜采用两个减压阀，并联设置，一用一备工作，但不得设置旁通管。当一个阀失效时，将其关闭检修，另一

阀投入工作，使管路不需停水即可更换减压阀，并不是两个减压阀并联使用。减压阀若设旁通管，会因旁通管上的阀门渗漏导致减压阀减压作用失准。

3-2-58 减压阀的种类有多少？

答：工程中常用的冷热水减压阀有以下几种：

1）Y系列减压阀。Y系列减压阀是利用阀后压力反馈、自动调节阀门的开启度，以实现在水在流动状态下或在静止状态下的减压（即隔断高压），保持阀后压力稳定，属于新型减压阀。这种阀在高层建筑冷热水系统中，可根据水压分区要求设置，可防止由于冷热水系统的超压而带来的水的浪费、水锤、噪声等不良影响，同时可避免初期消防供水因超压而引起的各种事故。

Y系列之Y110、Y210型及Y410、Y416型减压阀的结构及外形尺寸如图3-2-58（1）所示、型号规格见表3-2-58（1）。

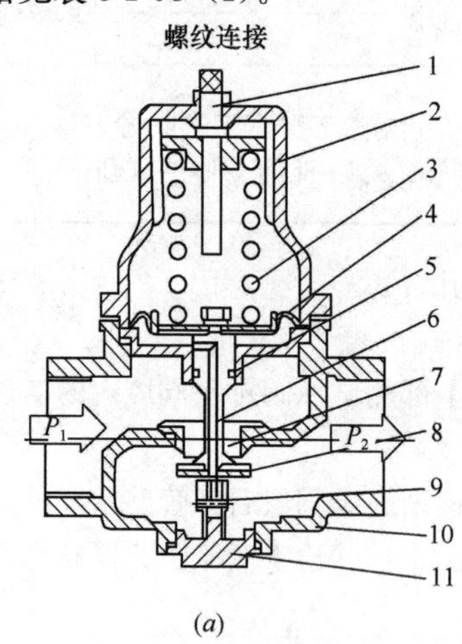

(*a*)

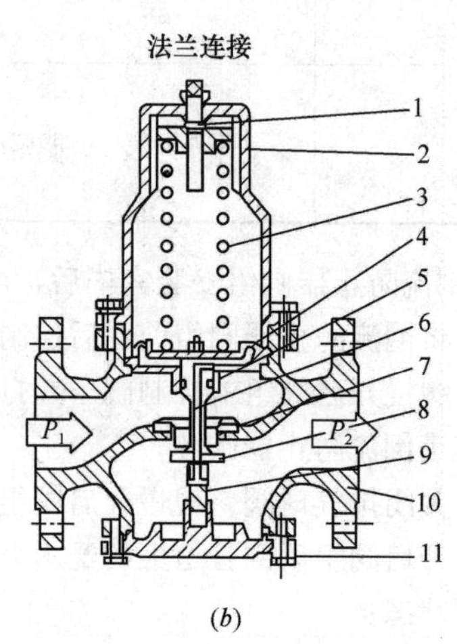

(*b*)

图3-2-58（1） Y系列减压阀

（*a*）螺纹连接（Y110、Y210型）；（*b*）法兰连接（Y410、Y416型）

1—调节螺杆；2—弹簧罩；3—弹簧；4—膜片；5—O形密封圈；6—阀芯；7—阀座；8—阀瓣；9—限位螺母；10—阀体；11—底盖

Y系列减压稳压阀的规格 **表3-2-58（1）**

型号	适用温度（℃）	公称直径 *DN*										
		15	20	25	32	40	50	65	80	100	125	150
Y110	≤70	●	●	●	●	●	●					
Y210		●	●	●	●	●	●					
Y416							●	●	●	●	●	●
Y425							△	△	△	△	△	△
Y110-R	≤150	△	△	△	△	△						
Y210-R		△	△	△	△	△						
Y416-R							△	△	△	△	△	△
Y425-R							△	△	△	△	△	△

注：（1）●表示已有规格；

（2）△表示预定规格；

（3）表示适用于热水介质，温度为70～150℃；

（4）摘自北京普惠机电技术开发公司产品数据。

Y系列减压阀属自力型常开、弹簧膜片式减压阀。该阀由阀体、阀座、阀瓣、活塞套、膜片、限位螺母、弹簧、弹簧罩等零件组成。阀瓣的开启度受膜片上部弹簧张力与膜片下部阀后反馈压力的平衡条件所控制。阀后压力降低，弹簧伸长，阀瓣下移，开启度增加，流体通过阀瓣的阻力减小；阀后压力升高，其动作过程与上述相反，流体通过阀瓣的阻力相应增加。当阀后压力达到预调定值时，阀瓣与阀座密合将阀关闭，从而使阀后压力不再升高，达到静态减压目的。一旦阀后压力低于调定值时，阀瓣下移，其开启度随阀后压力的变化而自动调节。

Y系列减压稳压阀的主要技术性能见表3-2-58（2）。

Y系列减压阀性能参数 **表3-2-58（2）**

工作压力（MPa）	1.0	1.6	2.5
强度试验（MPa）	1.5	2.4	3.8
调压范围（MPa）	0.1～0.5	0.2～0.8	0.5～1.6
工作温度（℃）	≤70、≤150	≤70、≤150	≤70、≤150
用　途	给水、空调水、采暖及蒸汽系统		

注：摘自北京惠普机电技术开发公司样本。

2）YJ系列减压阀。北京惠普机电技术开发公司开发的YJ系列减压阀是常闭式多功能减压阀，既减动压又减静压。此阀的阀后压力是靠减小弹簧的张力来增加的，也就是弹簧张力越小，P_2越大，这种特性与Y系列减压稳压阀完全相反。由于P_1与P_2作用于同一面积上，P_1变化引起P_2同步变化，因此，该阀适用于户，稳定，P_2要求较高，流量要求大的场合。如果要将此种减压阀应用于高温水、蒸汽、油品等介质，应在订货时向厂家提出，以便更换部分零件。

YJ系列减压阀的结构见图3-2-58（2），规格及外形尺寸见表3-2-58（3）。

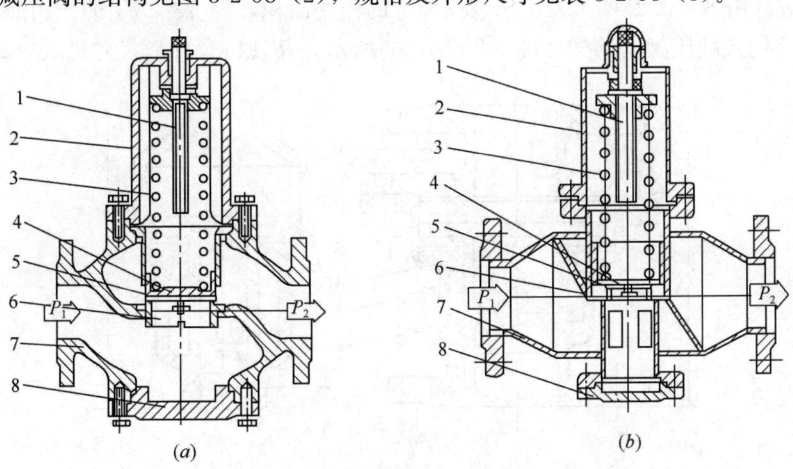

图3-2-58（2）　YJ系列减压阀

（*a*）铸造阀体结构；（*b*）无缝钢管焊接阀体结构

1—调节螺杆；2—弹簧罩；3—弹簧；4—阀套；5—阀瓣；6—阀座；7—阀体；8—底盖

YJ系列减压阀规格及外形尺寸 **表3-2-58（3）**

公称直径*DN*	65	80	100	125	150	200	250	300	350	400
阀体材料	灰铸铁					无缝钢管焊接				
L（mm）	250	310	350	450	450	900	820	1200	1150	1100
H（mm）	270	300	324	411	411	990	990	1200	1200	1200
重量（kg）	50	60	72	126	136	270	286	485	490	550

3）大流量减压稳压阀。北京惠普机电技术开发公司生产的YS416型减压稳压阀，是在Y416型减压稳压阀基础上改进而成的大流量、高稳定性阀门，已在自动喷水灭火系统中应用，其主要性能参数见表3-2-58（4）。

YS416型大流量减压稳压阀技术参数　　表3-2-58（4）

公称直径 *DN*	工作压力（MPa）	调节压力（MPa）	流量（L/s）	动静压差（MPa）	外形尺寸及重量		
					L（mm）	*H*（mm）	重量（kg）
65	1.6	0.2～0.6	10	<0.1	300	650	50
80	1.6	0.2～0.6	15	<0.1	368	710	60
100	1.6	0.2～0.8	25	<0.1	450	900	125
150	1.6	0.2～0.8	50	<0.1	540	1089	210

注：静态调节精度<10%；动态调节精度<20%。

4）YB系列比例式减压阀。YB型比例式减压阀是一种新型减压阀，它打破了传统减压阀的弹簧、膜片结构形式，利用压差推动阀芯控制截流口的开度，既能减动压，又能减静压，可以任意位置安装，但以垂直安装最好。这种比例式减压阀，顾名思义是按一定比值来减压的阀门，生产时其比例常数的比例为：$K=S_1/S_2=0.5$、0.33、0.25、0.2，阀后压力是不可以任意调节的。采用此种减压阀时，应计算安装减压阀位置处的P_1值，根据所需P_2值选择合适比值。例如：P_1为1.0MPa，要求P_2为0.5MPa，则选用$K=0.5$（2∶1）。又如；P_1为1.0MPa，要求P_2为0.2MPa，则应选用$K=0.2$（5∶1）。S_1表示P_1的作用面积，S_2表示P_2的作用面积。

YB系列比例式减压阀的结构如图3-2-58（3）所示，其规格及外形尺寸见表3-2-58（5）。

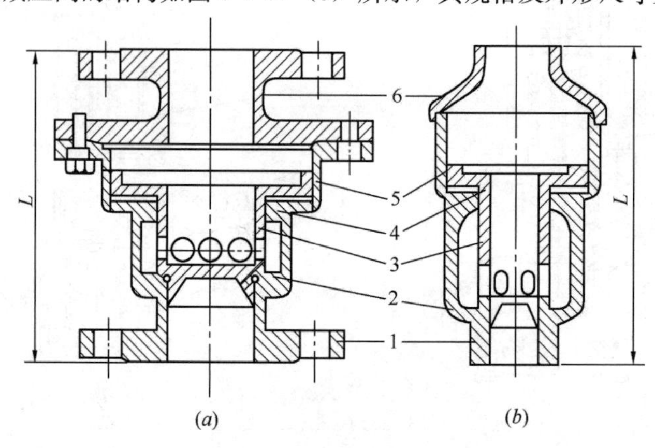

图3-2-58（3）　YB比例式减压阀

（*a*）法兰连接；（*b*）螺纹连接

1—阀体（一）；2—密封圈门；3—阀芯；4、5—密封圈；6—阀体（二）

YB比例式减压阀规格及外形尺寸　　表3-2-58（5）

型　号	YB110、YB210					YB416、YB425				
公称直径 *DN*	20	25	32	40	50	65	80	100	150	200
L（mm）	117	127	140	200	230	290	310	350	480	600
H（mm）	70	90	95	113	175	200	232	270	400	510
重量（kg）	1.3	2.5	4	5	7.5	25	35	42	96	150

3-2-59　减压阀安装与维修是怎样的?

答: 1）Y110 型、Y210 型、Y410 型、Y416 型、YS416 型减压阀可以采取水平或垂直安装方式，但应便于维修或更换，如图 3-2-59 所示。

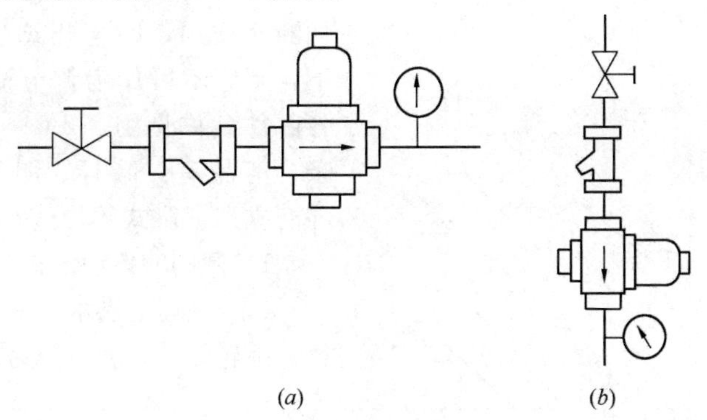

图 3-2-59　Y 系列减压稳压阀的安装

(*a*) 水平安装；(*b*) 垂直安装

2）YJ416 型减压阀只能水平安装。

3）无论水平安装或垂直安装，阀体所示箭头方向必须与水流方向一致。为避免杂质堵塞减压阀，阀前最好装过滤器。

4）产品出厂时，弹簧已调到松弛状态。调整压力时可以在静压或动压情况下进行，顺时针旋转调节螺杆，侧阀后压力增加，反之则阀后压力减小。当阀前与阀后压差很小，同时处于高压状态时，应先使阀后泄压，再进行压力调整。

5）当发现减压阀不能减静压时，可将阀前的截止阀开关数次来冲洗截流口，若无效果可更换密封垫和 O 形密封圈。

6）当减压阀需要维修时，将阀前截止阀关闭，逆时针旋转调节螺杆，使之松开，打开弹簧罩和丝堵，检查膜片和 O 形圈是否有损坏，进行清洗和换件后重新装配，即可正常工作。

3-2-60　排气阀装置在什么部位?

答: 给水管道系统的下列部位应设置排气装置：

1）采用自动补气式气压给水装置的给水管道系统，其配水管网的最高点应设自动排气阀；

2）给水管网有明显起伏积聚空气的管段，宜在该段的峰点设自动排气阀或手动阀门排气。

3-2-61　过滤器设置在什么部位?

答: 为了保证给水管道阀件的正常工作，下列部位应设置管道过滤器：

1）进水总表前应设置；住宅进户水表前宜设置；

2）减压阀、自动水位控制阀，温度调节阀等阀件前；

3）水加热器的进水管上，换热装置的循环冷却水进水管上宜设置；

4）水泵吸水管上宜设置。过滤器的滤网应采用耐腐蚀材料，滤网网孔尺寸应按使用要求确定。

3-2-62　安全阀设置在何处?

答: 安全阀与管道或压力容器之间不得设置阀门。安全阀的泄压口应连接管道将泄压水引至安全地点排放。

3-2-63　阀门分类是怎样的?

答: 埋地供水管网中的阀门大致可分为蝶阀和闸阀两大类。按其在管网中的用途又可分为控制阀、排气阀、排泥阀和止回阀等。

3-2-64　闸阀的结构特点有哪些？

答：在各类型的阀门中，闸阀是应用最广泛的一种。闸阀是指关闭件（阀板）沿通道轴线的垂直方向移动的阀门。在管路上主要作为切断介质用，即全开或全闭使用。一般情况下，闸阀不可作为调节流量。闸阀的结构及各部件名称见图 3-2-64，闸阀的结构相当复杂，产品有：暗杆、明杆、楔式、平行式、并有立式、卧式等形式。

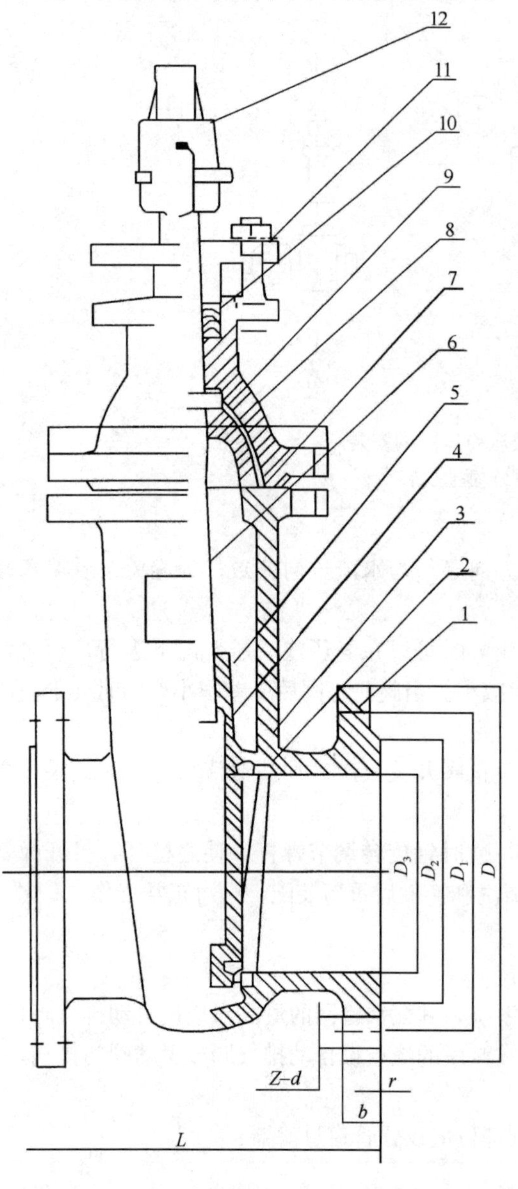

图 3-2-64

1—阀体；2—阀体密封圈；3—闸板密封圈；4—闸板；5—阀杆螺母；6—阀杆；7—垫片；8—阀盖；9—马鞍；10—密封环；11—填料压盖；12—方头

1）闸阀的传动方式

（1）在埋地供水管网中使用的闸阀，小口径为手轮传动，大口径为方头直接驱动的传动方式；

（2）此外还有正齿轮传动、伞齿轮传动、电动、气动、液动等传动方式。

2）闸阀的连接方式

（1）在供水管网中闸阀与管道之间一般为法兰连接。

（2）其他还有螺纹、焊接、对夹等形式。

3）闸阀的密封方式有金属硬密封和橡胶软密封。

3-2-65　金属硬密封闸阀有何问题？

答：金属硬密封闸阀。其在使用过程中存在以下几方面的问题：

1）“掉板”现象是闸阀最普遍的问题，究其原因主要有以下几方面引起：①阀杆刚度不够，丝扣生锈致使阀板脱落；②连接阀杆和阀板的铜螺母爆裂；③阀板材质较差，上耳断裂。

2）阀芯漏水。主要是由于硬密封闸阀采用填料密封，易老化需经常更换，否则会出现阀芯漏水的现象。

3）阀体爆裂。因硬密封闸阀阀体材料一般为灰铸铁，当管线出现不均匀沉降时，会引起阀体爆裂。

4）阀门无法完全关闭。主要是由于硬密封闸阀的凹槽容易沉积石块、焊条等杂物，致使闸板无法完全放下。

5）阀体内的防腐涂料质量较差，长久脱落后阀体内腔沉积铁垢，产生铁锈水而污染管网水质。

3-2-66　蝶阀结构是怎样的

答：蝶阀是用圆盘式启闭件往复回转 90°左右来开启、关闭和调节流量的一种阀门。蝶阀不仅结构简单、体积小、重量轻、材料耗用省、安装尺寸小，而且驱动力矩小，操作简便、迅速，并且还可同时具有良好的流量调节功能和关闭严密性，是近几十年发展最快的阀门之一。其结构示意图如图 3-2-66 所示。

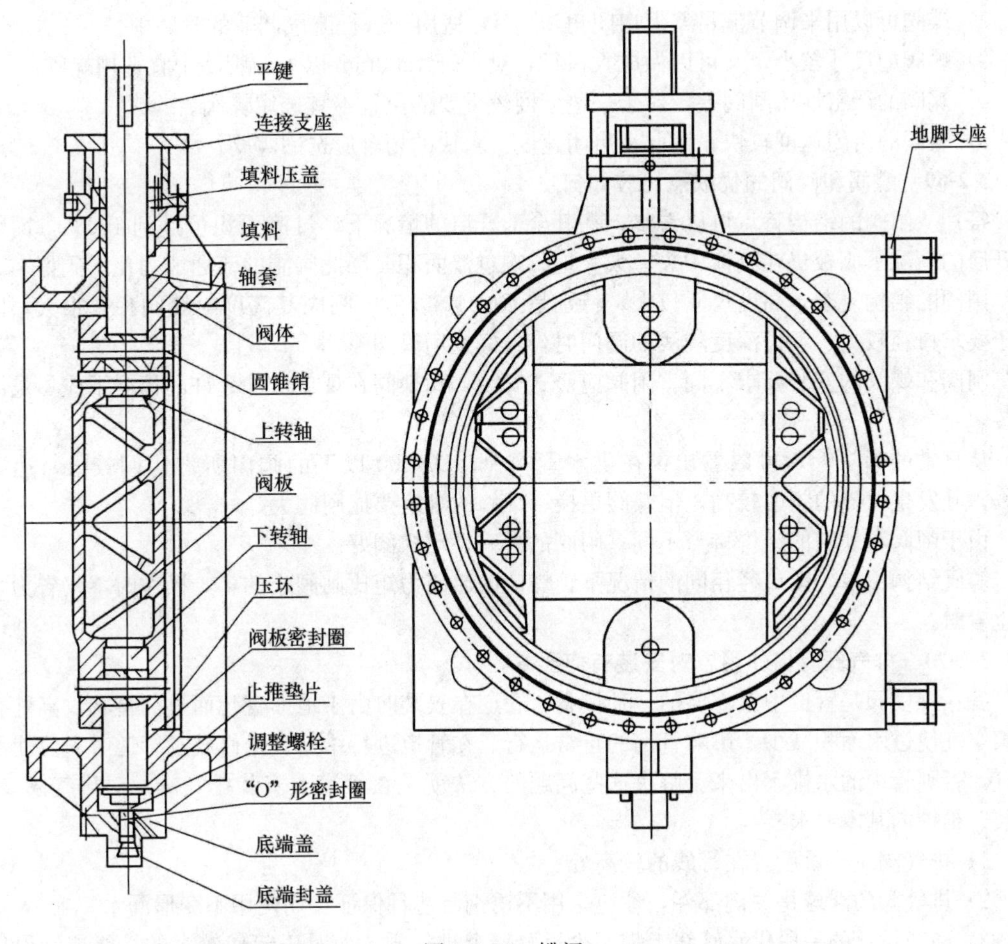

图 3-2-66 蝶阀

3-2-67 蝶阀的分类按哪三种形式?

答: 1) 按结构形式分类

(1) 中心密封蝶阀;

(2) 单偏心密封蝶阀;

(3) 双偏心密封蝶阀;

(4) 三偏心密封蝶阀。

2) 密封面材料分类

(1) 软密封蝶阀密封面由金属硬质材料对非金属软质材料构成;

(2) 密封面由非金属软质材料对非金属软质材料构成;

(3) 金属硬密封蝶阀，密封副由金属硬质材料对金属硬质材料构成。

3) 按连接形式分类

(1) 对夹式蝶阀;

(2) 法兰式蝶阀;

(3) 焊接式蝶阀。

3-2-68 蝶阀的选用原则有哪些?

答: 1) 由于蝶阀的水头损失比闸阀大 (大约是闸阀的 3 倍左右)，故适用于对水头损失要求较小的管路系统中。

2）蝶阀可以用来调节流量（但启闭角≥15°），适用于进行流量调节的管路中。

3）蝶阀的尺寸较小，又可以做成大口径，对 DN≥600mm 以上的管路中宜选用蝶阀。

4）蝶阀的严密性比闸阀差，对于一些管网较重要的位置不宜选用蝶阀。

5）蝶阀的启闭速度较快，因此在启闭速度要求快的场合应选用蝶阀。

3-2-69　蝶阀和闸阀的优缺点比较如何？

答：从闸阀的结构特点可以看出，在其全部开启的情况下，过流面积可达到 100%，而蝶阀在开启的情况下阀板仍在阀体中央，大大地影响过流面积，因此闸阀的流通能力比蝶阀好。

闸阀的结构复杂，高度尺寸较大，特别是 DN400 以上的闸阀其高度与蝶阀相差很大，因此对于要求口径较大、埋设深度较浅的阀门时，最好选用蝶阀。

闸阀和蝶阀的安装要求不同。闸阀应竖式安装，而蝶阀在现场尺寸允许的情况下应尽量卧式安装。

从日常的阀门管理可以看出：在供水管网中，DN400 以下的阀门所占比例较大，达到了 90%，其发生故障的频率较高，但蝶阀更换、维修的难度要比闸阀大。

由于闸阀和蝶阀的结构特点不同，闸阀的严密性比蝶阀好。

蝶阀结构简单，在口径相同的情况下，蝶阀的启闭力矩比闸阀小的多，操作时不仅省力，而且也省时。

3-2-70　排气阀有何作用？对安装有何要求？

答：排气阀是管道中很重要的一种设备。管道在安装时由于地形变化而呈曲折状，高处容易积聚空气使过水面积减少，影响管网的正常运行。在管道进行维修、抢修放空管道时需要使管道进气，否则管中的水排不出来。解决这些问题的方法就是在管道上安装排气阀。对排气阀设置、安装、维护的基本要求有：

1）排气阀应尽量设置在管线的较高处。

2）排气阀的浮球是关键部件，球应采用不锈钢制造且保证长期使用不变形漏水。

3）在新设计的一段供水管线上需至少设置一个排气阀，而对于起伏较大的管线应增设以保证每段管线内多余的空气能顺利排出。

4）对于管线跨越障碍物需要上弯且高差较大时，也应加设排气阀。

5）为方便维修，排气阀与主管连接处应加设一个闸阀，维修时才不会影响主管供水。

排气阀的常用图例见图 3-2-70

图 3-2-70　常用排气阀图例

3-2-71　排泥阀有何作用？对安装有何注意事项？

答：排泥阀是供水管网中很重要的一种设施，它的作用主要表现在以下两方面：(1) 定期对其排放，使管网中的沙、石等杂物顺利排出以免影响水质。(2) 在管网进行维修、抢修时，可以通过排泥阀快速放空管中的水，缩短了停水时间，提高了维修、抢修工作的效率。排泥阀的示意图如图 3-2-71 所示。

排泥阀的设置、安装及维护注意事项：

1）在管线长度 1000m 范围内，应至少设置一个排泥阀，如果管线起伏较大，还可以增设。

2）排泥阀必须从主管的底部接出，否则管中以下的水无法通过排泥阀排出。

3）排泥阀的口径不得小于主管口径的 1/3～1/4，排泥阀的口径太小会大大延长排水的时间。

4）当供水管线附近没有雨水井时，可用水泵将水从湿井中抽出，严禁排泥阀与污水井连接。

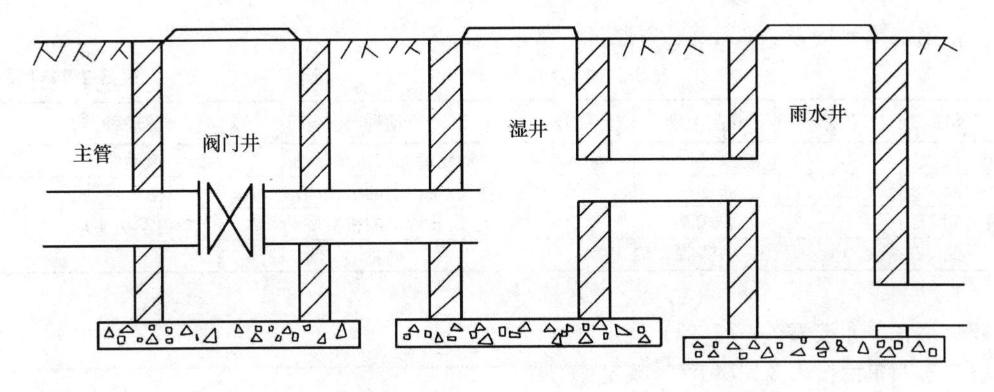

图 3-2-71　排泥阀井安装示意图

5）应定期对排泥阀进行排放和检查，以免排泥阀漏水长期未发现而给供水企业带来损失。

6）排泥阀的控制阀门应选用闸阀，因为闸阀的严密性比蝶阀好，而且发生故障维修简单。

3-2-72　何谓阀门的公称通径？

答：阀门的公称通径是管路系统中所有管路附件用数字表示的尺寸。公称通径是供参考用的一个方便的整数，与加工尺寸仅呈不严格的关系。公称通径用字母“*DN*”后面紧跟一个数字标志，如公称通径 200mm 应标志为 *DN*200。阀门的公称通径常用的有 *DN*400、*DN*600、*DN*800、*DN*1000 等。

3-2-73　何谓阀门的公称压力

答：阀门的公称压力 *PN* 是一个用数字表示的与压力有关的标示代号，是仅供参考的一个方便的整数。同一公称压力（*PN*）值所标示的同一公称通径（*DN*）的所有管路附件具有与端部连接形式相适应的同一连接尺寸。*PN* 的单位以 MPa 表示。在供水管网中常用的阀门公称压力有 1.0MPa 和 1.6MPa 两种规格。

1）阀门的壳体试验压力

阀门的壳体试验压力是指对阀门的阀体和阀盖等连接而成的整个阀门外壳进行试验的压力。其目的是检验阀体和阀盖的密封性及阀体和阀盖连接处在内的整个阀体的耐压能力。阀门的壳体试验压力用 *PS* 表示，单位用 MPa。

2）阀门的密封和上密封试验压力

阀门的密封和上密封试验压力是检验启闭件和阀体密封副密封性能和阀杆与阀盖密封副密封性能的试验压力。

3-2-74　阀门型号的编制方法是怎样的？各单元的代号有什么规定？

答：1）阀门产品型号编制方法如下：

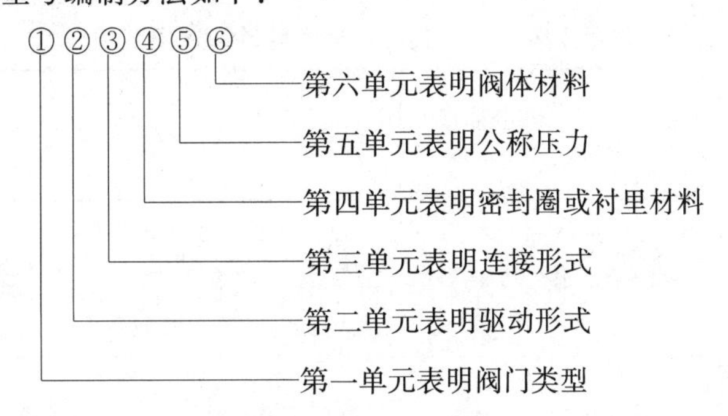

2）各单元的代号

（1）第一单元按表 3-2-74（1）规定：

（2）第二单元按表3-2-74（2）规定：

表3-2-74（1）

阀门类别	代号	阀门类别	代号
闸　阀	Z	旋塞阀	X
截止阀	J	止回阀	H
柱塞阀	U	蝶　阀	D
球　阀	O	节流阀	L

表3-2-74（2）

驱动种类	代号	驱动种类	代号
蜗轮传动的机械驱动	3	液动驱动	7
正齿轮传动的机械驱动	4	电磁驱动	8
伞齿轮传动的机械驱动	5	电动机驱动	9
气动驱动	6		

（3）第三单元按表3-2-74（3）规定：

（4）第四单元按表3-2-74（4）规定：

表3-2-74（3）

连接形式	代号	连接形式	代号
内螺纹	1	焊　接	6
外螺纹	2	对　夹	7
法　兰	4		

表3-2-74（4）

结构形式	代号	结构形式	代号
明杆楔式单闸板	1	暗杆楔式单闸板	5
明杆楔式双闸板	2	暗杆楔式双闸板	6
明杆楔式弹性闸板	3	暗杆平行式双闸板	7
明杆平行式双闸板	4		

3-2-75　水表设置条件是怎样的？

答：1）必须单独计算水量的建筑物，应在其引入管上装设水表。

2）建筑物的某部分或个别设备必须计算水量时，应在其配水管上装设水表。

3）住宅应安装分户水表。

由市政管网直接供水的独立消防给水系统的引入管上可不装设水表。

3-2-76　水表的类型有哪些？

答：1）按水表结构的不同，我国生产的水表，目前可分为如下类型：

（1）容积式水表：用于冷水水表。

（2）流速式水表：

①旋翼式水表。又分为冷水水表（有干式和湿式之分）和热水水表（只有干式）。

②旋翼式水表。又分为冷水水表和热水水表。

③复式水表。用于冷水水表。

④正逆流水表。

2）按其显示方式的不同，水表还可分为远传式和就地指示式两类，其中就地指示式又有表盘显示和数码显示两种。

3-2-77　水表的技术特性和适用范围是怎样的？

答：常用水表的介质条件、技术特性和适用范围，见表3-2-77。

常用水表的介质条件、技术特性和适用范围　　**表3-2-77**

类　型	介质条件			公称直径（mm）	主要技术特性	适用范围
	温度（℃）	压力（MPa）	性质			
旋翼式冷水水表	0～40	≤1.0	清洁水	15～150	最小起步流量及计量范围较小，水流阻力较大，其中干式的计数机构不受水中杂质污损，但精度较低；湿式构造简单，精度较高	适用于用水量及其随时变化幅度小的用户，只限于计量单向水流
旋翼式热水水表	0～90	≤0.6	清洁水	15～150	仅有干式，其余同旋翼式冷水水表	适用于用水量小且变化幅度小的用户，只限于计算单向水流

续表

类型	介质条件			公称直径（mm）	主要技术特性	适用范围
	温度（℃）	压力（MPa）	性质			
螺翼式冷水水表	0～40	≤1.0	清洁水	80～400	最小起步流量及计算范围较大，水流阻小	适用于用水量大的用户，只限于计量单向水流
螺翼式热水水表	0～90	≤0.6	清洁水		最小起步流量及计量范围较大，水流阻力小	适用于用水量大的用户，只限计量单向水流

3-2-78　常用金属管件有哪15种？

答：见图3-2-78。

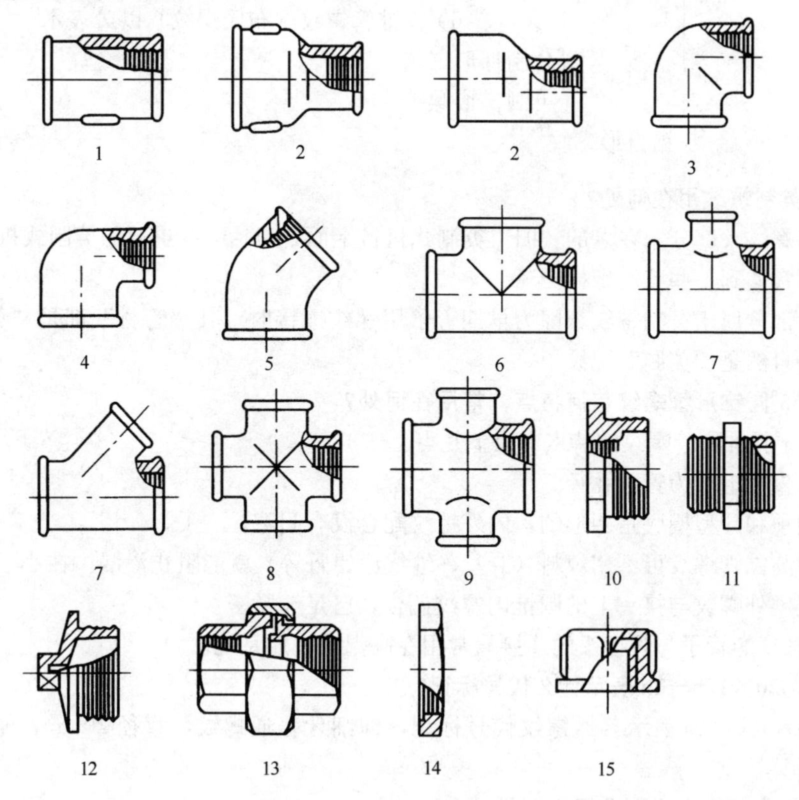

图3-2-78　常用管件

1—管接头；2—异径管接头；3—弯头；4—异径弯头；5—45°弯头；6—三通；
7—异径三通；8—四通；9—异径四通；10—内外螺母；11—六角内接头；
12—外方堵头；13—活接头；14—锁紧螺母；15—管帽头

3-2-79　塑料管件有哪几种？

答：常见的塑料管件有三通、四通、弯头、异径三通、异径四通等。根据其制作工艺又分一次注塑成型、粘结、熔接、承插等形式。连接方式分螺纹连接、熔接和承插三种。

塑料管件中我们介绍聚乙烯和聚氯乙烯管件。聚乙烯管件分一次注塑成型、熔接、承插等三种形式。熔接、承插管件壁厚比同口径的管材壁厚提高一个规格，一次注塑成型的管件可以采用与管材相同的规格。聚乙烯管件与主管的连接采用熔接、承插式连接和电熔套筒连接等。

聚氯乙烯管件主要有如图 3-2-80 所示的管件，采用粘结和承插式连接两种方式；小口径的管件主要采用粘结，大口径的管件主要采用承插式连接。管件壁厚比同口径的管材壁厚增加 10%左右，壁厚尺寸的增加应保证管承口内径和管插口外径符合管材的标准尺寸，又能保证质量要求。

3-2-80　标准螺纹有几种?

答：标准螺纹有下列几种：

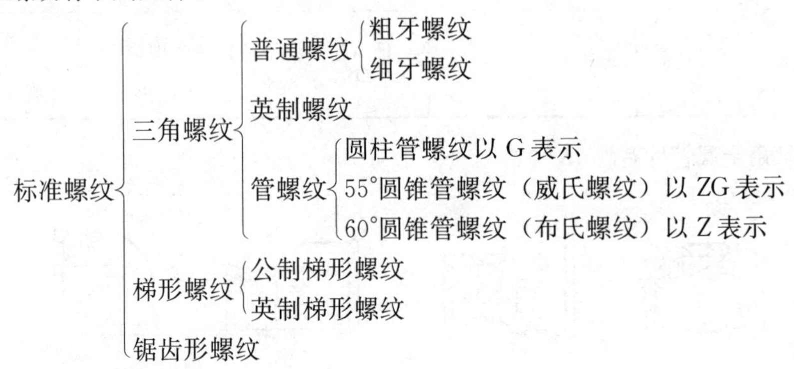

3-2-81　英制螺纹用在何处?

答：英制螺纹大部分用在老的“旧”英制式机械上面，包括一些进口的英制式机械。另外维修旧设备时，常遇到一些英制螺栓。

管螺纹大部分属于英制螺纹，因为早期管子用螺纹连接时，其“管材”都是“英制”，所以与其配套者也自然是“英制”螺纹了。

3-2-82　55°圆锥形管螺纹有何特点？常用在何处?

答：1）55°圆锥形管螺纹的特点有以下几点。

（1）公称直径近似为管子孔径。

（2）牙型顶和牙型槽底是圆形的，内外螺纹配合没有间隙。

（3）这种圆锥管螺纹可不用填料（麻丝、纱线涂铅丹等）就能阻止渗漏。在小于 0.5MPa 压力下，管端圆锥外螺纹与接头上的圆锥内螺纹偶合，已足够紧密

2）圆锥螺纹的管子与管接头的连接通常用在高温及中压系统。

3-2-83　M20×1.5－2a 表示什么代号标记?

答：M20×1.5－2a 表示普通螺纹代号标记，即细牙普通螺纹，直径 20mm，螺距 1.5mm，精度为 20 级。

3-2-84　给水工程中水泵选用原则是什么?

1）在满足最大工况要求的条件下，应尽量减少能量的浪费；

2）合理地利用各水泵的高效率段；

3）尽可能选用同型号泵，使型号整齐，互为备用；

4）尽量选用大泵，但也应按照实际需要考虑大小兼顾，灵活调配；

5）Σn 值变化大，则可选不同型号泵搭配运行；

6）保证吸水条件，照顾基础平齐，减少泵站埋深；

7）考虑必要的备用机组；

8）进行消防用水时的校核；

9）考虑泵的发展，实行近远期结合。

3-2-85　水泵的分类及参数有哪些？给水工程中常用哪两种水泵?

答： 1）水泵的分类

以不同的角度考虑分类水泵也有不同，按泵的工作原理分：叶片式、容积式泵，引射器、气升泵、旋涡泵、真空泵等；按进水方式分：单吸及双吸泵两种；按泵轴的位置分：立式和卧式泵两式；按液体的性质分：清水泵、热水泵、污水泵、泥沙泵、油泵等。另外一般地下取水用的还有深井泵和潜水泵。

2）水泵的参数，流量、扬程、功率和效率、转数和比转数、允许吸上真空高度。

3）在城镇及工业企业的给水工程中，大量的普遍使用的水泵是离心式和轴流式两种，尤其是以离心式水泵更为普遍。

3-2-86　倒流防止器在饮用水管网中有何作用?

答： 倒流防止器是在发达国家应用了多年的一种防止倒流污染的有效装置严格限定管道中的水只能单向流动的水力自控的组合装置。它由两个速闭型止回阀和一个水力控制的自动泄水阀共同连接在一个阀腔上组成。止回阀一定要速闭，以防止关闭过程中产生倒流，在水的正向流动惯性停止前阀瓣就已关闭。自动泄水阀利用进口压力与阀腔压力的压差来控制启闭，不需人工操作，也不需电气、仪表控制。

由于城市只有一个管网——市政自来水管网，它除了主要供应居民的生活饮用水外，还必须供应其他用途的用水，因此交叉连接是必然存在的。

非生活饮用目的的用水管网，有的长期不用而使水变质（如消防管网），有的配水出口极易玷污（如游泳池，冷却塔，喷泉的补水管，绿化洒水管及工业用水管），它们对管网的水质构成严重威胁，一旦产生倒流，生活饮用水管网就会被严重污染。

倒流污染的定义：生活饮用水管道上接出的支管，不论支管中的水是否已被污染，只要倒流入生活饮用水管道，均称为倒流污染。

在配水管网的适当部位安装了倒流防止器，在管网有可能发生倒流危险时，通过倒流防止器的自动泄水阀将其阀腔内的水部分或全部泄放，即可防止倒流现象的产生，从而杜绝了倒流污染。

3-2-87　倒流防止器对安装的部位和安装要求有什么规定?

答： 1）安装部位

（1）从城市自来水管（公共供水管）接入用户的连接管上，必须设置倒流防止器。倒流防止器前的连接管段上不得接出任何用水管道。

（2）生活饮用水管道上存在交叉连接的部位，在非生活饮用目的接管起端必须安装倒流防止器。

这两条原则性的规定就将倒流防止器的安装部位交代得十分清楚了。规定之一是保护城市供水管网不受用户管网的水质污染（注：即使用户是纯生活饮用水管网，也可能因使用不当引发倒流污染）；规定之二是用户内的生活饮用水管网不受非生活饮用目的用水的水质污染。

2）安装要求

（1）倒流防止器一般安装在水表之后，在建筑物内的适当地点。安装地点的环境要求清洁，通风良好，不结冻，有良好的排水设施，检查维护方便。

（2）倒流防止器安装在架空的水平管道上。泄水口高出地面至少 300mm，使泄水口在任何情况下都不被任何杂物或液体淹没。

（3）倒流防止器前应安装过滤器，以防止杂质粘附引起止回阀瓣关闭不严导致渗漏，引发自动泄水阀误动作泄水。如果倒流防止器与水表两者之间相处甚近，水表前已安装有过滤器，则可不再安装。

当因产品规格所限，安装一个倒流防止器其过水能力不能满足要求时，可并联安装使用。

（4）倒流防止器前后应视管路具体情况配置阀门。

3-2-88　何谓支墩？

答：支墩是设在弯头或三通处以防止管道位移和接口破裂的构筑物，通常有砌砖、砌石、混凝土和钢筋混凝土等材料。支墩有侧向支墩和全包支墩之分。施工时可按有关标准图或特殊设计要求执行。

3-2-89　管道和管材、接口和接头等术语意义有何不一样？

答：管线、管道、管路、管材、管节、管子、接口、接头等，都是管道工程的常用术语。对管道工程专业术语的采用时有混乱现象发生。如把管道和管材等同、接口和接头并用。《现代汉语词典》对管道一词释义为"管子"。笔者认为管道是由许多分散的单个的管材（管节）与管道附件，以相适应的接口型式，经施工铺设连接成为一个完整的管道系统工程的线状构筑物。而管材（欲称管子）只是分散的单个的一种建材制品。

当管道作为某项工程系统中的一部分时，应称其为"管线"。当管道作为一项工程的主体时，则应称其为"管道"或"管路"管道的各个管节之间的各个连接点应称其为"管道接口"。空心物体连接的节点称其为"接口"比称其为"接头"较为确切。铸铁管国家标准，以其标准名称到条文的用词均采用"接口"一词。《给水排水管道工程施工及验收规范》和《给水排水设计手册》第1册常用资料、第3册城市给水条文内的用词也一律采用"接口"一词。而预（自）应力钢筋混凝土管及石棉水泥管国家标准从其标准名称到条文的用词均采用"接头"一词。《给水排水设计手册》第10册器材与装置条文内的用词也是一律采用"接头"一词。有的塑料管生产厂，竟以管材承口制作工艺方法——"扩口"一词，取代"承插口式接口"的专业术语。还如一铸铁管国家标准，从其标准名称到条文的用词，均采用"机械接口"这一外文的直译词。它的通译专业用词采用"承插口式法兰盘接口"较为确切。排水管道工程质量检验评定标准等文献，采用的"闭水试验"或"满水试验"，也只是约定俗成用语而并非专业术语。再如"地埋管道"、"接口嵌缝"、"接口止水"、"接口工作面"、"法兰接口"、"麻辫"的用词，还不如"埋设管道"、"接口间隙"、"接口密封"、"接口密封面"、"法兰盘接口"、"麻圈"较为确切，符合专业术语的要求。

3-2-90　为什么自动喷水灭火系统中广泛采用铜管？

答：近年来，在欧美国家住宅自动喷水灭火系统中普遍采用铜管作为管材。其原因是铜管的工作强度高，在同样的管径下管壁较薄且管道刚度较好；重量轻，安装方便，节省住宅的使用空间；耐腐蚀，适合于在自动喷水灭火系统缺少维护条件的情况下长期使用。据国外资料介绍，铜管在住宅自动喷水灭火系统中的运用已达15年以上。

3-2-91　PVC合格的"含铜水管"可以安全使用吗？

答：1）引起公众怀疑PVC制品的缘由：

2004年1月8日，北京建委和规划委联合发布了《关于公布第四批禁止和限制使用建材产品目录的通知》，通知要求自10月1日起，北京行政区域内新建和改建工程限制用铅盐做稳定剂的塑料饮用水管材、管件（PVC-U）；2004年3月18日建设部发布了《关于发布〈建设部推广应用和限制禁止使用技术〉的公告》，该公告特别注明住宅PVC-U供水管道须为"非铅盐稳定剂生产"。

这两份文件立刻引起行业内外的轰动。由于塑料行业的知识过于专业，再加上有些媒体言辞表达中对PVC管的定性不是很准确，所有这些引起了社会对PVC制品的恐慌和焦虑。

2）符合标准的管道是安全的

PVC制品究竟安不安全？中国塑料加工工业协会塑料管道专业委员会于2004年10月15日召开新闻发布会指出，公众大可不必对塑料水管谈铅色变。

中国塑料加工工业协会理事长廖正品介绍，在PVC塑料中添加少量含有铅盐的稳定剂的做法，伴随着PVC塑料的问世已有近一个世纪的历史了，在合理的配方条件下，人们使用的含有铅盐的PVC-U管道并不会导致铅中毒。中国塑协塑料管道专业委员会秘书长杨洪献也表示，近年来，随着塑料管道的主要原材料——卫生级树脂的开发应用，生产管道的助剂加入量已得到大幅减少，使PVC-U管符合了国际及国家标准的要求。"关键在选择时要用正规厂家的产品，不要图便宜而购买不合格的产品。"

3）趋势：PVC加工业未来将逐渐禁铅

合格的"含铅"塑料水管虽然不影响人体健康，但并不代表行业不要禁铅，使用无铅产品更加符合健康和环保要求这是毋庸置疑的，建设部高级工程师王真杰指出PVC加工业逐渐禁铅是大势所趋。

杨洪献表示，现在PVC-U饮用水管材、管件走出了全面禁铅的第一步，其他PVC制品使用铅盐也可能会逐步出台限用时间表。随着国家相关部门禁铅文件的出台，专委会已发出通知，要求会员单位依照文件精神认真执行，并呼吁全行业企业不再生产用于给水的含铅盐稳定剂的PVC-U管材、管件。

3.3 阀门井、管井施工

3-3-1 阀门井是怎样的？

答：埋地管网中设置的阀门都必须要砌筑井室，这样才能对阀门进行日常的维护管理。阀门井室的形状一般为圆形，当 $DN \geqslant 1400$mm 时井室为方形。砌筑井室的材料大都是砖砌体，通常采用MU7.5砖及M5水泥砂浆可以满足强度的需要，为了达到防水的目的，井室内外壁抹1∶2水泥砂浆。对于一些地下水位很高或要求绝对防水的井室也可以用混凝土浇筑。井底还必须做封底，以达到井室底部的防水。阀门井的大样图见图3-3-1所示。

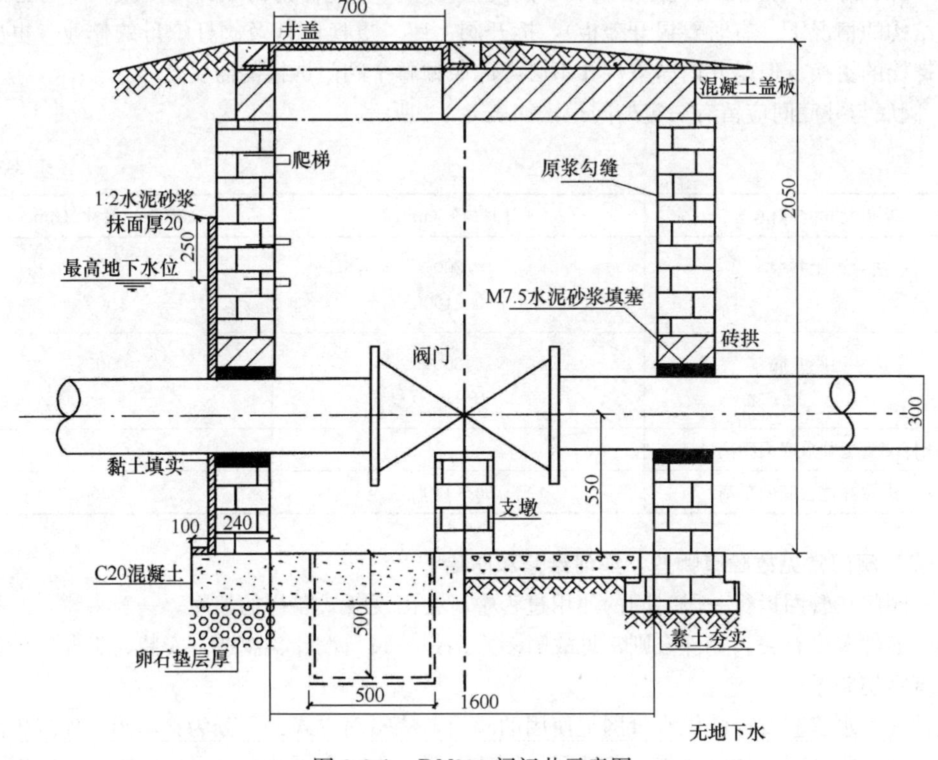

图3-3-1　*DN*300阀门井示意图

常用阀门井主要尺寸一览表（见表3-3-1）。

表 3-3-1

阀门口径（mm）	井　径（m）	井深最小高度（m）	阀门口径（mm）	井　径（m）	井深最小高度（m）
*DN*75	1.0	1.38	*DN*500	2.0	2.98
*DN*100	1.2	1.44	*DN*600	2.2	3.10
*DN*150	1.2	1.63	*DN*800	2.4	3.10
*DN*200	1.4	1.80	*DN*1000	2.8	3.10
*DN*300	1.6	2.13	*DN*1200	3.2	3.50
*DN*400	1.8	2.54			

3-3-2　井室砌筑应注意哪几个问题？

答： 1）阀门井的井径应严格按照上表所对应的尺寸，否则会严重影响日常的阀门操作。

2）阀门井应尽量设置在人行道或绿化带上，方便平常的维护管理。

3）井盖的要求

(1) 井盖的尺寸要统一，按国家规范要求为69cm，井盖偏大或偏小，都会诱发安全事故，这是阀门管理者应注意的一个问题。

(2) 在机动车道上井盖采用重型或超重型，其高度应与路面平齐。在绿化带上井盖采用轻型，高度可比地面高出10～20cm。

4）当 *DN*≥200mm 时，阀门井应砌筑成直筒盖板式，不得收口。

5）井盖应有防盗链与井圈相连，防盗链直径不得小于8mm，以防井盖丢失。

6）阀门井内净空尺寸的确定，要利于阀门检修人员对阀杆密封填料的更换，应考虑在不损坏井壁结构的情况下（有时要揭开盖板），拆开阀上座、更换阀杆及阀杆螺母的作业。也应考虑对阀门螺栓的更换。但是井内净空尺寸不必考虑照顾整个阀门拆换的需要。

7）阀底与井底间应留有一定的间距，如表3-3-2所示。

表 3-3-2

控制尺寸的部位	阀门口径（mm）	控制的尺寸（mm）
法兰边距井壁	≤300 350～1000	400 600
法兰边距井底	≤300 350～1000	300 400～500
阀杆端头至井盖底面距离		≥450
法兰边距井盖板底面距离	700～1200	1200

3-3-3　阀门常见故障有哪些？如何维修和防治？

答： 阀门在管网运行一段时间的使用过程中，会出现各式各样的故障。一般来说，一是与组成阀门的零件多少有关，零件多则常见故障多。二是与阀门设计、制造、安装、工况、操作、维修优劣有密切关系。

通常在给水工艺及市政供水管网上使用的阀门，从驱动方式上可分为自动阀，如减压阀、止回阀等；动力驱动阀，如电动阀、液动阀、气动阀等；非动力驱动阀，通常也称为手动阀，如日常所使用的手动闸阀和手动蝶阀等。从传动连接方式上又可分为齿轮传动和蜗轮传动。所以，我们在诊断阀门故障的时候，一定要充分利用我们所掌握的阀门结构知识，结合阀门各生产厂家产品特点进行分析。对于动力驱动阀门而言，除了驱动装置，如驱动电机、液压缸及液压管道密封故障外，一般非动力驱动阀所发生的故障都有可能会出现。因此，我们重点介绍非动力驱动阀的故障分析。

管道阀门常见故障大体上可分为四类：

1）阀体（阀件）受损破裂；

2）传动装置故障；

3）阀门启闭不良；

4）阀门漏水。

下面将上述各类故障分别结合常用不同类型阀门进行具体分析、比较见表 3-3-3（1）、(2)。

1）闸阀（见表 3-3-3（1））

表 3-3-3（1）

常见故障	表面现象	原因分析	维修措施
阀体（阀件）破裂	阀体裂纹、法兰盘断裂、阀杆断裂、压盖爆裂	1. 阀门材质锈蚀性下降； 2. 管道地基沉降； 3. 管网压力变化大； 4. 温差变化大； 5. 水锤； 6. 填料装配不当； 7. 操作时力矩过大	1. 更换同型号阀件； 2. 更换阀门； 3. 加装伸缩器
传动故障	阀杆卡阻、操作不灵活 阀门无法正常操作	1. 阀门长期处于关闭状态后锈死； 2. 安装、操作不当、损坏阀门阀杆螺纹或阀杆螺母； 3. 闸板被异物卡死在阀体内； 4. 闸板经常处于半开半闭状态，受水力或其他冲击力导致阀杆螺丝与阀杆螺母丝纹错位、松脱、咬死现象； 5. 填料压得过紧，抱死阀杆； 6. 阀杆被顶死，或被关闭件卡死	1. 润滑传动部位，借助扳手，并轻轻敲打，可消除卡死、顶死现象； 2. 停水维修或更换阀门
阀门启闭不良	阀门开不启或关不死、阀门无法正常操作	1. 阀杆锈蚀； 2. 开启时超过上限位，T形槽断裂； 3. 闸板卡死； 4. 闸板长期处于关闭状态下锈死； 5. 闸板脱落； 6. 铁镏、异物卡在密封面或密封槽； 7. 传动部位磨损、卡阻； 8. 阀杆顶心磨灭或悬空，该闸板密封时好时坏	1. 注入煤油、并配合手轮操作，润滑传动部位； 2. 反复开闭阀门和用水力冲击异物； 3. 停水维修，更换阀件； 4. 更换阀门
漏水	1. 阀杆芯漏水； 2. 压盖漏水； 3. 阀兰胶垫漏水	1 阀杆腐蚀剥落、密封面出现凹坑、脱落现象； 2. 安装操作不当，阀杆弯曲或受损； 3. 填料老化、不足、无预紧间隙，预紧力减小； 4. 螺纹抗进、乱扣、锈蚀杂质浸入，使螺纹拧紧受阻，表现压紧填料、实未压紧； 5. 压盖螺栓松动； 6. 法兰连接螺栓松动	1. 轻微可将阀杆密封面抛光除锈； 2. 关闭阀门、启用上密封、更换填料； 3. 更换新螺栓、重新调整紧固螺栓位置

2）蝶阀（见表 3-3-3（2））

表 3-3-3（2）

常见故障	表面现象	原因分析	维修措施
阀体、阀件、爆裂	阀体裂纹、传动箱体爆裂	1. 管道地基沉降； 2. 管网压力或温差变化大； 3. 水锤； 4. 关闭阀门时，超过关闭板限位	1. 调节限位螺钉； 2. 更换传动箱体（同型号）； 3. 更换阀门
传动故障	1. 手轮空转； 2. 传动卡阻	1. 齿轮、蜗杆滑扣、阀轴变形； 2. 轴与轴套间隙小、润滑差被磨损或咬死； 3. 齿转、蜗轮和蜗杆不清洁，被异物卡阻，有断齿现象； 4. 定位螺钉、紧圈松脱，键销损坏； 5. 闸板密封圈或闸板轴部位被异物、铁镏卡死	1. 打开传动箱体，对传动件进行清洁、更换定位润滑养护； 2. 调节定位螺钉； 3. 更换同型号传动箱体； 4. 更换阀门
阀门启闭不良	1. 手轮能操作，阀板打不开或关不了； 2. 手轮无法操作； 3. 阀门启闭指示到位后仍有水声，阀板未处于全开或全关闭状态	1. 传动故障； 2. 阀门安装前未调整限位螺钉，当传动部位处于极限顶死位置时阀板却未到达全启或关闭状态； 3. 阀门长期未操作、阀板及密封圈位置生成铁锈镏； 4. 管道运行前，管网杂物未清除，阀轴被异物卡死； 5. 操作不当，关闭过程中力握过大，使密封圈压缩破裂、变形或脱落； 6. 阀杆与阀板松脱	1. 参照“传动故障”部分，对传动件进行更换、维修、清洁； 2. 调节限位螺钉、使齿轮、蜗轮、蜗杆传动与阀板同步； 3. 停水状态下维修； 4. 更换阀门
漏水	1. 传动箱体漏水； 2. 阀轴漏水； 3. 法兰连接胶垫漏水	1. 阀轴磨损、键销损坏； 2. 密封老化、泄漏； 3. 管道基础下沉或其他因素引起阀体错位	1. 更换部分传动件； 2. 增加更换密封介质； 3. 更换连接螺栓调整阀门位置、加装伸缩器

3-3-4　阀门故障如何预防？

答：阀门在管道运行一定时间后出现故障是必然的，特别是目前国内生产厂家的生产的技术和工艺远达不到实际应用的需要。因此，故障预防势在必行。

1）加强前期管理，建立完整的阀门设计、选材、安装、保养、维修、更换档案。

2）入网前严格检测。阀门进入管网前，对阀门打压进行强度及密闭性试验，减少不合格阀门进入管网的可能性。橡胶密封圈材料对阀门的使用寿命有很大的影响。要求密封圈全部采用丁腈橡胶或三元乙丙橡胶，坚决杜绝再生橡胶。

3）按规定贮存运输。橡胶对日光暴晒非常敏感，运输时应尽量采用木箱包装，存放时应放在室内晒不到的地方。即使条件所限必须放在室外，必须用篷布遮盖，并使蝶板张开 4°～6°，让橡胶处于自然状态，避免提前老化失去弹性。

4）严格安装规程和接收程序。安装时与管道连接的法兰，必须采用阀门专用法兰，特别是对夹式蝶阀，以保证阀体上橡胶圈受压均匀，与蝶板摩擦时不会干涉或鼓起。调试时，应先清除施工残渣，现场可临时用水作润滑剂，再作启闭操作。正式通水前，应清除管内各种杂物，防止管内杂物在水力作用下冲击阀门，从而导致故障产生。

5）合理使用伸缩器。选择承插式伸缩器，允许管道轴心轻微倾斜，既方便安装拆卸，又可缓冲地基沉降对阀体的影响，减少温差、地基沉降造成的阀体构件裂开或拉断等。伸缩器在安装中，应避免处于极限位置，以便于以后的拆卸。

6）开关操作要控制力矩。利用扭矩扳手操作，定量控制力矩。防止因操作不当而人为损坏阀门。

7）提高材质、防腐要求。阀门阀体最好采用球墨铸铁，以增强阀门主体抗爆抗腐性能。阀门流道防腐必须采用附着性较好、抗腐蚀性强符合饮用水卫生标准的环氧树脂涂料。

8）与橡胶圈接触的密封面，应采用不锈钢密封面，防止铁镏的出现损坏橡胶密封。

9）保证闸阀主轴的强度。

10）改进安装方式。蝶阀要求尽可能卧式安装，减少泥砂等固体杂质在阀板轴端堆积，对密封圈也有一定的保护作用。对于闸阀安装，可采用阀前设置沉积槽，对大口径阀门还可以设置检查人孔，定期进行保养、清理。

3-3-5　阀门安装的要求有哪些？

答：我们所说的安装要求是指一般阀门的安装，对特殊阀门的安装应按有关说明进行。无论哪类阀门，其安装应确保安全，有利于操作、维修、拆装和更换。

1）维修工和管道工，应学会识别管线安装图及各类阀门表示符号，以便于按图施工。

安装阀门时，阀门的操作机构离操作地面适合在1.2m左右。当阀门的中心和手轮离操作地面超过1.8m时，应对操作频繁的阀门设置操作平台。阀门较多的管道，阀门尽量集中安装在平台上，以便于操作。

水平管道上的阀门，其阀杆最好垂直向上，不得将阀杆朝下安装。

并排安装在管道上的阀门，应留有操作、维修、拆装的空间位置，其手轮之间的净距不得小于100mm；如间距较窄，应将阀门交错排列。

2）阀门的安装尺寸

阀门的安装尺寸固然重要，阀门的结合长度、法兰的尺寸在有关手册上和阀门产品样本上都可以查得到。

我们应该着重地注意一下，阀门的保护器（伸缩器）的安装尺寸。伸缩器的安装最佳尺寸应当是伸缩器的最大尺寸（$L_{大}$）和伸缩器的最小尺寸（$L_{小}$）的平均值。用公式表示为：

$$L=\frac{L_{大}+L_{小}}{2}$$

3-3-6　阀门的安装形式是怎样的？

答：阀门的安装与其他机械设备安装一样，有一个安装方式问题。阀门安装正确的方式应是内部结构形式符合介质的流向，安装方式符合阀门结构形式的特点要求和操作要求。另外，正确的方式应是整齐划一，美观大方。

1）阀门的安装方向

很多阀门对介质的流向都有具体规定，安装时应使介质的流向与阀体上箭头的指向一致。阀门上没有注明箭头时，应按阀门的结构原理正确识别，切勿装反，否则，将会影响使用效果，甚至引起故障，造成事故。

闸阀一般没有规定介质流向。但用于深冷介质的闸阀，为了防止关闭后阀腔内介质因深冷而膨胀，造成危险，在介质进口侧有一个卸压孔。

截止阀，除特殊截止阀外，介质的流向一般从阀瓣下方流经密封面。安装时，应按阀体箭头指向识别方向。如果介质流向从密封面流经阀座下面，截止阀关闭后，填料应受压，不利于填料更换；开启时费力，开启后阻力增大，密封面会受到冲蚀。因此，截止阀的方向不能装反。

止回阀的介质流向是从阀瓣下面冲开阀瓣。如果装反容易造成事故。

蝶阀一般是有方向性的，安装时介质流向与阀体所示箭头方向一致，即介质应从阀的旋转轴向密封面流过。中心垂直扳式蝶阀的安装无方向性。

节流阀的介质流向也有方向性，阀体上有箭头指示，装反了会影响阀门的使用效果和寿命。

安全阀的介质流向的要求就更加严格，如果反方向安装，将会酿成重大事故。

还有减压阀、疏水阀等的介质流向都有一定的要求。

2）阀门的安装位置要求

闸阀是双闸板结构的，要直立安装，即阀杆处于铅垂位置，手轮在上面。对单闸板结构的，可在任意角度上安装。

截止阀、节流阀可安装在设备和管道上的任意位置。

球阀、蝶阀和隔膜阀也可安装在任意位置。

安全阀不管哪种结构形式，都要直立安装。阀杆与水平面应保持良好的垂直度。阀的出口不允许有背压，出口排泄管不小于安全阀的出口通径。

3-3-7　阀门的安装作业要点有哪些?

答: 阀门的安装，应按照阀门使用说明书和有关规定执行。

安装前，应对试压过的阀门，检查对规格型号是否相符，核实无误后，作好阀门内外的清洁，检查阀门各个部件，开启阀门检查阀门转动是否灵活，密封面有无碰伤。确认无误后方可着手安装。

安装阀门的管道和设备，应进行吹拍和冲洗，清除管道和设备中油污、焊渣和其他杂物，以防擦伤阀门密封面，堵塞阀门。

超过 *DN*200 的阀门，应有起吊工具和设备。起吊的绳索应系在阀门的法兰处或支架上，轻吊轻放。不允许把绳索系在阀杆和手轮上，以免损坏阀件。

安装法兰连接的阀门时，阀门法兰应与管道法兰平行，法兰间隙适当，不要出现错口、翻口或张口等缺陷。法兰间的垫片应放置正中，不能偏斜。螺栓要对称匀紧，不可过紧或过松。螺栓拧好后，检查法兰间各方位的预留间隙，间隙应合适一致。

安装螺纹阀门时，最好在阀门两端设置活接头。螺纹密封材料，视情况用铅油麻纤维、聚四氟乙烯生胶带或密封胶。注意不要把密封材料弄到内腔里。对铸铁和非金属阀门，螺纹不要拧得过紧，以免阀门爆裂。

安装焊接连接阀门时，阀门与管道接口要对准，管道应能够微量移动，避免阀门受到管道的制约，可防止阀体发生变形。阀门与管道对准后点焊好，然后全开启闭件，按照焊接规范进行施焊，整体焊牢，不能有气孔、夹渣、裂纹等缺陷。

3-3-8　阀门的操作人员要掌握什么技能?

答: 阀门安装好后，操作人员应能够熟悉和掌握阀门传动装置的结构和性能，正确识别阀门方向，开度指示，批示信号。还能熟练准确地调节和操作阀门，及时果断处理各种应急故障。阀门操作正确与否，直接影响使用寿命，关系到设备和装置平稳生产，甚至整个系统的安全。

3-3-9　手动阀门的操作要领是什么?

答: 手动阀门，是通过手柄、手轮操作的阀门，是设备管道上用的最普通的阀门。它的手柄、手轮的旋转方向顺时针为关，逆时针为开。但也有个别的阀门，方向相反。因此操作前要注意检查启用标志。

阀门上的手轮、手柄是按正常人力设计的，因此。在阀门使用上规定，不允许操作者借助杠杆和长柄手开、关阀门。手轮、手柄的直径小于 320mm 的，只允许一个人操作。直径大于 320mm 的手轮，允许两个人共同操作，或者一人借助适当的杠杆（一般不超过 0.5m）操作阀门关闭时不要过猛。

闸阀和截止阀之类的阀门，关闭或开启到头（即下死点或上死点）要回转 1/4～1/2 圈，使螺纹更好密合，有利操作时检查，以免拧得过紧，损坏阀件。

有的操作人员习惯使用杠杆和长扳手操作，认为关闭力越大越好。其实不然，这样会造成阀门过早损坏，甚至酿成事故。除撞击式手轮外，实践证明，过大过猛地操作阀门，容易损坏手柄、手轮，擦伤阀杆和密封面，甚至压坏密封面。手轮、手柄损坏或丢失后，不允许用活扳手代用，应及时配制相关配件。

较大口径的蝶阀、闸阀和截止阀，有的设有旁通阀，它的作用是平衡进出口压差，减少开启力。开启时，应先打开旁通阀，待阀门两边压差减小后，再开启大阀门。关闭阀门时，首先关闭旁通阀，然后再关闭大阀门。

开启蒸汽介质的阀门时，必须先将管道预热，排除凝结水，开启时，要缓慢进行，以免产生水锤现象，损坏阀门和设备。

开启球阀、蝶阀、旋塞阀时，当阀杆顶面的沟槽与通道平行，表明阀门在全开启位置；当阀杆向左或向右旋转90°时，沟槽与通道垂直，表明阀门在全关闭位置。有的球阀、蝶阀、旋塞阀以扳手与通道平行为开启，垂直为关闭。三通、四通阀门的操作应按开启、关闭、换向的标记进行。操作完毕后，应取下活动手柄。

对有标尺闸阀和节流阀，应检查调试好全开或全闭的指示位置。明杆闸阀、截止阀也应记住它们全开和全关位置，这样可以避免全开时顶撞死点。阀门全关时，可借助标尺和记号，发现关闭件是否脱落或卡住异物，以便排除故障。

操作阀门时，不能把闸阀、截止阀等阀门作节流阀用，这样容易冲蚀密封面，使阀门过早损坏。

新安装的管道、设备、阀门，里面赃物、焊渣等杂物较多，常开阀门密封面上也容易粘有赃物，应采用微开方法。让高速介质冲走这些异物，再轻轻关闭，经过几次这样微开微闭就可以冲刷干净。

有的阀门关闭后，温度下降，阀件收缩，使密封面产生细小缝隙，出现泄漏。这时应在关闭后，在适当时间再关一次阀门。

3-3-10　带驱动装置阀门的操作要领是什么

答：带驱动装置阀门不靠手动来开启、关闭阀门，而是靠电动、电磁动、液动、气动等能源来启闭阀门的。操作者应对带驱动装置阀门的结构原理、操作规程有全面的了解，并具有独立操作和处理事故的能力。

1）电动装置驱动的阀门的操作

电动装置在启动时，应按电气盘上的启动按钮，电动机随即开动，阀门开启，到一定时间，电动机自动停止运转，在电气盘上的“已开启”信号灯应明亮；如果阀门关闭时，应按电气盘上的关闭按钮，阀门向关闭方向运转，到一定时间，阀门全关，这时“已关闭”信号灯已亮。阀门运转中，正处于开启或关闭的中间状态的信号灯应相应指示。阀门指示信号与实际动作相符，并能关得严、打得开，说明电动装置正常。

如果运转中，以及阀门已全开或全关时，信号灯不亮，而事故信号灯打开，说明传动装置不正常。需要检查原因，进行修理，重新调试。重新调试可参照阀门电动装置使用说明书。

电动装置因故障或关闭不严，需及时处理时，应将动作把柄拨至手动位置，顺时针方向转动手轮为关闭阀门，逆时针方向为开启阀门。

电动装置在运转中不能按反方向按钮，由于错误动作需要纠正时，应先按停止按钮，然后再启动。

2）电磁动阀门的操作

按动启动电钮，阀门在电磁力的驱动下，随即开启。切断电源，电磁力消失，阀瓣借助液体自身压力或加上弹簧压力，把阀门关闭。

3）气动、液动阀门的操作

气动或液动阀门，在气缸体上方和下方各有一个气管或液管，与动力源联通（气力或液力）。

关闭阀门时，打开上方管道的控制阀，让压缩空气或带压液体进入缸体上部，使活塞向下驱动阀杆关闭阀门。反之，关闭缸上部管道的进气（液）阀，打开其回路阀，使介质回流，同时打开气缸下部管道控制阀，使压缩空气或带压液体进入缸体下部，使活塞向上驱动阀杆打开阀门。

气动阀门还有常开式和常闭式两种形式。常开式只是活塞上部有气管，下部是弹簧，需要关闭时，打开气管控制阀，使压缩空气进入气缸上部，压缩弹簧，关闭阀门。当要开启阀门时，打开回路阀，气体排出，弹簧复位，使阀门开启。常闭式气动阀门正好与常开式气动阀门相反，弹簧在活塞上部，气管在气缸下部打开控制阀后，压缩空气进入气缸，阀门开启。

气动、液动装置驱动的阀运转是否正常，可以从阀杆上下位置，反馈在控制盘上的信号等方面反映出来。如果阀门关闭不严，可调整气缸底部的调节螺母，使调螺母调下一点，即可消除。

如果气动、液动装置出现故障，而需要及时开启或关闭时，应采用手动操作。有一种气动装置，在气缸上部有一个圆环与阀杆连接，阀门气动不能动作时，需要用一杠杆套在圆环中，抬起圆环为开启，压紧圆环为关闭。这种手动机构很吃力，只能解决暂时困难。现有一种气动带手动闸阀，阀门在正常情况下，手动机构上手柄处于气动位置。当气源发生故障或者气流中断后，首先切断气源通路。并打开气缸回路上回路阀，并将手动机构上手柄从气动位置扳到手动位置。这时开合螺母与传动丝杆啮合，转动手轮即开启或关闭阀门。

4）自动阀门的操作

自动阀门的操作不多，主要是操作人员在启用时调整和运行中的检查。

①安全阀

安全阀在安装前就经过了试压、定压，为了安全起见，有的安全阀需要现场校验。如电站上蒸汽安全阀，需要现场校验，人们叫这种校验为“热校验”。在进行校验时，应有组织、有准备地进行，并应分工明确。热校验应用标准表，定压值不准的，应按规定调整。弹簧选用的压力段与使用压力相适应，垂锤应左右调整至定压值，固定下来。

安全阀运行时间较长时，操作人员应注意检查安全阀，检查时，人避开安全阀出口处，检查安全阀的铅封，用手扳起有扳手的安全阀，间隔一段时间开启一次，泄除赃物，校验安全阀的灵活性。

②疏水阀

疏水阀是容易被水中杂物堵塞的阀门。启用时，首先打开冲洗阀，冲洗管道，有旁通管的，可打开旁通阀作短暂冲洗。没有冲洗管和旁通管的疏水阀，可拆下疏水阀，打开切断阀冲洗后，再关好切断阀，装上疏水阀，然后再打开切断阀，启用疏水阀。并联疏水阀，如果排放凝结水不影响的话，可采用轮流冲洗。轮流使用的方法：操作时，先关上疏水阀前后的切断阀，然后，再打开另一疏水阀前后的切断阀。也可打开检查阀，检查疏水阀工作情况，如果蒸汽冲出较多，说明该阀工作不正常，如果只排水，说明工作正常。回过头来，再打开刚才关闭的疏水阀的检查阀，排出存下的凝结水，如果凝结水不断的流出，表明检查管前后的阀门泄漏，需找出是哪一个阀门泄漏。不回收凝结水的疏水阀，打开阀前的切断阀便可使疏水阀工作，工作正常与否，可从疏水阀出口处检查得到。

③减压阀

减压阀启用前，应打开旁通阀或冲洗阀，清扫管道赃物，管道冲洗干净后，关闭旁通阀和冲洗阀，然后启用减压阀。有的蒸汽减压阀前有疏水阀，需要先开启，再微开减压阀后的切断阀，最后把减压阀前的切断阀打开，观看减压阀前后的压力表，调整减压阀调节螺钉，使阀后压力达到预定值。随即慢慢地开启减压阀后切断阀，校正阀后压力，直到满意为止。固定好调节螺钉，盖好防护帽。

如果减压阀出现故障或要修理时，应先慢慢地打开旁通阀，同时关闭阀前切断阀，手工大致调节旁通阀，使减压阀后压力基本稳定在预定值上下，再关闭减压阀后的切断阀，更换或修理减压阀。待减压阀更换或修理好后，再恢复正常。

④止回阀

止回阀的操作应避免因阀门关闭而造成的过高冲击力，还应避免阀门关闭件的快速振动动作。

为了避免因关闭阀门而形成的过高冲击压力，阀门必须关闭迅速，从而防止形成极大的倒流速度，该倒流速度在阀门突然关闭时就是形成冲击压力。因此，阀门的关闭速度应与顺流介质衰减速度正确匹配。

阀门的活动件若磨损过快，则会导致阀门过早失灵。为了防止这种情况发生，必须避免关闭件产生快速振荡动作。这种关闭件的快速振荡动作，可以通过对一迫使关闭件稳定地对付介质停止流动的介质流动速度选定阀门来予以避免。这种理想的情况不是经常可以获得的，例如，假使顺流介质的速度变化范围很大，则最小的流速就不足以迫使关闭件稳定地停止。在这种情况下，关闭件的运动或在其动作行程的一定范围内用阻尼器来加以抑制。如果介质为脉动流，则止回阀应尽可能远离脉动源的地方。关闭件快速振荡也是由极度的介质扰动所引起，凡是存在这种情况下，止回阀应该安置在介质扰动最小的地方。

3-3-11　阀门操作中注意事项有哪些？

答：阀门操作的过程，同时也是检查和处理阀门的过程。需要注意事项如下：

1）高温阀门，当温度升高到200℃以上时，螺栓受热伸长，容易使阀门密封不严，这时需要对螺栓进行“热紧”，在热紧时，不宜在阀门全关位置上进行。以免阀顶死，以后开启困难。

2）气温在0℃以下的季节，对停气和停水的阀门，要注意打开底螺丝堵头，排除凝结水和积水，以免冻裂阀门。对不能排除积水的阀门和间断工作的阀门应注意保温。

3）填料压盖不宜压得过紧，应以阀杆操作灵活为准，那种认为压盖压得越紧越好是错误的。因为它会加快阀杆的磨损，增加操作扭力。在没有保护措施条件下，不要随便带压更换或添加盘根填料。

4）在操作中通过听、闻、看、摸所发现的异常现象，操作人员要认真分析原因，属于自己解决的，应及时消除。需要修理工解决的，自己不要勉强凑合，以免延误修理时机。

5）操作人员应有专门日志或记录本，注意记载各类阀门运行情况，特别是一些重要的阀门、高温高压阀门和特殊阀门，包括阀门的传动装置在内，记明阀门发生的故障及其原因、处理方法、更换的零件等，这些资料无疑对操作人员本身、修理人员以及制造厂来说，都是很重要的。建立专门日志，责任明确，有利加强管理。

3-3-12　阀门的维护与管理是怎样的？

答：阀门的维护与管理包括提货搬运、库存保管和安装使用的全过程，它是阀门正常运转的一项重要的保证措施。

1）阀门运输途中的维护

阀门的手轮破损、阀杆弯曲、支架断裂、法兰密封面的磕碰损坏，特别是灰铸铁阀门的损坏，相当一部分出现在阀门运输过程中。造成上述损坏的原因，主要是运输人员对阀门的基本常识不甚了解和野蛮装卸作业造成的。

运输阀门之前，应准备好绳索、起吊设备和运输工具等。检查阀门包装，包装损坏的应修好，不能怕麻烦，不能存有侥幸心理；包装要符合标准要求，不允许随便旋转已包装封存阀门的手轮；阀门应处于全闭状态，对已误开启的阀门，应将密封面擦干净后再关闭紧，封闭进出口通道。传动装置应与阀门分别包装运输。

阀门装运起吊时，绳索应系在法兰处或支架上，切忌系在手轮或阀杆上。阀门吊装要轻起轻放，不要撞击他物，放置要平稳。放置时应直立或斜立，阀杆向上。对放置不稳妥的阀门，应用绳索捆牢，或用垫块固定牢，以免在运输中互相碰撞。

手工装卸阀门时，不允许把阀门从车上往下扔，也不允许从地上向上抛；搬动过程中应有条不紊，顺次排列，严禁堆放。

阀门运输中，要爱护油漆、铭牌和法兰密封面；不允许在地面上拖拉阀门，更不允许将阀门进出口密封面落地移动。

在施工现场暂不安装的阀门，不要拆开包装，应放置在安全的地方，并作好防雨、防尘工作。

2）阀门保管中的维护

阀门运输进入仓库后，保管员应及时输入库手续，这样有利于阀门的检查和保管。保管员应认真核对阀门的型号规格，检查阀门外观质量，并协助检验人员对阀门进行入库前的强度试验和密封性试验。符合验收标准的阀门，可办理入库手续；对不合格的也应妥善保管，待有关部门处理。

对入库的阀门，要认真擦拭、清洗阀门在运输过程中的积水和灰尘脏物；对容易生锈的加工面、阀杆、密封面应涂上一层防锈剂或贴上一层防锈纸加以保护；对阀门进出口通道要用塑料盖或蜡纸加以封闭，以免脏物进入。

库存的阀门应做到账物相符，分门别类，摆放整齐，标签清楚，醒目易认。小阀门应按型号规格和大小顺序，排放在货架上；大阀门可排放在仓库地面上，按型号规格分块摆放。阀门应直立或斜立放置，不可将法兰密封面接触地面，更不允许堆垛一起。对于大阀门和暂不能入库的阀门，也应按类别和大小直立在室外干燥、通风的地方；阀门密封面应涂油保护，通道应封口；对填料函无填料的，为了防止雨水进入阀内，应涂黄油等油脂封闭填料函口，并用油毛毡或雨布等物品盖好，最好搭建临时库棚加以保护。

为了使保管中的阀门处于完好状态，除需要有干燥通风、清洁无尘的仓库外，还应有一套先进、科学的管理制度；对所有保管的阀门，应定期维护检查，一般从出厂之日起，18 个月后应重新进行试压检查。

对于长期不用的阀门，如果使用的是石棉盘根填料，应将石棉盘根从填料函中取出，以免产生电化学腐蚀，损坏阀杆。对未装填料的阀门，制造厂一般配有备用填料，保管员应妥善加以保管。

对在搬运过程中损坏、丢失的阀门零件，如手轮、手柄、标尺等，应及时配齐，不能缺少。

超过规定使用期的防锈剂、润滑剂，应按规定定期更换或添加。

3）阀门运转中的维护

阀门运转中维护的目的，是要保证使阀门处于常年整洁、润滑良好、阀件齐全、正常运转的状态。

（1）阀门的清扫

阀门的表面、阀杆和阀杆螺母上的梯形螺纹、阀杆螺母与支架滑动部位以及齿轮、蜗轮蜗杆等部件，容易沾积许多灰尘、油污以及介质残渍等脏物，对阀门会产生磨损和腐蚀。因此经常保持阀门外部和活动部位的清洁；保护阀门油漆的完整，显然是十分重要的。阀门上的灰尘适用于毛刷拂扫和压缩空气吹扫；梯形螺纹和齿间的脏物适于抹布擦洗；阀门上的油污和介质残渍适于蒸汽吹扫，甚至用铜丝刷刷洗，直至加工面、配合面显出金属光泽，油漆面显出油漆本色为止。疏水阀应有专人负责，每班至少检查一次，定期打开冲洗阀和疏水阀底的堵头进行冲洗，或定期拆卸冲洗，以免脏物堵塞阀门。

（2）阀门的润滑

阀门梯形螺纹、阀杆螺母与支架滑动部位，轴承部位、齿轮和蜗轮、蜗杆的啮合部位以及其他配合活动部位，都需要良好的润滑条件，减少相互间的摩擦，避免相互磨损。有的部位专门设有油杯或油嘴，若在运行中损坏或丢失，应修复配齐，油路要疏通。

润滑部位应按具体情况定期加油。经常开启的、温度高的阀门适于间隔一周或一个月加油一次；不经常开启、温度不高的阀门加油周期可长一些。润滑剂有机油、黄油、二硫化钼和石墨等。高温阀门不适于用机油、黄油，它们会因高温熔化而流失，而适于注入二硫化钼和抹石墨粉剂。裸露在外的需要润滑的部位，如梯形螺纹、齿轮等部位，若采用黄油等油脂，容易沾染灰尘，而采用二硫化钼和石墨粉润滑，则不容易沾染灰尘，润滑效果比黄油好。石墨粉不容易直接涂抹，可用少许机油或水调合成膏使用。

注油密封的旋塞阀应按照规定时间注油，否则容易磨损和泄漏。

(3) 阀门的维护

运行中的阀门，各种阀件应齐全、完好。法兰和支架上的螺栓不可缺少，螺纹应完好无损，不允许有松动现象。手轮上的紧固螺母，如发现松动应及时拧紧，以免磨损连接处或丢失手轮和铭牌。手轮如有丢失，不允许用活扳手代替，应及时配齐。填料压盖不允许歪斜或无预紧间隙。对容易受到雨雪、灰尘、风沙等污染的环境中的阀门，其阀杆要安装保护罩。阀门上的标尺应保持完整、准确、清晰。阀门的铅封、盖帽、气动附件等应齐全完好。保温夹套应无凹陷、裂纹。

不允许在运行中的阀门上敲打、站人或支承重物；特别是非金属阀门和铸铁阀门，更要禁止。

4) 闲置阀门的维护

闲置阀门的维护应与设备、管道一起进行，应作如下工作：

(1) 清理阀门

阀门内腔应吹扫清理干净，无残存物及水溶液，阀门外部应抹洗干净，无脏物、油污、灰尘。

(2) 配齐阀件

阀门缺件后，不能拆东补西，应配齐阀件，为下步使用创造良好条件，保证阀门处于完好状态。

(3) 防腐蚀处理

掏出填料函中的盘根、防止阀杆电化腐蚀；阀门密封面、阀杆、阀杆螺母、机加工表面等部位，视具体情况涂防锈剂、润滑脂；涂漆部位应涂刷防锈漆。

(4) 防护保护

防止硬物撞击，人为搬弄和拆卸，必要时，应对阀门活动部位进行固定，对阀门进行包装保护。

(5) 定期保养

闲置时间较长的阀门，应定期检查，定期保养，防止阀门锈蚀和损坏。对于闲置时间过长的阀门，应与设备、装置、管道一起进行试压合格后，方可使用。

5) 电动装置的维护

电动装置的日常维护工作，一般情况下每月不少于一次。维护的内容有：外表清洁，无粉尘沾积；装置不受汽、水、油的沾染。电动装置密封良好，各密封面、点应完整牢固、严密、无泄漏。电动装置应润滑良好，按时按规定加油，阀杆螺母应加润滑脂。电气部分应完好，切忌潮湿与灰尘的侵蚀；如果受潮，需用500VMΩ表测量所有载流部分和壳间的绝缘电阻，其值不低于0.38MΩ，否则应对有关部件作干燥处理。自动开关和热继电器不应脱扣，指示灯显示正确，无缺相、短路、断路故障。电动装置的工作状态正常，开、关灵活。

6) 气动装置的维护

气动装置的日常维护工作，一般情况下每月不少于一次。维护的主要内容有：外表清洁，无粉尘粘积；装置应不受水蒸气、水、油污的沾染。气动装置的密封应良好，各密封面、点应完整牢固，严密无损。手动操作机构应润滑良好，启闭灵活。气缸进出口气接头不允许有凹陷，信号器应处于完好状态，信号器的指示灯应完好，不论是气动信号器还是电动信号器的连接螺纹应完好无损，不得有泄漏。气动装置上的阀门应完好、无泄漏，开启灵活，气流畅通。整个气动装置应处于正常工作状态，开、关灵活。

3-3-13 给水管道穿墙套管和给水阀门井详图是怎样的？

答： 1）管道穿墙防漏套管安装详图（见图 3-3-13（1））

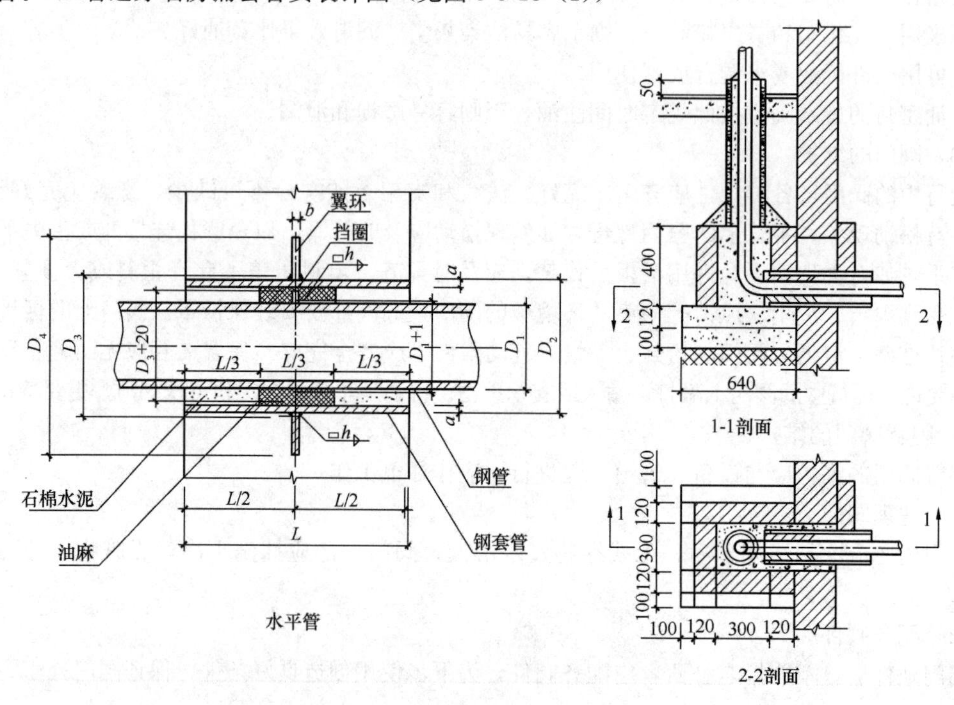

图 3-3-13（1） 给水管道穿墙防漏套管安装详图

2）给水阀门井详图（见图 3-3-13（2））

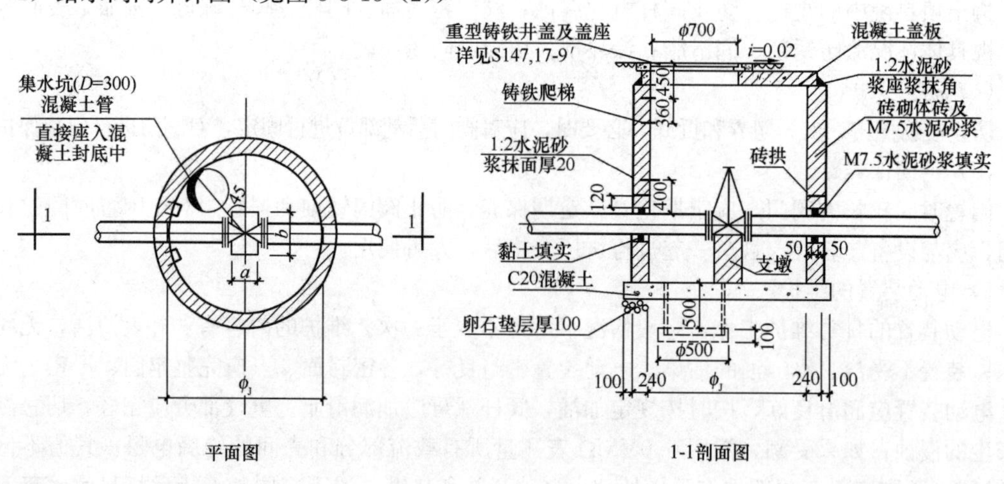

图 3-3-13（2） 给水阀门井详图

3-3-14 蝶阀井详图是怎样的？

答： 见下图 3-3-14 及下表 3-3-14

主要尺寸及工程量表 **表 3-3-14**

蝶阀直径 DN	井 径 D	井 深 H_1	管顶最小覆土 H	管顶最小覆土工程量（m）			每增 1m 外抹面 (m)	构件名称
				砖砌体	混凝土			
					无地下水	有地下水		
400	1800	2250	1800	3.5	0.7	1.7	7.2	GB-D18
600	2000	2500	1850	4.2	0.8	1.9	7.8	GB-D20
800	2400	2750	1900	5.5	1.2	2.7	9.0	GB-D24
1000	2600	3000	1950	6.4	1.7	3.4	9.7	GB-D26
1200	2800	3500	2250	8.0	1.9	3.8	10.3	GB-D28
1400	3000	3500	2050	8.6	2.2	4.3	10.9	GB-D30
1600	3200	4250	2600	11.0	2.5	4.9	11.6	GB-D34

说明：1. 单位：毫米。

2. 当管顶覆土大于 H 时加高上部井筒；小于 H 时可缩小上部井筒直至将井圆浇筑于盖板内或适当缩小 H_1 值，具体由设计人视现场情况而定。
3. 集水坑、井口、井圈等做法详见《给水设计通用图集》TG42 总说明。
4. 当盖板顶覆土大于 4m 时，井室砖墙厚变为 365mm，井筒不变。
5. 支墩所用砖及砂浆同井室。

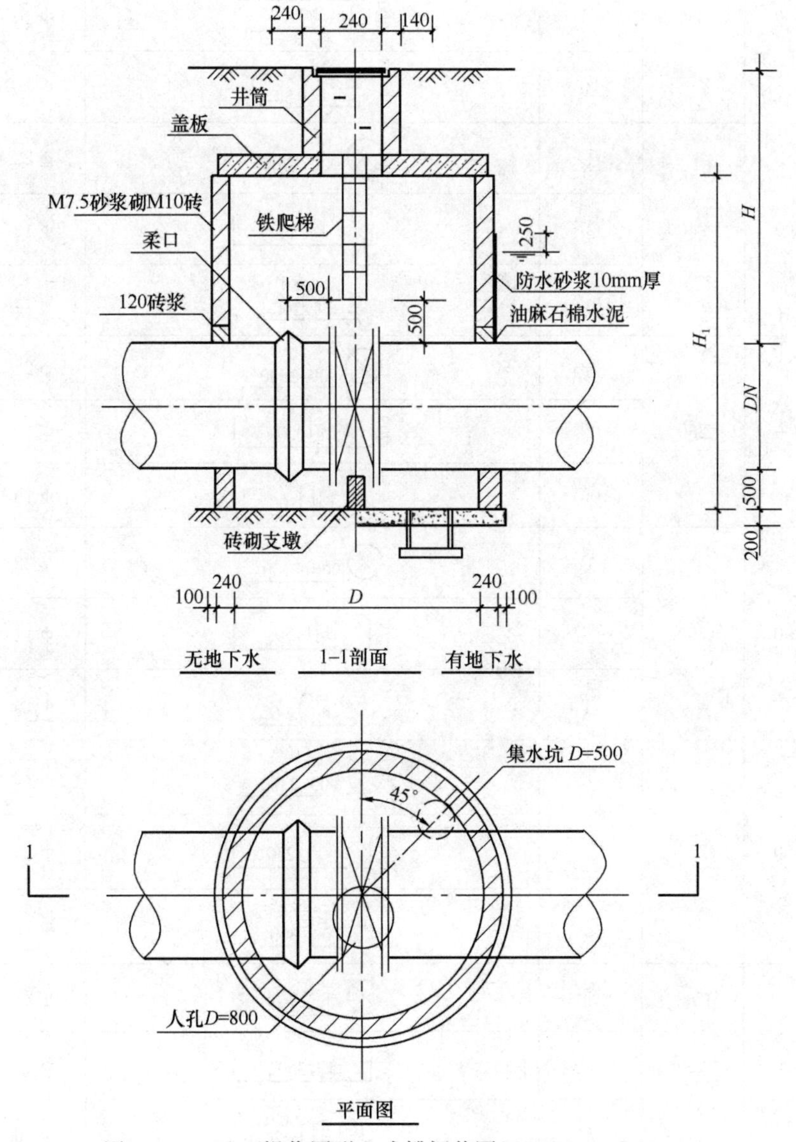

图 3-3-14　地面操作圆形立式蝶阀井图（DN400～DN1600）

3-3-15　蝶阀井盖板图是怎样的?

答: 见下图 3-3-15。

构件规格　　　　**表 3-3-15**

构件名称	构件尺寸(mm)		钢筋编号	钢筋型式及尺寸(mm)	钢筋直径(mm)	钢筋根数
	D_1	h				
GB-D18	2200	250	①	900–2100	Φ18	16
			②	200 均650	Φ10	18
			③	65 250 60 150	Φ10	4
GB-D20	2400	250	①	900–2300	Φ20	18
			②	200 均750	Φ10	20
			③	65 250 60 150	Φ10	4
GB-D24	2800	250	①	900–2700	Φ22	22
			②	200 均950	Φ12	48
			③	75 250 60 200	Φ12	4
GB-D26	3000	250	①	900–2900	Φ22	24
			②	200 均1050	Φ12	54
			③	100 300 60 300	Φ16	4
GB-D28	3200	250	①	900–3100	Φ22	26
			②	200 均1150	Φ12	60
			③	100 300 60 300	Φ16	4
GB-D30	3400	250	①	900–3300	Φ22	28
			②	200 均1250	Φ14	62
			③	100 300 60 300	Φ16	4
GB-D32	3600	250	①	900–3500	Φ22	30
			②	200 均1350	Φ14	64
			③	100 300 60 300	Φ16	4

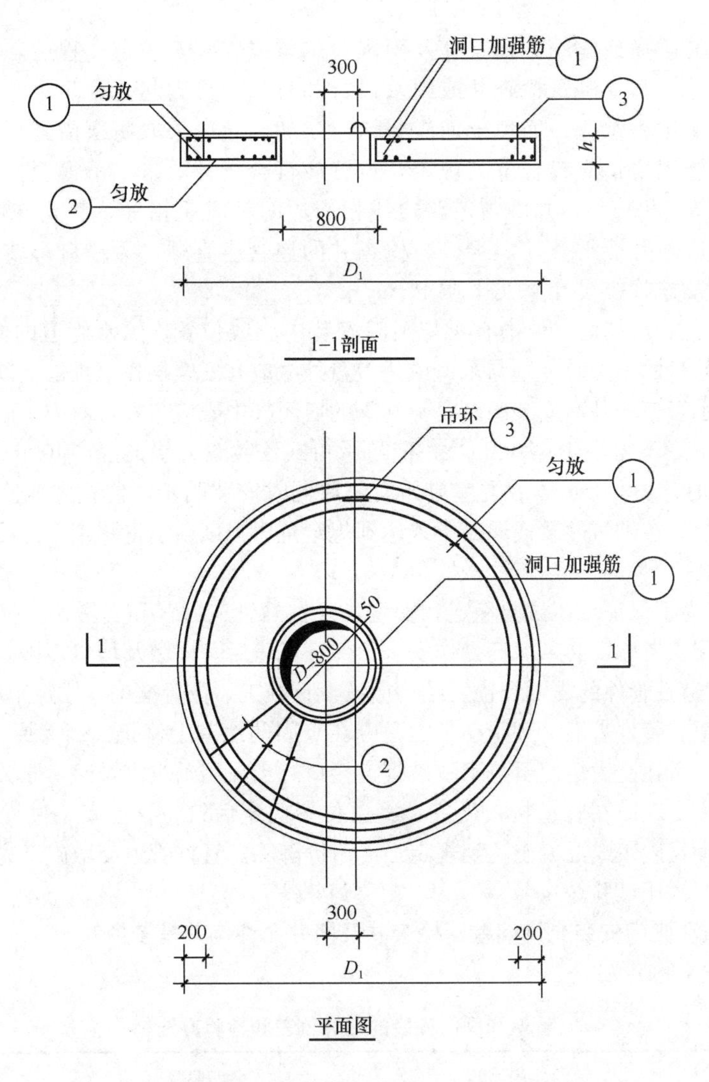

图 3-3-15　圆形立式蝶阀井盖板图（$DN400 \sim DN1600$）

3-3-16　阀门井砌筑上的要求是什么？

答： 阀门井的砌筑，应便于操作人员操作，井盖要轻便牢固，型号统一，标志明显。

井盖一般是铸铁件，有轻型和重型之分。轻型放在人行道上，重型应用在车行道上。

阀井在成型路上，其盖顶高程与路面齐平，误差不超过±5mm；在其他地段要高出小路0.1～0.2m，阀井内净空尺寸要有利于检修人员操作。

3-3-17　检查井、雨水口、支墩施工控制要点是什么？

答： 检查井及闸井应按设计要求进行施工。井底基础应与管道基础同时浇筑。排水管检查井内的流槽，宜与井壁同是进行砌筑。当采用砖砌筑时，表面应采用砂浆分层压实抹光。流槽应按设计要求并应与上下游管道底部接顺，管道内底高程应符合规程和规范的要求。

1）砌筑圈井应随时掌握直径尺寸，进行收口时，四面收口的每层砖不应超过 3cm；三面收口的每层砖不应超过 4～5cm。圆井筒的楔形缝应以适宜的砖块填塞，砌筑砂浆应饱满。井壁的勾缝、抹面和防渗层应符合质量的要求；井壁同管道连接处应采用水泥砂冰填实。有抹面要求时，内壁抹面应分层压实，外壁应采用水泥砂浆搓缝挤压密实。检查井采用预制装配式构件施工时，企口坐浆与竖缝灌浆应饱满，装配合的接缝砂浆凝结硬化期间应加强养护，并不得受外力碰撞或震动。检查井及雨水口砌筑或安装至规定高程后，应及时浇筑或安装井圈，盖好井盖。雨季砌筑检查井或雨水口，井身应一次砌起。为防止漂管，可在检查井的井室侧墙底部预留进水孔，回填土前应封堵。冬期砌筑应采取防寒措施，并应在两管端加设风挡。雨水口施工质量应符合下列规定：位置应符合设计要求，不得歪扭；井圈与井墙吻合，允许偏差应为±10mm；井圈与道路边线相邻边的距离应相等，其允许偏差应为10mm，雨水支管的管口应与井墙平齐。雨水口与检查井的连管应直顺、无错口；坡度应符合设计规定，雨水口底座及连管应设在坚实土质上。

2）闸井施工前，应核对井位中心线与闸门安装中心线位置。给水管道的井室安装闸门时，井底距承口或法兰盘的下缘及井壁与承口或法兰盘外缘应有安全操作，维修空间，具体尺寸应符合设计要求。给水管道的井室安装闸阀时，闸阀的启闭杆中心应与井口对中。同时要求，井底距承口或法兰盘的下缘不得小于100mm，井壁与承口或法兰盘外缘的径≤400mm时，≥250mm；当管径≥500mm时，≥350mm。在井室砌筑时，应同时安装踏步，位置应准确，按设计或图集处理，踏步安装后，在砌筑砂浆或混凝土未达到规定抗压强度前不得踩踏。混凝土井壁的踏步在预制或现浇时安装。

3）管道施工为了保证水压试验稳定和安全，要做好管道后背和支墩，根据试验压力、管径大小，接口种类周密考虑，必须保证操作安全，保证试压后背支墩及接口不被破坏。

4）支墩：管道及管件的支墩和锚定结构应按设计施工，位置准确，锚定牢固。支墩施工前，应将支墩部位管道、管件表面清理干净。支墩应在竖固的地基上修筑。当无原关土估后背墙时，应采取措施保证支墩在受力情况下，不致破管道接口。当采用砌筑支墩时，原关土与支墩间应采用砂浆填塞。管道支墩应在管道接口做完、管道位置固定后筑。管道安装过程中的临时固定支架，应在支墩的砌筑砂浆或混凝土达到规定强度后拆降除。管件管道支墩施工完毕，并达到强度要求后，方可进行水压试验。

3-3-18 管道和阀门安装允许偏差、检查井及闸井允许偏差是多少？

答：1）见表3-3-18（1）。

管道和阀门安装的允许偏差和检验方法 **表3-3-18（1）**

<table>
<tr><th>项　次</th><th colspan="3">项　　目</th><th>允许偏差
（mm）</th><th>检验方法</th></tr>
<tr><td rowspan="3">1</td><td rowspan="3">水平管道
纵横方向
弯曲</td><td>钢　管</td><td>每米
全长25mm以上</td><td>1
≤25</td><td rowspan="3">用水平尺、直尺、拉线和尺量检查</td></tr>
<tr><td>塑料管
复合管</td><td>每米
全长25m以上</td><td>1.5
≤25</td></tr>
<tr><td>铁铁管</td><td>每米
全长25m以上</td><td>2
≤25</td></tr>
<tr><td rowspan="3">2</td><td rowspan="3">主管
垂直度</td><td>钢　管</td><td>每米
5m以上</td><td>3
≤8</td><td rowspan="3">吊线和尺量检查</td></tr>
<tr><td>塑料管
复合管</td><td>每米
5m以上</td><td>2
≤8</td></tr>
<tr><td>铸铁管</td><td>每米
5m以上</td><td>3
≤10</td></tr>
<tr><td>3</td><td colspan="2">成排管段和
成排阀门</td><td>在同一平面上间距</td><td>3</td><td>尺量检查</td></tr>
</table>

2）检查井及闸井允许偏差见表3-3-18（2）。

表 3-3-18（2）

序号	项目			允许偏差（mm）	检验频率		检验方法
					范围	点数	
1	井室尺寸	长、宽		±20	每座	2	用尺量长、宽，各计一点
2		直径					
3	井筒直径			±20	每座	2	用尺量
4	井口高程	非路面		±20	每座	1	用水准仪测量
5		路面		与道路规定一致	每座	1	用水准仪测量
6	井底高程	安管	$D \leqslant 1000$	±10	每座	1	用水准仪测量
7			$D > 1000$	±15	每座	1	
8		顶管	$D < 1500$	+10−20	每座	1	用水准仪测量
9			$D \geqslant 1500$	+20−40	每座	1	
10	踏步安装	水平及垂直间距、外露长度		±10	每座	1	用尺量计偏差较大者
11	脚窝	高、宽、深		±10	每座	1	用尺量计偏差较大者
12	流槽宽度			+10 0	每座	1	用尺量

3-3-19 GB 50296—1999供水管井基本名词术语有哪些曾用名？

答：见表3-3-19。

术语与曾用名对照表 **表 3-3-19**

术　语	曾　用　名
勘探开采井	勘察生产井、勘采结合井
钻进工艺	凿井工艺、成井工艺、钻进工艺
探井	探孔
井身结构	钻孔结构、井孔结构、孔身结构
井径	井孔直径、孔径
开口井径	开孔直径、开始直径
终止井径	终止直径、终孔直径
井壁管	井管、永久套管
井管	井壁管、永久套管
沉淀管	沉砂管
冲洗介质	冲洗液、钻进液
过滤器	滤水管
过滤管	滤水管、花管
滤料	填砾、粒料、砾石
填砾过滤器	砾石过滤器
井斜	孔斜
封闭	永久止水、封井、封孔、固井
允许井壁进水流速	允许进水流速、临界滤水流速、安全流速、允许入井渗透流速
允许过滤管进水流速	允许进水速度、允许入管流速、过滤器最大进水速度

3-3-20 供水管井施工要求一般规定有哪些？

答：1）施工前，应进行现场踏勘，了解施工条件、地下水开采情况等。

2）现场踏勘后，应编制管井施工组织设计。施工组织设计宜包括下列内容：

(1) 工程任务及要求；

(2) 施工技术措施；

(3) 主要设备、人员、材料、费用和施工进度。

3-3-21　钻进、护壁与冲洗介质施工要求有哪些

答： 1）管井施工采用的钻进设备和工艺，应根据地层岩性、水文地质条件和井身结构等因素选择。

2）松散层钻进过程中，当遇漂石、块石等钻进困难时，可进行井内爆破。爆破前应进行爆破设计，并应保证地面建筑物安全。

3）井身应圆正、垂直，并应符合下列规定：

(1) 井身直径，不得小于设计井径；

(2) 小于或等于100m的井段，其顶角的偏斜不得超过1°；大于100m的井段，每百米顶角偏斜的递增速度不得超过1.5°。井段的顶角和方位角不得有突变。

4）设置的护口管，应保证在管井施工过程中不松动，井口不坍塌。

5）钻进的护壁方法应根据地层岩性、钻进方法及施工用水情况确定。

6）冲洗介质应根据地层岩性、钻进方法和施工条件选择清水、泥浆、空气或泡沫等，并应符合下列要求：

(1) 保证井壁的稳定；

(2) 减少对含水层渗透性和水质的影响；

(3) 提高钻进效率等。

7）冲洗介质的各项性能指标，应符合有关规定的要求。钻进过程中，应定时测量各项性能指标。

3-3-22　岩性如何进行鉴别？

答： 1）管井地层岩性的划分，应根据水文物探测井资料及钻进岩屑综合分析确定。当没有水文物探测井资料时，应按下列规定采取土样的岩样。

(1) 松散层地区，含水层宜取土样一个；

(2) 基岩地区，应根据采取的岩芯或反出的岩粉确定。

2）松散层土名称的确定，应符合表3-3-22的规定。

松散层土的名称　　　表3-3-22

类　别	名　称	说　明
碎石土类	漂石	圆形及亚圆形为主，粒径大于200mm的颗粒超过全重的50%
	块石	棱角形为主，粒径大于200mm的颗粒超过全重的50%
	卵石	圆形及亚圆形为主，粒径大于20mm的颗粒超过全重的50%
	碎石	棱角形为主，粒径大于20mm的颗粒超过全重的50%
	圆砾	圆形及亚圆形为主，粒径大于2mm的颗粒超过全重的50%
	角砾	棱角形为主，粒径大于2mm的颗粒超过全重的50%
砂土类	砾砂	粒径大于2mm的颗粒占全重的25%～50%
	粗砂	粒径大于0.5mm的颗粒超过全重的50%
	中砂	粒径大于0.25mm的颗粒超过全重的50%
	细砂	粒径大于0.075mm的颗粒超过全重的85%
	粉砂	粒径大于0.075mm的颗粒不超过全重的50%
黏性土类	粉土	塑性指数 $I_P \leqslant 10$
	粉质黏土	塑性指数 $10 < I_P \leqslant 17$
	黏土	塑性指数 $I_P > 17$

注：定名时应根据粒径分组由大到小，以最先符合者确定。

3）勘探开采井的土样、岩样的采取，应按现行国家标准《供水水文地质勘察规范》GB 50027—2001有关规定执行。

4）管井施工时采取的土样、岩样，应妥善保存。

3-3-23　井管安装施工要求有哪些?

答：1）井管安装前，应做好下列准备工作：

（1）根据井管结构设计，进行配管；

（2）检查井管质量，并应符合要求；

（3）下管前，应进行探井；

（4）泥浆护壁的井，应适当稀释泥浆，并清除井底的稠泥浆。

2）下管方法，应根据管材强度、下置深度和起重设备能力等因素选定，并宜符合下列要求：

（1）提吊下管法，宜用于井管自重（或浮重）小于井管允许抗拉力和起重的安全负荷；

（2）托盘（或浮板）下管法，宜用于井管自重（或浮重）超过井管允许抗拉力和起重的安全负荷；

（3）多级下管法，宜用于结构复杂和下置深度过大的井管。

3）下置井管时，井管必须直立于井口中心，上端口应保持水平。

4）沉淀管应封底。当松散层下部已钻进而不使用时，井管应坐落牢固，防止下沉；基岩管井的井管应坐落在稳定岩层的变径井台上。

5）采用填砾过滤器的管井，应设置找机器。

3-3-24　填砾与管外封闭施工要求有哪些?

答：1）下置填砾过滤器的管井，井管安装后，应及时进行填砾。填砾前，应做好下列准备工作：

（1）井内泥浆应稀释（高压含水层除外）；

（2）按设计要求准备滤料，其数量宜按下式计算确定：

$$V = 0.785(D_k^2 - D_g^2)L \cdot a$$

式中　V——滤料数量（m^3）；

D_k——填砾段井径（m）；

D_g——过滤管外径（m）；

L——填砾段长度（m）；

a——超径系数，一般为1.2～1.5。

2）滤料的质量宜符合下列要求：

（1）滤料应取样筛分，不符合规格的数量，不得超过设计数量的15%；

（2）颗粒的磨圆度较好，严禁使用棱角碎石；

（3）不应含土和杂物；

（4）滤料宜用硅质砾石。

3）填砾方法应根据井壁稳定性，冲洗介质类型和管井结构等因素确定。

4）填砾时，滤料应沿井管四周均匀连续填入，随填随测。当发现填入数量及深度与计算有较大出入时，应及时找出原因并排除。

5）采用双层填砾过滤器的管井，按设计规格应先进行内层滤料的填入。外层滤料的填砾方法与单层填砾过滤器相同。

6）井管外围用黏土封闭时，应选用优质黏土做成球（块）状，大小宜为20～30mm，并应在半干（硬塑或可塑）状态下缓慢填入。

7）井管外围用水泥封闭时，水泥的性能指标及封闭方法，应根据地层岩性、地下水水质、管井结构和钻进方法等因素确定。

8）井口管外围应封闭。

9）井管封闭后，应检查效果，当未达到要求时，应重新进行封闭。

3-3-25　洗井与出水量的确定施工规定有哪些？

答：1）洗井必须及时进行。

2）洗井方法应根据含水层特性、管井结构及管井强度等因素选用，并宜采用两种或两种以上洗井方法联合进行。

3）松散层的管井在井管强度允许时，宜采用活塞与压缩空气联合洗井。

4）泥浆护壁的管井，当井壁泥皮不易排除时，宜采用化学洗井与其他洗井方法联合进行。

5）碳酸盐岩类地区的管井宜采用液态二氧化碳配合六偏磷酸钠或盐酸联合洗井。

6）碎屑岩、岩浆岩地区的管井宜采用活塞、空气压缩机或液态二氧化碳等方法联合洗井。

7）洗井效果的检查，宜符合下列规定：

（1）出水量应接近设计要求或连续两次单位出水量之差小于10%；

（2）水的含砂量应小于1/200000（体积比）。

8）洗井结束后，应捞取井内沉淀物并进行抽水试验。

9）抽水试验的下降次数宜为一次，出水量不宜小于管井的设计出水量。

10）抽水试验的水位和出水量应连续进行观测，稳定延续时间为6～8h。管井出水量和动水位应按稳定值确定。

11）抽水试验结束前，应进行抽出的水的含砂量测定。管井出水的含砂量应小于1/200000（体积比）。

3-3-26　水样采集与送检施工规定有哪些？

答：1）抽水试验结束前，应根据水的用途或设计要求采集水样进行检验。

2）采集水样的容器，应符合下列要求：

（1）容器应选用硬质玻璃瓶或聚乙烯瓶；

（2）容器必须洗净。采样时，应用采样水冲洗三次。

3）水样应在抽水设备的出水管口处采集。采集数量宜为2～3L。特殊项目的水样的采集数量应符合有关规定。

4）卫生细菌检验用的水样容器，必须进行灭菌处理，并应保证水样在采集、运送、保存过程中不受污染。

5）水样采集后，应贴上标签置于阴凉处，并及时送交检验。需要加入保存剂的水样，应符合有关规定。

3-3-27　供水管井工程施工验收有何要求？

答：1）管井的验收应在现场进行，并应符合下列质量标准：

（1）出水量应基本符合设计出水量；

（2）井水的含砂量，应小于1/200000（体积比）；

（3）井斜不得超过1°（井段大于100m时为1.5°）；

（4）井内沉淀物的高度，应小于井深的5‰。

2）管井验收结束后，应填写管井验收单。

3）供水管井工程报告书，应包括下列内容：

（1）文字说明；

（2）图件和资料（包括管井平面位置图和示意图、管井综合柱状图、土样或岩样资料、抽水试验资料和水质检验资料等）；

（3）附录（含管井验收单）。

3.4 下管及给水铸铁管道安装

3-4-1 下管要在什么情况下进行？有哪些准备工作？

答：1）下管要在沟槽和管道基础验收合格后方可进行。为防止将不合格或已损坏的管材及管件下入沟槽，下管前应对管材进行检查与修补。管子经过检验、修补后，先在沟槽边排列成行（亦称排管），经核对管节、管件无误后方可下管。

供水管材为承插柔性接口（也称 R－R 接口，多指铸铁管、塑料管），在排管时宜将承口朝向施工前进的方向，同时，承口宜朝向供水流来的方向，并宜从地势较低处开始。

供水管材需做内、外防腐（多指焊接钢管）或有其他防腐要求，应经过防腐检验合格后方可排管和下管。

2）下管前，首先要检查堆土位置是否符合规定，槽底和基础是否合乎设计要求，如在平基上安管，基础混凝土强度要达到设计标号的 50％或不低于 5MPa 后，才能下管。同时对管材管件也要进行检查，尤其是管口尺寸和椭圆度。

下管就是把管子从地面下入沟槽内指定地点。按下管方法不同可分为机械下管和人工下管两种方法。

管道在下管前，先沿管线在沟槽上排列成行，称为排管。排水管道可根据管径的大小和现场具体情况，采用集中下管或分散下管的方式。

3-4-2 人工下管的方法是怎样的？

答：人工下管多用于重量不大的、口径偏小（300mm 以下）的中小型管子，或施工现场狭窄、不便于机械操作的情况，以方便施工和操作安全。可根据工人操作的熟练程度、管节长度与重量、施工条件及沟槽深浅等情况，考虑采用何种下管方法。常用的下管方法有压绳下管法、塔架下管法和溜管下管法。

1）压绳下管法

压绳下管法在人工下管法中应用较为广泛，方式较多，有人工压绳下管法和立管压绳下管法等，如图 3-4-2（1）、（2）所示。它们的基本操作方法是在管子两端各套一根绳子，然后由人工再借助一些工具（如撬棍、立木或管子）控制绳子，使管子沿槽壁慢慢溜入沟底。

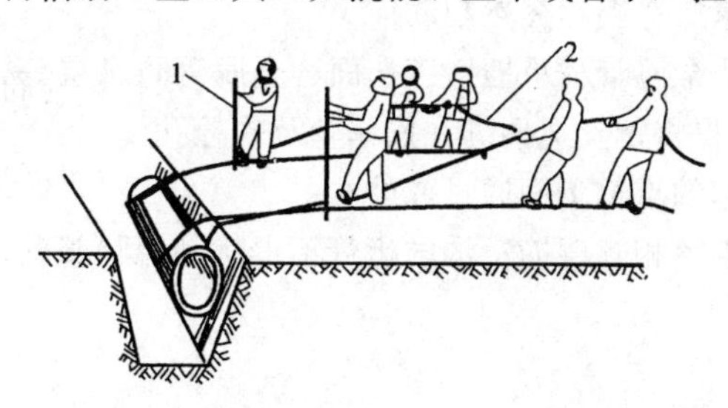

图 3-4-2（1） 人工压绳下管法

1—撬棍；2—下管大绳

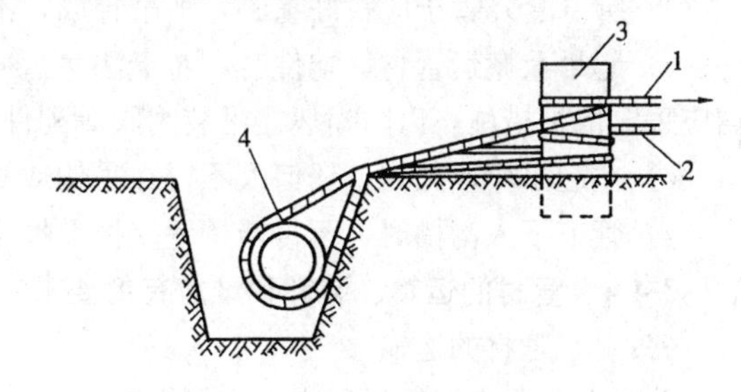

图 3-4-2（2） 立管压绳下管法

1—放松绳；2—绳子固定端；3—立管；4—管子

下管用的绳子应质地坚固，不断股，不糟朽，无夹心（其值选择可参考《给水排水工程施工实用手册》）。

2）塔架下管法

利用装在塔架的吊链进行下管，方法是先将管子滚至架下横跨沟槽的横梁上，然后将它吊起，撤掉横梁后，将管子下放到沟底。塔架的种类有门字塔架、三角塔架、四角塔架及高凳等，如图 3-4-2（3）所示。

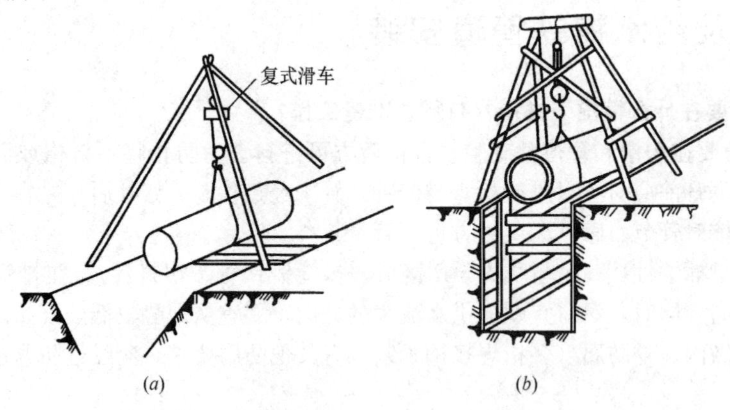

图 3-4-2（3） 塔架下管法

（a）三角塔架下管；（b）高凳下管

3）立管溜管法

将由两块木板组成的三角木槽斜放在沟槽内，管子的一端用带有铁钩的绳子钩住管子，绳子的另一端由人工控制将管子沿木槽溜入沟槽内。

3-4-3 机械下管注意事项有哪些?

答：机械下管一般是用汽车式或履带式起重机械进行下管，机械下管有分段下管和长管段下管两种方式。分段下管是利用起重机械将管子分别吊起后下入沟槽内，这种方式适用于大口径的铸铁管和钢筋混凝土管。长管段下管是将钢管节焊接连成长串管段，用 2～3 台起重机联合起重下管。

机械下管注意事项：

1）机械下管时，起重机沿沟槽开行距沟边间隔不小于 1m 的距离，以避免沟壁坍塌；

2）吊车不得在架空输电线路下作业，在架空线路附近作业时，其安全距离应符合当地电业管理部门的规定；

3）机械下管应有专人指挥。指挥人员必须熟悉机械吊装的有关安全操作规程和指挥信号，驾驶员必须按照信号进行操作；

4）绑（套）管子应找好重心，平吊轻放，不得忽快忽慢和突然制动；

5）起吊及搬运管材、配件时，对于法兰盘面、非金属管材承插口工作面、金属管防腐层等，均应采取保护措施，以防损坏。吊装闸阀等配件，不得将钢丝绳捆绑在操作轮及螺栓孔上；

6）在起吊作业区内，任何人不得在吊钩或被吊起的重物下面通过或站立；

7）管节下入沟槽时，不得与槽壁支撑及槽下的管道相互碰撞；沟内运管不得扰动原状基础。

3-4-4 管材的运输、装卸和堆放有何要求?

答：1）管材的运输

管材在长距离运输过程中，应捆绑牢固，防止滚动和相互碰撞。如非金属管材可将管子放在有凹槽或两侧钉有木楔的垫木上，管子之间用软物质（塑料制品、草垫、麻袋等）隔开。已做好外防腐的钢管在运输中应采取一定措施防止防腐层受损。

短距离的现场搬运严禁在地面上拖、拉管子，以防止划伤管身，影响管道使用寿命。尤其是塑料管材划伤后会对管身强度产生较大影响，搬运时应尽量避免管材在坚硬或碎石地面上滚动。

2）管材装卸

装卸管子宜用吊车，特别是金属管材和钢筋混凝土管材。捆绑管子可用绳索兜底平吊或套捆立吊，如图 3-4-4 所示，不得将吊绳由管膛穿过吊运管子。采用兜底平吊管子时，吊绳与管子的夹角一般大于 45°为宜。装卸管子时严禁管子相互碰撞和自由滚落，更不得向地面抛掷。

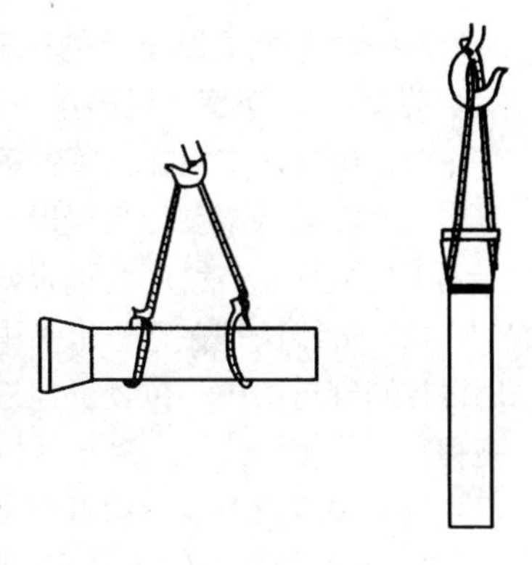

图 3-4-4　管子捆绑方式

3）管材的堆放

管子堆放的场地要平整，不同类别和不同规格的管子要分开堆放并做好标识。为方便材料进出，堆放时应留出通道。

较小管径的金属管材可以纵横交错摆放成垛，用木块垫好以免管子滚动。非金属管材应用垫木垫起，每层管子之间的垫木必须上下对齐在一条直线上，每根管子的两块垫木间距宜为 0.6 倍的管子长度。各类管子的堆放高度不宜过高，并采取一定措施防止管子滚动、滑落。

3-4-5　稳管要求和控制是怎样的？

答：稳管是将管子按设计高程和位置，稳定在地基或基础上。

下管稳管时，控制管道的轴线位置和高程十分重要，是工序检查验收的主要项目之一。管道轴线位置的控制常用中心线法和边线法，高程控制是沿管线每 10～15m 埋设一坡度板（又称龙门板、高程样板），板上有中心钉和高程钉，如图 3-4-5（1）所示，利用高程板上的高程钉进行控制。

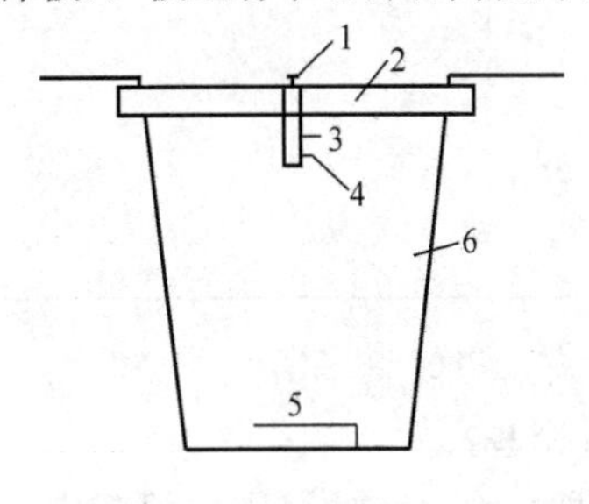

图 3-4-5（1）　坡度板

1—中心钉；2—坡度板；3—立板；4—高程钉；5—管道基础；6—沟槽

1）高程控制

在稳管前由测量人员将管道的中心钉和高程钉测设在坡度板上，两高程钉之间的连线即为管底坡度的平行线，称为坡度线。坡度线上的任何一点到管内底的垂直距离为一常数，称为下反数。稳管时用一木制样尺（或称高程尺）垂直放入管内底中心处，根据下反数和坡度线则可以控制高程。样尺高度一般取整数，以 50cm 一档为宜，使样尺高度固定，不宜搞错。

坡度板应放置在稳定地点，每一管段两头的检查井处和中间部位放测的三块坡度板应能通视。坡度板必须经复核后方可使用，在挖至地层土、做基础、稳管等施工过程中应经常复核，发现偏差及时纠正，放样复核的原始记录必须妥善保存，以备查验。

2）轴线位置控制

（1）中心线法

在连接两块坡度板中心钉之间的线上挂一垂球，在管内放置一块带有中心刻度的水平尺，当垂球线与水平尺的中心刻度相吻合时，表示管子已居中，如图 3-4-5（2）所示。

（2）边线法

即在管子的同一侧，钉一排边桩，边桩高度接近管中心处。在每一边桩上钉一个小钉，使其位置与管道轴线的水平距离为一常数。稳管时，在边桩的小钉上挂上边线，使管道外壁与边线保持平行，则管道即处于中心位置，如图 3-4-5（3）所示。

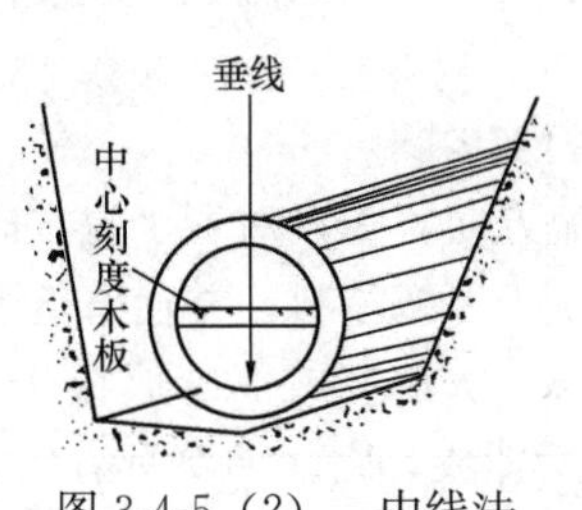

图 3-4-5（2）　中线法

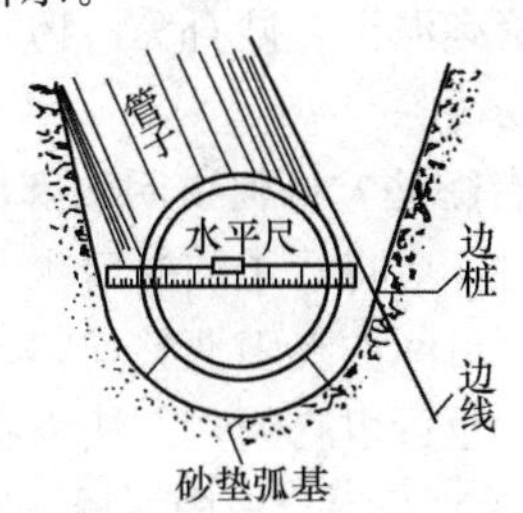

图 3-4-5（3）　边线法

3-4-6　钢筋混凝土管的稳管方法是怎样的？铸铁管的撞口是什么意思？

答：1）对于钢筋混凝土管道的稳管方法，一般采用中线法和边线法。

（1）中线法多用在大管径管道安装。在两个相邻的坡度板中线上悬挂垂球，同时在管内直立有中心刻度的特制弧形高程尺。当垂球线通过高程尺中心时，即表示管子已对中；同时使高程尺上的下反数标志与坡度线重合，就说明该管中心线与高程均合于设计要求。

（2）边线法是在管子水平中心线上、距管外皮 1mm，且平行于管道中心的位置设一条直线，用以控制管道的中心位置。但这条边线只能控制管道中线而不能控制高程，仍需由高程尺来控制高程。

以上中线或边线，均可根据条件用墨线弹设在平基上。

2）所谓撞口在给水管道中，铸铁管稳管是将插口装在承口中，一般称为撞口，撞口前应将承口内清扫干净。如用胶圈接口，则应将胶圈套在插口上。撞口的中线和高程误差，均应掌握在 20mm 以内。管子承口通常朝向来水方向。

铸铁管最大撞口间隙规定如表 3-4-6 所示。

铸铁管最大撞口间隙　　　　**表 3-4-6**

管　径（mm）	沿直线铺设时（mm）	沿曲线铺设时（mm）	允许借转角度
75	4	5	5°
100～250	5	7	4°～3°07′
300～500	6	10	3°～2°
600～700	7	12	1°30′
800～900	8	15	1°12′
1000～1200	9	17	1°

撞口完毕找正后，要用铁牙背匀间隙，然后在管身两侧还土夯实，以防管子错位。

3-4-7　铸铁管承插口连接填料分为几层？接口前的准备工作有哪些？

答：1）承插口铸铁管及其管件的连接采用捻接，即将填料填塞在承口与插口间的缝隙内而将其连接起来。填料一般分为二层，第一层（内层）为油麻，第二层（外层）为水泥、石棉水泥或青铅等，如图 3-4-7 所示。

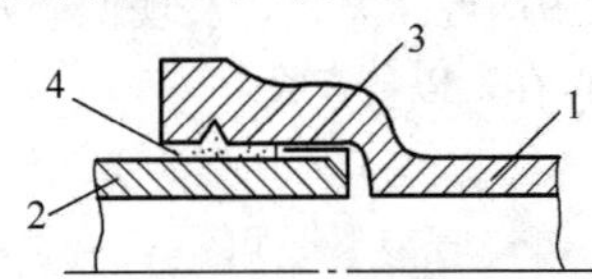

图 3-4-7　铸铁管承插接口

1—承口；2—插口；3—油麻；4—第二层填料

2）接口前的准备

捻口用的工具是捻凿（捻铲、捻口錾，见图）及手锤。

铸铁管由于运输装卸不当等原因，管子可能会碰裂，细小的裂纹不易看出，检查时可将管子支起，用手锤轻轻敲击，如果发出清脆的声音，表明管子完好；发出破裂声时则说明管子有裂纹。管子裂纹处找到后应将其截去再使用。

当第二层填料为水泥或石棉水泥时，还需将接口处承插部分的沥青除掉，以增加填料与管壁间的附着加清除的方法一般用喷灯将沥青烧掉后，再用钢丝刷刷净，最后用破布将接口擦净，承口的内表面及插口的外表面不能存有污物。如果管子的内壁有泥土、砂石等污物时，还须用一端系有破布或废棉丝的铁线在管内来回拖拉擦抹几次，将污物清除。

3-4-8　填麻要点有哪些？如何说明油麻已经打实？

答：承插口连接时，应将管子的插口顺着水流方向，承口对着水流方向，将插口插入承口底部。然后将接口处承插口间的缝隙调整均匀，以便于填塞填料，并使管道平直。

油麻可用市售的，也可以自制，方法为将线麻（大麻）或亚麻放在 5%的 3 号（或 4 号）石油沥青和 95%的 2 号汽油的混合液中浸透，晾干后即成，因而油麻具有良好的防腐能力。

油麻填塞在承插口根部的作用是使接口不漏水、不渗水并阻止外层填料进入管内。当管内充水后，油麻浸水，纤维发生膨胀，纤维中间的孔隙变小，水分子在毛细管壁的附着力增大，因而起到防止水渗透的作用。可见填麻这一道工序直接影响接口的严密性，须注意质量。

施工时，将油麻搓成比管口缝隙大 1.5 倍左右的结实麻股。麻股可以是整根的，长度为围绕缝隙转三圈还多一些；也可以是单根的，共三根，每根比缝隙周长稍长 10～15cm，做成三道。然后由接口根部逐渐向上用麻捻凿将其层层塞入缝隙，并用手锤敲击麻捻凿将油麻砸实。当锤击时发出实音，捻凿被弹回，说明麻已被打实。打实后的麻层深度约为承口缝隙深度的 1/3～1/2。

油麻打实后，方可填塞第二层填料。当第二层填料为水泥时，为了增加其与麻层的粘接力，第一层填料中的第三道麻层最好用已浸水润湿的白麻股，而不用油麻股。

3-4-9　填塞第二层填料要点有哪些？

答：1）水泥接口

水泥口的成本低，操作简单，但需要有养护时间。强度等级在 42.5 以上的硅酸盐水泥，拌合时水与水泥的重量比为 1∶9。可将水喷洒在水泥表面，用手揉搓，当水泥抓起来能抱团，一触便又散开时，加水即为适当。填塞操作时用手及灰捻凿将水泥往接缝中填塞，填满到缝口后用手锤敲击灰捻凿将水泥打实，然后再填满一层水泥，再打实，这样分层反复 4～5 次才能将水泥填实。平口后的表面应饱满、平整，并有暗色亮光。水泥填实后须用湿布或湿草绳裹住接口，并经常浇水进行养护，夏天养护不少于 48h 冬季在 3d 以上，上水管道在此期间不得进行试水或试压。冬季施工时须用热水调和水泥，承插口处也须用喷灯烤热，水泥填塞完后上面要用稻草或覆土等盖住保温，以保持养护的环境温度在 5℃以上。

2）石棉水泥接口

石棉是有韧性的矿物纤维，与水泥混合使用可加强接口的抗震、抗弯强度，并可使接口有一定的弹性。拌合时，用 3∶7 重量比的石棉及水泥（四～六级石棉绒：强度等级在 42.5 以上的硅酸盐水泥），加 10％～15％的水均匀拌合即可。石棉绒在拌合前并要用竹棒轻轻敲打使其松散。石棉水泥填塞的捻口操作方法与水泥口相同。

经水压试验后如果发现有局部漏水，可用錾子将渗漏部分剔除，注意不要震动其周围的部位，剔除深度为见到麻层为止。然后用水将剔去的部位冲洗干净，等水流尽后，再按上述操作方法重新分层打实，经养护后即可再进行试压。若渗漏部分超过 50％，则应全部剔除，重新捻口。

3）青铅接口

铅口的优点很多，它有较大的弹性、抗震性和刚性，密封性能好，若有渗漏还可进行补救。但它的价格较贵，一般只用在抢修工程及断水时间很短的情况下（如与给水干管碰头连接时）。接口方法多采用加热填塞法。

接口前，须先在水平管道的承插口外部用密封卡圈或用包有粘性泥浆的麻股辫，将承插口处的缝隙封住，以做成具有环形沟槽的模子，上部并留出浇铅口。化铅可用钢板制成的铅锅进行。将铅锭截成几块投入铅锅内加热熔化，当铅熔化至呈蓝紫色时，用经过加热的铅与除去铅液表面上的杂质，盛出一次即可将环形的缝隙注满的铅液，浇入模子中的承插口内，浇铅时速度不用太快，以使管内的气体得以逸出。铅要一次浇完，以使接口有较好的严密性。铅注满后立即将密封卡圈或泥浆麻股等模子拆除，然后用錾子剔掉环形缝隙外部的余铅，再用灰捻凿及手锤锤击铅口，以进行捻实，击至铅再也不能进入缝隙中且和承插口处一平为止。捻实完的铅口应平滑无毛刺，并呈现出光泽。垂直管道的承口在灌铅时不必做模子。

操作人员应戴上眼镜，手套，穿上长靴以保证安全，并且脸要避开铅口。化铅和浇铅均应在十分干燥的条件下进行，否则熔铅遇水会发生放炮爆炸而伤人。（可向模子中注入少量机油再浇铅，能防止放炮现象。）

3-4-10　承插式铸铁管刚性、柔性接口是怎样的？

答：见图 3-4-10（1）、（2）。

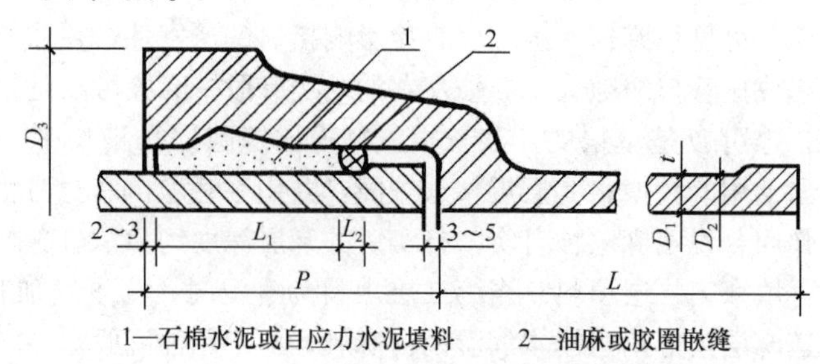

1—石棉水泥或自应力水泥填料　　2—油麻或胶圈嵌缝

图 3-4-10（1）　承插式铸铁管刚性接口

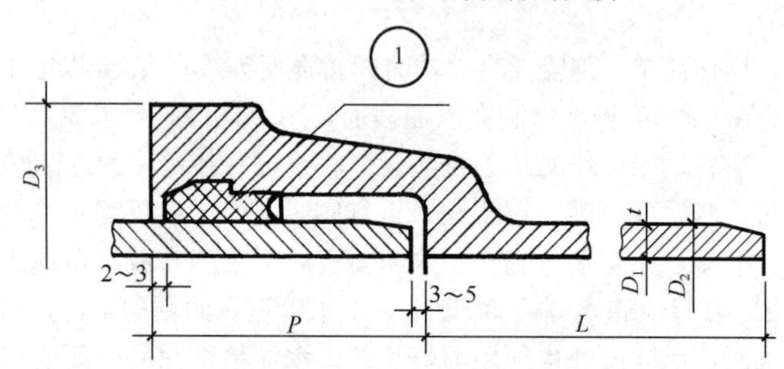

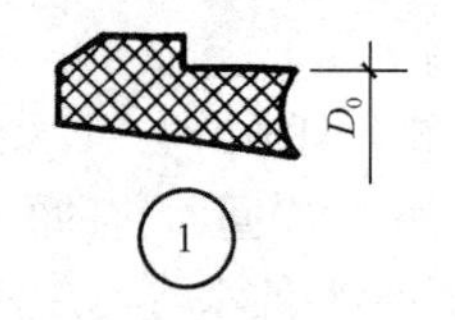

图 3-4-10（2）　承插式铸铁管柔性接口

铸铁管接口尺寸表　　　　**表 3-4-10（1）**

公称直径 DN	承口深度 P	管壁厚度 t	内径 D_1	外径 D_2	承口外径 D_3	填料深度 L_1	嵌缝深度 L_2	直管长度 L	胶圈直径 d	胶圈中心长度	压缩比 P_1
75	90	10	73	93	169	56	11	3000（4000，5000，6000）	18	245	44.4
100	95	10	98	118	194	59	14		18	314	44.4
(125)	95	10.5	122	143	219	59	14		18	382	44.4
150	100	11	147	169	245	59	16		18	451	44.4
200	100	12	196	220	300	59	16		18	588	44.4
250	105	13	245.6	271.6	357.6	59	16		19	725	42.1
300	105	14	294.8	322.8	410.8	59	16		19	862	42.1
(350)	110	15	344	374	464	63	18.5		19	1058	42.1
400	110	16	393.6	425.6	519.6	63	18.5		19	1203	42.1

铸铁管接口尺寸表　　表 3-4-10（2）

公称直径 DN (mm)	承口深度 P (mm)	管壁厚度 t (mm)	内径 D_1 (mm)	外径 D_2 (mm)	承口外径 D_3 (mm)	直管长度 L (mm)	胶圈	
							D_0 (mm)	重量 (kg)
75	90	9.0	75	93.0	169	3000 (4000, 5000, 6000)	115	0.23
100	95	9.0	100	118.0	194		140	0.28
150	100	9.5	150	169.0	245		191	0.40
200	100	9.2	200	220.0	300		242	0.55
250	105	10.8	250	271.6	357.6		294	0.63
300	105	11.4	300	322.8	410.8		345	0.80
(350)	110	12.0	350	374.0	464		397	0.92
400	110	13.8	400	425.6	519.6		448	1.20

3-4-11　球墨铸铁管安装一般规定有哪些？

答：1）球墨铸铁管管材、管件应符合现行《水及燃气管道用球墨铸铁管、管件和附件》GB/T 13295—2008 的规定。接口胶圈橡胶材料应符合现行《橡胶密封件给、排水管及污水管道用接口密封圈　材料规范》HG/T 3091 的规定。

2）安装前应将承口工作面与插口工作面及管插口端毛刺、铸砂清理干净。

3）施工中，应根据接口形式、管径大小、管节接口位置开挖接口工作坑。接口工作坑尺寸可参见表 3-4-11（1）规定。

接口工作坑尺寸　　表 3-4-11（1）

接口形式	管径（mm）	工作坑尺寸（m）				
		宽　度		长　度		深　度
				承口前	承口后	
刚性口	75～300 400～700 800～1200	管径+0.6 管径+1.2 管径+1.2		0.8 1.0 1.0	0.2 0.3 0.3	0.3 0.4 0.5
滑入式柔性接口	≤500	承口外径加	0.8	0.5	承口长度加 0.2	0.2
	600～1000		1.0			0.4
	1100～1500		1.6			0.45
	>1600		1.8			0.50

注：①机械式柔性接口，可参照滑入式柔性接口工作坑的各部尺寸，但承口前尺寸宜适当放大；
②管径系管外径。

4）管道沿曲线安装时，接口转角应符合表 3-4-11（2）的规定。

接口允许转角　　表 3-4-11（2）

接口种类	管径（mm）	允许转角（°）
刚性接口	75～450	≤2
	500～1200	≤1
滑入式 T 形、梯唇形橡胶圈接口及柔性机械式接口	75～600	≤3
	700～800	≤2
	≥900	≤1

5）柔性接口安装应符合下列规定：

(1) 接口橡胶圈宜由管材供应单位配套供应，并具有产品合格证与性能检测报告。

(2) 安装滑入式橡胶圈接口前，应将承口内工作面与插口外工作面清扫干净后，将橡胶圈嵌入承口的凹槽内并在橡胶圈外露的表面及插口工作面，涂以对橡胶圈质量无影响，对水质无影响的滑润剂，待插口端部倒角与橡胶圈均匀接触后，再用专用工具将插口推入承口内，推入深度应达到标志环，并复查与其相邻已安好的第一至第二个接口推入深度。

(3) 采用截断的管节进行安装时，应将被截端部加工出插口倒角并标出插入深度的标志环。

(4) 安装柔性机械接口时，应使插口与承口法兰压盖的纵向轴线相重合；应对称紧固。紧固后的法兰盖与承口的法兰盘应平行，间隙均匀一致。

6) 法兰接口安装应符合下列规定：

(1) 铸铁法兰盘表面应平整、无裂纹；密封面上不得有斑疤、砂眼及辐射状沟纹；密封槽符合规定，螺孔位置准确；螺栓、螺母型号符合设计要求。

(2) 环形橡胶垫的橡胶质地应均匀、厚度一致、无皱纹，不得含有污染水质的材料，不得使用再生胶。

(3) 法兰安装应符合有关规定。

3-4-12　给水铸铁管的现场检验什么？

答： 1) 铸铁管应有制造厂的名称和商标、制造日期及工作压力等标记，管材应符合国家现行的有关标准，并具有出厂合格证。

2) 铸铁管、管件应进行外观检查，每批抽10%检查其表面状况、涂漆质量及尺寸偏差。

3) 内外表面应整洁，不得有裂缝、冷隔、瘪陷和错位等缺陷，其要求如下：

(1) 承插部分不得有黏砂及凸起，其他部分不得有大于2mm厚的黏砂及5mm高的凸起；

(2) 承口的根部不得有凹陷，其他部分的局部凹陷不得大于5mm；

(3) 机械加工部位的轻微孔穴不大于$\frac{1}{3}$厚度，且不大于5mm；

(4) 间断沟陷、局部重皮及疤痕的深度不大于5%壁厚加2mm，环状重皮及划伤的深度不大于5%壁厚加1mm。

4) 铸铁管内外表面的漆层应完整光洁、附着牢固。

5) 铸铁管、管件的尺寸允许偏差应符合表3-4-12的要求。

铸铁管、管件尺寸允许偏差　　表3-4-12

承插口环径 E		承插口深度 H	管子平直度（mm/m）	
$DN \leqslant 800$	$\pm\frac{E}{3}$	$\pm 0.05H$	$DN<200$	3
			$DN200\sim450$	2
$DN>800$	$\pm\left(\frac{E}{3}+1\right)$		$DN>450$	1.5

6) 法兰与管子或管件的中心线应垂直，两端法兰应平行，法兰面应有凸台及密封沟。

7) 检查管子有否破裂，可用小锤轻轻敲打管口、管身，破裂处发声嘶哑，有破裂的管材不能使用。

8) 对承口内部、插口端部的沥青可用气焊、喷灯烤掉。对飞刺和铸砂可用砂轮磨掉，或用錾子剔除。

3-4-13　普通承插式铸铁管安装程序、工作坑对口是怎样的？

答： 1) 承插式铸铁管安装程序

普通承插式铸铁管常用的安装程序参见表3-4-13 (1)。

普通铸铁管安装程序 表 3-4-13（1）

步　骤	主 要 内 容	步　骤	主 要 内 容
1. 下管	（1）验槽、检查管材及阀门	3. 嵌缝	（1）清管口
	（2）下管		（2）填打油麻
	（3）清理管膛、管口		（3）检验
2. 稳管	（1）承口下挖工作坑	4. 密封	填打石棉水泥（或膨胀水泥、灌铅）
	（2）插口对准承口撞口	5. 养护	刚性接口应进行湿养护
	（3）检查对口间隙	6. 试压	（1）检查
	（4）调整管道的中线、高程		（2）管道两侧及管顶以上 0.5m 填土
	（5）用铁牙调整环形间隙		（3）试压验收

2）接口工作坑

接口工作坑是为承插式管道接口连接而设置的操作空间。接口工作坑应配合管道铺设及时开挖，开挖尺寸应符合表 3-4-13（2）规定。

接口工作坑开挖尺寸（mm） 表 3-4-13（2）

管 材 种 类	公称管径（mm）	宽　度		长　度		深　度
				承口前	承口后	
刚性接口铸铁管	75～300	D_1＋	600	800	200	300
	400～700		1200	1000	400	400
	800～1200		1200	1000	450	500
预应力，自应力混凝土管，滑入式柔性接口铸铁管和球墨铸铁管	＜500	承口外径＋	800	200	承口长度加 200	200
	600～1000		1000	200		400
	1100～1500		1600	200		450
	＞1600		1800	200		500

注：1. D_1 为管外径（mm）；

2. 柔性机械式接口铸铁管、球墨铸铁管接口工作坑开挖各部尺寸，按照预应力、自应力混凝土管一栏的规定，但表中承口前的尺寸宜适当放大。

3）承插式铸铁管安装对口要求

（1）承插口对口纵向间隙

①对口最大间隙

铸铁管承插口对口的最大间隙，应根据管径、管口填充材料等确定，但一般不得小于 3mm，最大间隙不得大于表 3-4-13（3）的要求。

铸铁管对口纵向最大间隙 表 3-4-13（3）

管　径(mm)	沿直线铺设时(mm)	沿曲线铺设时(mm)	管　径(mm)	沿直线铺设时(mm)	沿曲线铺设时(mm)
75	4	5	600～700	7	12
100～250	5	7	800～900	8	15
300～500	6	10	1000～1200	9	17

②对口纵向间隙的检查方法

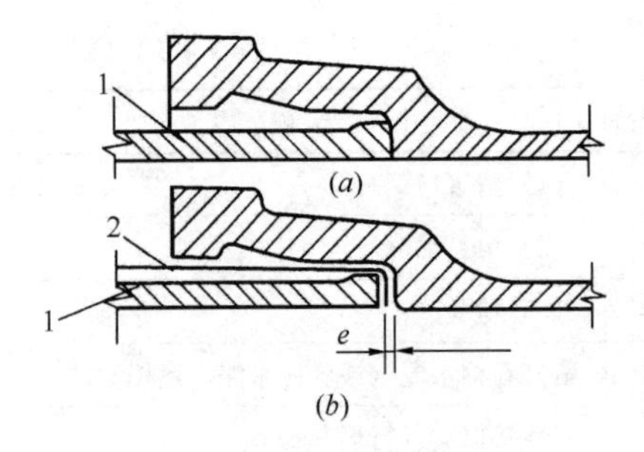

图 3-4-13　对口间隙检查
1—记号；2—铁丝探尺

承插铸铁管对口纵向间隙目前常用铁丝探尺和在插口做标记的方法检查，用铁丝探尺检查示意的方法是探尺紧顶承口底部，拉出紧贴插口端部，以推进和拉出之差量出对口间隙，按所测结果予以调整；在插口做标记的方法是先将插口插入承口底部，在插口壁上刻划记号，再根据规定的间隙将插口退出，如图 3-4-13 所示。对口间隙调整合格后方可稳管。

(2) 承插口环向间隙

沿直线铺设的承插铸铁管的环向间隙应均匀，环向间隙及允许偏差见表 3-4-13 (4)。

承插接口环向间隙及允许偏差　　　　**表 3-4-13 (4)**

管　径 (mm)	环向间隙 (mm)	允许偏差 (mm)
75～200	10	+3，−2
250～450	11	+4，−2
500～900	12	
1000～1200	13	

(3) 借转角

在管道施工中，由于现场条件的限制，管道少量偏转和弧形安装会经常遇到。承插口相邻管道微量偏转的角度称为借转角。借转角的大小主要关系到接口的严密性，承插式刚性接口和柔性接口转借角的控制原则有所不同。对于刚性接口，一方面要求承插口最小间隙比标准缝宽的减少数不大于 5mm，否则填料难以操作；另一方面借转时填料及嵌缝总深度不宜小于承口总深度的$\frac{5}{6}$，以保证其捻口质量。柔性接口借转时，一方面插口凸台处间隙不小于 1mm，另一方面在借转时，胶圈的压缩比不小于原值的 95%，否则接口的柔性会受到影响，胶圈容易脱落。管道沿曲线安装时，接口的允许转角应符合表 3-4-13 (5) 的规定。

沿曲线安装时接口的允许转角　　　　**表 3-4-13 (5)**

接口种类	管　径 (mm)	允许转角 (°)
刚性接口	75～450	2
	500～1200	1
滑入式 T 形、梯唇形橡胶圈接口及柔性机械式接口	75～600	3
	700～800	2
	≥900	1

(4) 给水铸铁管安装的质量要求

①管道轴线位置与高程的允许偏差。普通铸铁管、球墨铸铁管安装的位置与高程应符合表 3-4-13 (6) 的规定。

铸铁、球墨铸铁管安装允许偏差　　　　**表 3-4-13 (6)**

项　目	允许偏差 (mm)	
	无压力管道	压力管道
轴线位置	15	30
高　程	±10	±20

②闸阀安装应牢固、严密，启闭灵活，与管道轴线垂直。

3-4-14　承插铸铁管刚性接口施工要点有哪些？

承插式铸铁管刚性接口一般由嵌缝材料和密封填料两部分组成，如图 3-4-14（1）所示。

1）嵌缝

嵌缝的主要作用是使承插口缝隙均匀和防止密封填料掉入管内，保证密封材料击打密实。嵌缝材料有油麻、橡胶圈、粗麻绳和石棉绳等，给水铸铁管常用油麻和橡胶圈。

（1）油麻嵌缝。油麻嵌缝材料只在接口初期能起到嵌缝作用，使用数年当油麻腐烂后这种作用就消失。

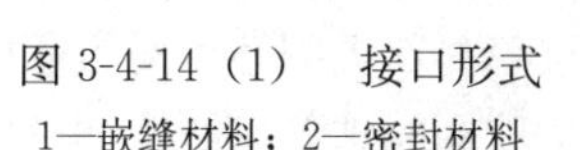

图 3-4-14（1）　接口形式

1—嵌缝材料；2—密封材料

①油麻的制作。采用松软、有韧性、清洁、无麻皮的长纤维麻加工成辫，放在用 5%的石油沥青和 95%的汽油或苯配制的混合液中浸透、拧干，并经风干而成。油麻应松软而有韧性，清洁而无皮质。

②油麻的填塞深度。油麻的填塞深度约占承口总深度的$\frac{1}{3}$，不得超过水线里缘。当采用铅接口时，应距承口水线里缘 5mm，如图 3-4-14（2）所示。

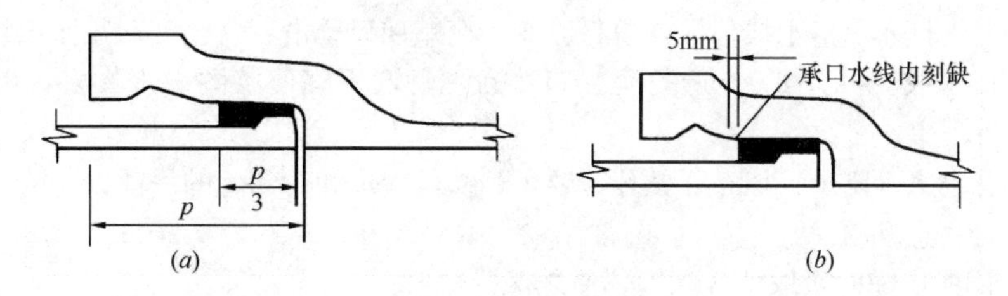

图 3-4-14（2）　填麻深度示意

（a）石棉水泥、膨胀水泥砂浆接口的填麻深度；（b）铅接口的填麻深度

③油麻的填打方法。油麻填打时，需将油麻拧成麻辫，其麻辫直径约为接口环向间隙的 1.5 倍，长度应有 50～100mm 环向搭接，然后用特制的麻錾打入。油麻的填打方法参见图 3-4-14（3）、（4）和表 3-4-14。

油麻的填打程序和方法　　表 3-4-14

圈次	第 1 圈		第 2 圈			第 3 圈		
遍次	第 1 遍	第 2 遍	第 1 遍	第 2 遍	第 3 遍	第 1 遍	第 2 遍	第 3 遍
击数	2	1	2	2	1	2	2	1
打法	挑打	挑打	挑打	平打	平打	贴外口	贴里口	平打

④填麻工具。填麻的主要工具是麻錾和手锤，手锤一般重 1.5kg。另外还有用于调整环向间隙的铁牙和清洗管口的刷子等。

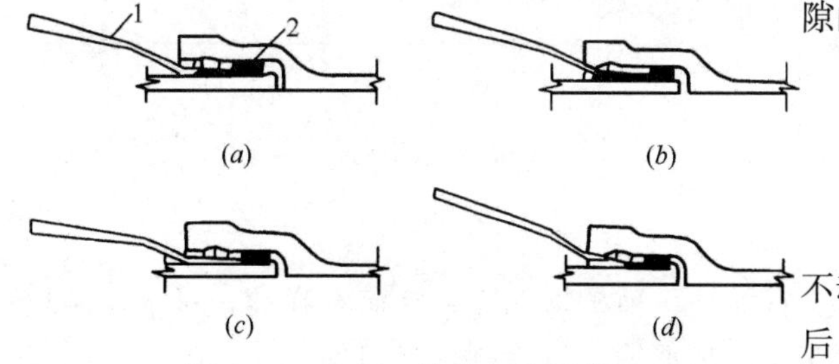

图 3-4-14（3）　油麻打法示意图

（a）挑（悬）打；（b）平（推）打；（c）贴里口（压）打；（d）贴外口（治）打

1—麻錾；2—油麻

⑤注意事项

a. 填麻时应将管口刷洗干净；

b. 承插口的环向间隙用铁牙背匀；

c. 打第一圈油麻时，应保留 1～2 个铁牙不动，以保证间隙均匀，待第一圈油麻打实后，再卸铁牙；

d. 打麻时麻錾应一錾接一錾，防止漏打；

e. 套管（揣袖）接口填打油麻时，一般比普通接口多填 1～2 圈麻辫，第一圈麻辫宜稍粗，不用捶打，将麻塞填至距插口端约 10mm 处为宜，以防跳井（掉入管口内）；第二圈麻填打时不宜用力过大；

f. 油麻应保持清洁，不得随意乱放。

⑥质量标准。填麻深度应符合规定，铅接口填麻深度允许偏差±5mm。油麻应填打密实，用錾子重打一遍。

（2）橡胶圈嵌缝

采用圆形截面橡胶圈作为接口嵌缝材料，比用油麻密封性能好。橡胶圈嵌缝不仅缝隙均匀，它本身还能起到良好的阻水作用，而外层的密封填料部分开裂或位移，接口也不致漏水。由橡胶圈做嵌缝材料同刚性填料组成的接口形式也称半柔性接口。

①胶圈的选配。嵌缝“O”形胶圈的直径与环内径，请参照预应力钢筋混凝土管安装“O”形胶圈的计算式选配，但胶圈嵌入接口后截面直径的压缩率可取 34%～40%。胶圈不应有气孔、裂缝、重皮或老化等缺陷。胶圈接头宜用热接，接缝应平整牢固，严禁采用耐水性不良的胶水粘接。

②胶圈的填打方法。在管子插入承口前，先将胶圈套在插口上，插入管子并测量对口间隙，然后用铁牙将接口下方环形间隙扩大，填入胶圈，然后自上而下移动铁牙，用錾子将胶圈全部填入承口。第一遍先打入承口水线位置，填打时錾子应贴插口壁沿着一个方向顺序填打，使胶圈依次均匀滚入承口水线。再分 2～3 遍打至插口小台，每遍不宜使胶圈滚入太多，以免出现“闷鼻”、“凹兜”等现象。

③工具。肥皂水、刷子、擦布、铁牙、錾子、铁丝探尺和 1.5kg 的手锤。

④胶圈填打注意事项

a. 填打胶圈时应随时量取填入深度，使之保持均匀；

b. 填打胶圈出现“麻花”、“闷鼻”、“凹兜”、“跳井”（参见图 3-4-14（4））时，可利用铁牙将接口间隙适当撑大，进行调整处理。将以上情况处理完善后，方可进行下层填料；

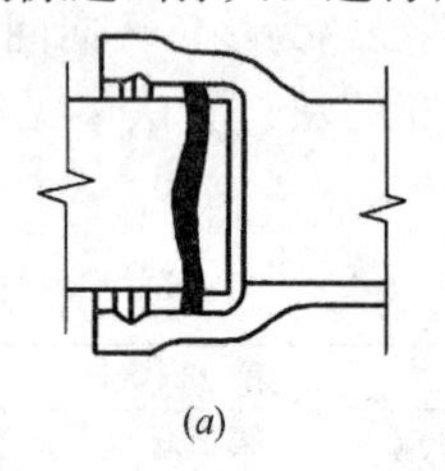
(a)

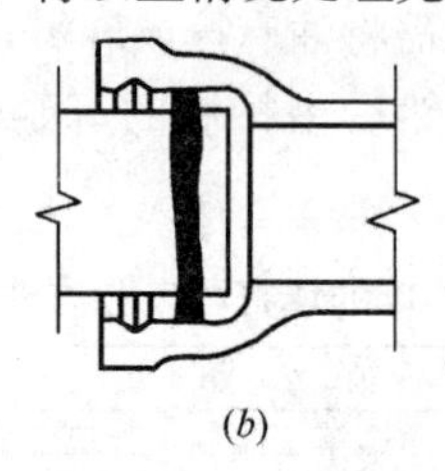
(b)

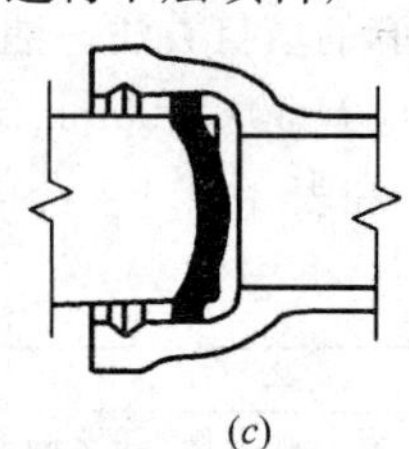
(c)

图 3-4-14（4） 胶圈填塞缺陷示意

（a）闷鼻；（b）凹兜；（c）跳井

c. 若为铅接口，填打胶圈后必须在填 1～2 圈油麻，深度以距承口水线里边缘 5mm 为准。

⑤质量要求

a. 胶圈压缩率符合要求；

b. 胶圈填至小台，距承口外缘距离相同；

c. 无“麻花”、“闷鼻”、“凹兜”、“跳井”现象。

2）石棉水泥填料

石棉水泥是广泛使用的一种密封填料。石棉是一种矿物纤维，轻而有弹性，对水泥颗粒有很强的吸附能力，在填料中能形成互相交错的加筋网，改善刚性接口的脆性，阻止水泥在硬化过程中收缩，提高接口材料与管壁的粘着力和接口的水密性，有利于接口的操作。

（1）石棉水泥的配制

作为接口材料的水泥宜选用 32.5 级普通硅酸盐水泥，不得使用过期或结块的水泥。石棉应选用4F级温石棉。石棉水泥的重量配合比为石棉30%，水泥70%，水灰比宜小于或等于0.20。石棉和水泥可集中拌制成干料，装入铁桶内，并放在干燥处，每次拌制的干料不应超过一天的用量，使用时随用随加水拌成湿料，加水拌合的石棉水泥填料应在1.5h内用完。加水量现场常用经验判断，方法是抓一把填料，手感潮而不湿，攥可成团，松手轻颠即散。拌好的石棉水泥宜用潮布覆盖。

（2）填打石棉水泥

在已经填打合格的油麻或橡胶圈承口内，自上而下分层填塞拌合好的石棉水泥，用灰錾打实。石棉水泥的填打深度，当嵌缝材料为油麻时，约占承口深度的$\frac{2}{3}$；当嵌缝材料为橡胶圈时，填打至橡胶圈。石棉水泥的填打方法各地区、各施工单位有所不同。

石棉水泥填料的操作是采用分层填打的方法，每填一次灰，用錾子捻打两遍，靠承口侧捻打一遍；若捻打三遍，则再靠中间捻打一遍；每遍捻打时，每一錾位至少击打三下，相邻的錾位应重叠$\frac{1}{2}$～$\frac{1}{3}$，直至表面呈灰黑色，并且有强烈的回弹力。最初和最后一道填灰捻打力应较轻。

（3）使用工具

填打石棉水泥的主要工具有：灰錾、探尺、手锤、磅秤、装灰铁桶。

（4）施工要点

①石棉绒在拌合前应晒干，并用细竹棍敲打松散；

②填打油麻与填打石棉水泥两个作业之间，至少应相隔2个接口，避免打麻时影响另一个接口的打灰质量；

③管径不大于300mm时，填麻、捻灰一人操作；管径大于300mm时，2～3人操作。

（5）质量要求

①石棉水泥配比准确；

②表面呈灰黑色，平整一致，凹入端面1～2mm；

③有回弹力，用灰錾用力连打三下，表面不再凹入。

（6）注意事项

①加水拌合好的石棉水泥应在规定的时间内用完，水泥初凝后不得再使用；

②填石棉水泥前，应对填麻情况进行复查，并用水将接口润湿。

（7）养护

石棉水泥接口填打完毕，应保持接口在湿润状态下硬化。养护方法一般在接口处覆土浇水，或用湿泥将接口全部糊盖（厚约10cm），也可覆盖草袋定期浇水，养护时间不少于7d。

石棉水泥接口在养护期间，水泥填料正处于凝固阶段，管道不准承受振动荷载，管内不应承受有压水。

3）膨胀水泥砂浆填料

膨胀水泥（又称自应力水泥）是由硅酸盐水泥、高铝水泥（矾土水泥）和石膏按一定的比例共同磨细或分别粉磨再经混合均匀而成。其膨胀机理是基于硬化初期，高铝水泥中的铝酸盐和石膏遇水化合，生成高硫型水化硫铝酸钙晶体（钙矾石），在初凝时产生体积膨胀。承插式接口密封填料采用膨胀水泥，可以补偿普通水泥硬化过程中的收缩裂缝，提高水密性和管壁的粘接力，提高接口的抗渗性。

水灰比直接影响到接口填料的膨胀性。当采用常温水养护时，膨胀随水灰比增加而增加；当减少水灰比，可使膨胀期延长。在膨胀未充分时，停止水养护，则膨胀就停止。一般在水养护条件下，达到充分的膨胀需要3～5d的时间，甚至达到7d或7d以上，以后则膨胀减小。

（1）膨胀水泥砂浆的性能要求

膨胀水泥砂浆应能保证在填料硬化膨胀之后保证接口的严密性，且不得出现胀裂承口的现象，其性能应符合下列要求：

①抗压强度标准值大于或等于40MPa，初凝时间不早于45min，终凝时间不迟于6h。

②膨胀水泥砂浆的自由线膨胀率7d应大于1%，但不得大于2.5%并基本稳定，28天内增加值不大于0.3%。

③自行配制的膨胀水泥，必须经过技术鉴定合格，才能使用。

（2）膨胀水泥砂浆的配制

①原材料。膨胀水泥砂浆使用的水泥应采用硫铝酸盐或铝酸盐自应力水泥。砂采用粒径为0.5～1.5mm的中砂，含泥量小于2%。

②配合比。膨胀水泥砂浆的重量配合比一般为膨胀水泥：砂：水＝1：1：（0.28～0.32），用水量根据气温和材料湿度而异。

③拌制。膨胀水泥砂浆拌制时先将膨胀水泥与砂干拌均匀，随拌随用，一次拌合量不宜过多，加水拌合后应在1h内用完。加水量的现场经验判别方法为：用手捏成团，轻掷不散，既不流坍也不冒水。

（3）膨胀水泥砂浆的填塞

膨胀水泥砂浆分三次填入接口，分层捣实（用灰錾捣实，勿用锤击）。第一遍填至接口深度的$\frac{1}{2}$，第二遍填至承口边缘。末一次找平成活，捣至表面翻浆，然后抹光。接口成活后，进行湿养护，保持接口潮湿不少于3d，养护方法同石棉水泥接口。

（4）使用工具

灰錾、剔錾、装灰铁桶、灰盘、铁牙、小铁抹子以及探尺和刷子等。

（5）施工要点

①填膨胀水泥砂浆之前，应用探尺检查填麻深度和胶圈位置是否合适，对油麻嵌缝应用錾子将麻口重打一遍，然后刷净麻屑并用水将接口缝隙湿润；

②填塞膨胀水泥砂浆前应将管道和管件固定；

③在接口填料做好24h内，不应向填料部位冲水、敷泥，以免损坏未凝固的填料；常温下，4h后允许地下水淹没接口；接口填料做好12h后，管内可充水养护，但水压不得超过0.1～0.2MPa。

（6）质量要求

①配比准确；

②表面平整，凹进承口1～2mm。

（7）注意事项

①膨胀水泥砂浆应在初凝前填完；

②接口成活后应及时进行湿养护；

③管道接口不应采用纯膨胀水泥；

④膨胀水泥填料接口刚度大，在地震烈度6度以上、土质松软、管道穿越重型车辆行驶的公路时不宜采用。

4）石膏水泥填料

石膏水泥填料同样具有膨胀性，但所用的材料不同。石膏水泥是由32.5级硅酸盐水泥和半水石膏配制而成，其中水泥是强度组分，石膏是膨胀组分。石膏水泥掺入水后，半水石膏先和水作用成二水石膏，二水石膏有和硅酸盐水泥中的Al_2O_3作用成水化硫铝酸钙。由于硅酸盐水泥

中的 Al_2O_3 含量有限，在初凝前水化硫铝酸钙产生的膨胀能比不上膨胀水泥填料。但半水石膏在初凝前若没有全部变成二水石膏，则在养护期间仍要吸收水分转化为二水石膏，这时石膏本身具有微膨胀性。所以石膏水泥填料的膨胀能由两部分产生，即水化硫铝酸钙和二水石膏。

石膏水泥填料的一般配比（重量比）为 32.5 级硅酸盐水泥：半水石膏：石棉绒＝10：1：1。水灰比为 0.35～0.45。石膏水泥填料的填塞同膨胀水泥砂浆填料。

5）青铅填料

青铅填料接口不需要养护，施工完成即可通水。通水后发现渗漏现象，不必剔除，只要在渗漏处用手锤重新锤击，即可堵漏。青铅填料造价高，打口劳动强度大，除在特殊地段（如穿越铁路、公路、河流）采用外，一般采用较少。

（1）铅接口的施工内容

铅接口使用的铅纯度应在 99％以上。铅接口的施工内容主要有熔铅、装卡箍、运送铅熔液和灌铅。

①熔铅。将铅切成小块置于铅锅内熔化，铅的熔化温度在 320℃左右。掌握铅的火候，可扒开铅的表面浮渣，根据熔铅的颜色判断温度，如呈白色则温度较低，呈紫红色则温度正好。也可用干燥的铁棍插入铅熔液中随即快速提出，若铁棍上没有铅液附着则温度适宜。

②安装卡箍。将特制的卡箍或自制的泥绳贴承口边缘卡紧，开口位于上方，卡箍与管壁间的缝隙用黏泥抹严，以免漏铅；用黏泥围一个灌铅口；管口内的水分必须擦干，如管口内仍有少量余水阻止不了时，可在卡箍或泥绳下方留一个出水口以便灌铅时不致爆炸。

③运送铅熔液。取铅熔液前，应用漏勺从铅锅中除去液面的浮渣。运送道路应平整，跨越沟槽的马道应支搭牢固可靠，抬运过程注意安全。

④灌铅。灌铅时人站在管顶浇口的后面，铅锅距灌铅口高约 20cm，使铅徐徐流入接口内，一次灌满，中间不应中断，待铅凝固后去掉卡箍或泥绳。

⑤打铅。打铅的作用是将灌铅时产生的飞刺切去，将灌入的铅击打密实。打铅用铅錾，由下至上先用薄刃铅錾击打一遍，每打一錾应有半錾重复。然后用厚刃铅錾重复上法各打一遍至铅口打实。打实的铅口在锤击时可听到金属声，可见铅的油黑光泽。铅口打实后，用錾子把多余的铅剔除，再用厚錾找平。

（2）使用工具

铅炉、铅锅、铅勺、漏勺、卡箍（或麻绳、石棉绳）、1.5kg 手锤、剁子、铅錾子等。

（3）施工要点

①管口必须干燥，以免发生爆铅现象。若工作坑内有水，应将其掏净，并在安装卡箍后灌入少量机油，即可避免灌铅时爆铅。

②铅锅的大小要适当，盛铅不宜太满，一次盛铅量必须保证一个接口的用量。

③大管径管道铅流宜适当放大，以免铅液中途凝固。

④在打铅过程中，如发现接口内出现缺铅现象时，可补加铅条打入，但要将补加的铅条与原灌的铅打成一体，并打平为止。

⑤若铅接口的嵌缝材料是橡胶圈时，为避免熔铅烧损橡胶圈，应在橡胶圈外再加一圈油麻。

（4）质量要求

①一次灌满无断流；

②铅面凹进承口 1～2mm，表面平整。

（5）注意事项

①熔铅时，严禁将潮湿或带水的铅块投入已熔化的铅液内，并应防止水滴落入铅锅内，避免

发生爆炸。

②铅勺、运铅锅等工具与熔铅同时预热。

③运铅锅应由两人抬运，不得上肩，迅速安全运送。

④由于铅接口填料是灌铅后一次性捻打，必然是外层比内层密实，故要求打铅时必须有足够的力量和锤击次数，才能保证接口的密封性能。

⑤灌铅及化铅人员应佩戴石棉手套、防护面罩或眼镜，灌铅时人站在管顶浇口的后面。

6）快速填料接口

在刚性接口填料中掺加氯化钙，可以加速水泥的硬化，填完之后短时即可通水。使用的氯化钙为无水氯化钙，纯度75%。

（1）石棉水泥快速填料

石棉水泥快速填料的材料配比（重量比）为32.5级普通硅酸盐水泥：石棉绒：氯化钙＝9：1：0.02。将氯化钙以1：1的比例溶化在温水里，再将氯化钙水溶液加入已拌合好的石棉水泥干料内，拌合均匀。填料应随拌随用，要在10min内用完。填料的填打方法同石棉水泥。捻口完毕后半小时内即可通水，可承受0.3MPa的水压力。

（2）石膏水泥快速填料

石膏水泥快速填料的一般配比（重量比）为32.5级硅酸盐水泥：半水石膏：氯化钙＝85：10：5，用水量是混合物总重量的20%。配制时，先把水泥和石膏粉拌合均匀，再把氯化钙溶成的水溶液加入，和成发面状即可使用。填塞接口的操作方法同膨胀水泥砂浆接口。

7）法兰接口

法兰接口安装、拆卸方便，但埋地时螺栓易锈蚀，故管道上的法兰一般不直接埋于土中而直接设在检查井或地沟内。

（1）法兰检查

①法兰表面应光洁，无裂纹、气孔、斑疤及辐射状沟纹；

②螺孔位置准确，法兰端面应与管轴线垂直；

③法兰加工后的厚度偏差应不大于1.5mm；

④螺栓螺母型号一致，完整无伤痕，螺栓长度合适。

（2）法兰用垫片

两法兰间应夹以环形橡胶制、橡胶石棉制或纤维制的垫片，垫片应质地均匀，厚薄一致，无皱纹。橡胶垫片未老化，当$DN \leqslant 600$时，厚度为3～4mm；$DN > 600$时，厚度为5～6mm。垫片内径应等于或大于管内径2～3mm，垫片外径与法兰密封面外缘相齐。一副法兰之间只能放一个垫片。

（3）法兰接口的安装

将法兰密封面清理干净，橡胶垫片放置平整，调整两法兰面使之平行、对正，并与管轴线垂直。法兰面与管轴线的垂直度偏差不大于外径的$\frac{1.5}{1000}$，且不大于2mm。螺栓、螺母均应点上机油，螺栓应分2～3次对称均匀地拧紧，严禁拧紧一侧再拧另一侧。螺栓应露出螺母外至少2丝扣，但露出长度最多不应大于螺栓直径的$\frac{1}{2}$，螺母在法兰的同一面上。

（4）质量要求

1）两法兰盘应平行，并与管中心线垂直；

2）管件或阀门不应产生拉应力；

3）螺栓应露出螺母外至少2丝扣，但最多不应大于螺栓直径的$\frac{1}{2}$。

(5) 注意事项

1) 安装阀门或带法兰的其他管件时，应防止产生拉应力，邻近法兰一侧或两侧的其他形式接口应在法兰上所有螺栓拧紧后，方可作业。

2) 因特殊情况法兰接口需埋入土中者，应对螺栓按设计要求进行防腐处理。

8) 承插接口的填打工具

承插铸铁管接口用的各种填打錾子、铁牙，其规格尺寸各地区有所不同。

3-4-15　球墨铸铁管安装接口形式有几种？

答：球墨铸铁管属于柔性管材，具有强度高、韧性大、抗腐蚀能力强等优点。球墨铸铁管采用柔性连接，且管材本身具有较大的延伸率，使得管道的柔性好，能够与管道周围的土体共同工作，改善了管道的受力状态，提高了管网的供水可靠性，因此在城市给水管道中的应用越来越广泛。

球墨铸铁管的接口主要有三种形式，即滑入式（简称“T”型）、机械式（简称“K”型）和法兰式（简称“RF”型）。前两种为柔性接口，法兰式可承受纵向力。球墨铸铁管一般采用“T”型接口，施工方便。实践表明，这种接口具有可靠的密封性，能承受1.0MPa的管网压力，良好的抗震性和耐腐蚀性，操作简单，安装技术易掌握，质量可靠，是一种较好的接口形式。

3-4-16　滑入式球墨铸铁管安装要点有哪些？

答：滑入式（又称推入式）接口形式见图3-4-16（1）。

1) 安装前的准备工作

(1) 检查铸铁管有无损坏、裂缝，管口尺寸是否在允许范围；

(2) 将管口的毛刺和杂物清除干净；

(3) 橡胶圈应形体完整、表面光滑，无变形、扭曲现象；

(4) 检查安装机具是否配套齐全，工作状态是否良好。

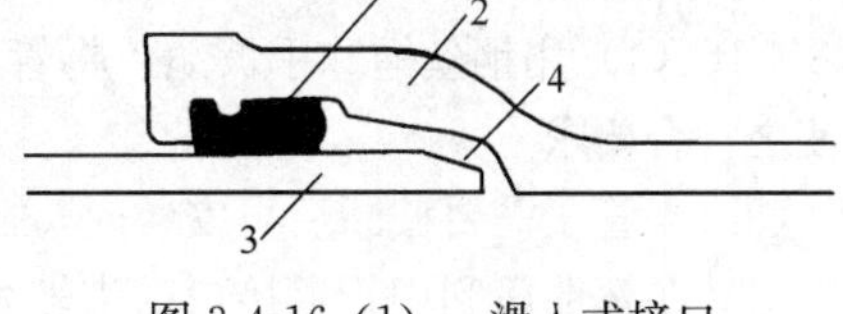

图3-4-16（1）　滑入式接口

1—胶圈；2—承口；3—插口；4—坡口（锥度）

2) 安装

球墨铸铁管“T”型接口安装程序为：

下管—清理管口—清理胶圈、上胶圈—安装机具设备—在插口外表面和胶圈上刷润滑剂—顶推管子使之插入承口—检查。

安装要求

(1) 下管。应按照下管的技术要求将管子下到槽底，如管体有向上放的标示，应按标示摆放管子。

(2) 清理管口。将承口内所有杂物清理干净，因为任何附着物都有可能造成接口漏水。

(3) 清理胶圈、上胶圈。将胶圈清理干净，把胶圈弯成心形或花形装入承口槽内，并用手沿整个胶圈按压一遍，确保胶圈各个部分均匀一致的卡在槽内。

(4) 安装机具设备。将准备好的机具设备安装到位，安装时注意不要将已清理的管子再次污染。

(5) 在插口外表面和胶圈上刷润滑剂。将润滑剂均匀地刷在承口内已安装好的胶圈内表面，插口外表面润滑剂应刷至插口端部的坡口处。

(6) 顶推管子使之插入承口。球墨铸铁管柔性接口的安装顶推方法可参见本章第四节内容。

(7) 检查。检查插口推入承口的位置是否符合要求，用塞尺伸入承插口间隙检查胶圈位置是否正确。

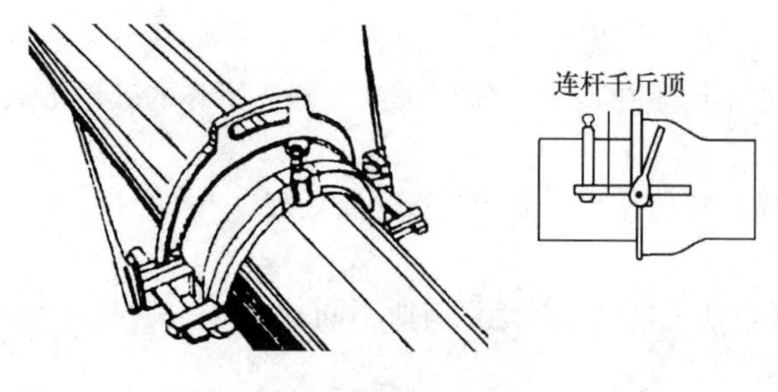

图 3-4-16（2） 连杆千斤顶

3）安装工具

安装球墨铸铁管“T”形接口所使用的工具，按照顶推工艺的要求不同而有所差异，常用的工具有吊链、手动葫芦、环链、钢丝绳、扳手、撬棍、塞尺等，目前也有一些单位使用专用机具，如连杆千斤顶和专用环见图 3-4-16（2）、（3）。

4）注意事项

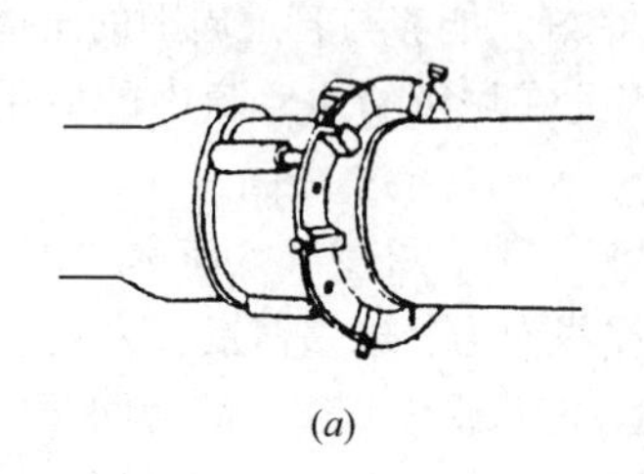

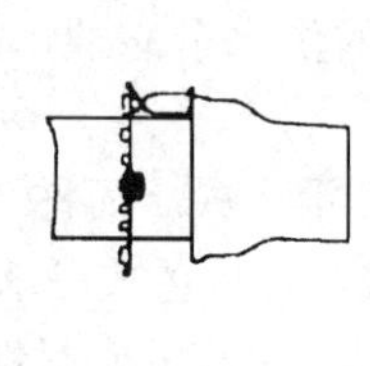

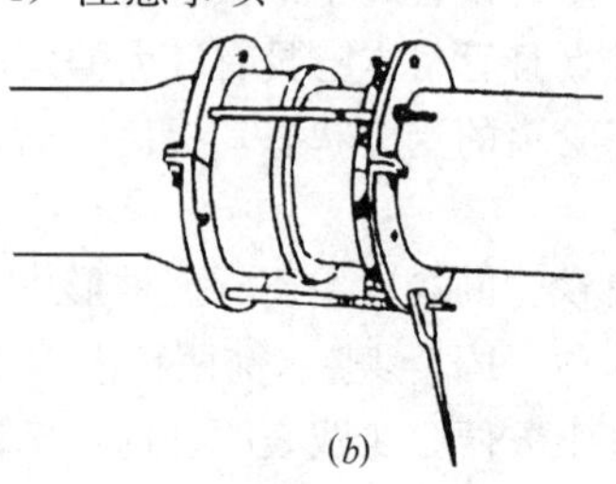

图 3-4-16（3） 专用环

（*a*）用专用环安装；（*b*）用专用环拆卸

（1）胶圈应在承口槽内插正并压实。

（2）安装完一节管子后，当卸下安装工具时接口可能脱开，故安装前应准备好配套工具，如图 3-4-16（4）用钢丝绳和手扳葫芦将管子锁住。锁管时应在插口端作出标记，锁管前后均应检查使之符合要求。

（3）当管子需要截断后再安装时，插口端应加工坡口。

（4）在弯曲段利用管道接口的借转角安装时，应先将管子沿直线安装，然后再转至要求的角度。

3-4-17 机械式球墨铸铁管安装要点有哪些?

答：机械式球墨铸铁管柔性接口，是将铸铁管的承插口加以改造使其适应一个特殊形状的橡胶圈作为挡水材料，外部不需其他填料，不需要复杂的安装机具，施工较为简单，但要有附设配件。机械式接口主要有铸铁直管、压兰、螺栓和橡胶圈组成，接口形式有 A 形和 K 形，见图 3-4-17。

1）准备工作

机械式接口铸铁管的安装准备工作主要有下列几项：

（1）管子与配件

①检查管子有无损坏和缺陷，管子外径和周长的尺寸偏差是否在允许的范围内。对管子的承口、插口尺寸进行全面的测量，并编号记录保存，选用管径相差最小的管子相组合。

②清理管口，检查和修补防腐层。

③选配胶圈。

④选配压兰和螺栓。

（2）其他准备工作

在管道安装前还应做好验槽、清槽工作，将接口工作坑挖好，准备好管子的吊装设备和安装工具。吊装工具应在安装前仔细检查，以确保安全。

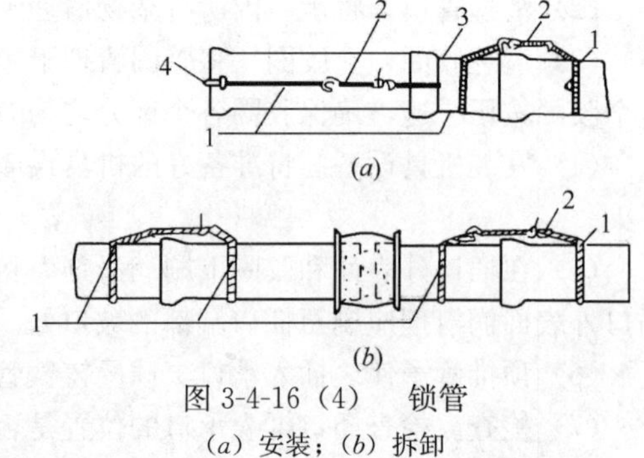

图 3-4-16（4） 锁管

（*a*）安装；（*b*）拆卸

1—钢丝绳；2—手扳葫芦；3—环链；4—钩子

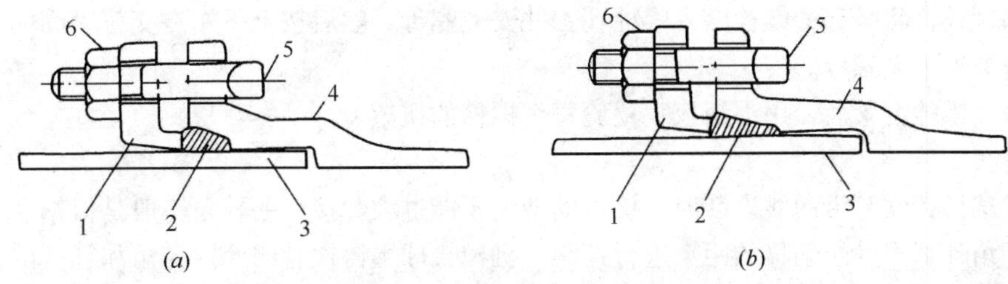

图 3-4-17　机械式接口形式

(a) A形接口；(b) K形接口

1—压兰；2—胶圈；3—插口；4—承口；5—螺栓；6—螺帽

2）安装方法

(1) 安装程序

下管—清理插口、压兰和橡胶圈—压兰和胶圈定位—清理承口—刷润滑剂—对口—临时紧固—螺栓全方位紧固—检查螺栓扭矩。

(2) 安装要求

①下管。按下管要求将管子和配件放入沟槽，不得抛掷管子和配件以及其他工具和材料。管子放入槽底时应将承口端的标志置于正上方。

②压兰和胶圈定位。插口、压兰和胶圈清洁后，在插口上定出胶圈的安装位置，先将压兰送入插口，然后把胶圈套在插口已定好的位置处。

③刷润滑剂。刷润滑剂前应将承插口和胶圈再清理一遍，然后将润滑剂均匀地涂刷在承口内表面和插口及胶圈的外表面。

④对口。将管子吊起少许，使插口对正承口装入，调整好接口间隙后固定管身，卸去吊具。对口间隙见表 3-4-17 (1)。

机械式球墨铸铁管允许对口间隙（mm）　　**表 3-4-17 (1)**

公称直径	A形	K形	公称直径	A形	K形
75	19	20	1000	—	36
100	19	20	1100	—	36
150	19	20	1200	—	36
200	19	20	1350	—	36
250	19	20	1500	—	36
300	19	20	1600	—	43
350	32	32	1650	—	45
400	32	32	1800	—	48
450	32	32	2000	—	53
500	32	32	2100	—	55
600	32	32	2200	—	58
700	32	32	2400	—	63
800	32	32	2600	—	71
900	32	32			

⑤临时紧固。将密封胶圈推入承插口的间隙，调整压兰的螺栓孔使其与承口上的螺栓孔对正，先用 4 个互相垂直方位上的螺栓临时紧固。

⑥紧固螺栓。将全部的螺栓穿入螺栓孔，并安上螺母，然后按上下左右交替紧固的顺序，对称均匀的分数次上紧螺栓。

⑦检查。螺栓上紧后，用力矩扳手检验每个螺栓的扭矩。

(3) 曲线安装

机械式球墨铸铁管沿曲线安装时，接口的转角不能过大，接口的转角一般是根据管子的长度和允许的转角计算出管端偏移的距离进行控制。机械式球墨铸铁管的允许转角和管端的偏移距离见表3-4-17 (2)。

曲线连接时允许的转角和管端的最大偏移值 **表3-4-17 (2)**

公称直径(mm)	允许转角 θ	管子的允许偏移值(cm)		
		4m	5m	6m
75	500	35	—	—
100	500	35	—	—
150	500	—	44	—
200	500	—	44	—
250	400	—	35	—
300	320	—	—	35
350	450	—	—	50
400	410	—	—	43
450	350	—	—	40
500	320	—	—	35
600	250	—	—	29
700	230	—	—	26
800	210	—	—	22
900	200	—	—	21
1000	150	—	—	19
1100	140	—	—	17
1200	130	—	—	15
1350	120	—	—	14
1500	110	—	—	12
1600	130	10	13	—
1650	130	10	13	—
1800	130	10	13	—
2000	130	10	13	—
2100	130	10	13	—
2200	130	10	13	—

3) 注意事项

①所安装的管子必须符合设计要求。

②沟槽的位置应符合设计要求，槽底的高程、中心线应准确，安装管子时应使承口端的产品标记位于管子顶部。

③管道的弯曲部位应尽量使用弯头，如确需利用管道接口借转时，管子转过的角度应在表3-4-17（2）允许的范围内。

④切管一定用切管专用工具，切口应与管轴线垂直。管子切好后，应对切管部位的外周长和外径进行实测，所得结果应符合要求。

⑤管子安装前，应将接口工作坑挖好。

3-4-18 承插铸铁管接口方式有哪几种？

答：1）打麻

油麻应松软而有韧性，清洁，无杂物。自制油麻可将线麻拧成辫，在石油沥青溶液中浸透，拧干，并经风干而成。石油沥青溶液是用5%石油沥青和95%汽油或苯混合而成。

打麻时应将麻拧成麻辫，填入承插口间隙内，麻辫直径约为接口间隙的1.5倍，按管经大小填麻1～3圈，最后有100mm搭接长度。

打麻时，为了防止震动，不影响麻的填塞紧密，同时为了操作安全起见，应使下管与打麻间至少有三节管以上的距离，并应检查打麻接口工作坑附近有无坍方的可能。

2）打胶圈

用于铸铁管的胶圈断面直径较接口间要大些，而胶圈内径要比插口外径稍小些。胶圈断面的选择，以胶圈填入间隙后，断面的压缩率在35%～40%之间为宜。胶圈内径与插口外径的比值约为0.85～0.87。

胶圈接口应尽量采用推入器，使胶圈在装口时滚入接口间隙内。填打胶圈要注意防止出现扭曲、凹兜或部分胶圈被推过插口端（俗称跳井）或当胶圈快打完一圈时，尚多余一段，形成闷鼻。

胶圈或麻的外边，可直接填塞石棉水泥或膨胀水泥砂浆。

石棉水泥配比为30%的石棉和70%的水泥（重量比），再掺入石棉水泥总重10%～12%的水。分层填塞，分层击实，直到最后发出金属声为止。表面应是黑色光泽。具体填塞要求可按规程规定执行。

3）自应力水泥接口

自应力水泥是由二水石膏、矾土水泥和普通硅酸盐水泥混合而成。其配比为42.5级硅酸盐水泥中加入矾土水泥和磨细的二水石膏各20%（重量比）。石膏和矾土水泥是起膨胀作用好。自应力水泥砂浆可按自应力水泥：中砂：水为1：1：0.39其中水的用量视气候情况，常用人工拌合，随拌随用。

填塞自应力水泥砂浆前，将管口清洗净，然后将砂浆一次填满捣实即可一管口表面与承口平齐。接口填实后立即以湿粘工养护，除接口处以外，就可做好胸腔还土。养护48～72h，试压可达1.0～1.2MPa。冬季施工时，应先将管预热并用热水拌制砂浆。

4）膨胀水泥接口

膨胀水泥的配比是42.5级硅酸盐水泥中加入10%的石膏和5%的无水氯化钙（重量比），水灰比取0.35～0.38。膨胀水泥砂浆应使用洁净中的中砂。砂浆的调制，取等量的膨胀水泥和干净中砂，再加入膨胀水泥重量30%的水即可。

膨胀水泥砂浆应随拌合随使用，拌合好的砂浆应在半小时内用完。分层填入接口间隙，分层捣实，以三填三捣为宜。成活后立即用湿草袋养护，保持接口处湿润状态不少于7d。

5）铅接口

青铅接口主要用急于通水或有不均匀沉陷地基等处。尽量少用这种接口，因有色金属造价太高。

青铅必须加热到紫红色才可用。灌铅时必须十分注意安全，应有熟练工人操作。灌铅前接口处必须干燥，清洁，并用特制的卡箍卡好接口处，在预定的注入口一次连续灌满。灌完以后，拆除卡箍，再用手捶和打铅钻子沿插口外壁捶打一遍。

6）柔性接口

如需采用柔性接口，可以使用胶圈接口，适用于具有斜槽的承口内壁，将楔形胶圈于承口斜槽内，在管中水压作用下与管壁压紧，具有自密性。这种接口对管口椭圆度、尺寸公差以及承插口轴向相对位移和角位移，都有一定的适应性。其抗震性能良好，工效高。

3-4-19　球墨铸铁管的搬运工具和注意事项有哪些?

答：1）球墨铸铁管的搬运工具（表 3-4-19）

2）球墨铸铁管的搬运注意事项：

（1）球墨铸铁管及管件应采用吊带或专用工具起吊，装卸时应轻装轻放，在倒运、运输时应垫稳、垫牢，不得相互撞击，严格按照防护和紧固的要求进行操作，避免对球墨铸铁管、管件及防护层造成损坏。

球墨铸铁管的搬运工具　　**表 3-4-19**

运输工具	短距离运输	叉车、平板车、两头吊车	
	长距离运输	火车、汽车、轮船	
起吊工具	吊车、叉车	在起吊时应使用专用吊钩。专用吊钩应是在钢钩外包橡胶皮，使用尼龙绳吊带、外包橡胶管的钢丝绳，以达到保护球墨铸铁管内外涂层目的	
提升工具	（1）对于打捆包装的球墨铸铁管，吊装时要将吊装带套住底部，切莫挂套在管层中间，以免吊装时包装带断裂散捆。 （2）对于散装的球墨铸铁管，采用专用吊钩或吊装带一次吊运一根或数根。吊装时要注意球墨铸铁管重心位置和吊装带的角度。 （3）若采用叉车提升，作业过程中可能与球墨铸铁管接触的地方都必须进行防护。 （4）提升球墨铸铁管应平稳、缓慢，切忌吊装带缠绕球墨铸铁管致使球墨铸铁管在空中旋转，注意不要与其他硬物磕碰，避免突然启动或停止		
运输工具	（1）采用汽车或火车运输，车厢内必须清扫干净，不得有异物，同时根据运载工具的可接受载量制定装车方案。 （2）采用汽车运输，都应在平板上放置两块或更多木块，以避免球墨铸铁管承口直接与平板接触。如采用平板车运输，球墨铸铁管置于木块上后用模块固定。球墨铸铁管伸出车体部分不得超过管长的 1/4。所装的球墨铸铁管多于一层时，每层球墨铸铁管的承口、插口应交错排放，两层球墨铸铁管中应加缓冲垫，最后用钢丝绳加缓冲垫固定牢固。 （3）从车上卸货要参照装车方法，切忌使球墨铸铁管从高空落下或不加缓冲地从斜坡上滚下，应采用专用吊具作业		

(2) 球墨铸铁管进行套装运输时，套装一定要由有经验的生产厂家进行。

3-4-20 球墨铸铁管的储存形式和堆放高度是怎样的?

答： 1) 球墨铸铁管堆放形式

所选择存放球墨铸铁管的场地应当平整、坚实，所选用的垫木应结实，储存的时间过长，建议用帆布或编织布覆盖，避免管内落入灰尘或脏物。堆放的形式有金字塔形和四方形（表 3-4-20 (1)）。

2) 球墨铸铁管的堆放高度

建议 K9 级球墨铸铁管堆放高度如表 3-4-20 (2) 所示。

球墨铸铁管堆放形式 **表 3-4-20 (1)**

形 式	堆 放 要 点	图 示
金字塔形	在距管子两端约 1000mm 的下面分别垫上支撑木，并采用楔子固定，在堆放时相邻管及相邻层的球墨铸铁管，承口和插口要相同	
四方形	底层放置垫木，并用楔木牢固，在堆放时相邻管及相邻层的球墨铸铁管，承口和插口要相间	

K9 级球墨铸铁管的堆放高度 **表 3-4-20 (2)**

DN (mm)	最高堆放层数		DN (mm)	最高堆放层数	
	金字塔形	四方形		金字塔形	四方形
100	58	27	900	5	4
150	40	22	1100	3	2
200	31	18	1200	2	2
250	25	16	1400	2	2
300	21	14	1500	2	1
400	16	11	1800	2	1
450	14	10	2000	1	1
500	12	8	2200	1	1
600	10	7	2400	1	1
700	7	5	2600	1	1

3-4-21 球墨铸铁管铺设的准备

1) 球墨铸铁管铸铁管铺设前应检查外观有无缺陷，并用小锤轻轻敲打，检查有无裂纹，不合格者不得使用。承口内部及插口外部过厚的沥青及飞刺、铸砂等应予铲除。

2) 管道平面位置和纵断高程准确，沟槽和工作坑合乎现行规定。

3) 沟槽地基和管件、闸门等的支墩坚固稳定。

4）球墨铸铁管沿管线方向排开，相邻管道承插口朝向一致，安装的管件、闸门等，应位置准确，轴线与管线一致，无倾斜、偏扭现象。

5）在给水管道铺设过程中，应注意保持管子、管件、闸门等的清洁，必要时应进行洗刷或消毒。

6）当管道铺设中断或下班时，应将管口堵好，以防杂物进入。每日应对管堵进行检查。

7）每个接口应编号，记录质量情况，以便检查。插口装入承口前，应将承口内部和插口外部清刷干净。

8）铸铁管稳好后，应随即用稍粗于接口间隙的干净麻绳或草绳将接口塞严，以防泥上及杂物进入。

3-4-22　球墨铸铁管道铺设控制要点有哪些？

答：1）球墨铸铁管铺设主控项目

（1）管道埋设深度、轴线位置应符合设计要求，无压力管道严禁倒坡。

（2）刚性管道无结构贯通裂缝和明显缺损情况。

（3）柔性管道的管壁不得出现纵向隆起、环向扁平和其他变形情况。

（4）管道铺设安装必须稳固，管道安装后应线形平直。

2）球墨铸铁管道铺设一般控制项目

（1）管道内应光洁平整、无杂物、油污；管道无明显渗水和水珠现象。

（2）管道与井室洞口之间无渗漏水。

（3）管道内外防腐层完整，无破损现象。

（4）闸阀安装应牢固、严密，启闭灵活，与管道轴线垂直。

3-4-23　球墨铸铁管铺设质量标准是怎样的？

答：1）管道铺设允许偏差（表 3-4-23（1））。

2）承口和插口的对口间隙，最大不得超过表 3-4-23（2）的规定。

3）接口的环形间隙应均匀，其允许偏差不得超过表 3-4-23（3）的规定。

管道铺设的允许偏差（mm）　　**表 3-4-23（1）**

<table>
<tr><th colspan="3" rowspan="2">检查项目</th><th colspan="2" rowspan="2">允许偏差</th><th colspan="2">检查数量</th><th rowspan="2">检查方法</th></tr>
<tr><th>范围</th><th>点数</th></tr>
<tr><td rowspan="2">1</td><td colspan="2" rowspan="2">水平轴线</td><td>无压管道</td><td>15</td><td rowspan="6">每节管</td><td rowspan="6">1点</td><td rowspan="2">经纬仪测量或挂中线用钢尺量测</td></tr>
<tr><td>压力管道</td><td>30</td></tr>
<tr><td rowspan="4">2</td><td rowspan="4">管底高程</td><td rowspan="2">$D_i \leqslant 1000$</td><td>无压管道</td><td>±10</td><td rowspan="4">水准仪测量</td></tr>
<tr><td>压力管道</td><td>±30</td></tr>
<tr><td rowspan="2">$D_i > 1000$</td><td>无压管道</td><td>±15</td></tr>
<tr><td>压力管道</td><td>±30</td></tr>
</table>

铸铁管承口和插口的对口最大间隙（mm）　　**表 3-4-23（2）**

管　径	沿直线铺设时	沿曲线铺设时
75	4	5
100～250	5	7
300～500	6	10
600～700	7	12
800～900	8	15
1000～1200	9	17

铸铁管接口环形间隙允许偏差（mm） **表 3-4-23（3）**

管　径	标准环形间隙	允许偏差
75～200	10	+3 −2
250～450 500～920 1000～1200	11 12 13	+4 −2

3-4-24　球墨铸铁管滑入式 T 形接口的要点有哪些？

答：1）安装前的清扫与检查

（1）仔细用钢丝刷、25mm 油灰平铲、毛刷、抹布清理 T 形承口内表工作面槽内的砂、土、杂物，检查另一支管插口倒角情况，插口和胶圈要保持干净。

（2）仔细检查连接用密封圈，不得粘有任何杂物。

（3）仔细检查插口倒角是否满足安装需要。

2）放置橡胶圈

（1）将胶圈装入承口凹槽，对较小规格的橡胶圈，将其弯成“心”形放入承口密封槽内，*DN*800 以下把胶圈捏成 8 字形，*DN*800 以上胶圈捏成三等分或梅花形容易安装。对较大规格的橡胶圈，将其弯成“十”字形（见图 3-4-24（1））。放置橡胶圈时注意橡胶圈与管道接触部位不得有油和润滑剂。

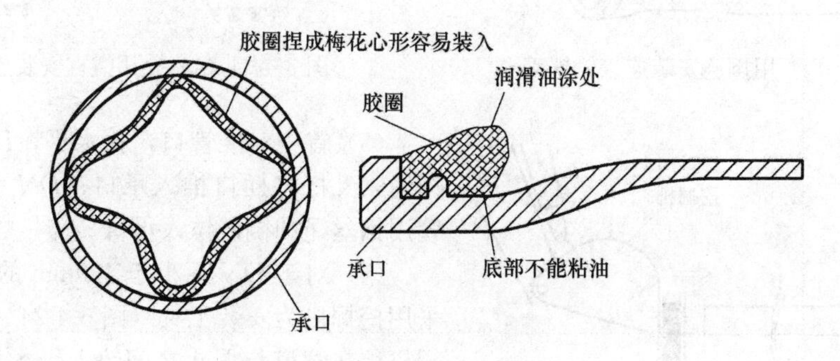

图 3-4-24（1）　弯成“十”字形放置橡胶圈

（2）橡胶圈放入后，应施加径向力使其完全放入密封槽内，橡胶圈的放置效果如图 3-4-24（2）所示。

3）涂润滑剂

为了便于管道安装，安装前在管道插口及胶圈密封面处涂上一层润滑剂，润滑剂应具有良好的润滑性质，不得含有任何有毒成分，不影响胶圈的使用寿命，同时对管道输送介质无污染。

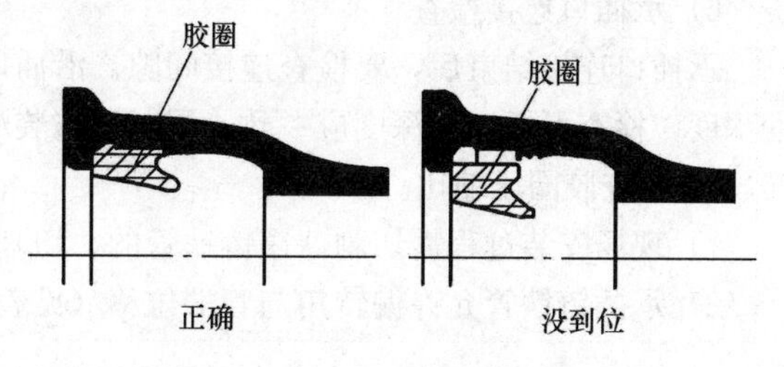

图 3-4-24（2）　橡胶圈的放置效果

4）检查插口安装程度

球墨铸铁管出厂前已在插口端标志安装线，如没标出安装线或者铸铁管切割后，需要重新在插口端标出。标志线距离插口端为承口端深度 $P-10$（mm）。插口插入参考深度见表 3-4-24（1）所示。

插口插入参考深度（mm） **表 3-4-24（1）**

DN	P	DN	P	DN	P
100	82	400	120	800	135
150	88	450	103	1000	145
200	94	500	105	1200	155
250	94	600	110	1400	235
300	95	700	135	1600	255

5）连接

（1）球墨铸铁管下沟槽承口方向应朝水流方向，对正中心线定位。小于 *DN*300mm 的管下管时可用人工抬入用绳子导滑至沟底；大于 *DN*400mm 的管用设备提升吊入沟底。

（2）对于 *DN* 小于 400mm 的铸铁管，可采用倒链（见图 3-4-24（3））或者撬杠（见图 3-4-24（4））连接，采用撬杠作业时，须在承口垫上硬木块保护。

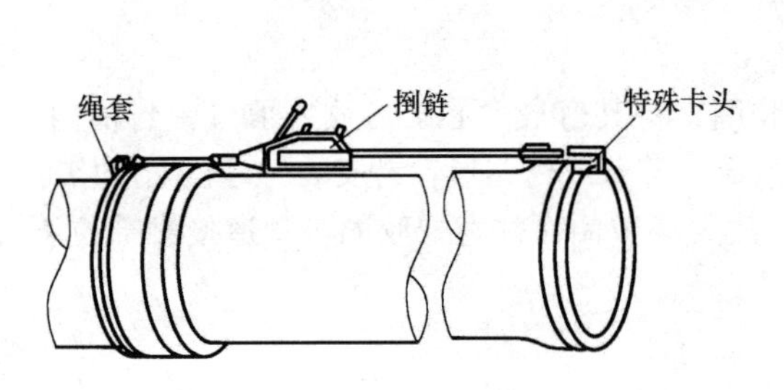

图 3-4-24（3） 用捯链安装连接铸铁管

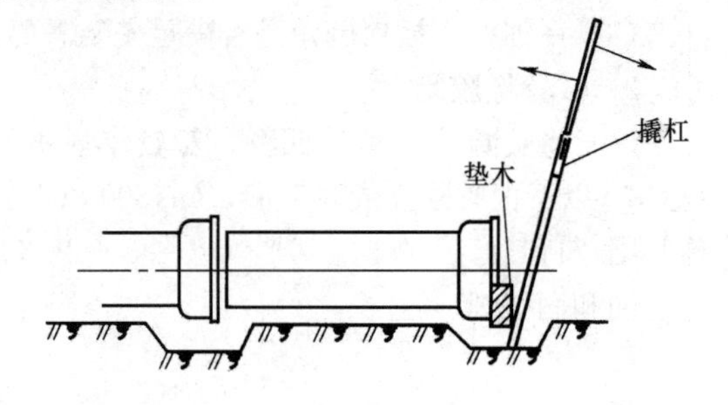

图 3-4-24（4） 用撬杠安装连接铸铁管

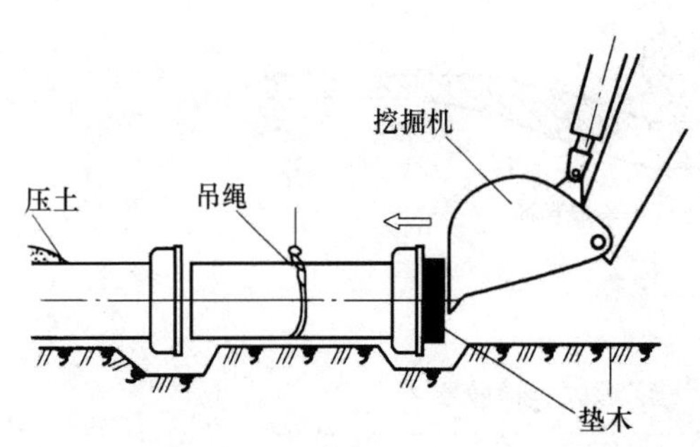

图 3-4-24（5） 采用挖掘机安装球墨铸铁管

（3）首先对准管口，找水平，*DN*150 以下管用绳索叉杆将插口推入承口；*DN* 大于 200 以上管用钢丝绳和捯链拉入承口。

（4）对于 *DN* 不小于 400mm 的球墨铸铁管，采用挖掘机为安装工具（图 3-4-24（5））。采用挖掘机须在管道与掘斗之间垫上硬木块保护，慢而稳地将管道推进，采用起重机械安装，须采用专用吊具在管身吊两点，确保平衡，由人工扶着将球墨铸铁管推入承口。

6）承插口连接检查

承插口连接结束后，要检查连接间隙。沿插口圆周用金属尺插入承插口内，直到顶到橡胶圈的深度，检查所插入的深度应一致，同时检查装配接头胶圈位置，利用一把薄窄钢尺，绕着插口 90°四点检查胶圈压缩比。

7）现场安装过程需切割球墨铸铁管的，切割后要对插口进行修磨、倒角，便于安装。

8）承插铸铁管允许偏转角与管端位移（见表 3-4-24（2））。

球墨铸铁管连接允许的偏转角 **表 3-4-24（2）**

DN（mm）	偏转角度 θ	管端位移（mm）	最小弯曲半径（m）
80～150	5°	525	69
200～300	4°	420	86

续表

DN (mm)	偏转角度θ	管端位移 (mm)	最小弯曲半径 (m)
350～400	3°	314	115
700～800	2°	210	200
900～1000	1°30′	210	267
1100～1200	1°30′	157	267
1400～2600	1°30′	209	305

3-4-25　K 形接口管安装要点有哪些?

答: 1) K 形接口的形式 (图 3-4-25 (1))

2) K 形机械接口管安装要点

(1) K 形接口柔性接口球墨铸铁管的组装非常容易，可以不用施工机械，常在施工面狭小和施工机械无法施展的地方使用，在直管的承口端及插口的接口处，需挖工作坑，作为紧固螺栓、安装使用的空间。

(2) 安装前的清扫与检查:

①仔细清扫承口内表密封面以及插口外表面的砂、土等杂物;

②仔细检查连接用密封圈，不得粘有任何杂物。

(3) 装入压兰和橡胶圈。把压兰和橡胶圈套在插口端，确认压兰朝正确方向、螺母拧紧顺序。注意橡胶圈的方向，橡胶圈带有斜度的一端朝向承口端 (图 3-4-25 (2))。

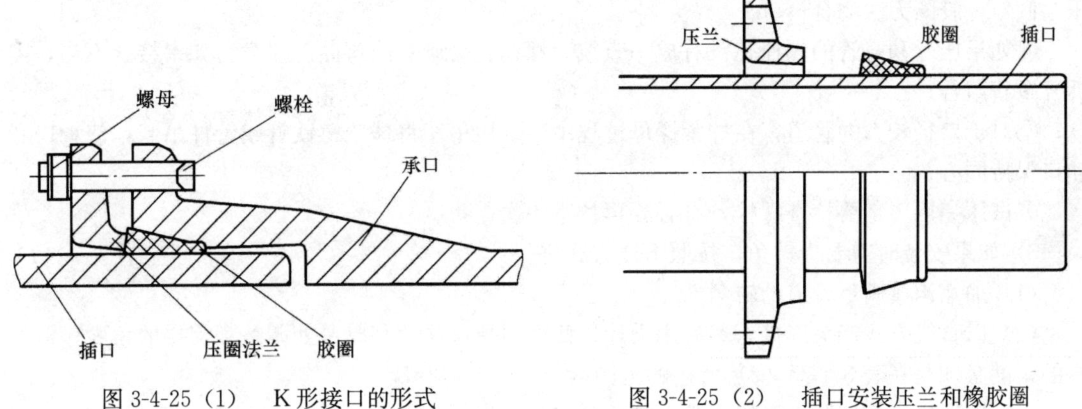

图 3-4-25 (1)　K 形接口的形式　　图 3-4-25 (2)　插口安装压兰和橡胶圈

(4) 承口、插口定位。将插口推入承口内，完全推入承口端部后再拔出 10mm。

(5) 压兰及橡胶圈的安装:

①将橡胶圈推入承口内，然后将压兰推入顶住橡胶圈，插入螺栓，用手将螺母拧住;

②检查压兰的位置正确与否，然后用扳手按对称顺序拧紧螺母，应反复拧紧，不要一次拧紧，最好使用测力扳手，连接螺栓的力矩应达到要求，要特别注意:

a. 对于口径较大的管道，在拧紧螺母过程中，要用吊车将铸管或管件吊起，使承口和插口保持同心。

b. 试压完后一定要检查螺栓，有必要再拧紧一次。

(6) 将球墨铸铁管的承口与另一支管的插口连接起来; 插口外圆及承口内圆之间的圆周间隙必须相对均匀，而插口必须完全插入，承口距端面间隙应按 6～9mm 控制，在无拐弯借角节头处管内环状间隙基本均匀，将胶圈推挤入承口，注意不要碰坏胶圈 (图 3-4-25 (3))。

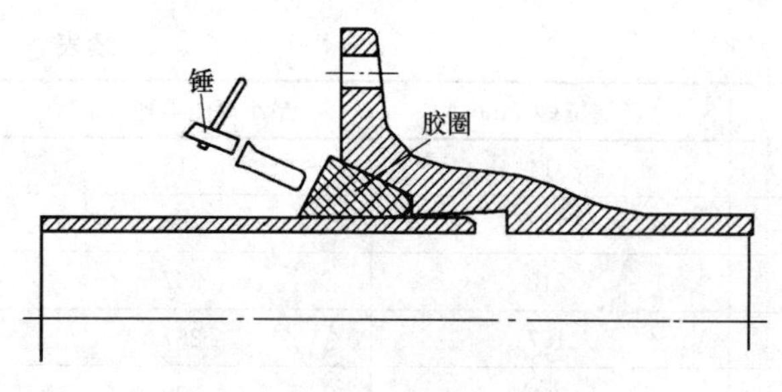

图 3-4-25（3） 将胶圈推挤入承口

（7）拉过套在插口上的法兰，先穿入法兰上下两端两条螺栓紧固，然后再穿入法兰左右两端的两条螺栓，如此对称地进行紧固。

（8）轻轻地锁紧十字方向几条螺栓，然后把剩余的螺栓穿入螺栓孔中再逐一锁紧。螺栓一定要和管道的轴线平行，压兰与管轴也必须成垂直角度。安装时注意：

①如果螺栓孔内有小石子之类的异物卡在螺栓和凸缘之间，将引起螺栓倾斜或弯曲，造成错误接合；

②如果螺栓的T形头自承口的凸缘面突起，表示螺栓没有正确锁好；

③连接螺栓的力矩（表 3-4-25（1））；

连接螺栓的力矩 **表 3-4-25（1）**

螺栓直径（mm）	力矩（m·kgf）
Φ12～22	≥12（约 120N·m）
Φ27～30	≥30（约 300N·m）

④检查所有螺栓及螺母的松紧；

⑤如果压兰和直管的轴径与另一支管轴不相符合，压兰就会碰到另一支管的凸缘面，会造成压兰倾斜，胶圈无法吻合；

⑥如果压兰和直管的螺栓孔没有成一直线，螺栓就会倾斜或弯曲。注意：如果接合不当，需拆开重新组合；

⑦对于口径较大的管道，在拧紧螺母过程中，要用吊车将球墨铸铁管或管件吊起，使承口和插口保持同心；

⑧试压完后一定要检查螺栓，有必要再拧紧一次。

3）如果安装时需要借转角，按照下述方式进行：

（1）加宽沟槽满足管道的转角。

（2）以直线方式接头连接，然后用千斤顶侧面顶承口法兰和厚壁处调整到需要的角度，但偏向的角度必须是在表 3-4-25（2）所述的范围内。

（3）K形接口管按照正确扭矩锁上螺栓和螺母（表 3-4-25（3））。

安装时允许调整角度 **3-4-25（2）**

口　径（mm）	偏向允许角度	每支直管允许的偏向（mm）		接合间隙（mm）
		6M 直管	8M 直管	
1600	1°30′	13	—	43
1800	1°30′	13	14	48
2000	1°30′	13	14	53
2100	1°30′	13	14	55
2200	1°30′	13	14	58
2400	1°30′	—	14	63
2600	1°30′	—	14	70

螺栓和螺母要求　　　　表 3-4-25（3）

尺　　寸	扭矩（N·m）	直管口径（mm）	把手长度（cm）
M16	6	75	15
M20	10	100～600	25
M24	14	700～800	35
M30	20	900～2600	45

3-4-26　球墨铸铁管法兰接口是怎样的？

答：1）清理和校正法兰盘：

（1）检查法兰盘和橡胶垫的表面质量，清理法兰盘的密封面。

（2）排好安装顺序，在要连接的两个法兰盘之间留下一点插入橡胶垫的间隙。

2）插入橡胶垫：

（1）在两个法兰之间放入橡胶垫，穿上螺栓，可借助胶带使密封固定。

（2）使橡胶垫在两法兰盘的凸部密封面对中；紧固螺栓，最好使用测力扳手，使螺栓达到要求的力矩。

（3）所有螺栓及螺帽应点上机油，对称地均匀拧紧，不得过力，严禁先拧紧一侧再拧另侧。螺帽应在法兰的同一面上。

（4）安装闸门或带有法兰的其他管件时，应防止产生拉应力。邻近法兰的一侧或两则接口应在法兰上所有螺栓拧紧后，方可连接。

（5）法兰接口埋入土中者，应对螺栓进行防腐处理。

（6）法兰接口质量标准：

①两法兰盘面应平行，法兰与管中心线应垂直；

②管件或闸门等不产生拉应力；

③螺栓应露出螺帽外至少 2 扣丝，但其长度最多不应大于螺栓直径的 1/2。

（7）试压完后一定要检查螺栓，有必要再拧紧一次。

3-4-27　灰口铁铸铁管道安装施工的一般规定有哪些？

答：1）灰口铁铸铁管道安装施工流程（见图 3-4-27）

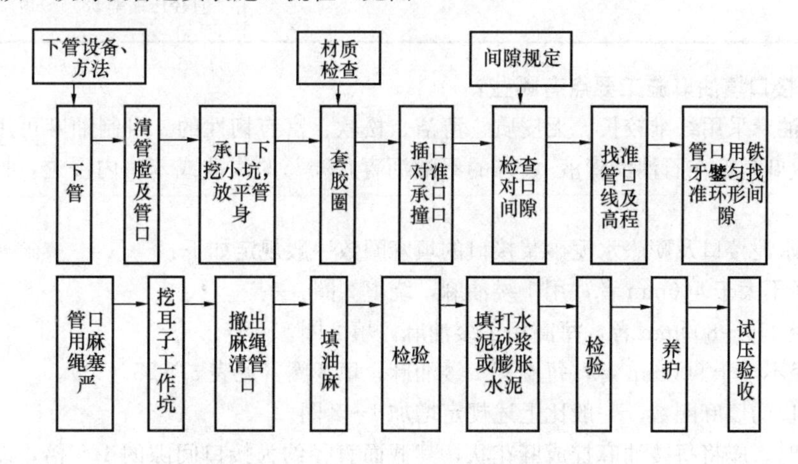

图 3-4-27　灰口铁铸铁管道安装施工流程

2）灰口铁铸铁管道安装施工要点

（1）管及管件下管前，应清除承口内部的油污、飞刺、铸砂；柔性接口铸铁管及管件承口的内工作面、插口的外工作面应修整光滑，不得有沟槽、凸脊缺陷。

（2）接口的形式与操作（见表 3-4-27）

接口的型式与操作 **表 3-4-27**

接口型式	操　作　程　序	配制材料
石棉水泥接口	1. 用麻錾向环向间隙打入一圈油麻并打实； 2. 按比例将石棉水泥拌制均匀，加入少许水拌合好； 3. 石棉水泥灰分 3～4 层用灰錾塞打，各层均应打实，打好的灰口应比承口端部凹进 2～3mm，当听到金属回击声，水泥发青并析出水分，打口即成； 4. 养护 1～2 昼夜	四级石棉：32.5 级水泥＝3∶7，水灰比为 1/9～1/10。实践上，捏能成团，抛能散开为度。加水拌制的石棉水泥灰应当在 1h 内用毕
铅接口	1. 用麻錾向环向间隙打入油麻，并务求打实； 2. 用石棉绳或用泥麻辫子沿接口围一圈，并用泥巴将石棉绳敷牢，使灌铅口朝外； 3. 将铅块熔化至呈紫红色时，用铅勺将铅口灌满； 4. 铅凝固后，取下石棉绳剔去铅口飞刺，用灰錾将铅打实即成	采用 6 号铅，铅纯度要求在 90% 以上。 一般用于抢修或施工困难处
膨胀水泥砂浆接口	1. 用麻錾向环向间隙打入一圈油麻，并务求打实； 2. 将膨胀水泥砂浆搅拌均匀，用麻錾塞进口内； 3. 用灰錾捣实填料； 4. 抹光表层，浇水养护 2～3h	膨胀水泥∶中砂∶水＝1∶1∶0.3，拌好的膨胀水泥砂浆应在 1h 内用毕
橡胶圈接口	1. 橡胶圈应均匀，平的套在插口平台上，不得扭曲和断裂； 2. 将装上橡胶圈的插口用控硅等机械挖入承口，将胶圈均匀压实； 3. 接口后将管道除接口处外用回填土压住后，再装一根管	1. 橡胶圈现场检查不得有气孔、裂缝、皮和接缝 2. 硬度（廓氏 45～55 度） 控断强度≥16MPa 伸长率≥500% 永久变形<20% 老化系数>0.8 直径压缩率 38%～40%

3-4-28　接口填油麻施工要点有哪些？

答：1）油麻采用纤维较长、无皮质、清洁、松软、富有韧性的。自制油麻可用无麻皮的长纤维麻加工成麻辫，在石油沥青液（5%的石油沥青，95%的汽油或苯）内浸透，拧干，并经风干而成。

2）石棉水泥接口及膨胀水泥砂浆接口的填麻圈数一般规定如下：

（1）管径不大于 400mm 者，用 1 缕油麻，绕填 2 圈。

（2）管径 450～800mm 者，每圈用 1 缕油麻，填 2 圈。

（3）管径不小于 900mm 者，每圈用 1 缕油麻，填 3 圈（见表 3-4-28（1））。

3）铅接口的填麻圈数，一般比上述规定增加 1～2 圈。

4）填麻时，应将每缕油麻拧成麻花状，其截面直径约为接口间隙的 1.5 倍，以保证填麻紧密。每缕油麻的长度在绕管 1 圈或 2 圈后，应有 50～100mm 的搭接长度。每缕油麻宜按实际要求的长度和粗度，并参照材料定额，事先截好、分好。

5）油麻的加工、存放、截分及填打过程中，均应保持洁净，不得随地乱放。

6）填麻时，先将承口间隙用铁牙背匀，然后用麻錾将油麻塞入接口。塞麻时需倒换铁牙。打第1圈油麻时应保留1个或2个铁牙，以保证接口环形间隙均匀。待第1圈油麻打实后，再卸下铁牙，填第2圈油麻。

7）打麻一般用1.5kg的铁锤。移动麻錾时应一錾挨一錾。

8）套管（揣袖）接口填麻一般比普通接口多填1圈或2圈麻辫。第1圈麻辫宜稍粗，塞填至距插口端约10mm，同时第1圈麻不用锤打，以防油麻或胶圈掉入对口间隙；第2圈麻填打时用力亦不宜过大；其他填打方法同普通接口。

油麻的填打程序及打法 **表3-4-28（1）**

圈次	第一圈		第二圈			第三圈		
遍次 击数 打法	第一遍 2 挑打	第二遍 1 挑打	第一遍 2 挑打	第二遍 2 平打	第三遍 1 平打	第一遍 2 贴外口	第二遍 2 贴里口	第三遍 1 平打

9）填麻后进行下层填料时，应将麻口重打一遍，以麻不动为合格，并将麻屑刷净。

10）填油麻质量标准：

（1）填麻深度按铅接口填麻深度允许偏差±5mm，石棉水泥及膨胀水泥砂浆接口的填麻深度不应小于表3-4-28（2）数值；

（2）填打密实，用錾子重打一遍，不再走动。

承插铸铁管接口填料深度（mm） **表3-4-28（2）**

管径	接口间隙	承口总深	接口填料深度			
			油麻、石棉水泥接口油麻、膨胀水泥砂浆接口		油麻、铅接口	
			麻	灰	麻	铅
75	10	90	33	57	40	50
100	10	95	33	62	45	50
125	10	95	33	62	45	50
150	10	100	33	67	50	50
200	10	100	33	67	50	50
250	11	105	35	70	55	50
300	11	105	35	70	55	50
350	11	110	35	75	60	50
400	11	110	38	72	60	50
450	11	115	38	77	65	50
500	12	115	42	73	55	60
600	12	120	42	78	60	60
700	12	125	42	83	65	60
800	12	130	42	88	70	60
900	12	135	45	90	75	60
1000	13	140	45	95	71	69
1100	13	145	45	100	76	69
1200	13	150	50	100	81	69

3-4-29　石棉水泥做接口施工要点有哪些？

答：1）水泥宜采用强度等级为32.5的水泥，石棉应选用机选4F级温石棉。

2）石棉水泥宜在填打前拌合，石棉水泥重量配合比应为石棉30%，水泥70%，水灰比宜不大于0.20；拌好的石棉水泥应在初凝前用完；填打后的接口应潮湿养护。

3）石棉和水泥可集中拌制，拌好的干石棉水泥，应装入铁桶内，并放在干燥房间内存放时间不宜过长，避免受潮变质。每次拌制不应超过1d的用量。

4）干石棉水泥应在使用时再加水拌合，拌好后宜用潮布覆盖，运至使用地点。加水拌合的石棉水泥应在1.5h内完成。

5）石棉水泥接口与铅接口用料量（表3-4-29（1））。

6）填打石棉水泥前，宜用清水先将接口缝隙湿润。

7）石棉水泥接口的填打遍数、填灰深度及使用錾号应按表3-4-29（2）规定。

石棉水泥接口与铅接口用料量 **表3-4-29（1）**

DN (mm)	石棉水泥接口用料量（单位：口）				铅接口用料量（单位：口）		
	承口深度 (mm)	油麻 (kg)	石棉 (kg)	水泥 (kg)	承口深度 (mm)	油麻 (kg)	青铅 (kg)
75	90	0.083	0.15	0.35	90	0.11	2.34
100	95	0.100	0.20	0.47	95	0.16	2.90
150	100	0.1409	0.30	0.70	100	0.25	4.02
200	100	0.160	0.39	0.90	100	0.31	5.17
300	105	0.330	0.61	1.41	105	0.54	8.09
400	110	0.430	0.82	1.89	110	0.74	10.60
500	115	0.600	1.18	2.75	115	0.87	17.40
600	120	0.710	1.49	3.45	120	1.14	20.70
700	125	0.830	1.82	4.22	125	1.47	24.00
800	130	0.950	2.18	5.06	130	1.84	27.30
900	135	1.580	2.21	5.13	135	2.24	30.50
1000	140	2.120	2.76	6.40	140	2.56	42.70

石棉水泥接口填打方法 **表3-4-29（2）**

直径(mm)	75～450			500～700			800～1200		
打法	四填八打			四填八打			五填十六打		
填灰遍数	填灰深度	使用錾号	击打遍数	填灰深度	使用錾号	击打遍数	填灰深度	使用錾号	击打遍数
1	1/2	1	2	1/2	1	3	1/2	1	3
2	剩余的2/3	2	2	剩余的2/3	2	3	剩余的1/2	1	4
3	填平	2	2	填平	2	2	剩余的2/3	2	3
4	找平	3	2	找平	3	2	填平	2	3
5							找平	3	3

8）石棉水泥接口合格后，一般用湿泥将接口四周糊严进行养护，厚约10cm，或用潮湿的土壤虚埋养护。

9）热天或昼夜温差较大地区的刚性接口，宜在气温较低时施工，冬期宜在午间气温较高时施工，并应采取保温措施。

10）用石棉水泥做接口外层填料，当地下水对水泥有侵蚀作用时，应在接口表面涂防腐层。

11）刚性接口填打后，管道不得碰撞及扭转。

3-4-30　膨胀水泥砂浆接口施工要点有哪些？

答：1）膨胀水泥砂浆接口材料要求如下：

（1）膨胀水泥宜用石膏矾土膨胀水泥或硅酸盐膨胀水泥，出厂超过3个月者，应经试验，证明其性能良好，方可使用；自行配制膨胀水泥时，必须经技术鉴定合格，方可使用；

（2）砂应用洁净的中砂，最大粒径不大于1.2mm，含泥量不大于2%。

2）膨胀水泥砂浆的配合比（重量比）一般采用膨胀水泥：砂：水=1：1：0.3。当气温较高或风较大时，用水量酌量增加，但最大水灰比不宜超过0.35。

3）膨胀水泥砂浆接口用料量（表3-4-30）。

4）膨胀水泥砂浆必须拌合十分均匀，外观颜色一致。宜在使用地点附近拌合，随用随拌，一次拌合量不宜过多，应在半小时内用完或按原产品说明书操作。

膨胀水泥砂浆接口用料量　　**表3-4-30**

DN（mm）	承口深度（mm）	膨胀水泥（kg）	砂（kg）	水（kg）
100	95	0.66	0.33	0.28
150	100	1.00	0.50	0.37
200	100	1.32	0.67	0.50
300	105	2.00	1.00	0.75
400	110	2.55	1.27	0.90
500	115	3.65	1.82	1.38
600	120	4.30	2.10	1.50
700	125	5.15	2.58	1.92
800	130	6.08	2.98	2.19
900	135	7.10	3.55	2.66

5）膨胀水泥砂浆接口应分层填入，分层捣实，以三填三捣为宜。每层均应一錾压一錾地均匀捣实。最后一次捣至表面有稀浆为止。接口填料捣实时不得用手锤敲打，以免砂浆膨胀时会将承口胀破。凹进承口1～2mm，表面平整。

6）接口完成后，应立即用湿草袋（或草帘）覆盖，并经常洒水，在12h内需保持接头稳定。

（1）使接口保持湿润状态不少于7d；

（2）有地下水时，填料捻口4h后方可被地下水浸淹。或用湿泥将接口四周糊严，厚约10cm，并用潮湿的土壤虚埋进行养护。

3-4-31　青铅接口施工要点有哪些？

答：1）当特殊需要采用铅接口施工时，管口表面应干燥、清洁，严禁水落入铅锅内；灌铅时，铅液应沿注孔一侧灌入，一次灌满，不得断流，脱模后将铅打实，表面应平整，凹入承口宜1～2mm。

2）铅接口用料量（表3-4-29（1）），铅的纯度不小于90%。

3）熔铅注意事项：

（1）严禁将带水或潮湿的铅块投入已熔化的铅液内，避免发生爆炸，并应防止水滴落入铅锅。

（2）掌握熔铅火候，可根据铅熔液液面的颜色判别温度，如呈白色则温度低，呈紫红色则温度恰好，然后用铁棍（严禁潮湿或带水）插入铅熔液中随即快速提出，如铁棍上没有铅熔液附着，则温度适宜，即可使用。

(3) 铅桶、铅勺等工具应与熔铅同时预热。

4) 安装灌铅卡箍应按下列次序进行：

(1) 在安装卡箍前，必须将管口内水分擦干，必要时可用喷灯烤干，以免灌铅时发生爆炸，工作坑内有水时，必须掏干。

(2) 将卡箍贴承口套好，开口位于上方，以便灌铅。

(3) 用卡子夹紧卡箍，并用铁锤锤击卡箍，使其与管壁和承口都贴紧。

(4) 卡箍与管壁接缝部分用黏泥抹严，以免漏铅。

(5) 用黏泥将卡子口围好。

5) 运送铅熔液注意事项：

(1) 送铅液道路应平整。

(2) 取铅熔液前，应用有孔漏勺由熔锅中除去铅熔液的漂浮物。

(3) 每次取运一个接口的用量，两人抬运，迅速安全运送。

6) 灌铅注意事项：

(1) 灌铅工人应全身防护，包括戴防护面罩。

(2) 操作人员站于管顶上部，应使铅罐的口朝外。

(3) 铅罐口距管顶约20cm，使铅徐徐注入接口内，以便排气。

(4) 每个铅送口的铅熔液应不间断地一次灌满，但中途发生爆声时，应立即停一下。

(5) 铅凝固后，即可取下卡箍。

7) 打铅操作程序如下：

(1) 用剁子将铅口飞刺切去。

(2) 用1号铅錾贴插口击打一遍，每打一錾应有半錾重叠，再用2号、3号、4号、5号铅錾重复上法各打一遍至铅口打实。

(3) 最后用錾子把多余的铅打下（不得使用剁子铲平），再用厚錾找平。

3-4-32　刚性接口，承插铸铁管允许转角与允许借距为多少？

答：见表3-4-32。

承插铸铁管允许转角与允许借矩　　　**表3-4-32**

DN (mm)	*D* (mm)	承口深度 (mm)	承插口缝宽 (mm)	允许转角	允许借距（mm）	
					管长4m	管长6m
80	93.0	90	10	6°20′	441	662
100	118.0	95	10	6°01′	419	629
150	189.0	100	10	5°40′	393	589
200	220.0	100	10	4°21′	302	453
300	322.8	105	11	3°06′	216	325
400	425.6	110	11	2°28′	172	258
500	528.0	115	12	2°05′	145	218
600	630.8	120	12	1°49′	127	190
700	733.0	125	12	1°38′	114	171
800	836.0	130	12	1°29′	104	155
900	939.0	135	12	1°22′	95	143
1000	1041.0	140	13	1°17′	90	134

3-4-33　铸铁管、球墨铸铁管控制要点有哪些？

答：1）主控项目

(1) 检查产品质量保证资料，检查成品管进场验收记录，控制管节及管件的产品质量应符合本规范的规定。

(2) 承插接口连接时，两管节中轴线应保持同心，承口、插口部位无破损、变形、开裂，插口推入深度应符合要求。

(3) 法兰接口连接时，插口与承口法兰压盖的纵向轴线一致，连接螺栓终拧扭矩应符合设计或产品使用说明要求；接口连接后，连接部位及连接件应无变形、破损。

(4) 橡胶圈安装位置应准确，不得扭曲、外露，沿圆周各点应与承口端面等距，其允许偏差应为±3mm。

2）一般项目

(1) 连接后管节间平顺，接口无突起、突弯、轴向位移现象。

(2) 接口的环向间隙应均匀，承插口间的纵向间隙不应小于3mm。

(3) 逐个接口检查；检查螺栓和螺母质量合格证明书、性能检验报告，控制法兰接口的压兰、螺栓和螺母等连接件应规格型号一致，采用钢制螺栓和螺母时，防腐处理应符合设计要求。

(4) 管道沿曲线安装时，接口转角应符合规范的规定。

3-4-34　铸铁管、球墨铸铁管安装允许偏差是多少？

答：见表3-4-34。

铸铁管、球墨铸铁管安装允许偏差和检测　　表3-4-34

项　目	质量标准	允许偏差（mm）	检验频率	检验方法
管道高程	按设计要求	±10	抽查时每节管分别取2点	用水准仪测量
中线位移		10		用尺量
立管垂直度		每米2且不大于10		用垂线和尺量

3-4-35　管沟是一种什么构筑物？常用什么材料？是怎样分类的和选用结构形式？

答：1）设置管沟的目的：当管线横跨公路、铁路、河流时，由于种种原因不允许开挖，则需要建管沟或套管将管道置于其中而通过。这种管沟有时内装一条管，有时数条，而且不一定全是管道，可包括电力、电信、电缆等。在供水工程中管沟是一项很重要的构筑物。

2）管沟通常所用的材料：方沟一般用砖和混凝土；套管为钢管和混凝土管。

3）管沟的分类及设置的条件

(1) 管沟按功能分为：通行式和不通行式两类。通行式管沟设置的标准：①当管沟（或套管）端部开挖抽出管道有困难时；②管沟长度大于25m时。其他情况采用不通行式，当管道所穿越的道路覆土小于0.6m时也采用不通行式。

管沟按结构分为：钢筋混凝土管、砖墙钢筋混凝土盖板方沟、钢筋混凝土方沟三种。

(2) 设置管沟的条件：凡不能开挖或不能开挖检修施工的地段均可使用。主要用于以下几方面：①穿越铁路；②立交桥的挡土墙及其快速路口；③高速公路；④过河或污水管道的下面；⑤永久性建筑物（管道必须在其下面通过）或与构筑物距离过近（净距小于槽深）。

4）管沟结构形式的选用

(1) 当用顶管施工时，应首先选用钢筋混凝土套管；

(2) 明槽施工时，应首先选用砖钢筋沟，混凝土盖板；

(3) 钢筋混凝土方沟仅用于有特殊需要的明槽施工；

(4) 管沟或套管的两端应做检查井，沟底坡度应不小于千分之一。坡度坡向检查井；

(5) 不通行式管沟（套管）的直径或宽度应不小于管径加 0.4m；

(6) 通行管沟（套管）的宽度应不小于管径加 1.2m，高度应不小于 1.1m（管下 0.5m，管上 0.6m）且总高度不小于 1.8m。

3-4-36　管道的支挡墩是怎样的？

答：支挡墩设置的原因是由于管内承受水压，从而在管件（三通、弯头、盖堵等）处产生各种不同的推力。特别是工序验收时，因为压力试验时水压较大，所以在这些部位形成的推力是较大的。而这些推力有时不是接口的粘接力所能抵抗的。尤其是现在通用的胶圈柔性接口更不能抵抗这些推力。因此要设置这些支墩来克服管内水压在该处产生的推力避免接口松脱，确保管道正常供水。但对于管径小于 *DN*300，或转弯角度小于 5°～10°，且压力不大于 980kPa 的管线，因接头本身足以承受应力，可不设支墩。

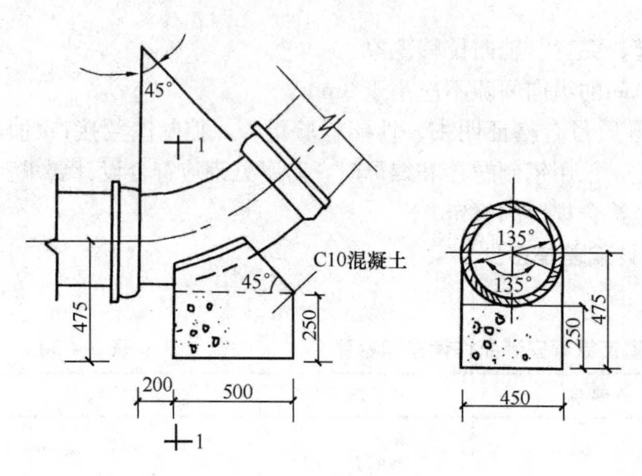

图 3-4-36　垂直向上弯管支墩

1) 支墩的类别

支墩有以下几种常用类型：

(1) 水平支墩：水平支墩是指水平方向的异形管支墩。按照异形管的类别又分为各种曲率的弯管支墩、管道末端的堵头支墩、管道分支处的丁字管支墩、管道分支处支管和主管不成垂直状态的斜式丁字管支墩。

(2) 上弯支墩：管中线由水平方向转入垂直向上方向的弯管支墩。

(3) 下弯支墩：管中线由水平方向转入垂直向下方向的弯管支墩。

(4) 空间两相扭曲支墩：管中线既水平转向又垂直转向的异形管支墩。

图 3-4-36 是垂直向上弯管支墩示意图。

2) 支墩的施工方法和步骤

(1) 支墩不应修建在松土上，平整好地基后，在用 MU7.5 砖、M10 混凝土水泥砂浆砌块石进行砌筑。遇到地下水时，支墩底部应铺 100mm 厚的卵石或碎石层。

(2) 水平后背土壤厚度受到限制时，最小厚度应不小于墩底在设计地面以下深度的 3 倍。

(3) 支墩后背应为原土，两者应紧密靠紧，若采用砖砌支墩，原状土与支墩间缝隙，应以砂浆填密实。

(4) 对于水平支墩，为防止管件与支墩发生不均匀沉陷，支墩与管件需设置沉降缝，缝间垫一层油毡。

(5) 为保证弯管与支墩的一致性，向下弯管的支墩，可将管件上箍连接，钢箍以钢筋引出，与支墩浇筑在一起，钢箍的钢筋应指向弯管的弯曲中心，钢筋露在支墩外面部分，应具有不小于 50mm 厚的 1∶3 水泥砂浆保护层；向上弯管的支墩应嵌进部分中心角不宜小于 135°。

(6) 垂直向下弯管的支墩内的直管段应内包玻璃布一层，缠草绳两层，再包玻璃布一层。

3) 支墩施工的注意事项

支墩施工时，应注意以下几点：

(1) 管径大于 700mm 的管线上选用弯管，水平设置时，应避免使用 90°弯管；垂直设置时，应避免选用 45°弯管。

(2) 支墩的尺寸一般随着覆土深度的增加而减小。

(3) 混凝土必须达到设计强度，方能进行管道水压试验。

(4) 水平支墩试压前，管顶的覆土深度应大于0.5m，回填土应分层夯实。

4) 支墩的受力计算

作用于支墩上的推力与管道的接口有关系，如果使用石棉水泥接口，因其粘接力的关系，有部分推力由接口负担。通常试验石棉水泥接口的粘接力170t/m²，折合17kg/cm²。在设计支墩时应减去此部分阻力，但胶圈接口则无此作用。

(1) 管道截面外推力的计算

对于刚性接口来说，考虑到接口的粘接力可承受内水压后，管道截面推力见下式：

$$P=0.00785D^2(P_0-KP_s)$$

式中 P——管道截面计算外推力(N)；

P_0——试验压力(N/cm^2)；

P_s——不同管径，不同填料可承受的内水压(N/cm^2)(见表3-4-36)

D——管道口径；

K——考虑到不均匀性等因素取用的安全系数($K=0.5\sim0.6$)。

管道接口可承受内水压 P_s 及 KP_s 值 **表3-4-36**

管径(mm)	P_s、KP_s 值	400	500	600	800	1000	1200
石棉水泥接口(N/cm^2)	可承压力 P_s 值	135	98.0	79.0	57.0	45.0	40.0
	使用值 KP_s 值	70.0	55.0	48.5	38.5	31.0	25.0
自应力水泥接口(N/cm^2)	可承压力 P_s 值	162.0	117.6	94.8	68.4	54.0	48.0
	使用值 KP_s 值	80.0	66.0	57.0	45.8	37.0	29.0

(2) 支墩天然土壁后背的安全核算

① 后背受力面积

根据顶管需要的总顶力，核算后背受力面积，应使土壁单位面积上受力不大于下列土壤的允许承载力(kN/m^2)：

一般土壤：

湿度较大的粉砂为10；

比较干的黏土、亚黏土及密实的砂土为20。

②后背受力宽度

根据顶管需要的总顶力，核算后背受力宽度，应使土壁单位宽度上受力不大于土壤的总被动土压力。后背每米宽度上土壤的总被动土压力(t/m)可按下式计算：

$$P=\frac{1}{2}\gamma h^2\tan^2\left(45^\circ+\frac{\phi}{2}\right)+2Ch\tan\left(45^\circ+\frac{\phi}{2}\right)$$

式中 γ——土壤的重力密度(kN/m^3)；

h——天然土壤后背的高度(m)；

ϕ——土壤的内摩擦角(°)；

C——土壤的黏滞力(kN/m^2)。

根据上式计算不同高度的每米宽度上土壤的总被动土压力，在实际施工中通过校核后直接运用。

③后背长度（沿后背受力方向）

核算后背长度可采用下列经验公式：

$$L=\sqrt{\frac{P}{B}}+l$$

式中 L——后背长度（m）；

P——支墩后背传来总推力（kN）；

B——后背受力宽度（m）；

l——附加安全长度（m）：砂土可取 2；黏砂土可取 1；黏土、砂黏土可取 0；或采用后背土体的厚度不小于自地面以下至支墩底脚深度的 3 倍。

3-4-37 球墨铸铁给水管安装适用于什么范围?

答：1）本工艺适用于北京市行政区域内，一般地质环境条件下的新建、扩建、改建的城市室外给水管道工程。市域外的城市室外给水管道工程在满足合同要求条件下，可参照使用本规程。

2）本工艺适用于工作压力在 0.1～0.5MPa，试验压力不大于 1.0MPa 的球墨铸铁管给水管道工程施工。压力超出上述范围时，应另行制定技术措施。

3-4-38 球墨铸铁给水管安装施工准备有哪些要求?

答：1）材料要求

（1）球墨铸铁管及管件

①球墨铸铁管及管件应符合现行国家有关质量标准的规定，并具有合格证。管材及管件的尺寸公差应符合现行国家产品标准的规定。

②已验收合格入库存放的管材、管件、闸阀安装前应进行复检有无损坏，有裂纹及外观缺陷不得使用。

③管材及管件表面应完整光洁、附着牢固。承口内部及插口外部飞刺、铸砂及过厚的沥青等应予铲除，损伤的内外防腐层应经修补合格后方可使用。

④采用橡胶圈柔性接口的球墨铸铁管，承口的内工作面和插口的外工作面应光滑、轮廓清晰，不得有影响接口密封性的缺陷。

（2）橡胶圈

①球墨铸铁管柔性接口的橡胶圈其材质与规格、细部尺寸应符合相应管材的现行国家球墨铸铁管及管件标准中有关橡胶圈的规定，宜由管材供应单位配套供应。

②橡胶圈应质地均匀，形体完整、表面光滑、无变形扭曲现象。使用前应逐个检查，不得有割裂、破损、气泡、大飞边等缺陷。其硬度、压缩率、抗拉力、几何尺寸等均应符合有关规范及设计规定。

③密封胶圈应有出厂检验质量合格的检验报告。产品到达现场后，应抽检 5%的密封橡胶圈的硬度、压缩率和抗拉力，其值不小于出厂合格标准。

（3）法兰接口：

①接口前应对法兰盘、螺栓及螺母进行检查。

②法兰盘表面应平整，无裂纹，密封面上不得有斑疤、砂眼及辐射状沟纹，密封槽符合规定，螺孔位置准确。

③螺栓、螺母型号符合设计规定。

（4）法兰接口环形橡胶垫：

①所用材料中不得含有任何有害橡胶垫使用寿命、污染水质的材料及再生胶。

②橡胶质地应均匀、厚度一致、无皱纹；当管径≤600mm 时，橡胶垫厚度宜为 3～4mm；管

径≥700mm时，宜为5～6mm。

③橡胶垫内径应等于法兰内径，其允许偏差，管径≤150mm为+3mm，管径≥200mm为+5mm；橡胶垫外径应与法兰密封面外缘相齐。

④每块橡胶垫，接槎不得多于2处，且接槎平整，粘接牢固、无空鼓。不得使用水溶性胶粘剂粘接。

（5）阀门检验：

①阀门必须有制造厂家的产品合格证、性能检测报告、产品说明书及装箱单。

②核对阀门的规格、型号、材质是否与设计要求一致。

③设于管道上的闸阀，安装前应进行外观检查，阀体、零件应无裂缝、重皮、砂眼、锈蚀及凹陷等缺陷，检查拉杆是否转动灵活，有无卡涩现象，必要时进行解体检验。

2）施工机具与设备：

（1）汽车吊、半挂拖车等起重与运输设备应根据管件重量、管长、沟槽深度、土质、作业条件及吊装设备供应条件要求确定。

（2）切管机、供电设备、管接头、捯链（手动葫芦）、环链、钢丝绳、千斤顶等按照工艺要求配置。

（3）工具：钩子、撬棍、探尺、钢卷尺、水平尺、盒尺、角尺、线坠、扳手、扁锉、钳子、螺丝刀、手锤、汽车刷、布等。

（4）对球墨铸铁管"T"形接口也可使用专用机具，如连杆千斤顶和专用环进行安装拆卸比较方便。连杆千斤顶适用的管径为*DN*80～250，专用环适用的管径为*DN*300～2000。表3-4-38为部分安装机具选用参考表。

3）作业条件：

（1）拆迁工作及交通疏导：地上、地下管线设施改移或加固措施已完成，不妨碍施工的障碍物必须进行标识，并有保护措施。施工期交通疏导方案、施工便桥的搭设方案经有关主管部门批准。

（2）现场道路畅通，施工场地清理平整，满足施工机械作业要求。夜间施工准备好照明设施。

（3）沟槽地基、管基质量检验合格，管道中心线及高程桩的高程已校测完成。

（4）根据施工图和现场情况，确定施工顺序。布设管、管件、闸门等，应设专人指挥。

4）技术准备：

（1）施工技术方案已完成审批手续。

（2）施工操作的工人已经过培训，熟悉现场条件、作业环境和施工顺序。

（3）施工操作的工人已进行技术交底和安全交底，明确施工工序、部位的质量及安全要求。

部分安装机具选用参考表　　表3-4-38

工具名称	适用管径（mm）	规格	数量
捯链（手扳葫芦）	200～400	1.5t	1
	500～600	3t	1
	700～900	3t	2
	1000～1200	6t	2
	1400～2000	6t	3

续表

工具名称	适用管径（mm）	规格	数量
环链	200～450	Ⅰ类，公称6.3	1
	500～600	Ⅰ类，公称8.0	1
	700～900	Ⅰ类，公称8.0 Ⅱ类，公称8.0	1 1
	1000～1200	Ⅰ类，公称10.0 Ⅱ类，公称10.0	1 1
	1400～1600	Ⅰ类，公称10.0 Ⅱ类，公称10.0	1 2
	1800～2000	Ⅰ类，公称12.0 Ⅱ类，公称12.0	1 2
钢丝绳	80～150	ϕ13	1
	200～450	ϕ10	1
	500～600	ϕ12.5	1
	700～900	ϕ14	2
	1000～1200	ϕ16	2
	1400～1600	ϕ18	3
	1800～2000	ϕ20	3

3-4-39　球墨铸铁给水管安装工艺流程是怎样的?

答：工艺流程如下：

1）滑入式（又称T形推入式）球默铸铁管工艺流程：

管道垫层→承口下挖工作坑→排管、接口尺寸检查→下管→清理承口（清膛）→清理胶圈、上胶圈→安装机具设备→在插口外表面和胶圈上刷润滑剂→顶推管子插入承口→检查。

2）机械式球墨铸铁管工艺流程：

下管→清理插口、压兰和橡胶圈→压兰和胶圈定位→清理承口→刷润滑剂→对口→临时紧固→螺栓全方位紧固→检查螺栓扭矩。

3-4-40　球墨铸铁给水管安装操作要点有哪些?

答：1）滑入式球墨铸铁管安装操作方法：

（1）管道垫层：按设计要求铺设，砂垫层的平整度、高程、宽度、厚度、密实度应符合设计要求。设计无规定时，在地基上铺砂垫层，其厚度应符合表3-4-40（1）的规定。

砂垫层厚度（mm）　　**表3-4-40（1）**

管道种类	管径（mm）		
	≤500	＞500且≤1000	＞1000
金属管	≥100	≥150	≥200
非金属管	150～200		

（2）接口工作坑：接口工作坑每个管口设一个，砂垫层检查合格后，人工开挖管道接口工作坑，接口工作坑开挖尺寸可参照表3-4-40（2）的规定。

接口工作坑尺寸（mm）　　　　**表 3-4-40（2）**

接口型式	管径（mm）	宽　度		长　度		深　度
				承口前	承口后	
滑入式柔性接口	≤500	承口外径加	800	500	承口长度加 200	200
	600～1000		1000	500		400
	1100～1500		1600	500		450
	≥1600		1800	500		500

注：1. 机械式柔性接口，可参照滑入式柔性接口工作坑的各部尺寸，但承口前尺寸宜适当加大；
　　2. 管径系管外径。

（3）下管：下管前应进行排管和接口尺寸检查，管节及管件应采用吊带或专用工具起吊。管节采用两点法吊装，平起平放，吊具与管子接触处应垫缓冲垫，以防吊具损伤内衬。起吊时吊绳有足够长度，吊点处绳间夹角小于60°为宜。吊装时，吊车臂下严禁站人，以防发生危险。把管子完整无损地下到沟槽，管子两端不要碰撞槽帮，不要污染管子。如管体有向上放的标志，应按标志摆放管子。

（4）清理承口：将承口内的所有杂物予以清除，并擦洗干净，因为任何附着物都可能造成接口漏水并污染水质。

（5）清理胶圈、上胶圈：将胶圈上的粘接物清擦干净，把胶圈弯成心形或花形（大口径）装入承口槽内，并用手沿整个胶圈按压一遍，确保胶圈各个部分不翘不扭，均匀一致地卡在槽内。

（6）安装机具设备：准备好的机具设备安装到位，安装时注意不要将已清理好的管子部位再次污染。

（7）清理插口外表面、刷润滑剂：润滑剂由厂方提供，也可以用肥皂水，将润滑剂均匀地刷在承口内已安装好的胶圈表面，在清擦干净的插口外表面刷润滑剂时注意刷至插口端部的坡口处。

（8）顶推管子使之插入承口：根据施工条件、管径和顶推力的大小以及机具设备情况确定。常用的安装方法有：撬杠顶入法、千斤顶拉杆法、捯链（手动扳葫芦）拉入法等。将插口对承口找正，上安装工具，顶推管子使插口装入承口内，推人深度应达到标记环。

（9）检查：检查插口推入承口的位置是否符合要求；用探尺伸入承插口间隙中检查胶圈位置是否正确，并复查与其相邻已安好的第一至第二个接口推入深度。

（10）借转角安装：管道沿曲线安装时，先把槽开宽，适合转角和安装。管子先连成直线，然后再转至要求的角度。转角后，临近插口端的白线，将有一部分进入承口。管道沿曲线安装时，接口的允许转角，不得大于表 3-4-40（3）的规定。

沿曲线安装接口的允许转角　　　　**表 3-4-40（3）**

接　口　种　类	管径（mm）	允许转角（°）
刚性接口	75～450	2
	500～1200	1
滑入式 T 形、梯唇形橡胶圈接口及柔性机械式接口	75～600	3
	700～800	2
	≥900	1

（11）切管与切口修补：当采用截断的管节进行安装时，应对切口端部进行尺寸检查，符合规范方可使用，切管长度不小于管道直径。管端切口与管体纵向轴线垂直。异形管不能切管。进

行接口连接前，应将被截端部用砂轮机将切口毛刺磨平，加工出插口倒角并划出插入深度的标志环，最后切口端面用外防腐剂涂刷一遍。切管使用专用工具，切管时注意不要将管内衬损伤，如有损坏，须按原内衬标准修复完整。

（12）注意事项：胶圈存放时应注意避光，不要叠合挤压，长期储存应装在盒子里。胶圈应在承口槽内插正，并用手压实。用的润滑剂对水、胶圈、材料和人无副作用。管道安装前应准备好配套工具，安装中为了防止接口脱开，可用钢丝绳和手动葫芦将安装好的管子锁住，锁管时应在插口端作出标记，锁管前后均应检查，使之符合要求。当管子需要截短后再安装时，插口端应加工成坡口形状。在弯曲段利用管道接口的借转角安装时，应先将管子沿直线安装，然后再转至要求的角度，转角后弯曲的内侧将有部分进入承口内，外侧有部分伸出。

2）机械式球墨铸铁管安装操作方法：

机械式（又称压兰式）球墨铸铁管柔性接口，主要由球铁直管、管件、压兰、螺栓和橡胶圈组成，接口形式有A形和K形，A形接口适用于 *DN*75～350 的管子，K形接口适用的管径为 *DN*75～2600。

（1）检查管子与配件：检查管子有无损坏和缺陷，管子的外径和周长的尺寸偏差是否在允许的范围内，对管子的承口和插口尺寸进行全面的量测，并编号记录保存，选用管径相差最小的管子相组合。清理管口，检查和修补防腐层，选配胶圈，选配压兰和螺栓。

（2）其他准备工作：在管道安装前还应做好验槽、清槽工作，将接口工作坑挖好，准备好管子的吊装设备和安装工具。吊装机具应在安装前仔细检查，以确保安全。

（3）下管：按下管要求将管子和配件放入沟槽，不得抛掷管子和配件以及其他工具和材料。管子放入槽底时应将承口端的标志置于正上方。

（4）压兰与胶圈定位：插口、压兰及胶圈清洁后，在插口上定出胶圈的安装位置，先将压兰送入插口，然后把胶圈套在插口已定好的位置处。

（5）刷润滑剂：刷润滑剂前应将承插口和胶圈再清理一遍，然后将润滑剂均匀地涂刷在承口内表面和插口及胶圈的外表面。

（6）对口：将管子稍许吊起，使插口对正承口装入，调整好接口间隙后固定管身，卸去吊具。对口间隙见表3-4-40（4）。

机械式球墨铸铁管允许对口间隙（mm）　　**表3-4-40（4）**

公称直径（mm）	A形	K形	公称直径（mm）	A形	K形
75	19	20	1000	—	36
100	19	20	1100	—	36
150	19	20	1200	—	36
200	19	20	1350	—	36
250	19	20	1500	—	36
300	19	32	1600	—	43
350	32	32	1650	—	45
400	32	32	1800	—	48
450	32	32	2000	—	53
500	32	32	2100	—	55
600	32	32	2200	—	58
700	32	32	2400	—	63
800	32	32	2600	—	71
900	32	32			

（7）临时紧固：将密封胶圈推入承插口的间隙，调整压兰的螺栓孔使其与承口上的螺栓孔对正，先用4个互相垂直方位上的螺栓临时紧固。

（8）紧固螺栓：将全部的螺栓穿入螺栓孔，并安上螺母，然后按上下左右交替紧固的顺序，对称均匀地分数次上紧螺栓。

（9）检查：螺栓上紧之后，用力矩扳手检验每个螺栓的扭矩。螺栓的扭矩值见表3-4-40（5）。

螺栓的扭矩值 **表 3-4-40（5）**

管径（mm）	螺栓规格	紧固的扭矩（N·m）	管径（mm）	螺栓规格	紧固的扭矩（N·m）
75	M16	60	700～800	M24	140
100～600	M20	100	900～2600	M30	200

（10）曲线安装：机械式球墨铸铁管沿曲线安装时，接口的转角不能过大，接口的转角一般是根据管子的长度和允许的转角计算出管端偏移的距离进行控制。机械式球墨铸铁管的允许转角和管端的偏移距离见表3-4-40（6）。

曲线连接时允许的转角和管端的最大偏移值 **表 3-4-40（6）**

公称直径（mm）	允许转角 θ（°）	管子的允许偏移值（mm）		
		4m	5m	6m
75	500	35	—	—
100	500	35	—	—
150	500	—	44	—
200	500	—	44	—
250	400	—	35	—
300	320	—	—	35
350	450	—	—	30
400	410	—	—	43
450	350	—	—	40
500	320	—	—	35
600	250	—	—	29
700	230	—	—	26
800	210	—	—	22
900	200	—	—	21
1000	150	—	—	19
1100	140	—	—	17
1200	130	—	—	15
1350	120	—	—	14
1500	110	—	—	12
1600	130	10	13	—
1650	130	10	13	—
1800	130	10	13	—
2000	130	10	13	—
2100	130	10	13	—
2200	130	10	13	—
2400	130	10	—	—
2600	130	10	—	—

（11）注意事项：所安装的管子必须符合设计要求。沟槽的位置应符合设计要求，槽底的高程、中心线应准确，安装管子时应使承口端的产品标记位于管子顶部。管道的弯曲部位应尽量使用弯头，如确需利用管道接口借转时，管子的转角应在允许的范围内。切管一定用切管专用管和切管专用工具，切口应与管轴线垂直。在切口处如有内衬和防腐层损伤，应进行修补。管子切好后，应对切管部的外周长和外径进行实测，所得结果应符合规定。下管时管子的捆吊，应采用兜底两点平吊的方法，使用的吊具应不损伤管子和管件。为防止管子被损伤，在管子和吊具之间宜垫以橡胶板或其他柔性缓冲垫。胶圈应随用随取，暂时不用的胶圈一定用原包装封存，放在阴凉、干燥处保存。管子安装前，应将接口工作坑挖好。

3）法兰接口安装操作方法：

（1）法兰接口安装、拆卸方便，管道上的法兰一般设在检查井或地沟内。

（2）法兰接口安装时，先将法兰密封面清理干净，橡胶垫片放置平整。

（3）调整两法兰盘面平行、对正，法兰与管中心垂直，其偏差不大于外径的1.5/1000且不大于2mm。

（4）螺栓及螺母均点上机油，螺母上在法兰的同一面上。

（5）螺栓应分2～3次对称均匀地拧紧，严禁拧紧一侧再拧另一侧。螺栓应露出螺母外至少2个丝扣，但露出长度最长不应大于螺栓直径的1/2。

（6）注意事项：法兰接口施工，要求用同一规格的法兰。安装阀门或带法兰的其他管件时，应防止产生拉应力，邻近法兰一侧或两侧的其他形式接口应在法兰上所有螺栓拧紧后，方可作业。因特殊情况法兰接口需埋入土中者，应对螺栓按设计要求进行防腐处理。

3-4-41　球墨铸铁给水管安装冬雨期施工有什么规定？

答：1）冬期施工：

（1）槽底及砂垫层：挖槽见底及砂垫层施工时，下班前根据气温及时覆盖严密，压实，防止受冻。施工中及时清除工作范围内的积雪和杂物。

（2）冬期施工不得使用冻硬的橡胶圈、橡胶垫。

（3）管道安装：为保证管口具有良好的润滑条件，管道接口应在正温度时施工。在管道安装后，管口工作坑及管道两侧及时覆盖保温材料避免砂基受冻。施工人员在管上进行安装作业时，应采取有效的防滑措施。

（4）施工过程中，应对现场运输道路、作业现场、作业平台、攀登设施等采取防滑措施，并在雪、霜后及时清扫积雪和结冰。

（5）春融季节，必须检查沟槽边坡的稳定状况，采取防土方坍塌伤人的措施。

2）雨期施工：

（1）雨期施工应严防雨水泡槽，造成漂管事故。为防止雨水进槽，对已铺设的管道的两侧除接口部位外，应及时进行回填土。

（2）雨天不宜进行接口施工。如需施工时，应采取防雨措施，确保管口及接口材料不被雨淋。

（3）合理缩短开槽长度，及时砌筑检查井，各工序紧密衔接，连续施工，已安装的管道验收后应及时回填土。沟槽沿线应设防汛土埂，使其闭合，防止雨水流入塌槽。

（4）每天施工完成后，应将管段两端管口封严，防止泥水进入管子。基槽底两侧挖排水沟，设集水坑，及时排除槽内积水。

3-4-42　球墨铸铁给水管安装质量标准是怎样的？

答：1）主控项目：

（1）原材料、规格、压力等级、加工质量应符合设计规定。管材和管件必须属于配套产品。

(2) 管道坡度必须符合设计要求。严禁无坡或倒坡。

(3) 接口材料质量应符合现行国家标准规定和设计要求。

2) 一般项目:

(1) 金属管道接口外观质量应符合规范要求。

(2) 安管前，应检查管内外防腐是否合格。在施工过程中，防腐层不得被破坏。

(3) 球墨铸铁管安装允许偏差应符合表 3-4-42 规定。

球墨铸铁管安装允许偏差（mm）　　表 3-4-42

项　目	允许偏差	
	无压力管道	压力管道
轴线位置	15	30
高　程	±10	±20

(4) 闸阀安装应牢固、严密，启闭灵活，与管道轴线垂直。

(5) 橡胶圈安装就位后不得扭曲。当用探尺检查时，沿圆周各点应与承口端面等距，其允许偏差应为±3mm。

(6) 安装滑入式橡胶圈接口时，推入深度应达到标记环，并复查与其相邻已安好的第一至第二个接口推入深度。

(7) 安装柔性机械接口时，应使插口与承口法兰压盖的纵向轴线相重合；螺栓安装方向应一致，并均匀、对称地紧固。

(8) 管道沿曲线安装时，接口的允许转角不得大于规定。

(9) 法兰接口质量要求:

①两法兰盘面应平行，法兰与管中心线垂直。

②管件或闸门等不产生拉应力。

③螺栓露出螺母外的长度不小于 2 扣丝，且不大于螺栓直径的 1/2。

3-4-43　球墨铸铁给水管安装质量记录有哪几项?

答: 1) 技术交底记录。

2) 工程物资选样送审表。

3) 主要设备、原材料、构配件质量证明文件及复试报告。

4) 产品合格证。

5) 设备、配（备）件开箱检查记录。

6) 设备、材料现场检验及复测记录。

7) 管材进场抽检记录。

8) 阀门试验记录。

9) 测量复核记录。

10) 隐蔽工程检查记录。

11) 中间检查交接记录。

12) 防腐层施工质量检查记录。

13) 工程部位质量评定表。

14) 工序质量评定表。

15) 工程质量事故及事故调查处理记录。

3-4-44　球墨铸铁给水管安装安全与环保有什么要求、规定?

答: 1) 在城区施工时必须搭设围挡，将施工现场与周边道路及社区隔离，以减少噪声扰民。

在施工过程中随时对场区和周边道路进行洒水降尘。

2）对原有管线、设施应采取加固和保护措施，防止施工中损坏造成安全事故。

3）槽深度超过1.5m时，除马道外，应配备安全梯子，上下沟槽必须走马道，安全梯子应由沟底搭到地面上，同时要稳定可靠，梯子小横杆间距不得大于400mm。马道、安全梯间距不宜大于50m。

4）机械安装管道、吊装下料设专人指挥，并采取安全防护措施，如果机械吊运下料，应严格检查钢丝绳及卡子的完好情况，对重量不明物体严禁起吊。

5）基坑沟槽周围1m以内不得堆土、堆料、停置机具，施工现场的坑、洞、沟槽等危险地段，应有可靠的安全防护措施和明显标志，夜间设红色标志灯。

6）在配管过程中与现状地下构筑物应保持300mm以上距离。

7）施工现场配电箱除总配电箱有空气开关外，各分电箱、小配电箱一律安装漏电保护器，同时配电箱应有门、有锁、有标志、外观完整、牢固、防雨、防尘，统一编号，箱内无杂物。

8）施工机具、车辆及人员应与电线保持安全距离，达不到规范的最小安全距离时，必须采用可靠的防护措施。

9）用于给水管道的接口密封圈、胶粘剂、润滑剂、清洗剂等，不得有碍水质卫生，影响人体健康。

10）胶圈接口作业应遵守下列规定：

（1）接口安装前应检查捯链、钢丝绳、索具等工具，确认合格，方可作业。

（2）撞口时，手必须离开管口位置。

3-4-45　球墨铸铁给水管安装成品保护有何要求？

答：1）管道铺设时应将管内杂物清理干净，铺设停顿时应将管口封堵好，并不得将工具等物品置于管内存放。

2）管子在运输、码放、吊装、铺设过程中，应由专人指挥，作业人员协调配合，并采取相应的保护措施，做到轻装轻卸，防止管材受到损坏。

3）下管前应细心检验管子与配件有无损坏和缺陷，如管子和配件有小的损坏和缺陷，可以根据产品说明书进行修复。

4）外防腐层和内衬里如有损坏，应采用规定的材料与配制方法，按产品说明书修补。

5）根据安装段的接口数量配备胶圈，用多少从包装中取出多少，暂不用的胶圈一定用原包装封存，避免扭曲，胶圈应存放在干燥、阴凉、避光处（室内保存）。

6）管道安装后，遇到降雨或有地下水流进沟槽时，可能导致漂管或插口由承口脱出，因此在管道安装后应尽快回填土。

7）斜面铺管时，应使承口朝上，铺管顺序由斜面下部向上进行，根据需要在管道弯头处放置混凝土支墩，以防接头脱离。斜面坡度大时或土的摩擦阻力不够时，根据设计图纸做基础支墩，为防止管底形成水路，混凝土支墩管分多块设置。

3.5　给水钢管管道安装

3-5-1　钢管安装前要对管材检验什么？

答：钢管具有抗弯、抗扭强度及抗应变性能均比铸铁管和预应力钢筋混凝土管强，能耐高压，韧性好，管壁薄，重量轻，运输方便，管材长，接口少。钢管比球墨铸铁管的价格高，耐腐蚀性能差，使用寿命短。适用于长距离输水管道及城市中的大口径给水管道、室内管道及各种工艺管道。下管安装前要做好以下检验：

1）钢管及管件的检验

如果是制造厂生产的钢管及管件，应具有厂家的合格证明书，否则补作以下各项中所缺项目的检验，其指标均以国家或部颁技术标准确定。

（1）钢管的表面要求

①钢管表面应无显著锈蚀、无裂纹、重皮和压延等不良现象：

②各类管子的材质、规格应符合设计要求，进场的钢管应逐根量测、编号、配管。选用其壁厚相同及管径相差最小的管节组合，以备对接；

③表面不得有超过壁厚负偏差的凹陷和锈蚀；

④管材表面不得有机械损伤。

（2）钢板卷管尺寸的允许偏差

《给水排水管道工程施工及验收规范》的规定：

直焊缝卷管管节几何尺寸允许偏差见表 3-5-1（1）。

直焊缝卷管管节几何尺寸允许偏差 **表 3-5-1（1）**

项　目	允许偏差（mm）	
周　长	$D\leqslant600$	±2.0
	$D>600$	$\pm0.0035D$
直　径	$\pm0.001D$，相邻两节管口直径之差不得超过 4mm	
圆　度	管端 $0.005D$；其他部位 $0.01D$	
端面垂直度	$0.001D$，且不大于 1.5	
弧　度	用弧长$\frac{1}{6}D$且不小于 300mm 的弧形板量测与管内壁或外壁纵缝处形成的间隙，其间隙为 $0.1t+2$，且不大于 4；距管端 200mm 纵缝处的间隙不大于 2	

注：1. D 为管径（mm），t 为壁厚（mm）；
2. 圆度为同端管口相互垂直的最大直径与最小直径之差；
3. 螺旋焊缝管可参照本表执行。

（3）焊接的外观质量及焊接缺陷（参照表 3-5-1（2））

管道焊接的施工要点 **表 3-5-1（2）**

施工阶段	焊接施工要点及有关规定
管道焊前准备	1. 管道内泥、污垢等物清理，管口边缘和焊口两侧 10～15mm 范围内的表面除锈、露出金属光泽 2. 坡口的加工：在毛料卷圆前应进行，它能提高焊缝强度 （1）当管壁厚度＞4mm 时，需对焊接管端进行坡口处理，坡口上部夹角为 60°～70°，靠里皮边缘上应留 1.0～4.0mm 宽的钝边； （2）气焊切割加工坡口的方法：适合Ⅲ、Ⅳ级焊缝的坡口加工，加工后除净表面氧化皮，磨削凹凸不平处； （3）Ⅰ、Ⅱ级焊缝若采用等离子弧切割时，需先除净加工表面的热影响层，机械加工适合Ⅰ、Ⅱ级焊缝和高压管道的坡口加工。 3. 焊前预热：降低或消除焊接接头的残余应力，防裂纹产生、改善焊缝的热影响区的金属组织与性能，由材料的淬硬性、焊件厚度及使用条件、施焊时的环境温度等综合考虑钢管焊前的预热 4. 椭圆度：用圆弧样板检查卷圆钢管的椭圆度。纠正椭圆度的方法是在卷板机上再滚弯若干次，或在弧度误差处用焊枪加热矫正 5. 焊工：须持证上岗（即取得施焊范围的合格资质证）焊接地下压力钢管通常采用手工电焊。焊接工具和下管机械的配备、检验 6. 焊条：按出厂说明书进行烘干，使用过程须保持干燥；焊条药皮应无脱落和显著裂纹；焊条材料与被焊材料相同或基本相近（指焊条的化学成分、机械强度、工作条件及工艺性）；质量符合国标《碳钢焊条》、《低合金焊条》的规定

续表

施工阶段	焊接施工要点及有关规定
管道的焊接	1. 焊缝的要求 (1) 当管径≤800mm时，采用单面焊，管径>800mm时，采用双面焊； (2) 纵向焊缝应放在管道中心线上半圆的45°左右。 2. 对口的要求 (1) 各管节对口时，纵向焊缝应错开，其间距：当 $DN<600$mm 时，C 不小于100mm，当 $DN\geqslant$ 600mm时，C 不小于300mm； (2) 有加固环的钢筋，在加固环对焊时，对焊焊缝与管节纵向焊缝应错开不小于100mm的间距，加固环距管节的环向焊缝不小于50mm，管接口距离弯管的起弯点不小于 DN 且不小于100mm； (3) 对口时，内壁要齐平，用长400mm的直尺在接口内壁周围顺序贴靠，其错口的允许偏差为0.2δ（δ为壁厚），且不大于2mm，不同壁厚的管节对口时，管壁厚度不大于3mm，当>3mm时，应将接口边缘削成坡口，使壁厚一致，坡口切削长度为4（$\delta_1-\delta_2$）。如果两管径相差大于小管管径的15%时，可用渐缩管连接，渐缩管的长度不小于2(DN_1-DN_2)，且不小于200mm。严禁在对口间隙帮条夹焊或用加热法去缩小间隙及强力接口； (4) 环向焊缝距支架净距不小于100mm，直管管段两相邻环向焊缝的间距不小于200mm，管道任何位置不得有十字形焊缝。 3. 开孔要求 (1) 管道上任何位置不得开孔； (2) 干管的纵向、环向焊缝处，不得接支管或开孔，必须开孔时，焊缝经无损探伤检查合格后才行； (3) 直线管段不宜加短节，必须加短节的，其长度不大于800mm，且严禁在短节和管件上开孔； 4. 闭合焊接：组合钢管固定口焊接，夏季应在气温较低时施焊（不高于30℃）。两管节间的闭合焊接，除按以上规定焊接外，必要时与设计院洽商，设柔性接口代替闭合焊接（设伸缩节） 5. 点焊要求：钢管对口检查合格后，进行点焊，且应符合下列规定 (1) 点焊对称性进行，其厚度应与第一层焊接厚度相近，并用与接口相同焊条； (2) 钢管的纵向焊缝及螺旋焊缝处不得点焊。 6. 寒冷的冬季焊接要求：（或在恶劣的环境下的焊接） (1) 清除管道上的冰、雪、霜等； (2) 工作环境的风力不大于5级，相对湿度>90%或雪天时，不加保护措施的不得施焊。 (3) 冬季焊接应采取预热措施；一般在5℃以上施焊
焊后检验	1. 无损探伤检验：有特殊要求需要作无损探伤检验时，其取样数量与要求等级按设计规定执行，凡不合格的焊缝必须返修，返修后仍按原规定方法进行探伤检验。返修的次数不得超过3次； 2. 检查前应将妨碍检查的渣皮、飞溅物清理干净； 3. 应在油渗、无损探伤、水压试验前进行外观检查、试压后，补作防腐绝缘层； 4. 管径≥800mm的，应逐口进行焊缝油渗检验，不合格的铲除重焊； 5. 焊缝的外观质量要求见表3-5-1（3）； 6. 焊后要进行热处理

①焊接的外观质量可参照表3-5-1（3）。

焊缝外观质量指标 **表3-5-1（3）**

项　目	指　　标
外　观	不得有熔化金属流到焊缝外未熔化的母材上，焊缝和热影响区表面不得有裂纹、气孔、弧坑和灰渣等缺陷；表面光顺、均匀、焊道与母材应平缓过渡，根部应焊透
宽　度	应焊出坡口边缘2～3mm（指加强面）
表面余高	小于等于1+0.2倍坡口边缘宽度且不大于4mm
咬　边	深度小于或等于0.5mm、焊缝两侧咬边总长不得超过焊缝长度的10%，且连续长不大于100mm
错　边	小于或等于0.2t，且不大于2mm
未焊满	不允许

注：t 为壁厚（mm）。

②因操作不当，在焊缝处留下各种缺陷见图 3-5-1。

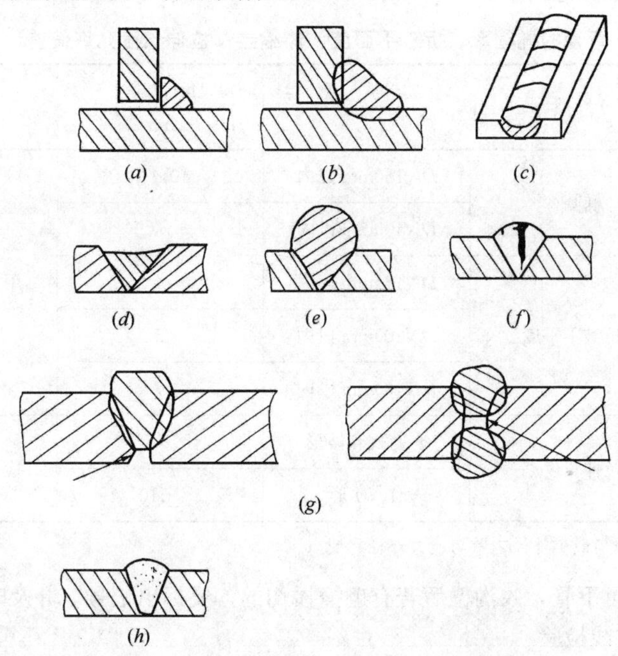

图 3-5-1　焊接缺陷

（a）咬边；（b）焊瘤；（c）弧坑；（d）焊缝下陷；（e）焊缝凸鼓；

（f）焊缝裂缝；（g）没焊透；（h）内裂缝

检查焊缝前，应清理干净表面的渣皮、飞溅物，以免影响焊缝的检验。

③卷焊钢管纵缝检查除了用肉眼或放大镜来观察其焊缝的严密性、均匀性外，还配以检测的手段，其方法是：

a. 油渗：≥800mm 的要逐口作油渗检验，不合格的铲除重焊。可用煤油、荧光法等毛细检查，即在焊缝一侧涂刷大白浆，焊缝另一侧涂刷煤油，经过一定时间后，大白浆面上若渗出煤油斑点，则表面焊缝质量有缺陷。

b. 氨检：氨气类等的化学检查。即在管子中通入 10%的氨气体，在外壁焊缝上贴一条比焊缝略宽的硝酸汞溶液的试纸，若试纸从某处呈黑色斑点，则说明该处焊缝不严，有氨气泄漏。

c. 无损探伤：用 x、γ 射线，或超声波、磁波等方法作无损探伤。

d. 水压试验：是对管子强度、严密性检查，在规定时间内，必须符合设计要求和规范规定的参数值。

（4）管道及管件内、外全系统检验

①对管道部件、附件、垫片、填料等的清洗、脱脂、工作环节、全部记录的检验。

②管道坡度应按设计要求和规范规定施工，可在系统内每 100m 直线管段内抽查 3 段，不足 100m 的可不少于 2 段抽查，并做好水平测量记录。

③管道接口严密。

④管道外观检验以每 50m 一处抽查。

⑤管件抽查、检验率按系统内件数的 10%，但不少于 5 件。其中应包括最大公称直径的部件。

伸缩器的抽查率为全系统内件数的 30%，但不少于 2 件，要求平直、不扭曲、表面不出现裂纹、重皮和麻面等缺陷，外圆弧均匀。弯管的椭圆率、折皱平面度、伸缩器长度的允许偏差和检验方法见表 3-5-1（4）。

弯管的椭圆率、折皱平面度、伸缩器预拉伸长度允许偏差　　　表 3-5-1（4）

项次	项目			允许偏差（mm）	检验方法
1	弯管	椭圆率	DN150mm 以内	10%①	用外卡钳和尺量检查
			DN400mm 以内	8%②	
		折皱不平度	DN125mm 以内	4	
			DN200mm 以内	5	
			DN400mm 以内	7	
2	伸缩器预拉伸长度		套筒式和波形	+5	检查预拉伸记录
			Π、Ω 形	+10	

①、②指管子最大外径与最小外径之差与最大外径之比。

⑥检验合格后方可下管，入沟槽后若有碰撞损伤的，要标出记号，并及时修补。

2）下管及管道放线检验

（1）组合钢管的管段在下管前对管段的长度、吊距位置确定应由施工方案、管径、壁厚、外防腐材料、下管方法、安全、环境等确定。

钢管道安装允许偏差　　　表 3-5-1（5）

项目	允许偏差（mm）	
	无压力管道	压力管道
轴线位置	15	30
高程	±10	±20

（2）管道坐标、标高的允许偏差和检验见表 3-5-1（5）。

按系统检查管道的起点、终点、分支点和变向点，以及各点之间的直线管段。室外以每 50m 抽查一点，不足 50m 的不抽查。

（3）水平管道纵、横方向弯曲的允许偏差为 1mm/m。

（4）管道安装工作如有间断，应及时封堵敞开的管口。

（5）管节下沟前先检查内外防腐层，合格后方可下管。

3-5-2　钢管连接是怎样的？

答：1）钢管对口

（1）不同壁厚钢管的对口。参见图 3-5-2（1）。

（2）不得强力对口。当存在间隙偏大、错口、不同心等缺陷时，不得强力对口，也不得用加

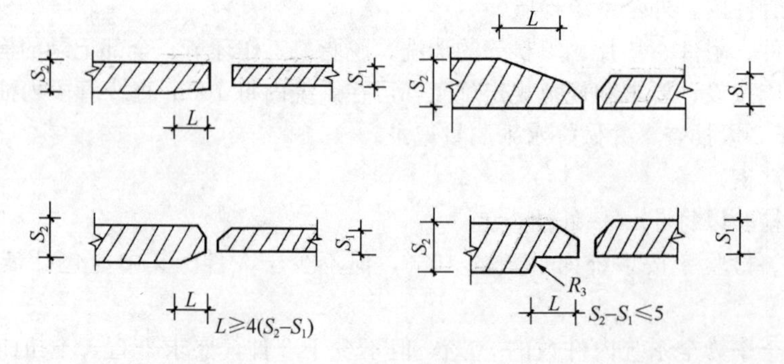

图 3-5-2（1）　不同壁厚钢管对口的坡口

热伸长管子或加扁铁、多层垫等方法去连接管道，管端接口间隙不得超过表 3-5-2（1）规定的尺寸，若超过，则应加入短管去连接。

管端接口的最大间隙 **表 3-5-2（1）**

管壁设计厚度 δ（mm）	6～9	9 以上
间　　　隙 L（mm）	1.5～2.5	2.5～3.0

（3）管道对口组对工具见图 3-5-2（2）、（3）。

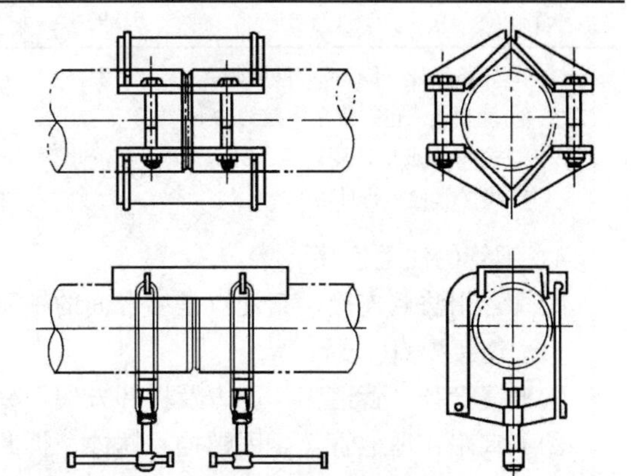

图 3-5-2（2）　小管径管道组对工具

2）垫管

（1）管子对口后应垫牢固，避免焊接或预热过程中产生变形，也不得扳动管子或使管子悬空，处于外力作用下施焊。

（2）钢管若在基岩或坚硬地基上埋设，需加砂或砂砾垫层，垫层的厚度不小于 10cm。90°弧基也应铺砂垫层。

3）接口焊接

（1）点焊：一般分上、下、左、右四处定位焊，最少不应少于 3 处。

（2）定位点焊后，检查与调直，若发现焊肉有裂纹等缺陷，应及时处理。

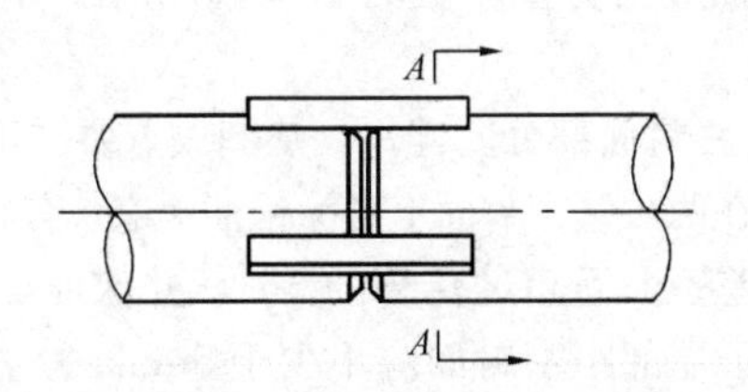

图 3-5-2（3）　大管径管道的组对

（3）转动焊接，减少仰焊，提高速度，保证焊接质量。

（4）用电弧焊进行多层焊时，焊缝内堆焊的各层，其引弧和熄弧的地方彼此不应重合。焊缝的第一层应呈凹面，并保证根部焊透，中间各层要把两焊接管的边缘全部结合好，最后一层应把焊缝全部填满，并保证自焊缝过渡到母材的平缓。

（5）每道焊缝均应焊透，且不得有裂纹、夹渣、气孔、砂眼等缺陷。焊缝表面形成良好。

（6）钢管焊接接头焊条消耗量，可参考表 3-5-2（2）。

钢管焊接接头焊条消耗量 **表 3-5-2（2）**

管　　径（mm）	每个接口焊条消耗量		管　　径（mm）	每个接口焊条消耗量	
	（根）	（kg）		（根）	（kg）
75	4.1	0.23	400	20.5	1.14
100	5.4	0.30	500	36.1	2.01
150	7.9	0.44	600	43.3	2.41
200	10.4	0.58	700	55.2	3.07
300	15.4	0.86	800	63.1	3.51

续表

管　径 (mm)	每个接口焊条消耗量		管　径 (mm)	每个接口焊条消耗量	
	（根）	（kg）		（根）	（kg）
900	93.1	5.18	1500	194.2	10.79
1000	103.4	5.74	1800	291.0	16.17
1200	124.1	6.89	2000	321.3	17.83

注：1. 焊条型号（E4303）酸性焊条。
2. 每5kg一包，焊条根数约为90根。
3. 按V形坡口计算。
4. 厚壁管应另行计算。

4）钢管的法兰连接

钢管常用法兰连接，其优点是结合面的密闭性好，强度高。

（1）连接要点

①根据管径、管道工作压力及拆卸方便，易于加工等，按设计要求选定法兰。

②不宜用在埋地管上，因螺栓易锈蚀，拆卸也困难。

③法兰的密封性。

a. 观测检查法兰的密封面及密封垫片，是否有影响密封性能的缺陷存在。

b. 密封面与管子中心线垂直，其偏差不得大于法兰盘凸出外径的0.5%，并不得超过2mm。

c. 插入法兰内的管子端部至法兰密封面应为管壁厚度的1.3～1.5倍。不得用强紧螺栓去消除歪斜。

d. 清净密封面后再连接法兰，焊肉高出密封面部分要锉平，垫圈放置要平正。口径大于600mm的法兰接口以及用拼粘垫片的法兰接口均应在两法兰密封面上各涂铅油一遍，有利接口的严密。

④保持法兰连接同轴，螺栓孔中心偏差一般不超过孔径的5%，并保证螺栓自由穿入，使用铸铁螺纹法兰时，管子与法兰上紧后，管子端部距密封面应不少于5mm。

⑤使用相同规格的螺栓，安装方向应一致，紧固螺栓时应对称，均匀地拧紧，严禁先拧紧一侧，再拧紧另一侧，螺母应在法兰的同一侧平面上。紧固好的螺栓应露出螺母之外2～3丝扣，但其长度最多不应大于螺栓直径的$\frac{1}{2}$。

⑥紧固管件法兰时，须待管体温度稳定之后进行。

（2）其他

①与法兰连接两侧相邻的第一至第二个焊口，待法兰螺栓紧固后方可施焊。

②法兰连接埋入土中应采取防腐措施。

③法兰的类型应符合设计要求。

④法兰垫片材质应根据管道输送介质及特性等因素来确定，参见表3-5-2（3）。其内圆不应小于管内径，外径不应大于法兰盘的凸面边缘；一对法兰中间不允许安装几个垫片或斜面垫片。

法兰用软垫片的材料及适用范围　　表3-5-2（3）

垫片材料	适　用　介　质	最高工作压力（MPa）	最高工作温度（℃）
橡胶板	水、压缩空气、惰性气体	0.6	60
夹布橡胶板	水、压缩空气、惰性气体	1.0	60
低压橡胶石棉板	水、压缩空气、惰性气体、蒸汽、煤气	1.6	200

5）管道的螺纹连接

适用条件包括：

（1）适用条件　当管径 $DN \leqslant 10$mm，工作压力 $P <$ 1.0MPa 的给水管道用螺纹连接。

（2）管螺纹的规格要求及类型：

①圆锥管螺纹：具有$\frac{D}{16}$的锥度，用于管道接口。

②圆柱管螺纹：又称平行螺纹，用于活接等管件，其主要尺寸见表 3-5-2（4）。管螺纹的基本参数见图 3-5-2（4）。

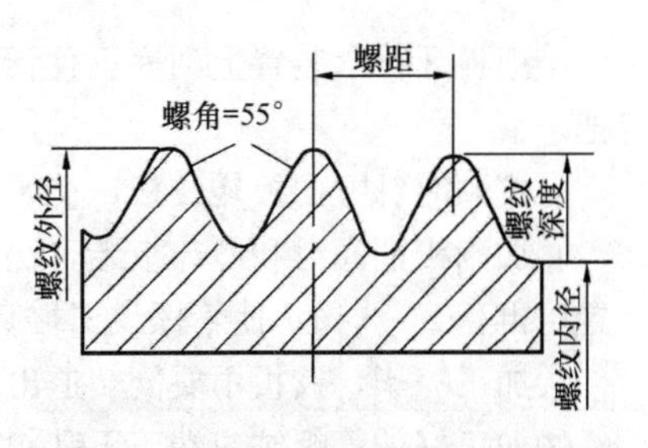

图 3-5-2（4）　管螺纹的基本参数

圆柱管螺纹的主要尺寸　　　　**表 3-5-2（4）**

螺纹型号 (in)	螺纹外径 (mm)	螺纹内径 (mm)	螺　距 (mm)	螺纹深度 (mm)	每英寸牙　数	螺纹的最大长度 (mm)		螺纹牙数	
						短的	长的	短的	长的
$\frac{1}{2}$	20.96	18.63	1.81	1.162	14	14	45	8	25
$\frac{3}{4}$	26.44	24.12	1.81	1.162	14	16	50	9	28
1	33.25	30.29	2.31	1.479	11	18	55	8	25
$1\frac{1}{4}$	41.91	38.95	2.31	1.479	11	20	65	9	28
$1\frac{1}{2}$	47.81	44.85	2.31	1.479	11	22	70	10	30
2	59.62	56.66	2.31	1.479	11	24	75	11	33
$2\frac{1}{2}$	75.19	72.23	2.31	1.479	11	27	85	12	37
3	87.88	84.98	2.31	1.479	11	30	95	13	42
4	113.03	110.08	2.31	1.479	11	36	106	15	46

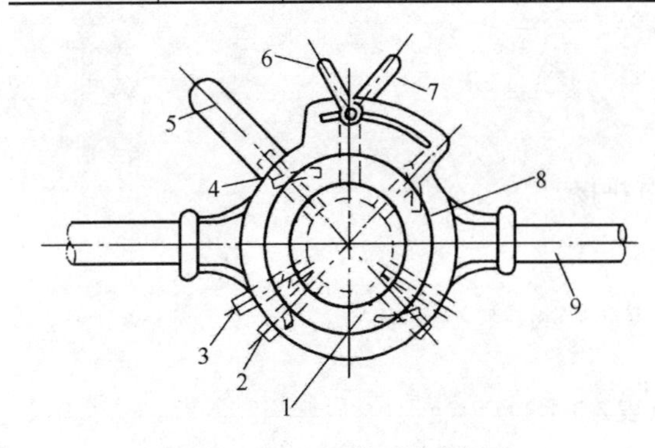

图 3-5-2（5）　管子铰板结构

1—固定盘；2—板牙（4块）；3—后卡爪（3个）；4—板牙滑轨；5—后卡爪手柄；6—标盘固定螺钉把；7—板牙松紧装置；8—活动标盘；9—扳把

（3）管螺纹的加工方法

一般用手加工，用的工具是管子铰板（俗称带丝），其规格分$\frac{1}{2}$～2in 及 $2\frac{1}{2}$～4in 两种。前一种绞板可加工$\frac{1}{2}$in、$\frac{3}{4}$in、1in、$1\frac{1}{4}$in、$1\frac{1}{2}$in、2in 等六种规格的管螺纹。后一种种铰板可加工 $2\frac{1}{2}$in、3in、$3\frac{1}{2}$in、4in 等 4 种规格的管螺纹。每种规格的铰板都分别附有相应的板牙，加工螺纹时，可根据管径分别选用相应的铰板和板牙。管子铰板由机身和板把组成，见图 3-5-2（5）。

管螺纹的加工方法及要求如下：

①套管螺纹前，先根据管径选用相应的板牙，按序装进铰板的板牙槽内（将活动标盘对“0”，再对序号，顺序插入槽内），转动标盘则固定了板牙。

②水平夹牢管子于管压钳（压力钳）上，管子加工端升出压力钳前 150mm 左右。

③铰板套在管口上（扳开铰板后卡爪滑动把），转动后卡爪滑动把柄，使铰板固定在管口上。

④把板牙松紧装置上到底，使活动标盘对准固定标盘上与管径相对应的刻度，上紧标盘固定把。

⑤按顺时针方向扳转铰板，初始时稳而慢，不得用力过猛。

⑥加滴机油润滑和冷却板牙，快到规定螺纹长度时，一面扳把手，一面慢慢松开板牙盘松紧装置，再套2～3扣，使管螺纹末端套出锥度。

⑦加工完毕，铰板不要倒转退出，以免乱扣。

⑧加工好的管螺纹应端正不乱扣，光滑无毛刺，完整不掉扣，松紧程度适当。

⑨管端螺纹加工长度随管径大小而异，见表3-5-2（5）。

管端螺纹加工最小长度（mm） **表3-5-2（5）**

公称直径 *DN*	15	20	25	32	40	50	70	80
连接阀体的管螺纹长度	12	13.5	15	17	19	21	23.5	26
连接管件的管螺纹长度	14	16	18	20	22	24	27	30

（4）连接

管螺纹加工好后，可与管道部件连接。先选定相应输送介质用的填料，达到严密防漏。常用的填料有麻丝、铅油、石墨及密封胶带等。若选用铅油、麻丝作填料时，先于管端螺纹上抹铅油，然后顺着螺纹缠少许麻丝（高压管道不准缠麻），将管子螺纹与部件对正，用手徐徐拧上，再按零件材料及管径大小，选用适当的管钳上紧，注意不应用力过猛，以免损坏零件。上紧后连接处突出的油麻应清理干净。螺纹连接的管节切口断面平整，偏差不超过一扣，丝扣光洁，不得有毛刺、乱丝，断丝、缺丝总长不超过丝扣全长的10%，在纵方向上，不得有断、缺相靠处。

3-5-3 钢管安装准备工作有哪些?

答：1）管道安装前，管节应逐根测量、编号，应选用管径相差最小的管节组对安装。

2）管道上开孔应符合下列规定：

(1) 不得在干管的纵向、环向焊缝处开孔。

(2) 管道上任何位置不得开方孔。

(3) 不得在短节上或管件上开孔。

3）直线管段不宜采用长度小于800mm的短节拼接。

3-5-4 焊条如何选择?

答：1）电焊条牌号含义

例： E 42 1 5

1 5——数字表示药皮类型及电源要求(表3-5-4(1))

42——数字表示焊缝抗拉强度(表3-5-4(2))

E——表示焊条

焊条药皮类型及电源要求 **表3-5-4（1）**

焊条版号	药皮类型	焊接电源种类
E××00	特殊型	交流或直流正、反接
E××01	钛铁矿型	交流或直流正、反接
E××03	钛钙型	交流或直流正、反接
E××10	高纤维素钠型	直流反接

续表

焊条版号	药皮类型	焊接电源种类
E××11	高纤维素钾型	直流或交流反接
E××12	高钛钠型	交流或直流正接
E××13	高钛钾型	交流或直流正、反接
E××14	铁粉钛型	交流或直流正、反接
E××15	低氢钠型	直流反接
E××16	低氢钾型	直流或交流反接
E××18	铁粉低氢型	直流或交流反接

焊缝抗拉强度 **表 3-5-4（2）**

焊条牌号	焊缝抗拉强度（MPa）	焊缝金属屈服强度（MPa）
E43××	420	330
E50××	490	400
E55××	540	440
E60××	590	490
E70××	690	590
E75××	740	640
E80××	780	690
E85××	830	740
E90××	880	780
E100××	980	880

2）焊条选用要点（表 3-5-4（3））。

焊条选用要点 **表 3-5-4（3）**

影响因素	要　　点
工件物理、机械性能和化学成分	1. 从等强度的观点出发，选择满足机械性能的焊条；或结合母材的可焊性，改用非强度而可焊性好的焊条，可改变焊缝结构形式，以满足等强度、等刚度要求； 2. 使其合金成分符合或接近母材； 3. 母材化学成分中含碳、硫、磷有害杂质较高时，应选择抗裂性和抗气孔能力较好的焊条。建议选用钛铁矿型焊条，如果尚不能解决可选低氢性焊条
工件的工作条件和使用性能	1. 在随动载荷或冲击载荷情况下，除了要求保证抗拉强度之外，对冲击韧性，延伸率均有较高要求，应选用低氢型、钛钙型、锰型或氧化铁型焊条； 2. 在受磨损条件下工作时，须区分是一般磨损，还是受冲击磨损，是在常温下磨损，还是在高温下磨损等； 3. 处在低温或高温下工作的工件，应选择能保证低温或高温机械性能的焊条
工件几何形状，焊接坡口的制备情况和焊接部位所处的位置等	1. 形状复杂或大厚度工件，须选用抗裂性强的焊条，如锰型、氧化铁型焊条； 2. 受条件限制，焊接部位所处的位置不能翻转，须选用能在任何空间位置进行焊接的焊条。例如立焊和仰焊时建议按钛型、钛铁矿型焊条顺序选用； 3. 受条件限制，某些焊接部位难以清理干净，应考虑选用氧化性强，对铁锈、氧化皮和油垢不如碱性焊条敏感的酸性焊条，以免产生气孔等缺陷

续表

影响因素	要　　点
工地设备	没有直流焊机的地方，不宜选用限用直流电源的焊条，而应选用交流电源的焊条
焊接工艺和工人健康	在酸性焊条和碱性焊条都可以满足要求的地方应尽量采用酸性焊条
节约	在使用性能相同的基础上选择低价格的电焊条，如钛钙型焊条的涂料部分原料费用很高，而钛铁矿型焊条的制造费用低，应推广这种类型的焊条

3-5-5　焊接的要点有哪些？

答： 1）焊接形式

（1）焊接接头的基本形式与尺寸（表 3-5-5（1））

常用焊接接头的基本形式与尺寸　　**表 3-5-5（1）**

适用厚度 s（mm）	基本形式	基本尺寸（mm）			坡口名称	
		间隙 c	钝边 p	坡口角度 α/β（°）		
1～3	—	0～1.5	—	—	单面焊	I 形坡口
3～6		0～2.5	—	—	双面焊	
6～9	—	0～2	0～2	65～75	V 形坡口	
9～26		0～3	0～3	55～65		
6～9	δ=4～6，d=20～40	3～5	0～2	45～55	带垫板 V 形坡口	
9～26		4～6	0～2			
12～60	—	0～3	0～3	55～65	X 形坡口	
20～60	h=8～12	0～3	1～3	α=65～75 β=8～12	双 V 形坡口	
20～60	R=5～6	0～3	1～3	β=8～12	U 形坡口	

（2）焊接时电焊条直径与电流强度的选择（表 3-5-5（2））

电焊条直径与电流强度　　**表 3-5-5（2）**

钢板厚度（mm）	焊条直径（mm）	需用电流（A）	钢板厚度（mm）	焊条直径（mm）	需用电流（A）
1.6	2	40～55	9	4 5 6	170～300 230～260 260～300
2.4	2 3	60～70 85～100	12	4 5 6	180～220 250～270 270～310
3.2	2 3 4	65～80 90～110 125～140	16	4 5 6	190～220 260～270 280～310
5	3 4 5	120～130 145～170 125～145	19	4 5 6	190～225 260～270 280～320
6	4 5	160～200 180～230	25	4 5 6	190～230 260～270 280～340

2）焊接方法

（1）焊接前将管内污物清理干净，将管口边缘与焊口两侧打磨干净，露出金属光泽，并制作坡口，将管端对口定出管道中心。

（2）对口时应在距接口中心 200mm 处测量平直度，允许偏差 1mm/m，但全长允许偏差不超过 10mm。应使内壁齐平，当采用长 300mm 的直尺在接口内壁周围顺序贴靠，错口的允许偏差应为 0.2 倍壁厚，且不大于 2mm。

（3）对口时纵、环向焊缝的位置应符合下列规定：

①纵向焊缝应放在管道中心垂线上半圆的 45°左右处；

②纵向焊缝应错开，当管径小于 600mm 时，错开的间距不小于 100mm，当管径不小于 600mm 时，错开的间距不小于 300mm；

③有加固环的钢管，加固环的对焊焊缝应与管节纵向焊缝错开，其间距不小于 100mm，加固环距管节的环向焊缝不小于 50mm；

④环向焊缝距支架净距不小于 100mm；

⑤直管管段两相邻环向焊缝的间距不小于 200mm，管道任何位置不得有十字形焊缝；

⑥对口间隙尺寸：壁厚 5～9mm 者不大于 2mm，壁厚大于 9mm 者不大于 3mm。

（4）不同壁厚的管节对口时，管壁厚度相差不大于 3mm；不同管径的管节相连时，当两管径相差大于小管管径的 15%时，可用渐缩管连接，渐缩管长度不小于两管径差值的 2 倍，且不小于 200mm。

（5）钢管对口检查合格后，方可进行点焊。点焊时，应符合下列规定：

①点焊焊条应采用与接口焊接相同的焊条；

②点焊时，应对称施焊，其厚度应与第一层焊接厚度一致；

③钢管的纵向焊缝及螺旋焊缝处不得点焊；

④点焊的长度与间距（表 3-5-5（3））

点焊的长度与间距 **表 3-5-5（3）**

管径（mm）	点焊长度（mm）	环向点焊点（处）
350～500	50～60	5
600～700	60～70	6
≥800	80～100	点焊间距不大于 400mm

（6）管径大于 800mm 时，应采用双面焊。

（7）管道对接时，环向焊缝的检验与质量应符合下列规定：

①应在渗油、水压试验前进行外观检查，检查前应清除焊缝的渣皮、飞溅物；

②管径不小于 800mm 时，应逐口进行油渗检查，不合格的焊缝应铲除重焊；

③当有特殊要求进行无损探伤检验时，取样数量与要求等级应按设计规定执行；设计无规定时，压力管道的取样数量应不小于焊缝量的 10%；

④不合格的焊缝应复修，修复次数不得超过 3 次。

3）质量要求

（1）焊缝质量检验级别（表 3-5-5（4））。

焊缝质量检验级别　　　　表 3-5-5（4）

级别	检验项目	检 查 数 量	检 查 方 法
一级	外观检查	全部	检查外观缺陷及几何尺寸，有疑点时用磁粉复验
	超声波检验	全部	
	X射线检验	抽查焊缝长度的2% 至少应有一张底片	缺陷超出表 3-5-5（5）的规定时，应加倍透照，如不合格应 100%的透照
二级	外观检查	全部	检查外观缺陷和几何尺寸
	超声波检验	抽查焊缝长度的 50%	有疑点时，用X射线透照复验，如发现有超标缺陷，应用超声波全部检验
三级	外观检验	全部	检查外观缺陷及几何尺寸

（2）焊缝外观检验质量标准（表 3-5-5（5））。

焊缝质量检验级别　　　　表 3-5-5（5）

项 目	质 量 标 准		
	一级	二级	三级
外观	不得有熔化金属流到焊缝外未熔化的母材上，焊缝和热影响区表面不得有裂纹、气孔、弧坑和灰渣等缺陷；表面光顺、均匀，焊道与母材应平缓过渡		
气孔	不允许	不允许	直径小于或等于 1.0mm 的气孔，1000cm 长度范围内不得超过5个
咬边	深度不超过 0.5mm，累计总长度不超过焊缝长度的 10%，且连续长≤100mm		深度不超过 0.5mm，累计总长度不超过焊缝长度的 20%，且连续长≤100mm
宽度	应焊出坡口边缘 2～3mm		
表面凹陷	不允许		深度不超过 0.5mm，累计总长度不得超过焊缝长度的 10%，且连续长≤100mm
表面余高	应≤1＋0.1 倍坡口边缘宽度，且≤3m		应≤1＋0.2 倍坡口边缘宽度，且≤4mm
错边	应≤0.2t，且≤2mm		应≤0.25t，且≤3mm

注：t 为壁厚（mm）。

（3）X射线检验质量标准（表 3-5-5（6））。

（4）气孔点数换算（表 3-5-5（7））。

X射线检验质量标准　　　　表 3-5-5（6）

项 目		质 量 标 准	
		一 级	二 级
裂纹		不允许	不允许
未熔合		不允许	不允许
未焊透	对焊接缝及要求焊透的K形焊缝	不允许	不允许
	管件单面焊	不允许	深度≤10%，但不得大于1.5mm；长度≤条状夹渣总长

续表

项　目		质 量 标 准	
		一　级	二　级
气孔和点状夹渣	母材厚度（mm）	点　数	点　数
	5.0 10.0 20.0 50.0 120.0	4 6 8 12 18	6 9 12 18 24
条状夹渣	单个条状夹渣	$1/3\delta$	$2/3\delta$
	条状夹渣总长	在 12δ 的长度内，不得超过 δ	在 6δ 的长度内，不得超过 δ
	条状夹渣间距（mm）	$6L$	$3L$

注：δ——母材厚度（mm）；

L——相邻两夹渣中较长者（mm）；

点数——计算指数，是指 X 射线底片上任何 10mm×50mm 焊缝区域内（宽度小于 10mm 的焊缝，长度为 50mm）允许的气孔点数，母材厚度在表中所列厚度之间时，其允许点数用插入法计算取整数。各种不同直径的气孔应按表 3-5-5（7）换算点数。

气孔点数换算表　　　　表 3-5-5（7）

气孔直径（mm）	＜0.5	0.6～1.0	1.1～1.5	1.6～2.0	2.1～3.0	3.1～4.0	4.1～5.0	5.0～6.0	6.1～7.0
换算点数	0.5	1	2	3	6	8	12	16	20

4）焊接时注意事项

（1）电焊机要放在干燥的地方，且有接地线。电焊使用的电线，必须为绝缘良好的橡胶线。一台电焊机配有一组保险，保险丝不准超过额定电流值，当发现电焊机温升过高（＞70℃）或声音不正常时，应停止施焊，进行检查。

（2）禁止在易燃材料附近施焊，必须施焊时，须有安全措施及 5m 以上的安全距离。在潮湿的地方施焊时，焊工须站在干燥的木板或橡皮垫上。

（3）管道内有水或有压力气体或管道和设备上的油漆未干时均不得施焊。

（4）在寒冷或恶劣环境下焊接应符合下列规定：

①在 0℃以下施焊时，需先清除焊接部位的冰雪，且设有保温措施，以便使焊缝慢慢冷却，不准在焊接处敲打；

②当工作场所的风力大于 5 级、雪天或相对湿度大于 90%时，应采取保护措施；

③焊接时，应使焊缝可自由伸缩，并应使焊口缓慢降温；

④冬期焊接时，应根据环境温度进行预热处理，并应符合表 3-5-5（8）规定。

预热处理温度　　　　表 3-5-5（8）

碳素钢	环境温度（℃）	预热宽度（mm）	预热达到温度（℃）
含碳量≤0.2%	≤−20	焊口每侧≥40	100～150
0.2%＜含碳量＜0.3%	≤−10		
16Mn	≤0		100～200

3-5-6　手工电弧焊的基本形式有哪些？

答：管道工程中的管道焊缝基本施行手工电弧焊，本图摘录了《气焊、手工电弧焊焊接接头的基本形式和尺寸》GB/T 985—2008 中管道焊接常用的焊接接头，以便识别图纸。若在图纸中未做具体规定，则在管道焊接施中应按此标准执行，以保证焊缝质量，见表 3-5-6。

焊接接头的基本形式与基本尺寸　　　　表 3-5-6

序号	适用厚度	基本形式	焊缝形式	基本尺寸	标注方法
1	1～3	b，δ	$S\geqslant0.7\delta$	δ：$\geqslant1.5\sim2$ ｜ $>2\sim3$ b：$0^{+0.5}$ ｜ $0^{+1.0}$	s｜b
2	3～6			δ：$\geqslant3\sim3.5$ ｜ $>3.5\sim6$ b：$0^{+1.0}$ ｜ $1^{+1.5}_{-1.0}$	b
7	3～26	α，δ_1，δ，b，P		δ：$\geqslant3\sim9$ ｜ $>9\sim25$ a：$70°\pm5°$ ｜ $60°\pm5°$ b：1 ± 1 ｜ 2^{+1}_{-2} P：1 ± 1 ｜ 2^{+1}_{-2}	p，a，b
8					p，a，b
20	2～8	δ，b，δ_1	$S\geqslant0.7\delta$	δ：$\geqslant2\sim4$ ｜ $>4\sim8$ b：0^{+1} ｜ 0^{+2} K_{min}：3 ｜ 3	s｜b
21			K		K，b
36	6～30	δ，p，$50°\pm5°$，b，δ_1	$S\geqslant0.7\delta$	δ：$\geqslant S\sim10$ ｜ $>10\sim17$ ｜ $>17\sim30$ b：1 ± 1 ｜ 1^{+1}_{-2} ｜ 3^{+1}_{-3} P：1 ± 1 ｜ 2^{+1}_{-2} ｜ 2^{+1}_{-2}	S×P，a，b
39	2～30	δ_1，b，δ，l	K	δ：$\geqslant2\sim5$ ｜ $>5\sim30$ b：0^{+1} ｜ 0^{+2} l：$\geqslant2\ (\delta_1+\delta)$ K_{min}：$\delta+b$	K

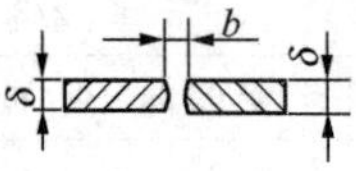

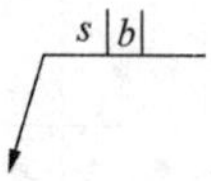

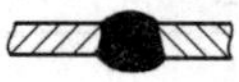

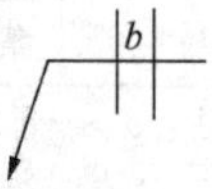

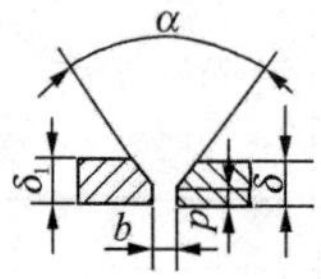

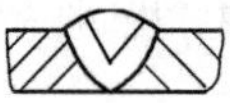

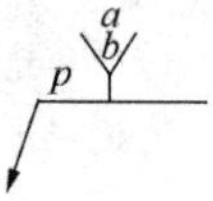

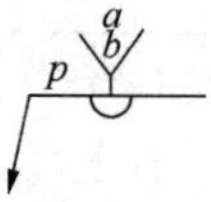

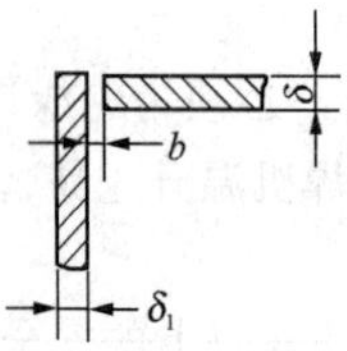

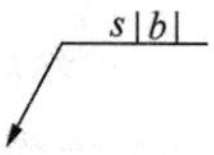

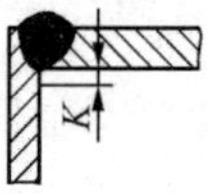

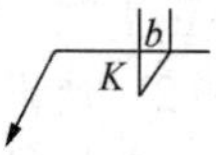

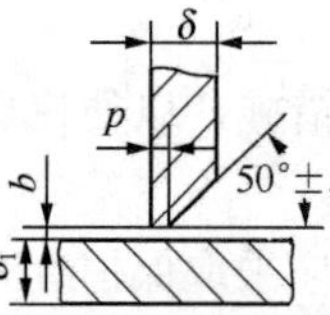

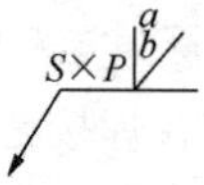

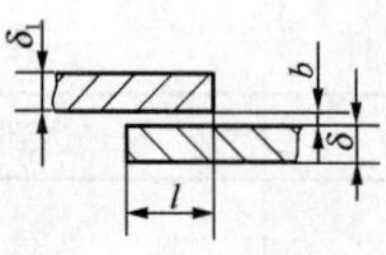

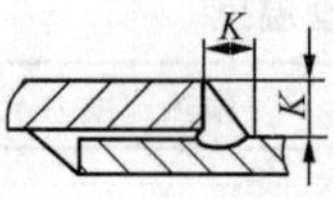

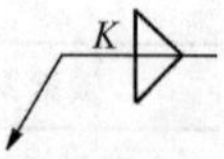

3-5-7　焊缝尺寸符号是怎样的?

答：焊缝尺寸符号摘自《焊缝符号表示法》GB/T 324—2008 见下表 3-5-7。

焊缝尺寸符号 表 3-5-7

符号	名　称	示意图	符号	名　称	示意图
δ	板材厚度	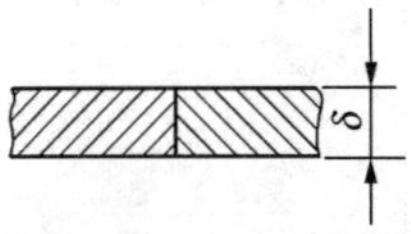	e	焊缝间距	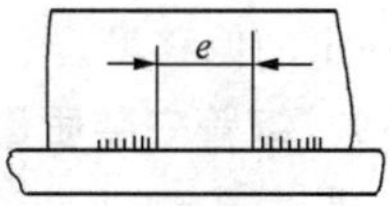
a	坡口角度	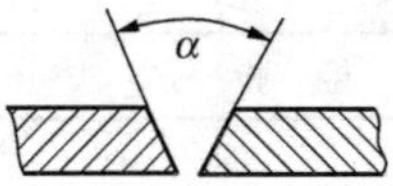	K	焊角高度	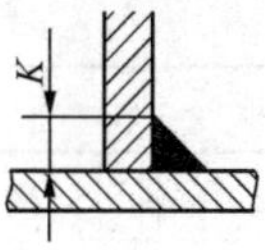
b	对接间隙	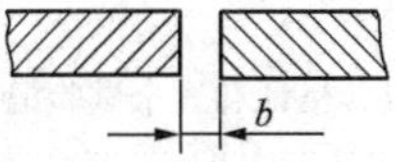	d	焊点直径	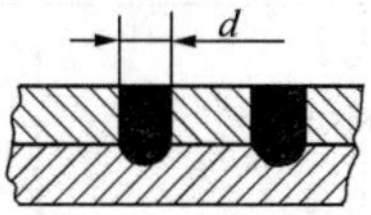
p	钝边高度	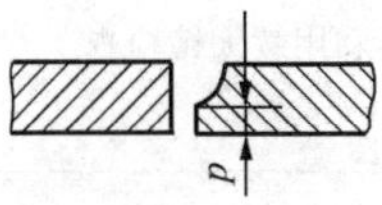	s	熔透深度	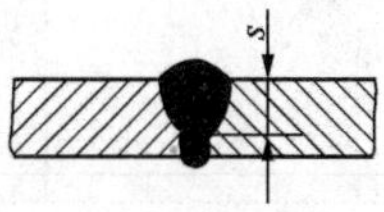
c	焊缝宽度	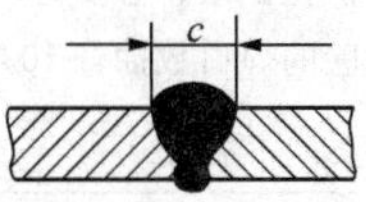	n	相同焊缝数量符号	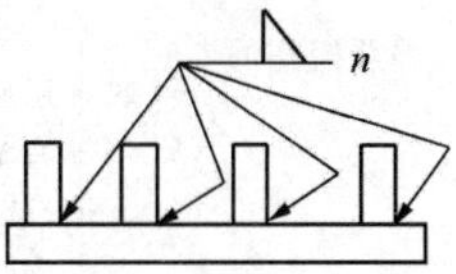
R	U形坡口圆弧半径	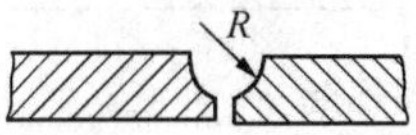	H	坡口高度	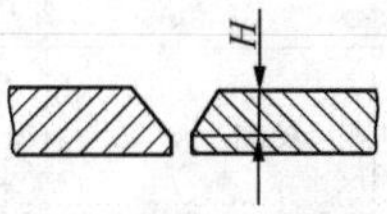
l	焊缝长度	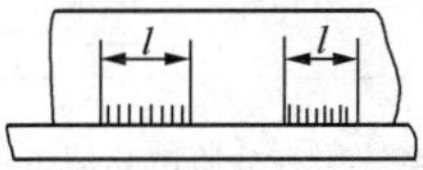	h	焊缝增高量	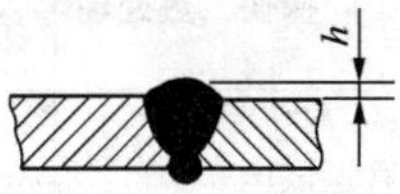

3-5-8　管道法兰连接要点有哪些？

答：1）法兰连接时，将管内杂物清理干净，将两个法兰盘平行放置，对正孔眼，使法兰盘与管道中心线垂直，并于法兰盘之间放入橡胶圈，插置3～4个定位螺栓，然后采用拧紧两个对角螺栓的方式拧紧所有螺栓。

2）法兰中轴线与管道中轴线的允许偏差，当管径小于或等于300mm时，应小于或等于1mm，当管径大于300mm时，应小于或等于2mm。法兰接口平行度允许偏差应为法兰外径的1.5%，且不大于2mm，螺孔中心允许偏差应为孔径的5%。

3）应使用相同规格的螺栓，安装方向一致，螺栓应对称紧固，紧固好的螺栓应露出螺母之外2～4扣；不得用强紧螺栓方法消除歪斜。

4）与法兰接口两侧相邻的第一至第二个刚性接口或焊接接口，待法兰螺栓紧固后方可施工。

5）法兰垫片应根据需要分别涂以石墨粉、二硫化钼油脂、石墨机油等涂剂；不锈钢、合金钢螺栓和螺母安装或安装环境低于0℃时，螺栓、螺母应涂以二硫化钼油脂、石墨机油或石墨粉。

6）当大口径的垫片需要拼接时，应采用斜口搭接或迷宫形式，不得平口对接。

7）法兰接口埋入土中时，应采取防腐措施。管道的支、吊、托架应按设计要求埋设牢固，水平及垂直位置正确，间距不超过3m。滑动支架应灵活，滑托与滑槽间应留有3～5mm的间隙，并留有一定的偏移量。

3-5-9 钢管安装质量标准是怎样的?

答：见表3-5-9。

钢管安装质量标准 **表3-5-9**

项别	项目		质量标准	检验方法	检查数量
保证项目	管子、部件、焊接材料		型号、规格、质量必须符合设计要求和规范规定	检查合格证、验收或试验记录	按系统全部检查
	阀门		焊缝表面及热影响区不得有裂纹；焊缝表面不得有气孔、夹渣等缺陷	检查合格证和逐个试验记录	
	焊缝		焊缝表面及热影响区不得有裂纹；焊缝表面不得有气孔、夹渣等缺陷	观察和用放大镜检查	按系统内的管道焊口全部检查
	焊缝探伤		焊缝的射线探伤或超声波探伤必须按设计要求或规范规定的数量检验。有特殊要求者必须符合有关规定	检查探伤记录。必要时，可按规定检验的焊口数抽查10%	按系统内的管道焊口全部检查
	焊缝机械性能检验		焊接接头的机械性能必须符合相关规定	检查试验记录	按系统抽查10%但不应少于3件
	弯管	表面	弯管表面不得有裂纹、分层和过烧等缺陷	观察检查	
		探伤、热处理	需作无损探伤和热处理者，必须符合设计要求和规范规定	检查探伤和热处理记录	
	管道试压		强度、严密性试压必须符合设计要求和规范规定	按系统检查分段试验记录	按系统全部检查
	清洗、吹除		管道系统须按设计要求和规范规定进行清洗、吹除	检查清洗、吹除试样或记录	
基本项目	吊、托架安装		位置应正确、平正、牢固、与管子接触紧密。滑动、导向和滚动支架的活动面与支承面接触良好，移动灵活。吊架的吊杆应垂直，丝扣完整，有偏移量的应符合规定。弹簧支架的弹簧压缩度应符合设计规定	用手拉动和观察检查弹簧压缩度，检查安装记录	按系统内支、吊、托架的件数各抽查10%，但均不应少于3件
	法兰连接		对接应紧密、平行、同轴，与管道中心线垂直。螺栓受力应均匀，并露出螺帽2～3扣，垫片安置正确	用扳手拧试，观察和必须用量尺检查	按系统内法兰的类型各抽检10%，但均不应少于5处

续表

<table>
<tr><th>项别</th><th>项　　目</th><th>质 量 标 准</th><th>检 验 方 法</th><th>检 查 数 量</th></tr>
<tr><td rowspan="3">基本项目</td><td>管道坡度</td><td>应符合设计要求和规范规定</td><td>检查测量记录或用水准仪（水平尺）检查</td><td>按系统每 50m 直线管段抽查 2 段，不足 50m 抽查一段</td></tr>
<tr><td>阀门安装</td><td>位置、方向应正确，连接牢固、紧密，操作机构灵活、准确。有传动装置的阀门，指示器指示的位置应正确，传动可靠，无卡涩现象。有特殊要求的阀门应符合有关规定</td><td>观察和作自闭检查或检查调试记录</td><td>按系统内阀门的类型各抽查 10%，但均不应少于 3 个，有特殊要求的阀门应逐个检查</td></tr>
<tr><td>除锈、油漆</td><td>铁锈、污垢应清除干净。管道需涂的油料品种、颜色及遍数应符合设计要求和规范规定。油漆的颜色和光泽应均匀。无漏涂，附着良好</td><td>观察检查</td><td>按系统每 20m 抽查 1 处</td></tr>
</table>

<table>
<tr><td rowspan="18">允许偏差项目</td><th colspan="3">项　　目</th><th colspan="2">允许偏差</th><th>检 验 方 法</th><th>检 查 数 量</th></tr>
<tr><td rowspan="3">焊口平直度</td><td rowspan="3">管壁厚（mm）</td><td>≤10</td><td colspan="2">管壁厚的 1/5</td><td rowspan="3">用尺和样板尺检查</td><td rowspan="8">按系统内的管道焊口全部检查</td></tr>
<tr><td>＞10～20</td><td colspan="2">2mm</td></tr>
<tr><td>＞20</td><td colspan="2">3mm</td></tr>
<tr><td colspan="2" rowspan="2">焊缝加强层</td><td>高度</td><td colspan="2">＋1mm</td><td rowspan="2">用焊接检验尺检查</td></tr>
<tr><td>宽度</td><td colspan="2">＋2mm</td></tr>
<tr><td rowspan="3">咬肉</td><td colspan="2">深度</td><td colspan="2">＜0.5mm</td><td rowspan="3">用尺和焊接检直尺检查</td></tr>
<tr><td rowspan="2">长度</td><td>连续长度</td><td colspan="2">25mm</td></tr>
<tr><td>总长度（两侧）</td><td colspan="2">＜焊缝长度的 10%</td></tr>
<tr><td rowspan="4">坐标及标高</td><td rowspan="2">室外</td><td>架空</td><td colspan="2">15mm</td><td rowspan="4">检查测量记录或用经纬仪、水平尺（水平仪）直尺、拉线和用尺量检查</td><td rowspan="4">按系统检查管道起点、终点、分支点和变向点水平管道</td></tr>
<tr><td>地沟</td><td colspan="2">15mm</td></tr>
<tr><td rowspan="2">室内</td><td>架空</td><td colspan="2">10mm</td></tr>
<tr><td>地沟</td><td colspan="2">15mm</td></tr>
<tr><td rowspan="2">水平管道纵、横方向弯曲</td><td>DN≤100mm</td><td rowspan="2">每 10m</td><td>1/1000</td><td rowspan="2">最大 20mm</td><td rowspan="2">用水平尺、直尺和拉线检查</td><td rowspan="2">每 50m 直线管段抽查 2 段，不足 50m 抽查 1 段</td></tr>
<tr><td>DN＞100mm</td><td>1/1000</td></tr>
<tr><td colspan="3">立管垂直度</td><td colspan="2">2/1000 最大 15mm</td><td>用尺、水平尺吊线检查</td><td rowspan="3">按系统各抽查 10%</td></tr>
<tr><td rowspan="2">成排管段</td><td colspan="2">在同一平面上</td><td colspan="2">5mm</td><td rowspan="2">用尺和拉线检查</td></tr>
<tr><td colspan="2">间距</td><td colspan="2">＋5mm</td></tr>
</table>

续表

项别	项目			质量标准	检验方法	检查数量
允许偏差项目	项目			允许偏差	检验方法	检查数量
	交叉		管外壁或保温层间隙	+10mm	用尺检查	管道交叉处，按系统全部检查
	弯管	椭圆率	DN<150	8%	用尺和外卡钳检查	按系统抽查10%，但不应少于3件
			DN>150	5%		
		弯曲角度	PN<10MPa	每米+3mm最长+10mm	用尺和样板检查	
			PN>10MPa	每米±1.5mm		
		管壁减薄度	PN<10MPa	1.5%	用测厚仪检查	
			PN>10MPa	1.0%		
		褶皱不平度	DN<150	3%	用尺和外卡钳检查	按系统检查10%，但不应少于3件
			DN>150～250	2.5%		
			DN>250	2%		

3-5-10 管道表面的除污方法有哪些？

答：见表3-5-10。

管道表面的除污方法 **表3-5-10**

除污方法	操作步骤	优缺点	备注
人工除污	1. 使用钢丝刷、砂布，废砂轮片等摩擦外表面。对于钢管的内表面除锈，可用圆形钢丝刷来回拉擦； 2. 用干净废棉纱或废布擦干净，最后用压缩空气吹洗	劳动强度大，效率低，质量差。但在劳动力充足，机械设备不足时，尤其是安装工程中还经常采用人工除污	内外表面除锈必须彻底，应露出金属光泽为合格
干喷砂除污	采用0.4～0.6MPa的压缩空气，把粒度为0.5～2.0mm的砂子喷射到有锈污的金属表面上，去除金属表面的污物	使油漆能与金属表面很好的结合，并且能将金属表面处的锈除尽；喷砂过程中产生大量的灰尘，污染环境，影响身体健康	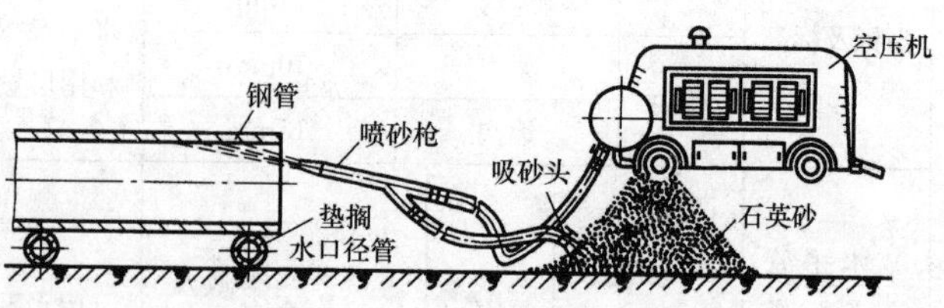 钢管 喷砂枪 空压机 吸砂头 垫搁 水口径管 石英砂
湿喷砂除污	喷湿砂除污的砂子和水一般在储砂罐内混合，然后沿管道至喷嘴高速喷出，以除去金属表面的污物	一次使用后的湿砂再收集起来倒入储砂罐内继续使用	为防止金属表面易生锈，需在水中加入1%～15%的磷酸三钠或亚硝酸钠，使金属表面形成一层牢固而密实的膜

3-5-11 管道刷油是怎样的?

答: 1) 般情况下,油漆的选择应考虑下列因素:被涂物周围腐蚀介质的种类、浓度和温度,被涂物表面的材料性质及经济效果。

2) 油漆的漆膜一般由底层(漆)和面层(漆)构成。底漆打底,面漆罩面。底层应用附着力强,并具有良好防腐性能的漆料涂刷。面层的作用主要是保护底层不受损伤。每层涂膜的厚度视需要而定,施工时可涂刷一遍或多遍

3) 管道刷油方法(见表 3-5-11)

管道刷油方法 **表 3-5-11**

涂刷方法	操作步骤	优缺点
手工涂刷法	涂刷时遵循自上而下,从左至右,先里后外,先斜后直,先难后易,纵横交错的原则进行,保证漆层厚薄均匀一致,无漏刷处	操作简单,适应性强,可用于各种漆料的施工; 人工涂刷方法效率低,并且涂刷的质量受操作者技术水平的影响较大
空气喷涂	采用喷枪,利用 0.2~0.4MPa 空气压力喷涂。喷嘴移动的速度一般为 10~15m/min。喷嘴距被涂物件的距离,当被涂物件表面为平面,一般在 250~350mm;当被涂物件表面为圆弧面,一般在 400mm 左右	漆膜厚薄均匀,表面平整,效率高。 空气喷涂的涂膜较薄,往往需要喷涂几次才能达到需要的厚度
热喷涂施工	将油漆加热,用提高油漆温度的方法来代替稀释剂使油漆的黏度降低,以满足喷涂的需要。油漆加热温度一般为 70℃	比一般空气喷涂法可节省 2/3 的稀释剂,并提高近一倍的工作效率,同时还能改变涂膜的流平性

注:管道表面在涂刷前应进行清洁,保持干燥。

避免在低温和潮湿环境下工作。当气温低于 5℃时,应采取适当的防冻措施。

需要多遍涂刷时,必须在上一遍涂膜干燥后,方可涂刷第二遍。

3-5-12 管道外防腐沥青防腐层配制要点是什么?

答: 1) 沥青防腐层的材料质量

(1) 沥青可采用建筑石油沥青 30 号甲、30 号乙、10 号三种。

(2) 玻璃布应采用干燥、脱蜡、无捻、封边、网状平纹、中碱的玻璃布。当采用石油沥青涂料时,其经纬密度应根据施工环境温度选用 8×8~12×12 根/cm² 的玻璃布,当采用环氧煤沥青涂料时,应选用经纬密度为 10×10~12×12 根/cm² 的玻璃布;玻璃布规格如表 3-5-12(1)所示。

沥青防腐层玻璃布规格 **表 3-5-12(1)**

施工气温(℃)	玻璃布规格(根×根/cm²)	施工气温(℃)	玻璃布规格(根×根/cm²)
<25	8×8	>35	12×12
25~35	10×10		

(3) 外包保护层应采用可适应环境温度变化的聚氯乙烯工业薄膜,其厚度应为 0.2mm,拉伸强度应≥14.7N/mm²,断裂伸长率应≥200%;也可采用 60~180g/cm²,湿度不超过 8%,厚

度135～240mm，相对密度0.74的牛皮纸，对于5mm×150mm标准纸条，纵向拉力应不小于50N；而5mm×180mm标准纸条，横向拉力应不小于40N。

(4) 环氧煤沥青涂料，应采用双组分、常温固化型的涂料，其性能应符合国家现行标准《埋地钢管道环氧煤沥青防腐层技术标准》中规定的指标。

(5) 在沥青中加入3%～5%橡胶粉可提高绝缘层的粘结力和延伸度；夏期施工可加3%～5%的滑石粉增加沥青防腐层的韧性，减少沥青的流动性；冬期施工若气温低于5℃时应加3%～5%的机油增加沥青的流动性。

(6) 底漆配方：底漆必须用建筑石油沥青和无铅汽油按表3-5-12 (2) 要求配制。调制好的底漆若不能立即使用，应储存于密闭容器内。

底漆的配方　　　　表3-5-12 (2)

适用条件(℃)	沥青：汽油(重量比)	沥青：汽油(体积比)	底漆相对密度
+5℃以上	1：2.25～2.5	1：3	0.8～0.82
+5℃以下	1：2	1：2.5	0.8～0.82

(7) 底漆制备：将必要数量的沥青在锅内加热熔化至160～180℃进行脱水，然后冷却到70～80℃，再将此沥青慢慢地倒入按上述配合比备好的汽油容器中，并不停搅拌，严禁把汽油倒入熔化的沥青中。

2) 沥青防腐层

(1) 沥青防腐层的配方：夏季制作沥青防腐层时应用10号和30号甲建筑石油沥青各50%，冬季制作沥青防腐层时应采用30号甲或30号乙建筑石油沥青，另外根据当地施工气温情况、操作方法，需要适当的加入添加物，如橡胶粉、滑石粉、机油。

(2) 沥青熬制方法：沥青熬制时，先把大块沥青分成小于200mm的碎块后投入干净的沥青锅内，逐渐升温到180～220℃，并边熬边用铲铲动锅底，同时捞去杂质，直至无气泡为止。熬制最高温度不得超过220℃，熬制时间不超过5h，以避免沥青着火焦化变质和软化点降低。

(3) 注意事项：

①在沥青中加入橡胶粉时，应在沥青温度下降到160℃以下加入，加入前应对橡胶粉进行筛选处理，使其粒度不大于1mm，含水量不大于1.5%，金属含量(磁选后)不大于0.1%，纤维含量不大于5%；

②加滑石粉时，应在沥青出锅前加入，并搅拌均匀防止沉淀结焦，并要及时用完；

③加入机油应在沥青出锅后，在盛有沥青容器内加入，边加边搅动；

④使用多种牌号沥青混合配制沥青涂料时，应先按配比熬制，经化验达到技术指标时，方能全面熬制。沥青防腐涂料性能见表3-5-12 (3)。

沥青防腐涂料性能　　　　表3-5-12 (3)

项　目	性能指标
软化点(环球法)	≥125℃
针入度(25℃，100g)	5～20 (1/10mm)
延度(25℃)	≥10mm

⑤熬制的沥青涂料，如遇当时不能用完，次日再继续使用时，必须重新化验，合格后方能使用。

3-5-13　沥青防腐层结构有何要求?

答：1) 石油沥青涂料外防腐层构造要求(见表3-5-13 (1))。

2) 环氧煤沥青涂料外防腐层构造要求(见表3-5-13 (2))。

3) 环氧树脂玻璃钢外防腐层构造要求(见表3-5-13 (3))。

石油沥青涂料外防腐层构造要求　　表 3-5-13（1）

材料种类	三油二布		四油三布		五油四布	
	构造	厚度（mm）	构造	厚度（mm）	构造	厚度（mm）
石油沥青涂料	（1）底漆一层 （2）沥青（厚度1.0～1.5mm） （3）玻璃布一层 （4）沥青（厚度1.0～1.5mm） （5）玻璃布一层 （6）沥青（厚度1.0～1.5mm） （7）聚氯乙烯工业薄膜一层	≥4.0	（1）底漆一层 （2）沥青（厚度1.0～1.5mm） （3）玻璃布一层 （4）沥青（厚度1.0～1.5mm） （5）玻璃布一层 （6）沥青（厚度1.0～1.5mm） （7）玻璃布一层 （8）沥青（厚度1.0～1.5mm） （9）聚氯乙烯工业薄膜一层	≥5.5	（1）底漆一层 （2）沥青（厚度1.0～1.5mm） （3）玻璃布一层 （4）沥青（厚度1.0～1.5mm） （5）玻璃布一层 （6）沥青（厚度1.0～1.5mm） （7）玻璃布一层 （8）沥青（厚度1.0～1.5mm） （9）玻璃布一层 （10）沥青（厚度1.0～1.5mm） （11）聚氯乙烯工业薄膜一层	≥7.0

环氧煤沥青涂料外防腐层构造要求　　表 3-5-13（2）

材料种类	普通级（三油）		加强级（四油一布）		特加强级（六油二布）	
	构　造	厚度（mm）	构　造	厚度（mm）	构　造	厚度（mm）
环氧煤沥青涂料	（1）底漆 （2）面漆 （3）面漆 （4）面漆	≥0.3	（1）底漆 （2）面漆 （3）面漆 （4）玻璃布 （5）面漆 （6）面漆	≥0.4	（1）底漆 （2）面漆 （3）面漆 （4）玻璃布 （5）面漆 （6）面漆 （7）玻璃布 （8）面漆 （9）面漆	≥0.6

环氧树脂玻璃钢外防腐层构造要求　　表 3-5-13（3）

材料种类	加　强　级	
	构　造	厚度（mm）
环氧树脂玻璃钢	（1）底层树脂 （2）面层树脂 （3）玻璃布 （4）面层树脂 （5）玻璃布 （6）面层树脂 （7）面层树脂	≥3

3-5-14　底漆涂刷有何要求？

答：1）涂底漆前管子表面应清除油垢，灰渣、铁锈，氧化铁皮采用人工除锈时，其质量标准应达St3级。喷砂或化学除锈时，其质量标准应达Sa2.5级（St3级、Sa2.5级应符合国家现行标准《涂装前钢材表面处理规范》的规定）。

2）涂底漆时基面应干燥，基面除锈与涂底漆的间隔时间不超过8h。底漆应涂刷均匀、饱满，不得有凝块、起泡现象，底漆厚度宜为0.1～0.2mm，管两端150～250mm范围内不应涂刷。

3）如所涂的底漆用手压捏后，手上不留有痕迹时即认为已干。不准在雨雾、雪和大风中进行涂敷作业。

3-5-15　沥青防腐层制作方法是怎样的？

答：1）沥青防腐层制作方法（见表3-5-15（1））。

沥青防腐层制作方法　　**表3-5-15（1）**

制作方法		制作步骤	备注
人工操作法	螺旋操作法	把管子架在管架上，涂刷第一层沥青，一人提沥青壶，往管子上由一端徐徐浇上热沥青，管子两侧各站一个人，手持木把胶皮刷子，把管子两侧的空白及流坠刮抹干净，挤压密实。 第二层沥青层与缠绕玻璃布（第三层）一起进行，一人站在管端旋转管子，一头用热沥青将玻璃丝布和管子端部粘合好，并由一个人拿着玻璃丝布卷，握紧均匀用力。这时由一人提热沥青壶往玻璃丝布与管端的接合处浇热沥青，一人旋转管子朝玻璃丝布方向旋转，两侧刷沥青的人用刷子用力挤压玻璃丝布，把空鼓、折皱、搭接挤压平，玻璃丝布搭接处压边宽度为10～15mm，第4、5层、最后两层沥青同第一层沥青操作要求相同。如再缠绕玻璃丝布应与上述缠绕玻璃丝布方法相同，并与第4层沥青结合进行	适用于150mm以下口径的钢管
	粘贴法	将管子两端固定并垫好，浇第一层热沥青，根据管径大小不同，翻转次数也不同，保证均匀一致。 浇第2层热沥青时，浇一段，贴一段玻璃丝布，同时，两侧及时挤压，保证压边宽度。根据管径大小不同及玻璃丝布的宽度，翻转次数也不同，最后浇第4～5层热沥青，质量要求同螺旋作业法，禁止将一面作完再翻转管子做另一面	适用口径200mm以上的管子
	管道两侧防腐	清理管道两侧原防腐层100mm以内管段，先刷底漆，干燥后，再做沥青防腐层。 先在固定口下侧涂刷沥青，用玻璃丝布兜住左右两侧反复兜抹，待沥青有一定强度后再涂一次，然后再从下面往上贴玻璃丝布，与此同时往上面浇沥青，贴上第一遍玻璃丝布后，再兜抹沥青2遍	

续表

制作方法	制 作 步 骤	备　　注
半机械化管子防腐	在现场附近，挖一深1.3m低台地，铺上两根导轨。离台地0.7m处，挖一条小沟槽，铺上两条小轨道，作为运载管子用。 在防腐管一端内壁预先焊上一根钢棒，然后将管道滑入支承架滚轮上，把减速器上拨杆与防腐管内壁钢棒卡在一起。 将热沥青引入沥青浇筑锅内，同时点火加热使沥青温度保持在180～220℃。打开管路阀门，使沥青流进漏斗，从一端中线处开始，用人工徐徐拉动沥青浇筑车至另一管端，使沥青均匀地浇筑在整根管子的外壁。 在浇筑沥青同时，操作人员紧随包裹玻璃丝布，成30°螺旋线缠上，从管的一端到另一端，完成第一层工序。紧接着反向浇筑和缠布，即完成第二层工序。如此循环直至最后一层塑料布。必须注意，沥青防腐涂料冷却至60～70℃（2h后）方可包扎外层塑料布	
机械化管子防腐	由传动设备、除锈设备、涂底漆设备和刷涂沥青防腐层设备组成。 在传动设备上既可使管子平移，又可使管子转动，管子的传送可以连续进行，相邻两管子用特制的联轴器联在一起，在完成全部防腐工序后从管子里取出。 可单独完成全部防腐作业，还可和管道的装置、焊接工序联合，用于完成全部管道制备工作	

2）人工操作防腐（见图3-5-15（1））。

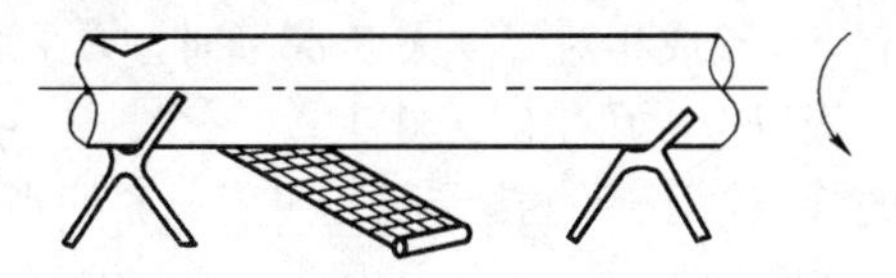

图3-5-15（1）　人工操作防腐

3）沥青浇筑车防腐示意图（见图3-5-15（2））。

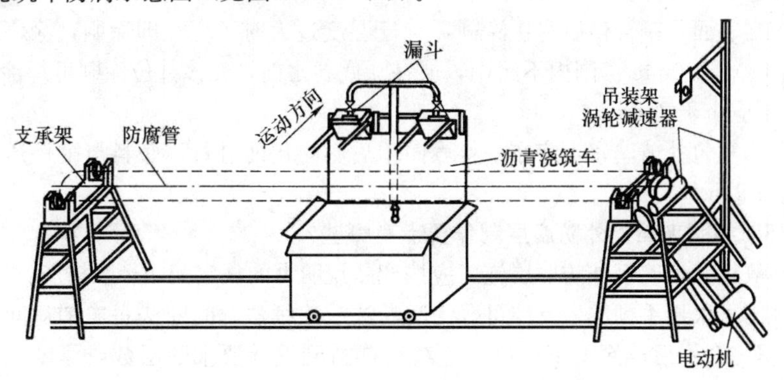

图3-5-15（2）　沥青浇筑车防腐示意图

4）移动式钢管绝缘层包扎机（见图3-5-15（3））。

5）沥青防腐层制作注意事项：

①管子表面底漆干燥后，方可涂刷沥青防腐材料，发现运输过程中底漆层损坏，必须补刷；

②常温下刷沥青涂料时，应在涂底漆后24h之内实施，沥青的涂敷温度：常温时为160～180℃，冬季为180～200℃。施工时气温高于30℃时，沥青温度允许降低至150℃；

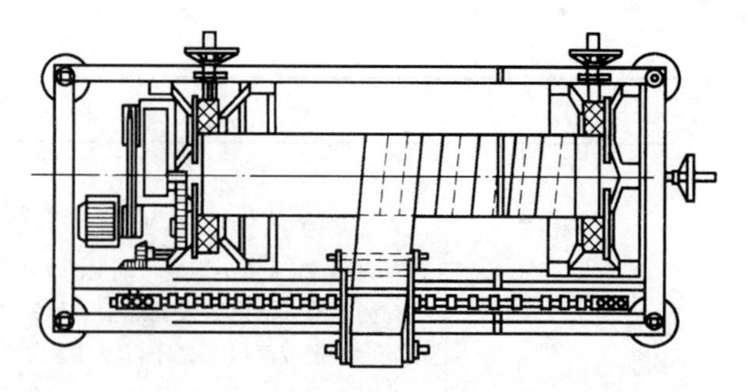

图3-5-15（3） 移动式钢管绝缘层包扎机

③涂刷沥青防腐涂料时，只有在里层沥青防腐涂料凝固后方可进行外层沥青防腐涂料的涂刷，每层沥青防腐涂料层表面应光滑，均匀连续、无空鼓、无气泡、无针孔、无皱纹和流痕等缺陷；

④包扎用的玻璃丝布应干燥清洁，不得形成鼓泡与折皱；玻璃布的油浸透率应达到95%以上，不得出现大于50mm×50mm的空白。玻璃布的压边宽度应为20～30mm，接头搭接长度100～150mm，各层搭接接头应相互错开，并用热沥青粘牢，两道玻璃丝布绕向相反；

⑤当沥青防腐涂料冷却至60～70℃时，方可包扎聚氯乙烯工业薄膜保护层。保护层包扎要平整，压边宽度应为20～30mm，搭接长度应为100～150mm，并用沥青粘牢；

⑥管道两端应按管径大小预留出一段不涂沥青，预留头的长度应符合表3-5-15（2）的规定，钢管两端各层的防腐层，应做成阶梯形接槎，阶梯宽度应为50mm。

管端预留头长度 **表3-5-15（2）**

管径（mm）	<219	219～377	>377
预留头长度（mm）	150	150～200	200～250

⑦雨期、冬期施工规定：

a. 当环境温度低于5℃时，不宜采用环氧煤沥青涂料。当采用石油沥青涂料时，应采取冬期施工措施；当环境温度低于－15℃或相对湿度大于85%时，未采取措施不应进行施工；

b. 不应在雨、雾、雪或5级以上大风中露天施工；

c. 已涂石油沥青防腐层的管道，不应直接受阳光照射。冬期当气温等于或低于沥青涂料脆化温度时，不应起吊、运输和铺设。

3-5-16 环氧煤沥青外防腐层制作要点有哪些？

答：1）环氧煤沥青外防腐层施工应按产品说明书的规定配制涂料；

2）底料应在表面除锈合格后尽快涂刷，空气湿度过大时，应立即涂刷，涂刷应均匀，不得漏涂。管两端100～150mm范围内不涂刷，或在涂底料之前，在该部位涂刷可焊涂料或硅酸锌涂料，干膜厚度不应小于25μm；

3）面料涂刷和包扎玻璃布，应在底料表面干后、固化前进行，底料与第一道面料涂刷的间隔时间不得超过24h。

3-5-17 环氧树脂玻璃钢外防腐层制作要点有哪些？

答：1）环氧树脂玻璃钢外防腐层施工应按产品说明书的规定配制环氧树脂；

2）现场施工可采用手糊法，具体可分为间断法或连续法；间断法每次铺衬间断时应检查玻璃布衬层的质量，合格后再涂刷下一层；连续法铺衬到设计要求的层数或厚度，并应自然养护24h，然后进行面层树脂的施工；

3）玻璃布除刷涂树脂外，也可采用玻璃布的树脂浸揉法；

4）环氧树脂玻璃钢的养护期不应少于7d。

3-5-18　防腐施工质量标准是怎样的?

答: 1）外防腐层质量要求（表3-5-18（1））。

外防腐层质量要求　　　　表3-5-18（1）

材料种类	构　造	检　查　项　目				
		厚度（mm）	外观	电火花试验		粘附性
石油沥青涂料	三油二布	≥4.0	涂层均匀，无褶皱、空泡、凝块	16kV	用电火花检漏仪检查无打火花现象	以夹角为45°～60°边长40～50mm的切口，从角尖端撕开防腐层，首层沥青层应100%的粘附在管道的外表面
	四油三布	≥5.5		18kV		
	五油四布	≥7.0		20kV		以小刀割开一舌形切口，用力撕开切口处的防腐层，管道表面仍为漆皮所覆盖，不得露出金属表面
环氧煤沥青涂料	三油	≥0.3		2kV		
	四油一布	≥0.4		2.5kV		
	六油二布	≥0.6		3kV		
环氧树脂玻璃钢	加强级	≥3	外观平整光滑、色泽均匀，无脱层、起壳和固化不完全等缺陷	3～3.5kV		以小刀割开一舌形切口，用力撕开切口处的防腐层，管道表面仍为漆皮所覆盖，不得露出金属表面

2）外防腐层质量主控项目。

外防腐层材料（包括补口、修补材料）、结构等应符合国家相关标准规定和设计要求，外防腐层验收标准（表3-5-18（2））。

外防腐层质量检验标准　　　　表3-5-18（2）

检查项目	允许偏差	检　查　数　量			检查方法
		防腐成品管	补　口	补　伤	
厚度	符合表3-5-18（1）规定	每20根1组（不足20根按1组），每组抽查1根。测管两端和中间3个截面，每截面测相互垂直的4点	逐个检测，每个随即抽查1个截面，每截面测相互垂直的4点	逐个检测，每处随即测1点	用测厚仪测量
电火花检漏		全数检查	全数检查	全数检查	用电火花检漏仪逐根连续测量
粘结力		每20根1组(不足20根按1组)，每组抽查1根，每根1处	每20个补口抽1处	—	用小刀切割观察

注：按组抽检时，若破检测点不合格，则该组应加倍抽检；若加倍抽检仍不合格，则该组为不合格。

3-5-19　管道内防腐施工基本条件有哪些?

答: 1）水泥砂浆内防腐层的施工，必须在管道铺设完毕、试压合格并按设计要求复土夯实后进行，内防腐层施工过程中，管道必须处于稳定状态。

2）内防腐层施工前应检查管道的变形状况，其竖向最大变位不应大于设计规定值，且不得大于管径的2%。

3）内防腐层施工前，管内壁必须进行清扫，对新埋设的管道应去除松散的氧化铁皮、浮锈、泥土、油脂、焊渣、污杂物等附着物，对旧管道还应去除锈瘤、水垢等附着物。附着物去除后应用水清洗，内防腐层施工时管内壁不得有结露和积水。焊缝突起高度不得大于防腐层设计厚度的1/3。

4）管道输送的水质必须清洁，不得含有泥土、油类、酸、碱、有机物等影响砂浆衬里质量的物质。

3-5-20　内防腐层材料要求有哪些？

答：1）内防腐层用水泥应采用硅酸盐水泥、普通硅酸盐水泥及矿渣硅酸盐水泥，并且均应符合现行国家标准《硅酸盐水泥、普通硅酸盐水泥》、《矿渣硅酸盐水泥、火山灰质硅酸盐水泥及粉煤灰硅酸盐水泥》的规定，水泥强度等级为42.5。

2）砂颗粒要坚硬、洁净、级配良好，检验方法除应符合《普通混凝土用砂的质量标准及检验方法》外，砂中泥土、云母、有机杂质以及其他有害物质的总重不应超过总重的2%。

3）砂粒最大粒径不应大于1.2mm，应全部能通过1.19mm（14目）筛孔，通过0.297mm（50目）筛孔的不应超过55%，通过0.149mm（100目）筛孔的不应超过5%。级配应根据施工工艺、管径、现场施工条件，在砂浆配合比设计中选定。

4）为改善和易性、密实度和粘结强度需掺加外加剂时，必须经过试验确定，不得采用对管内水质起有害作用和对钢材有腐蚀作用的内防腐层砂浆外加剂。

5）水泥砂浆必须用机械充分混合搅拌，且搅拌时间不宜超过10min，砂浆稠度应符合衬里的匀质密实度要求，砂浆应在初凝前使用。

6）水泥砂浆重量配比可在1∶1～1∶2范围内选用，其重量配比见表3-5-20。水泥砂浆坍落度宜取60～80mm，当管径小于1000mm时，允许提高，但不宜大于120mm。

水泥砂浆重量配比　　　　**表3-5-20**

方　法	水　泥	砂	水
风送法	1.0	1.0	0.4
离心法	1.0	1.5	0.35～0.4
喷涂法	1.0	1.5	0.32

7）水泥砂浆抗压强度不得低于30MPa。

3-5-21　内防腐层施工要点有哪些？

答：1）水泥砂浆内防腐层可采用“风送法”、“离心法”、“喷涂法”3种施工工艺。

2）现场一般采用机械喷涂的施工工艺。当管径大于1000mm，若无机械喷涂设备并且有手工涂抹经验时，允许用手工涂抹。

3）当采用机械喷涂施工工艺时，对弯头、三通特殊管件和邻近闸阀附近管段等可采用手工涂抹，并以光滑的渐变段与机械喷涂的内防腐层相接。

4）管段内防腐层砂浆达到终凝后，必须立即进行养护，可采用蒸汽养护、自然养护或另加保护涂层养护等方法。养护时间不宜小于7d，环境温度不宜低于10℃。当采用矿渣硅酸盐水泥时，保持湿润状态应在14d以上。采用自然养护时，养护期间管段两端应密封。采用保护涂层养护时，保护涂层应能牢固地粘附于砂浆衬里上，且对水质无不良影响。当达到养护期限后，应及时充水，否则应继续进行养护（图3-5-21）。

5）各种管径的衬里厚度及允许公差可按表3-5-21采用（表中所规定的内防腐层表面质量指标是按内防腐层表面粗糙系数 n 值不大于0.012的标准确定的）。当采用手工涂抹时，表3-5-21规定的内防腐层厚度应分层涂抹。

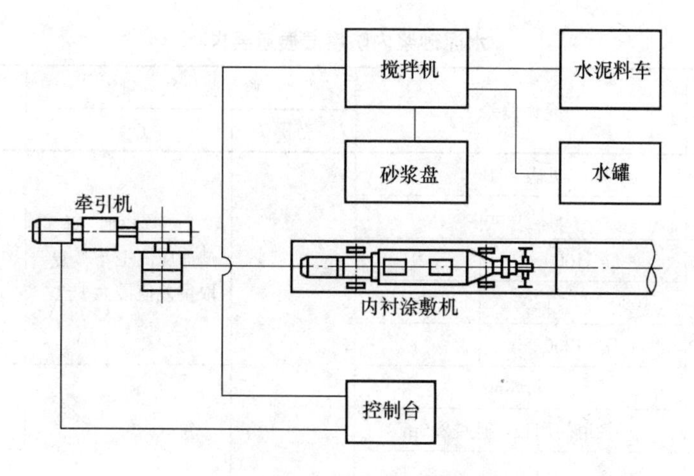

图 3-5-21　钢管水泥砂浆内防腐层施工

水泥砂浆内防腐层厚度及允许公差　　**表 3-5-21**

公称管径（mm）	机械喷涂		手工涂抹	
	内防腐层厚度（mm）	厚度公差（mm）	内防腐层厚度（mm）	厚度公差（mm）
500～700	8	+2 −2	—	—
800～1000	10	+2 −2	—	—
1100～1500	12	+3 −2	14	+3 −2
1600～1800	14	+3 −2	16	+3 −2
2000～2200	15	+4 −3	17	+4 −3
2400～2600	16	+4 −3	18	+4 −3
2600 以上	18	+4 −3	20	+4 −3

6）液体环氧涂料内防腐层施工宜采用喷（抛）射除锈，除锈等级应不低于《涂覆涂料前钢材表面处理表面清洁度的目视评定》GB/T 8923 中规定的 Sa2 级；内表面经喷（抛）射处理后，应用清洁、干燥、无油的压缩空气将管道内部的砂粒、尘埃、锈粉等微尘清除干净；管道内表面处理后在钢管两端 60～100mm 范围内涂刷硅酸锌或其他可焊性防锈涂料，干膜厚度为 20～40μm。

3-5-22　内防腐层质量要求有哪些？

答：1）内防腐层质量主控项目

(1) 内防腐层材料应符合国家相关标准规定和设计要求，内防腐层材料的卫生性能应符合国家相关标准的规定。

(2) 水泥砂浆抗压强度应符合设计要求，且不低于 30MPa。

(3) 液体环氧涂料内防腐层表面应平整、光滑、无气泡和划痕，湿膜应无流淌现象。

2）内防腐层质量一般控制项目

(1) 水泥砂浆内防腐层质量要求（表 3-5-22 (1)）

水泥砂浆内防腐层质量要求 **表 3-5-22（1）**

项目	允许偏差		检验数量		检测方法
			范围	点数	
防腐层厚度	见表 2612		管节	2 个截面，每个截面应测上下 2 点，取偏差值最大 1 点	用测厚仪量测
表面平整度	＜2.0mm				用 300mm 直尺量测
麻点、空窝等表面缺陷的深度	D≤1000	2			用直钢尺或探尺量测
	1000＜D≤1800	3			
	D＞1800	4			
裂缝宽度	≤0.8mm			每处	用裂缝观测仪测量
裂缝纵向长度	≤管道的周长，且≤2.0m				用钢尺量测
表面缺陷面积	500mm²				用钢尺量测
空鼓面积	不得超过 2 处，每处 100cm²			每平方米	用小锤轻击砂浆表面，用钢尺量测

注：1. 工厂涂覆管节，每批抽查 20%；施工现场涂覆管节，逐根检查。

2. 不合格的表面缺陷、裂缝、空鼓等，必须认真修补。修补所用的材料、配比等应与原衬里相同并应按上述要求及时进行养护。

（2）液体环氧涂料内防腐层质量要求（表 3-5-22（2））

液体环氧涂料内防腐层质量要求 **表 3-5-22（2）**

项目	允许偏差（mm）		检查数量		检查方法
			范围	点数	
干膜厚度（μm）	普通级	≥200	每根管	两个断面，各 4 点	用测厚仪测量
	加强级	≥250			
	特加强级	≥300			
电火花试验漏点数	普通级	3	个/m²	连续检测	用电火花检漏仪测量，检漏电压 5V/μm，探头移动速度不大于 0.3m/s
	加强级	1			
	特加强级	0			

注：1. 焊缝处的防腐层厚度不得低于管节防腐层规定厚度的 80%；

2. 凡漏点检测不合格的防腐层都应补涂，直至合格。

3-5-23 管道阴极保护防腐一般规定有哪些？

答： 1）阴极保护工程应与管道主体工程同时设计、施工和投运，当阴极保护系统在管道埋地六个月内不能投入运行时，应采取临时性阴极保护措施。

2）管道阴极保护可分别采用牺牲阳极法、外加电流法或两种方法的结合，保护方法的选择，主要考虑对邻近金属构筑物的干扰、有无可利用的电源、金属管道外防腐涂层的质量、管道长度、经济性及环境条件等因素。阴极保护方法的优缺点比较见表 3-5-23（1）。

3）阴极保护管道应与公共或场区接地系统电绝缘。当管道处在交流电压输电系统感应影响范围内时，电绝缘装置应该采用接地电池、极化电池或避雷器保护；阴极保护管道应与非保护构筑物电绝缘。

4）安装电绝缘装置前应保证绝缘两侧的电阻值大于 10MΩ。对于钢质管道的非焊接管道连接头，应在管道接头处安装永久性跨接。

阴极保护方法优缺点比较 　　　　**表 3-5-23（1）**

方法	优　　点	缺　　点	图　　示
牺牲阳极	1. 对邻近管道、电缆等干扰很小； 2. 不需要外部电源； 3. 保护电流分布均匀，利用率高； 4. 管理方便施工简单； 5. 不需要支付经常费用	1. 土壤电阻率大时不宜使用； 2. 管道外防腐涂层质量要好； 3. 保护电流几乎不可调； 4. 保护范围大时不经济	牺牲阳极法 管道
外加电流	1. 可连续调节输出电流、电压； 2. 保护电流密度大； 3. 不受土壤电阻率限制； 4. 保护范围越大越经济； 5. 保护装置寿命较长	1. 对邻近金属构筑物干扰大； 2. 需要外部电源； 3. 维护管理工作量大； 4. 需支付日常电费	外加电源法 管道 辅助阳极

5）阴极保护测试装置应与阴极保护系统同步安装。测试装置应沿管道线路走向进行布置，相邻测试装置间隔 1～3km。在城镇市区或工业区，相邻的间隔不应大于 1km。

6）阴极保护系统安装后，应按国家现行标准《埋地钢质管道阴极保护参数测试方法》SY/T 0023 的规定进行测试，测试结果应符合规范的规定和设计要求。

7）保护电流密度应根据管道的具体环境情况并参照同类工程运行数据进行确定。钢管道在埋地状况中所需阴极保护电流密度见表 3-5-23（2），外防腐涂层的面电阻与保护电流密度关系见表 3-5-23（3）。

钢管在埋地状况中所需阴极保护电流密度 　　　　**表 3-5-23（2）**

钢构筑物	外防腐层	保护电流密度（mA/m^2）
管道、电缆	塑料	0.001～0.01
	环氧煤沥青玻璃布	0.01～0.15
	沥青涂层	1～10
铠装电缆	油浸黄麻	3～17
套管、接地极	无防腐层	10～100

外防腐涂层的面电阻与保护电流密度关系 　　　　**表 3-5-23（3）**

外防腐涂层面电阻（$\Omega \cdot m^2$）	保护电流密度（mA/m^2）	外防腐涂层面电阻（$\Omega \cdot m^2$）	保护电流密度（mA/m^2）
1000000	0.0003	3000	0.1
300000	0.001	1000	0.3
100000	0.003	300	1
30000	0.01	100	3
10000	0.03	30	10

3-5-24　管道阴极保护防腐的外加电流法是怎样的?

答：外力电流法示意图见图 3-5-24（1）。

1）电源的选择

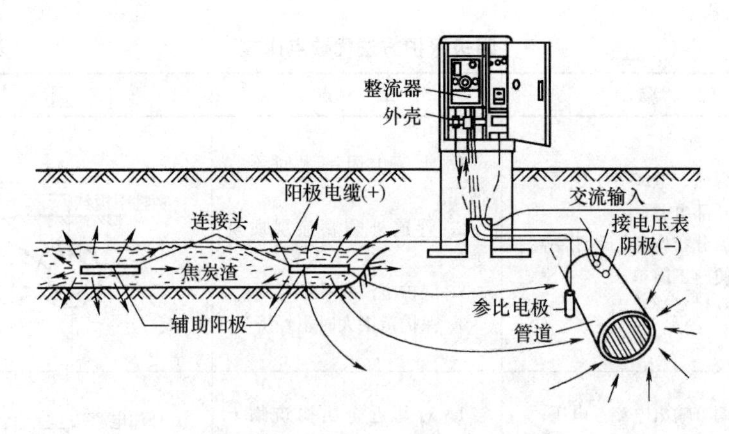

图 3-5-24（1） 外加电流法示意图

（1）外加电流阴极保护应选择长期不间断、稳定可靠的交流电源，当电源不可靠时，应有备用电源或不间断供电专用设备；对于没有交流电的地区，可采用太阳能电池、风力发电机或其他直流电源。

（2）阴极保护电源设备，一般情况下应选用整流器或恒电位仪。当管地电位或回路电阻有经常性较大变化或电网电压变化较大时，应使用恒电位仪。

2）接地阳极

（1）阳极材料常用钢铁、石墨、高硅铸铁，在海水中应用的有铅、银合金和镀铂钛，阳极的消耗率参见表 3-5-24。

阳极接地中阳极消耗率 **表 3-5-24**

材料	消耗率［kg/（A·a）］		电流密度（A/m^2）	备注
	土壤	海水		
钢铁	8～10	8～10	—	可采用废弃钢铁制作
石墨	<0.6	1.5～5.0	5～10	石墨化程度不小于 81%，灰分不大于 0.5%，经亚麻油或石蜡浸渍处理
高硅铸铁	<0.5	0.14～0.60	5～80	
铅、银合金	—	0.1	海水中 100～300	
镀铂钛	—	0.006	可达 500～1000	

（2）选用的阳极材料和质量应按阴极保护系统设计寿命期内最大预期保护电流的 1.25 倍计算。石墨阳极、高硅铸铁阳极在使用时应加入含碳量大于 85%、最大粒径不大于 15mm 的填充料，但在沼泽地和流沙层可不添加；钢铁阳极可不加填充料。

（3）阳极表面应无明显缺陷，接头密封可靠。阳极引出线与阳极的接触电阻应小于 0.01Ω，拉脱力数值应大于阳极自身重量的 1.5 倍，阳极引线长度不应小于 1.5m。

3）绝缘

（1）绝缘的一般要求：

①绝缘垫片应在干净和干燥的条件下施工；

②绝缘法兰应无毛刺，平直；

③在安装绝缘套筒时，应保证法兰的准直；除绝缘的法兰外，绝缘套筒的长度应包括两个垫圈的厚度；

④连接螺栓在螺母下应使用绝缘垫圈；

⑤绝缘法兰组装后应对其绝缘性按埋地钢管阴极保护参数测定方法 SY/T 0023 进行检验；

⑥阴极保护系统安装后，也要按埋地钢管阴极保护参数测定方法 SY/T 0023 进行测试，是否符合国家规定。

(2) 绝缘法兰：

①绝缘法兰用于在大气的条件下，一般设置在泵站进出口处、排空支管连接处、不同管材连接处、大型穿跨越及有杂散电流等连接处，防止保护电流流失或对其他金属构筑物产生不良影响；

②法兰制作是在两片法兰间垫入绝缘垫片，法兰连接螺栓用绝缘套筒套入螺栓体，并在螺母下应设有绝缘垫圈（见图 3-5-24 (2)），绝缘材料一般采用酚醛或环氧层压板、丁腈橡胶及聚四氟乙烯塑料等。

(3) 整体型绝缘接头（见图 3-5-24 (3)）用于埋在土里的条件下。

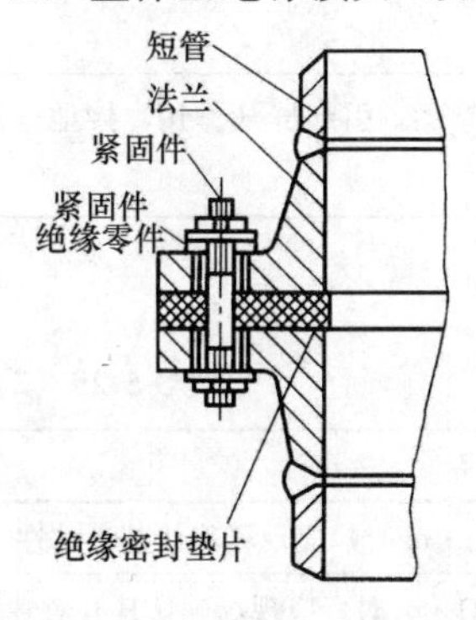

图 3-5-24 (2)　绝缘法兰

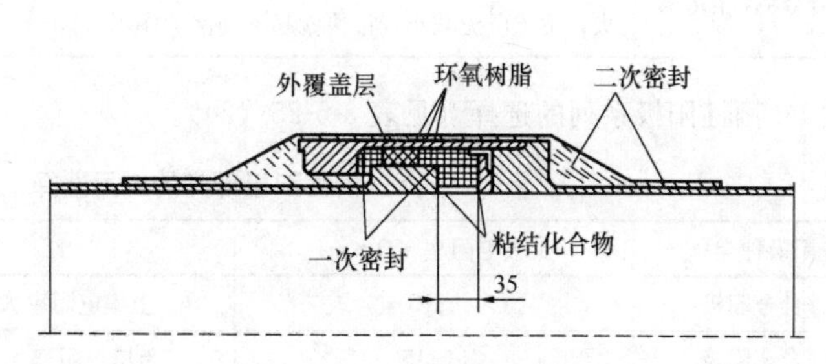

图 3-5-24 (3)　整体型绝缘接头

4) 辅助阳极地床

(1) 辅助阳极地床的选址应保证在需要最大预期保护电流量时，接地电阻上的电压降应小于额定输出电压的 70%，同时避免对邻近埋地构筑物造成干扰影响。

(2) 当深层土壤电阻率比地表低、邻近管道或其他埋地构筑物存在屏蔽、对其他设施或系统可能产生干扰或浅埋型地床应用受到空间限制时，应当使用深井阳极地床。

(3) 当与上述情况相反时应采用浅埋型地床，置于冻土层以下，埋深不宜小于 1m。

5) 阳极位置选择

(1) 阳极接地总电阻应不大于 1Ω，不能满足时要对地床进行处理。

(2) 地势低洼潮湿，地下水位较高，土壤电阻率应小于 30Ω/m。当大于 30Ω/m，需加 NaCl 作处理。

(3) 阳极位置与管道通电点距离一般采用 400～600m。

6) 外加电流阴极保护法施工

(1) 联合保护的平行管道可同沟敷设，均压线间距和规格应根据管道电压降、管道间距离及管道防腐层质量等因素综合考虑。

(2) 非联合保护的平行管道间距不宜小于 10m，间距小于 10m 时，后施工的管道及其两端各延伸 10m 的管段做加强级防腐层。

(3) 被保护管道与其他地下管道交叉时，两者间垂直净距不应小于 0.3m，小于 0.3m 时，应设有坚固的绝缘隔离物，并应在交叉点两侧各延伸 10m 以上的管段上做加强级防腐层。

(4) 被保护管道与埋地通信电缆平行敷设时，两者间距离不宜小于 10m，小于 10m 时，后施工的管道或电缆及其两端各延伸 10m 的管段做加强级防腐层。

（5）被保护管道与供电电缆交叉时，两者间垂直净距不应小于0.5m，同时应在交叉点两侧各延伸1.0m以上的管道和电缆段上做加强级防腐层。

3-5-25　牺牲阳极法是怎样的？

答： 1）牺牲阳极中阳极材料种类的选择

（1）牺牲阳极中阳极材料及特点（见表3-5-25（1））。

牺牲阳极中阳极材料及特点　　**表3-5-25（1）**

材　料	特　　点
镁合金牺牲阳极	开路电位高，达－1.60V；对钢铁的有效电位差大 发生电量大；电流效率低
锌合金牺牲阳极	电流效率高；无过保护之忧 价格低廉；开路电位低
铝合金牺牲阳极	介于镁、锌阳极之间，但随着阳极表面氧化，腐蚀产物结垢，引起屏蔽作用，接地电阻增大，输出电流减小，很快就起不到保护作用

（2）牺牲阳极系列的选择（见表3-5-25（2））。

牺牲阳极种类的应用选择　　**表3-5-25（2）**

阳极种类	土壤电阻率（Ω·m）	备　　注
锌合金阳极	＜15	土壤电阻率大于15Ω·m时，应现场确认其有效性
镁合金阳极	15～150	土壤电阻率大于150Ω·m时，应现场确认其有效性
铝合金阳极	海水或海泥中	

注：对于高电阻土壤环境或专门用途，应选择带状牺牲阳极。

（3）牺牲阳极的规格及性能（见表3-5-25（3）、（4））。

2）牺牲阳极的施工

（1）阳极的核验：

①质量保证书（包括厂名；化学成分分析结果；阳极型号及规格；批号；制造日期等）；

②对外观、重量进行检查。对钢芯与阳极的接触电阻、化学成分抽样检查，抽样率3%。

棒状牺牲阳极电化学性能　　**表3-5-25（3）**

性　能		锌合金牺牲阳极	镁合金牺牲阳极
密度（g/cm³）		7.14	1.77
开路电位（V）		－1.03	－1.48
理论电容量（A·h/kg）		820	2210
海水中，3mA/cm²	电流效率（%）	95	55
	实际电容量（A·h/kg）	780	1220
	消耗率［kg/（A·a）］	11.88	7.2
土壤中，0.03mA/cm²	电流效率（%）	≥65	≥50
	实际电容量（A·h/kg）	530	1110
	消耗率［kg/（A·a）］	17.25	7.92

带状牺牲阳极规格及性能 表 3-5-25 (4)

阳极规格		截面尺寸（mm）	钢芯直径（mm）	阳极带线质量（kg/m）	输出电流密度（mA/m）		图　示
锌合金牺牲阳极	ZR-1	25.4×31.75	4.70	3.57	—		
	ZR-2	15.88×22.22	3.43	1.785	—		
	ZR-3	12.7×14.28	3.30	0.893	—		
	ZR-4	8.73×10.32	2.92	0.372	—		
镁合金牺牲阳极		9.5×19	3.2	0.37	海水	2400	
					土壤	10	
					淡水	3	

(2) 阳极引出头的焊接与绝缘：

①将阳极钢芯打磨干净后与电缆引出头焊接，可钢焊、锡焊或铝热剂焊接。焊缝长度不得小于 50mm；

②电缆与钢芯搭接部分用细钢丝扎紧，捆扎长度不小于 20mm；

③用热收缩套管将此接头密封，再用环氧树脂或类似绝缘材料进一步加强密封绝缘处理，以防埋地后土壤溶液浸入。

(3) 阳极填包填料配方（见表 3-5-25 (5)）。

阳极填包填料配方 表 3-5-25 (5)

阳极类型	填料成分（%）（重量）						适用土壤电阻率（Ω·m）
	石膏粉（$CaSO_4 \cdot 2H_2O$）	硫酸钠	硫酸镁	生石灰	氯化钠	膨润土	
镁阳极	50	—	—	—	—	50	20
	25	—	—	—	—	50	20
	75	5	25	—	—	20	>20
	15	15	20	—	—	50	>20
	15	—	35	—	—	50	>20
锌阳极	50	5	—	—	—	45	潮湿土壤
	75	5	—	—	—	20	饱水土壤
铝合金	—	—	—	20	60	20	—
	—	—	—	30	40	30	—

(4) 带填料阳极的制作：

①将装好电缆的阳极表面用砂布打磨干净，除去氧化皮并去除油污。对铝阳极可用 10% NaOH 溶液浸泡数分钟，除去氧化膜，然后用水洗净；

②填料仓宜用棉布或麻袋制作，不可用化纤织物；

③将清洁的阳极放入填料包袋中，在阳极的四周均匀的装入填料，要保证填料密实，均匀、厚度一致。填料内不得混入石块、泥土等杂质；

④装填时要注意防止阳极钢芯与电缆焊接处折断，严禁用手直接拿放擦洗干净后的阳极表面，并及时装入袋中；

⑤填料装满并合乎要求后，扎好袋口；

⑥填包料常规配方见表 3-5-25 (5)，其电阻率不得大于 2.5Ω·m。

(5) 阳极的布置：

①阳极一般布置在土壤电阻率小，低洼潮湿的地段。根据计算每隔 200～500m 设置一处，每处布置 2～4 支阳极，最多不得多于 6 支；

②阳极的布置可单支或多支组合，多支组合式可并联安装，也可水平串联（图3-5-25）；

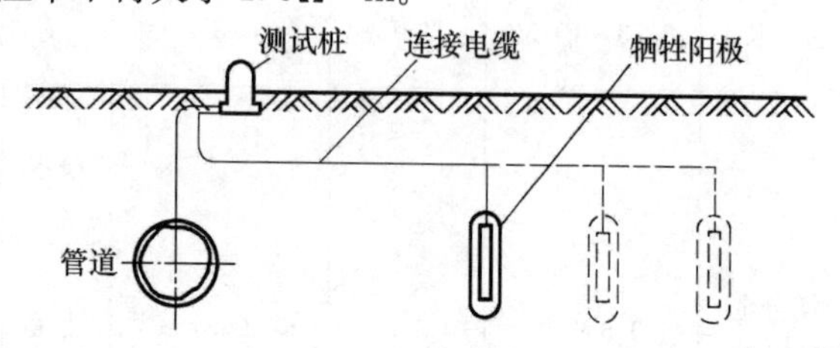

图 3-5-25 阳极埋设示意图

③阳极埋设位置一般距管道外壁 3～5m，最小不宜小于 0.3m，多支组合的阳极间距为 2～3m。

(6) 阳极的安装和埋设要求：

①为使埋置的阳极能正常、持续地输出电流，活化阳极表面，防止腐蚀产物的结垢现象，必须将阳极埋置在填包料中，填包料与阳极间的厚度不宜小于 10cm。阳极埋地后应充分灌水，并达到饱和；

②牺牲阳极使用之前，应对表面进行处理，清除表面的氧化膜及油污；

③埋设深度一般与保护管道或设备深度相当，但距地面不小于 1m。在地下水位低于 3m 的干燥地带，阳极应适当深埋，在河床中，应埋至安全部位和深度，防止冲刷和破坏。同时保证埋设在土壤冰冻线以下，在地下水位低于 3m 的干燥地带，阳极应适当加深埋设。阳极间净距不小于 0.5m，距管道 3.0～5.0m；

④根据工程条件确定阳极施工方式，立式阳极宜采用钻孔法施工，卧式阳极宜采用开槽法施工；

⑤挖好阳极坑后，在阳极坑内四周垫有 5～10cm 厚度的细砂，砂的上部应覆盖红砖，然后将阳极放入坑内；

⑥确认阳极位置、深度、多焊点、连接点符合要求的，回填土壤，当将阳极布袋埋好后，向阳极坑内灌水，使填料吸满水后，将回填土夯实，恢复地貌；

⑦阳极连接电缆的埋设深度不应小于 0.7m，四周应垫有 50～100mm 厚的细砂，砂的顶部应覆盖水泥护板或砖，敷设电缆要留有一定富余量；

⑧阳极电缆可以直接焊接到被保护管道上，也可通过测试桩中的连接片相连。与钢质管道相连接的电缆应采用铝热焊接技术，焊点应重新进行防腐绝缘处理，防腐材料、等级应与原有覆盖层一致。带状阳极应根据用途和需要与管道同沟敷设或缠绕敷设；

⑨电缆和阳极钢芯宜采用焊接连接，双边焊缝长度不得小于 50mm。电缆与阳极钢芯焊接后，应采取防止连接部位断裂的保护措施；阳极端面、电缆连接部位及钢芯均要防腐、绝缘；

⑩敷设电缆时，要留有一定的余量，防止沉降时造成接头处过于受力；

⑪在设有测试桩的部位应从管道的预定位置引出测量电缆。将测量电缆与阳极电缆穿入保护钢套内，引到测试桩处固定。

（7）绝缘：

①在大气的条件下采用绝缘法兰，在两片法兰间垫入绝缘垫片，螺栓用绝缘套筒套入，螺母设有绝缘垫圈，绝缘材料采用酚醛或环氧层压板、丁腈橡胶及聚四氟乙烯塑料等（同外加电流法的法兰绝缘）；

②在埋在土里的条件下采用绝缘接头（同外加电流法）。

（8）牺牲阳极填充固定好后的测量工作。

①在阳极开路状态下测取的参数（见表3-5-25（6））；

阳极开路状态下测取参数 **表3-5-25（6）**

项目	管道自然电位	牺牲阳极的自然电位	管道的接地电阻	牺牲阳极接地电阻	土壤电阻率	牺牲阳极与管道的初始回路电流
单位	V	V	Ω	Ω	Ω·m	A

②测定上述参数后，立即将保护电路接通，待管道极化过程完成后（1～3d），测取保护参数（见表3-5-25（7））。

管道极化后保护参数 **表3-5-25（7）**

项　目	管道保护电位	阳极工作电位	两组电极间的最小保护电位	阳极的输出电流
单位	V	V	V	A

3-5-26　阴极保护工程质量要求有哪些？

答：1）阴极保护工程质量主控项目

（1）阴极保护系统采用的材料、设备应符合国家有关规定和设计的要求。

（2）阴极保护施工前，应全线检查管道系统的电绝缘性和电连续性。检查绝缘部位的绝缘测试记录、跨接线的连接记录。用电火花检漏仪、高阻电压表、兆欧表测电绝缘性，万用表测跨线等的电连续性。

（3）阴极保护系统参数测试应符合规定：

①设计无要求时，施加阴极电流的情况下，管/地电位应小于或等于－850mV（相对于铜—饱和硫酸铜参比电极）；

②管道表面与同土壤接触的稳定的参比电极之间阴极极化电位最小值100mV；

③土壤或水中含有硫酸盐还原菌，且硫酸根含量大于0.5%时，通电保护电位应小于或等于－950mV（相对于铜—饱和硫酸铜参比电极）；

④被保护体埋置于干燥的或充气的高电阻率（大于500Ω·m）土壤中时，测得的极化电位小于或等于－750mV（相对于铜—饱和硫酸铜参比电极）。

2）阴极保护工程质量一般控制项目

（1）系统所有连接点应做好防腐处理，与管道连接处的防腐材料应与管道相同；

（2）阴极保护系统的测试桩埋设位置顶面应高出地面400mm以上，电缆、引线铺设应保持一定松弛度，连接可靠牢固。接线盒内各类电缆应接线正确，测试桩的舱门应启闭灵活、密封良好；

（3）检查片的材质应与被保护管道一致，其制作尺寸、设置数量、埋设位置应符合要求，其埋深应与管道底部相同，距管道外壁不小于 300mm。参比电极的选用、埋设深度应符合设计要求。

3-5-27 钢材表面除锈的质量等级有哪些？

答：钢管进行防腐作业。首先，应对钢材表面除锈，各种除锈方式所能达到的钢材表面除锈的质量等级见表 3-5-27。

钢材表面除锈的质量等级　　表 3-5-27

质量等级	质量标准
手动工具除锈（St2 级）	用手工工具（铲刀、钢丝刷等）除掉钢表面上松动，翘起的氧化皮、疏松的锈、疏松的旧涂层及其他污物。可保留贴附在钢表面而且不能被钝油灰刀剥掉的氧化皮、锈和旧涂层
动力工具除锈（St3 级）	用动力工具（如动力旋转钢丝刷等）彻底地除掉钢表面上所有松动或翘起的氧化皮、疏松的锈、疏松的旧涂层和其他污物。可保留贴附在钢表面上且不能被钝油灰刀剥掉的氧化皮、锈和旧涂层
清扫级喷射除锈（Sa1 级）	用喷（抛）射磨料的方式除去松动、翘起的氧化皮、疏松的锈、疏松的旧涂层及其他污物，清理后钢表面上几乎没有肉眼可见的油、油脂、灰土、松动的氧化皮、疏松的锈和疏松的旧涂层，允许在表面上留有牢固粘附着的氧化皮、锈和旧涂层
工业级喷射除锈（Sa2 级）	用喷（抛）射磨料的方式除去大部分氧化皮，锈和旧涂层及其他污物。经清理后，钢表面上几乎没有肉眼可见的油、油脂和灰土、氧化皮、锈和旧涂层。允许在表面上留有均匀分布的、牢固粘附着的氧化皮、锈和旧涂层，其总面积不得超过总除锈面积的 1/3
近白级喷射除锈（Sa2 $\frac{1}{2}$ 级）	用喷（抛）射磨料方式除去几乎所有的氧化皮、锈、旧涂层和其他污物。经清理后，钢表面上几乎没有肉眼可见的油、油脂、灰土、氧化皮、锈和旧涂层。允许在表面上留有均匀分布的氧化皮、斑点和锈迹，其总面积不得超过总除锈面积的 5%
白级喷射除锈（Sa3 级）	用喷（抛）射磨料方法彻底地清除氧化皮、锈、旧涂层及其他污物。经清理后，钢表面上没有肉眼可见的油、油脂、灰土、氧化皮、锈和旧涂层，仅留有均匀分布的锈斑、氧化皮斑点或旧涂层斑点造成的轻微的痕迹

注：1. 上述各喷（抛）射除锈质量等级所达到的表面粗糙度应适合规定的涂装要求。
2. 喷射除锈后的钢表面，无颜色的均匀性上允许受钢材的钢号、原始锈蚀程度、轧制或加工纹路以及喷射除锈余痕所产生的变色作用的影响。

3-5-28 各种涂料对表面处理的最低要求

答：各种涂装系统对表面处理的最低要求见表 3-5-28。

各种涂装系统对表面处理的最低要求　　表 3-5-28

涂装系统	对表面处理的最低要求	涂装系统	对表面处理的最低要求
油脂漆类	手动工具除锈	油脂漆类	手动工具除锈
醇酸树脂漆类	工业级喷射除锈或酸洗	富锌	工业级喷射除锈
酚醛树脂漆类	工业级喷射除锈或酸洗	环氧聚酰胺	工业级喷射除锈或酸洗
乙烯树脂漆类	工业级喷射除锈或酸洗	氯化橡胶	工业级喷射除锈或酸洗
防锈剂	溶剂清洗或只做简单处理	氨基甲酸乙酯	工业级喷射除锈或酸洗
环氧煤沥青	工业级喷射除锈或酸洗	硅酮醇酸	工业级喷射除锈或酸洗
环氧—煤焦油	工业级喷射除锈	胶乳	工业级喷射除锈或酸洗

注：本表推荐的表面处理最低要求适用于中等腐蚀环境，对腐蚀严重的环境，可采用更高级。

3-5-29　金属表面处理方法和施工程序是怎样的?

答: 金属表面处理方法有清洗、工具除锈、喷射除锈、酸洗等。

清洗：主要用溶剂、乳剂或乳液清洗剂除掉可见的油、油脂、灰土、润滑剂和其他可溶污物。

工具喷射除锈：主要是在清洗钢材表面后除去铁锈。

酸洗：酸洗是在清洁工具喷射除锈的基础上进行酸洗，彻底除了铁锈和氧化皮。

1）清洗除锈：

(1) 清洗前应用刚性纤维刷或钢丝刷除掉钢表面上的松散物（不包括油和油脂)。

(2) 刮掉附在钢表面上的浓厚的油或油脂。然后用擦洗、喷洗、浸入溶剂中等方法清洗，无论采用何种方法清洗，清洗表面均应冲净、擦干、去除溶剂残留物。

2）喷（抛）射除锈

喷砂装置如图 3-5-29 所示，即用压缩空气通过喷嘴喷射干燥的金属丸或非金属磨料，去除钢材表面铁锈，具体参数是：

空气压力：0.3～0.5MPa；

磨料粒径：0.5～0.2mm；

喷嘴喷射角：～70°；

喷嘴距金属表面：200～250mm。

各种喷砂作业矿物磨料类型见下表 3-5-29。

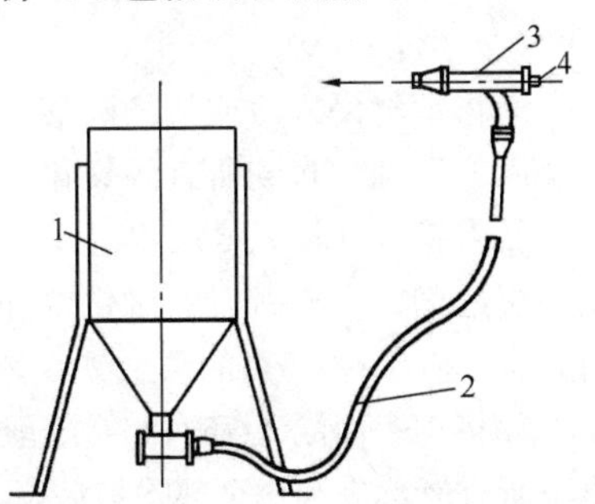

图 3-5-29　喷砂装置

1—储砂罐；2—橡胶管；3—喷枪；4—压缩空气接管

各种喷射作业宜采用的矿物磨料类型　　表 3-5-29

名　称	容积密度 (kg/m³)		尺寸范围			硬　度	
	>1600	≤1600	粗	中	细	硬	软
新钢材	×		×			×	
组装好的钢材	×			×		×	
热处理钢	×		×			×	
重型钢板	×		×			×	
腐蚀了的钢	×			×		×	
焊接氧化皮	×			×		×	×
清扫级喷射		×			×		
修整工件	×		×			×	

注：1. 粗尺寸的不能通过孔径为 850μm 筛孔的磨料。

2. 中等尺寸的不能通过孔径为 355μm 筛孔的磨料。

3. 细尺寸的不能通过孔径为 300μm 筛孔的磨料。

3）工具除锈

工具除锈包括用线头、钢丝刷、铲刀、砂纸等手动工具除锈，也包括用旋转钢丝刷等动力工具除锈，除锈时不应损伤管道金属表面。

4）酸洗除锈

酸洗前应用清洗方法除掉钢材表面大部分油、油脂、灰土、润滑剂和其他污物（不包括氧化皮、氧化物和锈)，余下的少量污物可在酸洗时除掉。

(1) 酸洗前宜用工具除锈或喷射除锈方法（只要求达到清扫级）除掉钢表面上大部分氧化皮、锈和旧涂层，以缩短酸洗时间。

酸洗处理应满足下列要求：

①硫酸槽中所溶铁的含量不应超过6%，盐酸槽中所溶铁的含量不应超过10%。

②必须使用纯净的淡水或蒸馏水做溶剂或冲洗液。在冲洗过程中，应连续不断地向冲洗槽中注入清水，使每升水中携带的酸及可溶盐的总量不超过2g（重量比0.2%）。

③为了减少携带量，从酸洗槽中取出的钢材应在该槽上方短时悬挂，沥净大部分酸溶液。

④酸洗后必须除掉有害的酸洗残渣，未发生反应的酸或碱，金属沉积物和其他有害污物。

⑤不应将酸洗后的钢材垒起来使表面互相接触，应在表面完全干透后再重叠放置。

⑥必须在可见锈出现之前进行涂装。

（2）酸洗方法

①将钢材浸入冷或热的硫酸、盐酸或磷酸溶液中，酸洗液中应加入足量的缓蚀剂以减少对基底金属的腐蚀，直到所有的氧化皮和锈全部除掉后，用60℃以上的热水充分冲洗。

②将钢表面浸入60℃以上，浓度为5%～10%（重量比）的硫酸溶液中，酸洗液中应加入足量的缓蚀剂，直至所有的氧化皮和锈全部除掉后再用淡水充分冲洗，最后将钢表面放入80℃左右，含0.3%～0.5%的磷酸铁，浓度为1%～2%（重量比）的磷酸溶液中浸泡1～5min。

③将钢表面浸入75～80℃硫酸液中(浓度为5%——体积比)，硫酸液中应加入足量的缓蚀剂，直至所有氧化皮和锈全部除掉后，再用75～80℃的热水冲洗2min，最后用85℃以上的钝化液浸泡2min以上。钝化液中应含有0.75%的重铬酸钠或0.5%左右的正磷酸。

3-5-30　涂料防腐的施工方法有几种?

答：涂料防腐（一般防腐）的施工由金属表面处理、底漆、面漆、罩面漆等工序组成。施工方法有手工刷涂、喷涂（压缩空气及喷枪）两种。

（1）手工刷涂

手工刷涂是用毛刷等简单工具将涂料涂刷在管子或设备等被涂物表面上。手工涂刷工效低，适用于工程量不大的防腐工程中，由于操作灵活，至今被普遍采用。

（2）喷涂

喷涂以压缩空气为动力，通过软管、喷枪将涂料喷涂在被涂物表面上。

喷枪如图3-5-30所示。其使用空气压力一般为0.2～0.4MPa。喷嘴距被涂物距离，当表面是平面时一般为250～

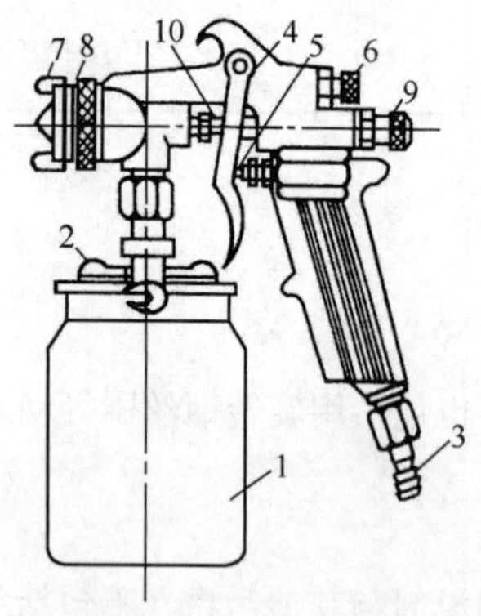

图3-5-30　涂料喷枪

1—漆罐；2—轧篮螺栓；3—空气接头；4—扳机；5—空气阀杆；6—控制阀；7—喷嘴；8—螺母；9—螺栓；10—针塞

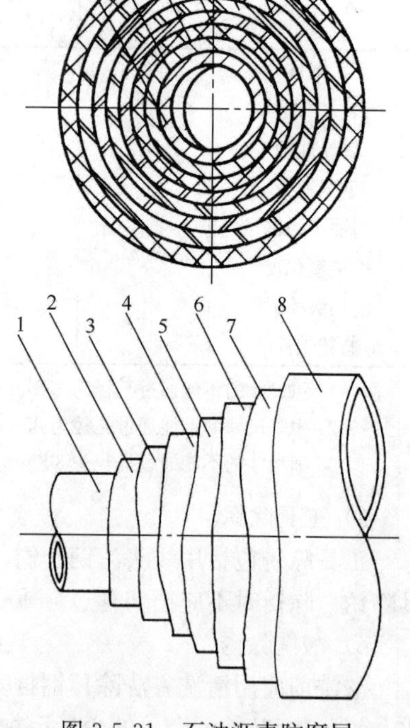

图3-5-31　石油沥青防腐层

1—钢管；2—沥青底漆；3、5、7—沥青；4、6—玻璃布；8—外保护层

350mm，当表面是圆弧面时一般为400mm左右，喷嘴移动速度一般为10～15m/min。

喷涂时，操作环境应保持清洁，无风砂灰尘，温度宜在15～30℃。每遍涂层不宜太厚，以0.3～0.4mm为宜，不得有漏涂和流挂现象。每涂一层待干燥后，应用砂纸打磨去掉涂料上的颗粒物使涂层平整，同时增加涂层间的附着力，然后再涂下一遍，由于喷涂料稀，每遍涂层较薄，需要几次喷涂才能达到设计厚度。

实践表明，为提高喷涂涂层厚度，采用涂料加温的方法喷涂较高浓度涂料是可行的。一般涂料在加热至70℃时，和冷喷涂相比，可以节省约2/3的稀释料。

3-5-31 石油沥青防腐层分为哪三级？各级的结构层数是多少？

答：钢管埋地敷设的外防腐结构分为普通、加强和特加强三级，应根据土壤腐蚀性和环境因素选定，在确定涂层种类和等级时，应考虑阴极保护的因素。

场、站、库内埋地管道，穿越铁路、公路、江河、湖泊的管道，均应采取特加强防腐，见图3-5-31，见表3-5-31（1）、（2）。

沥青防腐层结构 **表3-5-31（1）**

防腐等级		普通级	加强级	特加强级
防腐层总厚度（mm）		≥4	≥5.5	≥7
防腐层结构		三油三布	四油四布	五油五布
防腐层数	1	底漆一层	底漆一层	底漆一层
	2	沥青1.5mm	沥青1.5mm	沥青1.5mm
	3	玻璃布一层	玻璃布一层	玻璃布一层
	4	沥青1.5mm	沥青1.5mm	沥青1.5mm
	5	玻璃布一层	玻璃布一层	玻璃布一层
	6	沥青1.5mm	沥青1.5mm	沥青1.5mm
	7	聚乙烯工业薄膜一层	玻璃布一层	玻璃布一层
	8		沥青1.5mm	沥青1.5mm
	9		聚乙烯工业薄膜一层	玻璃布一层
	10			沥青1.5mm
	11			聚乙烯工业薄膜一层

每米管道材料用量 **表3-5-31（2）**

钢管DN（mm） \ 防腐等级	普通级				加强级				特加强级			
	石油沥青（kg）	玻璃布（m²）	汽油（kg）	外保护层（m²）	石油沥青（kg）	玻璃布（m²）	汽油（kg）	外保护层（m²）	石油沥青（kg）	玻璃布（m²）	汽油（kg）	外保护层（m²）
40	1.20	0.73	0.10	0.2	1.47	1.13	0.14	0.21	1.73	1.49	0.17	0.22
50	1.48	0.81	0.11	0.24	1.81	1.25	0.16	0.25	2.14	1.65	0.20	0.26
80	2.21	1.05	0.15	0.34	2.7	1.62	0.21	0.35	3.19	2.14	0.26	0.36
100	2.65	1.19	0.17	0.43	3.24	1.83	0.24	0.44	3.82	2.42	0.30	0.45
150	3.82	1.56	0.23	0.60	4.67	2.4	0.33	0.61	5.51	3.17	0.41	0.62

3-5-32 环氧煤沥青防腐层三个等级的结构层各为多少？

答：见图3-5-32及表3-5-32（1）、（2）、（3）、（4）、（5）。

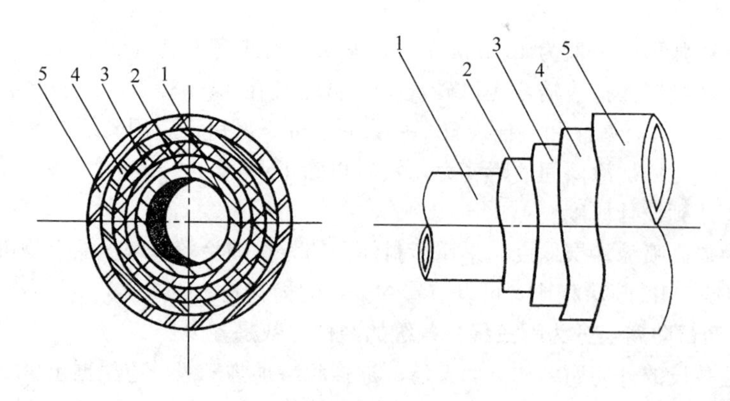

图 3-5-32 环氧煤沥青防腐层

1—钢管；2—底漆；3—面漆；4—玻璃布；5—二层面漆

环氧煤沥青防腐的等级及结构 **表 3-5-32（1）**

防腐层等级	结　　构	干膜厚度（mm）
普通级	底漆—面漆—面漆	≥0.2
加强级	底漆—面漆—玻璃布—面漆—面漆	≥0.4
特加强级	底漆—面漆—玻璃布—面漆—玻璃布—面漆—面漆	≥0.6

每米管道材料用量（kg） **表 3-5-32（2）**

防腐等级 / 钢管DN（mm）	普通级					加强级					特加强级				
	GH底漆	GH面漆	固化剂	稀释剂	玻璃布（m^2）	GH底漆	GH面漆	固化剂	稀释剂	玻璃布（m^2）	GH底漆	GH面漆	固化剂	稀释剂	玻璃布（m^2）
40	0.02	0.15	0.02	0.02	0.18	0.02	0.18	0.02	0.02	0.36	0.02	0.21	0.03	0.03	0.54
50	0.02	0.19	0.02	0.02	0.23	0.02	0.23	0.02	0.02	0.46	0.02	0.27	0.03	0.03	0.69
80	0.03	0.28	0.03	0.03	0.34	0.03	0.34	0.04	0.04	0.67	0.03	0.40	0.05	0.05	1.01
100	0.03	0.34	0.04	0.04	0.41	0.03	0.41	0.04	0.04	0.82	0.03	0.48	0.05	0.05	1.23
150	0.05	0.50	0.06	0.06	0.60	0.05	0.60	0.07	0.07	1.20	0.05	0.71	0.09	0.09	1.80
200	0.07	0.69	0.08	0.08	0.83	0.07	0.83	0.09	0.09	1.66	0.07	0.98	0.11	0.11	2.49
250	0.086	0.86	0.09	0.09	1.02	0.086	1.03	0.11	0.11	2.06	0.086	1.2	0.129	0.129	3.09
300	0.102	1.02	0.11	0.11	1.32	0.102	1.23	0.13	0.13	2.45	0.102	1.43	0.15	0.15	3.67
350	0.118	1.18	0.13	0.13	1.42	0.118	1.42	0.15	0.15	2.84	0.118	1.66	0.18	0.18	4.26
400	0.134	1.34	0.14	0.14	1.61	0.13	1.61	0.17	0.17	3.21	0.134	1.87	0.2	0.2	4.82
450	0.151	1.51	0.16	0.16	1.81	0.15	1.8	0.19	0.19	3.62	0.151	2.11	0.23	0.23	5.43
500	0.166	1.66	0.18	0.18	1.99	0.17	1.99	0.22	0.22	3.99	0.166	2.33	0.25	0.25	5.98

中碱玻璃布性能及规格　　表 3-5-32（3）

项　目	含碱量（%）	原纱号数×股数 公称支数/股数		单纤维公称直径（mm）		厚度（mm）	密　度（根/cm）		布边	长度（m）	组织
		经纱	纬纱	经纱	纬纱		经纱	纬纱			
性能规格	≤12	22×2 (45.4/2)	22×2 (45.4/2)	0.7	0.8	0.120±0.01	12±1 12±1	10±1 12±1	两边封边	200～500（带轴心 ϕ40×3mm）	平纹
试验方法	按《玻璃纤维制品试验方法》的规定进行										

玻璃布参考宽度（mm）　　表 3-5-32（4）

管子外径（mm）	60～89	114～159	219	273	377	426～529	720
布　宽	120	150	200～250	300	400	500	600～700

环氧煤沥青涂料质量指标　　表 3-5-32（5）

序号	项　　目		指　　标	
			底　　漆	面　　漆
1	漆膜外观		红棕色半光	黑色、有光
2	黏度（涂－4 黏度计，25±1℃），(s)		80～150	80～150
3	细度（刮板）（μm）		≤80	≤80
4	干燥时间（25±1℃）（h）	表　干	≤1	≤6
		实　干	≤5	≤24
5	冲击强度 J（kgf·cm）		≥4.9 (50)	≥3.9 (40)
6	柔韧性（曲率半径）（mm）		≤1.5	≤1.5
7	附着力（级）		1	1
8	硬　度		≥0.3	≥0.3
9	固体含量（重量）（%）		≥70	≥70
10	耐化学介质浸泡	10% NaOH	—	浸泡 72h，漆膜无变化
		3% NaCl	—	浸泡 72h，漆膜无变化
		10% H_2SO_4	—	浸泡 72h 漆膜完整不脱落

3-5-33　环氧煤沥青防腐的施工要点有哪些？

答：（1）钢管在涂敷前必须进行表面处理，除去油污、泥土等杂物，除锈标准应达到表 3-5-27中 Sa2 $\frac{1}{2}$ 等级，并使表面达到无焊瘤、无棱角、光滑无毛刺。

（2）环氧煤沥青涂料的配制

整桶漆在使用前，必须充分搅拌，使整桶漆混合均匀。

底漆和面漆必须按厂家规定的比例配制。配制时先将底漆或面漆倒入容器，然后再缓慢加入固化剂，边加入边搅拌均匀。

（3）施工注意事项

①刚开桶的底漆或面漆不得加入稀释剂，只有当施工过程中黏度太大不宜涂刷时，才可加入稀释剂，加入量（重量）不得超过 5%。

②配好的熟料需熟化 30min 后方可使用，常温下涂料的使用周期为 4～6h。

③钢管经表面处理合格后，应尽快涂刷底漆，间隔时间不得超过 8h。大气环境恶劣时（如湿度过高、空气含盐雾），还应进一步缩短间隔时间。

④涂料涂刷应均匀，不得漏涂，每根管子两端各留 150mm 左右裸管以备焊接。

⑤如焊缝高于管壁 2mm，应用面漆和滑石粉调成稠度适当的腻子，在底漆表干后抹在焊缝两侧，并刮成光滑的过渡曲面，以防缠包玻璃布时出现空鼓。

⑥底漆表干并打好腻子后，即可涂刷面漆。涂刷要均匀，不得漏涂，在室温下涂底漆与涂第一遍面漆的间隔时间不应超过 24h。

⑦对普通级防腐，在第一道面漆实干后方可涂刷第二遍面漆。

⑧对加强级防腐，涂第一遍面漆后即可包缠玻璃布。玻璃布要拉紧，表面平整，无皱折和鼓包。压边宽度为 20～25mm，布头搭接长度为 100～150mm。玻璃布缠包后即可涂第二遍面漆，要求漆量饱满，玻璃布所有网眼均应灌满涂料，第二遍面漆实干后，方可涂刷第三遍面漆。

⑨对特加强级防腐，按上述一道面漆一层玻璃布的施工顺序进行防腐施工，最后，在第三遍面漆实干后，方可刷第四遍面漆。两层玻璃布缠绕的方向应相反。受潮时玻璃布应烘干后方可使用。

（4）防腐层施工质量的标准及检验方法

①防腐层质量评定标准见下表 3-5-33。

环氧煤沥青防腐层质量评定标准 **表 3-5-33**

项目		质量指标	检验方法
机械性能	剪切黏结强度（MPa）	≥4	SYJ 28—87
	抗冲击强度（J）	1.2①	SYJ 28～87
电性能	工频击穿强度（kV/mm）	≥20	SYJ 28—87
	体积电阻率（Ω·cn）	$\geqslant 1\times 10^{12}$	SYJ 28—87
电化学性能	阴极剥离（级）	≥3	
耐化学介质浸泡	30% H_2SO_4	浸泡 7d 防腐层外观无变化	SYJ 28—87
	10% NaOH	浸泡 3 个月，防腐层外观无变化	
	10% NaCl	浸泡 3 个月，防腐层外观无变化	
吸水率（%）		≤0.4	SYJ 28—87
耐好气性微生物侵蚀（级）		≥2	SYJ 28—87

①此值为暂定指标，适用于现场涂敷。

②防腐层干性的检查标准：

a. 表干：用手指轻触防腐层不粘手；

b. 实干：用手指推捻防腐层不移动；

c. 固化：用手指甲刻防腐层不留刻痕。

（5）环氧煤沥青防腐管段的装、卸、堆放保管、吊装入沟等环节，均应严格注意保护好防腐结构，不使受到损伤；

（6）管道下沟前，应根据防腐层厚度，用电火花检漏仪对防腐管段进行一次全长检漏，如发现缺陷必须修补合格；

（7）防腐层结构必须座管于细土或细砂垫层上（垫层厚度为 0.2m，垫层土、砂最大粒径为不超过 3mm）；管沟回填时，必须用细土或砂回填至管顶以上 0.2～0.3m 后，方可用原土继续回填；

（8）防腐管道回填后，应用低频信号检漏仪检查漏点，有漏点处应挖开进行修补。

3-5-34 聚乙稀胶带防腐层的三个等级各层结构是怎样的？

答：见表 3-5-34（1）、（2）、（3）。

聚乙烯胶带防腐层等级与结构 **表 3-5-34（1）**

防腐等级	防 腐 层 结 构	总厚度（mm）
普通级	一层底漆→一层内带（带间搭接宽度 10～19mm）→一层外带（带间搭接宽度 10～19mm）	≥0.7
加强级	一层底漆→一层内带（带间搭接宽度为 50%胶带宽度）→一层外带（带间搭接宽度为 10～19mm）	≥1.0
特强级	一层底漆→一层内带（带间搭接宽度为 50%胶带宽度）→一层外带（带间搭接宽度为 50%胶带宽度）	≥1.4

注：胶带宽度≤75mm 时，搭接宽度为 10mm；
胶带宽度＝100mm 时，搭接宽度为 15mm；
胶带宽度≥230mm 时，搭接宽度为 19mm。

底 漆 性 能 **表 3-5-34（2）**

性 能	指 标
材料	橡胶合成树脂
总固体组成	15%～30%
表干时间	3～5min
与胶带相容性	不破坏胶层的黏性、弹性
使用温度	－30～70℃

聚乙烯胶带性能 **表 3-5-34（3）**

项 目		防腐胶带（内带）	保护胶带（外带）
颜 色		黑	黑或白色
总厚度	基膜	0.15～0.4	0.25～0.5
	胶带	0.1～0.7	0.1
	胶带	0.25～1.1	0.35～0.6
基膜拉伸强度（MPa）		≥12	≥12
基膜断裂伸长率（%）		≥175	≥175
剥离强度(有底漆、对不锈钢)(N/cm)		≥8	≥8
体积电阻率（Ω·cm）		＞1×10^{14}	＞1×10^{14}
击穿电压（kV/mm）		＞30	＞30
使用温度（℃）		－30～70	－30～70
耐热老化试验（%）		＜35	＜35

注：耐热老化试验是指试件在 100℃条件下，经 2400h 热老化后，测得基膜拉伸强度、基膜断裂伸长率，剥离强度的降低率。

3-5-35　聚乙烯胶带防腐层施工要点有哪些?

答: 施工方法如下:

(1) 防腐管子表面应用喷射除锈方式进行认真清理。管子表面处理应达到前表 3-5-27 Sa2 级。如条件不具备可采用手工除锈方式,其表面处理应达到 St3 级标准。

(2) 底漆涂刷前应在容器中搅拌均匀,直至沉淀物全部溶解为止,在除锈合格的钢管表面上涂刷底漆,形成均匀薄膜,待底漆干至"手触发黏"即可缠绕胶带。

底漆用量约为 80～100g/m²。当底漆较稠时应加入稀释剂,调至合适稠度,调制时注意安全,防止着火。

(3) 缠带的施工要求

①胶带解卷时的卷体温度应高于 5℃。当环境温度较低时,应采取措施保证施工质量。当大气相对湿度大于 75%或有风沙天气不宜施工;

②使用适当的机械或手工机具,在涂好底漆的管子上按搭接要求缠绕胶带,胶带始端与末端搭接长度应不少于 1/4 周长且不少于 100mm,缠绕各圈间应平行,不能扭曲皱折,端部胶带应压贴不使翘起;

③管子两端应留出长度为 150±10mm 的光管以备焊接,并按防腐层等级做出明显标记(普通级:红;加强级:绿;特强级:蓝),标记还包括钢管规格及质量检查标志。

④在沟边上缠绕好的防腐管段应直接下沟,如不能直接下沟时,必须放置于高出地面的软土墩上,以防压伤涂层;下沟后的防腐管严禁在沟底拖拉;软土回填厚度超过管顶 100mm 后方可二次回填。

⑤防腐管段的运输、吊装下沟等施工环节,均应采取措施,细心操作,防止损伤防腐结构。

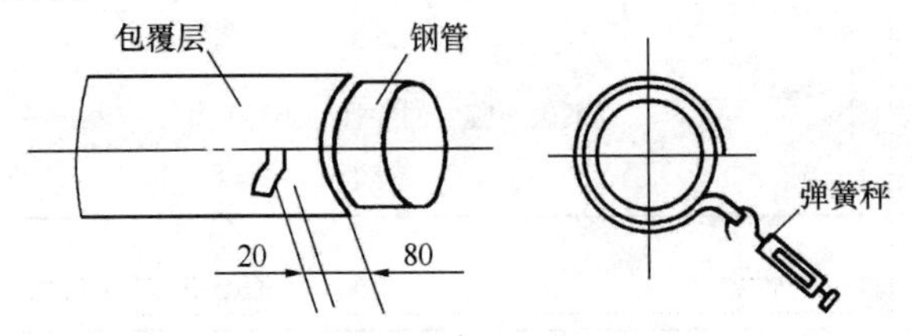

图 3-5-35　现场剥离强度的测试

(4) 防腐层的质量标准及检查方法

①表观:目测检查,防腐层表面应平整、搭接均匀、无皱折、无凸起、不允许有破裂点;

②厚度:用量厚仪测量应符合图3-5-36 及表 3-5-36 的规定;

③黏结力(剥离强度):检查方法如图 3-5-35 所示。用弹簧秤与管壁成 90°角慢慢拉开,拉开速度应不大于 10mm/min,黏结拉力应大于 8.0N/cm(测试在缠好胶带后 2h 进行,每千米防腐管线应测试 3 处)。

④电火花检漏:对管线进行全线检查。检查时在防腐管标准厚度处特意制造针孔,使电火花能击穿针孔的电压为全线的检测电压。检漏仪移动速度不应超过 0.3m/s,对所有放电处应做好记号,并用胶带修补。

⑤检测应做好记录,内容包括缺陷形状、性质及位置、修补工艺等,作为竣工资料。

3-5-36　何谓塑料"夹克"管?其安装要点有哪些?

答: 1) 采用包覆法包覆聚乙烯防腐层的钢质管道俗称塑料"夹克"管,其输送介质的温度范围:

高密度聚乙烯包覆管(黄夹克)<80℃;

低密度聚乙烯包覆管(绿夹克)<60℃。

聚乙烯包覆管是在工厂中,通过机械进行底胶涂刷和聚乙烯原料挤出并冷却成型制成。到达施工现场的聚乙烯包覆层结构及厚度应达到上表中的各项规定。

2) 聚乙烯包覆管的安装

聚乙烯包覆层结构及厚度 **表 3-5-36**

钢管直径 DN（mm）	底　漆　层（mm）		聚乙烯包覆层（mm）	
	厚　度	允许偏差	厚　度	允许偏差
20～40	0.3	+0.2	0.8	+0.3 0
50～80			1.0	+0.3 0
100～125			1.2	+0.3 −0.1
150～200	0.4	+0.2	1.5	+0.4 −0.1
250～300			1.6	+0.4 −0.1
350			1.8	+0.4 −0.1
400			2.0	+0.5 −0.1
500			2.2	+0.5 −0.1

(1) 聚乙烯包覆管在现场堆放时，应分类整齐堆放，不得直接放在地上，在支垫上分层堆放时，两层之间应垫以草袋、麻袋等，以保护包覆层。露天堆放应用避光物遮盖，堆放时间不应超过三个月。

(2) 包覆管的搬移、吊装时，应均轻拿轻放，采用宽尼龙编织带吊装，防止损伤包覆层。管子入沟后，不得在沟底拖动，并应座管于不少于 100mm 厚的细土层上。

(3) 补口

①补口前应清除焊口处的焊渣，油污及受热变质的底胶，使钢管露出金属光泽；

②用聚乙烯胶带补口时，将补口处及包覆层 100mm 范围内涂底胶使均匀、无气泡和凝块，随后缠胶带，从一端缠向另一端，搭接 50%胶带宽度，缠好一层后，再涂底胶，返回再缠一次，第一层与包覆层搭接宽度为 100mm，第二层与包覆层搭接宽度为 150mm。缠绕时应均匀施力，防止出现皱折和鼓泡。

③补口后应进行外观检查和电火花检漏仪检测，如有漏点应剥掉重缠。

④三通管补口时，先清理焊口周围被烧焦的防腐层，按管径尺寸截剪聚乙烯胶带如图3-5-36所示，胶带宽度 $C=1.2\pi D$，补胶带长度 $l=1.5\pi D$，并按图示方向用剪刀剪截。

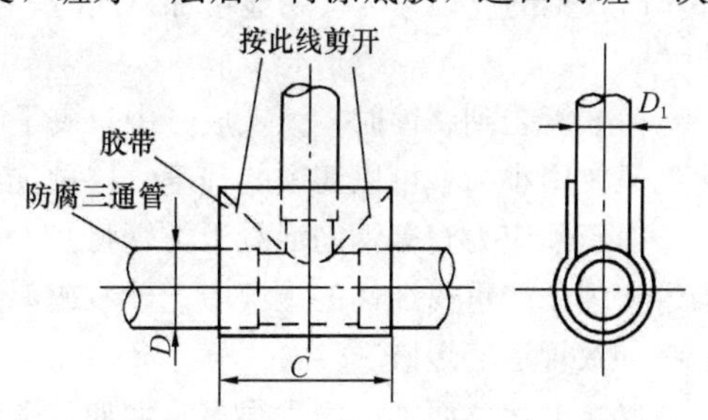

图 3-5-36　贴补胶带下料

3-5-37　管道的外腐蚀表现方式有哪些？

答： 腐蚀是金属管道的变质现象，其表现方式有生锈、坑蚀、结瘤、开裂或脆化等。金属管道与水或潮湿土壤接触后，因化学作用或电化学作用产生的腐蚀而遭到损坏。按照腐蚀过程的机理，可分为没有电流产生的化学腐蚀，以及形成原电池而产生电流的电化学腐蚀（氧化还原反应）。给水管网在水中和土壤中的腐蚀，以及流散电流引起的腐蚀，都是电化学腐蚀。

3-5-38 何谓管道的化学腐蚀?

答：化学腐蚀是因为金属与四周腐蚀性介质相互作用发生置换反应而产生的腐蚀。化学腐蚀可分为大气中的化学腐蚀和在非电解质溶液中的腐蚀。大气的化学腐蚀多见于钢铁在空气中氧化变为氧化铁，或铁在氯化物溶液中发生化学反应变为氯化铁。在化学腐蚀过程中没有电流产生。

置换反应的结果是生成氢氧化物。若是这种氢氧化物易溶于水，则制作管道的金属为活泼性的金属，这种管道容易腐蚀；若是生成的氢氧化物难溶于水，管道周围的土壤就不易对管道产生腐蚀作用。

同时，大多数金属由于土壤中溶解氧的作用，能生成碱性氧化物，再与侵蚀性酸相遇生成可溶性盐类，呈酸性具有腐蚀性；若生成非溶性的盐类，呈碱性就不易腐蚀。如铁的腐蚀作用，首先是由于空气中的二氧化碳溶解于水，变成碳酸和溶解氧，它们往往也存在于土壤中，使铁生成可溶性的酸式碳酸盐 $Fe(HCO_3)_2$，然后在氧化作用下变成 $Fe(OH)_2$。

对于管道的化学腐蚀在大气和土壤中最常用的防腐蚀方法是采用涂料或非金属材料包覆（像环氧煤沥青保护层等）。

3-5-39 何谓管道的电化学腐蚀?

答：金属管道埋在土壤中的电化学腐蚀，是指金属在土壤中发生的化学变化。其特点在于金属溶解损失的同时，还产生腐蚀电池的作用。

它与化学腐蚀的不同点在于腐蚀过程有电流产生。形成腐蚀电池有两类，一类是微腐蚀电池，另一类是宏腐蚀电池。微腐蚀电池是指金属组织不一致的管道和土壤接触时，对于土壤性质的差异，在这很小的范围内可以说是不大的。而这种组织不均匀的金属管材，就好像两块不同金属放在同一电解液中一样，在这两部分组织有差异的金属管道间发生电位差而形成腐蚀电池。如钢管的焊缝熔渣和管本体金属之间，电位差可高达 0.275V，这也就是钢管漏水常发生在焊缝的缘故。宏腐蚀电池是指长距离金属管道沿线的土壤性质不同，因在土壤和管道之间发生电位差而形成腐蚀电池。一般所指的土壤电化学腐蚀，是上述两种腐蚀电池作用的综合。

钢管受到电化学腐蚀时，常发生局部穿孔。钢管的电化学腐蚀除了上述两种类型外，还可能产生大气腐蚀。大气腐蚀为幕墙工程金属结构腐蚀的主要腐蚀形式。对钢结构来说，腐蚀的速度主要与空气的相对湿度有关。实验和经验证明，常温下，钢材的腐蚀临界湿度为 60%～70%。也就是说，当大气的相对湿度小于 60%时，钢的大气腐蚀是很轻微的，但当大气相对湿度超过 60%时，钢的腐蚀速度会明显增加。同时，钢材的腐蚀速度还与大气中所含的污染物成分和数量有关。

铸铁管受到腐蚀时，铸铁成分中只剩下石墨、硅酸盐和氧化物。铸铁管虽保持着外形，但软化到只要用小力就可以切削的程度，这种现象称为“石墨化现象”。

对于预应力管等钢筋混凝土类管材，一般说砂浆或混凝土对钢筋会起到良好的保护作用，但当管道埋于严重腐蚀性的土壤中，砂浆或混凝土会受到酸性地下水的侵蚀，钢筋就会发生腐蚀，最终导致管道的爆破。

影响电化学腐蚀的因素很多，例如，钢管和铸铁管氧化时，管壁表面可生成氧化膜，腐蚀速度因氧化膜的作用而越来越慢，有时甚至可保护金属不再进一步被腐蚀，但氧化膜必须完全覆盖管壁，并且在附着牢固、没有透水微孔的条件下，才能起保护作用。水中溶解氧可引起金属腐蚀，一般情况下，水中含氧越多，腐蚀越严重，但对钢管来说，此时在内壁产生保护膜的可能性越大，因而可减轻腐蚀，水的 pH 值明显影响金属管的腐蚀速度，pH 值越低腐蚀越快，中等 pH 值时不影响腐蚀速度，pH 值高时因金属管表面形成保护膜，腐蚀速度减慢。水的含盐量对腐蚀的影响是，盐量越高则腐蚀加快。

3-5-40 管道的内腐蚀及堵塞的原因有哪五种？

答： 1）水中碳酸钙（镁）沉淀形成的水垢

在所有的天然水中几乎都含有钙镁离子，并且水中的酸式碳酸根离子分解出二氧化碳和碳酸根离子，这些钙镁离子和碳酸根离子化合成碳酸钙（镁），它难溶于水而变成沉渣。长时间使用水管，由于水中碳酸钙的沉积造成了水垢，水垢随着时间的延长，逐渐加厚，直至堵塞水管，影响正常供水和排水。

在冷却设备的循环给水系统中，温度升高会加快酸式碳酸根的分解，是凝结管容易堵塞的重要原因。

2）水对金属管道内壁侵蚀所形成的沉淀物

这种侵蚀一般分为两大类——化学腐蚀与电化学腐蚀。对于金属管道而言，输送的水就是一种电解液，所以管道的腐蚀多半带有电化学的性质。在这里，金属不是化学上的纯金属，它本身含有各种不同的杂质，这些杂质之间引起彼此间的腐蚀电位差，使阳极部位的金属遭到损坏，并转入溶液中呈离子状态，同时失去电子，这多余的电子趋向阴极，在阴极形成的氢离子放电，溶液在阴极失去氢离子而增加 OH^- 离子，当形成的 OH^- 离子到足够的数量时，在溶液中的金属离子就形成金属的低价氢氧化物，低价的氢氧化物如 $Fe(OH)_3$，它沉积于管内使管道表面成凹凸不平。因此，这样形成的沉淀物是腐蚀作用的二次产物。

在正常状态下，如水中没有侵蚀性二氧化碳时，这种沉积物在管内壁形成一层薄膜，使金属的继续腐蚀作用减低。否则氢氧化铁吸附二氧化碳，破坏了酸式碳酸盐溶液中的化学平衡，加速产生碳酸钙沉淀。

水中溶解氧的大量存在，使金属管内壁形成保护性的氧化物薄膜。当给水管内的水中溶解氧含量不多时，起不到上述的作用，在管网供水的实际状态上也反映了这类情况。比如，输水干管中流速大，氧气接连不断地由水带入，此氧对金属起到钝化作用；而在配水管网的末端，管内流速较小，甚至有时不流动，水中的氧气没补充的状态，水管就易腐蚀。

由于腐蚀的生成物能溶于酸性介质中，而不易溶解于碱性介质中。因此，pH 值偏低的酸性介质能促进腐蚀作用，而 pH 值偏高能阻止或完全停止腐蚀作用。

3）水中含铁量过高引起的管道堵塞

作为给水的水源一般含有铁盐。生活饮用水的水质标准中规定铁的最大允许浓度不超过 0.3mg/L，当铁的含量过大时，水应予以处理，否则在给水管网中容易形成大量沉淀。水中的铁常以酸式碳酸铁、碳酸铁等形式存在。以酸式碳酸铁形式存在时最不稳定，分解出二氧化碳，而生成的碳酸铁经水解成氢氧化亚铁。这种氢氧化亚铁经水中溶解氧的作用，转为絮状沉淀的氢氧化铁。它主要沉淀在管内底部，当管内水流速度较大时，上述沉淀就难形成；反之，当管内水流速度较小时，就促进了管内沉淀物的形成。

上述三方面，一般属于水质的化学稳定问题。

4）管道内的生物性堵塞

从管道堵塞性沉积物的分析中得知，既有矿物成分也有有机成分。这种有机成分中包括微生物和藻类，它们大量地存在于给水的水源中，主要存在于地表水里。

这些极小的、活的有机物进入管道内附着在管壁上，在具备良好的生存因素时，就繁殖而聚积，从而缩小了管道的有效过水面积。

城市给水管网内的水是经过处理和消毒的，在管网中一般就没有产生有机物和繁殖生物的可能。但是铁细菌是一种特殊的自养菌类，它依靠铁盐的氧化，以及在有机物含量极少的清洁水中，顺利地利用细菌本身生存过程中所产的能量而生存。这样铁细菌附着在管内壁上后，在生存过程中能吸收亚铁盐和排出氢氧化铁，因而形成凸起物。由于铁细菌在生存期间能排出超过其本身体积499倍的氢氧化铁，所以有时能使水管过水断面严重堵塞，并且这种凸起物是沿管内壁四周生成的，不仅是管底面而已。另外，硫酸盐还原菌是一种厌气细菌，它常存在干管内壁上，在没有氧的条件下，在金属管道电化学腐蚀过程中会起到加剧腐蚀的作用。

5）水中悬浮物的沉淀

水中悬浮物的沉淀是形成沉渣的最简单过程。尽管多数给水管道所输送的水中，悬浮物含量很少，可是毕竟有沉淀物形成，特别是直接向管网输水的水井，往往使井周围粉砂、细砂随水流入管内。尤其是生物的集聚粘附性能，使这些悬浮无机物很易在管道内沉积。

上述五个原因造成了管道内壁的腐蚀和沉淀，同时必须考虑的另一个因素是“气蚀”和管道内腐蚀的关系。

管道上安装了阀门等配件和弯管等异形管件，当水通过上述部位时，水流呈现涡流。由于阀门等部位过水断面的变化，或节流运转等原因产生流态收缩，使这部分的流速极高，静压值下降，若降至该温度的蒸气压力以下，由于水的蒸发便产生“气体空洞”。就在这些“气洞”破灭之际，给管壁以机械的冲击（水击），它和前述的腐蚀作用结合起来，便容易造成极大的损伤。

3-5-41　表面处理有哪两种方法?

答: 金属表面的处理是搞好覆盖防腐蚀的前提，清洁管道表面可采用机械和化学处理的方法。

1）机械处理

擦锈处理：是最简易的机械处理方法，就是用钢丝刷、砂纸等将管外表面上的铁锈、氧化皮除去，这种方法通常用于小口径钢管的初步处理。

喷砂处理：采取压力喷射的原理，将研磨材料喷到金属表面上。研磨材料有石英砂、钢珠、钢砂等。喷砂法分干式喷砂法和湿式喷砂法两种。喷射时是用压力约为0.4MPa以上的空气，将砂喷射到管道的表面上，每次要消耗30%的砂料。这种方法的优点是工时消耗量少，适合工厂化作业，但对操作者身体有害，可用真空吸尘的方式减轻这样的危害，还可以回收研磨材料。

火焰清洁法：用燃烧器将金属管材表面加热，利用氧化皮、铁锈和金属管材的热膨胀性能不同使之脱落，并将油脂和水分烧掉使材料表面干燥。这种方法应注意不使管材受热变形，它适用于局部钢制管件铁锈的去除。

2）化学处理

化学处理是用酸或碱将金属表面附着物溶解除去，这种方法没有噪声和粉尘，它分脱脂法和酸洗法两类。

脱脂法：是将金属管壁上的油脂脱除，脱脂可用溶剂法、碱液脱脂法、乳剂法、电解法等。

酸洗法：是用酸液溶解管外壁的氧化皮、铁锈的方法，酸洗时可用醋酸、硫酸、盐酸，也有用硝酸或磷酸。

3-5-42　覆盖防腐法有哪几种方法?

答: 按照管材和口径的不同，外防腐处理的方法亦有不同。

1）小口径钢管及管件的防腐处理

对于小口径钢管及管件，通常是采用热浸镀锌的方法。将酸洗后再用清水冲洗干净的管材，浸泡在已加热到450～480℃的溶锌槽中进行浸锌作业，其防腐机理在于锌比钢的电位低，在锌和铁之间形成局部电池，使锌被消耗而钢管表面受到保护。

2）大口径钢管的外防腐处理

因为钢管的腐蚀主要是电化学腐蚀所引起的，根据其原理，如果我们在管外用绝缘材料做一层保护层，隔绝钢管与其周围土壤中电解质接触，使之不能形成腐蚀电池现象，就可达到防止管道腐蚀的目的。通常采用的防腐材料有石油沥青、环氧煤沥青、氯磺化聚乙烯、聚乙烯塑料、聚氨酯涂料及沥青塑料或沥青编织布胶带等。大口径钢管的外防腐处理应根据钢管的不同敷设方式分别选用不同的防腐措施。

3-5-43　防腐层的等级结构是怎样的？

答：1）石油沥青涂料外防腐层构造（见表 3-5-43（1））

表 3-5-43（1）

材料种类	三油二布		四油三布		五油四布	
	构　造	厚度（mm）	构　造	厚度（mm）	构　造	厚度（mm）
石油沥青涂料	1. 底漆一层 2. 沥青 3. 玻璃布一层 4. 沥青 5. 玻璃布一层 6. 沥青 7. 聚氯乙烯工业薄膜一层	≥4.0	1. 底漆一层 2. 沥青 3. 玻璃布一层 4. 沥青 5. 玻璃布一层 6. 沥青 7. 玻璃布一层 8. 沥青 9. 聚氯乙烯工业薄膜一层	≥5.5	1. 底漆一层 2. 沥青 3. 玻璃布一层 4. 沥青 5. 玻璃布一层 6. 沥青 7. 玻璃布一层 8. 沥青 9. 玻璃布一层 10. 沥青 11. 聚氯乙烯工业薄膜一层	≥7.0

2）环氧煤沥青涂料外防腐层构造（见表 3-5-43（2））

表 3-5-43（2）

材料种类	二　油		三油一布		四油二布	
	构　造	厚度（mm）	构　造	厚度（mm）	构　造	厚度（mm）
环氧煤沥青涂料	1. 底漆 2. 面漆 3. 面漆	≥0.2	1. 底漆 2. 面漆 3. 玻璃布 4. 面漆 5. 面漆	≥0.4	1. 底漆 2. 面漆 3. 玻璃布 4. 面漆 5. 玻璃布 6. 面漆 7. 面漆	≥0.6

3-5-44　埋地管外防腐的施工工艺及注意事项有哪些？

答：（1）石油沥青防腐层的施工工艺

①除锈

②刷冷底子油两层，要求均匀，厚度一致。

③待冷底子油干燥后，浇涂 180～220℃（石油沥青温度不应低于 160℃、不能高于 230℃、沥青熬制时间不能超过 3h）、层厚为 1.5mm 的热沥青或沥青胶泥。在常温下涂冷底子油与浇涂沥青的时间间隔不应超过 24h。

④缠绕玻璃丝布：浇涂沥青后，应立即缠绕中碱网状平纹玻璃丝布，玻璃丝布必须干燥、清洁。缠绕时应紧密无褶皱，压边应均匀，压边宽度为 30～40mm，玻璃丝布搭接长度为 100～150mm。玻璃丝布的沥青浸透率应达 95%以上，严禁出现大于 50mm×50mm 的空白。

⑤用牛皮纸作外保护层时，应趁热包扎于沥青涂层上；用塑料薄膜包扎，应按照沥青防腐层

结构要求，浇涂完最后一道热沥青后，包扎一层聚氯乙烯工业薄膜。为防止薄膜过早老化，待浇涂的沥青冷却到100℃以下时方可包扎。外包的工业薄膜应紧密适宜，无褶皱、脱壳等现象。压边应均匀，压边宽度为30～40mm，搭接长度宜为100～150mm。

（2）环氧煤沥青防腐层的施工工艺

①除锈：要使表面达到无焊瘤、无棱角、光滑无毛刺。

②涂料配制：环氧煤沥青涂料的配制，应按下列要求进行：

整桶漆在使用前，必须充分搅拌，使整桶漆混合均匀。底漆和面漆必须按厂家规定的比例配制，配制时应先将底漆或面漆倒入容器，然后再缓慢加入固化剂，边加入边搅拌均匀。配好的涂料需熟化30min后方可使用；常温下涂料的使用周期一般为4～6h。

③涂刷底漆：钢管经表面处理合格后应尽快涂刷底漆，间隔时间不得超过8h，大气环境恶劣（如湿度过高，空气含盐雾）时，还应进一步缩短间隔时间。

④刮腻子：如焊缝高于管壁2mm，用面漆和滑石粉调成稠度适宜的腻子，在底漆表干后抹在焊缝两侧，并刮平成为过渡曲面，避免缠玻璃布时出现空鼓。

⑤涂面漆和缠玻璃布：底漆表干或打腻子后，即可涂面漆。涂刷要均匀，不得漏涂。

在室温下，涂底漆与涂第一道面漆的间隔时间不应超过24h。

a. 普通级结构：普通级结构的防腐层，在第一道面漆实干后方可涂第二道面漆。

b. 加强级结构：加强级结构防腐层，涂第一道面漆后即可缠绕玻璃布，玻璃布要拉紧，表面平整，无皱折和鼓包。压边宽度为20～25mm，布头搭接长度为100～150mm。玻璃布缠绕后即涂第二道面漆，要求漆量饱满，玻璃布所有网眼应灌满涂料，第二道面漆实干后，方可涂第三道面漆。

（3）特加强级结构：特加强级结构的防腐层，依上述一道面漆一层玻璃布的顺序的要求进行。在第三道面漆干后，方可涂第四道面漆。两层玻璃布的缠绕方向应相反。受潮的玻璃布应烘干，否则不能使用。

底漆或面漆表干是指用手轻触不粘手，实干是指用手指推不移动。

3-5-45　架空管的施工工艺有哪些？检查项目有哪些？

答：1）架空管是暴露在空气中的钢管，也称明设钢管。其特点是不与土壤接触但处于阳光和雨、露水之下，因此，其防腐材料必须具备良好的耐候性。

（1）底漆

对架空管道的底漆一般采用防锈漆作为底漆，如红丹防锈漆、铁红防锈漆、锌黄防锈漆（黄丹漆）等，对于质量要求较高的架空管还可采用环氧富锌底漆。近年来，工程上常采用带锈防锈漆，这种带锈漆在清除了钢管表面的疏松氧化皮、电焊渣、泥土油污后，直接涂在已锈蚀的管材表面，将疏松的铁锈转化为稳定的高分子膜状物质牢固地粘附在金属表面，形成保护性的封闭层，可以省去管表面的除锈工序。

架空管在涂敷一般防锈底漆时，对钢管的表面除锈要求与埋地管道要求相同。刷第一遍底漆时必须保证油漆全部覆盖金属表面，每遍漆不能刷得太厚，以免起皱及流挂，漆表干后才能刷第二遍漆，注意不要在雨天、飞尘严寒的环境下施工。

（2）面漆

对架空管道采用的面漆一般为耐候性较高的醇酸漆、磁漆，对有装饰和标志要求的地下管道通常采用银粉漆。近年来面漆常采用耐候性较好的氯磺化聚乙烯涂料。

涂刷面漆可采用刷涂或喷涂的方法，为防止面漆厚薄不均和流挂起泡，应采用少量多次的刷涂方法。施工时采用高压无气喷涂的面漆涂敷方法大大提高了面漆的附着力。

（3）架空管的油漆防腐可按表3-5-45（1）的施工工序进行施工。

表 3-5-45（1）

刷油种类		钢管		镀锌钢管	
		无装饰及标志要求	有装饰及标志要求	无装饰及标志要求	有装饰及标志要求
底漆		防锈漆两遍	防锈漆两遍	不刷油	防锈漆两遍
面漆	不保温	银粉漆两遍	色漆两遍	不刷油	色漆两遍
	保温	不刷油	保温层外色漆两遍	不刷油	保温层外色漆两遍

2）外防腐层质量检验标准，如表 3-5-45（2）所示。

表 3-5-45（2）

材料种类	构造	检查项目				
		厚度（mm）	外观	电火花试验		粘附性
石油沥青涂料	三油二布	≥4.0	涂层均匀无褶皱、空泡、凝块	18kV	用电火花检漏仪检查无打火花现象	以夹角为 45°～60° 边长 45～50mm 的切口，从角尖端撕开防腐层；首层沥青层应 100％地粘附在管道的外表面
	四油三布	≥5.5		22kV		
	五油四布	≥7.0		26kV		
环氧煤沥青涂料	二油	≥0.2		2kV		以小刀割开一舌形切口，用力撕开切口处的防腐层，管道表面仍为漆皮所覆盖，不得露出金属表面
	三油一布	≥0.4		3kV		
	四油二布	≥0.4		5kV		

3-5-46　电化学防腐法有哪些?

答：1）排流法

城市管道周围由于地铁、高压电网等造成的杂散电流腐蚀对钢管的局部腐蚀影响巨大，它将使在回流点附近的钢管锈蚀，体积膨胀，丧失强度。

通过采用二极管排流法，即在混凝土钢筋和回流点之间连接二极管进行单向排流，以及牺牲阳极排流法，可以保护钢管不受腐蚀破坏。

杂散电流腐蚀的监控和检测。对本身产生的杂散电流的地点、强度、流向主钢管危险电压值进行严格的监控和检测，同时检测钢管沿线周围环境中产生杂散电流的产生源，特别是对汇流点的测定对杂散电流的排流有着极为重要的意义。

2）阴极保护法

阴极保护法是从管的外部给一定量的直流电流，由于输水管道上电流的作用，将金属管道表面上的不均匀的电位消除，使不能产生腐蚀电流，从而达到保护金属不受腐蚀的目的。阴极保护法又分为外加电流法和牺牲阳极法两种。

（1）外加电流法

外加电流法如图 3-5-46（1）所示。

它是通过外部的直流电源装置把必要的防腐电流经埋在地下的电极（阳极）流入金属管道的一种方法。所用直流电源，通常都是交流电源经整流后，变为直流的。而所用的阳极必须是非溶性物质的。如石墨、高硅铸铁等。将阳极埋在地下，周围填充焦炭或炭末等，降低接地电阻，并扩散产生氧气。在电极更换较方便的地方，可以使用旧钢管、旧钢轨等较大尺寸的电极，而电源的电压降低。这种方法所用的整流装置由硅整流器和活动电阻组成，也有用恒压稳流器方式的，后者工况要好些，但价格较贵。另外使用非溶性阳极时，可作为永久性的防腐措施，除电费外无其他费用。缺点是这种方法对其他地下管道也会造成一定的影响，即可使其某个地方变为阳极。故在市区管道相距较近地区不宜使用。

(2) 牺牲阳极法

牺牲阳极法如图 3-5-46 (2) 所示。

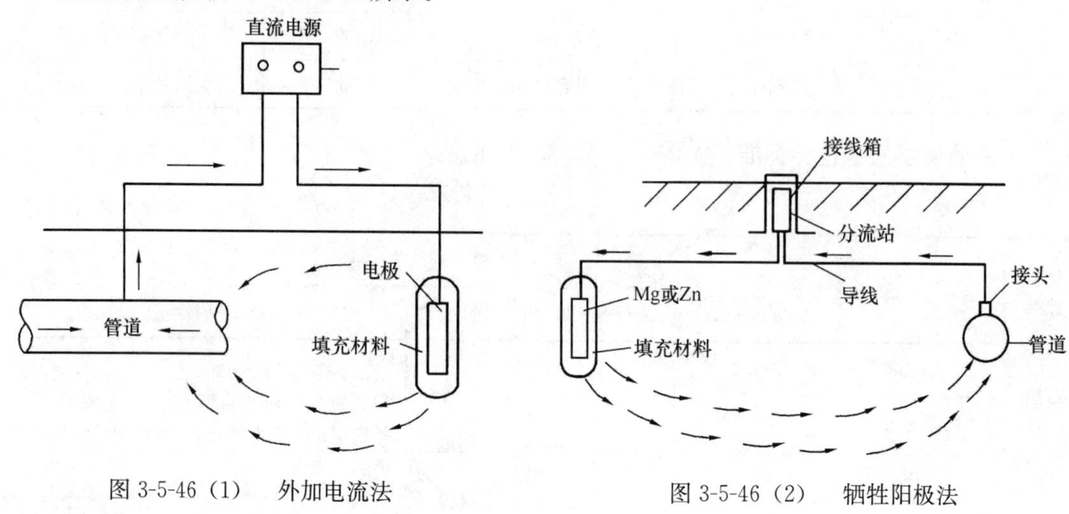

图 3-5-46 (1)　外加电流法

图 3-5-46 (2)　牺牲阳极法

它是用比被保护金属管道电位低的金属材料做阳极，和被保护金属连接在一起，利用两种金属之间固有的电位差，产生防蚀电流的一种防腐方法。阳极随着流出的电流而逐渐消耗，所以称之为牺牲阳极。这种阳极消耗较快，安设位置必须便于更换。低电位金属材料有镁、镁合金、纯锌、锌合金、铝合金等。但一般采用镁合金较多，锌仅用于土壤电阻率在 1000Ω/cm 以下的低电阻区。这种方法的优点是施工简易，设备费用低。缺点是电压低而不能调整，阳极必须定期更换。

使用外加电流保护必须使用得当，例如：管道对地电压一般取－0.8V，不宜低于此值，倘若电压相差太大，由于电流分解了土壤中的地下水，产生了氢气，可将管自身保护层破坏，反起副作用。

3-5-47　众多的管道内防腐层材料中哪种材料最为实用可靠?

答：早先对金属水管内壁的防腐多采用覆盖法，把石油沥青、煤沥青等涂于管内壁上，经验表明这种做法只能起临时作用。过不了多久一般 3～4 年就逐渐剥落，更何况上述物质在不同程度上对人有相当的危害，不符合水质方面的要求。后来有的厂家研究出无毒防腐油漆，在水质上虽然基本解决了毒性问题，但在管身上的停留时间也不长，而且价格昂贵，难于大量采用。

近来研制出在管身内壁刷环氧玻璃布作成玻璃钢的方法，也有单喷涂环氧粉末、聚乙烯或尼龙的。不过这些做法价格都比较贵，用于小口径的管材上还较为可行，在大口径管材上则难于使用。

比较起来还是水泥砂浆衬里最为实用、可靠；它不但价格低廉、坚固耐用，特别是对水质无任何影响是最大的优点。现在大口径管材无论是钢管或铸铁管大都使用这种办法。

3-5-48　内防腐的水泥砂浆内衬施工要点有哪些?

答：水泥砂浆内衬一般分为预制离心涂衬和现场涂衬两种方法。

离心涂衬操作要点：

1) 离心涂衬是将单根管材涂衬后，再安装时采用的方法。

2) 涂衬前，应清除管内壁铁垢、锈斑、油污、泥砂与沥青涂层等杂物。

3）把管子置于离心装置上，由涂衬厚度与管长，求出水泥与砂子用量。

4）拌合配制材料，将拌合料均匀倒入管中。

5）启动离心涂管机，速度由慢渐快。

6）离心涂管之后，立即运往养护场地养护，养护时间由气温决定，高温季节为2d，一般为7～10d。视气候条件，夏天用草袋覆盖管子洒水养护，冰冻期间应考虑防冻措施。

7）涂衬后的管材，应立即使用，通水使用前应保持养护环境。

3-5-49　安装完毕后的管道涂衬操作要点有哪些？

答：1）涂衬施工须在管道铺设，试压合格并覆土夯实后进行，管道须处于稳定状态。

2）衬里施工前应检查管道变形状况，其竖向变位不得大于管径的2%；对新埋设管道，应去除松散的氧化铁皮、浮锈、泥土、油脂、焊渣和污杂物；对旧管道还应去除锈瘤、水垢等附着物。附着物去除后应用水清洗。

3）施工时，管道内不得有结露和积水。

4）当采用机械喷涂时，对弯头、三通等部件及邻近管段可采用手工涂抹，并以光滑渐变与机械喷涂衬里相接。

5）衬里水泥砂浆达到终凝后，须立即浇水养护，保持湿润状态在7d以上。养护期间应严密封闭所有孔洞，达到养护期后应及时充水，否则应继续养护。

3-5-50　环氧粉末涂敷的方法有哪些？

答：环氧粉末粉层涂料具有优良的防腐性、绝缘性和可靠的、耐久的使用寿命，与传统的液体涂料相比，具有涂装工艺简单、低污染、材料利用率高等优点。

管道内粉末涂敷的方法很多，归纳起来主要有真空喷法、鲁齐法、水平吸入涂布法、和静电喷涂法，目前工业上使用最多的是静电喷涂法。

粉末的静电喷涂法主要是利用高压静电感应原理，在喷枪与管道之间形成一较强的电磁场，在静电和压缩空气的双重作用下，粉末就能均匀地吸附到管道内壁，经加热固化形成坚固光滑的涂膜。

3-5-51　内防腐质量检验标准是怎样的？

答：水泥砂浆内防腐检验标准：

1）管内壁的浮锈、氧化铁皮、焊渣、油污等，应彻底清除干净；焊缝凸起高度不得大于防腐层设计厚度的1/3。

2）先下管后作防腐层的管道，应在水压试验、土方回填验收合格，且管道变形基本稳定后进行。

3）管道竖向变形不得大于设计规定，且不应大于管道内径的2%。

4）不得使用对钢管道及饮用水水质造成腐蚀或污染的材料；使用外加剂时，其掺量应经试验确定。

5）砂应采用坚硬、洁净、级配良好的天然砂，除符合国家现行标准《普通混凝土用砂质量标准及检验方法》外，其含泥量不应大于2%，其最大粒径不应大于1.2mm，级配应根据施工工艺。

6）水泥宜采用32.5级以上的硅酸盐、普通硅酸盐水泥或矿渣硅酸盐水泥。

7）拌合水应采用对水泥砂浆强度、耐久性无影响的洁净水。

8）水泥砂浆内防腐层可采用机械喷涂、人工抹压、拖筒或离心预制法施工；采用预制法施工时，在运输、安装、回填土过程中，不得损坏水泥砂浆内防腐层。

9）管道端点或施工中断时，应预留搭茬。

10）水泥砂浆抗压强度标准值不应小于30N/mm^2。

11）采用人工抹压法施工时，应分层抹压。

12）水泥砂浆内防腐层成形后，应立即将管道封堵，终凝后进行潮湿护理；普通硅酸盐水泥养护时间不应少于7d，矿渣硅酸盐水泥不应少于14d；通水前应继续封堵，保持湿润。

13）裂缝宽度不得大于0.8mm，沿管道纵向长度不应大于管道的周长，且不应大于2.0m；

14）防腐层厚度允许偏差及麻点、空窝等表面缺陷的深度应符合表3-5-51（1）的规定，缺陷面积每处不应大于5cm²。

防腐层厚度与表面缺陷允许偏差 **表3-5-51（1）**

管径（mm）	防腐层厚度允许偏差（mm）	表面缺陷允许深度（mm）
≤1000	±2	2
>1000，且≤1800	±3	3
>1800	+4 −3	4

15）防腐层平整度：以30mm长的直尺，沿管道纵轴方向贴靠管壁，量测防腐层表面和直尺间的间隙应小于2mm。

16）防腐层空鼓面每平方米不得超过2处，每处不得大于100cm²。

水泥砂浆内防腐厚度标准见表3-5-51（2）。

水泥砂浆内防腐厚度标准 **表3-5-51（2）**

公称管径（mm）	衬里厚度（mm）		厚度公差（mm）	
	机械喷涂	手工涂抹	机械喷涂	手工涂抹
500～700	8		+2 −2	
700～1000	10		+2 −2	
1100～1500	12	14	+3 −2	+3 −2
1600～1800	14	16	+3 −2	+3 −2
2000～2200	15	17	+4 −3	+4 −3
2400～2500	16	18	+4 −3	+4 −3
2600以上	18	20	+4 −3	+4 −3

3-5-52 现状管道防腐有什么措施？

答：1）现状管道外防腐补做措施

现状外防腐补做措施对于架空管和埋地管需采用不同的处理方案。

对于架空管道如未做防腐处理的，可在进行手工除锈后进行外防腐涂料防腐处理。对已做防腐处理的架空管道，如防腐层出现破裂、鼓泡、剥落等现象，需将破损部位彻底清除后采用原有涂料系统进行补涂，补涂的面积应大于破损的面积。

对于埋地管道最好的处理方式莫过于在对局部管道的修补以后，采用阴极保护牺牲阳极保护的方式进行防腐层的补救措施。

2）现状管道内防腐补救措施

对于输水管道未做内衬，在运行一段时间后管壁就锈蚀并结水垢，为恢复输水能力，必须根据对输水管道进行补做防腐层措施。

在补做防腐层之前，先要对管道进行清垢。

对于孔径小于 $DN50$ 的管，采用较大压力的水对管壁进行冲洗。

如管径稍大 $DN75$～400 且结垢为坚硬的沉淀物时，就需要用拉耙，把结垢清除后，用清水清洗干净，最后放入钝化液，使管壁产生钝化膜，就既达到了清除水垢的目的，又延长了管道使用寿命。

对管径大于 $DN500$ 的钢管可以使用电动刮管机，施工时，要求管道 200～400m 直管处开坑，作为机械进出口，刮管工艺完毕后立即采用水泥砂浆进行涂敷。

3-5-53 钢管焊接质量要求及控制要点有哪些?

答: 1）主控项目

（1）管节及管件、焊接材料等的质量应符合规定；检查方法：检查产品质量保证资料；检查成品管进场验收记录，检查现场制作管的加工记录。

（2）接口焊缝坡口应符合规定；检查方法：逐口检查，用量规量测；检查坡口记录。

（3）焊口错边符合规定，焊口无十字形焊缝；检查方法：逐口检查，用长 300mm 的直尺在接口内壁周围顺序贴靠量测错边量。

（4）焊口焊接质量符合规定和设计要求；检查方法：逐口观察，按设计要求进行抽检；检查焊缝质量检测报告。

（5）法兰接口的法兰应与管道同心，螺栓自由穿入，高强度螺栓的终拧扭矩应符合设计要求和有关标准的规定。

2）一般项目

（1）逐口检查；检查组对检验记录；用钢尺量测。接口组对时，纵、环缝位置应符合规定。

（2）管节组对前，坡口及内外侧焊接影响范围内表面应无油、漆、垢、锈、毛刺等污物。

（3）逐口检查，用焊缝量规、钢尺量测；检查管道组对检验记录不同壁厚的管节对接应符合规定。

（4）焊缝层次有明确规定时，焊接层数、每层厚度及层间温度应符合焊接作业指导书的规定，且层间焊缝质量均应合格。

（5）法兰中轴线与管道中轴线的允许偏差应符合：D_1 小于或等于 300mm 时，允许偏差小于或等于 1mm；D_1 大于 300mm 时，允许偏差小于或等于 2mm。

（6）连接的法兰之间应保持平行，其允许偏差不大于法兰外径的 1.5‰，且不大于 2mm；螺孔中心允许偏差应为孔径的 5%。

3-5-54 钢管内防腐层质量要求及控制要点有哪些?

答: 1）主控项目

（1）内防腐层材料应符合国家相关标准的规定和设计要求；给水管道内防腐层材料的卫生性能应符合国家相关标准的规定。

（2）检查砂浆配合比、抗压强度试块报告，水泥砂浆抗压强度符合设计要求。且不低于 30MPa。

（3）液体环氧涂料内防腐层表面应平整、光滑，无气泡、无划痕等，湿膜应无流淌现象。

2）一般项目

（1）水泥砂浆防腐层的厚度及表面缺陷的允许偏差应符合表 3-5-54（1）的规定。

水泥砂浆防腐层厚度及表面缺陷的允许偏差　　表 3-5-54（1）

检查项目		允许偏差		检查数量		检查方法
				范围	点数	
1	裂缝宽度	≤0.8		管节	每处	用裂缝观测仪测量
2	裂缝沿管道纵向长度	≤管道的周长，且≤2.0m				钢尺量测
3	平整度	<2			取两个截面，每个截面测2点，取偏差值最大1点	用300mm长的直尺量测
4	防腐层厚度	D_i≤1000	±2			用测厚仪测量
		1000<D_i≤1800	±3			
		D_i>1800	+4，−3			
5	麻点、空窝等表面缺陷的深度	D_i≤1000	2			用直钢丝或探尺量测
		1000<D_i≤1800	3			
		D_i>1800	4			
6	缺陷面积	≤500mm²			每处	用钢尺量测
7	空鼓面积	不得超过2处，且每处≤10000mm²			每平方米	用小锤轻击砂浆表面，用钢尺量测

注：1. 表中单位除注明者外，均为mm；

2. 工厂涂覆管节，每批抽查20%；施工现场涂覆管节，逐根检查。

（2）液体环氧涂料内防腐层的厚度、电火花试验应符合表3-5-54（2）的规定。

液体环氧涂料内防腐层厚度及电火花试验规定　　表 3-5-54（2）

检查项目		允许偏差（mm）		检查数量		检查方法
				范围	点数	
1	干膜厚度（μm）	普通级	≥200	每根（节管）	两个断面，各4点	用测厚仪测量
		加强级	≥250			
		特加强级	≥300			
2	电火花试验漏点数	普通级	3	个/m²	连续检测	用电火花检漏仪测量，检漏电压值根据涂层厚度按5V/μm计算，检漏仪探头移动速度不大于0.3m/s
		加强级	1			
		特加强级	0			

注：1. 焊缝处的防腐层厚度不得低于管节防腐层规定厚度的80%；

2. 凡漏点检测不合格的防腐层都应补涂，直至合格。

3-5-55　钢管外防腐层质量要求及控制要点有哪些？

答：1）主控项目

（1）外防腐层材料（包括补口、修补材料）、结构等应符合国家相关标准的规定和设计要求；

（2）外防腐层的厚度、电火花检漏、粘结力应符合表3-5-55的规定。

外绝缘防腐层厚度、电火花检漏、粘结力验收标准　表 3-5-55

检查项目		允许偏差	检查数量			检查方法
			防腐成品管	补口	补伤	
1	厚度	符合的相关规定	每20根1组（不足20根按1组），每组抽查1根。测管两端和中间共3个截面、每截面测互相垂直的4点	逐个检测，每个随机抽查1个截面，每个截面测互相垂直的4点	逐个检测，每处随机测1点	用测厚仪测量
2	电火花检漏		全数检查	全数检查	全数检查	用电火花检漏仪逐根连续测量
3	粘结力		每20根为1组（不足20根按1组），每组抽1根，每根1处	每20个补口抽1处	—	可用小刀切割观察

注：按组抽检时，若被检测点不合格，则该组应加倍抽检；若加倍抽检仍不合格，则该组为不合格。

2）一般项目

（1）钢管表面除锈质量等级应符合设计要求。

检查方法：观察；检查防腐管生产厂提供的除锈等级报告，对照典型样板照片检查每个补口处的除锈质量。检查补口处除锈施工方案。

（2）管道外防腐层（包括补口、补伤）的外观质量应符合规范的相关规定。

（3）管体外防腐材料搭接、补口搭接、补伤搭接应符合要求。

3-5-56　钢管阴极保护工程质量要求及控制要点有哪些?

答：1）主控项目

（1）钢管阴极保护所用的材料、设备等应符合国家有关标准的规定和设计要求。

（2）管道系统的电绝缘性、电连续性经检测满足阴极保护的要求；检查方法：阴极保护施工前应全线检查；检查绝缘部位的绝缘测试记录、跨接线的连接记录；用电火花检漏仪、高阻电压表、兆欧表测电绝缘性，万用表测跨线等的电连续性。

（3）阴极保护的系统参数测试应符合下列规定：

①设计无要求时，在施加阴极电流的情况下，测得管/地电位应小于或等于－850mV（相对于铜—饱和硫酸铜参比电极）。

②管道表面与同土壤接触的稳定的参比电极之间阴极极化电位值最小为100mV。

③土壤或水中含有硫酸盐还原菌，且硫酸根含量大于0.5%时，通电保护电位应小于或等于－950mV（相对于铜—饱和硫酸铜参比电极）。

④被保护体埋置于干燥的或充气的高电阻率（大于500Ω·m）土壤中时，测得的极化电位小于或等于－750mV（相对于铜—饱和硫酸铜参比电极）。

检查方法：按国家现行标准《埋地钢质管道阴极保护参数测试方法》SY/T 0023的规定测试；检查阴极保护系统运行参数测试记录。

2）一般项目

（1）用钢尺或经纬仪、水准仪测量，管道系统中阳极、辅助阳极的安装应符合规范的规定。

（2）所有连接点应按规定做好防腐处理，与管道连接处的防腐材料应与管道相同。

（3）阴极保护系统的测试装置及附属设施的安装应符合下列规定：

①测试桩埋设位置应符合设计要求，顶面高出地面400mm以上。

②电缆、引线铺设应符合设计要求，所有引线应保持一定松弛度，并连接可靠牢固。

③接线盒内各类电缆应接线正确，测试桩的舱门应启闭灵活、密封良好。

④检查片的材质应与被保护管道的材质相同，其制作尺寸、设置数量、埋设位置应符合设计要求，且埋深与管道底部相同，距管道外壁不小于300mm。

⑤参比电极的选用、埋设深度应符合设计要求。

3-5-57　钢质给水管安装工艺（接口焊接、外防腐、内衬）有哪些施工准备？

答：本工艺适用于输水管道及城市中的大口径埋地钢质给水管道、室内管道及各种工艺管道的施工准备：

1）材料要求：

（1）钢管质量：

①钢管必须具有制造厂的合格证明书，钢管的材质、规格、压力等级、加工质量应符合国家现行标准和设计规定。

②钢管表面应无显著锈蚀、裂纹、斑疤、重皮和压延等缺陷，不得有超过壁厚负偏差的凹陷和机械损伤。

③卷焊钢管不得有扭曲、损伤、不得有焊缝根部未焊透的现象，直焊缝卷管管节几何尺寸允许偏差应符合表3-5-57（1）的规定。

直焊缝卷管管节几何尺寸允许偏差　　**表3-5-57（1）**

项　目	允许偏差（mm）	
周长	$D \leqslant 600$	±2.0
	$D > 600$	±0.0035D
圆度	管端0.005D；其他部位0.01D	
端面垂直	0.001D，且≤1.5	
弧度	用弧长$\pi D/6$的弧形板测量管内壁纵缝处形成的间隙，其间隙为$0.1t+2$，且不大于4；距管端200mm纵缝处的间隙不大于2	

注：1. D为管内径（mm），t为壁厚（mm）；

2. 圆度为同端管口相互垂直的最大直径与最小直径之差；

3. 螺旋焊接管可参照本表执行。

④卷管的周长偏差及椭圆度应符合表3-5-57（2）的规定。检查管子的椭圆度用一块弧长为管子周长1/6～1/4的样板，它与管内壁不贴合的间隙应符合下列规定：对接纵缝处为壁厚的10%加2mm，且不大于3mm；离管端200mm的对接纵缝处为2mm；其他部位为1mm。

卷管的周长偏差及椭圆度规定（mm）　　**表3-5-57（2）**

公称直径	<800	800～1200	1300～1600	1700～2400	2600～3000	>3000
周长偏差	±5	±7	±9	±11	±13	±15
椭圆度	外径的1%，且不大于4	4	6	8	9	10

⑤卷管端面与中心线的垂直偏差不应大于管子外径的1%，且不大于3mm。平直度偏差不应大于1mm/m。卷焊钢管的管身不得扭曲、损伤，否则，需按下列方法对钢管进行调直，符合表3-5-57（3）的规定。

钢管调直与检查　　　　表 3-5-57（3）

调直方法	管道公称直径 DN (mm)	操作方法	允许偏差 (mm/m)	检查方法
冷调	DN≤100	将管子放在平直架上，用一锤子支承管段弯曲末端的背部，用另一锤子在管段凸起部位，由弯曲起点顺序敲打调直	0.5	用拉线或直尺检查
	DN>100（包括厚壁管）	将管段放置在操作平台上，插入套管矫直，或在矫直机上进行矫直	1.0	
热调	DN≤100	把管段弯曲部位加热到 600～800℃（樱红色）后，放在滚动平直架上滚动调直	0.5	
	DN>100 及管道公称直径在 100mm 以上，长度大于 200mm 的短管	将管段弯曲部位加热后，用冷水浇弯曲段背部，使管段急剧收缩而调直	1.0	

⑥同一管节允许有 2 条纵缝，管径大于或等于 600mm 时，纵向焊缝的间距应大于 300mm；管径小于 600mm 时，其间距应大于 100mm。

⑦管道安装前，管节应逐根测量、编号配管，应选用管径相差最小的管节组对对接。

（2）钢管件：

①弯头、异径管、三通、法兰及紧固件等应有产品合格证明，其尺寸偏差应符合现行标准，材质应符合设计要求。

②法兰密封面应平整光洁，无伤痕、毛刺等缺陷。螺栓与螺母应配合良好，无松动或卡涩现象。

③石棉橡胶、橡胶、塑料等作金属垫片时应质地柔韧，不得使用再生橡胶，无老化变质或分层现象，表面不得有折损、皱纹等缺陷。

④金属垫片的加工尺寸、精度、粗糙度及硬度应符合要求；表面无裂纹、毛刺、凹槽等缺陷。

（3）给水阀门：

①阀门必须配有制造厂家的合格证书，其规格、型号、材质应与设计要求一致，阀杆转动灵活，无卡、涩现象。经外观检查，阀体、零件应无裂纹、重皮等缺陷。

②新阀门应符合设计质量标准，根据需要进行抽样做解体检查。重新使用的旧阀门，应进行水压试验，合格后方可安装。

（4）防腐层：

1）钢管的内外防腐层应符合设计规定，经现场检验合格后方可下管。

2）钢管下入沟槽后如有碰撞损伤，要标出记号，并按要求修补完整。

（5）焊条：

①焊条应有出厂质量合格证，焊条的化学成分，机械强度应与母材相匹配，兼顾工作条件和工艺性。

②焊条质量应符合现行国家标准《非合金钢及细晶粒钢焊条》GB/T 5117—2012、《热强钢焊条》GB/T 5118—2012 的规定。

③焊条应干燥。

2）施工机具与设备：

（1）机械：起重机、运输车辆、切管机、发电机、电焊机、对口器具、千斤顶、电动除锈机、内防腐机等。

(2) 检测工具：电火花检测仪、无损探伤仪、全站仪、水准仪等。

(3) 工具：千斤顶、捯链、吊具、盒尺、角尺、水平尺、线坠、铅笔、板手、钳子、螺丝刀、手锤、气焊、焊缝检测尺、钢刷。

3) 作业条件：

(1) 地上、地下管线和障碍物经物探和坑探调查清楚，并已拆迁或加固，施工期交通疏导方案，施工便桥经有关主管部门批准。

(2) 现场三通一平已完成，满足施工机械作业要求。夜间施工准备好照明设施。

(3) 沟槽地基、管基质量检验合格，管道中心线及高程桩的高程已检测完成。

(4) 根据管线的长短、管径的大小、焊接的方法与施工环境、配备适当的焊接工具。

4) 技术准备：

(1) 施工技术方案已完成审批手续。

(2) 施工测量已完成复测、检验合格。

(3) 完成对原材料和半成品的检验试验工作。

(4) 熟悉施工现场的作业环境和条件，已向有关人员进行施工技术和安全交底工作。

3-5-58 钢质给水管安装工艺流程是怎样的?

答：工艺流程：

砂垫层铺设→下管→对口→管口焊接→焊缝检查→管件安装→试压→固定口外防腐→管道内支撑（大口径管）→土方回填、井室砌筑→管道内防腐→冲洗消毒→竣工验收。

3-5-59 钢质给水管安装操作要点有哪些?

答：1) 砂垫层铺设：回填砂垫层。将砂子找平后用平板振动夯夯实，砂垫层的平整度、高程、厚度、宽度、压实度应符合设计要求，验收合格后方可下管。设计无规定时，砂垫层厚度应符合表 3-5-59 (1) 的规定。

2) 下管：

采用吊车配合下管时，严禁将管子沿槽帮滚放，使用尼龙吊带或专用吊具，不得损坏接口及钢管的内外防腐层。钢管要均匀地铺放在砂垫层上，接口处要自然形成对齐，严禁采用加垫块或吊车掀起的方法，垂直方向发生错位时，应调整砂垫层，使之接口对齐。

砂垫层厚度 **表 3-5-59 (1)**

管道种类	管径（mm）		
	≤500	>500 且<1000	>1000
金属管	≥100	≥150	≥200
非金属管	150～200		

3) 对口：

(1) 管道对口前应先修口、清根，管端面的坡口角度、钝边、间隙，应符合表 3-5-59 (2) 的规定；不得在对口间隙夹焊帮条或用加热法缩小间隙施焊。

电弧焊管端修口各部尺寸 **表 3-5-59 (2)**

壁厚 t（mm）	间隙 b（mm）	钝边 p（mm）	坡口角度 α（°）
4～9	1.5～3.0	1.0～1.5	60～70
10～26	2.0～4.0	1.0～2.0	60±5

(2) 管道对口根据管径的大小，选择合适的专用对口器具，不得强力对口。

（3）钢管对口错口规定：对口时应使内壁齐平，采用400mm的直尺在接口内壁周围顺序贴靠，错口的允许偏差应符合表3-5-59（3）的规定。

钢管对口时错口允许偏差　　　　表3-5-59（3）

壁厚（mm）	3.5～5	6～10	12～14	≥16
错口允许偏差（mm）	0.5	1.0	1.5	2

（4）对口时纵、环向焊缝位置的确定。钢管定位时，钢管的纵向焊缝应位于中心垂线上半圆45°左右；纵向焊缝应错开，当管径小于600mm时，错开的环向间距不得小于100mm，当管径大于或等于600mm时，错开的环向间距不得小于300mm；有加固环的钢管，加固环的对焊焊缝应与管节纵向焊缝错开，其间距不宜小于100mm；加固环距管节的环向焊缝不宜小于50mm；环向焊缝距支架净距不宜小于100mm；直管管段两相邻环向焊缝的间距不宜小于200mm；管道任何位置不得有十字形焊缝；

（5）不同壁厚管节的对口：不同壁厚的管节对口时，管壁厚度相差不宜大于3mm。不同管径的管节相连时，当两管径相差大于小管管径的15％时，可用渐缩管连接。渐缩管的长度不应小于两管径差值的2倍，且不宜小于200mm。

（6）在直线管段上加设短节时，短节的长度不宜小于800mm。

4）管口焊接：

（1）焊条：焊条使用前进行外观检查，受潮、掉皮、有显著裂纹的焊条不得使用。焊条在使用前应按出厂说明书的规定进行烘干，烘干后装入保温筒进行保温贮存。

（2）现场施焊应由经过培训考核、取得所施焊范围操作合格证的人员施焊。试焊件经试验合格方能进行施焊。焊工在施焊完成后在其焊口附近标明焊工的代号。

（3）点焊：钢管对口检查合格后，方可进行点焊，点焊时应对称施焊，其厚度应与第一层焊接厚度一致；钢管的纵向焊缝及螺旋焊缝处不得点焊；点焊焊条应采用与接口相同的焊条；点焊长度与间距可参照表3-5-59（4）规定。

点焊长度与间距　　　　表3-5-59（4）

管径（mm）	点焊长度（mm）	环向点焊点（处）
80～150	15～30	3
200～300	40～50	4
350～500	50～60	5
600～700	60～70	6
≥800	80～100	点焊间距不宜大于400mm

（4）管道焊接：管道接口的焊接应制定焊接部位顺序和施焊方法，防止产生的温度应力集中。平焊电流宜采用下式进行计算，立焊和横焊电流应比平焊小5％～10％，仰焊电流应比平焊小10％～15％。

$$I=kd$$

式中　I——电流（A）；

d——焊条直径（mm）；

k——系数，根据焊条决定，宜为35～50。

（5）焊接层数的确定：焊缝的焊接层数、焊条直径和电流强度，应根据被焊钢板的厚度、坡口形式和焊口位置确定，可参照表3-5-60（5）～表3-5-60（7）选用。但横、立焊时，焊条直径不应超过5mm；仰焊时，焊条直径不应超过4mm；管径大于800mm时，采用双面焊。当管壁厚

18mm时，外三内二共五遍，壁厚20mm时外4内2共6遍。双面焊接时，一面焊完后，焊接另一面时，应将表面熔渣铲除并刷净后再焊接；手工电弧焊焊接钢管及附件时，厚度6mm且带坡口的接口，焊接层数不得少于2层，见表3-5-59（5）至表3-5-59（7）。

不开坡口对接电弧焊接的焊接层数、焊条直径和电流强度　　表3-5-59（5）

钢板厚度（mm）	焊缝型式	间　隙（mm）	焊条直径（mm）	电流强度平均值（A）		备　注
				平焊	立、仰焊	
3～5	单面	1	3	120	110	如焊不透时应开坡口
5～6	双面	1～1.5	4～5	180～260	160～230	

V形坡口和X形坡口对接电弧焊接的焊接层数、焊条直径和电流强度 表3-5-59（6）

钢板厚度（mm）	层　数	焊条直径（mm）		电流强度平均值（A）	
		第一层	以后各层	平焊	立、横、仰焊
6～8	2～3	3	4	120～180	90～160
10	2～3	3～4	5	140～260	120～160
12	3～4	4	6	140～260	120～160
14	4	4	5～6	140～260	120～160
16～18	4～6	4～5	5～6	140～260	120～160

搭接与角焊电弧焊接的焊接层数、焊条直径和电流强度　　表3-5-59（7）

钢板厚度（mm）	焊接层数	焊条直径（mm）		电流强度平均值（A）		
		第一层	以后各层	平焊	立焊	仰焊
4～6	1～2	3～4	4	120～180	100～160	90～160
8～12	2～3	4～5	5	160～180	120～230	120～160
14～16	3～4	4～5	5～6	160～320	120～230	120～160
18～20	4～5	4～5	5～6	160～320	120～230	120～160

注：搭接或角接的两块钢板厚度不同时，应以薄的计。

（6）多层焊接时，第一层焊缝根部应焊透，且不得烧穿；焊接以后各层，应将前一层的熔渣飞溅物清除干净。每层焊缝厚度宜为焊条直径的0.8～1.2倍。各层引弧点和熄弧点应错开；管径不小于800mm时，应逐口进行油渗检验，不合格的焊缝应铲除重焊。

（7）钢管及管件的焊缝除进行外观检查外，对现场施焊的环形焊缝要进行X射线探伤。取样数量与要求等级应按设计规定执行，如设计无规定时，其环型焊缝探伤比例为2.5%，所有T形焊缝连接部位均进行X射线探伤；不合格的焊缝应返修，返修次数不得超过3次。

（8）钢管的闭合口施工：钢管的闭合口施工时，夏季应在夜间且管内温度为20℃±3℃，冬季在中午温度较高，且管内温度在10℃±3℃的时候进行，必要时，可设伸缩节代替闭合焊接。

5）管道开孔：

（1）不得在干管的纵向、环向焊缝处开孔，如必须开孔时，开孔应按设计要求并有可靠的补强措施。

（2）管道上任何位置不得开方孔。

（3）严禁在短节上或管件上开孔。

6）管道附件安装：

（1）各类阀门、消火栓、排气门、测流计等安装前，应核对产品规格、型号；检查产品外观质量，符合设计要求，具有产品合格证书方可使用。

（2）阀门安装的位置及安装方向应符合设计规定，阀杆方向应便于检修和操作；水平管道上阀门的阀杆宜垂直向上或装于上半圆。阀门安装前应检查阀杆转动是否灵活，清除阀内污物。各类闸阀安装前应检查管道中心线、高程与管端法兰盘垂直度，符合要求，方可进行安装。

（3）止回阀的安装位置及方向应符合设计规定；水锤消除器应在管道水压试验合格后安装，其安装位置应符合设计要求。

（4）消火栓应在管道水压试验合格后安装，其安装位置应符合设计规定。

（5）伸缩节安装时伸缩节的构造、规格、尺寸与材质应符合设计规定；应根据安装时的大气温度预调好伸缩节的可伸缩量，其值应符合设计要求。

（6）法兰：法兰盘密封面及密封垫片，应进行外观检查，不得有影响密封性能的缺陷存在；法兰盘端面应保持平整，两法兰之间的间隙误差不应大于2mm，不得用强紧螺栓方法消除歪斜；法兰盘连接要保持同轴，螺栓孔中心偏差不超过孔径的5%，并保证螺栓的自由穿入；螺栓应使用相同的规格，安装方向一致，螺栓应对称紧固，紧固好的螺栓应露出螺母之外2～3扣；严禁采用先拧紧法兰螺栓，再焊接法兰盘焊口的方法。

（7）制作钢管件的母材应符合设计要求；弯头的弯曲半径应符合设计规定，且不得小于1.5倍的管外径。在管道直线段安装弯头、三通等管件，管件坡度应与管道坡度一致；管件的中心线应与连接管道的中心线在同一直线上。

7）固定口外防腐：

（1）钢管的外防腐应在管道焊接、试压合格后进行，先将固定口两侧的防腐层接槎表面清除干净，再按规范和设计要求进行固定口防腐处理。

（2）钢管的内防腐应在水压试验、管道土方回填验收合格，且管道变形基本稳定后进行。

8）管道内支撑：

（1）为防止钢管在回填时出现较大变形，当钢管直径不小于900mm的管道回填土前，在管内采取临时竖向支撑。

（2）在管道内竖向上、下用50mm×200mm的大板紧贴管壁，再用直径大于100mm的圆木，或100mm×100mm、100mm×120mm的方木支顶，并在撑木和大板之间用木楔子背紧，每管节2～3道。支撑后的管道，竖向管径比水平管径略大1%～2%*DN*。

（3）回填前先检查管道内的竖向变形或椭圆度是否符合要求，不合格者可用千斤顶预顶合适再支撑方可回填。

9）钢管道内外防腐：

（1）使用工厂预制的内外防腐层的钢管道，管节质量与内外防腐层质量均应符合设计要求，并具有产品出厂合格证。钢管在使用前，应检查管节及内外防腐层的质量，符合设计要求方可使用。

（2）钢管除锈：涂底漆前管节表面应彻底清除油垢、灰渣、铁锈、氧化铁皮，采用人工除锈时，其质量标准应达到国家现行标准《涂装前钢材表面处理规范》SY/T 0407—2012规定的St3级；喷砂或化学除锈时，其质量标准应达到Sa2.5级。

（3）钢管采用石油沥青涂料外防腐：钢管外防腐层的构造应符合设计规定，当设计无规定时其构造应符合国家现行标准《给水排水管道工程施工及验收规范》GB 50268的有关规定施工；钢管除锈后与涂底漆的间隔时间不得超过8h。应涂均匀、饱满，不得有凝块、起泡现象，底漆厚度宜为0.1～0.2mm，管两端150～250mm范围内不得涂刷；沥青涂料应涂刷在洁净、干燥的底漆上，常温下刷沥青涂料时，应在涂底漆后24h内实施沥青涂料涂刷，温度不低于180℃；沥青涂料熬制温度宜在230℃左右，最高熬制温度不得超过250℃，熬制时间不大于5h，每锅料应抽样检查，性能符合《建筑石油沥青》GB/T 494—2010 的规定；涂沥青后应立即缠绕玻璃布，玻璃布的压边宽度应为 30～40mm；接头搭接长度不得小于 100mm，各层搭接接头应相互错开，玻璃布的油浸透率应达 95%以上，不得出现大于 50mm×50mm 的空白；管端或施工中断处应留出长度 150～250mm 的阶梯形搭槎，阶梯宽度应为 50mm；沥青涂料温度低于 100℃时，包扎聚氯乙烯工业薄膜保护层，包扎时不得有褶皱、脱壳现象，压边宽度为 30～40mm，搭接长度为 100～150mm。

（4）钢管管节环氧煤沥青外防腐施工：管节表面喷砂除锈应符合上述规定。涂料配制应按产品说明书的规定操作；底漆应在表面除锈后 8h 之内涂刷，涂刷应均匀，不得漏涂，管两端 150～250mm 范围内不得涂刷；面漆涂刷和包扎玻璃布，应在底漆干后进行，底漆与第一道面漆涂刷的间隔时间不得超过 24h；

（5）固定口防腐：应在焊接、试压合格后进行。先将固定口两侧的防腐层接茬表面清除干净，再按要求进行防腐处理。

（6）钢管内防腐：管道内壁的浮锈、氧化铁皮、焊渣、油污等应彻底清除干净；焊缝突起高度不得大于防腐层设计厚度的 1/3。管道土方回填验收合格，且管道变形基本稳定后进行。管道竖向变形不得大于设计规定，且不应大于管道内径的 2%。水泥砂浆抗压强度标准不应小于 30N/mm^2。钢管道水泥砂浆衬里，采用机械喷涂、人工抹压、拖筒或用离心预制法进行施工。采用人工抹压法施工时，应自下而上分层抹压，且应符合表 3-5-59（8）的规定，其厚度为 15mm。机械喷涂时，对弯头、三通等管件和邻近闸阀附近管段，可采用人工抹压，并与机械喷涂接顺。水泥砂浆内防腐形成后，应立即将管道封堵，不得形成空气对流；水泥砂浆终凝后应进行潮湿养护；养护期间普通硅酸盐水泥不得少于 7d，矿渣硅酸盐水泥不得少于 14d，通水前应继续封堵，保持湿润。管道端点或施工中断时，应预留阶梯形接槎。

水泥砂浆内防腐层人工抹压施工要点　　表 3-5-59（8）

名　称	操　作　要　点
素浆层	纯水泥浆水灰比 0.4，稠糊状均匀涂刮厚约 1mm
过渡层	1∶1 水泥砂浆厚 4～5mm 从两侧向上压实找平不必压光，24h 后再做找平层
找平层	1∶1.5 水泥砂浆 5～6mm 抹的厚度稍大于规定值，再用大抹子压实找平，最后用 1000mm 杆尺进行环向弧面找平
面层	1∶1 水泥砂浆 5～6mm 抹完后用钢抹子压光，表面应光滑、平整；面层抹面、压光，应在 10h 内完成

3-5-60　钢质给水管安装冬雨期施工要点有哪些？

答： 1）冬期施工：

（1）冬期焊接时，根据环境温度进行预热处理，可参照表 3-5-60 进行。

钢管焊接时气温与管材预热表　　表 3-5-60

钢　材　材　质	环境温度（t）	预热温度（℃）
含碳量≤0.2%碳素钢	低于－20	100～200
含碳量 0.20%～0.28%的碳素钢	低于－10	100～200
含碳量 0.28%～0.33%的碳素钢和 16Mn（16M）铝钢	低于－10	250～400

注：焊口预热区，宽度为 200～250mm；宜用气焊烤热。

（2）在焊接前先清除管道上的冰、雪、霜等，刚焊接完的焊口未冷却前严禁接触冰雪。

（3）当工作环境的风力大于五级，雪天或相对湿度大于 90%，进行电焊作业时，应采取防风防雪的保护措施，方能施焊。

(4) 焊条使用前，必须放在烘箱内烘干后，放到干燥筒或保温筒中，随时取用。

(5) 焊接时，应使焊缝自由伸缩，并使焊口缓慢降温。

(6) 当环境温度低于5℃时，不宜采取环氧煤沥青涂料进行外防腐，当采用石油沥青涂料时，温度低于−15℃或相对湿度大于85%时，未采取相应措施不得进行施工。

(7) 不得在雨、雾、雪或五级以上大风中露天施工。

2) 雨期施工：

(1) 管道安装后应及时回填部分填土，稳定管子。做好基槽内排水，必要时向管道内灌水防止漂管。

(2) 分段施工缩短开槽长度，对暂时中断安装的管道、管口应临时封堵，已安装的管道验收合格后及时回填土。

(3) 基坑（槽）周围应设置排水沟和挡水埝，对开挖马道应封闭，防止雨水流入基坑内。

(4) 沟槽开挖后若不立即铺管，应暂留沟底设计标高以上200mm的原土不挖，待到下管时再挖至设计标高。

(5) 安装管道时，应采取措施封闭管口，防止泥砂进入管内。

(6) 电焊施工时，应采取防雨设施。

(7) 雨天不宜进行石油煤沥青或环氧煤沥青涂料外防腐的施工。

3-5-61 钢质给水管安装质量标准是怎样的?

答： 1) 主控项目：

(1) 原材料、规格、压力等级、加工质量应符合设计规定。管材和管件必须属于配套产品。

(2) 无压管道坡度必须符合设计要求。严禁无坡或倒坡。

(3) 接口材料质量应符合现行国家标准规定和设计要求。

2) 一般项目：

(1) 钢管管道接口外观质量应符合规范要求。

(2) 安管前，应检查管内外防腐是否合格。在施工过程中，防腐层不得被破坏。

(3) 钢管焊缝外观质量应符合表3-5-61 (1) 的规定。

(4) 钢管防腐层厚度允许偏差及表面缺陷的允许深度应符合表3-5-61 (2) 的规定。

(5) 钢管道外防腐层质量标准应符合表3-5-61 (3) 的规定。

(6) 钢管道铺设允许偏差应符合表3-5-61 (4) 的规定。

钢管焊缝外观质量 **表3-5-61 (1)**

序号	项目	技术要求
1	外观	不得有熔化金属流到焊缝外未熔化的母材上。焊缝和热影响区表面不得有裂纹、气孔、弧坑和灰渣等缺陷。表面光顺、均匀，焊道与母材应平缓过渡
2	宽度	应焊出坡口边缘2～3mm
3	表面余高	应小于或等于1+0.2倍坡口边缘宽度，且不应大于4mm
4	咬边	深度应小于或等于0.5mm，焊缝两侧咬边总长不得超过焊缝长度的10%，且连续长不应大于100mm
5	错边	应小于或等于0.2t，且不应大于2mm
6	未焊满	不允许

注：t为壁厚（mm）。

钢管防腐层厚度允许偏差及表面缺陷的允许深度（mm） 表 3-5-61（2）

序号	管径（mm）	防腐层厚度允许偏差	表面缺陷允许深度
1	≤1000	±2	≤2
2	>1000，且≤1800	±3	≤3
3	>1800	+4，−3	≤4

注：本表中钢管防腐层质量，属抽查项目，不计点数。

钢管道外防腐层质量标准 表 3-5-61（3）

<table>
<tr><th rowspan="2">材料准备</th><th rowspan="2">构造</th><th colspan="5">检 查 项 目</th></tr>
<tr><th>厚度</th><th>外观</th><th colspan="2">电火花试验</th><th>粘附性</th></tr>
<tr><td rowspan="3">石油沥青涂料</td><td>三油二布</td><td>≥4.0</td><td rowspan="6">外观均匀无褶皱、空泡、凝块</td><td>16kV</td><td rowspan="7">用电火花检漏仪检查无打火现象</td><td rowspan="3">以夹角为45°～60°、边长40～50mm的切口，从角尖端撕开防腐层；首层沥青应100%地粘附在管道的外表面</td></tr>
<tr><td>四油三布</td><td>≥5.5</td><td>18kV</td></tr>
<tr><td>五油四布</td><td>≥7.0</td><td>20kV</td></tr>
<tr><td rowspan="3">环氧煤沥青涂料</td><td>三油</td><td>≥0.3</td><td>2kV</td><td rowspan="3">以小刀割开一舌形切口，用力撕开切口处的防腐层，管道表面还为漆皮所覆盖，不得露出金属表面</td></tr>
<tr><td>四油一布</td><td>≥0.4</td><td>2.5kV</td></tr>
<tr><td>六油二布</td><td>≥0.6</td><td>3kV</td></tr>
<tr><td>环氧树脂玻璃钢</td><td>加强级</td><td>≥3</td><td>外观平整、光滑、色泽均匀，无脱层、起壳和固化不完全等缺陷</td><td>3～5kV</td><td>以小刀割开一舌形切口，用力撕开切口处的防腐层，管道表面还为漆皮所覆盖，不得露出金属表面</td></tr>
</table>

钢管道铺设允许偏差表 表 3-5-61（4）

<table>
<tr><th rowspan="2">序号</th><th rowspan="2" colspan="2">项 目</th><th rowspan="2">允许偏差（mm）</th><th colspan="2">检验频率</th><th rowspan="2">检 验 方 法</th></tr>
<tr><th>范围</th><th>点数</th></tr>
<tr><td rowspan="2">1</td><td rowspan="2">轴线位置</td><td>无压管道</td><td>≤15</td><td rowspan="2">节点之间</td><td rowspan="2">2</td><td>挂中心线用尺量</td></tr>
<tr><td>压力管道</td><td>≤30</td><td>用水准仪量</td></tr>
<tr><td rowspan="2">2</td><td rowspan="2">高程</td><td>无压管道</td><td>±10</td><td rowspan="2">节点之间</td><td rowspan="2">2</td><td>挂中心线用尺量</td></tr>
<tr><td>压力管道</td><td>±20</td><td>用水准仪量</td></tr>
<tr><td>3</td><td colspan="2">钢管焊缝外观</td><td>见表 3-5-61（1）</td><td>每口</td><td>每项1点</td><td>观察及用尺量</td></tr>
<tr><td>4</td><td colspan="2">钢管对口错口</td><td>0.2倍壁厚且不大于2</td><td>每口</td><td>1</td><td>用3m直尺贴管壁量</td></tr>
</table>

（7）无损检测：

①无损检测的取样规定：当设计要求进行无损探伤检验时，取样数量与要求等级按设计规定执行。若设计无要求时，在工厂焊接：T形焊缝X射线探伤100%，其余为超声波探伤，长度不小于总长的20%。现场固定口焊接：T形焊缝X射线探伤100%，环型焊缝探伤比例为2.5%。穿越障碍物的管段接口，T形焊缝拍片100%，每环向焊缝拍一张片做X射线探伤检查。

②评片规定：X射线探伤按《金属熔化焊焊接接头射线照相》GB/T 3323—2005 的规定，焊缝Ⅲ级为合格，超声波探伤按《焊缝无损检测超声检测技术检测等级和评定》GB/T 11345—2013 规定Ⅱ级片为合格，拍片在施工单位专业人员评定的基础上，请有关单位专职人员共同核定，如有一张不合格，除此处需返修合格外，还应在不合格处附近加拍两张，若此两张之一还不合格，需在该焊道加拍四张，其一还不合格则需全部返工。

（8）水泥砂浆内防腐层质量规定：裂缝宽度不得大于0.8mm，沿管道纵向长度小于管道的周长，且不大于2.0m。防腐层平整度，以300mm长的直尺，沿管道纵轴方向贴靠管壁量测防腐层表面和直尺间的间隙小于2mm。

(9) 管道竖向变形：

①管道的竖向变形，在回填土完成后不得超过计算直径的±2%。

②竖向变形=(计算直径-实测直径)/计算直径×100%≤2%。

③竖向变形在1.5%以内为优良工程，每根管检测一点。

3-5-62　钢质给水管安装质量记录有多少种？

答：1）技术交底记录。

2）工程物资选样送审表。

3）主要设备、原材料、构配件质量证明文件及复试报告。

4）产品合格证。

5）设备、配（备）件开箱检查记录。

6）设备、材料现场检验及复测记录。

7）管材进场抽检记录。

8）阀门试验记录。

9）焊工资格备案表。

10）焊缝综合质量记录。

11）焊缝排位记录及示意图。

12）测量复核记录。

13）隐蔽工程检查记录。

14）中间检查交接记录。

15）防腐层施工质量检查记录。

16）射线检测报告（底片评定记录）。

17）超声波检测报告。

18）钢管变形检查记录。

19）工程部位质量评定表。

20）工序质量评定表。

21）工程质量事故及事故调查处理记录。

3-5-63　钢质给水管安装安全与环保、成品保护措施有哪些？

答：1）在施工过程中随时对场区和周边道路进行洒水降尘，降低粉尘污染。

2）沥青油的熬制应远离居民区和施工生活区，尽可能采用冷沥青油膏，采用沥青油外防腐施工时，应防止沥青油污染环境，沥青防腐的工具和剩余沥青油应集中处理。

3）操作人员个人防护用品符合规定，如安全性、反光背心、护目镜等根据施工需要进行配备。

4）电工、焊工必须持证上岗。电焊机及电动机具必须安装漏电保护装置。

5）沟槽外用搭设不低于1.2m的护栏交通道路上施工要设警示牌和警示灯。

6）在高压线、变压器附近堆土及挖掘机吊装设备等大型施工机具应符合有关安全规定。

7）易燃易爆材料器材应严格管理、氧气、乙炔使用完毕后按要求分开进行存放。

8）现况管线拆除，改移、现场必须有专人进行指挥，严禁非施工人员进入现场。

9）电焊施工时，焊工在雨天必须穿绝缘胶鞋、戴绝缘手套，以防触电。

10）吊装管道时，必须有专人指挥，严禁人员在吊起的构件下停留或穿行。

11）在高压线或裸线附近工作时，应根据具体情况停电或采取其他可靠防护措施后，方准进行吊装作业。

12）钢管焊接应遵守下列规定：

①使用电动工具找磨坡口时，必须了解电动工具的性能，掌握安全操作知识。

②稳管对口点焊固定时，管道工必须戴护目镜，应背向施焊部位，并与焊工保持一定距离。

③法兰接口，在窜动管子对口时，动作应协调、手不得放在法兰接口处。

成品保护措施：

④严禁在管沟中拖拉钢管，必须移位时，应采用吊装设备进行，防止损坏钢管外防腐层。

⑤覆土较浅的地方应设置标志，管道在未回填石（管顶以上 500mm 之前，应避免大型机械碾压，以免造成管道变形。

⑥水泥砂浆内防腐层成形后，应立即将管道封堵，避免风吹产生裂纹，水泥砂浆终凝后进行养护，养护期间禁止人在管内行走。

⑦钢管露天码放时，应选择在地势较高地段，将管子垫起，管子码放不得超过3 层。

⑧施焊时不得在非施焊管材上引弧。

⑨管道内的焊渣等杂物应随焊随清集中堆放回收。

3-5-64 钢管道回填土的特殊要求有哪些？

答：1）钢管道竖向变形的控制

钢管道的竖向变形不大于设计规定，且不大于 *DN* 的 2%。

为防止钢管道在回填时出现较大变形，回填土施工中要严格遵守操作规程及有关规定，*DN*＞800mm 的管道回填土前，在管内采取临时竖向支撑，如图 3-5-64 所示。

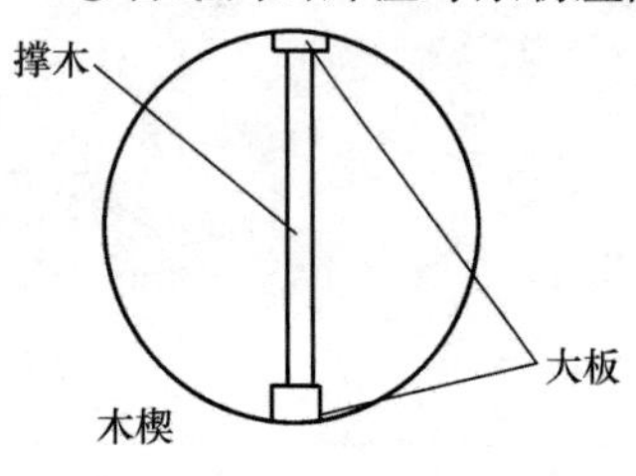

图 3-5-64 钢管内临时支撑

2）对钢管道回填土及管道内支撑的要求

（1）检查管道

回填土前检查管道内的竖向变形或椭圆度是否符合要求，不合格者要支顶合格，方可回填。

（2）分段回填与支撑

胸腔回填土应分段进行，需要在管内采取临时支撑措施的管段，在填土前应支撑稳妥，其方法：

①在管道内竖向上，下用 5cm×20cm 大板紧贴管壁，再用直径大于 10cm 圆木，或 10cm×10cm、10cm×12cm 的方木支顶（或用支撑器），并在下面用硬木楔（撑木与大板之间）背紧。每管节支 2～3 道。

②支撑后的管道，竖向径距比水平径距略大 1%～2%管外径（预拱度）。

③如竖向变形较大，用支撑木楔背不起来，可使用小千斤顶，合适后再支。

（3）回填要求

①填土前要检查管底两侧回填处是否密实，缺砂或不密实要补填密实。

②胸腔两侧填土必须同时进行，两侧回填高度不要相差一层（0.2～0.3m）以上。

③测量、控制土的最佳含水量，以达到设计密实度，以保证钢管的强度、刚度和稳定性，特别是管子与砂垫层接触的部分的夯实质量。

④胸腔填土至管顶以上时，要检查管道变形与支撑情况，无问题时再继续回填，否则需采取措施处理后再回填。总之，胸腔填土是防止钢管道竖向变形的关键工序。

⑤回填土到设计高度后（有临时支撑的拆撑后），应再次量测管子尺寸并记录，以确认管道回填后的质量。

⑥回填土不得采用粉砂、淤泥、石块或冻土等。

⑦回填土的夯实指标见表 3-5-64。

管周回填土夯实指标　　表 3-5-64

土料名称	土颗粒最大密度（t/m³）	最佳含水量（重量比%）	设计采用回填土之压缩模量 E_s（kg/cm²）
砂土（不包括粉细砂）	1.8～1.88	8～12	100以上
粉土	1.85～2.08	9～15	50～100
粉质黏土	1.85～1.95	12～15	40～80
黏土	1.58～1.7	19～23	

3.6 预应力钢筋混凝土给水管道安装

3-6-1 预应力钢筋混凝土管安装常用哪两种方法?

答: 承插口预应力钢筋混凝土管的安装，常用吊链安装法和千斤顶安装法两种方法。

安装前，应先挖好接口工作坑。吊链安管法系用吊车将管子放到槽底，找好中心位置及高程后，再将管子稍稍吊起，将胶圈套在插口端，徐徐将插口放入已稳好的管子的承口内。然后将后背横木、吊链的钢丝绳安好，由二人拉吊链，将管子拉到设计位置，胶圈被均匀压紧（图 3-6-1）。

在安装下一个接口时，容易将前面的接口带出，故每安好一节管子，需检查前面已安好的 2～3 个口。如发现管口脱出，应及时处理，为了防止管口脱出，可随安随进行腔还土。每日收口时，用吊链把管子前后拉紧，以防止反弹。

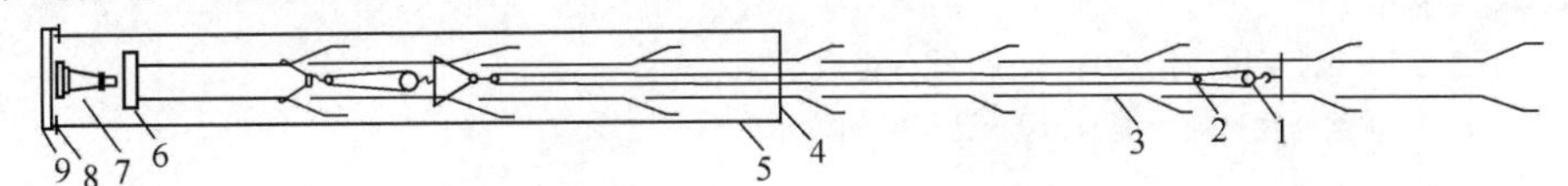

图 3-6-1　吊链安管示意

1—导链；2—滑轮；3—管子；4—横杆；
5—拉紧杆；6—顶铁；7—千斤顶；8—销钉固定；9—后背

用千斤顶安管，应先将胶圈套在插口端，再用吊车吊起管子对口。将钢筋拉杆，卡具和工字钢后背连接好，然后摇动小车架上的千斤顶，即可将插口插入承口内。此法安装质量比较好。

3-6-2 承插式预应力钢筋混凝土管（一阶段预应力管）及自应力钢筋混凝土管接口方式是什么?

答: 预应力、自应力两种管道的接口，均为压胶圈法。

承插预应力钢筋混凝土管和自应力钢筋混凝土管接口胶圈的选择和计算，比较简单。

胶圈环内径和管子插口外径的关系为：

$$D=KD_1$$

式中　D——胶圈环内径；

D_1——管子插口外径；

K——环径系数，常取为 0.8～0.9。

胶圈拉伸套在管子上后，断面直径减小。设 d 为胶圈断面直径，d' 为拉伸后套在管子上的胶圈断面直径。拉伸前后的体积相等，则

$$\frac{\pi}{4}d^2 \cdot \pi D=\frac{\pi}{4}d^2 \cdot \pi D_1$$

而　$D=KD_1$

胶圈抗应变的关系为：

$$d'=\sqrt{k}D_1$$

胶圈的压缩率为：

$$\xi=\frac{d'-E}{d'}\times 100\%$$

式中　ξ——胶圈的压缩率；

d'——拉伸后的胶圈断面直径；

E——承插口间隙。

3-6-3　怎样安装预应力混凝土输水管？

答： 预应力混凝土输水管安装要点如下：

1）顶入法安装接口橡胶圈

由后背、螺旋千斤顶、顶铁、垫木等组成一套顶推设备安放在一辆平板小车上。摇动千斤顶，把套有胶圈的插口徐徐顶入管子承口中，随顶随调整胶圈使之就位准确，见图 3-6-3（1）。

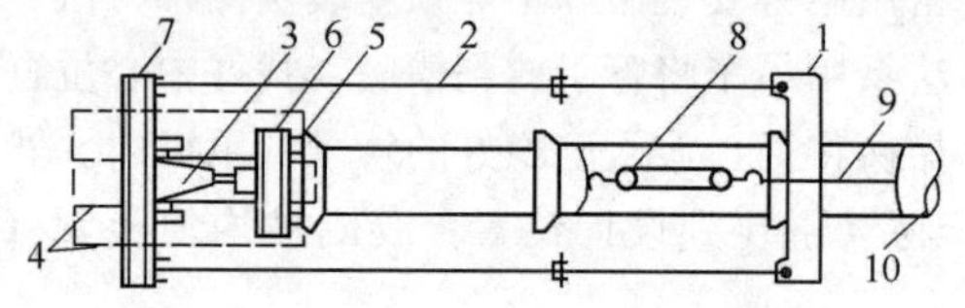

图 3-6-3（1）　千斤顶小车拉杆安装预应力混凝土管示意图

1—卡具；2—钢拉杆（活接头组合）；3—螺旋千斤顶；4—双轮平板小车；5—垫木（一组）；6—顶铁（一组）；7—后背工字钢（焊有拉杆接点）；8—吊链（卧放手拉葫芦）；9—钢丝绳套（逮子绳）；10—已安好的管子

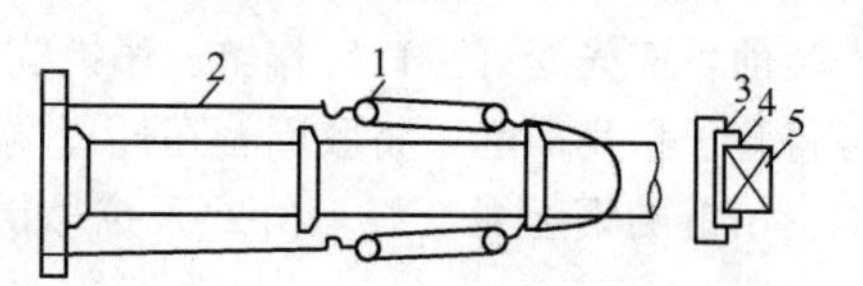

图 3-6-3（2）　吊链拉入安管示意图

1—吊链；2—钢丝绳；3—槽钢；4—缓冲橡胶带；5—枋木

2）拉入法安装接口橡胶圈

用吊链或牵引机作为拉动力，用钢丝绳套在已安装好的管子和要进行安装的管子，经吊链或牵引机牵拉使管子就位，见图 3-6-3（2）、图 3-6-3（3）。

铺管后，为防止前几节管子管口移动，可用钢丝绳和吊链锁在后面的管子上，见图 3-6-3（4）。

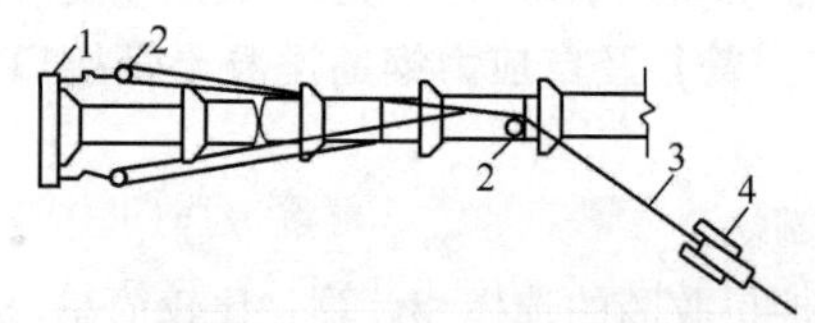

图 3-6-3（3）　牵引机安装示意图

1—后背方木；2—滑轮；3—钢丝绳；4—牵引机

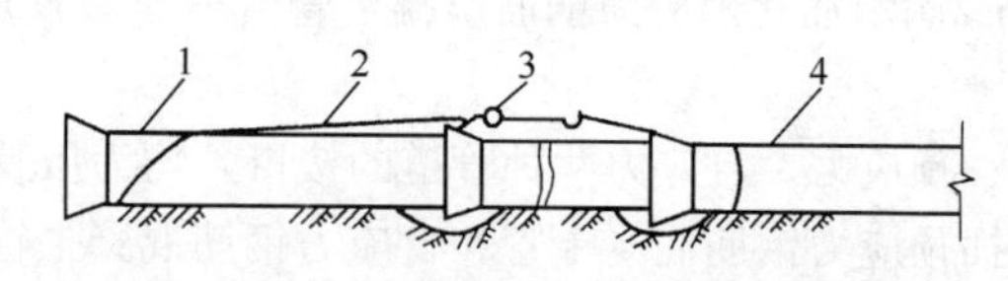

图 3-6-3（4）　锁管示意图

1—第一节管；2—钢丝绳；3—吊链；4—后面的管

3-6-4　怎样选配预应力混凝土管接口橡胶圈？

答： 1）预应力钢筋混凝土管接口胶圈的物理性能、质量要求及截面的选择，应符合下列规定：

（1）胶圈接头宜用热接，接缝应平整牢固，每个胶圈的接头不得超过 2 个。粗细均匀、质量柔软、无气泡、无裂缝、无重皮。

(2) 胶圈的物理性能应符合表 3-6-4 的要求。

2) 应根据管径与接口环形间隙选择胶圈环径与胶圈截面直径。胶圈截面直径与环径应按下式计算确定

胶圈的物理性能　　表 3-6-4

含胶量（%）	邵氏硬度（度）	拉伸强度（kg/cm^2）	伸长率（%）	永久变形（%）	老化系数 70℃，72h
≥65	45～55	≥160	≥500	＜25	0.8

$$d_0=\frac{e}{\sqrt{K_R}\cdot(1-\rho)}$$

$$D_R=K_R\cdot D_W$$

式中　d_0——橡胶圈截面直径，mm；

e——接口环向间隙，mm；

ρ——压缩率，35%～45%；

D_R——安装前橡胶圈环向内径，mm；

K_R——环径系数，为 0.85～0.90；

D_W——插口端外径。

3-6-5　预应力钢筋混凝土管道安装流程是怎样的?

答：预应力钢筋混凝土管安装施工流程见图 3-6-5：

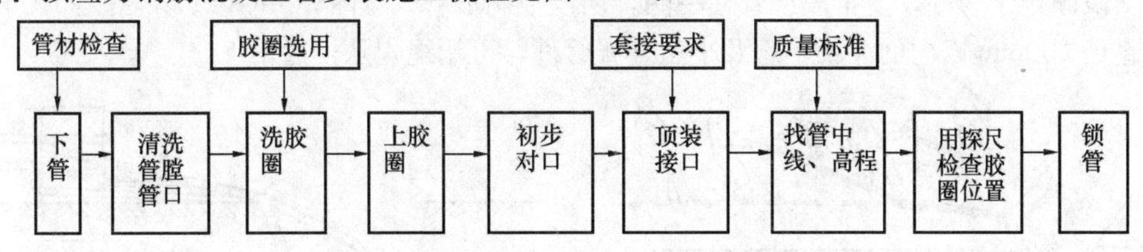

图 3-6-5　预应力钢筋混凝土管安装施工流程

3-6-6　预应力钢筋混凝土管的铺设

答：1）混凝土管材的倒运

(1) 根据现场条件，管材应尽量沿线堆放。

(2) 槽内下管、运管，可用滚杠或特制的运管车运送。在未打平基的沟槽内用滚杠或运管车运管时，槽底应铺垫木板。

(3) 采用叉车运管时，应严格控制前进速度，严禁用推土机铲推管。

(4) 槽下运管，通常在平基上通铺草袋和顺板，将管吊运到平基后，再逐节横向均匀摆在平基上，采用人工横推法。操作时应设专人指挥，防止管之间互相碰撞。当管径大于管长时，不应在槽内运管。

(5) 当运至指定地点后，对存放的每节管应固定。

2) 预应力钢筋混凝土管下管

(1) 一般规定：

①下管应以施工安全、操作方便为原则，根据管材重量、管长、施工环境、沟槽深浅及吊装条件，确定下管方法；

②下管的关键是安全问题。起吊管材的下方严禁站人；人工下管时，槽内人员必须躲开下管位置；

③下管前应对沟槽进行检查：将槽底清理干净，检查槽底高程及宽度，检查槽帮：有裂缝及

坍塌危险者必须处理；检查管沟的两侧堆土高度；

④在混凝土基础上下管时，除基础面高程必须符合质量标准外，同时混凝土强度应达到5.0MPa以上；

⑤吊装及运输时，预应力钢筋混凝土管承插口密封工作面、钢管丝扣及金属管的绝缘防腐层，均应采取必要的保护措施，以免损伤。

（2）吊车下管：

①采用吊车下管时，应根据沟槽深度、土质、环境情况等，确定吊车距槽边的距离、管材存放位置以及吊车进出路；

②吊车不得在输电线路下工作，在线路附近工作时，与线路的垂直、水平安全距离应不小于相应的规定；

③绑（套）管应找好重心，以使起吊平稳。管材起吊速度应均匀，回转应平稳，下落应低速轻放，不得忽快忽慢和突然制动。

（3）人工下管：

①人工下管一般采用压绳下管（见图3-6-6（1）），即在管材两端各套一根大绳，下管时，把管材下面的半段大绳用脚踩住，必要时并用铁钎锚固，上半段大绳用手拉住，必要时并用撬棍拨住，两组大绳用力一致，听从指挥，将管材徐徐下入沟槽；根据情况，下管处的槽边可斜立方木两根。钢管组成的管段，则根据施工方案确定的吊点数增加大绳的根数；

②直径大于等于900mm的钢筋混凝土管采用压绳下管法时，应开挖马道，并埋设一根管柱。大绳下半段固定于管柱，上半段绕管柱一圈，用以控制下管（见图3-6-6（2））；

③直径200mm以内的混凝土管及小型金属管件，可用绳勾从槽边吊下。

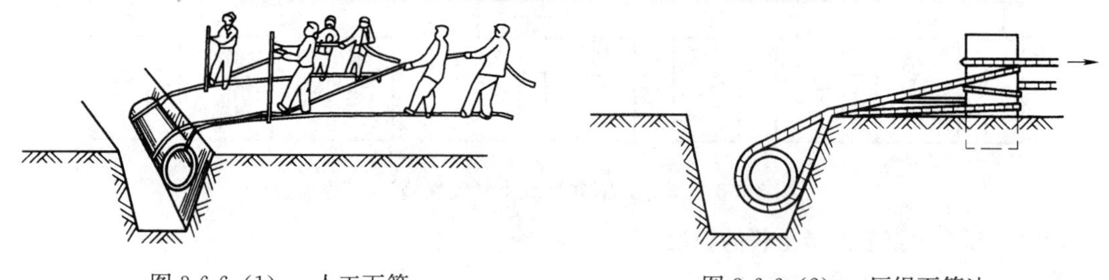

图3-6-6（1） 人工下管　　　　图3-6-6（2） 压绳下管法

3-6-7 预应力钢筋混凝土管安装要点有哪些？

答：1）准备工作：

（1）对每根管材外观检查，检查管材出厂前的抗渗试验及合格证。

（2）检查承口工作面内径，最小值误差应在许可范围内。

2）预应力钢筋混凝土承插口密封工作面应平整光滑。接口前应将承口内部和插口外部的泥土清刷干净，在插口端套上胶圈。

3）接口橡胶圈满足国家标准YB/T 5270—1999中有关密封和卫生性能的规定，内环径一般为插口外径的0.87～0.93倍，胶圈截面直径的选择，以胶圈滚入接口缝后截面直径的压缩率为35％～45％为宜。

4）安装时胶圈须紧靠小台，不能扭曲，不能从插口凸箍上面外翻，不能出现上台、闷鼻、麻花、跳井等现象，自然转角不超过1°。

5）安装接口时，顶、拉速度应缓慢，并应有专人查看胶圈滚入情况，如发现滚入不匀，应停止顶、拉，用錾子调整胶圈位置均匀后，再继续顶、拉，使胶圈达到预定的位置。

6）受力绳索要固定在沟槽或沟外固定物上，不得固定在已安装的管材上。当放松拉紧装置后，插口可有回弹量。

7）预应力钢筋混凝土管安装方法如图 3-6-7 所示。

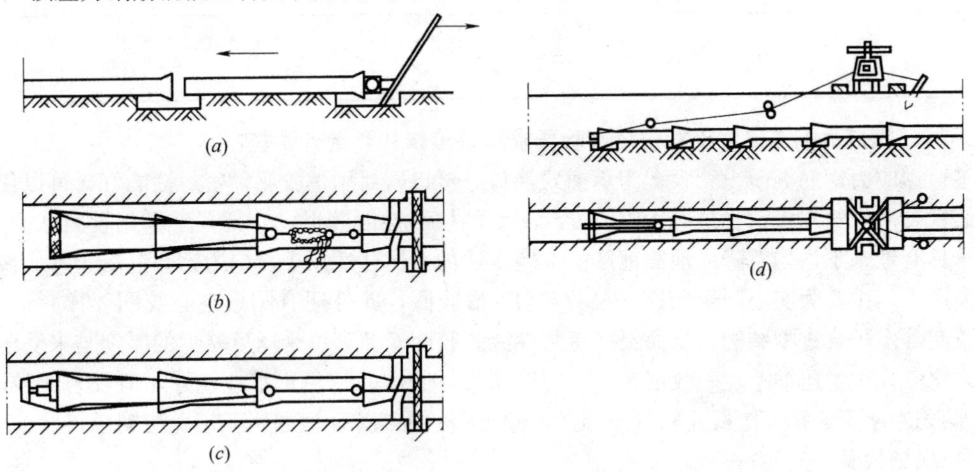

图 3-6-7　预应力钢筋混凝土管安装方法

(a) 撬杠顶入法；(b) 拉链拉入法；(c) 千斤顶顶入法；(d) 绞盘拉入法

(1) DN 小于 200mm 的管道采用撬杠顶入法。其方法简单，需用工具少，速度快。

(2) DN 大于 200mm 的管道采用拉链拉入法和千斤顶顶入法施工。接口设备比较简单，需用人力较少，前者相对于后者操作较麻烦，且速度慢。

(3) 较大口径的混凝土管采用绞盘拉入法施工，但需经常移动和固定绞盘。

(4) 大口径、长距离管道采用拖拉机等机械牵引拉入法施工。

8）安装完毕的检查：

(1) 检查管体是否稳实，不得悬空或晃动。

(2) 检查中心线偏差不大于±120mm。

(3) 检查管内底高程偏差不大于 10mm。

(4) 检查承插口环形间隙最大与最小值之差，不超过 2mm。

(5) 检查插口插入就位准确度±5mm。

(6) 检查胶圈紧靠小台，不出现上台、闷鼻、麻花、跳井等现象。

(7) 检查自然转角不超过 1°。

9）预应力钢筋混凝土管安装质量。

(1) 预应力钢筋混凝土管质量标准（见表 3-6-7（1））。

(2) 预应力钢筋混凝土管坐标、标高的允许偏差（见表 3-6-7（2））。

预应力钢筋混凝土管质量标准　　　　**表 3-6-7（1）**

项　目	质量标准	允许偏差(mm)	检验频率	检验方法
中线位称	按设计要求	±20	每节管分别取 2 点	挂中线用尺量
管道内底高程		±10		用水准仪测
环形间隙		最大与最小之差不大于 2		用尺量
胶圈	不许扭曲滚至插口小台	±5		用尺量

预应力钢筋混凝土管坐标、标高的允许偏差　　表 3-6-7（2）

项　目	允许偏差（mm）	检验方法
坐标	50	检查测量记录或用经纬仪，水准仪（水平尺）、直尺、拉线和尺量检查
标高	20	

3-6-8　预应力钢筋混凝土管现场检验要求和缺陷修补要点有哪些？

答： 预应力钢筋混凝土管大多为承插式接口，接口密封用橡胶圈，密封性能好，可以代替钢管或铸铁管用做给水管道。预应力钢筋混凝土管的抗裂性能较强，并具有耐电化学腐蚀的性能，适用于具有地基不均匀沉降或地震地区。本题所述内容同样适用于自应力钢筋混凝土管。橡胶管的断面形式，主要为实心圆形胶圈，又称“O”形胶圈，此外还有圆形空心胶圈、梯唇形胶圈、楔形胶圈等多种改进型结构，从而提高密封性能。胶圈安装到位受压后减少的厚度与未受压时的厚度之比值，称为压缩率。一般情况下，压缩率大，胶圈的密封止水性能好，但安装比较困难。“O”形胶圈的压缩率一般采用 35%～45%。橡胶圈的压缩率不宜过大，以免胀裂承口。

1）现场检验

预应力钢筋混凝土管下管前应作外观检查，必要时进行压力试验或严密性试验。管子的检验要求如下：

（1）管子必须有出厂合格证，质量应满足国家标准和企业标准的技术要求；

（2）管承口外表面应有标记，管子应附出厂证明书，证明管子型号及出厂水压试验结果，制造及出厂日期，并须有质量检验部门签章；

（3）管体内外壁应平滑，不得有露筋、空鼓、蜂窝、脱皮、开裂等缺陷，用重为 250g 的轻锤检查保护层空鼓情况；

（4）管端不得有严重的碰伤和掉角，承插口不得有裂纹和缺口，承插口工作面应光滑平整，局部凹凸度用尺量不超过 2mm；

（5）承插口的内、外径及其椭圆度应满足设计要求，承插口的环形间隙应能满足选配胶圈的要求；

（6）对出厂时间过长（跨季），质量有所降低的管子应经水压试验合格，方能使用。

2）缺陷修补

预应力钢筋混凝土管承插口工作面有局部缺陷或管端碰伤以及管壁局部有缺陷时，可采用水泥砂浆、环氧树脂水泥砂浆或玻璃钢修补。

（1）水泥砂浆修补

对于蜂窝麻面、缺角、保护层脱皮以及小面积空鼓等缺陷，可用水泥砂浆或自应力水泥砂浆修补。操作程序如下：

待修部位朝上⟶凿毛⟶清洗并保持湿润⟶刷一道素水泥浆⟶填入水泥砂浆⟶用钢抹子反复擀压平整⟶撒少量干水泥砂⟶停数分钟⟶用铁抹子擀压一遍⟶养护。

进行上述操作时，在刷完素水泥浆后应立即填入水泥砂浆反复擀压，水泥砂浆的配比为水泥：细砂＝1：1～2（体积比）。

（2）环氧树脂水泥砂浆修补

适用于管口有蜂窝、缺角、掉边及合缝漏浆、小面积空鼓、脱皮、露筋等情况。

环氧树脂水泥砂浆配方参见表 3-6-8。

环氧树脂是一种高分子化合物，主要用来作为粘接剂。因环氧树脂本身不易固化，要加入固化剂后和它起交联作用而固化，乙二胺为一种价格低、材料来源广泛的固化剂。磷苯二甲酸二丁酯为增塑剂，可改善环氧树脂的脆性，增加其韧性和强度。

环氧树脂砂浆配方（重量比）　　表 3-6-8

材料名称	配　方	
	环氧树脂底胶	环氧树脂砂浆
6101 号环氧树脂	100	100
乙二胺	6～10	6～10
磷苯二甲酸二丁酯	10	8
32.5 级水泥		150～200
细砂（粒径 0.3～0.12mm）		400～600

修补裂缝时，应将裂缝剔成燕尾槽，槽深 1.5～2cm，槽宽上口 2～3cm，下口 3～4cm，槽长应超出缝端 10～20cm，将槽内碎屑除净后，即可进行修补。

修补的操作程序为：使待修部位朝上⟶凿毛（露出钢筋）⟶清洗晾干⟶刷底胶⟶填补环氧树脂砂浆⟶铁抹子反复压实压光⟶达到厚度要求。

调配环氧树脂砂浆时，先将水泥、砂子按比例拌匀，倒入已拌合好的环氧树脂胶液中搅拌均匀。所用砂子应淘洗、过筛并晾干。环氧树脂砂浆的操作温度要保持在 15℃以上。

环氧树脂水泥砂浆硬化后，应进行质量检查。检查时，可用刮刀刮削表面，刮削时表面呈粉末状或片状而不黏滞，即为合格。

（3）环氧玻璃布修补

环氧玻璃布是用环氧树脂底胶和玻璃纤维布交替粘接数层而成，适用于装运碰撞产生的裂缝。

环氧树脂底胶的配比参见表 3-6-8，玻璃布为厚度 0.2mm、0.5mm 的无捻方格玻璃纤维布。修补前应顺缝剔成燕尾槽，槽深 2～2.5cm，宜露出钢筋，上口槽宽 3cm 左右，槽长应超出缝端 10～20cm。先用环氧树脂水泥砂浆修补的方法，填满裂缝。然后刷一层环氧底胶，贴上并压紧玻璃布，依次贴 3～6 层（根据管道口径、压力和渗漏程度而定）环氧树脂底胶和玻璃布。刷底胶的速度要快，要刷薄刷匀，不能有结块现象。铺贴玻璃布时，应从中央向两边用毛刷赶气泡，压紧时，可用直径 3～5cm 的圆木棍或塑料管滚压。玻璃布应紧贴管子表面，不得留有气泡。环氧玻璃钢固化后，在铺管前应补做抗渗抗裂水压试验。

3-6-9　预应力混凝土管安装施工准备有哪些要求？

答：1）材料要求

（1）预应力钢筋混凝土管

①管材混凝土设计强度等级不得低于 40MPa，管道抗渗性能检验压力试验合格，抗裂性能达到抗裂检验压力指标要求。

②承口和插口工作面光洁平整，局部凹凸度用尺量不超过 2mm，不应有蜂窝、灰渣、刻痕和脱皮现象，钢筋保护层厚度不得超过止胶台高度。

③管体内外表面应无露筋、空鼓、蜂窝、裂纹、脱皮、碰伤等缺陷，保护层不得有空鼓、裂纹、脱落。

④管体外表面应有标记，应有出厂合格证，注明管材型号、出厂水压试验的结果、制造及出厂日期、厂质检部门签章。

（2）接口胶圈

①承插或企口预应力钢筋混凝土管道接口所采用的密封胶圈，应采用耐腐蚀的专用橡胶材料制成。

②密封胶圈使用前必须逐个检查，不得有割裂、破损、气泡、飞边等缺陷。其硬度、压缩

率、抗拉力、几可尺寸等均应符合有关规范及设计规定。

③密封胶圈应有出厂检验质量合格的检验报告。产品到达现场后，应抽检5%的密封橡胶圈的硬度、压缩率和搞拉力，其值不应小于出厂合格标准。

(3) 水泥

①采用强度等级32.5以上的硅酸盐水泥、普通硅酸盐水泥或矿渣硅酸盐水泥。

②水泥进场应有产品合格证和出厂检验报告，进场后应对强度、安定性及其他必要的性能指标进行取样复试，其质量必须符合现行国家标准《通用硅酸盐水泥》GB 175—2007等的规定。

③当对水泥质量有怀疑或水泥出厂超过3个月时，在使用前必须进行复试，并按复试结果使用。不同品种的水泥不得混合使用。

(4) 砂

采用坚硬、洁净、级配良好的天然砂，含泥量不得大于2%。砂的品种、质量应符合现行国家标准《普通混凝土用砂、石质量及检验方法标准》JGJ 52—2006的要求，进场后按有关规定进行取样试验合格。

(5) 钢丝网

宜选用不锈、无油垢，符合设计要求的钢丝网。

2) 施工机具（设备）

(1) 设备

挖掘机、自卸载重汽车、汽车起重机、装载机、运输车辆、振动夯、蛙式打夯机、切管机、捯链（手动葫芦）、千斤顶、卷扬机、吊具、管堵等。

(2) 工具

浆筒、刷子、铁抹子、弧形抹子、盒尺、角尺、水平尺、线坠、铅笔、扳手、钳子、螺丝刀、錾子、手捶、打气筒、普通压力表、秒表等。

3) 作业条件

(1) 施工技术方案已经有关部门审批，同意实施。

(2) 前期准备工作应完善，地下管线和其他设施经物探和坑探调查清楚。

(3) 沟槽开挖完毕，槽底验收合格、基础应铺筑好、具备管道安装作业条件。

4) 技术准备

(1) 施工前做好施工图纸的会审，编制施工组织设计及做好技术交底工作。

(2) 施工前对现况管线构筑物的平面位置和高程与施工管线的关系，经核实后，将了解和掌握的情况标注在图纸上。

(3) 完成施工交接桩、复测工作，并进行护桩及加密桩布置。

(4) 管节的水压试验、砂浆配合比、回填土的最佳密实度试验已完成。

3-6-10　预应力混凝土管安装工艺流程是怎样的？

答：工艺流程：

测量放线⟶沟槽开挖与验收⟶垫层、基础施工⟶管道安装⟶检查井砌筑（混凝土检查井浇筑）⟶闭水试验⟶土方回填⟶验收。

3-6-11　预应力混凝土管安装操作要点有哪些？

答：操作要点如下：

1) 沟槽开挖与验收

(1) 测量放线与工程排降水参考相关内容进行施工。

(2) 沟槽土方开挖施工参考土方部分相应内容进行施工。

(3) 沟槽开挖至设计标高30cm以上时，采用人工进行清底，以防超挖，扰动管道天然地基。

(4) 如遇软弱地基时，应根据设计要求采用相应的处理方法，直至地基承载力满足设计要求。

(5) 槽底验收：基底标高、坡度、宽度、轴线位置、基底土质应符合设计要求。

2) 垫层、基础施工

(1) 由于管道接口形式不同，所以采用的垫层、基础也不尽相同，垫层、基础一般有土弧、砂石、现浇混凝土、预制垫块4种形式。

(2) 采用土弧基础时，开槽后应测放中心线，人工修整土弧，土弧的弧长、弧高应按设计要求放线、施工，以保证土弧包角的角度。

(3) 砂石基础铺筑时，厚度不大于20cm，可采用平板振动夯夯实。夯实平整后，测中心线，并应预留沉降量。垫层宽度和深度必须严格控制，以保证管道包角的角度。中粗砂或砂砾垫层与管座应密实，管底面必须与中粗砂或砂砾垫层与管座紧密接触。中粗砂或砂砾垫层与管座施工中不得泡水，槽底不得有软泥。

(4) 现浇混凝土基础应在槽底验收合格后及时直搭模板浇筑平基混凝土，浇筑完成后，及时按规定进行覆盖养护，待强度达到70%以上时方可进行管道安装。

(5) 垫块应事先按设计规格尺寸预制好，强度满足要求后，方可进行垫块安装。

3) 承插口(或企口)管道安装

(1) 下管、稳管

管道进场检验：管节安装前应进行外观检查，检查管体外观及管体的承口、插口尺寸，承口、插口工作面的平整度。用专用量径尺量并记录每根管的承口内径、插口外径及其椭圆度，承插口配合的环向间隙，应能满足选配的胶圈要求。

下管：采用专用高强尼龙吊装带，以免伤及管身混凝土。吊装前应找出管体重心，做出标志以满足管体吊装要求。下管时应使管节承口迎向流方向。下管、安管不得扰动管道基础。

稳管：管道就位后，为防止滚管，应在管两侧适当加两组四个楔形混凝土垫块。管道安装时应将管道流水面中心、高程逐节调整，确保管道纵断面高程及平面位置准确。每节管就位后，应进行固定，以防止管子发生位移。稳管时，先进入管内检查对口，减少错口现象。管内底高程偏差在±10mm内，中心偏差不超过10mm，相邻管内底错口不大于3mm。

(2) 挖接头工作坑

管道安装前，在接口处挖设工作坑，承口前不小于600mm，承口后超过斜面长，两侧大于管径，深度不小于200mm，保证操作阶段管子承口悬空。

(3) 对口

清理管膛、管口：将承插口内的所有杂物予以清除并擦洗干净，然后在承口内均匀涂抹非油质润滑剂。清理胶圈：将胶圈上的粘接物清擦干净，并均匀涂抹非油质润滑剂。插口上套胶圈：密封胶圈应平顺、无扭曲。安管时，胶圈应均匀滚动到位，放松外力后，回弹不得大于10mm，把胶圈弯成心形或花形(大口径)装入承口槽内，并用手沿整个胶圈按压一遍，确保胶圈各个部分不翘不扭，均匀一致卡在槽内。橡胶圈就位后应位于承插口工作面上。

(4) 顶装接口

顶装接口时，采用龙门架，对口时应在已安装稳固的管子上拴住钢丝绳，在待接入管子口处理架上后背横梁，用钢丝绳和捯链连好绷紧对正，两侧同步拉捯链，将已套好胶圈的插口经撞口后拉入承口中。注意随时校正胶圈位置和状况。安装时，顶、拉速度应缓慢，并应有专人查胶圈滚入情况，如发现滚入不均匀，应停止顶、拉，用凿子调整胶圈位置，均匀后再继续顶拉，使胶圈达到承插口的预定位置。管道安装应特别注意密封胶圈，不得出现“麻花”、“闷鼻”、“凹兜”、

“跳井”、“外露”等现象。

（5）检查中线、高程

每一管节安装完成后，应校对管体的轴线位置与高程，符合设计要求后，即可进行管体轴向锁定和两侧固定。

（6）用探尺检查胶圈位置

检查插口推入承口的位置是否符合要求，用的探尺伸入承插口的间隙中检查胶圈位置是否正确。

（7）锁管

铺管后为防止前几节管子的管口移动，可用钢丝绳和捯链锁在后面已安好管子上。

3-6-12 预应力混凝土管安装平基法安装混凝土管操作要点有哪些？

答：1）浇筑混凝土平基

在验槽合格后应及时浇筑平基混凝土。平基混凝土的高程不得高于设计高程，低于设计高程不超过10mm，并对平基混凝土覆盖养护。

2）下管

平基混凝土强度达到5MPa以上时，方可下管。大直径管道采用吊车下管，小直径管道也可采用人工下管。

3）安管

安管的对口间隙，直径不小于700mm时为10mm，直径小于700mm时可不留间隙。

4）浇筑管座混凝土

浇筑管座混凝土前平基应凿毛冲洗干净，平基与管子底接触的三角部位，应用与管座混凝土同强度等级混凝土填捣密实，浇筑管座混凝土时，应两侧同时进行，以防管子偏移。

5）抹带

水泥砂浆抹带：

抹带及接口均用1∶2.5水泥砂浆。抹前将管口及管外皮抹带处洗刷干净。直径不大于1000mm，带宽120mm；直径大于1000mm，带宽150mm，带厚均为30mm。抹带分两层做完，第一层砂浆厚度约为带厚的1/3，并压实使管壁粘接牢固，在表面划成线槽，以利于与第二层结合。待第一层初凝后抹第二层，用弧形抹子捋压成形，初凝前再用抹子赶光压实。抹带完成后，立即用平软材料覆盖，3～4h洒水养护。

钢丝网水泥砂浆抹带：

带宽200mm，带厚25mm，钢丝网宽度180mm。抹带前先刷一道水泥浆，抹第一层砂浆厚约15mm，紧接着将管座内的钢丝网兜起，紧贴底层砂浆，上部搭接处用绑丝扎牢，钢丝网头应塞入网内使网表面平整。第一层水泥砂浆初凝后再抹第二层水泥砂浆，初凝前赶光压实，并及时养护。

6）预制套环石棉水泥接口

套环应居中，与管子的环向间隙用木楔背匀。填油麻位置要正确，宽为20mm，油麻打口要实。填打油麻时，要少填多打，一般直径大于等于600mm时，用四填六打，即每次填灰1/3，共三次，每次打四遍，最后用填灰找平，打两遍；直径小于600mm时，用四填八打，即每次填灰1/3，共三次，每次打两遍，最后用灰找平，打两次。养护用湿草袋或湿草绳子盖严，1h后洒水，养护护时间不少于3d。

3-6-13 预应力混凝土管安装四合一法安装混凝土管操作要点有哪些？

答：1）槽底验收合格后，两侧边模采用15cm×15cm断面的方木作为平基模板，支设平整牢固地固定在平基两侧，高程略高于平基。由于“四合一”施工法要在模板上滚运和排放管子，故模板安装应特别牢固。模板材料一般使用木模和组合钢模板，底模可用150mm×150mm的方木，模板内部可用方木临时支撑，外侧用铁钎支牢。若管道为90°管座时，可一次支设组合钢模板，支设高度略高于90°基础高度；如果是135°及180°管座基础，模板宜分两次支设，上部模板应待管子铺设合格后再安装。

2）下管：管节下到沟槽后的纵向移动，可在模板上滚动，纵向排列在一侧模板上，放靠在槽帮上代用。浇筑平基前，把基层的杂物清理干净，常温下洒水湿润。混凝土采用坍落度2～4cm的低流动混凝土灌注平基，采用溜槽送入槽底，平板振动器振捣密实，平基顶面高程高出设计2～4cm。

3）安管：先将放置在模板上的管子用水淋湿，并在靠近管口部位的平基上，铺一层抹带砂浆，以使接口处密实，然后，将管子滚入混凝土平基上，就位后轻轻揉动，揉至比设计高程高出1～2mm停止，此时，再揉动下一节管，会在揉动下节管时，上节管受其影响而继续下沉约1～2mm。如果下沉太大，超过1cm时，应将管节撬起，填垫混凝土或砂浆，重新揉至设计高程。同时要校正中心位置。

4）浇筑管座：管节安好后，在方木上继续支搭，升高管座模板，浇筑管座混凝土，同时补填接口处砂浆，将钢丝网片插入管座补填的砂浆内，在振捣时要注意保持钢丝网片位置正确，同时用麻袋球在管内往返拉动水泥砂浆将内缝抹严。

5）钢丝网水泥砂浆抹带接口：管座混凝土浇筑完毕后应立即抹带，以使管带与管座结合牢固。

3-6-14　预应力混凝土管安装垫块法安装混凝土管操作要点有哪些?

答：1）预制混凝土垫块：垫块混凝土的强度等级同混凝土基础。垫块长等于管径的0.7倍，高等于平基厚度，允许偏差为（+0～-10）mm，宽不小于高。每根管垫块个数一般为2个。

2）在垫块上安管：垫块应放置平稳，高程符合要求；安管时，应及时将管子固定，防止管子从垫块上滚下伤人。

3）管道其他做法同平基法施工。

3-6-15　预应力混凝土管安装试验检测有何要求?

答：1）排水管道可采用闭水法检验管道安装严密性。

2）管道闭水或闭气试验必须在沟槽回填土前进行。

3）井室砌筑完成后，进行闭水试验的管段两头应用砖砌管堵，在养护3～4d达到一定强度后方可进行闭水试验。

4）闭水试验的水位，应为试验段上游管内顶以上2m闭水过程中间检查管堵、管道、井身，无漏水和渗水，再浸泡1～2d后进行闭水试验。

5）在缺水地区可采用闭气试验代替闭水试验对承插式柔性接口钢筋混凝土管道进行检验。

6）管道密封后，向管道内充气2000Pa以上，用喷雾器喷洒发泡液检查管堵对管口的密封时，不得出现气泡。管堵充气胶圈达到规定压力值后2～3min，应无压力降。

7）给水管道应根据有关规定采取水压法试验来检测管道强度及严密性。

3-6-16　预应力混凝土管安装沟槽回填有何要求?

答：1）回填前具备的条件

预应力钢筋混凝土排水管道铺设后应在混凝土基础强度、接口抹带的接缝水泥强度达到5MPa，闭水试验或闭气试验合格后进行。

2）回填土料的要求

回填土料宜优先利用基槽内挖出的土，但不得含有有机杂质，不得采用淤泥或淤泥质土作为填料。回填土料应符合设计及施工规范要求，最佳含水率应通过试验确定。

3）工作坑回填

管道安装就位后，应及时对管体两侧同时进行回填，以稳定管身，防止接口回弹，宜用最佳含水率的过筛细土或中粗砂填塞，采用人工方式夯打密实，当设计另有规定时，按设计要求填实两侧。管道承口部位下的工作坑，应填入中粗砂或砂砾，用人工方式夯打密实。管道基础土为弧基础时，管道与基础之间的三角区应填实。

回填按基底排水方向由高至低管腔两侧同时分层进行，填土不得直接扔在管道上。沟槽底至管顶以上500mm的范围均应采用人工还土，超过管顶500mm以上可采用机械还土，还土时分层铺设夯实。

4）回填土虚铺厚度：回填土压实的每层虚铺厚度根据设计要求进行。

5）夯实：回填土的夯实采用人工夯实和机械夯实两种方法。夯实时，管道两侧同时进行，不得使管道位移或损伤。回填压实应逐层进行，管道两侧和管顶以上500mm范围内采用薄铺轻夯夯实，管道两侧夯实面的高差不大于300mm，管顶500mm以上回填应分层整平和夯实。采用木夯、蛙式夯等压实工具时，应夯夯相连，采用压路机时，碾压的重叠宽度不得小于200mm。

6）压实度的确定：沟槽回填土的压实度符合设计规定。

3-6-17　预应力混凝土管安装冬雨期施工有何要求？

答：1）冬期挖槽及砂垫层，挖槽检底及砂垫层施工，下班前应根据气温情况及时覆盖保温材料，覆盖要严密，边角要压实。

2）冬期管道安装：

（1）为了保证管口具有良好的润滑条件，最好在正温度时施工，以减少在低温下涂润滑剂的难度。在管道安装后，管口工作坑及管道两侧及时覆盖保温，避免基础受冻。

（2）施工人员在管上进行安装作业时，应采取有效的防滑措施。

（3）冬期施工进行石棉水泥接口时，应采用热水拌合接口材料，水温不应超过50℃。

（4）管口表面温度低于－3℃时，不宜进行石棉接口施工。冬期施工不得使用冻硬的橡胶圈。

3）冬期闭水试验：闭水试验应在正温度下进行，试验合格后应及时将管内积水清理干净，以防止受冻。管身应填土至管顶以上约0.5mm，暴露的接口及管段用保温材料覆盖。

4）冬期回填土：胸腔回填土前，应清除砂中冻块，然后分层填筑，每天下班前均应覆盖保温，当气温低于－10℃时，应在已回填好的土层上虚铺300mm松土，再覆盖保温，以防土层受冻，在进行回填前如发现受冻，应先除掉冻壳，再进行回填。当最高气温低于0℃时，回填土不宜施工。

5）雨天不宜进行接口施工。如需施工时，应采取防雨措施，确保管口及接口材料不被雨淋。

6）在雨期施工，沟槽两侧的堆土缺口，如运料口、下管马道、便桥桥头均应堆叠土埂，使其闭合，防止雨水流入基坑。堆土向基坑的一侧边坡应铲平拍实，并加以覆盖，避免雨水冲刷。

7）雨期施工回填土时要从两集水井中间向集水井分层回填，保证下班前中间高于集水井，有利于雨水排除，下班时必须将当天的虚土压实，分段回填，防止漂管。

8）雨期施工宜在基槽底下两侧挖排水沟，每隔一段距离设一个集水坑，及时排除槽内积水。

3-6-18　预应力混凝土管安装质量检验有哪些项目？质量记录有哪几项？

答：1）质量检验

（1）主控项目：

①管材的质量。

②管道安装坡度。

③试验检测。

（2）一般项目：

①沟槽开挖质量。

②基础施工质量。

③管道安装质量。

④附属构筑物质量。

2）质量记录

（1）管材产品合格证及复试验报告。

（2）预制混凝土构件、管材进场抽检记录。

（3）管道安装质量检查记录。

（4）现浇钢筋混凝土检查井质量检查记录（包括钢筋、模板、混凝土，参考相关内容）。

（5）管道试验检测记录。

3-6-19　预应力混凝土管安装安全与环保、成品保护有哪些措施?

答：1）安全管理措施

（1）操作人员应根据工作性质，配备必要的防护用品。

（2）电工必须持证上岗。配电系统及电动机具按规定采用接零或接地保护。

（3）机械操作人员必须持证上岗。机械设备的维修、保养要及时，使设备处于良好的状态。

（4）在地上建筑物、电杆及高压塔附近开挖基槽时，对有可能危及安全的因素应事先采取预防措施。

（5）基槽开挖必须自上而下，分层开挖，严禁掏挖，并按规定放坡。

（6）沟槽外侧临时堆土时，堆土距沟槽上口线不能小于1.0m，堆土高度一般不得大于1.5m。堆土不得覆盖消火栓、测量点位等标志。

（7）沟槽外围搭设不低于1.8m的围挡，道路上要设警示牌和警示灯。

（8）在高压线、变压器附近堆土及吊装设备等应符合有关安全规定。

（9）蛙式打夯机操作人员必须穿戴好绝缘用品，操作必须有两人，一人扶夯一人提电线，蛙式打夯机必须按照电气规定，在电源首端装设漏电保护器，并对蛙夯外壳做好保护接地。蛙夯的电气开关与入接线处的连接，要随时进行检查，避免接线处因振动、磨损等原因导致松动或绝缘失效。

（10）两台以上蛙夯同时作业时，左右间距不小于5m，前后不小于10m，相互间的胶皮电缆不要交叉缠绕。蛙夯搬运时，必须切断电源，不准带电搬运，以防造成误操作。

（11）吊装下管时，必须有专人指挥，严禁任何人在已吊起的构件下停留或穿行，已吊起的管道不准长时间停在空中。禁止酒后操作吊车。

（12）在高压线或裸线附近吊装作业时，应根据具体情况停电或采取其他可靠防护措施后，方准进行吊装作业。

2）环保管理措施

（1）在旧路破除期间，配备专用洒水车，及时洒水降尘。

（2）在施工过程中随时对场区和周边道路进行洒水降尘，降低粉尘污染。

（3）水泥、细颗粒散材料等，应尽可能在库内存放或采用棚布覆盖，运输时要采取防遗洒措施。

（4）土方运输车辆采取遮盖等措施，出场时清洗轮胎防止污染周围环境。

（5）在居民区施工时，采取隔声降噪措施，并应尽可能避开夜间施工。

3）成品保护

（1）管道回填土时，应防止管道中心线位移或损坏管道，管道两侧用人工同步回填，填至管顶0.5m以上，在不损坏管道的情况下，可用机械碾压压实。

（2）管线留口端要用彩条布包好，防止泥土、杂物进入管内，待重新施工时撤除彩条布。必要时也可砌砖进行封堵。

3-6-20　预应力混凝土给水管安装工艺（接口、管座）适用于什么范围？施工准备有哪些要求？

答：1）适用范围

本工艺适用于工作压力在0.1～0.5MPa，试验压力不大于1.0MPa的预应力、自应力混凝土管的给水管道工程。

2）施工准备

施工准备材料要求：

（1）现场检验：

①预应力钢筋混凝土管必须有出厂合格证，应符合现行国家有关质量标准规定。铺设前应进行外观检查，符合标准方可使用。

②管体内外表面不允许有环向、纵向裂纹，不应有露筋、蜂窝、脱皮、空鼓等缺陷，用重力250g的轻锤检查保护层空鼓情况。

③预应力钢筋混凝土管的承口和插口密封工作面应平整光滑，不应有蜂窝、灰渣、刻痕和脱皮现象。局部凹凸度用尺量不得超过2mm；单个缺陷面积不应超过30mm^2。

④管端外露纵向钢筋必须烧掉，并烧入混凝土中5mm，其凹坑应用砂浆等无毒性防腐材料填补。

⑤安装前，应逐根测量承口内径，插口外径及其椭圆度，作好记录。承插口配合的球形间隙，应能满足选配脱圈的要求，并由厂家配套供应胶圈。

⑥对出厂时间过长（跨季），质量有所降低的管子应经水压试验合格，方可使用。

（2）缺陷修补：

①水泥砂浆修补：对于蜂窝麻面、缺角、保护层脱皮以及小面积空鼓等缺陷，可用水泥砂浆或自应力水泥砂浆修补。操作程序如下：待修部位朝上⟶凿毛⟶清洗并保持湿润⟶刷一道素水泥浆⟶填入水泥砂浆⟶用钢抹子反复赶压平整⟶撒少量干水泥砂⟶停数分钟⟶用钢抹子赶压一遍⟶养护。进行上述操作时，在刷完素水泥浆后应立即填入水泥砂浆反复赶压，水泥砂浆的配比为水泥：细砂：1＝（1～2）（体积比）。

②环氧树脂水泥砂浆修补：适用于管口有蜂窝、缺角、掉边及合缝漏浆、小面积空鼓、脱皮、露筋等情况。环氧树脂水泥砂浆配方见表3-6-20（1）。修补裂缝时，应将裂缝剔成燕尾槽，槽深1.5～2cm，槽宽上口2～3cm，下口3～4cm，槽长应超出缝端10～20cm，将槽内碎屑除净后，即可进行修补。修补的操作程序为：使待修部位朝上⟶凿毛（露出钢筋）⟶清洗凉干⟶刷底胶⟶填补环氧树脂砂浆⟶钢抹子反复压实压光⟶达到厚度要求。调配环氧树脂砂浆时，先将水泥、砂子按比例拌匀，倒入已拌合好的环氧树脂胶液中，搅拌均匀。所用砂子应淘洗、过筛并晾干。环氧树脂砂浆的操作温度要保持在15℃以上。环氧树脂水泥砂浆硬化后，应进行质量检查。检查时，可用刮刀刮削表面，刮削时表面呈粉末状或片状而不黏滞，即为合格。

环氧树脂水泥砂浆配方（质量比）　　**表3-6-20（1）**

材料名称	配　方		料名称	配　方	
	环氧树脂底胶	环氧树脂砂浆		环氧树脂底胶	环氧树脂砂浆
6101号环氧树脂	100	100	32.5级水泥		150～200
乙二胺	6～10	6～10	细砂（粒径0.3～1.2mm）		400～600
磷苯二甲酸二丁酯	10	8			

③环氧玻璃布修补：环氧玻璃布是用环氧树脂底胶和玻璃纤维布交替粘接数层而成，适用于装运碰撞产生的裂缝。环氧树脂底胶的配比参见表 3-6-20（1）的规定，玻璃布为厚度 0.2mm、0.5mm 的无捻方格玻璃纤维布。修补前应顺缝剔成燕尾槽，槽深 2～2.5cm，宜露出钢筋，上口槽宽 3cm 左右，槽长应超出缝端 10～20cm。先用环氧树脂水泥砂浆修补的方法，填满裂缝。然后刷一层环氧底胶，贴上交压紧玻璃布，依次贴 3～6 层（根据管道口径、压力和渗漏程度而定）环氧树脂底胶和玻璃布。刷底胶的速度要快，要刷薄刷匀，不能有结块现象。铺贴玻璃布时，应从中央向两边用毛刷赶气泡，压紧时，可用直径 3～5cm 的圆木棍或塑料管滚压。玻璃布应紧贴管子表面，不得留有气泡。环氧玻璃布固化后，在铺管前应补做抗渗抗裂水压试验。

（3）橡胶圈的选用与保管：

①橡胶圈的选配：根据实测承口和插口尺寸选配胶圈，是保证预应力混凝土管承插式接口密封的主要措施。承插式预应力钢筋混凝土管和自应力钢筋混凝土管选配圆形橡胶圈应符合现行国家标准《预应力和自应力钢筋混凝土管用橡胶密封圈》的要求。胶圈的物理性能应符合表 3-6-20（2）的规定。

胶圈的物理性能 **表 3-6-20（2）**

含胶量（%）	邵氏硬度（度）	拉伸强度（kg/cm^2）	伸长率（%）	永久变形（%）	老化系数 70℃，72h
≥65	45～55	≥160	≥500	<25	0.8

②应根据管径与接口环形间隙选择胶圈环径与胶圈截面直径。胶圈截面直径与环径应按下式（1）和式（2）计算确定。胶圈接头宜用热接，接缝应平整牢固，每个胶圈的接头不得超过 2 个；粗细均匀、质地柔软、无气泡、无裂缝、无重皮。

$$d_0=\frac{e}{\sqrt{K_R\cdot(1-\rho)}} \tag{1}$$

$$D_R=K_R\cdot D_W \tag{2}$$

式中 d_0——橡胶圈截面直径（mm）；

e——接口环向间隙（mm）；

ρ——压缩率，35%～45%；

D_R——安装前橡胶圈环向内径（mm）；

K_R——环径系数，为 0.85～0.90；

D_W——插口端外径。

③橡胶圈的保管：橡胶圈应保存在温度 0～40℃的室内，距热源的距离应不小于 1m，要求相对湿度不应大于 80%，须避免太阳光的直射和高紫外线光源的照射。胶圈不允许同液体、半固体接触，特别是不能与油类、苯等能溶解橡胶的溶剂和对橡胶有害的酸、碱、盐以及二氧化硫等物质接触。某些金属，如铜和锰，对硫化橡胶有害，应采取措施将它们隔开。橡胶圈在运输过程中应避免日晒雨淋，存放时也不能长期受挤压，以免变形。

④橡胶圈的粘接

橡胶圈外观上不应有气孔、裂缝、皱皮和大飞边等缺陷，不得有凹凸不平的现象，环径公差尺寸不应大于±10mm。对于环径公差尺寸过大的橡胶圈应去长或补短并重新粘接，粘接的方法有热粘接法和化学粘接法。热粘接法：即用加热的方法使橡胶条与外加橡胶粘接在一起。第一、原材料：帆线、胶水胶、厚 1.5mm 里子胶、120 号汽油溶剂；第二、工具：木锉、加热、加压模具；第三、操作步骤：将橡胶条两端削成约 2～3cm 长的锥形，在锥形边缘外面 2cm 范围内用锉刀打平。用帆线将橡胶条锥形两端固定在一起，涂上胶水（接重量比，胶水胶：120 号汽油溶剂为 1∶5 溶解调匀）。将刷有胶水胶的里子胶缠绕在接头处，边缘拉紧，至厚度超过胶条边

1mm 即可。将缠好里子胶的接头夹在模具内加热硫化。

3）施工机具与设备：

（1）设备：根据埋设管线直径大小，选择适宜的汽车吊、运输车辆、发电机、捯链（手动葫芦）、千斤顶、卷扬机、管堵、空气压缩机等。

（2）工具：浆筒、刷子、铁抹子、弧形抹子、盒尺、角尺、水平尺、线坠、铅笔、扳手、钳子、螺丝刀、錾子、手锤、普通压力表等。

4）作业条件：

（1）地下管线和其他设施经物探和坑探调查清楚。地上、地下管线设施拆迁或加固措施已完成；施工期交通导行方案，施工便桥须有关部门批准。

（2）现场三通一平已完成，符合施工机械作业要求，夜间施工准备好照明设施。

（3）沟槽地基检验合格，管道中心线及高程桩的高程已校测完成。

5）技术准备：

（1）施工技术方案已完成审批手续。

（2）完成对原材料和半成品的检验试验工作。

（3）已向有关人员进行施工技术和安全交底工作。

（4）施工测量已完成复测，检验合格。

3-6-21　预应力混凝土给水管安装工艺流程是怎样的？

答：排管⟶管子的现场检验与修补⟶下管⟶挖接口工作坑⟶清理管膛、管口⟶清理胶圈⟶插口上套胶圈⟶顶装接口⟶检查中线、高程⟶用探尺检查胶圈位置⟶锁管。

3-6-22　预应力混凝土给水管安装（接口、管座）操作要点有哪些？

答：1）接口工作坑：为了把管子稳平和检查，修找胶圈就位状况，管子安装前应先挖工作坑，其尺寸视管径大小、安装工具而定，满足安装要求。一般按：承口前不小于 60cm，承口后超过斜面长，左右大于管径，深度不小于 20cm。

2）安装方法：预应力和自应力钢筋混凝土管安装一般采用顶推与拉入的方法，可根据施工条件、管径和顶推力的大小以及机具设备情况确定。常用的安装方法有：撬杠顶入法、千斤顶拉杆法、捯链（手动葫芦）拉入法、牵引机拉入法等。

（1）撬杠顶入法：

将撬杠插入已对口待连接管承口端工作坑的土层中，在撬杠与承口端面间垫以木块，扳动撬杠使插口进入已连接管的承口，该法适用于小口径管道安装。

（2）千斤顶拉杆法：先在管沟两侧各挖一竖槽，每槽内埋 1 根方木作为后背，用钢丝绳、滑轮和符合管节模数的钢拉杆与千斤顶连接。启动千斤顶，将插口顶入承口，每顶进 1 根管子，加 1 根钢拉杆，一般安装 10 根管子移动一次方木。也可用特制的弧形卡具固定在已经安装好的管子上，将后背工字钢、千斤顶、顶铁（纵、横铁）、垫木等组成的一套顶推设备安放在 1 辆平板小车上，用钢拉杆把卡具和后背工字钢拉起来，使小车与卡具、拉杆形成一个自索推拉系统。系统安装好后，启动千斤顶，将插口顶入承口。

（3）倒链（手动葫芦）拉入法：

在已安装稳固的管子上拴住钢丝绳，在待拉入管子承口处放好后背横梁，用钢丝绳和捯链连好绷紧对正，拉动捯链，即将插口拉入承口中。每接 1 根管子，将钢拉杆加长 1 节，安装数根管子后，移动一次栓管位置。

（4）牵引机拉入法：

在待连接管的承口处，横放一根后背方木，将方木、滑轮（或滑轮组）和钢丝绳连接好，启动牵引机械（如卷扬机、绞磨）将对好胶圈的插口拉入承口中。

(5) DKJ 多功能快速接管机安管：

北京市市政工程研究院研制的 DKJ 多功能快速接管机，可快速地进行管道接口作业，并具有自动对口、纠偏功能，操作简便。

(6) 锁管：安管后，为防止新安装的几节管子管口移动，可用钢丝绳和捯链锁在后面的管子上，见图 3-6-22。

(7) 接口转角：预应力钢筋混凝土管安装应平直，无凸起、突弯现象。沿曲线安装时，纵向间隙最小处不得大于 5mm，接口转角应符合表 3-6-22 的规定。

沿曲线安装接口允许转角 **表 3-6-22**

管材种类	管径（mm）	转角（°）
预应力钢筋混凝土管	400～700	1.5
	800～1400	1.0
	1600～3000	0.5
自应力钢筋混凝土管	100～800	1.5

(8) 施工要点和注意事项

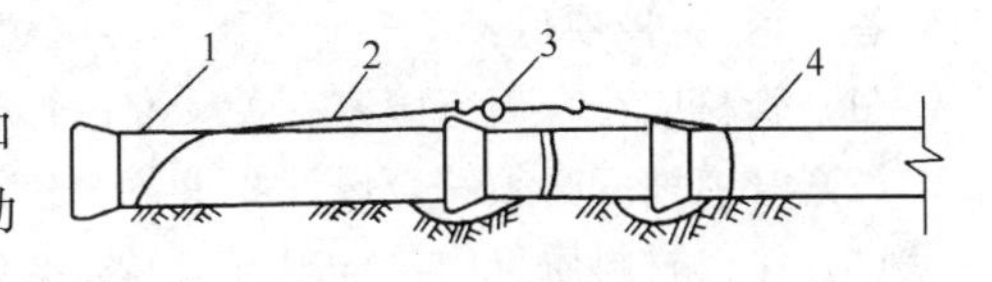

图 3-6-22 锁管示意图
1—第一节管；2—钢丝绳；3—吊链；4—后面的管（一般在第 4 或 5 节之后）

①安管时，管口和橡胶圈应清洗干净，套在插口上的胶圈应平直、无扭曲，安装后的胭圈应均匀滚动到位。

②顶、拉的着力点应在管子的重心上，通常在管子的$\frac{1}{3}$高度处。

③管子插入时要平行沟槽吊起，以使插口胶圈准确地对入承口内；吊起时稍离槽底即可。管子吊起可用起重机、手拉葫芦等。

④安装接口时，顶、拉速度应缓慢，随时检查胶圈滚入是否均匀，如不均匀，可用錾子调整均匀后，再继续顶、拉，使胶圈均匀进入承口内。

⑤预应力和自应力钢筋混凝土管不宜截断使用。

⑥预应力和自应力钢筋混凝土管采用金属管件连接时，管件应进行防腐处理。

⑦安装后的管身底部应与基础均匀接触，防止产生应力集中现象。

⑧钢丝绳与管子接触处，应垫以木板、橡胶板等柔性材料，以保护管子不受钢丝绳损坏。

⑨胶圈柔性接口完成后，一般可不作封口处理，但遇到以下几种情况时，常对接口进行封口。

(a) 铺管地区对橡胶圈有侵蚀性地下水或其他侵蚀性介质时，为了保护胶圈进行封口；

(b) 明装管道为防止日晒造成的老化现象而进行封口；

(c) 在管道接口附近，若有树根、昆虫的侵袭，可能破坏接口，故而进行封口。

橡胶圈柔性接口的封口，所用填料应能起到保护胶圈的作用，同时又不致改变接口柔性。一般用油麻丝、石棉水泥（1∶4）搓条填入等方式封口。这种封口方式不应嵌填过实，以免影响接口的柔性。

3-6-23 预应力混凝土给水管安装冬雨期施工有何规定?

答：1) 冬期施工：

(1) 挖槽见底及砂垫层施工，下班前应根据气温情况及时覆盖保温材料，覆盖要严密，边角要压实。

(2) 为了保证管口具有良好的润滑条件，最好在正温度时施工，以减少在低温下涂润滑剂的难度。在管道安装后，管口工作坑及管道两侧及时覆盖保温，避免基础受冻。

（3）冬期施工不得使用冻硬的橡胶圈。

（4）施工人员在管上进行安装作业时，应采取有效的防滑措施。

2）雨期施工：

（1）雨期施工应严防雨水泡槽，造成漂管事故。对已铺设的管道的两侧除接口部位外，应及时进行还土。

（2）雨天不宜进行接口施工。如需要施工时，应采取防雨措施，确保管口及接口材料不被雨淋。

（3）沟槽两侧的堆土缺口，如运料口、下管马道、便桥桥头均应堆叠土埂，使其闭合，防止雨水流入沟槽。

（4）采用井点降水的槽段，特别是过河段在雨期施工时，要准备好发电机，防止因停电造成水位上升出现漂管现象。

（5）应在基槽底两侧挖排水沟，每40m设一个集水坑，及时排除槽内积水。

3-6-24　预应力混凝土给水管安装质量检验有何要求?

答：1）主控项目：

（1）管材应符合现行国家有关标准；管材不得有裂缝、管口不得有残缺。

（2）管道坡度必须符合设计要求，严禁无坡或倒坡。

（3）接口材料质量应符合现行国家标准规定和设计要求。

2）一般项目：

（1）土弧包角应符合设计规定，并应与管体均匀接触；承口工作坑内回填砂砾应密实，并与承口外壁均匀接触。

（2）管体应垫稳，管口间隙应均匀，管道内不得有泥土、砖石、砂浆、木块等杂物。

（3）管道铺设允许偏差应符合表3-6-24的规定。

管道铺设允许偏差表　　**表3-6-24**

序号	项　目	允许偏差（mm）		检验频率		验方法
		刚性接口	柔性接口	范围	点数	
1	中心位移	≤10	≤10	两井之间	2	挂中心线用尺量
2	管内底高程	±10	D≤1000±10 D>1000±15	两井之间	2	用水准仪测量
3	相邻管内底错口	≤3	D≤1000≤3 D>1000≤5	两井之间	3	用尺量

注：1. D≤700mm时，其相邻管内底错口在施工中控制，不计点数；

2. 表中D为管道内径（mm）。

（4）插口插入承口的长度允许偏差±5mm，胶圈贴靠插口平台，就位于承、插口工作面上。

3-6-25　预应力混凝土给水管安装质量记录有哪几项?

答：1）技术交底记录。

2）工程物资选样送审表。

3）主要设备、原材料、构配件质量证明文件及复试报告。

4）产品合格证。

5）设备、配（备）件开箱检查记录。

6）设备、材料现场检验及复测记录。

7）管材进场抽检记录。

8）阀门试验记录。

9）测量复核记录。

10）隐蔽工程检查记录。

11）中间检查交接记录。

12）防腐层施工质量检查记录。

13）工程部位质量评定表。

14）工序质量评定表。

15）工程质量事故及事故调查处理记录。

3-6-26　预应力混凝土给水管安装安全与环保有何要求？

答：1）在旧路破除期间，配备专用洒水车，及时洒水降尘。

2）施工过程中随时对场区和周边道路进行洒水降尘，降低粉尘污染。

3）在居民区施工时，采取隔声降噪措施，并应尽可能避开夜间施工。

4）操作人员应根据工作性质，配备必要的防护用品。

5）电工必须持证上岗。配电系统及电动机具按规定采用接零或接地保护。

6）机械操作人员必须持证上岗。机械设备的维修、保养要及时，使设备处于良好的状态。

7）沟槽外周搭设不低于1.2m的护栏，道路上要设警示牌和警示灯。

8）在高压线、变压器附近堆土及吊装设备等应符合有关安全规定。

9）现况管线拆除、改移、必须有专人进行指挥，严禁非施工人员进入现场。

10）吊装下管时，必须有专人指挥，严禁任何人在已吊起的构件下停留或穿行，对已吊起的管道不准长时间停在空中，禁止酒后操作吊车。

11）在高压线或裸线附近吊装作业时，应根据具体情况停电或采取其他可靠防护措施后，方准进行吊装作业。

3-6-27　预应力混凝土给水管安装成品保护有何规定？

答：1）管道接口安装检测合格后，应立即将管道腋下部位填实。不妨碍继续安装的管段，应及时将管身两侧回填土。

2）管道回填土时，应防止管道中心线位移或损坏管道，管道两侧用人工同步回填。

3）每天收工时，管线留口端要用彩条布包好或设置木制堵板，防止泥土、杂物进入管内。必要时也可砌砖进行封堵。

4）覆土较浅的地方设置标志，在未回填到管顶以上500mm之前，应避免大型机械碾压造成管道损坏。

3-6-28　PCCP预应力钢筒混凝土管道安装要点有哪些？

答：1）管道基础及垫层的回填

（1）预应力钢筒混凝土管（PCCP）宜采用土弧基础。其支承角2α值应根据作用在管道上的外压荷载确定。通常可采用90°和120°两种，施工安装时宜另加15°。当管道敷设在一般素土平基原状或经回填压实的砂性土或黏性土上时，土弧基础的设计支承角2α可采用20°。

（2）当采用土弧基础不能满足承载能力要求时，可采用混凝土基础。管道采用混凝土基础时，支承角2α可采用135°。

（3）垫层材料要求不含有机物质和有害物质，也不准有施工废渣。填用之前，垫层材料还要求做湿度检查，以确保夯实后达到所需要的密度。

（4）沟埋式管道的沟槽回填土，应分区域采用不同的压实密度。管两侧至槽边范围管顶以上500mm区域内回填土的压实系数不得低于0.9；管道宽度范围管顶以上500mm区域内回填土的压实系数可取 0.8；在上述区域以外，回填土的压实系数可按该地区对管道上部地面的要求确定。

（5）填埋式管道两侧回填土的宽度，在管道水平中心线每侧不得小于 2 倍管外径。在此宽度范围，管顶以上 500mm 区域内回填土的压实系数不得低于 0.9，并应与其外侧土的回填同时进行。

（6）夯实后的垫层还要做修整成形，以适应管件的弧度，达到最好的受力状态。成形的高度为 300mm，在管道下的垫层最小厚度为 150mm，所修整的圆弧直径要求比管件的外部直径小 40mm。成形垫层的尺寸应略小于管件的实际尺寸，使两者之间接触更紧密，受力更均匀。有时需要对成形垫层进行修补，但扰动深度不大于 40mm，成形后的垫层还要取样做相对密实度试验。修整成形垫层的工作量要有一定的限制，不准超过 300m 长，也不准超过一天的管道敷设能力。

2）管件铺设和安装

（1）一般以管件承口端作为铺设管道的引导端，前面管件承口的端头朝向逆流还是顺流取决于管路的铺设方向。当铺设管道的坡度大于 1.5%时，管道以升坡方向铺设。

（2）在连接管道接头前，在插口上按要求做好安装标记，将插口一次插入承口内，达到安装标记为止。对于大口径 PCCP 管可派 1 人进入已就位的管内，在管端两侧各塞入 1 个 25mm 厚木挡块，作为 2 根管材对口限位器。防止接口过紧，挤坏橡胶圈；或对接不到位，橡胶圈密封效果达不到设计要求。

（3）橡胶圈安装

①润滑油和密封圈应避免受阳光直射的影响，并且防止接触灰尘、水和其他有害物；

②将 PCCP 管承接口清扫干净，如有飞边毛刺预先处理，以防划破橡胶密封圈，同时清除管内杂物；

③在承口工作面涂刷润滑剂；将橡胶圈套入插口环凹槽内，消除胶圈的扭曲翻转现象以保持密封良好；然后在密封圈的下边插入一根棒子，用力向下拉曳它，使环绕在卡环槽内的密封圈伸展均衡；

④在每根安装好的密封圈的外表面擦一层润滑油。

（4）安装就位，放松紧管器具后，复核管节的高程和中心线；用特定钢尺插入承插口之间检查橡胶圈各部的环向位置，确认橡胶圈在同一深度；接口处承口周围不应被胀裂；橡胶圈应无脱槽、挤出等现象。

（5）沿直线安装时，插口端面与承口底部的轴向间隙应大于 5mm，且不大于表3-6-28规定的数值。

管口间的最大轴向间隙 **表 3-6-28**

管内径（mm）	内衬式管（mm）		埋置式管（mm）	
	单胶圈	双胶圈	单胶圈	双胶圈
600～1000	15	—	—	—
1200～1400	—	25	—	—
1600～4000	—	—	25	25

（6）在管道垂直或水平方向转弯处需设置止推支墩，同时现场焊接 PCCP 的钢质接口，以抵抗推力。

（7）安装过程中，应严格控制合拢处上、下游管道接装长度、中心位移偏差；合拢位置宜选择在设有人孔或设备安装孔的配件附近；不允许在管道转折处合拢；现场合拢施工焊接不宜在当日高温时段进行。

3）单口性能试压：预应力钢筒混凝土管管径都比较大，试验一般都采用单口试压。

（1）管道对口时接口试压孔放在水平线以上 45°左右。然后在管内利用手动试压泵注水进行单口试压。

(2) 单口试压孔不能放在管道底部，因施工中机具设备及施工人员的进出会带入土渣等杂质使进水孔堵塞，或进入2个胶圈中间的密封舱，从而使闭水通道堵死而形成气阻，导致闭水试验不合格。

(3) 单口试压合格表明管道对接合格，拆除接口试压装置，再用配套螺帽加聚四氟乙烯密封带将试压孔堵好。接口试压在管内进行，如图3-6-28所示。

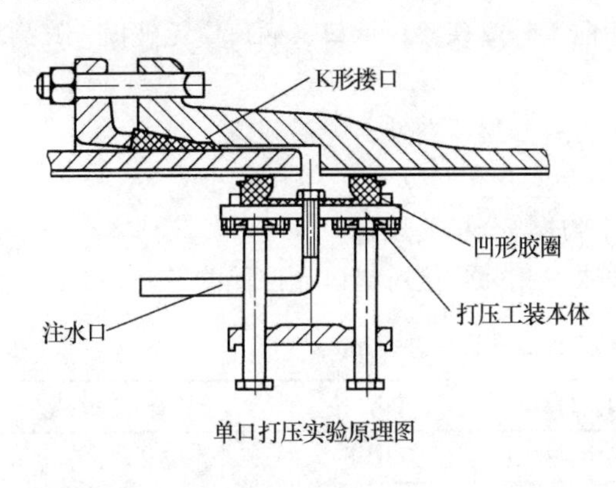

图3-6-28　单口性能试压示意图

4) 接口抹带

(1) 接口抹带起到接口钢材防腐以及防止管道轴向位移的作用。

(2) 接口试压合格后及时作回填土稳管，然后进行接口抹带。具体做法：在管接头外侧下半部裹1层三合板（或薄钢板），外扎2道钢丝固定。在接口间隙内穿1根钢丝。抹带前先用水浇湿接口，再用1∶2水泥砂浆调制成流状灌入下半部，灌浆时来回抽动钢丝，确保灌实。管外上半部分及管内用正常含水率的1∶2水泥砂浆进行抹带。

3-6-29　PCCP管道过量开挖基础处理

答： 1) 岩石地段。

由于爆破而引起的超挖，采用图3-6-29 (1) 所示的处理方法，用C15混凝土作为管支撑。注意只有在第一个管件下面的基础要求采用做混凝土拱腋。

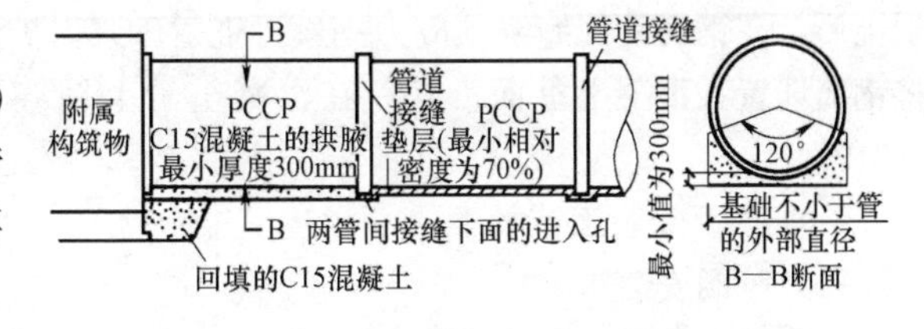

图3-6-29 (1)　岩石层地段超挖长度的处理

2) 软土地段。

(1) 过量开挖范围在一根标准管件以内，可采用图3-6-29 (2) 的施工方法，C15混凝土作为管支撑。第一段混凝土为第一根管件提供刚性的支撑，第一个管件下面的基础要求采用做混凝土拱腋，第一个管道接缝要有旋转孔隙。

(2) 过量开挖的范围在一根标准管长度以外，用C15混凝土作为管支撑。第一段混凝土为第一根管件提供刚性支撑，第一个管件下面的基础做混凝土拱腋，第一个管道接缝要有旋转孔隙。第一个管接缝与第二段管的1000mm之间最小的夯实回填厚度为300mm，且回填材料为0%～25%的细砂，同时回填混凝土的边坡比坡

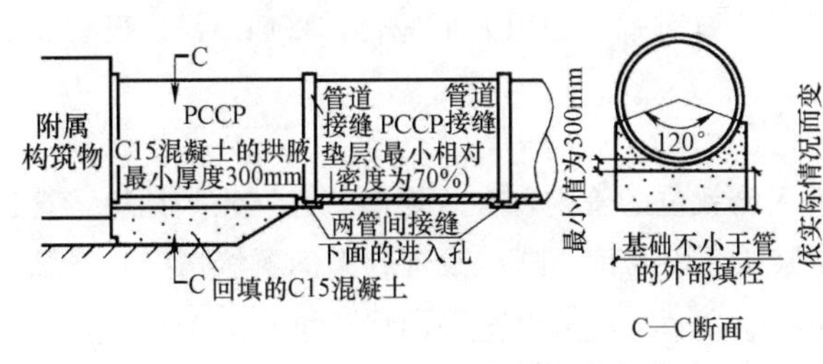

图3-6-29 (2)　软土层地段超挖的长度小于1根标准管长度时的处理

降不小于1/4，或者分阶梯浇筑混凝土，有利于回填土的夯实工作。

(3) 对于特殊大规模和不正常过量开挖，应把超挖的详细测量记录呈送有关主管部门，由主管部门负责召集有关技术人员一起研究解决。

3-6-30　质量标准和要求是怎样的？

答：1) 主要质量控制项目

(1) 管及管件、橡胶圈的产品质量应符合国家相关标准的规定。

(2) 柔性接口的橡胶圈位置应正确，无扭曲、外露现象；承口、插口应无破损、开裂；双道橡胶圈的单口水压试验应合格。

(3) 刚性接口的强度应符合设计要求，不得有开裂、空鼓、脱落现象。

2) 一般质量控制项目

(1) 柔性接口的安装位置正确，其纵向间隙应符合相关规定。

(2) 刚性接口的宽度、厚度应符合设计要求；相邻管接口错口允许偏差见表3-6-30。

刚性接口相邻管接口错口允许偏差（mm）　　**表3-6-30**

管道直径 D	接口错口量	检查方法
$D<700$	施工中自检	两井间取3点，用钢尺、塞尺量测
$700<D\leqslant1000$	≤3	
$D>1000$	≤5	

(3) 管道沿曲线安装时，接口转角应符合相应管材的规定。

(4) 管道接口的填缝应符合设计要求，密实、光洁、平整。

3-6-31　预应力钢筒混凝土管安装工艺是怎样的？有什么注意事项？

答：带钢筒的预应力混凝土管，由嵌埋薄钢筒的管芯、缠在管芯外的预应力钢丝和钢丝外的水泥砂浆保护层组成。管子的两端分别焊有钢制的承口圈和插口圈，管子的柔性接头采用滑动胶圈密封。这种管子从形式上分为两种：一种是内衬式预应力钢筒混凝土管，是在钢筒内部衬以混凝土后，在钢筒外面缠绕预应力钢丝再辊射砂浆保护层；一种是埋置式预应力钢筒混凝土管，是将钢筒埋置在混凝土里面，然后在混凝土管上缠绕预应力钢丝，再辊射砂浆保护层。代号为PCCP管。

1) PCCP安装工艺如下：

(1) 胶圈安装

清理承插口后，在插口圈的凹槽已安装好的管子承口圈上涂润滑剂，把密封胶圈经拉伸后套入插口凹槽，然后在密封圈的下边插入一根棒子，绕整个接头的正、反方向各转一圈，这样可使胶圈均匀地套在插口上，有助于确保密封。之后在密封圈的外表面抹一层润滑油。

(2) 接头连接

用吊车将管子吊起使插口与已安装好的管子承口对中，利用人工配合，将插口滑入已安装好的管子承口，接头形式如图3-6-31 (1) 所示。

(3) 检查胶圈

安装大口径管道时，应有一名工人事先进入已就位的管内，在管端两侧各塞入一挡块，管道滑入后，使两根管子分隔15mm，然后利用侧隙规绕接缝转一圈，检查胶圈的就位情况，在铺管作业中这是重要的一环。见图3-6-31 (2)。如果接头完好，就可拿掉挡块，将管子推拢到位。如果在某一部位触不到胶圈，就要拉开接头，仔细检查胶圈有无切口、凹穴或其他损伤，如有问题，要重换一只，重新连接。

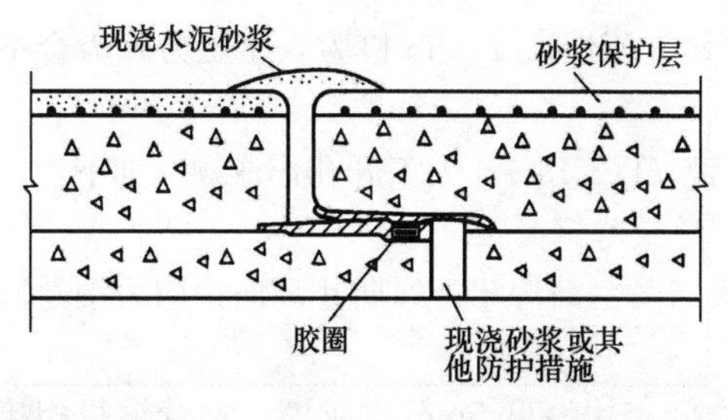

图 3-6-31（1） 标准接头型式

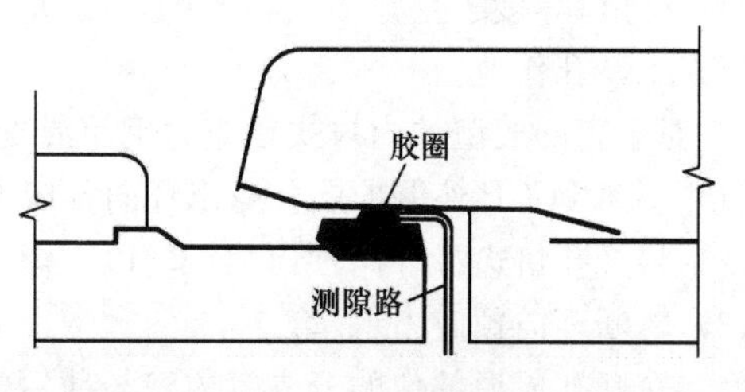

图 3-6-31（2） 检查胶圈示意图

（4）接头外部灌浆

为保护管子接头，要求采用厂商配套产品棉纸状织物灌浆带绕接头一周做模，取灰砂比 1：3，掺适量水搅拌成能自由流动的砂浆，浇灌砂浆保护圈。对大口径管灌浆时，每次应仅浇灌灌浆带的 1/3，让砂浆在下一次灌浆前凝结，或在灌浆带底部 1/3 处加填土，以便在整条灌浆带灌满砂浆时起支撑作用。

（5）回填土

与钢管和球墨铸铁管相比，PCCP 管的回填土基本不受管道变形的影响，要求可略微降低，但应满足规范要求。

2）注意事项

（1）遇小角度转向时，应先将管子对中连接，后将管子按限制的角度移位。接头间隙和转角限制见表 3-6-31。

接头间隙和转角限制 **表 3-6-31**

管径（mm）	接头最大间隙（mm）	最大转角	最大偏距（mm）	最小曲率半径（m）
1600	27	0°55′	95	380
2000	33	0°53′	93	390
2200	39	0°58′	101	360
2400	45	1°01′	106	345
3000	64	1°18′	95	247

（2）管基。管基应为原状土，若土质较差，比如淤泥、岩质土则需要特别处理，一般淤泥段管基采用抛石挤淤，压实后填石粉碴；岩石地段管基采取从原设计管底标高挖深 20～30cm，再植中、粗砂找平到原设计管底标高的方法。

3-6-32 运行管道上停水开孔接分支管操作要点有哪些？

答：对于城市供水管道，常会出现需要在已经运行的主管道上引接分支管的情况，本节将就此种情况介绍一种施工方法，解决现场开孔引接支管的问题。本节介绍的方法类似于在三阶段预应力管上的同类作业，适用于主管管径 *DN*1800mm 以下，工作压力不大于 0.6MPa，开孔支管口径不大于 *DN*1200mm。具体方法如下：

1）PCCP 的运行管道上停水开孔接分支管的开孔处，尽量在整管中部，距管端距离不小于管长 1/3。

2）套管三通的相关图示和尺寸见相关图纸。

3）需开孔的套管三通套管为现场组焊，用楔钻将套管与管身之间的缝隙调匀，采用水泥：石棉：石膏＝9：1：1 拌合，用手捏成团露浆后进行满浆嵌缝、分层捻嵌（不用麻嵌缝），遮麻袋以水养护。

4）支管口焊接法兰并加堵板密闭，以0.9MPa气压恒压10min检验，无压力降为合格，然后进行人工开孔作业。

5）对于离心成型的内衬式预应力钢筒混凝土管（PCCPL），人工开孔作业顺序如下：

（1）剥离PCCP外保护层，露出环向预应力钢丝及薄钢筒。

（2）将开孔口边缘环向预应力钢丝以铜焊方式与薄钢筒焊牢，以防止环向预应力钢丝回弹。

（3）錾断环向预应力钢丝。

（4）在开孔成形部位的分支管内壁与薄钢筒之间，用厚度5mm的钢圈，连续铜焊相接，试验证明预应力钢丝间焊接时，银焊、铜焊效果好，加强接口的抗渗性。

（5）在钢筒上錾孔。

6）对于振动成型的埋置式预应力钢筒混凝土管（PCCP-E），人工錾切开孔作业顺序如下：

（1）剥离PCCP外保护层，露出环向预应力钢丝。

（2）用ϕ5mm预应力钢丝以铜焊方式将开孔口边缘环向预应力钢丝焊牢，以防止环向预应力钢丝回弹。

（3）錾断环向预应力钢丝。

（4）剥离埋置式PCCP外层混凝土，露出薄钢筒。

（5）在开孔成形部位的分支管内壁与薄钢筒之间，用厚度5mm的钢圈，连续铜焊相接，加强接口的抗渗性。

（6）在钢筒上錾孔并剥离埋置式PCCP内层混凝土。

（7）开孔部位的混凝土缺陷，应以环氧树脂砂浆修复。

（8）开孔部位钢材内壁应打毛或点焊钢丝，涂抹水泥砂浆保护层。

（9）套管三通处的方坑应砌筑混凝土垫墩，垫墩底部与方坑原状土接触，其垫墩长度同套管三通长度，其垫墩宽度同套管三通外径，且垫墩与套管弧形接触。

（10）按水压及分支管口径，由结构计算确定分支管作用力的背面是否砌筑支墩及相关尺寸。

（11）套管三通外壁采用六油二布环氧煤沥青进行外防腐，对于土壤腐蚀性严重的地段，并应安装镁阳极作阴极保护。

（12）分支管直径大于等于*DN*800mm时需进行开孔补强。

3-6-33　何谓PCCP？有什么优点被定为北京段南水北调工程的管材？

答：1）PCCP是英文“Pre-stressed Concrete Cylinder Pipe”的缩写，中文为“预应力钢筋钢筒混凝土管”，是一种在混凝土管芯嵌入钢筒体，外面环向缠绕预应力高强钢丝，并在外部表层再喷涂水泥砂浆与沥青保护层的复合管。这种管道与普通预应力混凝土管和钢管相比，具有使用范围广、使用寿命长、承压高、耐腐蚀、抗震性能好、安装方便、运行费用低、防渗性能好等优点，可广泛应用于长距离输水、城市供水等工程，在世界上公认为的一种环保型管材而被广泛采用。

2）南水北调中线北京段、天津段输水工程所用涵管要求口径大、承压高、内阻小、安全环保、施工方便、寿命长。PCCP具有少占土地、有利于环境保护，土建施工难度小、工程量小，可避免输水过程中的渗漏和蒸发、输水损失小，维护费用低等优点和良好的性价比，并被国家有关主管单位确定为北京段南水北调工程的理想材料。

3-6-34　北京的PCCP生产基地在何处？制造、运输的主要特点具有哪些？

答：在位于北京房山区韩村河村的南水北调PCCP一标生产制造基地。在螺旋卷焊机的“魔力”下钢板被卷曲焊成直径4m的钢筒，缠丝机在钢筒上缠绕着钢丝，高速辊射机辊射的水泥砂浆将缠绕钢丝的管道保护起来，双主梁门机（式）起重机轻松自如地吊运着70余t的PCCP，大型运输车将PCCP源源不断地运往安装现场。

插口打磨是PCCP制造的最后一道工序。PCCP接头采用承、插口连接方式，而承口钢圈和插口钢圈是管材连接、止水的重要部件，要求密封好、不渗漏。但在插口中的两道环形槽，因在浇筑时会粘有一些混凝土，影响密封效果，必须用砂轮打磨掉，然后刷上饮水仓漆，使两节管在安装时严实合缝，不渗漏。

3-6-35　南水北调北京段特大管径PCCP的四超是什么？PCCP管运输控制是怎样的？

答：1）PCCP管长5m，内径4m，外径4.8m，重70多t的PCCP标准管，因其超宽、超高、超重且使用车辆超长的四大特征，行驶在京城西部的公路上实乃庞然大物。

2）PCCP管节长、质量大，装卸车时要采用2根钢丝绳兜身起吊（严禁穿身起吊），在装载车上放置2个弧型支座，把PCCP管平稳放置在支座上，用手拉葫芦将PCCP管与车身固定，防止振动、碰撞、移位，以保证管材在运输中不损坏管体。

这运距长、运量大、运输时间长且工期紧，影响安全运输环境动态多变可控性弱，属于高危运输行业大件运输范畴。

运输过程又受到多种交叉因素变化影响：人与管理的交叉；车辆设备与管理的交叉；人与车辆的交叉；人与环境的交叉；车辆设备与环境的交叉和风、沙、雨、雪、雾、冰等天气的影响及土建安装单位改变PCCP卸车方式（运输车辆直接运抵沟槽底部卸车，增加了安全运输事故的隐患）而影响运输安全。为此采取以下措施。

针对来自不同地方的车辆，运距的不同，运量的不同，运输环境条件的不同，司装人员的劳动技能不同，以安全运输PCCP确保工程安装进度为中心，安全运输监管关口前移，强化安全运输生产的主旋律，重点区域重点监控预控，从预防交通事故消除安全隐患入手，实地调查深入分析安全运输路的危险源。把运输PCCP行经路线中的关键路段，作为预防发生事故重点监测监管监控区域，把危险源纳入动态监控之中。(1) 首先制定了PCCP安全运输监控12条措施，下发至3个运输单位并纳入日常运输环节安全日程。(2) 然后制定了车辆行驶线路时速管理规章，培训强化司装人员，以控制车速坚持安全运输预防第一的理念，确保安全运输工作。(3) 接着制定了各运输单位车辆列保检查制度，要求日运输车辆坚持运输前、行驶中、回场后的三检，防止带病车辆运输，预防车辆机械事故，督促司机保障安全。(4) 最后制定了突发事故应急处理预案10条措施，供各运输单位突发运输事故后应急有效处理，会报告、会报警、会抢救、会排障，防止事故扩大，最大限度减少人员伤亡和财产损失。

3-6-36　PCCP管质量控制有哪些要求？

答：1）PCCP管的生产厂家要有完善的质量保证体系，有试验室及配套的检测设备；2）PCCP管的保护层要达到设计强度，管面上对厂名、商标、代号、管径、压力等级、覆土深度等须清楚标明；3）PCCP管的保护层不得出现空鼓、脱落现象，管内纵向的裂缝宽度不得大于0.1mm，缝长不得大于150mm，螺旋状和环状裂缝宽度不得大于0.25mm，距管端300mm环向裂缝宽度不得大于0.4mm，满足GB 50010—2002及相应规范要求；4）承插口钢环面光洁，不得粘有水泥及其他物质，端面不得缺棱掉角有空洞，5）检查管的内径和承口内径及插口外径的尺寸要符合规定要求。

3-6-37　PCCP密封圈质量控制有哪些要求？

答：首先检查“O”形橡胶密封圈的产品合格证，然后对其进行外观检查，圈外表必须光滑，无凹坑、沙眼、气孔、裂缝、重皮、平面扭曲及肉眼可见的杂质等，橡胶圈直径用游标卡尺检查，直径控制在20mm±0.5mm。

3-6-38　PCCP管道施工质量监控要点有哪些？

答：1）按照设计图纸敷设管道和安装配件。

2）要求施工方提供全部特殊工具和装置详表，如特殊千斤顶和正确安装所要求的器械。

3）管道应安放在未经扰动的原状土层或处理以后达到设计要求的地基上，管道的开挖与回填断面应满足设计文件与现场监理的要求。

4）当项目监理认为管沟条件不合适或有水时，不能敷设管道，应采取措施，防止漂管。

5）管道最小覆土深度应满足设计文件要求。

6）管轴线偏差及管道内底高程偏差应满足 GB 50268—2008 及相应规范要求。

7）在管线每个接口位置，需开挖足够大的钟形孔工作坑，以便于管道连接和检查，如遇地下水应采用排水措施，工作坑大小应满足管道接口及正确安装管道的需要。工作坑采用中粗砂回填，并应按设计文件要求压实。

8）在安装过程中，要防止其他物质进入。

9）前节管放置到管沟之后连接管道之前，立即清理管道接口内端部。

10）接口按照规定连接完后，检查管道中线和坡度。

11）PCCP 管转角小于 1.5°时利用管道接口进行借转，但每个接口的借转角度不得大于 0.25°；转角大于 1.5°而小于 5°时，采用 PCCP 弯头，余角仍以借转方式解决。转角大于等于 5°时采用钢制弯头。

3-6-39 PCCP 管道敷设要求有哪些?

答：1）施工前承包人要向项目监理提交铺设施工计划供审定，施工时如需变更计划须征得项目监理同意。

2）管子安装前，必须逐根清理管内的泥砂等杂物，损坏的管子应修补，并经监理确认后方可安装。

要充分做好下管前的准备工作。下管时严格控制基准管的安装。所谓基准管就是在 1 个管段中首先入槽的第 1 节管，要求将这节管的高程、中心线等技术指标都控制在十分准确的范围内。一般用管沟中心控制桩吊线找正，用水准仪控制标高。此管稳好后方开始全管段的安装。

3）根据不同的地质条件，采用不同的施工方法。下管时宜采用半机械吊装法，其中以吊车下管最为方便。下管时要采取措施防止杂物进入管子或管件内，管内不能存有残渣、布条、器具或其他杂物。

4）铺管找正时可先测好尺寸立标志杆，按标准调整标高和坡度，标志杆要垂直在管线上方。每段有变坡度的管线至少要立 3 处标志杆。在基准管稳好之后，其他管可从基准管的一端或两端同时开始安装，其方法是将管子的一端中心与基准管中心对准，另一端与沟底中心桩找正，然后用水平仪核对高程。最后用调正卡具将管子口对正，调整至符合设计要求为止。承包人也可提出其他的铺管方法供项目监理参考。

5）暂停施工时，管端要用管塞堵死。在可能有地下水渗入的情况下，设法防止沟槽内入水使管体浮起。

6）安装前，宜将管道和管件按施工方案的规定摆放，摆放的位置应便于起吊及运送。

7）起重机下管时，起重机架设的位置不得影响沟槽边坡的稳定。起重机在高压输电线路附近作业与线路间的安全距离应符合电业管理部门的规定。

8）管道应在沟槽地基、管基质量以及支护结构检验合格后安装，安装时宜自下游开始，承口朝向水流方向或施工前进的方向。

9）接口工作坑应配合管道铺设及时开挖，开挖尺寸应符合 GB 50268—2008 中的规定。

10）管节下入沟槽时，不得与沟槽壁及槽下的管道相互碰撞。沟内运管时不得扰动天然地基。

11）管道转弯处需设置混凝土支墩，支墩的位置要符合要求。

12）所有管道安装及验收均按照 GB 50268—2008 规范执行。

3-6-40　PCCP 管道吊装及就位有哪些要求？

答：管道吊装前应合理确定吊装方案，各标段结合施工场地情况、支护形式等选择吊装机械。PCCP 管进入沟槽的吊装，建议选用龙门吊或履带吊；沟槽内吊装就位，建议采用小型龙门架或龙门吊。

管道就位前，要根据设计图纸及配管图设计的桩号精准确定第 1 节管道的桩号位置，注意配管图中承插口叠加部分 135mm 的桩号位置。在实际施工中，将根据需要对可移动管件桩号及不可移动管件前的钢短管长度做相应的调整。

检查待装管道的外观以及承插口尺寸，实际测量结果应与厂家检验报告对照比较，验证是否合格；需制作弧度靠板进行局部圆度检测，掌握接口实际情况，便于对接时调整间隙。

管道安装一般应将承口端面迎向水流方向或安装方向。

对内径 3.6m 的管道采用外拉法更为合理，有利于提高效率并避免内防腐破坏（外防腐破坏后比内防腐较容易处理）。

管道的闭合尽量选择在弯管段（钢管段）进行，应对管道闭合进行明确规定，尽量减少闭合以节省投资。对明确要进行闭合的弯管，应及时要求厂家分 3 段供应，即带插口段、带承口段、直线段，直线段应视安装桩号误差给予适当加长，以保证闭合需要。

PCCP 管下沟槽前，应逐根检查管子和承、插口有无损坏现象。如有损坏，应对损坏部位修补合格后方可使用。应对承、插口进行认真的清理，保证胶圈工作面平整、光滑，无异物附着。同时清理管内杂物。

下管时，一定要注意起重设备与边坡的稳定性、安全性。沟槽下管区域内不得有人逗留。要保护吊装的管不与其他物品发生碰撞。应使管子一次性基本就位，避免管在沟槽内多次搬运、移动。不得使管子在沟底拖拉、牵引、滚动，更不能使用任何机械设备撞击或企图移动管道。

在管道承、插口部位，提前预留或开挖出深度大于接头外灌浆厚度、垂直于管道方向的沟槽。

3-6-41　PCCP 接头的清理与润滑有哪些要求？

答：准备安装前用干净、干燥的抹布清理即将对接的承插口工作面上的灰尘、泥土及异物，然后在承、插口工作面上涂刷润滑剂（植物类）润滑。此时应确保润滑剂及涂刷过程干净不受污染。

胶圈在套入插口槽之前，应先认真检查整个胶圈有无缺陷、破损，然后再用润滑剂润滑（建议采用液体润滑剂）。

3-6-42　PCCP 管道对接有哪些要求？

答：吊起准备安装的 PCCP 管，保证管子悬空不与基底接触（见图 3-6-42）。将插口对准安装好的 PCCP 管道承口，缓缓地移动、靠近，避免剧烈的晃动，撞坏承插口。

插口接触到承口时，调整待安装管道的中心轴线（管道前后高度及左右偏差），保证承插口间隙周长均匀，中心轴线与安装好的管道一致。

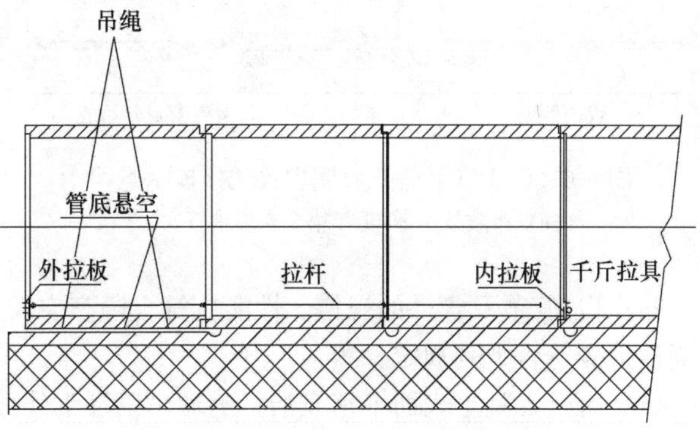

图 3-6-42　PCCP 管安装示意图

采用外拉法将待装管插口徐徐进入承口。在进入的过程中，一定要注意观察橡胶圈进入情况、承插口间隙变化情况。若发生异常，应立即停止进入，找出问题所在，及时调整。问题解决完后，再重新开始安装。在整个进入的过程中，应保证正在对接的承插口工作面没有砂土及其他异物进入。

拉进管时，待装管端与拉杠接触面必须增垫柔性耐磨、耐压材料，保证受力处混凝土及钢圈不受损伤。

拉进过程中要时刻观察外部、内部接缝情况，控制好两侧拉力大小。两侧拉绳高度应在半圆位置，以保证拉力为轴向力，避免两侧受力发生较大差异。在拉进过程中，如拉力比正常情况下偏大或偏小时均应停止安装，必要时拔出从新安装。随时检查接口及胶圈变形情况，根据开口间隙调整两侧受力。

插口快到位时，应在承插口间隙处上下左右放置 4 块控制间隙块。安装间隙控制在 25mm ±5mm。

如若在安装进入的过程中或结束时，发现橡胶圈有翻起、挤出的现象，一定要退出管道，检查橡胶圈，重新安装。

承插口对接完成后，应用专用量具（钢制侧隙规）检查橡胶圈是否仍然在插口环的凹槽内。如若没有，则退出管道，检查橡胶圈，并重新安装。经检验合格，并将管道垫稳后，才能将吊具移开。

3-6-43　PCCP 接头打压试验有哪些要求？

答：接头安装完成后，随即进行接头打压。接头打压使用手动加压泵。从一侧接头处注水，另一侧排气。排气结束，有水喷出后，拧紧螺栓。

接头打压分两阶段进行，首先升压至 0.2MPa，检查接口，以不渗不漏为合格，然后继续升压至 0.6MPa，保持 5min 压力不下降即为合格。接头水压试验 3 次，即安装时接头打压试验、安装后接头打压试验、管道回填 500mm 时接头打压试验。

3-6-44　接头灌浆封堵有哪些要求？

答：1）外封灌浆护带

首先在外部接口缝隙表面淋水，确保缝隙表面湿润。外保护用 M10 的水泥砂浆填充，其方法为：首先在接头缝隙内安放 1 根铁丝，再在接头的外侧裹 1 层麻布、土工布或塑料编织带（宽 30～40cm，长小于管道外径 40～60cm），上端开口，作为接头灌缝的外模，用 2 条 2～3cm 的扁钢做成的卡箍，有效地卡住灌缝接头外模，然后用 M10 的水泥砂浆调制成易流淌的糊状，边灌边来回抽动铁丝，促使砂浆灌注均匀密实。待砂浆灌满接头后，灌浆口上部用干硬的砂浆填满抹光。

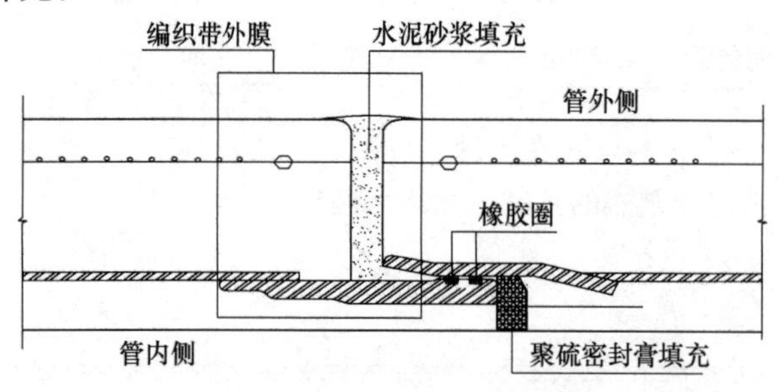

图 3-6-44　PCCP 管双胶圈埋置式接口示意图
（摘自市政技术 2011 年第 2 期廖中石文）

2）封堵管道内部接缝

内保护应随着管道的安装进度进行。内保护采用抗微生物侵蚀性双组分聚硫密封膏（PUS-1 或等同材料）勾缝。勾缝前，应清除接头处的杂物，以保证接头处的清洁。内勾缝应做到内部密实、表面光滑平整。

PCCP 管双胶圈埋置式接口如图 3-6-44所示。

3-6-45　PCCP 管安装有哪些要求？

答：1）管节及管件的规格、性能应符合国家有关标准规定和设计要求，进入施工现场时其外观质量应符合下列规定：

（1）内壁混凝土表面平整光洁；承插口钢环工作面光洁干净；内衬式管（简称衬筒管）内表面不应出现浮渣、露石和严重的浮浆；埋置式管（简称埋筒管）内表面不应出现气泡、孔洞、凹坑以及蜂窝、麻面等不密实的现象。

(2) 管内表面出现的环向裂缝或者螺旋状裂缝宽度不应大于0.5mm（浮浆裂缝除外）；距离管的插口端300mm范围内出现的环向裂缝宽度不应大于1.5mm；管内表面不得出现长度大于150mm的纵向可见裂缝。

(3) 管端面混凝土不应有缺料、掉角、孔洞等缺陷。端面应齐平、光滑，并与轴线垂直，端面垂直度应符合表3-6-45（1）的规定。

管端面垂直度 **表3-6-45（1）**

管径 D_i（mm）	管端面垂直度允许偏差（mm）
600～1200	6
1400～3000	9
3200～4000	13

(4) 外保护层不得出现空鼓、裂缝及剥落。

(5) 橡胶圈应符合现行有关规定。

2) 承插式橡胶圈柔性接口施工时应符合下列规定：

(1) 清理管道承口内侧、插口外部凹槽等连接部位和橡胶圈。

(2) 将橡胶圈套入插口上的凹槽内，保证橡胶圈在凹槽内受力均匀、没有扭曲翻转现象。

(3) 用配套的润滑剂涂擦在承口内侧和橡胶圈上，检查涂覆是否完好。

(4) 在插口上按要求做好安装标记，以便检查插入是否到位。

(5) 接口安装时，将插口一次插入承口内，达到安装标记为止。

(6) 安装时接头和管端应保持清洁。

(7) 安装就位，放松紧管器具后进行下列检查：

①复核管节的高程和中心线。

②用特定钢尺插入承插口之间检查橡胶圈各部的环向位置，确认橡胶圈在同一深度。

③接口处承口周围不应被胀裂。

④橡胶圈应无脱槽、挤出等现象。

⑤沿直线安装时，插口端面与承口底部的轴向间隙应大于5mm，且不大于表3-6-45（2）规定的数值。

管口间的最大轴向间隙 **表3-6-45（2）**

管径（D_i）	内衬式管（衬筒管）		埋置式管（埋筒管）	
	单胶圈	双胶圈	单胶圈	双胶圈
400～1400	15	—	—	—
1200～1400	—	25	—	—
1200～4000	—	—	25	25

注：表中单位为mm。

3) 当采用钢制管件连接时，管件应进行防腐处理。

4) 现场合拢应符合以下规定：

(1) 安装过程中，应严格控制合拢处上、下游管道接装长度、中心位移偏差。

(2) 合拢位置宜选择在设有人孔或设备安装孔的配件附近。

(3) 不允许在管道转折处合拢。

(4) 现场合拢施工焊接不宜在高温时段进行。

5）管道需曲线铺设时，接口的最大允许偏转角度应符合设计要求，当设计无要求时不大于表 3-6-45（3）规定的数值。

预应力钢筒混凝土管沿曲线安装接口的最大允许偏转角　　3-6-45（3）

管材种类	管径 D_i（mm）	允许平面转角（°）
预应力钢筒混凝土管	600～1000	1.5
	1200～2000	1.0
	2200～4000	0.5

3.7 化学建材管道安装

3-7-1 化学建材管（塑料管）常用的有哪几种？塑料管材及管件现场检验哪些内容？

答：城市埋地给水管道中采用的塑料管道主要是硬聚氯乙烯（UPVC）管、聚乙烯（PE）管、高密度聚乙烯管（HDPE）、聚丙烯管（PP）、聚丁烯管（PB）及玻璃钢管（RPM）等。

塑料管材及管件现场检验：

（1）外观管材内外壁应光滑、清洁，没有划伤和其他缺陷，不允许有气泡、裂口及明显的凹陷、杂质、颜色不均、分解变色等。管端头应切割平整，并与管的轴线垂直。

（2）管材壁厚偏差应符合国家标准规定，不得有负偏差。

（3）管件的壁厚不小于同规格管材的壁厚。

（4）管件外观表面应光滑、无裂纹、气泡、脱皮、明显的杂质以及色泽不均、分解变色等缺陷。

3-7-2 UPVC 给水管质量要求及对管件尺寸有哪些规定？

答：见表 3-7-2（1）、（2）、（3）、（4）、（5）、（6）、（7）、（8）、（9）。

硬聚氯乙烯给水管道管材承口最小深度规格（mm）　　表 3-7-2（1）

公称外径 D	弹性密封圈承口最小深度 m_{min}	溶剂粘结承口最小深度 m_{min}	溶剂粘结承口中部平均内径 d_{sm}	
			$d_{sm,min}$	$d_{sm,max}$
110	75	61.0	110.1	110.4
125	78	68.5	125.1	125.4
140	81	76.0	140.2	140.5
160	86	86.0	160.2	160.5
180	90	96.0	180.3	180.6
200	94	106.0	200.3	200.6
225	100	118.5	225.3	225.6
250	105	—	—	—
280	112	—	—	—
315	118	—	—	—
355	124	—	—	—
400	130	—	—	—
450	138	—	—	—
500	145	—	—	—

续表

公称外径 D	弹性密封圈承口 最小深度 m_{min}	溶剂粘结承口 最小深度 m_{min}	溶剂粘结承口中部平均内径 d_{sm}	
			$d_{sm,min}$	$d_{sm,max}$
560	154	—	—	—
630	165	—	—	—
710	177	—	—	—
800	190	—	—	—
1000	220	—	—	—

注：1. 承口中部的平均直径指在承口深度二分之一处所测得相互垂直的两直径的算术平均值。承口的最大锥度（α）不超过0°30′。

2. 当管材长度超过12m时，密封圈承口深度需另行设计。

硬聚氯乙烯给水管质量要求 **表 3-7-2（2）**

指 标 名 称	指 标
外观颜色	内、外壁应光滑、清洁，没有划伤和其他缺陷，不允许有气泡、裂口及明显的凹陷、杂质、分解变色线等，一般为灰色或蓝色
密度 维卡软化温度	1350～1460kg/m³ ≥80℃
弹性模量	3000MPa
扁平试验 耐丙酮性 落锤冲击试验 同一截面的壁厚偏差	无裂缝 不允许分层或碎裂 0℃10次冲击均无破裂 ≤14%

粘结式承口尺寸（mm） **表 3-7-2（3）**

公称外径 d_n	最小深度 L	最大承口锥度 α	承口中部平均内径 d_i	
			min	max
110	61.0	0°30′	110.1	110.4
125	68.5	0°30′	125.1	125.4
140	76.0	0°30′	140.2	140.5
160	86.0	0°30′	160.2	160.5
180	96.0	0°30′	180.2	180.6
200	106.0	0°30′	200.2	200.6
225	118.5	0°30′	225.3	225.7
250	131.0	0°30′	250.3	250.8
280	146.0	0°30′	280.3	280.9
315	163.5	0°30′	315.4	316.0
355	183.5	0°15′	355.5	356.2
400	206.0	0°15′	400.5	401.5

注：管件承口中部平均内径定义为承口中部（承口深度一半处）互相垂直的两直径测量值的算术平均值。

粘结式承口管件安装尺寸（mm） 表 3-7-2（4）

公称外径 d_n	管件类型						
	90°弯头	45°弯头	90°三通	45°三通		直接头	90°长弯头
				Z	Z_1		
	安装长度 Z						
110	56^{+6}_{-1}	23.5^{+6}_{-1}	56^{+6}_{-1}	137^{+12}_{-4}	24^{+3}_{-1}	6^{+3}_{-1}	220^{+6}_{-1}
125	63.5^{+6}_{-1}	27^{+6}_{-1}	63.5^{+6}_{-1}	157^{+15}_{-4}	27^{+3}_{-1}	6^{+3}_{-1}	250^{+5}_{-1}
140	71^{+7}_{-1}	30^{+7}_{-1}	71^{+7}_{-1}	175^{+17}_{-5}	30^{+4}_{-1}	8^{+3}_{-1}	280^{+7}_{-1}
160	81^{+8}_{-1}	34^{+8}_{-1}	81^{+8}_{-1}	200^{+20}_{-6}	35^{+4}_{-1}	8^{+4}_{-1}	320^{+8}_{-1}
200	101^{+9}_{-1}	43^{+9}_{-1}	101^{+9}_{-1}	—	—	8^{+5}_{-1}	—
225	114^{+10}_{-1}	48^{+10}_{-1}	114^{+10}_{-1}	—	—	10^{+5}_{-1}	—

变径接头安装尺寸（mm） 表 3-7-2（5）

公称外径 d_{n1}	长型变径接头 d_{n2}				短型变径接头 d_{n2}			
	安装长度 $Z\pm2$				安装长度 $Z\pm1$			
	110	125	140	160	110	125	140	160
90	27	31.5	35	40	10	17.5	25	35
110		31.5	35	40		7.5	15	25
125			35	40			7.5	17.5
140				40				10

弹性密封圈式双承口尺寸（mm） 表 3-7-2（6）

公称外径 D	最小深度 m	Z_{min}	公称外径 D	最小深度 m	Z_{min}
110	47	4	280	72	
125	49	4	315	78	
140	51	5	355	84	
160	54	5	400	90	
180	57	6	450	98	
200	60	7	500	105	
225	64		560	114	
250	68		630	125	

异径接头安装尺寸（mm） **表 3-7-2（7）**

公称外径		Z_{min}			
d_n	d_{n1}	a	b	c	d
110	75	5	18	18	79
	90	5	10	10	53
125	90	5	18	18	81
	110	5	8	8	47
140	90	7	25	25	109
	110	7	15	15	76
	125	7	8	8	50
160	110	7	25	25	113
	125	7	18	18	88
	140	7	10	10	62
200	140	10	30	30	137
	160	10	20	20	103
225	160	10	33	33	150
	200	10	13	13	81

图　例

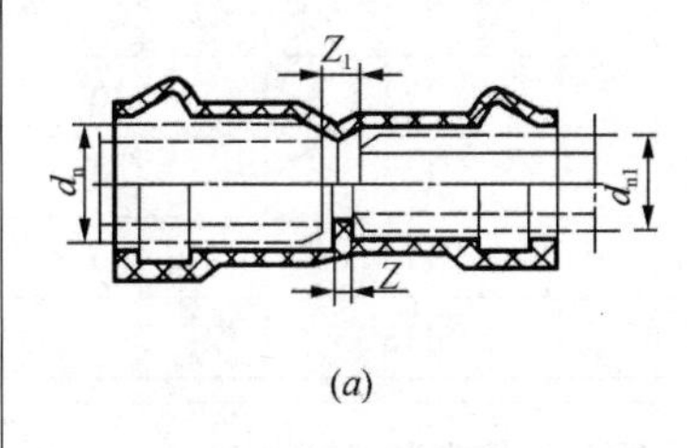

(*a*)

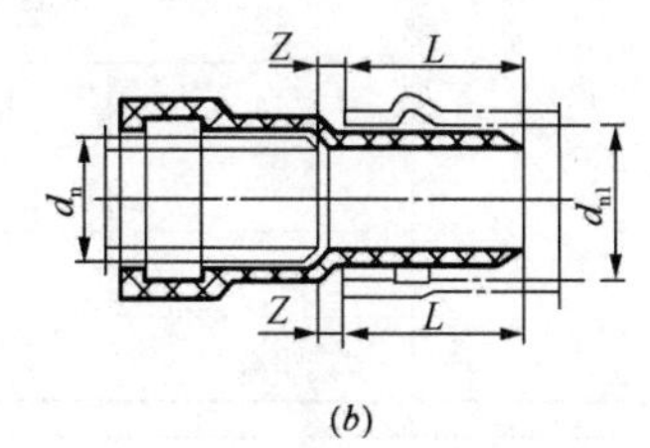

(*b*)

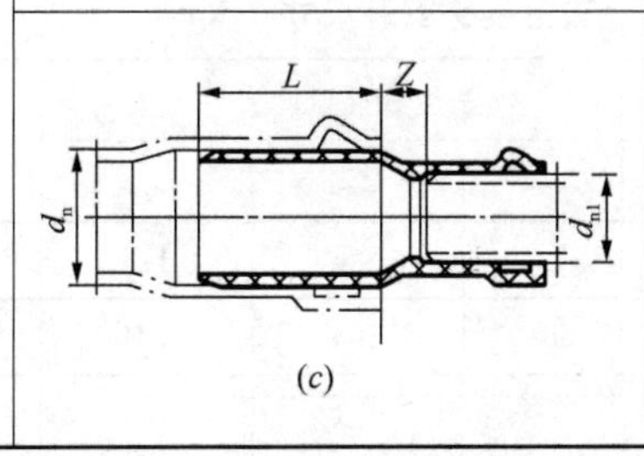

(*c*)

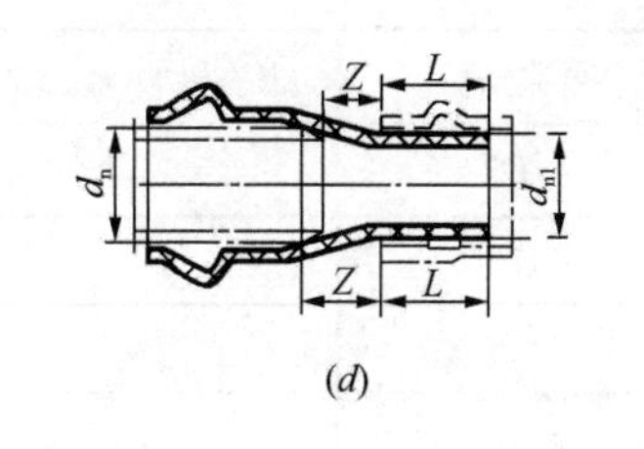

(*d*)

注：图（*a*）、（*b*）、（*c*）为注塑异径接头，图（*d*）为管材加工而成异径接头。

三通安装尺寸（mm） **表 3-7-2（8）**

公称外径		弹性密封圈三承口管件		法兰支管双承口接头三通		
d_n	d_{n1}	Z^a_{min}	$Z^b_{1,min}$	Z_{min}	$Z^a_{1,min}$	$Z^b_{1,max}$
110	90	90	55	90	170	210
	110	110	55	110	180	220
125	90	90	63	90	180	220
	110	110	63	110	190	230
	125	125	63	125	190	230

续表

公称外径		弹性密封圈三承口管件		法兰支管双承口接头三通		
d_n	d_{n1}	Z^a_{min}	$Z^b_{1,min}$	Z_{min}	$Z^a_{1,min}$	$Z^b_{1,max}$
140	110	110	70	110	200	240
	125	125	70	125	200	240
	140	140	70	140	200	240
160	110	110	80	110	210	250
	125	125	80	125	210	250
	140	140	80	140	210	250
	160	160	80	160	230	270
200	110	110	100	110	235	275
	125	125	100	125	235	275
	140	140	100	140	235	275
	160	160	100	160	255	295
	200	200	100	200	265	305
225	110	110	113	110	250	290
	125	125	113	125	250	290
	140	140	113	140	250	290
	160	160	113	160	270	310
	200	200	113	200	280	320
	225	225	113	225	280	320

法兰接头安装尺寸（mm） **表 3-7-2（9）**

公称外径	法兰和承口接头	法兰和插口接头			活套法兰变接头		
D	Z_{min}	Z_{min}	L_{min}	L_{max}	d_1	Z_{min}	$Z_{1,min}$
110	5	37	98	118	102	5	11
125	5	39	104	124	117	5	11
140	5	40	111	131	132	5	11
160	5	42	121	141	152	5	11
200	6	46	139	159	188	6	12
225	6	49	151	171	217	6	12

3-7-3 塑料管道铺设对沟槽有什么要求？

答： 1）塑料管道埋地敷设时，应符合沟槽的有关规定。如果设计未规定采用其他材料的基础，管道应放在未经扰动的原状土上。局部超挖部分应回填夯实。

2）沟槽基础如为回填土或为岩石、块石或砾石时，应开挖至设计标高以下 0.15～0.20m，然后填砂整平夯实。

3）塑料管安装后，应用细土（原土）或砂进行回填。回填应从管腔开始，直至回填到管顶以上不小于 0.1m 处，回填中采用人工而非机械小心夯实。

4）塑料管水压试验前一定要进行管沟回填，回填高度不小于0.5m，并在管道内充满水的情况下进行。

3-7-4　塑料管道安装的一般规定有哪些？

答：1）下管。管材在吊运及放入管沟时，应采用可靠的软带吊具，平稳下沟，不得与沟壁或沟底发生激烈碰撞。

2）支墩。在安装法兰接口的阀门和管件时，应设置支墩进行加固。口径大于90mm的阀门应设支墩。管道支墩的后背应紧靠原状土，支墩与管道之间应设置橡胶垫片。

3）弯曲。管道转弯处应设置弯头，利用管道进行弯曲转弯时应在管道允许弯曲半径及幅度的范围内。管径越大允许弯曲越小。为保证管道弯曲的均匀性不变，弯曲处应采用图3-7-4方式固定。

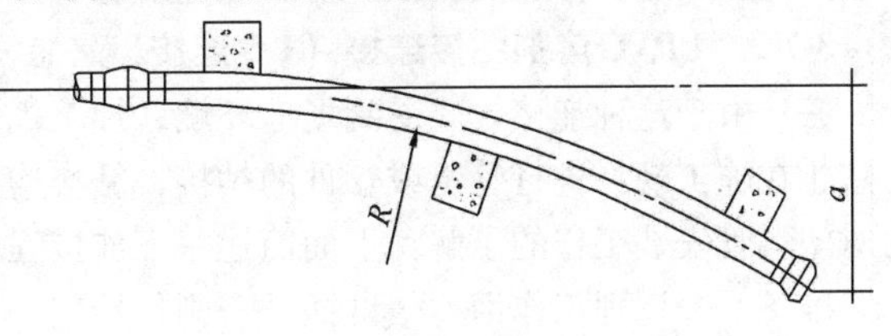

图3-7-4　管道转弯处的支设

4）管道穿墙、铁路和公路。塑料管穿墙处应设预留孔或安装套管，穿越部分不得有管道接口。塑料管穿越铁路、公路时，应设置套管。套管应按照设计安装。

5）管道的临时封堵。管道安装和铺设中断时，应对管口进行封闭，防止大块异物进入管道内。

3-7-5　硬聚氯乙烯管道安装连接形式有几种？

答：硬聚氯乙烯（PVC-U）管道的连接形式主要有承插式柔性连接、溶剂粘接连接、法兰连接或钢塑过渡接头连接等几种。最常用的是承插式柔性连接和溶剂粘接连接，承插式柔性连接适用于管径为63～315mm的管道连接；溶剂粘接连接适用于管外径小于160mm的管道连接；法兰连接一般用于硬聚氯乙烯管道与钢管、铸铁管等其他材质的管道或阀门等配件的连接；钢塑过渡接头连接主要用于硬聚氯乙烯配水管道与用户管（如钢塑管等）的连接。

3-7-6　PVC-U承插式柔性连接（R-R连接）是怎样的？

答：承插式柔性连接是指塑料管道承口与插口通过挤压橡胶密封圈从而达到密封作用的一种连接形式。其连接程序为：

准备工作——清理工作面及胶圈——上胶圈——插口端刷润滑剂——对口、安装——检查。

1）准备工作。检查管材、管件和橡胶圈的质量，并根据施工工具表3-7-6（1）准备工具。管子的插口端要有光滑倒角，倒角一般为15°，承口端尺寸符合要求，承口、插口端面与管道中心线垂直。插入深度确定后，按照长度要求做好标示线。

各作业项目的施工工具表　　　　**表3-7-6（1）**

作业项目	工具种类	作业项目	工具种类
锯管及坡口	细齿锯或割管机，倒角器或中号扳锉，万能笔、量尺	涂润滑剂	毛刷，润滑剂
		连　接	手动葫芦或插入机、绳
清理工作面	棉纱或干布	安装检查	塞尺

管子接头最小插入深度见表3-7-6（2）。

管子接头最小插入深度　　　　**表3-7-6（2）**

公称外径（mm）	63	75	90	110	125	140	160	180	200	225	250
插入长度（mm）	64	67	70	75	78	81	86	90	94	100	112

2）清理。将承口内的橡胶圈沟槽、插口端工作面及橡胶圈清理干净，不得有土或其他杂物。

3）上胶圈。将橡胶圈正确安装在承口沟槽内，不得装反或扭曲。

4）刷润滑剂。在管道插口端均匀刷润滑剂，润滑剂必须无毒、无味、无臭，不会繁殖细菌，润滑剂不得涂在承口沟槽内。

5）对口、安装。将连接的管道承口对准插口，保持插入管端平直，一次插入至深度标示线，小口径管道用人力插入，大口径管道可用手动葫芦等专用拉力工具。管道插入时如阻力过大，不可强行插入，应拔出并检查橡胶圈是否扭曲。

6）检查。用塞尺顺着管道承插口间隙插入，沿管道圆周检查橡胶圈的安装是否正确。

3-7-7　UPVC溶剂粘接连接（T-S连接）是怎样的?

答：由于这种连接方式受到场地环境、加工机具和操作水平等因素的影响，深圳市水务集团已禁止在施工现场进行管道或管件的粘接，粘接连接应在生产厂家内完成，以确保接口质量。作为对塑料管安装工作的了解，下面简述一下连接程序：

准备——清理工作面——试插——刷粘接剂——粘接——养护

1）准备。检查管材、管件和橡胶圈的质量，并根据施工工具表3-7-1（1）准备工具。

各作业项目的施工工具表　　表3-7-7（1）

作业项目	工具种类
切管及坡口	同表3-7-6（1）
清理工作面	除同表3-7-6（1）外尚需丙酮、清洗剂
粘液	毛刷、粘接剂

连接的管子需要切断时，须将插口处做成坡口再进行连接。切断管子时，应保证断口平整且垂直管轴线。加工成的坡口应符合下列要求：坡口长度一般不小于3mm；坡口厚度约为管壁厚度的$\frac{1}{3}\sim\frac{1}{2}$。坡口完后，应将残屑清除干净。

2）清理工作面。管材和管件粘接前，应用棉纱或干布将承口内侧和插口外侧擦拭干净，使得连接面保持清洁，无尘砂和水迹。当连接面有油污时，须用棉纱蘸丙酮等清洁剂擦拭干净。

3）试插。粘接前将两管试插一次，使插入深度及配合情况符合要求，并在插入端表面划出插入承口深度的标示线。管端插入承口深度应不小于表3-7-7（2）的规定。

粘接连接管材插入深度　　表3-7-7（2）

管材公称外径（mm）	20	25	32	40	50	63	75	90	110	125	140	160
管端插入承口深度（mm）	16.0	18.5	22.0	26.0	31.0	37.5	43.5	51.0	61.0	68.5	76.0	86.0

4）涂刷粘接剂。用毛刷将粘接剂快速涂刷在插口外侧及承口内侧，先涂承口，后涂插口，宜轴向涂刷，涂刷均匀适量。

5）粘接。承插口涂刷粘接剂后，立即将管端插入承口，用力挤压，使管端插入深度至所划标示线，确保承插口的直度和接口位置正确。管端插入承口粘接后，用手动葫芦或其他拉力器拉紧，并保持一段时间。

6）养护。承插接口连接完毕后，应及时将挤出的粘接剂擦拭干净。

3-7-8　UPVC法兰连接是怎样的?

答：塑料管道是通过法兰短管与钢管、铸铁管等或阀门等配件进行连接的。硬聚氯乙烯管的法兰管件多为两种形式：承口法兰短管和插口法兰短管。在安装过程中应使用与管材相配套的法兰管件，相邻两法兰应保持螺栓孔位置及直径相一致。

3-7-9 钢塑过渡接头连接是怎样的?

答: 钢塑过渡接头连接一般用于小口径塑料管材或管件与用户管（多为钢塑管）之间的连接。接头有钢制或钢制的内、外螺纹，与其连接的形式为螺纹连接。

3-7-10 UPVC 硬聚氯乙烯给水管材应符合什么文件要求?

答: 1）施工所使用的硬聚氯乙烯给水管材应符合《给水用硬聚氯乙烯管材》GB 10002.1—2006 的要求。如发现有损坏、变形、变质迹象或其存放超过规定期限时，使用前应进行抽样鉴定。

2）硬聚氯乙烯给水管材规格（表 3-7-10）。

硬聚氯乙烯给水管材规格（mm） **表 3-7-10**

公称外径 D	管材 S 系列 SDR 系列和公称压力						
	S20 SDR41 PN0.63	S16 SDR33 PN0.8	S12.5 SDR26 PN1.0	S10 SDR21 PN1.25	S8 SDR17 PN1.6	S6.3 SDR13.6 PN2.0	S5 SDR11 PN2.5
	公称壁厚 e_n						
110	2.7	3.4	4.2	5.3	6.6	8.1	10.0
125	3.1	3.9	4.8	6.0	7.4	9.2	11.4
140	3.5	4.3	5.4	6.7	8.3	10.3	12.7
160	4.0	4.9	6.2	7.7	9.5	11.8	14.6
180	4.4	5.5	6.9	8.6	10.7	13.3	16.4
200	4.9	6.2	7.7	9.6	11.9	14.7	18.2
225	5.5	6.9	8.6	10.8	13.4	16.6	—
250	6.2	7.7	9.6	11.9	14.8	18.4	—
280	6.9	8.6	10.7	13.4	16.6	20.6	—
315	7.7	9.7	12.1	15.0	18.7	23.2	—
355	8.7	10.9	13.6	16.9	21.1	26.1	—
400	9.8	12.3	15.3	19.1	23.7	29.4	—
450	11.0	13.8	17.2	21.5	26.7	33.1	—
500	12.3	15.3	19.1	23.9	29.7	36.8	—
560	13.7	17.2	21.4	26.7	—	—	—
630	15.4	19.3	24.1	30.0	—	—	—
710	17.4	21.8	27.2	—	—	—	—
800	19.6	24.5	30.6	—	—	—	—
900	22.0	27.6	—	—	—	—	—
1000	24.5	30.6	—	—	—	—	—

注：公称壁厚根据设计应力 12.5MPa 确定。

3-7-11 UPVC 硬聚氯乙烯管的运输有何规定?

答: 1）硬聚氯乙烯管材、管件在运输、装卸和搬动过程中，应轻拿轻放，排列整齐，避免油污。不得受到剧烈撞击及尖锐物品碰触，严禁抛扔、拖拉或激烈碰撞，应避免阳光曝晒，起吊或捆塑料管材应用柔软的绳子以防止损伤管材表面，若存放时期较长，则应放置于棚库内，以防变形和老化。

2）硬聚氯乙烯管材应按不同规格分别进行捆扎，管端宜采用适当保护性包装，每捆长度应一致，重量不宜超过50kg。

3）硬聚氯乙烯管材、管件长距离和长时间运输时，可以装入集装箱内，硬聚氯乙烯管材可以套装。

4）硬聚氯乙烯管件按不同形状和尺寸分别装箱，不允许散装。

3-7-12 UPVC硬聚氯乙烯管材及配件的堆放有何要求？

答：1）硬聚氯乙烯管材、管件应存放在温度不超过40℃及有良好通风的库房或棚中，不得露天存放和在阳光下长期曝晒，远离热源，距热源不得小于1m，合理堆放。

2）硬聚氯乙烯管材、配件堆放时，应放平垫实，对于承插式管材、配件堆放时，相邻两层管材的承口应相互倒置并让出承口部位，以免承口承受集中荷载，见图3-7-12。

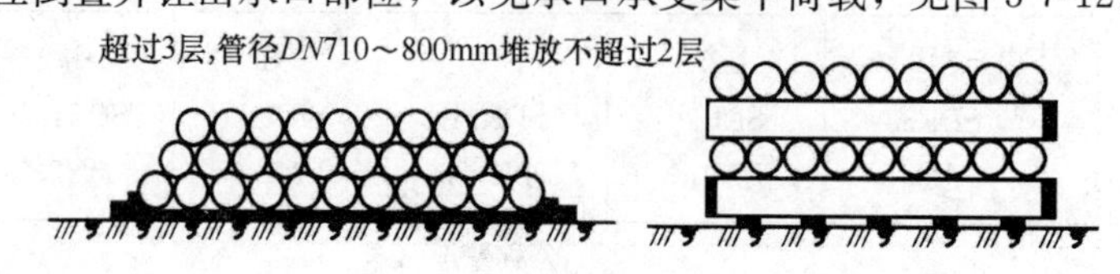

图3-7-12 硬聚氯乙烯管的堆放要求

3）硬聚氯乙烯管材应水平堆放在平整且夯实的地面上，公称外径D不大于200mm管的支垫间距不得大于1m，外悬端不得超过0.5m；公称外径D不小于225mm管可适当放大。堆放高度不宜超过1.5m。插口及承口宜交替平行堆放，不得垂直堆放，承口部分应悬出插口端部。

4）管件不得叠置过高，凡能立放的管件，均应逐层码放整齐，不能立放的亦应顺向使其承插口相对地整齐排列。堆放高度不宜超过1.6m。

5）不同直径与不同壁厚的管子宜分类堆放。与管材配套供应的密封胶圈不得与管材分开放置，其贮存条件与管材相同。

6）管材贮存期限自生产之日起一般不超过两年：当管材从生产到使用的存放期超过18个月时，宜对管材的物理力学性能重新进行检测，合格后再使用。管件存放期限不超过一年。

7）管道接口所用的橡胶圈应按下列要求保存：

(1) 橡胶圈宜保存在低于40℃的室内，不应长期受日光照射，距一般热源距离不应小于1m。

(2) 橡胶圈不得同能溶解橡胶的溶剂（油类、苯等）以及对橡胶有害的酸、碱、盐等物质放在一起，更不得与以上物质接触。

(3) 橡胶圈在保存和运输中，不应使其长期受挤压，以免变形。

(4) 当管材出厂时配套使用的橡胶圈已放入承口内时，可不必取出保存。

3-7-13 UPVC管道敷设的一般规定有哪些？

答：管道敷设的一般规定如下：

(1) 管道铺设过程一般是：运管、管材放入沟槽、接口、部分回填、试压、全部回填。当管径不太大时，可将2～3根管在沟槽上接好，平稳放入沟槽内。

(2) 管道铺设应在沟底标高和管道基础质量检查合格后进行，在铺设管道前要对管材、管件、橡胶圈等重新作一次外观检查，发现有问题的管材、管件等均不得采用。

(3) 在沟槽内铺设硬聚氯乙烯给水管道时，如设计未规定采用其他材料的基础，应铺设在未经扰动的原土上。管道安装后，铺设管道时所用的垫块应及时拆除。

(4) 管道不得铺设在冻土上，铺设管道和管道试压过程中，应防止沟底冻结。

(5) 在开挖沟槽即将完成时，再运管布管；避免管材长期堆在沟旁，防止被土埋住或受外界损伤。

(6) 管材在吊运及放入沟内时，应采用可靠的软带吊具（如尼龙带）平稳下沟，不得在沟壁或沟底激烈碰撞。

(7) 在昼夜温差变化较大的地区，刚性接口管道施工时，应采取防止因温差产生的应力而破坏管道及接口的措施。对于粘结接口连接应设温度补偿器，在夏期施工可以采用蛇形铺设，在输送较低温的水时，可避免冷缩对接口的破坏；对于橡胶圈接口的连接可不设补偿装置。粘结接口不宜在5℃以下施工。橡胶圈不宜在－10℃以下施工。

(8) 在安装法兰接口的阀门和管件时，应采取防止造成外加拉应力的措施。口径大于100mm的阀门下应设支墩。

(9) 管道施工时防止土与其他杂物进入管内。管道安装和铺设工程中断时，应用木塞或其他盖堵将管口封闭。

(10) 硬聚氯乙烯管道上设置的井室的井壁应勾缝抹面；井底应作防水处理；井壁与管道连接处采用密封措施防止地下水的渗入。

(11) 管道敷设完毕后，可在沿管顶上部回填土内埋置可用金属探测器测管道位置的金属示踪线，或在地面上设置“给水管道”标志碑。

3-7-14 UPVC管道敷设的技术要求有哪些？

答：1) 管道转弯的三通和弯头处是否设置推支墩及支墩的结构形式应由设计决定。管道的支墩不应设置在松土上，其后背应紧靠原状土上，如无条件，应采取措施保证支墩的稳定；支墩与管道之间应设橡胶垫片，以防止管道的破坏。在无设计规定的情况下，管径小于100mm的弯头，施工中3d可不设止推支墩。

2) 管道在铺设过程中可以有适当的弯曲，但曲率半径不得大于管径的300倍。

允许管道的弯曲半径及幅度列于表3-7-14 (1) 中。

管道允许弯曲半径及幅度　　表3-7-14 (1)

管外径 (mm)	允许弯曲半径 R (m)	6m长管材允许转移幅度 a (m)
63	18.9	0.94
110	33.0	0.54
160	48.0	0.38
225	67.5	0.27
260	82.5	0.21
315	94.5	0.19

3) 硬聚氯乙烯管材可以受力弯曲，为保证弯曲的均匀性不变，在弯曲处应采用图3-7-14所示的方法固定。管材弯曲度可参考表3-7-14 (2)。

硬聚氯乙烯管材参考弯曲度　　表3-7-14 (2)

公称外径/mm	≤32	40～200	≥225
弯曲度/%	不规定	≤1.0	≤0.5

4) 硬聚氯乙烯管道与相邻管道之间的水平净距不宜小于施工及维护要求的开槽宽度及设置闸门井等附属构筑物要求的宽度。与热力管等高温管道和高压燃气管等有毒气体管道之间的水平净距不宜小于1.5m。饮用水管道不得敷设在排水管道和污水管道下面。

5) 硬聚氯乙烯管道中线与建（构）筑物外墙（柱）皮之间的水平距离不宜小于下列规定：

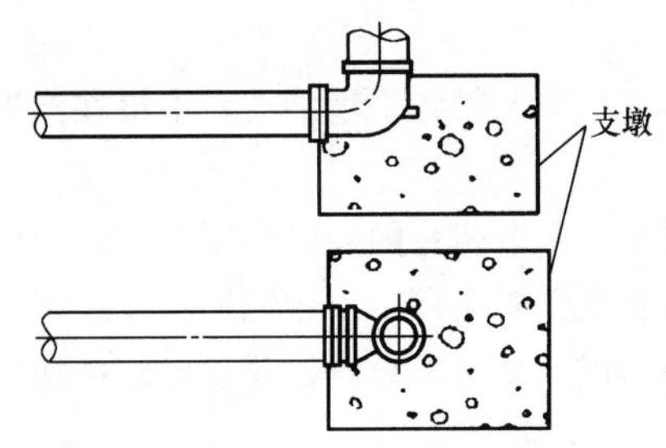

图 3-7-14 管道转弯处的支设

公称外径 D 不大于 200mm 时为 1m；公称外径 D 大于 200mm 时为 3.0m。

6）硬聚氯乙烯管道基础埋深低于建（构）筑物基础底面时，管道不得敷设在建（构）筑物基础下地基扩散角受压区以内（扩散角可采用 45°）。

7）硬聚氯乙烯管道穿越铁路、高速公路等路堤时，应设置钢筋混凝土、钢、铸铁管等材料制作的保护套管，通行的套管内径不宜小于硬聚氯乙烯管外径加 300mm，套管结构设计应按路堤主管部门的规定执行。穿越河道时还应在保护套管外部采取包混凝土等措施。

8）硬聚氯乙烯管道不得从建（构）筑物下面穿越。当必须穿越时，应采取外加套管等可靠的保护措施。

9）硬聚氯乙烯管道在其他管道上部跨越时，管底与下面管道顶部的净距不得小于 0.2m，并应按设计规定进行地基处理；当设计无规定时，可参照《给水排水管道工程施工及验收规范》的规定处理。

10）当设计无规定时，硬聚氯乙烯管道不得采用 360°满包混凝土进行地基处理或增强管道承载能力。

11）在道路下管顶埋深不宜小于 1.0m；在人行道下，公称外径 D 大于 63mm 时，不宜小于 0.75m；公称外径 D 不大于 63mm 时，不宜小于 0.5m。在永久性冻土或季节性冻土地层中，管顶埋深应在冰冻线以下。

12）管道弯曲敷设和折线形敷设可连续交替进行。施工环境温度小于 5℃时，不得进行弹性弯曲敷设。

3-7-15 UPVC 管道连接一般规定有哪些？

答：1）硬聚氯乙烯管道及管件连接可采用弹性密封圈插入式柔性接头，或插入式溶剂粘结接头、法兰接头等刚性接头，也可用焊接。

2）承插式橡胶圈接头适用于公称外径 D 不小于 63mm 的管道，套筒式活接头（快速连接件）可用于各种管径的管道。

3）溶剂粘接接头适用于公称外径 D 为 20～200mm 的管道。公称外径 D 大于 90mm 的管材，其溶剂粘接接头的连接宜在提供管材的生产厂进行；在施工现场制作溶剂粘接接头时，公称外径 D 不宜大于 90mm。溶剂粘接接头一般采用工厂制造的承口管；当采用平口管在现场加工承口时，施工单位提供的加工方法及设施应得到建设和监理单位许可后方可使用。

4）法兰连接一般用于与铸铁管、钢管等不同材质管材或阀门、消火栓等管道附件的过渡性连接。

5）管材在敷设中需切割时，切割面要平直。插入式接头的插口管端应削倒角，倒角坡口后管端厚度一般为管壁厚的 1/3～1/2，倒角一般为 15°。完成后应将残屑清除干净，不留毛刺。

3-7-16 硬聚氯乙烯管道橡胶圈连接要点有哪些？

答：1）准备工作

（1）检查管材、管件及胶圈质量，清理干净承口内侧（包括胶圈凹槽）和插口外侧，不得有土或其他杂物，将橡胶圈安装在承口凹槽内，不得扭曲，异形胶圈必须安装正确，不得装反。

（2）检查项目工具（表 3-7-16（1））

2）管道连接操作

（1）用清洁的棉纱或干布清理干净承口内橡胶圈沟槽、插口端工作面及橡胶圈，不得有土或其他杂物。

（2）将橡胶圈正确的安装在承口的橡胶圈沟槽区中，不得装反或扭曲，为了安装方便可先用水润湿胶圈，但不得在橡胶圈上涂润滑剂安装，防止在接口时将橡胶圈推出。

管道橡胶圈连接施工工具　　表 3-7-16（1）

作业项目	工具种类	作业项目	工具种类
锯管及坡口	细齿锯或割管机，倒角器或中号板锉，万能笔、量尺	连接	捯链或插入机、绳
清理工作面	棉纱或干布	安装检查	塞尺
涂润滑剂	毛刷、润滑剂		

（3）橡胶圈连接的管材在施工中被切断时，须在插口端另行倒角（坡口），并应划出插入长度标线，然后再进行连接。最小插入长度应符合表 3-7-16（2）的规定。切断管材时，应保证断口平整且垂直管轴线。使用的工具如表 3-7-16（1）所示。

管子接头最小插入长度（mm）　　表 3-7-16（2）

公称外径	63	75	90	110	125	140	160	180	200	225	280	315
插入长度	64	67	70	75	78	81	86	90	94	100	112	113

（4）管端插入长度必须留出由于温差产生的伸量，伸量应按施工时闭合温差计算确定，在一般情况下可参考表 3-7-16（3）采用。

温差产生的伸量参考量　　表 3-7-16（3）

插入时最低环境温度（℃）	设计最大升温（℃）	伸量（mm）
≥15	25	10.5
10～15	30	12.6
5～10	35	14.7

注：1. 表中管道运行中内外介质最高温度按 40℃计算；当大于 40℃时应按实际升温计算。
　　2. 管长不是 6m 时，伸量可按管道适实际长度依比例增减。

（5）插入深度确定后，必须按插入长度要求在管端表面划出一圈标记。连接时将插口端对准承口并保持管道轴线平直，将其一次插入，直至标线均匀外露在承口端部。

（6）将连接管道的插口对准承口，保持插入管道的平直，管一次插入至标线。若插入阻力过大，切勿强行插入，以防橡胶圈扭曲。小管径管道插入时宜用人力。在管端垫木块用撬棍将管子推入到位的方法可用于公称外径 *D* 不大于 315mm 的管道；公称外径更大的管道，可用捯链等专用拉力工具。严禁用挖土机械等施工机械推、顶管子插入。

（7）如插入时阻力过大，应拔出检查胶圈是否扭曲，不得强行插入。插入后用塞尺顺接口间隙沿管圆周检查胶圈位置是否正确。

（8）当使用润滑剂降低插入阻力时，必须采用管材生产厂提供的经检验合格的。润滑剂必须对管材、弹性密封圈无任何损害作用。对输送饮用水的管道，润滑剂必须无毒、无味、无臭，且不会繁殖细菌。

（9）涂刷润滑剂时，可用毛刷将润滑剂均匀地涂在装嵌在承口内的胶圈和插口外表面上；不得将润滑剂涂在承口内。

3-7-17　硬聚氯乙烯管道粘结连接准备工作有哪些？

答：（1）检查管材、管件质量。必须将管端外侧和承口内侧擦拭干净，使被粘接面保持清洁、无尘砂与水迹。表面沾有油污时，必须用棉纱蘸丙酮等清洁剂擦净。

（2）检查准备施工工具（表 3-7-17）

管道粘接连接施工工具 **表 3-7-17**

作业项目	工具种类	作业项目	工具种类
切管及坡口	同表 3-7-16（1）	粘接	毛刷、胶粘剂
清理工作面	除同表 3-7-16（1）外尚需丙酮、清洗剂		

（3）检查被切断管道，须将插口端倒角，锉成坡口后再进行连接。切断管材时，应保证断口平整且垂直管轴线。加工成的坡口应符合下列要求：坡口长度一般不小于 3mm；坡口厚度约为管壁厚度的 1/3～1/2。坡口后，应将残屑清理干净。

3-7-18 管道粘结连接操作要点有哪些？

答：（1）管材或管件在粘合前，应用棉纱或干布将承口内侧和插口外侧表面擦拭干净，使被粘结面保持清洁，无砂尘与水迹。当表面沾有油污时，须用棉纱蘸丙酮等清洁剂擦净。

（2）采用承口管时，应对承口与插口的紧密程度进行验证。粘接前必须将两管试插一次，使插入深度及松紧度配合情况符合要求，并在插口端表面划出插入承口深度的标线。管端插入承口深度可按现场实测的承口深度。管端插入承口深度应不小于表 3-7-18（1）的规定。

管材插入承口深度（mm） **表 3-7-18（1）**

管材公称外径	63	75	90	110	125	140	160
管端插入承口深度	37.5	43.5	51.0	61.0	68.5	76.0	86.0

（3）涂抹胶粘溶剂时，用毛刷将胶粘剂迅速涂刷在插口外测及承口内侧接合面上时，宜先涂承口，后涂插口，宜轴向涂刷，涂刷均匀适量，不得漏涂或涂抹过量。每个接口胶粘剂用量参见表 3-7-18（2）胶粘剂配方见表 3-7-18（3）。

胶粘剂标准用量 **表 3-7-18（2）**

公称外径（mm）	20	25	32	40	50	63
胶粘剂用量（g/个）	0.40	0.58	0.88	1.31	1.94	2.97
公称外径（mm）	75	90	110	125	140	160
胶粘剂用量（g/个）	4.10	5.73	8.43	10.75	13.37	17.28

注：1. 使用量是按表面积 200g/m² 计算的。

2. 表中数值为插口和承口两表面的使用量。

常用胶粘剂的配方 **表 3-7-18（3）**

编号	成分与配比		基本性能
1	共聚树脂 过氧化甲乙酮 环烷酸钴 307 不饱和聚酯（50%的丙酮溶液）	110 3 1 0.5	有良好的耐水性和耐油性，剪切强度 70～80kg/cm²
2	过氯乙烯 二氯乙烷	110 400～900	剪切强度 100kg/cm²

续表

编号	成分与配比		基本性能
3	过氯乙烯 二氯乙烷 偶联剂	100 500～590 KH-570、1.1～1.5	
4	过氯乙烯 二氧乙烷 四氢呋喃 偶联剂	100 300 200 KH-550、1.5	剪切强度 148～152kg/cm^2
5	过氯乙烯 聚乙烯醇缩丁醛 二氯乙烷	100 25 110	
6	聚氯乙烯 四氢呋喃 甲乙酮 邻苯二甲酸二辛酸 有机锡 甲基异丁基醛	100 100 200 2 1.5 2.5	剪切强度 148～152kg/cm^2
7	硅橡胶内加固化剂 $C_6H_6NHCH_2Si$ $(OC_2H_5)_3$ 和 $(C_2H_5)_2$ $NCH_2Si\ (OC_2H_5)_3$		剪切强度 12～16kg/cm^2

(4) 承插口涂刷胶粘剂后，应立即找正方向将管端插入承口，用力挤压，使管端插入深度至所划标线，并保证承接插口的直度和接口位置正确，插入后将管旋转 1/4 圈，在不少于 60s 时间内保持施加的外力不变，保持外力时间参考表 3-7-18 (4) 的规定。

粘结接合最少保持时间 **表 3-7-18 (4)**

公称外径 (mm)	＜63	63～160
保持时间 (s)	＞30	＞60

(5) 插接完毕后，应及时将接头外部挤出的胶粘溶剂擦拭干净。应避免受力或强行加载，其静止固化时间不应少于表 3-7-18 (5) 的规定。

净置固化时间 (min) **表 3-7-18 (5)**

公称外径 D (mm)	管材表面温度 (℃)		
	45～70	18～40	5～18
63 以下	1～2	20	30
63～110	30	45	60
110～160	45	60	90

注：工厂加工各类管件时，粘结固化时间由生产厂技术条件确定。

(6) 粘结接头不得在雨中或水中施工，不宜在 5℃以下操作。所使用的胶粘剂须经过检验，不得使用已出现絮状物的胶粘剂，胶粘剂与被粘接管材的环境温度宜基本相同，不得采用明火或电炉等设施加热胶粘剂。

（7）当聚氯乙烯管与其他管材、阀门及消火栓等管件连接时，应采用专用接头。

（8）在硬聚乙烯给水管道上可钻孔接支管，开孔直径小于50mm时，可用管道钻孔机钻孔；开孔直径大于50mm时，可采用圆形切削器。在同一根管上开多孔时，相邻两孔口间的最小间距不得小于所开孔孔径的7倍。

3-7-19　不同材质的管材过渡连接是怎样的？

答：1）可采用过渡件串联两端不同材质的管材或阀门、消火栓等附配件。过渡件两端接头构造必须与两端连接接头形式相适应。

2）过渡件一般采用特制的管件，与各端管道或附配件的连接应遵守下列规定：

（1）阀门、消火栓或钢管等为法兰接头时，过渡件与其连接端必须采用相应的法兰接头，其法兰螺栓孔位置及直径必须与连接端的法兰一致。

（2）连接不同材质的管材采用承插式接头时，过渡件与其连接端必须采用相应的承插式接头，其承口的内径或插口的外径及密封圈的规格等必须符合连接端承口或插口的要求；当不同材质管材为平口端时，宜采用套筒式接头连接，套筒内径必须符合两端连接件不同外径的规定。

（3）与硬聚氯乙烯管管端的连接宜采用柔性接头，并优先采用套筒式、活接头等快速连接件。当连接的硬聚氯乙烯管管端为承插式接头时，过渡件应采用相应的承口或插口连接。

3）过渡件宜采用工厂制作的产品，并优先采用硬聚氯乙烯注塑成型或两次加工成型的管件。如生产厂不能提供硬聚氯乙烯材质管件，必须用钢制过渡件，其材质、规格、误差等均应符合相应接头的标准。

4）钢制过渡件应采取相应的防腐措施。宜采用喷塑（工厂制作过渡件）、卷材、涂料等符合要求的防腐蚀材料，并按相应的施工验收规程施工。对法兰、螺栓等需要卸、装的部分，可采用涂锌螺栓或不锈钢螺栓，用防腐油涂抹后外包塑料膜。

5）法兰连接时相邻两个法兰（盘）的螺栓孔位置及直径必须一致，其中垫片或垫圈位置必须正确，拧紧时应按对称位置相间进行。应防止拧紧过程中产生的轴向拉力导致两端管道拉裂或接头拉脱。

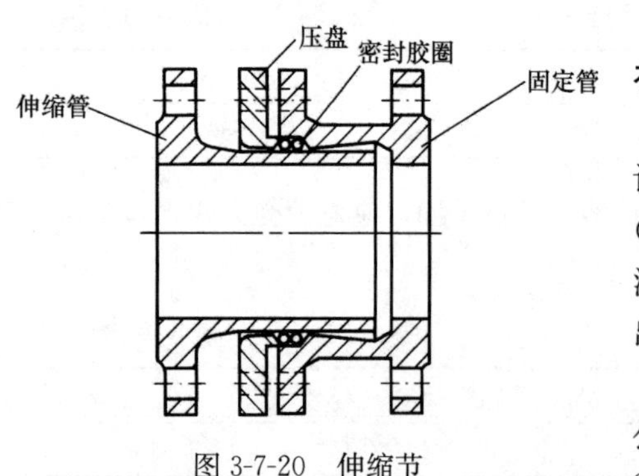

图3-7-20　伸缩节

3-7-20　硬聚氯乙烯（UPVC）给水管道伸缩节在什么情况下设定？

答：1）采用胶圈密封柔性接头的管道一般不设置伸缩节。采用粘结连接的管道应设置伸缩节（图3-7-20）。伸缩节之间的距离应根据施工时闭合温度与管道敷设过程中或运行后管道环境介质可能出现的最高温度差计算确定。

2）管道由温度降低引起的纵向收缩长度可按公式计算。在一般情况下，施工闭合温度不超过20℃时，管道伸缩节距离不宜大于200m；施工闭合温度不超过10℃时，伸缩节距离不宜大于250m。

3）伸缩节可用套筒式、卡箍式、活箍等形式，伸缩量不宜小于12cm。如采用伸缩量大的伸缩节，伸缩节之间的距离可按计算确定。安装伸缩节时，插入深度可按伸缩量确定，上下游管端插入伸缩节长度应相等，其管端间距不宜小于4mm。

4）管道在闭合施工时温度不宜大于20℃，夏天施工时宜在晚间低温情况下进行管道闭合施工。

5）管道转变处，伸缩节宜等距离设置在弯头两侧。

3-7-21 硬聚氯乙烯（UPVC）给水管道止推墩在什么情况设置?

答： 1）管道在水平或垂直向转弯处、改变管径处、三通四通端头和阀门处，均应根据管内压力计算轴向推力并设置止推墩。

2）公称外径 D 不大于 90mm、采用溶剂粘接连接的管道，一般可不设止推墩。

3）采用承插式柔性接头的管道一般不考虑管道接头的轴向抗拉力。

4）止推墩一般采用混凝土浇筑的重力式结构，其尺寸及形式应按沟槽形状、土质及支承强度等条件根据设计计算确定。管道平面系统中不同部位止推墩的形式，可按图 3-7-20（1）采用。

5）管道各部位止推墩的设置形式（见图 3-7-21（2））

6）止推墩的推力计算

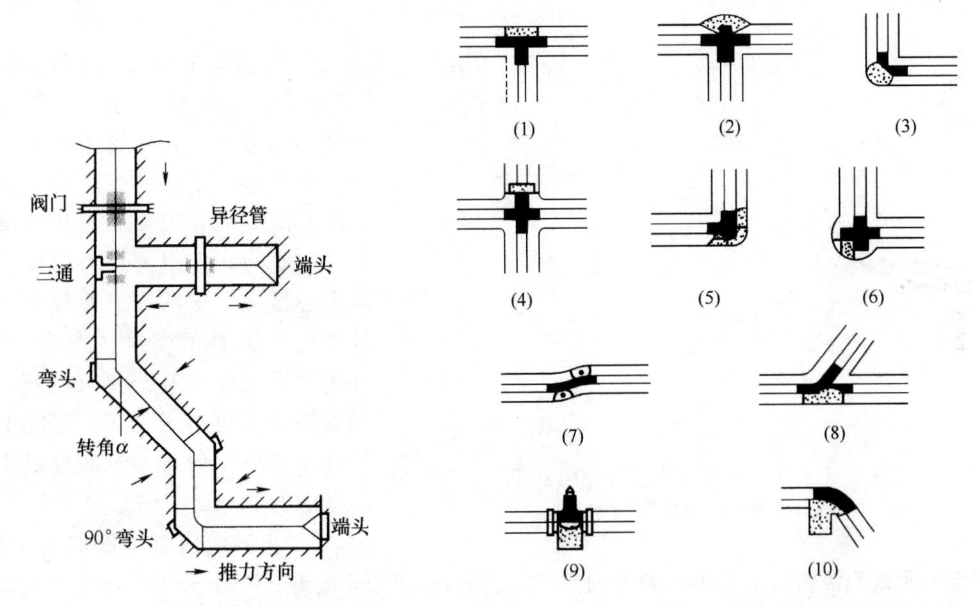

图 3-7-21（1） 管道平面系统止推墩的布置　　图 3-7-21（2） 管道各部位止推墩的设置形式

（1）管道端头及正三通处轴向推力 P 可按下式计算：

$$P=0.785 \cdot d_{n}^{2} \cdot F_{wd}$$

（2）管道水平方面弯头处推力 P（图 3-7-21（3））可按下式计算：

$$P=1.57 \cdot d_{n}^{2} \cdot F_{wd} \cdot \sin\alpha/2$$

（3）管道水平三通处推力 P（图 3-7-21（4））可按下式计算：

$$P=0.785 \cdot d_{n}^{2} \cdot F_{wd} \cdot \sin\alpha$$

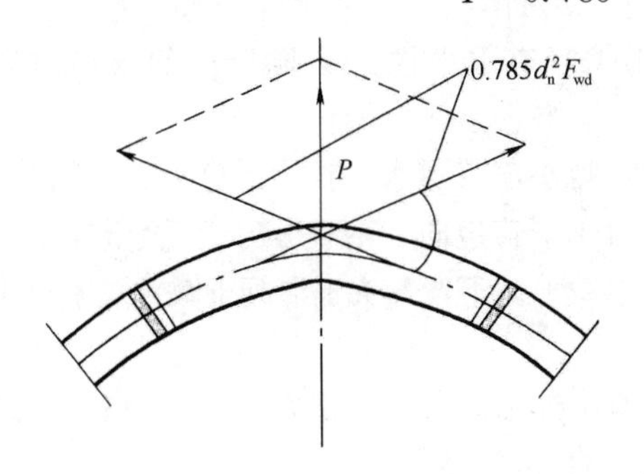

图 3-7-21（3） 水平弯头推力 P 计算图

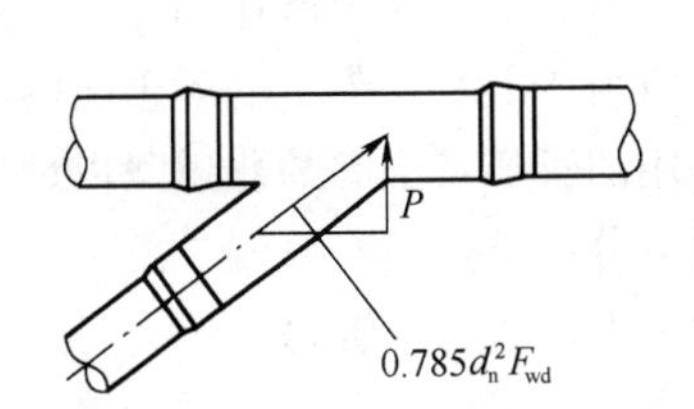

图 3-7-21（4） 水平三通推力 P 计算图

(4) 渐缩管轴推力 P 可按下式计算：

$$P=0.875\cdot(D_{n1}^2-D_{n2}^2)\cdot F_{wd}$$

式中 D_{n1}——进水处大管外径；

D_{n2}——出水处小管外径。

(5) 管道垂直方向弯头处上弯弯头向下及下弯弯头向上推力 P，及其水平和垂直方向分力 P_1、P_2 可按下式计算（图 3-7-21（5）计算图）：

$$P=1.57\cdot D_n^2\cdot F_{wd}\cdot \sin\alpha/2$$

$$P_1=P\cdot \sin\alpha/2$$

$$P_2=P\cdot \cos\alpha/2$$

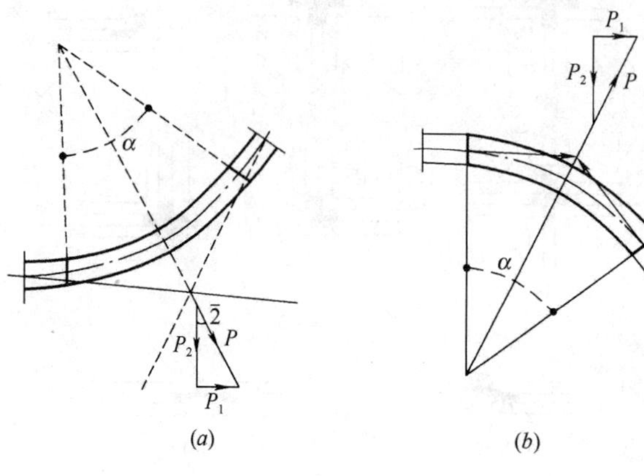

图 3-7-21（5） 上弯弯头向下及下弯弯头向上推力 P 计算图

（a）上弯弯头；（b）下弯弯头

7）止推墩的混凝土强度不宜低于 C15 级，应现场浇筑在开挖的原状土地基和槽坡上；支承管道水平方向推力的止推墩可浇筑在管道受力方向的一侧。槽坡上开挖土面应与管道使用力方向垂直，作用力合力应位于止推墩中心部位。支承管道垂直方向的止推墩混凝土必须浇筑在弯头的底部，可按管道混凝土基础要求浇筑，管道下支撑角不得小于 120°，宽度不得小于管外径加 200mm，管底处最小厚度不得小于 100mm。

8）止推墩应有足够的支承面积，在缺乏土质试验资料时，几种典型土的水平向许可承载力可按表 3-7-21 采用。对轴向力很大的大管径管道宜根据土质试验确定土的承载力。在不稳定土层中，应采取相应地提高土壤承载力和加固处理或换土等措施。垂直弯头下混凝土墩的支承强度可采用地基原状土的许可承载力。

土的水平向许可承载力 **表 3-7-21**

土质	许可承载力 K_{Pa}（t/m²）	土质	许可承载力 K_{Pa}（t/m²）
软黏土	25（2.5）	砂砾	75（7.5）
粉土、黏性土、砂土、红黏土	50（5.0）	碎石土	100（10.0）

注：当设计和施工人员有实践经验时，可根据土质参照表中许可承载力适当提高或降低。

9）水平向止推墩作用在土坡上的面积不得小于管道水平推力 P 除以土的水平向许可承载力。

10）垂直弯头下混凝土墩作用在土坡上的面积不得小于管道水平推力的分力 P_1 除以土的水平向许可承载力。上弯弯头下混凝土墩的底面积不得小于管道向下垂直分力 P_2 及混凝土墩自重及其上部作用的管道及土等的总重除以地基的许可承载力。下弯弯头下混凝土墩重量不得小于管道向上的垂直分力 P_2。

11）固定下弯弯头的管箍总拉力必须大于管道弯头处总推力（上拔力）P。管箍必须固定在混凝土墩内预埋的锚固件上。钢制管箍必须采取相应的防腐处理。

12）管道和水平向混凝土止推墩、管箍等锚固件之间，应设置塑料或橡胶等弹性缓冲层，厚度宜采用3mm。

13）当管道转角α不大于10°、管道周围回填土大于95%密实度时，可不设止推墩。

3-7-22 硬聚氯乙烯（UPVC）给水管道固定墩在什么情况设置？

答：采用冷弯曲敷设管道时应浇筑固定管道弧度的混凝土或砖砌固定墩。固定墩形式与位置可参照图3-7-22。

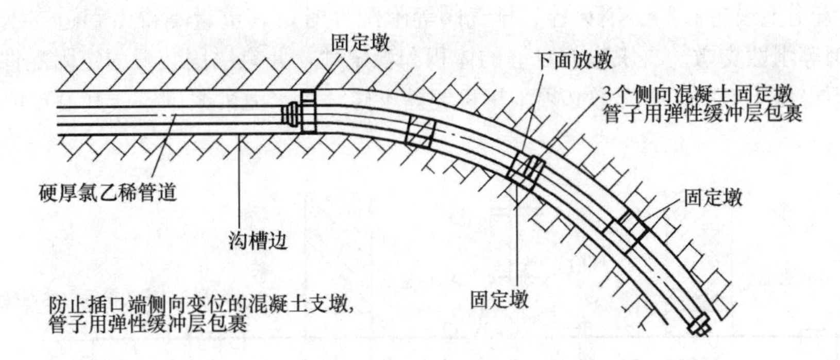

图3-7-22 硬聚氯乙烯管的固定墩设置形式

3-7-23 硬聚氯乙烯（UPVC）给水管道防滑墩在什么情况设置？

答：1）当管道坡度大于1∶6（纵1横6）时，应浇筑防止管道下滑的混凝土防滑墩。防滑墩基础必须浇筑在管道基础下开挖的原状土内，并将管道锚固在防滑墩上。混凝土防滑墩宽度不得小于管外径加300mm；长度不得小于500mm。基础齿墙宽度不得小于200mm；深度：黏性土层不得小于300mm；岩石中不得小于150mm。

2）硬聚氯乙烯管的防滑墩设置形式（见图3-7-23）。

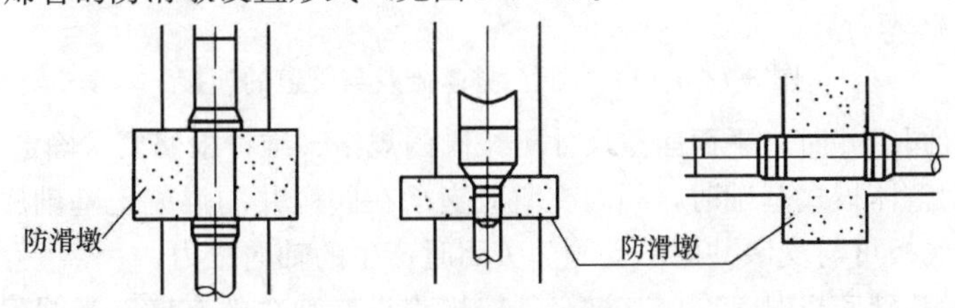

图3-7-23 硬聚氯乙烯管的防滑墩设置形式

3）防滑墩与上部管道的锚固可采用管箍固定，管箍必须固定在埋在墩内的锚固件上。采用钢制管箍时应作相应的防腐处理。

4）防滑墩间距可按管道坡度设置。当设计无规定时，可按表3-7-23的规定。

防滑墩间距 **表3-7-23**

管道坡度	间距	管道坡度	间距
≥1∶6	每隔4根管	≥1∶4	每隔2根管
≥1∶5	每隔3根管	≥1∶3	每隔1根管

3-7-24 硬聚氯乙烯（UPVC）给水管道阀门井的施工规定有哪些？

答：1）阀门井基础必须浇筑在原状地基或经过回填密实的地层上。混凝土结构的混凝土强度等级不得低于C15；砖砌体必须采用不低于M7.5水泥砂浆砌筑；砖材必须用机制黏土砖。在地下水位以下的砖砌井室外壁必须做封闭的水泥砂浆抹面防水层。

2）阀门井顶部宜采用连成一体的灰口铸铁、可锻铸铁、球墨铸铁井盖及支座；亦可采用工厂生产的符合标准的纤维混凝土、玻璃纤维增强树脂（玻璃钢）等复合材料制造的井盖及支座。

井内踏步宜采用可锻铸铁、球墨铸铁踏步，钢制踏步必须采用钢材外部注塑的塑钢踏步。

3）井底与管外底的净距不宜小于200mm。井底无混凝土底板时，应在井底铺不小于150mm厚的卵石层。

4）阀门井应做防水。

3-7-25　硬聚氯乙烯（UPVC）给水管道井或水池与管道的连接有哪些规定?

答：1）管道上设置阀门、消火栓、排气阀等附配件时，其重量不得由管道支承，必须设置混凝土、砖砌等刚性支墩。支墩应有足够的体积和稳定性，并有锚固装置固定附配件。支墩混凝土强度等级不得低于C15，砖支墩必须采用机制黏土砖，用水泥砂浆砌筑。其设置情况参见图3-7-25（1）。

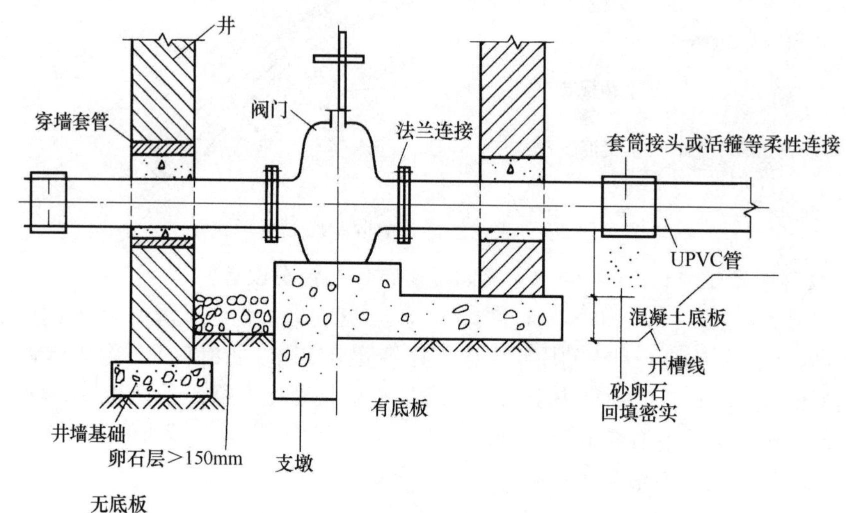

图3-7-25（1）　阀门井基础及与管道的连接

2）管道上设置阀门井时，平面净空尺寸可按阀门规格、维护检修要求确定。

3）阀门井采用整体板式基础时，阀门支墩应支承在阀门井的混凝土基础底板上。底板上用插筋锚固支墩时，底板可与支墩共同承受阀门关闭时产生的轴向推力。

4）阀门井内无基础底板时，阀门支墩必须按规程设置独立的支墩。当阀门关闭可能产生轴向推力时，支墩还应具有支承轴向推力的能力。当支墩重量及刚度不足以支承轴向推力时，必须在管道上采取其他有效止推措施。

5）管道穿越阀门井时，与井墙宜采用刚性连接。一般采用专用穿墙套管埋在墙内的穿管部位，待管道敷设就位后，用干硬性细石混凝土分层填实。在已建管道上砌筑砖井墙时，可在管道周围留出不小于50mm空隙，用干硬性细石混凝土分层浇筑填实。砖墙内套管可用混凝土制造；混凝土墙内应用带止水肋的钢制套管。穿墙管内径不得小于管外径加100mm。

6）混凝土水池的进出水管，不得采用硬聚氯乙烯管直接浇筑在池壁内；必须采用钢制带止水肋穿墙套管预埋留洞，在水池工程完成后安装进出水管。入墙管段必须采用专用硬聚氯乙烯管件或钢制管件，安装定位后用干硬性水泥砂浆分层填实至墙内外皮25mm处，再用聚硫类防水嵌缝材料填实密封。

7）在管道伸出闸门井、水池池壁等构筑物外0.3～0.5m处应设置柔性接头，可用套筒式、活接头等管件连接。管道及建筑物位于软土地层时，宜从第一个柔性接头起第1.5～2.0m连续设置2个以上柔性接头。

8）连接构筑物的管道下超挖的槽深部分，必须用砂砾土回填密实并按管道敷设要求做不小于90°弧形土基。

9）当阀门井内设置排水（泥）管时，排水（泥）管必须按排水管道要求敷设并接入指定的排水井内。排水井的井底应比接入排水管的管底低不小于0.3m。消火栓、排泥阀、泄水阀等附件排水（泥）时，不得在排放过程中冲刷附件的基础。

10）阀门、消火栓、排气阀等附配件采用直埋敷设时，埋在土中围护阀门杆的套筒必须支承在回填密实的土层上。采用混凝土管、铸铁管等作套筒时，应在套管下浇筑混凝土或砖砌基础，套筒四周回填土必须夯实（图3-7-25（2）、（3）、（4）、（5））。套筒上部开启部分的配件，可根据各地具体情况设置。

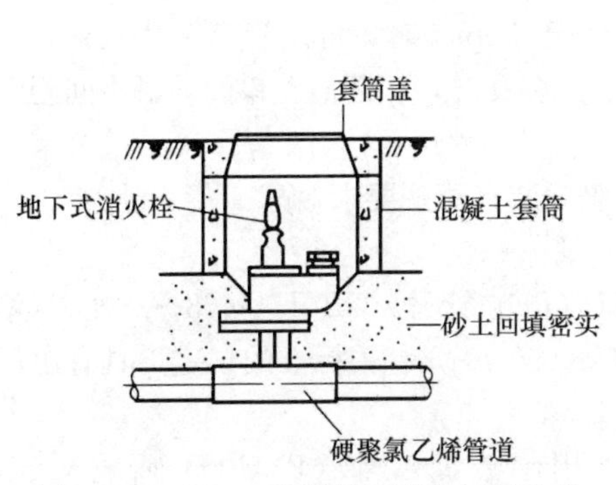

图3-7-25（2） 直埋地下式单口消火栓

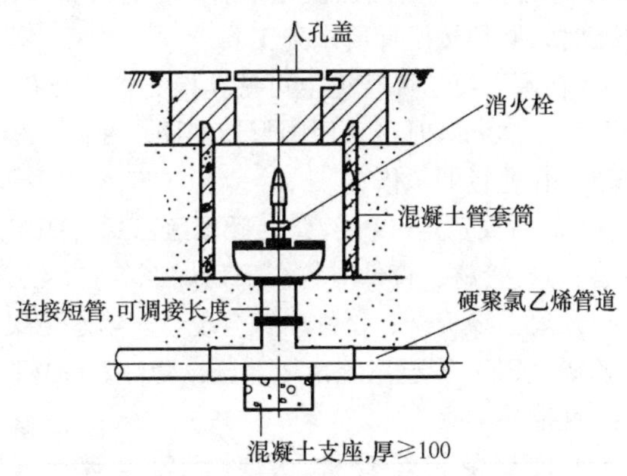

图3-7-25（3） 直埋地下式双口消火栓

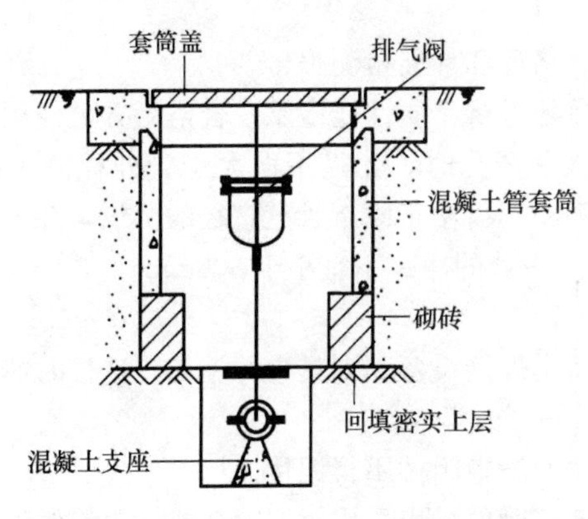

图3-7-25（4） 直埋式单排气阀

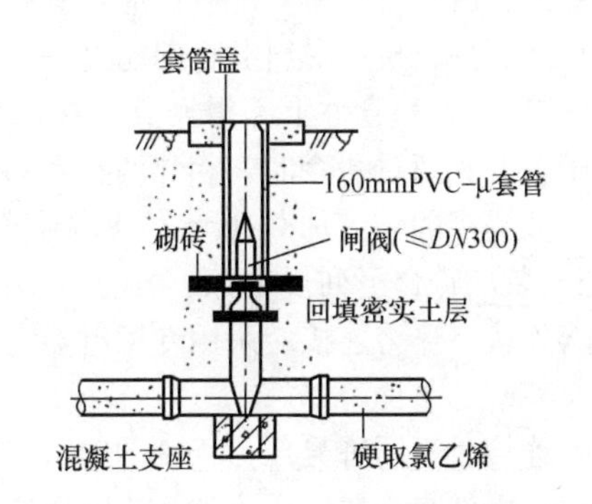

图3-7-25（5） 直埋式套筒式阀门井

3-7-26 硬聚氯乙烯（UPVC）给水管道支管、进户管与已建管道的连接有哪些特点？

答：1）管道内无水施工时，支管、进户管的连接宜在已施工管段水压试验及冲洗消毒合格后进行。采用止水栓、分水鞍等连接支管、进户管时，可先在管道上开孔后安装，亦可先安装后再开孔。采用三通、四通等管件时，必须先将已建管段切割掉相应长度，三通、四通与管道连接宜采用套筒式、活箍等柔性连接。

2）管道不停水接支管、进户管时应采用工厂制作的专用设备，在管道有压状态下宜采用可打孔和连接支管的立式止水栓。

3）在管道的弯头和弯曲段上不得开孔安装止水栓。在已建管道上开孔时，孔径不得大于管外径的1/2。止水栓离管道接头处的净距不宜小于0.3m。

4）在安装支、进户管处需开槽时，工作坑宽度可按管道敷设、砌筑井室、回填土夯密等施工操作要求确定。槽底挖深不宜小于已建管道管底以下0.2m。

5）对开孔部位的管道表面应进行清理，管材表面泥土等附着物均应擦拭干净。止水栓、分水鞍应安装正确、牢固，支管接口角度应正确。可用止水栓上配套的钻具或符合钻孔要求的其他钻具钻孔，钻头直径应比支管孔径小 2mm。

6）钻孔完成钻头退到原位后，应关闭止水栓出水口阀门，进行支、户管安装。

7）支、户管安装完毕后，应按设计要求浇筑混凝土止推墩、井室基础及砌筑井室、安装井盖等附属构筑物，或安装开关延长杆等设施。井底及井室四周的回填土必须分层回填密实。

8）入户管穿越建筑物地下墙体或基础时，必须在墙或基础内预留或开凿不小于管外径加 150mm 的孔洞。待管道敷设完毕后，将管外部空隙用黏性土封堵填实。入户管穿越建筑物地下室外墙时，必须按设计要求施工。

9）在硬聚氯乙烯管道上可钻孔接支管。开孔直径小于 50mm 时，可用管道钻孔机钻孔；开孔直径大于 50mm 时可采用圆形切削器。在同一根管上开多孔时，相邻两孔口间的最小间距不得小于所开孔孔径的 7 倍。

3-7-27 聚乙烯（PE）管、硬聚氯乙烯（UPVC）管安装有哪些要求？

答：1）管材、管件应符合下列规定：

（1）聚乙烯管材、管件应符合现行《给水用聚乙烯（PE）管材》GB/T 13663—2000、《给水用聚乙烯（PE）管道系统第 2 部分：管件》GB/T 13663.2—2005 有关标准的规定，具有出厂合格证、性能检测报告。

（2）硬聚氯乙烯管材、管件应符合现行《给水用硬聚氯乙烯（PVC-U）管材》GB/T 10002.1—2006、《给水用硬聚氯乙烯（PVC-U）管件》GB/T 10002.2—2003 的有关规定，具有出厂合格证、性能检测报告。

（3）橡胶圈宜由管材供应厂配套供应，具有出厂合格证和性能检测报告。

（4）管材、管件、接口材料贮存期超过一年，应重新进行品质性能检验，合格后方可使用。

2）管材的转弯处和管件上不得开孔；在已建管道中开孔时，孔径不得大于管外径的 1/2；在同一根管子上开孔超过一个时，相邻两孔间的最小间距不得小于既有管道直径的 7 倍，并不得小于止水栓安装要求的长度加 0.3mm；止水栓离管道接头处的净距不宜小于 300mm。

3）管道安装应符合下列规定：

（1）电熔连接、热熔连接应采用专用电器设备、挤出焊接设备和工具进行施工；连接时严禁明火加热。

（2）管道连接时不同牌号压力级别的管材、管件以及管道附件不得混用。

（3）管材、管件与金属管、管件相连时，应采用连接管件，当采用钢制喷塑或球墨铸铁过渡管时，其过渡管件的压力等级不得低于管材公称压力。

（4）电熔、热熔连接管道宜先分段在槽边进行连接后，以弹性铺管法移入沟槽；非锁紧型承插式连接管道宜在沟槽内连接。

（5）利用管材的柔性进行弯曲铺设时，应符合下列规定：

①热熔或电熔连接的管道，弯曲半径应符合表 3-7-27（1）的要求。

管道允许弯曲半径 **表 3-7-27（1）**

管道公称外径 D_n（mm）	允许弯曲半径 R（mm）	管道公称外径 D_n（mm）	允许弯曲半径 R（mm）
$D_n \leqslant 50$	$\leqslant 30D_n$	$160 < D_n \leqslant 250$	$\geqslant 75D_n$
$50 < D_n \leqslant 160$	$\geqslant 50D_n$	$250 < D_n \leqslant 350$	$\geqslant 100D_n$

② 非锁紧型承插式连接的管道，弯曲半径不得小于 $125D_n$，应对曲线采取固定措施。

③ 沿曲线利用接口转角安装管道时，接口转角度不宜大于 1.5°。

（6）施工中应根据管径、水压、环境温度变化状况、连接形式、铺设及回填土条件等情况，对管道采取防上浮移位，在转弯、三通、变径及阀门处，采取防推脱的混凝土支墩或金属卡箍拉杆等技术措施；焊制的三通、弯管管件部位应采取混凝土包覆措施；非锁紧型承插连接管道每节管应有3点以上的固定措施。

(7) 管道铺设后宜沿管道走向埋设金属示踪线，距管顶不小于300mm处宜埋设警示带，警示带上应标出醒目的提示字样。

(8) 管材、管件以及管道附件存放处与施工现场温差较大时，连接前应将管材、管件以及管道附件在施工现场放置一段时间，使其温度接近施工现场温度。

4) 电熔连接应符合下列规定：

(1) 电熔连接机具输出电流、电压应稳定，符合电熔连接工艺要求。

(2) 电熔连接机具与电熔管件应正确连通，连接时通电加热的电压和加热时间应符合电熔连接机具和电熔管件生产企业的规定。

(3) 电熔连接冷却期间，不得移动连接件或在连接件上施加任何外力。

(4) 在寒冷气候（−5℃以下）或有风环境条件下进行电熔连接操作时，应采取保护措施，或调整连接机具的工艺参数。

5) 热熔连接应符合下列规定：

(1) 热熔连接工具的温度控制应精确，回热面温度分布应均匀，加热面结构应符合焊接工艺要求。热熔连接前、后应将管材、管件的连接部位与加热面清理干净，并校准其轴线，错边应小于壁厚10%。

(2) 热熔连接加热时间、加热温度和施工的压力以及保压、冷却时间，应符合热熔连接工具生产企业和聚乙烯管材、管件以及管道附件生产企业的使用规定。在保压、冷却期间不得移动连接件或在连接件上施加任何外力。

(3) 加热应使连接面受热均衡，熔化均匀，对接时对接力符合要求，接触面严密。接口处形成的翻边凸缘的宽度、高度应符合要求。

6) 承插式连接应符合下列规定：

(1) 橡胶圈柔性接口应符合下列要求：

①管材插口端倒角角度不宜大于15°，倒角后管端壁厚应为管材壁厚的1/2～2/3。

②管材插口外侧和承口内侧、承口凹槽表面应清理干净，胶圈应由管材生产企业提供，胶圈安装位置与方向应正确。

③插口插入承口深度应准确，宜先试插作标记。当生产企业提供环境温度对插入深度的提示标记时，应在插口上做出标记。无提示标记时应符合表3-7-27（2）的规定。

承口有效长度的根部预留量　　表3-7-27（2）

施工环境温度（℃）	<10	10～20	20～30	>30
预留量（mm）	25～30	20～25	15～20	10～15

④安装时应将插口端一次插入至标志线。如需转角，必须在插入到位后再行接转，接转角度不宜大于1.5°。

⑤管道插入时宜用专用牵引工具拉入。严禁用挖土机等施工机械推顶插入。

⑥如插入时阻力过大，不得强行插入　检查原因排除故障后，再安装。

(2) 热熔承插连接除符合本规程第5）条有关规定外，尚应符合下列规定：

①管材外部端口应进行倒角（大于30°），管材表面坡口长度不得大于4mm。

②测量管件承口长度，在管材插入端标出插入长度并刮除插入端表皮。

7）法兰连接应符合下列规定：

(1) 法兰连接适用于管节与附件，或不同材质管节连接。

(2) 两法兰盘上螺孔应对中，法兰面相互平行，螺孔与螺栓直径应配套，螺栓长短应一致，螺帽应在同一侧；紧固法兰盘上螺栓时应按对称顺序分次均匀紧固，螺栓拧紧后宜伸出螺帽1～3丝扣。

(3) 法兰垫片材质应与所连接管材的性能匹配。钢质法兰盘应经过防腐处理。

(4) 聚乙烯管宜采用背压松套法兰连接。

8）钢塑过渡接头连接应符合下列要求：

(1) 钢塑过渡接头的聚乙烯管端与聚乙烯管道连接应符合本规程第3）、4）条的规定进行连接。

(2) 钢塑过渡接头钢管端与金属管道连接应符合相应的钢管焊接、法兰连接或机械连接的规定。

(3) 钢塑过渡接头钢管端与钢管焊接时，应采取降温措施，严禁焊接端温度超过钢塑过渡接头聚乙烯所能承受的温度。

(4) 公称外径大于或等于110mm的聚乙烯管与管径大于或等于110mm的金属管连接时，可采用人字形柔性接口配件，配件两端的密封胶圈应分别与聚乙烯管和金属管相配套。

(5) 聚乙烯管和金属管、阀门相连接时，规格尺寸应相互配套。

9）硬聚氯乙烯（PVC-U）管与其他管材、阀门及消火栓等管件连接时，不得用板牙在其上套丝，应采用专用的法兰连接，硬聚氯乙烯法兰接口尚应符合现行规定。

10）井室内的阀门、阀座底部应有垫墩，阀座两侧应采取卡固措施，防止阀门启动时的扭力影响管道的接口。地面上的水表节点，应采取相应的卡固措施，防止弹性胶圈松动，接口渗漏。

3-7-28　聚乙烯管道安装有哪些规定？

答：聚乙烯（FE）管道的连接形式主要有热熔连接（热熔对接、热熔承插连接、热熔鞍型连接）、电熔连接（电熔承插连接、电熔鞍型连接）、承插式柔性连接、法兰连接及钢塑过渡接头连接等几种，不得采用螺纹连接或粘接。安装时严禁使用明火加热。

不同SDR系列的聚乙烯管材不得采用热熔对接连接；$DN \leqslant 63$mm的聚乙烯给水管道不宜采用热熔对接连接；$DN \geqslant 110$mm的聚乙烯给水管道不宜采用热熔承插连接；$DN > 315$mm的聚乙烯给水管道不宜采用承插式柔性连接。聚乙烯给水管道与金属管道或金属管道附件的连接，应采用法兰或钢塑过渡接头连接。

聚乙烯给水管道各种连接形式应采用相应的专用连接机具。

3-7-29　PE热熔对接连接是怎样的？

答：聚乙烯给水管道热熔对接连接是通过专用机具，使得要连接的两管端头加热后，施加外力对接形成密封接头。连接程序如下：

准备——试对接——加热——对接——检查。

1）准备。聚乙烯给水管道连接前应对管材、管件及管道附件按照设计要求进行核对，并进行外观检查。检查专用机具的性能是否完善。

2）试对接。利用机具割除管道端头的外露部分，调整两管道对接的水平位置和高度，使两端头尽量在同一位置，如有错位应在允许范围内。

3）加热。将专用机具设置所需温度，同时让管道两端头抵接到加热板上，并保持一定的时间。加热时间、加热温度和施加的压力应符合专用机具生产企业和聚乙烯管材、管件生产企业的规定。

4）对接。抽出加热板后，施加外力使两端头紧紧对接到一起并保持一定时间，待接头完全冷却后撤离外压。热熔对接连接的保压、冷却时间应符合专用机具生产企业和聚乙烯管材、管件生产企业的规定。保压、冷却期间不得移动连接件或在连接件上施加任何外力。

5）检查。通过外观检查接头翻边是否均匀、光滑，应无明显缺陷。

3-7-30　电熔套筒连接是怎样的?

答：聚乙烯给水管道电熔套筒连接的程序如下：

准备——清理工作面——试插入——加热、连接——冷却——检查。

1）准备。聚乙烯给水管道连接前应对管材、管件及管道附件按照设计要求进行核对，并进行外观检查。检查专用机具的性能是否完善，电熔连接机具输出电流、电压应保持稳定。

2）清理工作面。管材、管件连接面上的污物应用洁净棉布擦拭干净，插入断口应光滑，无毛刺等。

3）试插入。将管材插入端或插口管件插入端插入承口内并划出插入长度标示线，抽出插入段，用刮刀刮除插入段表皮。

4）加热、连接。将管材插入端或插口管件插入端插入电熔承插管件承口内，直至划出的长度标示线，校直两对应的待连接件，使其在同一轴线上。通电加热，加热时间、加热温度应符合专用机具生产企业和聚乙烯管材、管件生产企业的规定。

5）冷却。加热、连接完成后将连接件放置待其自然冷却，冷却期间不得移动连接件或在连接件上施加任何外力。

6）检查。检查连接件的牢固程度，应无松动、扭曲等异常状况。

3-7-31　承插式柔性连接、法兰连接及钢塑过渡接头连接是怎样的?

答：聚乙烯给水管道与硬聚氯乙烯给水管道都是塑料管材，承插式柔性连接、法兰连接及钢塑过渡接头连接在所需施工机具、安装方式方法、检查等环节上大同小异。因此，聚乙烯给水管道在采用上述几种连接形式时可遵照硬聚氯乙烯给水管道的操作程序。

3-7-32　PE管连接方式与施工机具有哪些?

答：聚乙烯（以下简称PE）管——是我国在20世纪90年代规模推广的一种新型管材具有抗腐性好，耐久性好等特点，适用于在给水管道，燃气管道上的应用，其使用寿命大于50年。

1）连接方式（见图3-7-32）：

PE管常用连接方式有热熔对焊连接（热熔对焊机）、电热熔连接（全自动电熔焊机），钢塑接头连接（PE端用电热熔焊接或对接，钢管端用焊接、法兰连接和螺纹连接）。

（1）电熔焊：是一种广为使用的PE管连接方式，管件本身有电发热元件，当给发热元件通一定时间的控制电流，管材和管件间PE被加热并熔化，从而形成结实、永久的防漏接口，连接示意见图3-7-32（*a*）。

（2）对接焊：用于较大直径管的连接(一般大于外径110mm时)，将一定温度的加热板放在两PE管连接件的两端之间加热一定时间，待发出温度到达警报时，抽出加热板，将焊接件两端使用机械迅速压力对接，直到接口冷却，此时焊口强度将高于母材本身强度连接示意见图3-7-32(*b*)。

2）施工机具：

（1）全自动电熔焊机

图3-7-32（*c*）为亚大公司生产的PESA全自动电熔焊机，采用光笔读取管件条形码，包括根据环境温度自动调节焊接参数，能显示并纪录，如与打印机连接，可打印出已完成的250个焊口的焊接记录，而且具有手动操作功能。

（2）对接焊机

对接焊机适用于外径>110mm以上PE管的连接，直管道可直接焊接，而不用管件。对接焊连接可靠，造价低。亚大公司型号160型焊机可适用于外径≤160mmPE管的连接，250型适用于外径 110～250mmPE 管的连接。下面以亚大公司的 PBF-160A 塑料热熔焊机为例说明焊机的组成，见图 3-7-32（*d*）。

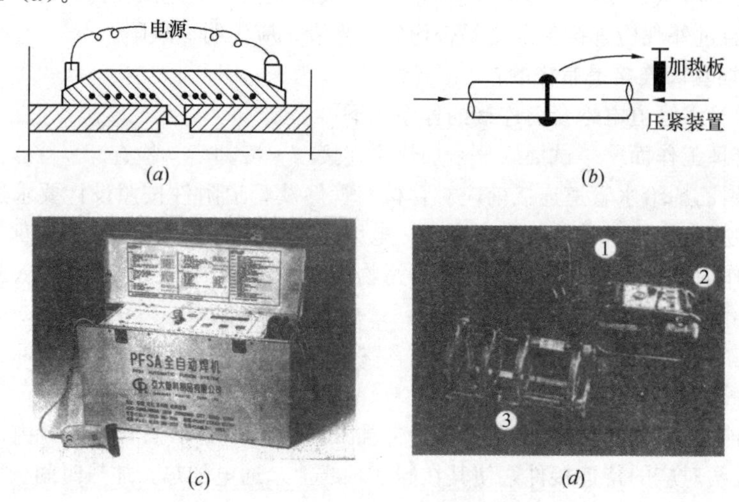

图 3-7-32　聚乙烯管连接

（*a*）电热熔连接；（*b*）热熔对接焊接；（*c*）PFSA 全自动电熔焊机；（*d*）对接焊接

1—加热板；2—压紧动力源；3—机架

焊机由加热板、动力源、铣刀及机架 4 部分组成。

① 加热板：加热板一般由专用电子温控器作为控制元件，由温度传感器反馈信号，对加热板的温度进行精确的控制。加热板表面的温度应均匀一致，其温度应可调，调节加热板的温度应使用高温计进行校核。一般加热板在出厂前就已调节好，用户不需自己调节。由于熔融的聚乙烯物料常会粘附在加热板上影响焊接质量，故加热板表面一般应包覆聚四氟乙烯等与聚乙烯物料不粘的材料。

② 动力源：动力源一般使用具有连续流动性的液压油，通过液压泵把电动机的机械能转换成油液的压力能，通过压力控制阀控制压力，方向控制阀控制方向，送到作为执行元件的液压缸中，再转换成机械动力对聚乙烯管进行前进、后退与保压等动作。液压系统应能提供稳定的压力，以对管材的结合表面提供恒定的力。管材经加热板加热熔融后，应迅速接合。若时间过长，将会使熔融的物料重结晶。所以，液压系统反应应灵敏迅速，无爬行现象。由于管材接合后是保压冷却，保压时间很长（对于 SDR11，*D*250mm 的管材保压冷却 28min），故对液压系统的长期工作性能要求较高，要求选用粘度较高的液压油。液压系统上最好装有计时器，用于记录吸热与冷却时间，到时报警，便于操作工人准确控制时间。

③ 铣刀：铣刀一般使用微型电机或电钻为动力源，经过一系列减速装置减速后，带动刀片对管材表面进行铣削。铣削后的管材表面应与轴线垂直。闭合管材后，管材的间隙量应很小，以获得完整的加热表面，*D*＜225mm 的管材，间隙量不得大于 0.3mm。*D*≤400mm 的管材，间隙量不得大于 0.5mm。为避免操作工人在搬运铣刀时，误启动铣刀而伤了自己或他人，铣刀上应有保护装置，只有将铣刀置于机架上，铣刀方可启动。

④ 机架：机架用于夹紧与固定管材。并应能对管材的错边量进行调整（错边量不得大于管材壁厚的 10%）。机架上的夹具应能对管材端部起到复圆的作用。机架的结构应能方便地焊接各种管件，如弯头、变径、三通、法兰等。机架上的油缸导杆应具有足够的强度与刚度。

3-7-33　PE 管道连接件有哪些？

答：管道连接件（见图 3-7-33）

3-7-34 电热容承插连接的操作要领及技术要求有哪些?

答: 以PFSA焊机和电熔管件为例介绍电热熔连接的操作要领及技术要求。

1) 接好电源，黑色线为接地保护(必须接地保护)，其余两根为单相220V交流进线。

2) 自动模式时钟。

(1) “复位”，“自动” [CP. SHINAUST A]。

(2) 正确读入“时钟码” [∗∗∗∗∗∗∗∗∗∗:∗∗]。

(3) “复位”+“功能”依次调整年，月，日，时，分。

图 3-7-33 管道连接件

1—电热熔管件；2—对接管件；3—钢塑转换接头

(4) “复位”，退出时钟状态 [CP. CHINAUST A]。

注：出厂时亚大公司已将时钟校准，用户不必重新调整。

3) 刮去管材(或管件)需焊接区域外表面的氧化层(刮除区域长度为电热熔套筒长度的一半)，去除碎屑，并用记号笔作好标记。使用旋转刮刀QSR110，适用于外径在20～110mm的PE管，有效地刮去氧化皮，爬壁刮刀CS90-315可方便地刮去较大口径管表面的氧化皮，刮管范围为外径90～315mm的PE管。

4) 将刮好的管材(或管件)插入内壁洁净的电热溶套筒至已作好标记处，确保接缝在电热熔套筒中间的冷料段(中间线稀疏处)，固定好欲焊的组件。

5) 打开管件焊帽，接好焊接导线。

6) 焊接操作

(1) 自动模式焊接

①开机前或上电后“复位”状态置自动模式 [CP. CHINAUST-A];

②正确读入管件条形码，存储序号、环境温度、焊接时长、结果标志 [……OK];

③90s内“启动”焊接 [……W];

④成功焊接完毕 [……P];

⑤“复位”[CP. CHINAUST-A]。

(2) 手动模式

①开机前或上电后“复位”状态，置手动模式 [CP. CHINAUST M];

②“复位”显示存储序号，环境温度 [∗∗∗∗∗∗000];

③“功能”+“复位”，正确设置焊接时长 [∗∗∗∗∗∗OK];

④在90s内及时“启动”焊接 [∗∗∗∗∗∗W.];

⑤成功焊接完毕 [∗∗∗∗∗∗P];

⑥“复位”[CP. CHINAUST M]。

焊接完毕后，观察孔内物料会慢慢顶起，拔下导线，便可进行另一件的焊接。

上述焊接为不开孔的承插焊接，对于电热熔鞍形连接，还须增加钻孔成型。鞍形管件熔接冷却完毕后，卸下鞍形管件的管帽，旋转专用钻孔工具，在管材上钻孔。钻刀复位后，复装管帽，拆卸夹具，支管装接操作则完成。

3-7-35 热熔对接操作要领及技术要求是怎样的?

答: 操作步骤:

1）将各部件的电源接通（220V 交流电）。

2）将液压油管接通。

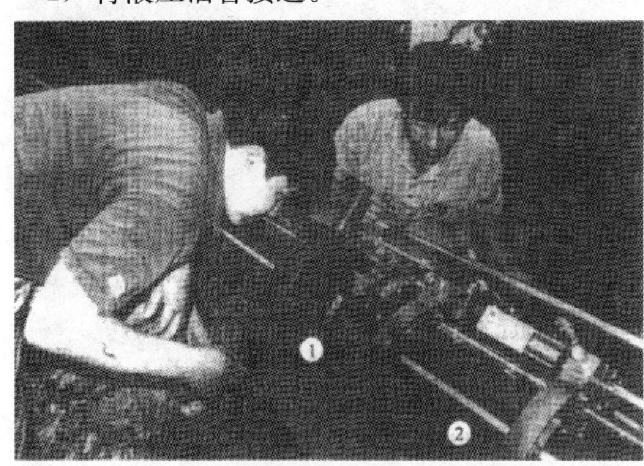

图 3-7-35　热熔对接连接操作现场

1—加热板；2—机架

3）按设置吸热时间与冷却时间。

4）将待焊管材夹紧固定在机架上。若是 *D*160 的管材，直接用机架夹紧；否则，用变径夹具夹紧。

5）将机架打开，放入铣刀，旋转固定旋钮，将铣刀固定于机架上。

6）启动铣刀，闭合夹具，对管材端面进行铣削。

7）当形成连续的切屑时，打开夹具，关闭铣刀。

8）取下铣刀，闭合夹具，检查管材两端面的间隙，间隙量不得大于规定值。

塑料热熔对接焊机焊接工艺参数（机器型号：PBF160A）SDR11　**表 3-7-35（1）**

序号	示　意　图	参　数	单位	40	50	63	90	110	160
1		接缝压力	MPa	0.15	0.25	0.35	0.7	1.05	2.2
		凸起高度	mm	0.5	0.5	0.5	1.0	1.0	1.0
2		吸热压力	MPa	几乎为零					
		吸热时间	s	38	43	57	85	103	140
3		夹具开闭时间	s	4	5	5	6	6	8
4		调压时间	s	2	3	7	9	10	13
5		冷却压力	MPa	0.15	0.25	0.35	0.7	1.05	2.2
		冷却时间	min	5	6	8	12	14	20

注：焊接时必须将拖动压力叠加到各压力参数中去。

塑料热熔对接焊机焊接工艺参数（机器型号：PBF160A）SDR17.6　**表 3-7-35（2）**

序号	示　意　图	参数	单位	40	50	63	90	110	160
1		接缝压力	MPa	0.1	0.15	0.2	0.45	0.7	1.45
		凸起高度	mm	0.5	0.5	0.5	0.5	0.5	1.0
2		吸热压力	MPa	几乎为零					
		吸热时间	s	33	35	38	51	65	95
3		夹具开闭时间	s	4	4	4	5	5	6
4		调压时间	s	1	2	2	6	7	10
5		冷却压力	MPa	0.1	0.15	0.2	0.45	0.7	1.45
		冷却时间	min	4	4	5	7	9	13

注：焊接时必须将拖动压力叠加到各压力参数中去。

9）检查管材轴线的对中性（其最大差值为管材壁厚的10%）。

10）检查加热板的温度是否适宜（210±10℃），此时加热板的红灯表现为亮或闪烁。

11）检查系统的拖动压力 P_0 并记录。

12）将加热板置于机架上。

13）闭合夹具，设定液压系统压力为 P_1。

$$P_1=P_0+\text{接缝压力}$$

14）待管材间的凸起均匀且高度达到要求时（见表3-7-35（1）），将压力降为 P_2（P_2 近似等于拖动压力），同时按下吸热时间按钮，开始记录吸热时间。

$$P_2=P_0+\text{吸热压力}$$

15）到达吸热时间，发出“嘀”的声音，迅速打开夹具，取下加热板。

16）迅速闭合夹具，在规定的时间内匀速地将压力由0调节到 P_3，同时按下冷却时间按钮，开始记录冷却时间。

$$P_3=P_0+\text{冷却压力}$$

17）到达冷却时间，发出连续的“嘀嘀”的声音，在按一次冷却时间按钮。

18）取下焊好的管材，准备下一管材的焊接。

3-7-36 钢塑转换接头连接是怎样的？

答：钢塑转换接头用于聚乙烯管与钢管的转换连接。它一般有两种形式：

对于小口径的聚乙烯管（$D\leqslant 63$），一般采用一体式钢塑转换接头（通称钢塑转换接头）；

对于大口径的聚乙烯管（$D>63$），一般采用钢塑法兰组件进行转换连接。

一体式钢塑转换接头按制造工艺分成机械连接式与注塑成型式两种。

机械连接式采用机械加工与压制手段将钢制接头与聚乙烯管牢固连接。其塑料端为聚乙烯管，其钢端可方便地加工成各种形式，用于不同场合的连接。

1）螺纹式

接头与金属管道采用螺纹连接。可加工为外螺纹与内螺纹。螺纹一般为锥管螺纹以易于实现密封。

2）焊接式

接头与金属管道间采用焊接连接。

3）法兰式

接头与金属管道间采用法兰连接。法兰上应有水线，符合国家标准要求。

注塑成形式采用塑料注射工艺将聚乙烯材料熔化成型于钢件上。其制造工艺与注塑管件的制造相同。其塑料端布有电阻丝，用于电热熔连接。其钢端一般为螺纹连接。

钢塑法兰组件由聚乙烯法兰与专用钢法兰组成。聚乙烯法兰采用注塑工艺制造，其上有水线。专用钢法兰外包覆塑料，连接孔的尺寸应符合国家标准法兰孔的尺寸。

3-7-37 HDPE管道设计一般规定有哪些？

答：1）高密度聚乙烯缠绕增强管主要用于内径为300～3500mm，输送介质温度不高于45℃的管道。

2）管道布置应符合当地总体规划或工程总体布置要求，并考虑地形、地质条件、道路及建筑情况、地下设施和施工条件等因素，经过技术经济比较确定。

3-7-38 HDPE管道布置有何要求？

答：1）管道与其他地下管道和建筑物、构筑物相互间的位置，应符合下列要求：

（1）在敷设和检修管道时，不应互相影响。

（2）管道损坏时不应影响附近建筑物、构筑物的基础。

(3) 管道宜与道路中心线平行布置，并宜敷设在快车道以外。

(4) 用作排水管道与生活给水管道相交时，宜敷设在生活给水管道下面，防止污染生活用水。

(5) 管道与其他地下管道或建筑物的水平和垂直最小净距，应根据两者的类型、高程、施工先后和管线损坏后果等因素，结合工程地质情况，综合确定。城市排水管道应符合《室外排水设计规范》GB 50014—2006 规定。其他工程可参照执行，其中高密度聚乙烯缠绕增强管与热力管沟垂直净距应大于 0.5m。

2) 高密度聚乙烯缠绕增强管道与其他管道同沟（架）平行敷设时，宜沿沟（架）边布置；上下平行敷设时，不得敷设在热水或蒸汽管的上面，且平面位置应错开。

3) 高密度聚乙烯缠绕增强管道不得在堆积易燃、易爆材料和对其腐蚀性液体的场地下面穿越。

4) 高密度聚乙烯缠绕增强管道的地基宜为无尖硬土石的原土层，当原土层有尖硬土石时，应铺垫细沙或细土。

3-7-39　HDPE 管道变形检验方法和处置规定是怎样的?

答： 1) 管道变形检验应在管道覆土夯实完成后进行，且边施工边检测。

(1) 施工变形即短期压扁率的检测数量，一般应遵守下列规定：

①每施工段最初 50m 不少于三处，在测量点管轴垂直断面测垂直和水平直径。

②相同条件下，每 100m 不少于三处，取起点、中间点和终点附近。

③在地质条件改变、填土材质、压实工艺变化、管径改变情况发生时，应重复本条 A 项检测内容。

(2) 允许短期（24h）压扁率。HDPE 大径塑管施工变形实测值其短期压扁率不得大于 4%。(操作时要注意测量在电熔接之后。在被测部位做标记，且分别测量并记录回填前后管径实测值。)

2) 管道变形过大的处理规定

管道施工变形，其短期压扁率超过 4%者，均属施工形过大范围，应按下列规定处理：

(1) 管道施工变形，其短期(24h)压扁率局部大于 4%时，可挖除管区填土，校正后重新填筑。

(2) 管道施工变形，其短期（24h）压扁率 90%以上大于 4%者，应更换管道。

3) 检验方法

(1) 管道规格尺寸检验

采用钢卷尺或可能性可伸缩的直尺检验。

(2) 管道安装定位偏差检验

采用水准仪、经纬仪进行检验。

(3) 管道压扁率按下式计算

压扁率%＝［（实际内径－安装后垂直内径）/实际内径］×100%

式中实际内径是指放在平面上处于自由状态的管道实际内径

实际内径＝（垂直内径＋水平内径）/2

3-7-40　HDPE 管道电熔接操作要点有哪些?

答： 1) 放入沟槽的管道，拆除管子承插口气垫膜，进行清洗。将管道支撑环推入，用无色无毛的棉布蘸 95%的酒精擦拭管道承插口，管子连接面必须保持洁净、干燥。熔接时气温不得低于 5℃。否则需采取预热或保温措施。

2) 管道在垫板上对正后，将管道插口端做插入深度标记，检查插入深度标记不得少于 100mm，然后将插口顶入（或拉入）承口内，插口。承插口应连接紧密，两管段连接处承插口连接间隙最大允许距离为 5～8mm。管道直径大于 *DN*800 时，需用支撑环撑紧，支撑环应放置在管子承口内靠近电熔接的地方。

3）管道插接完成后，将夹紧带放置于承口环槽部位，无环槽时，夹紧带放置于距管端40mm处，然后用夹紧工具夹紧至承插口无间隙，扳直预埋电熔丝接头，插入电熔封接机连接器上，用螺栓紧固。通电熔接，通电时要特别注意的是连接电缆线不能受力，以防短路。通电时间根据管径大小相应设定。（通电时间见表3-7-40）。通电完成后，取走电熔接设备，让管子连接处自然冷却。自然冷却期间，保留夹紧带和支撑环，不得移动管道。

只有表面温度低于60℃时，才可以拆除夹紧带，进行下面的工作。

电熔接通电时间 **表3-7-40**

管径 *DN*（mm）	通电时间（s）	通电电压（V）
300	700	15
400	800	18
500	900	20
600	900	23
700	1000	24
800	900	32
900	900	38
1000	1000	39
1100	1100	41
1200	1200	43
1300	—	—
1400	1300	48
1500	1800	48

4）管道与三通、弯头、异径接头等管件连接时，采用电熔连接（≤*DN*1800）或者焊接（≥*DN*1800）。

5）管道与其他材质的管道连接时采用检查井或专用法兰连接。

3-7-41 HDPE管道的安装与埋设一般规定有哪些？

答：1）HDPE大径塑管要求安装于稳定地层，回填材料、回填工艺及压实方法应符合有关规定。对于过湿土、淤泥土、膨胀土、湿陷性黄土或有地下水等情况，应按相应规范处理。

2）HDPE大径塑管在安装埋设时，应符合管土共同作用的设计要求，其上部荷载由管道及周围填土共同承担。

3）保证管土共同作用的关键条件是：（1）沟壁的稳定和坚实程度；（2）回填土选择和回填密实度；（3）管顶回填土的夯实程度；（4）管肋部回填土的宽度。

4）管道安装埋设前，一般具备如下资料：

（1）设计文件及施工图；

（2）管线工程地质和水文地质资料；

（3）沿线原有地下管道和其他障碍物的准确资料；

（4）管区填土材料分布、材质及储量。

3-7-42 HDPE施工一般规定有哪些？

答：1）施工前应具备的资料

（1）管道工程地质及水文勘察资料。

（2）管区填土材料分布、储量及材质。

（3）弃土场分布及容量。

（4）完备的设计文件及施工图纸，并应附有沿线原有地下管线和其他障碍物的准确资料。

（5）施工方案及施工组织设计。

2）管道穿越铁路、道路和河流的敷设期限、程序以及施工组织方案，应征得有关管理部门的同意。

3）管道穿越工程采用打洞机械施工时，必须保证穿越段周围建筑物、构筑物不发生沉陷、位移和破坏。

4）地下管道的施工，应尽量缩短地基暴露的时间，以防雨水和施工用水浸入地基。

5）开挖沟槽，遇有管道、电缆、地下构筑物或文物古迹时，须予以保护，并及时与有关部门联系协同处理。

6）地下管道施工时，对安全、劳动保护、防水、防火、爆破作业和环境保护等方面，应按有关规定执行。

3-7-43　HDPE 施工前的准备有哪些要求？

答：1）管材、管件应具有质量检验部门的产品质量检验报告和生产厂的合格证。

2）管材存放、搬运和运输时，应采用柔韧性好的皮带、吊带或吊绳进行装卸。

3）管材、管件存放、搬运时，应小心轻放，排列整齐，不得抛摔和沿地拖拽。

4）夏季施工没有下槽的管子应避免在阳光下直接照射，以防发生热变形。

3-7-44　HDPE 管沟开挖有哪些规定？

答：1）按本规程设计、施工时，土的工程分类应符合《土的分类标准》GB/T 50145—2007。

2）管沟开挖前应设置测量控制网点，清理和平整场地，并使场地排水畅通。

3）从管沟内挖出的土宜在管沟两侧堆成土堤，防止地表水浸入管沟。土堤坡脚至管沟边缘的距离不宜小于 500mm。受地表径流威胁的管线段，在管道施工时，应做好临时防洪和排洪设施，严禁洪水泄入管沟淹毁地基、浮起管道、泥沙淤积或堵塞管道等事故发生。

4）在无地下水的地区开槽时，如沟深不超过下列规定，沟壁可不设边坡。

填实的砂土和砾石土　　1m

亚砾石土和亚黏土　　1.25m

黏土　　1.5m

特别密实土　　2m

5）在无地下水和土壤具有天然温度、构造均匀的条件下开挖沟槽时，如沟深超过上述规定，边坡最大允许坡度应符合表 3-7-44（1）规定：

深度在 5m 以内的基坑（槽）、管沟边坡的最大允许坡度（不加支撑）**表 3-7-44（1）**

土　壤　类　别	边坡坡度（高：宽）		
	坡顶无荷载	坡顶有静载	坡顶有动载
中密的砂土	1：1.00	1：1.25	1：1.50
中密的碎石类土（充填物为土）	1：0.75	1：1.00	1：1.25
硬塑的粉土	1：0.67	1：0.75	1：1.00
中密的碎石类土（充填物为土）	1：0.50	1：0.67	1：0.75
硬塑的粉质黏土、黏土	1：0.33	1：0.50	1：0.67
老黄土	1：0.10	1：0.25	1：0.33
软土（经井点降水后）	1：1.00		

注：静载指堆土或材料等，动载指机械挖土或汽车运输作业等。静载或动载距挖方边缘的距离应保证边坡和直立壁的稳定，堆土或材料应距挖方边缘 0.8m 以外，高度不超过 1.5m。

使用时间较长、高 10m 以内的临时性挖方边坡坡度值　　　　表 3-7-44（2）

土 的 类 别		边坡坡度（高：宽）
砂土（不包括细砂、粉砂）		1：1.25～1：1.5
一般黏性土	坚硬	1：0.75～1：1
	硬塑	1：1.1～1：1.15
碎石类土	充填坚硬、硬塑黏性土	1：0.5～1：1
	充填砂土	1：1～1：1.5

注：1. 使用时间较长的临时性挖方是指使用时间超过一年的临时道路、临时工程的挖方。

2. 挖方经过不同类别的土（岩）层或深度超过 10m 时，其边坡可作成折线或台阶形。

3. 有成熟施工经验时，可不受本表限制。

6）深度在 5m 以内的沟槽的垂直壁亦可按表 3-7-44（3）规定，采用适当的支撑形式加固。

深度在 5m 以内的沟槽的支撑形式　　　　表 3-7-44（3）

土 壤 的 情 况	沟槽深度（m）	支撑形式
天然温度的黏土类土，地下水很少。	≤3	不连接的支撑
天然温度的黏土类土，地下水很少。	3～5	连续支撑
松散的和温度很高的土。	不论深度如何	采用降低地下水法，保持管道周围干燥。
松散的和温度很能高的土，地下水很多且有带走土粒的危险		

注：当沟深为 2m 以内及 3m 以内且有支撑时，沟底宽度应分别另加 0.1m 及 0.2m。深度超过 3m 的沟槽，每加深 1m，沟底宽度应另加 0.2m。当沟槽为板桩支撑时，沟深 2～3m 以内时，其沟底应分别加 0.4m 及 0.6m。

7）在回填土地段开挖沟槽或雨季施工时，可酌情加大边坡或采用支撑及相应措施，保证沟槽不坍塌。在地下水水位较高的地段施工时，应采取降低水位或排水的措施，其方法的选择应根据水文地质条件及沟槽深度等条件确定。

8）开槽时，$DN \leqslant 1$m 时，沟底宽度为外径加 1m；$DN > 1$m 时，沟底宽度为外径加 1.6m。

9）开挖槽时，沟底设计标高以上 0.2～0.3m 的原状土应予以保留，禁止扰动，铺管前用人工清理，但一般不宜挖至沟底设计标高以下，如局部超挖，需用沙土或合乎要求原土填补并分层夯实。

10）沟底埋有不易清除的块石等坚硬物体或地基为岩石、半岩石、砾石时，应铲除至设计标高以下 0.15～0.2m，然后铺上砂土整平夯实。

3-7-45　HDPE 管道连接有哪些规定？

答：1）管道的连接和安装工作应在管道验收合格后进行。

2）下管过程中，严禁将管子从上往下自由滚放，应防止块石等重物撞击管身。

3）管道连接就位后应复测设计标高及设计中心线，管道位置偏差应控制在设计允许的误差范围内。

4）高密度聚乙烯缠绕增强管道连接采用电熔连接（电熔承插连接）或热熔连接（热熔承插连接、热熔对接连接、热熔坡口连接）。管道与其他材质的管道连接时，采用检查井或专用法兰连接。

5）电熔连接时，应首先清除承插口封接面的污垢，并检查焊线是否完好，对接时先用卡具在承口外压紧，然后根据不同型号的管道设定电流及通电时间。

6）高密度聚乙烯缠绕增强管道不同连接形式应采用对应的专用连接机具。

7）管道连接前应对管材、管件及附属设备按设计要求进行核对，并应在施工现场进行外观检查，符合要求方准使用。

8）从事管道连接的操作工人上岗前，应经过专门培训，经考试和技术评定合格后，方可上岗操作。

9）管道连接结束后，应进行接头外观质量检验，必要时可进行密封性试验。

10）电熔连接

(1) 电熔连接机具与电熔接头或管件应正确连通。

(2) 电熔连接通电期间，不得移动管件或在连接件上施加任何外力。

11）热熔连接前，应用洁净棉布擦净管道连接面上的污物。

3-7-46　HDPE沟槽回填有何要求？

答：1）管区填土施工必须在管道两侧同步进行，严禁单侧回填，两侧填土填筑高差，不应超过一个土层厚度；填土应分层夯实，每层的虚铺厚度如设计未作规定时，应按采用的压实工具和要求的压实度确定。对一般压实工具，铺土厚度可按表3-7-46中的数字选用。

回填土每层虚铺厚度　　**表3-7-46**

压实工具	虚铺厚度（cm）	压实工具	虚铺厚度（cm）
木夯、铁夯	≤20	压路机	20～30
蛙式夯	20～25	振动压路机	≤40

2）管腋部填土必须塞严、捣实，保持与管道紧密接触。

3）管区的管顶部分填土施工应采用人工夯打或轻型机械压实。严禁压实机具直接作用在管道上。

4）管道埋设的最小管顶覆土厚度除满足当地冻土层厚度要求外，尚应符合下列规定：

(1) 埋设在车行道下时，不宜小于0.70m。

(2) 埋设在非车行道下时，不宜小于0.5m。

5）无压管道的沟槽应在闭气试验合格后及时回填。

6）沟槽的回填材料，除设计文件另有规定外，应符合下列规定：

(1) 回填土时，应符合下列规定：

①槽底至管顶以上50cm范围内，不得含有机物、冻土以及大于50mm的砖、石等硬块；

②冬期回填时管顶以上50cm范围以外可均匀掺入冻土，其数量不得超过填土总体积的15%，且冻土尺寸不得超过100mm。

(2) 采用石灰土、砂、砂砾等材料回填时，其质量要求应按设计规定执行。

7）回填土的含水量，宜按土类和采用的压实工具控制在最佳含水量附近。

8）回填土每层的压实遍数，应按要求的压实度、压实工具虚铺厚度和含水量，经现场试验确定。

9）当采用重型压实机械压实或较重车辆在回填土上行驶时，管道顶部以上应有一定厚度的压实回填土，其最小厚度大于等于30cm。

10）沟槽回填时，应符合下列规定：

(1) 砖、石、木块等杂物应清除干净。

(2) 采用明沟排水时，应保持排水沟畅通，沟槽内不得有积水。

(3) 采用井点降低地下水位时，其动水位应保持在槽底以下不小于0.5m。

11) 回填土或其他回填材料运入槽内时不得损伤管节及其接口，并应符合下列规定：

(1) 根据一层虚铺厚度的用量将回填材料运至槽内，且不得在影响压实的范围内堆料。

(2) 管道两侧和管顶以上50cm范围内的回填材料，应由沟槽两侧对称运入槽内，不得直接扔在管道上；回填其他部位时，应均匀运入槽内，不得集中推入。

(3) 需要拌合的回填材料，应在运入槽内前拌合均匀，不得在槽内拌合。

12) 沟槽回填土或其他材料的压实，应符合下列规定：

(1) 回填压实应逐层进行，且不得损伤管道。

(2) 管道两侧和管顶以上50cm范围内，应采用轻夯实，管道两侧压实面的高差不应超过30cm。

(3) 同一沟槽中有双排或多排管道的基础底面位于同一高程时，管道之间的回填压实应与管道与槽壁之间的回填压实对称进行。

(4) 同一沟槽中有双排管道或多排管道但基础底面的高程不同时，应先回填基础较低的沟槽：当回填至较高基础底面的高程后，再按上款规定回填。

(5) 分段回填压实时，相邻段的接茬应呈接梯形，且不得漏夯。

(6) 采用木夯、蛙式夯等压实工具时，应夯夯相连：采用压路机时，碾压的重叠宽度不得小于20cm。

(7) 采用压路机、振动压路机等压实机械压实时，其行驶速度不得超过2km/h。

13) 管道沟槽位于路基范围内时，快速路路槽下80cm范围内，回填土压实度为98%；其他部位回填土最小压实度为97%。

14) 不在路基范围管顶以上回填土压实度不应小于97%，管道两侧回填土的压实度不应小于95%。

15) 有特殊要求管道的压实度，应按设计文件执行。

16) 当管道覆土较浅，管道的承载力较低，压实工具的荷载较大，或原土回填达不到要求的压实度时，可与设计单位协商采用石灰土、砂、砂砾等具有结构强度或可以达到要求的其他材料回填。

17) 管道沟槽回填土，当原土含水量高且不具备降低含水量条件不能达到要求压实度时，管道两侧及沟槽位于路基范围内的管道顶部以上，应回填石灰土、砂、砂砾或其他可以达到要求压实度的材料。

18) 检查井、雨水口及其他井室周围的回填，应符合下列规定：

(1) 井室周围的回填，应与管道沟槽的回填同时进行；当不便同时进行时，应力留台阶接茬。

(2) 井室周围回填压实时应沿井室中心对称进行，且不得漏夯。

(3) 回填材料压实后应与井壁紧贴。

19) 新建给水排水管道与其他管道交叉部位的回填应符合要求的压实度，并应使回填材料与被支承管道紧贴。

3-7-47 HDPE管道质量检验与验收有哪些规定？

答： 1) 气密性试验

(1) 管道接头气密性试验采用的标准为《混凝土排水管道工程闭气试验标准》CECS 19：90。

(2) 管道接头采用气密性试压装置对接口进行渗漏测试，可随管道安装同时进行，做完闭气方可回填。

2）管区填土施工的质量检验

（1）填土应分层夯实，分层检验。在每层表面以下2/3厚度处取样，测定土的干密度。取样数量不应少于下列规定：

①管沟底部土层，每50m一处，每处做两个测定（平行测定）。

②管区填土，每50m一处，每处做两个测定。

③对压实质量可疑处应当适当增加检测数量。

（2）回填材料的夯实相对密度的压实系数的实测值，其合格率应控制在90%以上，低于设计要求压实度5%者不得韶过10%，否则视为不合格。

3）管道变形检验

（1）管道变形检验包括安装变形检测和施工变形检测。管道安装变形应在管道覆土填筑完成后进行。管道施工变形检测应在管道覆土达到30cm后进行。

（2）管道施工变形检测数量，应遵守下列规定：

①每施工段最初50cm不少于3处，每处平行测两个断面，在测量点管轴垂直断面测垂直直径。

②相同条件下，每100m测3处，取起点、中间点、终点附近，每处平行测两个断面，在测量点垂直断面测垂直直径。

③在地质条件、填土材料、压实工艺或管径等因素改变时，应重复本条①的内容。

（3）管道变形检测中，管道径向变形率S_V应桉下列计算：

$$S_V=\Delta d_v\ (d+2e)\times 100\% \qquad S_V<6\%$$

式中：Δd_v——管道径向直径变化量；

e——管道纵截面形心高；

d——管道处于自由状态的内径。

4）管道施工变形过大的处理

（1）管道施工变形检测中，当管道径向变形率局部大于或等于6%时，可挖除管区填土、校正后重新填筑。

（2）管道施工变形检测中，当管道径向变形率大于6%时，应更换管道。

5）验收

（1）高密度聚乙烯缠绕增强管道工程交付使用前，应进行竣工验收，施工质量应符合设计要求和本规程规定。

（2）验收时，施工单位应提供下列资料：

①设计文件及设计变更通知单。

②管材出厂合格证。

③管道安装施工纪录，包括施工过程中对重大技术问题的处理情况。

④质量检验记录和质量验收报告。

⑤竣工报告。

3-7-48　聚乙烯给水管材规格有哪些规定？

答：1）管材的内外表面应清洁、光滑，不允许有气泡、明显的划伤，凹陷、杂质、颜色不均等缺陷。管端头应切割平整，并与管轴线垂直。

2）直管长度一般为6m、9m、12m，盘管盘架直径应不小于管材外径的18倍。可由供需双方商定。

3）聚乙烯给水管材的平均外径，应符合表3-7-48（1）规定。对于精公差的管材采用等级B，标准公差管材采用等级A。无明确要求时，应视为采用等级A。

聚乙烯给水管材平均外径（mm） **表 3-7-48（1）**

公称外径	最小平均外径	最大平均外径	
		等级 A	等级 B
110	110.0	111.0	110.7
125	125.0	126.2	125.8
140	140.0	141.3	140.9
160	160.0	161.5	161.0
180	180.0	181.7	181.1
200	200.0	201.8	201.2
225	225.0	227.1	226.4
250	250.0	252.3	251.5
280	280.0	282.6	281.7
315	315.0	317.9	316.9
355	355.0	358.2	357.2
400	400.0	403.6	402.4
450	450.0	454.1	452.7
500	500.0	504.5	503.0
560	560.0	565.0	563.4
630	630.0	635.7	633.8
710	710.0	716.4	714.0
800	800.0	807.2	804.2
900	900.0	908.1	904.0
1000	1000.0	1009.0	1004.0

4）聚乙烯给水管材规格尺寸（见表 3-7-48（2））。

聚乙烯给水管材规格尺寸（mm） **表 3-7-48（2）**

公称外径	PE80 级公称壁厚				PE100 级公称壁厚				
	标准尺寸比				标准尺寸比				
	SDR21	SDR17	SDR13.6	SDR11	SDR26	SDR21	SDR17	SDR13.6	SDR11
	公称压力（MPa）				公称压力（MPa）				
	0.60	0.80	1.00	1.25	0.60	0.80	1.00	1.25	1.60
110	5.3	6.6	8.1	10.0	4.2	5.3	6.6	8.1	10.0
160	7.7	9.5	11.8	14.6	6.2	7.7	9.5	11.8	14.6
200	9.6	11.9	14.7	18.2	7.7	9.6	11.9	14.7	18.2
(250)	11.9	14.8	18.4	22.7	9.6	11.9	14.8	18.4	22.7
315	15.0	18.7	23.2	28.6	12.1	15.0	18.7	23.2	28.6

续表

公称外径	PE80 级公称壁厚				PE100 级公称壁厚				
	标准尺寸比				标准尺寸比				
	SDR21	SDR17	SDR13.6	SDR11	SDR26	SDR21	SDR17	SDR13.6	SDR11
	公称压力（MPa）				公称压力（MPa）				
	0.60	0.80	1.00	1.25	0.60	0.80	1.00	1.25	1.60
400	19.1	23.7	29.4	36.3	15.3	19.1	23.7	29.4	36.3
(450)	21.5	26.7	33.1	40.9	17.2	21.5	26.7	33.1	40.9
500	23.9	29.7	36.8	45.4	19.1	23.9	29.7	36.8	45.4
(560)	26.7	33.2	41.2	50.8	21.4	26.7	33.2	41.2	50.8
630	30.0	37.4	46.3	57.2	24.1	30.0	37.4	46.3	5.2
710	33.9	42.1	52.2	—	27.2	33.9	42.1	52.2	—
800	38.1	47.4	58.8	—	30.6	38.1	47.4	58.8	—
900	42.9	53.3	—	—	34.4	42.9	53.3	—	—
1000	47.7	59.3	—	—	38.2	47.7	59.3	—	—

注：括号内管径为非常用规格。

5）聚乙烯给水管材壁厚公差（见表 3-7-48（3））。

聚乙烯给水管材壁厚公差（mm）　　**表 3-7-48（3）**

公称壁厚		公差	公称壁厚		公差	公称壁厚		公差
＞	≤		＞	≤		＞	≤	
4.0	4.6	0.7	15.3	16.0	2.4	24.0	24.5	4.8
4.6	53	0.8	16.0	16.5	3.2	24.5	25.0	4.9
5.3	6.0	0.9	16.5	17.0	3.3	25.0	25.5	5.0
6.0	6.6	1.0	17.0	17.5	3.4	25.5	26.0	5.1
6.6	7.3	1.1	17.5	18.0	3.5	26.0	26.5	5.2
7.3	8.0	1.2	18.0	18.5	3.6	26.5	27.0	5.3
8.0	8.6	1.3	18.5	19.0	3.7	27.0	27.5	5.4
8.6	9.3	1.4	19.0	19.5	3.8	27.5	28.0	5.5
9.3	10.0	1.5	19.5	20.0	3.9	28.0	28.5	5.6
10.0	10.6	1.6	20.0	20.5	4.0	28.5	29.0	5.7
10.6	11.3	1.7	20.5	21.0	4.1	29.0	29.5	5.8
11.3	12.0	1.8	21.0	21.5	4.2	29.5	30.0	5.9
12.0	12.6	1.9	21.5	22.0	4.3	30.0	30.5	6.0
12.6	13.3	2.0	22.0	22.5	4.4	30.5	31.0	6.1
13.3	14.0	2.1	22.5	23.0	4.5	31.0	31.5	6.2
14.0	14.6	2.2	23.0	23.5	4.6	31.5	32.0	6.3
14.6	15.3	2.3	23.5	24.0	4.7	32.0	32.5	6.4

续表

公称壁厚		公差	公称壁厚		公差	公称壁厚		公差
>	≤		>	≤		>	≤	
32.5	33.0	6.5	42.0	42.5	8.4	51.5	52.0	10.3
33.0	33.5	6.6	42.5	43.0	8.5	52.0	52.5	10.4
33.5	34.0	6.7	43.0	43.5	8.6	52.5	53.0	10.5
34.0	34.5	6.8	43.5	44.0	8.7	53.0	53.5	10.6
34.5	35.0	6.9	44.0	44.5	8.8	53.5	54.0	10.7
35.0	35.5	7.0	44.5	45.0	8.9	54.0	54.5	10.8
35.5	36.0	7.1	45.0	45.5	9.0	54.5	55.0	10.9
36.0	36.5	7.2	45.5	46.0	9.1	55.0	55.5	11.0
36.5	37.0	7.3	46.0	46.5	9.2	55.5	56.0	11.1
37.0	37.5	7.4	46.5	47.0	9.3	56.0	56.5	11.2
37.5	38.0	7.5	47.0	47.5	9.4	56.5	57.0	11.3
38.0	38.5	7.6	47.5	48.0	9.5	57.0	57.5	11.4
38.5	39.0	7.7	48.0	48.5	9.6	57.5	58.0	11.5
39.0	39.5	7.8	48.5	49.0	9.7	58.0	58.5	11.6
39.5	40.0	7.9	49.0	49.5	9.8	58.5	59.0	11.7
40.0	40.5	8.0	49.5	50.0	9.9	59.0	59.5	11.8
40.5	41.0	8.1	50.0	50.5	10.0	59.5	60.0	11.9
41.0	41.5	8.2	50.5	51.0	10.1	60.0	60.5	12.0
41.5	42.0	8.3	51.0	51.5	10.2			

6）聚乙烯给水管材不圆度（见表 3-7-48（4））。

聚乙烯给水管材不圆度（mm） **表 3-7-48（4）**

公称外径	最大不圆度	公称外径	最大不圆度
110	2.2	280	9.8
125	2.5	315	11.1
140	2.8	355	12.5
160	3.2	400	14.0
180	3.6	450	15.6
200	4.0	500	17.5
225	4.5	560	19.6
250	5.0	630	22.1

注：1. 管材不圆度为同一断面最大外径与最小外径之差。

2. 盘管及公称外径大于 630mm 管材的不圆度可由供需双方商定。

7）聚乙烯给水管材物理性能（见表 3-7-48（5））。

聚乙烯给水管材物理性能　　表 3-7-48（5）

项　目		要　求
断裂伸长率		≥350%
纵向回缩率（110℃）		≤3%
氧化诱导时间（200℃）		≥20min
耐候性[①]（管材累计接受大于或等于 3.5GJm^2 老化能量后）	断裂伸长率	≥350%
	氧化诱导时间（200℃）	≥10min

① 仅使用于蓝色管材。

3-7-49　聚乙烯给水管件有哪些规定?

答： 1）聚乙烯给水管管件适用范围（见表 3-7-49（1））。

聚乙烯给水管件适用范围　　表 3-7-49（1）

连接方法	具体方式	使用范围（mm）	注　意　事　项
热熔连接	热熔对接	*DN*≥63	不同 SDR 系列不得采用热熔对接连接
	热熔承插连接	*DN*32～110	*DN*≥63mm 时不得采用手工热熔承插连接
	热熔鞍形连接	*DN*63～315	
电熔连接	电熔承插连接	*DN*32～315	
	电熔鞍形连接	*DN*63～315	
机械连接	锁紧型承插式连接	*DN*32～315	*DN*≤63mm 聚乙烯管道与聚氯乙烯管道连接、聚乙烯管道与 *DN*≤50mm 的镀锌管道（或内衬塑镀锌管）连接宜采用锁紧型承插式连接
	非锁紧型承插式连接	*DN*90～315	
	法兰连接	*DN*≥63	与金属管材、管件采用法兰或钢塑过渡接头连接
	钢塑过渡接头连接	*DN*≥32	

注：1. 聚乙烯管材、管件不得采用螺纹连接和粘接。
2. 管道连接宜采用同种牌号级别，压力等级相同的管材、管件。不同牌号的管材以及管件间的连接应经试验，连接质量得到保证后方可连接。
3. 管材、管件存放处与施工现场温差较大时，连接前应将其在施工现场放置一段时间，使其温度接近施工现场温度。连接时严禁明火加热。
4. 在寒冷气候（－5℃以下）或大风环境条件下进行热熔或电熔连接操作时应采取保护措施，或调整连接机具的工艺参数。

2）热熔和电熔管件宜采用与管材同一级别的聚乙烯树脂加工成型，管件本体任何一点壁厚应大于管材壁厚。当采用与管材不同级别的聚乙烯树脂注塑成型时，应符合表 3-7-49（2）的规定。

不同级别聚乙烯树脂管材与管件壁厚关系　　表 3-7-49（2）

管　材	管　件	管件最小壁厚与管材最小壁厚的比值
PE80 管材	PE100 管件	≥0.8
PE100 管材	PE80 管件	≥1.25

3）采用聚乙烯（PE80、PE100）管材焊制二次加工成型的管件，所选管材的公称压力等级

不应小于管道系统所选管材压力等级的1.25倍。焊制二次加工成型的聚乙烯管件其机械性能和物理力学性能应符合相关规定。

4）当管道系统采用球墨铸铁管件时，其内外表面宜采取PE喷塑防腐处理，防腐性能达到PE管材要求。管件公称压力或承压性能应不小于管材的压力等级。

5）承插式管件及管道系统用的橡胶件：

（1）应采用整体成型环形件。

（2）橡胶材质宜采用三元乙丙（EPDM）、丁苯橡胶，橡胶件不得掺入再生胶。

（3）橡胶件物理力学性能为：

①邵氏硬度45～55度；

②伸长率应大于500%；

③拉断强度不应小于16MPa；

④永久变形不应大于20%；

⑤老化系数不应小于0.8（70℃、144h）。

3-7-50　聚乙烯给水管材、管件运输及储存有哪些规定?

答：1）聚乙烯给水管材、管件在运输、装卸和搬运与其他化学建材管道相同（参见本书硬聚氯乙烯给水管的运输内容）。

2）管材直管堆放高度应小于或等于1.50m；管件应码放整齐，堆放高度不宜超过2.00m。大型堆放场地或库房应设灭火器或消火栓。

3）管材出库应遵守"先进先出"原则，库存时间不宜大于一年；管材、管件短期露天堆放时，严禁在阳光下暴晒，应有覆盖。

3-7-51　聚乙烯给水管道的敷设一般规定有哪些?

答：1）管道敷设在地下水位较高、软土、不稳定土层内，需要进行施工排水和设置槽边支撑，施工技术及措施应符合现行国家标准《给水排水管道工程施工及验收规范》GB 50268—2008的有关规定。

2）管道进行弯曲敷设时，弯曲半径应符合表3-7-51规定。

管道允许弯曲半径（mm）　　**表3-7-51**

管道公称外径	允许弯曲半径	管道公称外径	允许弯曲半径
$DN\leqslant 50$	$30DN$	$160<DN\leqslant 250$	$75DN$
$50<DN\leqslant 160$	$50DN$	$250<DN\leqslant 350$	$100DN$

3）采用非锁紧型承插式连接的管道，弯曲半径不应小于125管道公称直径，每根管段应有3点以上的固定措施。利用承插口改变方向时，其借转角度不宜大于1.5°。

3-7-52　聚乙烯管道敷设与回填有哪些规定?

答：1）电熔、热熔连接管道应分段在槽边进行连接后，以弹性铺管法移入沟槽；移入沟槽时，管道表面不得有明显的划痕。

2）采用承插式（或套筒式）接口时，宜人工布管且在沟槽内连接；槽深大于3m或管外径大于400mm的管道，宜用非金属绳索兜住管节下管；严禁将管节翻滚抛入槽中。

3）管道穿越重要道路、铁路等需设置金属或混凝土套管时，套管内径不得小于穿越管外径加100mm，且应伸出路边或路基1.00～1.50m；必要时穿过套管的管道表面应加护套保护。

4）穿越的管道应采用电熔或热熔连接，经试压且通过验收合格后方可与套管外管道连接；管道在涵洞内通过时，涵洞宜留有通行宽度。

5）管道分段敷设结束，选择运行水温与施工环境温度差最小的时段进行系统闭合连接。

6）管道铺设后及时进行回填，回填时应留出管道连接部位，连接部位待管道水压试验合格后再行回填，管道系统应根据管径、水压、环境温度变化状况、连接形式、敷设及回填土条件等情况，在转弯、三通、变径及阀门处，采取防推脱的混凝土支墩或金属卡箍拉杆等技术措施；焊制的三通、弯管管件部位应采取混凝土包覆措施。

7）管道经试压且通过隐蔽工程验收，人工回填到管顶以上 0.5m 后，方可采用机械回填，但不得在管道上方行驶。机械回填时应在管道内充满水的情况下进行。

3-7-53 聚乙烯给水管道连接一般规定有哪些？

答：1）聚乙烯给水管材、管件连接方式（见表 3-7-53）。

聚乙烯给水管道连接方式 **表 3-7-53**

连接方法	具体方式	使用范围（mm）	连接示意图	注意事项
热熔连接	热熔对接	*DN*≥63	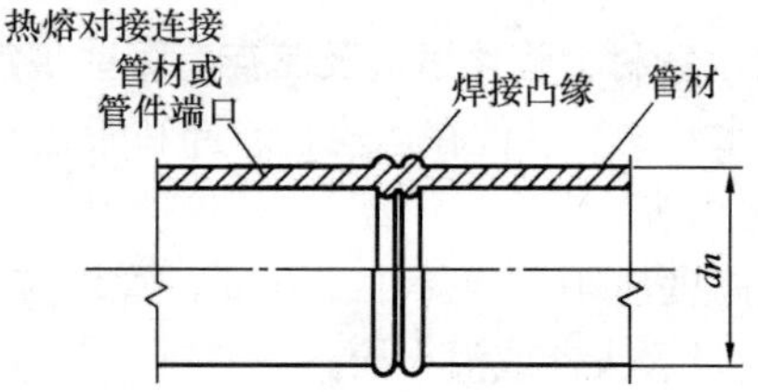 热熔对接连接 管材或管件端口 焊接凸缘 管材 *dn*	不同 SDR 系列不得采用热熔对接连接
	热熔承插连接	*DN*32～110	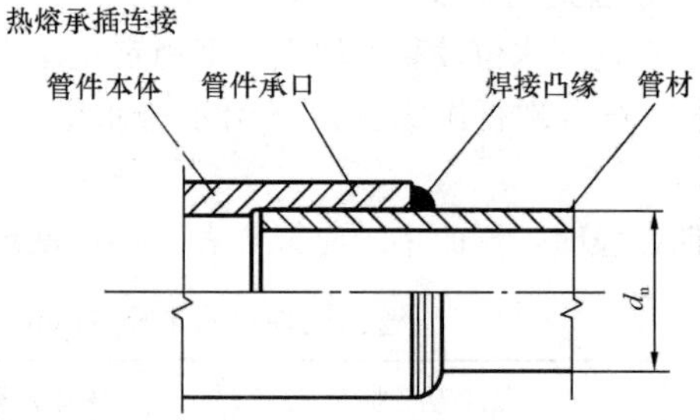 热熔承插连接 管件本体 管件承口 焊接凸缘 管材 d_n	*DN*≥63mm 时不得采用手工热熔承插连接
	热熔鞍形连接	*DN*63～315	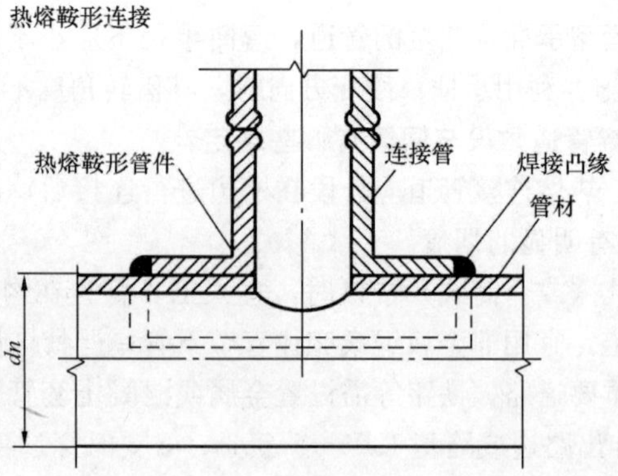 热熔鞍形连接 热熔鞍形管件 连接管 焊接凸缘 管材 *dn*	

续表

连接方法	具体方式	使用范围（mm）	连 接 示 意 图	注意事项
电熔连接	电熔承插连接	DN32～315	电熔承插连接 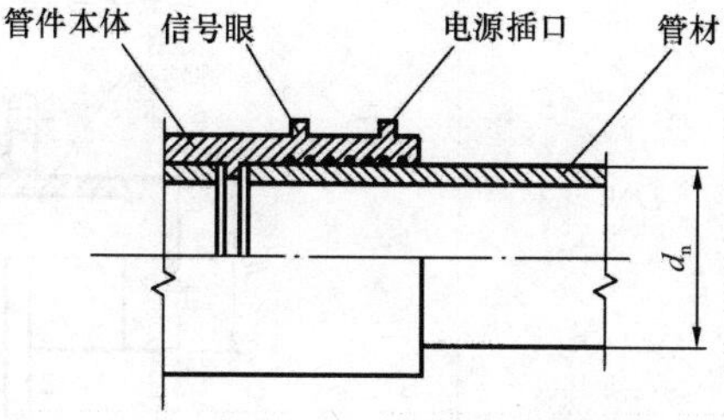 管件本体 信号眼 电源插口 管材 d_n	
	电熔鞍形连接	DN63～315	电熔鞍形连接 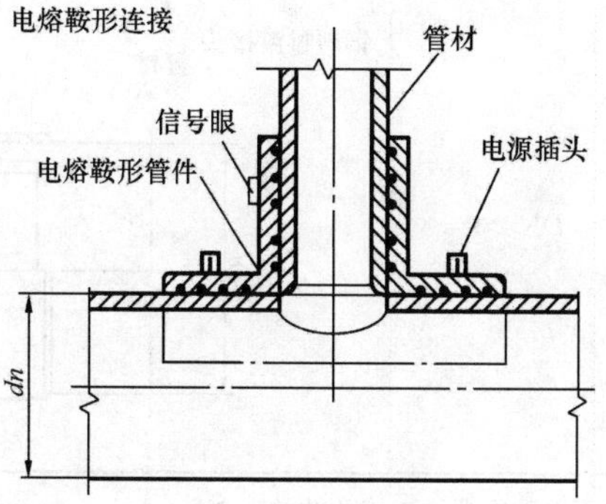 管材 信号眼 电熔鞍形管件 电源插头 dn	
机械连接	锁紧型承插式连接	DN32～315	承插入锁紧型连接 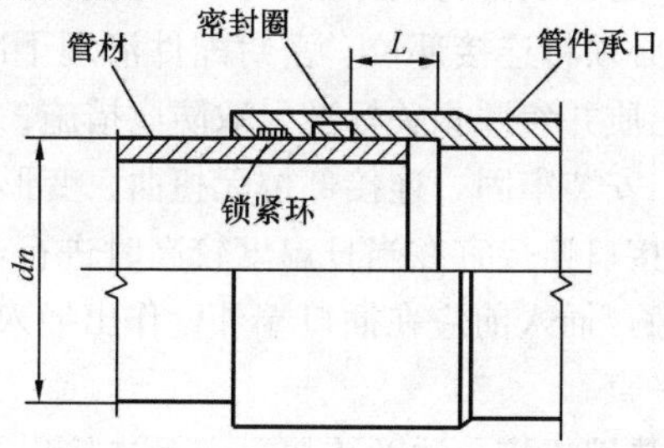 管材 密封圈 L 管件承口 锁紧环 dn	
	非锁紧型承插式连接	DN90～315	承插式非锁紧型连接 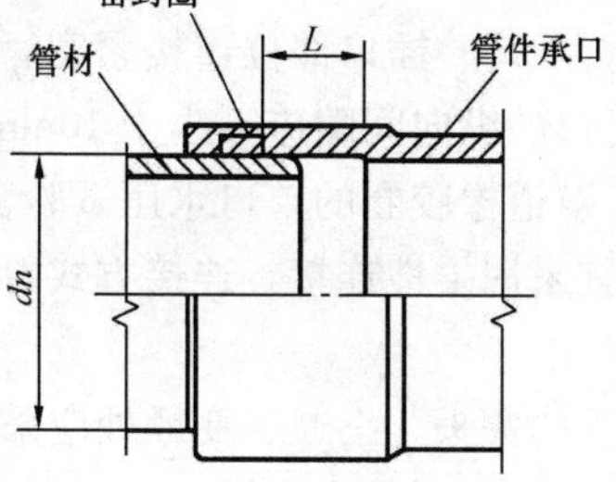 密封圈 L 管材 管件承口 dn	

续表

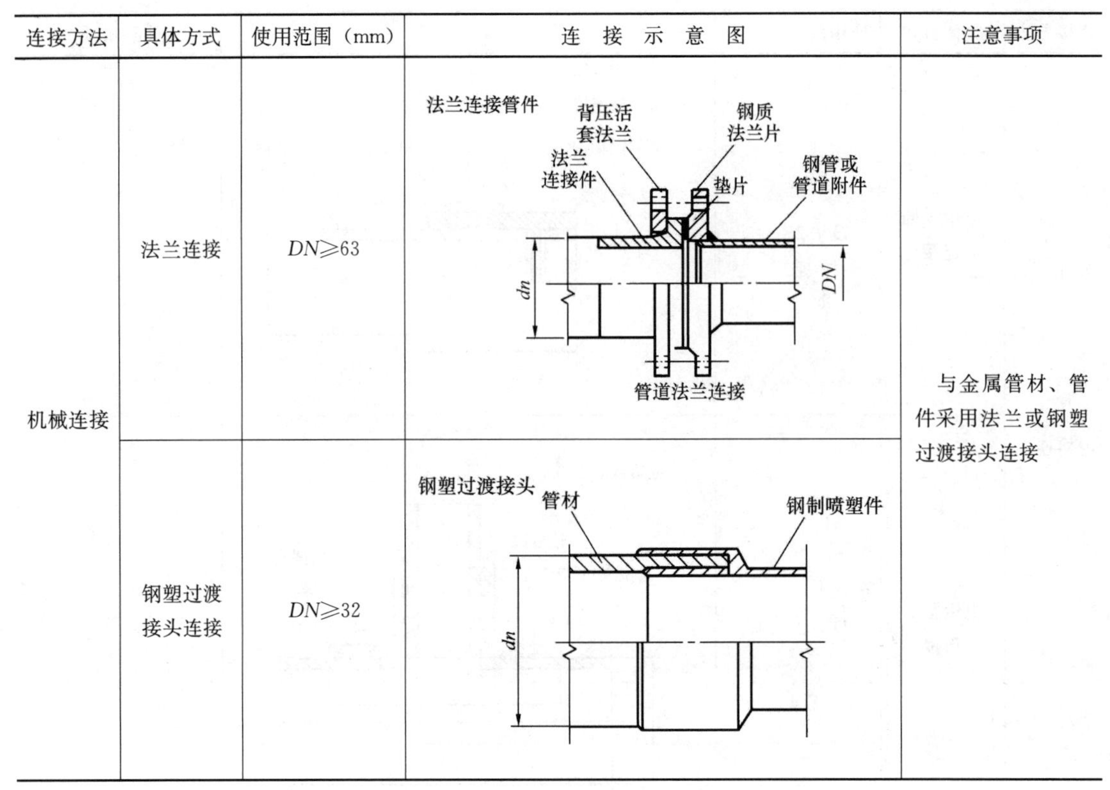

连接方法	具体方式	使用范围（mm）	连 接 示 意 图	注意事项
机械连接	法兰连接	DN≥63	法兰连接管件 背压活套法兰；钢质法兰片；法兰连接件；垫片；钢管或管道附件；dn；DN 管道法兰连接	与金属管材、管件采用法兰或钢塑过渡接头连接
	钢塑过渡接头连接	DN≥32	钢塑过渡接头 管材；钢制喷塑件；dn	

注：聚乙烯管材、管件不得采用螺纹连接和粘结。

2）管道连接宜采用同种牌号级别，压力等级相同的管材、管件。不同牌号的管材以及管件间的连接应经试验，连接质量得到保证后方可连接。

3）管道连接时必须将连接部位、密封配件清理干净，连接用的钢制套筒、法兰、螺栓等金属制品应根据现场土质并参照相关标准采取防腐措施；法兰连接、钢塑过渡接头连接时，应连接件齐全、位置正确、安装牢固，连接部位无扭曲、变形。

4）承插式柔性接口连接宜在当日温度较高时进行，插口端不宜插到承口底部。应留出不小于10mm的伸缩空隙，插入前应在插口端外壁作出插入深度标记；插入完毕后，承插口周围空隙均匀，连接的管道平直。

5）电熔连接、热熔连接、法兰连接、卡箍连接应在当日温度较低或接近最低时进行；电熔连接、热熔连接时必须严格按接头的技术指标和设备的操作程序进行；在寒冷气候（－5℃以下）或大风环境条件下进行时应采取保护措施或调整连接机具的工艺参数。接头处应有沿管节圆周平滑对称的外翻边，内翻边应铲平。

6）承插连接时，承口、插口部位连接紧密，无破损、变形、开裂等现象；接口的插入深度应符合要求，相邻管口的纵向间隙应不小于于10mm；环向间隙应均匀一致；插入后胶圈应位置正确，无扭曲等现象；双道橡胶圈的单口水压试验合格。

7）管道与井室宜采用柔性连接，连接方式符合设计要求；设计无要求时，可采用承插管件连接或中介层做法。

8）管道系统设置的弯头、三通、变径处应采用混凝土支墩或金属卡箍拉杆等技术措施；在消火栓及闸阀的底部应加垫混凝土支墩；非锁紧型承插连接管道，每根管节应有3点以上的固定措施。

9）安装完的管道中心线及高程调整合格后，即将管底有效支撑角范围用中粗砂回填密实，不得用土或其他材料回填。

3-7-54　聚乙烯给水管道热熔连接要点有哪些？

答：1）热熔对接时两个待连接件的连接端应伸出焊机夹具一定自由长度，并校直两对应的待连接件，使其在同一轴线上。管材、管件以及管道附件连接面上的污物应使用洁净棉布擦净，并铣削连接面，使其与轴线垂直。

2）热熔对接时将两对应端面与加热板接触，加热至熔化，然后撤去加热板，检查待连接件的加热面熔化的均匀性和是否有损伤。然后，用均匀外力使连接面完全接触，并翻边形成均匀一致的凸缘，保压、冷却，直至冷却到环境温度。

3）热熔对接连接后应形成凸缘，且凸缘形状大小均匀一致，无气孔、鼓泡和裂缝；接头处有沿管节圆周平滑对称的外翻边，外翻边最低处的深度不低于管节外表面；管壁内翻边应铲平；对接错边量不大于管材壁厚的10%，且不大于3mm。焊后冷却期间接口不受外力影响。

4）热熔承插连接时管材端口外部宜进行倒角，角度不宜小于30°，且管材表面坡口长度不大于4mm，并在管材插入端标出插入长度并刮除插入段表皮。

5）热熔承插连接时将管材外表面和管件内表面同时加热至材料熔化温度，然后撤去承插连接工具，保证待连接件的加热面熔化的均匀性以及无有损伤。再用均匀外力将管材插入端插入管件承口内，至管材插入长度标记位置，使其承口端部形成均匀凸缘，保压冷却到环境温度。

6）热熔鞍形连接时应采用机械装置固定干管连接部位的管段，使其保持直线度和圆度；并用刮刀刮除干管连接部位表皮。

7）热熔鞍形连接一般用于管道分支连接，可在带水情况下操作。连接时同时将管材连接部位的外表面和鞍形管件的内表面加热熔化，然后撤去鞍形加热工具，保证待连接件的加热面熔化的均匀性以及无损伤后，再用均匀外力将鞍形管件压到干管连接部位，使连接面周围形成均匀凸缘，保压冷却到环境温度。

8）热熔连接时的加热时间、加热温度和施加的压力以及保压、冷却时间，应符合热熔连接工具生产企业和聚乙烯管材、管件以及管道附件生产企业的规定。在保压、冷却期间不得移动连接件或在连接件上施加任何外力。

3-7-55　聚乙烯给水管道电熔连接要点有哪些？

答：1）电熔连接机具与电熔管件应正确连通，连接时，通电加热的电压和加热时间应符合电熔连接机具和电熔管件生产企业的规定。电熔连接冷却期间，不得移动连接件或在连接件上施加任何外力。

2）电熔承插连接时首先测量管件承口长度，在管材插入端标出插入长度标记，用专用工具刮除插入段表皮；然后将管材插入管件承口内，直至长度标记位置；校直两对应的待连接件，使其在同一轴线上；最后通电使其连接。

3）电熔鞍形连接时采用机械装置固定干管连接部位的管段，使其保持直线度和圆度；用专用工具刮除干管连接部位表皮，将电熔鞍形连接管件用机械装置固定在干管连接部位后通电安装。

电熔连接时焊缝应完整，无缺损和变形现象；焊缝连接应紧密，无气孔、鼓泡和裂缝；焊缝焊接力学性能不低于母材；电熔连接的电阻丝不裸露；

3-7-56　聚乙烯给水管道承插式连接要点有哪些？

答：1）*DN*不小于90mm管道进行锁紧型承插式连接和非锁紧型承插式连接时，首先将管材插口端倒角，角度不宜大于15°，倒角后管端壁厚应为管材壁厚的1/2～2/3。然后将胶圈呈凹状放入槽内，不得装反扭曲。

2）准确测量承口深度和胶圈后部到承口根部的有效插入长度，在插口部位作出标记。当生产企业在承口部位根据施工环境温度标有插入深度的提示标记时，在承口外部量到该位置在插口上作出标记。无提示标记时应符合表3-7-56的规定。

承口有效长度的根部预留置　　表3-7-56

施工环境温度（℃）	＜10	10～20	20～30	＞30
预留量（mm）	25～30	20～25	15～20	10～15

3）将插口端对准承口，并使两条管道轴线保持在一条平直线上，将其一次插入，直至标志线均匀外露在承口端部。转角必须在插入到位后再行借转，借转角度不宜大于1.5°。

4）小口径管道采用人力在管端垫木块用撬棍（或大锤）将管子推（或锤）入到位。大口径管道可用捯链等专用牵引工具拉入。严禁用挖土机等施工机械推顶管插入。

5）插入时涂刷的润滑剂先用清水稀释，然后用毛刷均匀地涂在胶圈和插口外表面上（不得涂在承口内）。润滑剂必须对管材、管件、橡胶密封圈无损害作用，且无毒、无味、无嗅，不会滋生细菌。

6）如插入时阻力过大，应将管子拔出，检查胶圈是否扭曲，不得强行插入。插入后用塞尺顺接口间隙沿管圆周检查胶圈位置是否正确。

7）聚乙烯管与聚氯乙烯管连接时应将聚氯乙烯管材直接插至连接件的尽头，然后将密封圈、压圈压入连接件口内，再将锁紧螺母锁紧。

3-7-57　聚乙烯给水管道法兰及钢塑过渡接头连接要点有哪些？

答：1）聚乙烯管端法兰盘（背压松套法兰）连接时先将法兰盘套入待连接的聚乙烯法兰连接件的端部，再将法兰连接件平口端与管道按相应的热熔或电熔连接的要求进行连接。紧固法兰盘上螺栓时应按对称顺序分次均匀紧固，螺栓拧紧后宜伸出螺帽1～3丝扣。

2）采用松套法兰片时，应首选耐腐蚀的球墨铸铁材质，并应符合现行国家标准《球墨铸铁管件》GB 13294的规定；采用钢质松套法兰片时，应符合现行国家标准《钢制管法兰、法兰盖及垫片》GB 9112～9113的规定，松套法兰表面宜采用喷塑防腐处理。

3）钢塑过渡接头的聚乙烯管端与聚乙烯管道连接应符合热熔连接或电熔连接的规定。钢塑过渡接头钢管端与金属管道连接应符合相应的钢管焊接、法兰连接或机械连接的规定，采用焊接时应采取降温措施，防止焊接端温度对钢塑过渡接头的聚乙烯产生影响。

4）*DN*不小于110mm的聚乙烯管与管径大于或等于100mm的金属管连接时，可采用人字形柔性接口配件，配件两端的密封胶圈应分别与聚乙烯管和金属管相配套。

5）承插式非锁紧型连接管件，连接部位有效插入深度不应小于表3-7-57的规定。

承插式非锁紧型连接管件接口有效插入深度（mm）　　表3-7-57

公称外径*DN*	90	110	160	200	250	315
最小插入深度	89	95	106	113	125	132

3-7-58　聚乙烯给水管水压试验、冲洗与消毒有何规定？

答：1）管道安装完成后，要进行充水浸泡、冲洗、消毒和水压试验。

2）管道冲洗后应进行有效氯浓度不低于20mg/L的含氯水浸泡消毒，经清洁水浸泡24h后冲洗，并末端取水检验；化验合格。

3-7-59　聚乙烯给水管道性能试验判断有何规定？

答：聚乙烯给水管道的水压试验应符合本书压力管道的水压试验相关规定，其预试验阶段和主试验阶段的试验方法及结果检验应符合有关聚乙烯压力管道的水压试验内容。

3-7-60　聚乙烯给水管道质量的主要控制项目有哪些？

答：1）聚乙烯管节及管件、橡胶圈等产品质量应符合国家标准的规定。

2）承插、套筒式连接时，承口、插口部位及套筒连接应紧密，无破损、变形、开裂等现象；安装后胶圈位置正确，无扭曲等现象；双道橡胶圈的单口水压试验应合格。

3）管道接口熔焊连接的质量标准（见表 3-7-60）。

聚乙烯管道接口熔焊连接质量标准　　　　表 3-7-60

<table>
<tr><th colspan="3" rowspan="2">检查项目</th><th rowspan="2">允许偏差</th><th colspan="2">检查数量</th></tr>
<tr><th>范围</th><th>数量</th></tr>
<tr><td rowspan="2">熔焊焊缝</td><td colspan="2">外观</td><td>焊缝完整，无缺损和变形；
焊缝连接应紧密，无气孔、鼓泡和裂缝</td><td colspan="2">全数检查</td></tr>
<tr><td colspan="2">力学性能</td><td>不低于母材</td><td>200个接头</td><td>不少于1组</td></tr>
<tr><td></td><td colspan="2">电熔连接电阻丝</td><td>不裸露</td><td colspan="2" rowspan="5">全数检查</td></tr>
<tr><td rowspan="4">热熔对接凸缘</td><td colspan="2">外观</td><td>形状大小均匀一致，无气泡、鼓泡和裂缝</td></tr>
<tr><td rowspan="3">翻边</td><td>内翻边</td><td>铲平</td></tr>
<tr><td>外翻边</td><td>接头处沿管节圆周平滑对称，最低处深度不低于管节外表面</td></tr>
<tr><td>对接错边量</td><td>不大于管材壁厚10%，且不大于3mm</td></tr>
<tr><td rowspan="2">接头现场检验</td><td colspan="2">破坏性检验</td><td>—</td><td>50个接头</td><td>不少于1个</td></tr>
<tr><td colspan="2">内翻边切除检验</td><td>—</td><td>50个接头</td><td>不少于3个</td></tr>
</table>

注：单位工程接头数量不足50个，仅做熔焊焊缝焊接力学性能试验，可不作现场检验。

4）卡箍连接、法兰连接、钢塑过渡接头连接时，连接件应齐全、位置正确、安装牢固，连接部位无扭曲、变形。

3-7-61　聚乙烯给水管道质量的一般控制项目有哪些？

答：1）承插、套筒式接口的插入深度应符合要求，相邻管口的纵向间隙应不小于10mm；环向间隙应均匀一致。承插式管道沿曲线安装的接口转角应不大于1.5°。

2）熔焊连接设备的控制参数应满足焊接工艺要求，设备与待连接管的接触面无污物，设备及组合件组装正确、牢固、吻合，焊接后冷却期间接口不受外力影响。

3）卡箍连接、法兰连接、钢塑过渡接头连接件的钢制部分以及钢制螺栓、螺母、垫圈的防腐应符合设计要求。

3-7-62　玻璃钢管材（玻璃钢夹砂管、玻璃钢缠绕管）规格有何要求？

答：1）玻璃钢管道规格（表 3-7-62（1））。

玻璃钢管道规格（mm）　　　　**表 3-7-62（1）**

<table>
<tr><th rowspan="2">公称直径
DN</th><th rowspan="2">外直径</th><th rowspan="2">偏差</th><th colspan="2">内直径</th><th rowspan="2">偏差</th></tr>
<tr><th>最小</th><th>最大</th></tr>
<tr><td>200</td><td>208.0</td><td>+1.0，−1.0</td><td>196</td><td>204</td><td>±1.5</td></tr>
<tr><td>250</td><td>259.0</td><td>+1.0，−1.0</td><td>246</td><td>255</td><td>±1.5</td></tr>
</table>

续表

公称直径 DN	外直径	偏　差	内 直 径		偏　差
			最　小	最　大	
300	310.0 (323.8)	+1.0，−1.0 (+1.5，−0.3)	296	306	±1.8
350	361.0	+1.0，−1.2	346	357	±2.1
400	412.0 (426.6)	+1.0，−1.4 (+1.5，−0.3)	396	408	±2.4
450	463.0	+1.0，−1.6	446	459	±2.7
500	514.0	+1.0，−1.8	496	510	±3.0
600	616.0	+1.0，−2.0	595	612	±3.6
700	718.0	+1.0，−2.2	695	714	±4.2
800	820.0	+1.0，−2.4	795	816	±4.2
900	924.0	+1.0，−2.6	895	918	±4.2
1000	1026.0	+2.0，−2.6	995	1020	±4.2
1200	1229.0	+2.0，−2.6	1195	1220	±5.0
1400	1434.0	+2.0，−2.8	1395	1420	±5.0
1600	1638.0	+2.0，−2.8	1595	1620	±5.0
1800	1842.0	+2.0，−3.0	1795	1820	±5.0
2000	2046.0	+2.0，−3.0	1995	2020	±5.0
2200	2250.0	+2.0，−3.2	2195	2220	±5.0
2400	2453.0	+2.0，−3.4	2395	2420	±6.0
2600	2658.0	+2.0，−3.6	2595	2620	±6.0
2800	2861.0	+2.0，−3.8	2795	2820	±6.0
3000	3066.0	+2.0，−4.0	2995	3020	±6.0
3200	3270.0	+2.0，−4.2	3195	3220	±6.0
3400	3474.0	+2.0，−4.4	3395	3420	±6.0
3600	3678.0	+2.0，−4.6	3595	3620	±6.0
3800	3882.0	+2.0，−4.8	3795	3820	±7.0
4000	4086.0	+2.0，−5.0	3995	4020	±7.0

注：可根据实际情况采用其他外径系列尺寸，但其外径偏差应满足相应要求。

2）玻璃钢管道管端面的垂直度（表 3-7-62（2））。

玻璃钢管道管端面垂直度（mm）　**表 3-7-62（2）**

公称直径 DN	管端面垂直度偏差
DN＜600	4
600≤DN＜100	6
DN≥1000	8

3-7-63　玻璃钢管管件的规格尺寸

答： 1）玻璃钢管弯头构件

（1）玻璃钢管道弯头构件的规格（见表 3-7-63（1））。

玻璃钢管道弯头构件的规格（mm）　　　　**表 3-7-63（1）**

公称直径 DN	弯头角度 α						
	90°	60°	45°	30°	22.5°	15°	11.25°
	最小主体长度 L_B						
100	155	90	65	45	35	25	20
125	190	110	80	55	40	30	20
150	230	135	95	65	50	35	25
200	305	180	130	85	65	45	35
250	380	225	160	105	80	55	45
300	455	265	190	125	95	65	50
350	530	310	225	145	110	75	60
400	605	350	255	165	125	85	65
450	680	395	285	185	140	95	70
500	755	440	315	205	155	105	80
600	905	525	380	245	185	125	95
700	1055	615	440	290	215	145	105
800	1205	700	505	330	245	165	125
900	1355	785	565	370	275	185	140
1000	1505	875	670	410	305	200	155

（2）玻璃钢管道弯头的部件数和接缝数（见表 3-7-63（2））。

玻璃钢管道不同角度弯头的部件数和接缝数　　　　**表 3-7-63（2）**

弯头角度 α	弯头部件数	弯头接缝数
$0° < \alpha \leqslant 30°$	2	1
$30° < \alpha \leqslant 60°$	3	2
$60° < \alpha \leqslant 90°$	4	3

（3）玻璃钢管弯头结构示意图（见图 3-7-63（1））。

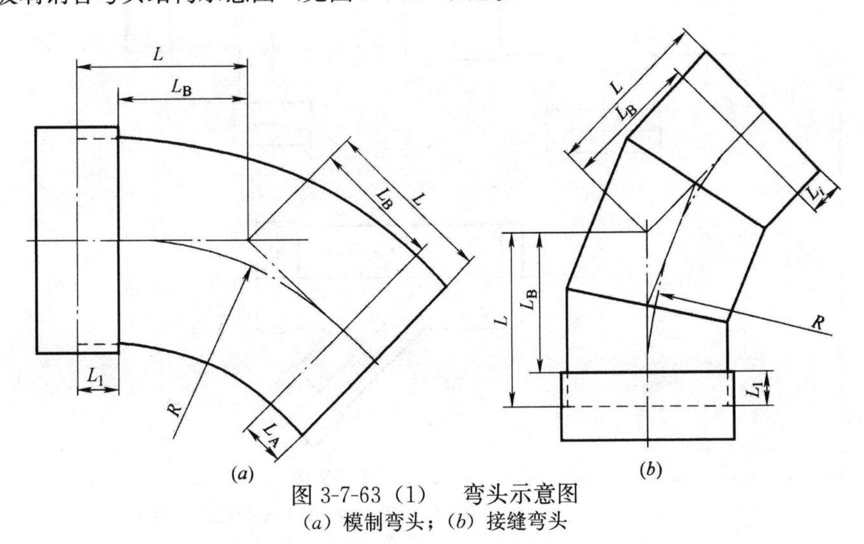

图 3-7-63（1）　弯头示意图

（a）模制弯头；（b）接缝弯头

2）玻璃钢管三通的规格

（1）玻璃钢管三通最小主体长度（见表 3-7-63（3））。

玻璃钢管道三通最小主体长度（mm） **3-7-63（3）**

公称直径 *DN*	最小主体长度 L_B	
	模制 T 形三通	装配 T 形三通
100	200	750
125	220	750
150	290	750
200	360	750
250	430	750
300	510	1250
350	540	1250
450	650	1250
500	700	1250
600	800	1250
700	900	1750
800	1000	1750
900	1120	1750
1000	1220	1750

（2）玻璃管三通主体长度的允许偏差（见表 3-7-63（4））。

玻璃钢管三通主体长度的允许偏差（mm） **表 3-7-63（4）**

公称直径 *DN*	允 许 偏 差	
	刚性接头的三通	柔性接头的三通
100≤*DN*<300	±1.5	取±25mm 和铺设长度±1%中较大者
300≤*DN*<600	±2.5	
600≤*DN*<100	±4.0	

（3）三通示意图（见图 3-7-63（2））。

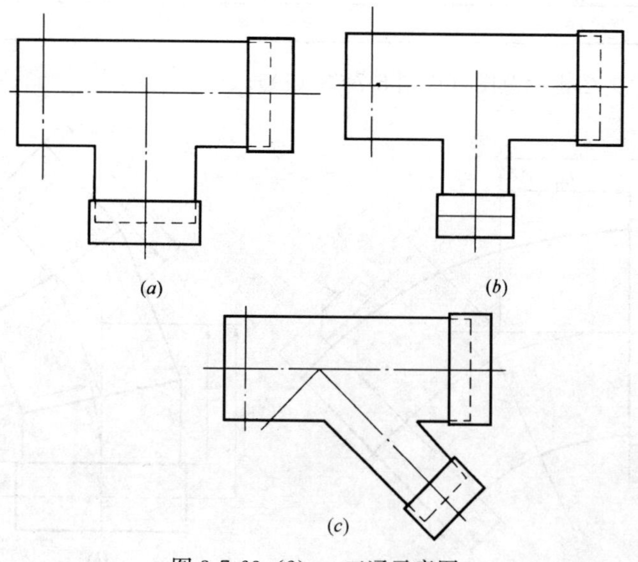

图 3-7-63（2） 三通示意图

（*a*）等径 T 形三通；（*b*）不等径 T 形三通；（*c*）不等径斜三通

3）玻璃钢管变径管的规格（见表 3-7-63（5））。

变径管最小管壁厚度（mm）　　**表 3-7-63（5）**

公称直径 DN	最小管壁厚度	公称直径 DN	最小管壁厚度
300	2.8	1600	15.0
350	3.3	1700	15.9
400	3.8	1800	16.9
450	4.2	1900	17.8
500	4.7	2000	18.8
600	5.6	2100	19.7
700	6.6	2200	20.6
800	7.5	2300	21.6
900	8.4	2400	22.5
1000	9.4	2500	23.4
1100	10.45	2600	24.4
1200	11.3	2700	25.3
1300	12.2	2800	26.3
1400	13.1	2900	27.2
1500	14.1	3000	28.1

注：以上最小管壁厚度适用于压力等级不超过 0.25MPa 的情况，如果压力等级超过 0.25MPa，需另行计算确定。

4）玻璃钢管法兰短管的基本规格

（1）法兰基本尺寸（见表 3-7-63（6））。

法兰短管长度（mm）　　**表 3-7-63（6）**

公称直径 DN	法兰短管长度 L	公称直径 DN	法兰短管长度 L
100	100	450	300
125	150	500	350
150	150	600	350
200	200	700	400
250	200	800	400
300	250	900	450
350	250	1000	500
400	300		

（2）法兰短管长度的允许偏差（见表 3-7-63（7））。

法兰短管长度的允许偏差（mm）　　表 3-7-63（7）

公称直径 DN	法兰短管长度允许偏差	
	刚 性 连 接	柔 性 连 接
DN≤400	±2	±25
400<DN≤600	±5	
DN<600	±10	

（3）法兰短管示意图（见图 3-7-63（3））。

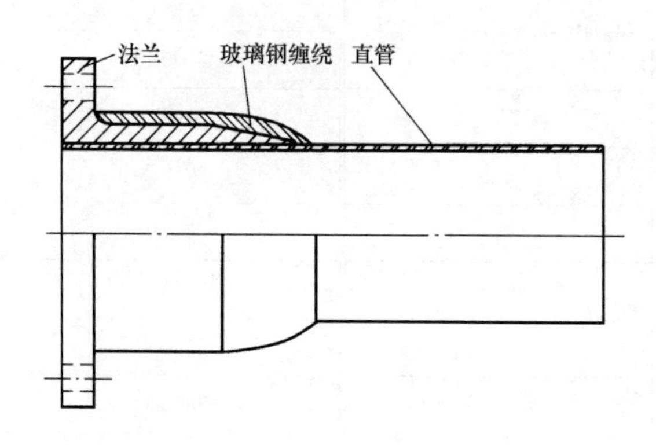

图 3-7-63（3）　法兰短管示意图

3-7-64　玻璃钢管道的物理性能是怎样的？

答：见表 3-7-64。

玻璃钢管道的物理性能　　表 3-7-64

比　　重	1.75～1.8
环向抗拉强度	25～300N/mm²
轴向抗拉强度	54N/mm²
环向弯曲弹性模量	19500N/mm²
热传导系数	0.25kcal/m²·h·c
绒性热膨胀系数（轴向）	30×10⁻⁶℃
比热	0.3kcal/kg℃
哈森、威廉糙率系数	C=145～150

3-7-65　玻璃钢管的存放与运输有何要求？

答：1）玻璃钢管吊装

（1）管节应采用两个支撑点起吊的方式，保证其在空中均衡，严禁用绳子贯穿其两端装卸或单点起吊。

（2）装卸时可采用柔韧的粗帆布带或大于 100mm 宽的尼龙带和直径大于 30mm 的尼龙绳作为绳索，若用铁链或钢索起吊，必须在吊索与管道棱角处衬填橡胶或其他柔性物。

（3）管节起吊及装卸时，应轻起轻放，严禁抛掷。应注意保护管节在运输和装卸过程中不受到剧烈的撞击。

2）玻璃钢管的运输

（1）玻璃钢管发运前应用发泡塑料膜等柔性包装物对管节两端的管端面和外侧连接面进行包

装，包装宽度应比管的外侧连接面宽度大100mm。

(2) 管节运输时，应固定牢靠，应采用卧式堆放。应使2根管的管壁保持一定距离，并分别在管底嵌入木楔保持稳定。

(3) 管节在运输车上的堆装高度视管径大小而定，不得多于2～3层。运输管道的车辆拖斗长度应不小于0.8倍管的长度，避免管节因长时间悬空而变形。

(4) 长途运输不同管径的管道，可采用套装方式。套装的管道应按专门的装卸程序处理。

3) 玻璃钢管的存储

(1) 管节应按规格分类堆放。堆放时应设置管座，层与层之间应用垫木隔开，垫木间距应小于1/2管长。

(2) 玻璃钢管节堆放高度应满足表3-7-65的要求。

玻璃钢管节的最大堆放层数 **表3-7-65**

公称直径(mm)	200	250	300	400	500	600～700	800～1200	≥1400
最大层数	8	7	6	5	4	3	2	1

(3) 管节堆放场地应平整，严禁将管子长时间存放在露天或凸凹不平的地面上以防管子损坏或变形，存放时应避免靠近火源或热源。

3-7-66 玻璃钢管道的敷设注意哪些问题？

答：玻璃钢管道属于柔性管道，它的敷设除应按照一般管道的下管及敷设规定外，还应注意以下问题：

1) 在平坡地段，直接将玻璃钢管材及管件沿已开挖沟槽顺直摆放，每根管的承口方向与设计的水流方向相反，进行铺设。

2) 在水平转弯地段安装玻璃钢管道，其最大偏转角度应在表3-7-66允许范围之内。

玻璃钢管道允许偏转角度 **表3-7-66**

公称直径 DN (mm)	允许偏转角(°)	
	承插式接口	套筒式接口
$DN \leqslant 500$	1.5	3.0
$500 < DN \leqslant 900$	1.0	2.0
$900 < DN \leqslant 1800$	1.0	1.0
$DN > 1800$	0.5	0.5

注：当压力等级超过1.6MPa时，应适当减小接头允许偏转角。

3) 在丘陵陡坡地段上坡采用顺水流方向安装管路，在坡顶点安装转换接头，使下坡恢复原逆水流方向安装管路，如图3-7-66(1)所示。

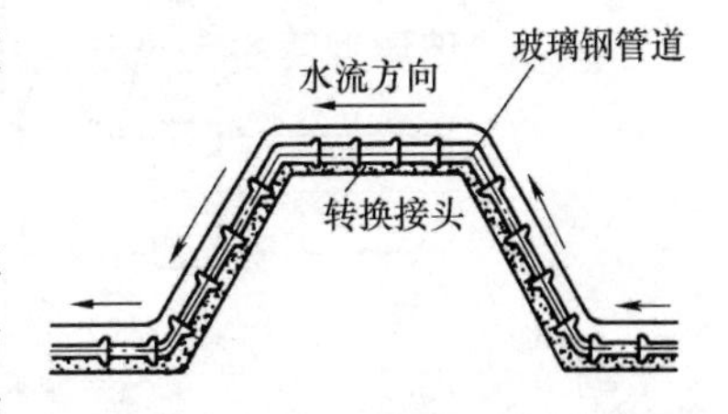

图3-7-66(1) 陡坡地段管路玻璃钢管道安装顺序

4) 在不适合开沟挖槽的地段(遇到公路或障碍物)主要采用混凝土套管或钢套管保护玻璃钢管道。在套管内表面与玻璃钢管外表面相互摩擦的接触面加涂润滑油，或在玻璃钢管道的外表面缠上保护材料，如图3-7-66(2)所示。在套管内可以采用支架形式，也可以直接铺在套管的砂垫层之上。

5) 当两条管线交叉，其中一条跨越另一条时，两管之间的垂直距离及下面一条管道的安装方式如图3-7-66(3)所示。

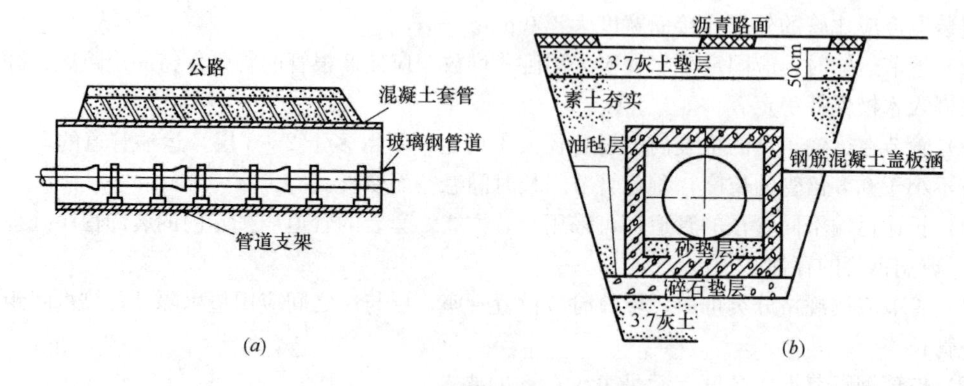

图 3-7-66（2） 玻璃钢管道管穿越公路示意图

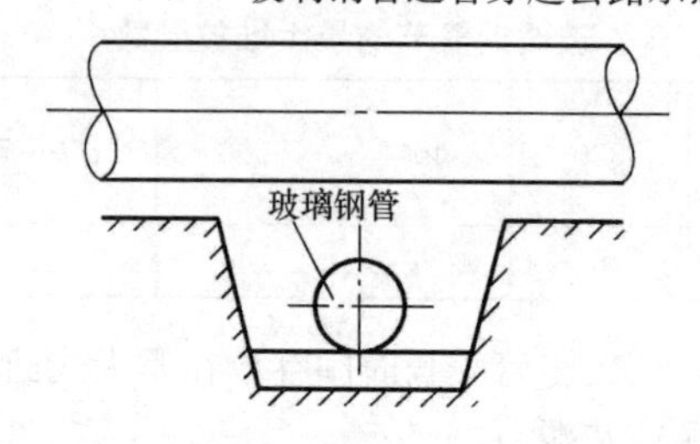

图 3-7-66（3） 玻璃钢管道跨越交叉管道示意图

6）施工过程中应防止管节受损伤，避免内表层和外保护层剥落；管道安装就位后，套筒式或承插式接口周围不应有明显变形和胀破。

7）检查井、排气井、阀门井等附属构筑物或水平折角处的管节，可采用过渡段的方法。对于通过混凝土或砌筑结构等构筑物的管线，可采用设置橡胶止水圈或设置中介层法等措施，保证管外壁与构筑物墙体的交界面密实、不渗漏。

8）橡胶止水圈的做法是当管道穿过混凝土结构物时，在混凝土接触区内对管子包缠一层宽100～200mm、厚10～20mm的橡胶止水圈，其具体规格要依管径穿过的结构物厚度而定。

9）当管道穿过墙壁或部分被封闭在混凝土中进行刚性连接时，可把接头部分浇筑在混凝土中，也可用橡胶包住管接头并浇筑在混凝土中降低管道突变应力的产生，见图 3-7-66（4）。

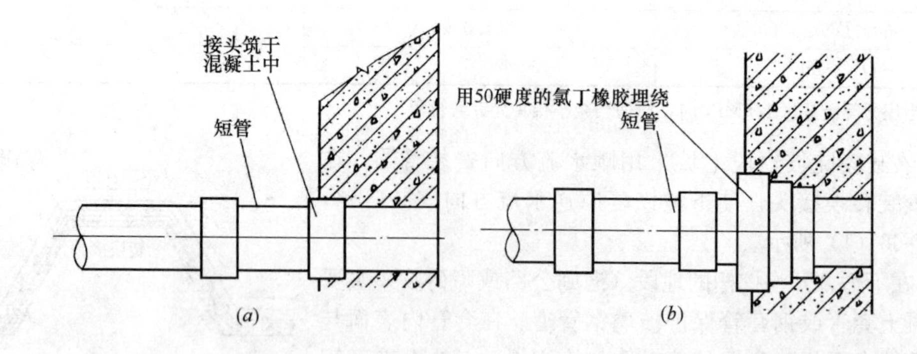

图 3-7-66（4） 管道与刚性墙连接示意图

(*a*) 方法一；(*b*) 方法二

(短管最长为 2m 与 2*DN* 中的较小值，最短为 1m 与 1*DN* 中的较大值)

10）在阀门井内应设置卡环、支墩等固定装置使阀门足够稳固（见图 3-7-66（5））。

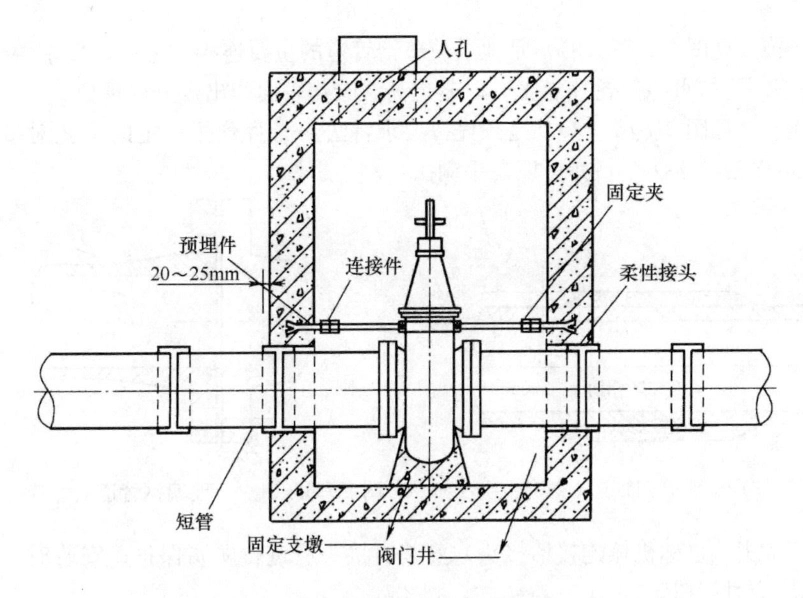

图 3-7-66（5） 阀门井的玻璃钢管道连接图

（短管最长为 2m 与 2*DN* 中的较小值，最短为 1m 与 1*DN* 中的较大值）

3-7-67 玻璃钢管道连接方法有哪几种？

答： 1）玻璃钢管道主要采用套筒或胶圈承插连接，也可用法兰与钢管、铸铁管及其管件连接。在特殊情况下，也可采用柔性钢接头、机械钢接头或多功能活接头连接。管道连接的尺寸公差应符合《玻璃纤维增强塑料夹砂管》GB/T 21238—2007 的要求。

2）套筒连接主要用于地上架空敷设和地下埋设。套筒属于柔性接头，连接时具有不超过 17mm 的伸缩性和 0.5°～3.0°偏转幅度的角偏移。

3）承插连接（见图 3-7-67（1））应保证管道的承口、插门与密封圈接触的表面平整、光滑、无划痕、无气孔；连接时在插口端与承口变径处轴向应有一定间隙，*DN*300～1500mm 管的间隙应控制在 5～15mm，接口的允许转角应由生产厂提供。

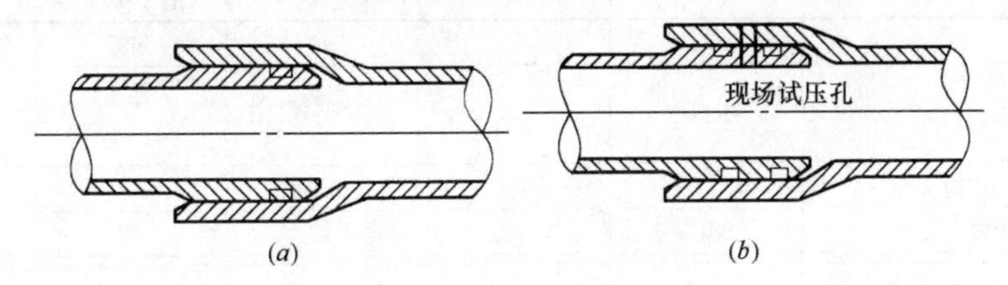

图 3-7-67（1） 玻璃钢管道的承插连接

（*a*）原密封面；（*b*）双密封面

4）承插粘接（见图 3-7-67（2））连接前必须用机床或专用工具按图尺寸及配合公差对承插口的表面进行加工制作。加工到内衬层时，应采取适当的保护性措施防止出现分层现象。当出现问题时，要进行修整补救。

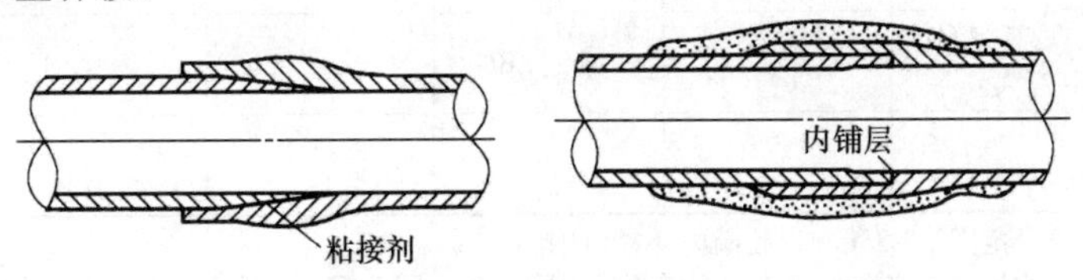

图 3-7-67（2） 玻璃钢管道承插粘接形式

5）对接连接（见图 3-7-67（3））是地上玻璃钢管道的主要连接式之一，要求管子端面平整，且与管轴线垂直。用加水冷砂轮片加工，以避免高温碳化表面和出现分层现象。

6）法兰连接（见图 3-7-67（4））是预先按要求将法兰与直管按一定的工艺对接包缠在一起制作好，法兰可以是模压法兰，亦可以是手糊法兰。

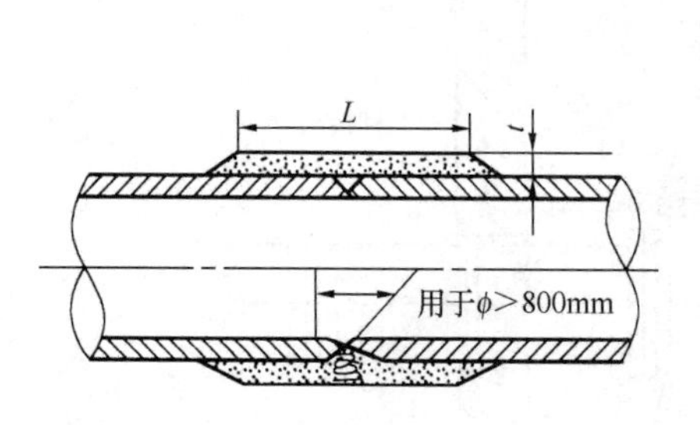

图 3-7-67（3） 玻璃钢管道对接连接形式

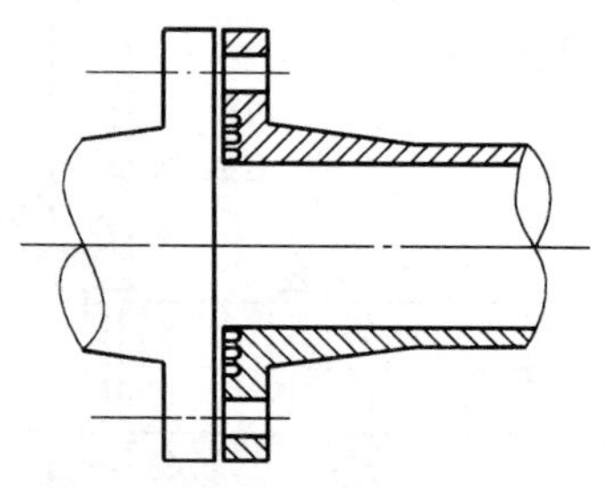

图 3-7-67（4） 玻璃钢管道法兰连接形式

7）柔性钢接头（也称机械连接活接头）安装时接头应进行防腐保护；安装时应保证胶圈密封，接头螺栓不应过度扭紧。

8）机械钢接头安装时法兰的螺栓扭矩应控制在生产厂推荐的极限值内；接头应采用特殊的防腐保护，也可采用伸缩的聚乙烯套筒或其他材料；应符合生产厂提出的压力和角度偏转值。

9）多功能连接活接头主要用于连接支管、仪表或管道中途投药等。安装时应按给水干管接支管的操作规程进行，接头应进行防腐处理，螺栓不应过度扭紧。

3-7-68 玻璃钢管道连接管件有何要求？

答：1）橡胶密封圈

（1）橡胶密封圈应严格检查其粘接处，具体要求见表 3-7-68（1）。

不同胶圈等级的要求 **表 3-7-68（1）**

性 能	单 位	硬 度 级 别			
		40	50	60	70
		性 能 指 标			
公称硬度	IRHD	40	50	60	70
硬度允许公差	IRHD	+5 −4	+5 −4	+5 −4	+5 −4
扯断伸长率（最小值）	%	400	375	300	200
扯断强度（最小值）	MPa	14	13	12	11
压缩永久变形 23±2℃，70h（最大） 70℃，22h（最大）	 % %	 12 25	 12 25	 12 25	 12 25
热空气老化性能：在 70℃空气中老化 168h 数值对原始值变化 硬度（最大） 扯断强度（最大） 扯断伸长率（最大）	 IRHD % %	 −5～+8 −20 −30～+10	 −5～+8 −20 −30～+10	 −5～+8 −20 −30～+10	 −5～+8 −20 −30～+10
浸水溶胀性能：在 70℃蒸馏水中浸泡 168h 时体积变化（最大）	%	0～+8	0～+8	0～+8	0～+8
压缩应力松弛 23±2℃，168h（最大）	%	16	16	16	16

注：1. 胶圈横断面直径范围 7～35mm，胶圈内环径范围 50～3000mm。
2. 橡胶圈颜色要均匀，不应有游离硫和石蜡等溢出物。材质需致需、无平面扭曲现象，无肉眼可见杂质、气孔、裂纹及其他有碍使用的缺陷。

（2）放置在插口上的密封胶圈安装时伸长量不得超过30%，承口上的密封圈周向压缩量应小于4%。承、插口对装后密封圈的压缩量既不能超过50%，也不要小于15%。

（3）插口端与承口变径处在轴向应有一定间隙，DN300～1500mm管的间隙应控制在5～15mm。

（4）插口端面与沟槽侧面间距必须大于20mm。插口端面与承口变径处在轴线方向应有一定间隙，防止温度变化产生过大的温度应力。

2）法兰

（1）采用活套法兰时，法兰厚度至少是整体厚度的1.4倍，钢制衬板厚度必须大于6mm，螺栓的名义直径应大于12mm，数量应为4的整数倍。

（2）采用橡胶垫时厚度不得小于1.5mm。法兰的爆破试验压力至少是设计压力的4倍。

（3）为保证法兰的密封性，在拧紧螺栓时应按照图3-7-68规定的顺序进行，当螺栓数量多于20个时，可仿照上述顺序拧紧螺栓。表3-7-68（2）给出不同压力等级管道的最小法兰试验压力及螺栓的拧紧力矩。

法兰爆破、密封试验压力及螺栓拧紧力矩　　表3-7-68（2）

压力等级（MPa）	0.10	0.15	0.20	0.25	0.30	0.35	0.40	0.50	0.60
爆破压力（MPa）	0.40	0.60	0.80	1.0	1.20	1.40	1.60	2.00	2.40
密封试验压力（MPa）	0.15	0.225	0.30	0.375	0.45	0.525	0.60	0.75	0.9
螺栓拧紧力矩（N·m）	27.1	40.7	45.0	51.1	55.2	60.1	67.8	71.3	75.0

3-7-69　玻璃钢管道连接有哪些规定？

答： 1）套筒接头连接时彻底清洁接头内表面、凹槽、止推圈和橡胶圈，确保无油污、灰尘；管道连接时应润滑密封圈。润滑剂应由厂商提供，不得使用石油制成的润滑剂；安装接头使用机械管卡和紧线器时，在管道与管卡之间应加衬垫。

2）采用承插式密封圈连接安装工序如下：

（1）连接前在基础相对应的管道接口位置下挖一个凹槽（见图3-7-69（1））。

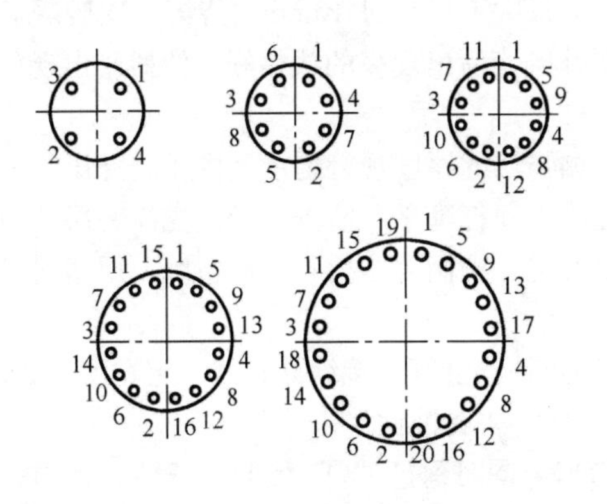

图3-7-68　法兰螺栓拧紧顺序

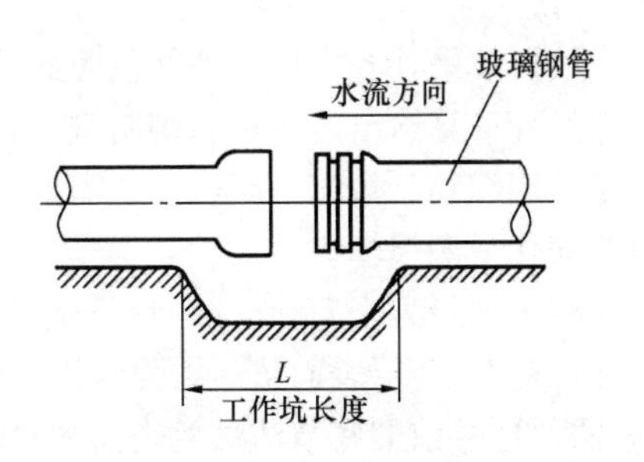

图3-7-69（1）　管道接口的设置

（2）在承口内表面均匀涂上液体润滑剂，然后把“O”形橡胶圈分别套装在插口上。

（3）将管道先吊离地面避免其与地面的摩擦，减少安装力。管道安装力见表3-7-69。

管 道 安 装 力 **表 3-7-69**

管径（mm）	安装力（kN）	管径（mm）	安装力（kN）
200	2.0	700	7.0
250	2.5	800	8.0
300	3.0	900	9.0
400	4.0	1000	10.0
500	5.0	1200	12.0
600	6.0	2000	20.0

（4）保持两管同心度，画好插口插进深度限位线，采用捯链法、千斤顶法慢慢将插口插入承口。条件允许时可采用挖掘机推顶法，在玻璃钢管一端套上特制保护钢罩，用挖掘机斗背平顶保护罩，把玻璃钢插口顶入承口。

（5）安装好后，用厚0.4～0.5mm，宽15mm，长200mm以上的钢片或其他金属片插入承插口之间检查橡胶圈的各部环向位置，保证橡胶圈处于同一深度。

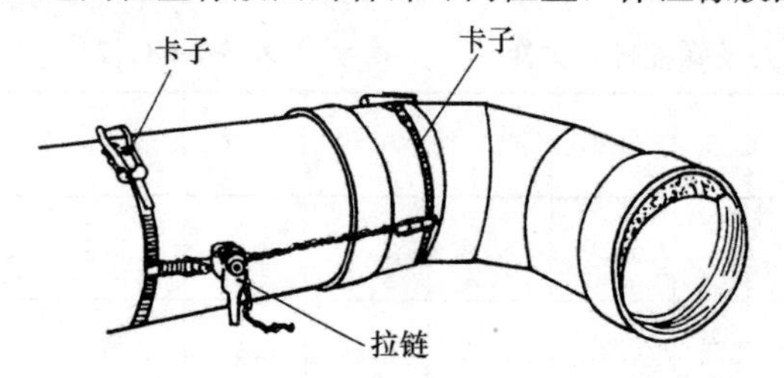

图 3-7-69（2） 玻璃钢管道承插粘结连接示意图

3）承插粘结涂胶时，最好采取一定措施给予轴向压紧力使界面更好地贴合（图3-7-69（2）），对于弯头或较困难的地方，也可按此连接。

4）对接连接应符合下列规定：

（1）对接连接前，对管端面要打45°坡口，且一直打到防渗、防腐蚀层，要求平整、光滑。亦可以预先利用特制的磨头磨出坡口，然后清洗干净坡口，最后用丙酮擦净、擦干，并用预先配制的树脂胶液涂敷坡口。胶液层不宜过厚，要求均匀完整。配制的胶液、树脂品种应与内衬层所用树脂品种相同，不允许改换品种。

（2）涂胶之后，使管子尽量靠拢，对正管中心，待胶液初凝后开始糊制工作。首先填内衬层，再填结构层。填内衬层时，要用表面毡和原内衬层所用树脂胶液。

（3）糊制工作应根据两个坡口的平面直线宽度，裁成不同宽度的表面毡和短切毡带，从窄到宽逐层糊。不宜用宽毡带两边卷起方式铺层。每糊制一层，胶液必须浸透，毡带要展平、服帖。同时要赶出所有的气泡。毡层必须填补至与内衬层齐，不得有欠厚现象。

（4）当结构层很厚时，不可一次填平、补齐。每次不得超过10mm，待第一次胶凝后再进行第二次糊制，一直补至同管子外径齐。一次过厚补层，易出现高的放热峰，使树脂出现龟裂和微裂现象。

（5）坡口填平补齐之后，外部包缠加强层。加强层的厚度视管道承受内压、外压等因素综合考虑，由设计计算给出。在包缠糊制时，其包缠段必须打磨平且清洗干净。先涂一层胶液，方可铺第一层玻璃织物。每糊一层，注意糊平，赶出气泡。糊制完毕后，最后包缠一层塑料薄膜，防止未胶凝固化受潮损坏。

（6）对于管径大于500mm的管子还需从内部修补。沿管子接缝处打磨一定宽度，清洗干净，涂刷胶液，糊2～3层表面毡。增强其接口处防渗性、防腐蚀性。

5）法兰连接前彻底清洁法兰表面和“O”形槽，同时保证“O”形胶圈清洁、无损；连接时使用垫圈，拧紧法兰螺栓时应交叉循序渐进，不得一次拧紧。

图 3-7-69（3） 平端糊口连接施工

6）非定长玻璃钢夹砂管采用平端糊口连接技术（图3-7-69（3）），先刷一层环氧树脂，再贴一层玻璃布，接口平糊长度为500mm左右，通常贴糊5～6层较为牢固。一次所贴糊层数不宜多，待前一层初凝后再贴下一层。

3-7-70　玻璃钢管道基础加固的方法是怎样的？

答： 1）当处于淤泥层时，淤泥层不厚时，可将淤泥层挖掉换以砂砾石、砂垫层，加土工布可以有效地防止玻璃钢管的平移，采用土工布包覆方法防止土壤中细颗粒土随地下水流动而转移。土工布的搭接，当采用熔接搭接时搭接长度不小于0.3m：当非熔接搭接时，搭接长度不小于0.5m。如图3-7-70所示。

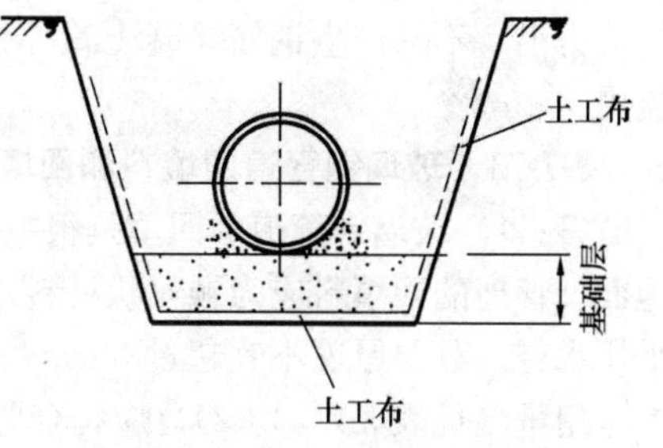

图3-7-70　软基土的加固方法

2）当处于流砂层时，流砂现象不严重，可先在流砂层上铺草包或芦苇席、土工布，其上放一层竹笆，再放块石加固。

3-7-71　顶管用玻璃钢管道的加强措施是怎样的？

答： 为了加强顶管玻璃钢管道顶压端的强度，可以采用钢套卡子安装在顶管用玻璃钢管道的端部，顶管完成后可取下，安装在另一节待顶的管道上。

顶管用玻璃钢管道上的钢套卡子形式（见图3-7-71）。

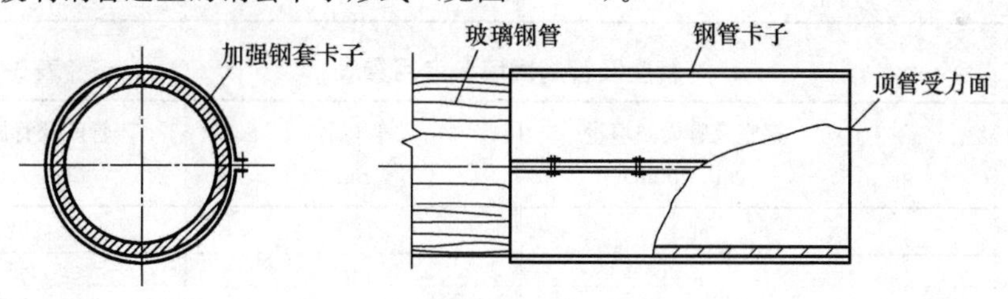

图3-7-71　加强端部的卡子

3-7-72　玻璃钢夹砂顶管的施工有什么注意问题？

答： 1）顶铁要求

玻璃钢夹砂顶管轴向抗压强度数值在钢筋混凝土管与钢管中间，在相同最大轴向允许顶力下，壁厚比钢筋混凝土顶管壁薄，比钢管壁厚厚，在选择顶铁时，为保证提供足够顶力，避免管端被压溃，有必要核算顶铁与管端的接触面积。如要充分发挥玻璃钢夹砂顶管的全部承载能力，就必须选用与管端接触面积较大的环状顶铁，且在满足操作要求的条件下，环状顶铁的边缘与玻璃钢夹砂顶管套环的间隙尽量小。另外，顶铁要有足够刚性，在施加顶力的时候不变形，与管端有较好的平面接触，能够把顶力均匀分配到管端。顶铁选择非常重要，很多管道顶破事故均是因为顶铁接触面积过小，或顶力分配不均造成的。

2）玻璃钢夹砂顶管的变形与回弹

玻璃钢夹砂顶管的环向弹性模量与轴向弹性模量相对钢管、钢筋混凝土管道均较小，所以在顶进过程中，玻璃钢夹砂顶管的轴向与环向均发生一定的变形，在环向方向，玻璃钢夹砂顶管在垂直载荷的作用下，会环向弯曲，在上下或左右纠偏力的作用下，玻璃钢夹砂顶管会上下或左右变扁，在轴向顶力作用下，也发生一定形变。在轴向方向，玻璃钢夹砂顶管在顶力作用下，会轴向变形，因玻璃钢夹砂顶管外壁光滑，土壤摩擦力小，当撤掉千斤顶的顶力时，不论玻璃钢夹砂顶管或工具管前面有无土壤或泥水压力，均会发生与顶力方向相反的回弹，该回弹量往往随时间、顶进长度的增加而增大，到一定时间后才稳定，所以在顶进过程中，千斤顶撤回顶力的时间应尽量短，在吊装顶管时，工作井应尽量多留些空间，以防工作井的操作空间不够。此外，玻璃钢夹砂顶管虽轴向弹性模量小，顶力偏离轴线不大情况，相临两管节轴线有少量夹角时，不用垫木垫片，管节间也不会出现缝隙，但当曲线顶管顶进曲率半径较小，作用力偏离轴线过多时，管节间也会出现缝隙，传递的顶力大减，此时夹角、传递顶力应详细计算。

此外，玻璃钢夹砂顶管外壁光滑，无吸水性，不易与土壤粘接，所以玻璃钢夹砂顶管的土壤抱管力小，不易产生钢筋混凝土管那样大的闷顶力，同时在采用泥浆润滑时，泥浆的水分不易流失。

3-7-73　玻璃钢管道回填料和回填要求是怎样的？埋设深度有何要求？

答： 1）玻璃钢管道的回填是很主要的，管道的管座两肋处应填实，防止管道局部接触硬质地面。管周的回填料应为颗粒状材料，充满管周，与管外壁紧密结合。应边回填边夯实，也可以采用水夯。分层厚度不宜超过 30cm。回填材料要求（见表 3-7-73（1））和管座及管周回填料的参考用量（见表 3-7-73（2））应符合要求。

回填料最大粒径　　　　**表 3-7-73（1）**

DN（mm）	石块最大粒径（mm）
＜800	13
800～1600	19
＞1600	25

管座及管周回填参考用量表　　　　**表 3-7-73（2）**

管内径（mm）	管座及管周回填量（m^3/100m）	管内径（mm）	管座及管周回填量（m^3/100m）
300	60.4	1300	252.3
350	66.4	1400	271.6
400	72.4	1500	291.3
450	78.6	1600	311.4
500	84.9	1800	420.5
600	97.7	2000	470.0
700	111.0	2200	521.0
800	124.7	2400	573.6
900	138.9	2800	880.0
1000	200.0	3200	1020.0
1100	215.0	3600	1170.0
1200	233.4	4000	1325.0

2）埋设深度

玻璃钢管的建议埋深最大值见表 3-7-73（3）。

管顶最大覆土深度（m）　　　　**表 3-7-73（3）**

回填料	密实度			
	堆积	低（相对密度＜40）	中（相对密度 40～70）	高（相对密度＞70）
细料＜12%颗粒料	不荐用	4.0	6.0	8.0
碎　石	4.0	8.0	8.0	8.0

3-7-74　玻璃钢管道安装质量应符合什么要求？

答： 1）玻璃钢管安装后应符合《给水排水管道工程施工及验收规范》GB 50268—2008 的技

术要求。

2）玻璃钢管道安装埋设后，管壁不得出现隆起、扁平和其他突变现象。并应在24h内侧量检验管道的初始径向挠曲值。

径向挠曲值=(实际管径－安装后管竖向内径)/实际管内径×100%；

实际管内径=(竖向内径＋水平内径)/2

3）安装后管道的初始径向挠曲值应小于表3-7-74的规定，若大于表内数值时，必须重新进行回填，保证初始变形量在规定的数值范围内。

管道允许径向挠曲值 **表3-7-74**

原土级别		1	2	3	4	5
公称管径 $DN \geqslant 300mm$	平均初始值（%）	3.0	3.0	2.5	2.0	2.0
	平均长期值（%）	5.0	5.0	5.0	5.0	5.0

4）纠正挠曲过大的玻璃钢管道，可按照下列方法进行：

(1) 当初始变形量大于表3-7-33（3）的要求而小于8%时，将回填材料挖出至露出管径85%处（当挖到管顶面和侧面时采用手工工具挖掘），修复或者更换受损管道，然后分层对称回填管区，夯实每层填料，回填至设计标高。

(2) 当管道变形超过8%时，应更换新管道。

3-7-75 化学建材管安装工艺适用于什么范围?

答：由于新型管材自重轻、摩阻力小、便于运输和施工因而正被广泛使用于排水、给水、燃气、中水等有压管道及重力管道安装中。目前常用的化工材料管有高密度聚乙烯管（HDPE）、硬聚氯乙烯管（PVC-U）、聚丙烯管（PP）、丙烯腈-丁二烯-苯乙烯共聚物管（ABS）、聚丁烯管（PB）、玻璃纤维增强热固性树脂夹砂管（RPM）等适用范围如下：

1）PVC-U由于重量轻、能耗低、耐腐蚀性好、电绝缘性好、导热性低，广泛适用于给水、排水、灌溉、供气、排气、工矿业工艺管道、电线、电缆套管等。

2）HDPE管由于密度大、强度高，耐低温性能和韧性好，适用于燃气和天然气、给水、排水用管。

3）PP管由于具备坚硬、耐热、防腐、使用寿命长和价格低廉等优点，广泛适用于化学液体排放管、盐水排放管、农田灌溉、水处理系统用管。

4）ABS管具有极高的韧性，适用于工作温度较高的管道，常用于卫生洁具的排水管、输气管、排污管、地下电气导管、高腐蚀工业管道。

5）PB管具有独特的抗蠕变（冷变形）、耐磨、耐高温性能，主要用于给水管。

6）RPM管具有重量轻、输送液体阻力小、抗化学和电腐蚀的特点，适用于给水、排水管。

3-7-76 化学建材管安装工艺施工有哪些准备?

答：1）材料：

(1) 管材、管件及电热熔带进场应有产品合格证和出厂质量检验报告。

(2) 胶圈。

2）施工机具（设备）：

(1) 机具：电、热熔焊机、便携式切割锯、平板振动夯、蛙夯、夹钳、扣带、水平垫木或砂袋、清洁布等。

(2) 检测设备：水准仪、经纬仪、小线、直尺、卷尺、心轴等。

3）作业条件：

(1) 地下管线和其他设施物探和坑探调查清楚，地上、地下管线设施拆迁或加固措施已完成。

(2) 现场“三通一平”已完成，地下水位降至槽底0.5m以下。

(3) 施工技术方案已完成审批手续。

4）技术准备：

(1) 施工前做好施工图纸的会审，编制施工组织设计及交底工作。

(2) 完成施工交接桩、复测工作，并进行护桩及加密桩点布置。

(3) 对管材检验试验工作已完成。

3-7-77 化学建材管安装工艺工艺流程是怎样的？

答： 测量放线→沟槽开挖→砂石柔性基础→管道铺设与连接→密闭性检验→管道回填→管道变形检验→验收。

3-7-78 化学建材管安装工艺操作方法要点有哪些？

答： 1）沟槽开挖：

基底标高、轴线位置、基底土质应符合设计要求。管道每侧工作宽度若设计无要求时，可参照表3-7-78（1）执行。

管道每侧工作宽度 **表3-7-78（1）**

管 径（mm）	每侧工作宽度（mm）	
	无排水沟	有排水沟
200～500	300	450
600～1000	400	550
≥110	600	750

2）砂石柔性基础：

管道基础应按照设计要求铺设。设计无规定时，对一般土质，基底可铺设一层厚度为100mm的粗砂基础；对软土地基，且槽底处在地下水位以下时，铺筑厚度术小于200mm的柔性基础，分两层铺设，下层用粒径为5～40mm的碎石，上层铺砂，厚度不小于50mm。

3）管道铺设与连接：

(1) 各种化工管道适宜的连接方式：

PVC-U管连接方式有承插式胶圈、溶剂粘接、法兰三种连接方式。

HDPE管连接方式有承插式胶圈、电熔连接、热熔连接和卡箍式四种连接方式。

PP管连接方式有热熔连接、螺丝连接两种方式。

ABS管通常采用粘接连接。

RPM管连接方式有套筒连接、承插式连接、法兰连接、柔性钢接头、机械钢接头、多功能活接头连接。

(2) 承插式连接方式：

一般采用双胶圈或者单胶圈进行连接，管道的承口、插口与胶圈接触的表面应平整、光滑、无划痕及无气孔。

管道铺设应从下游向上游进行，承口应顺水流方向。

管道安装时顶拉速度要缓慢，并设专人查胶圈轮入情况，如发现滑入不均，应停止顶拉，用錾子调整胶圈位置均匀后，再继续顶拉，使胶圈达到承口预定位置。

管道连接应满足厂家的技术要求，以达到最佳密实效果。安装时注意承口上气孔朝上，便于接口打压试验。

每节管道安装完成后及时测量管道高程和中心位置，保证满足设计要求。

每节管道安装完成后均应对接口进行打压试验，试验压力为 1.0MPa，合格后方可进行下一节管道安装，否则应拔出重新安装，直至满足要求。

管道曲线段可采用短管借转角度铺设，每节管的借转角度不得大于 0.5°。

（3）电、热熔连接方式：

电源或交流发电机的准备见表 3-7-78（2）。

交流发电机及电缆选择 **表 3-7-78（2）**

项目	标准	用途	其他
电源或交流发电机	功率 3KF（*D*200/400） 功率 5KF（*D*50/700） 功率 10KF（*D*800/1200） 功率 20KF（*D*1200 以上）	为电熔焊机供电	交流电：AC220V/380V
电缆	6mm^2（*D*200/400） 10mm^2（*D*450/1200） 16mm^2（*D*1000 以上）	向电熔焊机输送电流	橡套电缆

电热熔带的连接：检查管道和电热熔带是否有损伤，对齐管道和清除杂物。通过水平杆或砂借助将要连接的管道放置在离地面 200～300mm 处（地基上挖有操作凹槽的可将管道直接放置在地基上），并水平对齐。用布彻底将管道的外表面和电热熔带内壁上的杂物清除干净（包括水汽），油类污物可用甲醇擦拭。

用夹钳和扣带紧固焊接片：用电热熔带将已水平对齐的管道的连接部分紧紧包住，电热熔带接头应重叠 100～200mm。包的时候有连接线的一端在内圈。PE 棒也应插在此端，从两侧分别插入，紧靠此端头。*D*400 以下插入约 50mm，*D*450 以上插入约 90～100mm。外面用钢扣带套住，钢扣带不带衬板的端头应与电热熔带内圈同向并在同一位置。用夹钳上紧，使电热熔带与管壁紧紧地靠在一起。钢扣带边缘要与焊接片的边缘对齐。

连接：将焊接器的输出线端的夹子与电热熔带的连接线头相连接。

焊接：在焊接机上设定好时间和电压挡，根据操作规程进行焊接。焊接时间结束时，取下连接线夹子，再夹紧一次夹钳约 1/4～1/2 圈。

冷却：焊接时间结束时蜂鸣器鸣响，电源自动断开，开始冷却。在接线被断开、钢扣带和夹钳夹紧的状态下，冷却时间在夏天一般为 20min，冬天为 10min。在冷却期间，可以进行下一个焊接。

焊接检查：经过一定的冷却时间后，打开钢扣带，观察焊接状况。

（4）粘接连接方式：

管节或管件在粘接前，应用棉纱或干布将承口内侧和插口外侧擦拭干净，被粘接面保持清洁，当表面有油污时应用棉砂蘸丙酮等清洁剂擦净。将接口试插一次，检查插入深度及配合状况，划出插入标线。插口端插入长度应为承口深度。

用毛刷涂刷粘接剂时，应先涂插口，沿轴向均匀涂刷，涂刷要迅速、均匀、适量。粘接剂由管材供应厂家配套供应。

承插口涂刷粘接剂后，应立即找正方向将插口端插入承口，用力挤压，使插入的深度达到所划标线，并使承插接口顺直，位置正确，并保持所要求的粘接接合时间和静置固化时间。

粘接接口不得在5℃以下施工，或采用升温保温措施。

法兰连接方式：

彻底清洁法兰表面和O形槽。

O形胶圈应清洁、无损伤，材料性能满足要求。

法兰连接使用的垫圈、螺栓、螺帽应清洁，力学性能满足要求。

拧紧螺栓时应交叉对称、循序渐进、不得一次拧紧。

4）管道与检查井的连接：

管道与检查井的连接，一般采用中介层、混凝土圈梁加橡胶圈、特制管件。

（1）采用中介层（PVC-U或玻璃钢夹砂管）连接时：

在管件或管材与井壁相连部位的外表面预先用粗砂做成中介层，然后用水泥砂浆灌入井壁与管道的孔隙，将孔隙填满。中介层的做法：先用毛刷或棉纱将管壁的外表面清理干净，然后均匀地涂一层塑料粘接剂，紧接着在上面撒一层干燥的粗砂，固化10～20min，即形成表面粗糙的中介层。

（2）采用现浇混凝土圈梁加橡胶圈连接时：

圈梁的混凝土强度等级不应低于20MPa。圈梁的内径按相应管外径尺寸确定，圈梁应与井壁同厚，其中心位置必须与管道轴线对准。安装时可将自膨胀橡胶密封圈先套在管端与管子一起插入井壁。

对于软土地基，为防止不均匀沉降，与检查井连接的管子宜采用0.5～0.8m的短管，后面宜再接一根或多根不大于2m的短管。

有压管道在三通、弯头、变径、阀门等地方应按设计要求制作止推支墩。

5）径向变形检测：

（1）由于化学建材管容易变形，在土方回填过程中，回填不当，很容易造成变形，所以在土方回填完成后12～24h内应进行管道变形检测。

（2）检测时，采用心轴从一座检查井拖拉至另一座检查井，只要管道变形不超过允许变形控制值就可使其通过管道，从而判定管道安装变形是否满足设计要求。

（3）量测检验管道的初始径向挠曲值。初始径向挠曲值不得大于3%，如果超出，必须采取措施进行纠正，变形超过3%但不超过8%时：把回填材料挖出，直至露出管径的85%，管顶和两侧采用手工工具挖掘，防止损坏管道。检查管道是否损伤，进行必要的修复或更换。重新回填并逐层夯实至设计要求重新检测，不超过3%，满足要求为止。变形超过8%时，必须更换新管道，重新安装、检测。

（4）计算径向挠曲值（%）的公式：

径向挠曲值=（实际内径－安装后垂直内径）×100%/实际内径

6）试验检验：化学建材管用于重力流管道时应进行闭水试验检测安装严密性；用于有压管道时应进行强度及严密性试验，以确保安装管道质量满足设计及有关规范要求。

（1）闭水试验：

管道密闭性检验应在管底三角区回填密实后、沟槽回填前进行。

试验段上游设计水头不超过管顶内壁时，以试验段上游设计水头加2m作为标准试验水头。

试验段上游设计水头超过管顶内壁时，试验水头以试验段上游设计水头加2m计。

当计算出的试验水头小于10m，但已超过上游检查井井口时，试验水头以上游检查井井口高度为准，但不得小于0.5m。

试验管段灌满水后的浸泡时间不应小于24h。

管道密闭性检验时，外观检查不得有漏水现象：

向所检验的管道内冲水浸润24h后，保持管顶2m以上的水头的压力，观测管道24h渗漏量，允许渗水量按照下式计算确定：

$$Q \leqslant 0.0046D_i$$

式中 Q——每1km长度管道24h的允许渗水量(L/(min·km))；

D_i——管道内径（mm）。

当试验水头大于或小于试验段上游管顶内壁加2m的标准试验水头时，管道的允许渗水量按下式折算：

$$Q=\sqrt{\frac{H}{2}}\times \text{上面公式计算的允许渗水量}$$

式中 H——试验段上游实际实验水头（m）。

（2）强度及严密性检测：

试验应在全部回填土之前进行，管道两侧及管顶以上回填高度不得小于50cm，接口处外露不回填，待试验合格后再回填。局部地段如必须回填试压可与管理部门协商解决。试验方法采用水压试验法。试验采用的设备、仪表规格及安装应满足要求，水泵和压力计应安装在试验段下游的端部与管道轴线相垂直的支管上。试验前，应在管道的上游及凸起点设置排气阀。串水管路上必须安装止回阀，防止管网压力下降时水倒流污染水质。$DN \geqslant 600$，试验段端部的第一个接口采用柔性接口，或采用特制的柔性接口堵板。$DN < 600$，试验管段与堵板件的接头可采用刚性接口。做好水源接引和排水工作。试验时分段进行试压，每段长度已控制在1km以内，管道工作压力为0.5MPa，水压试验压力应为工作压力的1.5倍。后背利用原状土，管道试压堵板的支顶紧靠后背墙面横卧方木一层，之间不得有空隙，如有空隙用砂子填充，再立排一排方木。与堵板之间用圆木或顶铁支顶，支撑与管中心对称，方向与管中心平行。水压试验过程中，后背顶撑、管道两端严禁站人，试验时禁止对管身、接口进行敲打或修补缺陷。水压严密性试验采用标准可参考钢管的允许渗水量执行。

检验管道内气体是否排净，进行正式试压前，一般需进行多次初步升压试验，方可将管道内气体排除干净，仅当确认管道内的气体排除干净后，方可进行水压试验。否则，所测定的渗水量是不真实的。管道内已充满水，当升压时，水泵不断向管道内充水，看升压情况，如果升压很慢，表明气体未排除干净。当用水泵向管道内充水时，随着手压泵柄的上下摇动，看表针摆动幅度。如果摆动较大，且读数不稳定，表明气体未排除干净。当水压升至80%试验压力时，停止升压，打开连通管道的放水节门后，如果放水时水柱中带有“突突”的声响，并喷出许多气泡，表明气体未排除干净。当上述三个现象消失后，而且水泵充水升压很快时，才表明管道内的气体已排除干净，才能正式进行升压试验，所测的结果才是真实的。

试压管段的注水与升压：

注水：管道注水时，应从下游缓慢灌入。灌入时，应将置于管段内最高点的排气阀、排气孔全部打开，认真排气。待确定气体已排除干净后，此时将打开的排气阀、排气孔全部关闭。试验管段注满水后，在不大于工作压力下充分浸泡，浸泡时间不得少于24h，之后再进行水压试验，对所有支墩、接口、后背、试压设备和管路进行检查修整，检查安装好后设专人负责检查、看管。

升压：应分级升压，分2～3次加压，每次升压以0.2MPa为宜，每次升压后，应检查后背、支墩及接口，确认没问题时再继续升压。升压接近试验压力时，稳定一段时间检查，排气彻底干净，然后升至试验压力。

（3）水压强度试验：

水压升至试验压力后，保持恒压10min，压力下降值不超过0.05MPa，检查接口、管身，无破损及漏水现象，则认为管道强度试验合格。

(4) 水压严密性试验（测渗水量）：

管道严密性试验采用放水法试验，水压升至试验压力后，关闭水泵进水节门，记录降压0.1MPa所需的时间T_1。打开水泵进水节门，再将管道压力升至试验压力后，关闭进水节门。

打开连通管道的放水节门，记录降压0.1MPa的时间T_2，并测量在T_2时间内，从管道放出的水量W。

实测渗水量计算公式：

$$q=W/(T_1-T_2)\times L$$

式中 q——实测渗水量[L/(min·km)]；

W——恒压时间内补入管道的水量(L)；

T_1、T_2——从开始计时至保持恒压结束的时间(min)；

L——试验管段的长度(km)。

7) 土方回填：

(1) 沟槽回填压实作业前应进行现场试验，试验段长度应为一个井段或50m；以确定所选择的回填土或其他材料是否适宜，选用的压实机具是否合适以及每层回填的压实遍数。

(2) 沟槽回填应从管道、检查井等构筑物两侧对称回填，确保管道及构筑物不产生位移，必要时可采取限位措施。

(3) 回填时沟槽内应无积水，不得带水回填，不得回填淤泥、有机物及冻土。

槽底管基支承角$2\alpha+30°$范围内必须用中砂或粗砂填密实，与管壁紧密接触，不得用土或其他材料填充。

(4) 从管底基础顶至管顶以上0.4m范围内的沟槽回填材料，可采用碎石屑、粒径小于40mm的砂砾、中砂、粗砂或符合要求的原状土，再往上可回填符合要求的原状土或路基土。

(5) 沟槽应分层对称回填、夯实，每层回填高度不应大于200mm。在管顶500mm范围内不得用夯实机夯实，在管顶500～700mm范围内不得使用重型机械碾压。

3-7-79 化学建材管安装工艺冬雨期施工要点有哪些?

答：1) 雨期施工

(1) 基坑（槽）周围应设置排水沟和挡水埝，对开挖马道应封闭，防止雨水流入基坑内。

(2) 沟槽开挖后若不立即铺管，应留沟底设计标高以上200mm的原土不挖，待到下管前再挖至设计标高。

(3) 焊接施工时，应搭设防雨设施。

(4) 管道施工完毕后应及时回填，防止漂管事故发生。

2) 冬期施工

(1) 基坑开挖后及时安管、回填，否则应采取覆盖等措施防止地基受冻。

(2) 在焊接前先清除管道上的冰、雪、霜。

3-7-80 化学建材管安装工艺质量控制项目有哪些?

答：1) 主控项目

(1) 管材质量。

(2) 管道安装质量。

(3) 安装坡度。

(4) 竖向变形。

(5) 试验检测。

2）一般项目

（1）沟槽开挖质量。

（2）基础施工质量。

（3）附属构筑物质量

3-7-81 化学建材管安装工艺质量记录有哪几项？

答：1）沟槽开挖质量检查记录。

2）砂石基础质量检查记录。

3）管道安装质量检查记录。

4）检查井质量检查记录。

5）试验检测记录。

6）回填土质量检查记录。

7）管材产品合格证及复试验报告。

8）原材料试验报告（包括砂、碎石、水泥、砖、胶圈）。

3-7-82 化学建材管安装工艺安全与环保措施有哪些？

答：1）安全管理措施

（1）使用电熔焊机时，应符合电器工具操作规程，注意防水、防潮，保持机具清洁。

（2）采用蛙式打夯机夯填土方时，操作人员应佩戴绝缘手套，必须两人进行操作。

（3）当不能保证管道接头部位干燥时，不得进行熔接施工。

（4）避免电、热熔焊后高温的接头烫伤人体。

（5）施工时应戴上绝缘手套。

2）环境保护措施

（1）切削后的管道及时回收，不得随意乱扔。

（2）施工道路应经常洒水，防止扬尘。

3-7-83 化学建材管安装工艺成品保护有何规定？

答：1）管材使用中应尽量避免阳光长期照射。施工过程中没有下槽的管材应避免在阳光下直接照射，以防发生热变形。

2）管材存放、搬动和运输时，应采用皮带、吊带或吊绳进行装卸。吊装时应至少有两个节点，严禁穿管吊。

3）管材、管件存放搬运时，应小心轻放，排列整齐，不得抛摔和沿地拖。

4）下管过程中，严禁将管道从上往下自由滚放，应防止块石等重物撞击管身。

5）在电、热熔焊连接冷却过程中，严禁浸水，防止损坏接口。

6）回填土中不得含有石块、砖块及其他杂硬物体，避免划伤管道。

3-7-84 化学建材管安装质量标准是怎样的？

答：1）主控项目

（1）管材、管件及接口材料质量必须符合现行国家标准。

（2）无压管道坡度应符合设计要求。

（3）管道的施工变形不得超过6%或满足设计要求。

2）一般项目

（1）管材、管件外观不得有损伤、变形、变质。

（2）管材端部应切割平整并与轴线垂直。

（3）接口应平整、严密、垂直、不漏水，接口位置应符合设计规定。

（4）管道铺设允许偏差应符合表3-7-84的规定。

管道铺设允许偏差表 **表 3-7-84**

序号	项目	允许偏差	检验频率		检 验 方 法
			范围	点数	
1	轴线	≤30	20m	1	挂中心线用尺量
2	高程	±20	20m	1	用水准仪测量
3	接口	符合一般项目的规定	每口	1	观 测

3-7-85 化学建材管安装质量记录有哪些？

答：1）技术交底记录。

2）工程物资选样送审表。

3）主要设备、原材料、构配件质量证明文件及复试报告。

4）产品合格证。

5）设备、配（备）件开箱检查记录。

6）设备、材料现场检验及复测记录。

7）管材进场抽检记录。

8）阀门试验记录。

9）测量复核记录。

10）隐蔽工程检查记录。

11）中间检查交接记录。

12）聚乙烯管道连接记录。

13）聚乙烯管道焊接工作汇总表。

14）工程部位质量评定表。

15）工序质量评定表。

16）工程质量事故及事故调查处理记录。

3-7-86 化学建材管安装安全与环保措施有哪些？

答：1）在城区施工时必须搭设围挡，将施工现场与周边道路及社区隔离，以减少噪声扰民。在施工过程中随时对场区和周边道路进行洒水降尘。

2）对原有管线、设施应采取加固和保护措施，防止施工中损坏造成安全事故。

3）槽深度超过 1.5m 时，除马道外，应配备安全梯子，上下沟槽必须走马道，安全梯子应由沟底搭到地面上，同时要稳定可靠，梯子小横杆间距不得大于 400mm。马道、安全梯间距不宜大于 50m。

4）管道吊装、下料设专人指挥，并采取安全防护措施，如果机械吊运下料，应严格检查钢丝绳及卡子的完好情况，对重量不明物体严禁起吊。

5）基坑沟槽周围 1m 以内不得堆土、堆料、停置机具，施工现场的坑、洞、沟槽等危险地段，应有可靠的安全防护措施和明显标志，夜间设红色标志灯。

6）在配管过程中与现状地下构筑物应保持 300mm 以上距离。

7）施工现场配电箱除总配电箱有空气开关外，各分电箱、小配电箱一律安装漏电保护器，同时配电箱应有门、有锁、有标志、外观完整、牢固、防雨、防尘，统一编号，箱内无杂物。

8）施工机具、车辆及人员应与电线保持安全距离，达不到规范的最小安全距离时，必须采用可靠的防护措施。

9）用于给水管道的接口密封圈、胶粘剂、润滑剂、清洗剂等，不得有碍水质卫生，影响人体健康。

10）胶圈接口作业应遵守下列规定：

（1）接口安装前应检查捯链、钢丝绳、索具等工具，确认合格，方可作业。

（2）撞口时，手必须离开管口位置。

3-7-87　化学建材管安装成品保护有哪些措施？

答：1）管道铺设时应将管内杂物清理干净，铺设停顿时应将管口封堵好，并不得将工具等物品置于管内存放。

2）在运输、堆码、铺设过程中，应采取相应的保护措施，做到轻装轻卸，防止管材受到损坏。

3）下管前应细心检验管子与配件有无损坏和缺陷，如管子和配件有小的损坏和缺陷可以根据产品说明书进行修复。

4）外防腐层和内衬里如有损坏，应采用规定的材料与配制方法，按产品说明书修补。

5）根据安装段的接口数量配备胶圈，用多少从包装中取出多少，暂不用的胶圈一定用原包装封存，避免扭曲，胶圈应存在干燥、阴凉、避光处（室内保存）。

6）管道安装后，遇到降雨或有地下水流进沟槽时，可能导致漂管或插口由承口脱出，因此在管道安装后应尽快回填土。

7）斜面铺装管道时，应使承口朝上放置，铺管顺序由斜面下部向上进行，根据需要在管道弯头处放置混凝土支墩，以防接头脱离。斜面坡度大时或土的摩擦阻力不够的，根据设计图做基础支墩，为防止管底形成水路，混凝土支墩应分多块设置。

3-7-88　化学建材管道接口连接主控项目有哪些？

答：1）管节及管件、橡胶圈等的产品质量应符合规范规定。

2）承插、套筒式连接时，承口、插口部位及套筒连接紧密，无破损、变形、开裂等现象；插入后胶圈应位置正确，无扭曲等现象；双道橡胶圈的单口水压试验合格；逐个接口检查；检查施工方案及施工记录，单口水压试验记录；用钢尺、探尺量测。

3）聚乙烯管、聚丙烯管接口熔焊连接应符合下列规定：

（1）焊缝应完整，无缺损和变形现象；焊缝连接应紧密，无气孔、鼓泡和裂缝；电熔连接的电阻丝不裸露。

（2）熔焊焊缝焊接力学性能不低于母材。

（3）热熔对接连接后应形成凸缘，且凸缘形状大小均匀一致，无气孔、鼓泡和裂缝；接头处有沿管节圆周平滑对称的外翻边，外翻边最低处的深度不低于管节外表面；管壁内翻边应铲平；对接错边量不大于管材壁厚的10%，且不大于3mm。

检查数量：外观质量全数检查；熔焊焊缝焊接力学性能试验每200个接头不少于1组；现场进行破坏性检验或翻边切除检验（可任选一种）时，现场破坏性检验每50个接头不少于1个，现场内翻边切除检验每50个接头不少于3个；单位工程中接头数量不足50个时，仅做熔焊焊缝焊接力学性能试验，可不做现场检验。

4）卡箍连接、法兰连接、钢塑过渡接头连接时，应连接件齐合、位置正确、安装牢固，连接部位无扭曲、变形。

3-7-89　管道接口连接的一般控制项目有哪些？

答：1）承插、套筒式接口的插入深度应符合要求，相邻管口的纵向间隙应不小于10mm；环向间隙应均匀一致。

2）承插式管道沿曲线安装时的接口转角，玻璃钢管的不应大于规范的规定；聚乙烯管、聚丙烯管的接口转角应不大于1.5°；硬聚氯乙烯管的接口转角应不小于1.0°。

3）熔焊连接设备的控制参数满足焊接工艺要求；设备与待连接管的接触面无污物，设备及组合件组装正确、牢固、吻合；焊后冷却期间接口未受外力影响。

4）卡箍连接、法兰连接、钢塑过渡连接件的钢制部分以及钢制螺栓、螺母、垫圈的防腐要求应符合设计要求。

3-7-90　化学建材管道应进行哪些检验？

答：1）化学建材管道严密性检验

管道连接完成后应进行闭水试验和闭气试验。管道的闭水检验应在回填至管径1倍高度以上并且夯实后进行；管道接口的闭气检验应随管道安装同时进行，合格后回填。

2）管道变形检验

（1）管道的变形检验包括安装变形检验和施工变形检验。安装变形检验应在管道回填到设计高程后12～24h进行。施工变形检验应在管道覆土或上面结构完成30d后进行。

（2）管道的变形检验方法（表3-7-90），管道变形率按下式计算：

$$\Delta S=(1-D_1/D_2)\times 100\%$$

式中　ΔS——管道变形率；

D_1——管道埋设后测量的内径（mm）；

D_2——管道安装前的内径（mm）。

管道变形检测方法　　　　**表3-7-90**

测量管段	测量位置	检验点数	检验方法
最初50m管段	起点、中间点、终点附近不少于3处	每处平行测2个断面，在测量点垂直端面测垂直直径	1. 直接用钢尺量； 2. 采用摄像仪、检测车等方法； 3. 无法直接测量时，采取光学、电学或心轴法检测
相同条件管段100m	3处		
地质条件、填土材料、压实工艺或管径变化处	起点、中间点、终点附近不少于3处		

（3）管道的安装变形率不宜超过3%，若变形率超过3%应按以下要求处理：

① 管道变形率大于3%但小于8%时。

a. 把回填材料挖到露出管径85%，当挖到管顶面和两侧时，应手工挖掘；

b. 检查管道是否破损，破损管道及时进行修补或更换；

c. 按要求重新回填。

② 管道变形率超过8%，应更换新管道并按要求重新安装回填。

3-7-91　什么是钢塑复合管？分为几种？

答：钢塑复合管是在钢管内壁衬（涂）一定厚度塑料层复合而成的管子。钢塑复合管分为衬塑钢管和涂塑钢管两种，衬塑钢管是采用紧衬复合工艺将塑料管（硬聚氯乙烯管、聚乙烯管）衬于钢管内壁而制成的复合管，涂塑钢管是将塑料粉末（如环氧树脂、PE树脂等）均匀地涂敷在钢管表面并经加工而制成的复合管。

3-7-92　钢塑复合管现场检验什么内容？

答：1）外观管材内外壁应光滑、清洁，没有划伤和其他缺陷，不允许有气泡、裂口及明显的凹陷、杂质、颜色不均等。管端头应切割平整，并与管的轴线垂直。

2）衬塑层或涂塑层应与钢管壁连接紧密，不得有凸起和剥离等现象。

3）管材壁厚偏差应符合国家标准规定，不得有负偏差。

4）管件的壁厚不小于同规格管材的壁厚。

5）管件外观表面应光滑、无裂纹、气泡、脱皮、明显的杂质等缺陷，衬塑层或涂塑层应与管件壁连接紧密。

6）必要时可用电火花仪对管材、管件进行检测。

3-7-93　钢塑复合管安装连接有几种形式？

答：如前所述，钢塑复合管有螺纹连接、法兰连接以及沟槽式连接等几种方式，但在给水管道安装中常采用螺纹连接，法兰连接主要用在钢塑复合管与阀门、消火栓等附件的连接，沟槽式连接建议不采用。

3-7-94　螺纹连接是怎样的？

答：钢塑复合管的螺纹连接与镀锌钢管的安装方法基本一致，但钢塑复合管的安装在所需施工机具和操作环节上需要注意一些事项，以免损坏衬塑层或涂塑层。钢塑复合管安装程序如下：

断管——套丝——清理端口、加工——防腐、密封——拧入、连接——检查。

1）断管。断管宜采用锯床，也可采用手工锯或盘锯，不得采用砂轮切割。如采用砂轮切割则容易产生高温而损坏塑料内衬或内涂；当采用盘锯切割时其转速不得超过800r/min，视钢塑复合管内衬（涂）材料而定，硬质塑料、环氧树脂可略高，聚乙烯树脂可低些；当采用手工锯断管时，锯面应垂直于管道轴线。

2）套丝。钢塑复合管管端套丝应采用自动套丝机。如采用手工管螺纹铰板，容易产生管螺纹轴偏心，当与衬塑管件连接时有可能造成衬塑接口损坏。

在断管和套丝过程中，一般采用冷却液冷却以保护衬（涂）塑层，冷却液以水溶性为好。

圆锥形管螺纹应符合现行国家标准《55°密封管螺纹》GB/7306—2000的要求，并应用标准螺纹规检验。

3）清理端口、加工。钢塑复合管切割、套丝后，均应对管端头进行处理，用细锉将金属管端的毛边修理光滑，并用棉回丝和毛刷清除管端和螺纹内的油、水和金属切屑。钢塑复合管管道和管件安装前，对衬塑管的衬塑层采用专用铰刀进行坡口倒角，倒角坡度宜为10°～15°，对涂塑管的涂塑层采用削刀削成轻内倒角。

4）防腐、密封。管端、管螺纹清理加工后，应进行防腐、密封处理，采用防锈密封胶和聚四氟乙烯生料带（俗称水胶布）缠绕螺纹，同时在管端标记拧入深度。

5）拧入、连接。钢塑复合管与配件连接前，应检查衬塑管件内橡胶密封圈或厌氧密封胶，然后将配件用手捻上管端丝扣，在确认管子已进入后，用管钳进行紧固。标准旋入牙数及标准紧固扭矩参照表3-7-94。

标准旋入牙数及标准紧固扭矩　　表3-7-94

公称直径（mm）	旋入		扭矩（N·m）	管子钳规格（mm）×施加的力（kN）
	长度（mm）	牙数		
15	11	6.0～6.5	40	350×0.15
20	13	6.5～7.0	60	350×0.25
25	15	6.0～6.5	100	450×0.30
32	17	7.0～7.5	120	450×0.35
40	18	7.0～7.5	150	600×0.30
50	20	9.0～9.5	200	600×0.40
65	23	10.0～10.5	250	900×0.35
80	27	11.5～12.0	300	900×0.40
100	33	13.5～14.0	400	1000×0.50
125	35	15.0～16.0	500	1000×0.60
150	35	15.0～16.0	600	1000×0.70

6）检查　连接完成后应对连接部位进行检查，并对外露的螺纹部分及钳痕和管表面损伤部位涂防锈密封胶。

3-7-95　法兰连接是怎样的？应符合哪些要求？

答：钢塑复合管法兰连接的操作要点同钢管的法兰连接。

1）用于钢塑复合管的法兰应符合以下要求：

（1）凸面板式平焊钢制管法兰应符合现行国家标准《平面、突面板式平焊钢制管法兰》GB/T 9119—2000 的要求；

（2）凸面带颈螺纹钢制管法兰应符合现行国家标准《带颈螺纹钢制管法兰》GB/T 9114—2010 的要求，仅适用于公称管径不大于 150mm 的钢塑复合管的连接；

（3）法兰的压力等级应与管道的工作压力相匹配。

2）钢塑复合管法兰的现场连接应按照下列要求进行：

（1）钢塑复合管的断管符合本章断管的规定；

（2）在现场配接法兰时采用内衬塑凸面带颈螺纹钢制管法兰；

（3）被连接的钢塑复合管上的管螺纹，牙型应符合现行国家标准《55°密封管螺纹》GB/7306—2000 的要求。

3.8　给水管道水压试验与消毒冲洗

3-8-1　压力与无压力管道水压试验界限是怎样划分的？

答：给水工程中配水管网的工作压力多数为大于 0.1MPa 的压力管道，而长距离输水管道中却时有无压力管道出现。（排水工程中污水管道绝大多数为无压力管道，而个别情况下也有工作压力大于 0.1MPa 的压力管道）为此，当管道工作压力大于或等于 0.1MPa 时，应进行压力管道的强度及严密性试验；当管道工作压力小于 0.1MPa 时，除设计另有规定外应进行无压力管道严密性试验。根据钢筋混凝土管工厂检验压力的级别以及给水排水工程中管道工作压力的分布，划定 0.1MPa 为管道水压试验的界限。即工作压力大于或等于 0.1MPa 的管道，按压力管道的强度及严密性试验进行；工作压力小于 0.1MPa 的管道除设计另有规定外，应按无压力管道进行严密性试验。

3-8-2　管道水压试验灌水的规定是怎样的？

答：管道灌水时水流速度不可太快，应使进入管道的水量与管道的排气量相匹配，如果进水速度过快，而所设排气孔又很小，管道内的气体就会滞留在管道内，待水压试验时形成气囊影响试验效果，更严重时由于滞留气体的压缩，可将管道胀裂。现行规范对此做了如下规定：

1）管道水压、闭水试验前，应做好水源引接及排水疏导路线的设计。

2）管道灌水应从下游缓慢灌入，灌入时在试验管段的上游管顶及管段中的凸起点应设排气阀，将管道内的气体排除。

3-8-3　雨冬期水压试验应注意什么问题？

答：雨期试验应防止雨水泡槽引发管道漂浮事故。规范规定，冬期进行管道水压及闭水试验时，应采取防冻措施。试验完毕后应及时放水。

3-8-4　管道水压试验工序安排及试验介质的要求是什么？

答：压力管道的水压试验是对管道的接口、管材、施工质量的全面检查，也是工程验收之前必须履行的一个试验项目。国际标准 ISO 10802《球墨铸铁管道安装后的水压试验标准》中规定以水为介质分段进行强度及严密性试验。

特此要求压力管道全部回填土前应进行强度及严密性试验，管道强度及严密性试验应以水为介质，采用水压试验法试验。应分段进行，分段长度不宜大于 1.0km。

3-8-5　水压试验为什么要进行后背设计？

答：压力管道进行水压试验时，在水压力作用下管端产生巨大的推力，该推力全部作用在试验段的后背上。如果进行水压试验时后背不坚固，管段将产生很大的纵向位移，导致接口拔出甚至管身产生环向开裂的事故。故水压试验前后背必须进行认真的设计，后背抗力的核算一般按被动土压力理论计算，应满足下列条件：

1) $B \geqslant \frac{K \cdot R}{E_p}$；

2) 沿后背受力方向的土层厚度大于 7m；

3) R 的作用点，应位于后背墙的纵向中心线上，其高度位于后背墙水平轴线之下，一般为墙高 H 的 1/3～2/5 处，见图 3-8-5。

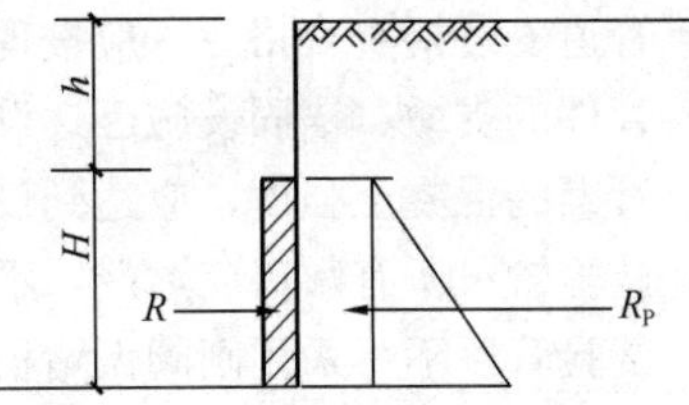

图 3-8-5　总推力 R 的作用点

式中　B——后背墙的宽度（m）；

K——安全系数，取 1.5～2.0；

R——管道盖堵水压力传递给后背的总推力（kN）；

$$R=\frac{\pi}{4}P \cdot D^2 \cdot 10^{-3}$$

P——试验压力（MPa）；

D——盖堵内径（mm）；

$$E_p=\gamma H\left(\frac{H}{2}+h\right) \cdot \text{tg}^2\left(45°+\frac{\varphi}{2}\right)(\text{kN/m})$$

γ——土的重力密度（kN/m^3）；

φ——后背土体内摩擦角（°）；

H——后背墙高度（m）。

为了保证后背安全可靠的工作，对后背土体及施工操作尚作如下规定：

(1) 后背应设在原状土或人工土后背上，土质松软时，应采取加固措施；

(2) 后背墙面平整，应与管道轴线垂直。

3-8-6　刚性接口的铸铁管道，试验管段端部的处理是怎样的？

答：根据水压试验的实施经验，当管道接口采用刚性口管径小于 600mm 时，若后背结构认真处理后，发生事故的概率较小，而管径大于 600mm 后，必须采取措施，防止由于后背位移产生接口被拉裂的事故，本规范规定试验管段端中的第一个接口应采用柔性接口或采用特制的柔性接口堵板，其作用是一旦后背产生微小纵向位移时，柔性接口或特制的柔性接口堵板可将微小的位移量吸收，试压时也可通过对柔性接口位移的监测及时采取措施防止发生事故。为了避免事故的发生，特作如下规定：

管道水压试验时，当管径大于或等于 600mm 时，试验管段端部的第一个接口应采用柔性接口，或采用特制的柔性接口堵板。

3-8-7　水压试验时，采用的设备、仪表规格及其安装应符合哪些规定？

答：1) 当采用弹簧压力计时精度不应低于 1.5 级，最大量程宜为试验压力的 1.3～1.5 倍，表壳的公称直径不应小于 150mm，使用前应校正。

2) 水泵、压力计应安装在试验段下游的端部与管道轴线相垂直的支管上。

压力计的精度不低于 1.5 级，其含义指最大允许误差不超过最高刻度 1.5%。例如最高刻度为 0.6MPa，则 1.5 级压力表的最大误差不超过 $0.6\times\frac{1.5}{100}=0.9\%$。采用最大量程的 1.3～1.5 倍的压力计是按最高的试验压力乘以 1.5，选择压力计的最大读数。例如最高试验压力为 1.5MPa，则应选用 1.5×1.5=2.25（MPa）的压力计，此外为了读数方便和提高试验精度，表盘的直径规定不应小于 150mm。

3-8-8　管道水压试验前应具备的条件有哪些？

答：管道水压试验前应符合下列的规定：

1）管道安装检查合格后，应按现行规范规定回填土；

2）管件的支墩、锚固设施已达设计强度，未设支墩及锚固设施的管件，应采取加固措施；

3）管渠的混凝土强度，应达到设计规定；

4）试验管段所有敞口应堵严，不得有渗漏水现象；

5）试验管段不得采用闸阀做堵板，不得含有消火栓、水锤消除器、安全阀等附件。

3-8-9　管道水压试验前浸泡的规定有哪些？

答：试验管段灌满水后，宜在不大于工作压力条件下充分浸泡后再进行试验，浸泡时间应符合下列规定：

1）铸铁管、球墨铸铁管、钢管：

无水泥砂浆衬里，不少于 24h；

有水泥砂浆衬里，不少于 48h。

2）预应力、自应力混凝土管及现浇钢筋混凝土管渠；

管径小于或等于 1000mm，不少于 48h；

管径大于 1000mm，不少于 72h。

3-8-10　管道水压试验程序的规定是怎样的？

答：管道水压试验时，应符合下列规定：

1）管道升压时，管道内的气体应排除，升压过程中，当发现弹簧压力计表针摆动、不稳，且升压较慢时，应重新排气后再升压；

2）应分级升压，每升一级应检查后背、支墩、管身及接口，当无异常现象时，再继续升压；

3）水压试验过程中，后背顶撑、管道两端严禁站人；

4）水压试验时，严禁对管身、接口进行敲打或修补缺陷，遇有缺陷时，应做出标记，卸压后修补。

进行正式水压试验之前，一般需进行多次初步升压试验方可将管道内气体排净，仅当确认管道内的气体已排除后方可进行正式水压试验，如果气体未排除即进行水压试验，所测定的渗水量是不真实的。判断管道内气体是否已排除可以从 3 种现象确定：

(1) 管道内已充满水，当升压时，水泵不断向管道内充水但升压很慢；

(2) 当用水泵向管道内充水时，随着手压泵柄的上下摇动，表针摆动幅度较大且读数不稳定；

(3) 当水压升至 80%试验压力时，停止升压，然后打开连通管道的放水节门，放水时水柱中带有“突突”的声响并喷出许多气泡。

以上 3 种现象的出现表明管道内气体未排除，仅当以上现象消失，而且用水泵充水升压很快时，方能确认气体已经排除。此刻进行正式水压试验所测的渗水量是真实的。

3-8-11　管道水压试验试验压力的规定是怎样的？

答：管道水压试验的试验压力，应符合表 3-8-11（1）的规定。

表 3-8-11（2）补充了现浇钢筋混凝土管渠的试验压力 1.5P，此规定是根据京、津、唐几个水、电厂的现浇钢筋混凝土管的验收工程所采用的试验压力拟定的，见表 3-8-11（2）。

管道水压试验的试验压力　　表 3-8-11（1）

管材种类	工作压力 P	试验压力
钢管	P	$P+0.5$ 且不应小于 0.9
铸铁及球墨铸铁管	≤0.5	$2P$
	>0.5	$P+0.5$
预应力、自应力混凝土管	≤0.6	$1.5P$
	>0.6	$P+0.3$
现浇钢筋混凝土管渠	≥0.1	$1.5P$

现浇混凝土管渠验收试验压力一览表　　表 3-8-11（2）

工程名称	管径（mm）	工作压力 P（MPa）	试验压力为 $1.5P$（MPa）	实际试验压力为（MPa）	施工单位
唐山×电厂	1800 1600	0.25	0.375	0.40	建委一局一公司
天津××电厂	2500	0.14	0.21	0.21	建委一局一公司
天津××水厂	2200	0.03 0.07 0.11	0.045 0.105 0.165	0.05 0.105 0.165	天津自来水公司
天津××电厂	2200	0.20	0.30	0.30	天津六建
北京××电厂	2200	0.15 0.25	0.225 0.375	0.30 0.40	北京市政三公司

3-8-12　强度试验及质量标准是什么？

答：水压升至试验压力后，保持恒压 10min，检查接口、管身无破损及漏水现象时，认为管道强度试验合格。

3-8-13　严密性放水法或注水法试验程序是怎样的？

答：1）放水法试验应按下列程序进行：

（1）将水压升至试验压力，关闭水泵进水节门，记录降压 0.1MPa 所需的时间 T_1。打开水泵进水节门，再将管道压力升至试验压力后，关闭水原进水节门；

（2）打开连通管道的放水节门，记录降压 0.1MPa 的时间 T_2，并测量在 T_2 时间内，从管道放出的水量 W；

（3）实测渗水量应按下式计算：

$$q=\frac{W}{(T_1-T_2)L}$$

式中　q——实测水量（L/min·m）；

T_1——从试验压力降压 0.1MPa 所经过的时间（min）；

T_2——放水时，从试验压力降压 0.1MPa 所经过的时间（min）；

W——T_2 时间内放出的水量（L）；

L——试验管段的长度（m）。

2）注水法试验应按下列程序进行：

（1）水压升至试验压力后开始计时。每当压力下降，应及时向管道内补水，但降压不得大于 0.03MPa，使管道试验压力始终保持恒定，延续时间不得少于 2h，并计量恒压时间内补入试验管段内的水量；

（2）实测渗水量应按下式计算：

$$q=\frac{W}{T\cdot L}$$

式中　q——实测水量（L/min·m）；

W——恒压时间内补入管道的水量（L）；

T——从开始计时至保持恒压结束的时间（min）；

L——试验管段的长度（m）。

（3）放水法或注水法试验，应做记录，记录表格宜符合表 3-8-13（1）和表 3-8-13（2）的规定。

放水法试验记录表 **表 3-8-13（1）**

<table>
<tr><td colspan="2">工程名称</td><td colspan="3">试验日期</td><td colspan="2">年　月　日</td></tr>
<tr><td colspan="2">桩号及地段</td><td colspan="5"></td></tr>
<tr><td colspan="2">管道内径
（mm）</td><td colspan="2">管材种类</td><td colspan="1">接口种类</td><td colspan="2">试验段长度
（m）</td></tr>
<tr><td colspan="2">工作压力
（MPa）</td><td colspan="2">试验压力
（MPa）</td><td colspan="1">10min 降压值
（MPa）</td><td colspan="2">允许渗水量
（L/min・km）</td></tr>
<tr><td rowspan="5">渗水量测量记录</td><td rowspan="5">放水法</td><td>次数</td><td>由试验压力降压 0.1MPa 的时间 T_1（min）</td><td>由试验压力放水下降 0.1MPa 的时间 T_2（min）</td><td>由试验压力放水下降 0.1MPa 的放水量 W（L）</td><td>实测渗水量 q（L/min・km）</td></tr>
<tr><td>1</td><td></td><td></td><td></td><td></td></tr>
<tr><td>2</td><td></td><td></td><td></td><td></td></tr>
<tr><td>3</td><td></td><td></td><td></td><td></td></tr>
<tr><td colspan="5">折合平均实测渗水量＝q×1000（L/min・km）</td></tr>
<tr><td colspan="2">外　观</td><td colspan="5"></td></tr>
<tr><td colspan="2">评　语</td><td colspan="2">强度试验</td><td></td><td>严密性试验</td><td></td></tr>
</table>

施工单位：　　　　　　　　试验负责人：

监理单位：　　　　　　　　设计单位：

使用单位：　　　　　　　　记录员：

注水法试验记录表 **表 3-8-13（2）**

<table>
<tr><td colspan="2">工程名称</td><td colspan="3"></td><td>试验日期</td><td colspan="2">年　月　日</td></tr>
<tr><td colspan="2">桩号及地段</td><td colspan="6"></td></tr>
<tr><td colspan="2">管道内径
（mm）</td><td colspan="3">管材种类</td><td colspan="1">接口种类</td><td colspan="2">试验段长度
（m）</td></tr>
<tr><td colspan="2">工作压力
（MPa）</td><td colspan="3">试验压力
（MPa）</td><td colspan="1">10min 降压值
（MPa）</td><td colspan="2">允许渗水量
（L/min・km）</td></tr>
<tr><td rowspan="5">渗水量测定记录</td><td rowspan="5">注水法</td><td>次数</td><td>达到试验压力的时间 t_1（min）</td><td>恒压结束时间 t_2（min）</td><td>恒压时间 T（min）</td><td>恒压时间内补入的水量 W（L）</td><td>实测渗水量 q（L/min・km）</td></tr>
<tr><td>1</td><td></td><td></td><td></td><td></td><td></td></tr>
<tr><td>2</td><td></td><td></td><td></td><td></td><td></td></tr>
<tr><td>3</td><td></td><td></td><td></td><td></td><td></td></tr>
<tr><td colspan="6">折合平均实测渗水量＝q×1000（L/min・km）</td></tr>
<tr><td colspan="2">外　观</td><td colspan="6"></td></tr>
<tr><td colspan="2">评　语</td><td colspan="2">强度试验</td><td colspan="1"></td><td>严密性试验</td><td colspan="2"></td></tr>
</table>

施工单位：　　　　　　　　试验负责人：

监理单位：　　　　　　　　设计单位：

使用单位：　　　　　　　　记录员：

3-8-14　管道严密性试验质量标准是什么？

答：管道严密性试验时，不得有漏水现象，且符合下列规定时，认为严密性试验合格。

1）实测渗水量小于或等于表 3-8-14 规定的允许渗水量。

压力管道严密性试验允许渗水量（L/min·km）　　**表 3-8-14**

管道内径（mm）	钢　管	铸铁管 球墨铸铁管	预应力、自应力混凝土管
100	0.28	0.70	1.40
125	0.35	0.90	1.56
150	0.42	1.05	1.72
200	0.56	1.40	1.98
250	0.70	1.55	2.22
300	0.85	1.70	2.42
350	0.90	1.80	2.62
400	1.00	1.95	2.80
450	1.05	2.10	2.96
500	1.10	2.20	3.14
600	1.20	2.40	3.44
700	1.30	2.55	3.70
800	1.35	2.70	3.96
900	1.45	2.90	4.20
1000	1.50	3.00	4.42
1100	1.55	3.10	4.60
1200	1.65	3.30	4.70
1300	1.70	—	4.90
1400	1.75	—	5.00

2）当管道内径大于规定值时，实测渗水量应小于或等于按下列公式计算的允许渗水量。

钢管：$Q=0.05\sqrt{D}$

铸铁管、球墨铸铁管：$Q=0.1\sqrt{D}$

预应力、自应力混凝土管：$Q=0.14\sqrt{D}$

3）现浇钢筋混凝土管渠实测渗水量应小于或等于按下式计算的允许渗水量：

$$Q=0.014D$$

式中　Q——允许渗水量（L/min·km）；

D——管道内径（mm）。

4）管径小于或等于 400mm，且长度小于或等于 1km 的管道，在试验压力下，10min 降压不大于 0.05MPa 时，可认为严密性合格。

5）非隐蔽性管道，在试验压力下 10min 压力降不大于 0.05MPa，且管道及附件无损坏，然后使试验压力降至工作压力，保持恒压 2h，进行外观检查，无漏水现象认为严密性合格。

渗水指潮湿形成水膜但不向下滴水；漏水指连续不断的滴水。

3-8-15　给水管道的水压试验是怎样的？

答：1）试验压力的标准

根据管材的不同，规定了试验压力标准。列于表 3-8-15。

给水管道水压试验压力（MPa） 表 3-8-15

管材	工作压力	试验压力
钢管	$P<0.5$	1.0
	$P=0.5\sim2$	$P+0.5$
铸铁管及预应力钢筋混凝土管	$P\leqslant0.5$	$2P$
	$P>0.5$	$P+0.5$
钢筋混凝土管	$P\leqslant0.2$	P+0.2
硬聚氯乙烯管	P	$\ngtr1.5P$ 且$\nless0.5$

2）水压试验前的准备工作

将管线全长分成许多试验段以便提高试验数据的可靠性。每段长度以不超过 1km 为宜。如有顶管、过河或其他特殊施工段时，可单独作为一试验段。

试验前，应做好管端支撑。

试压时，管端承受的总压力为

$$P=P\cdot\pi r^2$$

式中 P——管端所承受的总压力；

P——试验压力；

r——管内径。

支撑结构的设计，按短管与管子之间的接口被破坏时的应力考虑。

为了防止由试验压力引起的后背土壁压缩变形给试验数据带来的误差，可增大后背面积，提高背墙的强度和刚性，亦可在管端支撑中设置千斤顶以抵消后座位移。

3）水压试验

水压试验一般应在管道胸腔还土后进行。水压试验应逐渐升压，每次升压为 0.2MPa 较好。每次升压后，都留出一定的稳压时间，在此期间对管道及试验设备进行一次安全检查，确认没问题时再进行下次升压。

对于管径小于 400mm 的管道，在试验压力下，如 10min 内落压不超过 0.05MPa。即认为合格。而对大口径管道要进行漏水量测定。

水压试验设备布置如图 3-8-15（1）所示，漏水量试验布置如图 3-8-15（2）所示。

每公里管长每分钟允许漏水率，可按下式计算：

钢管： $q=0.05\sqrt{D}$

铸铁管： $q=0.1\sqrt{D}$

预应力钢筋混凝土管、自应力钢筋混凝土管、钢筋混凝土管、石棉水泥管：

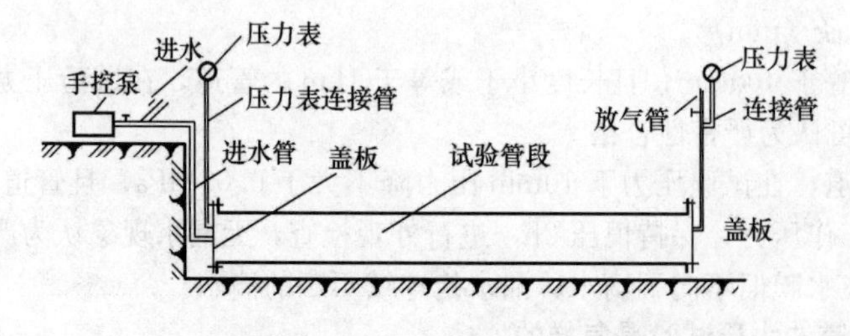

图 3-8-15（1） 水压实验设备

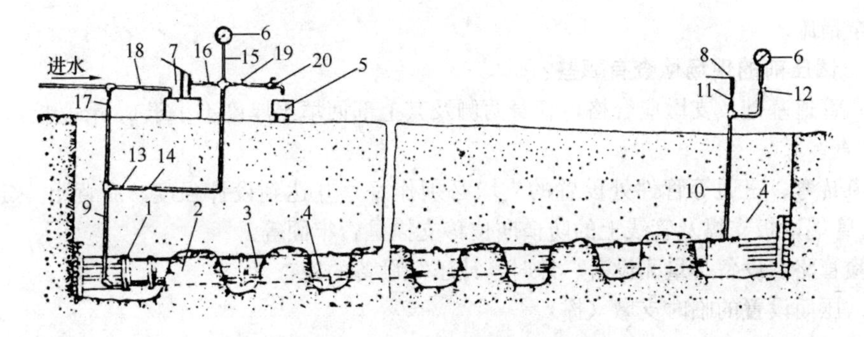

图 3-8-15（2） 漏水量试验设备布置

1—封闭端；2—回填土；3—试验管段；4—工作坑；5—水筒；6—压力表；7—手摇泵；8—放气口；9—进水管；10—压力表连接管；11、12、14、15、16、17、18、19—闸门；20—龙头

$$q=0.14\sqrt{D}$$

式中 D——管内径，mm，

q——每公里长管道允许漏失水量，L/min。

漏水量试验是根据在同一管段内，压力相同，压降相同，则其漏水总量亦应相同的原理来检验管道的漏水情况。先将管道内的水压加到试验压力，停止加压并记录压力表指针降低一个大气压所需的时间 T_{10} 再将管内水压加到试验压力，停止加压的同时，开启放水龙头，用小量桶量出水量 W，并记录压力表指针降低一个大气压所需时间 T_2 则：

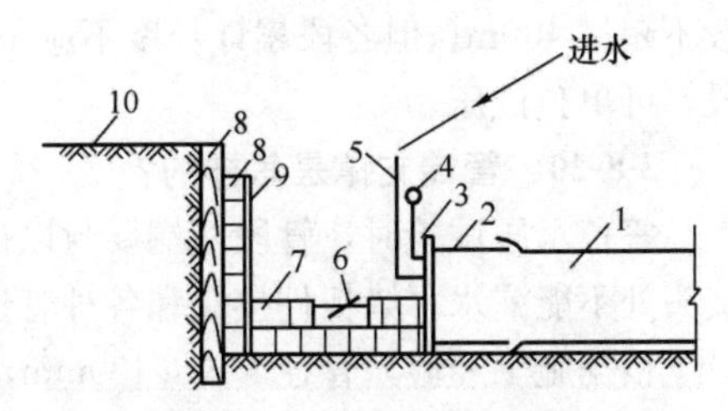

图 3-8-15（3） 水压试验后背

1—试验管段；2—短管乙；3—法兰盖堵；4—压力表；5—进水管；6—千斤顶；7—顶铁；8—方木；9—铁板；10—后座墙

$$q=\frac{W}{T_1-T_2}\cdot\frac{1000}{L}$$

式中 q——每公里管线试验时的漏水量；

L——试验段管线长度；

T_1——开启龙头前降低一大气压所需时间；

T_2——开启龙头后降低一大气压所需时间；

W——龙头流出的水量。

当漏失水量不超过规范规定值时，即认为试验合格。

3-8-16 给水管道的水质检验是怎样的?

答：生活饮用给水管道试压合格后，将管道冲洗干净。冲洗水量为试验段容量的3倍，流速为1.0～1.5m/s。浸泡一昼夜，取水样进行细菌检验。标准是每公升水中大肠菌不得超过3个，每毫升水中杂菌总数不得超过100个为合格，否则需加氯消毒。采用含氯量25～30%的漂白粉溶液，冬季浓度2%，夏季浓度1%，使管内水中余氯30～50mg/L，浸泡12h后再化验，直至合格为止。

3-8-17 编制水压试验方案的内容有哪几条?

答：内容包括：

1）后背及堵板的设计；

2）供水管路，排水孔及泄水孔的设计；

3）加压设备，压力表的选择及安装；

4）排水疏导措施；

5）升压分级的划分及观测制度的规定；

6）试验管段的稳定措施；

7）安全措施。

3-8-18　试压前的现场检查有哪些？

答： 1）管道基础及支墩应合格，管身两侧及其上部回填土厚度不小于0.5m。接口部分不回填，以供检查。

2）管道转弯、三通等管件处设置的支墩必须作好，并达到设计强度。后背土一定要填实，并仔细检查管端堵板支撑及管线上的防横向位移支撑是否牢固等。

3）试验管路、设备、量测设备、计时、计压等设备的检查。

4）为试压而设置的临时支墩（撑）。

3-8-19　试验分段是怎样的？

答： 比较长的给水管道应分段试压，各段管道试验压力应一致。为了水压试验的可靠性和便于操作人员的互相联络及检查管道接口。每段长度一般不超过1km，对湿陷性黄土地区，分段一般不超过400m；但各段累计长度不应小于总长度的90%。过河、架桥及其特殊障碍物等特殊地段，可单独试压。

3-8-20　管端支撑是怎样的？

答： 水压试验时，管段两端要封以试压堵板，堵板要求有足够的强度，试压过程中与管身的接头处不能漏水。堵板件接头和各种管道本身接口与后背有关。

根据施工经验，管径 $DN<400$mm，试验压力1.0MPa，油麻石棉水泥接口、可不必在堵板外设支撑。实际试压时，作为安全措施，可把后座土与管子中心垂线切平。

3-8-21　管道试压后背和管件支墩是怎样的？

答： 1）用天然土壁作管道试压后背，一般在试压管道的两端各留一段长7～10m的沟槽原状土不挖，作为试压后背，预留土墙后背要求墙面平整并与管道轴线垂直。

当后背土质松软时，可采取加大后背受力面积，砌砖墙或浇筑混凝土及钢筋混凝土墙、板桩、或换土夯实的方法进行加固，以保证试压工作安全进行。

如遇浅槽后背受力面积不够时，可将后背受力面向两侧及深处扩大，砌墙及墙后分层还土夯实加高的方法也可满足试压的要求。

2）管径 $DN<500$mm 的刚性接口承插铸铁管道，可用已安装的管段作后背，但长度不宜小于30m，并必须填土夯实。纯柔性接口的管段，不得作为试压后背。

3）管件支墩应能抵消管道推力，保证管道正常运行，所做支墩尺寸不应小于设计尺寸，并能满足管道试压的要求。支墩外侧应紧贴原土；遇地下水时，排水后支墩底部应铺设10cm厚卵石；支墩混凝土须达到设计强度之后方可进行管道试压。

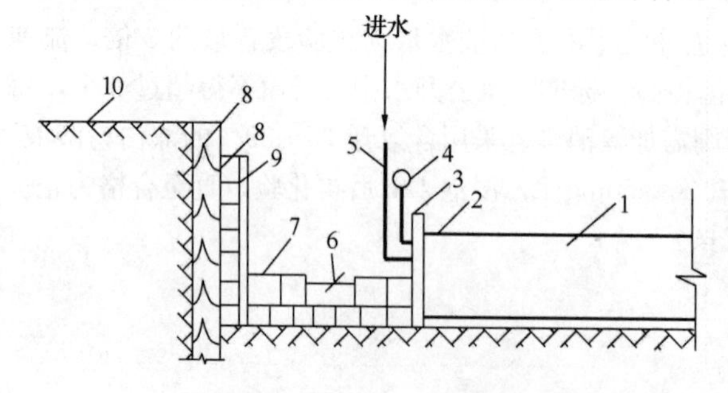

图3-8-21　给水管道水压试验后背

1—试验管段；2—短管乙；3—法兰盖堵；4—压力表；5—进水管；6—千斤顶；7—预铁；8—方木；9—铁板；10—后座墙

4）从管头盖堵至后背墙的传力段，可用圆木、管子等材料。

对于管径较大，试验压力也较大时，会使土后背墙发生弹性压缩变形，从而导致接口破坏。为了解决这个问题，常用螺旋式千斤顶（见图3-8-21），即对后背施加预压力，使后背产生一定的压缩变形，但应注意加力不可过大，以防止接口破坏。

3-8-22　水压试验设备有多少？

答： 1）弹簧压力表

压力表的表面直径150mm，表盘刻度上限值宜为试验压力的1.3～1.5倍，表的精度不低于1.5级，使用前应校正，数量不少于两块。

2）试压泵

泵的扬程和流量应满足试压管段压力和渗水量的需要。一般小口径管道可用手压泵，大中口径管道多用电动柱塞式组合泵（泵车），还可根据需要选用相应的多级离心泵。

3）排气阀

排气阀宜采用自动排气阀。排气阀应启闭灵活，严密性好。排气阀应装在管道纵断面起伏的各个最高点，长距离的水平管道上也应考虑设置；在试压管段中，如有不能自由排气的高点，应设置排气孔。

3-8-23　管道注水（灌水）有何规定?

答：水压试验前的各项工作完成后，即可向试验管段内注水（灌水），具体规定如下：

1）管道注水时，应将管道上的排气阀，排出孔全部开启进行排气，如排气不良（加压时常出现压力表表针摆动不稳，且升压较慢），应重新进行排气。排出的水流中不带气泡，水流连续，速度均匀时，表明气已排净。

2）注满水后，宜保持0.2～0.3MPa水压（不得超过工作压力），充分浸泡。然后对所有支墩、接口、后背、试压设备和管路进行全面检查修整。

3-8-24　管道泡管时间为多少?

答：管道注水后，应进行一定时间的泡管，便管内壁和管道接口充分吸水，以保证水压试验的精确。泡管的时间如下：

1）普通铸铁管、球墨铸铁管、钢管无水泥砂浆衬里者不小于24h；有水泥砂浆衬里不小于48h。

2）给水硬聚氯乙烯管不小于48h。

3）预应力、自应力钢筋混凝土管，当管径 DN＜1000mm时不小于48h。

3-8-25　水压试验方法是怎样的?

答：给水管道的水压试验方法有落压试验和水压严密性试验（渗漏水量试验）两种。

水压试验前，应彻底排除管内气体。开始水压试验时，应逐步升压，每次升压以0.2MPa为宜，每次升压后，检查没有问题，再继续升压；升压接近试验压力时，稳压一段时间，然后升至试验压力。

1）落压试验（水压强度试验）

落压试验又称压力表试验。常用于管径 DN＜400mm小管径的水压强度试验。试验装置见图3-8-25（1）。

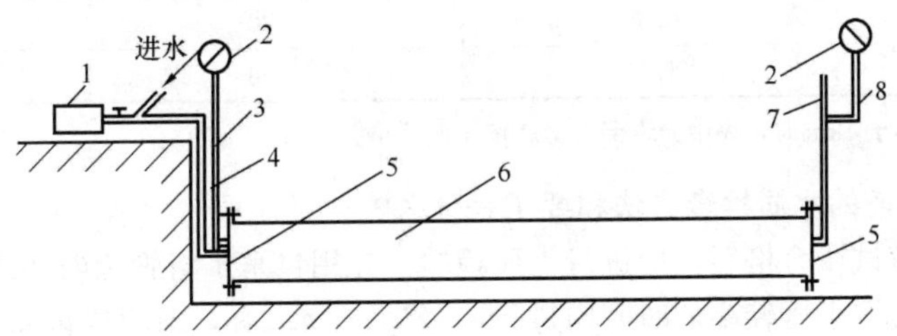

图3-8-25（1）　落压试验设备布置示意

1—手摇泵；2—压力表；3—压力连接管；4—进水管；5—盖板；6—试验管段；7—放气管；8—连接管

对于管径 DN＜400mm管道，在试验压力下，10min降压不大于0.05MPa为合格。

2）水压严密性试验（渗漏水量试验）

水压严密性试验又称渗漏水量试验。渗漏水量试验是根据在同一管段内，压力相同，降压相同，则其漏水总量亦应相同的原理，来检查管道的漏水情况。漏水量试验如图 3-8-25（2）所示。

试验时，先将水压升至试验压力，关闭进水闸门，停止加压，记录水压下降了 0.1MPa 所需的时间 T_1；然后打开进水闸门再将水压重新升至试验压力，停止加压并打开放水龙头放水至量水容器，降压 0.1MPa 为止，记录所需时间为 T_2，放出的水量为 $W(L)$。

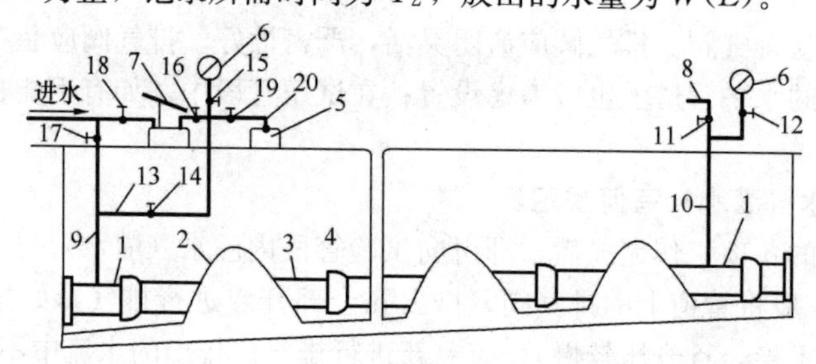

图 3-8-25（2） 漏水量试验

1—封闭端；2—回填土；3—试验管段；4—工作坑；5—水筒；6—压力表；7—手摇泵；8—放气口；9—进水管；10、13—压力表连接管；11、12、14、15、16、17、18、19—闸门；20—龙头

根据前后压降的相同，漏水量亦相同原理，则有：

$$T_1 q_1 = T_2 q_2 + W$$

而

$$q_1 \approx q_2$$

则

$$q = W/(T_1 - T_2)$$

当漏水率 q 不超过表 2852 规定值时，即认为试验合格。

给水管道水压试验允许漏水率(L/(min·km)) 表 3-8-25

管径(mm)	钢管	普通铸铁管 球墨铸铁管	预应力、自应力 钢筋混凝土管
100	0.28	0.70	1.40
125	0.35	0.9	1.56
150	0.42	1.05	1.72
200	0.56	1.40	1.98
250	0.70	1.55	2.22
300	0.85	1.70	2.42
350	0.90	1.80	2.62
400	1.00	1.95	2.80

注：试验管段长度小于 1km 时，表中允许漏水量就按比例减小。

3-8-26 给水管道的水质检查方法和要求是什么？

答：饮用水管道试压合格后，应进行水质检验。先用自来水将管道内部冲洗干净（宜安排在城市用水量较小，管网水压较高的时间内进行），然后存水 24h，取出管内水样进行化验。在 1L 水中大肠杆菌不超过 3 个和 1mL 水中细菌总数不超过 100 个为合格。否则需要用氯消毒。采用含氯量为 25%～30%的漂白粉，浓度冬季为 2%，夏季为 1%，使管内每升水活性氯 30～50mg。消毒时，将漂白粉溶液压入管内，浸泡 12～24h 放掉，用清水冲洗至含氯量符合规定值，再用水浸泡 12h 后进行化验，直至全部合格为止。

3-8-27 管道冲洗基本规定有哪些？

答：给水管道水冲洗工序，是竣工验收前的一项重要工作。

1）管道冲洗时的流量不应小于设计流量或不小于 1.5m/s 的流速。

2）冲洗应连续进行，当排出口的水色、透明度与入口处目测一致时即可取水化验。

3）放水口的截面不应小于被冲洗管截面的1/2。

4）冲洗时间应安排在用水量较小，水压偏高的夜间进行。

3-8-28　管道冲洗方案要点有哪些

答：1）冲洗水的水源

管道冲洗要耗用大量的水，水源必须充足，冲洗水的流速不应小于1.5m/s。一种情况是被冲洗的管线可直接与新水源厂（水源地）的预留管道接通，开泵冲洗；另一种情况与现有的供水管网的管道用临时管接通冲洗，必须选好接管位置，设计临时来水管线。

2）放水口

(1) 放水路线不得影响交通及附近建筑物（构筑物）的安全，并与有关单位取得联系，以确保放水安全、畅通。

(2) 安装放水管时，与被冲洗管的连接应严密、牢固，管上应装有阀门、排气管和放水取样龙头，放水管的弯头处必须进行临时加固，以确保安全工作。

放水口管的局部示意图，见图3-8-28。

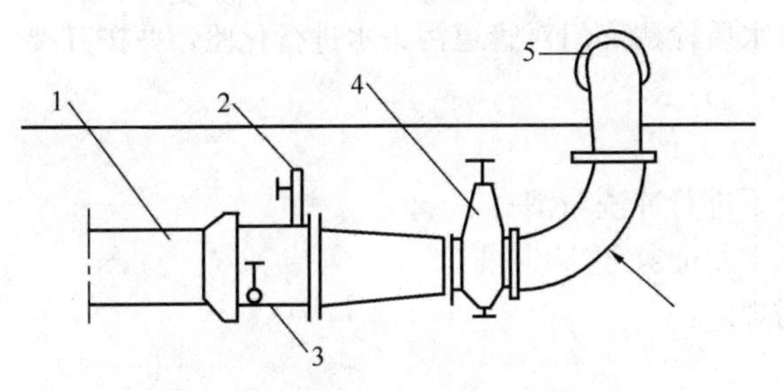

图3-8-28　放水口上弯示意图

1—被冲洗（消毒）；2—排气管；3—放水龙头；4—闸门；5—接排水出路

3）排水路线

由于冲洗水量大并且较集中，选好排放地点，排至河道和下水道要考虑其承受能力，是否能正常泄水。临时放水口的截面不得小于被冲洗管的1/2。

4）人员组织

管道进行冲洗时应设专人指挥，严格按冲洗方案进行。派专人巡视，专人负责阀门的开启、关闭，并和有关协作单位密切配合联系。

5）制定安全措施

放水口处应设置围栏，专人看管，夜间设照明灯具等。

6）通信联络

配备通信设备，确定联络方式，冲洗全线做到情况明了，联系及时。

7）拆除冲洗设备

冲洗消毒进行完毕，及时拆除临时设施，恢复原有地形地貌和其他设施。

3-8-29　冲洗注意事项有哪些？

答：1）准备工作

(1) 放水冲洗前与管理单位联系，共同商定放水时间、用水量、如何计算用水量及取水化验时间等事宜。冲洗水流速应不小于1.5m/s；放水时间以放水量大于管道总体积的3倍，且水质外观澄清为参考；宜安排在城市用水量较小，管网水压偏高的时间内进行。

(2) 放水口应有明显标志和栏杆，夜间应加标志灯等安全措施。

(3) 放水前，应仔细检查放水路线，确保安全、畅通。

2）开闸冲洗

(1) 放水时，应先开出水闸门，再开来水闸门。

(2) 注意冲洗管段，特别是出水口的工作情况，做好排气工作，并派人监护放水路线，有问题及时处理。

(3) 支管线亦应放水冲洗。

3）检查

检查沿线有无异常声响、冒水和设备故障等现象，检查放水口水质外观。

4）关闸

放水后应尽量使来水闸门、出水闸门同时关闭，如果做不到，可先关出水闸门，但留一两扣先不关死，待来水闸门关闭后，再将出水闸门全部关闭。

5）取水样化验

（1）冲洗生活饮用水给水管道，放水完毕，管内应存水24h以上再取样。

（2）由管理单位进行取水样化验。

3-8-30　给水管道消毒的要求是什么？给水管道冲洗与消毒的要求有哪些？

答：1）生活饮水用的给水管道在放水冲洗后，如水质化验达不到要求标准应用漂白粉溶液注入管道内浸泡消毒，然后再冲洗，经水质部门检验合格后交付验收。

2）给水管道冲洗与消毒应符合下列要求规定：

（1）基本要求：

①给水管道严禁取用污染水源进行水压试验、冲洗，施工管段处于污染水水域较近时，须严格控制污染水进入管道；如不慎污染管道，应由水质检测部门对管道污染水进行化验，并按其要求在管道并网运行前进行冲洗消毒。

②管道冲洗与消毒应编制实施方案。

③施工单位应在有关单位、管理单位的配合下进行冲洗与消毒。

④冲洗时应避开用水高峰，冲洗流速不小于1.0m/s，连续冲洗。

（2）给水管道冲洗消毒准备工作应符合下列规定：

①用于冲洗管道的清洁水源已经确定。

②消毒方法和用品已经确定，并准备就绪。

③排水管道已安装完毕，并保证畅通、安全。

④冲洗管段末端已设置方便、安全的取样口。

⑤照明和维护等措施已经落实。

（3）管道冲洗与消毒应符合下列规定：

①管道第一次冲洗

用清洁水冲洗至出水口水样浊度小于3NTU为止，冲洗流速应大于1.0m/s。

②管道第二次冲洗

第一次冲洗后，用有效氯离子含量不低于20mg/L的清洁水浸泡24h后，再用清洁水进行第二次冲洗直至水质检测、管理部门取样化验合格为止。

3-8-31　漂白粉溶液的制备是怎样的？

答：1）计算漂白粉的用量

$$W = 0.1257 \times \Phi \times L$$

式中　W——漂白粉用量（kg）；

Φ——待消毒管道直径（m）；

L——待消毒管道长度（m）。

也可查表3-8-31作为参考：

每百米管道消毒所需漂白粉用量　　**表3-8-31**

管径（mm）	100	150	200	300	400	500	600	700	800	900	1000	1100	1200	1400	1500
漂白粉量（kg）	0.13	0.29	0.5	1.13	2.01	3.14	4.53	6.16	8.05	10.18	12.57	15.21	18.1	24.64	28.28

2）材料工具

漂白粉、自来水、小盆、大桶、口罩、手套等劳保防护用品。

3）溶解

（1）先将硬块压碎，在小盆中溶解成糊状，直至残渣不能溶化为止，除去残渣；

（2）用水冲入大桶内搅匀，即可使用。

4）漂白粉的注入方法

漂白粉的注入方法可采用打泵机或水射器进行注入，管线埋设条件允许时出可依靠溶液的重力灌入。

3-8-32　管道消毒程序和注意事项是怎样的？

答：见下表 3-8-32。

管道消毒程序和注意事项　　表 3-8-32

程　序	注　意　事　项
1. 准备工作	1. 在消毒前两天，与管理单位联系，取得配合 2. 制备漂白粉溶液
2. 泵入漂白粉溶液	打开放水口和进水处闸门，根据漂白粉溶液浓度，泵入速度，调节闸门开启程度控制管内流速，以保证水中游离氯含量每升 25～50mg
3. 关闸	应在放水口放出水的游离氯含量为每升 25mg 以上时，方可关闸
4. 泡管消毒	24h 以上
5. 放净氯水、放入自来水	
6. 取水化验	由管理单位进行，直至符合水质标准

3-8-33　给水管道冲洗与消毒施工准备有哪些？

答：1）材料要求：

（1）一般采用钢管、法兰盘制作来水管路，引接冲洗水源，并与被冲洗消毒的管段接通。

（2）采用钢管、法兰盘、制作放水口和临时排水管道，其截面不得小于被冲洗管的 1/2。

（3）临时闸阀、弯头、排气管、放水取样龙头等。

2）施工机具与设备：

（1）水泵、管钳、扳手、切管机、步话机、供电与照明设备、安全标志设施等。

（2）放水管路、排水管路、安装管径较大时，配备吊车与运输车辆。

3）作业条件：

（1）管道系统水压试验已验收合格，冲洗水源、排水出路已落实。

（2）根据需要做好支撑、围栏、标灯、照明及其他安全设施。

（3）与建设、管理单位联系冲洗用水量，放水时间，取样化验时间已确定。

4）技术准备：

（1）编制管道冲洗消毒方案，并已完成审批手续，主要内容包括：

①冲洗水的水源：管道冲洗要耗用大量的水，水源必须充足，一种情况是被冲洗的管线可直接与水源厂（水源地）的预接管道连通，开泵冲洗。另一种情况是与现有的供水管网的管道用临时管接通冲洗，必须选好接管的位置，设计临时来水管线。

②冲洗流速：冲洗水的流速，应为 1～1.5m/s，一般不小于 1.0m/s，否则不易将管道内的杂物冲洗掉。应连续冲洗，直至出水口处浊度、色度与入水口处冲洗水浊度、色度相同为止。

③冲洗时间：对于主要输水干管的冲洗，由于冲洗水量过大，管网降压严重，因此管道冲洗

应避开用水高峰，安排在管网用水量较小、水压偏高的夜间进行，并在冲洗过程中严格控制水压变化。

④放水口：放水路线不得影响交通及附近建（构）筑物的安全，并与有关单位取得联系，以确保放水安全、畅通。安装放水口管时，与被冲洗管的连接应严密、牢固；管上应装有阀门、排气管和放水取样龙头，放水管可比被冲洗管小，但截面不应小于其 1/2，放水管的弯头处必须进行临时加固，以确保安全工作。

⑤排水路线：由于冲洗水量大较集中，选好排放地点，排至河道或下水道要考虑其承受能力，是否能正常泄水。设计临时排水管道的截面不得小于被冲洗管的 1/2。

⑥人员组织：管道进行冲洗设专人指挥，严格实施冲洗方案。派专人巡线，专人负责阀门的开启、关闭。并和有关协作单位密切配合联系。

⑦制定安全措施：放水口处应设围栏，专人看管，夜间设照明灯具等。

⑧通信联络：配备通信设备，确定联络方式，冲洗全线做到情况明，指挥得当。

⑨拆除冲洗设备：冲洗消毒进行完毕，及时拆除临时设施，检查现场，恢复原有设施。

(2) 施工操作的工人已经过培训，熟悉现场条件、作业环境和施工顺序。

(3) 施工操作的工人已进行技术交底和安全交底，明确管道冲洗程序和安全要求。

3-8-34　给水管道冲洗与消毒工艺流程是怎样的？

答：工艺流程：准备工作→开闸冲洗→检查→合格关闸→取样化验。

3-8-35　给水管道冲洗与消毒工艺的操作要点有哪些？

答：1）准备工作

(1) 放水冲洗前与管理单位联系。共同商定放水时间、用水流量、如何计算用水量及取水化验时间等事宜。冲洗水流速应不小于 1.0m/s；放水时间以放水量大于管道总体积的 3 倍，且水质外观澄清、化验合格为度，宜安排在城市用水量较小，管网水压偏高的时间内进行。

(2) 放水口应有明显标志或栏杆，夜间应加标灯等安全措施。

(3) 放水前，应仔细检查放水路线，保证安全、畅通。

2）开闸冲洗

(1) 放水时，应先开出水闸门，再开来水闸门。

(2) 注意冲洗管段，特别是出水口的工作情况，做好排气工作，并派人监护放水路线，有问题及时处理。

(3) 支管亦应放水冲洗。

3）检查：检查沿线有无异常声响、冒水或设备故障等现象，检查放水口水质外观。

4）关闸：放水后应尽量使来水闸门、出水闸门同时关闭，如做不到，可先关出水闸门，但留 1～2 扣先不关死，待来水闸门关闭后，再将出水闸门全部关闭。

5）取样化验

(1) 冲洗生活饮用给水管道，放水完结，管内应存水 24h 以上再化验。

(2) 取水化验由管理单位进行。

6）注意事项

(1) 冲洗前应拟定冲洗方案，事前通告有关的主要用水户。

(2) 冲洗前应检查排水口、排水道或河道能否正常排泄冲洗的水量，冲洗水流是否会影响排水道、河床、船只等的安全。

(3) 在冲洗过程中应派专人进行安全监护。

7）管道消毒

(1) 管道冲洗后经水质检查达不到生活饮用水水质标准，则需进行管道消毒。管道消毒的目的是杀灭新铺设管道内的细菌，使管道通水后不致污染水质。

（2）消毒方法：管道消毒一般采用含氯水浸泡。含氯水通常是将漂白粉溶解后，取上层清液随同清水注入管内而得。含氯水应充满整个管道，氯离子浓度不低于25～50ms/L。管道灌注含氯水后，关闭所有阀门，浸泡24h，再次冲洗，直至水质管理部门取样化验合格为止。

（3）漂白粉耗用量的计算：

漂白粉耗用量可按下式计算：

$$W=\frac{\frac{\pi}{4}D^2La}{1000b_1b_2}$$

式中 W——漂白粉耗用量（kg）；

D——管道内径（m）；

L——管道长度（m）；

a——管道水中氯离水浓度（mg/L）；

b_1——漂白粉的含氯量（%）；

b_2——漂白粉的溶解率（%）。

8）管道消毒程序和注意事项：

水管消毒程序和注意事项应符合表3-8-35（1）的规定。

水管消毒程序和注意事项　　表3-8-35（1）

程　序	注意事项
一、准备工作	1. 在消毒前两天，与管理单位联系，取得配合； 2. 制备漂白粉溶液
二、泵入漂白粉溶液	打开放水口和进水处闸门，根据漂白粉溶液浓度，泵入速度、调节闸门开启程度控制管内流速，以保证水中游离氯含量25～50mg/L
三、关闸	应在放水口放出上游离氯含量为25mg/L以上时，方可关闸
四、泡管消毒	24h以上
五、放净氯水，放入自来水	关闸并存水24h
六、取水化验	由管理单位进行，符合标准才算完毕

9）与旧管勾头：施工完毕的给水管道与使用的旧管线接通（勾头），其程序和施工要点应符合表3-8-35（2）的规定。

给水管道接通（勾头）程序和施工要点　　表3-8-35（2）

工作程序	施工要点
一、勾头前的准备工作	1. 必须事先与管理单位联系，取得配合。确定勾头位置、施工安排，需要停水接管，必须事前商定准确停水时间，并严格按照执行； 2. 挖工作坑、集水坑应有安全措施，根据需要作好支撑、防护栏杆和标灯；根据旧管预计放出的水量，配备并检查好水泵，清理好排水路线； 3. 夜间接管，必须装好照明设备，并作好预防停电准备； 4. 检查管件、闸门、接口材料和工具，其规格、质量、品种、数量必须符合需要； 5. 支、吊好准备拆除的管节、管件，切管前应事先划出锯口位置，将所切管节垫好或吊好，以防骤然将堵冲开； 6. 检查并准备好电源，使用时要方便、可靠

续表

工作程序	施工要点
二、做好施工组织	接通旧管的工作应紧张而有秩序，明确分工，统一指挥，并与管理单位派至现场的人员密切配合。关闸、开闸均由管理单位人员负责操作，施工单位派人配合
三、关闸断水	关闸后如仍有水压，应查清原因，采取措施
四、临时支墩拆除	对预留三通、闸门等侧向设置的临时支墩，应在停水后拆除，永久支墩按设计图另行施工。如不停水拆除闸门等支墩时，必须事先会同管理单位研究好防止闸门走动的安全措施
五、勾头	1. 接管时，应防止外水面超高污染通水管道。旧管中的存水流入集水坑应随即排除，调节已吊好切管管节的错口位置或管端间隙控制流出水量，可使水面与管底保持适当距离； 2. 消毒措施：接管时，新装闸门与旧管之间的各项管件，除清除污物并冲洗干净外，还必须用1%～2%的漂白粉溶液洗刷两遍进行消毒方可安装，在安装过程中还应注意防止再受污染；接口用的油麻应经蒸气消毒，接口用的胶圈和接口工作，也应用漂白粉溶液消毒
六、支墩设置	勾头时所装的管件，应及时按设计或管理单位的要求，做好支墩
七、开闸通水	1. 注意排气，采取必要措施； 2. 检查接口漏水，对管径大于或等于400mm的干管，观察应不少于0.5h； 3. 支墩强度须达到要求

3-8-36　给水管道冲洗与消毒雨期施工有哪些要求：

答：1）冬期施工：

（1）冬期应对施工现场外露和冻土层内的输水管道等应采取防冻保护措施。

（2）排水施工机具、设备应配备防冻、防寒设施，水泵停止作业时，应将管路系统各部位放水闸打开放净水泵和水管中的积水。

（3）施工中应对现场运输道路、作业现场、作业平台、攀登设施等采取防滑措施，并在雪、霜后及时清扫积雪和结冰。

2）雨期施工：

（1）雨期施工应采取以防汛、防触电、防雷击、防坍塌等为重点的安全技术措施。

（2）雨期前应检查、完善原有排水设施，确认畅通，并结合工程情况，在现场建立完整有效的排水系统。水泵等排水设备应安装就位，并经试运转，确认正常。应急物资应到现场。

（3）汛期需打开排水管道检查井和雨水口的井盖（箅）紧急排水时，必须在其周围设护栏和安全标志，并设专人监护，遇夜间和阴暗时须设警示灯。排水结束后，必须立即将井盖（箅）盖牢，并及时拆除护栏等防护设施。

3-8-37　给水管道冲洗与消毒质量检验有何要求？有哪些质量记录？安全环保与成品保护有哪些要求？

答：1）质量要求

（1）主控项目：

①给水管道冲洗应符合国家标准规定，取样化验必须达到国家生活饮用水的水质标准的规定。

②停水接管应在停水期限内完成接管工作，新装闸门与已建管道之间的管件进行消毒后方可安装。在安装过程中，应防止再受污染。

（2）一般项目：

①管道冲洗后，应按规定进行消毒，经验收确认合格，形成文件。

②切管后，新装的管件应按设计或管理单位要求砌筑支墩。

③新建与已建管道连通后，开闸放水时应采取排气措施。

2）质量记录

（1）技术交底记录。

（2）给水管道冲洗记录。

（3）给水管道水质化验记录。

（4）工程质量事故及事故调查处理记录。

3）安全与环保

（1）给水管道冲洗前，建设单位应约请管理、施工单位研究冲洗、消毒方案及其配合事宜，并成立指挥机构，明确各方分工，责任到人，并检查、确认落实。

（2）冲洗方案应规定冲洗水源位置、临时管道的走向和管径、相应的安全技术措施，并经给水管道管理单位签认后实施。

（3）放水口应采取防冲刷措施。冲洗口和放水口周围均应设围挡和安全标志。

（4）引接水源需打开检查井时，必须在检查井周围设围挡或护栏，并设安全标志。

（5）冲洗用的临时管道设置在道路上时，应对临时管道采取保护措施，并与道路顺接，满足车辆、行人的安全要求；夜间和阴暗时，现场应设充足的照明的警示灯。

（6）冲洗、消毒中应由管道的管理单位设专人负责水源的阀门开启与关闭作业。作业人员不得擅自离开岗位。

（7）作业中各岗位人员应配备通信联络工具进行联系，并设专人巡逻检查，确认正常，遇异常情况应及时处理。

（8）管道冲洗后，应按规定进行消毒，经验收确认合格，形成文件。

（9）消毒液必须存放在库房内，指派专人管理，发放时应履行领料手续，余料收回。

（10）冲洗消毒完成后，应及时拆除进、出口的临时管道、恢复原况。

（11）施工过程中，对现场管线、闸门井等设施采取安全保护措施不得损坏。

（12）新旧管道连通勾头时，应在清除污物并消毒合格后方合安装，防止二次污染。

（13）施工过程中，做好现况道路、现况给排水管线维护和安全保护工作。

3.9 给水管道过河、沉井施工

3-9-1 过河管道的施工方式有几类？

答：给水管道穿越河道的方式分倒虹方式及架空方式两类，在选择穿越方式时应因地制宜，考虑施工可行、输水可靠、造价低廉等因素，进行经济比较，并与整体规划相协调。

在多水源环网中的管道过河，可按单根敷设；支状输水干管过河，则应附设两条管道，以保证输配水的可靠性。在倒虹方式敷设时，管道口径的选择应保证管内流不小于0.4m/s，以免发生沉积。过河管道在靠河岸两侧均应设置阀门，并有排水装置。

3-9-2 何谓倒虹管道？

答：将管道埋设在河床下面穿过河道的方式称为倒虹管法。这种穿越河床的施工，首先应按规划的要求，结合现状确定管顶覆土深度。覆土深度要保证河床的疏浚、冲刷及通航船只抛锚等情况时，不危及管道的安全。按照河床的具体情况可分为顶管施工法、围堰施工法、浮沉施工法。

3-9-3 顶管法施工倒虹管道的步骤和要求有哪些？

答：将要穿越的管道在河床下直接顶入，适用于河床地质构造、土质较好，同时河流较窄的倒虹吸管施工。

1）施工步骤

（1）将待穿越部分的河床断面尺寸、河底工程地质与水文地质资料实地勘测准确。

（2）采用直接顶入法将管道由河底顶过去。

（3）穿越河流的直管顶入后，应对该管段进行清洗，然后将两端用木塞或其他物品封闭，防止泥土及其他杂物进入。最后，将两端管道连上，形成倒虹吸管。

2）施工要求

（1）不得在淤泥及流砂地段顶穿；

（2）穿越管道的管顶距河底高度：对于不通航河道不得小于0.5m，对于通航河道，其值不得小于1.0m，管材采用钢管时应考虑防腐要求。

3-9-4 围堰法施工倒虹管道的步骤和要求有哪些？

答：围堰法是在施工场地临时筑堤用以分段交替隔堵水流的施工方法，如图3-9-4所示。这种施工法在河道水流不允许中断、改道且水流不急、河面不太宽、无碍通航的条件下使用。

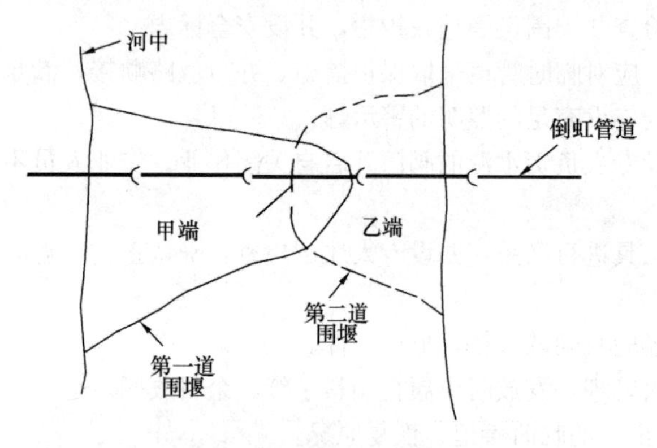

图3-9-4 围堰法施工倒虹吸管

1）施工步骤

（1）用围堰堵住设计穿越河流管管一端约2/3河面。

（2）用水泵抽出围堰中的水。

（3）沿设计管线位置和走向在堰内开挖管沟，铺设管道；将堰内管道全部安装完毕，塞住管端端口，防止杂物及泥土进入。

（4）对该管段进行试压检验，合格后作防腐修补，然后回填管沟。

（5）继续建筑堰内部分第二道围堰。第一道围堰内的第二道围堰的设置要考虑尽量减少第二道围堰的施工工作量。为防止管沟串水，第二道堰与已施工完管段交叉处的管沟应以黏土回填做成止水带。

（6）清除第一道围堰，建筑第一道围堤中铺筑的第二道围堰。

（7）用水泵抽出第二道围堰中的水，开挖管沟继续安装管道，管道施工完毕，应进行整体穿越管道的试压，合格后清除第二道围堰。

2）施工要求

（1）围堰的质量要保证在整个施工期间内，出现最高水位能安全堵水。在施工设计时，要依据施工进度及水文资料确定科学、合理的开工期，以使围堰施工在枯水期内完成。

（2）穿越管道的覆土要求：不通航河流不小于0.5m；通航河流应大于1m，而覆土上要做好冲刷的面层处理（如混凝土、砌条石等封面方法），回填高度不得高于河床。

（3）在管道施工中，应注意空管上浮的问题，应采取可靠的措施，防止管道的上浮和偏移。

（4）采用钢管应考虑防腐要求，采用铸铁管，预（自）应力钢筋混凝土管，应优先选用橡胶圈柔性接口，并配合可靠的基础。

（5）若管沟底的土层结构不稳定时，应考虑采用连续带状基础等措施。

3-9-5 浮沉法施工管道的步骤和要求有哪些？

答：浮沉法施工就是在河床水流不受影响的条件下水下开挖，利用漂浮法运管及组合焊接，然后管内灌水，使其下沉就位，管上覆盖，恢复河床原状的方法。如图3-9-5所示。

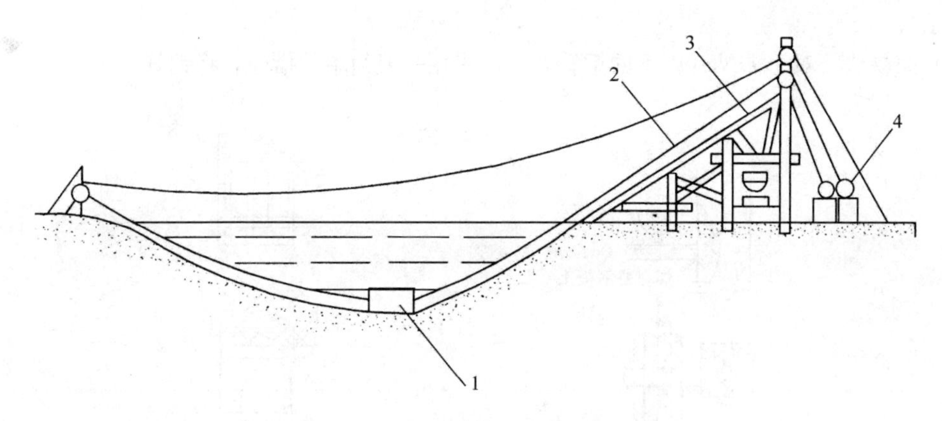

图 3-9-5　浮沉法施工管道穿越河流

1—索铲；2—牵引索；3—空载索；4—绞车

1）施工步骤

（1）水下管沟可采用挖泥船、吸泥泵、抓斗等机械挖掘，也可采用拉铲挖沟装置，挖掘装置在安装和使用时，要使牵引始终保持与管道走向相同；

（2）在挖沟时，要经常测定水深、沟深，潜水员要及时检查管沟的质量；

（3）用碎石对管沟进行初步找平，达到设计要求；

（4）在邻近管沟河岸的平整场地上依河岸断面焊接倒虹吸钢管，对钢管进行防腐处理；

（5）进行分段打压试验；

（6）将钢管两端用木塞塞住拖至河中浮在水面上，对准管沟方位；

（7）再进行一次严密检验；校正管中线及倒虹吸管形状位置是否与河床断面相对应；

（8）打开安装在管面端的进水及排气阀，逐渐均匀将管道沉于沟底管沟中；

（9）潜水员检查和校正管道位置，使之符合设计要求，将管道沟底的空隙用石块等填塞；拆去管道上所系钢丝，检验后回填。

2）施工要求

（1）水下沟槽开挖方向要符合管道设计走向；

（2）只能采用钢管施工；

（3）在沉管时，要求两端同时进水，进水流量要小而且两端进水速率大致相同，同时两端牵引设备要拉住管道，以免因进水不匀，管道两端下沉速度不同造成倾斜而改变位置；

（4）管顶覆土必须均匀，尽可能恢复原河床断面；如埋设在河床下较浅时，亦可不覆土待其自然淤没。

3-9-6　沿路桥跨河施工的形式和施工要点有哪些？

答： 1）管道随道路桥梁架设是最简便又常见的过河方式。在道路桥梁上架设管道，一方面应符合桥梁结构上的许可，不影响过水断面、不影响船只通行；另一方面应确保供水可靠，维修方便。在设计时，应考虑地震荷载、风荷载、雪荷载、温度应力的特殊要求以及同桥梁外形处理上的协调性。方法有：

（1）吊环法。当桥旁有吊装位置或在设计已预留的情况下，利用现有桥梁，用吊环固定在桥旁，其安装位置可在桥的一侧（如图 3-9-6（1）所示）。

（2）托架法。利用现有桥梁旁焊出钢支架，将管架起通过（如图 3-9-6（2）所示）。

（3）桥台法。利用桥旁的桥墩端部（鱼嘴）架设管道（如图 3-9-6（3）所示）。

（4）平铺法。设计时预留管位，将管道敷设在过河桥梁的人行道下的管沟内（如图 3-9-6

（4）所示）。

（5）简易法。对于 *DN*50 以下的钢管，可以采用一般简单的措施，将钢管固定在桥上。

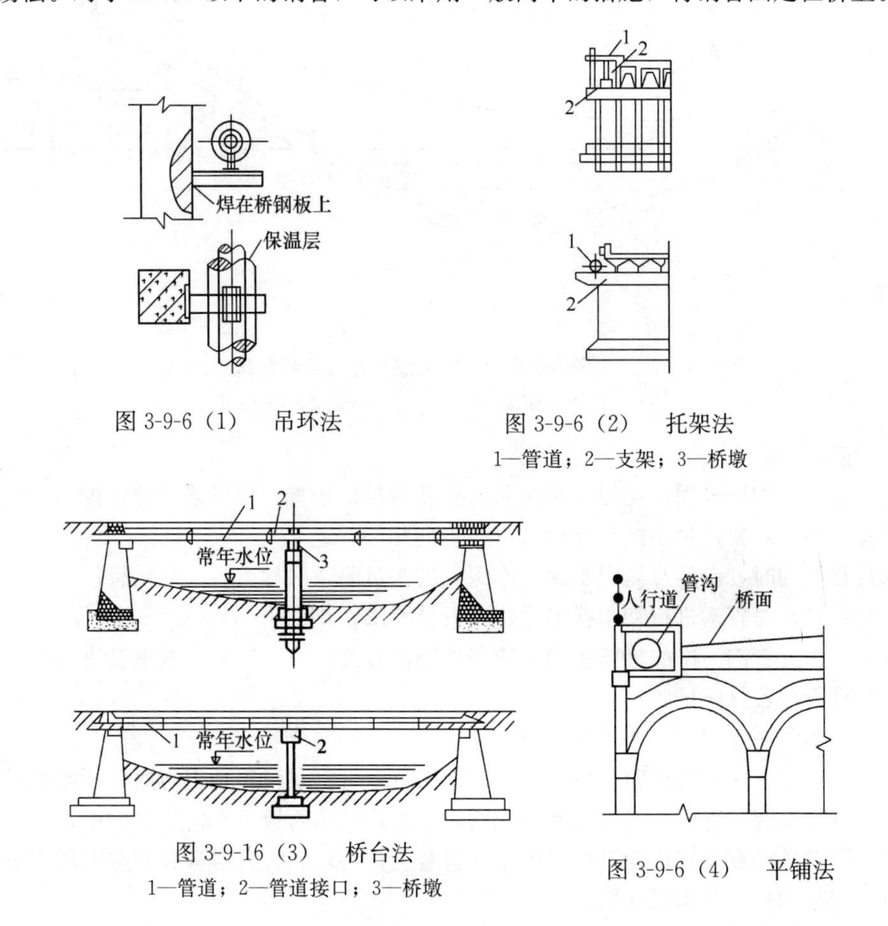

图 3-9-6（1） 吊环法

图 3-9-6（2） 托架法

1—管道；2—支架；3—桥墩

图 3-9-16（3） 桥台法

1—管道；2—管道接口；3—桥墩

图 3-9-6（4） 平铺法

2）沿路桥跨河施工要点（见表 3-9-6）

表 3-9-6

项　目	要　点
支、吊、托架的制作	应按设计要求，制作合乎规范
支、吊、托架的安装	1. 依据设计定出纵横位置，然后在桥上凿预埋孔，安装位置应正确 2. 支、吊、托架插入预埋孔，埋设应平整、牢固、泥浆饱满，但不应突出墙面
安 装 管 道	1. 管道可在地面上焊起一部分，吊到桥上，放入支、吊、托架后对接 2. 安装时，要注意管道与托架接触紧密 3. 滑动支架应灵活，滑托与滑槽应留有 3～5mm 的间隙，并留有一定的偏移量
固定管道	依次旋紧支、吊、托架螺栓，个别管道与托架间有空隙处，应用铁锲插入，用电焊焊于管架上

3-9-7　水平管梁式管架桥施工

答：在没有道路桥的地段或桥上无法架越管道时，可修筑轻便的专用桥安放管道。如图 3-9-7（1）就是索桥上敷设管道的形式。

也可采用管架桥的形式跨越河道，这种管架桥是以钢制水管本身作桥的桁架，必要时进行适

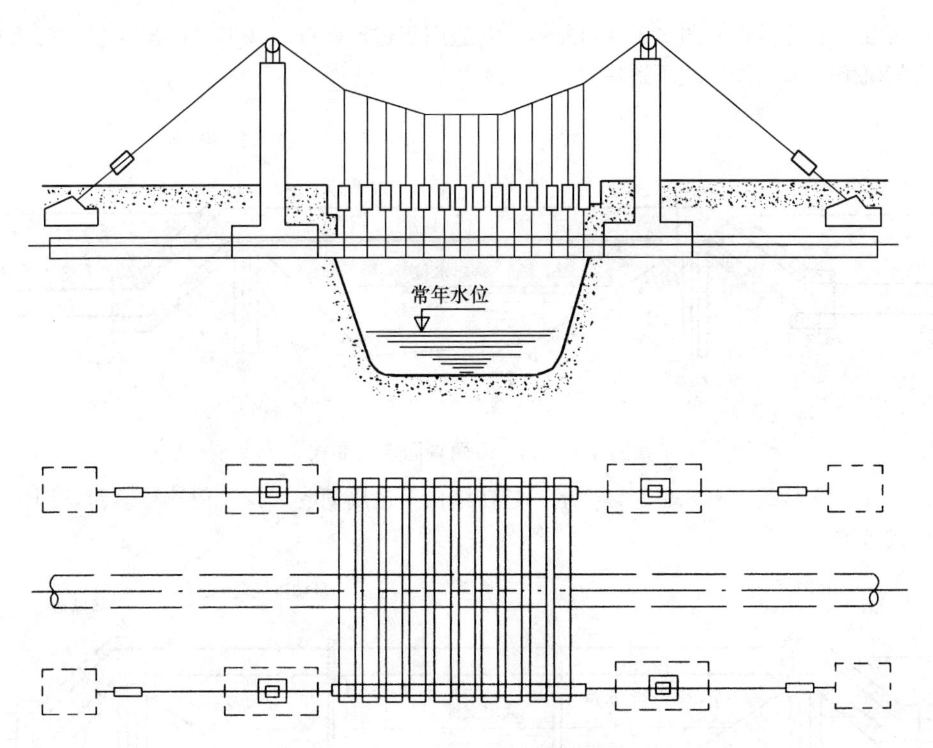

图 3-9-7（1） 索桥上敷设管道的形式

当加固的架管方式。它的类型分为不作加固设施的管梁式管架桥以及作加固设施的加强式管架桥。后者使用于跨度大而设立桥墩困难时。

1）管梁式管架桥

（1）简单支撑形式如图 3-9-7(2)所示。

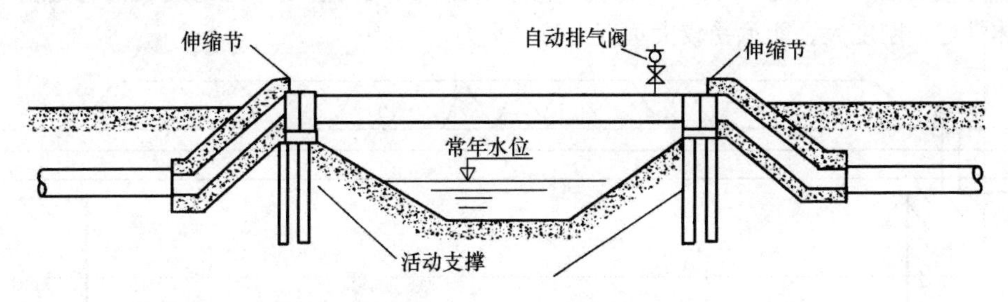

图 3-9-7（2） 简单支撑形式

（2）一端固定另一端活动的支撑形式如图 3-9-7(3)所示。

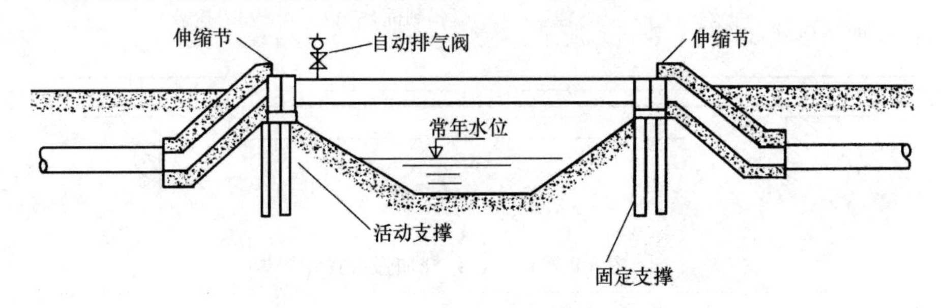

图 3-9-7（3） 一端固定另一端活动的支撑形式

（3）两端固定的形式如图 3-9-7(4)所示。它适用于过河跨度较短时，但出现较大温度应力及地基不均匀沉陷时，这种形式不适宜。

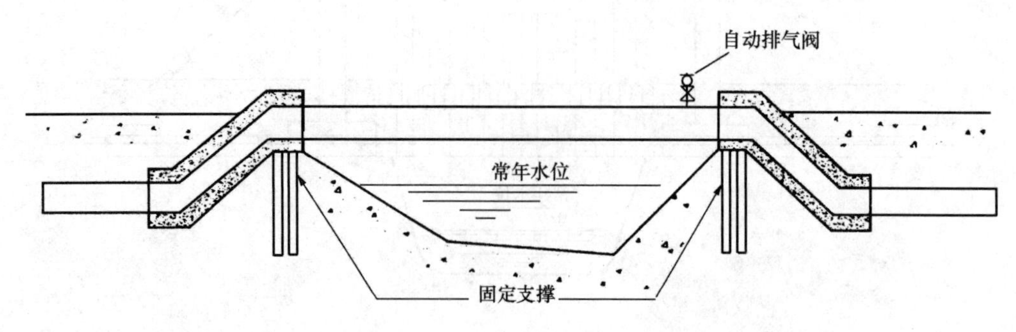

图 3-9-7（4） 两端固定的形式

（4）连续支撑形式如图 3-9-7(5)所示。它在结构上也属简支形式，但连续多跨，因而作为连续支撑形式考虑。

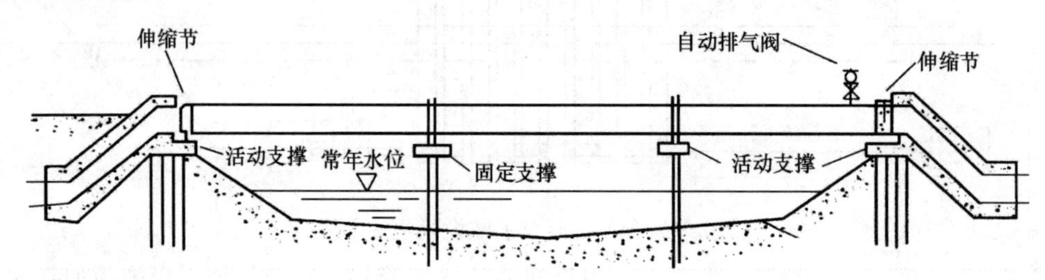

图 3-9-7（5） 连续支撑形式

2）加强式管架桥

（1）桁架加强形式如图 3-9-7(6)所示。一般口径不太大的管道，在跨度较大时用桁架加固。因其整体性好、刚度大、能承受较大垂直力与水平力。

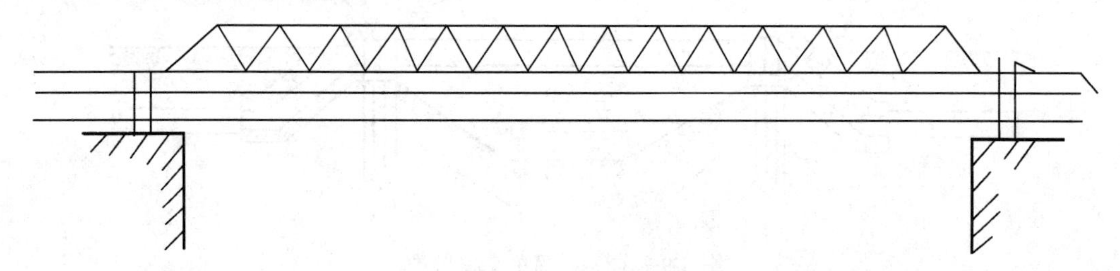

图 3-9-7（6） 桁架加强形式

（2）系杆加强形式如图 3-9-7（7）所示。

图 3-9-7（7） 系杆加强形式

（3）横档加强形式如图 3-9-7（8）所示。它适用大跨度的情况，由于对加强的干管具有抗弯性，在构造上是有利的。

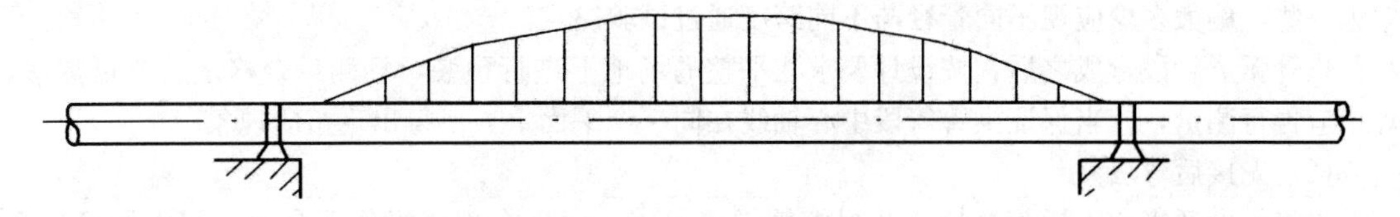

图 3-9-7（8） 横档加强形式

（4）钢索吊管加强形式如图 3-9-7（9）所示，适用于施工作业面困难，跨度较大的情况。

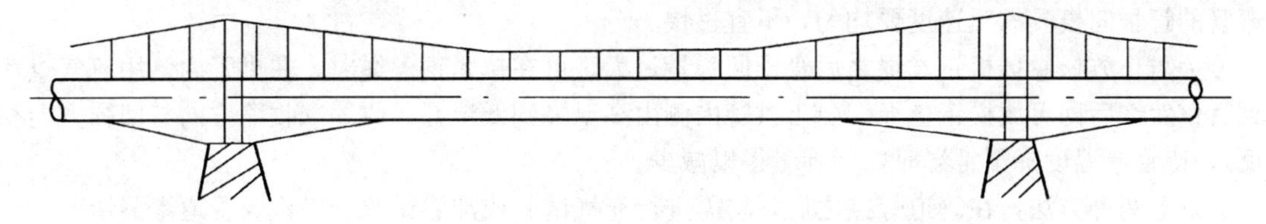

图 3-9-7（9） 钢索吊管加强形式

（5）斜拉加强形式如图 3-9-7（10）所示。

图 3-9-7（10） 斜拉加强形式

采用水平管梁式管架桥施工，在水平架空管上，应设置排气阀、伸缩节；过河管两岸埋地部分转弯处应设置镇墩，视抗震要求于适当地点增设抗震接口；管柱支撑可视河底条件选用混凝土桩、混凝土灌注桩或深井桩。管架桥的选择应和所处的环境相适应，在城市的管架桥不应有损市容，在山区布置的管架桥也应和自然环境相协调。

3-9-8 拱管过河施工要点有哪些？

答：见图 3-9-8。

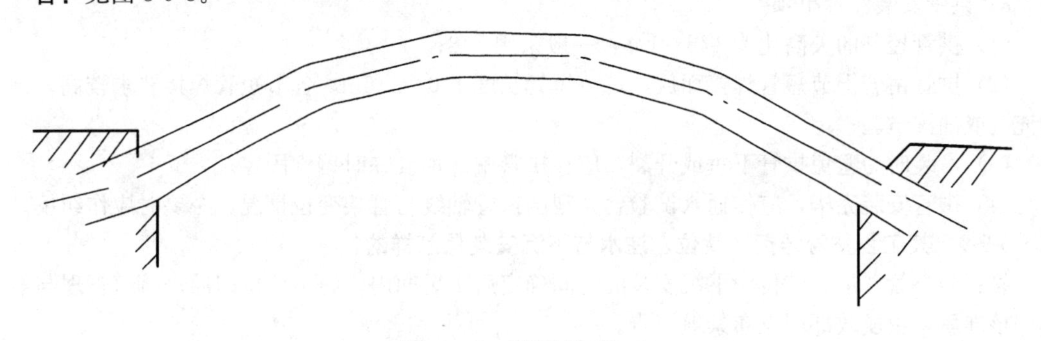

图 3-9-8 拱管过河施工

1）拱管的弯制

（1）先弯后接法

先按拱管设计尺寸将管线分为适宜的几段，通常分为单数段（拱顶部分为一段，左右两个半跨对应分段），然后以分段的弧度及尺寸选择钢管，便可进行弯管焊制，钢管弯管可采用冷弯或热弯。采用冷弯时，管子尚有一定回弹量。因此在顶弯管子时，应当使管子的矢高较实际的矢高偏大一些，偏大多少应视不同管径与不同跨度通过试验决定。

拱管弧形管段弯成之后，按设计要求在平整的场地上进行预装，经测量合格之后方可焊接，焊毕应再行测量，应当保证拱管管段中心轴线在同一个平面上，不得出现扭曲现象。

(2) 先接后弯法

先将长度适当大于拱管总长的几根钢管焊接起来，而后在现场操作平台上采用卷扬机进行弯管。

弯管所用的模具与弯管的弧度正确与否有着极大关系，弯管作业时一定要做到牢固、准确，弯管的管子向模具靠紧速度要均匀，不宜过快。

为防止放松卷扬机钢丝绳之后管子回弹量过大，可在拉紧钢丝绳时，在拱管内侧用氧气烘烤到管壁发红后即可放松钢丝绳。由于拱管内侧由高温降到低温开始收缩（收缩方向与回弹方向相反），待管壁温度降至常温时，回弹量得以减少。

以上两种方法，在管道焊接之后，均需进行充气试验或油渗试验，以检查管道渗漏情况。

2) 拱管的安装

(1) 立杆安装法

当管径较小，跨度较短时，立杆安装可采用两根扒杆，河岸两边各一根，其中一根为独角扒杆，另一根是摇头扒杆。起吊前先将拱管摆置在两个管架的中间，吊装时两根扒杆同时起吊。

当管径较大、跨度较大时，在河岸一边竖一台扒杆，主杆与悬臂长均由实际需要而定，扒杆立杆铁由四根中型角钢构成，利用悬臂将拱管吊起，并向河中心方向平移至两个管架之间。

扒杆或悬臂将拱管提起之后，即送至两个管架上就位，由于管架上的水平托架已经焊死，因而拱管左右位置不致产生偏差，而前后位置以两端托架为准，用扒杆或悬臂加以调整，而拱管的垂直程度，则可用经纬仪在两端观测，用风绳予以校正。

自拱管两个托架安装并校正后，随即进行焊接。如发现托架与管身之间有空隙，可用铁片嵌入后予以焊接。水平托架一经焊死，随即焊上斜托架，再用经纬仪观测拱管轴线，检查有否偏差。

(2) 履带式吊车安装法

这种方法适用于水面较窄的河流条件下。与立杆安装法相比，该法可以减少管子位移及安装扒杆等一些准备工作，可以加速施工进度，其安装作业过程和要求，与立杆安装法基本相同。

3) 拱管安装注意事项

(1) 拱管控制的矢高比为1/6～1/8，一般采用1/8；

(2) 拱管由若干节短管焊接而成，每节短管长度1.0～1.5m，各节短管焊接要求较高，须进行充气或油渗试验；

(3) 吊装时为避免拱管下垂或开裂，应在拱管中部加设临时钢索固定；

(4) 拱管安装完毕，应作通水试验，并观测拱管轴线与管架变位情况，必要时应作纠偏。

3-9-9 某工程整管浮运、就位、注水与下沉安装是怎样的?

答：当整管浮运、就位、下沉安装的时间确定后1星期内，施工单位即通过航道管理与航政部门核准后，由航政部门发布禁航公告。

由于整条管道在注水、下沉和翻转过程中，各管段各种力的变化较复杂，其中主要是管道注满水后在水中的弯曲应力，管道下沉翻转中扭矩应力，意外出现局部突沉而产生的冲击力和管内水体意外出现局部急剧流动而产生动水压力等，这些随时出现的情况力学较难作定量计算；为了保证整条管道在注水、下沉翻转入槽安装中，管道不被变化中的力损坏，必须配置足够的吊具。

整条管道注水时，控制安全下沉翻转需要配置的浮吊数量与吊重能力，是根据整管长度与自重的条件来设置的。贵港市南江水厂 *DN*820×12 过河管道，在施工水位时（管道体积所排开同等体积水重的因素忽略不计）水下部分总长 218m，注满水且下沉在水中的管道的重量平均每米重量约为 248kg，总重量约 53t。根据浮吊设备情况，总共设置控制管道安全下沉吊点 10 处，其中左右岸管槽上方，由于管道翻转后，管道两端处于高位而在岸坡各设 1 扒杆吊，用滑轮组及钢丝绳与管端吊耳连接。其余用 8 艘浮吊将管道间隔吊着就位，平均间隔 20m 左右设 1 吊点，管道下沉在水中，每个吊点平均理论吊重约为 5.4t，但由于各吊点在水下位置不同，各吊点承担的理论吊力不同，因此在布置浮吊时，各吊点的理论吊力须作粗略计算。该管道在下沉翻转后，最大理论吊力于第 8 号吊点处，该吊点理论吊力经计算为 7.60t，故该吊点设置吊力 10t 的挖泥船，其余各吊点浮吊布置如图 3-9-9 所示。

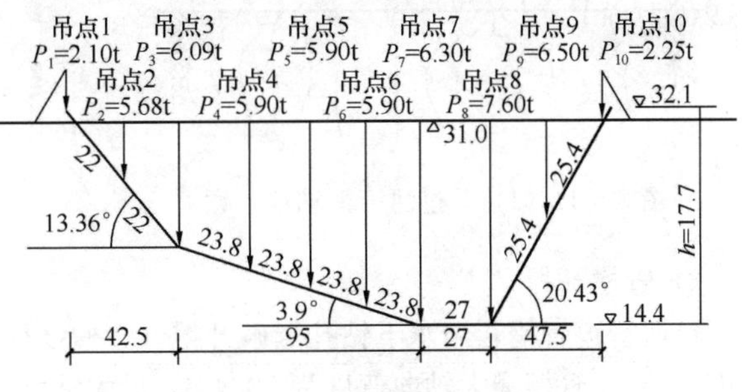

图 3-9-9　各吊点浮吊布置示意

在整管注水、下沉、翻转过程中，各吊点必须切实做到慢动松缆均匀下沉，为防止因特殊意外出现个别吊点突沉而产生落体冲击力或扭力附加造成管道断裂与变形，根据实践经验，除合理、科学布设各吊点设备能力外，在吊具中滑轮组、吊勾、吊耳和钢丝绳的吊重能力要大于理论吊力的 1～3 倍。

3-9-10　管道整管下沉入槽步骤与措施有哪些?

答：过河管道整管下沉入槽安装的施工方法，分为注水下沉翻转和最终定位下沉入槽两步实施，具体操作如下：

1）在管道注水下沉安装前，临时成立下沉安装领导小组，各个吊点指定专职操作负责人员，并配备与临时指挥小组联系的移动电话或对讲机。

2）管道轴线上下游约 1～2km 处悬挂禁航标记，整条管道浮运至管槽水面上，各吊点用锚具定位，各吊点操作人员就位后，即由现场指挥领导小组组长用高音喇叭发出注水、管道两端打开排气闸和各吊点操作指令。管道注水为间隔性，每次注水约 10～30m³。每次注水终止时，由指挥组长发出各吊点松缆下沉尺度的指令。各吊点下沉尺度，是根据管道在注水翻转 90°过程的线形图所标示的尺度进行和控制的。

3）为保证整条过河管道安全、顺利下沉翻转 90°的第 1 步目标，必须采取如下措施：在水泵向管道一端注水前，在管道设计下沉最低位的 7 号吊点至 8 号吊点之间作配重预压或在该位管段两侧管段由低位到高位吊点适当吊高，当水泵由管端注水后，保证最低水位管段首先注满下沉，然后间隔注水，随着注水量的增加，两侧管道由低位至高位逐步获得注满与下沉翻转的安全次序。

4）各吊点管道在入槽前不能触碰河底。实践证明，当管道接近全部注满后，整管才能完全翻转。届时，使用测距等仪器进行管道在管槽的定位而实现管道垂直下沉入槽的第 2 步骤安装目标。

5）整管下沉入槽就位后，由潜水员在水下检查调平，管道底部大于悬空长度即用碎石或砂砾支垫；经检查达设计要求后即进行管道水压试验（试验压力 1.2MPa）；试压符合规范要求后即按设计要求用砂砾石进行管沟填埋覆盖和由业主组织工程验收。

3-9-11　某工程水下过河管道的施工安装工艺是怎样的?

答：1）水下管槽的施工定位

图 3-9-11（1）中 A 点与 B 点坐标，用经纬仪在左右岸坡设置轴线导标，在水下间隔约 50m 抛设 1 浮标，以标示水下管道中轴线的位置；在左右岸水边各设立 1 把水尺，作为钻机船、挖泥

船在确定爆破挖槽宽度与挖槽深度的依据。该管道过河横轴线。如图 3-9-11（1）所示。

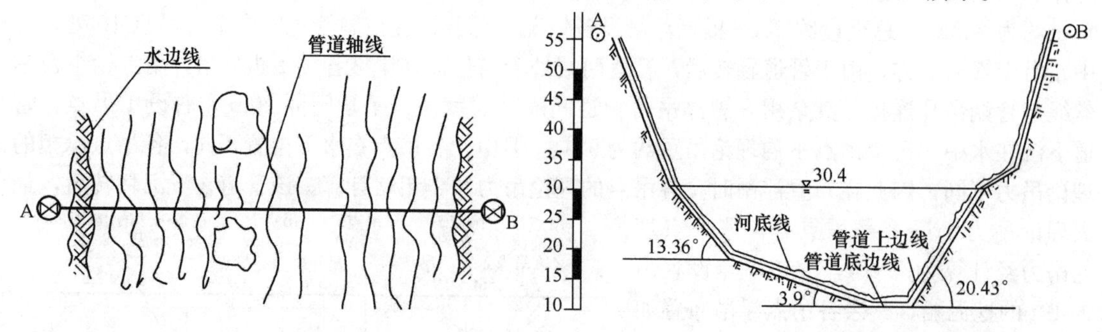

图 3-9-11（1） 过河管横轴线示意

图 3-9-11（2） 过河管道管横开挖示意

2）管槽开挖：

过河管道管槽，用水下钻孔爆破开挖，管槽设计底宽 2m，边坡 1∶0.5，管道设计最小埋入深度 2.0m，管槽最大轴向弯度为 20.43°，最大坡度为 37%。如图 3-9-11（2）所示。

由于管槽轴线全为石灰岩河床，在轴线施工放样标示后，采用一艘潜孔钻机船进行定位钻孔爆破。由专业潜水员水下装炮。采用非电毫秒微差塑料导爆管起爆。

管槽钻孔装药爆破后，采用斗容 1.5m^3 抓扬式挖泥船并配套 40m^3 开体泥驳进行管槽开挖清碴，挖泥船开挖后，潜水员在水下对管槽进行粗平整。实践证明，由于钻孔的孔距与排距较密，爆后岩石破碎较好，管槽开挖质量也较高。

3）管道除锈防腐

采购进场的螺旋焊接管，一般都刷有防腐底漆，但经运输搬运和储存中的污染，使用前须经除锈。除锈措施一般是用人工手持电动角磨机配砂轮或钢刷将管道内、外壁的局部污泥、锈斑、油渍等污垢清除，使管道防腐前表面光洁干净。

分节管道除锈后，必须在 24h 内做防腐处理。

采用“五油二布”防腐。在涂刷每层玻璃纤维布时，必须在涂刷料未干固前消除纤维布内的空气而使纤维布与涂料完全粘合。

在防腐作业时，每段管道两端各预留 200mm 长度暂不进行防腐，待管道分段焊接拼装后，再将管道接头处按上述工艺进行除锈与防腐。

4）管道分段与整管焊接拼装

（1）分段焊接拼装

由于整条折线形过河管道较长，一般先分 2～4 段进行分段焊接拼装，再在水面作整条焊接拼装两个步骤。在第一步分段焊接拼装时，在过河管道轴线附近河段水边岸坡修整管道分段焊接平台，在平台间隔 3～4m 铺一垫木，将经除锈、防腐后的管节（一般每条 6m）置于垫木上对焊，2 段对接端部的焊缝，经清除焊碴及磨平后，用至少与管材相同厚度的 A_3 钢板作 300mm 长度的箍焊接，以加强管段整体强度，焊后每条焊缝作超声波探伤检测其焊接质量合格后，即可进行包箍范围的“五油二布”防腐。

（2）整管焊接拼装

各分段管道焊接拼装后，每条分段管道两端用自制封板临时密封，并注入约 0.3MPa 气压进行渗漏检验，经检验合格后，即将各管段滑下水面。

5）过河管道的埋设安装与覆盖

该过河管道的埋设安装方法设计为：在标高水位为 30.4m 以下的管道施工，采用管槽开挖后，经除锈、防腐、焊接拼装并浮运就位注水下沉入槽的安装工艺，水面以上两岸坡管道采用分节吊装入槽焊接工艺。

管道入槽安装后，水下部分采用砾石回填，最小回填覆盖 1.2m，其中 0＋150～0＋200 段，由于处在船闸下引航道锚泊区，为防止临时停泊船舶下锚损坏管道而要用预制混凝土块覆盖。水面以上两岸坡管道入槽安装后，用开挖原土回填覆盖夯实至全部满槽。

3-9-12　沉井施工适用于什么条件?

答: 在给水排水构筑物施工中常用沉井施工法的有吸水井、双层沉淀池以及泵站等。当这些占地面积较小而集中、埋深又较大的给水排水构筑物采用敞口开挖法不经济或因地下水位高，地质条件不好时，采用沉井施工，往往会收到较为满意的效果。其主要优点是施工占地较小，施工区附近的建筑物不会因沉井施工影响到发生不均匀下沉而产生裂缝，同时最省土方量。但沉井施工需要较熟练的工程技术人员，而且一旦遇到地下障碍物时，较难处理。

沉井施工法更适于降深超过 6m 的情况，其经济效果较为显著。一般说如遇下列情况，就可考虑采用沉井施工：

1）地下水位高，土质松软，采用开挖法难以解决流砂时；

2）有水地区采用筑岛沉井施工有利时；

3）土壤渗透系数大，开挖后排水量大，施工困难时；

4）天然含水量土壤中，构筑物埋深很大，用开挖法在经济上不合算时；

5）附近有建筑物，或施工场地有限，不能采用开挖法时。

在采用沉井法施工前，应对沉井地点及其附近的工程地质、水文地质情况，进行较周详确切的调查，以利制定沉井施工技术措施，加快进度。

对于严重不良的地质条件地段，采用沉箱法施工比沉井法更有利些。但由于沉箱法比沉井法的技术更复杂些，所以要慎重从事。

3-9-13　沉井法施工的要点有哪些?

答: 1）排水法沉降沉井

在饱和土壤中排水沉降沉井，一般较不排水法好一些，可比较有把握的保证工程质量，尤其当沉卉发生倾斜时，易于纠正。但只有在稳定土壤中，亦即渗透系数小的黏性土中，或虽然渗透系数大而排水并不困难的情况下，宜采用排水法沉降沉井。

当井深小于 6m 时，其施工排水似于管道工程施工明排水的方法。即在井内挖排水沟与集水井，将水泵放在地面上；如果井深超过 6m，考虑到水泵吸程，应将水泵放在井内壁的特制支架上或悬吊的支架上。排水工作应一直持续到完全完成工程后才能停止。否则将可能扰动土壤，影响工程正常进行。如果在井内明沟排水不方便，亦可围绕井周围打一些小井点，如排水量过大(如挖大口井)，亦可考虑采用深井泵井点。

2）不排水沉降沉井

在饱和土壤中，如遇有较严重的流砂或渗透系数太大，采用排水发生困难时，才考虑采用不排水沉降沉井。可采用抓斗在水下挖土，也可采用水力冲射空气吸泥机或水力吸泥机等设备。

3）射水法沉降沉井

能使沉降施工技术大为简化。它借助于预先安设在井外墙的水枪，用高压水冲刷，使沉井下沉。其水压力视冲刷深度而定，当冲刷深度不足 8m 时，有 5 个大气压就差不多了，而当冲刷深度达到 12m 以上时，需要 10 个大气压甚至更大些。

4）冻结法

采用人工冻结饱和土壤后再沉降沉井、是在流砂层很厚，或沉井直径很大（15～25m），才考虑人工冻结法，人工冻结法是在基坑周围钻孔，直径 300mm，向内注入冷冻剂，使饱和土壤，冻结成一层薄冰冻层，从而固化以利施工。冻结法可在任何季节中采用。由于技术复杂，造价较高，难以普遍推广。

3-9-14 井筒制备与沉井下沉计算是怎样的？

答：1）井筒制备

井筒的制备工作一般是在基坑内进行，坑底要高于地下水位 0.5～1.0m。为防止井筒在制备过程中产生下沉，应对地基进行必要的处理，常用垫层或垫木置于刃脚之下，或增加承载力，或加大受压面积减小压强，使基坑底土壤具有足够的承载力。

如采用无垫木刃脚斜土模法，可如图 3-9-14（1）所示。与刃脚接触的坑底和土台处，抹上 2cm 厚的 1∶3 水泥砂浆。其承压强度可达 0.15～0.2MPa。

井筒的浇筑要分节进行，亦可采用预制构件。其刃脚模板支设的托架与预制块可按刃脚形状支设。如图 3-9-14（2）所示。

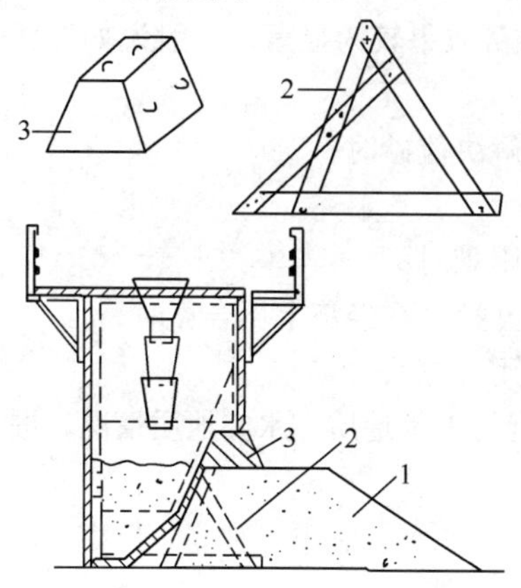

图 3-9-14（1） 刃脚模板支设

1—碎石垫层；2—板条托架；3—预制块

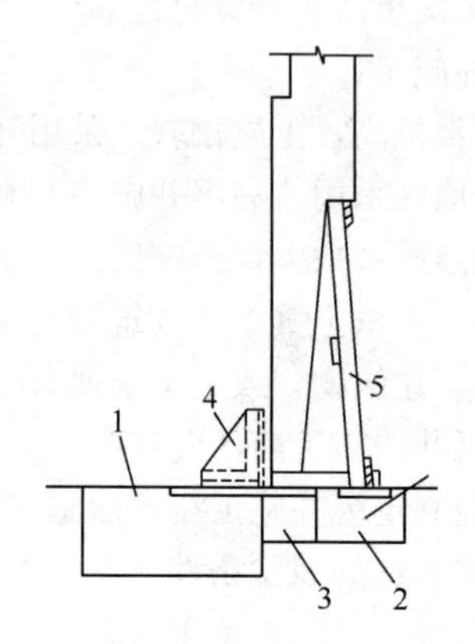

图 3-9-14（2） 脚模底构造

1—固紧块；2—临时基础；3—碎石捣实制；4—加固角钢；5—木撑条

如采用预制安装，其板厚可参考表 3-9-14（1）：

装配式沉井的壁厚 **表 3-9-14（1）**

井筒半径（m）	井筒长度（m）		
	10	20	30
5	0.25	0.3	—
8	0.3	0.3	—
10	0.3	0.3	0.4
12.5	0.4	0.4	0.4
15	0.4	0.5	0.5
18	0.5	0.6	0.6
20	0.5	0.6	0.7

壁板的粘结与装配式水池相同。

现浇井筒应在混凝土达到 70%的设计强度后，始可下沉。其混凝土强度等级不低于 32.5。

2）下沉计算

根据井筒本身受力条件设计出的井筒自重，往往不能克服下沉时的摩擦阻力，因而需要计算外加荷载。在外加荷载的辅助作用下，或采取爆破震动或水射冲刷，或采用能变泥浆等措施，使井筒得以下沉。

沉井下沉时是在地下水位以上进行的，因而始沉时应具的条件是包括附加荷载在内和井筒自重之和，应大于下沉时所遇到的井筒外壁与土壤之间的摩擦力再加上刃脚的迎面阻力之和。如在地下水位以下沉降时，则应考虑到井筒所受浮力的影响，可按下式进行计算

$$G=T+R+B$$

式中 G——沉井下沉重量（包括附加荷载）；

T——井筒壁与土壤间的摩擦力；

R——刃脚的迎面阻力；

B——井筒所受浮力。

其中摩擦力可按下式计算

$$T=1.571KID(H-h)$$

如果下沉时途径不同土质土层时，摩擦系数 f，应按加权平均计算，即

$$f_0=\frac{\Sigma h_i f_i}{\Sigma n_i}$$

式中 n_i——各土层厚度；

f_i——各土层相应的摩擦系数，可参考表 3-9-14（2）：

各种土质的平均摩擦系数 **表 3-9-14（2）**

土　质	f 值（t/m^2）
黏土及亚黏土	1.25～2.0
黏土及含有砂石的黏土	25～5.0
砂壤土及淤泥	1.2～2.5
砂类土	1.5～2.5
砾石及粗砂	2.0～3.0
流　砂	1.2～2.5

3-9-15　沉井下沉的质量如何控制？

答：沉井下沉过程中，可能出现的事故有井筒倾斜、筒壁开裂，下沉过快或不再下沉等。为保证能顺利进行施工，除采取排除故障的措施解决已经发生的事故外，更主要的是预防可能发生的事故出现。因而施工过程中的质量控制，是重要一环。

1）井筒倾斜

如果井筒发生倾斜、即便校正过来了，其轴线也偏离了原设计位置。如果筒壁裂缝，除更换新井筒外，对修补过的井筒的使用功能也大为降低。因而在沉降过程中，要时刻观察其有无倾斜，一旦发现倾斜，及早校正，使施工误差控制在尽量小的范围内。

发生倾斜的主要原因是受力不均造成的，如筒壁周围土压力不平衡，刃脚下土质不一致、挖土不对称以及刃脚下受到局部障碍的阻力等。

观察井筒倾斜，可在井内进行，亦可在井外进行。

在排水沉降沉井施工中，可在井筒由壁画上与其轴线相平行的竖直线数条，在线的顶端悬挂垂球，如果下沉发生倾斜时，垂球线就会偏离井壁上画的线，使用这种方法要注意垂球线不能超过 4m，否则由于地球力场作用，垂球会摆动而致不准。4m 长的垂球线，一般误差可保证在 3mm 以内。

亦可在刃脚上边的底板预留槽内装置电灯泡，如图 3-9-15（1）所示的电测法。如果井筒倾

斜，则必有垂球线与裸导线相接能而使信号灯点亮，一直校正到信号灯不亮为止。所用电压应通过行灯变压器变成36V以下的安全电压。

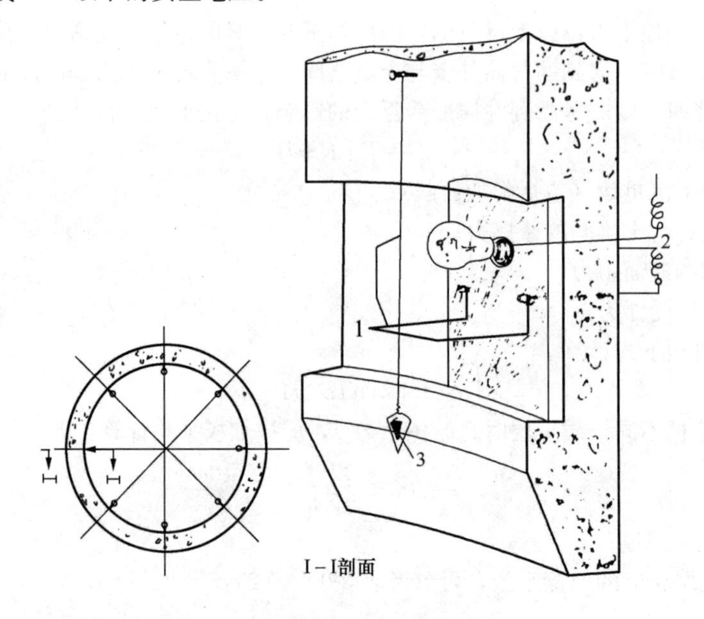

图 3-9-15（1） 电测方法

1—裸露导线；2—电源；3—垂球

如在井外观察，可事先在井筒外壁画上刻度尺用水准仪观测。

沉井开始下沉时，极易发生倾斜，应提起特别注意，在土质不好时或在快达到设计标高时，也都易发生倾斜。对倾斜的纠正可采取如下几种办法：

（1）在井内高起的一侧多挖些土，在低侧少挖或暂不挖土；

（2）在较高一侧井筒外壁面用水冲刷一下，或可在井外挖些土，以减小较高侧的土摩擦力；

（3）在较高侧的井筒上方增加一些荷载；

（4）在较低侧的刃脚下方增加一些临时垫块；

（5）如倾斜较严重时，只好用拖拉机牵引同时用水冲刷挖土。

2）对流砂，弧石的处理

在流砂层沉井时要注意避免沉井自动下沉时发生倾斜和高程误差过大。在流砂层如采用井内排水法，降低水头不宜超过2m，否则将因井筒外地下水位高将砂子带进井筒内形成难以控制的流砂；在挖土时不要在刃脚下挖当井筒穿经流砂层时，应采用外加荷载，使之较快的穿越以避免大量流砂涌入造成溜方。

在流砂层，如采用不排水法下沉，并能保持井内水位高于井外水位，则可较有效地防止流砂涌入。如进行排水时，最好是采用轻型井点排水，可保免受流砂之苦。

如遇有弧石时，可将其周围土挖掉，使弧石松动而被抽出；如石块较大，可先将其破碎成小块再清除，必要时可以爆炸破碎。

3）下沉困难，主要是因为井筒过轻或摩阻过大。因此，采取外荷载或加触变泥浆减小摩阻，必要时采用爆破震动来加速下沉。

（1）触变泥浆的作用。为了在井壁与土之间造成泥浆套，在制备井筒时，就在井壁内预埋下钢管以便输导泥浆，井筒下沉时，泥浆从刃脚台阶处的泥浆通道出口挤出形成泥浆套。为防止泥浆直接喷到土层上，可在泥浆管出口处设置一导流板，如图3-9-15（2）、（3）所示。

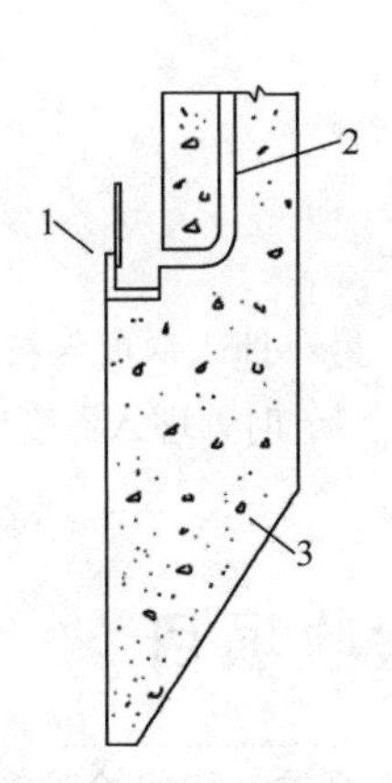

图 3-9-15（2） 泥浆套下沉示意

1—射口围圈；2—泥浆通道；3—刃脚

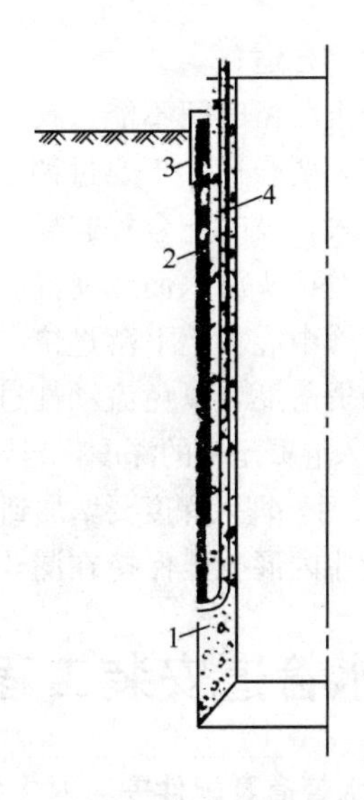

图 3-9-15（3） 泥浆射口围圈

1—刃角；2—泥浆套；3—地表；4—泥浆管

泥浆的配制可用25%的纯膨润土加75%的水，另酌加0.4～0.6%的碱和0.03～0.06%的甲基纤维素。泥浆套不要过厚，待接近设计标高时要倍加小心。

（2）爆破震动法的应用。使用炸药量要慎重，过小不能达到预期爆破效果，过大会损伤井筒，500t重的井筒用药量不超过400g，每次爆炸可下沉20cm。

4）井筒裂缝

井筒在下沉过程中，可能产生环向裂缝，也可能产生纵向裂缝。

（1）环向裂缝。由于井筒周围受土压不均匀而致，除在井筒混凝土达到规定强度后再下沉外，亦可在井筒内支撑，但不利于运土。

（2）纵向裂缝。常见此种裂缝，是由于弧石等障碍物使井筒受剪或由于爆震法所致。

如裂缝已发生，须在井筒外挖土以减小土侧压力，及时排除局部障碍，同时进行补强措施，可用水泥砂浆，环氧树脂或其他补强材料迅即处理。

3-9-16 沉井封底有哪几种方法?

答：1）明排水下沉封底

（1）封住集水井以外部分，地下水从集水井排除，以保证垫层混凝土质量，这是第一步；

（2）垫层混凝土硬化后，用法兰盖堵封住短管，设一防水层，再浇底板。

2）井点排水法下沉封底

可按水下浇筑混凝土的方法处理，但不应停止井点抽水。

3）不排水下沉封底

即采用水下浇筑混凝土的方法。井内外水位应一般高，然后铺垫砾石层和水下混凝土浇筑，待混凝土达到一定强度时，再将水抽出，浇筑钢筋混凝土底板。

水下浇筑混凝土可采用灰浆压注法或直升导管法。

直升导管法灌注水下混凝土所用的是金属导管，直径为200～300mm，每节长不超过2m，法兰连接。装载混凝土的漏斗容量要大于导管的容量。以保证不间断地将混凝土送入水下而形成大堆。

水下灌注混凝土的配合比由设计决定。

在进行水下灌注时要注意到：

（1）防止导管中混凝土堵塞

木球塞尺寸要合适；

导管内混凝土滞留时间不能过长；

混凝土坍落度要合适，不要过稠了；

随混凝土注入，及时配合提起导管；

防止由于法兰接头漏水而致使混凝土变成砂石，失去流动性。

（2）防止导管中混凝土下落过快

保持合适的坍落度，以免流动性过大；

保持导管埋入混凝土中的深度，当导管作用半径为3m时，最小埋入深度保持1.0m，可稍多些；作用半径为3.5m时，埋入深度要增加到1.5m，而当作用半径为4m时，埋入深度应达1.8m。

（3）注意漏斗内混凝土保持在漏斗口颈以上。

3.10 给水管道安装工程质量检验及验收项目

3-10-1 给水管道及配件安装对主控项目和一般项目有何要求？如何检验？

答：1）主控项目

（1）室内给水管道的水压试验必须符合设计要求。当设计未注明时，各种材质的给水管道系统试验压力均为工作压力的1.5倍，但不得小于0.6MPa。

检验方法：金属及复合管给水管道在试验压力下观测10min，压力降不应大于0.02MPa，然后降到工作压力进行检查，应不渗不漏；塑料管给水系统应在试验压力下稳压1h，压力降不得超过0.05MPa，然后在工作压力的1.15倍状态下稳压2h，压力降不宜超过0.03MPa，同时检查各连接处不得渗漏。

（2）给水系统交付使用前必须进行通水试验并做好记录。

检查方法：观察和开启阀门、水嘴等放水。

（3）生产给水系统管道在交付使用前必须冲洗和消毒，并经有关部门取样检验，符合国家《生活饮用水标准》方可使用。

检验方法：检查有关部门提供的检测报告。

（4）室内直埋给水管道（塑料管道和复合管道除外）应做防腐处理。埋地管道防腐层标材质和结构应符合设计要求。

检验方法：观察或局部解剖检查。

2）一般项目

（1）给水引入管与排水排出管的水平净距不得小于1m。室内给水与排水管道平行敷设时，两管间的最小水平净距不得小于0.5m；交叉铺设时，垂直净距不得小于0.15m。给水管应铺在排水管上面，若给水管必须铺在排水管下面时，给水管应加套管，其长度不得小于排水管管道径的3倍。

（2）检验方法：尺量检查。

管道及管件焊接的焊缝表面质量应符合下列要求：

①焊缝外形尺寸应符合图纸和工艺文件的规定，焊缝高度不得低于母材表面，焊缝与母材应圆滑过渡。

②焊缝及热影响区表面应无裂纹、未熔合、未焊透、夹渣、弧坑和气孔等缺陷。

（3）检验方法：观察检查。

给水水平管道应有2‰～5‰的坡度坡向泄水装置。

检验方法：水平尺和尺量检查。

给水水平管道设置坡度坡向泄水装置是为了在试压冲洗及维修时能及时排空管道的积水，尤其在北方寒冷地区，在冬季未正式采暖时管道内如有残存积水易冻结。

（4）给水道和阀门安装的允许偏差应符合表 3-10-1 的规定。

（5）管道的支、吊架安装应平整牢固，其间距应符合规定。

（6）水表应安装在便于检修、不受曝晒、污染和冻结的地方。安装螺翼式水表，表前与阀应有不小于 8 倍水表接口直径的直线管段。表外壳距墙表面净距为 10～30mm；水表进水口中心标高按设计要求，允许偏差为±10mm。

检验方法：观察和尺量检查，见表 3-10-1 的规定。

管道和阀门安装的允许偏差和检验方法　　表 3-10-1

项次	项目			允许偏差（mm）	检验方法
1	水平管道纵横方向弯曲	钢　管	每米 全长 25m 以上	1 ≤25	用水平尺、直尺、拉线和尺量检查
		塑料管 复合管	每米 全长 25m 以上	1.5 ≤25	
		铸铁管	每米 全长 25m 以上	2 ≤25	
2	立管垂直度	钢　管	每米 5m 以上	3 ≤8	吊线和尺量检查
		塑料管 复合管	每米 5m 以上	2 ≤8	
		铸铁管	每米 5m 以上	3 ≤10	
3	成排管段和成排阀门		在同一平面上间距	3	尺量检查

3-10-2　给水设备安装，水泵就位前应检查哪些项目？水箱满水试验的标准有哪些？室内给水设备安装的允许偏差和检验方法如何规定？

答：1）水泵就位前的基础混凝土强度、坐标、标高、尺寸和螺栓孔位置必须符合设计规定。

检验方法：对照图纸用仪器和尺量检查。

2）敞口水箱是无压的，作满水试验检验其是否渗漏即可。而密闭水箱（罐）是与系统连在一起的，其水压试验应与系统相一致，即以其工作压力的 1.5 倍作水压试验。

检验方法：满水试验静置 24h 观察，不渗不漏；水压试验在试验压力下 10min 压力不降，不渗不漏。

3）室内给水设备安装的允许偏差应符合表 3-10-2 的规定。

室内给水设备安装的允许偏差和检验方法　　表 3-10-2

项次	项目			允许偏差（mm）	检验方法
1	静置设备	坐标		15	经纬仪或拉线、尺量
		坐标		±5	用水准仪、拉线和尺量检查
		垂直度（每米）		5	吊线和尺量检查
2	离心式水泵	立式泵体垂直度（每米）		0.1	水平尺和塞尺检查
		卧式泵体水平度（每米）		0.1	水平尺和塞尺检查
		联轴器同心度	轴向倾斜（每米）	0.8	在联轴器互相垂直的四个位置上用水准仪、百分表或测微螺钉和塞尺检查

3-10-3　给水设备安装工程检验记录是什么式样？

答：见表 3-10-3。

给水设备安装工程检验批质量验收记录表　　　　表 3-10-3

<table>
<tr><td colspan="6">单位（子单位）工程名称</td><td colspan="12"></td></tr>
<tr><td colspan="6">分部（子分部）工程名称</td><td colspan="5"></td><td colspan="4">验收部位</td><td colspan="3"></td></tr>
<tr><td colspan="4">施工单位</td><td colspan="7"></td><td colspan="4">项目经理</td><td colspan="3"></td></tr>
<tr><td colspan="4">分包单位</td><td colspan="7"></td><td colspan="4">分包项目经理</td><td colspan="3"></td></tr>
<tr><td colspan="6">施工执行标准名称及编号</td><td colspan="12"></td></tr>
<tr><td colspan="7">施工质量验收规范的规定</td><td colspan="10">施工单位检查评定记录</td><td>监理（建设）
单位验收记录</td></tr>
<tr><td rowspan="3">主控项目</td><td>1</td><td colspan="5">水泵基础</td><td colspan="10"></td><td rowspan="3"></td></tr>
<tr><td>2</td><td colspan="5">水泵试运转的轴承温升</td><td colspan="10"></td></tr>
<tr><td>3</td><td colspan="5">敞开水箱满水试验和密闭水箱（罐）水压试验</td><td colspan="10"></td></tr>
<tr><td rowspan="13">一般项目</td><td>1</td><td colspan="5">水箱支架或底座安装</td><td colspan="10"></td><td rowspan="13"></td></tr>
<tr><td>2</td><td colspan="5">水箱溢流管和泄放管安装</td><td colspan="10"></td></tr>
<tr><td>3</td><td colspan="5">立式水泵减振装置</td><td colspan="10"></td></tr>
<tr><td rowspan="7">4</td><td rowspan="7">安装允许偏差</td><td rowspan="3">静置设备</td><td colspan="2">坐　标</td><td>15mm</td><td></td><td></td><td></td><td></td><td></td><td></td><td></td><td></td><td></td><td></td></tr>
<tr><td colspan="2">标　高</td><td>±5mm</td><td></td><td></td><td></td><td></td><td></td><td></td><td></td><td></td><td></td><td></td></tr>
<tr><td colspan="2">垂直度(每米)</td><td>5mm</td><td></td><td></td><td></td><td></td><td></td><td></td><td></td><td></td><td></td><td></td></tr>
<tr><td rowspan="4">离心式水泵</td><td colspan="2">立式垂直度(每米)</td><td>0.1mm</td><td></td><td></td><td></td><td></td><td></td><td></td><td></td><td></td><td></td><td></td></tr>
<tr><td colspan="2">卧式水平度(每米)</td><td>0.1mm</td><td></td><td></td><td></td><td></td><td></td><td></td><td></td><td></td><td></td><td></td></tr>
<tr><td rowspan="2">联轴器同心度</td><td>轴向倾斜(每米)</td><td>0.8mm</td><td></td><td></td><td></td><td></td><td></td><td></td><td></td><td></td><td></td><td></td></tr>
<tr><td>径向位移</td><td>0.1mm</td><td></td><td></td><td></td><td></td><td></td><td></td><td></td><td></td><td></td><td></td></tr>
<tr><td rowspan="3">5</td><td rowspan="3">保温层允许偏差</td><td colspan="3">允许偏差厚度 δ</td><td>+0.1δ
−0.05δ</td><td></td><td></td><td></td><td></td><td></td><td></td><td></td><td></td><td></td><td></td></tr>
<tr><td colspan="2" rowspan="2">表面平整度</td><td>卷材</td><td>5mm</td><td></td><td></td><td></td><td></td><td></td><td></td><td></td><td></td><td></td><td></td></tr>
<tr><td>涂抹</td><td>10mm</td><td></td><td></td><td></td><td></td><td></td><td></td><td></td><td></td><td></td><td></td></tr>
<tr><td colspan="5" rowspan="2">施工单位检查评定结果</td><td colspan="2">专业工长(施工员)</td><td colspan="6"></td><td colspan="4">施工班组长</td><td></td></tr>
<tr><td colspan="13">项目专业质量检查员：　　　　　　年　　月　　日</td></tr>
<tr><td colspan="5">监理(建设)单位验收结论</td><td colspan="13">专业监理工程师：
（建设单位项目专业技术负责人）　　　　　　年　　月　　日</td></tr>
</table>

3-10-4 某室外给水管道安装分项工程质量检验评定是怎样的？

答：见表 3-10-4。

室外给水管道安装分项工程质量检验评定表 **表 3-10-4**

		项目	质量情况
保证项目	1	埋地、敷设在沟槽和架空管网的水压试验结果以及使用的管材品种、规格尺寸必须符合设计要求和施工规范规定	管道的规格尺寸符合要求管道打压合格
	2	管道及管道支座（墩），严禁铺设在冻土和未经处理的松土上	管道铺设符合要求
	3	给水管网竣工后或交付使用前，必须对系统进行吹洗	

		项目	质量情况 1	2	3	4	5	6	7	8	9	10	等级
基本项目	1	管道坡度											
	2	金属和非金属管道的承插、套箍接口	✓	✓	0	✓	✓	0	✓	✓	✓	✓	优良
	3	镀锌碳素钢管的连接											
	4	非镀锌碳素钢管的连接											
	5	管道支（吊、托）架及管座（墩）											
	6	阀门安装	✓										优良
	7	埋地管道的防腐层	✓	✓	✓	0	✓	✓	0	✓	✓	✓	优良
	8	管道和金属支架涂漆											

			项目		允许偏差（mm）	实测值（mm）1	2	3	4	5	6	7	8	9	10
允许偏差项目	1	坐标	铸铁管	埋地	50	20	15	25	30	16	18	25	14	19	30
				敷设在沟槽内	20										
			碳素钢管	埋地	40										
				敷设在沟槽内及架空	15										
			预、自应力钢筋混凝土管、石棉水泥管	埋地	50										
				敷设在沟槽内	20										

续表

		项目				允许偏差（mm）	实测值（mm）									
							1	2	3	4	5	6	7	8	9	10
允许偏差项目	2	标高	铸铁管		埋地	±30	－10	－8	＋5	－3	＋6	＋9	＋13	－11	＋10	－15
					敷设在沟槽内	±20										
			铸铁管		埋地	±15										
					敷设在沟槽内	±10										
			预、自应力钢筋混凝土管、石棉水泥管		埋地	±30										
					敷设在沟槽内	±20										
	3	水平管道纵、横方向弯曲	铸铁管		每米	1.5										
					全长（25m以上）	≤40	20	25	30	36	20	24	19	27	19	35
			碳素钢管	每1m	管径≤100mm	0.5										
					管径＞100mm	1										
				全长（25m以上）	管径≤100mm	≤13										
					管径＞100mm	≤25										
			预、自应力钢筋混凝土管、石棉水泥管		每米	2										
					全长（25m以上）	≤50										
	4	隔热层	厚度			＋0.1δ －0.05δ										
			表面平整度		卷材或板材	5										
					涂抹或其他	10										

检查结果		
	保证项目	符 合 要 求
	基本项目	检查 3 项，其中优良 3 项，优良率 100 %
	允许偏差	检查 30 点，其中优良 30 点，优良率 100 %

评定等级		核定等级	
	优良 工程负责人：××× 工　　长：××× 班 组 长：×××		优　良 质量检查员：×××

注：δ为隔热层厚度。　　　　年　月　日

3-10-5　某水池底板钢筋绑扎（焊接）分项工程质量检验评定是怎样的？

答：见表 3-10-5。

分项工程质量检验评定表　　表 3-10-5

		项　　目	质量情况
保证项目	1	钢筋的品种和质量必须符合设计要求和有关标准的规定	ϕ12　ϕ14　ϕ18 符合要求
	2	冷拉冷拔钢筋的机械性能必须符合设计要求和施工规范的规定	
	3	钢筋的表面必须清洁。带有颗粒状或片状老锈，经除锈后仍留有麻点的钢筋严禁按原规格使用	钢筋表面清洁，无锈符合设计要求
	4	钢筋的规格、形状、尺寸、数量、间距、锚固长度、接头设置必须符合设计要求和施工规范的规定	钢筋的规格、形状、尺寸、数量、间距、接头设置符合设计要求和施工规范的规定。
	5	焊接制品的机械性能必须符合房间焊接及验收的专门规定	

		项　　目	质量情况										等级
			1	2	3	4	5	6	7	8	9	10	
基本项目	1	钢筋网片、骨架绑扎（焊接）	✓	✓	✓	✓	✓						优良
	2	钢筋弯钩朝向、绑扎接头、搭接长度	✓	✓	✓	✓	✓						优良
	3	箍筋数量、弯钩角度和平直长度											
	4	点焊焊点											

		项　　目		允许偏差（mm）	实测值（mm）									
					1	2	3	4	5	6	7	8	9	10
允许偏差项目	1	网的长度、宽度		±10										
	2	网眼尺寸	焊接	±10										
			绑扎	±20										
	3	骨架的宽度、高度		±5										
	4	骨架的长度		±10										
	5	受力钢筋	间距	±10	−6	−3	+5	+3	+4					
			排距	±5	−2	+4	+3	+5	−2					
	6	箍筋、构造筋间距	焊接	±10										
			绑扎	±20	+5	+8	+11	−3	−7					
	7	钢筋弯起点位移		20										
	8	焊接预埋件	中心线	5										
			水平高差	+3 −0										
	9	受力钢筋保护层	基础	±10										
			梁柱	±5										
			墙板	±3	+2	−2	−3	+2	+5					

检查结果	保证项目	符合要求
	基础项目	检查　2　项，其中优良　2　项，优良率　100　%
	允许偏差项目	检查　20　点，其中优良　20　点，优良率　100　%

评定等级	优良 工程负责人：××× 工　　长：××× 班 组 长：×××	核定等级	优良 质量检查员：×××

注：本分项工程中如有钢筋焊接接头，焊接接头质量应先检验评定，然后和本表内容作为一个分项工程一起评定。

3-10-6　管道试压及验收包括哪些内容?

答: 管道安装完毕后应进行试压，对焊接的管道还应在试压后进行吹洗，以排除遗留在管道中的铁渣，泥砂等杂物。吹洗可用压缩空气进行，吹洗压力不得超过工作压力的3/4，也不得低于1/4。

试压工作在小型给水系统可以整体进行，大型管道系统可分区（段）进行。试验压力应高于工作压力，当工作压力小于0.5MPa时，试验压力为工作压力的1.5倍，但不能小于0.2MPa。工作压力大于0.5MPa时，试验压力为工作压力的1.25倍。

与室外给排水管道一样，试压前应安装排气阀进行排气，排气阀安装完毕后，应向管内灌水，浸泡一段时间后，再进行试压。对于给水管道，试压时将压力升至试验值后，停止加压，观察10min，压力下降值不大于0.05MPa时，管道试压即为合格。

管网系统试压完毕后再连同卫生器具进行试压，冷热水管应以不小于1.0MPa的压力进行试压，不渗不漏，1.0h内降压值不超过试验压力的10%为合格。

排水铸铁管，一般不做试压，只采用满水方式进行测试。其注水高度应不低于底层地面高度。检验标准是以满水15min后，再灌满延续5min，液面不下降为合格。

试压合格后，应对管道进行防腐处理，安装剩余的卫生器具配件，准备验收。

室内给排水工程验收，应按分项、分部或单位工程验收。验收工作由施工单位会同建设单位，设计单位和有关部门联合验收。

1）竣工验收内容包括：

(1) 管道位置、标高和坡度是否符合设计或规范要求；

(2) 管道的连接点或接口是否清洁、整齐、严密、不漏；

(3) 卫生器具和各类支（吊）架位置是否正确、安装是否稳定牢固。

对不符合设计图纸和规范要求的部位、不得交付使用。

2）验收时，还应具有下列资料：

(1) 施工图、竣工图及变更设计文件。

(2) 隐蔽工程验收记录和分项中间验收记录。

(3) 设备试验记录。

(4) 水压试验记录。

(5) 工程质量事故处理记录。

(6) 工程质量检验评定记录。

上述资料需有各级有关技术人员签字，整理后存档。

3-10-7　给水管道工程竣工验收质量检查内容及提交施工文件有哪些?

答: 地下给水管道工程属隐蔽工程。给水管道的施工与验收应严格按国家颁发的《给水排水管道工程施工及验收规范》、《工业管道的施工及验收规范》、《室外硬聚氯乙烯给水管道工程验工及验收规程》进行施工及验收；排水管道按国家建设部《市政排水管渠工程质量检验评定标准》、国家标准《给水排水管道施工及验收规范》进行施工与验收。

1）给水管道工程竣工后，应分段进行工程质量检查。质量检查的内容包括：

(1) 外观检查　对管道基础、管座、管道接口、节点、检查井、支墩及其他附属构筑物进行检查；

(2) 断面检查　断面检查是对管道的高程、中线和坡度进行复测检查；

(3) 接口严密性检查　对给水管道一般进行水压试验，排水管道一般作闭水试验。生活饮用水管道，还必须进行水质检测。

2）给水排水管道工程竣工后，施工单位应提交下列文件：

(1) 施工图、并附变更部分的证明文件；

(2) 材料、制品和设备的出厂合格证或试验记录；

(3) 隐蔽工程验收记录及有关资料；

(4) 管道系统的试压记录、闭水试验记录；

(5) 给水管道通水冲洗记录；

(6) 生活饮用水管道的消毒通水及消毒后的水质化验记录；

(7) 竣工后管道平面图、纵断面图及管件结合图等；

(8) 施工情况说明。

第4章 城市供热管道工程施工

4.1 城市供热管网

4-1-1 城市集中供热管网的分类是怎样的？

答：城市集中供热管网（简称供热管网）的分类如下：

1）根据供热管网所输送介质性质的不同可分为：

（1）热水供热系统：管中输送的热介质为水；

（2）蒸汽供热系统：管中输送的热介质为蒸汽。

2）根据供热管网管道数目多少可分为：

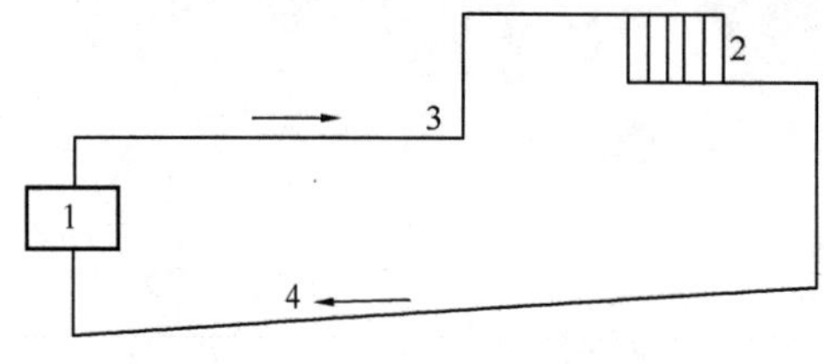

图4-1-1 闭式系统

1—锅炉式加热器；2—散热器；3—供水管或汽管；4—回水管

（1）单管制：仅有一根供水（汽）管；

（2）双管制：有一根供水管，一根回水管路；或是一根供汽管，一根凝水管；

（3）多管制：三根以上的管路，如二根供水管，一根回水管。

3）根据供热管网封闭程度可分为：

（1）闭式系统：热介质在完全封闭的系统中循环，仅对用户供应热量，介质不被用户取出使用；如图4-1-1所示；

（2）开式系统：热介质本身部分或全部被用户取出，直接用于生产或生活上使用。

4-1-2 城市集中供热管网的特点是什么？

答：城市集中供热管网（简称供热管网）是由大小不同的管道按其各自的工作参数与运行规律组合而成，因此，了解供热管网的特点与按工作参数分类，对施工工作十分重要。

城市供热管网的特点是：

供热管网是输送蒸汽和过热水等热能介质的，它的任务是输送热能。现代工业和民用工程对热能的使用非常广泛。为了防止环境污染，提高能源效率，降低生产成本，热能的生产相对集中和大型化。目前，生产热能的主要设备是锅炉。从锅炉到各个热能使用点，供热管网担负着重要的输送任务。

由于高温介质的作用，使管道产生热膨胀变形和热应力。安装时，必须考虑热变形补偿，同时还要考虑热变形使管道产生热位移对支架、吊架的特殊要求。

供热管网受到热介质高温、高压、高速的综合作用，所以在选用管道材料、管件、阀门和其他辅助材料时，必须全面考虑。

长距离输送热介质，热损耗是管道输送热效率的主要矛盾，所以，供热管网的绝热是非常重要的。

热能在输送过程中，无法绝对防止热损耗，热损耗造成的温度和压力下降使管道内产生凝结水，如果不及时排除，就会形成水锤，引起水击，使管道无法运行。所以，供热管网必须设置特殊的疏水、排水装置。

4-1-3 供热管网是怎样按工作参数分类的？

答：1）按介质的工作压力分类。供热管网根据介质压力分为高压、中压和低压三类，表4-1-3（1）为不同介质的工作压力分类。

供热管网按介质工作压力分类 **表 4-1-3（1）**

管道类别	介质工作压力（MPa）	
	蒸汽	热水
高压	6.1～10.0	10.0～18.4
中压	2.6～6.0	4.1～9.9
低压	≤2.5	≤4.0

2）按介质的压力与温度分类。在同一种介质中，其压力参数是一个指标，而介质温度亦是一项重要指标，表4-1-3（2）就是按不同的工作压力与工作温度对管道进行分类的。

供热管网按介质的工作参数分类 **表 4-1-3（2）**

管道类别	介质名称	介质的工作参数	
		压力（MPa）	温度（℃）
Ⅰ	1. 过热蒸汽	不限	611～660
	2. 过热蒸汽	不限	571～610
	3. 过热蒸汽	不限	451～570
	4. 饱和蒸汽、热水	＞18.4	＞120
Ⅱ	1. 过热蒸汽	≤3.9	351～450
	2. 饱和蒸汽、热水	8.1～18.4	＞120
Ⅲ	1. 过热蒸汽	≤2.2	251～350
	2. 饱和蒸汽、热水	1.7～8.0	＞120
Ⅳ	过热及饱和蒸汽、热水	0.1～1.6	121～250

4-1-4 供热管网布置的原则是怎样的？

答：1）平面布置

确定供热管网在平面上的位置叫“定线”，定线工作主要以供热区域（厂区或城市街区）的总平面图，结合该地区的气象、水文、地质、地形以及地上、地下的建筑物和构筑物（铁路、公路、其他地下管线设施）的现状情况及今后发展规划作为依据，还要考虑施工、维修、管理方便等因素，具体定出干、支、户线的位置，并应遵循下列原则：

（1）经济上合理。主干线力求短、直，尽量布置在热负荷集中的地区，减少干线长度、力争金属消耗量最小、施工简便。同时要注意合理布置线路上必要的附件（如分段门、分支门、放气门、泄水门、补偿器、固定支架等），尽可能减少检查井的数量以降低造价，简化管理。

（2）技术上可靠。线路应选择在地势平坦、土质好、地下水位低的地区通过，避免管道过大的起伏及地下水的侵蚀。

（3）与周围环境配合协调。线路一般应铺设在道路两侧慢行道、人行道或绿化区内，与其他各种管道、地下构筑物、地上建筑应有一定的安全距离，以保证施工和维修方便、运行安全。具体的间距要求，在供热管网设计资料中有明确的规定，这里不再叙述。

供热管网平面图布置与热介质的种类，热源与热用户相互间的位置有关，主要形式有枝状和环状两大类，如图4-1-4（1）所示。

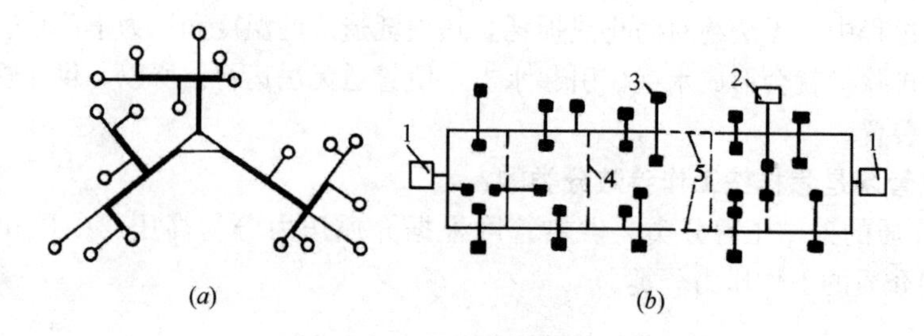

图 4-1-4（1） 供热管网平面布置图

（*a*）枝状管网；（*b*）环状管网

1—热源；2—后备热源；3—集中热力点；4—热网后备旁通管；

5—热源后备旁通管

枝状管网比较简单，它的特点是从热源引出几条管道分别通往各用户，这些管道之间没有联系，随着输送距离的增加，热负荷逐渐减少，各条管道的管径也随之减小。这种型式管网的造价低、省材料、运行调节简单。其缺点是，没有供热的后备能力，当管道某处发生事故时，在损坏地点以后的所有用户供热均被迫停止。

为了弥补上述缺点，在某些不允许中断供热的工业用户常采用两条供汽管和一条凝结水管，即前面讲的多管制系统。每根供汽管可按 50％的热负荷计算，当其中一条管发生事故时，可提高另一条管道蒸汽的初压力，使其通过的汽量仍保持全部需用量的 90％～100％，做到不间断供汽。

环状管网的特点是通过大口径的干管将热网连成一个闭口的环形，称为第一级主干线。第二级为用户的分支管网，仍作成枝状分别与环状干线连接。这样每一个热用户可从环形干线不同的方向得到热量供应。当干线的某一处发生事故时，或某一个热源出现故障，用户仍然可以得到一定的供热量，这样就具有了供热的后备能力。但是这种方式的投资和耗钢量都比前者要大，管网的运行调节也要复杂，一般用于多热源的大型供热管网。

2）纵断面布置

供热管道纵断面布置主要解决热网的坡度、埋深（地上敷设时为支架高度），及与其他管道交叉时的处理方法等问题。

无论是蒸汽管道、凝结水管道及热水管道，除特殊情况外，均应有适当的坡度，其目的在于：

（1）在管道停止运行进行检修时，管道的坡度应保证将管中的水排净。为此，在管道每一坡度变化的最低点应设置排水阀（见图 4-1-4（2））。排水阀的口径由所排放管段的管径和长度而定，应能保证在 1h 内将水放空。排水管的口径可按管内流速 1m/s 计算。为了减少管道水的损失和缩短检修时间，应在主干管上每隔一段距离安装分段阀门，以减小排水管段的长度。

（2）热水管道和凝结水管道在充水时，必须将管中的空气全部排出以保证热介质的正常循环和防止空气中氧气对管内壁的腐蚀。当管道具有一定坡度，由于空气密度小于水，将聚集在高点。在此安装排气阀，以利于排除空气。蒸汽管道在进行水压试验时，其充水方式与热水管相同，也应在高点设置临时排气阀用于排除管内空气，但在水压试验结束后正式运行时，应将排气阀拆除。

干管上的排水阀与排气阀的小管其长度要短，以免在冬季运行时由于接管处因积水冻裂造成事故。

图 4-1-4（2） 热水管道放水和排气装置

（3）在蒸汽管道启动时，因蒸汽压力和流量要逐渐提高，蒸汽管道也由较低的温度逐渐升至工作温度，这一过程称为暖管。在此期间管内将形成大量的凝结水，并且水质较脏，一般的疏水阀是不能胜任的。因此，在干管上设置启动疏水装置进行排水。这些装置应安装在管路低点及分段暖管的管路末端（按蒸汽流动方向）。在蒸汽管道运行时所产生的凝结水，要靠永久疏水器随时排除，但热介质为过热蒸汽且管内流量较大时，也可不使用永久疏水器。

热网管道如在地下敷设时，除考虑必要的坡度外，还要注意其埋设深度，为减少施工的土方工程量，并避开地下水的影响，埋设深度不宜过大。但也不能太浅，一般要求热力管道（或地沟）覆土深度不小于0.6m。

供热管道不允许在房屋及其他建筑物下面通过、管沟与建筑物之间最小距离、与建筑物的基础深度和管沟的埋深有关。一般管沟埋深不得低于建筑物基础深度。当距离较远时，管沟沟底可以低于相邻建筑物的基础，但要保证开槽时，不能因为管沟由基础低，而影响建筑物基础下自然休止角斜线范围内的土壤，如图4-1-4（3）所示。

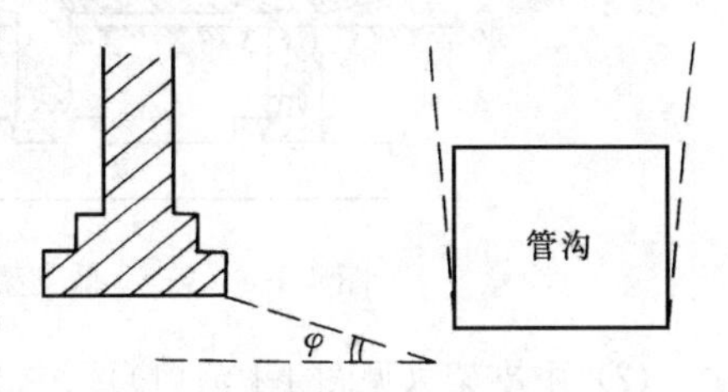

图4-1-4（3） 热力管道离建筑物较远时管沟开槽要求

φ—土壤的自然休止角

当供热管道与其他管道发生交叉冲突时，应根据小管让大管，有压管让无压管，未施工的让已施工的原则处理，具体要求尺寸可由设计资料中查到。若两管之间距离小于安全要求，或必须相互穿越时，在施工时应采取必要的保护措施。

4-1-5 简述供热管网的敷设方式有哪些？

答：供热管网的投资费用较高，施工工作量大，合理地选择管网的敷设方式，对节省资金方便施工与维修，保证运行安全可靠等具有重要的意义。

供热管网的敷设型式可分为架空敷设与地下敷设两大类。

1）架空敷设

架空敷设是将供热管道架设在地面以上的支架上或架设在栽入其他建筑物墙壁的支架上。

架空敷设的优点是不受地下水的影响，运行时维修检查方便，施工时土方工程量小（只有支架基础的土方工程），因此比较经济。但是，这种敷设方式热损失较大，占地面面积较多，在气候寒冷地区采用这种形式时，需对设备采取妥善的防冻措施，在城区内采用架空敷设对市容和交通也会产生一定的影响。

架空敷设所用的支架可采用砖砌体、毛石砌体、钢筋混凝土预制或现场浇灌、钢结构、木结构等多种类型。其中砖、石砌体作为支架造价低廉，便于就地取材，但它不能承受较大的纵向推力，因此这种型式仅适用于管径较小、高度较低的支架。木支架强度低、不耐用，仅用于临时性工程。钢结构支架强度大，但耗用钢材多，一般用于支架的高度和跨度较大的地段，如跨越铁路、公路、河流等情况。目前我国广泛应用的是钢筋混凝土支架，它不仅坚固耐用，而且能承受较大的纵向推力，与钢支架相比可节约大量钢材。在厂区内架设供热管道时，应尽量利用建筑物的外墙或其他永久性的构筑物，把管道架设在埋于外墙的支架上。这是一种最简单的方法，但是在地震活动区或管径和推力较大时，不宜采用。

架空敷设根据支架高度的不同，可分为下列三种形式：

（1）低支架（见图4-1-5（1））。低支架高度较低，管道保温层底部距地面距离为0.5～1m，以防地面水的浸泡。由于管道高度低，支架受推力而形成的力矩小，所以支架立柱的断面和基础都较小，可节省材料，是较经济的敷设方式之一。低支架施工，检修都很方便，常用于工业区中沿围墙敷设，或平行铁路、公路敷设，当与道路交叉时，可将管道局部升高（或降低），从道路上跨越或加套管从路面下穿过。

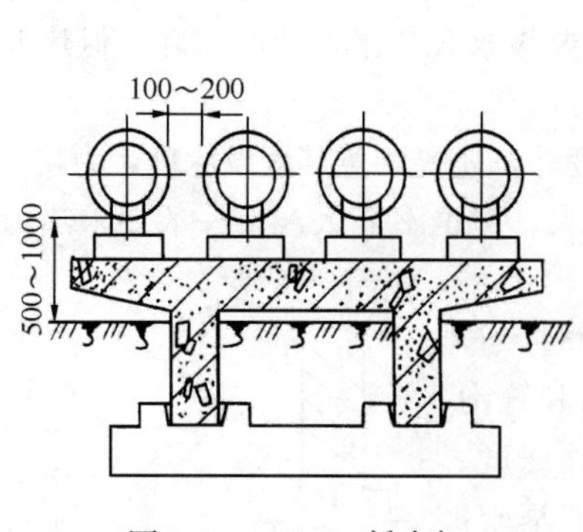

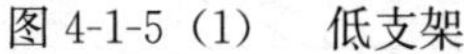
图 4-1-5（1） 低支架

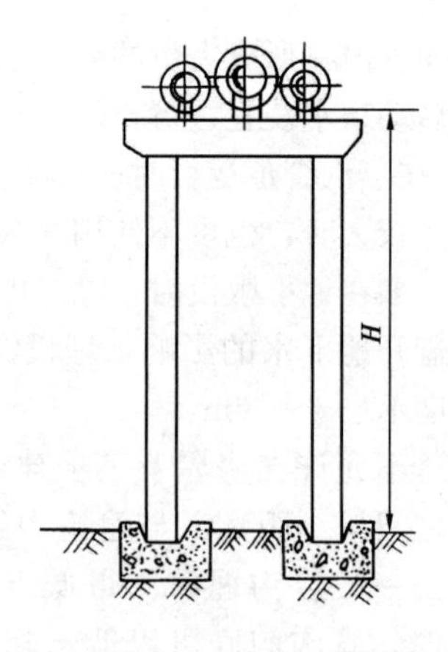

图 4-1-5（2） 中、高支架

（2）中支架（见图 4-1-5（1））。中支架高度在 2.5～4m 之间，一般常用于行人往来频繁、经常有小型车辆通过的地区。

（3）高支架（见图 4-1-5（2））。高支架净空高度为 4～6m，对地面交通影响小，但耗用材料多，造价高，维护检修不方便，当管路上装有附件时（如阀门），还必须设置操作平台，一般多用于跨越公路或铁路等地段。

架空管道的保温层应适当加厚，保温层外的保护壳应考虑到防止雨淋日晒的影响。

2）地下敷设

在城市市区敷设热力管道时，由于城区规划和对建筑美观的要求，或由于地面交通频繁，不能采用架空敷设时，需要把管道埋入地下，称为地下敷设。

地下敷设一般分为有沟敷设和无沟敷设，有沟敷设又分为通行地沟、半通行地沟和不通行地沟三种。地下敷设管网热损失小，对市容交通没有影响，目前在城市热网中广泛使用。

地沟应能保护管道不受外力和水的侵袭，保护管道的保温结构，使管道与土壤隔离。地沟的结构通常由底板、沟墙、盖板组成。底板一般采用钢筋混凝土结构（防止管沟下沉）、沟墙多为砖砌体，盖板为钢筋混凝土预制板［见图 4-1-5（3）（*a*）］在一些工程中也使用预制的钢筋混凝土椭圆拱形壳或矩形钢筋混凝土地沟。

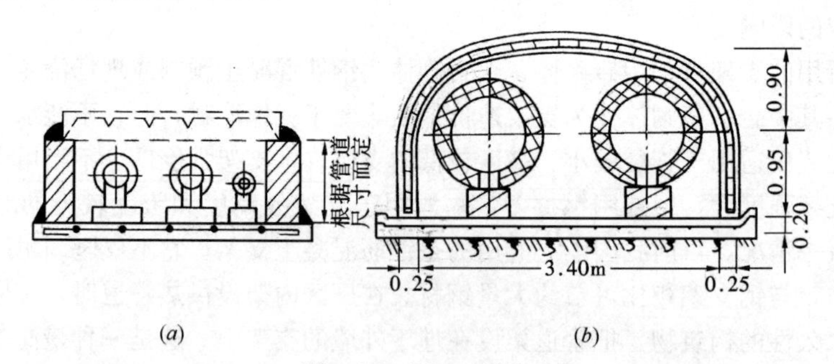

图 4-1-5（3） 地沟

（*a*）不通行地沟；（*b*）预制钢筋混凝土椭圆拱形地沟

在结构上，不论是哪种地沟，都要力求提高防水性能。当地面水、地下水或其他管沟漏水侵入热力地沟后，将会使管道遭受腐蚀、保温结构受到破坏，大大降低使用年限。

地沟的防水措施通常是在沟的外壁敷设防水层，防水层可用防水砂浆或用数层油毡外涂沥青粘结而成。但由于地沟经常处于高温状态，天长日久防水材料失去原有的弹性，产生裂缝，因此一般实际的防水效果较差。所以热网管沟应尽量敷设于地下水位之上，管沟上地面排水畅通，杜绝积水现象。

下面分别说明各种地沟的特点：

(1) 通行地沟。通行地沟净高不应低于1.8m，人行通道净宽度不得小于0.7m，如图4-1-5(4)所示，工作人员可以在沟内进行检修、维修及各种操作。通行沟除了结构强度要求之外，排水和通风也是重要问题，沟内应有良好的自然通风，如条件允许应考虑设置机械通风设备。沟内温度按工人检修条件要求，不应高于50℃。此外还应装有照明设备，照明电压不超过36V。在一定的距离内（最长不超过100m），应设人孔，便于检修人员出入。每隔一定长度还要求设安装孔，以便于检修时管子和设备出入。

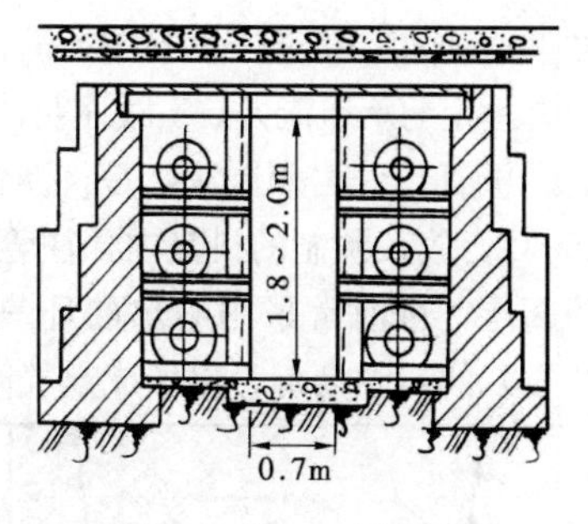

图4-1-5(4)　通行地沟

通行地沟的优点是，运行维修人员可以随时进入沟内检查，能及时发现问题排除故障。检修时不用破坏路面，可不影响地面交通。但由于通行沟尺寸大，造价高，和其他地下管线交叉矛盾多，不好处理，因此不能广泛使用。只有当管道口径较大而且数目较多时（例如热源的总出口），或在城市重要街道永久路面之下，采用通行地沟敷设。

(2) 半通行地沟。在与情况(1)相同条件下，为了节约造价，有时也采用半通行地沟。半通行沟的断面尺寸依据运行人员能弯腰走路并进行一般的维修工作要求而定。地沟净高一般不小于1.4m，通道宽度为0.5～0.7m（见图4-1-5(5)）。

半通行地沟由于运行人员不是经常性出入，故不需要设置专门的照明与通风设备，只在检修时安装临时装置。半通行沟应在一定的距离内设人孔或小室以便人员出入。

(3) 不通行地沟。不通行沟的断面尺寸小，节省材料，占地少，在城市街区和厂区内采用的比较广泛。不通行地沟的断面尺寸仅满足管道安装施工的需要，一般两管保温层的间距不小于100mm，保温层到地沟壁和盖板内表面的间距不小于100mm。保温层底部到地沟底不小于120mm。实际上地沟高和宽的净空尺寸是根据管径和支座型式来决定的，如图4-1-5(6)所示。

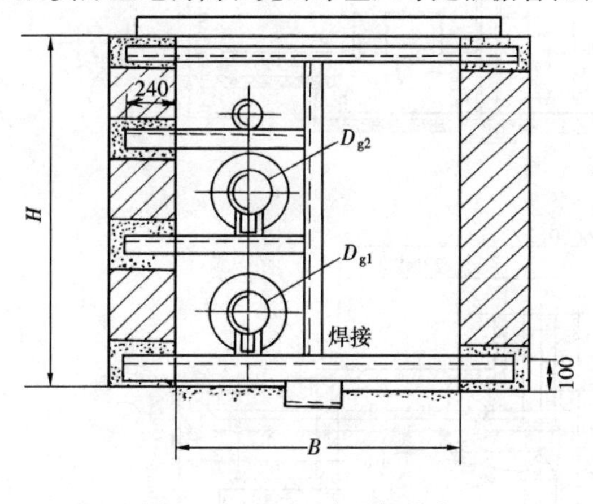

图4-1-5(5)　半通行地沟

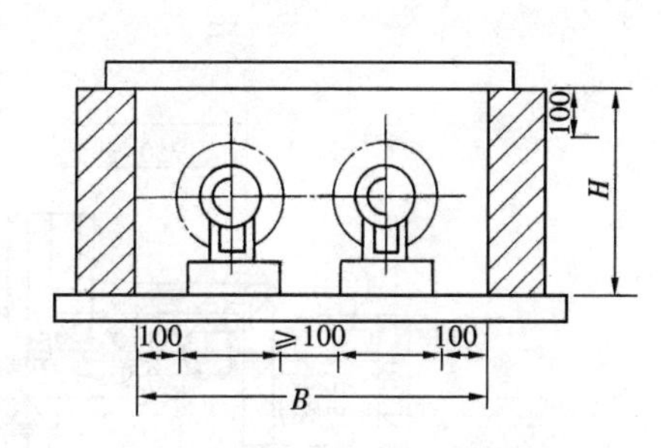

图4-1-5(6)　不通行地沟

(4) 无沟敷设。无沟敷设是将管子直接埋设于地下，其保温结构与土壤直接接触，起到保温与承重的双重作用。因此，无沟敷设要求保温材料有较高的耐压强度和良好的防水性能。这种敷设方式能大大减少土方工程量，节约大量建筑地沟的材料，施工速度快，是最经济的敷设方式。目前，我国正在进行试验与发展中。无沟敷设的主要缺点是不容易发现故障，管路维修不便。

无沟敷设的保温方法有现场整体浇灌法与预制法两种。

泡沫混凝土多半是现场整体浇灌的。土壤的压力直接由泡沫混凝土承受，管子与保温之间，人为地留下一个间隙。该间隙是管道安装后，在管壁上涂一层沥青或重油，在通热以后，熔化挥发而得到的。这一间隙可使管道自由伸缩。泡沫混凝土保温层外部要涂沥青，或用油毡包裹防水，泡沫混凝土要有一定的承压能力。实践证明，这种做法在地下水位较低、土壤不很潮湿的地区使用效果很好。

沥青珍珠岩预制法，是将沥青加热到300℃后掺入珍珠岩粉，保持温度搅拌均匀，然后冷却到150℃，放入预制的机具内，往管材上挤压成型。为了防水和防腐蚀，管道在保温前，要涂刷两遍防腐层，目前常采用耐热的环氧煤焦油作防腐剂，效果较好。在防腐层外面，涂低软化点（约60℃）的石油沥青，以形成空气间层。在保温层外表面，再做沥青玻璃布防水层（二油一布）。

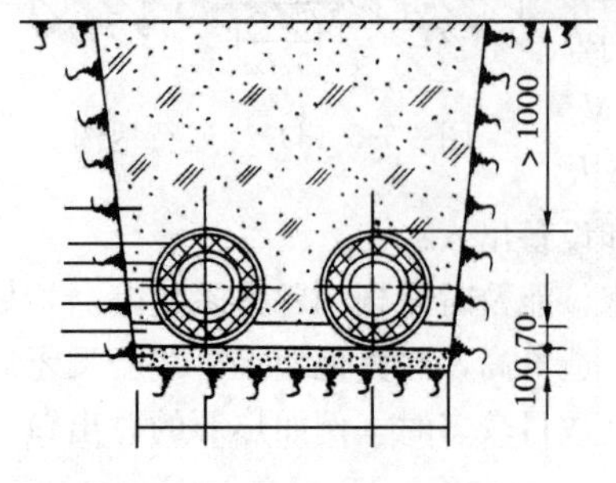

图 4-1-5（7） 无沟敷设横断面示意

使用沥青珍珠岩预制保温管道时，为了使管道很好地落实在沟槽内的地基上以减少管道的弯曲应力，管下做100mm厚的砂垫层。在管道落地调整后，再铺70mm厚粗砂枕层，以改善其受力情况（见图4-1-5（7））。

目前国内外大量采用预制保温管，即钢管外采用聚氨酯泡沫保温，保温层外有高密度聚乙烯外壳（或钢套管）。在工厂预制好以后，到现场直埋。这种方法施工速度快，工程总造价可降低，国内也正在大量使用。

（5）检查井及操作平台。对于地下敷设的管线，凡有需要操作，检查和维修的设备（如阀门，套角式补偿器，放汽、泄水设备等），都要设置检查井（或称小室），对架空敷设的管道则设操作平台。

检查井俗称小室。图4-1-5（8）是某工程中的一个检查井。检查井的尺寸应根据通过其中的

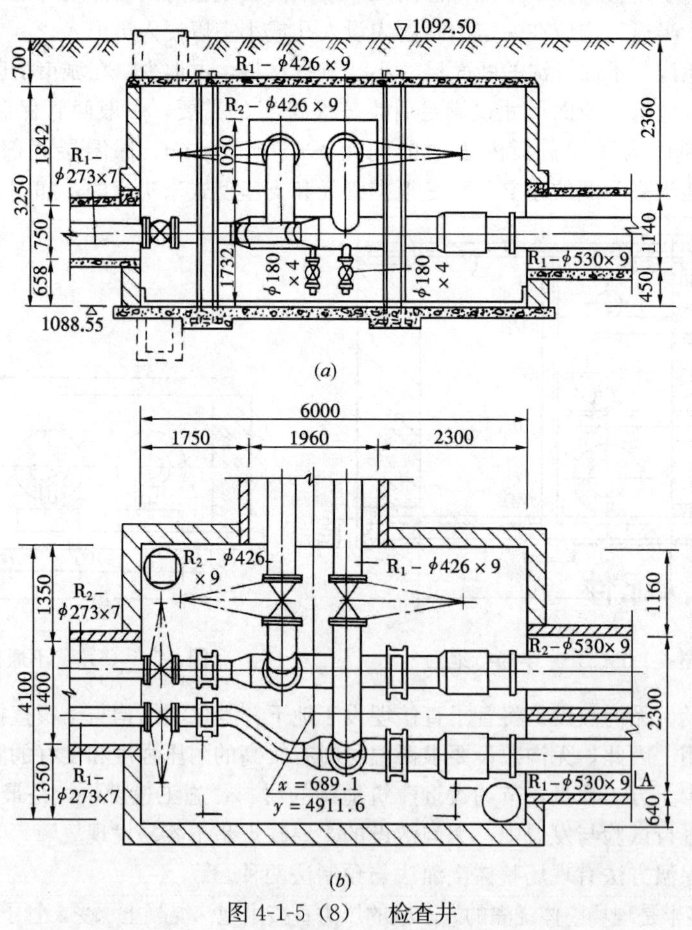

图 4-1-5（8） 检查井

（a）A-A剖面；（b）检查井

管道根数和直径，以及阀门附件的数量和大小而定。应在方便维修操作的前提下，尽量减小尺寸以节省投资。一般净高不小于1.8m，人行通道宽度不小于0.6m，检查井顶部至少设两个人孔，以利于人员出入、通风和采光。井孔应设爬梯，井下设集水坑。

架空敷设的操作平台尺寸，也应按检修操作方便的要求去决定，四周要设栏杆及扶梯，如图4-1-5（9）所示。

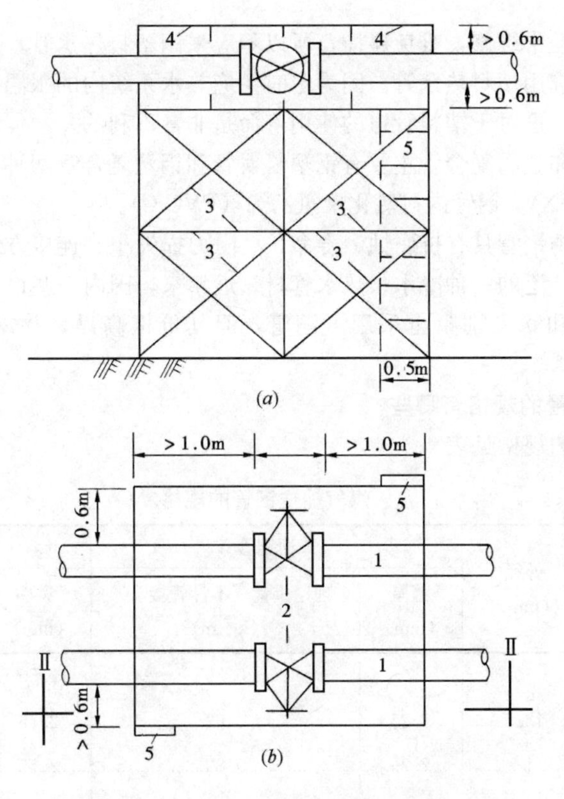

图4-1-5（9） 架空管道操作平台示意图

（a）Ⅱ—Ⅱ；（b）平面图

1—管道；2—阀门；3—钢架（角钢）；4—栏杆；5—梯子

检查井与操作平台的位置和数量与管道平面定线一起考虑。在保证管道运行可靠，检修方便的情况下，尽量减少检查井的数目。并要注意避开交通要道和车辆行人往来频繁的地方。

4.2 管材、配件

4-2-1 热水管道的管材现行规范推荐的顺序是怎样的？各有什么特点？

答：根据国家有关部门关于“在城镇新建住宅中，禁止使用冷镀锌钢管用于室内给水管道，并根据当地实际情况逐步限制禁止使用热镀锌钢管，推广应用铝塑复合管、交联聚乙烯（PE-X）管、无规共聚聚丙烯（PP-R）管等新型管材，有条件的地方也可推广应用铜管”的规定，现行设计规范按以下排列顺序推荐作为热水管道的管材：薄壁铜管、薄壁不锈钢管、塑料热水管、塑料和金属复合热水管等。

热镀锌钢管仍然是社会上被广泛认可的适用管材，在家庭热水管道中，不少住户拒绝使用塑料热水管而选择热镀锌钢管，这其中不无道理，因为钢管的强度高，不怕磕碰撞击，不怕热水偶尔超温过热，而塑料热水管则恰恰相反。各种塑料热水管近年来在国内得到了广泛的应用。无规共聚聚丙烯（PP-R）管、交联聚乙烯（PE-X）管等新型管材，符合卫生指标、内壁光滑、阻力损失小、安装方便，且较经济。但必须防止热水温度过高。因疏忽或失误使热水排放温度过高而导致热水管道软化变形而不能使用的事例时有发生。

同一热水管道系统使用的塑料热水管管材和管件的材质必须相同，并且是同一生产家的产品。

设备机房内的管道经常维修，难免碰撞，所以不应采用塑料热水管，一般应采用镀锌钢管。

定时供应热水不宜选用塑料热水管。因为定时供应热水系统内的水温冷热变化大，周期性的引起管道伸缩变化也大，这对于塑料管道的使用寿命是非常不利的。

用于热水管的塑料和金属复合管主要有钢塑复俣管和铝塑复合管两种。钢塑复合管主要有钢管内衬交联聚乙烯（PE-X）、钢管内衬氯化聚氯乙烯（PVC-C）。

薄壁铜管、薄壁不锈钢管具有抗腐蚀、寿命长、阻力损失小、连接方便、美观且保证水质等优点，在国际上是使用广泛的一种冷水、热水管材。近年来，国内一些设有集中热水供应系统的工程和少数的高级宾馆和私人别墅也采用了铜管，但其价格高昂，并需焊接连接，建造投资较大。

4-2-2　水气输送钢管的规格有哪些？

答：水气输送钢管的规格见表4-2-2。

水、煤气输送钢管的规格　　表4-2-2

公称口径		外径（mm）	普通钢管		加厚钢管	
mm	in		壁厚（mm）	理论重量（不计管接头）（kg/m）	壁厚（mm）	理论重量（不计量接头）（kg/m）
6	1/8	10	2	0.39	2.50	0.46
8	1/4	13.5	2.25	0.62	2.75	0.73
10	3/8	17	2.25	0.82	2.75	0.97
15	1/2	21.25	2.75	1.25	3.25	1.44
20	3/4	26.75	2.75	1.63	3.50	2.01
25	1	33.5	3.25	2.42	4.00	2.91
32	$1\frac{1}{4}$	42.25	3.25	3.13	4.00	3.77
40	$1\frac{1}{2}$	48	3.50	3.84	4.25	4.58
50	2	60	3.50	4.88	4.50	6.16
70	$2\frac{1}{2}$	75.5	3.75	6.64	4.50	7.88
80	3	88.5	4.00	8.34	4.75	9.81
100	4	114	4.00	10.85	5.00	13.44
150	6	140	4.50	15.04	5.50	18.24
200	8	165	4.50	17.81	5.50	21.63

注：1. 公称口径是钢管规格名称，它不一定等于钢管外径减两倍壁厚之差。

2. 钢管理论重量（钢的比重为7.85）按公称尺寸计算。

4-2-3　无缝钢管按壁厚分成多少品种？

答：见表4-2-3。

热轧无缝钢管品种 **表 4-2-3**

外径 (mm)	壁厚 (mm)										
	2.5	3	3.5	4	4.5	5	5.5	6	6.5	7	7.5
	理论重量 (kg/m)										
32	1.82	2.15	2.46	2.76	3.05	3.33	3.59	3.85	4.09	4.32	4.53
38	2.19	2.59	2.98	3.35	3.72	4.07	4.41	4.74	5.05	5.35	5.64
42	2.44	2.89	3.35	3.75	4.16	4.56	4.95	5.33	5.69	6.04	6.38
45	2.62	3.11	3.58	4.04	4.49	4.93	5.36	5.77	6.17	6.56	6.94
50	2.93	3.48	4.01	4.54	5.05	5.55	6.04	6.51	6.97	7.42	7.86
54	—	3.77	4.36	4.93	5.49	6.04	6.58	7.10	7.61	8.11	8.60
57	—	4.00	4.62	5.23	5.83	6.41	6.99	7.55	8.10	8.63	9.16
60	—	4.22	4.88	5.52	6.16	6.78	7.39	7.99	8.58	9.15	9.71
63.5	—	4.48	5.18	5.87	6.55	7.21	7.87	8.51	9.14	9.75	10.36
68	—	4.81	5.57	6.31	7.05	7.77	8.48	9.17	9.86	10.53	11.19
70	—	4.96	5.74	6.51	7.27	8.01	8.75	9.47	10.18	10.88	11.56
73	—	5.18	6.00	6.81	7.60	8.38	9.16	9.91	10.66	11.39	12.11
76	—	5.40	6.26	7.10	7.93	8.75	9.56	10.36	11.14	11.91	12.67
83	—	—	6.86	7.79	8.71	9.62	10.51	11.39	12.26	13.12	13.96
89	—	—	7.38	8.38	9.38	10.36	11.33	12.28	13.22	14.16	15.07
95	—	—	7.90	8.98	10.04	11.10	12.14	13.17	14.19	15.19	16.18
102	—	—	8.50	9.67	10.82	11.96	13.09	14.21	15.31	16.40	17.48
103	—	—	—	10.26	11.49	12.70	13.90	15.00	16.27	17.44	18.59
114	—	—	—	10.85	12.15	13.44	14.72	15.98	17.23	18.47	19.70
121	—	—	—	11.54	12.93	14.30	15.67	17.02	18.35	19.68	20.99
127	—	—	—	12.13	13.59	15.04	16.48	17.90	19.32	20.72	22.10
133	—	—	—	12.73	14.26	15.78	17.29	18.79	20.28	21.75	23.21
140	—	—	—	—	15.04	16.65	18.24	19.83	21.40	22.96	24.51
146	—	—	—	—	15.70	17.39	19.06	20.72	22.36	24.00	25.62
152	—	—	—	—	16.37	18.13	19.87	21.60	23.32	25.03	26.73
159	—	—	—	—	17.15	18.99	20.82	22.64	24.45	26.24	28.02
168	—	—	—	—	—	20.10	22.04	23.97	25.89	27.79	29.69
180	—	—	—	—	—	21.59	23.70	25.75	27.70	29.87	31.91
194	—	—	—	—	—	23.31	25.60	27.82	30.00	32.28	34.50
203	—	—	—	—	—	—	—	29.14	31.50	33.83	36.16
219	—	—	—	—	—	—	—	31.52	34.06	36.60	39.12
245	—	—	—	—	—	—	—	—	38.23	41.09	43.85
273	—	—	—	—	—	—	—	—	42.64	45.92	49.10
299	—	—	—	—	—	—	—	—	—	—	53.91
325	—	—	—	—	—	—	—	—	—	—	58.74
351	—	—	—	—	—	—	—	—	—	—	—
377	—	—	—	—	—	—	—	—	—	—	—
402	—	—	—	—	—	—	—	—	—	—	—
426	—	—	—	—	—	—	—	—	—	—	—
459	—	—	—	—	—	—	—	—	—	—	—
480	—	—	—	—	—	—	—	—	—	—	—

续表

外径 (mm)	壁厚 (mm)									
	8	8.5	9	9.5	10	11	12	13	14	15
	理论重量 (kg/m)									
32	4.74	—	—	—	—	—	—	—	—	—
38	5.92	—	—	—	—	—	—	—	—	—
42	6.71	7.02	7.32	7.60	7.88	—	—	—	—	—
45	7.30	7.65	7.99	8.32	8.63	—	—	—	—	—
50	8.29	8.70	9.10	9.49	9.86	—	—	—	—	—
54	9.08	9.54	9.99	10.43	10.85	11.67	—	—	—	—
57	9.67	10.17	10.65	11.13	11.59	12.48	13.32	14.11	—	—
60	10.26	10.80	11.32	11.83	12.33	13.29	14.21	15.07	15.88	—
63.5	10.95	11.53	12.10	12.65	13.19	14.24	15.24	16.19	17.09	—
68	11.84	12.47	13.10	13.71	14.30	15.46	16.57	17.63	18.64	19.61
70	12.23	12.89	13.54	14.17	14.80	16.01	17.16	18.27	19.33	20.35
73	12.82	13.52	14.21	14.88	15.54	16.82	18.05	19.24	20.37	21.46
76	13.42	14.15	14.87	15.58	16.28	17.63	18.94	20.20	21.41	22.57
83	14.80	15.62	16.42	17.22	18.00	19.53	21.01	22.44	23.82	25.15
89	15.98	16.87	17.76	18.63	19.48	21.16	22.79	24.37	25.89	27.37
95	17.16	18.13	19.09	20.03	20.96	22.79	24.56	26.29	27.97	29.59
102	18.55	19.60	20.64	21.67	22.69	24.69	26.53	28.63	30.38	32.18
108	19.73	20.86	21.97	23.08	24.17	26.31	28.41	30.46	32.45	34.40
114	20.91	22.12	23.31	24.48	25.65	27.94	30.19	32.38	34.53	36.62
121	22.29	23.58	24.86	26.12	27.37	29.84	32.26	34.62	36.94	39.21
127	23.48	24.84	26.19	27.53	28.85	31.47	34.03	36.55	39.01	41.43
133	24.66	26.10	27.52	28.93	30.33	33.10	35.81	38.47	41.09	43.65
140	26.04	27.57	29.08	30.57	32.06	34.99	37.88	40.72	43.50	46.24
146	27.23	28.82	30.41	31.98	33.54	36.62	39.66	42.64	45.57	48.46
152	28.41	30.08	31.74	33.39	35.02	38.25	41.43	44.56	47.65	50.68
159	29.79	31.55	33.29	35.03	36.75	40.15	43.50	46.81	50.06	53.27
168	31.57	33.43	35.29	37.13	38.97	42.59	46.17	49.69	53.17	56.60
180	33.93	35.95	37.95	39.95	41.92	45.85	49.72	53.54	57.31	61.04
194	36.70	38.89	41.06	43.23	45.38	49.64	53.86	58.03	62.15	66.22
203	38.47	40.77	43.05	45.33	47.59	52.08	56.52	60.91	65.94	69.54
219	41.63	44.12	46.61	49.08	51.54	56.43	61.26	66.04	70.78	75.46
245	46.76	49.56	52.38	55.17	57.95	63.48	68.95	74.38	79.76	83.08
273	52.28	55.45	58.60	61.73	64.86	71.07	77.24	83.36	89.42	95.44
299	57.41	60.89	64.37	67.83	71.27	78.13	84.93	91.69	98.40	15.06
325	62.54	66.35	70.14	73.92	77.68	85.18	92.63	100.03	107.38	114.68
351	67.67	71.80	75.91	80.01	84.10	92.23	100.32	108.36	116.35	124.29
377	—	—	81.68	86.10	90.51	99.29	108.02	117.00	125.33	133.91
402	—	—	87.21	91.95	96.67	106.06	115.41	124.71	133.94	143.15
426	—	—	92.55	97.57	102.59	112.58	122.52	132.41	142.25	152.04
450	—	—	97.87	103.20	108.50	119.08	130.61	140.09	150.52	160.90
480	—	—	104.52	110.22	115.90	127.22	139.49	149.71	160.88	172.00
500	—	—	108.96	114.91	120.83	132.65	145.41	156.12	167.79	179.40
530	—	—	115.62	121.94	128.23	140.78	154.29	165.74	178.14	190.50
560	—	—	122.28	128.97	135.63	148.92	163.16	175.36	188.50	201.60
600	—	—	131.17	138.34	145.50	159.78	175.00	188.18	202.31	216.39
630	—	—	137.81	145.36	152.89	167.91	183.88	197.80	212.67	227.49

续表

外径 (mm)	壁厚 (mm)							
	16	17	18	19	20	22	25	28
	理论重量 (kg/m)							
32	—	—	—	—	—	—	—	—
38	—	—	—	—	—	—	—	—
42	—	—	—	—	—	—	—	—
45	—	—	—	—	—	—	—	—
50	—	—	—	—	—	—	—	—
54	—	—	—	—	—	—	—	—
57	—	—	—	—	—	—	—	—
60	—	—	—	—	—	—	—	—
63.5	—	—	—	—	—	—	—	—
68	20.52	—	—	—	—	—	—	—
70	21.31	—	—	—	—	—	—	—
73	22.49	23.48	24.41	25.30	—	—	—	—
76	23.68	24.74	25.75	26.71	—	—	—	—
83	26.44	27.67	28.85	29.99	—	—	—	—
89	28.80	30.19	31.52	32.80	34.03	36.35	—	—
95	31.17	32.70	34.18	35.61	36.99	39.61	—	—
102	33.93	35.64	37.29	38.89	40.44	43.40	—	—
108	36.30	38.15	39.95	41.70	43.40	46.66	51.17	55.24
114	38.67	40.67	42.62	44.51	46.38	49.91	54.87	59.38
121	41.43	43.60	45.72	47.79	49.82	53.71	59.19	64.22
127	43.80	46.12	48.39	50.61	52.78	56.97	62.89	68.36
133	46.17	48.63	51.05	53.42	55.73	60.22	66.59	72.50
140	48.93	51.57	54.16	56.70	59.19	64.02	70.90	77.34
146	51.30	54.08	56.82	59.51	62.15	67.27	74.60	81.48
152	53.66	56.60	59.48	62.32	65.11	70.59	78.30	85.62
159	56.43	59.53	62.59	65.60	68.56	74.33	82.62	90.46
168	59.98	63.31	66.59	69.82	73.00	79.21	88.16	96.67
180	64.71	68.34	71.91	75.44	78.92	85.72	95.56	104.96
194	70.24	74.21	78.13	82.00	85.28	93.32	104.19	114.63
203	73.78	77.97	82.12	86.21	90.26	98.20	109.74	120.83
219	80.10	84.69	89.23	93.71	98.15	106.88	119.61	131.89
245	90.36	95.59	100.77	105.90	110.98	120.99	135.64	149.84
273	101.41	107.33	113.20	119.02	124.79	136.18	152.90	169.18
299	111.67	118.23	124.74	131.20	137.61	150.29	168.93	187.13
325	121.93	129.13	136.28	143.38	150.44	164.39	184.96	205.09
351	132.19	140.03	147.82	155.56	163.26	178.50	200.99	223.04
377	142.44	150.93	159.36	167.75	176.08	192.61	217.02	240.99
402	152.30	161.40	170.45	179.45	188.40	206.16	232.42	258.24
426	161.78	171.47	181.11	190.71	200.25	219.19	247.23	274.83
450	171.24	181.52	191.76	201.94	212.08	232.20	262.01	291.38
480	183.08	194.10	205.07	216.00	226.87	248.47	280.51	312.10
500	190.97	202.48	213.95	225.37	236.74	259.32	292.84	325.91
530	202.80	215.06	227.27	239.42	251.53	275.60	317.50	346.62
560	214.64	227.64	240.58	253.48	266.33	291.88	—	—
600	230.42	244.40	258.34	272.22	286.06	313.58	—	—
630	242.26	256.98	271.66	286.28	300.85	329.85	—	—

续表

外径 (mm)	壁厚 (mm)									
	30	32	36	40	50	56	60	63	70	75
	理论重量 (kg/m)									
127	71.76	—	—	—	—	—	—	—	—	—
133	76.20	79.71	—	—	—	—	—	—	—	—
140	81.38	85.23	92.33	—	—	—	—	—	—	—
146	85.82	89.97	97.66	—	—	—	—	—	—	—
152	90.26	94.70	102.99	—	—	—	—	—	—	—
159	95.44	100.22	109.20	—	—	—	—	—	—	—
168	102.10	107.33	117.19	126.27	—	—	—	—	—	—
180	110.98	116.80	127.85	138.10	—	—	—	—	—	—
194	121.33	127.85	140.27	151.91	—	—	—	—	—	—
203	127.99	134.94	148.26	160.78	—	—	—	—	—	—
219	139.83	147.57	162.47	176.58	—	—	—	—	—	—
245	159.07	168.09	185.55	202.22	—	—	—	—	—	—
273	179.78	190.19	210.41	229.85	—	—	—	—	—	—
299	199.02	210.71	233.50	255.49	—	—	—	—	—	—
325	218.25	231.23	256.53	281.14	—	—	—	—	—	—
351	237.49	251.74	279.66	306.76	—	—	—	—	—	—
377	256.73	272.26	302.77	332.44	—	—	—	—	—	—
402	275.21	291.18	324.92	357.08	—	—	—	—	—	—
426	292.98	310.93	346.27	380.77	—	—	—	—	—	—
450	310.72	329.84	367.53	404.42	—	—	—	—	—	—
480	332.91	353.52	394.17	436.01	—	—	—	—	—	—
500	347.71	369.30	411.92	453.74	—	—	—	—	—	—
530	369.90	392.92	438.55	483.34	—	—	—	—	—	—
203	—	—	—	—	188.65	—	—	—	—	—
219	—	—	—	—	203.38	—	—	—	—	—
245	—	—	—	—	240.44	—	—	—	—	—
273	—	—	—	—	274.96	—	—	—	—	—
299	—	—	—	—	307.02	335.57	353.62	366.64	395.30	414.29
325	—	—	—	—	389.10	371.49	392.09	407.04	440.34	462.28
351	—	—	—	—	371.16	407.40	430.59	447.43	485.24	510.46
377	—	—	—	—	403.22	442.30	469.06	484.32	529.98	558.55
402	—	—	—	—	434.01	477.81	506.02	526.66	573.10	604.79
426	—	—	—	—	463.64	510.97	541.57	560.47	614.56	649.21
450	—	—	—	—	493.20	544.10	577.04	601.24	655.96	693.56
480	—	—	—	—	530.19	585.53	621.43	632.31	707.74	749.05
500	—	—	—	—	554.85	613.15	651.02	678.91	742.27	786.04
530	—	—	—	—	591.84	654.58	695.41	725.52	794.05	841.52

注：钢管长度：30125 米。

4-2-4 锅炉用无缝钢管规格是怎样的?

答: 见表 4-2-4。

各种结构锅炉用钢管规格 **表 4-2-4**

外径	壁厚	外径	壁厚	外径	壁厚	外径	壁厚
14	2～3	38	2.5～4	76	3.5～8	219	6～20
16	2～3	42	2.5～4	83	3.5～8	245	6～26
17	2～3	44.5	2.5～4	89	3.5～8	273	7～26
18	2～3	48	2.5～4	102	4～12	325	8～26
19	2～3	51	2.5～5	108	4～12	377	10～26
22	2～4	57	3～5	114	4～12	426	11～26
25	2～4	60	3～5	127	4～12		
29	2.5～4	63.5	3.5～5	133	4～12		
32	2.5～4	70	3.5～5	150	4.5～18		

4-2-5 无缝钢管的机械性能如何?

答: 见表 4-2-5。

一般无缝钢管的机械性能 **表 4-2-5**

钢　　号	化学成分	机械性能（不小于）		
		抗拉强度（kg/mm^2）	屈服点（kg/mm^2）	伸长率（δ_5）（%）
10	按 CG 699—65	34	21	24
15		38	23	22
20		40	—	20
25		46	27	19
30		50	29	18
35		52	31	17
40		56	32	15
45		60	34	14
50		63	36	12
A_2，AJ_2	不保证化学成分，但硫磷含量，按 GB 700—79 的甲类镇静钢规定	34	22	24
A_3，AJ_3，ASD_3		38	24	22
A_4，AJ_4，AS_4		42	26	20
A_5，AJ_5，AS_5		50	28	17
A_6，AJ_6，AS_6		60	31	14

4-2-6 管道工程示意图及管线代号是怎样的?

答: 见图 4-2-6 及表 4-2-6。

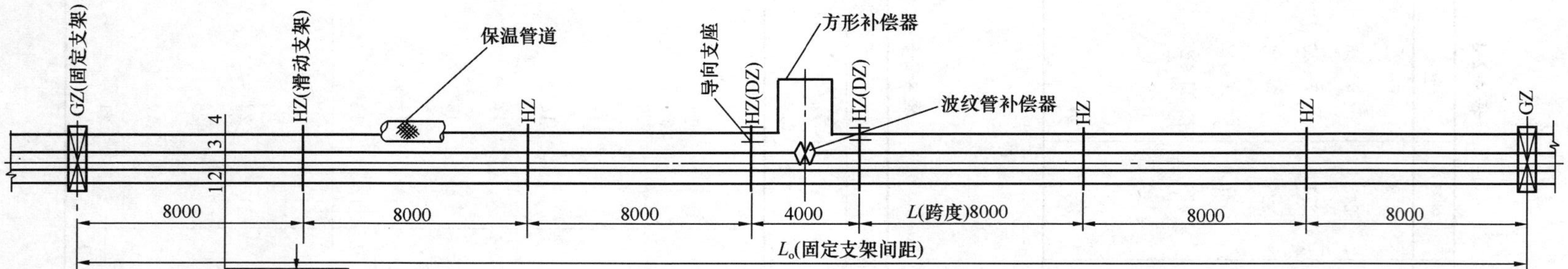

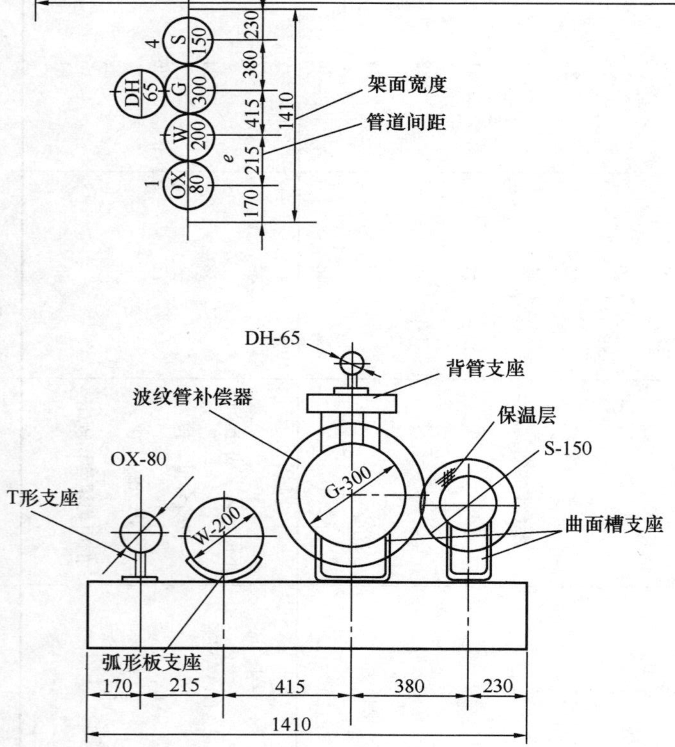

管线代号（摘录）GB 6567.1～5—2008 **表 4-2-6**

序号	名　　称	管线代号	序号	名　　称	管线代号
1	饱和蒸汽管	S	16	压缩空气管	A
2	过热蒸汽管	OS	17	净化压缩空气管	CCA
3	生活蒸汽管	DS	18	气态丙烷管（液化石油气）	PG
4	采暖蒸汽管	HS	19	液态丙烷管（液化石油气）	LPG
5	生活热水供水管	DH	20	氧气管	OX
6	生活热水回水管	DHR	21	天然气管	NG
7	给水管	W	22	煤气管（不分类型）	G
8	软化水管	SW	23	城市煤气管	TG
10	除盐水管	DMW	24	供油管（不分类型）	O
11	凝结水管（自流）	CW	25	回油管（不分类型）	OR
12	凝结水管（压力）	CWP	26	乙炔管	AC
13	采暖热水供水管	H	27	二氧化碳管	CD
14	采暖热水回水管	HR	28	氩气管	AR
15	排水管	D			

图 4-2-6　管道工程示意图及管线代号

4-2-7 管道标准重量是怎样的？

答： 1）表中的液体管道系指充水的管道，计算密度为 1000kg/m^3。

2）计算管的重量时，取钢的密度为 7850kg/m^3。

3）气体管道假定冷凝水的充满量为：

公称直径 DN＜100 者，充满管截面的 20%；100≤DN≤500 者，充满管截面的 15%；DN＞500 者，充满管截面的 10%。

4）表中保温层重量对 ρ＝150kg/m^3 者，按保温层厚度计算，其保温层厚度取同于 ρ＝300，450kg/m^3 的主保温层厚度。对 ρ＝300kg/m^3，ρ＝450kg/m^3 者，则包括主保温层、粘合层、抹.面层的重量。

主保温层厚度如表 4-2-7（1）所示：

保温层厚度　　表 4-2-7（1）

公称直径 DN	15	20	25	32	40	50	65	70	80	100	125	150	200	250	300	350	400	500	600
主保温层厚度（mm）	40	40	40	40	40	65	75	75	85	105	105	115	115	125	125	135	135	145	145

粘合层用石棉硅藻土，厚度一律取 5mm，计算密度取与主保温层密度相同。抹面层按石棉水泥计算。厚度：管道公称直径≤350 者取 10mm，公称直径＞350 者取 15mm。计算密度取 1600kg/m^3。

5）表 4-2-7（2）的保温材料密度有三种（ρ＝150kg/m^3，ρ＝300kg/m^3，ρ＝450kg/m^3）。

管道单位长度标准重量表　　表 4-2-7（2）

公称直径 DN	外径×壁厚（mm）	管重（kg/m）	凝结水重（kg/m）	充满的水重（kg/m）	保温层重（kg）			管道总重量（kg/m）							
					ρ＝150（kg/m^3）	ρ＝300（kg/m^3）	ρ＝450（kg/m^3）	不保温的		有保温的					
										ρ＝150		ρ＝300		ρ＝450	
								气体管	液体管	气体管	液体管	气体管	液体管	气体管	液体管
15	21.25×2.75	1.26	0.04	0.20	1.2	8.9	10.3	1.30	1.5	2.5	2.7	10.2	10.4	11.6	11.8
	18×3	1.11	0.02	0.11	1.1	8.6	9.9	1.1	1.2	2.2	2.3	9.7	9.8	11.0	11.1
20	26.75×2.75	1.62	0.07	0.36	1.3	9.4	10.9	1.7	2.0	3.0	3.3	11.1	11.4	12.6	12.9
	25×3	1.62	0.06	0.28	1.2	9.3	10.7	1.7	1.9	2.9	3.1	11.0	11.2	12.4	12.6
25	33.5×3.25	2.43	0.11	0.57	1.4	10.0	11.7	2.5	3.0	3.9	4.4	12.5	13.0	14.2	14.7
	32×3	2.14	0.11	0.53	1.4	9.9	11.5	2.3	2.7	3.7	4.1	12.2	12.6	13.8	14.2
	32×3.5	2.46	0.10	0.49	1.4	9.9	11.5	2.6	3.0	4.0	4.4	12.5	12.9	14.1	14.5
32	42.25×3.25	3.12	0.20	1.00	1.6	10.9	12.7	3.3	4.1	4.9	5.7	14.2	15.0	16.0	16.8
	38×3	2.59	0.16	0.80	1.5	10.5	12.2	2.8	3.4	4.3	4.9	13.3	13.9	15.0	15.6
	38×3.5	2.98	0.15	0.76	1.5	10.5	12.2	3.1	3.7	4.6	5.2	13.6	14.2	15.3	15.9
40	48×3.5	3.84	0.26	1.32	1.7	11.4	13.4	4.1	5.2	5.8	6.9	15.5	16.6	17.5	18.6
	44.5×3	3.07	0.23	1.16	1.6	11.1	13.0	3.3	4.2	4.9	5.8	14.4	15.3	16.3	17.2
	44.5×3.5	3.54	0.22	1.11	1.6	11.1	13.0	3.8	4.7	5.4	6.3	14.9	15.8	16.8	17.7
50	60×3.5	4.87	0.44	2.21	3.8	19.1	23.4	5.3	7.1	9.1	10.9	24.4	26.2	28.7	30.5
	57×3	4.00	0.41	2.04	3.7	18.8	23.0	4.4	6.0	8.1	9.7	23.2	24.8	27.4	29.0

公称直径 *DN*	外径×壁厚（mm）	管重（kg/m）	凝结水重（kg/m）	充满的水重（kg/m）	保温层重（kg）			管道总重量（kg/m）								
					$\rho=150$（kg/m^3）	$\rho=300$（kg/m^3）	$\rho=450$（kg/m^3）	不保温的		有保温的						
										$\rho=150$		$\rho=300$		$\rho=450$		
								气体管	液体管	气体管	液体管	气体管	液体管	气体管	液体管	
	57×3.5	4.62	0.39	1.96	3.7	18.8	23.0	5.0	6.6	8.7	10.3	23.8	25.4	28.0	29.6	
65	73×4	6.81	0.66	3.32	5.2	23.7	29.5	7.5	10.1	12.7	15.3	31.2	33.8	37.0	39.6	
70	75.5×3.75	6.63	0.73	3.63	5.3	24.1	30.0	7.4	10.3	12.7	15.6	31.5	34.4	37.4	40.3	
	76×3	5.40	0.77	3.85	5.3	24.1	30.0	6.2	9.3	11.5	14.6	30.3	33.4	36.2	39.3	
	76×4	7.10	0.73	3.63	5.3	24.1	30.0	7.8	10.7	13.1	16.0	31.9	34.8	37.8	40.7	
	76×6	10.35	0.64	3.22	5.3	24.1	30.0	11.0	13.6	16.3	18.9	35.1	37.7	41.0	43.6	

4-2-8 常用补偿器的种类及选用原则有哪些？

答： 常用补偿器的种类及选用原则见表 4-2-8。

常用补偿器种类及选用原则 **表 4-2-8**

种类	选用原则
自然补偿器	1. 管道布置时，应尽量利用所有管路原有弯曲进行自然补偿。当自然补偿不能满足要求时，才考虑装设各种类型的补偿器。 2. 当弯管转角小于150°时，可用作自然补偿；大于150°时不能用作自然补偿。 3. 自然补偿器的管道臂长不应超过20～25m，弯曲应力 σ 不应超过80MPa
方形补偿器	1. 热力管网一般采用方形补偿器，只有在方形补偿器不便使用时，才选用其他类型补偿器。 2. 方形补偿器的自由臂（导向支架至补偿器外臂的距离），一般为40倍公称直径的长度。 3. 方形补偿器须用优质无缝钢管制作。*DN*＜150mm 时用冷揻法制作；*DN*＞150mm 时用热揻法制作。弯头弯曲半径通常为3*DN*～4*DN*
波形补偿器	1. 波形补偿器因其强度较弱，补偿能力小，轴向推力大，适用于管径小于150mm及压力低于0.6MPa的管道。 2. 波形补偿器用钢板制造，钢板厚度一般采用3～4mm。 3. 波形补偿器的波节以3～4个为宜
填料式补偿器	1. 填料式补偿器一般用于管径大于100mm，工作压力小于1.3MPa（铸铁制）及1.6MPa（钢制）的管道上。 2. 由于填料密封性不可靠，一定时期必须更换填料，因此不宜不通行地沟内的管道上使用。 3. 钢质填料式补偿器有单向和双向两种。一个双向补偿器的补偿能力，相当于两个单向补偿器的补偿能力，可用于工作压力不大于1.6MPa，安装方形补偿器有困难的热力管道上
球形伸缩器	1. 球形伸缩器是利用球形体的随机弯动来解决管道的热补偿问题，对于三向位移的蒸汽和热水管道最宜采用。 2. 球形伸缩器可以安装于任何位置，工作介质可以由任意一端出入。其缺点是存在侧向位移、易漏，需要经常维修等问题。 3. 安装前须将两端封堵，存放于干燥通风的室内。长期保存时，应经常检查上油，防止锈蚀
直埋式内（外）压式波纹补偿器（ZMNY）	1. 直埋式内（外）压式波纹补偿器适用于管道压力0.6～2.5MPa的直埋式供热管道。 2. 必须按设计图纸规定的型号进行安装。 3. 管道上的固定支架强度必须达到100%时，方可进行水压试验。 4. 安装时波纹管与管道必须呈一条直线。 5. 安装与电焊时应对芯管进行保护，防止焊渣飞溅到芯管上

4-2-9　简述方形补偿器的工作原理与形式，如何选择方形补偿器的形式？

答：1）方形补偿器的补偿原理及形式

方形补偿器的工作原理很简单，见图 4-2-9（1）（*a*）：一条直管两端固定在支座上，当管子受热伸长时，给两端支座施加很大的推力 F，管道本身也会承受很大热应力而影响其强度及产生变形，如果在这段管中间作一个∩形弯，如图 4-2-9（1）（*b*）所示，当管道受热而伸长时由于∩形弯管的变形（成为虚线所示的位置）而补偿了热伸长量，减小了对固定支座的推力及管道的热应力，这就是方形补偿器的工作原理。这种补偿器制作安装简单，安全可靠，使用广泛，但占地面积大。

方形补偿器的形式根据其长臂与短臂的长度比例不同分为四种。方形补偿器的选择条件主要是场地。

方形补偿器形式见图 4-2-9（2）。

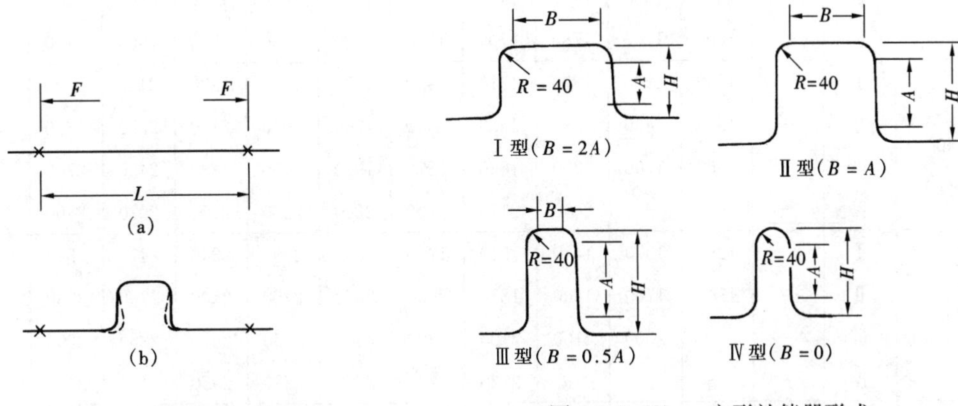

图 4-2-9（1）　方形补偿器工作原理

（*a*）一段直管；（*b*）管道加∩形弯

图 4-2-9（2）　方形补偿器形式

2）如何选择方形补偿器的形式

方形补偿器是由四个 90°弯头制作成的，弯曲半径 R 为管子外径的 4 倍，方形补偿器可根据其热伸长量来选择不同形式的伸缩器长臂及短臂的尺寸，表 4-2-9 中补偿能力（伸长量）Δl 是按安装时冷拉 $1/2\Delta l$ 计算的。

方形补偿器选择表　　**表 4-2-9**

热伸长量（补偿量）Δl（mm）		管道公称直径（mm）											
		20	25	32	40	50	65	80	100	125	150	200	250
		臂长 $H=A+2R$（mm）											
30	Ⅰ	450	520	570									
	Ⅱ	530	580	630	670								
	Ⅲ	600	760	820	850								
	Ⅳ	—	760	820	850								
50	Ⅰ	570	650	720	760	790	860	930	1000				
	Ⅱ	690	750	830	870	880	910	930	1000				
	Ⅲ	790	850	930	970	970	980	980					
	Ⅳ	—	1060	1120	1140	1050	1240	1240					

续表

热伸长量（补偿量）Δl（mm）		管道公称直径（mm）											
		20	25	32	40	50	65	80	100	125	150	200	250
		臂长 $H=A+2R$（mm）											
75	Ⅰ	680	790	860	920	950	1050	1100	1220	1380	1530	1800	—
	Ⅱ	830	930	1020	1070	1080	1150	1200	1300	1380	1530	1800	—
	Ⅲ	980	1060	1150	1220	1180	1220	1250	1350	1450	1600	—	—
	Ⅳ	—	1350	1410	1430	1450	1450	1350	1450	1530	1650	—	—
100	Ⅰ	780	910	980	1050	1100	1200	1270	1400	1590	1730	2050	—
	Ⅱ	970	1070	1170	1240	1250	1330	1400	1530	1670	1830	2100	2300
	Ⅲ	1140	1250	1360	1430	1450	1470	1500	1600	1750	1830	2100	—
	Ⅳ	—	1600	1700	1780	1700	1710	1720	1730	1840	1980	2190	—
150	Ⅰ	—	1100	1260	1270	1310	1400	1570	1730	1920	2120	2500	—
	Ⅱ	—	1330	1450	1540	1550	1660	1760	1920	2100	2280	2630	2800
	Ⅲ	—	1560	1700	1800	1830	1870	1900	2050	2230	2400	2700	2900
	Ⅳ	—	—	—	2070	2170	2200	2200	2260	2400	2570	2800	3100
200	Ⅰ	—	1240	1370	1450	1510	1700	1830	2000	2240	2470	2840	—
	Ⅱ	—	1540	1700	1800	1810	2000	2070	2250	2500	2700	3080	3200
	Ⅲ	—	—	2000	2100	2100	2220	2300	2450	2670	2850	3200	3400
	Ⅳ	—	—	—	—	2720	2750	2770	2780	2950	3130	3400	3700
250	Ⅰ	—	—	1530	1620	1700	1950	2050	2230	2520	2780	3160	—
	Ⅱ	—	—	1900	2010	2040	2260	2340	2560	2800	3050	3500	3800
	Ⅲ	—	—	—	—	2370	2500	2600	2800	3050	3300	3700	3800
	Ⅳ	—	—	—	—	—	3000	3100	3230	3450	3640	4000	4200

4-2-10　方形补偿器的安装要点有哪些？

答： 1）方形补偿器安装时的冷拉或冷压

为了充分发挥补偿能力，在方形补偿器安装时应采取以下措施：

（1）在热力管道中方形补偿器安装时采取冷拉措施。

（2）冷冻管道中安装的方形补偿器采取压缩措施。

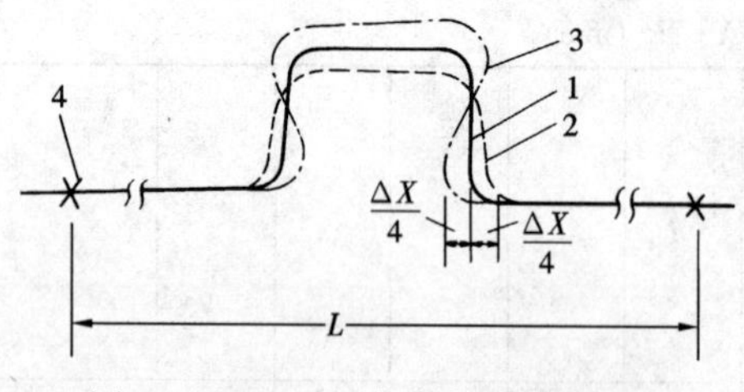

图 4-2-10（1）　方形补偿器变形图

1—制作后形状；2—安装时状态；3—补偿器运行状态；4—固定支架

如果方形补偿器制作完成后，安装中不采取冷拉或压缩措施，则方形补偿器的补偿能力仅有表中所列 ΔX 的 1/2。为了让方形补偿器发挥其全部作用，因此在安装中必须采取冷拉或压缩措施。方形补偿器工作时的变形图如图 4-2-10（1）所示。方形补偿器的冷拉或压缩数值取$\frac{\Delta X}{4}$即可。例如：某管道为$\phi159\times4.5$，作为热力管道，设计中确定热膨胀量 ΔX 为 100mm，采用方形补偿器，这样每侧的补偿能力是各 50mm，则$\frac{\Delta X}{4}=\frac{100}{4}=25$mm，所以这个方形补偿器安装时每侧预拉伸 25mm 即可。

2）方形补偿器冷拉或冷压时的技术要求

（1）安装时冷拉的数值必须符合设计要求，必须保证每侧$\frac{\Delta X}{4}$的拉伸尺寸。允许误差应小于±10mm。

（2）冷拉前应将管道调直，固定支架应完全固定好。冷拉焊口应距补偿器弯曲点2～2.5m为宜。

常用的冷拉方法有三种：一种是用拉管器；一种是利用千斤顶，在方形补偿内侧往外顶；一种是利用倒链或手葫芦（神仙葫芦）拉两侧管段。下面介绍一种利用千斤顶撑开方形补偿器的方法，如图4-2-10（2）所示。

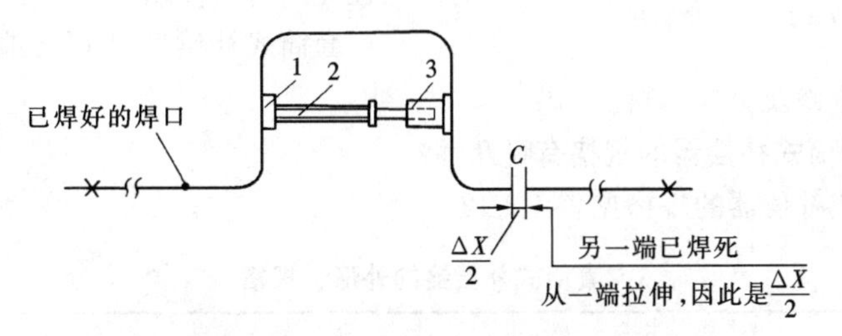

图4-2-10（2） 用千斤顶拉伸方形补偿器

1—木板；2—槽钢；3—千斤顶；C—预留出的拉伸间隙

方形补偿器用千斤顶拉伸后，留出的$\frac{\Delta X}{2}$间隙消失后两管端即可焊接，只有焊缝全部焊好后方可撤去千斤顶。

3）方形补偿器安装的技术要求

（1）方形补偿器水平安装时必须保持与管道相同的坡度，以利于排净凝结水。

（2）当方形补偿器需要垂直安装时，则应在两臂的最低点装设排水阀，或装置疏水器，便于排出凝结水。

（3）图4-2-10（2）中，设在方形补偿器C位置的滑动支架，必须按设计图纸要求安装，且牢固并应保持水平。

（4）当方形补偿器设在地沟内或架空管道上时，在补偿器管道保温层之外及补偿器四周均应保持有一定空间间隙，否则会影响补偿器工作，或者由于间隙不够可能造成事故。

（5）设在地沟内的方形补偿器，只有整体管道水压试验完成后，方可盖上地沟混凝土盖板。

4）固定支架最大间距

在直管段中设置补偿器时在补偿器两端必须设固定支架，两端固定支架的最大间距见表4-2-10。

固定支架最大间距 **表4-2-10**

公称通径（mm）	25	32	40	50	65	80	100	125	150	200	250	300	350	400
最大间距（m）	30	35	45	50	55	60	65	70	80	90	100	115	130	145

注：施工中应按图纸设计的距离尺寸设置固定支架，如图纸未注明时可参考本表。

4-2-11 套筒式补偿器的构造及使用范围是怎样的？

答：套筒式补偿器主要是由芯管、外壳、填料及填料压盖所组成（见图4-2-11）。

钢质套筒式补偿器有单向和双向两种。补偿器的芯管与管道连接，它可以随着管道的热膨胀，在补偿器的外壳内伸缩，外壳与芯管之间塞有密封填料，即可保证管内介质不漏出，又保证芯管能伸缩、移动。

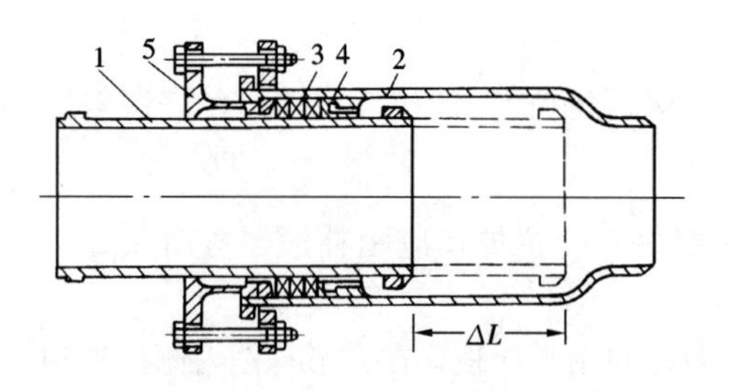

图 4-2-11　套筒式补偿器

1—芯管；2—外壳；3—填料；

4—填料支承环；5—填料压盖

芯管的自由伸缩可使管道热膨胀量得到补偿，一般单向伸缩器成对安装，并设置检查井，便于维修及管理。

钢质伸缩器可用于工作压力不超过 1.6MPa 的蒸汽管道或其他管道上，在安装时应沿管道中心线安装，不得偏斜。

补偿器的填料是采用渗有石墨的盘根并用机油浸泡，压盖四周应均匀拧紧，且保证内套筒在壳内自由伸缩。

套筒式补偿器具有占地面积小等优点，但容易漏气，需经常维修及更换填料。

4-2-12　常用套筒式补偿器的规格有哪几种？

答：常用套筒式补偿器的规格见表 4-2-12。

套筒式补偿器的外形、规格　　　　**表 4-2-12**

名称	图示	符号	当管径为下列数值(mm)时的尺寸与质量(kg)						
			80	100	125	150	200	250	300
单向作用钢制补偿器		D_w	—	108	133	159	219	273	325
		D_1	—	133	159	194	273	325	377
		B	—	535	545	715	800	800	800
		C	—	250	250	300	300	300	300
		L	—	850	850	1100	1230	1230	1230
		A	—	500	500	650	750	750	750
		质量	—	22.9	29.8	46.8	99.8	135	170
双向作用钢制补偿器		DW	—	108	133	159	219	273	325
		D_1	—	133	159	194	273	325	377
		B	—	535	545	715	800	800	800
		C	—	500	500	600	600	600	600
		L	—	1700	1700	2150	2360	2360	2360
		A	—	1000	1000	1250	1400	1400	1400
		质量	—	47.3	56.6	95	212	289	349
单向作用铸铁补偿器		A	345	350	355	365	375	385	385
		L	640	650	665	685	710	735	735
		C	160	160	160	160	160	160	160
		D	195	215	245	280	335	405	460
		D_1	160	180	210	240	295	355	410
		质量	30	39	49	77	111	153	179
双向作用铸铁补偿器		A	560	570	580	590	600	610	610
		L	1170	1190	1210	1240	1280	1320	1320
		C	320	320	320	320	320	320	320
		D	195	215	245	280	335	405	460
		D_1	160	180	210	240	295	355	410
		质量	50	65	83	116	139	274	319

4-2-13　套筒式补偿器加盘根的操作要点有哪些?

答：1）对盘根质量要求

盘根质量：高压蒸气应用石墨粉和油浸带铜丝的石棉方盘根（柔性）；高压热水应用橡胶石棉方盘根；盘根宽度应与填料箱（空间）的间隙一致。

油浸石棉盘根（JG68）见表 4-2-13（1）。橡胶石棉盘根（JG67）见表 4-2-13（2）。

油浸石棉盘根规格　　　　**表 4-2-13（1）**

牌号	形状	直径或方形边长（mm）	容积重量（g/cm³）	适用极限压力（MPa）	适用极限温度（℃）	适用介质
YS450	F	3～50	≥0.9（夹铜丝 1.1）	6	45	蒸气空气工业用水重质石油产品
	Y	5～50				
	N	3～25				
YS350	与 YS450 型相同			4.5	350	
YS250	与 YS450 型相同			4.5	350	

注：1. 形状 F—方形，穿心或一至多层编结，Y—圆形，中间是一扭制芯子，外边是一至多层编结；N—扭制的。
2. 如石棉线中夹有铜丝时，则在规格后面加注带括号的 T 字。
3. 尺寸系列（mm）3，4，5，6，8，10，13，16，19，22，25，28，32，35，38，42，45，50。

橡胶石棉盘根　　　　**表 4-2-13（2）**

牌　号	方形断面边长（mm）	容积重量（g/cm²）	适用极限压力（MPa）	适用极限温度（℃）
XS450	3、4、5、6、8、10、13、16、19、22、25、28、32、35、38、42、45、50	≥1.1	6	450
XS350			4.5	350
XS250			4.5	250

注：1. 盘根可以浸渍润滑剂，夹橡胶条，橡胶芯或金属丝。
2. 盘根通常卷成螺旋状（内径不小于方形边长的 4 倍）或圆盘形，每根长为 3.5～4m。

2）套筒加盘根操作要点

（1）填料箱内及芯管应刷磨光滑，涂上机油；外露部分的芯管应满涂凡士林油。

（2）装盘根应分圈压入，其接头应切成 45°斜角，上下压接，接头必须平整，无空隙、突出现象。

（3）各圈盘根的接头应错开，位置可按图 4-2-13 的顺序操作。

（4）每圈盘根只许有一个接头，但为了利用短料，可在最外第二圈加短头，其长度不得小于 15cm。

（5）盘根装足压紧后，压兰压入填料箱深度，不得小于 10mm，但亦不得大于一圈盘根的宽度加 10mm。压兰与芯管的间隙应均匀，允许偏差不大于 1mm，套管端部距压兰的宽度应均匀。

4-2-14　套筒式补偿器安装要点有哪些?

答：1）套筒式补偿器（见图 4-2-14）的安装长度，由安装时的温度决定，设计如无规定时可参照表 4-2-14 进行。

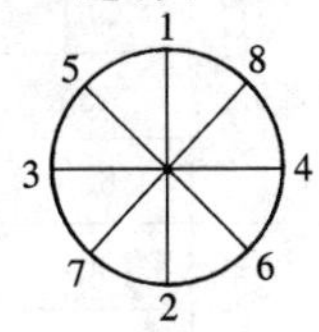

图 4-2-13　补偿器各圈盘根接头错开位置

1、2、3、4、5、6、7、8 分别表示盘根的圈数及其接头的位置，如超过 8 圈时，仍从“1”开始，按以前顺序操作

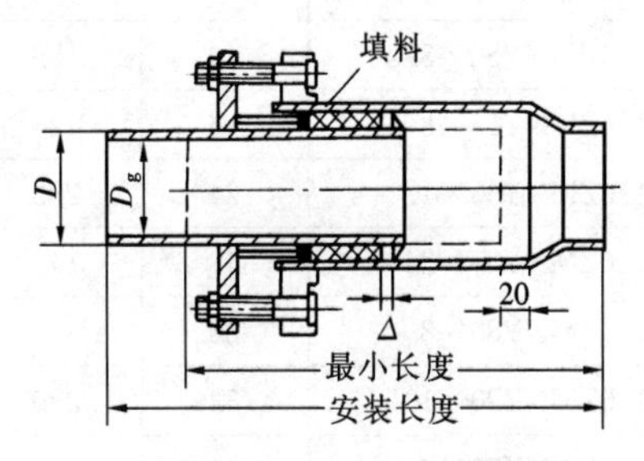

图 4-2-14　套筒式补偿器

套筒式补偿器的安装长度 表 4-2-14

公称直径（mm）	补偿器最大伸缩量（mm）	在下列温度（℃）时的安装长度（mm）							
		45	40	30	20	10	0	−10	−20
250	200	702	708	720	732	744	756	768	780
300	200	770	774	782	789	797	804	812	826
350	250	818.5	824	835	846	857	868	879	890

2）套筒的芯管与套管中心应重合，其坡度应与管道的坡度一致；套筒前 10m 以内不应偏斜。

3）管道在套筒处变坡时，应用调整套筒后部接口处的角度来保证坡度；当在双套筒处变坡时，应按管道的坡度找准连接短管的两端对口角度，安装时，两端不得装错。

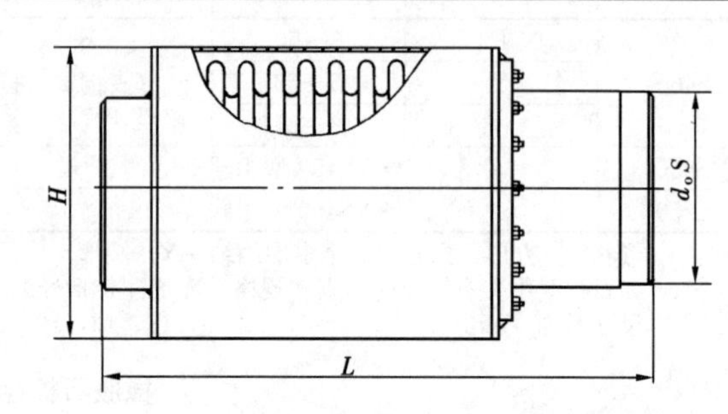

图 4-2-15 直埋内压式波纹补偿器（ZMNY）

型号示例：[公称压力] [型号] [公称通径]×[波数]

如：1.6ZMNY400×8 表示公称压力为 1.6MPa，公称通径为 400mm，8 波的直埋内压式补偿器，如需内导筒，在型号后加"T"，如 1.6ZMNY400×8T。

4-2-15 直埋内压式波纹补偿器的代号与性能怎样的？

答：1）直埋内压式波纹补偿器的种类代号（型号）见图 4-2-15。

2）直埋内压式波纹补偿器的性能见表 4-2-15。

直埋内压式波纹补偿器（*PN*1.6MPa） 表 4-2-15

公称通径 *DN*（mm）	型号	轴向补偿量 X_0（mm）	轴向刚度 K_x（N/mm）	有效面积 *A*（cm^2）	径向外形尺寸 *H*（mm）	接管端口尺寸 $d_0 \times S$（mm）	产品总长 *L*（mm）	产品总重 *W*（kg）
32	1.6ZMNY32×8	7	441	16	108	ϕ38×3.5	351	8
	1.6ZMNY32×16	14	221				435	9
	1.6ZMNY32×32	28	111		159		612	10
40	1.6ZMNY40×8	10	318	23	108	ϕ45×3.5	351	8
	1.6ZMNY40×16	19	158				435	9
	1.6ZMNY40×32	38	79		159		647	17
50	1.6ZMNY50×8	10	635	37	108	ϕ57×3.5	351	12
	1.6ZMNY50×16	20	317				435	13
	1.6ZMNY50×32	40	159		194		666	25
65	1.6ZMNY65×8	16	424	55	159	ϕ76×4	367	11
	1.6ZMNY65×12	24	283				415	12
	1.6ZMNY65×24	48	142		194		640	24
80	1.6ZMNY80×8	26	357	81	159	ϕ89×4	420	12
	1.6ZMNY80×10	32	286				456	13
	1.6ZMNY80×20	64	143		219		718	28

续表

公称通径 DN (mm)	型　　号	轴向补偿量 X_0 (mm)	轴向刚度 K_x (N/mm)	有效面积 A (cm^2)	径向外形尺寸 H (mm)	接管端口尺寸 $d_0 \times S$ (mm)	产品总长 L (mm)	产品总重 W (kg)
100	1.6ZMNY100×6	29	417	121	194	ϕ108×4	399	17
	1.6ZMNY100×10	48	250				482	18
	1.6ZMNY100×20	96	125		245		772	36
125	1.6ZMNY125×5	31	409	180	219	ϕ133×4	394	17
	1.6ZMNY125×10	61	204				516	19
	1.6ZMNY125×16	99	127		273		742	42
	1.6ZMNY125×20	122	102				840	45
150	1.6ZMNY150×5	41	400	257	245	ϕ159×4.5	423	21
	1.6ZMNY150×8	66	250				508	24
	1.6ZMNY150×12	98	167		325		702	55
	1.6ZMNY150×16	132	125				816	60
200	1.6ZMNY200×4	35	935	479	325	ϕ219×6	465	39
	1.6ZMNY200×8	70	468				625	49
	1.6ZMNY200×12	105	312		383		865	85
	1.6ZMNY200×16	140	234				1025	95
250	1.6ZMNY250×4	55	880	769	402	ϕ273×8	491	66
	1.6ZMNY250×8	110	440				711	85
	1.6ZMNY250×12	165	293		461		1013	139
	1.6ZMNY250×16	220	220				1232	159
300	1.6ZMNY300×4	56	1245	1105	461	ϕ325×8	574	85
	1.6ZMNY300×8	112	623				834	109
	1.6ZMNY300×12	168	415		521		1213	180
	1.6ZMNY300×16	224	312				1472	205
350	1.6ZMNY350×4	62	1650	1307	521	ϕ377×10	604	117
	1.6ZMNY350×8	124	825				901	153
	1.6ZMNY350×12	186	550		583		1317	246
	1.6ZMNY350×16	248	413				1613	283
400	1.6ZMNY400×4	64	1375	1611	545	ϕ426×10	615	116
	1.6ZMNY400×8	129	688				907	153
	1.6ZMNY400×12	192	458		610		1319	253
	1.6ZMNY400×16	258	344				1611	292
450	1.6ZMNY450×4	67	2055	1972	630	ϕ478×6	610	159
	1.6ZMNY450×8	134	1027				894	208
	1.6ZMNY450×12	201	685		682		1298	324
	1.6ZMNY450×16	268	514				1582	374

续表

公称通径 DN (mm)	型号	轴向补偿量 X_0 (mm)	轴向刚度 K_x (N/mm)	有效面积 A (cm²)	径向外形尺寸 H (mm)	接管端口尺寸 $d_0 \times S$ (mm)	产品总长 L (mm)	产品总重 W (kg)
500	1.6ZMNY500×4	69	2135	2445	695	ϕ529×10	614	185
	1.6ZMNY500×8	138	1067				901	239
	1.6ZMNY500×12	207	712		735		1309	357
	1.6ZMNY500×16	276	534				1597	413
600	1.6ZMNY600×4	83	1740	3534	805	ϕ630×10	666	237
	1.6ZMNY600×8	166	870				1012	315
	1.6ZMNY600×12	249	580		858		1478	480
	1.6ZMNY600×16	332	435				1824	560
700	1.6ZMNY700×4	87	1885	4717	915	ϕ720×10	698	312
	1.6ZMNY700×8	174	942				1048	412
	1.6ZMNY700×12	261	628		962		1518	606
	1.6ZMNY700×16	348	471				1868	708
800	1.6ZMNY800×4	86	2000	5822	1000	ϕ820×10	714	337
	1.6ZMNY800×8	172	1000				1061	448
	1.6ZMNY800×12	258	667		1052		1533	670
	1.6ZMNY800×16	344	500				1884	784
900	1.6ZMNY900×4	114	2472	7620	1135	ϕ920×10	782	443
	1.6ZMNY900×8	229	1236				1201	594
	1.6ZMNY900×12	342	824		1186		1746	869
	1.6ZMNY900×16	458	618				2168	1023
1000	1.6ZMNY1000×4	122	2342	9043	1225	ϕ1020×12	790	474
	1.6ZMNY1000×8	244	1171				1188	632
	1.6ZMNY1000×12	366	781		1272		1718	922
	1.6ZMNY1000×16	488	586				2122	1084

4-2-16 直埋外压式波纹补偿器的代号与性能是怎样的?

答: 1) 直埋外压式波纹补偿器的代号见图 4-2-16 (1)。

2) 直埋外压式波纹补偿器的性能见表 4-2-16。

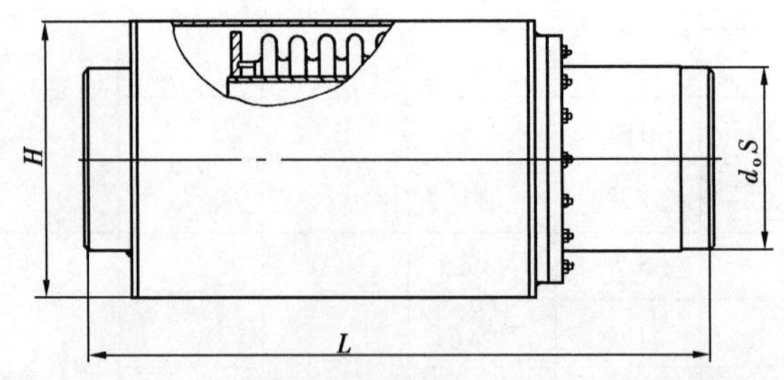

图 4-2-16 (1)　直埋外压式波纹补偿器 (ZMWY)

型号示例: 公称压力 型号 公称通径 × 波数

如: 0.6ZMWY500×8 表示公称压力为 0.6MPa, 公称通径为 500mm, 8 波的直埋外压式波纹补偿器。

直埋外压式波纹补偿器（ZMWY）*PN*1.6MPa　　表 4-2-16

公称通径 DN (mm)	型　号	轴向补偿量 X_0 (mm)	轴向刚度 K_x (N/mm)	有效面积 A (cm^2)	径向外形尺寸 H (mm)	接管端口尺寸 $d_0 \times S$ (mm)	产品总长 L (mm)	产品总重 W (kg)
20	1.6ZMWY20×12	22	141	55	ϕ159	ϕ25×2.5	564	17
	1.6ZMWY20×24	44	71				748	21
	1.6ZMWY20×36	66	47				932	25
25	1.6ZMWY25×12	22	141	55	ϕ159	ϕ32×3.5	564	18
	1.6ZMWY25×24	44	71				748	22
	1.6ZMWY25×36	66	47				932	27
32	1.6ZMWY32×12	22	141	55	ϕ159	ϕ38×3.5	564	19
	1.6ZMWY32×24	44	71				748	23
	1.6ZMWY32×36	66	47				932	28
40	1.6ZMWY40×12	22	141	55	ϕ159	ϕ45×3.5	564	19
	1.6ZMWY40×24	44	71				748	24
	1.6ZMWY40×36	66	47				932	29
50	1.6ZMWY50×12	22	141	55	ϕ159	ϕ57×3.5	564	20
	1.6ZMWY50×24	44	71				748	25
	1.6ZMWY50×36	66	47				932	30
65	1.6ZMWY65×12	44	139	81	ϕ159	ϕ76×4	688	26
	1.6ZMWY65×24	88	70				976	35
	1.6ZMWY65×36	132	46				1264	43
80	1.6ZMWY80×12	55	138	121	ϕ219	ϕ89×4	722	40
	1.6ZMWY80×24	110	69				1044	56
	1.6ZMWY80×36	165	46				1366	72
100	1.6ZMWY100×12	61	180	180	ϕ219	ϕ108×4	758	45
	1.6ZMWY100×24	122	90				1116	65
	1.6ZMWY100×36	183	60				1474	84
125	1.6ZMWY125×6	42	398	257	ϕ273	ϕ133×4	624	54
	1.6ZMWY125×12	84	199				828	71
	1.6ZMWY125×24	168	100				1256	107
	1.6ZMWY125×36	252	66				1684	142
150	1.6ZMWY150×6	42	744	479	ϕ325	ϕ159×4.5	668	79
	1.6ZMWY150×12	85	372				916	109
	1.6ZMWY150×24	170	186				1430	170
	1.6ZMWY150×36	255	124				1944	232

续表

公称通径 DN (mm)	型　号	轴向补偿量 X_0 (mm)	轴向刚度 K_x (N/mm)	有效面积 A (cm^2)	径向外形尺寸 H (mm)	接管端口尺寸 $d_0 \times S$ (mm)	产品总长 L (mm)	产品总重 W (kg)
200	1.6ZMWY200×4	53	948	764	ϕ417	ϕ219×6	738	132
	1.6ZMWY200×8	107	474				1002	173
	1.6ZMWY200×12	160	316				1318	226
	1.6ZMWY200×16	214	237				1582	267
	1.6ZMWY400×24	321	158				2162	361
250	1.6ZMWY250×4	56	1244	1047	ϕ471	ϕ273×8	788	177
	1.6ZMWY250×8	113	622				1098	238
	1.6ZMWY250×12	169	415				1460	313
	1.6ZMWY250×16	226	311				1770	374
	1.6ZMWY250×24	339	208				2442	507
300	1.6ZMWY300×4	65	1184	1399	ϕ533	ϕ325×8	864	223
	1.6ZMWY300×8	130	592				1218	304
	1.6ZMWY300×12	195	395				1626	401
	1.6ZMWY300×16	260	296				1980	482
	1.6ZMWY300×24	390	198				2742	657
350	1.6ZMWY350×4	65	1706	1742	ϕ582	ϕ377×10	910	296
	1.6ZMWY350×8	130	853				1260	393
	1.6ZMWY350×12	195	569				1664	513
	1.6ZMWY350×16	260	427				2014	611
	1.6ZMWY350×24	390	285				2768	829
400	1.6ZMWY400×4	63	1628	2003	ϕ616	ϕ426×10	886	312
	1.6ZMWY400×8	127	814				1214	411
	1.6ZMWY400×12	190	543				1594	534
	1.6ZMWY400×16	254	407				1922	635
	1.6ZMWY400×24	381	272				2630	859
450	1.6ZMWY450×4	63	1738	2445	ϕ669	ϕ478×10	866	347
	1.6ZMWY450×8	126	869				1212	455
	1.6ZMWY450×12	189	579				1592	558
	1.6ZMWY450×16	252	435				1918	702
	1.6ZMWY450×24	378	290				2624	950
500	1.6ZMWY500×4	80	1598	3167	ϕ755	ϕ529×10	1010	452
	1.6ZMWY500×8	160	799				1410	615
	1.6ZMWY500×12	240	533				1864	809
	1.6ZMWY500×16	320	400				2264	972
	1.6ZMWY500×24	480	267				3118	1328

续表

公称通径 DN (mm)	型号	轴向补偿量 X_0 (mm)	轴向刚度 K_x (N/mm)	有效面积 A (cm^2)	径向外形尺寸 H (mm)	接管端口尺寸 $d_0 \times S$ (mm)	产品总长 L (mm)	产品总重 W (kg)
600	1.6ZMWY600×4	92	1824	4717	ϕ900	ϕ630×10	1039	627
	1.6ZMWY600×8	185	912				1465	848
	1.6ZMWY600×12	277	608				1943	1110
	1.6ZMWY600×16	370	456				2369	1331
	1.6ZMWY600×24	555	304				3273	1812
700	1.6ZMWY700×4	92	1956	5822	ϕ986	ϕ720×10	1043	701
	1.6ZMWY700×8	184	978				1467	948
	1.6ZMWY700×12	276	652				1945	1240
	1.6ZMWY700×16	368	489				2369	1486
	1.6ZMWY700×24	552	326				3271	2023
800	1.6ZMWY800×4	110	1912	7620	ϕ1120	ϕ820×10	1064	793
	1.6ZMWY800×8	220	956				1564	1078
	1.6ZMWY800×12	330	637				2118	1412
	1.6ZMWY800×16	440	478				2618	1696
900	1.6ZMWY900×4	110	1972	8413	ϕ1170	ϕ920×10	1064	910
	1.6ZMWY900×8	220	986				1564	1237
	1.6ZMWY900×12	330	657				2118	1622
	1.6ZMWY900×16	440	493				2618	1948
1000	1.6ZMWY1000×4	110	2282	10118	ϕ1270	ϕ1020×10	1064	1041
	1.6ZMWY1000×8	220	1141				1564	1418
	1.6ZMWY1000×12	330	761				2118	1860
	1.6ZMWY1000×16	440	571				2618	2236
1100	1.6ZMWY1100×4	110	2460	12688	ϕ1406	ϕ1120×10	1064	1193
	1.6ZMWY1100×8	220	1230				1564	1625
	1.6ZMWY1100×12	330	820				2118	2133
	1.6ZMWY1100×16	440	615				2618	2566
1200	1.6ZMWY1200×4	110	2600	14763	ϕ1506	ϕ1220×10	1064	1367
	1.6ZMWY1200×8	220	1300				1564	1862
	1.6ZMWY1200×12	330	867				2118	2448
	1.6ZMWY1200×16	440	650				2618	2945

3）直埋补偿器在管道中的安装要点与大样图

（1）安装要点。

①安装前把管沟底部夯实铲平，使波纹补偿器和相连的直埋保温管能够摆平对正。

②检查补偿器型号、规格、流向与管网设计图对号入座。

③各固定支座必须根据受力计算结果严格设计和施工，足以承受全部作用力而不滑移甚至倾覆。

④在补偿器的接管和直埋管焊接时，保护补偿器移动芯管，防止焊渣飞溅到上面。

⑤补偿器轴线与相连的管道轴线必须对正。

⑥打压试验前详细检查各固定支座，确认无误时才能试压。如果分段试压，分段盲端原是次固定支座，必须临时加固，以免推动甚至倾覆。

（2）典型的安装大样图见图 4-2-16（2）。

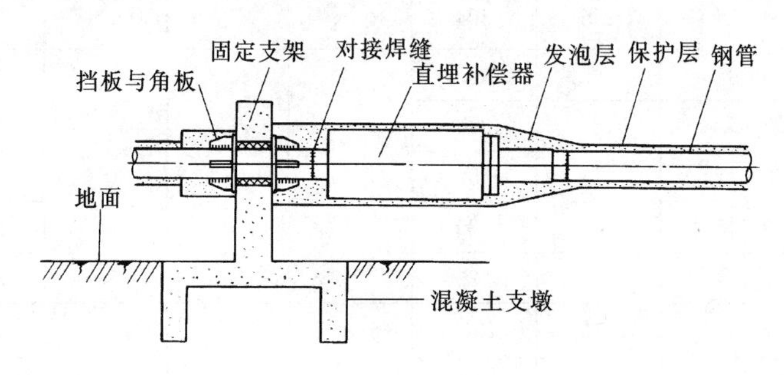

图 4-2-16（2） 典型安装大样

4-2-17 球形补偿器的结构、性能及安装要点是怎样的？

答：1）球形补偿器的结构和性能

球形补偿器结构如图 4-2-17（1）所示。球体外壳内有一个绕球心可四周转动的球芯，球芯与右面接管法兰成一体，球芯与球体外壳的密封是用球体法兰压紧填料实现的。球芯管绕球心的最大折曲角度是其重要性能之一。

球形补偿器目前尚无统一规格参数。工作压力一般为 1.6、2.5MPa，工作温度≤350℃，全折曲角 θ_1≤30℃，适用于热水、蒸汽热力管道。

补偿管道的热位移是将两个球形补偿器配成一组，利用其折曲角来实现的。安装方式有始端式和中间式，如图 4-2-17（2）所示。

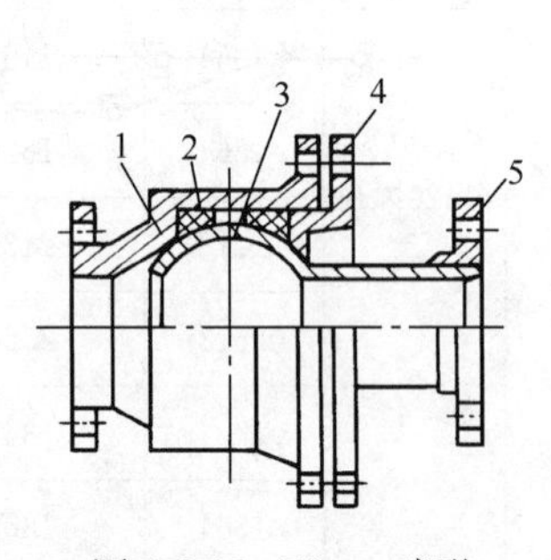

图 4-2-17（1） 球形补偿器结构图

1—外壳；2—密封圈；3—球芯管；4—压紧法兰；5—两端连接管法兰

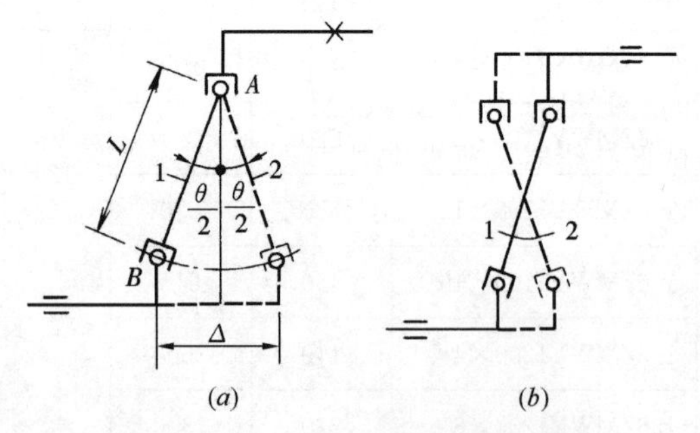

图 4-2-17（2） 球形补偿器布置图

（*a*）始端式；（*b*）中间式

1—初始状态；2—管道膨胀后位置

(1) 始端式。一个球形补偿器 A 距固定支架很近，另一个 B 距固定支架很远，因此它补偿的是安装球形补偿器 B 的直管段膨胀量。

(2) 中间式。两个球形补偿器距固定支架相近或相等，两个管段的膨胀量都可通过它们得到补偿。这种布置方法补偿量大，固定支架受力均匀，因此应尽量采用中间式布置形式。

球形补偿器每组球补的补偿量按下式计算：

$$\Delta = 2L\sin\frac{\theta}{2}$$

式中 Δ——每组球形补偿器的补偿量（mm）；

L——两个球形补偿器之间的中心距（mm）；

θ——设计折曲角（≤30°）。

球形补偿器一对组在全折曲角 θ 时的补偿量 Δ 值见表 4-2-17。

球形补偿器一对组在全折曲角 θ° 时的补偿量 Δ **表 4-2-17**

公称直径 / θ / l (mm)	DN40～DN350									
	16°	18°	20°	21°	22°	23°	24°	25°	26°	27°
500	139	156	173	182	190	199	207	216	225	233
1000	278	312	347	364	381	398	415	432	449	466
1500	417	468	520	546	571	597	622	648	674	699
2000	556	625	694	728	763	797	831	865	899	933
2500	695	782	868	911	954	996	1039	1082	1124	1167
3000	835	938	1041	1093	1144	1196	1247	1298	1349	1400
4000	1113	1251	1389	1457	1526	1594	1663	1731	1799	1867
5000	1391	1564	1736	1822	1908	1993	2079	2164	2249	2334
6000	1670	1877	2083	2186	2289	2392	2494	2597	2699	2801

2) 球形补偿器的安装要点

球形补偿器在管道上可以水平或垂直设置。一般可以 300～400m 设一组，为了保证直管段不发生横向位移，可采用三个球形补偿器，连接如图 4-2-17 (3) 在直管段上设有导向支架，吸收直管的膨胀量分别为 ΔL_1、ΔL_2。

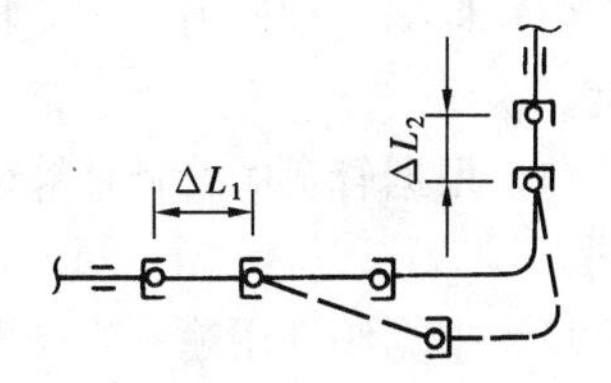

图 4-2-17 (3) 三个球形补偿器连接图

安装球形补偿器，要求在外壳下部装滚动支架，其活动范围应满足补偿器能作圆弧摆动。与球形补偿器相连接的直管段，如要求横向位移时，亦应设置滚动支架，支架托板应满足热位移的需要。直管段上需要安装导向支架的，应按设计距离设置，或按距球型补偿器 4～6 倍直径设置。外伸部分应与管道坡度保持一致。

使用球形补偿器不必计算介质压力所产生的轴向推力，这一推力如方形补偿器一样已被转角平衡，因此不需要在补偿器两端临时固定。

球形补偿器由于存在填料函密封结构，不可避免地会发生泄漏。安装后对其进行调试时，要及时检查运行及泄漏情况。

球形补偿器补偿能力大，适宜在架空敷设的大直径管道上使用。

4-2-18　常用管道阀门如何选择。

答： 1）阀门的选择（熟悉阀门的类型和性能等）

阀门的选择根据阀门产品的类型、性能、尺寸，按照介质特性、参数和使用安装条件，合理地选用阀门。常用阀门选用见表 4-2-18。

常用管道阀门选用表　　　　表 4-2-18

名称	型号	最高介质温度（℃）	公称直径 DN(mm)														适用介质							
			15	20	25	32	40	50	65	80	100	125	150	200	250	≥300	蒸汽	热水	压空	氧气	乙炔	氢气	煤气	油气
旋塞阀	X11W－2.5	50	+	+	+	+	+	+														+	+	
	X11W－6	200	*	*	*	*	*	*														+	*	+
	X13W－10	225	*	*	*	*	*	*	*	*	*						+	+	+		*	+	+	
	X43W－10	225		+	+	+	+	+	+	+	+	+					+	+	+				+	+
截止阀	J11P－10	50	+	+	+	+	+	+	+	+											+			
	J41P－10	50			+	+	+	+	+	+											+			
	J11T－16	225	*	*	*	*	*										*	*	*	*				
	J11W－16	225	+	+	+	+	+	+	+								+	+	+			+	+	
	J41T－16	225	+	+	+	+	+	*	*	*	*	*	*	*			*	*	*	*				
	J41W－16	225	+	+	+	+	+	+	+	+	+	+	+	+			+	+	+	+		+	+	+
	J41H－16	100		+	+	+	+	+	+	+	+	+	+	+			+	+	+			+		
闸阀	Z15W－10	120	+	+	+	+	+	+	+	+							+	+	+				+	+
	Z15T－10	120	+	+	+	+	+										+	+	+					
	Z44W－10	225					*	*	*	*	*	*	*	*	*	*	+	+	+				+	+
	Z44T－10	225					+	+	+	+	+	+	+	+	+	+	+	+					+	
	Z41H－16C	425			+	+	+	+	+	+	+	+	+	+			+	+						
	Z542W－1	100														*							+	+
	Z942W－1	100														*							+	+
止回阀	H11T－16	200								+	+	+	+	+	+	+	+	+	+					
	H41W－16	200	+											+	+	+	+	+	+				+	+
	H44T－10	200	+	+	+	+	+										+	+	+					
	H44W－10	100	+	+	+	+	+																+	+
	H42H－25	400	+	+											+	+	+	+	+					
节流阀	L11H－10		+	+	+	+	+										*	+	+					
	L41H－10								+	+	+	+	+	+			*	+	+					

注：表中打 * 者表示推荐采用的规格；打＋者表示适用规格。

2）阀门选择步骤

（1）根据介质特性、工作压力和温度，选择阀体材料。

（2）根据阀体材料、介质的工作压力和温度，确定阀件的公称压力级别。

（3）根据公称压力、介质特性和温度，选择密封面材料。使其最高使用温度不低于介质工作温度。

（4）根据管道的管径计算值，确定阀门公称直径。一般情况下，阀件公称直径与管子公称直径同。

（5）根据阀件用途和生产工艺条件，选择阀件的驱动方式。

（6）根据管道的连接方法和阀件公称直径大小，选择阀件的连接形式。

（7）根据阀件公称压力、公称直径、介质特性和工作温度，选择阀件类别、结构形式和型号。

4-2-19　管道阀门常用的检验标准是怎样的？

答： 无论是使用新阀门，还是使用修复后的阀门，安装前必须试压试漏。

阀门的检验标准

阀门强度试验压力与公称压力的关系见表 4-2-19（1）。

由表 4-2-19（1）可以看出，从 0.4～32MPa 这些常用压力的阀门，其强度试验压力是公称压力的 1.5 倍。

阀 门 检 验 标 准 **表 4-2-19（1）**

公称压力（MPa）	强度试验压力（MPa）	公称压力（MPa）	强度试验压力（MPa）
0.1	0.2	4.0	6.0
0.25	0.4	6.4	9.6
0.4	0.6	10.0	15.0
0.6	0.9	16.0	24.0
1.0	1.5	20.0	30.0
1.6	2.4	25.0	38.0
2.5	3.8	32.0	48.0

阀门严密性试验的压力，等于公称压力。

安全阀的定压试验，可参考表 4-2-19（2）中数据。

安全阀定压试验数据 **表 4-2-19（2）**

公称压力（MPa）	控制用安全阀开启压力（MPa）	一般安全阀开启压力（MPa）
<1.3	公称压力+0.02	公称压力+0.04
1.3～3.9	1.04 倍	1.06 倍
>3.9	1.05 倍	1.08 倍

4-2-20 阀门检验的操作要点有哪些？

答：试压，指的是阀体强度试验。试漏，指的是密封面严密性试验。这两项试验是对阀门主要性能的检查。

试验介质，一般是常温清水，重要阀门可使用煤油。安全阀定压试验，可使用氮气等较稳定的气体，也可用蒸汽或水代替。对于隔膜阀，使用空气做试验。

试压试漏程序，可以分三步：

1）打开阀门通路，用水（或煤油）充满阀腔，并升压至强度试验要求压力，检查阀体、阀盖、垫片、填料有无渗漏。如图 4-2-20（1）、图 4-2-20（2）所示。

2）关死阀路，在阀门一侧加压至公称压力，从另一侧检查有无渗漏。如图 4-2-20（3）所示。

3）将阀门颠倒过来，试验相反的一侧。

安全阀定压试验后，要打铅封。试验结果，应有书面记录。

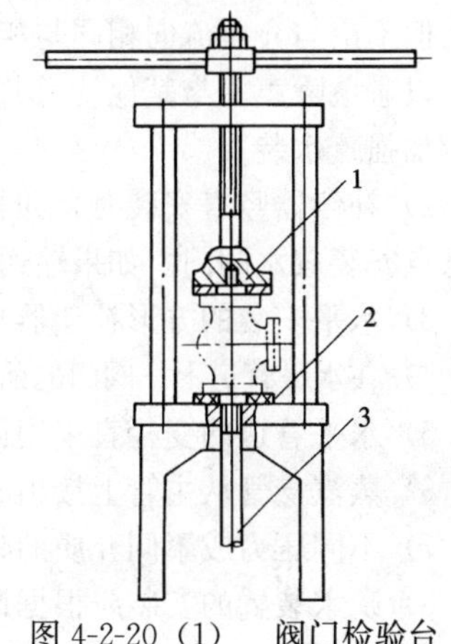

图 4-2-20（1） 阀门检验台

1—排气孔；2—垫圈；3—进水管

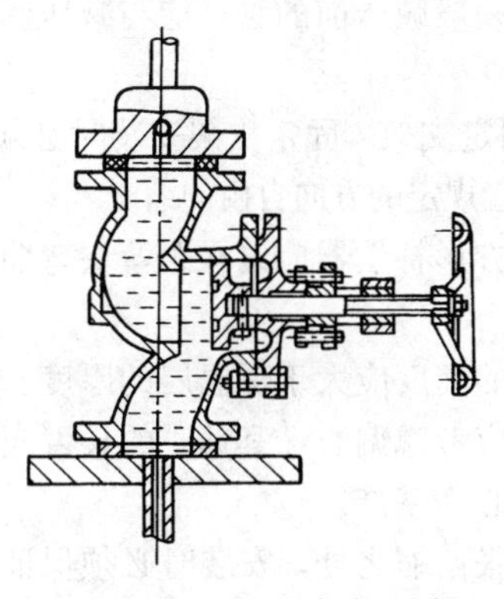
图 4-2-20（2） 阀门开启

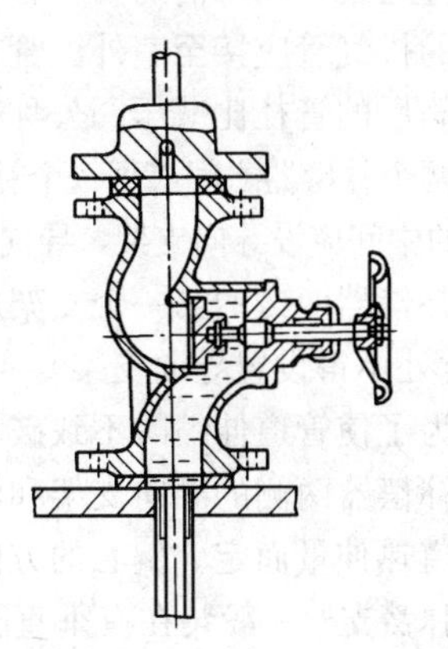
图 4-2-20（3） 阀门关闭检验

4-2-21　常用管道阀门的使用压力为多少？

答：阀门的使用压力与多种因素有关。一般阀门，铭牌上都有公称压力的数字，使用时不得超过。这里将一些普通阀门的公称压力作一介绍，见表4-2-21，以供选择时参考。

各种阀门的使用压力　　表4-2-21

阀门种类	使用压力（MPa）	阀门种类	使用压力（MPa）
灰铸铁阀门	1.6	陶瓷旋塞阀	0.2
可锻铸铁阀门	2.5	陶瓷隔膜阀	0.6
球墨铸铁阀门	4.0	玻璃隔膜阀	0.2
高硅铸铁阀门	0.25	玻璃钢球阀	1.6
铜合金阀门	4	搪瓷隔膜阀	0.6
铝合金阀门	1	塑料阀门	耐压能力较差，一般不大于0.6
碳素钢阀门	32		

4.3　城市供热管道敷设

4-3-1　城市供热管道敷设施工要点有哪些？

答：城市供热管道敷设施工要点如下：

1）热力管道均应设有坡度，室外管道的坡度≥0.003。蒸汽管道的坡度最好与介质流向相同，但不论与介质流向相同与相反，一定要坡向疏水装置。室内蒸汽管坡度应与介质流动方向一致，以避免噪声。与其他管道共架敷设的热力管道，如果常年或季节性连续供气的可不设坡度，但应加强疏水装置。

2）补偿器竖直安装时，如管道输送的介质是热水，应在补偿器管的最高点安装放气阀，在最低点安装放水阀门。如果输送的介质是蒸汽，应在补偿器的最低点安装疏水器或放水阀门。

3）水平安装的方形补偿器平行臂应有坡度，外伸臂水平安装即可。

4）在水平管道上、阀门的前侧、流量孔板的前侧及其他易积水处，均需安装疏水器或放水阀。

5）水平管道的变径宜采用偏心异径管（俗称大小头）。大小头的下侧应取平、以利排水。

6）蒸汽支管从主管上接出时，支管应从主管的上方或两侧接出，以免凝结水流入支管。

7）不同压力或不同介质的疏水管或排水管不能接入同一排水管。

8）疏水装置的安装应根据设计进行，对一般的装有旁通管的疏水装置，如设计无详图时，也应装设活接头或法兰，并装在疏水阀或旁通阀门的后面，以便于检修。

9）减压阀的阀体应垂直安装在水平管道上，进出口方向应正确，前后两侧应装置截止阀，并应装设旁通管。减压前的高压管和减压后的低压管都应安装压力表。低压管上应安装安全阀，安全阀上的排气管应接至室外。管径应根据设计规定，一般减压前的管径应与减压阀公称直径相同，减压阀后的管径比减压阀公称直径大1～2挡。

10）两个补偿器之间或每一个补偿器两侧都应设置固定支架。固定支架安装时必须牢固。两个固定支架的中间应设导向支架，导向支架应保证使管子沿着规定的方向自由伸缩。

11）补偿器两侧的第一个支架应为活动支架，若是方形补偿器应设在距弯头弯曲起点0.5～1m处（此处不得设置导向支架）。

12）为了使管道伸缩时不致破坏保温层，滑动支架的高度应大于保温层的厚度。

13）补偿器两侧的导向支架和活动支架在安装时，应考虑偏心，其偏心的长度应视该点距固定点的管道热伸量而定。偏心的方向都应以补偿器的中心为基准。

14）弹簧支架一般装在有垂直膨胀伸缩而无横向膨胀伸缩之处，安装时必须保证弹簧能自由伸缩。

弹簧吊架一般安装在垂直膨胀的横向、纵向均有伸缩处。吊架安装时，应偏向膨胀方向相反的一边。

4-3-2 城市供热管网地沟敷设式施工流程。

答：城市供热管网地沟敷设式施工流程如图 4-3-2 所示。

4-3-3 手动葫芦的种类、规格、技术性能和操作要点有哪些?

答：1）用途和种类

手动葫芦（俗称吊链）是靠人力起吊和拉运重物的起重工具，常用的有链条式手拉葫芦（或称链式吊链）和钢丝绳式手扳葫芦两种。

手拉葫芦是以链条（圆环链）作为手拉链，可以垂直提升重物，也可以横拉重物，使用范围很广。它的标准起重量为 0.5～20t，特点是自重轻、体积小、搬运方便、使用灵活。

钢丝绳式手扳葫芦广泛用于装卸货物、牵引机车、拉出陷入泥坑的汽车、架设高电杆或烟囱，以及在高低不平、狭窄之处和其他起重设备达不到的地方作起吊、牵引之用。并且可以起吊和牵引水平、垂直、倾斜及任意方向的重物，钢丝绳的长度也不受限制。

2）规格和性能

（1）手拉葫芦。

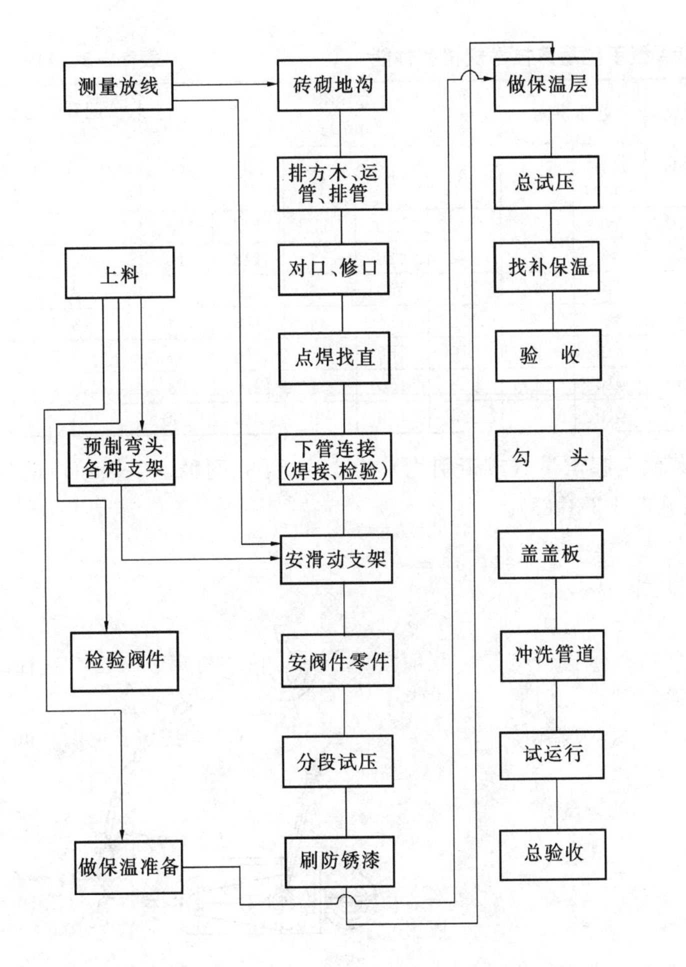

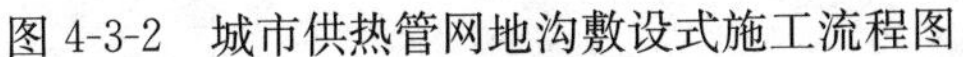
图 4-3-2　城市供热管网地沟敷设式施工流程图

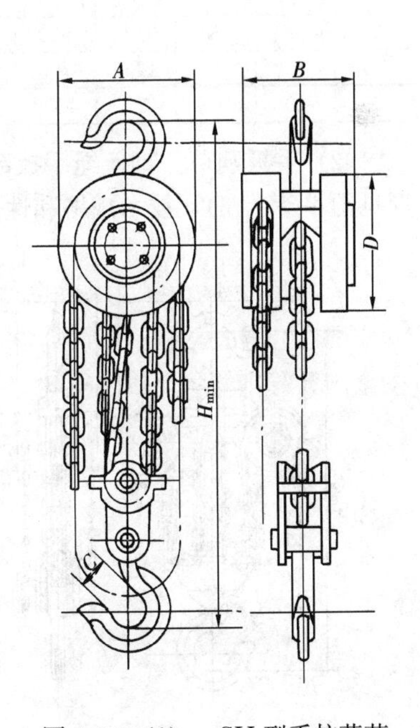

图 4-3-3（1）　SH 型手拉葫芦

①SH 型手拉葫芦。起重量 0.5～20t，其外形见图 4-3-3（1），技术规格和性能见表 4-3-3（1）。

SH 型手拉葫芦技术规格 表 4-3-3（1）

型号	起重量（t）	起重高度（m）	手拉力（N）	起重链行数	起重链条 圆钢直径（mm）	起重链条 节距（mm）	手拉链条 圆钢直径（mm）	手拉链条 节距（mm）	两钩间最小距离 H_{min}（mm）	主要尺寸（mm）A	B	C	D	净重（kg）	起重高度增加1m应增重量（kg）
1/2	1/2	2.5	<195	1	7	21	5	25	235	180	126	18	155	11.5	2
1	1	2.5	<210	2					430	180	126	25	155	16	3.1
2	2	3	<325		9	27			550	234	152	33	200	31	4.68
3	3	3	<345		11	31			610	267	167	40	235	46	6.7
5	5	3	<375		14	39			840	326	197	50	295	75	9.8
10	10	5	<400	4					1000	880	245	65	295	214	19.6
20	20	5	<435	8					1200	925	372	85	295	389	37.2

② WA 型手拉葫芦。起重量 1～20t，是一种改进的新系列产品。由于采用高强度链条和新结构，故具有体积小、自重轻、传动灵活、手拉力小等特点。其外形见图 4-3-3（2），技术规格和性能见表 4-3-3（2）。

WA 型手拉葫芦技术规格和性能 表 4-3-3（2）

型号	起重量（t）	起升高度（m）	试验载荷（t）	两钩间最小距离（mm）	手拉力（N）	起重链条 直径（mm）	起重链条 行数	主要尺寸（mm）A	B	C	D	重量（kg）	起升高度增加1m应增重量（kg）
1	1	2.5	1.25	270	310	ϕ6	1	142	120	28	142	10	1.7
2	2	2.5	2.5	380	320	ϕ6	2	142	120	34	142	14	2.5
2.5	2.5	2.5	2.5	370	380	ϕ10	1	210	160	36	210		3.1
3	3	3	3.75	470	350	ϕ8	2	178	136	38	178	24	3.7
5	5	3	6.25	600	380	ϕ10	2	210	160	48	210	38	5.3
10	10	3	12.5	700	390	ϕ10	4	558	160	64	210	68	9.7
20	20	3	25	1000	390	ϕ10	8	580	186	82	210	150	19.4

（2）手扳葫芦。钢丝绳手扳葫芦额定起重量（或牵引力）为 1.5t 和 3t 两种。手扳葫芦的外形见图 4-3-3（3），技术规格和性能见表 4-3-3（3）。

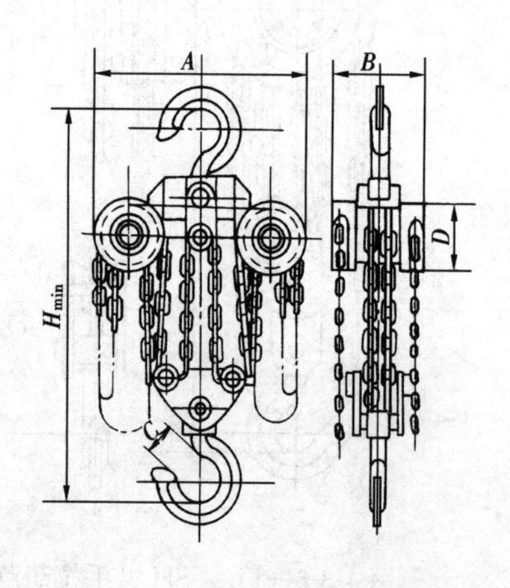

图 4-3-3（2） WA 型手拉葫芦

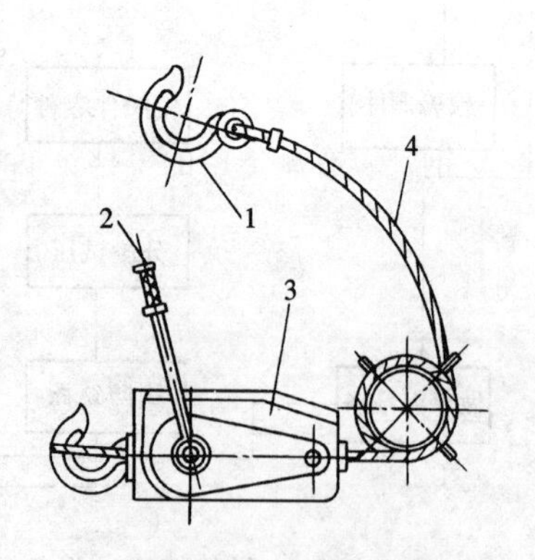

图 4-3-3（3） 手扳葫芦

1—挂钩；2—手摇柄；3—壳体；4—钢丝绳

手扳葫芦技术规格和性能　　表 4-3-3（3）

起重量（t）	手扳力（N）	钢丝绳		手柄往复一次钢丝绳行程		外形尺寸 长×宽×高（mm）	重量（kg）
		直径（mm）	长度（m）	快速（mm/次）	慢速（mm/次）		
1.5	360	11.5	10	65	65	615×350×137	31
3	310	16	10	50	40	697×310×164	43.5
3	330	15.5		30	30	776×344×140	92

3）操作要点

（1）手拉葫芦的起重链条和手扳葫芦的钢丝绳是关键件，制造厂应做负载试验，安全系数不应小于4，没有试验合格证的不能使用。

（2）链条和钢丝绳不能在热影响区工作。高温会影响关键件的性能。

（3）不允许超负荷起吊重物，起吊和拉移前应核对重物重量和额定起重量及支承强度。

（4）吊钩起吊或拉移重物时，链条和钢丝绳都不应有绞扭现象。如果发现操纵力过大，应停止工作，检查原因，排除故障后再继续进行工作。

（5）几台葫芦联合使用时，首先应计算每台承载能力，操作时应统一指挥，同步起吊或拉移。

（6）起吊重物下严禁站人或通行。

（7）要注意维护传动齿轮、链条和钢丝绳，防止生锈，以免增加阻力或损坏。使用中避免关键零件的碰、压而损伤变形。使用一阶段后或存放时应将转动部分涂以防锈油，不应乱丢、乱抛。

（8）发现下述情况时需更换零件：齿轮裂纹、断齿、齿面磨损达齿厚30%者；链条发生塑性变形，伸长达5%者；链条发生卡链现象者；链条磨损达链环直径10%者；钢丝绳达到报废标准者；制动片达不到要求的制动力矩；吊钩损坏达到报废标准者。

4-3-4　钢管连接及安装（对口）的一般技术要求有哪些？

答：1）安装前应检查钢管的质量，应符合下列要求：

（1）各类管子的钢号、直径和壁厚应符合设计规定。

（2）钢管应无显著腐蚀，无裂纹、重皮和压延不良现象。

（3）焊接钢管，不得有扭曲、损伤，不得有焊缝根部未焊透的现象；其焊缝外观质量应符合有关质量标准规定。

（4）管壁厚度在3.5mm以内者，表面凹陷不得超过0.5mm；壁厚在4mm以上者，不得超过1毫米。

（5）钢管应有制造厂的合格证明书，并注明按国家标准检验的项目和结果。

2）管子对口前必须首先修口，使管子端面、坡口角度、钝边、圆度等，均符合对口接头尺寸的要求。管子端面应与管中心线垂直，允许偏差不得大于1mm。

3）电焊壁厚≥4mm和气焊壁厚≥3mm的管子，其端头应切坡口。坡口可用气割、风铲、车床等进行。气割时应将坡口熔渣清理干净。

4）管道对口操作前，应先将场地清理平坦，铺设方木。对口操作工序的流程：检查管子对口接头尺寸——清扫管膛——配管——确定管子纵向焊缝错开位置——第一次管道找直——找对口间隙尺寸——对口错口找平——第二次管道拉线找直——点焊。

5）配管时，如管壁厚度不同，应选择相同管壁厚的连接在一起。不同管壁厚的管子对口的管壁厚度相差，不得超过3mm。

6）对口时，两管纵向焊缝应错开，错开的环向距离不得小于100mm。管道安装时，纵向焊缝应放在管道受力弯矩最小，并易于检修的位置，一般放在管道上半圆中心垂直线向左或向右45°处。

7）不同管径的管道连接时，如管径差不超过小管径的15%时，可将大管端部管径压小，同小管对口焊接；如管径差超过小管径的15%，或大管端部不适于压小时，可用渐缩管连接，渐缩管的长度不应小于管径差的两倍。

8）管子及附件对口接头的尺寸应符合表4-3-4（1）的要求。对口间隙超过表内数值时，不得在对口的两边加热延长，更不得在间隙内夹焊焊条、钢丝等。

钢管对口接头尺寸　　表4-3-4（1）

对　口	焊接	壁厚 S（mm）	间隙 a（mm）	钝边 P（mm）	坡口角度 α
α S P a	电弧焊	4～9 ≥10	1.5～2 2～3	1～1.5 1.5～2	60°～70° 60°～70°
	气焊	≤2.5 3～6	1.0～1.5 1～2	0.5～1.5	60°～70°

9）对口时，应用400mm长的平尺，在接口周围顺序找平，错口的允许偏差不得超过表4-3-4（2）的规定。

钢管对口时错口允许偏差　　表4-3-4（2）

错口	壁　厚（mm）	3.5～5	6～10	12～14	≥16
	错口允许偏　差（mm）	0.5	1.0	1.5	2.0

10）在直管段上需加短节管时，大于150mm的管子，其短管长度不得小于150mm；小于150mm的管子，其长度不得小于管子外径。

11）管道安装的质量要求，在直线管段相邻两个固定支架之间的管段，其中心线偏差每10m不得超过5mm，全段累计不得超过30mm，其高程偏差不得超过±10mm。立管垂直度偏差每米不得超过2mm，全高不得超过10mm。

12）在干管开分支管口处，不得有横向焊缝。当支管管径大于干管管径的0.7倍以上时，干管应采用厚壁管子或加固焊缝。

13）管道安装的位置，如设计无规定时，一般输送管应放在热介质流动方向的右边，回水管放在左边。

14）如设计管道未注明坡度时，一般按不小于0.001考虑，其方向同介质流动方向无关，一律倾向排水装置。

15）管道转角以及阀件等处，如有积水的地方，应有排水装置和必要的保温措施。压力输送热水的管道，如有窝气的地方，应装放气门。

4-3-5　钢管焊接转动口的操作要点有哪些？

答：1）管子、管件坡口形式，如设计无规定时，可参照表4-3-5。

手弧焊焊接接头的基本形式与尺寸 表 4-3-5

适用厚度	基本形式	焊缝形式	基本尺寸					标注方法
1～3	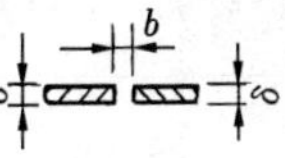 b, δ	 $S\geqslant 0.7\delta$	δ	1.5～2		>2～3		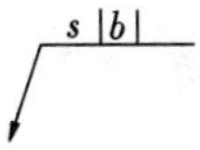 s |b|
			b	$0^{+0.5}$		$0^{+1.0}$		
>3～6			δ	>3～3.5		>3.5～6		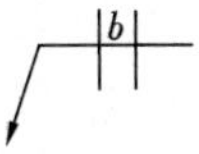 |b|
			b	$0^{+1.0}$		0^{+15}_{-10}		
6～26	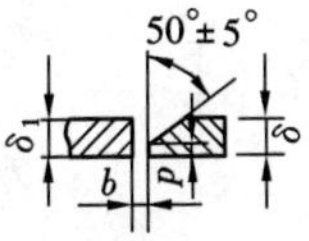 50°±5°, δ₁, δ, b, p 板厚 $\delta\geqslant\delta_1$	 $S\geqslant 0.7\delta$	δ	6～9	>9～15	>15～26		s×p, α, b
			b	1±1	2^{+1}_{-2}	3^{+1}_{-3}		
			p	1±1	2^{+1}_{-2}	2^{+1}_{-2}		p, α, b
2～30	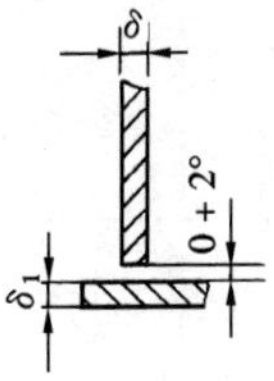 δ, $0+2°$, δ_1	K	δ	2～3	>3～6	>6～9	>9～12	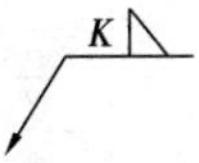 K
		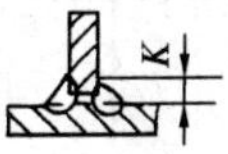 K	K_{min}	2	3	4	5	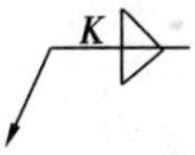 K
		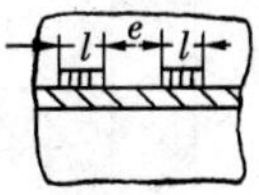 l, e, l	δ	>12～16	>16～23	>23～30	>30～60	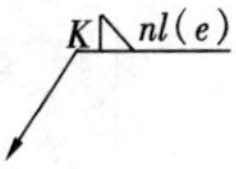 K nl(e)
		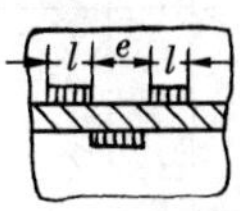 l, e, l	K_{min}	6	8	10	12	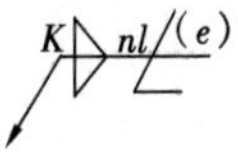 K nl(e)

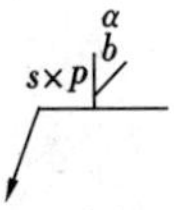

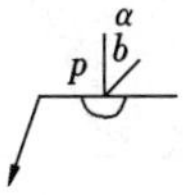

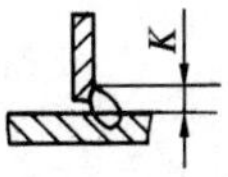

续表

适用厚度	基本形式	焊缝形式	基本尺寸				标注方法
12～30	δ d b δ_1 60°±5°	$S \geqslant 0.7\delta$	δ	12～17	>17～30	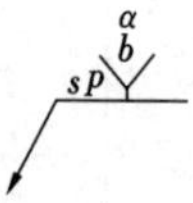	α b s p
			b	0^{+3}			
		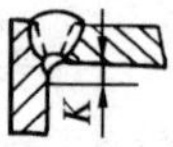 K	p	2^{+1}_{-2}			α b p K
			$K_{\min}$	4	6		
6～30	δ p b δ_1 50°±5°	$S \geqslant 0.7\delta$	δ	6～10	>10～17	>17～30	α b $s\times p$
			b	1±1	1^{+1}_{-2}	3^{+1}_{-3}	
			p	1±1	2^{+1}_{-2}	2^{+1}_{-2}	
20～40	δ p b δ_1 50°±5° 50°±5°		δ	20～40			α b p
			b	2^{+1}_{-2}			
			p	2±1			
3～26	α δ_1 δ b p		δ	3～9	>9～26		α b p
			a	70°±5°	60°±5°		
			b	1±1	2^{+1}_{-2}		α b p
			p	1±1	2^{+1}_{-2}		
30～60	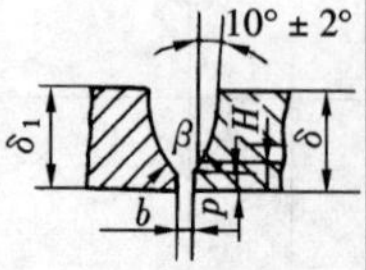 10°±2° δ_1 β H δ b p	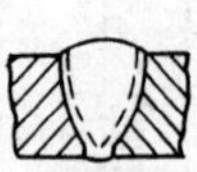	δ	30～60			α_1 b $p\times H$ β
			β	70±5°			
			b	2^{+1}_{-2}			α_1 b $p\times H$ β
			p	2±1			
			H	10±2			

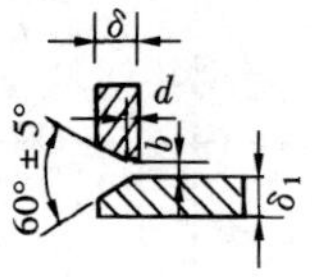

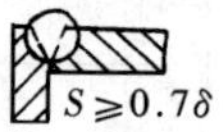

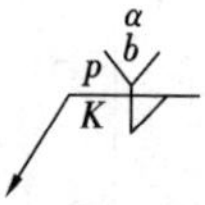

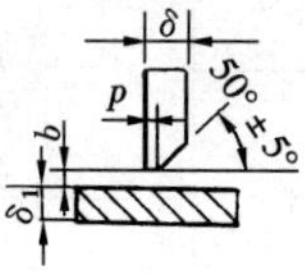

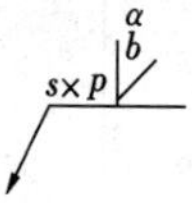

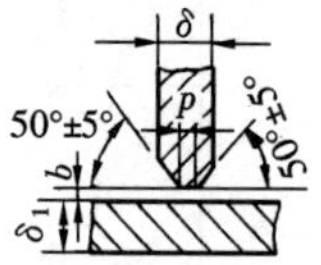

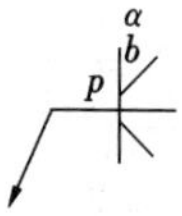

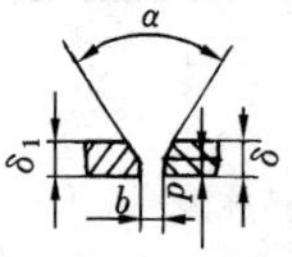

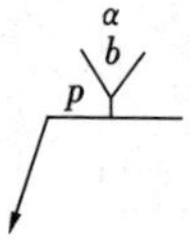

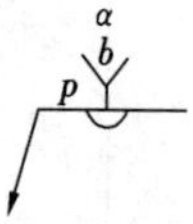

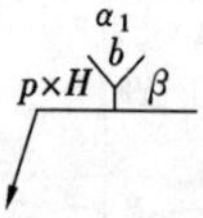

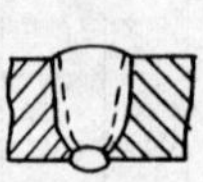

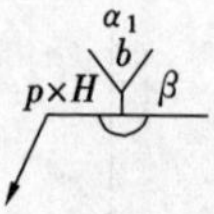

续表

适用厚度	基本形式	焊缝形式	基本尺寸		标注方法
20～60			δ	20～60	
			b	2^{+1}_{-2}	
			p	2±1	
			R	5～6	
12～60			δ	12～60	
			b	2^{+1}_{-2}	
			p	2^{+1}_{-2}	

注：K、l、e 可由设计确定。

2）管子坡口的加工。

（1）Ⅰ、Ⅱ级焊缝的坡口加工，应采用机械加工。

（2）Ⅲ、Ⅳ级焊缝的坡口加工，可用氧—乙炔方式切割。

3）对口（组对）。

（1）Ⅰ、Ⅱ级焊缝错口不应超过壁厚的10%，且不大于1mm。

（2）Ⅲ、Ⅳ级焊缝错口不应超过壁厚的20%，且不大于2mm。

4）不同壁厚的管子，管件组对，应符合下列要求：

（1）内壁错边量。超过第3条规定时应按图4-3-5（1）、（2）所规定的形式进行加工。

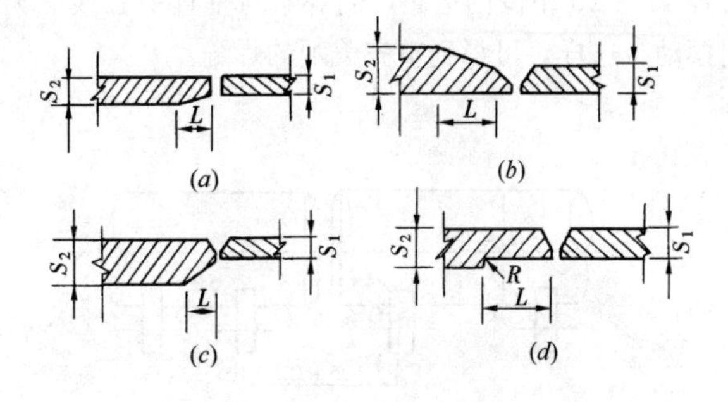

图4-3-5（1）　轧制焊件坡口型式

（2）外壁错边量。当薄件厚度小于或等于10mm，厚度差大于3mm；薄件厚度大于10mm，厚度差大于薄件厚度的30%或超过5mm时，应按图4-3-5（1）及图4-3-5（2）所规定的形式进行修整。

5）点焊。点焊焊肉的尺寸应适宜，通常当管壁厚度小于或等于5mm时，则点焊焊肉厚度可与管壁平；当管壁厚度大于5mm时，则点焊焊肉厚度约为5mm，点焊长度约为20～30mm。为便于接头熔透，点焊焊肉的两个端部都必须修成缓坡形。根据不同管径点焊处数量如下：

（1）管径 $DN\leqslant65$mm时，点焊两处，如图4-3-5（3）（a）所示。

（2）管径 $DN>65$mm时，最少点焊三处或以上，如图4-3-5（3）（b）所示。

钢管转动口的焊接，其焊接形式宜用平焊，如图4-3-5（4）所示。对于长度较长的钢管，特

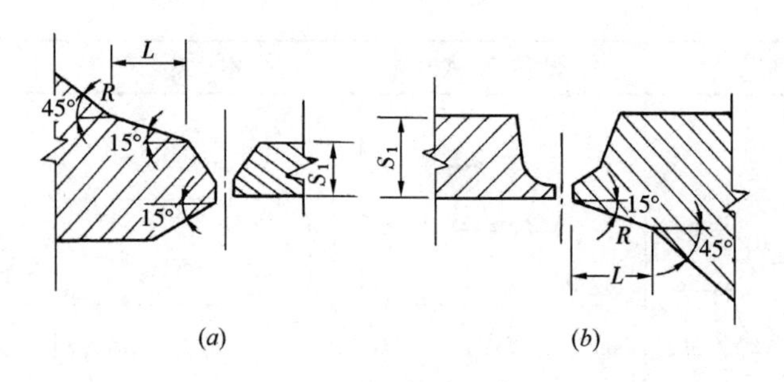

图 4-3-5（2） 锻制焊件坡口型式（$L=1.5S_1$）

别是在一根管道上有若干个焊口时，在对口时最好将管道放在滚动支架上对口与焊接，如图 4-3-5（5）所示。

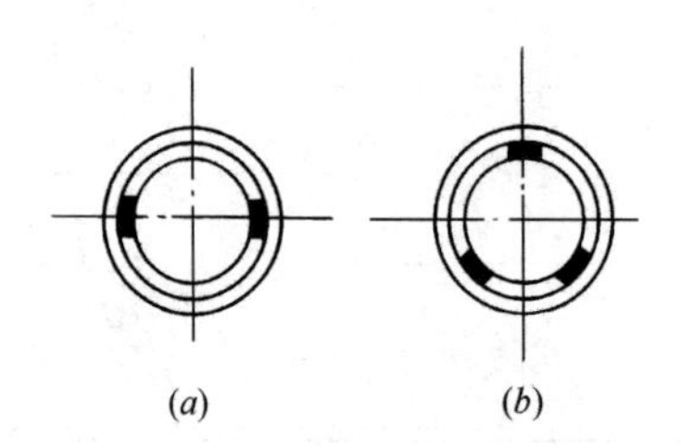

图 4-3-5（3） 点焊数量及位置

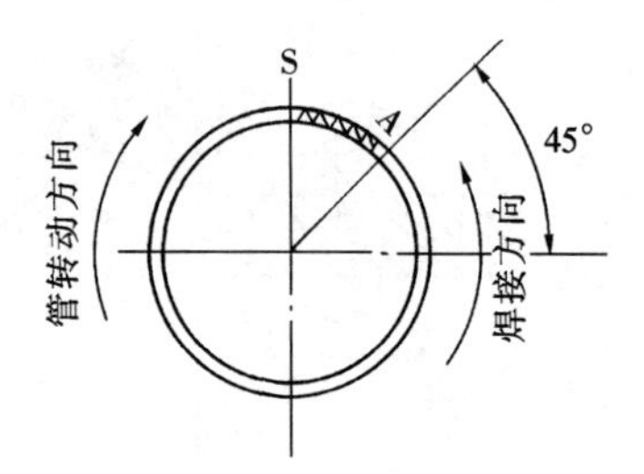

图 4-3-5（4） 管子转动焊的平焊部分位置图

A—起焊点；S—焊段终点

转动焊的多层焊接，运条范围宜选择在平焊部位参考图 4-3-5（6），即焊条在垂直中心线两边各 15°～20°范围内运条，而焊条与垂直中心线的夹角呈 30°，采用月牙形手法，压住电弧做横向摆动。这样，可得到整齐美观的焊缝。

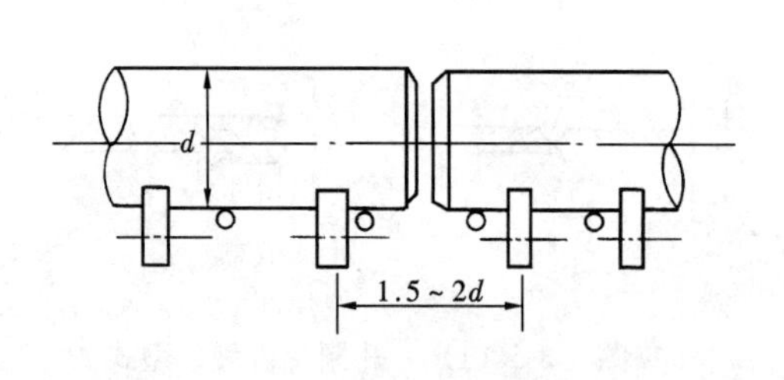

图 4-3-5（5） 滚动支点的布置

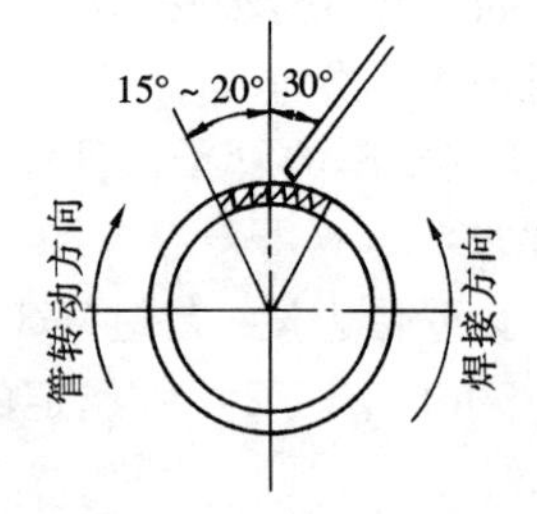

图 4-3-5（6） 多层焊的运条位置

4-3-6 简述钢管固定口焊接操作要点。

答： 固定焊接（俗称固定口），其管道坡口形式和加工方法与转动焊接一样。

施焊程序：仰焊→立焊→平焊。

施焊时是沿垂直中心线将管子截面分成相等的两半 a 和 b 见图 4-3-6（1）然后进行仰、立、平三种位置的焊接，其运条位置如图 4-3-6（2）所示。

施焊中的仰、立、平三种位置的焊接仍按规程要求即可。保证钢管固定焊接质量的关键是处理好各种位置上的焊接接头。

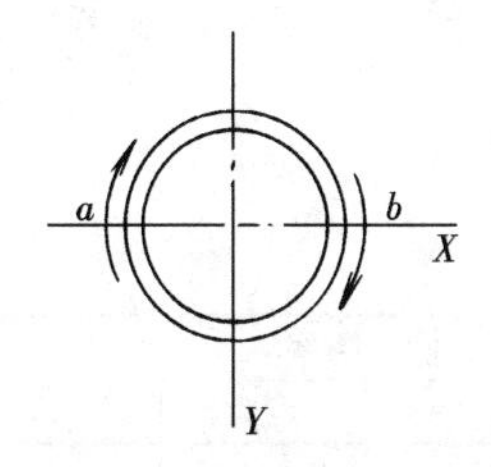

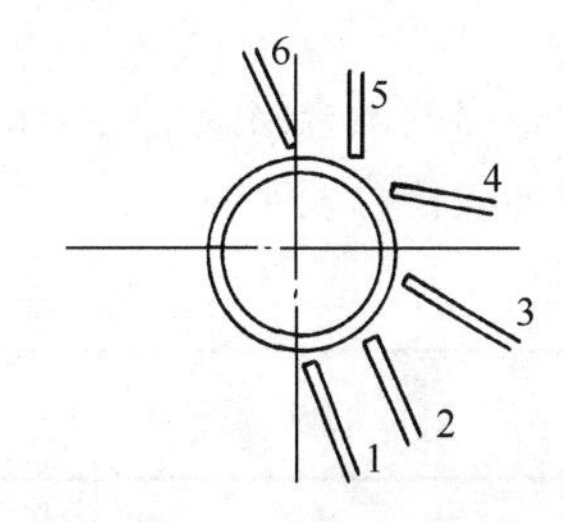

图 4-3-6（1） 两半焊接法示意图　　图 4-3-6（2） 两半焊接法运条位置

1）仰焊接头方法（见图 4-3-6（3））。由于起焊处容易产生气孔、未焊透等缺陷，故接头时应把起焊处的原焊缝用电弧割去一部分（约 10mm 长），这样不但割除了可能有缺陷的焊缝，而且形成缓坡形割槽，也便于接头。

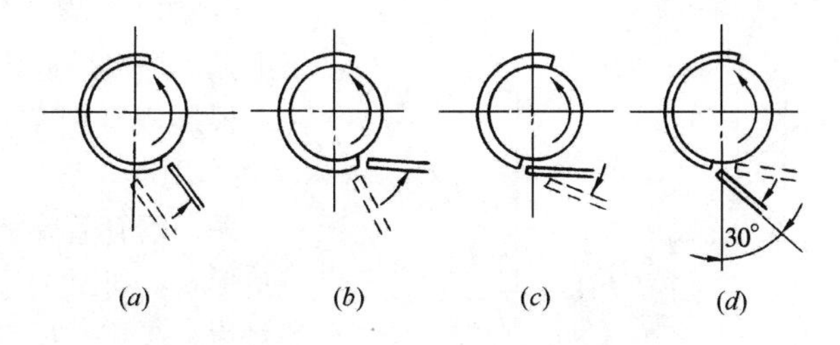

图 4-3-6（3） 仰焊接头操作示意图

2）平焊接头方法。先修理接头处，使其成为一缓坡形；选用适中的电流值，当运条至斜立焊（立平焊）位置时，焊条前倾，保持顶弧焊，并稍做横向摆动，见图 4-3-6（4）；当距接头处尚有 3～5mm 间隙，即将封闭时，绝不可灭弧。接头封闭的时候，需把焊条向里稍微压一下，此时，可听到电弧打穿根部而产生的“啪喇”声，并且在接头处来回摆动，以延长停留时间，从而保证充分的熔合。熄弧之前，必须填满熔池，而后将电弧引至坡口一侧熄灭。

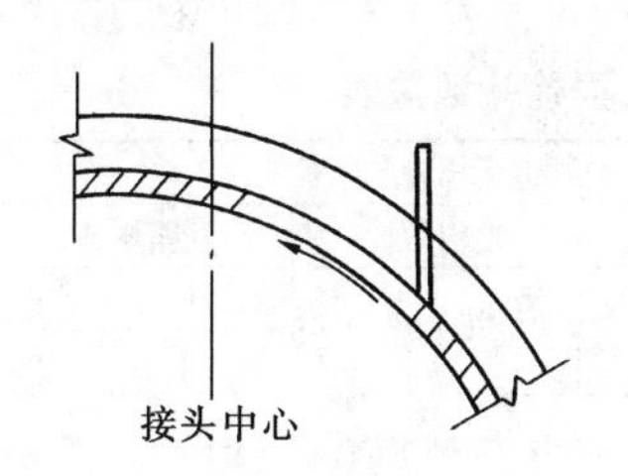

5 ~ 10mm
b
a

图 4-3-6（4） 平焊接头用顶弧焊法　　图 4-3-6（5） 引弧示意
a—起焊点；*b*—终焊点

3）点焊缝的接头方法。点焊缝接头首先修理点焊焊缝，使其成为具有两个缓坡形的焊点。在与点焊焊缝的一端开始连接时，必须用电弧熔穿根部间隙，使其充分熔合，当运条至点焊缝的另一端时，焊条在接头处稍停，使接头熔合。

将管子分成两半 *a* 和 *b*，焊接时要特别注意引弧，并要注意起点与终焊点的关系，如图 4-3-6（5）所示。

4-3-7　手工电弧焊焊缝质量标准与无损探伤标准是怎样的？

答：1）手工电弧焊焊缝质量标准

（1）焊缝应无气孔、夹渣、裂纹、熔合性飞溅等缺陷。

（2）电弧焊焊缝表面应完整、焊缝尺寸应符合设计图纸与焊接工艺的要求，焊缝加强面宽度应焊出坡口边缘 2～3mm。

（3）焊缝外观检查出的不合格缺陷必须铲除重焊。

（4）焊缝质量标准应符合表 4-3-7（1）的要求。

焊 缝 质 量 标 准 **表 4-3-7（1）**

<table>
<tr><th rowspan="2">序号</th><th rowspan="2">项目</th><th rowspan="2" colspan="2">质 量 标 准</th><th colspan="2">检验频率</th><th rowspan="2">检 验 方 法</th></tr>
<tr><th>范围</th><th>点数</th></tr>
<tr><td rowspan="2">1</td><td rowspan="2">加强面高度</td><td>转动口</td><td>1.5～2.0mm，并不大于管壁厚 30%</td><td rowspan="2">每 10 个口</td><td rowspan="2">1</td><td rowspan="2">用焊口检测器量取最大偏差值计 1 点</td></tr>
<tr><td>固定口</td><td>2.0～3.0mm，且不大于管壁厚 40%</td></tr>
<tr><td>2</td><td>外观</td><td colspan="2">表面光滑，宽窄均匀整齐，根部焊透，无裂缝、焊缩、咬肉、焊口附近有焊工号码</td><td>每 10 个口</td><td>1</td><td>观察</td></tr>
</table>

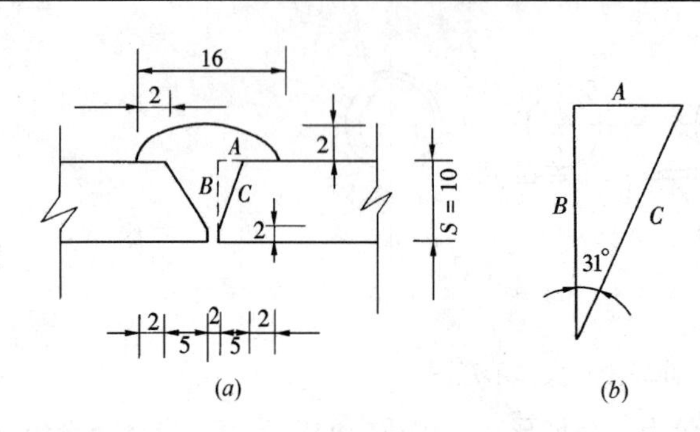

图 4-3-7 焊缝断面（单位：mm）

［例题］ 某钢管壁厚 10mm，用手工电弧焊焊接。求其焊缝的高度与宽度。注：根据规程要求，坡口角度为 30°～35°，本题取 31°。

解 钢管管端铲出坡口后，即呈一三角形状，如图 4-3-7 所示。A 为三角形的对边，待算；B 为三角形底边，是已知的，即 10－2＝8。

$$\frac{A}{B}=\tan 31^{\circ}=0.6$$

其中 $B=8$ 则：$A=0.6\times 8=4.8\approx 5$

代入图 4-3-7 中，得：焊缝宽度为 16mm、高度为 2mm（规程规定的）。

2）手工电弧焊焊无损探伤标准

施工中，如设计单位对管道焊缝无特殊要求，一般可按表 4-3-7（2）中的数字进行无损探伤。

供热管网工程焊缝无损检验数量表 **表 4-3-7（2）**

<table>
<tr><th rowspan="5">序号</th><th rowspan="5">载热介质名称</th><th colspan="2" rowspan="2">管道设计参数</th><th colspan="12">焊缝无损检验数量</th><th colspan="2">合格标准</th></tr>
<tr><th colspan="4">架空敷设</th><th colspan="4">地沟敷设</th><th colspan="4">直埋敷设</th><th rowspan="3">超声波探伤符合 JB 1152</th><th rowspan="3">射 线探伤符合 GB 3323</th></tr>
<tr><th rowspan="3">温 度 T（℃）</th><th rowspan="3">压 力 P（98.1kPa）</th><th colspan="2" rowspan="2">主 干</th><th colspan="2" rowspan="2">支干及分 干</th><th colspan="2" rowspan="2">主 干</th><th colspan="2" rowspan="2">支干及公 支</th><th colspan="4">管段应力 σ>［σ］</th></tr>
<tr><th colspan="2">主 干</th><th colspan="2">支 干</th></tr>
<tr><th>固定焊口</th><th>转动焊口</th><th>固定焊口</th><th>转动焊口</th><th>固定焊口</th><th>转动焊口</th><th>固定焊口</th><th>转动焊口</th><th>固定焊口</th><th>转动焊口</th><th>固定焊口</th><th>转动焊口</th><th>规定的焊缝级别</th><th>规定的焊缝级别</th></tr>
<tr><td>1</td><td>过热蒸汽</td><td>200<T≤350</td><td>16<P≤25</td><td>10</td><td>5</td><td>5</td><td>3</td><td>12</td><td>6</td><td>6</td><td>3</td><td colspan="4">—</td><td rowspan="8"></td><td rowspan="8"></td></tr>
<tr><td>2</td><td>高温热水</td><td>150<T≤200</td><td>16<P≤25</td><td>6</td><td>3</td><td>3</td><td>2</td><td>10</td><td>5</td><td>5</td><td>3</td><td colspan="4">—</td></tr>
<tr><td>3</td><td>过热或饱合蒸汽</td><td>200<T≤350</td><td>10<P≤16</td><td>3</td><td>1</td><td>2</td><td>抽检</td><td>5</td><td>3</td><td>3</td><td>1</td><td colspan="4">—</td></tr>
<tr><td>4</td><td>高温热水</td><td>120<T≤150</td><td>10<P≤16</td><td colspan="4">抽 检</td><td>5</td><td>3</td><td>3</td><td>1</td><td>15</td><td>5</td><td>15</td><td>5</td></tr>
<tr><td>5</td><td>过热或饱合蒸汽</td><td>T≤200</td><td>0.7<P≤10</td><td colspan="4">抽 检</td><td colspan="4">抽 检</td><td colspan="4">—</td></tr>
<tr><td>6</td><td>热 水</td><td>T≤120</td><td>P≤16</td><td colspan="4">抽 检</td><td colspan="4">抽 检</td><td>10</td><td>5</td><td>10</td><td>5</td></tr>
<tr><td>7</td><td>回 水</td><td>T≤70</td><td>P≤10</td><td colspan="4">抽 检</td><td colspan="4">抽 检</td><td colspan="4">抽 检</td></tr>
<tr><td>8</td><td>凝结水</td><td>T≤100</td><td>P≤6</td><td colspan="4">抽 检</td><td colspan="4">抽 检</td><td colspan="4">抽 检</td></tr>
</table>

注：1. 主干管道是指自热源出口处至管道末端最后两个支干线汇合点之前的管道，包括支干线总控制阀门前的分支管道。

2. 支干管道是指自支干线阀门后至两个末端分支管道汇合点之前的管道，包括分支管道阀门前的管道。

3. 表中所列的管道设计参数均指单根管道首端的参数。

4. 表中无损检验数量栏中，"抽检"是指检验数不超过 1%，检验焊口的位置、数量、方法由检查人员确定。

5. 直埋管道中管道内应力 $\sigma>[\sigma]$ 的管段只是管道的一部分，具体位置及焊接检验量应按设计标准的位置及焊接检验量进行检验。$[\sigma]$ 为管材在设计温度下的基本许用应力。

4-3-8　管螺纹的种类与尺寸有哪些?

答: 管螺纹有圆锥形和圆柱形两种。圆柱形管螺纹的螺纹深度及每圈螺纹的直径均相等，只是螺尾部分稍粗些（见图 4-3-8（*a*））。这种管螺纹接口严密性差，接头的螺纹间隙要靠填料达到严密（见图 4-3-8（*b*））。工程中，常用圆柱形外螺纹做“长丝”活接头（见图 4-3-8（*c*））。管接头、阀件和管件等多采用圆柱形内螺纹，因为圆柱形螺纹便于加工。

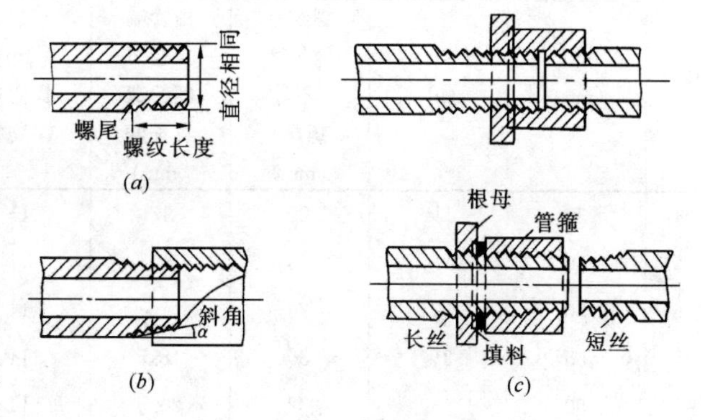

图 4-3-8　圆柱及圆锥管螺纹

（*a*）圆柱管螺纹；（*b*）圆锥管螺纹；（*c*）长丝活接头

圆锥形管螺纹各圈螺纹的直径都不相等，从端部到根部逐渐增大，这种管螺纹与管件的柱形内螺纹连接时，丝扣越拧越紧，接口较严密（见图 4-3-8（*b*））。管子螺纹连接一般均采用圆锥外螺纹与圆柱内螺纹连接，称为锥接柱。而不用柱接柱。用圆锥外螺纹与圆锥内螺纹连接，全部螺纹表面互相挤压，严密性更好，但因圆锥形内螺纹管件加工困难，故锥接锥的连接方式很少用。用电动套丝机或手工管子绞板加工的为圆锥外螺纹。图 4-3-8 为圆柱及圆锥管螺纹。管子丝扣阀门连接时，管端的外螺纹长度应比阀门的内螺纹长度短 1～2 扣丝，以免拧过头，管子顶坏阀芯。同理，其他接口管子外螺纹长度也应比所连接配件的内螺纹略短些。连接管件用的长、短管螺纹及连接阀门的螺纹长度（圆柱形短螺纹与长螺纹尺寸）见表 4-3-8（1），圆锥形管螺纹尺寸见表 4-3-8（2）。

连接管件用的长、短管螺纹与连接阀门的螺纹　　表 4-3-8（1）

序　号	管子公称直径		短螺纹		长螺纹		连接阀门的螺纹长度（mm）
	（mm）	（in）	长度（mm）	螺纹数	长度（mm）	螺纹数	
1	15	1/2	14	8	50	28	12
2	20	3/4	16	9	55	30	13.5
3	25	1	18	8	60	26	15
4	32	1¼	20	9	65	28	17
5	40	1½	22	10	70	30	19
6	50	2	24	11	75	33	21
7	65	2½	27	12	85	37	23.5
8	80	3	30	13	100	44	26

连接管件及阀门的圆锥形管螺纹　　表 4-3-8（2）

序号	管子公称直径		连接管件			连接阀门		
	（mm）	（in）	螺纹有效长度（不计螺尾）（mm）	由管端至基面间的螺纹长度（mm）	1in 长度内螺纹数	管端螺纹内径（mm）	螺纹有效长度（不计螺尾）（mm）	由管端至基面间的螺纹长度（mm）
1	15	1/2	15	7.5	14	18.163	12	4.5
2	20	3/4	17	9.5	14	23.524	13.5	6
3	25	1	19	11	11	29.606	15	7

续表

序号	管子公称直径		连接管件			连接阀门		
	(mm)	(in)	螺纹有效长度（不计螺尾）(mm)	由管端至基面间的螺纹长度 (mm)	1in长度内螺纹数	管端螺纹内径 (mm)	螺纹有效长度（不计螺尾）(mm)	由管端至基面间的螺纹长度 (mm)
4	32	1¼	22	13	11	38.142	17	8
5	40	1½	23	14	11	43.972	19	10
6	50	2	26	16	11	55.659	21	11
7	65	2½	30	18.5	11	71.074	23.5	12
8	80	3	32	20.5	11	83.649	26	14.5

注:基面是指用手拧紧与开始用工具拧紧管件的分界面。

4-3-9　简述管螺纹加工要点有哪些?

答: 管螺纹加工分为人工绞板与电动套丝机两种方法。图 4-3-9（*a*）是管子绞板的构造，在绞板的板牙架上设有 4 个板牙孔，用于装板牙，板牙的进退调节是靠转动带有滑轨的活动标盘进行的。绞板的后部设有 4 个可调节松紧的卡子（后挡），套丝时把绞板固定在管子上。图 4-3-9（*b*）是板牙的构造。一般在板牙尾部及板牙孔处均有 1、2、3、4 序号字，应按编号顺序将板牙装入板牙孔，装错后就套不出合格的螺纹而出现乱丝。

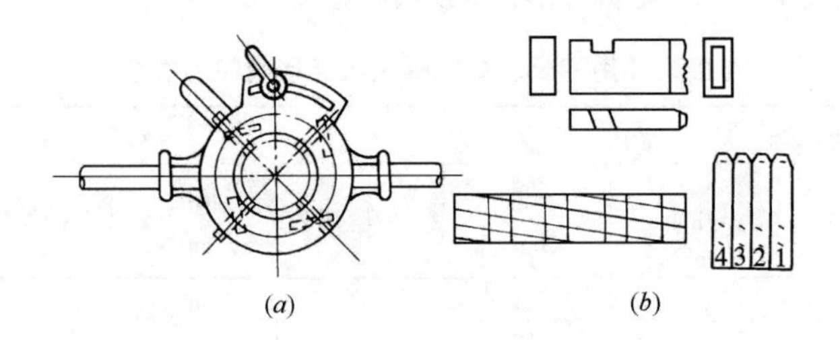

图 4-3-9　绞板及板牙

（*a*）绞板；（*b*）板牙

绞板的规格及套丝范围见表 4-3-9。

绞板规格及套丝范围　　**表 4-3-9**

规格		能用板牙套数	套丝范围	板牙规格
大绞板	1½″～4″	3	1½″～4″	1½″ 2″；2½″ 3″；3½″ 4″
	1～3″	3	1″～3″	1″ 1¼″；1½″ 2″；2¼″ 3″

续表

<table>
<tr><th colspan="2">规　　格</th><th>能用板牙套数</th><th>套丝范围</th><th colspan="3">板牙规格</th></tr>
<tr><td rowspan="2">小绞板</td><td>1/2″～2″</td><td>3</td><td>1/2″～2″</td><td>1/2″
3/4″</td><td>1″
1¼″</td><td>1½″
2″</td></tr>
<tr><td>1/4″～1¼″</td><td>3</td><td>1/4″～1¼″</td><td>1/4″
3/8″</td><td>1/2″
3/4″</td><td>1″
1¼″</td></tr>
</table>

使用时，按管子规格选用对应的板牙，不可乱用。在人工套丝时应避免以下缺陷：

1）螺纹不正。产生原因是，绞板上卡子（后挡）未卡紧，因而绞板的中心线和管子中心线不重合；或人工套丝时两臂用力不均匀，绞板被推歪。管子端切割不正也会引起套丝不正。

2）偏扣螺纹。产生原因是管壁厚薄不均匀。偏扣较大时不能使用，防止受力断裂使介质漏出。

3）细丝螺纹。产生原因是板牙顺序装错或板牙活动间隙太大。另外，手工套丝一般1个螺纹要2～3遍套成，若第二遍与第一遍没有对准，即螺纹轨迹不重合，第一遍套出的螺纹会被第二遍切开成为细丝或乱丝。

4）螺纹不光或断丝缺扣。产生原因是套丝时板牙进刀量太大或板牙的牙刃不锐利，或牙有损坏处以及切下的铁渣积存等。在套丝时用力过猛或不均匀，也会出现这些缺陷。为了保证螺纹质量，1次进刀量不宜过大，套1遍，调整标盘增加进刀量，再套1遍。一般要求管径15～25mm的管子宜2次套成，管径25mm以上的管子分3次套成。当管端被切成坡口，出现绞板打滑现象，这是因板牙进刀量太大，应用手锤将坡口打平或割去，减小进刀量再套丝。

5）管螺纹竖向出现裂缝。这是由于焊接钢管焊缝未焊透或焊缝不牢，应割去不用。

螺纹套完后，需要试接，用手把外螺纹拧入管件2～3扣为宜。套成的螺纹应端正、光滑，无毛刺，无断丝、偏丝与缺扣，有一定的锥度。连接好后，丝扣外露2～3扣为宜。

人工套丝劳动强度大，故常使用工厂生产的或安装企业自制的多种形式的电动套丝机，应按使用说明书进行操作。

4-3-10　管螺纹的连接有哪几种?

答：管螺纹的连接有圆柱形内螺纹套入圆柱形外螺纹，圆柱形内螺纹套入圆锥形外螺纹及圆锥形内螺纹套入圆锥形外螺纹三种方式。其中后两种方式的连接较紧密，是常用的连接方式。

为了增加管子螺纹接口的严密性和维修时不致因螺纹锈蚀造成不易拆卸，螺纹处一般要加填料。因此，填料要既能充填空隙，又能防腐蚀。为保证接口长久严密，管子螺纹不得过松，不能用多加填充材料来防止渗漏。燃气管道采用螺纹连接时，不允许用铅油、麻丝密封，防止铅油、麻丝在使用中干裂导致管道漏气，应采用聚四氟乙烯密封带做螺纹接口的填充料。

拧紧管螺纹应选用合适的管子钳，一般可按表4-3-10选用。不许采用在管子钳的手柄上加套筒的方式来拧紧管子。

管子钳的选用　　　　**表4-3-10**

管子公称通径（in）	1/2～3/4	3/4～1	1～2	2～3	3～4
适用管子钳规格（in）	12	14	18	24	36

管螺纹拧紧后，应在管件或阀件外露出1～2扣螺纹（即螺纹尾），不能将螺纹全部拧入。

4-3-11　供热管道支架选择的一般原则有哪些?

答：选择管道支架时，应注意以下几个原则：

1）选择管道的固定点，以设置固定支架。固定支架处的管道，不允许有任何水平或垂直方向的位移。在固定支架之间，管道的热膨胀应通过管道本身的自然补偿或专设的补偿器来补偿。常用的固定支架的品种见图 4-3-11（1）、（2）、（3）、（4）。

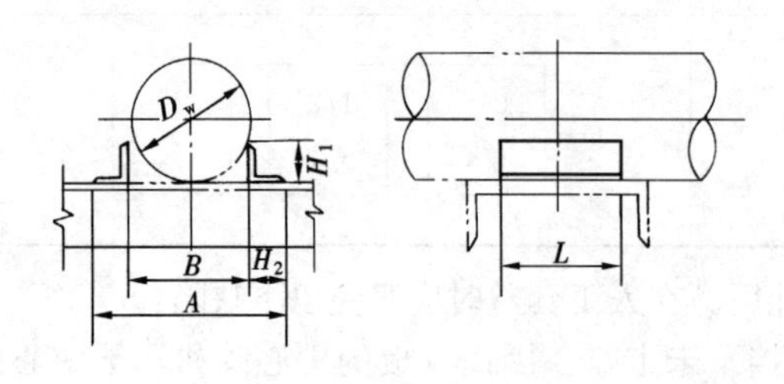

图 4-3-11（1）　焊接角钢（固定支架）（R403—016）

1—钢管；2—角钢；3—槽钢（横梁）

图 4-3-11（2）　单面挡板固定支架

1—钢管；2—肋板；3—挡板；4—U 形槽

固定支架的选择要考虑管径、保温状况，必要时要进行推力计算，以保证管道运行安全。

2）水平安装的管道，由于没有垂直位移或垂直位移甚微，对管道轴向摩擦作用力没有严格限制时，可采用滑动支架。常用的滑动支架的品种见图 4-3-11（5）、（6）、（7）、（8）、（9）。

3）方形补偿器和铸铁阀件的两侧，应设置导向活动支架，以便管道只能纵向位移，限制其横向位移，从而使补偿器和铸铁件处于良好而稳定的受力状态。导向支架见图 4-3-11（10）。

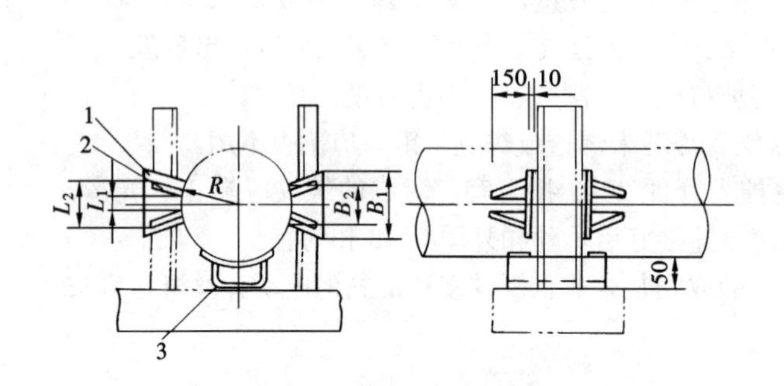

图 4-3-11（3）　双面挡板固定支架

1—挡板；2—肋板；3—支承支座；4—立柱

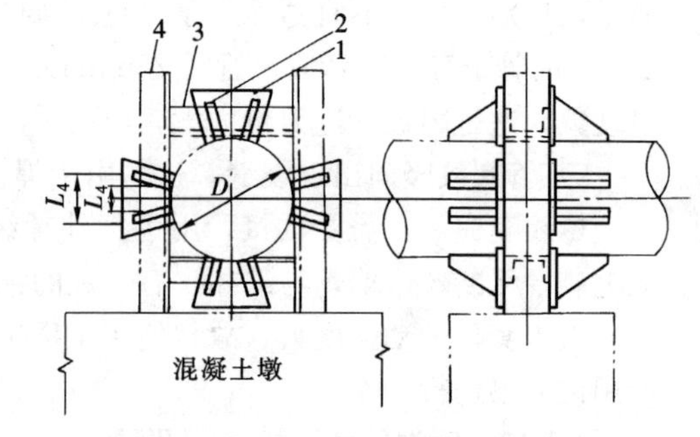

图 4-3-11（4）　四面挡板固定支架

1—挡板；2—肋板；3—立柱；4—混凝土墩

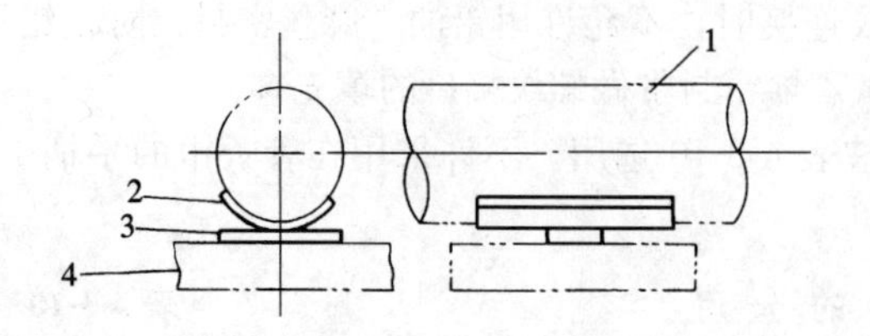

图 4-3-11（5）　弧形板滑动支架

1—钢管；2—弧形板；3—滑板

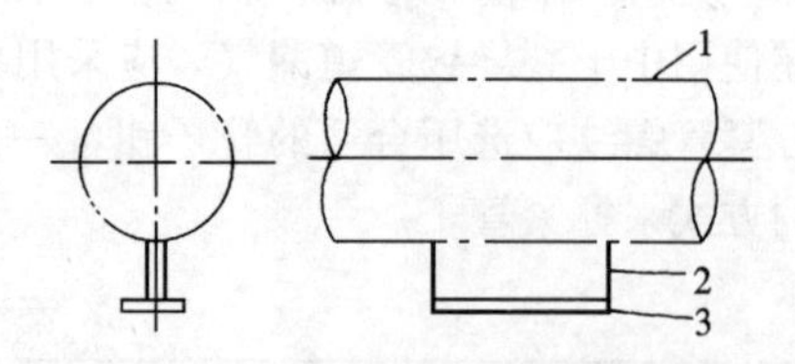

图 4-3-11（6）　丁字式滑动支架

1—钢管；2—立板；3—滑板

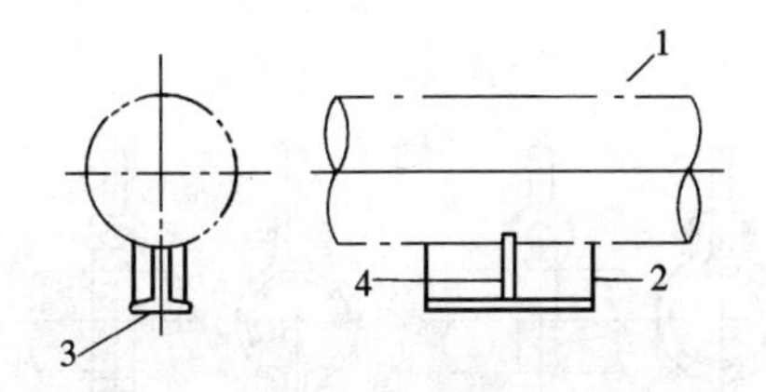

图 4-3-11（7） 加肋板丁字式滑动支架

1—钢管；2—立板；3—滑板；4—肋板

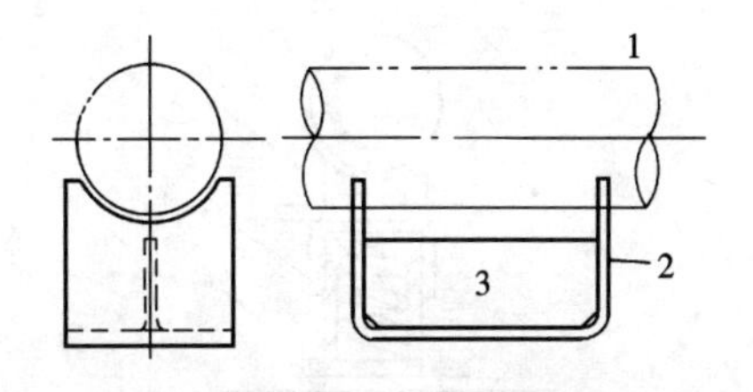

图 4-3-11（8） U 形槽式滑动支架

1—钢管；2—U 形槽；3—肋板

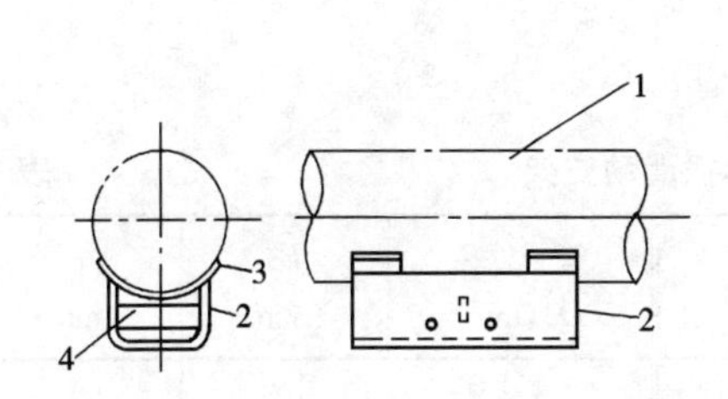

图 4-3-11（9） 曲面槽式滑动支架

1—钢管；2—曲面槽；3—弧形板；4—肋板

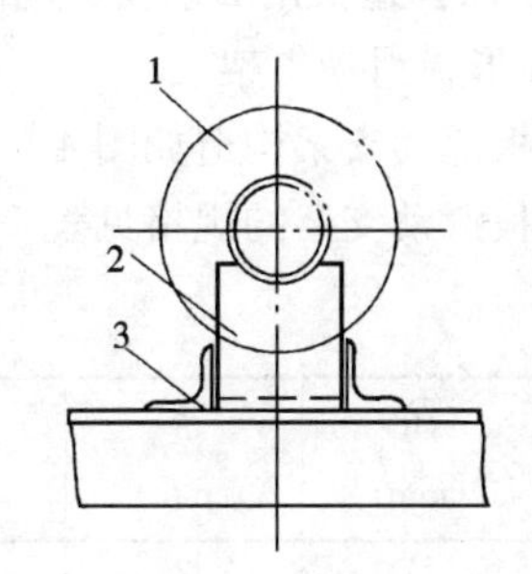

图 4-3-11（10） 导向支架

1—保温层；2—管子托架；3—导向板

4）当管道温度较高，直径较大，要求减小轴向摩擦作用力时，可采用滚动支架，如图 4-3-11（11）所示。

滑动支架、导向支架和滚动支架的规格、间距等技术数据要经过计算。

5）当管道存在垂直位移时，可采用弹簧吊架如图 4-3-11（12）所示。不便设置弹簧吊架时，可设弹簧支架如图 4-3-11（13）所示。采用弹簧支、吊架，必须经过计算，根据弹簧支、吊架所负担的荷重和垂直位移量，来选择弹簧的规格。

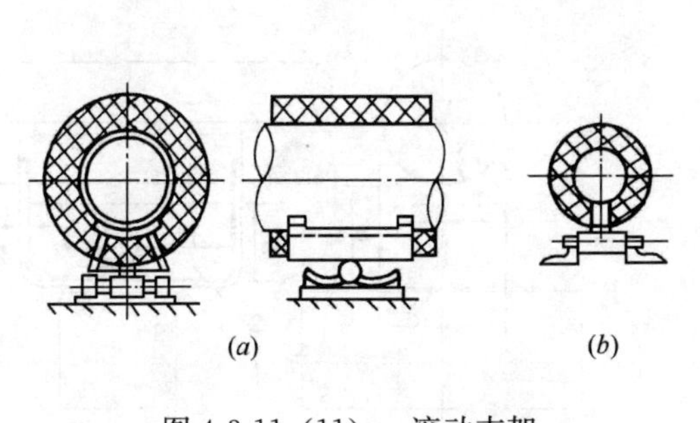

图 4-3-11（11） 滚动支架

（a）滚珠支架；（b）滚柱支架

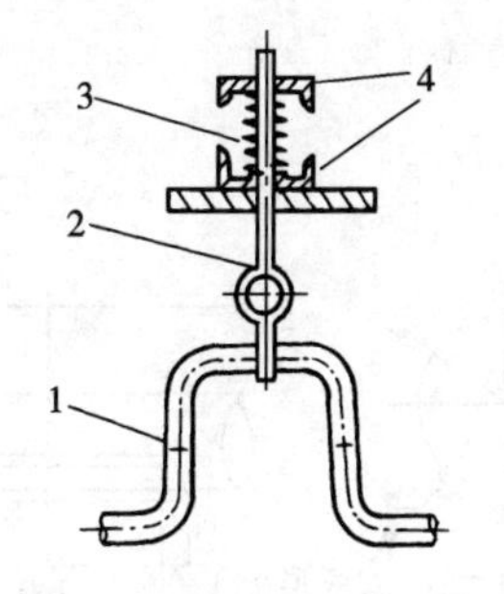

图 4-3-11（12） 弹簧吊架

1—钢管；2—吊杆；3—弹簧；4—挡圈

6）当不便设置滑动支架时，对于架空敷设的管道，可设置吊架（见图 4-3-11（14））。在无垂直位移的管道上使用的吊架，由吊杆和管卡构成，称为刚性吊架。

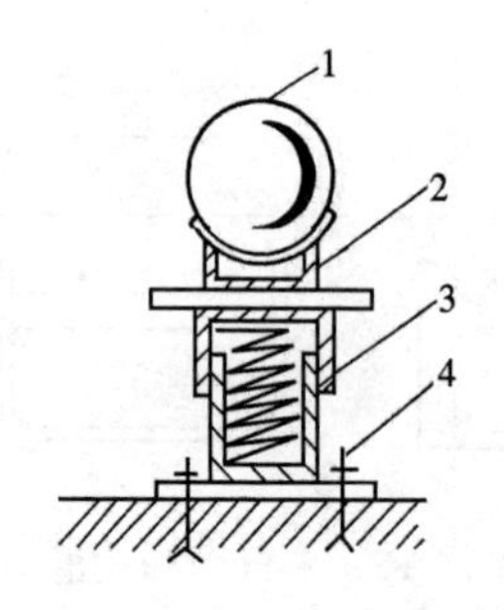

图 4-3-11（13） 弹簧支（托）架

1—钢管；2—支架；3—弹簧筒；4—固定螺栓

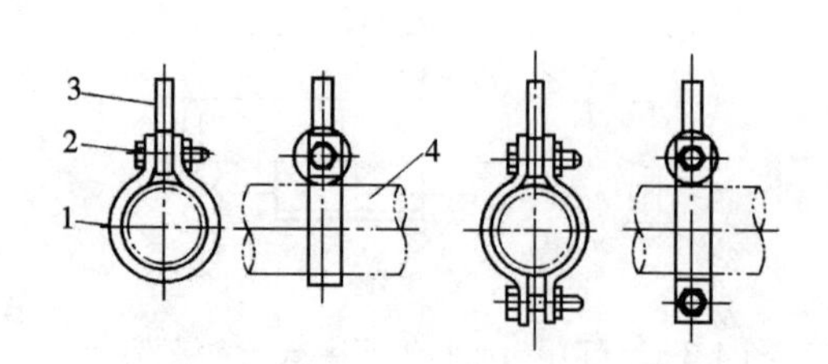

图 4-3-11（14） 管道吊架

1—卡子；2—螺栓；3—吊杆；4—钢管

4-3-12 供热管道常用活动支架的种类与规格有哪些？

答： 1）弧形板滑动支架

（1）弧形板滑动支架构造如图 4-3-12（1）所示。

（2）弧形板滑动支架的规格见表 4-3-12（1）。

弧形板滑动支架 **表 4-3-12（1）**

管子外径 D_w（mm）	$\widehat{B_1}$（mm）	δ（mm）	重量（kg）	管子外径 D_w（mm）	$\widehat{B_1}$（mm）	δ（mm）	重量（kg）
25	27	2	0.085	219	180	3	0.85
32	33	2	0.104	273	200	3	0.94
38	38	2	0.120	325	250	3	1.18
45	43	2	0.136	377	270	2	1.27
57	53	2	0.166	426	330	3	1.56
73	65	2	0.204	478	350	3	1.65
89	78	2	0.245	529	390	3	1.84
108	93	3	0.440	630	430	3	2.02
133	112	3	0.527	720	450	3	2.12
159	140	3	0.660				

注：δ 值即为弧形板厚度。

2）揻弯座式滑动支架

（1）揻弯座式滑动支架构造如图 4-3-12（2）所示。

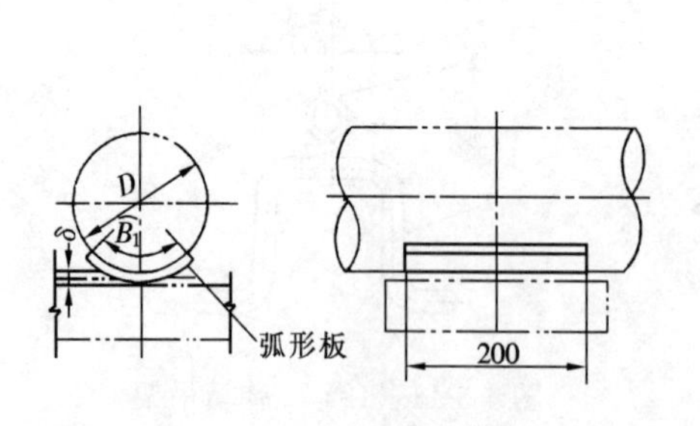

图 4-3-12（1） 弧形板滑动支架

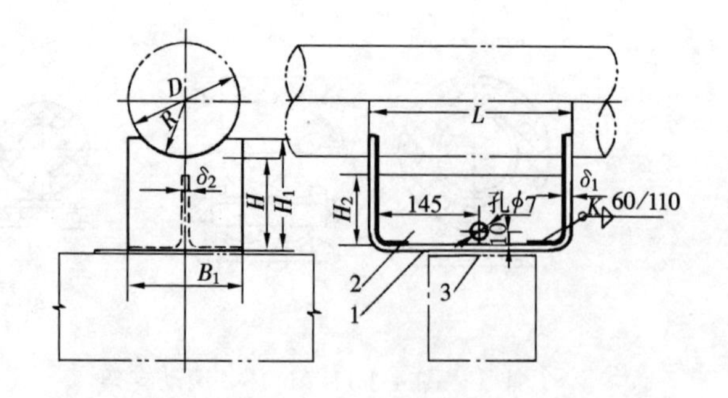

图 4-3-12（2） 揻弯座式滑动支架

1—曲面板；2—肋板；3—支承板

（2）揻弯座式滑动支架的规格见表 4-3-12（2）。

DN25～150 揻弯座式滑动支架（L=150，300　H=50，100）　　　　**4-3-12（2）**

管子外径 D_w (mm)	L=150，300 (mm)				R	B_1	肋板厚 δ_2	曲面板厚 δ_1
	H=50		H=100					
	H_1	H_2	H_1	H_2				
25	55	35	105	86	13	30	4	4
32	55	35	105	86	16	40	4	4
38	60	35	110	86	19	40	4	4
45	60	35	110	86	23	50	4	4
57	60	35	110	86	29	50	4	4
73	65	35	115	86	37	70	4	4
89	65	35	115	86	45	80	4	4
108	70	35	120	86	54	90	4	4
133	75	35	125	86	67	100	4	4
159	80	35	130	86	80	110	4	4

注：L=300mm 时，肋板上钻孔 ϕ7，位置距下底 10mm，居中即可。

3）丁字托滑动支架

（1）丁字托滑动支架的构造如图 4-3-12（3）所示。

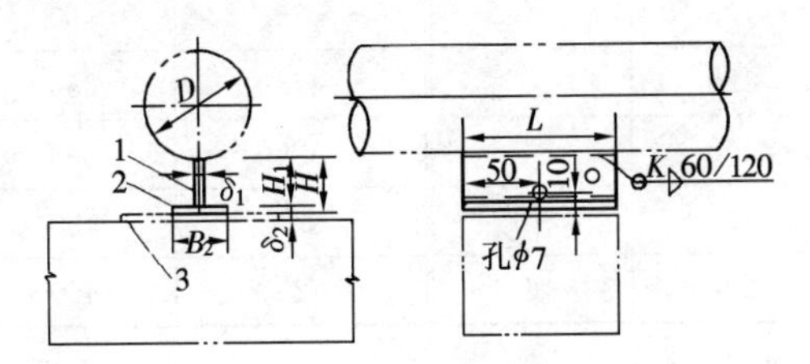

图 4-3-12（3）　丁字托滑动支架

1—顶板；2—底板；3—支承板

（2）丁字托滑动支架的规格见表 4-3-12（3）。

DN25～150 丁字托滑动支架

（L=150，300；H=50，100）　　　　**表 4-3-12（3）**

<table>
<tr><th rowspan="3">管子外径
D_w</th><th colspan="2">L=150，300</th><th rowspan="3">B_2</th><th rowspan="3">顶板厚
δ_1</th><th rowspan="3">底板厚
δ_2</th></tr>
<tr><th>H=50</th><th>H=100</th></tr>
<tr><th>H_1</th><th>H_1</th></tr>
<tr><td>25
32
38
45
57</td><td rowspan="3">46</td><td>96</td><td>60</td><td>4</td><td>4</td></tr>
<tr><td>73
89</td><td rowspan="2">94</td><td>80</td><td rowspan="2">6</td><td rowspan="2">6</td></tr>
<tr><td>108</td><td rowspan="2">100</td></tr>
<tr><td>133
159</td><td>44</td><td>92</td><td>8</td><td>8</td></tr>
</table>

注：1. L=300mm 时，在顶板居中，距底板 10mm 处钻孔 ϕ7。

2. L=150mm，顶板与底板，管子焊接采用连续焊缝。

3. 可采用丁字钢制作，H=50mm 时采用 50mm×50mm×8mm 丁字钢，H=100mm时采用 100mm×125mm×12.5mm 丁字钢。

4）曲面槽滑动支架

（1）曲面槽滑动支架的构造（H＝50）如图 4-3-12（4）所示。

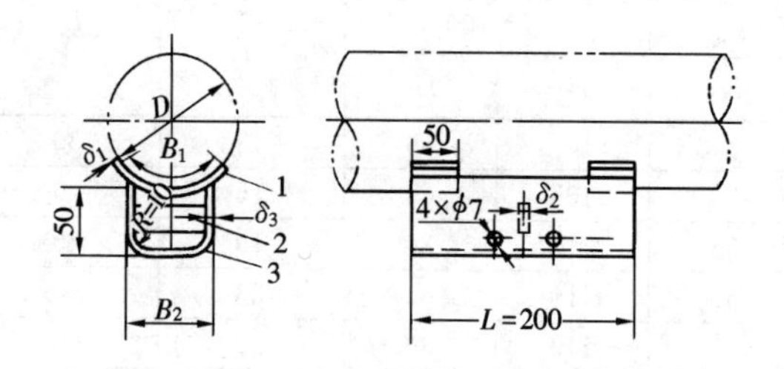

图 4-3-12（4） 曲面槽滑动支架

1—弧形板，δ_1＝4；2—曲面槽

（2）曲面槽滑动支架的规格（H＝50）见表 4-3-12（4）。

DN150～700 曲面槽滑动支架（L＝200；H＝50） 表 4-3-12（4）

管子外径 D_w	$\widehat{B_1}$	B_2	δ_2	管子外径 D_w	$\widehat{B_1}$	B_2	δ_2
159	140	108	4	426	330	232	6
219	180	128	4	478	350	252	6
273	200	152	6	529	390	276	8
325	250	192	6	630	430	316	8
377	270	202	6	720	450	336	8

（3）曲面槽滑动支架的构造（H＝100，150）如图 4-3-12（5）所示。

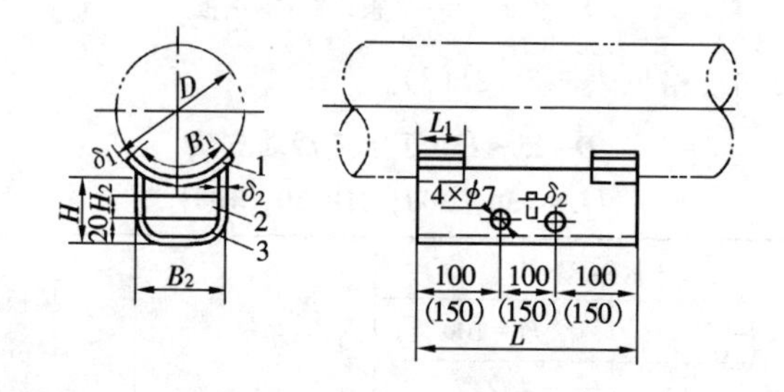

图 4-3-12（5） 曲面槽滑动支架

1—弧形板；2—肋板；3—曲面槽

（4）曲面槽滑动支架（H＝100，150）规格见表 4-3-12（5）。

DN150～700 曲面槽滑动支架

（L＝200，300，400；H＝100，150） 表 4-3-12（5）

管子外径 D_w	L＝200，300，400						$\overline{B}$	弧形板厚 δ_1	曲面槽厚 δ_2	肋板厚 δ_3
	H＝100			H＝150						
	B_2	H_2	L_1	B_2	H_2	L_1				
159	108	60	50	112	100	50	140	4	6	6
219	128	60	50	132	100	50	180	4	6	6
273	152	60	60	156	100	60	200	4	8	8

续表

管子外径 D_w	$L=200，300，400$						$\overline{B}$	弧形板厚 δ_1	曲面槽厚 δ_2	肋板厚 δ_3
	$H=100$			$H=150$						
	B_2	H_2	L_1	B_2	H_2	L_1				
325	192	60	60	196	100	60	250	4	8	8
377	202	60	80	206	100	80	270	4	8	8
426	232	60	80	236	100	80	330	4	8	8
478	252	60	80	256	100	80	350	4	8	8
529	276	60	80	280	100	80	390	4	10	10
630	316	60	80（100）	320	100	80（100）	430	6	10	10
720	336	60	80（100）	340	100	80（100）	450	6	10	10

注：1. L_1 括号内尺寸为 $L=400$mm 时的长度。

2. $H=100$mm 时，δ_2、δ_3 可相应减少 2mm。

3. $L=300$、400（mm）时，曲面槽两侧钻 4－ϕ7，孔距 100、150（mm）。

4-3-13　供热管道常用支、吊架安装要点有哪些？

答：1）支、吊架的设置和选型应能正确地支吊管道，符合管道补偿热位移和设备推力的要求，防止管道振动。

2）确定支、吊架间距时，不得超过最大允许间距，并应考虑管道荷重合理分布，支吊架位置宜靠近三通、阀门等集中荷重处。支吊架布置还应能满足疏放水要求。

3）支、吊架应支承在可靠的建筑物上，支吊结构应具有足够的强度和刚度。支吊架固定在建筑物上时，不得影响结构安全。

4）支、吊架的装设，不应影响设备检修及其他管道的安装和扩建。

5）支、吊架安装（见图 4-3-13（1））时，位置应正确，必须符合设计管线的标高和坡度，埋设应平整牢固；与管道接触应紧密，固定应牢靠；滑动支架应灵活，滑托与导向槽两侧间应留有 3～5mm 间隙，滑托的安装应向热膨胀的反方向移动等于管道伸长量一半的距离。

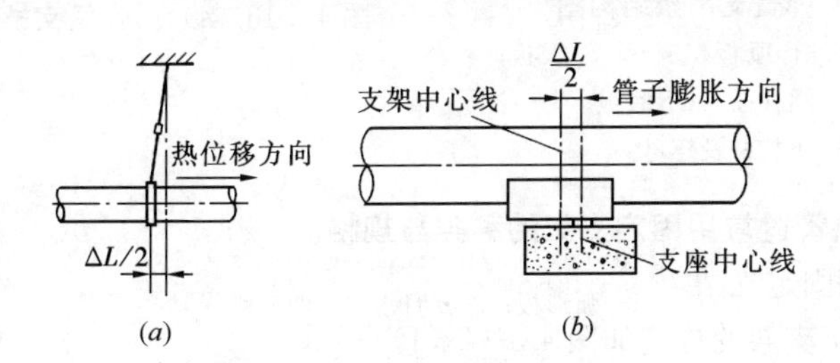

图 4-3-13（1）　吊架及滑动支架的偏移安装

（a）吊架的倾斜安装；（b）滑动支架在滑托上偏移安装

6）吊架安装（见图 4-3-13（2））时，无热胀管道吊杆应垂直安装；有热胀的管道吊杆应向膨胀反方向倾斜 0.5Δ，此时，能活动偏移的吊杆长度一般为 20Δ，最少不得小于 10Δ（Δ 为水平方向位移的矢量和）。两根热膨胀方向相反的管道，不能使用同一吊架。

7）沿墙敷设的管径小于 50mm 的立管和 32mm 以下支管，可采用管卡，立管卡可装在离地面 1.5～1.8m 高处，每层高不超过 4m 者可装一个管卡，厂房或楼层较高的建筑物，应根据其高度适当增加管卡数；在同一楼层内，立管管卡应尽量装在同一标高上。

8）弹簧支吊架（见图 4-3-13（3）、（4））。安装前需对弹簧进行预压缩，压缩量按设计规定。

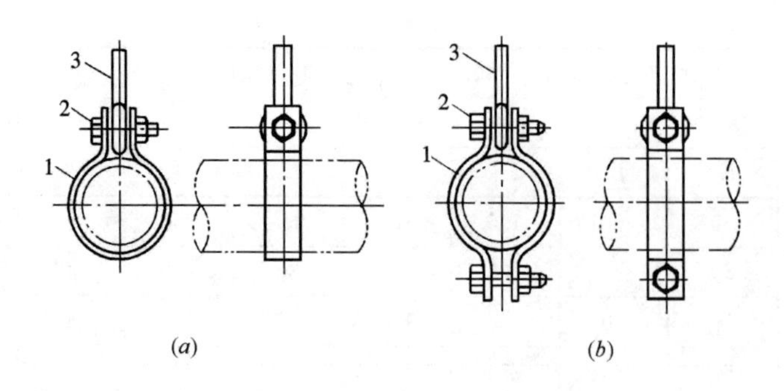

图 4-3-13（2） 吊架安装

1—管卡；2—螺栓；3—吊杆

弹簧支架预压缩的目的，是为了使管道运行受热膨胀时，弹簧支架所承受的负荷正好等于设计时它所应承受的管道荷重。因此预先把弹簧压缩一个相当长度，让它在冷态状态下对设备或其他支架有一个附加的力，而在正式运行的时候，弹簧随着管道的膨胀而被拉长或者更加压缩。此时的弹簧正好按设计情况受力，不致因各个支架的受力情况不均匀而造成损坏。

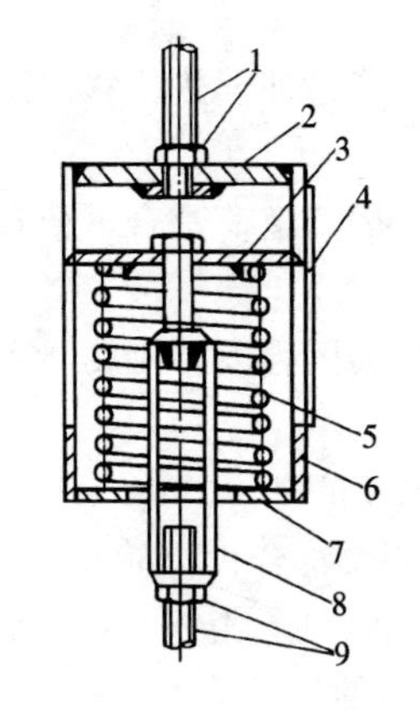

图 4-3-13（3） 弹簧支吊架结构图

1—上吊杆及螺母；2—上顶板；3—弹簧压板；4—铭牌；5—弹簧；6—圆管；7—下底板；8—花篮螺栓；9—下拉杆及螺母

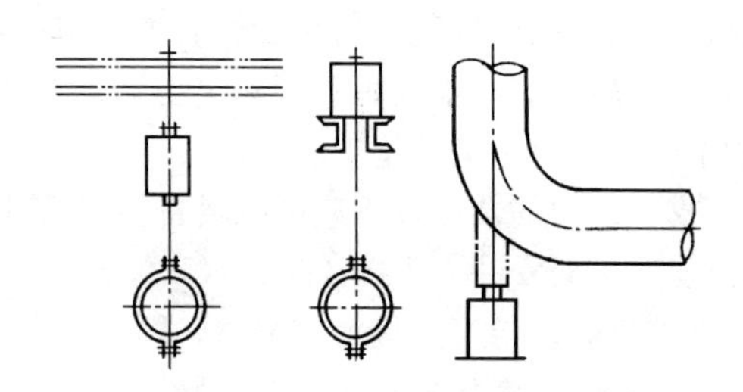

图 4-3-13（4） 弹簧支吊架的几种形式

4-3-14 简述供热管道常用固定支架的种类与规格。

答： 1）焊接角钢固定支架

（1）焊接角钢固定支架的构造如图 4-3-14（1）所示。

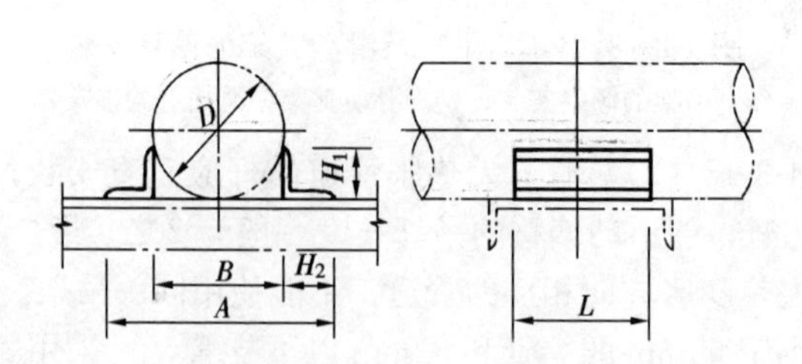

图 4-3-14（1） 焊接角钢固定支架

（2）焊接角钢固定支架的规格及承受最大推力见表 4-3-14（1）。

焊接角钢固定支架尺寸及承受最大推力　　表 4-3-14（1）

管子外径 D_w（mm）	最大轴向推力（N）	主要尺寸（mm）					角钢规格（mm）	重量（N）
		A	B	L	H_1	H_2		
25	2240	65	25	100	20	80	L20×20×4	2.3
32		72	32					
38		78	38					
45	2800	83	43	100	20	80	L20×20×4	2.3
57		117	57		36	36	L30×30×4	3.6
73	3600	143	73	100	36	36	L36×36×4	4.3
89		158	88					
108	4470	172	102	100	36	36	L36×36×4	4.3
133		188	118					
159	5040	212	148	100	50	32	L50×32×4	5.0
219	5600	306	206	100	75	50	L75×50×4	9.6
273	5600	386	260	100	100	63	L100×63×6	15.1
	11200			200				30.2
325	5600	424	298	100	100	63	L100×63×6	15.1
	11200			200				30.2
377	6720	510	350	100	125	80	L125×80×7	22.1
	13440			200				44.2
426	6720	544	384	100	125	80	L125×80×7	22.1
	13440			200				44.2

2）卡环式固定支架

当供热管道管径小于 $DN50$ 时，且推力不大，可用卡环式固定支架。

（1）卡环式固定支架构造如图 4-3-14（2）、图 4-3-14（3）所示。

（2）卡环式固定支架材料用量见表 4-3-14（2）。

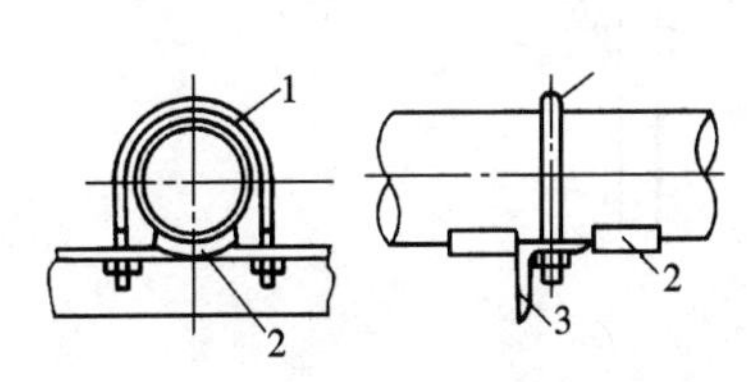

图 4-3-14（2）　卡环式固定支架

1—卡环；2—弧形挡板；3—支架（横梁）

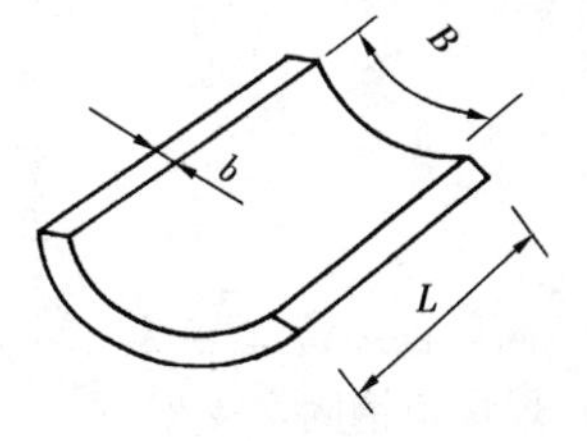

图 4-3-14（3）　弧形挡板

卡环式固定支架材料表　　表 4-3-14（2）

管道直径 DN	横梁规格（mm）	卡环规格（mm）	弧形挡板规格（mm）		
			δ	B	L
25	L40×4	ϕ10	6	30	50
32	L40×4	ϕ10	6	30	50
40	L50×5	ϕ10	6	40	50
50	L50×5	ϕ12	8	40	60
65	L65×6	ϕ12	8	50	60

续表

管道直径 DN	横梁规格 (mm)	卡环规格 (mm)	弧形挡板规格（mm）		
			δ	B	L
80	L75×6	ϕ12	8	50	60
100	L100×8	ϕ16	10	80	80
125	L100×8	ϕ16	10	80	80
150	L100×8	ϕ16	10	80	80

注：每个固定支架上的弧形板均是2块。

3）单面挡板式固定支架

（1）单面挡板式固定支架的构造如图4-3-14（4）所示。

（2）单面挡板式固定支架的规格及承受推力见表4-3-14（3）。

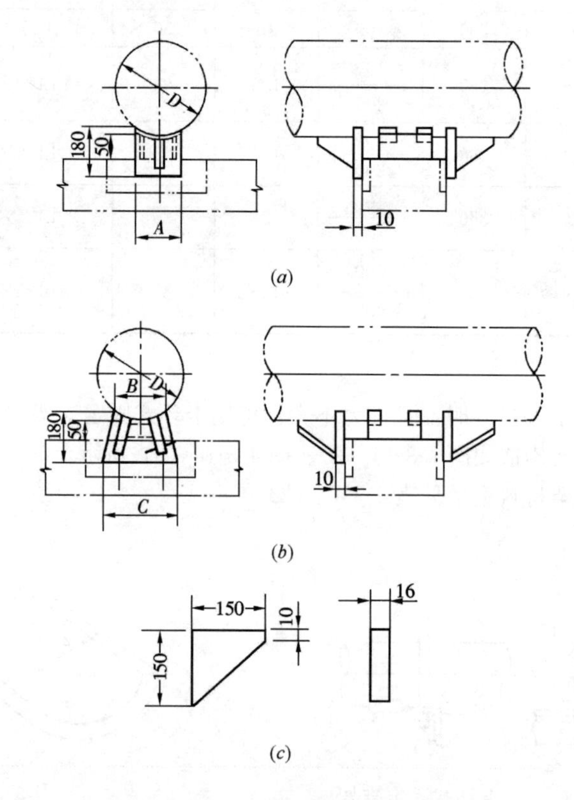

图4-3-14（4） 单面挡板式固定支架

（*a*）*DN*150～700，推力≤50kN；（*b*）*DN*250～700，推力≤100kN；（*c*）肋板尺寸

单面挡板式固定支架尺寸及承受推力 **表4-3-14（3）**

管子外径 D_w(mm)	推力≤50kN			推力≤100kN			
	R(mm)	A(mm)	总重量(N)	R(mm)	B(mm)	C(mm)	总重量(N)
159	80	80	71				
219	110	100	79.1				
273	137	100	89.5	137	130	180	135.3
325	163	100	96.4	163	130	180	142.2

续表

管子外径 D_w(mm)	推力≤50kN			推力≤100kN			
	R(mm)	A(mm)	总重量(N)	R(mm)	B(mm)	C(mm)	总重量(N)
377	189	120	103.3	189	160	210	152.1
426	213	120	108.8	213	160	210	157.6
478	239	120	111.6	239	200	260	173.2
529	265	140	133.9	265	200	260	189.8
630	315	140	140.9	315	200	260	196.8
720	360	140	143.1	360	200	260	199

注：尺寸 R 为挡板的圆弧半径，比管子外径大 0～1mm。

4）双面挡板式固定支架$\left(承担推力\begin{matrix}\leqslant 50\text{kN}\\ \leqslant 100\text{kN}\end{matrix}\right)$

（1）双面挡板式固定支架承担推力$\begin{matrix}\leqslant 50\text{kN}\\ \leqslant 100\text{kN}\end{matrix}$的构造如图4-3-14（5)所示。

（2）双面挡板式固定支架，承担推力$\begin{matrix}\leqslant 50\text{kN}\\ \leqslant 100\text{kN}\end{matrix}$的规格见表 4-3-14（4）。

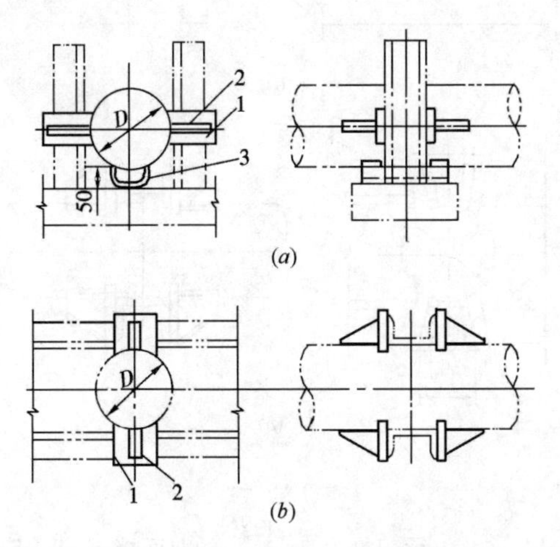

图 4-3-14（5） 承担推力$\begin{matrix}\leqslant 50\text{kN}\\ \leqslant 100\text{kN}\end{matrix}$的双面挡板式固定支架

（a）固定方式之一；（b）固定方式之二

5）双面挡板式固定支架$\left(承担推力\begin{matrix}\leqslant 200\text{kN}\\ \leqslant 300\text{kN}\end{matrix}\right)$

承担推力≤50kN、≤100kN 的双面挡板式固定支架尺寸　　　表 4-3-14（4）

管子外径 D_w(mm)	推力≤50kN				推力≤100kN			
	R(mm)	B(mm)	L(mm)	总重量(N)	R(mm)	B(mm)	L(mm)	总重量(N)
159	80	60	100	36				
219	110	80	100	42.4	110	80	150	50.8
273	137	80	100	42.4	137	80	150	50.8
325	163	80	100	42.4	163	80	150	50.8
377	189	100	100	48.8	189	100	150	57.2
426	213	100	100	48.8	213	100	150	57.2
478	239	100	100	48.8	239	100	150	57.2
529	265	120	100	54.8	265	120	150	63.2

续表

管子外径 D_w(mm)	推力≤50kN				推力≤100kN			
	R(mm)	B(mm)	L(mm)	总重量(N)	R(mm)	B(mm)	L(mm)	总重量(N)
630	315	120	100	54.8	315	120	150	63.2
720	360	120	100	54.8	360	140	150	69.6

注：1. R 为挡板的圆弧半径。

2. 表中 B 和 L 是挡板与角板的尺寸。

（1）双面挡板式固定支架（承担推力 ≤200kN / ≤300kN）的构造如图 4-3-14（6）所示。

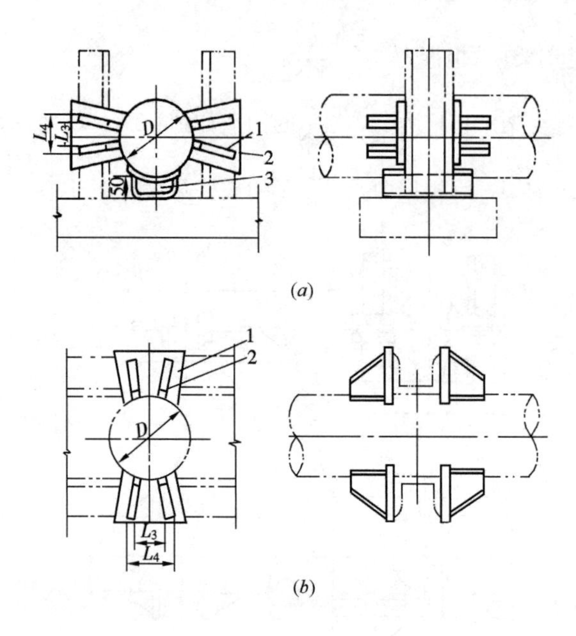

(*a*)

(*b*)

图 4-3-14（6） 承担推力 ≤200kN / ≤300kN 的双面挡板式固定支架

（*a*）固定方式之一；（*b*）固定方式之二

（2）双面挡板式固定支架（承担推力 ≤200kN / ≤300kN）的规格见表 4-3-14（5）。

6）四面挡板式固定支架（承受推力 ≤450kN / ≤600kN）

承担推力≤200kN、≤300kN 的双面挡板式固定支架尺寸　　表 4-3-14（5）

管子外径 D_w（mm）	推力 (N)	R (mm)	B_1 (mm)	B_2 (mm)	L_2 (mm)	L_3 (mm)	L_4 (mm)	总重量 (N)
325	≤200000	163	180	130	150	90	110	100
377		189	210	160	150	100	140	109.2
426		213						
478		239						
529		265	260	200	150	130	170	123.6
630		315						
720		360						

续表

管子外径 D_w（mm）	推力（N）	R（mm）	B_1（mm）	B_2（mm）	L_2（mm）	L_3（mm）	L_4（mm）	总重量（N）
377		189						
426		213	210	160	200	100	140	148.4
478	≤300000	239						
529		265						
630		315	260	200	200	130	170	162.8
720		360						

注　零件1、2可见图4-3-14（7）。

（1）四面挡板式固定支架的构造如图4-3-14（7）所示。

（2）四面挡板式固定支架的规格见表4-3-14（6）。

四面挡板式固定支架尺寸及承受推力　　　　表4-3-14（6）

管子外径 D_w（mm）	R（mm）	B_1（mm）	B_2（mm）	L_3（mm）	L_4（mm）	推力≤450kN		推力≤600kN	
						L_2（mm）	总重量（N）	L_2（mm）	总重量（N）
478	239	210	160	100	140	150	252		
529	265					150			
630	315	260	200	130	170	150	281	200	326
720	360					150		200	326

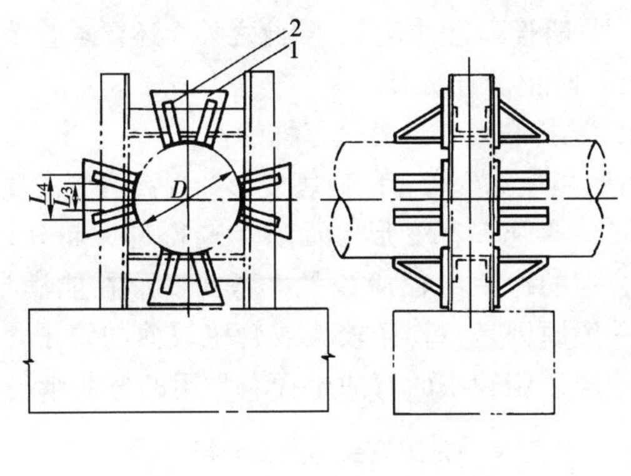

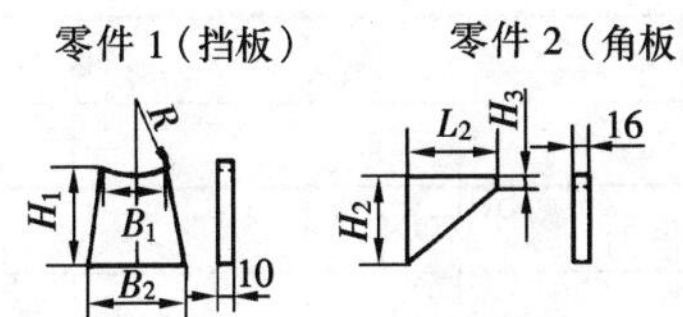

图4-3-14（7）　四面挡板式固定支架

4-3-15　城市供热管道常用固定支架安装要点有哪些？

答：1）固定支架的施工，必须按照设计图纸（推力吨位、立柱或横梁槽钢型号等）施工。

2）参加固定支架施工的电焊工，必须是合格的焊工且持证上岗。

3）搞好与“土建”部门的配合工作，施工中应适时地将立柱槽钢或横梁槽钢放入混凝土结构物中。

4）立柱槽钢或横梁槽钢在安装时，应横平竖直；

5）固定支架的挡板，安装时，其立面应垂直管子中心线且立面应紧紧贴在立柱槽钢面上。

6）固定支架的角板，安装时，其平面应平行管子中心线，且立面应与挡板相互垂直。

7）固定支架施工完毕，应及时按规范要求做好防腐层或防水层。

8）对于直埋式供热管道，固定支架的“生根”必须可靠，且固定支架的强度必须达到100%后，方可进行下一工序，如管道试压、回填土等。

4-3-16 管子弯曲时的受力与变形是怎样的？

答： 管子弯曲是管子在外加力矩作用下产生弯曲变形的结果。在弯曲变形过程中，管子外侧管壁受拉应力作用，而内侧管壁受压应力作用，接近中心的地方有一层管壁既不受拉应力作用，也不受压应力作用，称为中性层。离中性层越远的管壁中所产生的应力（拉应力或压应力）越大，如图4-3-16（*a*）所示。管子外侧管壁因受拉使管段伸长，管壁 S_1 减薄，内侧管壁因受压使管段缩短，管壁 S_2 增厚，离中性层越远，减薄或增厚的数值越大。除了管壁发生变形外，弯曲管段的截面形状也发生了变化，由原来的圆形变成了椭圆形，椭圆形短轴位于管子弯曲平面上，如图4-3-16（*b*）所示。

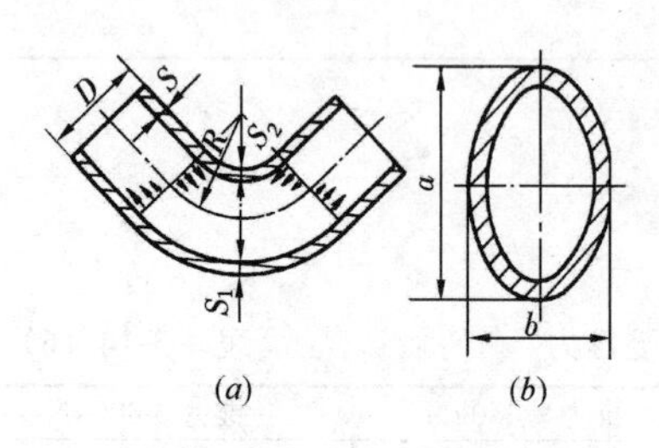

图 4-3-16 管子弯曲时的受力与变形
（*a*）管子弯曲时的应力分布；
（*b*）管子弯曲时的变形

管子摵弯时的变形，应满足以下技术要求：壁厚的减薄率［图 4-3-16（*a*）中，$\frac{S-S_1}{S}\times100\%$］高压管不超过10%，中、低压管不超过15%，且不小于设计壁厚；椭圆度［图 4-3-16（*b*）中，$\frac{a-b}{a}\times100\%$］高压管不超过5%，一般管不超过8%。除此之外，还要求管壁上不应有横向或纵向裂纹以及隆起和凹凸不平的地方，防止折皱变形。

4-3-17 钢管弯曲半径的选择和弧长计算是怎样的？

答： 合理的弯曲半径可明显地减少弯管的有害变形，提高弯管的质量。

弯曲半径的尺寸，从减少弯管有害变形方面看，选得越大越好；从弯管的制作安装方面看，希望选得越小越好。合理的弯曲半径应该是：弯曲变形在能满足技术要求前提下，弯曲半径应选得尽量小一些。一般原则是：管径较大或管壁较薄的管子，应采用较大的弯曲半径；管径较小或管壁较厚的管子应采用较小的弯曲半径。常用的弯曲半径见表 4-3-17。

常见弯头的弯曲半径 **表 4-3-17**

管 径 *DN*（mm）	弯曲半径 *R*	
	冷 摵	热 摵
≥25	3*DN*	
32～50	3*DN*	
65～80	4*DN*	3.5*DN*
100～200	4～4.5*DN*	4*DN*
200～300	5～6*DN*	5*DN*

注：折皱弯头可用 2.5*DN*，压制弯头可用 1.0～1.5*DN*，焊制弯头可用 0.75～1.0*DN*。

表 4-3-17 中所列为一般常用管材的弯曲半径。当管子壁厚较常用管子更厚或更薄时，其弯曲半径可选得比表中数值较小或较大一些。

弧长计算是指如图 4-3-17 所示中的 *L* 长度的计算。在弯管时，可根据已知管径查表 4-3-17，或根据设计图纸，便可确定管子的弯曲半径。

弯曲一般由设计给出或管线走向决定。这样，弯头弧长L（mm）就可按下式计算：

$$L=\frac{\alpha\pi R}{180}$$

式中 α——弯曲角度；

π——圆周率；

R——弯曲半径（mm）。

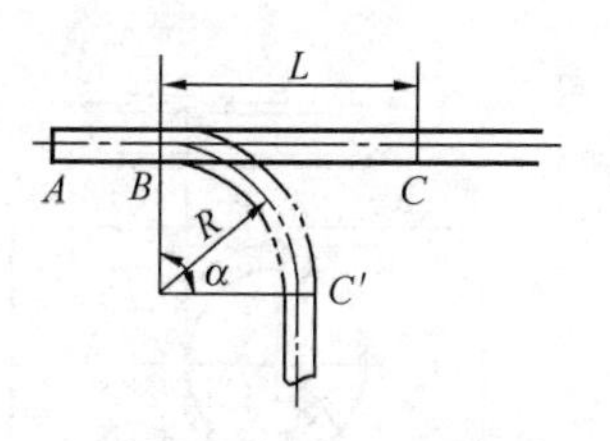

图 4-3-17 弯头弧长计算示意

除了知道弯头的弧长以外，弯头前还需要一段直段，如图 4-3-17 所示中的AB段，主要用于固定管子，便于揻管时操作。对$DN<150$的管子，AB段一般不应小于400mm，对$DN\geqslant150$的管子，一般不应小于600mm。为了使弯管尺寸完全符合要求，还要进行起弯点、终弯点等方面的计算。

4-3-18 冷揻管器的种类与操作要点有哪些？

答：冷揻，是在管子不加热的情况下，对管子进行揻弯。该方法的优点是，管内不用充砂，不需加热设施，节约能源，操作安全；缺点是，只适用于揻制管径小、管壁薄的管子，对于揻制大角度的管子，弯头易产生裂缝或凹皱缺陷。

由于管子具有一定的弹性，当弯曲时施加的外力撤除后，揻曲的管子会弹回一定的角度。一般情况下能弹回3°～5°。因此，在冷揻时，应考虑增加弹回的角度。

冷揻通常用手动揻管器或电动揻管机等机具进行。

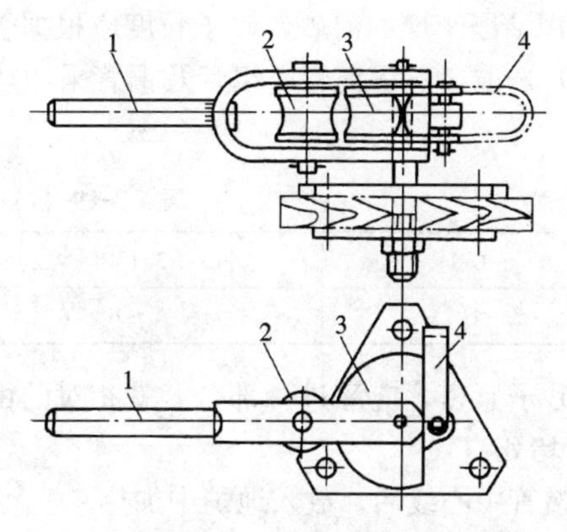

图 4-3-18（1） 固定式手动揻管器

1—手柄；2—动胎轮；3—定胎轮；4—管子夹持器

1）用手动揻管器揻管

手动揻管器的结构形式很多。图 4-3-18（1）所示的是一种自制小型揻管工具，用螺栓固定于工作台上使用，可揻公称直径25mm以内的管子，一般都备有几对与常用规格管子外径相符的胎轮。

用手动揻管器揻管时，把要欲揻的管子放在与管子外径相符的定胎轮和动胎轮之间，一端固定在管子夹持器内，然后推动手柄，绕定胎轮旋转，直到揻成需要的角度。

揻管器的每一对胎轮只能揻一种外径的管子，管子外径改变，胎轮也必须更换。

揻制小管径弯头的工具还有一种携带式手动揻管器。这种揻管器由带管胎的手柄和活动挡板等部件组成，如图 4-3-18（2）所示。它的特点是轻巧灵活，可以在高空进行揻管作业，不必将管子拿上拿下，很适合仪表等小直径管的揻弯。

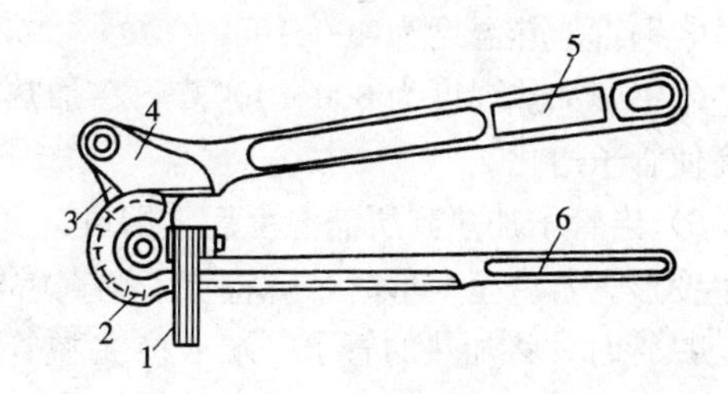

图 4-3-18（2） 携带式手动揻管器

1—活动挡板；2—揻管胎；3—连板；4—偏心弧形槽；5—离心臂；6—手柄

2）电动揻管机

电动揻管机种类及结构形式也很多，目前使用的主要有WA-27-60型、WB-27-108型和WY27-159型等几种，最大能揻制ϕ159mm的管子。这类揻管机是由电动机通过皮带、齿轮或蜗轮蜗杆带动主轴以及固定在主轴上的揻管模一起旋转运动，以完成揻管工作。

用电动揻管机揻管时，先把欲揻弯的管子沿导板放在揻管模和压紧模之间，如图 4-3-18

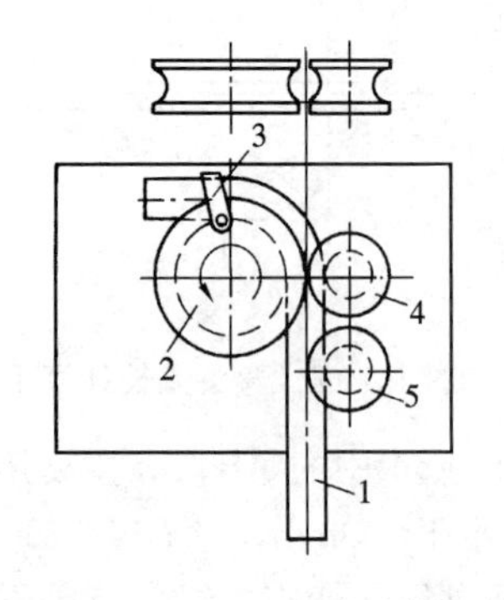

图 4-3-18（3） 电动揻管机揻管示意图

1—管子；2—揻管模；3—U 形管卡；4—导向模；5—压紧模

（3）所示。压紧管子后启动电机，使揻管模和压紧模带着管子一起绕揻管模旋转，达到需要的角度后即停车。

揻管时，使用的揻管模、导板和压紧模必须与被揻管子的外径相符，以免管子产生不允许的变形。

除电动揻管机外，国内还生产一种手动液压揻管机，机体与电动揻管机大致相同，在没有电源的施工现场使用省力又方便。

4-3-19 手工热揻弯管的操作要点、各种缺陷及产生原因有哪些?

答：手工热揻弯管包括充砂、画线、加热、揻管、检查、校正和除砂等工序。其操作方法及要求如下所述。

1）填充用砂可选用洁净干燥的河砂，砂子粒度应根据管径大小，按表 4-3-19（1）选取。不锈钢管、铝管及铜管采用热揻时，不论管径大小，一律装细砂。

钢管充填砂子的粒度 **表 4-3-19（1）**

管子公称直径（mm）	＜80	80～150	＞150
砂子粒度	1～2	3～4	5～6

2）将干燥无杂质的砂子分段灌入管内。为使管内砂子紧密，应灌进一部分，就相对的由下向上移动敲打管子，将管内砂捣实。砂子灌满后将管口堵死。

3）把打好砂的管子用白铅油划出起揻点、弧长及揻管中心线后，放入地炉中加热。

4）用煤气、天然气或焦炭、木炭作燃料，将管子加热。把管子放进加热炉之前，应先将炉内燃料加足，待燃料燃烧正常以后，再将管子放进去，管子加热长度应为欲揻部分弧长的 1.2 倍为宜。

在加热过程中，要经常转动管子，使加热管段周围受热均匀。

5）管子加热温度要求如下：

①一般碳钢管加热温度为 950～1000℃，不得超过 1050℃。

②不锈钢管的加热温度为 1100～1200℃，为了防止不锈钢管在加热过程中产生增碳现象，可将不锈钢管放在碳钢套管中加热。

③铜管加热温度为 400～500℃。

④铝管加热温度为 300～400℃，在加热过程中应关闭鼓风机，并不断转动管子，防止温度过高使管子熔化。

6）当管子加热到所需温度后，即可运到揻管平台上进行加工。在搬运过程中，要防止管子产生变形。若产生变形时，应将管子调直后再进行揻制。

揻管时，将加热的管子一端卡稳在揻管平台两个固定桩之间，并在管子下垫两根扁钢，使管子与平台间保持一定距离。

用绳子系住管子另一端，并用冷水冷却不应加热的管段，然后进行揻弯。

7）在揻管过程中，牵引管子的绳索应与活动端管子轴线相垂直。如发现管子圆度过大、鼓包或出现较大折皱，应停止揻弯，并趁热用锤子修整。

8）弯管揻成后，应趁热在弯曲部分涂一层矿物油。

9）揻制好的弯管外圆弧应均匀、不扭曲，表面无裂纹、重皮和麻面等缺陷。

充砂热揻弯管时，可能出现的各种缺陷和产生原因见表4-3-19（2）。

热揻钢管各种缺陷及产生原因 **表 4-3-19（2）**

缺　陷	产 生 的 原 因
折皱不平，角度过大	1. 加热不均匀或浇水不当，使内侧温度过高 2. 揻管时施力角度与钢管不垂直 3. 施力不均匀，有冲击现象 4. 管壁过薄 5. 充砂不实，有空隙
椭圆度过大	1. 弯曲半径太小 2. 充砂不实
管壁减薄太多	1. 弯曲半径太小 2. 加热不均匀或浇水不当，使内侧温度过低
裂　纹	1. 钢管材质不合格 2. 加热燃料中含硫过多 3. 浇水冷却太快或气温过低
离　层	钢管材质不合格

4-3-20　折皱弯头加工的要点有哪些？

答：折皱热揻方法适用于 $DN100 \sim DN600$ 的管子，其弯曲半径一般用 $R \geqslant 2.5DN$。此法不适用于高压管的弯曲。折皱弯头一般用无缝钢管制作。

折皱弯头揻制方法与冷揻、热揻弯头均不相同。它的特点是，弯头外圆管壁弯曲前后长度不变，而弯头里圆管壁通过局部加热、受压弯曲产生有规律性的折皱而形成折皱弯头。折皱弯头的管子中心线长度弯曲后要缩短，对于弯曲角为 90°的折皱弯头，管子中心线缩短了 $\frac{1}{4}\pi$。

折皱弯头的揻制，主要工序分画线和加热揻制两步。

1）管子的画线。折皱弯头的划线是否正确，将直接影响弯头质量。画线主要根据弯头外圆弧的展开长度来进行。90°弯头外圆弧长 L_1（mm），可按下式计算。

$$L_1 = \frac{1}{2}\pi\left(R + \frac{D}{2}\right)$$

式中　R——弯曲半径（mm）；

　　　D——管子外径（mm）。

为便于施工，现将常用的 90°折皱弯头画线尺寸列于表 4-3-20 中。

常用 90°折皱弯头的尺寸（R=2.5DN） **表 4-3-20**

管子公称直径 DN	管子规格 $D \times S$	弯曲半径 R	节距长度 α	外圆弧长度 L_1	内圆弧长度 L_2	折皱个数 n	加热最大宽度 b	不加热最小宽度 m	不加热区弧长 L_3
100	108×4	250	117	470	310	5	89	28	50
125	133×4	312	120	600	385	6	92	28	65
150	159×4.5	375	143	715	465	6	111	32	80
200	219×6	500	192	960	615	6	150	42	115
250	273×7	625	240	1200	765	6	191	49	140
300	325×8	750	213	1275	925	7	156	56	170
350	377×8	875	239	1670	1080	8	182	56	200
400	426×9	1000	271	1900	1235	8	208	63	220
450	476×9	1125	268	2140	1390	9	204	63	250
500	529×9	1250	265	2380	1545	10	202	63	270
600	631×10	1500	285	2850	1865	11	215	70	330

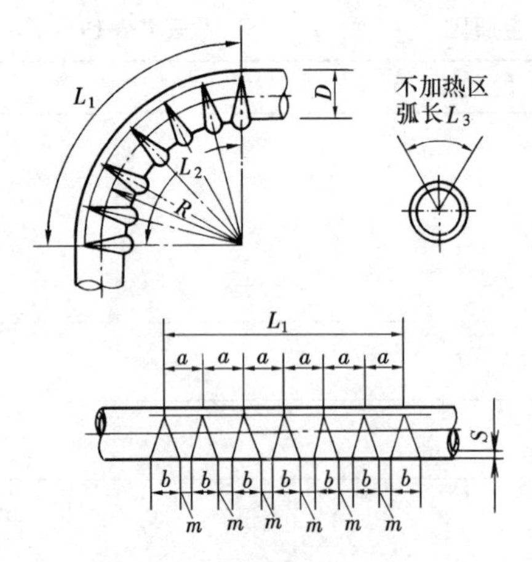

图 4-3-20　折皱弯头的画线方法

L_1—外圆弧长；L_2—内圆弧长；

L_3—不加热区弧长

画线方法如图4-3-20 所示。

2）管子的加热与摵弯。管子画线后，用木塞或活动堵板把管子两端或一端堵死，用氧—乙炔焰焊炬将管子的折皱处局部加热到 900～950℃，然后在摵管平台上摵弯。摵好一个折皱后，必须浇水将加热区冷却到呈黑色，再进行下一个折皱的加热。摵弯的顺序可依次进行，最好是先摵1、3、5 单数折皱，然后再摵2、4、6 双数折皱。每摵一个折皱都须测量其角度。每摵一个折皱的弯角等于总弯曲角度除以折皱个数。例如，弯管的总弯曲角度为 90°，折皱个数为 6，则每一个折皱压缩的角度为 15°，这个角度可用样板来检验。

4-3-21　摵制弯管的质量要求是什么？

答： 摵制弯管的质量应该从由于摵制工艺引起管子材质性能的变化和弯管的几何形状两个方面来衡量。

由于摵制工艺而引起管子材质性能的变化，主要是对热摵法而言。对于低压系统使用的弯管，影响不是很大。但对于中、高压系统使用的弯管，则是很重要的。例如，燃料引起钢材的渗碳；加热的温度、终摵温度和浇水冷却所引起的合金材料金相组织的改变和裂纹的出现等。为防止出现废品，应严格按工艺要求进行加热和热处理。在摵制后进行金相和探伤检验，来决定材质性能的变化。

弯管的几何形状应从弯管的摵弯角度、弯曲半径、断面椭圆率、壁厚减薄度和折皱不平度等几个方面进行检查。

摵弯角度是对弯管的最基本的外形要求，角度的正确与否，将直接影响与之连接管段间的接口质量（如焊接的对口间隙和两法兰的平行度等）和管道的走向。因此，对弯管摵弯角度的准确度要有一定的要求。这个要求通常是以弯管直管段部分的轴线在一定长度内偏离设计轴线的距离来表示。如图 4-3-21（1）所示。这个一定的长度分别规定为 1m 和至弯管端部的全长。

管子在弯矩的作用下发生弯曲时，在弯管的外侧，每个横断面上都受到拉力的作用；而在弯管的内侧，每个横断面上都受到压力的作用。这两种力作用的结果，就相当于在弯管的平面内，由弯管的内、外侧分别产生了指向轴线的力 P。在两个力 P 的作用下，管子圆断面开始变扁，如图4-3-21（2)所示。

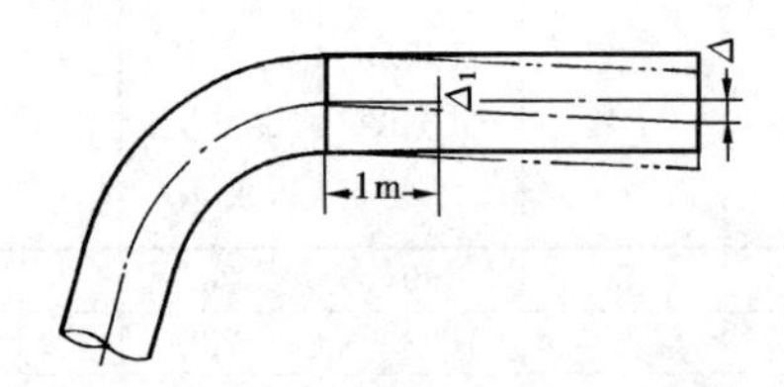

图 4-3-21（1）　弯管摵弯后角度的偏差

Δ_1—1m 长度内的角度偏差值；

Δ—全长的角度偏差值

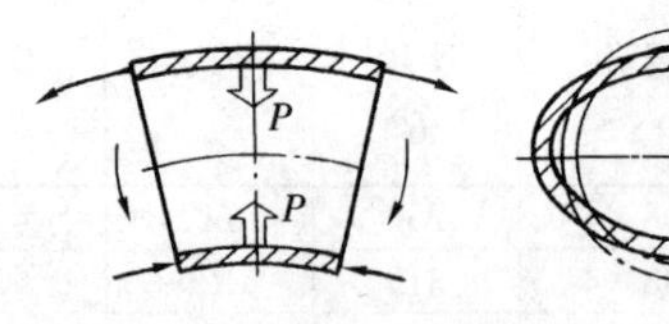

图 4-3-21（2）　弯管断面受力分析

一般以椭圆度来评价弯管变扁的程度，表示为：

$$椭圆度=\frac{最大外径-最小外径}{最大外径}\times 100\%$$

或

$$椭圆度=\frac{最大外径-最小外径}{公称直径}\times 100\%$$

上面公式中的最大外径与最小外径，是在弯管上同一个断面上所测得的数值。

由上述的原因还可得知，管子弯曲时不但使断面变扁，而且还会使弯管的外侧轴向拉长，管壁变薄；弯管的内侧轴向缩短，管壁加厚。管壁变薄，势必降低管子的承压能力或减少防腐蚀的安全储备；而且在高温条件下使用厚度不均匀的管子，还会引起热应力变形。因此对弯管壁厚的减薄也提出一定的要求。通常以管壁的减薄度来评价弯管壁厚减薄程度，表示为：

$$减薄度=\frac{公称壁厚-最小壁厚}{公称壁厚}\times 100\%$$

弯管壁厚的测量可以使用超声波测厚仪。

不合理的揻制工艺或过小的弯曲半径，会使弯管的内侧失去稳定而出现折皱。在振动负荷条件下使用的管道，弯管的折皱容易产生应力集中，以改造成管道破裂，特别是在高压管道上。因此，对弯管内侧出现的折皱也提出了一定的要求。通常是以折皱的最高点和相邻的最低点间的高度差值来评定折皱的程度，称为折皱不平度（或称为波浪度），如图 4-3-21（3）所示。

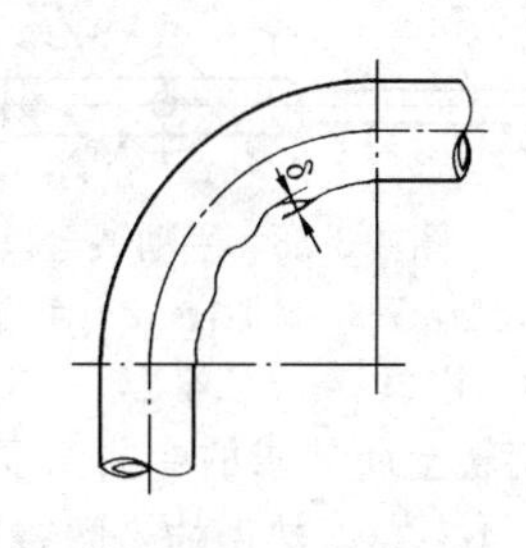

图 4-3-21（3） 弯管的折皱不平度

弯管的椭圆率、壁厚减薄度和折皱不平度都与其弯曲半径有直接关系。一般说来，当管子（管材、管径和壁厚等）和揻制工艺一定的条件下，弯曲半径越小，弯管的椭圆率就越大；反过来，当规定了弯管的椭圆率之后，弯曲半径就要受到限制，而不能小于某一个最小值。同样，在管子和揻制工艺一定的条件下，壁厚减薄度和折皱不平度也随弯曲半径的减小而增大；在对壁厚减薄度和折皱不平度提出一定要求后，弯曲半径也都将分别受到一个最小值的限制。因此，在对弯管定出了各项质量标准后，在一定意义上，也就对揻制工艺或揻制设备的性能提出了鉴定条件。

4-3-22　煨管时管壁受力情况是怎样的？

答：煨管有冷煨及热煨两种方法，用以制造弯管。弯管的局部阻力比弯头连接要小得多，故在水暖工程中用得很多。弯管的弯曲角度是根据弯管安装的场所和位置决定的。弯曲半径并与管径的大小有关，一般采用的弯曲半径可参考表 4-3-22。

弯管的弯曲半径　　　　表 4-3-22

管径 d（mm）	弯曲半径	
	冷　煨	热　煨
25 以下	$3d$	
32～50	$3.5d$	
70～80	$4d$	$3.5d$
100 以上	$4～4.5d$	$4d$

注：机械煨管时弯曲半径可适当减小。

煨管时，管子的凸出一面受拉力，管壁会减薄；凹进一面受压力，管壁会增厚，甚至会起皱折。而在与管子的弯曲平面成45°角的侧面，管壁所受的应力最小，故在普通焊接钢管煨制时，应使焊缝处于此位置，以免管缝开裂。

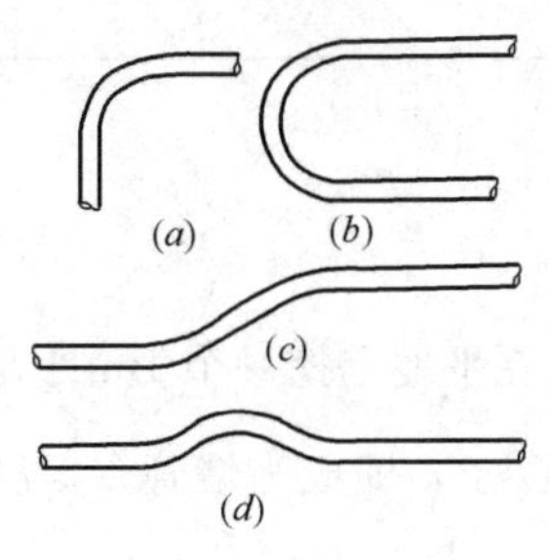

图 4-3-22　弯管的种类
a—曲管；b—U 形管；
c—乙字形管；d—弧形管

弯管的种类有曲管、U 形管、乙字形管（蚂蚱腿管、偏弯管或鸭颈管）及弧形管等，见图 4-3-22 所示，用于管道转弯、交叉、绕弯等处所，以及用于管道的方形补偿器等，U 形管还常用来连接上下组合的散热器等。

煨管时，一般预先按设计需要及安装场所的实际情况，用 8 号铁线或圆钢做出样板，一边煨一边对照，可保证煨弯的准确性。

4-3-23　冷煨的设备有几种？各适用于什么管径？

答：管子的冷煨需要一定的设备。1″管径以下的管子可用手动煨弯机（见图 4-3-23）煨制。煨弯机由支承板 6 用三个螺栓将其固定在工作台上，将要煨弯的管子放入定胎轮 1 与动胎轮 2 之间，用管子夹持器 3 将管子的一端固定，然后搬动煨杠 4，使之绕定胎轮 1 转动，管子便产生弯曲，直至所要求的弯曲角度为止。将煨杠转 回原位，便可把管子取出。管子煨成的弯曲半径与定胎轮的半径是相对应的。每一对动、定胎轮相对于一种管径，只能煨此种管径的弯管。

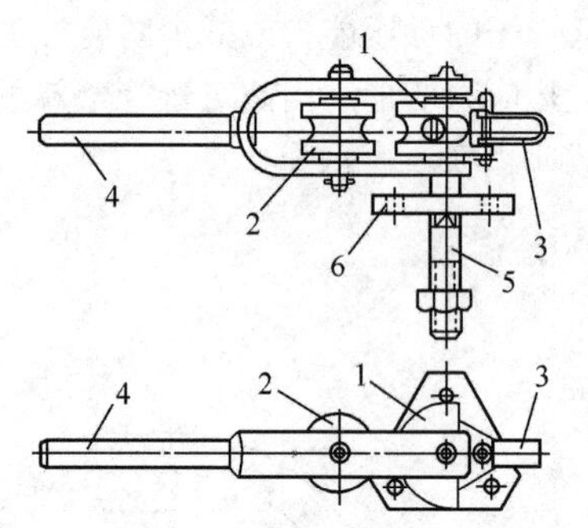

图 4-3-23　手动煨弯机
1—定胎轮；2—动胎轮；3—管子夹持器；4—煨杠；5—固定螺丝；6—支承板

管径大于 1″的管子需用电动煨弯机或顶管机等煨制。电动煨弯机用电动机带动减速机以传动胎轮，管子被夹持器固定在动轮胎上，管子的另一侧设有导槽。煨弯时先旋转丝杠，使导槽与管子相接触，然后开机，使动胎轮与被夹持其上的管子一起旋转至所要求的弯曲角度即可。一对胎轮和导槽只能煨一种管径的管子。

4-3-24　热煨的步骤有几个？

答：管径大于 3″、管壁较厚的管子，弯曲角度大、弯曲半径小的管子，以及在没有冷煨机具的情况下，须采用热煨法煨管。管子加热后塑性增加，故能煨制理想角度的弯管。热煨的步骤为灌砂、加热、煨弯及清砂等。

1）灌砂

为了防止管子被煨瘪，管子在加热前必须先灌砂子。由于砂子受热后体积膨胀不大，且熔点较高不怕高温，也容易从管子中被清出，并具有较好的蓄热能力，故可用来保证煨弯的质量。

砂子要用河沙，因为矿砂里常含有矿物质或有机物，当管子被加热到高温时，靠管壁的砂子就会被烧焦而粘附在管壁上不易清除，影响煨管的质量及管内壁的光滑度。河砂在装入管内前应先炒干，因为如果将湿砂子装入管内，加热时湿砂子易抱团，会减低管子的耐压强度，影响煨管质量，如果砂子所含的水分较多，加热时水分变为蒸汽，体积大大膨胀，还会使管子炸裂。砂子炒干后，先用木塞将管子的一端堵死，使另一端朝上，然后朝管内灌砂，同时用手锤沿管外壁从下向上转圈敲打，一边灌砂一边敲打。当砂子不再下沉，管子敲击时发出实声，砂子即被装实，然后将管子上端也用木塞堵死。如果砂子填得不实，将会使管子在弯曲处被煨扁。

所煨管子的管径不同，砂子的粒度大小也不同，见表 4-3-24。

热煨弯管用的砂粒直径　　**表 4-3-24**

公称管径（mm）	25～32	40～80	100～150	150～300
砂子粒径（mm）	1.6	3.2	4.8	6.4

注：本表中砂粒直径系指砂子的平均直径。

2）热煨设备

热煨须选择在平整、宽敞的场地进行，以便设置热煨设备。

煨管台常用混凝土浇筑而成。简易的煨管台（见图 4-3-24（1））可在平地上挖一个 1m 见方的土坑，坑的中间插入四根管径为 $2\frac{1}{2}$″～3″的钢管，再往坑内浇筑混凝土，即成为煨管台。浇筑时须保持钢管垂直，并用木塞将钢管上口堵住，以防混凝土掉入。浇筑完的台面应平整光滑，并有 3‰的排水坡度。煨管台使用时，须先在预埋的管子里插入作销子用的钢管，并须在混凝土的台面上放一块薄钢板以作垫板。

管子的加热可在地炉上进行（见图 4-3-24（2））。在地上挖一个抗，深 30～50cm，坑的长度和宽度应根据所加热钢管的管径、根数及加热长度而决定。坑内预埋入 2″左右的铁皮风管。地炉内壁用耐火砖砌筑，外层可用普通红砖砌筑。鼓风机的功率随管径的大小而不同。为了调节风量，鼓风机出口处应设置带柄的插板。炉条可用钢筋或小锅炉的炉条代替。

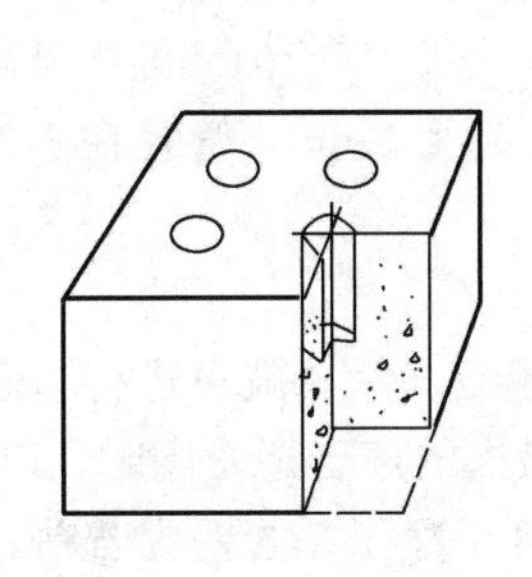
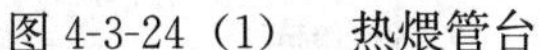

图 4-3-24（1） 热煨管台

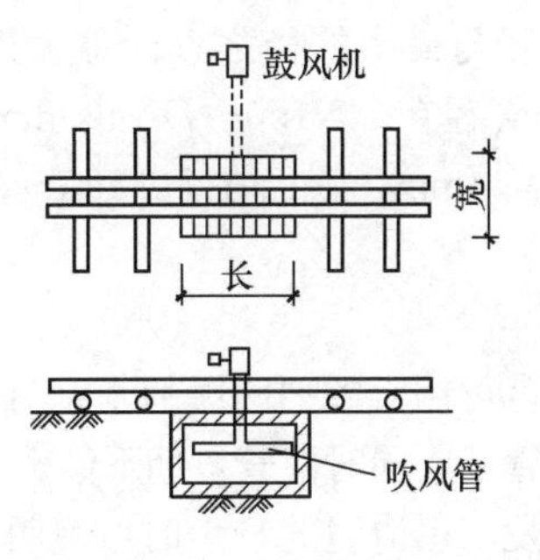

图 4-3-24（2） 地炉

加热管子的燃料为焦炭，炭块大小在 50～70mm 之间为好。地炉要经常清炉，以防结焦。烟煤的火力较猛，控制不好时易烧坏管子，且烟煤含有硫磺，不但会腐蚀管子，而且会改变钢材的化学成分，以致降低管子的机械强度，所以热煨时最好不用烟煤。

3）加热

钢管的实际加热长度应比理论值增加 20%，即：

$$L = 120\% L_1 = 120\% \frac{\pi \alpha R}{180} = 0.02094\alpha R$$

式中 L——钢管的加热长度（弯管的弧长）（mm）；

α——弯曲角度（°）；

R——弯曲半径（mm）。

将灌好砂子的管子用铅油或粉笔划出弯曲部分的起始处及圆弧中点后，即可放入地炉中加热。地炉两头应各用两根管子将被加热的钢管垫起，以便于转动钢管，不使之产生重力弯曲。加热时，管子的上面须覆盖一张废铁板，遮住地炉的火床，以形成燃烧室，可减少热量损失，提高加热温度，缩短加热时间，并使燃烧室内温度均匀。为了使管子受热均匀，在加热过程中应勤转动管子，并应使管子始终保持在地炉的中心部位。管子加热的温度应在 900～1050℃之间。温度不够，管内砂子未被烧透，煨管时费力，且易将管子煨瘪。温度过高，管材会变质，煨时管子易产生裂纹。当管子加热到呈樱桃色（红中透黄）时，就可停止送风，使管子不在继续升温，进行焖火，以使管内砂子烧透，温度分布均匀（约 10min 左右），而管壁并不过热。如果管子取出太快，管内砂子未烧透，会使管子降温较快，故不易煨好管子。管子加热时，除了须勤转动管子外，还应注意随时观察管子的颜色。如果管段颜色不均匀，出现局部温度过低时，多是因此处焦炭结焦通风不良引起的，应进行清焦。

4）煨弯

管子加热完毕，即可放在煨管台上进行煨弯。将管子的一端别在两根插杠之间，另一端用绳索兜缚，管径小于 $2\frac{1}{2}$″时可用人工煨弯，大于 3″时可采用卷扬机煨弯。

先向管子的记号以外浇水，使其局部冷却作为起弯点，便可开始煨制。在煨管过程中应不时用样板比量（为防止样板受热变形，可在样板的弓形中间焊上拉筋），同时不断地用冷水浇洒管子的适当部位，以控制管子的弯曲角度和弧度的变化。浇水部位为管子已经符合样板的形状处及发现有皱趋势的地方，浇水后可以使这些部位在拉力下不再变形，同时未浇冷水的烧红部位，在拉力作用下则可继续弯曲。为了防止管子冷却后收缩而不够角度，煨弯的角度应超过3°～5°。

煨弯时管子应平放在煨管台上，并注意用力的方向，不要使煨成的管子扭曲翘棱而不在同一个平面上，否则还须返工重煨。煨弯应该一次煨成，如果管子二次加热则会影响钢材的质量。管子煨成后应即涂一层机油，以防弯曲部位锈蚀。

弯管的最大外径与最小外径之差同最大外径的比值，称为椭圆率，管径小于 *DN*150mm 时允许此值为10%，管径在 *DN*150～*DN*400mm 之间时为8%。弯管内侧的折皱高度，当管径小于 *DN*125mm 时允许高 4mm，管径在 *DN*125～*DN*200mm 时为 5mm，管径在 *DN*200～*DN*400mm 时为 7mm。

5）清砂

管子煨完后，就可用手锤把两端的木塞打掉。待管子冷却后，就可进行清砂。清砂时边用手锤敲打管子边转动管子，同时使管口朝下倾倒砂子。若敲击的声音还发闷时，说明砂子尚未清尽。当用手锤敲打管子发出很清脆的响声时，说明砂子已清理干净了。管壁内若粘有砂子会增加管道的摩擦阻力，被水带走甚至会损坏阀件和水泵等设备，故应清除彻底。

4-3-25　用气焊热煨注意什么问题?

答: 煨制暖气管道的齿管、散热器水平支管的乙字形（蚂蚱腿弯）弯管等时，因管径较小，还常常在施工现场用气焊热煨。当煨制的弯曲部分距端头较近，煨完后无法再套上丝扣时，须先将端头丝扣螺纹套好，再用带短管的管子箍拧在此丝头上，然后再进行煨弯，这样便可防止将丝扣碰坏或将丝头挤扁，而且也便于操作。由于管径不大，故可不必灌砂子，亦可不用做煨管台而直接在工作案子上煨制。将气焊枪换为割枪，点着火后使割嘴顺管子的长度方向来回烧烤，同时不断转动管子，使管子的各部分受热均匀。待烧透后，便可将管夹在工作案子的豁口内别住，另一端用稳劲慢慢扳动管子，使煨成所需要的弧度。浇水及用样板比量等均与前述相同。

4-3-26　塑料管热煨要点是什么?

答: 硬聚氯乙烯塑料管在受高温或加温时间过长时，将会分解变质，故热煨时须严格控制温度和时间，一般加热温度在140℃左右，加热时间随管径及壁厚而定。

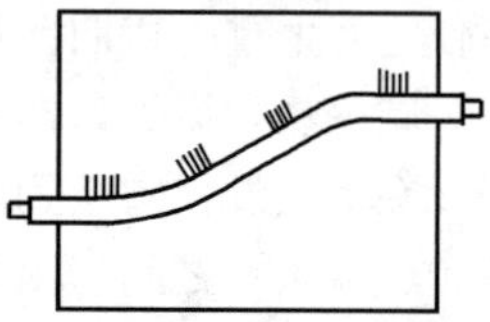

用灌热砂法煨制塑料管不需要特殊设备，较为简便。方法是把炒热的细砂（小于140℃）灌入塑料管内，塑料管即受热变软，然后将它放在钢板上，钢板上立焊着扁钢胎具（见图4-3-26），使管外壁紧贴于扁钢，再用湿布涂抹塑料管，使之冷却，成型后将砂子倒出即可。

图4-3-26　塑料管灌热砂煨管

此外还有蒸汽加热箱加热法及电烘箱加热法等煨制塑料管，也须在管内灌砂子。

4-3-27　热力管道敷设的一般规定有哪些?

答: 1）热力管道铺设坡度不应小于0.2%。地沟敷设时，沟内主要管道的坡向应与地沟坡向一致。不间断运行的架空敷设蒸汽管道可不设坡度。蒸汽管的坡向应与汽水同向坡向疏水装置，热水管道的坡向应有利于空气排除。

2）蒸汽管道最低点应设疏水器，热力管道最高点应设排气阀。水平管道的变径应采用偏心大小头，以利于排放凝结水。对于用汽质量要求较高的场所，蒸汽管道的支管应从主管的上部或侧部接出，避免凝结水流入支管。

3）减压阀安装在水平进户管上，前后应装压力表，低压阀应装安全阀，阀上的排气管应接出室外。减压阀的公称直径应与进气管管径相同，阀后管径比阀前管径大1～2号。

4）热水管道在最低点应装设放水管和泄水阀，热水管道在最高点和相对高点应设放气管和放气阀，放气管的直径见表4-3-27。

放水管、放气管直径（mm） **表 4-3-27**

热水、凝结水管公称直径	＜80	100～125	150～200	250～300	350～400	400～500	＞500
放水管公称直径	25	40	50	80	100	125	150
放气管公称直径	15	20	25		32		40

5）在靠近胀力两侧的活动支架，应向膨胀的反方向偏心安装。在 *DN* 大于 125mm 水平管道上的阀门两侧，应设专用支架。

4-3-28 活动支座有哪几种？

答： 1）滑动支座

滑动支座有低位滑动支座（见图 4-3-28（1））及高位滑动支座两种。支座焊接在管道下面，保温层把支座包起来，支座下部可在混凝土底座上前后滑动。低位滑动支座用在可通行地沟，高位滑动支座常用在不可通行地沟及半通行地沟。

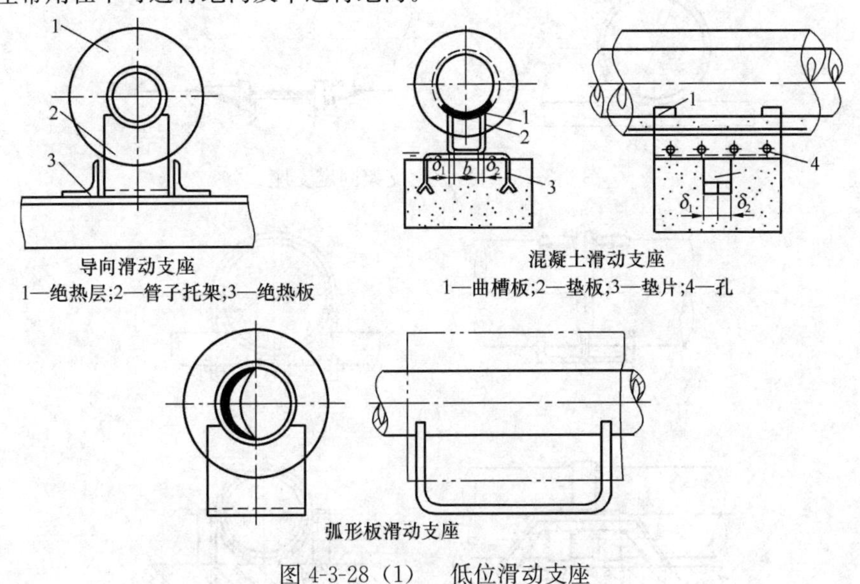

导向滑动支座
1—绝热层;2—管子托架;3—绝热板

混凝土滑动支座
1—曲槽板;2—垫板;3—垫片;4—孔

弧形板滑动支座

图 4-3-28（1） 低位滑动支座

2）滚动支座

滚动支座（见图 4-3-28（2））架在底座的圆轴上，其滚动可以减少承重底座的轴向推力。这

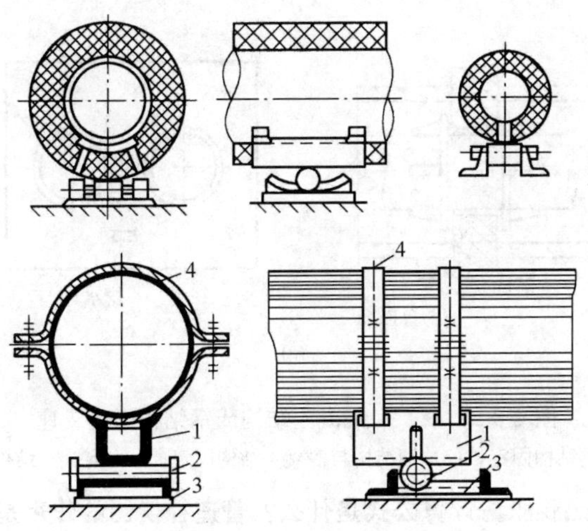

图 4-3-28（2） 滚动支座

1—槽板；2—滚柱；3—槽钢支承座；4—管箍

种支座常用在架空敷设的塔架上。

4-3-29　固定支座的作用是什么？承受几种力？

答：1）在补偿器两端管道上安装固定支座，把管道固定在地沟承重结构上，可分配补偿管道的伸缩量，并保证补偿器均匀工作。

2）固定支座承受着很大的轴向作用力、活动支座摩擦反力，补偿器反力及管道内部压力的反力，因此，固定支座结构应经设计计算确定。

3）在可通行地沟中，常用型钢支架把管道固定住（见图 4-3-29（1））；不可通行地沟及无沟敷设管道常用混凝土结构或钢结构的固定支座（见图 4-3-29（2））。方形补偿器应预拉伸后再把管道焊在固定支座上。

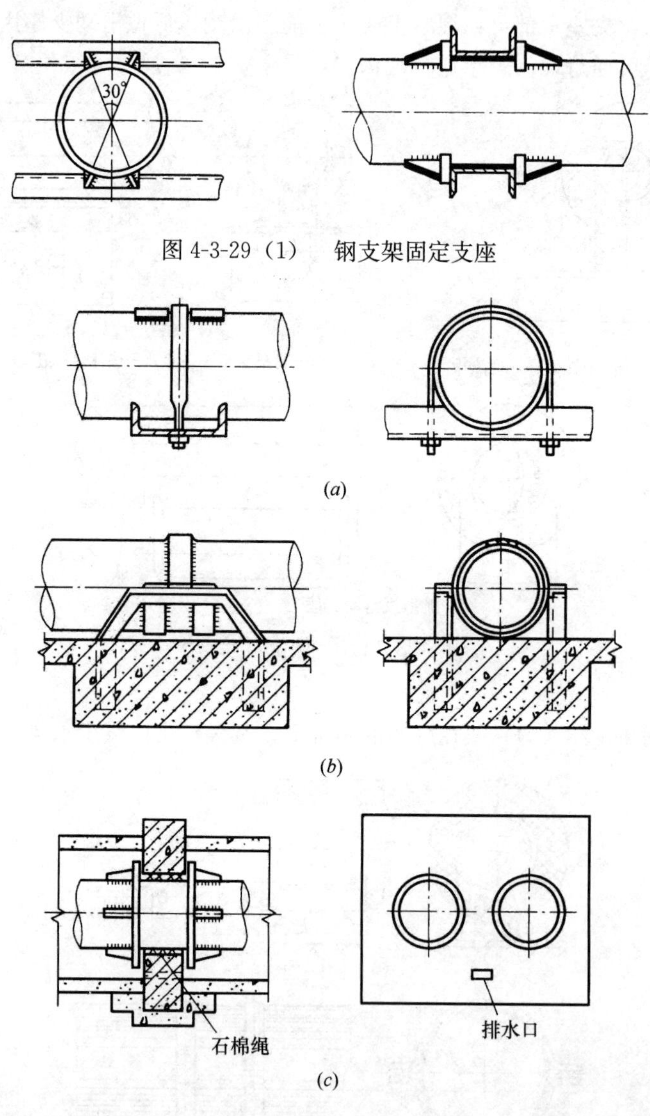

图 4-3-29（1）　钢支架固定支座

图 4-3-29（2）　混凝土结构或钢结构固定支座

（*a*）钢结构固定；（*b*）钢结构与混凝土结构固定；（*c*）混凝土结构固定

4-3-30　供热管道的热膨胀量计算公式是什么？管道补偿器的作用是什么？

答：1）供热管道因温度增高而膨胀，长度的伸长 ΔL 从下式可以得出为：

$$\Delta L = \alpha L(t_2 - t_1) \cdot 1000$$

式中　ΔL——管道的热伸长（mm）；

α——管道的线胀系数（1/℃）；

L——管段的原长（m）；

t_2——管道中热媒的最高温度（℃）；

t_1——管道安装时的室外温度（一般 t_1 按－5℃计算；室外架空管道时 t_1 按采暖室外计算温度计算）（℃）。

2）如果管道不能自由伸缩，上述热膨胀量会使管子承受巨大的热应力，并对管段的固定支架施以很大的推力。设置补偿器便可以吸收这部分膨胀（收缩）量，使管道不致损坏。

4-3-31　管道补偿器有几种型式？

答：补偿器又叫伸缩器、胀力，有四种型式："L" 形及 "Z" 形补偿器、方形补偿器、波形补偿器和套管形补偿器。

1）"L" 形及 "Z" 形补偿器

管道在具体安装中并不总是成直线敷设的，由于金属具有延展性，故在管路的自然转弯处，管道就有了伸缩的余地。这种天然的补偿器的形式有 "L" 形及 "Z" 形等。可不用转弯用 "L" 形或用其他型式的补偿器的直线管段的最大长度见表 4-3-31。

由固定点起允许不安装补偿器的直线管段的最大长度（m）　　**表 4-3-31**

热媒参数	热水温度（℃）	60	70	80	90	95	100	110	120	130	140	143	151	158	164	170	175	179	183
	蒸汽表压 kg/cm^2							0.5	1.0	1.8	2.7	3.0	4.0	5.0	6.0	7.0	8.0	9.0	10.0
房屋种类	民用建筑	55	45	40	35	33	32	30	26	25	22	22	22						
	工业建筑	65	57	50	45	42	40	37	32	30	27	27	27	25	25	24	24	24	24

2）方形补偿器

方形补偿器又称 "U" 形补偿器，是一种特制的弯曲管段，直接安装在管道中间，成为管网整体的一部分，与管道的连接不易渗漏，它的构造简单，安装、管理方便，故而应用最广泛。缺点是占地面积较大。

方形补偿器由管子煨制而成。尺寸较小时可由一根管子煨成。大尺寸时可用 2～3 根管子煨制后焊成，因其工作时顶部受力最大，故顶部应用一根通长的管子煨成。中间不准有焊口，连接点可设在受力较小的垂直臂的中部。方形补偿器的四个弯曲角均为直角，组对时应在平地上进行，以使四个角在同一个平面上，两端的直管段成一条直线，并使两部分垂直臂对称，以使受力均匀。注意尺寸正确，切不可翘棱扭曲，否则会在安装时造成困难，运行时补偿器还会产生横向位移而跑偏，使支架偏心受力，严重时管道甚至会脱离支架。

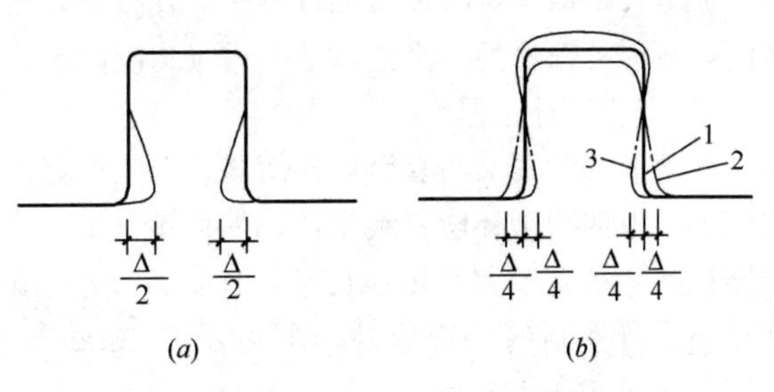

图 4-3-31（1）　方形补偿器

（a）未拉伸的补偿器；（b）经拉伸的补偿器

1—制做时自然状态；2—拉伸安装时状态；3—运行工作时状态

为了减小方形补偿器运行时过大的应力和变形，充分发挥其伸缩能力，在安装时还须进行预拉伸工作，以使其预先产生反向的应力和变形，见图 4-3-31（1）。拉伸常采用拉管器进行，也可用千斤顶将方形补偿器顶开。

取方形补偿器两臂的预拉伸长度为设计补偿量的一半。先将管道在两端的固定支架上固定住，然后将方形补偿器在活动管托上安放好，使补偿器两端的直管与它所连接的管道之间预留出设计补偿量的$\frac{1}{4}$（不包括焊缝）的间隙，然后把拉管器安装在两个待焊的接口上以进行拉伸，见图 4-3-31（2）所示。有时也可将补偿器的一端先和管道焊在一起，而只在另一侧留出补偿量的一半（须考虑焊缝宽度），然后用倒链等工具进行拉伸。

拉管器由两个对开卡箍及长螺栓等组成，见图 4-3-31（3）所示。对开卡箍 2 用二个半边法兰盘制成，中间用螺栓 3 紧固，以将其夹持在管道 1 上，形成一个法兰卡箍。可在卡箍前方的管子上面点焊几点做凸肩，以防止卡箍大管子上打滑。为了便于对齐二个管口，可用等边角钢 4（至少需用三个）焊在补偿器的管口上，长度 方向与管道的轴线方向一致，而使角钢的另一端夹住管道的管口。管口两边的两个卡箍需用 4 个以上的长螺栓将其拉紧，用扳子将螺帽旋紧，即可将两个卡箍拉拢，从而合拢管口，方形补偿器就被拉开。

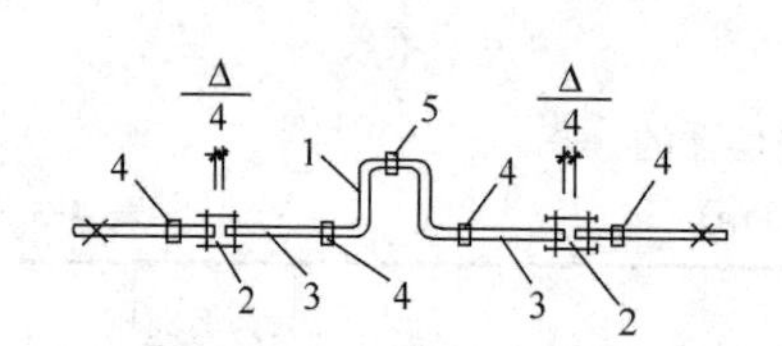

图 4-3-31（2） 方形补偿器的拉伸安装

1—方形补偿器；2—拉管器；3—附加直管；4—采暖管道；5—活动管托或弹簧吊板

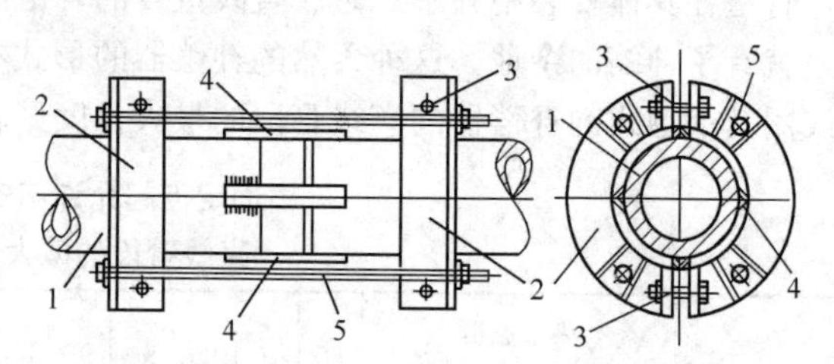

图 4-3-31（3） 拉管器

1—管子；2—对开卡箍；3—螺栓；4—等边角钢；5—拉管长螺栓

待管子接口对齐（留有焊缝空隙），并将接口全部焊完后，便可将拉管器拆除。接口的预留焊接位置，在方形补偿器与固定支架之间管道的二分之一处为好，太近会因补偿器的弯头翘起引起接口处出现夹角而不易合口，使连接困难；太远则拉伸费力。拉伸完的实际预拉长度与应预拉的长度的差值不要超过 10mm。

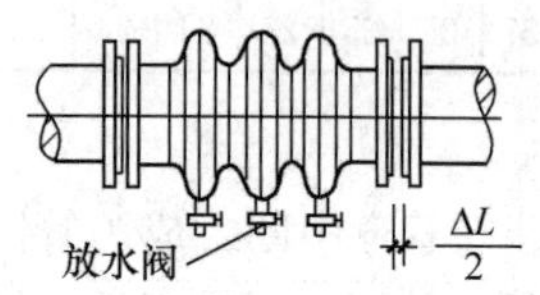

图 4-3-31（4） 波形补偿器

3）波形补偿器

波形补偿器由钢板焊接制成，见图 4-3-31（4）所示，是一种象波浪形的装置。它利用钢片本身的弹性伸缩来吸收管道的热伸长，其吸收热伸长的能力较小，多用在 7kg/cm² 压力以下的蒸汽管道及热水管道上。

波形补偿器安装时也需进行拉伸，方法与方形补偿器类似，其误差为 0.5mm 以内。水平安装时，波形补偿器的每个凸节下端均应装设泄水装置。

4）套管形补偿器

套管形补偿器又叫套筒形补偿器，它依靠套管和芯管（插管）之间的自由伸缩来补偿直线管段的胀缩变化。其优点是可以较小的结构尺寸承受较大的热伸长量，且阻力较小；缺点是需经常更换填料。铸铁制的套管形补偿器可承受 13kg/cm² 以下的压力，钢制的可承受 16kg/cm² 以下的压力。它有单向（单侧拉伸）和双向（双侧拉伸）两种类型。图 4-3-31（5）为单向套管形补偿器的构造图。当管径不同时，其最大膨胀量 ΔL_z 也不同。

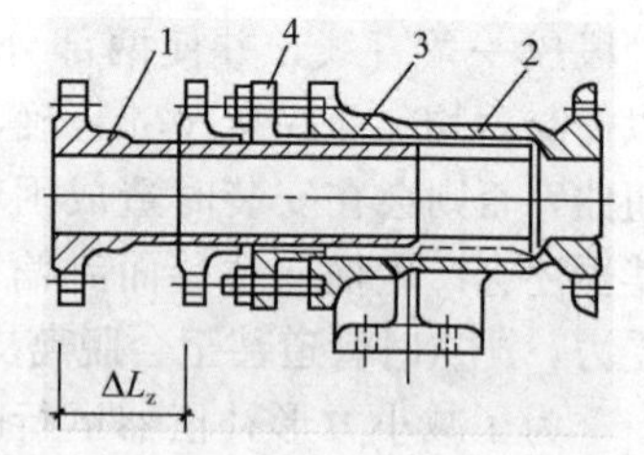

图 4-3-31（5） 单向套管形补偿器

1—插管；2—套管；3—填料；4—填料压盖

套管形补偿器在安装时，应根据安装时的气温正确地确定安装长度，即插管与套管之间剩余的可伸长的长度，一般用下式计算：

$$\Delta L = \Delta L_z \frac{t_1 - t_0}{t_2 - t_0}$$

式中 ΔL——安装长度（mm）；

ΔL_z——补偿器的最大可伸缩长度（mm）；

t_1——安装时的周围气温（℃）；

t_2——热媒的最高计算温度（℃）；

t_0——当地室外最低计算温度（℃）。

安装时尚须注意补偿器的轴线应和管道的轴线重合，以免补偿器损坏。并应使套管固定不动，而将插管的法兰盘连接在管道伸长的一方。在补偿器附近还应设置导向活动支座，以防止连接管道错动。

套管与插管之间用石棉绳做填料。石棉绳应先在煤焦油中浸过（或用石墨石棉绳），以增加其抗腐能力。并应在石棉绳表面涂一层润滑油（如黄油），以增强它的耐磨能力。装填料时，各层环形填料的接口应相互错开，搭接处并要剪有斜度，以保证严密性。补偿器在运行中，填料易被磨损而出现渗漏，此时可用扳子上紧压盖上的螺帽，以将填料压得更紧密。为此补偿器在安装时压盖进入套管内的部分不应大于 30mm，压盖外面也应有 50mm 左右的间隙，以便于进行修理。

4-3-32　套管补偿器安装要点有哪些?

答: 1）套管补偿器有铸铁制及钢制两种。铸铁补偿器一般用在工作压力不大的小口径管道上，当管径大于 377mm 时，采用钢板卷制焊接而成，套管一端还须加工变径缩口，其直径与管道直径相同。

2）套管补偿器由管芯和套管组成，管芯是活动部分，套筒则是焊在固定支座上的。

(1) 管芯外表面要加工到 12.5 粗糙度（相当于三级光洁度），各部零件尺寸要求精加工，其误差不得大于±0.5～1.0mm。

(2) 管芯伸缩部分涂上黄油，以免日久生锈。

3）为使套管与管芯严密不漏气，在其间加有用石棉绳制作的、浸泡过黑铅油的方形盘根。

(1) 盘根是每层做成环状，且有 30°斜角接合，每层接合应当错开。

(2) 安装时把套管立起来，把管芯悬吊起，定好其插入深度，放进卡环，然后把一根一根盘很打紧，最后再用卡紧法兰打结实，用螺钉把紧。

4）安装套管补偿器时，为了防止安装后在低温时管道收缩而使管芯脱落或盘根损坏，应先把管芯插入套管一段长度。

5）套管补偿器必须安装在直线管段上，不得安装偏斜，以免补偿器工作时管芯被卡住而损坏补偿器。为使补偿器工作可靠，最好在靠近补偿器管芯处的活动支座上安装导向支座。

6）套管补偿器常设置在可通行地沟里，但应经常检修。在不可通行地沟内必须设检查井，以便定期检查。

4-3-33　方形补偿器安装要点有哪些?

答: 1）方形补偿器一般都设置在不可通行地沟中，不用检修，也不设检查井，作用于固定支座上的荷重也较小；由于方形补偿的尺寸较大，另外水阻力也较大，所以不宜用在可通行地沟。

2）安装方形补偿器时，为了减少热应力和提高补偿器的补偿能力（见表 4-3-33），在安装前应进行预拉伸，输送热介质的管道应进行冷拉。

方形补偿器补偿能力一览表 **表 4-3-33**

补偿能力 ΔL mm	型号	公称通径 DN（mm）											
		20	25	32	40	50	65	80	100	125	160	200	250
		外伸臂长 $H=a+2R$（mm）											
30	1	450	520	570	—	—	—	—	—	—	—	—	—
	2	530	580	630	670	—	—	—	—	—	—	—	—
	3	600	760	820	850	—	—	—	—	—	—	—	—
	4	—	760	820	850	—	—	—	—	—	—	—	—
50	1	570	650	720	760	790	860	930	1000	—	—	—	—
	2	690	750	830	870	880	910	930	1000	—	—	—	—
	3	790	850	930	970	970	980	980	—	—	—	—	—
	4	—	1060	1120	1140	1050	1240	1210	—	—	—	—	—
75	1	680	790	860	920	950	1050	1160	1220	1380	1530	1800	—
	2	830	930	1020	1070	1080	1150	1260	1300	1380	1530	1800	—
	3	980	1060	1150	1220	1180	1220	1250	1350	1450	1600	—	—
	4	—	1350	1410	1430	1450	1450	1350	1450	1530	1650	—	—
100	1	780	910	980	1050	1100	1200	1270	1400	1590	1730	2050	—
	2	970	1070	1170	1240	1250	1330	1400	1530	1670	1830	2100	2300
	3	1140	1250	1860	1430	1450	1470	1500	1600	1750	1830	2100	—
	4	—	1600	1700	1780	1700	1710	1720	1730	1840	1980	2190	—
150	1	—	1100	1260	1270	1310	1100	1570	1730	1920	2120	2500	—
	2	—	1330	1450	1540	1550	1660	1760	1920	2100	2280	2630	2800
	3	—	1500	1700	1800	1830	1870	1900	2050	2230	2400	2700	2900
	4	—	—	—	2070	2170	2200	3200	2280	2400	2570	2800	3100
200	1	—	1240	1370	1450	1510	1700	1830	2000	2240	2470	2840	—
	2	—	1540	1700	1800	1810	2000	2070	2250	2500	2700	3080	3200
	3	—	—	2000	2100	2100	2220	2300	2450	2670	2850	3200	3400
	4	—	—	—	—	2720	2750	2770	2780	2950	3130	3400	3700
250	1	—	—	1530	1620	1700	1950	2050	2230	2520	2780	3160	—
	2	—	—	1900	2010	2040	2260	2340	2660	2800	3050	3500	3800
	3	—	—	—	—	2370	2500	2600	2800	3050	3800	3700	3800
	4	—	—	—	—	—	3000	3100	3230	3450	3840	4000	4200

注：表中 ΔL 是按安装时冷拉 $\Delta L/2$ 计算的。如采用折皱弯头，补偿能力可增加 1/3～1 倍。

（1）方形补偿器的冷拉伸量与热力管道设计温度有关，当设计工作温度 $t\leqslant 250$℃时，冷拉伸量为设计伸缩量的一半，即 $0.5\Delta L$。

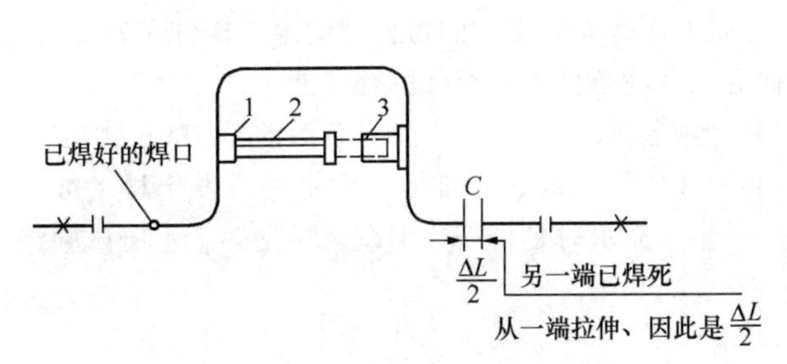

图 4-3-33（1） 用千斤顶拉伸方形补偿器

1—木板；2—槽钢；3—千斤顶；

C—预留出的拉伸间隙

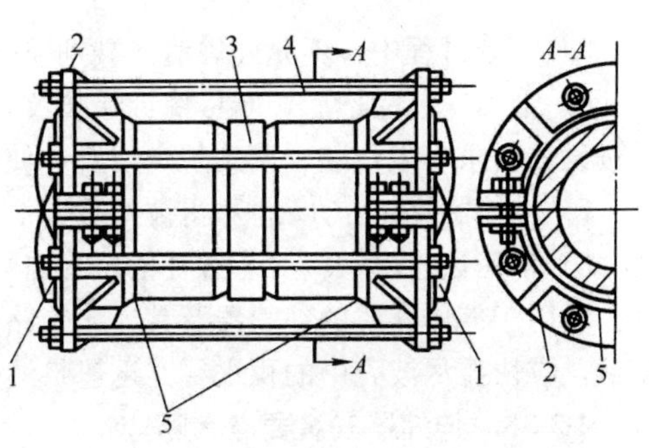

图 4-3-33（2） 拉管器

1—管子；2—对开卡箍；3—焊接间隙垫板

4—双头螺栓；5—挡环

（2）当设计工作温度 250℃＜t≤400℃时，冷拉伸量为 0.7ΔL；当设计工作温度 t＞400℃时，冷拉伸量为 ΔL。

3）方形补偿器的冷拉方法：

（1）千斤顶法（见图 4-3-33（1）），用千斤顶将方形补偿器拉伸，参见前 4-2-10 题。

（2）拉管器拉伸法（见图 4-3-33（2））。将一块厚度等于预拉伸量的木块或木垫圈放在冷拉接口间隙中，再在接口两侧的管壁上分别焊上挡环，然后把冷拉器的拉爪卡在挡环上，在拉爪孔内穿入加长双头螺栓并用螺母锁紧，并将垫木块夹紧。待管道上其他部件安装好后，把冷拉口的木垫拿掉，匀称地拧紧螺母，使接口间隙达到焊接时的对口要求。

（3）撑拉器拉伸法（见图 4-3-33（3））。使用时只要旋动螺母，使其沿螺杆前进或后退就使补偿器受到拉紧或外伸。

4）方形补偿器两侧管道支架安装（图 4-3-33（4））。

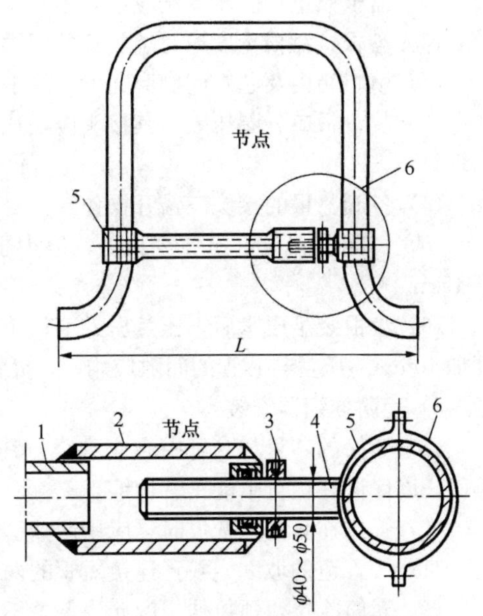

图 4-3-33（3） 撑拉补偿器用的螺丝杆

1—撑杆；2—短管；3—螺母；4—螺杆；

5—夹圈；6—补偿器的管段

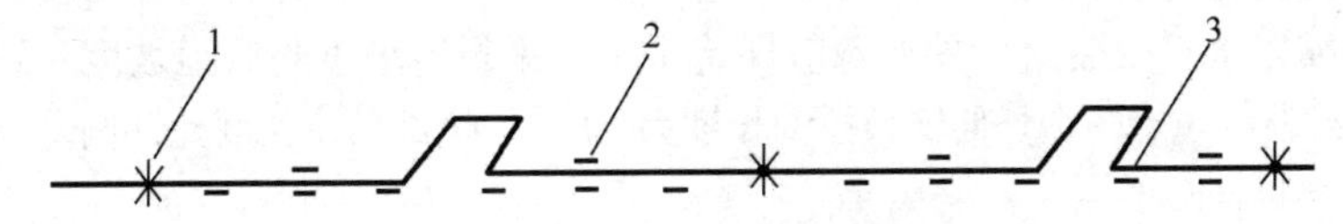

图 4-3-33（4） 方形补偿器两侧管道支架安装

1—固定支架；2—导向支架；3—滑动支架

4-3-34 补偿器安装要求有哪些？

答：1）补偿器在安装前应先检查其型号、规格及管道配置情况，必须符合设计要求。

2）对带内套筒的补偿器应注意使内套筒子的方向与介质流动方向一致，铰链型补偿器的铰链转动平面应与位移转动平面一致。

3）需要进行“冷紧”的补偿器，预变形所用的辅助构件在管路安装完毕后方可拆除。

4）严禁用波纹补偿器变形的方法来调整管道的安装超差，以免影响补偿器的正常功能、降低使用寿命及增加管系、设备、支承构件的载荷。

5）安装过程中，不允许焊渣飞溅到波壳表面，不允许波壳受到其他机械损伤。

6）管道安装完毕后，应尽快拆除波纹补偿器上用作安装运输的黄色辅助定位构件及紧固件，并按设计要求将限位装置调到规定位置，使管道在环境条件下有充分的补偿能力。

7）补偿器所有活动元件不得被外部构件卡死或限制其活动范围，应保证各活动部位的正常动作。

8）水压试验时，应对装有补偿器管路端部的次固定管架进行加固，使管路不发生移动或转动。对用于气体介质的补偿器及其连接管路，要注意充水时是否需要增设临时支架。水压试验结束后，应快排尽波壳中的积水，并迅速将波壳内表面吹干。

4-3-35 伸缩器安装要点有哪些?

答：1）各种伸缩器的安装，均应在管道的固定支架安装完后进行。安装时应按设计要求进行预拉，并检查尺寸，作出记录。

2）套筒伸缩器用的盘根质量和操作要求：

(1) 盘根质量：高压蒸汽应用石墨粉和油浸带铜丝的石棉方盘根（柔性）；高压热水应用橡胶石棉方盘根；盘根宽度应与填料箱的间隙一致。

(2) 填料箱内及芯管应刷磨光滑，涂上机油；外露部分的芯管应满涂凡士林油。

(3) 装盘根应分圈压入，其接头应切成45°斜角，上下压接，接头必须平整，地镩隙、无突出现象。

(4) 各圈盘根的接头应错开操作。

(5) 每圈盘根只许有一个接头，但为了利用短料，可在最外第二圈加短头，其长度不得小于15cm。

(6) 盘根装足压紧后，压兰压人填料箱深度，不得小于10mm，但亦不得大于一圈盘根的宽度加10mm。压兰与芯管的间隙应均匀，允许偏差不大于1mm，套管端部距压兰的宽度应均匀。

3）套筒伸缩器安装：

(1) 套筒的芯管与套管中心应重合，其坡度应与管道的坡度一致；芯管前10m以内不应有偏斜，以保证在运行中能正常伸缩。

(2) 管道在套筒处变坡时，应用调整套筒后部接口处的角度来保证坡度；当在双套筒处变坡时，京戏按管道的坡度，找正连接短管的两端对口角度，安装时，两端不得装错。

(3) 套筒冷拉，预拉伸长度允许偏差不大于＋5mm。

4）方形伸缩器安装：

(1) 撼制方形伸缩器应用一根管子弯成，如有接头时，焊缝宜在外伸臂上。

(2) 外伸臂处的管与管的间距，及管子与地沟壁的距离，应保证管道伸缩横向移动。

(3) 方形伸缩器水平安装时，外伸臂应保持水平，平行臂坡度与管道坡度一致。

(4) 方形伸缩器冷拉，一个外伸臂预拉伸长度为$\Delta L/4$，全部预拉长度允许偏差不大于＋20mm。

注：$\Delta L/$为全部膨胀长度。

4-3-36 管道保温结构的组成是怎样的?

答：保温结构一般由防锈层、保温层、防潮层（对保冷结构而言）、保护层、防腐蚀及识别标志等层构成见表4-3-36。

保 温 结 构 **表4-3-36**

保温结构	材　料	作　用	备　注
防锈层	防锈漆等涂料	直接涂刷于清洁干燥的管道或设备的外表面	保冷结构可选择沥青冷底子油或其他防锈力强的材料作防锈层
保温层	所用材料如图4-3-38、4-3-39所示	减少管道或设备与外部的热量传递，起保温保冷作用	

续表

保温结构	材料	作用	备注
防潮层	沥青及沥青油毡、玻璃丝布、聚乙烯薄膜、铝箔等	防止水蒸气或雨水渗入保温材料，保证材料良好保温效果和使用寿命	对于保冷结构和敷设于室外的保温管道，需设置防潮层
保护层	石棉石膏、石棉水泥，金属薄板及玻璃丝布等	保护保温层或防潮层不受机械损伤	设在保温层或防潮层外面
防腐蚀及识别标志层	采用耐气候性较强的油漆直接刷在保护层上	防止或保护保护层不被腐蚀	常采用不同颜色的油漆涂刷之，也起区别管内流动介质的作用

4-3-37 保温材料有哪些？保温材料应具备什么条件，各有何特点？

答：1）目前比较常用的有岩棉、玻璃棉、矿渣棉、珍珠岩、硅藻土、石棉等类材料及聚氨酯泡沫塑料、泡沫玻璃等。选用时应按照厂家的产品样本或使用说明书中所给的技术数据选用（见表 4-3-37）。

部分保温材料性质表 **表 4-3-37**

材料名称	密度 (kg/m³)	常温导热系数 [W/(m·℃)]	导热系数方程式 [W/(m·℃)]	最高使用温度 [L/(℃)]	耐压强度 (MPa)	特性及规格
硅溶胶粘接岩棉制品	80～200	<0.035 (50℃时)	—	973(700)	—	纤维平均直径 3～4μm，增水率 99.9%，不燃性 Al 级，酸度系数≥2
沥青矿渣棉制品	100～120	0.047～0.52 (20～30℃时)	$0.047+0.0002t_p$	523(250)	抗折 0.15～0.2	纤维平均直径≤7μm，含湿率<2%，含硫量<1%，粘接剂含量 3%
酚醛矿渣棉制品	80～150	0.042～0.052 (20～30℃时)	$0.047+0.00017t_p$	623(350)	抗折 0.15～0.2	纤维平均直径≤5μm，含湿率<1.5%、粘接剂含量 1.5%～3%
细玻璃棉管壳	40～60	0.03～0.035	$0.032+0.00023t_p$	673(400)	—	—
酚醛玻璃棉管壳	120	0.035	$0.034+0.00024t_p$	523(250)	—	—
憎水膨胀珍珠岩制品	280	0.06～0.07	$0.067+0.00013t_p$	873(600)	抗压>0.52	憎水率 93%
水泥膨胀珍珠岩制品	350～450	0.07～0.084	$0.072+0.00012t_p$	873(600)	抗压>0.46	吸水率 150%～250%
硅酸盐保温涂料	<300 (干燥品)	0.13 (350℃时)	—	873(600)	抗拉>0.1	不燃，pH7～8
聚氨酯硬质泡沫塑料	45～60	0.029	—	393(120)	抗拉 0.15	自熄，耐酸碱，吸水性<0.12kg/m³

续表

材料名称	密度 (kg/m³)	常温导热系数 [W/(m·℃)]	导热系数方程式 [W/(m·℃)]	最高使用温度 [L/(℃)]	耐压强度 (MPa)	特性及规格
防水泡沫石棉	40～60	0.047～0.058	0.046＋0.000076t_p	773(500)	抗拉 0.05～0.1	不燃，不含粘结剂，含湿量≤2%
超轻微孔硅酸钙	<170	0.055 (70±5℃时)	—	923(650)	抗折>0.2	含水率<3%～4%
普通微孔硅酸钙	200～250	0.059～0.06	0.056＋0.00015t_p	923(650)	抗压>0.5	重量吸水率
酚醛树脂粘接剂岩棉制品	80～200	0.047～0.058 (50℃时)	0.038＋0.00021t_p	623(350)	抗压≥0.25	纤维平均直径4～7μm，酸度系数≥1.5，含湿率<1.5%

2）为了减少热损失，供热管道要做保温。保温又称隔热，由保温层及保护层组成。保温材料应具备以下条件：导热系数小，最好小于0.1kcal/（m·h·℃），至少不能大于0.2kcal/（m·h·℃）；重量轻，容重最好不大于450kg/m³；有一定的强度，在受到外力和温度变化时不致损坏；受潮湿不变质；不腐蚀金属；原料来源广，制造方便等。

保温材料的品种很多，常用的有：

（1）石棉。常将石棉纤维与其他粉状保温材料混合，称为石棉灰，耐高温。

（2）矿渣棉。用压缩空气或蒸汽将高炉的熔融炉渣喷成白色的细长纤维，即成为矿渣棉。经过加工可将它压制成矿渣棉毡或管壳。

（3）泡沫混凝土。将泡沫剂（通常用水胶、松香及磷酸钾的混合体）和水加在水泥中可制成泡沫混凝土，用于保温时一般预制成半圆形或扇形瓦状。

（4）硅藻土。为黄色或灰色的矿物质，呈多孔结构，耐高温，机械强度也高。将木屑等其他物质掺合其中，可焙烧成瓦状。

（5）玻璃棉纤维。容重小，耐350～400℃的温度。亦可加工成玻璃棉毡及玻璃棉管壳。

（6）膨胀珍珠岩。将珍珠岩矿石粉碎熔烧制成。加以各种胶合剂可制成膨胀珍珠岩瓦，可耐800℃高温。

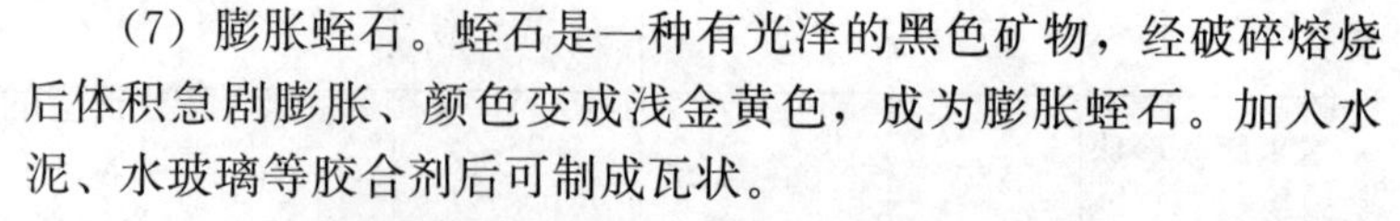

（7）膨胀蛭石。蛭石是一种有光泽的黑色矿物，经破碎熔烧后体积急剧膨胀、颜色变成浅金黄色，成为膨胀蛭石。加入水泥、水玻璃等胶合剂后可制成瓦状。

4-3-38 涂抹法保温层施工要点有哪些？

答：1）涂抹法多用于热力管道和热力设备的保温（见图4-3-38）。这种保温方法整体性好，保温层和保温面结合紧密，且不受被保温物体形状的限制。

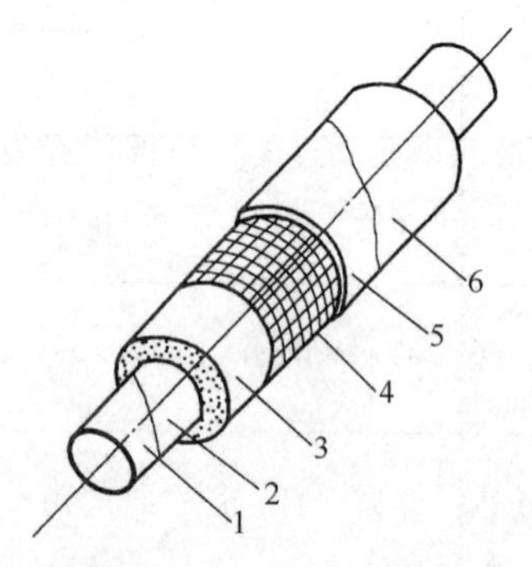

图4-3-38 涂抹法绝热
1—管道；2—防锈漆；3—绝热层；4—钢丝网；5—保护层；6—防腐漆

2）将石棉粉，硅藻土等材料按一定比例用水调成胶泥涂抹于需要保温的管道设备上。施工时应分多次进行，为增加胶泥与管壁的附着力，第一次可用较稀的胶泥涂抹，厚度为3～5mm，待第一层彻底干燥后，用干一些的胶泥涂抹第二层，厚度为10～

15mm，之后的每一层均应在前一层完全干燥后进行，直到要求的厚度为止。

3）涂抹法不得在环境温度低于0℃的情况下施工，以防胶泥冻结。为加快胶泥的干燥速度，可在管道或设备中通入温度不高于150℃的热水或蒸汽。

4-3-39　绑扎法保温层施工要点有哪些？

答：1）绑扎法是目前国内外热力管道保温最常用的一种保温方法（图4-3-39）。

2）用镀锌钢丝将预制保温瓦或板块料绑扎在管道的壁面上，为使保温材料与管壁紧密结合，保温材料与管壁之间应涂抹一层石棉粉或石棉硅藻土胶泥（一般为3～5mm厚），然后再将保温材料绑扎在管壁上。对于矿渣棉、玻璃棉，岩棉等矿纤材料预制品，因抗水湿性能差，可不涂抹胶泥直接绑扎。

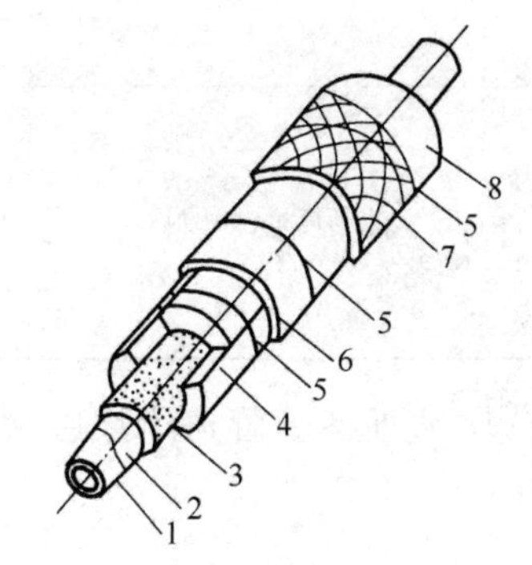

图4-3-39　绑扎法绝热

1—管道；2—防锈漆；3—胶泥，4—绝热层；5—镀锌钢丝；6—沥青油毡；7—玻璃丝布；8—防腐漆

3）绑扎保温材料时，应将横向接缝错开，双层绑扎的保温预制品应内外盖缝。如保温材料为管壳，应将纵向接缝设置在管道的两侧。非矿纤材料制品（矿纤材料制品采用干接缝）的所有接缝均应用石棉粉、石棉硅藻土或与保温材料性能相近的材料配成胶泥填塞。绑扎保温材料时，应尽量减小2块之间的接缝。制冷管道及设备采用硬质或半硬质隔热层管壳，管壳之间的缝隙不应大于2mm，并用粘结材料将缝填满。采用双层结构时，第一层表面必须平整，不平整时，矿纤材料用同类纤维状材料填平，其他材料用胶泥结构时，第一层表面平整后方可进行下一层保温。

4）绑扎的钢丝，根据保温管直径的大小一般为1～1.2mm，绑扎的间距不应超过300mm，并且每块预制品至少应绑扎2处，每处绑扎的钢丝不应少于2圈，其接头应放在预制品的接头处，以便将接头嵌入接缝内。

4-3-40　聚氨酯硬质泡沫塑料的保温层施工要点有哪些？

答：1）聚氨酯硬质泡沫塑料由聚醚和多元异氰酸酯加催化剂、发泡剂、稳定剂等原料按比例调配而成。

2）施工时，将聚醚和其他原料的混合液分成A组，将异氰酸酯分成B组，只要将两组混合中在一起，即生成泡沫塑料。

3）调配聚醚混合液时，应随用随调，不宜隔夜，以防原料失效。

4）施工时一般采用现场发泡，采用喷涂法或灌涂法。

（1）喷涂法施工就是用喷枪将混合均匀的液料喷涂于被保温物体的表面上。要求发泡时间要快一点；

（2）灌注法施工就是将混合均匀的液料直接灌注于需要成型的窨或事先安置的模具内，经发泡膨胀而充满整个空间，要求发泡时间应慢一些。

5）施工时应按原料供应厂提供的配方及操作规程等进行施工，为防止配方或操作错误使原料报废，应先进行试喷（灌），以掌握正确的配方和施工操作方法，方可正式喷灌。为便于喷涂和灌注后清洗工具和脱取模具，在施工前可在工具和模具的内表面涂上一层油脂。

6）聚氨酯硬质泡沫塑料不宜在气温低于5℃的情况下施工，否则应对液料加热，使其温度在20～30℃为宜。

7）异氰酸酯及其催化剂等原料，均系有毒物质，操作时应戴上防毒面具。

8）直埋热力管道采用硬质聚氨酯泡沫塑料应符合《硬质聚氨酯泡沫塑料预制保温管》CJ/T 3002中主要指标（见表4-3-40（1）），在绝热时，应留出管端焊接口，以便于接口焊接。

《硬质聚氨酯泡沫塑料预制保温管》主要指标　　表 4-3-40（1）

项　目	内　容	指　标
高密度聚乙烯塑料外壳	密度	940～965kg/m³
	断裂伸长率	≥350%
	耐环境应力开裂 $F50$	≥200h
	纵向回缩率	≤3%
聚氨酯硬质泡沫塑料	密度	60～80kg/m³
	抗压强度	≥200kPa
	导热系数	≤0.027W/（m·℃）
	耐热性	120℃

9）直埋热力管道绝热层除应有良好的保温性外，还应有耐热性和足够强度（表 4-3-40（2））。

直埋热力管道绝热层耐热性及强度指标　　表 4-3-40（2）

项　目	指　标
耐热性	不低于设计工作温度
抗压强度	≥200kPa
抗剪强度（含内管与外壳黏结）	≥120kPa

4-3-41　缠包法保温层施工要点有哪些？

答：1）保温施工时需要将软质保温材料（如各种棉毡等）缠包：

（1）根据管径大小剪裁成适当宽度（200～300mm）的条带，以螺旋状包缠到管道上（图 4-3-41（1））；

（2）根据管道的圆周长度进行剪裁，以原幅宽对缝平包到管道上（见图 4-3-41（2））；

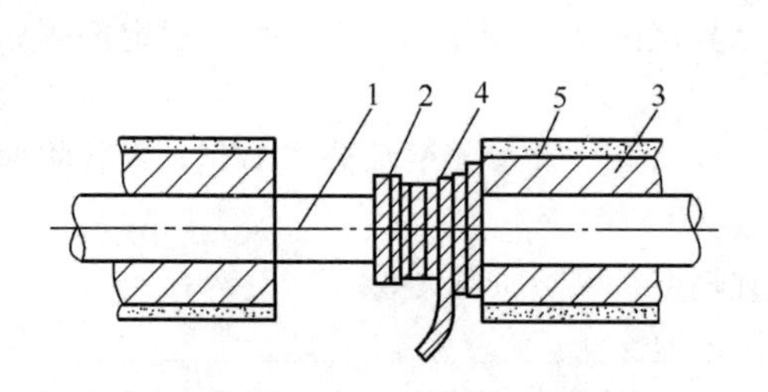

图 4-3-41（1）　缠绕式绝热结构

1—管道；2—法兰；3—管道绝热层；4—石棉绳；5—石棉水泥保护壳

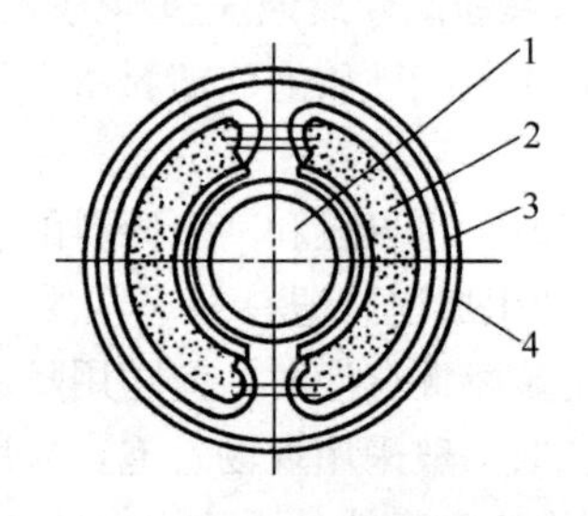

图4-3-41（2）　原幅宽平包填充绝热结构

1—管子；2—绝热材料；3—支撑环；4—保护壳

（3）施工时需边缠、边压、边抽紧使保温后密度达到设计要求；

（4）一般矿渣棉毡包后密度不应小于 150～200kg/m³，玻璃棉毡缠包后密度不应小于 130～100kg/m³ 超细玻璃棉毡缠包后密度不应小于 40～60kg/m³。

2）如果棉毡厚度达不到规定要求，可采用两层或多层缠包。缠包时接缝应紧密结合，如有缝隙，应用同等材料填塞。采用多层缠包时，第二层应仔细压缝。

3）保温层外径不大于 500mm 时，在保温层外面用直径为 1.0～1.2mm 镀锌钢丝绑扎，间距为 150～200mm。禁止以螺旋状连续缠绕。当保温层外径大于 500mm 时还应加镀锌钢丝网缠包，再用镀锌钢丝绑扎牢。

4-3-42　套筒式保温层施工要点有哪些？

答：1）套筒式保温将矿纤材料加工成型的保温筒直接套在管道上，是目前冷水管道较常用的一种保温方法。

2）施工时将保温筒上的轴间切口扒开，借助矿纤材料的弹性将保温筒紧紧地套在管道上，为便于现场施工，生产厂多在保温筒的外表面涂有一层胶状保护层。对于保温筒的轴向切口和两筒之间的横向接口，可用带胶铝箔结合（见图 4-3-42）。

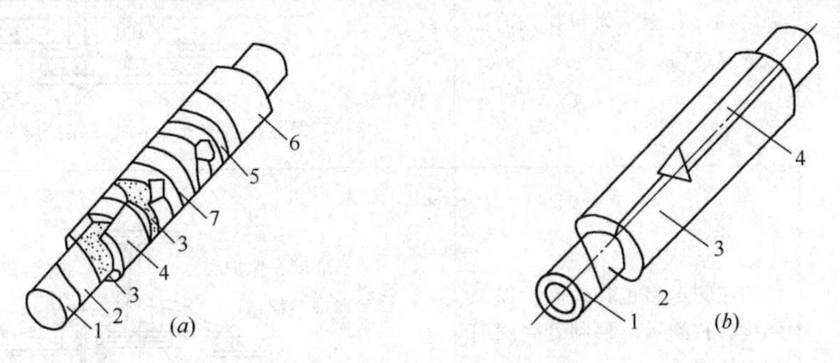

图 4-3-42　施工开口示意图

(*a*) 粘贴绝热结构；(*b*) 套筒式绝热结构

1—管道；2—防锈漆；3—胶粘剂；4—绝热材料；5—玻璃丝布；6—防腐漆；7—氯乙烯薄膜

1—管道；2—防锈漆；3—绝热瓦；4—带胶铝箔带

4-3-43　对保温层施工的技术要求有哪些？

答：1）凡垂直管道或倾斜角度超过 45°，长度超过 5m 的管道，应根据保温材料的密度及抗压强度，每 3～5m 设置一道支撑环（或托盘）。

2）用保温瓦或保温后呈硬质的材料作为热力管道的保温时，应每隔 5～7m 左右留出间隙为 5mm 的膨胀缝，弯头处留 20～30mm 膨胀缝。膨胀缝内应用柔性材料填塞。设有支撑环的管道，膨胀缝一般设置在支撑环的下部。

3）管道弯头部分采用硬持材料保温时，如果没有成型预制品，可将预制板、管壳、弧形块等切割成虾米弯进行小块拼装（见图 4-3-43）。切块的多少应视弯头弯曲的缓急而定，最少不得少于 3 块。

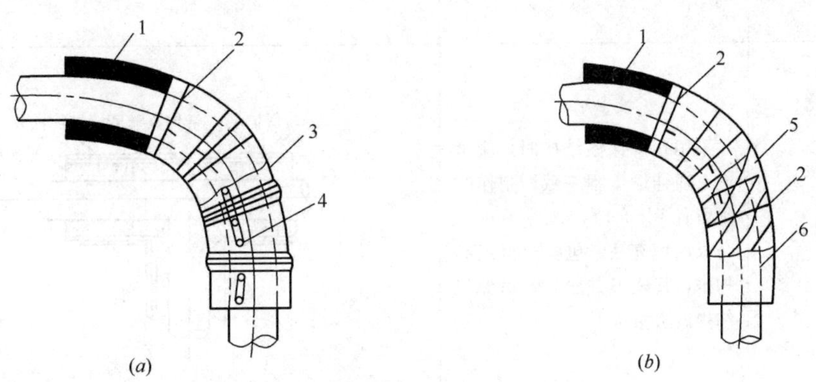

图 4-3-43　切割成虾米弯拼装

(*d*) 金属保护层；(*b*) 复合保护层

1—保温层；2—镀锌钢丝；3—金属保护层；4—自攻螺钉；5—玻璃丝布；6—油漆涂料

4-3-44　管件保温结构是怎样的？

答：见表 4-3-44。

保 温 结 构 表4-3-44

结构名称	结构方式	示意图
法兰保温结构	采用预制构件和包扎构件。图左侧示为预制管壳的法兰保温结构；右侧示为包扎式的法兰保温结构	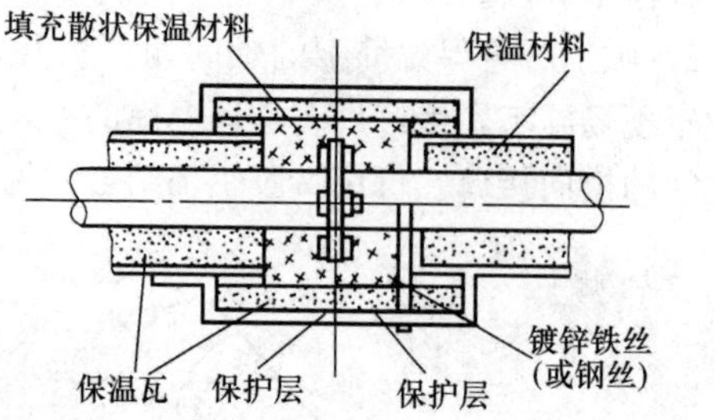 填充散状保温材料 保温材料 镀锌铁丝（或钢丝） 保温瓦 保护层 保护层
阀门保温结构	图左侧示出包扎式阀门保温结构，右侧示出预制管壳阀门保温结构	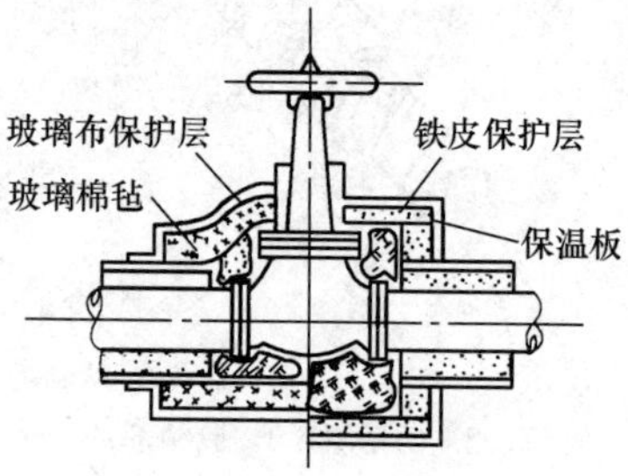 玻璃布保护层 铁皮保护层 玻璃棉毡 保温板
弯头保温结构	采用预制保温结构时，须特别考虑弯头处是胀缩变形较大的地方，制作时须留有一定余地 采用填充法与包扎法保温结构的施工方法与管道保温结构做法相同	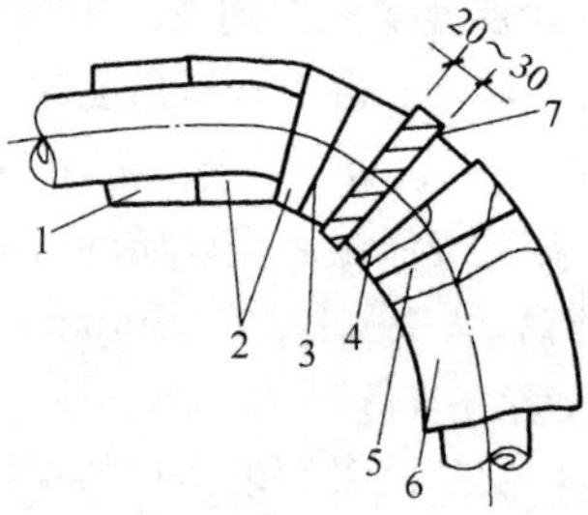 20~30 1—隔热瓦；2—梯形保温块；3—镀锌铁丝；4—玻璃布；5—镀锌铁丝；6—冷底子油；7—填充石板绳
三通保温结构	采用预制保温结构时，应考虑三通伸缩量不一致，制作时须留有一定余地 采用填充法，包扎式保温结构，其施工方法与管道保温结构做法相同	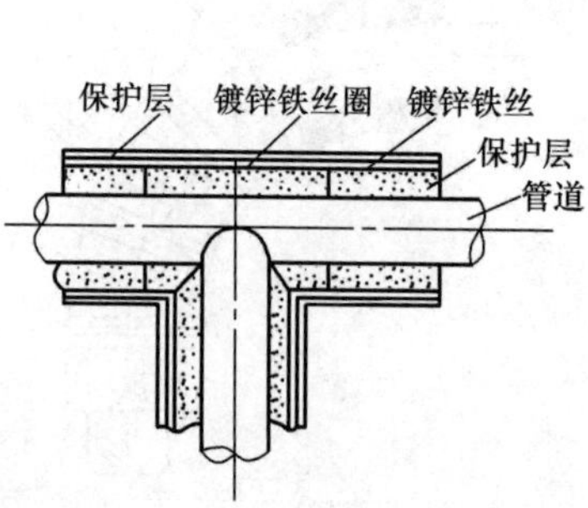 保护层 镀锌铁丝圈 镀锌铁丝 保护层 管道

4-3-45 热力管道防潮层施工要点有哪些？

答： 1）沥青防潮材料施工。

沥青或沥青玛瑀脂粘沥青油毡：

（1）沥青油毡因其过分卷折会断裂，只能用于平面或较大直径管道的防潮。

（2）施工时先将材料剪裁下来，对于油毡，多采用单块包裹法施工，因此油毡剪裁的长度为保温层外圆加搭接宽度（搭接宽度一般为30～50mm）。包缠防潮层时，应自下而上进行，先在保温层上涂刷一层1.5～2mm的沥青或沥青玛𤇾脂，再将油毡或玻璃丝布包缠到保温层的外面。纵向接缝应设在管道的侧面，并且接口向下，接缝用沥青或沥青封口，外面再用镀锌钢丝绑扎，间距为250～300mm，钢丝接头应接平，不得刺破防潮层。

2）玻璃丝布两面涂刷沥青或沥青玛𤇾脂。

（1）玻璃丝布能用于任意形状粘贴，故应用广泛。

（2）对于玻璃丝布，一般采用包缠法施工，即以螺旋状包缠于管道或设备的保温层外面，因此需将玻璃丝布剪成条带状，其宽度视保温层直径的大小而定。缠包玻璃丝布时，搭接宽度为10～20mm，缠包时应边缠，边拉紧边整平，缠至布头时用镀锌钢丝扎紧。油毡或玻璃丝布包缠好后，最后在上面刷一层2～3mm厚的沥青。

3）聚乙烯薄膜防潮材料。

薄膜作防潮层是直接将薄膜用胶粘剂粘贴在保温层的表面，施工方便，但胶粘剂价格较贵。

4-3-46　热力管道保护层施工要点有哪些？

答：1）沥青油毡和玻璃丝布保护层。

（1）油毡和玻璃丝布构成的保护层一般用于室外敷设的管道，玻璃丝布表面根据需要还应涂刷一层耐气候变化的涂料。

（2）先将沥青油毡按保温层或加上防潮层厚度加搭接长度（搭接长度一般50mm）剪裁成块状，然后将油毡包裹到管道上，外面用镀锌钢丝绑扎，其间距为250～300mm；

（3）包裹油毡时，应自下而上地进行，油毡的纵横向搭接长度为50mm，纵向接缝应用沥青或沥青玛𤇾脂封口，纵向接缝应设在管道的侧面，并且接口向下。

（4）油毡包裹在管道上后，外面用剪裁下来的带状玻璃丝布以螺旋状缠包到油毡的外面，每圈搭接的宽度为条带的1/2～1/3，开头处应缠包两圈。

（5）缠包后的玻璃丝布应平整无皱纹、气泡，并松紧适当。

2）单独用玻璃丝布缠包保护层。

（1）保护层的施工方法同前。

（2）对于未设防潮层而又外露于潮湿空气中的管道，为防止保温材料受潮，可先在保温层上涂刷一层沥青，然后再将玻璃丝布缠包在管道上。

3）石棉石膏及石棉水泥保护层。

（1）石棉石膏或石棉水泥保护层一般用于室外及有防火要求的非矿纤材料保温的管道。

（2）施工时先将石棉石膏或石棉水泥按一定的比例用水调配成胶泥。

①保温层（或防潮层）的外径小于200mm，则将调配的胶泥直接涂抹在保温层或防潮层上。

②保温层或防潮层外径不小于200mm，还应在保温层或防潮层外先用镀锌钢丝网包裹加强，并用镀锌钢丝将网的纵向接缝处缝合拉紧，然后将胶泥涂抹在镀锌钢丝网的外面。

③当保温层或防潮层的外径不大于500mm时，保护层的厚度为10mm；大于500mm时，厚度为15mm。

（3）涂抹保护层一般分两次进行，第一次粗抹，第二次精抹。

①粗抹厚度为设计厚度的1/3左右，胶泥可干一些。

②待粗抹的胶泥凝固稍干后，再进行第二次精抹，精抹的胶泥应适当湿一些。精抹必须保证厚度符合设计要求，表面光滑平整，不得有明显的裂纹。

③为防止保护层在冷热应力的影响下产生裂缝，可在趁第二遍涂抹的胶泥未干时将玻璃丝布呈螺旋状在保护层上缠包一遍，搭接的宽度可为10mm。

④保护层干后则玻璃丝布与胶泥结成一体。

4）金属薄板保护壳。

（1）金属保护壳用于室外风管以及有防火、美观等特殊要求的地方。

①金属薄板一般为镀锌薄钢板和薄钢板，厚度根据保护层直径而定。一般直径不大于1000mm时，厚度为0.5mm；直径大于1000mm时，厚度为0.8mm；

②金属薄板应事先根据使用对象的形状和接连方式用手工或机械加工好，然后才安装到保温或防潮层表面上。

（2）金属薄板加工成保护壳后，凡用薄钢板制作的保护壳应在内外表面涂刷一层防锈漆后方可进行安装。

①安装保护时，应将其紧贴在保温层或防潮层上，纵横向接口搭接量一般为30～40mm，所有接缝必须有利雨水排除，纵向接缝应在背视线一侧，接缝一般用自攻螺钉固定，其间距为300mm左右。

②用自攻螺钉固定时，应先用手提式电钻用0.8倍螺钉直径的钻头钻孔，禁止用冲孔或其他方式打孔。

③安装有防潮层的金属保护壳时，则不能用自攻螺钉固定，可用镀锌薄钢板带包扎固定，以防止自攻螺钉刺破防潮层。

4-3-47　地上架空敷设低、中、高三种形式与地面保持净距各为多少？

答：1）低支架敷设（图4-3-47（1）），管底（保温层底皮）与地面保持0.5～1m净距。

2）中支架敷设（图4-3-47（2）），适用于有行人和大车通行处，其管底与地面净距为2.5～4m。

3）高支架敷设（图4-3-47（2）），适用于交通要道或跨越公路、铁路，其净高跨越公路时为4m，跨越铁路时为6m。

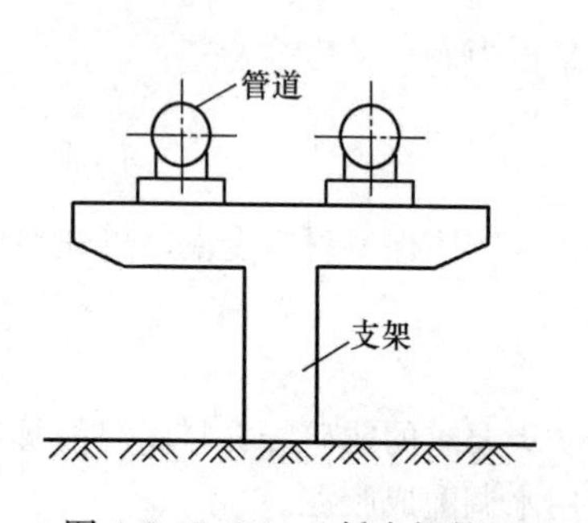

图4-3-47（1）　低支架敷设

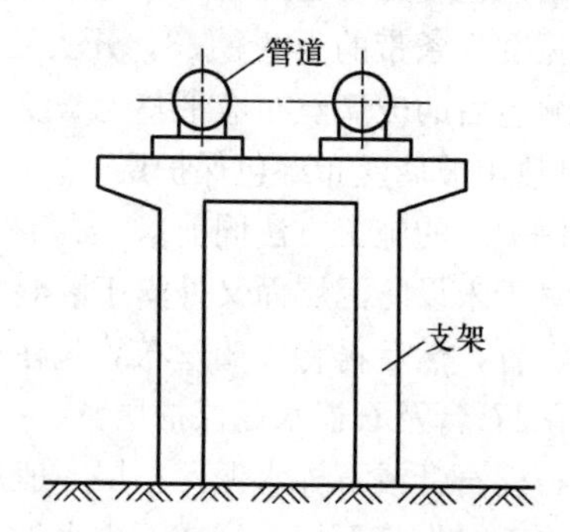

图4-3-47（2）　中、高支架敷设

4-3-48　室外架空管道安装要点有哪些？

答：1）架空敷设的管道，可采用单柱式支架、带拉索支架、栈架或沿桥梁等结构敷设，也可沿建筑物的墙壁或屋顶敷设。单柱式支架可以是钢结构、钢筋混凝土或木结构的。其高度通常为5～8m，在不影响交通地区，也可采用离地0.5m的低支架来敷设管道。

2）在安装架空管道之前要先把支架安装好，支架的加工制作及吊装就位工作一般都是由土建部门来完成的。其支架的加工及安装质量直接影响管道施工质量和进度。因此在安装管道之前必须先对支架的稳固性、中心线和标高进行严格的检查，应用经纬仪测定各支架的位置及标高，检验是否符合设计图纸的要求。各支架的中心线应为一条直线，不许出现“之”字形曲线，一般管道是有坡度的，故应检查各支架的标高，不允许由于支架标高的错误而造成管道的反向坡度。

3）在安装架空管道时，为工作的方便和安全，必须在支架的两侧架设脚手架。脚手架的高度以操作时方便为准，一般脚手架平台的高度比管道中心标高低 1m 为宜，其宽度约 1m 左右，以便工人通行操作和堆放一定数量的保温材料。根据管径及管数，设置单侧或双侧脚手架（图 4-3-48）。

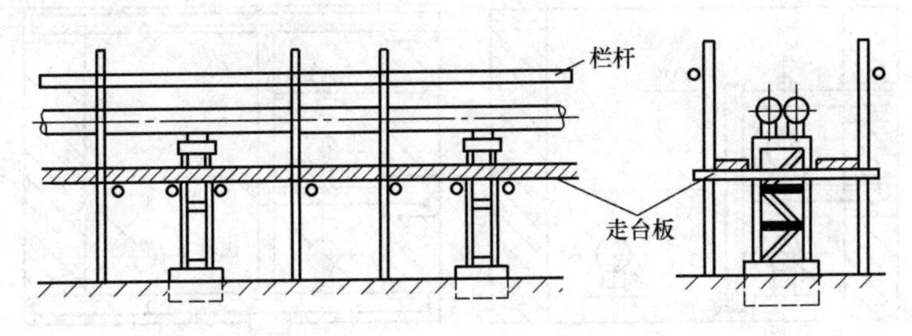

图 4-3-48　架空支架及安装脚手架

4）架空管道的吊装，一般都是采用起重机械，如汽车式起重机、履带式起重机，或用桅杆及卷扬机等。在吊装管道时，应严格遵守操作规程，注意安全施工。在吊装前，管道就在地面上进行校直、打坡口、除锈、刷漆等工作，以便架设工作顺利进行。同时，如有阀门、三通、补偿器等部件，应尽量在加工厂预先加工好，并经试压合格。在法兰盘两侧应预先焊好短管，吊装架设时仅把短管与管道焊接即成。

5）架空敷设管道可以省去大量土方工程量，降低工程造价，不受地下水影响，施工中管道交叉问题较易解决。其缺点是，对热力管道则其热损失较大；管道的保温层因受风霜雨雪的侵蚀，需要经常维护或更换，使用年限较短；对于施工来说管道的起重吊装和高空作业，也带来不少麻烦，在某些情况下，也影响交通及建筑的美观。

4-3-49　热力管道通行地沟敷设要点有哪些?

答: 见图 4-3-49。

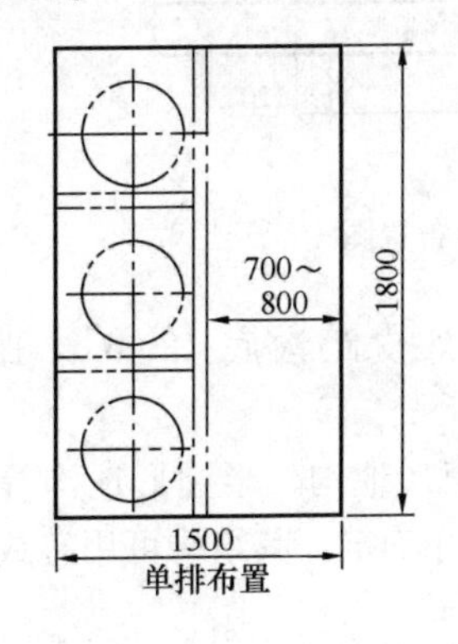

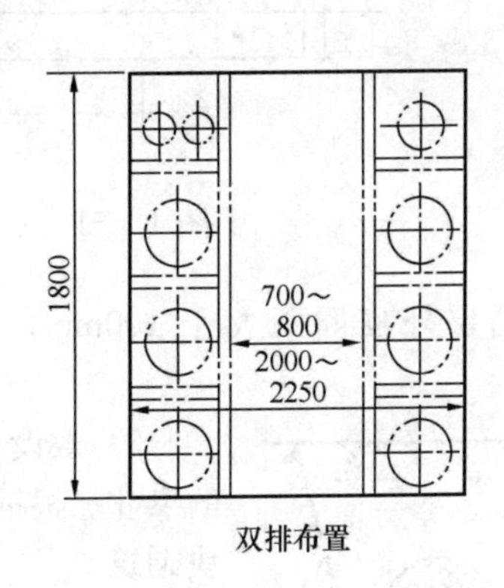

图 4-3-49　通行地沟布置图

1）用砖或块石砌筑的地沟，上面覆盖以钢筋混凝土预制板，或整体浇灌的沟盖。

2）一般用在管道数较多，或管径大的主要干线上（如热电站或区域锅炉房的出口干线上）。

3）在可通行地沟中，每隔 200～800m 建造有检查井及梯子，并于地泡中装有 36V 电压的照明灯。

4）在地沟中，修有排水槽，沟底坡度不小于 0.002。

5）为保证在地沟中工作时空气温度不超过 40℃，一般设有自然通风塔及机械排风机，以便在需要下地沟检修时，开动风机进行换气。

4-3-50　半通行地沟敷设适用于什么情况？

答：适用于2～3根管道且不经常维修的干线。高度能使维修人员在沟内弯腰行走，一般净高为4m，通道净宽为0.6～0.7m，管道沿沟底或沟壁敷设，见图4-3-50。

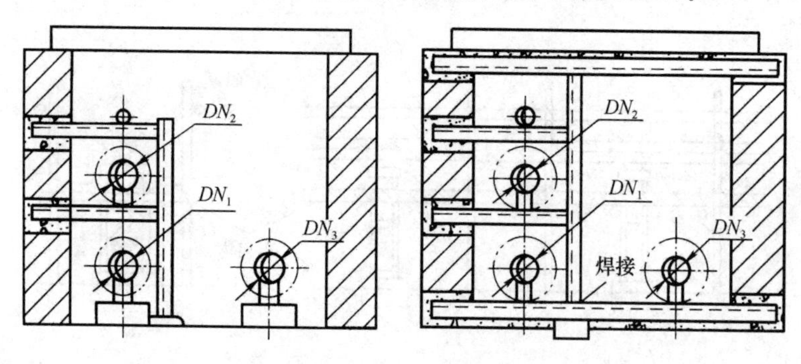

图4-3-50　半通行地沟布置图

4-3-51　不通行地沟敷设要点有哪些？

答：1）适用于通常不需要维修，且管线根数在2条之内的支线，见图4-3-51。

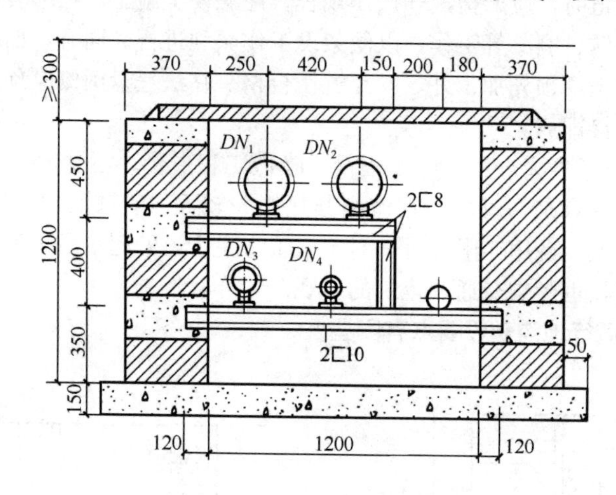

图4-3-51　不通行地沟布置图

2）两管保温层外皮间距大于100mm，保温层外皮距沟底120mm，距沟壁和沟盖下缘100mm。

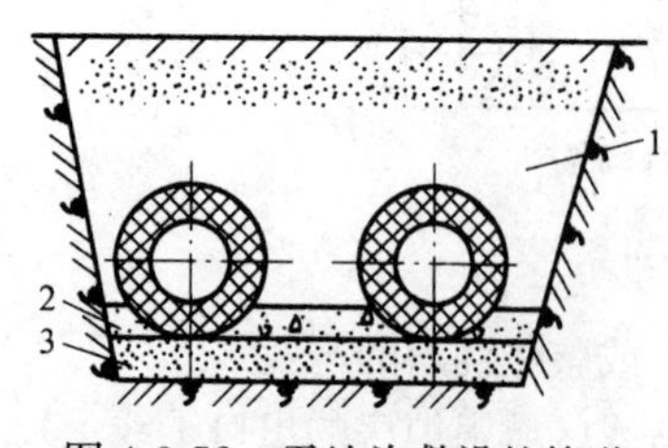

图4-3-52　无地沟敷设的管道

1—填土；2—粗砂；3—砂

3）敷设形式有矩形地沟、半圆形地沟等，不可通行地沟的尺寸、根据管径尺寸确定，其结构可用砖或钢筋混凝土预制块砌筑。

4）地沟的基础结构根据地下水及排水设备，以专门排除地下水。因热力管道不怕冻，一般可把管道敷设在冰冻线以上。

4-3-52　热力管道无地沟敷设是怎样的？

答：热力管道的外层保温层直接与土壤相接触。其结构有泡沫混凝土浇灌式及装配与浇灌结合等保温形式（见图4-3-52）

4-3-53　地下敷设管道的形式和尺寸有什么要求？

答：见表4-3-53。

地沟敷设有关尺寸要求　　表 4-3-53

地沟类型	地沟净高（m）	人行通道宽（m）	管道保温表面与沟墙净距（m）	管道保温表面与沟顶净距（m）	管道保温表面与沟底净距（m）	管道保温表面与净距（m）
通行地沟	≥1.8	≥0.6	≥0.2	≥0.2	≥0.2	≥0.2
半通行地沟	≥1.4	≥0.5	≥0.2	≥0.2	≥0.2	≥0.2
不通行地沟			≥0.1	≥0.05	≥0.15	≥0.2

4-3-54　热力管道直埋敷设施工要点有哪些？

答：1）直埋热力管道最小覆土深度应符合表 4-3-54（1）的规定，同时应进行稳定验算。管道的坡度不宜小于 0.2%，高处宜设放气阀，低处宜设放水阀。

2）管道应利用转角自然补偿，10°～60°的弯头不宜做自然补偿。管道平面折角（表 4-3-54（2））。

直埋热力管道最小覆土深度　　表 4-3-54（1）

管径（mm）	50～125	150～200	250～300	350～400	450～500
车行道下（m）	0.8	1.0	1.0	1.2	1.2
非车行道下（m）	0.6	0.6	0.7	0.8	0.9

管道最大平面折角（°）　　表 4-3-54（2）

管道公称直径 DN（mm）	循环工作温差（t_1-t_2）/℃					
	50	65	85	100	120	140
50～100	4.3	3.2	2.4	2.0	1.6	1.4
125～300	3.8	2.8	2.1	1.8	1.4	1.2
350～500	3.4	2.6	1.9	1.6	1.3	1.1

3）从干管直线引出分支管时，在分支管上应设固定墩或轴向补偿器或弯管补偿器，分支点至支线上固定墩的间距不宜大于 9m；分支点至轴向补偿器或弯管的距离不宜大于 20m；分支点有干线轴向位移时，轴向位移量不宜大于 50mm，分支点至轴向补偿器的距离不应小于 12m。

4）三通、弯头等部位采用设固定墩或补偿器等保护措施。管道变径处或壁厚变化处，应设补偿器或固定墩，固定墩应设在大管径或壁厚较大一侧。

5）轴向补偿器和管道轴线应一致，距补偿器 12m 范围内管段不应有变坡和转角。埋地固定墩处应采取可靠的防腐措施，钢管、钢架不应裸露。

6）直埋热力管道上的阀门宜采用钢制阀门及焊接连接，管道的补偿器、变径管等管件应焊接连接。

7）直埋敷设热力管道的沟槽施工、下管稳管、管道焊接连接、水压试验和土方回填可见本手册相关章节的内容。直埋地热力管道工程试压、清洗和试运行应符合国家现行规定《城镇供热管网工程施工及验收规范》CJJ 28—2004。

4-3-55　热力管道工程施工控制哪些项目？

答：1）热力管道工程主控项目

（1）阀门的型号、规格及公称压力应符合设计要求，安装后应根据系统要求进行调试，并作出标志。

（2）直埋无偿热力管道预热伸长及三通加固应符合设计要求，回填前应注意检查预置保温外壳接口的完整性，回填应按设计要求进行。

（3）补偿器的位置必须符合设计要求，并应按设计要求或产品说明书进行预拉伸。预拉伸量为补偿段（即两固支架之间管段）延伸量 ΔL 的设计要求量，管道固定支架的位置和构造必须符合设计要求。

（4）管道的防腐绝热应符合设计要求。减压阀调压后的压力必须符合设计要求等。

2）热力管道工程一般项目

（1）管道支、吊、托架及管座的安装负荷标准规定。

（2）管道安装坡度应在允许的范围内。

（3）管道安装标高应符合设计要求的施工规范规定。

（4）管道的焊接质量必须符合焊接标准规定。

4-3-56　室外热力管道安装允许偏差是多少？

答：见表 4-3-56。

室外热力管道安装允许偏差　　表 4-3-56

项次	项目			允许偏差（mm）	检验方法
1	坐标		敷设在沟槽内及架空	20	用水准仪（水平尺）、直尺、拉线和尺量检查
			埋地	50	
2	标高		敷设在沟槽内及架空	±10	
			埋地	±15	
3	水平管道纵、横方向弯管	每米	管径≤100mm	0.5	
			管径＞100mm	1	
		全长（25m 以上）	管径≤100mm	≤13	
			管径＞100mm	≤25	
4	弯管	椭圆率 $\frac{D_{max}-D_{min}}{D_{max}}$	管径≤100mm	10/100	用外卡钳和尺量检查
			管径 125～400mm	8/100	
		褶皱不平度	管径≤100mm	4	
			管径 125～200mm	5	
			管径 250～400mm	7	
5	减压器、疏水器、除污器、蒸汽喷射器		几何尺寸	5	尺量检查
6	保温	厚度		$+0.1\delta$，-0.05δ	用钢针刺入保温层检查
		表面平整度	卷材或板材	5	用 2m 靠尺和楔形塞尺检查
			涂抹或其他	−10	

4-3-57　供热管道安装施工安全技术一般规定有哪些？

答：1）施工组织设计中，应根据供热管道的介质、压力、管径、材质、设备、附件、现场环境等，编制供热管道安装方案，制定相应的安全技术措施。

2）管道工应经专业培训，考核合格，方可上岗。

3）安装机具使用前，应经检查、试运行，确认正常。

4）作业场地应平整、无障碍物、满足机具设备和操作人员安全作业的需要。

5）安装作业的现场应划定作业区，设标志，非作业人员严禁入内。

6）沟槽作业应设安全梯或土坡道。

7）高处作业必须设作业平台，并遵守本规程相关规定。在高处实测中线、高程等作业时，必须设高凳、安全梯等设施。梯、凳必须坚实，放置稳固。

8）作业人员应按规定佩戴劳动保护用品。

9）进入沟槽前，必须检查沟槽边坡稳定状况，确认安全。在沟槽内作业过程中，应随时观察边坡稳定状况，发现坍塌征兆时，必须立即停止作业，撤离危险区，待加固处理，确认合格后，方可继续作业。

10）管道安装临时中断作业时，应将管口两端临时封堵。

4-3-58　供热管道安装施工安全技术下管与铺管有哪些要求？

答：1）排管、下管应使用起重机具进行，并遵守现行有关规定。严禁将管子直接扔入沟槽内。

2）在沟槽外排管时，场地应平坦、不积水；管子与槽边的距离应根据管子质量、土质、槽深确定，且不得小于1m；管子应挡掩牢固。

3）在沟槽上方架空排管时，应遵守下列规定：

（1）沟槽顶部宽度不宜大于2m。

（2）排管所使用的横梁断面尺寸、长度、间距，应经计算确定。严禁使用糟朽、劈裂、有疖疤的木材作横梁。

（3）排管用的横梁两端应置于平整、坚实的地基上，并以方木支垫，其在沟槽上的搭置长度，每侧不得小于80cm。

（4）支承每根管子的横梁顶面应水平，且同高程。

（5）排管下方严禁有人。

4）在沟墙上方架空排管时，排管用的横梁两端在沟墙上的搭置长度不得超过墙外缘，并应遵守本节3）中的（2）、（4）、（5）规定。

5）下管前，必须检查沟槽边坡状况，确认稳定。下管中，应在沟槽内采取防止管子摆动的措施和设临时支墩。

6）起重机具下管应将管子下放至距管沟基面或沟槽底50cm后，作业人员方可在管道两侧辅助作业，管子落稳后方可摘钩。

7）管段较长，使用多个起重机或多个倒链下管时，必须由一名信号工统一指挥。管段各支承点的高程应一致，各个作业点应协调作业，保持管段水平下落。

8）对口作业应遵守下列规定：

（1）人工调整管子位置时必须由专人指挥，作业人员应精神集中，配合协调。

（2）采用机具配合对口时，机具操作工必须听从管工指令。

4-3-59　供热管道施工一般规定有哪些？

答：1）适用于工作压力$P\leqslant0.7$MPa，介质温度$T\leqslant130$℃的饱合蒸汽管网；工作压力$P\leqslant1.6$MPa，介质温度$T\leqslant350$℃的蒸汽管网；工作压力$P\leqslant2.5$MPa，介质温度$T\leqslant200$℃的热水管网管道工程。

2）用于供热管道工程的钢管材，当管道的管径＞200mm时宜使用螺旋焊接钢管，管径为50～200mm时应使用焊接钢管或无缝钢管。

3）管道铺设时供热管应位于背向来水方向的右侧，回水管应在左侧。管道安装完成后，应将内部清理干净，并及时封闭管口。

4）沟埋式供热管道安装与连接应与管沟主体结构配合协调施工。为保证固定口施焊、固定口部位的管沟可据实际情况，在管道固定口施焊后施作。

4-3-60　供热管道安装与连接有哪些规定？

答： 1）供热管道焊制应符合下列要求：

（1）当壁厚不等时，若薄件的厚度不大于10mm且壁厚差大于3mm；或薄件的厚度大于10mm且厚度差大于薄件厚度的30%或超过5mm时，应对厚壁侧管进行削薄处理，其削薄长度应不小于4倍的厚度差。

（2）管道组成件焊缝的相对位置应符合相应标准的规定，当标准未规定时，应满足以下要求：两管道的纵向焊缝或螺旋焊缝之间的距离不应小于100mm；同一管道上的两条纵向焊缝之间的距离不应小于300mm；两相邻环焊缝之间的距离不应小于管径且不小于150mm。

2）法兰连接应符合下列规定：

（1）法兰不得安装在墙内或套管内。

（2）埋地管道或不通行地沟内管道的法兰接口处应设置检查井。

3）管螺纹连接应符合下列规定：

（1）适用于管径 $DN \leqslant 80$mm，工作压力＜1.0MPa，介质温度＜100℃的热水管道；管径≤50mm，工作压力＜0.6MPa的饱合蒸汽管道。

（2）宜使用预制加工的且螺纹装有保护套的管材。

（3）现场加工螺纹，宜选用套螺机加工，螺纹长度、丰满度应符合质量要求。

（4）螺纹间隙的填料宜采用聚四氟乙烯生胶带的密封填料。

4-3-61　供热管件与管件安装应符合哪些规定？

答： 1）管件宜使用定型产品，产品应有生产合格证。现场预制管件应符合有关规定。

2）管件安装应符合下列规定：

（1）钢管、管路附件等安装前应按设计要求核对型号，并按规定进行检验。

（2）管件制作和可预组装的部分宜在管道安装前完成，并应经检验合格。

（3）管道法兰、焊缝及其他连接件的安装位置应留有检修空间。

（4）管道与管件连接应平直、牢固、位置准确。

4-3-62　供热管件支座、支架、吊架施工应符合哪些规定？

答： 1）管道的支座、支架、吊架宜采用定型产品，其质量应符合设计要求。产品应具有出厂合格证。现场加工的支座、支架、吊架等其结构形式、材质、尺寸、制作精度及焊接质量应符合设计要求，焊接变形应予以矫正。安装前应进行检查，确认质量符合要求。

2）管道安装前，应先完成管道支、吊架的安装。支、吊架安装后经检查确认位置准确、安装牢固，坡度符合设计要求，方可进行管道安装。

3）管沟内铺设的管道，应在距沟口0.5m处设支、吊架。管道滑动支架、滑托、吊架的吊杆应处于管道热位移方向相反的一侧。其偏移量应符合设计要求，设计无要求时应为计算位移量的50%。

4）热伸长方向不同或热伸长量不等的供热管道，不得安装在同一吊架或同一滑动支架。

5）管道安装时，宜减少使用临时支、吊架，临时支、吊架应避开正式支、吊架的位置，且不得影响正式支、吊架的安装。用后即行拆除。

6）安装滑动支架应符合下列规定：

（1）滑动支架的滑动支撑板与支架的滑动面，导向支架的导向板滑动平面应平整、光滑，不得有毛刺及焊渣等。

（2）焊在钢管外表面上的弧形板应采用模具压制成型，当采用同径钢管切割的，应采用模具整形。

（3）已预制完成并经检查合格的管道支架应按设计要求进行防腐处理。并妥善保管。

(4) 滑动支架的偏移方向、偏移量及导向性能应符合设计要求。其支承表面的标高可采用加设金属垫板调整，垫板不得超过两层，垫板应与支座结构（或支承板）焊接牢固。

7) 固定支架安装应符合下列规定：

(1) 与固定支座相关的土建结构工程施工应与固定支座安装协调配合，且其质量必须达到设计要求。

(2) 有补偿器的管段，在补偿器安装前，管道和固定支架之间不得进行固定。

(3) 固定支架、导向支架等型钢支架的根部，应做防水护墩。

(4) 固定支架卡板和支架结构接触面应接触紧密；管道与固定支架、滑托等焊接时，管壁上不得有焊痕等存在。

(5) 固定支架的检查应按规定填写记录。

8) 组合式弹簧支架（吊架）安装应符合下列规定：

(1) 弹簧支、吊架外形尺寸偏差应符合设计要求，弹簧不得有裂纹、折叠、分层、锈蚀等缺陷。弹簧两端支撑面应与弹簧轴线垂直，其偏差不得超过自由高度的2%。

(2) 弹簧支、吊架安装高度应按设计要求进行调整。

(3) 弹簧的临时固定件，应在管道安装、试压、保温完毕后拆除。

9) 吊架安装应符合下列规定：

(1) 吊架的吊杆必须生根牢固。

(2) 吊杆的中心位置与水平间距准确。

(3) 吊杆的高程调节装置（花篮螺母）应符合调距要求。

(4) 管卡与管道间隙适度。

(5) 安装后应进行防腐处理。

10) 架空管道支座安装应符合下列规定：

(1) 滑动支座的高度应大于保温层的厚度。

(2) 弹簧支座应安装在管道有垂直膨胀伸缩而无横向膨胀伸缩之处，安装时必须保证弹簧能自由伸缩，并应偏向膨胀方向相反的一边。

4-3-63 供热管道伸缩与补偿装置有哪些要求?

答： 1) 供热管道的伸缩补偿装置，宜优选符合设计要求的定型产品，具有生产合格证与安装使用说明。现场制作补偿器时应符合下列规定：

(1) 方形补偿器的椭圆度、波浪度和角度偏差等应符合弯管制作的相应规定；煨弯组合的补偿器、弯管之间的连接点应放在各臂的中部；用冲压弯管或焊制弯管组焊的方形补偿器各臂应采用整管制作。

(2) 现场焊制套筒补偿器的补偿量应经计算确定，补偿器各部尺寸应符合设计要求。

(3) 焊制要求应符合相关要求。

2) 补偿器安装前，应按现行《金属波纹管膨胀节通用技术条件》GB/T 12777—2008、《城市供热管道用波纹管补偿器》CJ/T 3016.2—1994、《城市供热补偿器焊制套筒补偿器》CJ/T 3016.2—1994的有关规定，核对每个补偿器的型号和安装位置。并对补偿器的外观进行检查。

3) 需要进行预变形的补偿器，预变形量应符合设计要求，并按规定记录补偿器的预变形量。

4) 补偿器安装完毕后，应拆除运输、固定装置，并应按要求调整限位装置并作记录。补偿器安装后，应按规定填写补偿器安装记录。

5) 补偿器宜进行防腐和保温处理，采用的防腐和保温材料不得影响补偿器的使用寿命。

6) 补偿器竖直安装时，应在补偿器的最高点安装放气阀，最低点安装放水阀门。介质是蒸汽时，应在补偿器的最低点安装疏水器或放水阀门。

7）两个补偿器之间或每一个补偿器两侧都应设置固定支座，固定支座必须安装牢固。两个固定支座的中间应设导向支座；补偿器两侧的导向支座和活动支座安装时，应设置偏心，其偏心长度应视该点距固定点的管道热伸量而定。偏心的方向应以补偿器的中心为基准。

8）自然补偿管段的冷紧应符合下列规定：

（1）冷紧焊口位置应留在有利操作的地方，冷紧长度应符合设计要求。

（2）冷紧应在冷紧段两端的固定支架安装完毕，并达到设计强度，管道与固定支架已固定连接，管段上的其他焊口已全部焊完并经检验合格，法兰、仪表、阀门的螺栓均已拧紧后进行。

（3）管段上的支、吊架已安装完毕，冷紧焊口附近吊架的吊杆应预留足够的位移量。

（4）管段上的倾斜方向及坡度应符合设计要求。

（5）冷紧焊口焊接完毕并经检验合格后，方可拆除冷紧卡具。并按规定填写记录。

9）方形补偿器的安装应符合下列规定：

（1）水平安装时，垂直臂应水平放置，平行臂应与管道坡度相同。

（2）垂直安装时，不得在弯管上开孔安装放风管和排水管。

（3）方形补偿器处滑托的预偏移量应符合设计要求。

（4）冷紧应在两端同时、均匀、对称地进行，冷紧值的允许误差为10mm。

（5）使用顶拉机具应固定牢固。

10）焊制套筒补偿器安装应符合下列规定：

（1）焊制套筒补偿器应与管道保持同轴。

（2）焊制套筒补偿器芯管外露长度应大于设计要求的伸缩长度，芯管端部与套管内挡圈之间的距离应大于管道冷收缩量。

（3）采用成型填料圈密封的焊制套筒补偿器，填料的品种及规格应符合设计要求，填料圈的接口应做成与填料箱圆柱轴线成45°的斜面，填料应逐圈装入，逐圈压紧，各圈接口应相互错开。

（4）采用非成型填料的补偿器，填注密封填料时应按规定压力依次均匀压注。

11）波纹管补偿器安装应符合下列规定：

（1）波纹管补偿器应与管道保持同轴。

（2）有流向标记（箭头）的补偿器，安装时应使流向标记与管道介质流向一致。

12）球形补偿器的安装应符合下列规定：

（1）与球形补偿器相连接的两垂直臂的倾斜角度应符合设计要求，外伸部分应与管道坡度保持一致。

（2）试运行期间，应在工作压力和工作温度下进行观察，应转动灵活，密封良好。

13）直埋补偿器的安装应符合下列规定：

（1）回填后固定端应可靠锚固，活动端应能自由活动。

（2）带有预警系统的直埋管道中，在安装补偿器处，预警系统连线应做相应的处理。

14）一次性补偿器的安装应符合下列规定：

（1）一次性补偿器的预热方式视施工条件可采用电加热或其他热媒预热管道，预热升温温度应达到设计的指定温度。

（2）预热到要求温度后，应与一次性补偿器的活动端焊接，焊接外观不得有缺陷。

15）采用其他形式补偿器应符合设计及其安装说明书要求，经检验确认合格后方可使用。

4-3-64　供热管道保温施工的规定有哪些？

答：管道和安装在管道上的管件、设备保温应在试压、防腐验收合格后进行。

1）当使用预先做防腐、保温层的钢管时，应将环形焊缝等需要检查处预留出，待各项检验合格后，再将留出部位进行防腐、保温。

3）采用湿法施工的保温工程，室外平均温度低于5℃时，不宜施工。必须施工时应采取防冻措施。雨雪天气中不得进行室外露天保温工程的施工。

4）保温层的保护层应做在干燥、经检查合格的保温层表面上。保护层应质地严密、牢固，具有良好的不透水性。

5）保温材料的品种、规格、性能等应符合国家产品标准和设计要求，产品应有出厂合格证、质量检测报告和使用说明书。材料进场时应对品种、规格、外观等进行检查验收。进场的每一批保温材料，使用前均应任选1～2组试样进行导热系数测定，导热系数超过设计取定值5%以上的材料不得使用。不同品种、生产企业生产的产品，应分别存放，不得混存。贮存环境应通风良好，防晒、防潮并远离火源。

6）保温层施工应符合下列规定：

（1）施工中应根据不同保温材料的性能、特点，确定施工方法。

（2）当保温层厚度超过100mm时，应分为两层或多层逐层施工。

（3）当采用预制瓦块作保温层时，其拼缝宽度不得大于5mm。缝隙应用灰胶泥填满，瓦块内应抹3～5mm厚的灰胶泥层。瓦块应同层错缝，里、外层错缝各向均不得小于50mm。每块瓦应有两道绑丝，不得采用螺旋形捆扎方法。

（4）当采用保温棉毡、垫作保温层时，厚度与密度应均匀，外形应规整，同层纵向错缝，里外层纵环向均应错缝。

（5）当采用硬质保温制品作保温层时，应按设计要求预设伸缩缝。

（6）当采用纤维制品保温材料施工时，应与被保温表面贴紧，厚度均匀，纵向接缝位于管子下方45°位置，接缝处不得有空隙。捆扎间距不得大于200mm，并适当紧固。双层结构时，层间应盖缝，表面应保持平整。

（7）当采用软质复合硅酸盐保温材料施作时，应符合设计要求；当设计无要求时每层抹10mm压实，待表面有一定强度时，再抹第二层。

（8）管道端部或有盲板的部位应铺设保温层。

（9）各种支架及管道设备等部位，在施作保温层时应预留出一定间隙，保温结构不得妨碍支架的滑动和设备的正常运行。设备的保温层不得遮盖设备铭牌。

（10）阀门、法兰等部位的保温结构应易于拆装，靠近法兰处，应在法兰的一侧留出螺栓的长度加25mm的空隙，阀门保温层应不妨碍填料的更换。有冷紧或热紧要求的管道上的法兰，应在冷拧紧或热拧紧完成后再进行保温。

（11）保温固定件、支撑件的设置和大管径的垂直管道，每隔3～5m应设保温层承重环或抱箍，其宽度为保温层厚度的2/3，并进行防腐。

（12）保温层端部应做封端处理。设备、容器上的人孔、手孔等需要拆装部位，应做成45°的坡面。

（13）施工中，严禁对直埋热力管道及沟内铺设管道使用吸水性强的材料作保温层或进行填充式保温。

4-3-65　保温层的保护层施工应符合哪些规定？

答：1）施工中应根据保护层的材料性能、特点、设计要求选定施工方法。

2）采用复合材料作保护层应符合下列要求：

（1）玻璃纤维应以螺纹状紧缠在保温层外，前后均搭接50mm，布带两端及每隔300mm用镀锌钢丝或钢带捆扎。

（2）复合铝箔材料可直接铺在平整保温层表面上。接缝处用压敏胶带粘贴和铆钉固定，垂直管道及设备的铺设由下向上，成顺水接缝。

（3）玻璃钢材料保护壳连接处用铆钉固定，纵向搭接尺寸宜为50～60mm，环向搭接宜为40～50mm，垂直管道及设备铺设由下向上，成顺水接缝。

（4）铝塑复合板材料可用于软质绝热材料的保护层施工，铝塑复合板正面应朝外，不得损伤其表面，接缝用保温钉固定，间距宜为60～80mm；环向搭接宜为30～40mm，纵向搭接不得小于10mm。垂直管道的铺设由下向上，成顺水接缝。

3）采用金属保护层应符合下列要求：

（1）安装前，金属板两边先压出两道半圆凸缘。对设备保温，可在每张金属板对角线上压两条交叉筋线。

（2）垂直方向的施工应将相邻两张金属板的半圆凸缘重叠搭接，自下而上顺序施工，上层板压下层板，搭接长度宜为50mm。

（3）水平管道的施工可直接将金属板卷合在保温层外，按管道坡向自下而上顺序施工。两板环向半圆凸缘重叠，纵向搭口向下，搭接处重叠宜为50mm。

（4）搭接处应采用铆钉固定，间距不得大于200mm。

（5）金属保护层应留出设备及管道运行受热膨胀量。

（6）在露天或潮湿环境中保温设备和管道的金属保护层，应按规定嵌填密封剂或在接缝处包缠密封带。

（7）已安装的金属保护层严禁踩踏或堆放施工物品。

4）采用石棉水泥保护层应符合下列要求：

（1）抹面保护层的灰浆密度不得大于1000kg/m^3；抗压强度不得小于0.8MPa；干燥后不得产生裂缝、脱壳等现象，不得对金属有腐蚀。

（2）抹石棉水泥保护层以前，应检查钢丝网有无松动部位，并对有缺陷的部位进行修整，保温层的空隙应采用胶泥填充。保护层分两次抹成。

（3）保护层未硬化前应有防雨雪措施。当环境温度低于5℃，应采取冬期施工措施。

5）热力管道保温层的保护层应表面平整、轮廓清晰、整齐；缠绕式保护层应缠绕紧密、绑扎牢固；金属保护层搭接尺寸应符合要求，无松脱、翻边翘缝。

4-3-66　供热直埋预制保温管道安装有哪些规定？

答：1）直埋预制保温管在运输、贮存、堆放、安装过程中，不得拖拽保温壳，不得损坏端口和外护层。

2）直埋预制保温管道的施工和安装除应符合国家现行《城镇直埋供热管道工程技术规程》CJJ/T 81—2013的有关规定外，尚应符合下列规定：

（1）管道的施工分段宜按补偿段划分，当管道设计有预热伸长要求时，应以一个预热伸长段作为一个施工分段。

（2）直埋管道的线位、坡度应与设计一致，接口牢固严密。安装中遇有折角时，必须报经有关单位确认。

（3）管道在固定点处的连接与固定点的强度没有达到设计要求之前，不得进行预热伸长检查或试运行。

（4）保护套管不得妨碍管道伸缩，不得损坏保温层及外保护层。管道采用硬质保温材料保温时，在管段每隔10～20m及弯头处应留伸缩缝。缝内填柔性保温材料，并做外防水层。

（5）直埋保温管需现场切割配管时应符合下列要求：

①配管长度不宜小于2m。

②切割中应采取措施防止外护管脆裂。

③配管端头的裸露长度应与原成品管端头的裸露长度一致，并作出坡口、倒角。

（6）直埋保温管接头的保温和密封应在接头焊口检验合格、接头处气密性检验合格后进行。接头保温施工应符合保温、密封材料使用说明书的要求。

3）直埋蒸汽和高温供热水管道的安装施工应符合现行有关标准的规定。

4）直埋预制保温管道预警系统应按设计要求进行安装。安装前应对单件产品预警线进行断路、短路检测。安装过程中，应首先连接预警线，并在每个接头安装完毕后进行预警线断路、短路检测。

5）补偿器、阀门、固定支架等部位的现场保温层施作应在预警系统连接检验合格后进行。

6）直埋预制保温管道应位置准确，功能性试验符合规定。

4-3-67　供热管沟与检查室施工规定有哪些？

答：1）现浇混凝土热力管沟施工，除符合有关规定外，尚应符合下列规定：

（1）模板支设偏差应与设计要求的质量匹配，未作要求时，不得超过表4-3-67（1）的规定。

现浇结构模板安装的允许偏差　　**表4-3-67（1）**

序　　号	项　　目		允许偏差（mm）
1	相邻两板表面高低差		2
2	表面平整度		5
3	截面内部尺	基础	+10 −20
		柱、墙、梁	+4 −5
4	轴线位置		5
5	墙面垂直度		8

（2）钢筋成型应牢固，安装应符合设计要求，未作要求时，偏差不得超过表4-3-67（2）的规定。

钢筋安装位置的允许偏差　　**表4-3-67（2）**

序　号	项　　目	允许偏差（mm）	
1	主筋及分布筋间距	梁、柱、板	±10
		基础	±20
2	多层筋间距	±5	
3	保护层厚度	基础	±10
		梁、柱	±5
		板、墙	±3
4	预埋件	中心线位置	5
		水平高差	0　+3

（3）固定支架与土建结构应结合牢固。当固定支架的混凝土强度未达到设计要求时，固定支架不得与管道固定且应防止外力破坏。

（4）活动支架应按设计间距安装，支承管道滑托的各钢板顶面高程，应符合管道坡度要求。支架底部找平层应满铺密实。

（5）管沟、检查室结构强度达到设计要求后，方可进行各管道阀门、附件等的安装。

2）装配式混凝土管沟施工除符合有关规定外，尚应符合下列规定：

（1）活动支架、固定支架安装应符合1）中（3）的有关规定。

（2）宜在管道安装结束，管沟清理后安装盖板，并留必要的清槽出入口。

3）砌筑墙体、预制顶板管沟施工应符合有关规定。

4）热力管沟的止水带安装应符合有关规定。

5）当干管保温结构表面与检查室地面距离小于 0.6m，检查室的人孔直径小于 0.7m 时，应报有关单位提请设计解决。

6）当采用水泥砂浆五层做法施作管沟、检查井的防水抹面时应整段整片分层操作。

7）当墙面采用柔性防水层时，应符合现行《地下工程防水技术规范》GB 50108 的规定。结构伸缩缝及止水带的做法，应按设计要求施工。

8）检查室施工除应符合相关规程外，尚应符合下列规定：

(1) 室内底应平顺，坡向集水坑，爬梯应安装牢固，位置准确，不得有建筑垃圾等杂物。

(2) 井圈、井盖型号准确，安装平稳。

4-3-68　直埋钢管安装质量标准有哪些？

答：《城镇供热管网工程施工及验收规范》CJJ 28—2004 规定：

1）主控项目：

(1) 钢管的除锈：

检查数量：50m 检查 50 点。

检验方法：外观检查。

(2) 保温层厚度：

检查数量：每隔 20m 测 1 点。

检验方法：用钢针刺入保温层测厚。

(3) 管道支、吊架安装时支架标高：

检查数量：全数检查。

检验方法：水准仪测量。

(4) 管道对口时的对口间隙：

检查数量：每 10 个口检查 1 点。

检验方法：用焊口检测器，量取最大偏差值。

(5) 管道的焊缝：

检查数量：按设计文件要求，设计没有明确的应符合相应标准规定。

检验方法：超声波探伤或射线探伤。

(6) 管道安装时管道高程：

检查数量：50m 检测，不计点。

检验方法：水准仪测量。

(7) 直埋保温管安装时节点的保温和密封：

检查数量：全数检查。

检验方法：目测和气密性试验。

2）一般项目：

(1) 管道加工和现场预制管件的质量检验：

①钢管切口端面应平整，不得有裂纹、重皮、毛刺，熔渣应清理干净。

②弯管的表面不得有裂纹、分层、重皮、过烧等缺陷，且应过渡圆滑，表面光洁。

③管道加工和现场预制管件的允许偏差及检验方法应符合表 4-3-68 (1)规定。

(2) 焊缝质量检验：

①在施工过程中，焊接质量检验按下列次序进行：

对口质量检验；表面质量检验；无损探伤检验；强度和严密性试验。

管道加工和现场预制管件的允许偏差及检验方法 **表 4-3-68 (1)**

序号	项目			允许偏差（mm）	检验方法
1	弯头	周长	DN>1000（mm）	≤6	钢尺测量
			DN≤1000（mm）	≤4	
		端面与中心线垂直度		≤外径的 1%，且≤43	角尺、直尺测量
2	异径管	椭圆度		≤各端外径的 1%，且≤3	卡尺测量
3	三通	支管垂直度		≤各端外径的 1%，且≤5	角尺、直尺测量
4	钢管	切口端面垂直度		≤外径的 1%，且≤3	角尺、直尺测量

② 焊缝表面质量检验符合下列要求：

检查前，应将焊缝表面清理干净；

焊缝尺寸应符合要求，焊缝表面完整，高度不低于母材表面，并与母材圆滑过渡；

不得有表面裂纹、气孔、夹渣及熔合性飞溅物等缺陷；

咬边深度应小于 0.5mm，且每道焊缝的咬边长度不得大于该焊缝总长的 10%；

表面加强高度不得大于该管道壁厚的 30%，且不大于 5mm，焊缝宽度应焊出坡口边缘 2～3mm；

表面凹陷深度不得大于 0.5mm，且每道焊缝表面凹陷长度不得大于该焊缝总长的 10%。

③ 焊缝无损探伤检验应符合下列规定：

管道的无损检验标准应符合设计或符合表 4-3-68 (2)的规定；

焊缝无损探伤检验必须由有资质的检验单位完成。

应对每位焊工至少检验一个转动焊口和一个固定焊口。

转动焊口经无损检验不合格时，应取消该焊工对本工程的焊接资格；固定焊口经无损检验不合格时，应对该焊工焊接的焊口规定的检验比例加倍抽检，仍有不合格时，应取消该焊工焊接资格。对取消焊接资格的焊工所焊的全部焊缝应进行无损探伤检验。

钢管与设备、管件连接处的焊缝应进行 100%无损探伤检验。

管线折点处有现场焊接的焊缝，应进行 100%的无损探伤检查。

焊缝返修后应进行表面质量及 100%的无损探伤检验，其检验数量不计在规定检验数中。

穿越铁路干线的管道在铁路路基两侧各 10m 范围内，穿越城市主要干线的不通行管沟及直埋敷设的管道在道路两侧各 5m 范围内，穿越江、河、湖等的水下管道在岸边各 10m 范围内的全部焊缝及不具备水压试验条件的管道焊缝，应进行 100%无损探伤检验。检验量不计在规定的检验数量中。

现场制作的各种承压管件，数量按 100%进行，其合格标准不得低于管道无损检验标准。

焊缝的无损检验量，应按规定的检验百分数均布在焊缝上，严禁采用集中检验量来替代应检焊缝的检验量。

当使用超声波和射线两种方法进行焊缝无损检验时，应按各自标准检验，均合格时方可认为无损检验合格。超声波探伤部位应采用射线探伤复检，复检数量应为超声波探伤数量的 20%。

焊缝不宜使用磁粉探伤和渗透探伤，但角焊缝处的检验可采用磁粉探伤或渗透探伤。

在城市主要道路、铁路、河湖等处敷设的直埋管网，不宜采用超声波探伤，其射线探伤合格等级应按设计要求执行。

供热管网工程的固定支架、导向支架、滑动支吊架等焊缝均应进行检查。

焊缝的返修次数不得多于 2 次。

供热管网工程焊缝无损检验数量表 **表 4-3-68 (2)**

序号	载热介质名称	管道设计参数		焊缝无损探伤检验数量（%）														合格标准	
				地上敷设				能行及半能行管沟敷设				不通行管沟敷设（含套管敷设）				直埋敷设		超声波探伤符合 GB/T 11345	射线探伤符合 GB/T 3323
		温度 T（℃）	压力 P（℃）（MPa）	$DN<$ 500mm		$DN\geqslant$ 500mm		$DN<$ 500mm		$DN\geqslant$ 500mm		$DN<$ 500mm		$DN\geqslant$ 500mm					
				固定焊口	转动焊口	固定焊口	转动焊口	固定焊口	转动焊口	固定焊口	转动焊口	固定焊口	转动焊口	固定焊口	转动焊口	固定焊口	转动焊口	规定的焊缝级别	规定的焊缝级别
1	过热蒸汽	$200<T\leqslant2.5$	$1.6<P\leqslant2.5$	6	3	10	5	10	5	12	6	15	8	15	10	—	—		
2	过热或饱和蒸汽	$200<T\leqslant350$	$1.0<P\leqslant1.6$	5	2	8	4	8	4	10	5	10	5	21	6	—	—		
3	过热或饱和蒸汽	$T\leqslant200$	$0.07<P\leqslant1.0$	4	2	6	3	5	2	6	3	10	5	12	6	—	—		
4	高温热水	$150<T\leqslant200$	$1.6<P\leqslant2.5$	6	3	10	5	10	5	12	6	15	8	15	10	—	—	Ⅱ	Ⅲ
5	高湿热水	$120<T\leqslant150$	$1.0<P\leqslant1.6$	5	2	8	4	8	4	10	5	10	5	12	6	15	6		
6	热水	$T\leqslant120$	$P\leqslant1.6$	3	2	6	3	6	3	8	4	10	5	10	5	15	5		
7	热水	$T\leqslant100$	$P\leqslant1.0$	抽检				抽检				5	2	6	3	8	4		
8	凝结水	$T\leqslant100$	$P\leqslant0.6$	抽检				抽检				抽检				5	2		

注：表中无损探伤检验数量栏中，"抽检"是指检验数不超过1%，检验焊口的位置、数量和方法由检验人员确定。

3）直埋保温管道安装质量检验见表 4-3-68 (3)。

直埋保温管道安装质量的检验项目及检验方法 **表 4-3-68 (3)**

序号	项 目	质量标准			检验频率	检验方法
1	连接预警系统	满足产品预警系统的技术要求			100%	用仪表检查整体线路
2	Δ节点的保温和密封	外观检查		无缺陷	100%	目 测
		气密性试验	一级管网	无气泡	100%	气密性试验
			二级管网	无气泡	20%	

注：Δ为主控项目，其余为一般项目。

4）钢管除锈、涂料质量检验：

(1) 与基面粘接牢固，涂层应均匀，厚度应符合产品要求，面层颜色一致。

(2) 漆膜均匀、完整，无漏涂、损坏。

(3) 色环宽度一致，间距均匀，与管道轴线垂直。

(4) 当设计有要求时，应进行涂层附着力测试。

(5) 钢管除锈、涂料质量标准应符合表 4-3-68 (4)规定。

钢管除锈、涂料质量标准　　表 4-3-68 (4)

序号	项目	质量标准	检查频率		检验方法
			范围（m）	点数	
1	Δ除锈	铁锈全部清除，颜色均匀，露金属本色	50	50	外观检查每 10m，计 1 点
2	涂料	颜色光泽、厚度均匀一致，无起褶、起泡漏刷	50	50	外观检查每 10m，计 1 点

注：Δ为主控项目，其余为一般项目。

5）管道保温层施工质量检验标准：

（1）保温固定件、支承件的安装应正确、牢固、支承件不得外露，其安装间距应符合设计要求。

（2）保温层厚度应符合设计要求。

（3）质量检查时，设备每隔 $50m^2$ 或管道每 50m 应各取样抽检三处，其中有一处不合格时，应就近加倍取点复查，仍有 1/2 不合格时，其中有一处不合格时，应认定该处为不合格。超过 $500m^2$ 的同一设备或超过 500m 的同一管道保温工程验收时，取样布点的间距可增大。

（4）保温层密度的检查应现场切取试样检查，棉毡类保温层安装密度允许偏差为 10%；板、管壳类保温层安装密度允许偏差为 5%。

（5）保温结构的端部不应妨碍管道附件（如法兰、阀门等）螺栓的拆装和门盖的开启。

（6）保温层施工允许偏差及检验方法，应符合表 4-3-68 (5)规定。

保温层允许偏差及检验方法　　表 4-3-68 (5)

序号	项　目		允许偏差	检验频率	检验方法
1	Δ厚度	硬质保温材料	+5%	每隔 20m 测一点	钢针刺入保温层测厚
		柔性保温材料	+8%		
2	伸缩缩宽度		±5mm	抽查 10%	尺量检查

注：Δ为主控项目，其余为一般项目。

6）管道保护层质量检验标准：

（1）缠绕式保护层应裹紧，重叠部分宜为带宽的 1/2，不得有松脱、翻边、皱褶和鼓包等缺陷，缠绕的起点和终点宜采用镀锌钢丝或箍带捆扎结实。

（2）涂抹保护层表面应平整光洁、轮廓整齐，镀锌钢丝头不得外露，抹面层不得有酥松和冷态下的干缩裂缝。

（3）金属保护层不得有松脱、翻边、割口、翘缝和明显的凹坑。保护层的环向接缝，应与管道轴线保持垂直。纵向接缝应与管道轴线保持平行。设备及大型储罐保护层的环向接缝与纵向接缝应互相垂直，并成整齐的直线。保护层的接缝方向应与设备、管道的坡度方向一致。保护层的椭圆度不得大于 10mm。保护层的搭接尺寸应符合设计要求。

（4）保护层表面不平度允许偏差及检验方法应符合表 4-3-68 (6)规定。

保护层表面不平度允许偏差表　　表 4-3-68 (6)

序号	项　目	允许偏差（mm）	检验频率	检验方法
1	涂抹保护层	<10	每隔 20m 取 1 点	外观
2	缠绕式保护层	<10	每隔 20m 取 1 点	外观
3	金属保护层	<5	每隔 20m 取 1 点	2m 靠尺和塞尺检查
4	复合材料保护层	<5	每隔 20m 取 1 点	外观

4-3-69　直埋钢管安装质量记录有哪些？

答：安装分项内容应填写下列记录进行填写：

1）材料牌号、化学成分和机械性能复验报告。

2）焊缝表面检测报告。

3）磁粉探伤、着色探伤检测报告、射线探伤检测报告、超声波探伤检测报告、射线检测报告（底片评定记录）、超声波检测报告（缺陷记录）。

4）阀门试验报告。

5）管道补偿器预变形记录。

6）补偿器安装记录、补偿器冷拉记录。

7）管道冷紧记录。

8）安全阀调试记录。

9）供热管网工程强度、严密性试验记录。

10）焊缝综合质量记录。

11）焊缝排位记录及示意图。

12）钢管变形检查记录。

13）防腐层施工质量检查记录。

4-3-70　直埋钢管安装安全与环保、成品保护措施有哪些？

答：1）安全管理措施

（1）钢管吊装应选择地上、地下障碍物较少的部位，远离高压电线、压力管道等。

（2）施焊人员必须持证上岗，配备必须的安全防护用品，严格按操作规范操作，严禁违章操作。

（3）施工机械、电气设备等必须符合国家安全防护标准等级，自制设备必须经安全检验和性能检测全合格后方可投入使用。

（4）电工带电作业时，必须有专人监护。

（5）管道对口时；动作要协调，手不得放在管口和结合处。

（6）铲管材坡口、磨口、剔飞刺、敲焊渣时，操作人员应戴防护目镜，对面严禁有人。

2）环保管理措施

（1）施焊作业面应保证良好的通风。

（2）废弃的焊条头、焊渣等集中堆放回收，不得作为一般建筑垃圾处理。

（3）强噪声施工时，应搭设减噪棚。

3）储运过程中的成品保护

（1）吊运管材、管件时，应以吊装带吊装，防止破坏防腐层。

（2）钢管露天码放时，应选择在地势较高地段将管子垫起，管子码放不得超过3层。

（3）设备进场检验合格后，应再次封闭包装箱，做到密封保管，不得露天码放。

4）施工过程中的成品保护

（1）钢管安装时，手动倒链应采取吊装带，以免破坏防腐层。

（2）施焊时不得在非施焊管材上引弧。

（3）管道内的焊渣等杂物做到随焊随清。

（4）阀门吊装时严禁将吊装点置于手轮上。

（5）管沟内钢管水平运输时，不得将管身置于硬物上拖拉。

（6）补偿器安装完毕后，及时用防火布覆盖，防止焊渣破坏补偿器。

4-3-71　有沟敷设供热管道安装施工准备什么？

答：1）材料

(1) 参考直埋钢质供热管道中相应内容。

(2) 固定支架、导向支架、滑动支架材料符合设计要求。

2) 施工机具(设备)

同直埋钢质供热管道中相应内容。

3) 作业条件

(1) 土建结构已施工完毕，且验收合格。

(2) 热力沟内的杂物已经清理完毕。

(3) 工作面照明符合要求，通风条件良好。

4) 技术准备

(1) 施工技术方案已经业主、监理、设计审批。

(2) 所有操作人员经考核合格，并具备上岗条件。

4-3-72 有沟敷设供热管道安装工艺流程是怎样的?

答: 工艺流程:

施工准备→管沟结构施工→运管、排管→对口、修口→焊接→下管连接→管道支吊架安装→安装阀门等附件→分段试压→涂刷除锈漆→保温→总试压→找补保温→验收→勾头→盖盖板→冲洗→试运行→总验收。

4-3-73 有沟敷设供热管道安装操作方法要点有哪些?

答: 操作方法要点如下

1) 施工准备:

(1) 参考《直埋钢质供热管道安装工艺》中相关内容执行。

(2) 管道安装前，准备工作应符合下列规定:

根据设计要求的管径、壁厚和材质，应进行钢管的预先选择和检验，矫正管材的平直度，整修管口及加工焊接用的坡口;

清理管内外表面、除锈和除污;

根据运输和吊装设备情况及工艺条件，可将钢管及管件焊接成预制管组;

钢管应使用专用吊具进行吊装，在吊装过程中不得损坏钢管。

2) 管沟结构施工:

(1) 管沟形式主要有砌筑管沟、现浇钢筋混凝土管沟等，管沟分项工程的安排和衔接应符合工程构造原理，施工中的停止部位应符合热力管网工程施工的需要。

(2) 应在排水良好的情况下砌筑、浇筑管沟。

(3) 深度不同的相邻基础，应按先深后浅的顺序进行施工。

(4) 砌体管沟的砌筑方法应正确，不应有通缝、砂浆应饱满，配合比符合设计要求，清水墙面应保持清洁、刮缝深度适宜，勾缝密实、深浅一致，横竖缝交接处平整一致。

(5) 混凝土地沟底面要平整，坡度符合设计要求。

(6) 管沟断面尺寸符合设计要求，为了焊接管道固定口，个别管沟墙体应滞后施工。

(7) 有预埋件的管沟，土建施工时应按图纸要求，留出预埋件。

(8) 检查室内的预留孔，如固定支座、吊架等应按图纸留出。

(9) 何时扣盖板，应在管沟内全部安装工作完毕后进行。

(10) 安装有蒸汽管道的通行管沟每隔 100m 应设 1 个事故人孔，安装热水管道的通行管沟可每隔 200m 设 1 个事故人孔。

(11) 整体混凝土结构的通行管沟，每隔 200m 应设 1 个安装孔，安装孔宽度不大于管沟内最大 1 根管外径加 0.4m，安装孔长度应保证 6m 长的钢管进入沟内。

3）管道支、吊架安装：

（1）管道安装前，应完成管道支、吊架的安装。支、吊架的位置应正确、平整、牢固，坡度应符合设计要求。管道支架支承表面的标高可采用加设金属垫板的方式进行调整，但不得浮加在滑托和钢管、支架之间，金属垫板不得超过两层，垫板应与预埋铁件或钢结构进行焊接。

（2）两根热伸长方向不同或热伸长量不等的供热管道，设计无要求时，不应共用同一吊杆或同一滑托。

（3）导向支架的导向接触面应洁净、滑动支架和吊架不得有歪斜和卡涩现象。

（4）弹簧支、吊架安装高度应按设计要求进行调整。弹簧的临时固定件，应待管道安装、试压、保温完毕后拆除。

（5）滑托、吊架的吊杆中心应处于与管道热位移方向相反的一侧。偏移量符合设计图纸要求。

（6）支、吊架和滑托应按设计要求焊接，不得有漏焊、缺焊、咬肉或裂纹等缺陷。管道与固定支架、滑托等焊接时，管壁上不得有焊痕等现象存在。

（7）管道支架用螺栓紧固在型钢的斜面上时，应配置与翼板斜度相同的钢制斜垫片找平。

（8）管道安装时，不宜使用临时性的支、吊架；必须使用时，应做出明显标记，且应保证安全。其位置应避开正式支、吊架的位置，且不得影响正式支、吊架的安装。管道安装完毕后，应拆除临时支、吊架。

（9）固定支架应严格按设计图纸施工，有补偿器装置的管道，在补偿器安装前，管道和固定支架不得进行固定连接。卡板和支架结构接触面应洁净、平整、贴实。

（10）固定支架、导向支架等型钢支架的根部，应做防水护墩。

4）管道安装：

（1）管沟管道安装顺序：先安装干管，再安装检查室、最后安装支线。

（2）管道安装时不得碰撞沟壁、沟底、支架等。

（3）管道在管沟内的横断面布置应符合设计要求。

（4）管道的纵向坡度应符合设计要求。

（5）管道安装中，尽量避免施焊固定口，如焊固定口时，亦不应使焊口承受焊接应力。

（6）支线的开口，不得开在干管的下半圆内。

（7）管道安装时，应考虑试压的可能，一般安装长度应不大于1km。

（8）管沟盖板覆土深度不宜小于0.2m。

（9）管沟敷设的管道，在沟口0.5m处应设支、吊架；管道滑托、吊架的吊杆应处于与管道热位移方向相反的一侧。其偏移量应按设计要求进行安装，设计无要求时应为计算位移量的一半。

5）管道附件安装：

（1）阀门、疏水器等阀件，必须有厂家合格证，安装位置符合设计要求。

（2）管道下的滑动支座事先应按设计要求排好，避免放在管道焊缝上。

6）补偿器安装：

（1）相关内容参考直埋供热管道施工工艺。

（2）方形补偿器的安装应在固定支座安装完毕后再进行。

（3）波纹管的安装，要按产品提出的要求进行。

7）特殊地段管沟敷设供热管道要求：

（1）在铁路、公路及开槽施工有困难的地段敷设热力管网时，应采用不开槽的穿越方法施工，各种穿越方法应由设计规定，常用的穿越方法有：顶管法、水平钻进法、盾构掘进法。

（2）穿越工程的施工方法，工作坑的位置及工程进行程序应取得穿越部位有关管理单位的同意和配合。

（3）用任何一种穿越方法施工，供热管道在结构断面中的位置应符合设计纵断面的要求。

（4）在穿越施工进行中，必须保证四周地下管线和构筑物的正常使用，掘进施工后，穿越结构上方土层、各相邻建筑物和地上设施不得发生沉陷、倾斜、坍塌。

（5）穿越工程上方及四周土体不受冲刷。

（6）在进行盾构掘进时，应根据设计要求，仔细填充构造外壁与四周土壤之间的空隙。

（7）顶管或方涵顶进时，顶进外周壁及上顶部不得超挖，容易坍塌的土壤要进行加固以防止上顶坍塌，上顶部如有空隙要及时填充密实。

（8）穿越结构的材质、断面尺寸、壁厚、长度、接口处理方法及防腐等，均应由设计明确规定。

（9）在穿越结构的顶进过程中，必须对穿越结构进行测量和纠偏，一个穿越段顶进偏差应不超过：高程：±20mm；中心线：±40mm。

（10）在穿越结构中拖运供热管道时，应采用在管道上焊接临时金属支座或滚轮等方法，以防止管道的外层构造受到损坏。

4-3-74　有沟敷设供热管道安装质量标准有哪些？

答：1）主控项目：

（1）参考直埋钢质供热管道施工工艺中相关内容执行。

（2）砌筑砂浆的抗压强度和砂浆饱满度。

（3）垫层的高程。

（4）混凝土的抗压强度和抗渗。

（5）管道安装中的高程：

检查数量：50m 检查不计点。

检验方法：水准仪测量。

（6）管道安装中的对口间隙：

检查数量：每 10 个口检查 1 点。

检验方法：用焊口检测器，量取最大偏差值。

2）一般项目：

（1）砌体管沟质量检查（包括砌体结构和防水层的质量）：

① 砌体质量检查应符合表 4-3-74 (1)规定：

砌体允许偏差及检验方法　　表 4-3-74 (1)

序号	项　　目	允许偏差	检验频率		检　验　方　法
			范围	点数	
1	Δ砂浆抗压强度	平均值不低于设计规定	每台班	1组	1）每个构筑物或每 $50m^3$ 砌体中制作一组试件（6 块），如砂浆配合比变更时，也应制作一组试件。 2）同强度等级砂浆的各组试件的平均强度不低于设计规定。 3）任意一组试件的强度最低值不低于设计规定的 85%。

续表

序号	项　目	允许偏差	检验频率		检　验　方　法
			范围	点数	
2	砂浆饱满度	≥90%	20m	2	掀3块砌块，用百格网检查砌块底面砂浆的接触面取其平均
3	轴线位移	10mm	20m	2	尺量检查
4	墙高	±10mm	20m	2	尺量检查
5	墙面垂直度	15mm	20m	2	垂线检验
6	墙面平整度	潜水墙 5mm 混水墙 8mm	20m	2	2m 靠尺和楔形塞尺检查

注：Δ为主控项目，其余为一般项目。

②防水层质量检查：

采用水泥砂浆五层做法，防水质量检查应符合表 4-3-74 (2)规定。

防水层的允许偏差及检验方法　　表 4-3-74 (2)

序号	项　目	允许偏差（mm）	检验频率		检　验　方　法
			范围	点数	
1	表面平整度	5	20m	2	2m 靠尺和楔形塞尺检验
2	厚度	±5	20m	2	在施工中用钢针插入和尺量检查

采用柔性防水的墙面质量检查：

卷材及胶粘剂应具有良好的耐水性、耐久性、耐刺穿性、耐腐蚀性和耐菌性。

铺贴卷材应贴紧、压实、不得有空鼓、翘边、撕裂和褶皱等现象。

卷材防水应符合表 4-3-74 (3)表规定

卷材防水的允许偏差及检验方法　　表 4-3-74 (3)

序号	项　目	允许偏差	检验频率		检　验　方　法
			范围	点数	
1	搭接宽度	长边不小于 100mm 短边不小于 150mm	20m	1	尺量检查
2	沉降缝防水	符合设计规定	每条缝	2	按设计要求检验

(2) 现浇钢筋混凝土管沟质量检查：

①钢筋成型质量检查：

绑扎成型时，应采用钢丝扎紧、不得有松动、移位等情况。

绑扎或焊接成型的网片或骨架应稳定牢固，在安装及浇筑混凝土时不得有松动或变形。

钢筋安装质量检查符合表 4-3-74 (4)规定。

钢筋安装质量的允许偏差及检验方法 **表 4-3-74 (4)**

序号	项目	允许偏差（mm）		检验频率		检验方法
				范围	点数	
1	主筋及分布筋间距	梁、柱、板	±10	每件	1	尺量检查，取量大偏差值，计1点
		基础	±20	20m	1	
2	多层筋间距	±5		每件	1	尺量检查
3	保护层厚度	基础	±10	20m	2	尺量检查，取量大偏差值，10m计1点
		梁、柱	±5	每件	1	尺量检查，取最大偏差值，计2点
		板、墙	±3	每件	1	尺量检查，取最大偏差值，计3点
4	预埋件	中心线位置	5	每件	1	尺量检查
		水平高差	0 +3	每件	1	尺量检查

② 模板安装质量检查：

模板安装应牢固、模内尺寸准确，模内木屑等杂物应清理干净。

模板拼缝应严密，在浇筑混凝土时不得漏浆。

模板安装质量应符合表 4-3-74（5)、表 4-3-74（6)规定。

现浇结构模板安装的允许偏差及检验方法 **表 4-3-74 (5)**

序号	项目		允许偏差（mm）	检验频率		检验方法
				范围	点数	
1	相邻两板表面高低差		2	20m	2	尺量检查，10m计1点
2	表面平整度		5	20m	2	2m直尺检验，10m计1点
3	截面内部尺寸	基础	+10 −20	20m	4	钢尺检查
		柱、墙、梁	+4 −5	20m	4	钢尺检查
4	轴线位置		5	20m	1	钢尺检查
5	墙面垂直度		8	20m	1	经纬仪或吊线，钢尺检查

构件模板安装的允许偏差及检验方法 **表 4-3-74 (6)**

序号	项目	允许偏差（mm）	检验频率		检验方法
			范围	点数	
1	相邻两板表面高低差	1	每件	1	尺量检查
2	表面平整度	3	每件	1	2m直尺检验
3	长度	0 −5	每件	1	尺量检查
4	盖板对角线差	7	每件	1	尺量检查

续表

序号	项　目	允许偏差（mm）	检验频率		检 验 方 法
			范围	点数	
5	断面尺寸	0 −10	每件	1	尺量检查
6	侧向弯曲	$L/1500\leqslant15$	每件	1	沿构件全长拉线量最大弯曲处
7	预埋件位置	5	每件	—	尺量检查，不计点

注：表中 L 为构件长度，单位为 mm

③ 混凝土质量检查：

混凝土配合比必须符合设计规定，混凝土垫层、基础表面应平整，不得有石子外漏，构筑物不得有蜂窝、漏筋等现象。

混凝土质量应符合表 4-3-74 (7)要求。

3）预构件的质量检查：

(1) 预制构件质量检查：

构件尺寸应准确，表面不得有麻面、蜂窝、漏筋等缺陷。

混凝土垫层、基础允许偏差及检验方法　　　　表 4-3-74 (7)

序号	项　目		允许偏差	检验频率		检 验 方 法
				范围	点数	
1	5	中心线每侧宽度	不小于设计规范	20mm	2	挂中线用尺量，每侧设计1点
		Δ高程	0～15mm	20mm	2	挂高程线用尺量或用水平仪测量
2	基础	Δ混凝土抗压强度	不低于设计规定	每台班	1	《混凝土强度检验评定标准》GB/T 50107—2010
		中线每侧宽度	±10mm	20mm	2	挂中心线用尺量，每侧计1点
		高程	±10mm	20mm	2	挂高程线用尺量或用水平仪测量
		蜂窝麻面	<1%	5mm 之间 两侧面	1	尺量检查，计蜂窝总面积

注：Δ为主控项目，其余为一般项目。

浇筑混凝土前，模板和钢筋须经预检合格。

构件质量应符合表 4-3-74 (8)规定。

预制构件（梁、板、支架）的允许偏差及检验方法　　　　表 4-3-74 (8)

序号	项　目	允许偏差（mm）	检验频率		检 验 方 法
			范围	点数	
1	Δ混凝土抗压强度	平均值不低于 设计规定	每台班	1组	《混凝土强度检验评定标准》GB/T 50107—2010
2	长度	±10	每件	1	尺量检查

续表

序号	项目		允许偏差（mm）	检验频率		检验方法
				范围	点数	
3	宽度、高（厚）度		±5	每件	1	尺量取量大偏差，不计点
4	侧面弯曲		L1000 且≤20	每件	1	沿构件全长拉线检验，不计点
5	板面对角线差		10	每10件	1	每10件抽检1件，计1点
6	预埋件	中心	5	每件	1	尺量检验不计点
		有滑板的混凝土的表面平整	3			
		滑板面露出混凝土表面	−2			
7	预留孔中心位置		5	每件	1	尺量检验不计点

注：1. 表中 L 为构件长度，单位为 mm。

2. Δ为主控项目，其余为一般项目。

（2）构件安装质量检查：

构件运输安装强度不得低于设计强度的70%，不易区别安装方向的构件应有安装方向标志。

构件安装后应平稳、支点处应严密、稳固，盖板支承面处坐浆密度，两侧端头抹灰严实、整洁。

相邻板之间的缝隙应用水泥砂浆填实。

构件安装质量应符合表4-3-74(9)规定。

4）管道支、吊架质量检验：

（1）支、吊架安装位置应正确，埋设应牢固，滑动面应洁净平整，不得有歪斜和卡涩现象。

构件（梁、板、支架）安装允许偏差及检验方法　　表4-3-74(9)

序号	项目	允许偏差（mm）	检验频率		检验方法
			范围	点数	
1	平面位置	符合设计要求	每件	—	尺量检查、不计点
2	轴线位移	10	每10件	1	每10件抽查1件，量取最大值，计1点
3	相邻两盖板支点处顶面高差	10	每10件	1	
4	支架顶面高程	0　−5	每件	1	水准仪测量
5	支架垂直度	0.5%H 且不大于10	每件	—	垂线检验、不计点

注：表中 H 为支架高度，单位为 mm。

（2）活动支架的偏移方向、偏移量及导向性能应符合设计要求。

（3）管道支、吊架安装的允许偏差及检验方法应符合表4-3-74(10)规定。

管道支、吊架安装的允许偏差及检验方法　　表 4-3-74 (10)

<table>
<tr><th>序号</th><th colspan="2">项　目</th><th>允许偏差（mm）</th><th>检验方法</th></tr>
<tr><td>1</td><td colspan="2">支、吊架中心点平面位置</td><td>25</td><td>钢尺测量</td></tr>
<tr><td>2</td><td colspan="2">Δ支架标高</td><td>－10</td><td>水准仪测量</td></tr>
<tr><td rowspan="2">3</td><td rowspan="2">两固定支架间的其他支架中心线</td><td>距固定支架每 10m 处</td><td>5</td><td>钢尺测量</td></tr>
<tr><td>中心处</td><td>25</td><td>钢尺测量</td></tr>
</table>

注：Δ为主控项目，其余为一般项目。

5）管道安装质量检验应符合下列规定：

(1) 管道安装坡向、坡度应符合设计要求。

(2) 蒸汽管道引出分支时，支管应从主管上方或两侧接出。

(3) 管道安装的允许偏差及检验方法应符合表 4-3-74 (11)规定。

管道安装允许偏差及检验方法　　表 4-3-74 (11)

<table>
<tr><th rowspan="2">序号</th><th rowspan="2">项　目</th><th rowspan="2" colspan="3">允许偏差及质量标准（m）</th><th colspan="2">检验频率</th><th rowspan="2">检　验　方　法</th></tr>
<tr><th>范围</th><th>点数</th></tr>
<tr><td>1</td><td>Δ高程</td><td colspan="3">±10</td><td>50m</td><td>—</td><td>水准仪测量不计点</td></tr>
<tr><td>2</td><td>中心线位移</td><td colspan="3">每 10m 不超过 5，全长不超过 30</td><td>50m</td><td>—</td><td>挂边线用尺量，不计点</td></tr>
<tr><td>3</td><td>立管垂直度</td><td colspan="3">每米不超过 2，全高不超过 10</td><td>每根</td><td>—</td><td>垂线检查，不计点</td></tr>
<tr><td rowspan="3">4</td><td rowspan="3">Δ对口间隙</td><td>壁厚</td><td>间隙</td><td>偏差</td><td rowspan="3">每 10 个口</td><td rowspan="3">1</td><td rowspan="3">用焊口检测器，量取最大偏差值，计 1 点</td></tr>
<tr><td>4～9</td><td>1.5～2.0</td><td>±1.0</td></tr>
<tr><td>≥10</td><td>2.0～3.0</td><td>＋1.9　－2.0</td></tr>
</table>

注：Δ为主控项目，其余为一般项目。

4-3-75　何谓架空敷设?

答：架空敷设是将供热管道敷设于地面上的独立支架或带纵梁的桁架上，也可以敷设于载入墙壁的支架上，架空敷设支架可采用砖砌、石砌、钢筋混凝土预制或现浇、钢结构等，厂区供热管道架空敷设时，尽量利用建筑物外墙或其他永久性建筑物。

4-3-76　架空供热管道安装工艺流程要点样的?

答：工艺流程：

施工准备→支架制作与施工→搭设脚手架→运管排管→对口、修口→找直→点焊→焊接→吊管上架→安装附件→连管→分段试压→涂刷防锈漆→做保温→总试压→冲洗→试运行→验收→拆除脚手架。

4-3-77　架空供热管道安装操作方法要点有哪些?

答：1）支架制作与施工：

(1) 架空敷设支架主要有砖砌、石砌、钢筋混凝土预制或现浇、钢支架结构等，其相应施工工艺参考相关内容执行。

(2) 钢筋混凝土支架结构强度必须满足设计要求。

(3) 施工中的脚手架与混凝土支架要严格分开，不允许混凝土支架承受任何施工荷载；不得被用做“地锚”、“后背”等临时受力结构使用。

2）搭设脚手架要点：

(1) 有足够的面积，满足工人操作，材料堆置和运输的需要。

(2) 有完善的安全防护措施，按规定设置安全网、安全护栏等。

(3) 架子工熟悉并严格遵守安全操作规程，穿戴必须的防护用品。

(4) 加强过程检查，控制架上荷载，确保安全。

3) 管道安装要求：

(1) 在管道中心线和支架高程测量复核无误后，方可进行管道安装。

(2) 安装过程中不得碰撞支架。

(3) 吊、放在架空支架上的钢管应采取必要的固定措施。

(4) 地上敷设管道的管组长度应按空中就位和焊接的需要来确定，宜不小于2倍支架间距。

(5) 每个管组或每根钢管安装时都应按管道的中心线和管道坡度对接管口。

(6) 供热管道的敷设应有坡度，且不小于0.003，蒸汽管道的坡度最好与介质流向相同，但不论与介质流向相同或相反，一定要坡向疏水装置。

(7) 不同压力或不同介质的疏水管或排水管不能接入同一排水管。

(8) 水平管道的变径易采用偏心异径管（大小头），大小头的下侧应取水平，以利排水。

(9) 蒸汽支管从主管上接出时，支管应从主管的上方或两侧接出，以免凝结水流入支管。

(10) 在水平管道上、阀门的前侧、流量孔板的前侧及其他易积水处，均需安装疏水器或放水阀。

4) 管口对接要求：

(1) 对接管口时，应检查管道平直度，在距接口中心200mm处测量，允许偏差为1mm，在所对接钢管的全长范围内，最大偏差值不应超过10mm。

(2) 钢管对口处应垫置牢固，不得在焊接过程中产生错位和变形。

(3) 管道焊口距支架的距离应保证焊接操作的需要。

(4) 焊口不得置于建筑物、构筑物等墙壁中。

5) 套管安装要求：

(1) 管道穿过构筑物墙板处应按设计要求安装套管，穿过结构的套管长度每侧应大于墙厚20～25mm；穿过楼板的套管应高出板面50mm。

(2) 套管与管道之间的空隙可采用柔性材料堵塞。

(3) 防水套管应按设计要求制造，并应在墙体和构筑物砌筑或浇筑混凝土之前安装就位，套管缝隙应按设计要求进行充填。

(4) 套管中心的允许偏差为10mm。

6) 管道吊装要点：

(1) 吊装前首先对钢丝绳、吊环、吊装带等索具进行检查、验算，看其是否满足吊装要求，不合格者一律不得使用。

(2) 吊装工作由合格熟练的工人进行、并设专人指挥。

(3) 吊装工作进行时，划定施工作业区，非工作人员不得进入。

(4) 吊装不得跨越高压电线、靠近高压电线时，应符合安全规定。

(5) 吊装前应针对工程实际情况做专门的安全技术交底工作。

7) 附件安装：

(1) 补偿器竖直安装时，如管道输送的介质是热水，应在补偿器管的最高点安装放气阀，最低点安装放水阀门，如果管道输送的介质是蒸汽，应在补偿器的最低点安装疏水器或放水阀门。

(2) 水平安装的方形补偿器平行臂应有坡度，外伸臂水平安装即可。

(3) 两个补偿器之间或每一个补偿器两侧都应设置固定支座，固定支座安装时必须牢固，两个固定支座的中间应设导向支座，导向支座应保证使管子沿着规定的方向作自由伸缩。

（4）补偿器两侧的导向支座和活动支座在安装时，应考虑偏心，其偏心的长度应视该点距离定点的管道热伸量而定。偏心的方向都应以补偿器的中心为基准。

（5）弹簧支座一般装在有垂直膨胀伸缩而无横向膨胀伸缩之处，安装时必须保证弹簧能自由伸缩。

（6）弹簧吊架一般安装在垂直膨胀的横向、纵向均有伸缩处，吊架安装时，应偏向膨胀方向相反的一边。

（7）减压阀的阀体应垂直安装在水平管道上，进出口方向应正确，前后两侧应装置截止阀，并应装设旁通管。减压前的高压管和减压后的低压管都应安装压力表。低压管上应安装安全阀，安全阀上的排气管应接至室外。

8）特殊地段敷设供热管道要求：

（1）架空管道跨越水面、峡谷地段时，在桥梁主管部门的同意下，可在永久性的公路桥上架设，但不得在铁路桥上架设。

（2）管道跨越通航的河道时，应保证航道的净宽与净高。跨越不通航河流时，一般情况下管道保温结构表面与河道 50 年一遇的最高水位垂直净距不小于 50cm。

（3）管道与河流、公路、铁路交叉时，应尽量垂直相交；特殊情况时与铁路交叉不得小于 60°角，与河流、公路交叉不得小于 45°角。

（4）管道在架空输电线路下通过时，管道上方应安装防止导线断线触及管道的防护网，防护网的边缘应超出导线最大风偏范围。

（5）管道与输电线路或电气化铁路交叉时，管网的金属部分（包括交叉点两侧 5m 范围钢筋混凝土结构的钢筋）应接地，接地电阻不大于 10Ω。

（6）蒸汽和热水管网同程时，应同架敷设，可根据管道的数量和直径及周围条件采取单层或双层布置。双层布置时，一般将大直径管道布置在下层并靠近支柱，以免管架承受较大弯矩。

9）冬雨期施工：

（1）雨雪天后应对施工脚手架进行详细检查，发现问题要及时处理。

（2）六级以上大风、大雾、大雨、大雪天停止高空作业。

4-3-78　HTN 豪特耐塑料管挖掘地沟最小埋深及底宽尺寸有何要求？

答：豪特耐保温管必须安装在沟槽内，沟槽的尺寸根据设计图纸的要求，但可以参考图 4-3-78(1)、(2)、(3)、(4)、(5)所示。最小埋深为 400mm，此时允许的最大表面载荷为 800～900kPa（0.8～0.9N/mm² 重型运输车）。在重载荷区，400mm 是从管的顶部到路基底部的距离，在没有交通载荷的地区，400mm 是从管顶到地表的距离，推荐的沟槽尺寸见表 4-3-78。

重要的是，必须使管路的埋深基本相同以及管道之间有正确的距离，以便将来安装支管。

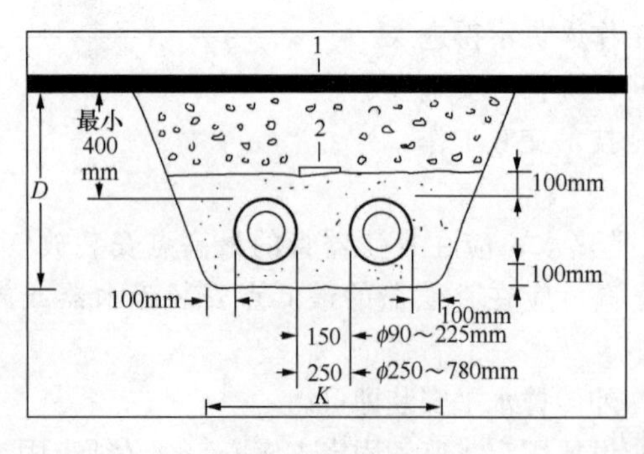

图 4-3-78(1)

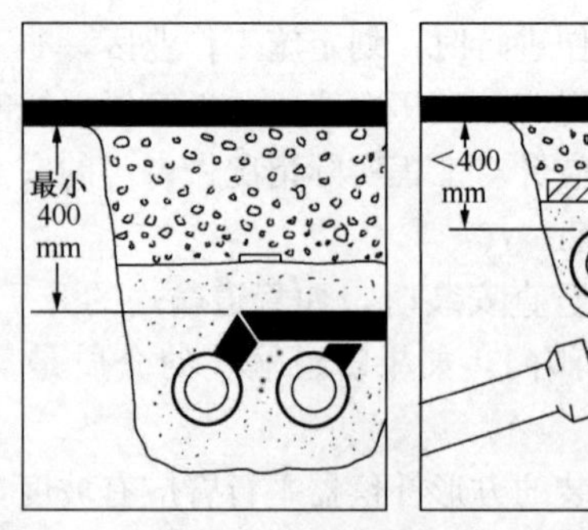

图 4-3-78(2)

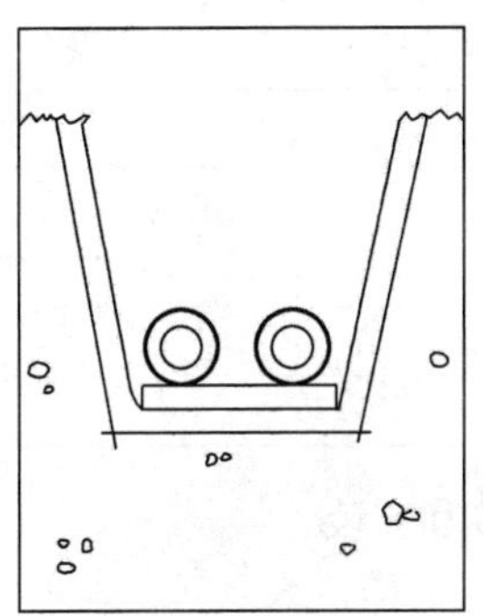
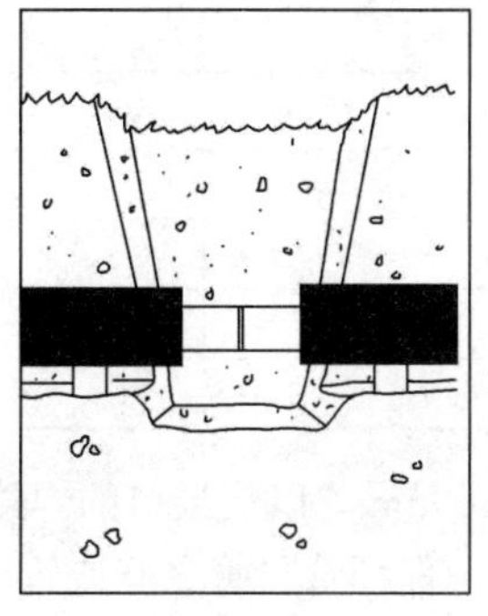

图 4-3-78（3）

图 4-3-78（4）

图 4-3-78（5）

在支管处，400mm 是从支管的顶部测量的。如果埋深小于 400mm，则比管必须防止过载而采取措施例如，用加强的混凝土板来保护。

当管径大于 630 或 760mm 时，所需埋深根据具体情况来定。

上图给出的最小尺寸表示保证用砂回填的正确尺寸。回填砂的技术要求必须符合设计要求。

推荐的沟槽尺寸 **表 4-3-78**

外壳（mm）	K_{min}（m）	D_{min}（m）
90	0.70	0.65
110	0.70	0.65
125	0.70	0.65
140	0.75	0.65
160	0.80	0.70
200	0.90	0.75
225	1.00	0.75
250	1.10	0.80
315	1.20	0.90
400	1.40	1.00
450	1.50	1.00
500	1.60	1.10
560	1.80	1.20
630	2.00	1.30
655	2.10	1.40
760	2.40	1.50

续表

外壳（mm）	K_{min}（m）	D_{min}（m）
850	2.60	1.60
960	2.80	1.70
1055	2.90	1.70
1155	3.00	1.70

必须将接头处沟槽的宽度和深度增加250～300mm，以便接口的焊接和安装。

注意，应经常检查地沟槽底部的尺寸K，它是保证管与管之间或管与沟槽边缘之间正确距离的重要参数。

4-3-79　HTN下管施工现场有何注意事项？

答：向地沟安装管道时，可用砂堆来支撑，对于直径小于$D114$的管子可用枕木。回填砂子之前必须撤去枕木。

如果把枕木平架在地沟顶上，并相隔一定的距离，在此之上把几根管道焊接在一起，然后做接口的保温，这样比较容易安装。

枕木应由100mm×100mm的方木制成（而不是管子）。当管径大于114/200mm时，必须特别小心。应准备备用的枕木，因为如果有一根枕木折断，将导致连锁反应。

如果沿着地沟要安装很多管子，也要用枕木。这样可以保证有足够空间来安装接口。

在安装带有内置监测报警系统的管路时，每个接头处应只有一个标签。这样便于安装铜线。

对于特殊现场，可以在沟上先把几管子焊在一起后，进行压力试验，做接口的保温。然后在管道上装上吊带，用吊车把管段放到地沟里。所需吊带和吊车的数量取决于该管段的长度和管径。

用这种方法安装时，重要的是外壳所受的压力最大不能超过300kPa。在吊装时，由于弯曲产生的拉应力不得超过200kPa，相应的材料应变约为0.1%。

4-3-80　HTN管子的切割和适配有何要求？

答：管子的切割可优先考虑使用以下这种方法：

需要将钢管外一定长度的外壳和保温层切除。这段钢管必需彻底清洁，不得留有泡沫残渣。

说明如下：

1）用锯把外壳沿整个圆周切除，不能用砂轮。（后面特别指明的除外。）最好用手锯和电锯。用电锯时要格外小心。

2）在寒冷季节或地区内，用温火对聚乙烯外壳进行加热至20～30℃。注意热量在塑料材料中的传递相对较慢，另一方面又不能过热，尤其在今后需要进行塑料焊接的地方。如果预热大管径保温管的外壳时，要用到帐篷和火焰枪。

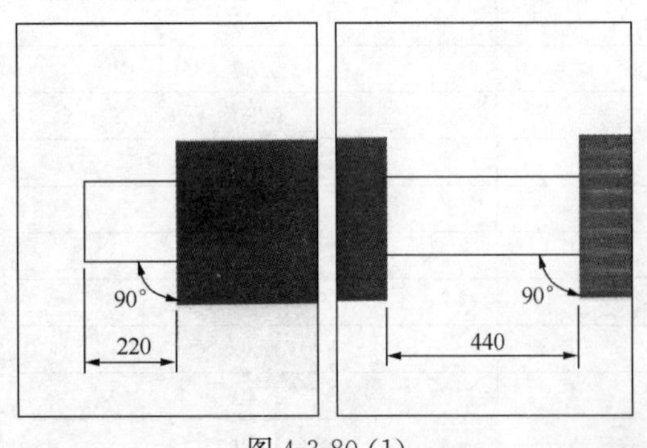

图4-3-80（1）

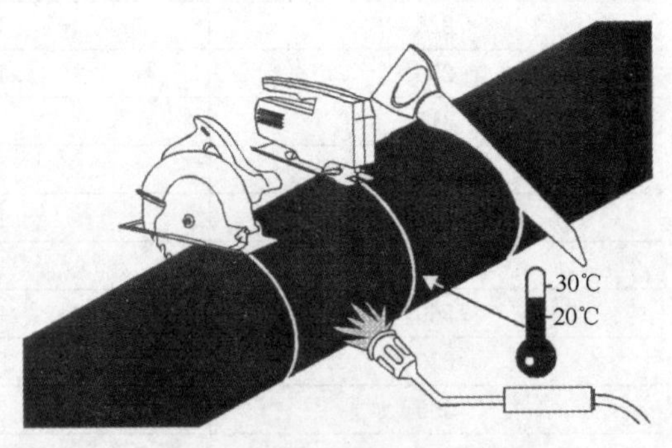

图4-3-80（2）

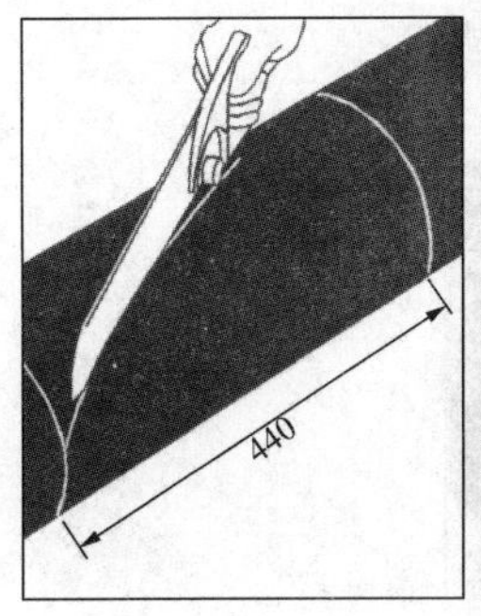

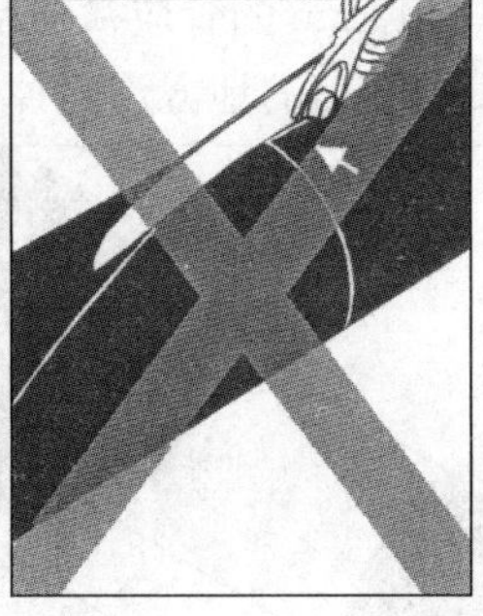

图 4-3-80（3）

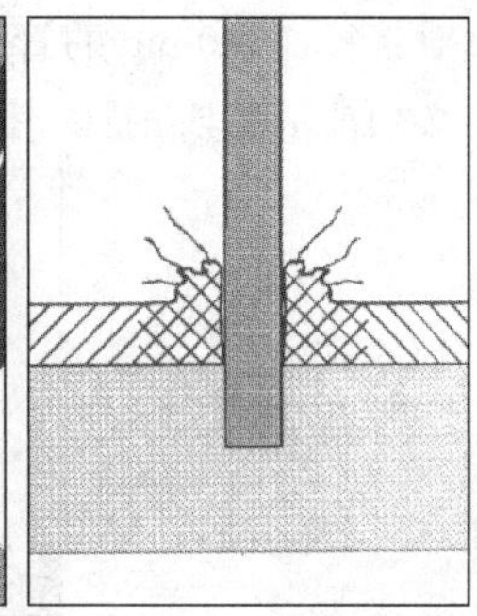

图 4-3-80（4）

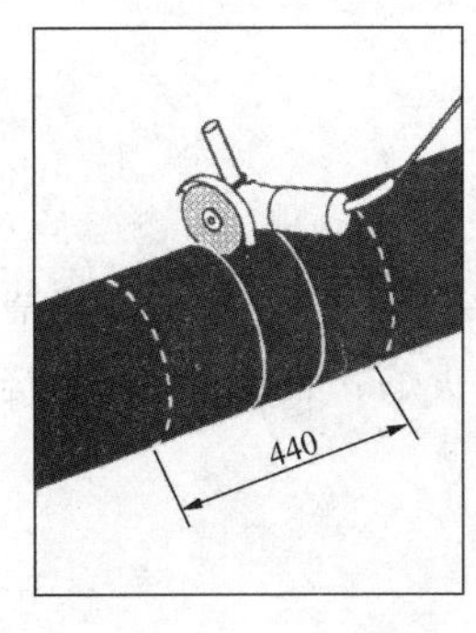

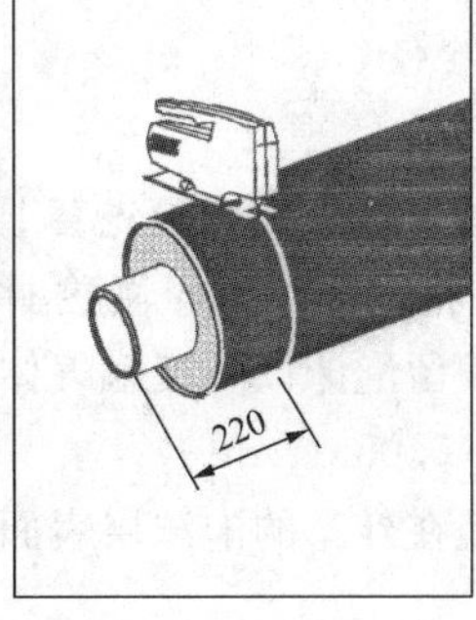

图 4-3-80（5）

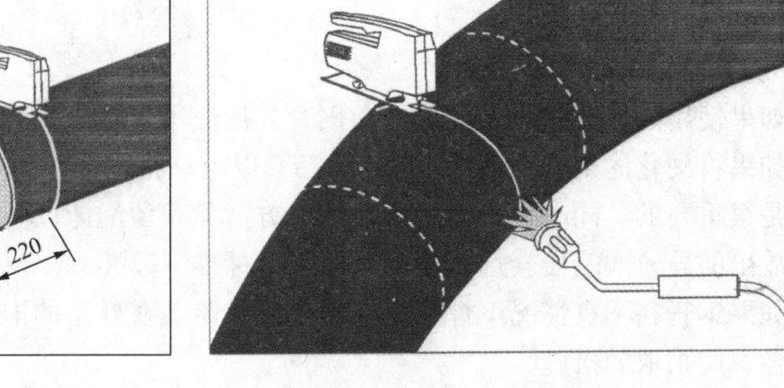

图 4-3-80（6）

3）破切外壳时应斜切。不要切到范围以外的外壳，因为那样做的话，外壳可能会裂开。

4）当切割或适配带有铜报警线的管道时，在清除保温层时，不要按压这些报警线。

把报警线周围的保温层去掉，并切断报警线。然后小心地把报警线上的泡沫拉下来。

5）当需要制做接口而进行管路的切割时，不允许使用砂轮切割预制保温管。

6）当砂轮切割聚乙烯材料时会产生局部高温，使切口处脆化，有豁口的地方容易扩散开裂。

7）对于不得不使用砂轮进行切割的条件，可采用如下的切割方法和步骤。

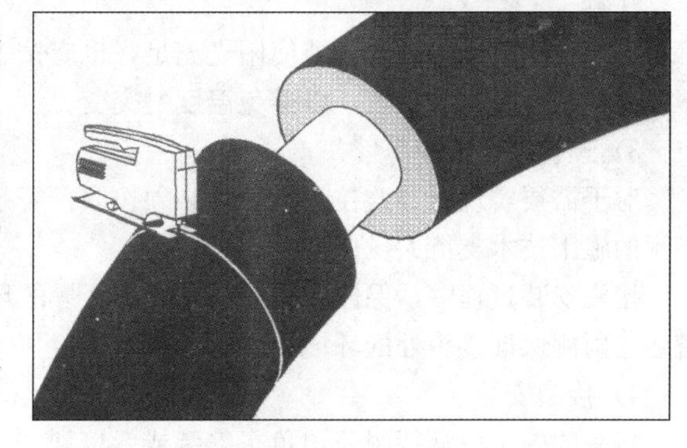

图 4-3-80（7）

（1）先用砂轮切下一小段外壳和保温层。然后切割钢管，为钢管末端的焊接做准备。

（2）用锯在外壳管的末端做最后的切割，保证安装接口处的表面没有豁口或破损。

8）当切割弯管时，先在管段的中间切一圈，为以后去除外壳做准备。在寒冷季节或地区时，按前面描述的方法对外壳进行预热。

然后按照切直管的规则在两边各切一圈。

4-3-81　HTN 施工要点有哪些？

答：1）清理

必须用刮板仔细清除任何残余泡沫和 PUR 硬膜。

对管径≤140mm的管应该沿纵向刮，对管径>140mm的管应横向刮。

必须清洁整段钢管，把外壳上的标签从将要安装套筒的地方清除掉。

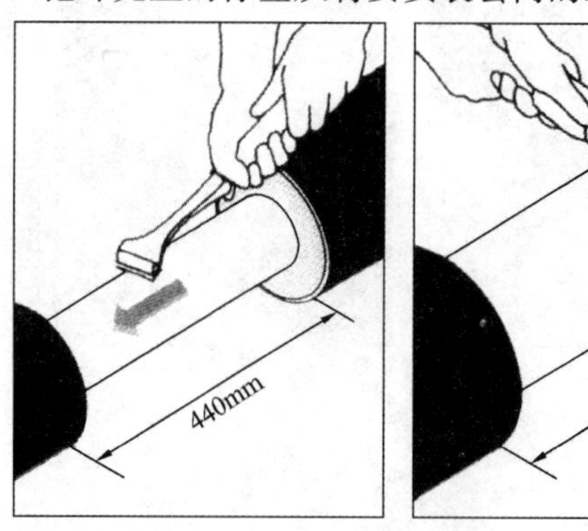

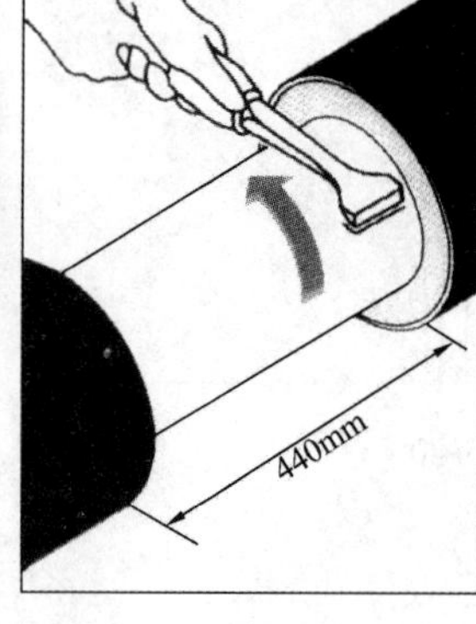

图 4-3-81

2）焊接

如果使用热缩式接头，应保证在钢管焊接前每个接头处应预先套上一个套袖。

如果将硬化的聚氨酯泡沫加热到175℃以上，将会释放出异氰酸酯蒸汽。因此如前所述清洁管端是很重要的，同时也必需从焊接的地方清除残留泡沫以防接触气体火焰。如果清除和焊接正确，放出的异氰酸酯便会远低于允许的卫生标准（0.05mg/m^3）。

如果钢管在不良情况下焊接，应用铝质护罩盖在外露的泡沫层表面。

冬季应采取的措施

如前面说明中所提到的，当工作温度低于10℃时，对装运管道、配件，切割外壳应采取特殊措施。

在寒冷季节或地区内，避免外壳受产强的碰撞，如撞击、震动。

注意

在寒冷季节或地区内，即使阳光充足，也应按上述规定进行操作。对处于冰冻状态的管道，不要加热到夏季时的状态，以避免温度的突变。

3）预警系统安装

对于需要实现预警监控的项目，必须按照预警系统的设计实施方案图进行施工。而且须与豪特耐的施工技术支持人员保持沟通。

接头安装过程中，保证预警线的连接在干燥的环境里进行。如果是雨季施工的情况下，必须搭建遮雨棚保证接头处的环境干燥。

4）接头安装

接头的施工由豪特耐公司负责安装或者培训。

5）回填

按照设计的要求进行回填。

地沟的沟底为最少100mm厚的夯实砂层。

管子安装好后，撤去所有枕木，管子上面覆盖100mm厚的砂层。然后在砂层表面铺设标志带，最后用无石子的材料进行回填。

管子周围的砂是很重要的，它不仅可以保护管子，而且还可以保证外壳与砂层间的摩擦力以限制管子膨胀。

4-3-82　管道双层保温结构图等是怎样的?

答：见图 4-3-82。

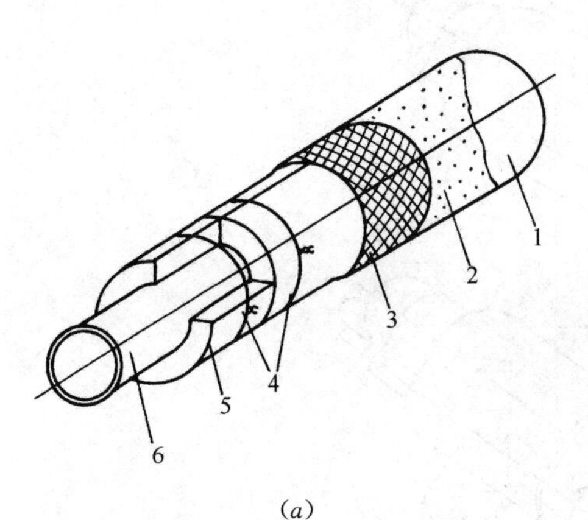

(*a*)

1—油漆涂料；2—石棉水泥；3—钢丝网；
4—镀锌钢丝；5—保温瓦；6—管子

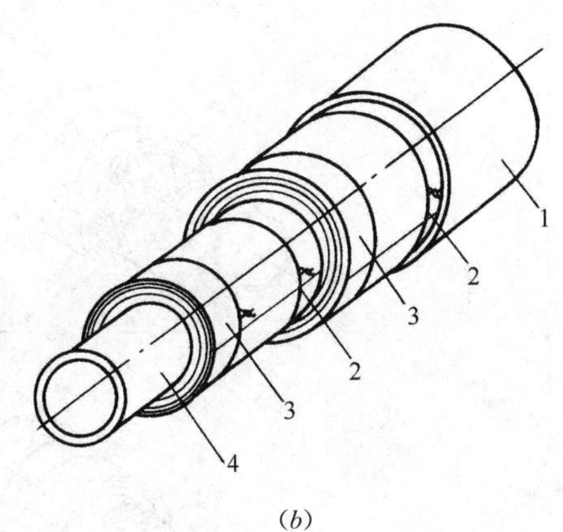

(*b*)

1—保护层；2—镀锌钢丝；
3—保温制品；4—管子

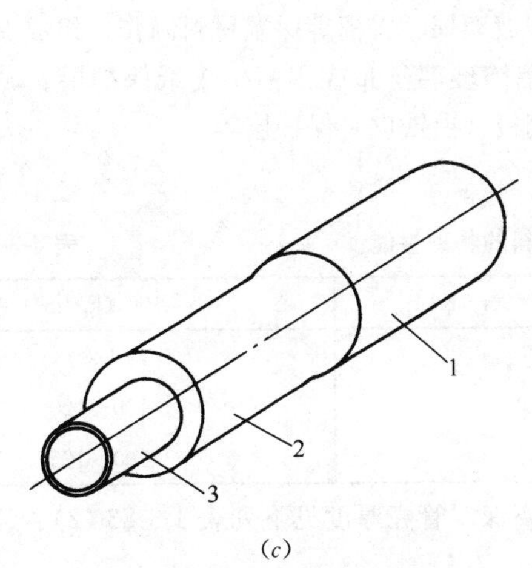

(*c*)

1—玻璃钢管壳；2—聚氨酯硬质
泡沫塑料；3—管子

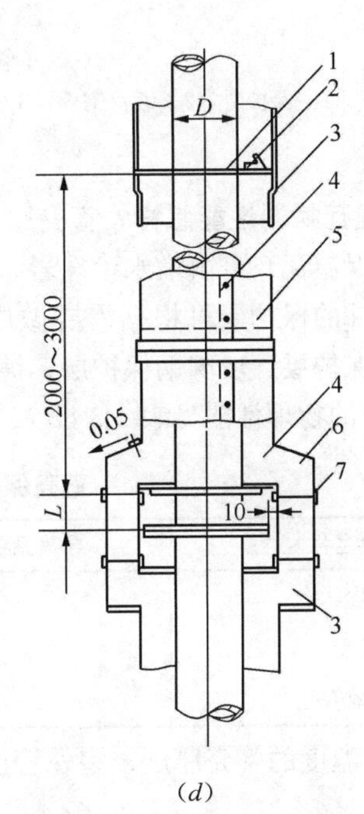

(*d*)

1—托环；2—环形挂板；3—保温制品；
4—自攻螺钉；5—金属保护层；6—镀
锌薄钢板；7—螺栓（M6）

图 4-3-82　保温—保温结构图（1）

(*a*) 石棉水泥保护层管道保温结构图；(*b*) 管道双层保温结构图；(*c*) 直埋管道保温结构图；
(*d*) 垂直管道保温结构图

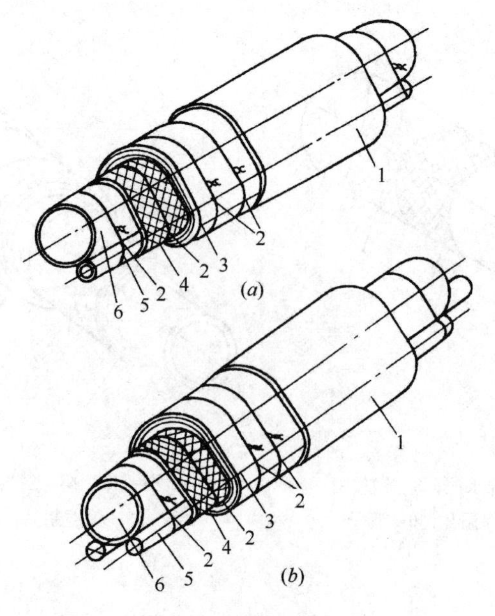

(E) 伴热管保温结构图

(a) 单管伴热；(b) 双管伴热

1—保护层；2—镀锌钢丝；3—保温层；4—钢丝网；5—伴热管；6—主管

图 4-3-82 保温—保温结构图（2）

4-3-83 保温瓦材料性能怎样？管壳厚度怎样选择？

答：管壳（保温瓦）可由憎水珍珠岩、超细玻璃棉、岩棉等保温材料制作，组成保温结构的保温层。保温层外的保护层可根据需要做成：铝箔玻璃丝布或铝箔牛皮纸保护层、玻璃布保护层、油毡玻璃布保护层、玻璃钢保护层、镀锌钢板（白铁皮）保护层等。

1）保温材料的物理性能见表 4-3-83（1）

管壳保温材料的物理性能 **表 4-3-83（1）**

保温材料名称	导热系数［W/(m·K)］	密度（kg/m³）
水泥膨胀珍珠岩	0.076	120
岩棉管壳	0.0452	100～120
超细玻璃棉管壳	0.047	100～125

2）不同介质温度的管壳厚度，室外管道防腐保温管壳厚度见下列表 4-3-83（2）、（3）。

不同介质温度的管壳厚度（mm） **表 4-3-83（2）**

公称直径 DN	无缝钢管外径 D	憎水珍珠岩管壳		超细玻璃棉管壳		岩棉管壳	
		介质温度 100℃	介质温度 130℃	介质温度 100℃	介质温度 130℃	介质温度 100℃	介质温度 130℃
		厚度	厚度	厚度	厚度	厚度	厚度
20	28	50	70	30	40	30	40
25	32	50	70	30	40	30	40
32	38	50	70	30	40	30	40
40	45	50	70	30	55	30	55

续表

公称直径 DN	无缝钢管外径 D	憎水珍珠岩管壳		超细玻璃棉管壳		岩棉管壳	
		介质温度 100℃	介质温度 130℃	介质温度 100℃	介质温度 130℃	介质温度 100℃	介质温度 130℃
		厚度	厚度	厚度	厚度	厚度	厚度
50	57	50	70	40	55	40	55
65	73	50	70	40	55	40	55
80	89	65	90	40	55	40	55
100	108	65	90	40	55	40	55
125	133	65	90	40	55	40	55
150	159	65	90	40	55	40	55
200	219	80	90	40	55	40	55
250	273	80	90	55	70	55	55
300	325	80	90	55	70	55	70

室外管道保温管壳厚度（mm） **表 4-3-83(3)**

公称直径 DN	无缝钢管外径 D	超细玻璃棉管壳		岩 棉 管 壳	
		介质温度 100℃	介质温度 130℃	介质温度 100℃	介质温度 130℃
		厚度	厚度	厚度	厚度
20	28	50	50	50	50
25	32	50	50	50	50
32	38	50	50	50	50
40	45	60	70	60	70
50	57	60	70	60	70
65	73	60	70	60	70
80	89	60	70	60	70
100	108	60	70	60	70
125	133	60	70	60	70
150	159	60	70	60	70
200	219	60	70	60	70
250	273	80	90	80	90
300	325	80	90	80	90

注：保温层厚度按环境温度−9℃考虑。

4-3-84 管壳保温结构是怎样的？

答：见图 4-3-84 及表 4-3-84。

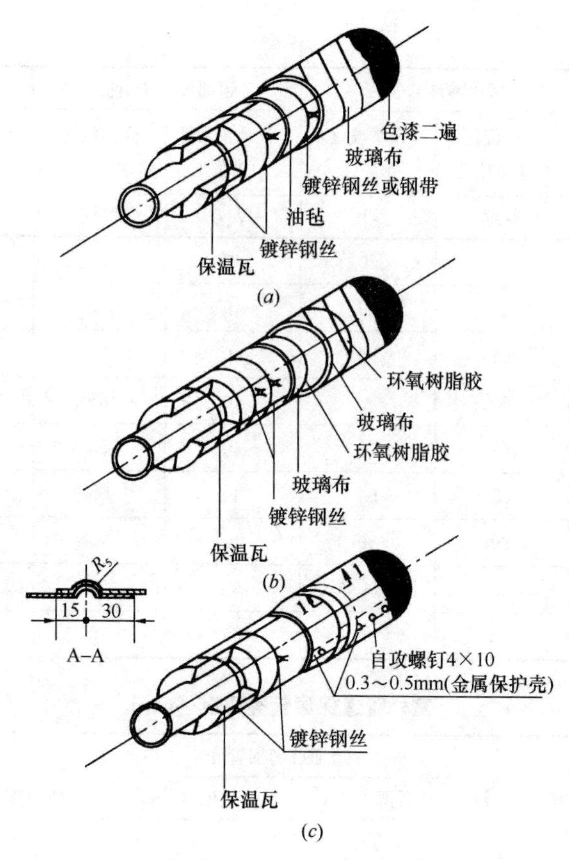

图 4-3-84　保温瓦保温的保温结构

(*a*) 油毡玻璃布保护层；(*b*) 玻璃钢保护层（或石棉水泥保护层）；(*c*) 金属保护层

室外管道管壳保温结构　　**表 4-3-84**

防腐保温层名称	防腐保温层结构
油毡玻璃布保护层	管道防腐漆两道→保温瓦→镀锌钢丝扎牢→油毡→镀锌钢丝扎牢→缠绕玻璃布→罩面色漆两道
玻璃钢保护层	管道防腐漆两道→保温瓦→镀锌钢丝扎牢→缠绕玻璃布→刷环氧树脂胶→缠包玻璃布→刷环氧树脂胶→缠包玻璃布→罩面色漆两道
石棉水泥保护层	管道防腐漆两道→保温瓦→镀锌钢丝扎牢→涂抹石棉水泥保护壳并压光
镀锌钢板保护层	管道防腐漆两道→保温瓦→镀锌铁丝扎牢→外包 0.3～0.5mm 镀锌钢板保护层→自攻螺钉紧固→罩面色漆两道
铝箔玻璃丝布或铝箔牛皮纸保护层	防腐漆两道→管壳→镀锌钢丝扎牢→缠绕玻璃丝布（或牛皮纸）→铝箔胶带胶缝
玻璃布保护层	防腐漆两道→管壳→镀锌铁丝扎牢→缠绕玻璃丝布→镀锌钢丝扎牢→涂刷乳化沥青→缠绕玻璃丝布→镀锌钢丝扎牢→罩面色漆两道

注：表中管壳为憎水珍珠岩，超细玻璃棉，岩棉管壳中的其中一种。

4-3-85　保温瓦安装要点有哪些？

答：1）管道要做涂料防腐层。

2）安装保温瓦(管壳)时，其结合缝应错开，并用镀锌钢丝扎牢，钢丝绑扎间距应不大于300mm。管径＜50mm 时用 20 号镀锌钢丝(ϕ0.95mm)，管径＞50mm 时用 18 号镀锌钢丝(ϕ1.2mm)。

3）保护层最外层为玻璃布时，罩面漆刷乳胶漆两道。

4）室内管道保温时，在固定支架及法兰阀门两侧应留出 100mm 的间隙不做保温，并做成

50°～60°八字角。

5）油毡保护层采用沥青油毡粉毡 350 号，当管径小于 50mm 时，也可采用玻璃布油毡。油毡卷在保温层外，应视管道坡向由低向高卷绕，横向接缝用环氧树脂胶粘合，纵向搭接缝口应朝下，缝口搭接 50mm，用镀锌铁丝扎牢，间距为 300mm。

6）玻璃布保护层采用中碱布 120C、130A 或 130B，以螺纹状缠绕在保温层外，应视管道坡向由低向高缠绕紧密，前后搭接宽度为 40mm，立管应由下向上缠绕，布带两端和每隔 3～5m 用 18 号镀锌钢丝扎紧。

7）采用金属保护层时，用厚度为 0.3～0.5mm 镀锌铁皮卷合在保温层外，其纵向搭口向下，搭接处重合 50mm，用 ϕ3.2mm 钻头钻孔，M4×10 自攻螺钉连接，螺钉相距 150mm。

8）采用石棉水泥保护层时，石棉水泥配制比对室内、室外管道各有四种不同配制方法，可依具体情况选用。施工时，先将干料拌和均匀，再加水调制成适当稠度。

9）当使用卷材(超细玻璃棉毡、岩棉毡等)作为主保温材料时，其保温结构也参照图 4-3-85 施工。

10）对于室内管道保温结构，除外保护层外，其余保温结构也与本图相同。但保温层厚度将有所减小。

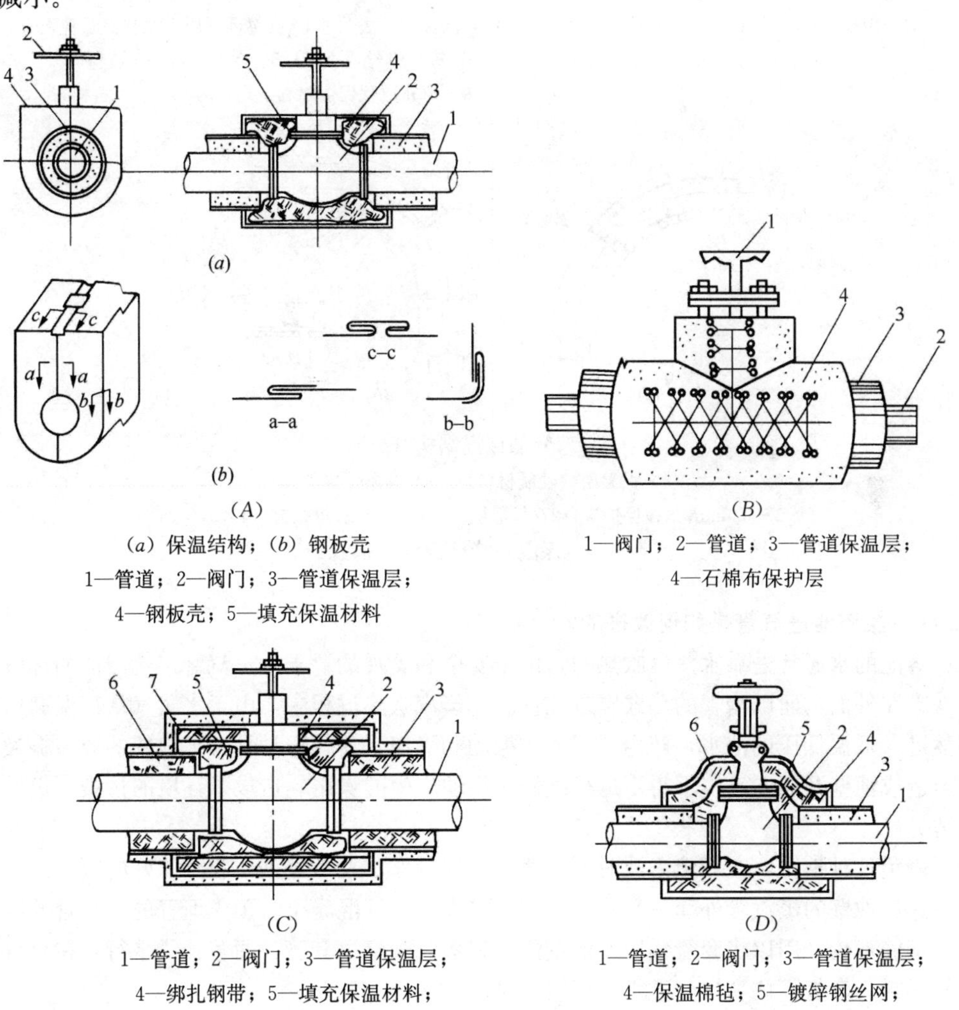

(A)

(a) 保温结构；(b) 钢板壳

1—管道；2—阀门；3—管道保温层；

4—钢板壳；5—填充保温材料

(B)

1—阀门；2—管道；3—管道保温层；

4—石棉布保护层

(C)

1—管道；2—阀门；3—管道保温层；

4—绑扎钢带；5—填充保温材料；

6—镀锌钢丝网；7—保护层

(D)

1—管道；2—阀门；3—管道保温层；

4—保温棉毡；5—镀锌钢丝网；

6—保护层；

图 4-3-85 保温—管件保温结构（1）

(A) 阀门钢板壳保温结构；(B) 阀门包扎结构；(C) 阀门的预制管壳保温结构；(D) 阀门棉毡包扎结构

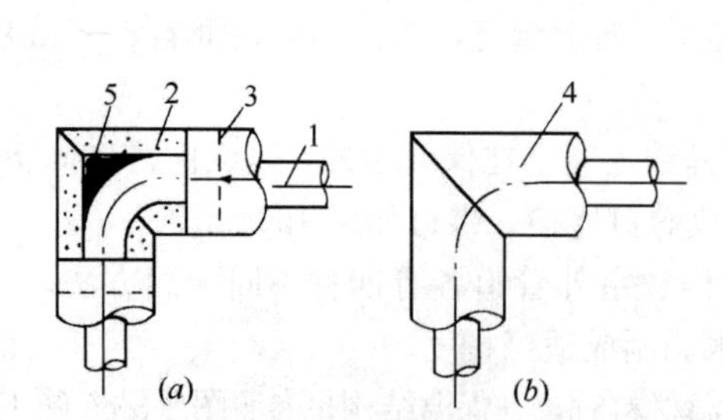

(E) 弯管的保温结构（一）

1—管道；2—预制管壳；3—镀锌钢丝；

4—钢板壳；5—填料保温材料

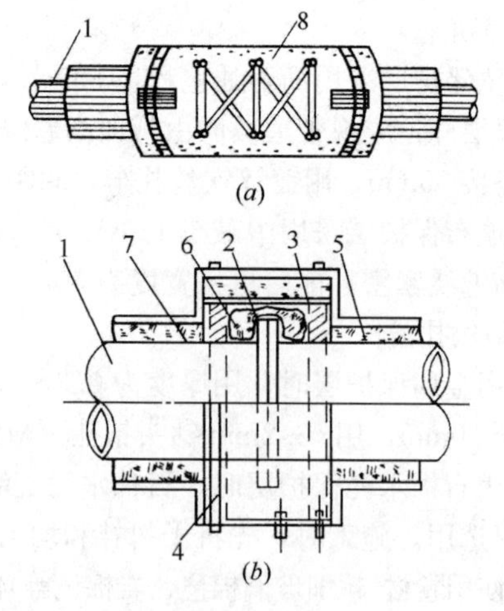

(F) 法兰的保温结构

(a) 石棉布保温；(b) 各种保浊棉毡保温

1—管道；2—法兰；3—支撑环（用于预制保温管壳）；

4—镀锌钢丝或钢带；5—保温材料（布或毡等）；

6—填充散状保温材料；7—保护层；8—石棉布

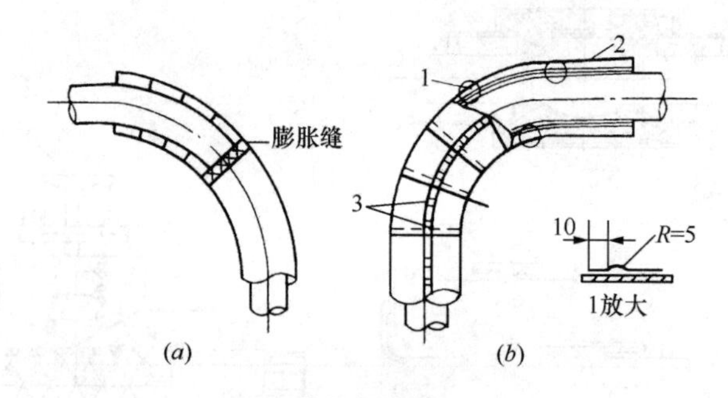

(G) 弯管的保温结构（二）

(a) 保温层（硬质材料）；(b) 金属保护层

1—0.5mm 钢板保护层；2—保温层；3—半圆头自攻螺钉（4×6）

图 4-3-85　保温—管件保温结构（2）

4-3-86　某浴池进气管是如何改进的？

答：溶池的水通常是靠水蒸气吹热的，由于安全和美观的要求，蒸汽管接近浴池的部分，一般不宜暴露在外面，而以暗管的形式穿过池壁。在蒸汽吹热过程中，由于水蒸气从高温高压的管道中突然进入低温低压的池水，产生了很大的振动和噪声，这种振动常常把池壁的瓷砖振裂和脱落，甚至造成池壁开裂漏水，不得不进行维修。振动产生的噪声，造成了环境的污染，也使人感到不舒适。

为了避免这种情况，在新建浴池时，对蒸汽进气管作了技术处理，收到了好的效果。具体做法是：在穿过池壁的蒸汽管外套一套管，套管是在浇筑池壁混凝土时预先埋置的。套管的四周焊上适量的钢筋弯钩，用以将套管锚固在池壁内。将蒸汽管穿过套管，两管轴线平行，在套管外端与蒸汽管焊封。套管下侧切口与进水管焊接，见图 4-3-86。

这样，水、汽都通过套管供给池、水汽两管一线，减少了池管交接，不仅施工方便，而且，套管内有相当的长度始终充满着水，形成一个“水套”蒸汽管端部引起的振动，首先被“水套”减弱，而后传到池外，由焊接圈传给套管，套管再传给池壁，因而管端的振动对池壁的损坏极小。从1975年建成浴池后，经过几十年的使用观察，池壁没有出现裂缝和瓷砖脱落现象。

为了把蒸汽管所引起的振动，引离开池壁，套管的长度一般为池壁厚度的2倍，通常可取80cm，套管的直径 $d_{套}$ 由进汽管直径 $d_{汽}$ 和进水管直径 $d_{水}$ 确定，直径不宜太小，应保证水、汽通过流畅，并使水套内的水有一定的厚度，以吸收振动能量。套管的最小直径由下式确定：

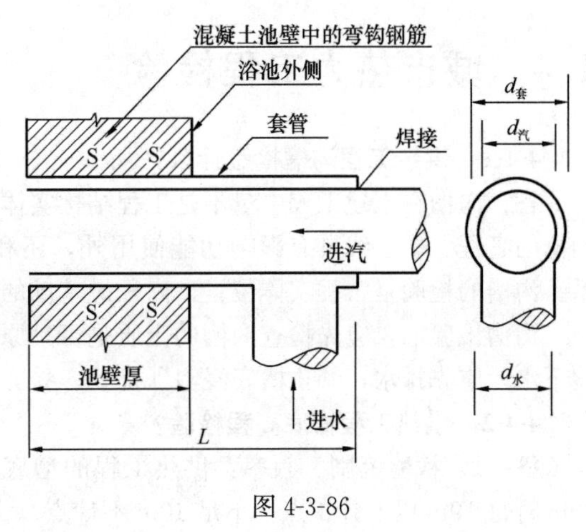

图 4-3-86

$$\frac{\pi d_{套}^2}{4}=\frac{\pi d_{汽}^2}{4}+\pi d_{水}^2$$

$$d_{套}=\sqrt{d_{汽}^2+d_{水}^2}$$

进汽管和进水管为10cm，那么套管的直径不小于15cm。

当 $d_{汽}=d_{水}$ 则

$d_{套}=d_{汽}\sqrt{2}$。

4-3-87　供热采暖新技术有哪些？

答：供热采暖新技术的主要技术性能、特点及适用范围见表4-3-87。

供热采暖新技术的主要技术性能、特点及适用范围　　表4-3-87

序号	技术名称	主要技术性能及特点	适用范围
1	集中供热热水采暖系统自动控制技术	供热量自动控制：区域供热锅炉房和热力站应设置供热量自动控制装置（气候补偿器），通过锅炉系统热特性识别和工况优化程序，根据当前的室外温度和前几天的运行参数等，预测该时段的最佳工况，实现对系统用户侧的运行指导和调节； 循环水量自动控制：自控环节可分三个部分：在每组采暖散热器的进水支管上设置散热器恒温阀；在集中供热管网的每个楼栋的采暖入口装置中（或不同的分区系统上）设置自力式流量控制阀或自力式压差控制阀；对供热循环水泵配置变频控制器，以调节供回水总管的压差。通过以上的组合控制，达到最佳节能效果	集中供热热水采暖系统，包括新建民用建筑以及既有建筑节能改造
2	多功能水处理设备技术	该设备集成物理、化学、电化学的方法，采用人为的主动除氧方式，除氧指标可任意调节，直至溶解氧含量为零，除氧过程连续稳定，不存在表面腐蚀物覆盖及板结等问题，在运行期间更无需用水反冲洗。运行处理费用低，可提高热水锅炉及其管网的使用寿命，同时具有防垢功能和防止用户窃水作用	供暖行业180℃以下的热水锅炉及供暖行业各住宅小区换热站和其他各种换热设备的水处理系统
3	水力平衡技术	在热力站和楼栋入口处安装流量调节阀，调节控制流量，满足各热用户所需要的热量。具有改善热水管网的水力工况，节约能源，降低运行成本的优点。各环路计算流量与设计流量的比值应该在90%至120%之内	热水供热管网系统
4	输配系统变频调速技术	采用变频调速技术，根据负荷需求变化，改变转动设备的转速，调节循环水量，达到供需平衡	允许变水量的集中供热热水采暖系统及空调水系统，包括新建民用建筑以及既有建筑节能改造

4.4 城市热力工程检验

4-4-1 供热工程沟槽检验什么?

答: 沟槽在土建工程中量不是工程结构实体，但直接影响工程使用功能效果的发挥，尤其是沟槽的高程、中心线具有影响功能使用外，还和其他管道上下、左右的位置规划有着密切的关系。沟槽的检验是工程实体位置，高程最基础的检验。

沟槽检验前，应先检查沟槽的土质是否是原状土，有无超挖现象应先进行槽底处理。如出现地下水，应先排水，禁止槽底浸泡、扰动、受冻。不允许沟槽槽底边坡有明显松动现象。

4-4-2 供热工程槽底高程检验?

答: 1）检验范围、频率：供热工程的槽底高程，一个井段中，每检验 20m 计 1 点，不足 20m 时每 10m 以上计 1 点，不足 10m 不计点。

2）检查工具：锦纶小线、纲卷尺、高程尺。

3）检验方法：沟槽槽底高程挂高程线用尺量检验。

(1）在坡度板上钉高程钉，按设计高程测出下返槽底高程值，并做出标记。

(2）同一坡度段内挂通线，通线高程与本段槽底坡度一致。高程线拉紧系牢不得有垂度。

(3）用准备好的高程尺沿着高程线抽样检查，量测误差数值，或每 20m 内抽检 1 点，计 1 点，取最大偏差值。

(4）注意事项：

① 高程钉必须经过测量人员及时复核，才能使用。

② 高程线应挂通线，便于核查施工成果，也便于核对变坡高程。

③ 使用高程尺要紧贴高程线，并使高程尺垂直于地面，避免人为误差。

4-4-3 中心线每侧槽底宽检验是怎样的?

答: 1）检验范围与频率：槽底中心线在一个井段中，每 20m 为一检验段，检验 1 点，（只做检查项目不计点）虽然不做为质量评定，但必须保证沟槽中心线的正确位置，和槽底两侧的半幅宽度，以便保证结构尺寸和正常施工要求。

2）检查工具：小线、垂球、钢尺。

3）检验方法：

(1）挂中心线用尺量检验。

(2）挂中心线以便于检查测量中心钉和核准转折点位置是否有误。

(3）在中心线上挂上带有垂球的小线并拴好，垂球尖在接近槽底的位置，以垂球尖为中心，用钢尺向两侧量出所需半幅槽底宽，是否符合规范规程的规定。

4）注意事项：

(1）垂球距槽底不应离得过高，也不得垂在槽底上，以免影响量测的准确程度。

(2）量测时钢尺必须垂直于中心线，减少人为误差。

4-4-4 沟槽边坡坡度检验是怎样的?

答: 边坡是根据土质、槽深结合规范面定，如果达不到技术要求，会影响构筑物和施工人员的安全及影响施工操作。

1）检验范围与频率：槽底边坡，在一个井段中，每检验 20m 为 1 点，只做为检查项目。不做为评定项目。

2）检查方法：用坡度尺检验。检验工具方法步骤参见边沟边坡检验的内容。

4-4-5 整体式和装配模板安装检验有何同异点?

答：模板安装检验分为整体式结构模板和装配式结构模板两个部分检验。在检验项目中整体式模板与装配式模板基本和同，如相邻两板表面高低差、表面平整度、模内（或断面）尺寸、轴线位移或纵向弯曲、预埋件预留孔位置等。不同之处是装配式模板检验项目中有盖板对角线差和长度两项以及检验频率范围和计点数。

4-4-6 盖板模板对角线差检验是怎样的？

答：模板的模内（或断面）尺寸，除检验其长、宽以外，还应检验它的对角线之差。无论是整体式结构模板还是装配式构件模板，模内（断面）尺寸大多数量呈矩形的，它们的对角线之差如果过大，都将影响结构外形和安装质量。所以检验中要对模板对角线差加以控制。

1）检验范围与频率：每一断面模板量测两对角线之差，计1点。

2）检验方法：用钢尺量检验。

（1）从模板的一角将尺零点置于内模角上，将尺的另一端对准模板的对角上量其距离。

（2）以同样方法量测另一对角线之距离，两个数值之差，不得超出允许偏差值。

4-4-7 预埋件、预留洞位置检验是怎样的？

答：检验范围与频率：预埋件、预留洞检验频率为每检验5件计1点，取最大偏差值。

1）检验工具：钢尺。

2）操作步骤：以基础面高程为基准的检验方法。

（1）在两侧内墙模板棱边处，以基础面高程为准，用钢尺向上量设计预留垂直尺寸并计一记号。

（2）以一侧内墙模板棱角为准（测量复核无误）用钢尺向另一侧内墙模板棱角方向量出预埋件（洞）的水平距离，与实际预埋件（洞）之距离比较，记上偏差值，还可从另一侧核对预埋件（洞）之位置。

3）以内墙模板棱边为准的检验方法：

（1）在基础面上，沿模板棱边量出预埋件（洞）所处的水平位置。

（2）以此点为准，将垂球对准此点向上量取所需距离，应为设计预埋件（洞）之位置。

4-4-8 钢筋安装检验什么？

答：钢筋安装检验项目主要有主筋及分布筋间距、双根筋间距、钢筋保护层厚度。

因为钢筋保护层可以防止钢筋生锈，保护钢筋与混凝土之间有足够的握裹力。如果保护层过薄，钢筋受水分或有害气体侵蚀，造成生锈剥落，严重时将造成混凝土裂缝，影响构筑物的耐久性和承载能力，如果保护层过厚混凝土容易被碰掉角或产生裂缝，同样降低构件的受力性能。因此应严格检验钢筋保护层的厚度。

1）检验范围、频率

（1）基础钢筋保护层的检验范围为2.0m检验2点，每10m抽检一处，计1点。

（2）板、梁钢筋保护层的检验范围为每件抽检一处，计1点。

2）检验工具

钢尺

3）操作步骤

（1）以模板内侧面为基准面，量测至主筋外边沿之距离，取最大偏差值。

（2）为保证混凝土保护层的厚度，应在钢筋与模板间放置符合保护层厚度的水泥砂浆垫块或塑料垫块。垫块的数量和布置间距合理，既不被压碎，又不使钢筋变形。

4）注意事项

（1）量测保护层厚度时，尺面必须垂直模板面以减少人为偏差。

（2）使用垫块时，先量垫块的厚度是否符合设计要求的保护层厚度。

4-4-9　混凝土构筑物检验什么?

答: 供热工程构筑物分为检验基础、垫层和主体结构本身两个部分，按检验项目主要分为混凝土抗压强度、混凝土抗渗指标、各部位高程、轴线位移、中心线两侧宽度、构筑物各部尺寸、墙面垂直度、混凝土蜂窝麻面面积、预埋件预留孔位置等。按检验方法有混凝土试件试验、经纬仪轴线位移检验、水准仪各部高程检验、用垂线检验墙面垂直度以及用尺量检验各部尺寸。

4-4-10　构筑物防水砂浆抹面检验是怎样的?

答: 防水砂浆抹面的检验要求表面平整度和厚度合格，尤其严格控制材料的配合比，基层的处理，五层作法操作程序和穿墙管、预埋件等特殊部位的处理，才能保证抹面的防水功能。

1) 检验范围、频率:

(1) 表面平整度的检验为每10m抽检一处，计1点。

(2) 厚度检验为每10m抽检一处，计1点。

2) 操作步骤: 用2m杠尺紧靠于抹面上，用塞尺量出杠尺与抹面间的最大缝隙值，精确至mm。

3) 注意事项:

(1) 使用的杠尺面必须平、直、否则会影响检验效果。

(2) 防水砂浆抹面应注意操作质量，接缝要严密，不得出现空鼓、裂缝、剥落等现象。

4-4-11　卷材防水检验是怎样的?

答: 适用于有地下水的情况。为保证防水效果，应检查每道沥青涂刷的均匀性，卷材贴紧压度程度，接茬部位的搭接情况，以及阴阳角处和穿墙管处卷材防水的加强措施等。不得出现空鼓、翘起、撕裂及褶皱等现象。

1) 检验范围、频率:

(1) 接茬搭接宽度，每检验20m，计1点。

(2) 沉降缝防水，每条缝检验，计1点。

2) 检验工具: 钢尺。

3) 检验方法: 卷材的检验应随施工随检查，尤其阴阳角穿墙管部位不易操作处应严格检查。接茬塔接宽度用尺量，沉降缝防水按设计要求检验。

4-4-12　沉降缝检验是怎样的?

供热管道土建结构沉降缝的处理，均采用橡胶止水带方法，沉降效果和防水效果较好。但对止水带安装位置尺寸必须严格检查验收。

1) 检验范围、频率:

每检验1条沉降缝，计1点。

2) 检验工具: 钢尺。

3) 检验方法: 结构一般分基础混凝土、墙壁混凝土。顶板混凝土三部分，分别浇筑。所以检查时也要分别检查顶板质量，保证橡胶止水带的直顺、方正、所处位置的准确和接头牢固。

4) 外观检查:

(1) 底板、顶板的橡胶止水带应垂直管沟中心，一致平整。

(2) 墙壁橡胶止水带应垂直于底板混凝土，两侧止水带应在同一个横断面上。

(3) 接头按规定尺寸搭接，平整、牢固。

4-4-13　钢筋混凝土构件预制安装检验是怎样的?

答: 1) 预制混凝土构件检验

(1) 混凝土抗压强度检验方法，见本书相应部分。

(2) 断面尺寸检验: 用尺量，每一构件，计1点。

（3）长度检验：用尺量，每一构件，计1点。

（4）板两对角线长度差检验：用尺量。

（5）预埋件中心位置，滑板外露符合技术规定。

2）混凝土构件安装检验

在构件的安装质量评定中，平面位置、轴线位移、支架顶面高程、支架垂直度等项内容的检验，都是针对供热管道架空时高支架部分的质量评定项目。

其检验方法分别参见有关内容。

4-4-14　小室、井室和顶盖检验什么？

答：1）小室尺寸、长、宽、高用尺量。

2）井盖顶高程：用水准仪检验。

4-4-15　供热管道工程钢管除锈及防腐检验什么？

答：钢管除锈、防腐，主要是保证钢管的使用年限。

在施工中，如果铁锈消除不彻底，防腐油就不可能与钢管粘接牢固，致使防腐油脱落，当钢管受水分和有害介质的侵蚀后，必须受到锈蚀，影响使用年限从而造成很大浪费。

1）除锈检验：

（1）检验范围、频率；每检查50m，计5点。

（2）检验方法：外观检查。

①钢管表面无锈粉、铁屑、锈皮、焊渣、油污、灰尘等。

②露出金属本色。

③重点部位用小刀铲一铲，查看有无锈蚀。

（3）注意事项：

①一般新出厂的钢管，人工除去浮锈后用布擦干净。

②钢管锈蚀较严重，出现浅麻坑时，应使用喷砂除锈方法，以保证质量。

2）防腐检验

除锈符合标准后，如果防腐不好，也不能保证使用年限。所以刷防腐油也很重要，第一层涂油的好坏是关键，应保证与金属表面粘接牢固，其他层次要涂均匀，薄厚一致。

（1）检验范围、频率：防腐检查每50m为一个检验范围，但此项只做检查，不做评定项目，不计点。

（2）外观检查：

①防腐前外观检查：要求钢管表面无铁锈、焊渣、油污、灰尘等物。

②涂防腐油时，钢管表面应干燥，第一遍油干燥后再涂第二层……。

③涂防腐油厚度应均匀，有光泽，薄厚一致，不得有脱皮、起泡、漏刷等缺陷。

4-4-16　供热管道工程钢管安装检验什么？

答：1）对口间隙检验

（1）检验范围、频率：每检验10个焊口，计1点。取最大偏差值。

（2）检验工具：焊口检测器。

（3）操作步骤：

①打开焊口检测器。

②用焊口检测器上的塞尺沿管口圆周插入对口间隙，塞尺斜面接触管口处所读数值，即为管口对口间隙值（如图4-4-16（1）所示）。

2）对口错口检验

（1）检验范围、频率：每检验10个口，计1点。取最大偏差值。

（2）检验工具：焊口检测器。

（3）换作步骤：

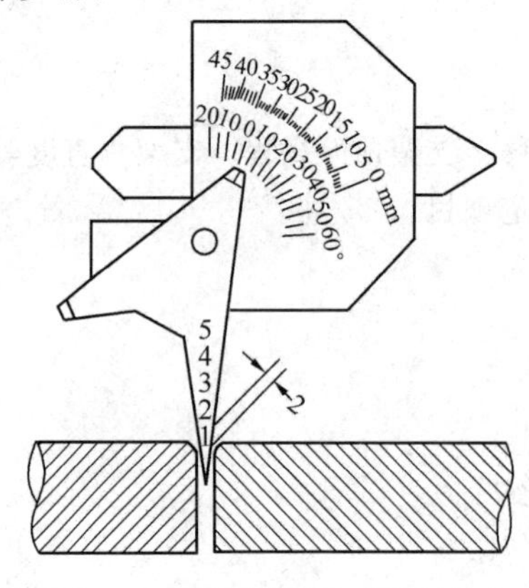

图 4-4-16（1） 对口间隙量测示意

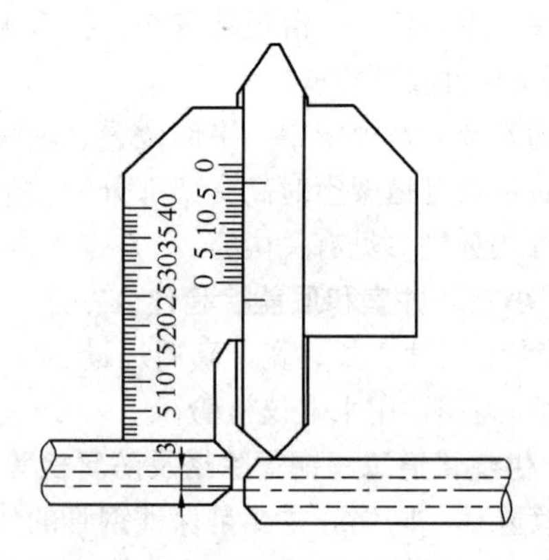

图 4-4-16（2） 钢管错口量测示意

①将焊口检测器沿管口圆周，尺面端部放在钢管管口的一侧上。

②手动游标尺顶在管口另一侧上，游标尺上指示线所指数值，即为管口错口值。检测方法见图 4-4-16 (2)所示。

钢管安装中的高程、中心线位移及主管垂直度等项目的检验，参考给水管道钢管安装检验的内容。

4-4-17　供热管道工程钢管焊接检验什么？

答：供热管道一般都使用钢管，焊接质量是供热工程使用功能的主要指标。焊接用焊条应与钢管母材材质一致，焊工须经培训并考试合格方可施焊。

1）焊缝加强面的检验

（1）检验范围、频率：每检验 10 个焊口，计 1 点，取最大偏差值。

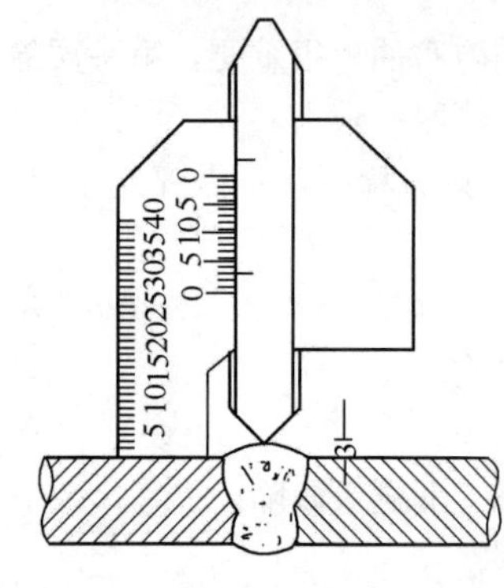

图 4-4-17　焊口加强面高度量测示意

（2）检验工具：焊口检测器。

（3）操作步骤：

①将焊口检测器沿管口周围，尺面端部放在钢管管口附近。

②手动游标尺顶在焊缝顶面，游标尺下指示线所指数值，即为加强面厚度。检测方法如图 4-4-17 所示。

2）焊缝外观检验

（1）检验范围、频率：每检查 10 个焊口，计 1 点。取最大偏差值。

（2）外观检查：

①表面光滑、宽度均匀一致，整齐，根部焊透，不得有咬肉现象。

②焊缝无裂缝、焊瘤，焊口附近标有焊工号码。

4-4-18　供热管道工程设备附件安装检验什么？

答：1）滑动支架安装检验

（1）支架纵向中心线与管道中心线应在同一垂直面上。

（2）支架弧型板应与管道表面紧密接触。

（3）支架不得焊在纵向焊缝上，其顶端距管道横向焊缝的距离不得小于 150mm。

（4）支架底面应紧靠在滑板上，不得有悬空和倾斜现象。

（5）在靠近“Π”型或套筒伸缩器的三个滑动支架，应按热膨胀的相反方向位移一定的距离（计算膨胀量），以保证管道安全运行。

伸长值 ΔL 的计算

$$\Delta L = a(t_1 - t_2)L$$

式中 ΔL——管道热伸长量（mm）；

a——管道线膨胀系数[mm/(m·℃)]，一般可取＝1.2×10^{-2}mm/(m·℃)；

t_1——管道中热煤的最高温度（℃）；

t_2——管道安装时的温度（℃）；

L——计算管段长度（m）。

【例题 1】 有一热水管道，管径 d=150mm，热水温度为 95℃，安装时温度为－5℃，两固定支架间距为 40m，一端设套筒伸缩器管道敷设形式见图 4-4-18（1），计算此段热伸长值 ΔL。

$\Delta L=a\ (t_1-t_2)\ L=0.012\times\ [95-\ (-5)]\ \times 40=48$mm

【例题 2】 靠近套筒伸缩器附近有三个滑动支架，支架间距 5.5m，在安装时偏移量应为多少？

① 靠近套筒伸缩器的第一个滑动支架，在安装时应向套筒，也就是热膨胀相反方向移动 50mm，安装滑动支架时移量见图 4-4-18（2）。

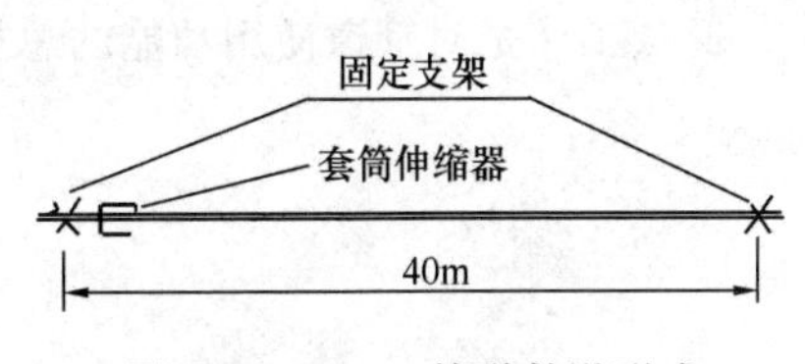

图 4-4-18（1） 管道敷设形式

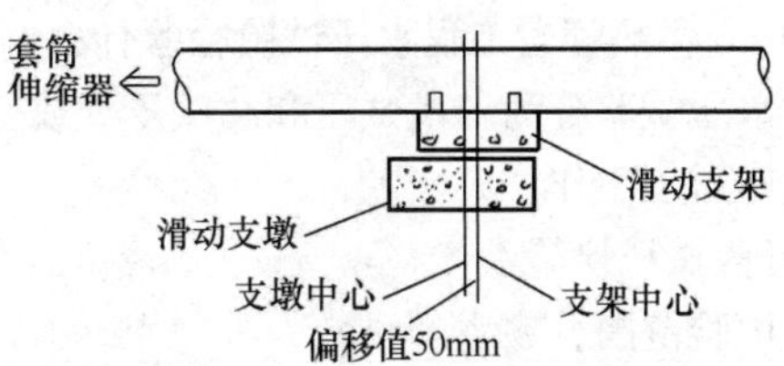

图 4-4-18（2） 安装滑动支架时的偏移量示图

② 靠近套筒伸缩器的第二个滑动支架，在安装时应偏移 $\Delta L=a(t_1-t_2)L=0.012\times[95-(-5)]\times(40-5.5)=41.4$mm，取值为 42mm。

③ 第三个滑动支架偏移 $\Delta L=0.012\times[95-(-5)]\times(40-11)=34.8$mm，取值为 35mm。

2）预制混凝土墩的检验

预制混凝土墩主要检查滑板的中心与混凝土墩中心应在一条直线上，纵向应相互平行、滑板面应露出混凝土表面 4～6mm，才能起到滑动作用。如果滑板与混凝土面齐平或低于表面，热力管道热膨胀时滑动支架与支墩增加摩擦会对支墩产生推移，造成事故，影响管道正常运行。

3）套筒伸缩器安装的检验

套筒伸缩器安装，主要检查安装长度。根据安装时的温度，检查套筒长度是否符合设计要求。

4）“Π”形胀力的安装检查

安装“Π”形胀力（方形伸缩器）主要是拉伸的问题。设置伸缩器是为了吸收管道因热膨胀而延伸的长度和补偿管道因冷缩而缩短的长度，使管道系统不致因为热胀冷缩遭到破坏。方形伸缩器在工作时，本身将产生很大的变形和应力。为了减小方形伸缩器在工作中的变形和应力，在安装前应对它进行拉伸，一个外伸臂预拉伸长度为 $\Delta L/4$。“Π”形伸缩器制作、安装、运行时的位置见图 4-4-18（3）。

（1）弯制方型伸缩器应用同一根管子弯成，如有接头时焊缝应在外伸臂上。

（2）要求外伸臂保持水平、平行，臂的坡度应与管道坡度一致，全部预拉长度 ΔL 允许偏差不大于＋20mm。

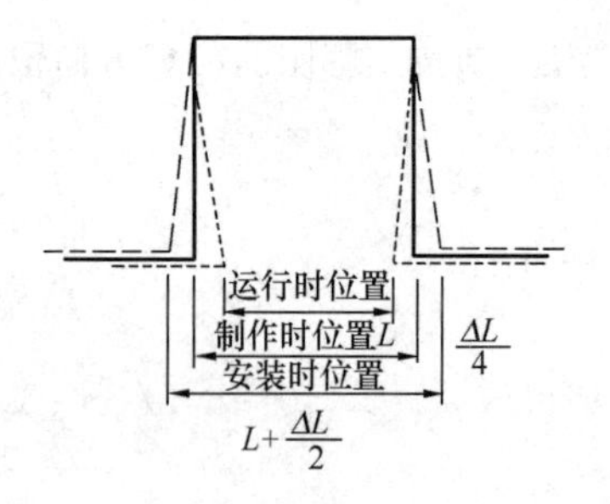

图4-4-18（3） “Π”形伸缩器制作、安装、运行时的位置

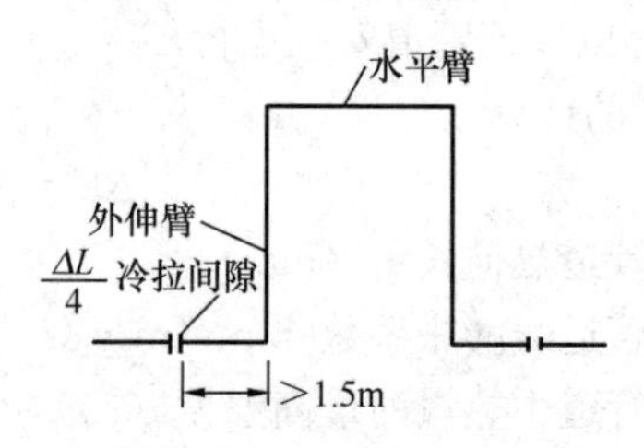

图4-4-18（4） “Π”形伸缩器冷拉位置示意

（3）安装时应留出冷拉间隙，冷拉处至“Π”形弯曲始点距离应大于1.5m。见图4-4-18（4）。

（4）“Π”形胀力伸缩器应先计算好冷拉调直的伸长值，然后冷拉，“Π”形伸缩器冷拉必须在管道的固定支架和附件安装完毕后才能进行。

“Π”形胀力安装主要是检查冷拉值是否符合规定。根据两小室距离，计算热力管道运行时热膨胀值，按计算值校对冷拉伸是否合格。

4-4-19　供热管道工程水压试验检验什么？

答：水压试验分为分段试压和总试压（或全段试压）。此项工作是对管道使用功能的总检验，需认真做好这项工作。

1）分段试压检验

（1）检验范围、频率：

每个检验段，按每检验10m，计1点。

（2）检验工具：压力表、质量为1kg手锤。

（3）方法步骤：

①将管道充满水，升压到设计的工作压力，进行焊日检验10min，无渗、无漏。

②降至工作压力，并用1kg的手锤逐个敲打焊缝周围（离开焊缝150mm左右），进行检验，30mm无渗、无漏，压力降不超过0.02MPa，即为合格。

2）全段试压检验

（1）检验范围频率：全段每检验10m，计1点。

（2）检验工具：压力表。

（3）方法步骤：

①检验压力应力工作压力的1.25倍。

②检验压力在1h内压力降不超过0.05MPa即为合格。

（4）注意事项：水压试验的升压和降压应逐步均匀进行，并随时观察管口和焊缝的变化，遇特殊情况立即停止升压。

水压试验的方法和步骤，可参考给水管道水压试验的有关内容。

4-4-20　供热管道工程管道保温检验什么？

答：供热管道及其附件均应进行保温。其目的在于减少热媒在输送过程中热能损失，并使其维持一定的参数，以满足用户的需要。

1）管道保温

（1）检验范围、频率：

①保温层厚度，50m为一检验段，量测5点，即每10m抽检一处，计1点。

②水泥保护壳厚度，50m 为一检验段，要求符合规定，本项作为检验项目。

(2) 检验工具：钢针，钢板尺。

(3) 检验方法：保温成形后，用钢针制入保温层，每 10m 抽检一处，刺入深度用钢板尺量其数值，检验是否符合设计尺寸。

2) 保温层在设备、附件和法兰两端的处理

(1) 检验设备上的人孔、检查口周围保温层的端面切成 45°斜边，并且保温层端面都应做保护壳。

(2) 检验法兰两侧的保温层端面，是否切成 90°直边。为了检修的需要，应检验保温层端面距螺栓的距离以保证检修时螺栓能退出来，此距离一般超过螺栓长度再加 20mm。

3) 滑动支架的混凝土墩上，支架“U”形槽内保温层处理的检查。

(1) 检验支架“U”形槽内保温材料是否严实。

(2) 检验混凝土墩顶面与保温壳的底面；是否留出空隙，不得抹死，以防运行时保温层被破坏。

套筒伸缩器的套管需作保温，其端面均应埋嵌 90°百角边，并将保护壳封严抹平减少热量损失。

方型伸缩器和管道转角处都应预留伸缩缝，宽度 10～15mm，保温端面用石棉水泥抹平，并抹成 45°角，伸缩缝内用石棉绳填实。

4-4-21　热力工程（土建工程）必验项目有哪些？

答： 1) 验槽（建设、设计、监理）。

2) 垫层、防水及保护层（建设、监理）。

3) 地板、侧墙、顶板钢筋、模板、止水带、木丝板（建设、监理）。

4) 固定支架、导向支架、滑动支架、吊架制造焊接（建设、监理、设计）。

5) 固定支架、导向支架安装、吊架、根部、顶部设备基础（建设、监理、设计）。

6) 混凝土结构及混凝土构件验收及构件厂资质（设计、建设、监理）。

7) 钢筋拱架、格栅、二衬模板及支撑架（建设、监理）。

8) 水泥、沙石、外加剂、混凝土搅拌站资质（建设、监理）。

9) 钢筋拱架、格栅安装、注浆管安装及锚喷混凝土（建设、监理）。

10) 爬梯、平台、护栏等制作安装（建设、监理）。

11) 人孔、积水坑、井圈、井盖（建设、监理）。

12) 保温、回填土（建设、监理）。

4-4-22　热机安装必验项目有哪些？

答： 1) 钢管、管件、设备、补偿器、阀门验收（建设、监理）。

2) 滑动支架、导向支架滑板、固定支架卡板、吊架加工及安装焊接（建设、监理）。

3) 钢管、设备、法兰对口焊接、外观检查及管道安装检查（建设、监理）。

4) 焊道无损检查结果检查、复检及报告（建设、监理）。

5) 管道、设备、钢构件防腐（建设、监理）。

6) 管道强压、总压、冲洗及管道、除污器清理（建设、监理、设计）。

7) 管道灌软化水（建设、监理）。

8) 管道试运行及工程验收（建设、监理、设计）。

9) 工程竣工资料检查（建设、监理、设计）。

4-4-23　热力工程外线竣工验收标准是怎样的？

答： 1) 热机部分

(1) 总压、冲洗合格，试运行方案已审批。

(2) 设备、管道防腐保温合格，表面干净。

(3) 补偿器表面干净，标尺清楚。

(4) 阀门手轮、扳手齐全。

(5) 除污器清理合格。

(6) 泄水阀门重新换加盘根，丝杠清理干净加机油，法兰盘之间清理干净（石棉垫和盘根采用输配公司提供的）

(7) 导向支架滑板间隙合格，滑动支墩滑板面清理干净加机油。

(8) 固定支架卡板安装焊接合格。

2) 土建部分

(1) 混凝土结构无漏水、渗水现象，结构表面平整，无钢筋头等杂物并清理干净。

(2) 爬梯平台坚固、实用、可靠，并防腐。

(3) 小室地面、积水坑清理干净，无尘土。

(4) 导向支架、固定支架根部做护墩。

(5) 井圈、井盖、防水胶圈齐全，回填土到位。

(6) 井口高出规划地面、路面 1.5cm。

4-4-24　北京市输配公司验收热力外线工程的要求有哪些?

答: 1) 积水坑和爬梯平台抽水口采用 500mm×500mm。

2) 直爬梯高于 2m 以上的加护栏，地沟口有直梯的要加防护门，并只能向地沟内方向开。

3) 所有阀门高于 1.6m 的加操作平台。

4) 除污器泄水阀门出水口背向爬梯，不许垂直向下安装。

5) 除污器的底不许采用法兰连接，泄水口加法兰堵板。

6) 所有法兰石棉垫采用输配公司提供的。

7) 混凝土结构不许渗水、漏水，不许有钢筋头等杂物。

8) 管道干线最小泄水不要小于 *DN*80mm，支线可采用 *DN*50mm 的泄水。

9) 没设爬梯的设备安装孔采用承重盖板盖住，离地面 50～60cm。在绿化地内的井盖高出绿地 10～15cm。

10) 滑动支架与支墩接触面清理后上机油（不许刷油漆）。

11) 泄水阀门采用截止阀，装满盘根，丝杆清理后上机油。

12) 所有阀门的手轮、扳手配齐。放气门在试运行合格后加丝堵。

4-4-25　热力工程实施过程中资料管理的规定有哪些?

答: 1) 施工现场办公室有热力工程平面图、纵断图、进度图和完整的设计施工图。

2) 施工过程中使用的规范、规程、标准、图集。

3) 工程洽商、隐检在一周内签齐，洽商复印件报基建办公室。

4) 各种大小会议要写会议纪要，报基建办公室。

5) 各种技术措施要有方案，报基建办公室。

6) 防水、保温工程资料由总承包单位统一收集管理。

7) 热机焊接无损检测每次要有临时报告、竣工时出正式报告。

8) 工程强压、总压、冲洗、试运行要写方案，报基建办公室，审批后再实施。

9) 施工过程要有施工记录，重要部位要有照片。施工过程中其他资料随工程进展及时整理。

10) 工程竣工资料整理按《热力工程竣工验收备案规定》执行。工程验收合格后 30d 内移交竣工资料。

4-4-26　安装焊接进口阀门的补充规定有哪些?

答: 为确保焊接式阀门的安装质量和使用性能，特做如下补充规定：

1）焊条必须使用J506或J507型焊条，宜采用直流焊机。

2）焊接安装时，焊机地线必须搭在同侧焊口的钢管上。禁止搭在阀体上，必须利用气体保护焊打底。

3）焊接蝶阀时阀板必须关闭，并在密封面处注满黄油，以防止焊渣落在密封面及阀板上。

4）焊接球阀时必须用湿布将阀体裹住，用以降温保护密封面，将球阀全开，并在密封面处注满黄油，以防止焊渣落在球面上。

5）焊接式阀门具有双向密封性，主流方向是从平阀板一侧进入。安装时应以操作方便为主。

6）当阀门恰好安装在弯头后面时，阀门的轴应该与弯头的中心线一致。

7）当阀门安装在靠近离心泵的出口时，应将阀门的轴安装成与泵的轴成90°角。

8）禁止将阀门轴垂直安装，必须在阀门轴成±60°角范围内安装。

9）阀门应放在原有包装中运输保管，安装时再摘下保护盘。

10）进口阀门安装时监理必须旁站。

4-4-27　热力外线工程试压范围的规定有哪些?

答: 1）热力工程强压时应具备的条件

(1) 主管道已焊接完成，经探伤合格。

(2) 放气阀、除污器、泄水已安装焊接完成。

(3) 各分段阀门、分支阀门已安装完成，经100%探伤合格。

(4) 导向滑板、滑动支架已安装焊接完成。

(5) 强压方案已审批。

2）热力工程总压时应具备的条件

(1) 强压合格。

(2) 固定支架、导向支架强度已达到设计要求，固定支架卡板、卡环已安装焊接完成。

(3) 波纹管补偿器已安装焊接完成，经100%探伤合格。

(4) 轴向波纹管补偿器、铰接式波纹管补偿器的安装拉杆已拆除。

(5) 管道自由端已加固，并经设计核算可以满足总压时的推力。

(6) 总压方案已审批。

4-4-28　热力工程试运行方案编写格式是怎样的?

答: 见下文

封面：热力工程试运行方案

　　　(工程名称、图号)

　　　建设单位名称、日期

1）编制依据

(1) 设计图纸；

(2) 国家规范；

(3) 现场情况。

2）工程概况

(1) 设计说明；

(2) 试运行标准；

(3) 试运行范围（含用水量）。

3）试运行部署

（1）操作步骤；

（2）组织机构设置；

（3）安全技术措施。

4）附图、表格

（1）小室设备表（含固定支架吨位）；

（2）材料设备表；

（3）值班人员表；

（4）补偿器热伸长记录表；

（5）管网平面图；

（6）管网纵断图。

4-4-29　热力工程总体试压方案编写格式是怎样的？

答：见下文

封面：热力工程总体试压冲洗方案

（工程名称、图号）

施工单位名称、日期

1）编制依据

（1）设计图纸；

（2）国家规范；

（3）现场情况。

2）工程概况

（1）设计说明；

（2）试压标准；

（3）试压范围（用水量）。

3）总试压前自由端加固

（1）经设计核算的固定支架；

（2）加固方法（文字部分）。

4）总试压部署

（1）操作步骤；

（2）组织体系（现场负责人及监理、建设单位人员）；

（3）安全措施。

5）冲洗方法

（1）水源及进出水口；

（2）冲洗步骤及标准。

6）附图、表格

（1）小室设备表；

（2）材料设备表；

（3）自由端加固图；

（4）试压管线平面图；

（5）试压管线纵断图。

4-4-30　供热工程支架检查记录格式是怎样的？

答：见表4-4-30。

供热工程固定支架检查记录　　表 4-4-30

工程名称		设计图号	
施工单位		监理单位	

固定支架位置

固定支架钢结构检查情况（钢材型号、焊接质量等）

固定支架浇筑检查情况（钢材、钢筋型号、焊接质量等）

固定支架卡板卡环检查情况（卡板、卡环尺寸、焊质量等）

参检人员签字	建设单位	监理单位	施工单位

注：本记录填写完成后与总试压方案一起交到工程一科。

4-4-31　管道功能性试验一般规定有哪些？

答：1）管道安装完成后应进行管道功能性试验：

（1）压力管道，试验分为预试验和主试验阶段；试验合格的判定依据分为允许压力降值和允许渗水量值，按设计要求确定；设计无要求时，应根据工程实际情况，选用其中一项值或同时采用两项值作为试验合格的最终判定依据。

（2）无压管道严密性试验分为闭水试验和闭气试验，按设计要求确定；设计无要求时，应根据实际情况选择闭水试验或闭气试验进行管道功能性试验；压力管道水压试验进行实际渗水量测定时，宜采用注水法进行。

（3）供热管道工程应按设计要求分别进行强度（水压）试验和严密性（允许渗水量）试验。

（4）燃气管道安装完毕后应先进行管道吹扫，合格后再做强度（水压）试验和严密性（允许渗水量）试验。

2）管道功能性试验涉及水压、气压作业时，应有安全防护措施，作业人员应按相关安全作业规程进行操作。管道水压试验和冲洗、消毒排出的水，应及时排放至规定地点，不得影响周围环境和造成积水，并应采取措施确保人员、交通通行和附近设施的安全。

3）进行管道功能性试验前，应做好水源的引接、排水的疏导等方案。

4）向管道注水应从下游缓慢注入，注水时在试验管段上游的管顶及管段中的高点应设置排气阀，将管道内的气体排除。

5）冬期进行管道功能性试验时，环境温度不宜低于5℃；当环境温度低于5℃时，应有防冻措施。

6）给水排水工程的大口径球墨铸铁管、玻璃钢管、预应力钢筒混凝土管或预应力混凝土管等管道，单口水压试验合格后，且设计无要求时：

（1）压力管道可免去预试验阶段，而直接进行主试验阶段。

（2）无压管道应认同严密性试验合格，无需进行闭水或闭气试验。

7）全断面整体现浇的排水钢筋混凝土无压管渠处于地下水位以下时，除设计有要求外，当管渠的混凝土强度等级、抗渗性能检验合格，管道严密性试验应执行混凝土结构无压管道渗水量测与评定方法。

8）当管道采用两种（或两种以上）管材时，宜按不同管材分别进行试验；当不具备分别试验的条件必须组合试验，且设计无具体要求时，应采用不同管材的管段中试验控制最严的标准进行试验。

9）管道的试验长度除本规范规定和设计另有要求外，应符合下列规定：

（1）压力管道水压试验的管段长度不宜大于1.0km。

（2）无压力管道的闭水试验，若条件允许可一次试验不超过5个连续井段。

（3）供热管道试验长度宜为一个完整的施工段。

4-4-32　压力管道水压试验有哪些规定要求？

答：1）水压试验前，施工单位应编制的试验方案，其内容应包括：

（1）后背及堵板的设计。

（2）进水管路、排气孔及排水孔的设计。

（3）加压设备、压力计的选择及安装的设计。

（4）排水疏导措施。

（5）升压分级的划分及观测制度的规定。

（6）试验管段的稳定措施和安全措施。

2）试验管段的后背应符合下列规定：

（1）后背应设在原状土或人工后背上，土质松软时应采取加固措施。

(2) 后背墙面应平整并与管道轴线垂直。

3) 采用钢管、化学建材管的压力管道，当管道中最后一个焊接口完毕一个小时以上方可进行水压试验。

4) 水压试验时，当管内径大于或等于 600mm 时，试验管段端部的第一个接口应采用柔性接口，或采用特制的柔性接口堵板。

5) 水压试验时采用的设备、仪表规格及其安装应符合下列规定：

(1) 采用弹簧压力计时，精度不低于 1.5 级，最大量程宜为试验压力的 1.3～1.5 倍，表壳的公称直径不宜小于 150mm，使用前经校正并具有符合规定的检定证书。

(2) 水泵、压力计应安装在试验段的两端部与管道轴线相垂直的支管上。

6) 开槽施工管道试验前附属设备安装应符合下列规定：

(1) 非隐蔽管道的固定设施已按设计要求安装合格。

(2) 管道附属设备已按要求紧固、锚固合格。

(3) 管件的支墩、锚固设施混凝土强度已达到设计强度。

(4) 未设置支墩、锚固设施的管件，应采取加固措施并检查合格。

7) 水压试验前管道回填土应符合下列规定：

(1) 管道安装检查合格后，应按规范《管道工程施工工艺规程》中回填土的相关规定。

(2) 管道顶部回填土宜留出接口位置以便检查渗漏处。

8) 水压试验前准备工作应符合下列规定：

(1) 试验管段所有敞口应封闭，不得有渗漏水现象。

(2) 试验管段不得用闸阀做堵板，不得含有消火栓、水锤消除器、安全阀等附件。

(3) 水压试验前应清除管道内的杂物。

9) 试验管段注满水后，宜在不大于工作压力条件下充分浸泡后再进行水压试验，浸泡时间应符合表 4-4-32 (1)的规定。

压力管道水压试验前浸泡时间 **表 4-4-32 (1)**

管材种类	管径 D_i（mm）	浸泡时间（h）
球墨铸铁管（有水泥砂浆衬里）	D_i	≥24
钢管（有水泥砂浆衬里）	D_i	≥24
化学建材管	D_i	≥24
现浇钢筋混凝土管渠	$D_i \leqslant 1000$	≥48
	$D_i > 1000$	≥72
预（自）应力混凝土管、预应力钢筒混凝土管	$D_i \leqslant 1000$	≥48
	$D_i > 1000$	≥72

10) 水压试验应符合下列规定：

(1) 试验压力应按表 4-4-32 (2)选择确定。

压力管道水压试验的试验压力（MPa） **表 4-4-32 (2)**

管材种类	工作压力 P	试验压力
钢管	P	$P+0.5$，且不小于 0.9
球墨铸铁管	≤0.5	$2P$
	>0.5	$P+0.5$

续表

管 材 种 类	工 作 压 力 P	试 验 压 力
预（自）应力混凝土管、预应力钢筒混凝土管	≤0.6	1.5P
	>0.6	P+0.3
现浇钢筋混凝土管渠	≥0.1	1.5P
化学建材管	≥0.1	1.5P，且不小于0.8

（2）预试验阶段：将管道内水压缓缓地升至试验压力并稳压30min，期间如有压力下降可注水补压，但不得高于试验压力；检查管道接口、配件等处有无漏水、损坏现象。如有漏水、损坏现象应及时停止试压，查明原因并采取相应措施后重新试压。

（3）主试验阶段：停止注水补压，稳定15min；当15min后压力下降不超过表4-4-32（3）中所列允许压力降数值时，将试验压力降至工作压力并保持恒压30min，进行外观检查若无漏水现象，则水压试验合格。

压力管道水压试验的允许压力降（MPa） **表4-4-32（3）**

管 材 种 类	试 验 压 力	允 压 力 降
钢管	P+0.5，且不小于0.9	0
球墨铸铁管	2P	0.03
	P+0.5	
预(自)应力钢筋混凝土管、预应力钢筒混凝土管	1.5P	
	P+0.3	
现浇钢筋混凝土管渠	1.59	
化学建材管	1.5P，且不小于0.8	0.02

（4）管道升压时管道的气体应排除，升压过程中当发现弹簧压力计表针摆动、不稳，且升压较慢时，应重新排气后再升压。

（5）应分级升压，每升一级应检查后背、支墩、管身及接口，当无异常现象时再继续升压。

（6）水压试验过程中，后背顶撑、管道两端严禁站人。

（7）水压试验时，严禁修补缺陷；遇有缺陷时，应做出标记，卸压后修补。

11）压力管道在预试验结束，采用允许渗水量进行最终合格判定依据时，实测渗水量应小于或等于表4-4-32（4）的规定及下列公式规定的允许渗水量：

压力管道水压试验的允许渗水量 **表4-4-32（4）**

管道内径 D_i（mm）	允许渗水量[L/(min·km)]		
	焊接接口钢管	球墨铸铁管、玻璃钢管	预(自)应力混凝土管、预应力钢筒混凝土管
100	0.28	0.70	1.40
150	0.42	1.05	1.72
200	0.56	1.40	1.98
300	0.85	1.70	2.42
400	1.00	1.95	2.80
600	1.20	2.40	3.14

续表

管道内径 D_i(mm)	允许渗水量[L/(min·km)]		
	焊接接口钢管	球墨铸铁管、玻璃钢管	预(自)应力混凝土管、预应力钢筒混凝土管
800	1.35	2.70	3.96
900	1.45	2.90	4.20
1000	1.50	3.00	4.42
1200	1.65	3.30	4.70
1400	1.75	—	5.00

(1) 当管道内径大于表 4-4-32 (4)规定时，实测渗水量应小于或等于按下列公式计算的允许渗水量：

钢管： $q=0.5\sqrt{D_i}$

球墨铸铁管（玻璃钢管）： $q=0.1\sqrt{D_i}$

预（自）应力混凝土管、预应力钢筒混凝土管：

$$q=0.14\sqrt{D_i}$$

(2) 现浇钢筋混凝土管渠实测渗水量应小于或等于按下式计算的允许渗水量：

$$q=0.014\sqrt{D_i}$$

(3) 硬聚氯乙烯管实测渗水量应小于或等于按下式计算的允许渗水量：

$$q=3\times\frac{D_i}{25}\times\frac{P}{0.3\alpha}\times\frac{1}{1440}$$

式中 q——允许渗水量[L/(min·km)]；

D_i——管道内径（mm）；

P——压力管道的工作压力（MPa）；

α——温度-压力折减系数；当试验水温 0～25℃时，α 取 1；25～35℃时，α 取 0.8；35～45℃时，α 取 0.63。

12）聚乙烯管、聚丙烯管及其复合管的水压试验除应符合上述规定外，其预试验、主试验阶段应按下列规定执行：

(1) 预试验阶段

按现行规定完成后，应停止注水补压并稳定 30min；当 30min 后压力下降不超过试验压力的 70%，则预试验结束；否则重新注水补压并稳定 30min 再进行观测，直至 30min 后压力下降不超过试验压力的 70%。

(2) 主试验阶段

① 在预试验阶段结束后，迅速将管道泄水降压，降压量为试验压力的 10%～15%；期间应准确计量降压所泄出的水量（ΔV），并按下式计算允许泄出的最大水量 ΔV_{max}：

$$\Delta V_{max}=1.2V\Delta P\left\{\frac{1}{E_w}\times\frac{D_i}{e_nE_p}\right\}$$

式中 V——试压管段总容积（L）；

ΔP——降压量（MPa）；

E_w——水的体积模量，不同水温时 E_w 值可按表 4-4-32 (5)采用；

E_p——管材弹性模量（MPa），与水温及试压时间有关；

D_i——管材内径（m）；

e_n——管材公称壁厚（m）。

ΔV 小于或等于 ΔV_{max}时，则按本款的第（2）、（3）、（4）项进行作业；ΔV 大于 ΔV_{max}时应停止试压，排除管内过量空气再从预试验阶段开始重新试验。

温度与体积模量关系 **表 4-4-32（5）**

温度（℃）	体积模量（MPa）	温度（℃）	体积模量（MPa）
5	2080	20	2170
10	2110	25	2210
15	2140	30	2230

② 每隔 3min 记录一次管道剩余压力，应记录 30min；当 30min 内管道剩余压力有上升趋势时，则水压试验结果合格。

③ 30min 内管道剩余压力无上升趋势时，则应持续观察 60min；当整个 90min 内压力下降不超过 0.02MPa，则水压试验结果合格。

④ 当主试验阶段上述两条均不能满足时，则水压试验结果不合格，应查明原因并采取相应措施后再重新组织试压。

13）大口径球墨铸铁管、玻璃钢管及预应力钢筒混凝土管道的接口单口水压试验应符合下列规定：

（1）安装时应注意将单口水压试验用的进水口（管材出厂时已加工）置于管道顶部。

（2）管道接口连接完毕后进行单口水压试验，试验压力为管道设计压力的 2 倍，且不得小于 0.2MPa。

（3）试压采用手提式打压泵，管道连接后将试压嘴固定在管道承口的试压孔上，连接试压泵，将压力升至试验压力，恒压 2min，无压力降为合格。

（4）试压合格后，取下试压嘴，在试压孔上拧上 M10×20mm 不锈钢螺栓并拧紧。

（5）水压试验时应先排净水压腔内的空气。

（6）若单口试压不合格且确定是接口漏水，则应马上拔出管节，找出原因，重新安装，直至符合要求为止。

4-4-33　无压管道的闭水试验有哪些规定？

答：1）闭水试验法应按设计要求和试验方案进行。

2）试验管段应按井距分隔，抽样选取，带井试验。

3）无压管道闭水试验时，试验管段应符合下列规定：

（1）管道及检查井外观质量已验收合格。

（2）管道未回填土且沟槽内无积水。

（3）全部预留孔应封堵，不得渗水。

（4）管道两端堵板承载力经核算应大于水压力的合力；除预留进出水管外，应封堵坚固，不得渗水。

（5）顶管施工、注浆孔封堵且管口按设计要求处理完毕，地下水位于管底以下。

4）管道闭水试验应符合下列规定：

（1）试验段上游设计水头不超过管顶内壁时，试验水头应以试验段上游管顶内壁加 2m 计。

（2）试验段上游设计水头超过管顶内壁时，试验水头应以试验段上游设计水头加 2m 计。

（3）计算出的试验水头小于 10m，但已超过上游检查井井口时，试验水头应以上游检查井井口高度为准。

(4) 管道闭水试验应按闭水法进行。

5) 管道闭水试验时，应进行外观检查，不得有漏水现象，且符合下列规定时，管道闭水试验为合格：

(1) 实测渗水量小于或等于表 4-4-33 规定的允许渗水量。

(2) 管道内径大于表 4-4-33 规定时，实测渗水量应小于或等于按下式计算的允许渗水量：

$$q = 1.25\sqrt{D_i}$$

(3) 异形截面管道的允许渗水量可按周长折算为圆形管道计。

(4) 化学建材管道的实测渗水量应小于或等于按下式计算的允许渗水量：

$$q = 0.0046D_i$$

式中 g——允许渗水量[m^3/(24h·km)]；

D_i——管道内径 (mm)。

无压力管道闭水试验允许渗水量 **表 4-4-33**

管 材	管径 D_i(mm)	允许渗水量[m^3/(24h·km)]
钢筋混凝土管	200	17.60
	300	21.62
	400	25.00
	500	27.95
	600	30.60
	700	33.00
	800	35.35
	900	37.50
	1000	39.52
	1100	41.45
	1200	43.30
	1300	45.30
	1400	46.70
	1500	48.40
	1600	50.00
	1700	51.50
	1800	53.00
	1900	54.48
	2000	55.90

6) 当管道内径大于 700mm 时，可按管道井段数量抽样选取 1/3 进行试验；试验不合格时，抽样井段数量应在原抽样基础上加倍进行试验。

7) 不开槽施工的内径大于或等于 1500mm 钢筋混凝土结构管道，设计无要求且地下水位高于管道顶部时，可采用内渗法测渗水量；符合下列规定时，则管道抗渗能力满足要求，不必再进行闭水试验：

(1) 管壁不得有线流、滴漏现象。

(2) 对有水珠、渗水部位应进行抗渗处理。

(3) 管道内渗水量允许值：$q \leqslant 2[1/(m^2 \cdot d)]$

4-4-34　无压管道的闭气试验有哪些规定？

答： 1）闭气试验适用于混凝土类的无压管道在回填土前进行的严密性试验。

2）闭气试验时，地下水位应低于管外底 150mm，环境温度为－15～50℃。

3）下雨时不得进行闭气试验。

4）闭气试验合格标准

(1) 规定标准闭气试验时间符合表 4-4-34 的规定，管内实测气体压力 $P \geqslant 1500$Pa 则管道闭气试验合格。

(2) 当被检测管道内径大于或等于 1600mm 时，应记录测试时管内气体温度（℃）的起始值 T_1 及终止值 T_2，并将达到标准闭气时间时膜盒表显示的管内压力值 P 记录，用下列公式加以修正，修正后管内气体压降值为 ΔP：

$$\Delta P = 103300 - (P + 101300)(273 + T_1)/(273 + T_2)$$

ΔP 如果小于 500Pa，管道闭气试验合格。

(3) 管道闭气试验不合格时，应进行漏气检查、修补后复检。

钢筋混凝土无压管道闭气检验规定标准闭气时间　　表 4-4-34

管道 DN (mm)	管内气体压力（Pa）		规定标准闭气时间（′ ″）
	起点压力	终点压力	
300			1′45″
400			2′30″
500	2000	≥1500	3′15″
600			4′45″
700			6′15″
800			7′15″
900			8′35″
1000			10′30″
1100			12′15″
1200			15′
1300			16′45″
1400			19′
1500			20′45″
1600			22′30″
1700			24′
1800			25′45″
1900			28′
2000			30′
2100			32′30″
2200			35′

4-4-35　供热管道功能性试验与清洗、试运行有哪些规定？

答： 1）一级管网及二级管网强度（水压）试验压力应为 1.5 倍设计压力。严密性（允许渗水量）试验压力应为1.25倍设计压力，且不得低于0.6MPa。

2）强度（水压）试验应在试验段内的管道接口防腐、保温施工及设备安装前进行；严密性试验应在试验范围内的管道全部安装完成后进行。

3）应采用洁净的水为介质做强度（水压）、严密性（允许渗水量）试验。并符合下列规定：

（1）管道强度试验应符合下列要求：

① 当运行管道与试压管道之间的温度差大于100℃时，应采取相应措施，确保运行管道和试压管道的安全。

② 对高差较大的管道，应将水的静压计入试验压力中。热水管道的试验压力应为最高点的压力，但最低点的压力不得超过管道及设备的承受压力。

③ 试验用的压力表应按规定校验，精度不宜低于1.5级。表的满量程应达到试验压力的1.5～2倍，数量不得少于2块，安装在试验泵出口和试验系统末端。

④ 试验前应划定工作区，并设标志，无关人员不得进入。

⑤ 当试验过程中发现渗漏时，严禁带压处理。消除缺陷后，应重新进行试验。

⑥ 试验结束后，应及时排除管道内存水，再拆除试验用临时加固装置，排水时应防止形成负压，且不得随地排放。

（2）管道严密性（允许渗水量）试验，除遵守强度试验有关要求外，尚应符合下列要求：

① 管道严密性（允许渗水量）试验方案应经有关单位审查同意；试验前应对有关操作人员进行技术、安全交底。

② 试验范围内的管道安装质量应符合设计要求及本规程的有关规定，且有关材料、设备资料齐全。

③ 管道各种支架已安装调整完毕，固定支架的混凝土已达到设计强度，回填土及填充物已满足设计要求。

④ 管道自由端的临时加固装置已安装完成，经设计核算与检查确认安全可靠。试验管道与无关系统应采用盲板或采取其他措施隔开，不得影响其他系统的安全。

⑤ 试验中不得对带压力的管道进行补焊；压力≥0.4MPa时不得拧紧法兰盘螺栓。

4）热管网的清洗应在试运行前进行。清洗前，应编制清洗方案。方案中应包括指挥系统、人员配置、清洗方法、技术要求、操作及安全措施等内容。

5）清洗前应将减压器、疏水器、流量计和流量孔板（或喷嘴）、滤网、调节阀芯、止回阀芯及温度计的插入管以及不与管道同时清洗的设备、仪表管等拆除（或隔离），待清洗结束后重装。

6）输送热水的管网水力冲洗应符合下列规定：

（1）支架的强度应能承受清洗时的冲击力，不能达到要求时应进行临时加固。

（2）清洗使用的其他装置应安装完成，并检查合格。

（3）水力冲洗进水管的截面积不得小于被冲洗管截面积的50%，排水管截面积不得小于进水管截面积。设备等应有单独的排水口，在清洗过程中管道中的脏物不得进入设备。

（4）冲洗应按主干线、支干线、支线分别进行。冲洗前应充满水并浸泡管道，水流方向应与设计的介质流向一致。

（5）未冲洗管道应与已完成冲洗管道隔断，未冲洗管道中的脏物，不得进入已冲洗合格的管道中。

（6）冲洗应连续进行并宜加大管道内的流量，管内的平均流速不得低于1m/s，排水时，不得形成负压。冲洗时排放的污水不得污染环境。

（7）当冲洗水量不能满足要求时，宜采用人工清洗或密闭循环的水力冲洗方式。当循环冲洗的水质不符合要求时，应更换循环水继续进行冲洗。

(8) 水力冲洗应以排水水样中固形物的含量接近或等于冲洗用水中固形物的含量为合格。清洗合格后，应及时拆除排污管、除污器等装置，保证管道内清洁。

7) 输送蒸汽的管道应采用蒸汽进行吹洗，并应符合下列规定：

(1) 吹洗前应缓慢升温进行暖管。暖管速度不宜过快并应及时疏水。应检查管道热伸长、补偿器、管路附件及设备等工作情况，恒温 1h 后进行吹洗。

(2) 吹洗时必须划定安全区，设置标志，确保人员及设施的安全，其他无关人员严禁进入。

(3) 吹洗用蒸汽的压力和流量应按设计计算确定。吹洗压力不得大于管道工作压力的 75%。

(4) 吹洗次数应为 2～3 次，每次的间隔时间宜为 20～30min。

(5) 蒸汽吹洗应以出口蒸汽为纯净气体为合格。

8) 清洗合格的管道，不得再进行影响管道内部清洁的作业。

9) 供热管网清洗合格后，应按规定填写清洗检验记录。

10) 热力管道试运行时应符合下列规定：

(1) 试运行应在有关单位工程验收合格，热源已具备供热条件后进行。供热管线工程宜与热力站工程联合进行试运行。

(2) 试运行前，应编制试运行方案。试运行方案应由有关单位进行审查同意并进行交底。

(3) 参加试运行的人员应经过培训，且参加过技术安全交底。

(4) 供热管线的试运行应有完善、灵敏、可靠的通信系统及其他安全保障措施。

(5) 供热工程应在有关单位认可的各项工艺参数下试运行，试运行的时间应为连续运行 72h。

(6) 试运行应缓慢地升温，升温速度不得大于 10℃/h。在低温试运行期间，应对管道、设备进行全面检查，支架的工作状况应做重点检查。在低温试运行正常以后，可再缓慢升温到试运行参数下运行。

(7) 试运行开始后，应每隔 1h 对补偿器及其他设备和管路附件等进行检查，并应做好记录。

(8) 在试运行期间管道法兰、阀门、补偿器及仪表等处的螺栓应进行热拧紧。热拧紧时的运行压力应为 0.3MPa 以下，温度宜达到设计温度，螺栓应对称，均匀适度紧固。在热拧紧部位应采取保护操作人员安全的可靠措施。

(9) 试运行期间发现属于必须当即解决的问题，应停止试运行，进行处理。试运行的时间，应从正常试运行状态的时间起计 72h。

4-4-36　消火栓系统和自动喷淋系统强度严密性试验（记录）有何规定要求？

答： 1) 强度试验条件

(1) 试验应在系统安装完毕及符合设计要求和消防规定的情况下进行（对于水源干管进口和隐蔽前的室内地下管道，单独或与系统一起进行）。

(2) 要有经过批准的试压方案。

(3) 试验前要拆除或隔离不能参加试验的仪表、阀门、设备和附件，对于加设的盲板应逐一做标记，并做统计。

(4) 消火栓系统宜采用分段水压试验；湿式消防喷淋系统应采用气压试验；冬季施工进行水压试验时，湿式喷淋系统可采用气压试验，或采取防冻措施。

(5) 应对试压采用的临时加固措施进行核查，试压所用的压力表精度不低于 1.5 级，表量程为试验值的 1.5～2.0 倍。

2) 水压试验要求

水压试验应在 5℃以上进行，低于 5℃应有防冻措施，消火栓系统试验压力以系统最高点压力为准（但需保证最低点压力不超过管道设备承压力），试验压力为设计压力的 1.25 倍，试验时缓慢升压，达到试验压力，10min 无渗漏、无压降、无变形。

喷淋系统应以最低压力为标准，设计压力为≤1.0MPa 时，试验压力为设计压力的 1.5 倍，且不低于 1.4MPa，设计压力＞1.0MPa 时，试验压力为设计压力加 0.4MPa，30min 无渗漏、无变形，压降≤0.05MPa。

试压过程中若有不合格，不得带压修理，应放空系统后再修理。

3）气压试验介质

宜用压缩空气或氮气，气压严密性试验压力为 0.28MPa，稳压 24h，压降不大于 0.01MPa。

4）严密性试验要求

消火栓系统采用设计压力在强度试验合格后进行，8h 无渗漏；喷淋系统严密性试验，在水压强度试验和冲洗合格后进行，试验压力为设计压力稳压 24h 无渗漏；如不合格，应放空系统后再修理。

5）消防系统强度、严密性试验记泵表（见表 4-4-36）。

消防系统强度、严密性试验记录 **表 4-4-36**

工程名称： 编号：

分部分项工程名称					建设单位							
设计单位					施工单位							
系统名称					试验日期							
管道名称及编号	材质	设计参数			强度试验				严密性试验			
		介质	压力	温度	介质	压力	时间	结论	介质	压力	时间	结论
试压情况 说明和结论												
建设单位（监理）单位	施　工　单　位											
	项目负责人			质检员			技术负责人			试验员（班长）		

4-4-37　灌水试验（记录）有何规定？

答：1）对于室内排水管、室内雨水管道，在隐蔽工程施工前，均应进行灌水试验；在竖井内的立管可以分层进行灌水试验；开式水箱应将甩口临时封闭后做满水试验，满水 24h 观察无渗漏为合格。注水高度，排水管以一层楼高为标准（如条件不具备可以首层下排水水平干管至首层地面高度为准），满水 15min 再灌满延续 5min，液面不下降、不渗漏为合格。有保温的排水管道，保温前需做闭水试验，雨水管由屋顶（或最上部）雨水漏斗至立管根部排出口，满水 15min 再灌满延续 5min，液面不下降、不渗漏为合格。

2）对于污水、雨水管道的试验，应按相关施工规范和设计要求中的试验要求，按不同立管分别填写暖卫专业灌水试验记录（见表 4-4-37）；对于开式水箱应注明系统名称、检验时间、注水时间和注水位置，并如实填写试验情况和结论。

暖卫专业灌水试验记录 **表 4-4-37**

工程名称： 编号：

施工单位		试验日期	
试验部位		规格、材质	
试验要求			
试验情况记录			
试验结论			

建设（监理）单位	施工单位			
	项目负责人	质检	工长	班长

4-4-38 冲洗（吹洗）记录有何规定？

答：1）对于给水管道（包括生活冷、热水及中水管道）、消防管道、采暖管道、燃气及压缩空气管道及设计有要求的管道，在完成安装后应做吹洗（冲洗）试验。

2）吹（冲）洗试验的标准应根据有关规范和设计要求进行。

一般给水系统应以最大设计流量或不小于 1.5m/s 流速进行，直至各出水口水色与进水口水色目测一致。

3）采暖、热水以及蒸汽凝结水管道，应在冲洗前将流量孔板、滤网、疏水器、温度计等阻碍污物通过的设施临时拆除，待冲洗合格后再安装好。

蒸汽系统的蒸汽管道，应采用蒸汽吹扫，吹扫前应将管道缓慢升温，并恒温 1h 后进行吹扫（一般不小于三次），直至管内无铁锈及污物，吹扫后将管道降至环境温度。

燃气和压缩空气管道，应采用压缩空气或氮气，试验按有关施工规范和设计要求进行。

对于设计有要求和国家规范有规定的管道，如氧气管道等，应进行脱脂处理。

4）冲洗试验记录应填写暖卫专业吹（冲）洗试验记录（见表 4-4-38（1）），需做脱脂处理的应填写管道系统吹洗（脱脂）记录（见表 4-4-38（2）），试验记录应分系统分段填写，注明进水位置、冲洗情况和试验效果。尤其应注意的是，不能以水压试验的无压排水代替冲洗试验。

暖卫专业吹（冲）洗试验记录

表 4-4-38（1）

工程名称：＿＿＿＿＿＿　试验日期：　　年　　月　　日　　编号：

施工单位		试验项目	
试验部位		试验介质、方式	

试验记录：

试验结果	

建设（监理）单位	施工单位	安装单位		
		质检员	队长	工长

管道系统吹洗（脱脂）记录

表 4-4-38（2）

单位工程名称：＿＿＿＿＿＿

分部分项工程名称：＿＿＿＿　　年　　月　　日　　编号：

管道号	材质	工程介质	吹洗					脱脂	
			介质	压力	流速	洗吹次数	鉴定	介质	鉴定

建设(监理)单位：		施工单位	项目负责人	质检员	工长

4-4-39　消火栓系统和自动喷淋系统的冲洗试验（记录）有何规定？

答： 1）消火栓和自动喷淋系统的冲洗在试压合格后与室外给水管网连接前进行。自动喷淋头亦在冲洗合格后安装。

自动喷淋系统地上部分与地下部分连接前，应在配水管底部加堵头，然后对地下部分管网进行冲洗。

对于不能经受冲洗的设备和冲洗后可能存留杂物的管段，应采用其他办法清洗。

2）消火栓系统为设计最大流量或不小于1.5m/s的流速；自动喷淋系统流速不宜小于3m/s，流量要求见表4-4-39(1)，如流量不能满足要求，应采用设计流量冲洗或用水压气动法冲洗。

水冲洗流量　　　　**表4-4-39(1)**

公称管道直径（mm）	300	250	200	150	125	100	80	65	50	40
冲洗流量（L/s）	220	154	98	56	38	25	15	10	6	4

3）水冲洗应连续进行直到出水口水色透明，与进水口目测一致。自动喷淋系统冲洗水流方向应与灭火时水流方向一致。排水管截面应不小于冲洗管道的60%。

4）冲洗合格后填写消防系统冲（吹）洗试验记录（见表4-4-39(2)）。

消防系统冲（吹）洗试验记录　　　　**表4-4-39(2)**

工程名称：　　　　　　　　编号：

分部分项工程名称				建设单位			
设计单位				施工单位			
系统名称				试验日期			
管道名称及编号	材质	冲洗					
		介质	压力	流速	流量	冲洗次数	结论
试验情况说明和结论							
建设单位（监理）单位	施工单位						
	项目负责人		质检员		技术负责人		试验员（班长）

4-4-40　通水试验（记录）有何规定？

答： 1）给水、消防、卫生器具及排水系统，应按系统分区域进行通水试验。

2）经通水试验的卫生器具及其配件应齐备，安装合格，配件灵活，1/3 放水点同时放水，污水系统畅通，均无渗漏，符合《建筑给水排水及采暖工程施工质量验收规范》GB 50242—2002 规定和设计要求。

消防系统应抽查顶层消火栓高度及水压情况，自动喷淋系统末端试验阀、水流指示及报警、水泵监控情况。

卫生器具因条件限制达不到规定流量时，必须做满水排放试验，水量应满至卫生器具溢流口，并检查溢水口和排水口是否通畅，管路设备无堵塞、无渗漏。

3）通水试验记录应按系统、分区域填写暖卫工程通水试验记录（见表 4-4-40）。记录中要注明试验时间、试验项目、部位、系统情况简述及通水方式和情况等。

暖卫工程通水试验记录 **表 4-4-40**

工程名称：________ 试验日期： 年 月 日 编号：

<table>
<tr><td colspan="2">施工单位</td><td colspan="3"></td><td colspan="2">试验项目</td><td></td></tr>
<tr><td colspan="2">试验部位</td><td colspan="3"></td><td colspan="2">通水压力、流量</td><td></td></tr>
<tr><td rowspan="5">试验内容</td><td colspan="7">试验系统简述</td></tr>
<tr><td colspan="7"></td></tr>
<tr><td colspan="7">试验内容</td></tr>
<tr><td colspan="2">供水方式</td><td colspan="3">正式水源：</td><td colspan="2">临时水源：</td></tr>
<tr><td>通水情况</td><td colspan="6"></td></tr>
<tr><td rowspan="2">会签意见</td><td>检查意见</td><td></td><td>复检内容</td><td></td><td>质检员</td><td colspan="2"></td></tr>
<tr><td>建设（监理）单位</td><td></td><td>施工单位</td><td></td><td>工长</td><td colspan="2"></td></tr>
</table>

4-4-41 伸缩器予拉伸记录是怎样的?

答: 伸缩器安装时按设计要求应做预拉伸，记录填写伸缩器安装记录表（见表4-4-41），填写伸缩器公称管径，并计算预拉值、实际预拉值、预拉伸方法、标准依据和安装情况检查结果。

伸缩器安装记录表 **表 4-4-41**

工程名称：__________

施工单位			
设计压力（MPa）		伸缩器部位	
伸缩器规格型号		伸缩器材质	
固定支架间距（m）		管内介质温度	
计算计预拉值（mm）		实际预拉值（mm）	
伸缩器安装及预拉示意图及说明			
检查结果			
建设（监理）单位	施 工 单 位		
	施工负责人	质检员	工长

4-4-42 锅炉的烘、煮炉记录是怎样的?

答: 1）烘炉检查包括锅炉本体、热力站及管道、设备、烘炉记录填写烘炉检查记录表（见表4-4-42），需要注明温度升降的计划、烘烤时间和实际曲线记录及数据记录表。

烘炉检查记录表 **表 4-4-42**

工程名称：__________

施工单位		锅炉名称		
工作压力及介质温度		型号规格		
烘炉方法		测温方法		
烘炉时间	年 月 日时至 年 月 日 时			
烘炉情况记录：			时间	火焰实测温度
备注				
建设（监理）单位（签字） 年 月 日		施工员（签字） 年 月 日		
质检员（签字） 年 月 日		施工员（签字） 年 月 日		

2）煮炉检查包括煮炉的药品成分和用量、加药程序、蒸汽压力、温度升降控制。记录填写煮炉记录表。需要写明煮炉时间、效果和情况、清洗除垢的情况。

3）烘煮炉检查应按劳动部门的要求进行试验及填写记录。劳动局将在验收后从锅炉安装质量证书中摘出烘、煮炉记录。

4-4-43　采暖系统水压试验有哪些规定?

答: 室内采暖系统的试压包括两方面，即一切需隐蔽的管道及其附件（总管及入口装置、地沟、屋顶、吊顶内的干管）在隐蔽前必须进行水压试验；系统安装完毕，系统的所有组成部分（管道及其附件、散热设备、水泵、水箱、除污器、集气装置等附属设备）必须进行系统水压试验。前者称为隐蔽性试验，后者称为最终试验。两种试验均应做好水压试验及隐蔽试验记录，经试验合格后方可验收。

室内采暖管道用试验压力 P_s 做强度试验，以系统工作压力 P 做严密性试验，其试验压力按表 4-4-43 的规定。系统工作压力按循环水泵扬程确定。系统水压试验的试验压力由设计确定，以不超过散热器能承受的压力为原则。当高层建筑试验，底部散热器所受静水压力超过其承受能力时，系统的水压试验应分区进行，即按楼层分区，进行 2 次及以上的试验。

水压试验时，先升压至试验压力 P_s，保持 5min，如压降不超过 0.02MPa，则强度试验合格，降压至工作压力 P，保持此压力进行系统的全面检查，以不渗不漏为严密性试验合格。

室内采暖系统水压试验的试验压力　　表 4-4-43

管道类别	工作压力 P（MPa）	试验压力，P_s（MPa）	
		P_s	同时要求
低压蒸汽管道		顶点工作压力的 2 倍	底部压力不小于 0.25
低温水及高压蒸汽管道	<0.43	顶点工作压力+0.1	顶部压力不小于 0.3
高温水管道	<0.43	$2P$	
	0.43～0.71	$1.3P+0.3$	

水压试验时，应将试压泵（或利用系统循环泵）置于系统底部，以做到底部加压顶部排气。升压过程中应严密检查和监视系统各组成部分，防止出现漏水、变形、破裂等。试验完毕应排净试验用水，并闭各泄水阀门。

系统试验时，应拆去压力表（试验后再装上），打开疏水器、减压器旁通阀，关闭进口阀，不使压力表、减压器、疏水器参与试验，以防污物堵塞。

4-4-44　供热管道试压要点有哪些?

答: 1）试压前的准备工作

（1）试压前除了所有零附件安装完毕外，还要根据情况进行下列工作：①焊堵板，按实际试验压力选好堵板，并按规程要求与管道焊接好；②固定套筒，套筒及各处活接头在试压前要焊上拉筋或拉铁，避免升压后发生位移，此点非常重要；③加固弯头（包括方型伸缩器上的弯头），要做好临时后背支墩，防止升压后弯头发生位移。

（2）做好给水和排水系统。给水系统即要满足水源能直接进入管道，又要满足管道内水满后，在加压时的用水；排水系统要做到放水时，水能排放到下水道内或其他适当的排放处。

（3）压力表要装两块，一块装在进水口处，另一块装在试压管道的末端。压力表在试压前进行标准核定。

（4）管道各个高点均应装上放气门。

（5）除了无缝钢管外，在试压前，管身不得进行保温，以便试压时进行检查。所有法兰连接处的垫片要符合要求，螺栓全部拧紧。

2）试压工作

（1）“上”水：一般应尽量由低处进水，管道内水满后尽量利用自来水的压力“顶”一下，以减少加压泵的工作负荷。

(2) 试压过程中，除了按规定对管口进行锤击外，不得对管道有其他震动。

(3) 试压时，焊缝如有渗漏现象，应先降压后将渗漏处焊肉剔除，清理干净，重新焊接；严禁用錾捻方法进行修理。

(4) 总试压的管道，如用阀门与正在运行的管道隔绝时，阀门两侧的温差不得超过100℃。

(5) 管道水压试验时，应将管道内的空气排净后，方可加压。

(6) 雨季试压时，当一段试压合格，而无条件继续安装时，不可排放管道内的水，以防漂管；如必须放水时，放水后应有防漂措施，并用两层麻布及铅丝将管口扎紧，防止管内进入淤泥。

(7) 冬季总试压，气温在0℃以下时，管道可分段进行试压，每段长度在400～500m为宜，试压工作应抓紧进行，及时灌水及时放水，以防管道受冻；试压设备如压力表和连接管等，均应用保温材料包扎防冻。

4-4-45　供热管道试压系统是怎样的?

答：供热管道试压系统如图4-4-45所示。

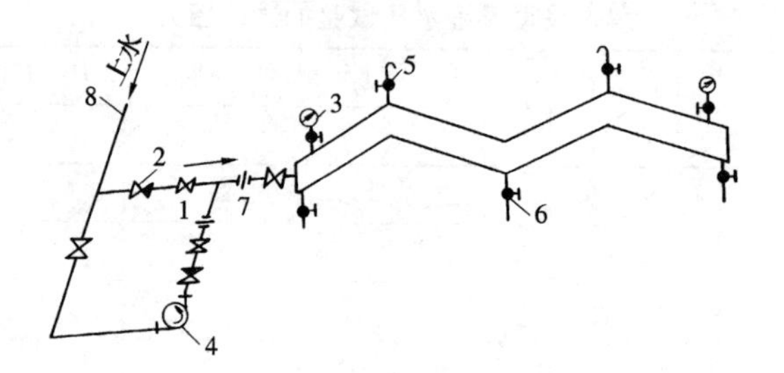

图4-4-45　供热管道试压系统图

1—阀门；2—单流门；3—压力表；4—水泵；5—放气阀；6—泄水阀；7—活接头；8—给水

4-4-46　水管流量从什么表可查到?

水管流量表见表4-4-46。

水管流量表　　**表4-4-46**

管长度(m)	压力(MPa) \ 直径(in)	1/2	3/4	1	1½	2	3	4	6	8
	公称直径	15	20	25	40	50	75	100	150	200
10	0.1	1.41	4.22	7.77	21.57	45.12	122	251	690	1410
	0.15	1.78	5.47	9.78	27.40	56.96	154	317	872	1780
	0.20	2.10	6.41	11.39	32.13	67.20	182	374	1020	2100
	0.25	2.39	7	12.99	36.57	76.48	207	425	1171	2390
	0.30	2.65	8.08	14.34	40.55	84.80	229	472	1290	2650
	0.35									
40	0.10	0.71	2.11	3.88	10.86	22.72	61.4	126	348	710
	0.15	0.89	2.73	4.88	13.62	28.48	77.0	158	431	890
	0.20	1.05	3.24	5.74	16.06	33.60	90.8	187	514	1050
	0.25	1.19	3.62	6.50	18.21	38.08	102.9	212	583	1190
	0.30	1.33	4.04	7.2	20.35	42.56	115	237	652	1330
	0.35									

续表

管长度(m) \ 压力(MPa) \ 直径(in) / 公称直径		1/2	3/4	1	1½	2	3	4	6	8
		15	20	25	40	50	75	100	150	200
100	0.10	0.45	1.35	2.46	6.89	14.40	38.9	80	220	450
	0.15	0.56	1.73	3.09	8.57	17.98	48.4	100	274	560
	0.20	0.63	2.65	3.63	9.64	20.16	54.5	112	309	630
	0.25	0.75	2.31	4.11	11.47	24.00	64.9	134	368	750
	0.30	0.84	2.55	4.53	12.85	26.88	72.7	150	412	480
	0.35									
200	0.10	0.32	0.95	1.74	4.90	10.24	27.7	57	157	320
	0.15	0.42	1.23	2.18	6.42	12.8	34.6	71	196	420
	0.20	0.45	1.45	2.57	6.89	14.4	38.9	86.1	220	450
	0.25	0.53	1.63	2.90	8.11	16.96	45.8	94.0	260	530
	0.30	0.60	1.81	3.22	9.18	19.20	51.9	107	294	600
	0.35									
300	0.10	0.26	0.77	1.42	3.98	8.32	22.5	46.5	127	260
	0.15	0.32	1.00	1.79	4.9	10.24	27.7	57	157	320
	0.20	0.37	1.18	2.10	5.66	11.84	32.0	65.9	181	370
	0.30	0.43	1.33	2.37	6.73	14.08	38.1	78.3	216	430
	0.35	0.49	1.48	2.62	7.5	15.68	42.4	87.2	241	490
	0.40									

4-4-47 供热管道冲洗的一般规定、合格标准及施工要点有哪些？

答：1）热力管道冲（吹）洗的一般规定

（1）进行管道系统冲（吹）洗，应成立专门领导机构，全面负责领导冲（吹）过程中的组织、技术安全等全面的工作。

（2）冲（吹）洗前，应将系统内的流量孔板、滤网、温度计、调节阀阀芯和止回阀阀芯拆除。

（3）不论是用蒸汽或水冲（吹）洗时，其冲（吹）的全过程，都要作详细记录。

（4）供热的供水和回水管道，及给水和凝结水的管道，必须进行水冲洗。

（5）蒸汽吹洗前应先暖管升压，暖管不宜过快，并将管内冷凝水放净，以免发生水击现象。

2）热力管道冲（吹）合格标准

（1）用水冲洗时，应以系统内可能达到的最大压力和最大流量进行，至出口处的水色和透明度与冲洗清水一致时，即为合格。

（2）用蒸汽吹洗时，一般进行一次，若一次不干净，隔6～8h，再次进行吹洗，直至被吹洗的管口冒出洁白蒸汽时为合格。

（3）用于热水供应的热力管网，在冲洗后还应按国家卫生管理部门的规定进行卫生处理及化验。

3）供热管道用水冲洗要点

（1）出水口管道断面，应不小于被冲洗管道断面的50%，并根据现场情况进行必要的加固，既要保证冲洗水流的顺利排放，又要保证排水管道本身与操作人员的安全。

（2）冲洗管道的排水，应敷设临时管线，排入适当的地方。

（3）用水冲洗应以管内可能达到的最大流速且不小于1.5m/s的流速进行，有条件时，要尽量利用系统内的水泵。

(4) 放水时间长短：以排水量大于管道总体积的3倍为宜；冲洗时，先打开放水阀门，再打开来水的阀门，进行冲洗。

(5) 管道系统冲洗时，对可能滞留脏污，杂物的部位应及时进行清除。

4-4-48 某热力外线工程设计交底是怎样的?

答：见下文

DBJ 01-71-2003

<table>
<tr><td colspan="2" rowspan="2">设计交底记录</td><td rowspan="2">编　　号</td><td></td></tr>
<tr><td>001</td></tr>
<tr><td>工程名称</td><td colspan="3">×××××热力外线工程</td></tr>
<tr><td>交底日期</td><td>2004年8月13日</td><td colspan="2">共1页　　第1页</td></tr>
<tr><td colspan="4">交底要点及纪要：
1. 本工程为×××××热力外线工程，本工程是北京热力集团热力工程设计院设计，由北京××市政公用工程有限公司施工。
2. 本设计起点1位于××××路热力外线工程节点6和节点7之间，终点4位于××胡同永中东50m，管线在1/3点与建筑红线内热力管线相接，管线路由×××××南侧路永中北11m，管线全长259m，管径DN300，没线设1处分支，管径为DN300，分支做到红线。
3. 敷设方式及供回水方向：管线采用直埋敷设，干线供回水方向为北供南回。
4. 管道采用波纹管补偿。
5. 固定支架推力：节点3：$F_x=25t$。
6. 设计参数：温度（供/回）150/90%；循环终温30℃；安装温度：10℃；压力1.6MPa。
7. 施工前应对现场交叉管线进行复测，以确保施工安全。
8. 对直埋管道的安装，运输及接头现场发泡保温处理应严格按厂家要求进行。
9. 直埋管道回填土时，先按要求填砂（粒径0.25～2mm），砂中不应有其他杂物，胸腔部分两侧应同时回填，最近进行回填土，并要求分层夯实，人工夯实每层200～250mm机械夯实，每层250～300mm。土中不得有砖块，混凝土块等硬物。
10. 直埋最小覆土深度：机动车道下为1.0m，非机动车道为0.7m施工时如有埋深不满足要求的，及时通知设计现场解决。
11. 直埋沟槽回填土时须安置标志带（见剖面图），标志带位于管顶上方0.5m。
12. 管线回填前应进行试压及冲洗，试压标准：分段试压2.4MPa；总试压2.0MPa。
13. 本工程设直埋报警系统，干线设1个报警回路，施工时应将直埋管标签朝上平放在沟槽内，管道焊好后进行报警线和信号线的连接，施工时具体要求由厂家现场指导，节点4处加直埋泡沫垫。
14. 小室及地沟内的管道保温采用膨胀珍珠岩瓦，做法见RD-BW-01。
15. 工程验收的其他具体要求见《城市供热管网工程弧施工及验收规范》(CJJ 28—89)。
16. 管径为DN300的管材采用符合城市供热用螺旋埋焊钢管CJ/T 3022—93S标准，管径为DN200的管材采用无缝钢管，预制直埋保温管符合CJ/T 114—2000标准。</td></tr>
</table>

4-4-49 某乙热力外线工程概况是怎样的?

答：本工程为×××××热力外线工程，工程编号：JO3B024，本设计起点1位于××××路热力外线工程节点6和节点7之间，终点4位于××××永中东50m，管线在1/3点与×××××建筑红线内热力管线相接，管线路由：×××××南侧路永中北11m，管线全长259m，管径*DN*300，沿线设1处分支，管径为*DN*300，分支做至红线。

1) 敷设方式及供回水方向：管线采用直埋敷设，干线供回水方向为北供南回，东供西回。

2) 管道采用波纹管被偿器补偿。

3) 固定支架推力：节点3距沟口2m处设单向固定支架、推力F_x=58t。

4) 设计参数：温度（供/回）150/90℃；循环终温30℃；压力1.6MPa。

5) 开工前应对现场交叉管线进行复测，以确保施工安全。

6）对直埋管道的安装，运输及接头现场发泡保温处理应严格按厂家要求进行。

7）对直埋管道回填土时，先按要求填砂（粒径0.25～2mm）。砂中不得有其他杂物，胸腔部分两侧应同时回填，最后进行回填土，并要求分层夯实，人工夯实每层200～250mm机械夯实，每层250～300mm，土中不得有砖块，混凝土块等硬物。

8）直埋沟槽回填土时须安置标志带，标志带位于管顶上方0.5m处。

9）管线回填前应进行试压及冲洗，试压标准：分段试压2.4MPa；总试压2.0MPa。

10）本工程设直埋报警系统，干线设1个报警回路，施工时应将直埋管标签朝上平方在沟槽内，管道焊好后进行报警线和信号线的连接，施工时具体要求由厂家现场指导，节点4处加直埋泡沫垫。

11）小室及地沟内的管道保温采用膨胀珍珠岩瓦，做法见RD-BW-01。

12）工程验收的其他具体要求见《城镇供热管网工程施工及验收规范》CJJ 28—2004。

13）管径为*DN*300的管材采用符合《城镇城市供热用螺旋缝埋弧焊钢管》CJ/T 3022—93标准，管材全部由热力公司、材料公司、豪特耐公司提供。

4-4-50　某乙热外线管道施工工艺流程是怎样的?

答：施工准备—测量放线—清理现场—验线—物探（由专业公司施工）—开槽—清理沟槽、支护—下管—焊接—打压冲洗—回填—清理

4-4-51　某乙热力外线管道施工要点有哪些?

答：1）施工准备：认真审核图纸，制定明确完善的施工方案，做好各工序前技术交底，安全交底，确保用料齐全，严格检查核对材料的规格、型号、尺寸、材质是否符合设计要求，经检验后的材料，方可在本工程使用。

2）测量放线：由我公司测量人员和技术人员，根据设计图测量管线的位置、标高，并根据实际情况验线后方可进行施工。

3）开槽：为确保施工人员、工作人员及机械等顺利通行，危险处投示牌警告，必要时放专人看护。

4）清理地沟：清理地沟要干净、平整，待有关人员验槽后方可进行下一步工序。

5）管线坡度：管线施工时，管线的坡度严格按照《城镇供热管网工程施工及验收规范》的要求，敷设管线时应有2‰的坡度，坡向大剧院，我公司在施工国家大剧院热力外线工程时，管线找坡度是由专业人员根据1号开口小室的管线为基准点。管线往西每延长10m，进行一次检测，大于坡度时，把管线下的基础铲除到规定标高，小于坡度时，把管线下的基础增加到相应标高，达到城市供热验收要求。

6）管道安装：管道除锈见金属光泽，管头留出10cm，以便施焊，使其达到优质的保温效果。管材应有合格证，钢管焊接前应锯出坡口（使用手砂轮人工锯出坡口）见图4-4-51(1)。

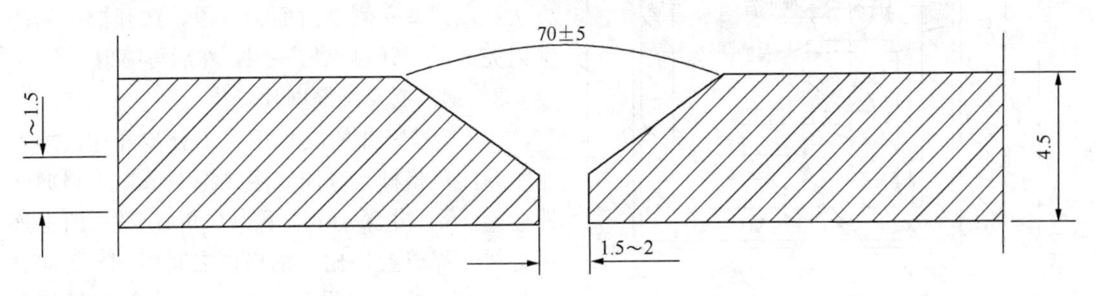

图4-4-51(1)　坡口细部尺寸

手工电弧焊：根据钢管材质选用天津大桥牌焊条，电焊条到现场后妥善保管，不得受潮，皮

如有脱落不得使用。转口和固定口焊接时调整好电流，管工根据设计排好管，对好口并点焊上，对口偏差不大于 1mm。

弯头、变径及法兰、螺栓选用国标配件，并有合格证书。对好口后先用直径为 3.2mm 焊条打度，电流要合适，要焊透，但不能烧漏，焊完第一遍敲掉焊皮，进行第二遍填焊，使用直径为 4mm 焊条把坡口填实，不得有夹渣、气泡、漏焊，敲焊皮进行加强焊，焊完的如图 4-4-51 (2)所示要求：

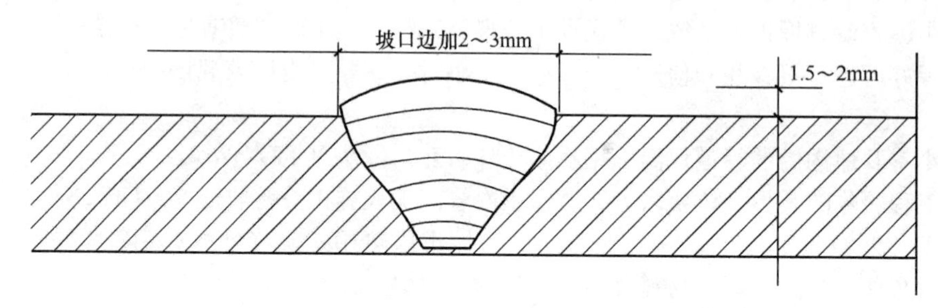

图 4-4-51 (2) 焊完的坡口

外观检查无咬边、气泡、夹渣、同一管管径焊口宽窄一致为合格。管道安装允许偏差：水平管道：$DN<1mm/m$；立管垂直度：$DN>2mm/m$。

7）打压冲洗：管线回填前应进行试压及冲洗。试压标准：分段试压 2.4MPa；总试压 2.0MPa。系统试压前应先将管道冲洗干净，试压用的压力表应经过核验，并且不少于 2 块，加压应用清洁的自来水进行，试压用的水应接临时管道排至地下水管道。

8）保温：本工程按设计要求小室及管沟内，采用珍珠岩保温瓦，保温时瓦与瓦相错、接缝，绑扎用的镀锌丝应绑扎结实。保温后要光洁平整。阀门、法兰的保温结构应易于拆装，靠近法兰处应在法兰的一侧留出螺栓长度加 25mm 的空隙。

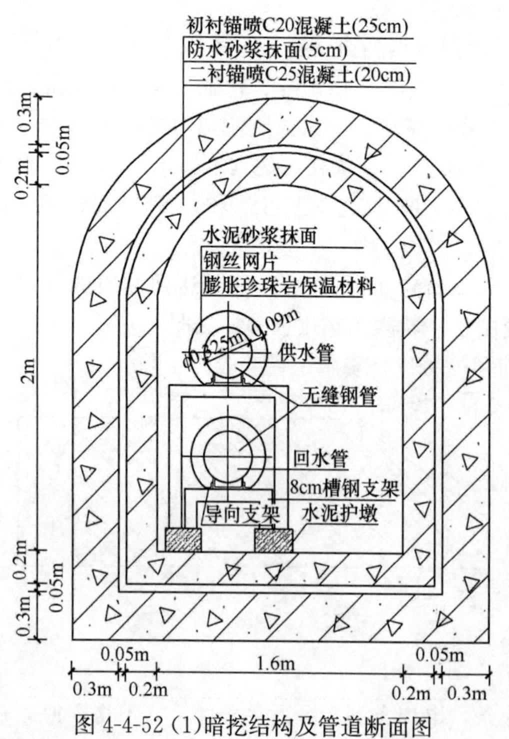

图 4-4-52 (1)暗挖结构及管道断面图

4-4-52 某乙热力外线工程井室施工要点有哪些?

答：井室施工时，在小室及沟槽施工范围内，外护 1m，增设高 1.5m 防护栏，采用脚手架搭设，外用防护网。并设置警示牌。

1）开挖

土方开挖应在锁口混凝土施工完毕后，进行采用人工挖土，机械吊装出口，开挖应分层进行，每层高度 0.8m，为保持土体稳定，开挖结构下方土壤时采用“分段、对侧、交错”开挖的方法，以井室一侧喷射面为一段，选开挖一侧待喷射完成后，开再挖另一侧，然后再喷射。

2）钢格栅及钢筋网片安装

(1) 3 号竖井初支采用人工分步开挖，放置水平封闭钢格栅，竖向间距井深 4cm 以上格栅间距为 0.7m，井深 4m 以下为 0.6m；马头门上连续并排三榀放置格栅，钢格栅之间用 $\phi18$ 竖向联结构钢筋连接，水平间距 0.8m，内外双排梅花型布置。钢格栅内外两侧挂 $\phi6@150\times150$ 网片，最后喷射 C20 混凝土，初支壁厚 250mm。（施工

见图 4-4-52（1））

（2）竖井初支时每隔一榀格栅设一道临时支撑，由于此竖井尺寸较小，为不影响土斗上下出土，可设环行支撑及角撑，材料采用[16 或Ⅰ16 对焊。

3）喷射混凝土

严格道照配比的材料单，必须准确计量，采用机械搅拌，严禁使用器弹料。

（1）混凝土喷射流程（见图 4-4-52（2））：

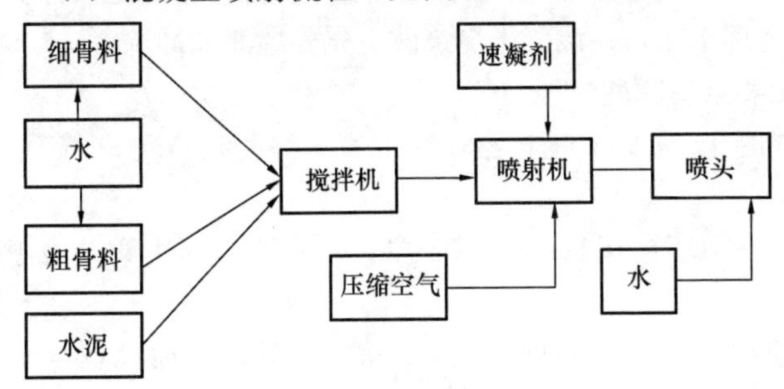

图 4-4-52（2） 混凝土喷射流程

（2）材料的控制：喷射混凝土的材料进场应进行质量检查，进行速凝效果的试验，确定速凝剂的品种，和最佳掺量，要求初凝不超过 5min，终凝不超过 10min，还需进行配合比选择试验，确定水泥用量和水灰粉比。拌有速凝剂的混合料，应立即使用，存放时间一般不大于 30min，计量误差小于 2%，采用强制式混凝土搅拌机，搅拌均匀。禁止人工搅拌。

（3）施喷前的准备：喷射作业前应认真清除受喷面的浮土，器弹物等松散积料。用高压风吹净，调整好比压、水压、做好准备。

（4）喷射作业：喷射应由下面上，从低向高依次进行，按螺旋轨迹均匀喷射，喷头直对受喷面，距离 1m 左右，喷射压力控制在 0.12～0.15MPa，一次喷射厚度 50mm，每喷完一遍需要有一定的间隙，一般为前一层混凝土，混凝土终凝后进行。在钢格栅架设处，喷嘴应避开，钢筋密集点以免堆积，对悬挂在网点上的混凝土结团应及时清除，保证喷射混凝土的密度，喷射水灰比在 0.4～0.45，并做试块进行实验混凝土强度，由第一检测所检测。此时喷层无干斑和滑移，流淌现象。喷射混凝土应加强养护，以防风干裂口。

（5）施工原则：

施工过程中，严格遵循短开挖，少扰动，快封闭的原则，充分利用土体的自稳能力。

4）钢筋工程：

（1）为保证钢筋工程技术工作的及时性，准确性，选用有经验的技术人员交底做到放料及时准确能保证施工。

（2）技术及放料人员做到熟悉图纸，规范及时进行各项技术交底质量保持交底，做到放料及时准确。

（3）钢筋应由甲方提供的质量证明和试验报告单。外观检查应在允许范围内。

（4）钢筋保护层为 30mm，采用水泥砂浆垫块控制，误差不超过±5 毫米。

（5）钢筋绑扎完毕后，应组织有关单位对钢筋和模板进行隐蔽工程验收。

5）模板工程：

钢模板采用市政钢模、钢管加固，脚手架使用斜撑加固，脚手架与支撑合二为一，个别部位使用拼装木模。竖井边墙支模时要做到模板平直、顺滑，支撑结实、牢固，浇筑时不跑模、不漏浆。内支撑转换模板，按流水段作业，先拆最下面 2m，对角拆、对角加固模板，内支撑转换模板尽量少扰动，快支模，另外随时搭设操作平台。

6）混凝土工程：

（1）混凝土均采用商品混凝土，混凝土 C30，抗渗等级 S8，垫层混凝土 C15，由运输车直接浇入指部位。

（2）混凝土的振捣由专人负责，振导器移动间距为有效振动半径的 1～1.5 倍，混凝土振捣至骨料，不下沉，表面不再冒出气泡，不漏振，过振。

(3) 结构混凝土外表面水分蒸发量大，易产生收缩裂缝，温度裂缝，故混凝土的养生十分重要应设专人负责，养生期最少保持7天。

7) 施工混凝土

(1) 3号小室2衬混凝土根据特点按4段施工浇筑，接头处设橡胶止水带。

(2) 2次浇筑前接头部位应清除干净。混凝土剔毛清除掉粘在钢筋上的灰杂及混凝土表面上的水泥薄膜和松动石子，凿毛后用空压机清理干净，在混凝土浇筑前应充分湿润和冲洗。

4-4-53 小室的钢筋格栅锚喷护壁施工要点有哪些？

答： 1) 小室施工应先施做现浇钢筋混凝土（C25）锁口圈，待混凝土终凝后方可进行下一工序的开挖。

2) 锚喷护壁的施做由上至下进行，每一循环挖深0.6～0.8m左右，开挖后尽快架设格栅，施作喷射混凝土形成封闭结构。

3) 每品格栅间设ϕ18@<1.0m的钢筋拉杆，且四角两侧必须一根；另外，并加设ϕ6@150双层钢筋网片钢筋网搭接长度不小于一个网孔，钢筋拉杆锚入锁口圈内35d。

4) 开挖中应密切注意土体的稳定性，如发现异常，应及时采取有效措施，必要时采取土体加固措施，以确保施工安全。

5) 小室钢筋格栅锚喷护壁施工时，为保证底板防水层，须采取临时保护措施。

6) 小室的锚喷护壁格栅应在场外加工成榀，并试拼，要求不平度及扭曲<10mm，施工时在洞内组装，洞内架设时尽量使其在同一平面内，且步距应准确。

4-4-54 防水设计要点是怎样的？

答： 除采用自防水混凝土外，在初期支护与二次衬砌之间还应敷设夹层防水层，材料采用PE泡沫衬垫和0.8mm厚LDPE膜防水层。为保证防水层敷设后，应采用临时措施予以保护，防水层焊接封闭后应对其焊接质量进行检查，除保证焊缝平整顺直外，尚应进行焊缝充气检查（0.1MPa保持2min不漏气），对不合要求的焊缝应进行修补，直到满足要求。

4-4-55 某乙热力外线工程有哪些施工区域环境因素控制措施？

答： 见表4-4-55。

表4-4-55

序号	环境因素	环境影响	控制措施	备注
1	扬尘排放	污染大气	洒水降尘，覆盖	
2	噪音排放	污染大气	合理操作，维修检查	
3	各种施工废弃物丢弃	污染大地，资源浪费	分类储存，回收利用	
4	自然植物被破坏	污染大地	及时清理	
5	使用不符合环境要求的材料	污染大地，大气	严禁购买三无产品	
6	汽车尾气排放	污染大气	定期检测	
7	电焊	污染大地，大气	合理操作，维修检查	
8	生活垃圾的排放	污染大地，大气	环卫人员及时清理	
9	吸烟产生的烟雾	影响人体健康	设置吸烟室	
10	管道冲洗	水污染	按要求排放污水，严格控制二次污染	
11	土方速洒	扬尘，污染大气	洒水降尘，覆盖	
12	防腐防水工序中的挥发物	污染大气影响健康	严格按施工要求操作，施工人员防护用品齐全	

续表

序号	环境因素	环境影响	控制措施	备注
13	地下管线开挖对其他市政管线的破坏	污染大气，土地资源浪费	施工时，人工挖深坑，明确管线位置，杜绝挖断其他管线	
14	不按图纸及规范施工	资源浪费	严格管理制度，杜绝违规施工	
15	火灾	污染大地，大气资源浪费	消防器材齐全，加强消防安全教育	
16	旧计算器的废弃	污染大地	分类储存，回收利用	
17	占路	交通堵塞	配备交通协管人员指挥疏导	
18	废磁盘的废弃	污染大地	分类储存，回收利用	
19	废弃纸张	污染大地	分类储存，回收利用	
20	自驾车油料的消耗	能源浪费	定期检测控制能源	

4-4-56　某乙热力外线打压冲洗方案是怎样的？

答：1）工程概况。

2）外线工程量：

（1）碟阀 *DN*300，2 套；

（2）波纹管补偿器 *DN*300，6 套；

（3）辐式拉杆补偿器 *DN*300，2 套。

3）试压准备工作及要求：

为了保证试压，冲洗的质量，要求施工人员严格执行标准及设计要求，注意把好质量关。

（1）试压标准：分段试压 2.4MPa；总试压 2.0MPa。

（2）试压准备：主试单位准备一台试压泵及标准压力表 2 块。

（3）试压要求：灌水试压前，专人检查，设备、焊口有无漏焊，确认无问题后再进行试验。

（4）升压要缓慢进行，同时专人巡回检查，待压力升至标准压力后，请专业质检人员计时检查。

（5）现场人员要虚心听取服从质检人员的指导，试验完毕时要认真签写试压记录。

4）试压：

此次试压从本工程 4 点进行灌水，3 点小室放风。试压标准为 2.4MPa，先升压至 1.0MPa 待稳压后，仔细检查设备，截门、焊口，检查无渗漏，升压至 2.4MPa，稳压在 10min 内，再逐人检查焊口有无渗漏，一次压降在允许范围内为合格。

5）冲洗准备工作及要求：

根据规范该工程冲洗水源管径应不小于 *DN*100，且流速大于 1m/s，施工单位根据现场实际情况，采用租用水车，直排的方式进行冲洗。

冲洗步骤：

（1）此次冲洗从 4 点进行灌水，1 点排水，此管道冲洗合格后，打开 3 号小室阀门，热力站排水。

（2）冲洗安排由专人现场指挥，基建办公室专业质检人员现场检查。

（3）冲洗质量以流出水与进水水质相同为合格。

（4）出水口引至下水井或雨水沟，不得任意排放。

（5）冲洗完毕后，认真填写冲洗记录。

（6）临时冲洗口恢复要求确保质量。

4-4-57　某乙热力工程施工设计补充意见有哪些？

答：见下文：

某乙热力站（及外线）工程 施工组织设计监理补充及参考意见

1）应执行北京市地方性标准，《建设工程监理规程》DBJ 01-41-2002；

2）热力站内工程施工应按北京市×××科技发展公司提出的国家大剧院暖通空调系统噪声振动控制设计说明施工；

3）对工程使用的材料应有选样送审，监理审核批准后方可采购；

4）设备及材料进场应报监理检查验收，符合要求的材料方可使用；

5）进入现场的焊工应具备焊工资格持证上岗，施焊前对每个焊工的焊接技术进行实焊测试，对焊件径评定合格后方可施焊；

6）热力站内的管道安装，管道排列应美观、合理便于检修。管道排列间距应按管道保温后的外皮考虑，间距尺寸一致，防止保温连体；

7）阀门进场安装前应按《城镇供热管网工程施工及验收规范》CJJ 28—2004 第六章第六节三条进行强度和严密性试验；

8）质量保证体系人员名单、人员资质、特殊工种资质要齐全；

9）编制依据中应增加《建筑电气工程施工质量验收规范》GB 50303—2002，去掉 GB 50258—96（已作废）；

10）柜盘安装中，按市“长城杯”的要求，允许误差垂直度每 m 小于 1.2mm，成列柜面平整度小于 4mm；

11）缺施工平面布置图。

4-4-58　某乙热力外线原材料、构配件复试汇总有多少项？

答：见表 4-4-58。

主要设备、原材料、构配件质量证明文件及复试报告汇总表　　表 4-4-58

工程名称		×××××某乙热力外线					
施工单位		北京市××市政公用工程有限公司					
材料(设备)名　称	规格型号	生产厂家	单位	数量	使用部位	出厂证明或试验、检测单编号	出厂或试验日期
保温管	*DN*300	豪特耐	m	530	外线	QAC2005-153	2005.9.8
焊接球阀	*DN*300	芬兰	台	2	外线	2	2005.9.8
螺纹钢筋	ϕ25	首钢	m	500	外线	L121	2005.8.23
螺纹钢筋	ϕ20	首钢	m	700	外线	×0501B00822	2005.8.23
螺纹钢筋	ϕ18	首钢	m	700	外线	×0501B00358	2005.8.23
螺纹钢筋	ϕ14	首钢	m	1200	外线	×0504B00150	2005.8.23
LDPE	0.8mm	西安	m^2	322	外线	2005-M-085-08	2005.9.30
水泥	P.032.5	唐山			外线	2005-121	2005.8.24
砂子		涿州			外线	2005-115	2005.8.24
石子		涿州			外线	2005-69	2005.8.24
混凝土					外线	2005-10181	2005.8.23
技术负责人		略			填表人	略	

注：本表由施工单位填写，城建档案馆、建设单位、施工单位保存。

4-4-59　某乙热力外线见证试验汇总有多少项?

答: 见表 4-4-59。

有见证试验汇总表　　表 4-4-59

<table>
<tr><td>工程名称</td><td colspan="4">×××××某乙热力外线工程</td></tr>
<tr><td>施工单位</td><td colspan="4">北京市××市政公用工程有限公司</td></tr>
<tr><td>建设单位</td><td colspan="4">××××</td></tr>
<tr><td>监理单位</td><td colspan="4">北京××××咨询公司</td></tr>
<tr><td rowspan="2">见证试验名称</td><td colspan="2">质量检测中心第一检测所</td><td rowspan="2">见证人</td><td>×××</td></tr>
<tr><td colspan="2"></td><td>××</td></tr>
<tr><td>样品名称</td><td>样品规格</td><td>有见证试验组数</td><td>试验报告份数</td><td>备　注</td></tr>
<tr><td>热轧带肋钢管</td><td>25mm</td><td>2</td><td>3</td><td></td></tr>
<tr><td>热轧带肋钢筋</td><td>22mm</td><td>2</td><td>3</td><td></td></tr>
<tr><td>热轧带肋钢筋</td><td>12mm</td><td>2</td><td>3</td><td></td></tr>
<tr><td>LDPE 卷材</td><td>0.8mm</td><td>1</td><td>3</td><td></td></tr>
<tr><td>水　泥</td><td>P.032.5</td><td>3</td><td>3</td><td></td></tr>
<tr><td>砂　子</td><td></td><td>1</td><td>3</td><td></td></tr>
<tr><td>石　子</td><td></td><td>1</td><td>3</td><td></td></tr>
<tr><td>混凝土</td><td></td><td>1</td><td>3</td><td></td></tr>
<tr><td></td><td></td><td></td><td></td><td></td></tr>
<tr><td></td><td></td><td></td><td></td><td></td></tr>
</table>

负责人	××	填表人	×××	汇总日期	2005 年 12 月 22 日

本表由施工单位填写，城建档案馆、建设单位、监理单位、施工单位保存。

4-4-60　某乙热力外线单位工程质量评定怎样？

答：见表 4-4-60。

单位工程质量评定表　　　　**表 4-4-60**

单位工程名称		××××某乙热力外线管道		
施工单位		北京市××市政公用工程有限公司		
序号	外 观 检 查	质 量 情 况		
1	连接预警系统	满足技术要求		
2	节点的保温和密封	无缺陷		
3				
4				
5				
序号	部位（分部）工程名称	合格率（%）	质量等级	备 注
1	高程	100%	合格	
2	中心线位移	100%	合格	
3	对口间隙	100%	合格	
4				
5				
6				
7				
8				
9				
10				
平均合格率（%）		100%		
评定意见	合格	评定等级	优	

项目经理	技术负责人	施工员	质检员
×××	×××	×××	×××
日 期	2005 年 12 月 22 日（公章）		

本表由施工单位填写，城建档案馆、建设单位、施工单位保存。

4-4-61 某乙热力外线质量核查如何？

答：见表 4-4-61。

单位工程质量控制资料核查表 **表 4-4-61**

工程名称	国家大剧院热力外线工程				
施工单位	北京市××市政公用工程有限公司				
序号	项目	资　料　名　称	份数	检查意见	核查人
1	质量控制资料	图纸会审、设计变更、洽商记录	3		
2		工程定位测量	1		
3		原材出厂合格证（质量证明书）、监检报告商检文件、进场检验（试验）报告等	7		
4		施工试验、复验、检测报告	8		
5		隐蔽工程验收记录	15		
6		其他主要施工记录	1		
7		工序（分项）、部位、（分部）质量验收记录	15		
8		工程质量事故及事故调查处理资料			
9		安全附件检查记录			
10		新材料、新工艺施工记录			
11					
12	安全及使用功能试验资料	道路工程弯沉试验报告等			
13		桥梁工程动、静荷载试验报告（设计有要求时）等			
14		防水工程试水检查记录	1		
15		水池满水试验记录			
16		强度及严密试验验收单等	1		
17		绝缘电阻测试记录			
18		阴极保护系统测试记录			
19		机、电、智能系统联动试运行记录			
20					
21					

核查结论：

☑合　格　　　　□不合格

施工单位（公章） 项目经理（签字）： 2005 年 12 月 29 日	总监理工程师： （建设单位项目负责人） 年　　月　　日

本表由施工单位填写，核查结论由监理（建议）单位填写，城建档案馆、建设单位、监理单位、施工单位保存。

4-4-62　某乙热力外线管道强度严密性试验如何？

答：见表 4-4-62。

管道强度严密性试验记录　　表 4-4-62

工 程 名 称	某乙热力外线工程	试 验 日 期	2005.12.10
试验项目部分	南侧路外线	材质及规格	直埋保温管 *DN*300

试验要求：

管道试验值 2.4MPa，稳压 10min，压力不降；然后将压力降至 2.0MPa，稳压 600min，压力无下降，不渗不漏为合格。

试验情况记录：

热力外线管道试压，先将管道注满自来水，启动加压泵，将压力缓慢升至 1.6MPa，停泵检查管线所有焊口，不渗不漏，再将压力升至 2.4MPa，稳压 10min，压力不降；然后将压力降至 2.0MPa，稳压 60min，压力无下降，不渗不漏。

试验结论：

试验结果符合设计要求

参加人员签字	建设（监理）单位	施工单位		
		技术负责人	质检员	工长
	×××	×××	×××	×××

4-4-63　某乙热力外线焊缝排位是怎样的?

答: 见表 4-4-63。

焊缝排位记录及示意图　　**表 4-4-63**

工程名称	某乙热力外线		
施工单位	北京市××市政公用工程有限公司		
施工桩号	2 点～4 点	绘图日期	2005 年 12 月 22 日

示意图：应表示出桩号（部位）、焊缝相对位置及焊缝编号

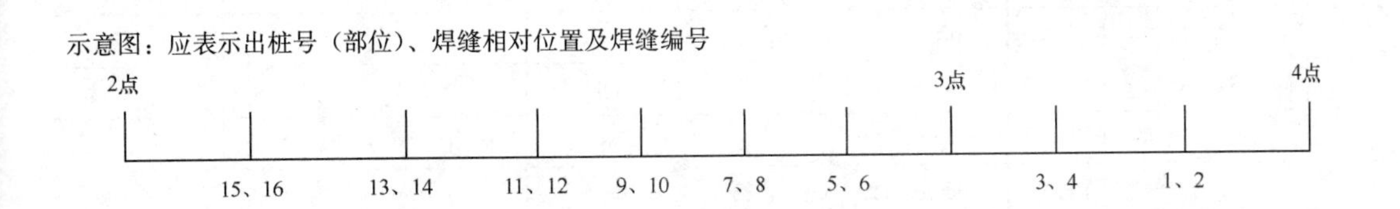

焊缝编号	桩号（部位）	焊工代号	备注	焊缝编号	桩号（部位）	焊工代号	备注
1～4	3～4 点	HJ110000 20033272					
5～16	2～3 点	HJ110000 20033272					

负责人	×××	施工员	×××	绘图人	×××

本表由施工单位填写，城建档案馆、建设单位、施工单位保存。

4-4-64　某乙热力外线焊缝质量如何?

答: 见表 4-4-64。

焊缝综合质量记录　　　　**表 4-4-64**

工程名称			某乙热力外线工程					
施工单位			北京市××市政公用工程有限公司					
部位或起止桩号			2点～4点					
序号	焊缝编号	焊工代号	焊接日期	外观质量	内部质量等级		焊缝质量综合评价	备　注
					射线	超声		
1	G1	HJ110000 20033272	05.9.11	合格	Ⅱ	Ⅱ		
2	G2	同上	05.9.11	合格	Ⅰ	Ⅰ		
3	H1	同上	05.9.11	合格	Ⅱ	Ⅱ		
4	H2	同上	05.9.11	合格	Ⅰ	Ⅰ		
5	G1	同上	05.10.12	合格	Ⅰ	Ⅰ		
6	G2	同上	05.10.12	合格	Ⅱ	Ⅱ		
7	G3	同上	05.10.12	合格	Ⅰ	Ⅰ		
8	G4	同上	05.10.12	合格	Ⅱ	Ⅱ		
9	G5	同上	05.10.12	合格	Ⅰ	Ⅰ		
10	G6	同上	05.10.12	合格	Ⅰ	Ⅰ		
11	H1	同上	05.11.05	合格	Ⅰ	Ⅰ		
11	H2	同上	05.11.05	合格	Ⅱ	Ⅱ		
13	H3	同上	05.11.05	合格	Ⅰ	Ⅰ		
14	H4	同上	05.11.05	合格	Ⅰ	Ⅰ		
15	H5	同上	05.11.05	合格	Ⅰ	Ⅰ		
16	H6	同上	05.11.05	合格	Ⅰ	Ⅰ		

综合说明：

合格

负责人	施工员	质检员	填表日期
×××	×××	×××	2005.12.20

本表由施工单位填写，城建档案馆、建设单位、施工单位保存。

4-4-65　某乙热力外线射线探伤检测如何？

答：见表 4-4-65。

射线探伤检测报告　　　　**表 4-4-65**

报告编号：J05-1-31　　　　第 1 页

委托单位	北京××市政公用工程有限公司		工程名称	某乙热力外线工程			
规　格	ϕ325×8	材　质	碳　钢		焊接方法	手　工	
评定标准	GB/T 3323—2005	合格级别	Ⅱ	像质指数	12#	黑度	1.8～3.5

透照条件	射线源	γ	设备型号	Ir192	胶片型号	爱克发	增感方式	铅箔
	管电压 kV	—	居里	20Ci	L1（mm）	328	曝光时间	2 分 30 秒
	照相质量等级	AB	透照方式	双壁单影	一次透照长度（mm）	204	探伤比例 %	100%
代号	GL	GS	HS	LN	ST	WT	GH	R1、R2
	过路	供水	回水	冷凝	三通	弯头	过河	反修次数

评定结果	Ⅰ级片	Ⅱ级片	Ⅲ级片	Ⅳ级片	总张数	返修片数
	74 张	6 张	0 张	0 张	80 张	0 张

检查结论	某乙局热力外线工程，于 2005 年 9 月 11 日～12 月 20 日进行管道无损探伤检测，ϕ325 为 16 道口，每道口 5 张，共 80 张。以上焊缝质量均达到Ⅱ级要求。

报告	×××	级别	Ⅱ	日期	05.12.22	北京×××管道检测有限公司
审核	×××	级别	Ⅱ	日期	05.12.22	

4.5 城市热力工程竣工验收前准备工作及档案馆资料目录

4-5-1 某热力工程竣工验收前有哪些必备工作？

答：见下文。

热力集团协调会纪要

编号：略

时 间	2005-11-17
地 点	热力集团基建办办公室
参加人	略
主持人	略

会议内容：

1）施工单位11月25日前热力站、外线及小室必须完，25日进行竣工验收。监理11月24日上报工程预验收单。

2）11月23日××到×××检查施工情况：包括热力站、外线及生活热水一次线。

3）市政××处做的支线和××公司做的干线一起冲洗，冲洗方案、试运行方案由××公司统一编制，下周一上报基建办。

4）需要×××业主协调的内容如下：

（1）水源及排水位置的确定。保证冲洗接入管的直径不小于100mm。

（2）协调热力站地板混凝土的施工，确保不影响热力工程的竣工和×××的供暖。

（3）尽快确定生活热水一次线验收时间。

5）××公司、市政××××处准备图纸、拍片报告单、试运行单及其他相关的竣工验收资料。

4-5-2 某热力站及外线支线初验前例会有什么内容？

答：见下文。

监理例会会议纪要

时　间	2005-12-27
地　点	略
参加人	略
主持人	略

会议内容：

市政×××处：

1）热力外线支线施工完成等待热力集团进行初验。

2）锅炉房热力外线方沟××西侧路段暗挖已停止施工，正进行回填注浆。

××公司

热力站及外线施工已完成，等待热力集团初验。

监理单位：

1）热力站外线初验前，监理、施工单位一起先进行检查，再约热力集团基建办初验。

2）安全方面：①元旦即将来临，各单位做好安全教育和安全管理工作；②××公司混凝土管内住人，要求立即清出；③××三处的24号工作坑加围栏，进行安全防护；④现场闸箱无保护零、外接线无插头，要求施工单位进行整改。

3）资料方面：尽快对热力站外线资料进行整理。

4）正式验收时，××公司告知质量监督站六分站参加验收。

发文单位：北京××监理公司

4-5-3　某热力工程初验提出哪些整改意见？

答：见下文。

热力集团初验纪要

时　间	2005-12-27
地　点	×××施工现场
参加人	略
主持人	略

内容：

1）初定2005年12月30日星期五，召集各方对×××热力站及外线进行验收。

2）需要完善的内容如下：

（1）市政×××处：①支线隧道北侧的滑靴，往南移500mm躲开弯头部位；②滑靴焊接不到位，须进行补焊；③保温必须将管线全部包裹，不能留空、不能外露绑丝；④固定支架所在地板部位有钢筋头、内侧清理不干净；要求结构不能有钢筋头外露、地面要平整不能有浮渣。

（2）××公司：①外线积水坑不够大；②2号小室爬梯钢筋换成角铁；③3号小室：跑风下甩、平台扶手加固、竖向管找设计核对冷紧度；④小室内不能有水；⑤热力站：除污器后增加压力表、一次线回水增加除污器、设备及站内擦拭清理干净。

（3）总承包部：①热力站与支线隧道240mm封堵墙内、外抹面；②电话接入热力站；③水篦子安装。

整理单位：北京××监理公司

4-5-4　某热力工程关于对热力集团初验的回复是怎样的?

答：见下文。

热力集团公司：

贵公司于2005年12月27日至×××××施工现场，对×××××热力外线（外网至热力站）工程进行了初步验收，提出了一些整改意见，项目部积极进行了整改，现将整改结果报告如下：

1）关于支线隧道北侧滑靴往南移500mm躲开弯头部位的意见，项目部已经整改完成，现支线北侧隧道的滑靴向南侧偏移500mm已经焊接完成；

2）关于滑靴焊接不到位，需进行补焊的意见，已经整改完成，现滑靴已经补焊完成；

3）关于保温必须将管线全部包裹，不能留空、不能外露绑丝的意见，已经整改完成，现保温已经修补完成，绑丝已清理干净；

4）关于固定支架所在地板部位有钢筋头、内侧清理不干净；结构不能有钢筋头外露、地面平整不能有浮渣的意见，已经整改完成，现固定支架部位外露钢筋头及支架内侧已经清理干净，地面已清理平整干净。

×××市政集团

×××项目部

2005年12月29日

4-5-5　某热力外线工程热力一次线试运行方案是怎样的?

答：见下文及图4-5-5、表4-5-5(1)、(2)、(3)、(4)。

1）热力站工程概况

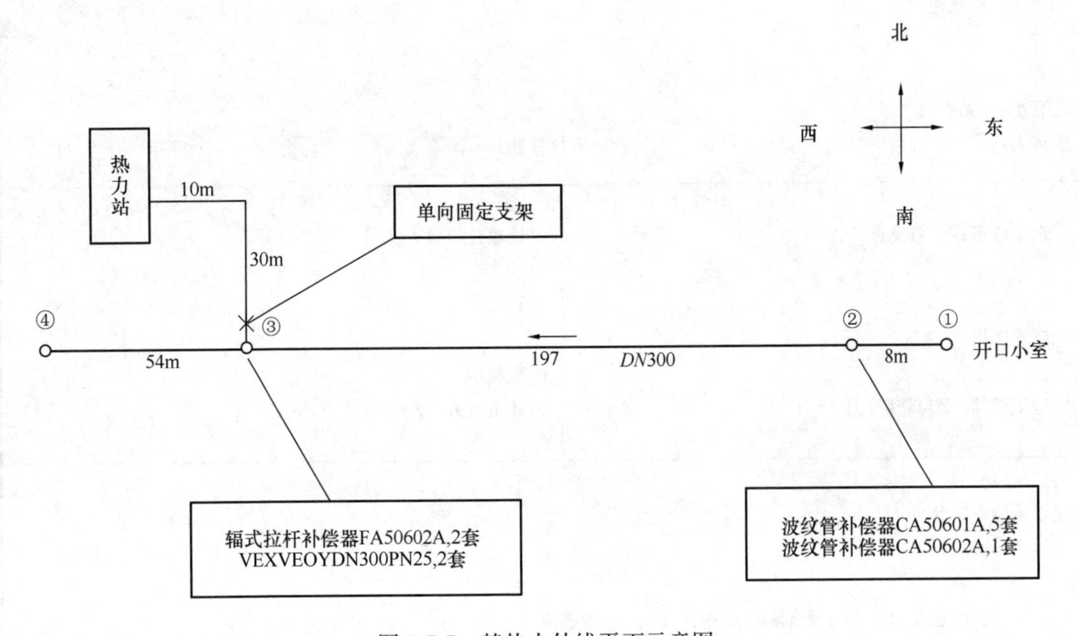

图4-5-5　某热力外线平面示意图

工程物资选择送审表

表 4-5-5 (1)

工程名称	某乙热力外线工程		
施工单位	北京市××市政公用工程有限公司		

致：××监理咨询公司 监理/建设单位：

理报上本工程下列物资选样文件，为满足工程进度要求，请在 2005 年 9 月 18 日之前予以审批。

物资名称	规格型号	生产厂家	拟使用部位
直埋保温管	*DN*300	豪特耐	外线

附件：

☐生产厂家资质文件 ____页　☐工程应用实例目录____页

☐产品性能说明书 ____页　☐报价单 ____页

☐质量检验报告 ____页　☐________ ____页

☑质量保证书 2 页　☐________ ____页

技术负责人：×××　申报人：　×××申报日期：　2005 年 9 月 17 日

施工单位审核人意见：

同意使用

☐有/☑ 无附页

审核人：　审核日期：　2005 年 9 月 17 日

监理单位审核人意见：

同意使用

监理工程师：2005 年 9 月 18 日

设计单位审核人意见：

同意使用

设计负责人　2005 年 9 月 18 日

建设单位审定意见：

☑同意使用　☐规格修改后再报　☐重新选样

技术负责人：××　2005 年 9 月 18 日

本表由施工单位填报，经建设单位审定后，建设单位、监理单位、施工单位保存

材料、配件检验记录汇总表

表 4-5-5 (2)

工程名城	某乙热力外线工程					
施工单位	北京市××市政公用工程有限公司			检验日期	2005 年 9 月 18 日	
序号	名　称	规格型号	数量	合格证号	检验记录	
					检验量	检验方法
1	直埋保温管	*DN*300	529	QAC2005-153	260	目测、尺量
2						
3						
4						
5						
6						
7						

检验结论：

☑ 合格

☐ 不合格

监理（建设）单位	施工单位	
	质检员	材料员
×××	×××	×××

本表由施工单位填写并保存

工程物资选择送审表

表 4-5-5 (3)

<table>
<tr><td>工程名称</td><td colspan="3">某乙热力外线工程</td></tr>
<tr><td>施工单位</td><td colspan="3">北京市××市政公用工程有限公司</td></tr>
<tr><td colspan="4">致：××监理咨询公司 监理/建设单位：
理报上本工程下列物资选样文件，为满足工程进度要求，请在 2005 年 9 月 18 日之前予以审批。</td></tr>
<tr><td>物资名称</td><td>规格型号</td><td>生产厂家</td><td>拟使用部位</td></tr>
<tr><td>焊接球阀</td><td>DN300</td><td>进中</td><td>外线进小室</td></tr>
<tr><td></td><td></td><td></td><td></td></tr>
<tr><td></td><td></td><td></td><td></td></tr>
<tr><td></td><td></td><td></td><td></td></tr>
<tr><td colspan="4">附件：
□生产厂家资质文件 ____页 □工程应用实例目录____页
□产品性能说明书 ____页 □报价单 ____页
□质量检验报告 ____页 □________ ____页
☑质量保证书 2 页 □________ ____页
技术负责人：××× 申报人：××× 申报日期：××× 2005 年 9 月 17 日</td></tr>
<tr><td colspan="4">施工单位审核人意见：
同意使用
□有/☑ 无附页
审核人：××× 审核日期： 2005 年 9 月 17 日</td></tr>
<tr><td colspan="2">监理单位审核人意见：
同意使用
监理工程师：××× 年 9 月 18 日</td><td colspan="2">设计单位审核人意见：
同意使用
设计负责人×× 2005 年 9 月 18 日</td></tr>
<tr><td colspan="4">建设单位审定意见：
☑同意使用 □规格修改后再报 □重新选样
技术负责人： 1995 年 9 月 18 日</td></tr>
</table>

本表由施工单位填报，经建设单位审定后，建设单位、监理单位、施工单位保存

质量合格证书 **表 4-5-5 (4)**

Certificate of Quality

证书号（Certificate No）：QAC2005-153

合同号（Contract No）：2005-TX-020（系列）

购买方（Buyer）：北京市××市政有限公司（某乙外线）

我们对上述合同中的产品作如下声明：

1 产品特性

材料特性及制造工艺满足合同规定的 EN253、EN448、EN488、EN489 及 CJ/T 114-2000、CJ/T 155-2001 中的要求。

成品尺寸满足合同要求。

2 合格标识

合格的成品均贴有成品标签，标签上带有 HTN 标志，标签上注明产品规格，钢管材质、产品序号及生产日期。

3 发货数量

按合同如数发货，具体数量见产成品出库单。

We hereby state the above contract products as follows：

1. Product characteristics

Characteristics of materials and manufacturing technology are in accordance with EN253、EN448、EN488、EN4889、CJ/T 114-2000、CJ/T 155-2001stipulated in the contract.

Dimensions of the products are in accordance with the contract

2. Conformity identification

Each conforming finished product has a label at the surface of the product. There is an HTN logo on the label. Products dimension，Part number，steel quality，and production date are put on the label.

3. Quantity

The quantity details of goods are shown in finished goods transfer out note.

2005 年　　月　　日

北京×××管道设备有限公司

Quality Assurance Department，Beijing HTN Pipeline Equipment Co.，Ltd

Tel：86-10-67882588　Fax：86-10-67882369

2）参加试运行内容：

外线：管线全长299m，*DN*300阀门两台，6台波纹管补偿器，2台辐式拉杆，小室2座。

3）本工程参加试运行所具备的必要条件：

（1）某乙热力站及热力一次线土建、热机施工符合设计图纸及文件要求。

（2）工程质量与验收符合《城市供热管网工程施工验收规范》的技术要求：

（3）管道及设备的保温及涂色符合设计要求。

（4）管道系统中的各种阀门开关灵活，主要设备满足运行要求。

4）试运行参加单位及安排：

（1）参试单位：热力集团××工程料、热力设计院、×××××业主、××监理公司、输配分公司、××市政公司。

（2）参试单位职责：

① 主试单位：北京市××市政公用工程有限公司

负责管道系统、热力站设备、检查、巡视记录及临时出现的问题（小事故）处理：

② 协试单位：

a. 热力集团基建办工程协助以上单位做好试运行工作，掌握试运行质量。

b. （管理单位）配合主试单位做好试运工作。熟悉一次线及热力站设备的运行情况。

5）设立指挥小组，备齐通讯交通工具。

（1）组长：××；副组长：×××，×××；组员：×××，×××，×××。

（2）××市政备试运检修车一部，对讲机（四）台。

（3）指挥小组地点（工程部办公室），电话（××××××）。

6）试运前的各项准备工作：

（1）试运人员要熟悉管线及附件，设备明确岗位职责。

（2）向参试人员进行技术交底及安全教育，做到服从命令听指挥。

（3）热力站内向二次系统灌软化水，同时进行单机试运，达到建设部CJJ 28—2004规范要求。

（4）施工单位要把整个系统中的小室、沟清理干净，并备有照明，将所有的汇水门及不参试的分支阀门关闭，关好阀门后加堵板，热力站同步进行有关事项。

（5）施工单位必须组织抢修人员和抢修所用的设备，工具及安装材料。

（6）备好压力表、温度计、记录所用文具等。

（7）按要求安装测量仪表，(2块）温度计（4块）压力表。

7）灌软化水试运行时间安排：

试运行时间：2005年11月28日

8）试运步骤：

（1）灌软化水（外线）3.2t，(热力站）1.7t。

（2）通知调度补水，由（输配分公司）操作分支截门来完成灌水工作。步骤如下：

（3）试运：

① 按供热要求打开回水截门，同时启动热力站循环泵，施工单位及运行人员注意各小室的设备截门支架工作情况，并调节回水节门以回水水温度50℃，开始72h试运行。

② 根据工作情况按指挥小组命令控制压力。

③ 试运期间的温度控制，由工作情况决定。

（4）注意事项：

所有参试人员都听从命令服从指挥，试运期间凡是要启动关闭系统管线上的阀门均由试运指挥小组向供热厂调度报告，由有关人员操作，在岗人员不得撤离职守，灌水试运期间要随时检查所有截门、补偿器、固定支架、导向支轲、滑动支架的工作情况，发现问题及时向指挥小组报告，并按指挥小组提出要求及时处理，热网循环后，两个小时巡视一次，主要测量补偿器，观察固定支架、温度压力工作变化情况，并做好记录，在试运期间因某种原因若发生中间需停止试运，待问题解决后应重新启动循环开始72小时试运。待72小时试运正常后方可结束。

热力集团基建办公室

2005年11月20日

4-5-6 某热力工程质量评估报告是怎样的?

答：见下文

1）工程概况

工程名称	×××××热力外线工程（A）	工程内容	直埋外线ϕ325计259m，小室2座。其中2小室有6个波纹管；3小室有辐式拉杆补偿器2套 *DN*300球阀2个 *DN*250球阀放风2个
工程地址	×××××	工程造价	略
建设单位	×××××业主委员会	监督单位	北京市公用工程质量监督站
设计单位	北京热力工程设计院	开工日期	2005年9月2日
监理单位	北京××工程咨询监理有限公司	竣工日期	2005年12月23日
承包单位	××市政公司		

2）工程质量评估依据

（1）建设单位与施工单位签订的协议、合同和有关文件。

（2）施工合同及监理合同。

（3）施工图纸及设计说明、工程变更洽商。

（4）国家有关施工监理文件：

① 建设工程监理规程 DBJ 01-41—2002；

② 市政基础设施工程资料管理规程 DBJ 01-71—2003。

（5）国家和北京市有关规范、规程：

① 城镇供热管网工程施工及验收规范 CJJ 28—2004；

② 建筑地基基础工程施工质量验收规范 GB 50202—2002；

③ 砌体结构工程施工质量验收规范 GB 50203—2011；

④ 现场设备、工业管道焊接工程施工规范 GB 50236—2011；

⑤ 城镇直埋供热管道工程技术规程 CJJ/T 81—1998；

⑥ 建筑给水排水及采暖工程施工质量验收规范 GB 50242—2002；

⑦ 城镇供热系统安全运行技术规程 CJJ/T 88—2000；

⑧ 北京市市政工程施工安全操作规程 DBJ 01-56—2001；

⑨ 建筑电气工程施工质量验收规范 GB 50303—2002。

（6）国家和地方有关标准图集。

3）项目监理部的组织机构（略）

4）工程质量情况

（1）本工程立项、施工手续完备。

（2）本工程采用钢管及主要设备出厂合格证齐全，材质符合设计要求。

(3) 管道防腐：除锈、涂刷两遍防锈漆。

(4) 管道焊接共计42条焊缝。经探伤检验符合设计、规范要求，合格。

(5) 管线分段试压，压力为2.4MPa，在此压力下30min压力降为超过0.02MPa，结论合格。

(6) 小室内管道保温采用膨胀珍珠岩瓦300×70按RD-BW-01实施；直埋管道接头采取现场发泡保温，严格按厂家要求进行。

(7) 该工程土建部分：竖井圈梁开槽、网构格栅安装、喷射混凝土、防水、二衬钢筋、二衬混凝土。热机部分：验槽、填砂、下管、焊接、拍片、强压、回填（管顶以上500mm铺设标志带）冲洗等工序质量评定均为合格。

(8) 所有井室位置（2小室向东平移至现状开口小室西侧）及几何尺寸符合设计（变更、洽商）要求。砂浆、混凝土强度符合规范要求。

(9) 小室的设备安装符合设计要求。

(10) 该热力工程承包单位已经完成建设工程施工合同，设计图纸的各项内容。在工程施工过程中，监理对工程所用的材料、构配件的质量合格证和试验报告进行了审核。其中，对混凝土试块、钢筋等材料的复试结果进行了检查，并按规定不少于30%的频率进行有见证取样的送检试验，确保工程使用的各种材料、设备、构配件达到质量合格要求。

(11) 监理采取各种检测手段，对工程进行全过程质量监控，工程始终在受控状态下进行。如管道基槽、钢管安装、钢管焊接、强度试验、防腐、标志带、回填土、管道冲洗施工工序进行现场巡视，帝站监理等方式开展监理工作，并且在施工过程中同步形成和完善了施工资料。

(12) 在工程预验收过程中，项目监理部对工程实体质量、使用功能、工程资料进行了检查，工程质量符合国家和地方现行的施工验收规范及市政工程质量验收评定标准的要求，施工过程中形成的工程技术资料完整、真实、准确。

(13) 该工程在施工过程中未发生质量事故。

(14) 工程质量和使用功能已通过各相关主管部门的验收。

5) 质量评估结论

本工程2005年12月28日进行预验收，工程质量符合图纸和合同文件要求；达到了施工质量评定及验收标准。项目监理部通过对本工程严格的事前、事中、事后质量控制及对分项/分部工程质量评定、工程质量保证资料核查，认为该工程质量等级为合格。

单位（盖章）： 略

北京××××工程咨询监理有限公司 总监理工程师：（签字）

日期：2006年1月8日

4-5-7 某热力外线工程交档案馆资料目录有哪些？

答： 1) 规划许可证

2) 开工证

3) 设计交底记录

4) 洽商

5) 材料汇总表C3-2

配比单表C6-10；

石子C4-12；

砂子C4-11；

水泥 C4-10；

钢材 C3-4-12 试验单；

除水卷材 LDPE 试验单 C4-16。

6）有见证试验汇总表。

7）测量成果

8）隐检记录 C5-1-2

(1) 土方开挖；

(2) 圈梁掷筋；

(3) 圈梁混凝土；

(4) 竖井坊开挖；

(5) 竖井网片格掷安装；

(6) 混凝土喷射；

(7) 防水工程；

(8) 钢筋掷扎（二衬）；

(9) 混凝土喷射；

(10) 小室土方开挖；

(11) 防水工程；

(12) 钢筋绑扎；

(13) 混凝土喷衬；

(14) 管道安装；

(15) 波纹管安装。

9）单位工程质量核查表 C7-7

10）单位工程质量评定表 C8-1

11）射线探伤检测

12）焊缝质量记录 C5-4-2

13）焊缝排位图 C5-4-3

14）管道强度严密性 C6-5-2

15）地下管线工程测量成果档案

4-5-8　市政公用工程向城建档案馆报送的工程档案主要内容有哪些？

答： 1）基建文件（甲方）

(1) 工程竣工总结；

(2) 工程验收鉴定书；

(3) 工程质量竣工核定证书；

(4) 建设工程规划许可证附件及批图；

(5) 开工审批文件。

2）监理文件（监理方）

(1) 监理规划、监理实施细则；

(2) 监理工作总结；

(3) 竣工移交证书；

(4) 工程质量评估报告；

(5) 质量事故报告及处理资料。

3）施工技术文件（乙方）

(1) 设计变更、洽商记录；
(2) 原材料及施工实验记录；
(3) 隐蔽工程检查记录；
(4) 工程实验：

上水管道水压试验记录；下水管道闭水试验记录；燃气管道气压强度实验录；燃气管道气压密闭性试验记录；热力管道水压试验记录。

(5) 管线工程竣工测量资料。

4) 竣工图

(1) 图纸目录；
(2) 图纸说明；
(3) 总平面图；
(4) 平面图；
(5) 纵断图；
(6) 横断图；
(7) 附属构筑物；
(8) 管线特殊处理图；
(9) 通道、桥梁、附属建筑物等工程的专业图纸；
(10) 其他图纸材料。

(注：文件及图纸资料内容根据工程具体情况定)

4.6 城市供热管网热力站及小室施工

4-6-1 何谓"热力引入口"?

答：城市集中供热是为许多不同性质的用户服务的，每一个热用户根据使用条件的不同，对热网的温度，压力等参数有不同的要求。但热网是在一个固定的参数下工作的，不可能满足所有用户的要求，为了满足所有用户的要求，就在每个用户的入口处，设置一个"热力引入口"，即热力站。在热力站内按照不同用户的要求，设置有关设备、仪表和控制装置，用来进行调节、计量和分配从热力管网来的热量，保证安全经济地供热。图 4-6-1 就是工业蒸汽热力站的一般形式。

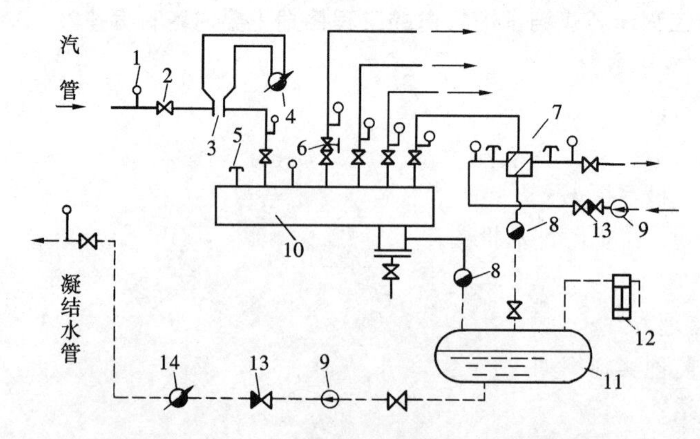

图 4-6-1 工业蒸汽热力站的一般形式

1—压力表；2—阀门；3—流量孔板；4—流量计；5—温度计；6—减压阀；7—热交换器；8—疏水器；9—水泵；10—分气缸；11—凝结水箱；12—安全水封；13—逆止阀；14—凝结水表

4-6-2　民用热力站必要的设备有哪些？

答： 图 4-6-2 是民用热力站的一般形式其中必要的设备有阀门、压力表，温度计、流量计等，用来控制流量或反映介质压力、温度情况。此外供回水总管上还必须装除污器，作为除掉杂质的设备。

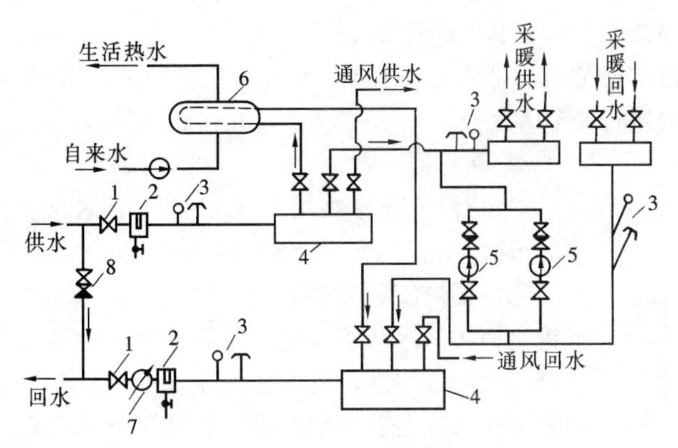

图 4-6-2　民用热力站的一般形式

1—总关断阀门；2—除污器；3—压力表温度计；4—分水缸；
5—采暖混合泵；6—生活热水用热交换器；
7—流量计；8—热力入口循环管

用混合泵把部分回水与供水混合后，送入采暖系统，如果是独立连接，则要设置热交换器。

用容积式热交换器来加热自来水，满足生活热水需要。

通风用热交换器，是与热网直接连接的。

图 4-6-2 中的热力入口循环管（连通管），当用户局部系统关断时，热网水可通过循环管进行循环。

4-6-3　热力站内的主要设备及其作用有哪些？

答： 热力站内的主要设备有换热器（热交换器）、水泵、除污器、热工仪表、水处理装置和补水装置等。

1）换热器的作用与分类

换热器在供热系统中的作用，是为热网或用户系统提供所需要的热介质。在有采暖和生活热水供应的用户中，用来加热用户内部系统循环水（二次水）和自来水。

按照热交换方式，换热器可分为表面式和混合式两种。

表面式换热器的热交换是通过金属表面进行的，加热用的热介质与被加热水彼此不相接触，也称间接式。混合式换热器其加热热介质与被加热水则直接接触，也称直接式。

表面式换热器由于类型很多，还可按下面原则进行分类：①按所用放热热介质可分为汽—水换热器和水—水换热器；②按加热面形状可分为直管式换热器和弯管式换热器；③按传热效率可分为快速式换热器和容积式换热器；④按放热面放置形式可分为立式换热器和卧式换热器。

管壳式换热器是国内外供热系统中用得最多最普遍的一种型式，我国近年来出现板式换热器的生产和使用。从传热效率、结构的紧凑性及单位换热面积的金属耗量等方面而论，管壳式是无法与板式相比较的，但管壳式具有结构坚固、易于制造、生产成本低、弹性大、适应性强、换热能力大、高温高压下亦能使用、换热表面情况比较方便及采用的材料范围广等优点，因此在各种表面式换热器的竞争中，管壳式的使用仍占据了绝对优势。

2）水泵的作用和种类

在工程中，使液体增压，以便将液体提升或输送出去的机械，统称水泵。在集中供热系统中，必须有水泵。如果说供热系统的管道如同人的血管一样地输送着能量，那么水泵则起着“心脏”的作用。比如把热网的热水，从热源厂送到热用户，通过散热设备或热交换器放热后又回到热源厂，这个系统中水的循环，就是靠水泵来维持的。在供热系统中，需要水泵的地方很多，如用于锅炉补水、热用户二次水系统的循环与补水、冷凝水的输送等。

水泵的种类有离心泵、加压泵和DL型水泵等。

在供热系统中，目前最常用的是离心式水泵。它具有结构简单、体积小、效率高以及流量和扬程都能在一定范围内进行调节等优点。

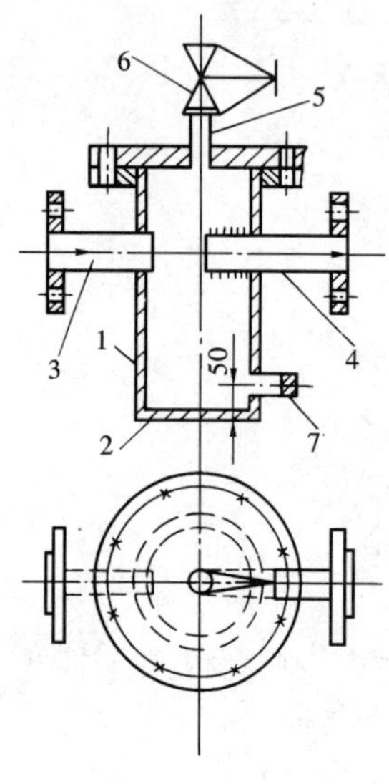

图4-6-3（1） 除污器
1—筒体；2—底板；3—进水管；4—出水花管；5—排气管；6—截止阀；7—排污丝堵

3）除污器

除污器一般安装在用户引入口供、回水总管上。它可以阻留热网水中的污物，以防堵塞室内系统的管路。除污器构造如图4-6-3（1）所示。

除污器应安装旁通管道，以便定期清洗检修。除污器一般为圆形钢制筒体。水从管3进入除污器内，水流速突然减小使水中的污物沉降到筒体底部，较洁净的水由带有大量小孔的出水管4进到室内管道中。除污器详细规格，可见有关标准图。

4）热工仪表

热工测量仪表对热力站来说十分重要。尤其是对温度、压力、流量各供热参数的测定，直接关系到热介质流量的合理分配、温度和压力的正确调节以及供热质量的好坏。常用的热工仪表有温度计、压力计、流量计等。

5）水处理装置

进行水处理的目的，是降低热水管网（或锅炉）补给水的硬度和含氧量。降低补给水硬度是为了使热水管网不结垢或少结垢；降低补给水的含氧量以减缓热水管道及其附属设备的腐蚀程度。

所谓硬度，指的是水中含有多少钙盐和镁盐。硬度的常用单位是mg BSA/L和°H（德国度）。它们之间的换算关系是：

$$1\text{mg BSA/L}=2.805°\text{H}$$

$$1°\text{H}=0.35663\text{mg BSA/L}$$

一般来说，硬度超过6mg BSA/L的水称硬水；硬度低于3mg BSA/L的水称为软水。将不宜用于热水管网（或锅炉）的硬水，处理成热水管网（或锅炉）可以使用的软水，这一过程叫做水处理。热水管网系统常用的水处理装置有钠离子交换器和投药法等。

6）补水装置

热水供热系统不可能绝对严密，漏水和失水现象经常发生，致使供热系统各处的压力经常波动下降；热水系统的水温也经常变化，水的体积随水温升降而胀缩，小体积的胀缩同样要引起系统中压力的升降波动。在热水系统中，不论是系统的循环水泵运行还是停止运行，都要加压力于系统某一点，以使系统各处压力都超过相应于系统供水温度的饱和压力。因此，为使热水供热系统维持压力稳定，就必须设置补水定压装置，使系统中一个点上的压力维持在给定值。供热系统中维持压力不变的点叫做热水系统的恒压点。在热力站一般采用高压膨胀水箱和补给水泵来进补水定压。

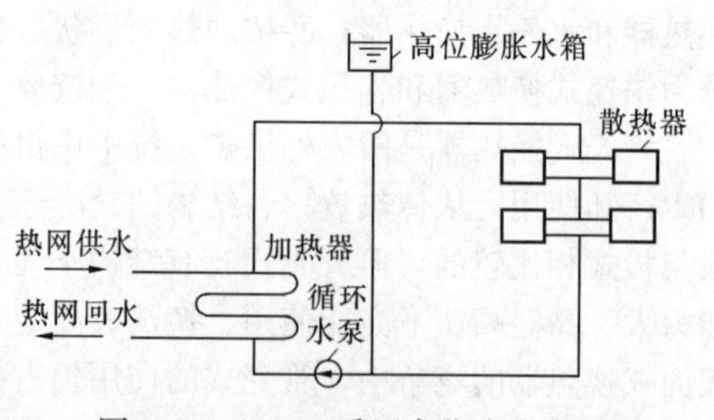

图4-6-3（2） 采用高位膨胀水箱定压的二次水供暖示意图

（1）图4-6-3（2）是一个利用高位膨胀水箱定

压的二次水供暖循环系统图示。

(2) 图 4-6-3 (3) 是采用补给水泵连续补水定压的热水供热系统。

(3) 图 4-6-3 (4) 是补给水泵间歇补水定压示意图。

7) 自动化装置

热力站是城市集中供热系统的重要组成部分。尤其是在大规模的热水管网系统中，对于各热用户水量的合理分配以及整个热力网系统的水力工况的优劣，都取决于每一座热力站对已给定的参数（压力、温度、流量）控制的如何。如果只靠人工调节阀门的办法，欲将供热系统中成百上千座热力站的这些参数维持在给定的范围内，实际上是很困难的，甚至是做不到的。而热力站自动化装置却能使人们如愿以偿。

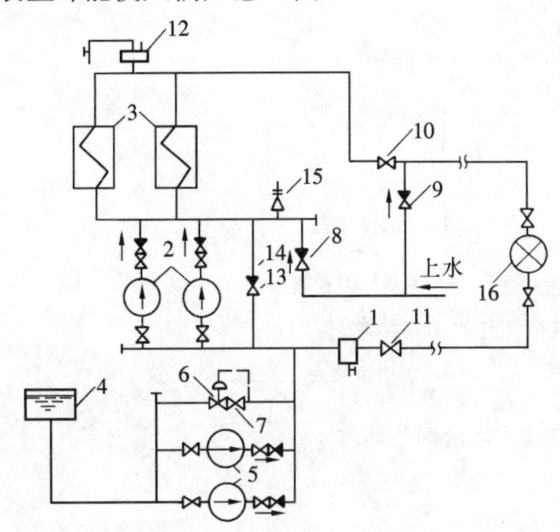

图 4-6-3 (3) 采用补给水泵连续补水定压的热水供热系统

1—除污器；2—网路循环水泵；3—热水锅炉；4—补给水箱；5—补给水泵；6—压力调节器；7—压力调节器前的截断阀门；8、9—止回阀；10—供水管总阀门；11—回水管总阀门；12—集气罐；13—止回阀；14—旁通管；15—安全阀；16—热用户

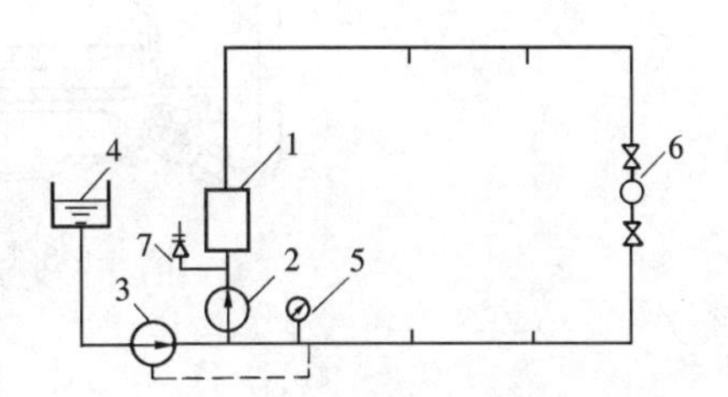

图 4-6-3 (4) 补给水泵间歇补水定压

1—热水锅炉；2—网路水泵；3—补给水泵；4—补给水箱；5—压力控制开关；6—用户；7—安全阀

近年来，我国城市集中供热事业不断发展扩大，大型的集中供热网络系统在许多城市中出现。为了保证供热质量，提高管理水平，引进了国外供热的先进技术。如北京市 1990 年开始引进原联邦德国 SAMSON 公司出产的自力式调节装置。有效地改善了城市供热网路的水力工况，全市供热质量明显地提高。

自动式调节装置包括，自动式流量调节器，温度调节器和差值调节器。

自动式调节装置在供热系统中用于各热力站的一次水流量的控制与限定，以求安全供热，合理收费及稳定供热外网的水力工况。这些装置的工作基本原理是靠被控介质压差的变化进行调节，工作时要产生一定的压力降。所以这些装置一般应装在靠近热源的用户；而远离热源的用户外网资用压差小于 0.1MPa 时，一般不安装自动式调节阀。

自动式流量调节器如图 4-6-3 (5) 所示。此装置由阀体和执行器两部分组成，可按使用要求调整额定流量。反应速度灵敏，调整质量高且准确性不受外界影响。

自动式调节装置还包括差压调节器和差压流量计等。这里不再作详细介绍。此外，我国生产的电动调节阀在热力站也得到了广泛地应用。实践证明也能有效地控制流量，对外网的流量和温度也能起到一定的调节作用。

自动式温度调节器构造如图 4-6-3（6）所示。这种调节器由阀门，恒温器和连接管组成。其工作是根据液体热膨胀的原理。

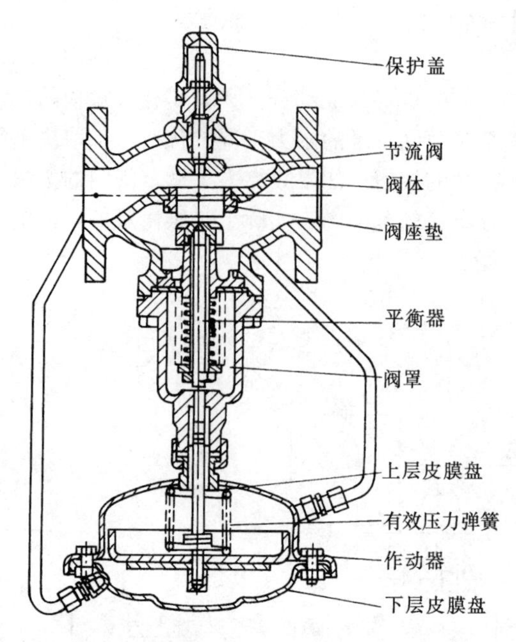

图 4-6-3（5） 自动式流量调节器

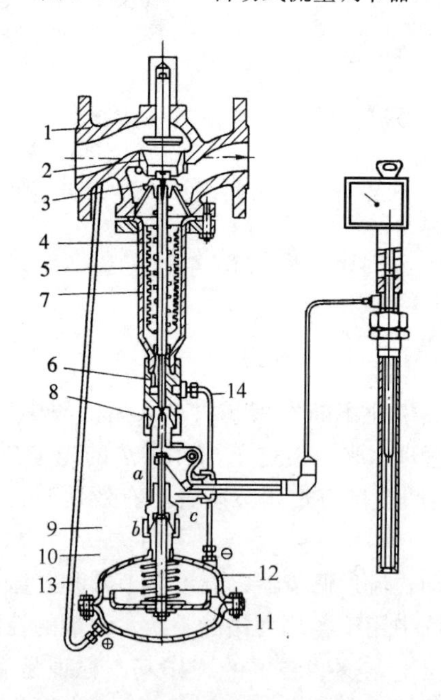

图 4-6-3（6） 自动式温度调节器

1—阀体；2—阀座；3—阀塞；4—弹簧；5—平衡波纹管；6—低压控制线连接件；7—阀杆；8—螺纹连接；9—外套螺帽；10—执行器杆；11—工作膜片；12—膜片盒；13—控制线（高压）；14—控制线（低压）

4-6-4 城市供热管网热力站设备安装流程是怎样的？

答：城市供热管网热力站设备安装流程如图 4-6-4 所示。

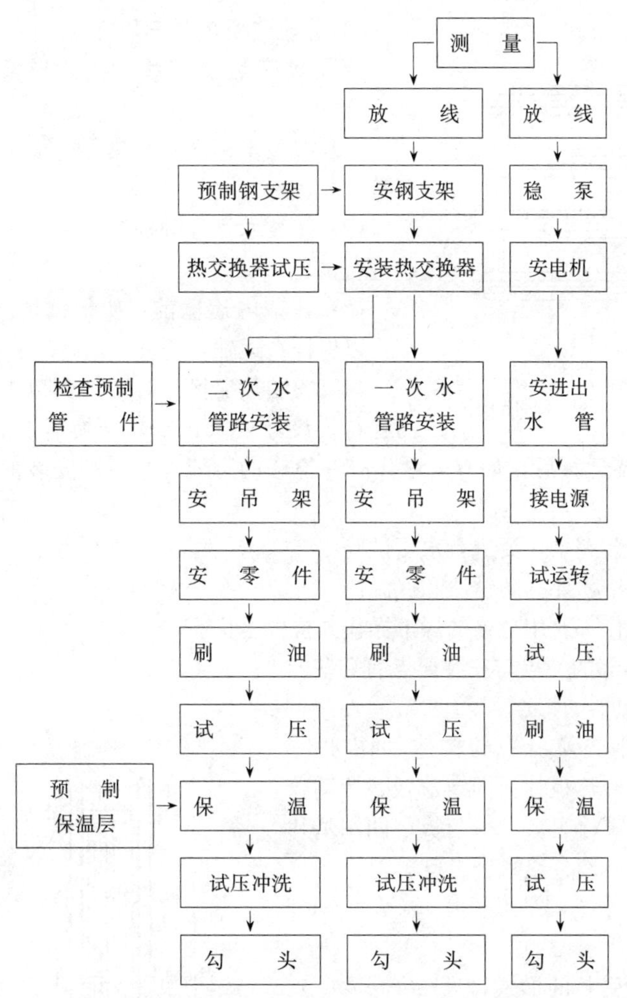

图 4-6-4　城市供热管网热力站设备安装流程

注：一、二次水管安装包括零件及分水缸等。

4-6-5　分段式换热器的特点与安装要点有哪些?

答：1）分段式换热器的特点

分段式换热器（热交换器）是热力站内主要设备，常用的有套管式和分段式两种。

（1）分段式水—水换热器（见图 4-6-5（1））。它是由带有管束的几个分段组成的。

为了使制作简单及减小分段式水—水换热器内部环形空间，每段常做成固定长度的管段，外壳上设波形膨胀节，以补偿管子的热膨胀。各段之间利用法兰连接。为了便于清除水垢，被加热的水（二次水）宜在芯管内流动，而加热的水（一次水）在芯管外流动。

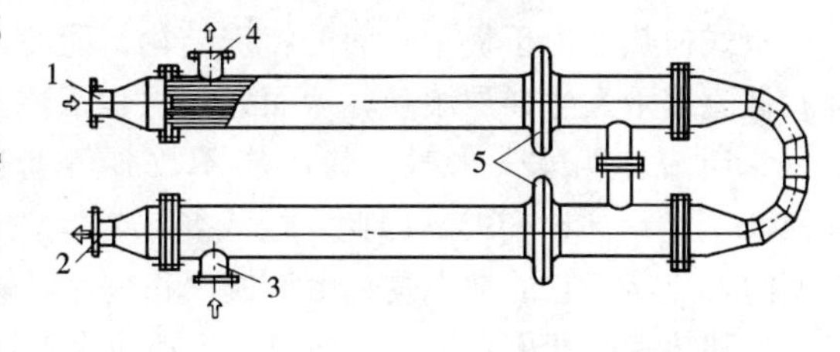

图 4-6-5（1）　分段式水—水换热器

1—被加热水入口；2—被加热水出口；3—加热水入口；4—热加水出口；5—膨胀节

（2）套管式换热器（见图 4-6-5（2））。它由若干个标准钢管做成的“管套管”组成水—水换热器。

这种换热器的特点是换热体为逆向流动，传热效果好；换热面积可利用段数来调节；由于各段之间是串联连接，因此易获得较高的水流速。

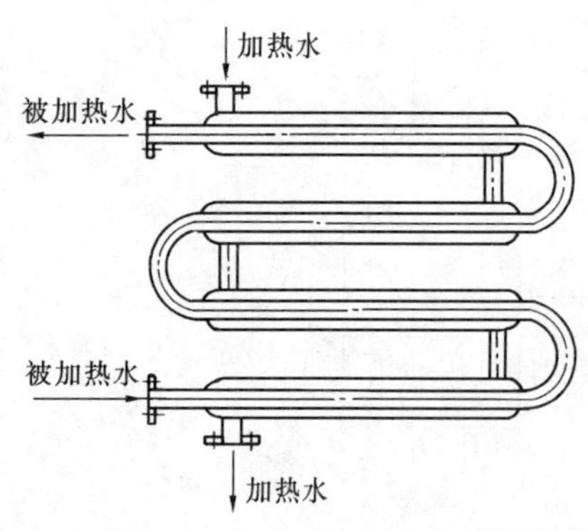

图 4-6-5（2） 套管式水—水加热器

2）分段式换热器安装要点

分段式换热器俗称“蛇”形换热器，其安装要点如下：

（1）按技术标准检查热交换器的型号规格及其质量是否符合要求。

（2）按技术标准分别对热交换器的一次水和二次水系统进行试压。

（3）往室内运输前，要根据情况对热交换器进行加固，以保证在运输中不变形。

（4）安装热交换器时要做到以下几点：①平面位置、高程符合设计要求；②热交换器上的各个进出口要“对号”；③热交换器安装运行后，如有问题，应有检修的可能性，否则安装前应向有关部门提出，并妥善处理。

（5）热交换器安装完毕，要进行水压试验。

（6）水压试验完毕，要刷防锈漆和保温。

（7）一切焊接工作都要用合格的焊工操作并检验合格。

4-6-6 板式换热器的特点与安装要点有哪些?

答：1）板式换热器的特点

板式换热器（热交换器）的构造如图 4-6-6（1）所示，它主要由传热板片、固定盖板、活动盖板、定位螺栓及压紧螺栓组成。板与板之间用垫片进行密封，盖板上设有冷、热媒进出口短管。

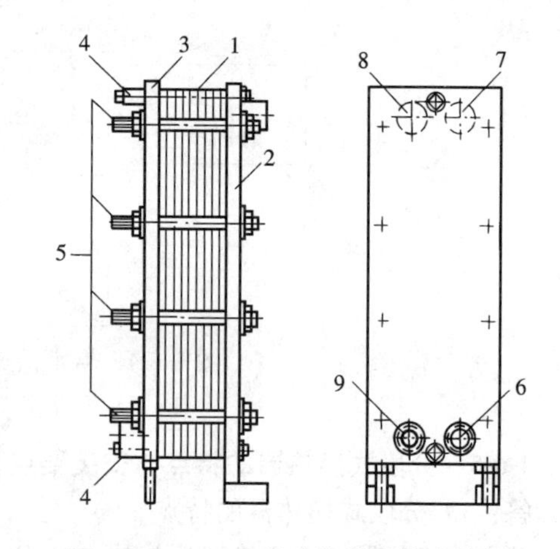

图 4-6-6（1） 板式换热器构造简图

1—加热板片；2—固定盖板；3—活动盖板；4—定位螺栓；5—压紧螺栓；6—被加热水进口；7—被加热水出口；8—加热水进口；9—加热水出口

我国目前生产的是“人字形板片”，见图 4-6-6（2）。

板片之间用垫片密封的形式，见图 4-6-6（3）。垫片的作用不仅把流体密封在换热器内，而且还使加热及被加热流体分隔开，不致互相混合。通过改变垫片的左右位置，可以使换热器中交替通过人字板面。通过信号孔可检查内部是否密封。当密封不好，有渗漏时，信号孔就会有水流出。

板式换热器由于板片表面的特殊结构，能使流体在低流速下发生强烈湍动，从而大大强化了传热过程。当流体为水—水时，其传热系数 k 可高达 25140kJ/（m^2·h·℃）。因此，板式换热器是一种传热效率高、结构紧凑、占地面积小、拆洗方便的换热器。它的缺点是，由于板片和垫片对材质要求严格，生产成本费用高，而且维修中更换板片和垫片时费用也增大。所以，不适应设备运行中的频繁启动和停止，因为这样会导致换热器温降过大引起板片之间密封面漏水。

2）板式换热器的安装要点

（1）检查支撑换热器的混凝土基座（平面位置、高程等）是否符合设计要求。

（2）检查换热器的传热板、固定盖板、活动盖板等是否齐全。

（3）先将固定盖板稳定在混凝土基座上，并将定位螺栓、压紧螺栓放在固定盖板的相应位置上。

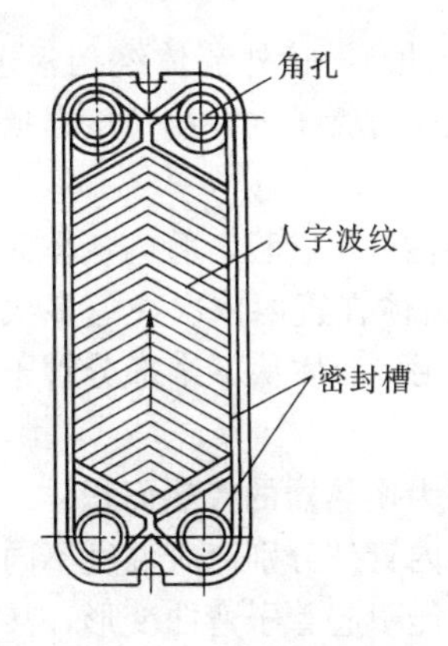

图 4-6-6（2） 人字形换热板片

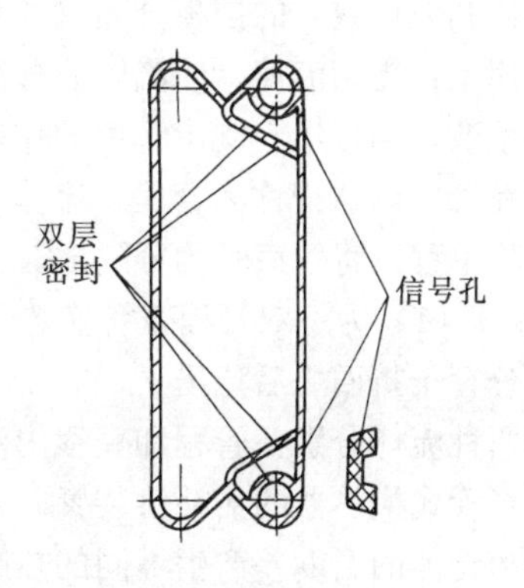

图 4-6-6（3） 密封垫片

（4）把粘好垫片的传热板依次安装在压紧螺栓（定位螺栓）上。传热板安装数量够数量后，即可把活动盖板扣上，并及时拧紧各个螺栓。

（5）各个螺栓须按图 4-6-6（4）所示顺序拧紧。

（6）在拧紧螺栓的过程中，要经常测量固定盖板与活动盖板之间的距离，且保证误差不大于 10mm；使压紧板上、下、左、右偏差不大于 2mm。

（7）当传热板、活动盖板全部安装完毕，要进行全面检查，无误后，即可做水压试验，要求如下：

① 在换热器两侧同时加压至设计压力 1.2 倍，保持压力 20min 不漏为合格。

② 在两侧试压后，再进行单侧试压。单侧试压只试两种换热介质的压力差，或按一侧加压至 0.6MPa，保证 20min 不泄漏为合格。

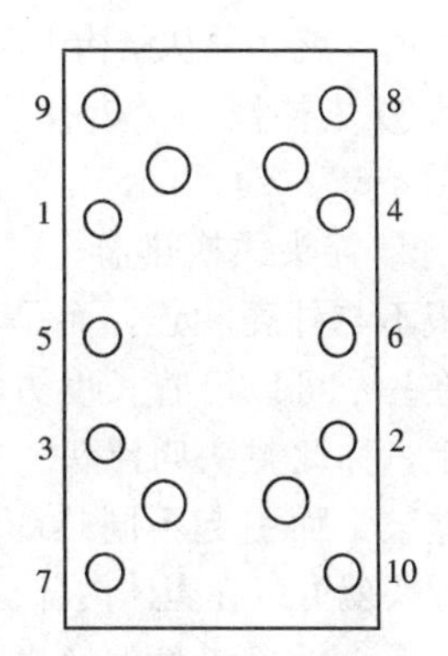

图 4-6-6（4） 换热器拧紧螺栓顺序

（8）按设计要求连接一次水和二次水等各水管。在水管连接过程中，既要保证接头处不漏水，又要保证换热器不受外力。

4-6-7 壳管式换热器的种类、特点与安装要点有哪些？

答： 1）壳管式换热器的种类、特点

壳管式换热器（热交换器）也叫列管式换热器。制取热水的热交换器、立式和卧式的冷凝器等都是壳管式的。目前生产中采用的壳管式换热器主要有固定管板式、浮头式和 U 形管式三种。

2）壳管式换热器的结构

（1）如图 4-6-7（1）所示为一固定管板式换热器，这种换热器是壳管式换热器中构造最简单、最普通的一种。该换热器主要由圆柱形壳体、管束（换热管）、管板、封头（端盖）及冷热流体的进出口接管组成。管束平行排列，两端固定在管板上，管束固定的方法可以采用焊接法，也可以采用胀接法。端盖与壳体上分别焊有法兰盘，法兰盘之间用螺栓连接，清洗或检修时可以拆卸。端盖和壳体上分别还焊有冷热两种流体的进口和出口连接管。

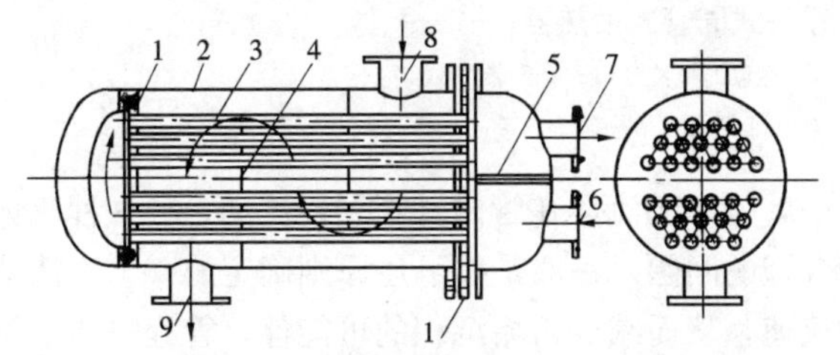

图 4-6-7（1） 壳管式换热器典型结构示意图
1—管板；2—外壳；3—管子；4—挡板；5—隔板；6、7—管程进口及出口；8、9—壳程进口及出口

流体在管外的路程称壳程，壳程被一些

圆缺形（或其他形式）的挡板分隔（流体为蒸汽时，可不设挡板），管外流体绕挡板进行流动。挡板的作用是：提高流速、使流体充分流经全部管面、改善流体对管子的冲刷角度以提高换热壳侧的放热系数。挡板还起支承管束的作用。

流体在管内的路程称为管程，流体从管的一端流到另一端称一个管程。管内流体只流过管束一次者，称单程。将管束平均分隔成若干组（2、3、4 组）使流体在管内依次往返多次者，称多程。图 4-6-7（1）为一双管程壳管换热器，其中隔板起分隔作用。流体从下半部分管子流过，再经上半部分管子折回之后流出。

冷热两种流体分别在管程和壳程内流动，管束的表面积即为换热器的传热面积。

（2）壳管式换热器的热补偿装置。壳管换热器在生产中管内管外分别流着温度不同的两种流体，管壁和壳体的温度差产生不同的热膨胀量。温差大时有可能引起管子弯曲变形，甚至使管子从管板上松脱，最严重的情况可能毁坏整个换热器。所以一般当壳体与管子间的温度差在 50℃以上时，就必须从结构上考虑热补偿，热补偿的形式有热补偿圈、浮头补偿和 U 形管补偿。

① 热补偿圈。热补偿圈又称膨胀节，如图 4-6-7（2）所示。

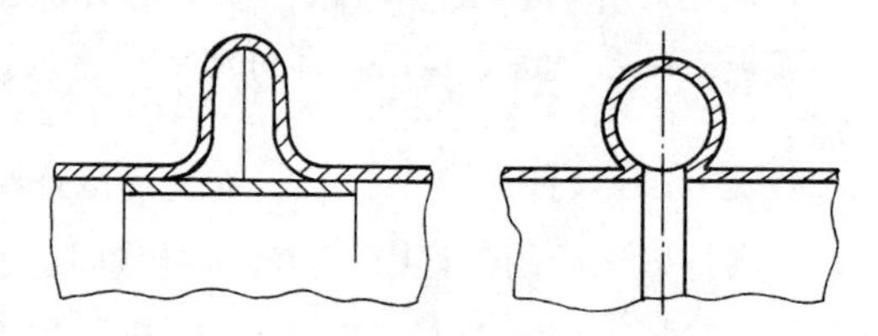

图 4-6-7（2） 热补偿圈的两种形式

② 浮头式换热器。这种换热器的一块管板不与外壳相连，而是将这一块管板连接在一个可以沿着长度方向自由移动的封头上，称此封头叫浮头。在壳体与管束因温差较大而引起不同热膨胀量时，管束连同浮头就可以在壳体内部自由伸缩，从而解决热补偿问题，如图4-6-7（3)所示。

③ U 形管补偿的换热器。这种换热器将全部换热管弯成 U 形，管子两端均固定在一块管板上，当管子受热或冷却时，每根管子均可自由伸缩，这种结构适用在清洁流体的换热器中，如图 4-6-7（4）所示。

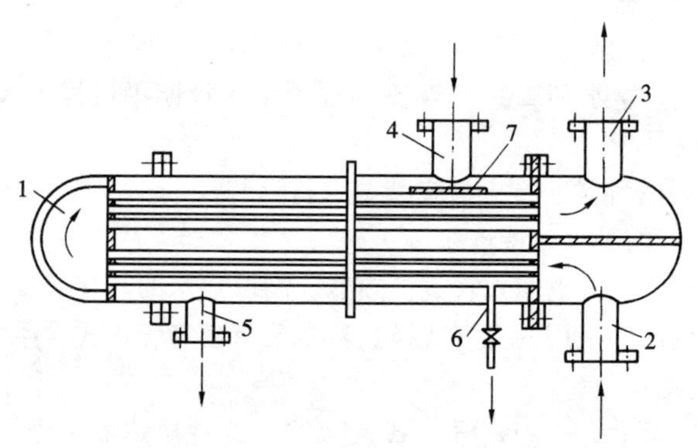

图 4-6-7（3） 浮头式壳管式换热器

1—浮头；2—被加热水入口；3—被加热水出口；4—蒸汽入口；
5—凝结水出口；6—排气管；7—挡板

流体流动空间的确定原则在壳管式换热器中，哪一种流体在管内（管程）流动，哪一种流体在管外（壳程）流动，是关系到设备使用是否合理的问题，一般是按下述原则确定的：①不清洁和易结垢的流体走管程，因管程可获得较高的流速，从而减少污垢沉积的可能性，管程亦便于机械清洗；②流量小的、压力高的流体走管程；③需要被冷却的流体走壳程，有利于散热；④有相变化的流体，如液体汽化、蒸汽冷凝等走壳程。

另外，壳程和管程都有上下进出口，究竟是上进下出还是下进上出，一般安排原则是：热流体从上口进入，冷却放热后从下口流出；冷流体则应从下口进入，吸热升温后从上口流出，这是符合冷热引起密度变化的自然规律的。

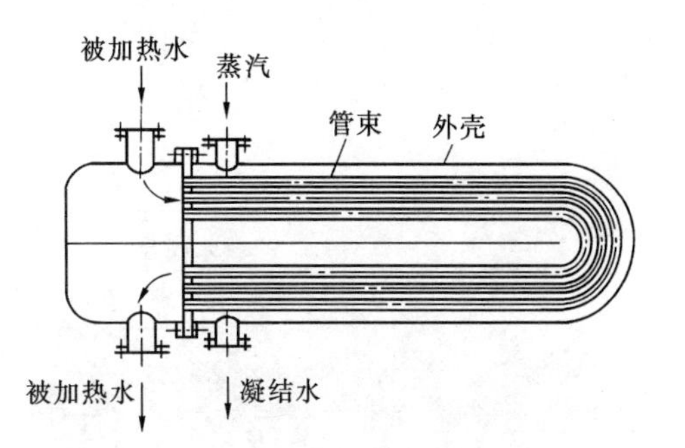

图 4-6-7（4） U形管壳管式换热器

3）壳管式换热器的安装要点

（1）检查支撑换热器的混凝土基座（平面位置、高程等）是否符合设计要求。

（2）检查换热器的外部质量与其附件是否齐全。

（3）“稳”壳管式换热器的步骤：

① 应在热力站中，其他管道未安装前将换热器运入热力站中。运输过程中，应保证换热器不受损坏。

② 搭龙门架，用两个吊链把换热器吊到混凝土基座上。

③ 人工将换热器找平、找正。

④ 用砂浆将换热器与混凝土座之间的空隙填满、填实。

（4）按规范要求，对一次水系统做水压试验。

（5）按规范要求，对二次水系统做水压试验。

（6）按设计要求，分别连接一次水与一次水各接头。

（7）应该做到：不能因为管道与换热器相接，而使换热器受到外力。

4-6-8 蒸汽喷射器的构造、工作原理和安装要点有哪些?

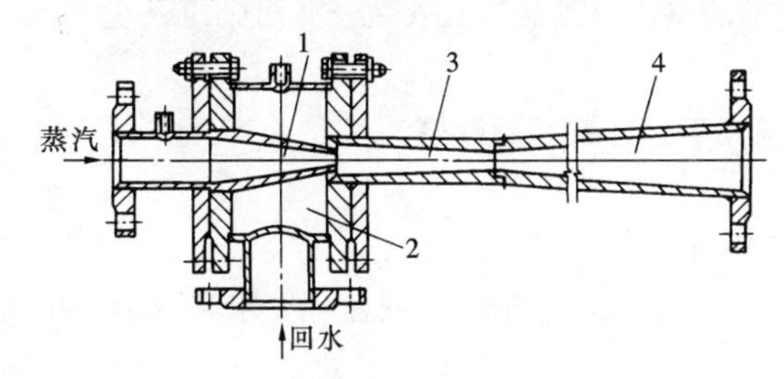

图 4-6-8（1） 蒸汽喷射器

1—喷嘴；2—引水管；3—混合室；4—扩压管

答：蒸汽喷射采暖的核心设备是蒸汽喷射器，它起热能交换作用，又起泵的加压作用。蒸汽喷射器由喷嘴、引水室、混合室和扩压管等部件组成，如图 4-6-8（1）所示。喷嘴是个渐缩管，断面逐渐缩小；扩压管是个渐扩管，断面逐渐扩大，扩压管比较长，一般由两节连成。

蒸汽喷射器在系统中的连接由于系统定压方式不同而有几种不同形式，多数是用膨胀水箱定压，另一种是安全阀定压，如图 4-6-8（2）所示。当蒸汽喷射器并联时，每个蒸汽喷射器出口都应当装设止回阀。

蒸汽喷射器的工作原理是：具有一定压力的蒸汽进入喷嘴，由于断面缩小，速度加大，动能增大，压力能减小，蒸汽以极高的速度从喷口喷出进入引水室；高速度造成出口附近出现低压区，采暖回水被吸进引水室，并与蒸汽一起进入混合室；在混合室内蒸汽和回水进行热能和动能的交换，一方面蒸汽凝结成水放出潜热和显热，使回水温度升高，同时流速趋于一致，热水流到扩压管，由于断面逐渐扩大，速度减慢、动能减小、压力升高，最后具有一定压力和温度的热水离开喷射器进入采暖系统的供水管，散热降温后的回水回流到喷射器引水室，再次被加热加压，不断循环。

蒸汽喷射器使用的蒸汽为 400～800kPa 的高压蒸汽;通过喷射器回水可以升温 25～40℃,供水温度一般为 95℃,最高可达 110℃。

蒸汽喷射器的产品根据国家标准图 CN202 列举的系列，是按蒸汽喷射器的工作压力 ΔP 分为 05，10，15，20 型四组，每组有 6 种喷嘴尺寸，共有 24 种型号。如 5P-05，25P-10，30P-15，40P-20 等。其型号意义如：30P-10 型，表示蒸汽喷射器喷嘴临界直径为 30mm，P 表示喷射器，

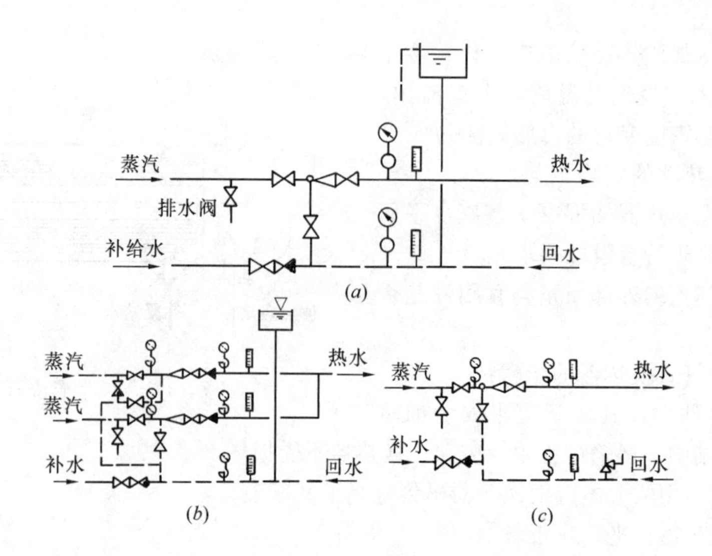

图 4-6-8（2） 蒸汽喷射器安装系统图

（a）一台喷射器水箱；（b）并联两台喷射器水箱；（c）安全阀定压安装系统图

10 表示作用压力为 10×10kPa。

4-6-9 现浇混凝土供热管道检查井、小室施工工艺流程是怎样的？

答：工艺流程：

测量放线→垫层混凝土→底板混凝土→井壁混凝土→预制顶板安装→井筒砌筑→土方回填→井盖安装。

4-6-10 现浇混凝土供热管道检查井、小室施工操作要点有哪些？

答：操作方法：

1）现浇钢筋混凝土结构施工参考相应部分内容。

2）垫层混凝土浇筑前，基底土方要密实，如遇软土，应按设计或监理要求采取相应的处理措施。

3）检查室内附件安装：

（1）放气管的安装要求：

放气管的管径、阀门等应符合设计要求。

阀门应在保温层以上 10cm 处，且手轮方向便于操作。

放气管与干管的焊接应符合焊接规范要求，且严禁"咬肉"。

阀门的"上端"应装有弯管。

安装完毕后，应按规定涂刷防锈漆两道。

（2）放水管的安装要求：

放水管的管座，阀件等应符合设计要求。

放水管的法兰应露出保温层 10cm。

放水阀门的安装要注意方向，且手轮方向要便于操作。

放水阀门下部要装出水管，并引到检查室集水坑。

放水管座与干管以及出水管等部位的焊接，均应符合规范要求。

安装完毕后，应按规定涂刷防锈漆两道。

4）检查室内弯头与三通的安装：

（1）弯头安装要求：

弯头的角度要符合设计要求。

弯头上不得开口，接出支线管。

(2) 三通安装要求：

三通管是支线与干线的交叉点，运行时应力较大，安装时要格外慎重。

三通口不得开在干管的焊缝上，且距干管焊环焊缝要大于 10cm，三通管管径大于 50mm 应画样板，使支线管与干线管相交处呈 90°角。

焊接三通应进行强度验算和补强。

5) 冬雨期施工要求

(1) 现浇钢筋混凝土冬雨期施工措施参考相关内容。

(2) 浇筑混凝土过程中如遇大雨，应及时停止施工，并进行覆盖，留设施工缝，已遭雨淋部分、影响结构强度时，应及时清除。

(3) 冬期施工浇筑混凝土时，采用商品混凝土，应事先与混凝土供应厂家联系，掺加必要的防冻剂及保温措施，浇筑完毕的结构要及时进行苫盖，不得受冻。

4-6-11 砖砌供热管道检查井、小室施工准备什么?

答: 施工准备如下：

1) 材料：

砖（设计要求)、砂子、水泥。

2) 施工机具（设备)：

砂浆搅拌机、称重设备。

3) 作业条件：

(1) 垫层混凝土浇筑完毕，养护、强度、顶面高程和尺寸检验合格。

(2) 砌体材料厂家已落实。

4) 技术准备：

(1) 已做好技术及安全交底工作。

(2) 已划分好砌筑区段及砌筑方法。

(3) 砌筑材料经有关部门检验合格。

4-6-12 砖砌供热管道检查井、小室施工工艺流程是怎样的?

答: 工艺流程：

测量放线→垫层混凝土浇筑→底板混凝土浇筑→井室砌筑→土方回填→井盖安装。

4-6-13 砖砌供热管道检查井、小室施工操作方法要点有哪些?

答: 操作方法要点如下：

1) 参考相关内容进行施工。

2) 砖砌筑前应按规定进行洒水湿润。

3) 砂浆拌合采用砂浆搅拌机，如果位于市区，为了保护环境，按照有关规定不得自拌时，应购买商品水泥砂浆进行砌筑。

4) 砌筑方法应正确，不应有通缝，砂浆应饱满，配合比符合设计要求。

5) 清水墙面应保持清洁，刮缝深度适宜、勾缝密实、深浅一致，横竖缝交接处平整。

6) 有抹面要求时，抹面应整段整片分层抹面，面层应压实抹光，接缝严密，不应有空鼓、裂缝、脱层和滑坠等现象。

7) 室内底应平顺、坡向集水坑，爬梯安装牢固、位置准确，不得有建筑垃圾等杂物。

8) 封顶前，应将里面的杂物清理干净，预制盖板安装找平层砂浆应饱满，安装后盖板接缝及盖板与墙体接缝应先勾严底缝，再将外层压实抹平。

9）冬雨期施工：

（1）冬季进行砌体施工时，拌合的砂浆要采取一定的防冻措施，受冻的砂浆不得加热水融化再行使用，砌筑完成的部分，要及时覆盖保温，防止受冻。

（2）冬期施工有霜、雪时，必须先清理作业面上的霜、雪后方可再作业。

4-6-14　砖砌供热管道检查井、小室施工质量标准有哪些？

答：1）主控项目：

（1）砂浆抗压强度。

（2）砂浆饱满度。

（3）砌体允许偏差见符合表 4-6-14（1）的规定。

砌体允许偏差及检验方法　　表 4-6-14（1）

序号	项目	允许偏差	检验频率		检　验　方　法
			范围	点数	
1	Δ砂浆抗压强度	平均值不低于设计规定	每台班	1组	1）每个构筑物或每 50m³ 砌体中制作一组试件（6块），如砂浆配合比变更时，也应制作一组试件。 2）同强度等级砂浆的各组试件的平均强度不低于设计规定。 3）任意一组试件的强度最低值不低于设计规定的 85％
2	砂浆饱满度	≥90％	20m	2	掀 3 块砌块，用百格网检查砌块底面砂浆的接触面取其平均

2）一般项目：

检查室质量检查见符合表 4-6-14（2）规定：

检查室允许偏差及检验方法　　表 4-6-14（2）

序号	项　　目		允许偏差（mm）	检验频率		检验方法
				范围	点数	
1	检查室尺寸	长度、宽度	±20	每座	2	尺量检查
		尺量检查	高度	＋20	每座	2
2	井盖顶高程	路面	±5	每座	1	水准仪测量
		水准仪测量	非路面	＋20	每座	1

4-6-15　砖砌供热管道检查井、小室施工质量记录有哪些？

答：1）检查室质量检查记录。

2）砌筑块（砖）试验报告。

3）砌筑砂浆抗压强度试验报告。

4）砌筑砂浆试块强度统计、评定记录。

4-6-16　砖砌供热管道检查井、小室施工安全与防护、成品保护注意事项有哪些？

答：1）在架子上用刨锛斩砖，操作人员必须面向里，把砖头斩在架子上。挂线用的坠物必须绑扎牢固。

2）作业环境中的碎料、落地灰、杂物，做到日产日清、自产自清、活完料净场地清。

3）砌筑完成的井室要及时清理井内杂物，勾缝或抹面的井室，要及时洒水养护，防止干裂。

4）及时约请监理等有关部门进行检测验收，合格后及时进行土方回填工作。

5）井盖安装后，应有专人巡查，防止被偷盗。

第5章

燃气管道施工

5.1 燃气特性及对管材要求

5-1-1 燃气种类有多少？各种燃气的组成和特性是怎样的？

答：见表5-1-1。

各种常用燃气的组成和特性 **表5-1-1**

燃气种类名称			燃气成分（容积成分%）													密度(kg/m^3)
			H_2	CO	CH_4	C^{2+}							O_2	N_2	CO_2	
						C_2H_4	C_2H_6	C_3H_6	C_3H_8	C_4H_8	C_4H_{10}	C_5^+				
人造燃气	煤制气	炼焦煤气	59.2	8.6	23.4	2.0							1.2	3.6	2.0	0.4686
		直立炉气	56.0	17.0	18.0	1.7							0.3	2.0	5.0	0.5527
		混合煤气	48.0	20.0	13.0	1.7							0.8	12.0	4.5	0.6695
		发生炉气	8.4	30.4	1.8	0.4							0.4	56.4	2.2	1.1627
		水煤气	52.0	34.4	1.2								0.2	4.0	8.2	0.7005
	油制气	催化制气	58.1	10.5	16.6	5.0							0.7	2.5	6.6	0.5374
		热裂化制气	31.5	2.7	28.5	23.8	2.6	5.7					0.6	2.4	2.1	0.7909
天然气	四川干气				98.0				0.3		0.3	0.4		1.0		0.7435
	大庆石油伴生气				81.7				6.0		4.7	4.9	0.2	1.8	0.7	1.0415
	天津石油伴生气				80.1		7.4		3.8		2.3	2.4		0.6	3.4	0.9709
液化石油气	北京				1.5		1.0	9.0	4.5	54.0	26.2	3.8				2.5272
	大庆				1.3		0.2	15.8	6.6	38.5	23.2	12.6		1.0	0.8	2.5268

燃气种类名称			相对密度	热值(kJ/m^3)		华白指数	理论烟气量(m^3/m^3)		理论空气需要量(m^3/m^3)	爆炸极限（空气中体积%）		理论燃烧温度(℃)
				高热值	低热值		湿	干		上	下	
人造燃气	煤制气	炼焦煤气	0.3623	19820	17618	32928	4.88	3.76	4.21	35.8	4.5	1998
		直立炉气	0.4275	18045	16136	27599	4.44	3.47	3.80	40.9	4.9	2003
		混合煤气	0.5178	15412	13858	21418	3.85	3.06	3.18	42.6	6.1	1986
		发生炉气	0.8992	6004	5744	6332	1.98	1.84	1.16	67.5	21.5	1600
		水煤气	0.5418	11451	10383	15557	3.19	2.19	2.16	70.4	6.2	2175
	油制气	催化制气	0.4156	18472	16521	28653	4.55	3.54	3.89	42.9	4.7	2009
		热裂化制气	0.6116	37953	34780	48530	9.39	7.81	8.55	25.7	3.7	2038

续表

燃气种类名称		相对密度	热值(kJ/m³)		华白指数	理论烟气量(m³/m³)		理论空气需要量(m³/m³)	爆炸极限(空气中体积%)		理论燃烧温度(℃)
			高热值	低热值		湿	干		上	下	
天然气	四川干气	0.5750	40403	36442	53282	10.64	8.65	9.64	15.0	5.0	1970
	大庆石油伴生气	0.8054	52833	48383	58871	13.73	11.33	12.52	14.2	4.2	1986
	天津石油伴生气	0.7503	48077	43643	55503	12.53	10.3	11.40	14.2	4.4	1973
液化石油气	北京	1.9545	123678	115062	88466	30.67	26.58	28.28	9.7	1.7	2050
	大庆	1.9542	122284	113780	87475	30.04	25.87	28.94	9.7	1.7	2060

5-1-2 何谓内能、焓、熵?

答: 1)气体工质的内能就是其微观动能与位能的总和是气体工质在某一状态下内部所蕴藏的总能量,符号为U,单位为kJ。

内能指常见的气体工质分子处于不停顿无规则的运动中,工质分子的原子自身还有振动,这些微粒运动的能量的总和称为微观动能,其大小取决于工质的温度。气体工质分子之间因相互作用而形成微观位能,气体工质受热膨胀时,分子之间的距离增加,位能亦随之增加,因此气体工质的微观位能的大小取决于其比容。

2. 焓的定义

焓是气体工质的总能量,是气体工质的内能U与气体工质在某一状态下,容积为V、压力为p时,为抵抗此压力所具有的能量pV之和。单位工质含的总能量$u+pv$,此总能量为该工质所具有的比焓,单位工质的比焓用h(kJ/kg)表示。即

$$h = u + pv(\text{kJ/kg})$$

质量为m的气体工质的焓H(kJ)为

$$H = mh = m(u + pv) = mu + mpv = U + pV$$

式中 U——内能(kJ);

p——压强(Pa);

V——容积(m³)。

3. 熵的定义

熵是指气体工质进行热交换过程中的一个物理量,质量为1kg的工质从热源获得的热量与热交换时的绝对温度T的比值q/T,叫做工质在此热交换过程中的比熵的增量,用Δs来表示。最初状态的比熵为s_1,最终状态的比熵用s_2表示,比熵的增量Δs[kJ/(kg·K)]为

$$\Delta s = s_2 - s_1 = \frac{q}{T}$$

质量为m(kg)的工质熵的增量为ΔS(kJ/K)

$$\Delta S = m\frac{q}{T}$$

内能、焓、熵都是气体工质的一般状态参数,又称导出状态参数。

5-1-3 单一可燃气体的燃烧特性是怎样的?

答: 单一可燃气体的燃烧特性如表5-1-3所示。

单一可燃气体的燃烧特性①　　表 5-1-3

序号	气体名称	分子式	爆炸极限 20℃ (上/下)空气中体积(%)	着火温度 t(℃)	燃烧反应式
1	氢	H_2	75.9/4.0	400	$H_2+0.5O_2=H_2O$
2	一氧化碳	CO	74.2/12.5	605	$CO+0.5O_2=CO_2$
3	甲烷	CH_4	15.0/5.0	540	$CH_4+2.0O_2=CO_2+2H_2O$
4	乙炔	C_2H_2	80.0/2.5	335	$C_2H_2+2.5O_2=2CO_2+H_2O$
5	乙烯	C_2H_4	34.0/2.7	425	$C_2H_4+3.0O_2=2CO_2+2H_2O$
6	乙烷	C_2H_6	13.0/2.9	515	$C_2H_6+3.5O_2=2CO_2+3H_2O$
7	丙烯	C_3H_6	11.7/2.0	460	$C_3H_6+4.5O_2=3CO_2+3H_2O$
8	丙烷	C_3H_8	9.5/2.1	450	$C_3H_8+5O_2=3CO_2+4H_2O$
9	丁烯	C_4H_8	10.0/1.6	385	$C_4H_8+6.0O_2=4CO_2+4H_2O$
10	丁烷	$n\text{-}C_4H_{10}$	8.5/1.5	365	$C_4H_{10}+6.5O_2=4CO_2+5H_2O$
11	戊烯	C_5H_{10}	8.7/1.4	290	$C_5H_{10}+7.5O_2=5CO_2+5H_2O$
12	戊烷	C_5H_{12}	8.3/1.4	260	$C_5H_{12}+8.0O_2=5CO_2+6H_2O$
13	苯	C_6H_6	8.0/1.2	560	$C_6H_6+7.5O_2=6CO_2+3H_2O$
14	硫化氢	H_2S	45.5/4.3	270	$H_2S+1.5O_2=SO_2+H_2O$

序号	气体名称	理论空气量和耗氧量 (m^3/m^3)		理论烟气量 V_f (m^3/m^3)				热值 Q (kJ/m^3)	
		空气	氧	CO_2	H_2O	N_2	V_f	高	低
1	氢	2.38	0.5	—	1.0	1.88	2.88	12742	10783
2	一氧化碳	2.38	0.5	1.0	—	1.88	2.88	12633	12633
3	甲烷	9.52	2.0	1.0	2.0	7.52	10.52	39808	35704
4	乙炔	11.90	2.5	2.0	1.0	9.40	12.40	58453	56439
5	乙烯	14.28	3.0	2.0	2.0	11.28	15.28	63384	59428
6	乙烷	16.66	3.5	2.0	3.0	13.16	18.16	70291	64343
7	丙烯	21.42	4.5	3.0	3.0	16.92	22.92	93590	87705
8	丙烷	23.80	5.0	3.0	4.0	18.80	25.80	101184	93163
9	丁烯	28.56	6.0	4.0	4.0	22.56	30.56	125739	117593
10	丁烷	30.94	6.5	4.0	5.0	24.44	33.44	133772	123541
11	戊烯	35.70	7.5	5.0	5.0	28.20	38.20	159676	148707
12	戊烷	38.08	8.0	5.0	6.0	30.08	41.08	169231	156598
13	苯	35.70	7.5	6.0	3.0	28.20	37.20	162119	155635
14	硫化氢	7.14	1.5	1.0	1.0	5.64	7.64	25342	23362

① 0℃、760mmHg。

5-1-4 常见可燃气体与空气混合的爆炸浓度极限是多少？

答：常见可燃气体与空气混合的爆炸浓度极限见表 5-1-4。

常见可燃气体与空气混合时的爆炸浓度极限　　表 5-1-4

物质名称	爆炸下限（体积%）	爆炸上限（体积%）
氢气（H_2）	4.0	75.0
一氧化碳（CO）	12.5	75.0
甲烷（CH_4）	4.9	15.0
乙烷（C_2H_6）	2.9	13.0
丙烷（C_3H_8）	2.1	9.5
丁烷（C_4H_{10}）	1.5	8.5
戊烷（C_5H_{12}）	1.4	8.0
乙炔（C_2H_2）	2.3	82

续表

物质名称	爆炸下限（体积%）	爆炸上限（体积%）
苯（C_6H_6）	1.2	8.0
汽油	1.4	6.0
硫化氢（H_2S）	4.3	46
高炉煤气	30.84	89.5
无烟煤发生炉煤气	15.5	84.4
烟煤发生炉煤气	14.6	76.8
天然气	4.96	15.7

注：1. 高炉煤气成分按 $CO_2$14.5%，CO25.5%，$H_2$4.5%，$CH_4$0.5%，$N_2$58%计算。

2. 无烟煤发生炉煤气按 $CO_2$5%，CO24%，$H_2$15%，$CH_4$1%，$N_2$54%计算。

3. 烟煤发生炉煤气成分按 $CO_2$5%，CO27%，$H_2$14%，$CH_4$3%，$N_2$51%计算。

4. 天然气成分按 $H_2S+CO_2$0.31%，CO0.01%，$H_2$0.09%，$CH_4$97.69%，$N_2$1.96%，$C_2H_6$0.48%，C_3H_8 0.06%计算。

5-1-5 简述天然气、人工煤气和液化石油气的质量指标。

答：1）天然气的质量指标

天然气的质量指标应符合表 5-1-5（1）的规定。

天然气的质量指标　　表 5-1-5（1）

项目		质量标准				试验方法
		Ⅰ	Ⅱ	Ⅲ	Ⅳ	
高位发热量（MJ/m^3）	A组	＞31.4				
	B组	14.65～31.4				
总硫（mg/m^3）含量		＜150	＜270	＜460	＞480	
硫化氢含量（mg/m^3）		＜6	＜20			
				＜实测值	＜实测值	
二氧化碳含量（体积%）		＜3		—		SY7506
水分		无游离水				机械分离目测

注：1. 在 101.325kPa、20℃状态下。

2. ＞480mg/m^3 的总硫含量气体只能供给有处理手段的用户。

3. 民用燃料的天然气硫化氢含量不高于 20mg/m^3。

2）人工煤气的质量指标

人工煤气的质量指标应符合表 5-1-5（2）的规定。

人工煤气的质量指标　　表 5-1-5（2）

项目		质量指标	试验方法
热值（MJ/m^3）应大于		14.7	
杂质	焦油和灰尘（mg/m^3）应小于	10	
	硫化氢（mg/m^3）应小于	20	
	氨（mg/m^3）应小于	50	
	萘（mg/m^3）应小于	$\frac{50}{P}\times10^5$（冬天） $\frac{100}{P}\times10^5$（夏天）	
含氧量（体积%）应小于		1	
含一氧化碳量（体积%）宜小于		10	

注：1. 在 101.325kPa、20℃状态下。

2. 当管网输气点压力 P 小于 202.65kPa 时，压力可不计。

3. 气化燃气或掺有气化燃气的人工煤气，其一氧化碳含量小于 20%（体积）。

3）液化石油气的质量指标

液化石油气的质量指标应符合表 5-1-5（3）的规定。

液化石油气的质量指标 **表 5-1-5（3）**

项目		质量指标	试验方法
密度（15℃、kg/m^3）		报告	ZBE46001
蒸气压（37.8℃、kPa）不大于		1380	GB6602
C_5 及 C_5 以上组分含量（体积%）不大于		3.0	SY2081
残留物	蒸发残留物（mL/100mL）	报告	
	油渍观察值（mL）	报告	
铜片腐蚀等级不大于		1	SY2083
总硫含量（mg/m^3）不大于		343	ZBE46002
游离水		无	目测

5-1-6 燃气管特殊的要求和性能试验有哪些？

答：燃气管的性能关系到人的生命安全，为了有可靠的保障，必须对燃气管的各项性能进行严格试验。

1）短期强度试验。首先要做的是短期强度试验，其中有代表性的是拉伸、抗压缩、抗冲击、压缩回复性试验。因为聚乙烯管的拉伸强度仅为钢管的 6.5%左右，而伸长率却可为钢管的 2.0 倍左右，且柔性好，压缩回复性可接近 90%，使得埋地管碰到地面沉降或轻度地震时可承受住考验而不致开裂。

2）长期强度试验。长期强度试验包括蠕变试验、环境应力开裂性能试验、疲劳试验、耐候性试验。燃气管埋地后的地基不均匀沉降及埋管时施工不当会使管子变形，引起管子材质出现慢慢的蠕变，一旦内部变形达到某临界值，管子就会出现龟裂，龟裂扩展及持续增长最终导致管子破坏。疲劳试验是对管材反复负载的安全性能评价，因为埋地管要经得住地面上的行人和车辆的反复压载、弯曲。燃气管暴露户外要长期耐受紫外线，即使是室内用燃气管，在厨房热烤下也有热老化问题。因此，燃气管大都做成黑色，也是为了改善光老化情况，在工厂或仓库里储存的燃气管，也最好用布盖上或放在遮光处，以减缓老化。

3）化学稳定性试验。燃气管必须进行化学稳定性试验，因为中密度聚乙烯虽然是一种化学稳定性很好的塑料，对氯、氧、碱等都有良好的耐蚀性，但对于汽油、苯等有机溶剂的侵蚀耐受性较差，因此在应用聚乙烯燃气管时要避免周边有这类介质与其接触。

5-1-7 燃气工程对钢管管材的要求是什么？

答：燃气管道要承受很大压力并输送大量的有毒的易燃、易爆的气体，任何程度的泄漏和管道断裂将会导致爆炸、火灾、人身伤亡和环境污染，造成重大的经济损失。所以，要求燃气钢管有足够的机械强度（抗拉强度、屈服强度、延伸率、冲击韧性），可焊性好，而且要有不透气性。

燃气管道所用的钢管有无缝管和焊接钢管两类。焊接钢管又分为螺旋钢管和直缝钢管。管子的直径与壁厚，必须按设计要求订货，并认真抽检。管子直径与壁厚的偏差过大，可能导致工程质量低劣；如壁厚局部过薄，丝扣连接时，套丝更薄，受外力后会断裂漏气造成事故。钢管由于制造或运输碰撞等原因，管口不圆，经整圆后管端（长度不小于 200mm）外径允许偏差可参见表 5-1-7（1）。

焊接钢管整圆后端部直径的允许偏差（mm）　　　　**表 5-1-7（1）**

管子外径	最大偏差	管子外径	最大偏差
219～426	±1.25	1020～1220	±3.50
426～720	±1.50		
720～1020	±0.20	＞1220	±5.00

管子的不圆度和端面平整度影响管道组装和焊接质量。管子的不圆度以最大和最小直径差表示，其允许限度可参见表 5-1-7（2）。管子端面平整度包括管子端面垂直度和管端切口两项要求。管子端面应垂直于管子中心线，不垂直偏差不应大于管子外径的 1%，且不大于 3mm。

管子端部不圆度限度（mm）　　　　**表 5-1-7（2）**

管子直径	端部不圆度	管子直径	端部不圆度
200～300	3	720	8
300～400	4	820	9
426	5	1020	11
529	6	1220	13
630	7	1420	16

管子弯曲影响管道组装，燃气管道用管子的弯度每米长度上不超过 1.5mm（即不大于 0.15%）。

5-1-8　燃气工程对聚乙烯管（MDPE）的要求是什么？

答：燃气管所用的聚乙烯以中密度聚乙烯（MDPE）为最好。中密度聚乙烯的各项性能介于高密度聚乙烯与低密度聚乙烯之间，它刚柔适度而抗蠕变性能特别好，比高密度聚乙烯更易于热熔连接，断裂伸长率、抗热蠕变、抗冲击强度等都优于低密度聚乙烯，耐环境应力开裂能力优势更大。而且它保持了聚乙烯管材替代钢材的众多优点，如卫生、不结垢、耐腐蚀、寿命长等，可在−60～60℃范围内埋地 50 年安全使用，质量仅是钢材的 1/8，容易施工，易搬运，可弯曲，焊接简单，不需特殊防腐蚀处理。表 5-1-8（1）是用于燃气管的聚乙烯专用料的技术指标，表 5-1-8（2）是国内用于燃气管材的主要原料牌号及生产厂家。

用于燃气管的聚乙烯专用料的技术指标　　　　**表 5-1-8（1）**

项　　目	技术指标	项　　目	技术指标
密度（g/cm^3）	0.93	热（200℃）稳定性（min）	＞20
水分含量（mg/kg）	＜300	耐环境应力开裂（h）	≥1000
挥发分含量（mg/kg）	＜350	耐气候组分（h）	≥30
炭黑含量（%）	2.0～2.6	长期静液压强度（MPa）	≥8.0

国内用于燃气管材的主要原料牌号及生产厂家　　　　**表 5-1-8（2）**

材料牌号	颜　色	生　产　厂　家
TR418	黑色、黄色	菲利普（新加坡、比利时）
3802B	黑　色	菲纳（比利时）
3802Y	黄　色	菲纳（比利时）
PC002	黑　色	BP（英国）
ME2421	黄　色	北欧化工（奥地利）
P200BL	黑　色	三星（韩国）

5.2 管材及配件

5-2-1 燃气管道工程管材有哪几种?

答: 管材有钢管（无缝钢管和焊接钢管）、球墨铸铁管、细骨架聚乙烯复合管及聚乙烯管（PE）等。

5-2-2 钢管的品种规格有哪些?

答: 1）无缝钢管

分为热轧无缝钢管及冷拔无缝钢管两种，规格以管外径与壁厚表示。无缝钢管的强度高，能承受较高的压力，锅炉制造上多采用耐热钢无缝钢管，规格见表 5-2-1（1）。

2）焊接钢管

又称水煤气钢管、有缝钢管等，由低碳钢板或钢带卷制焊接而成，直径在 50mm 以内用对焊，50mm 以上用斜边搭焊，规格以管内径表示，用在压力不高的各种管道上。

钢管内外壁面薄薄地镀上一层锌时称为镀锌钢管（白铁管），呈银灰色，锌质保护层能防止钢管锈蚀，故多用在易腐蚀的管道如自来水管道上，将其埋入地下或设于易结露的场所。

不镀锌的钢管称为普通钢管（黑铁管），呈黑色，可用作暖气管道管。镀锌钢管比相同管径的非镀锌钢管约重 3%～4%。国产焊接钢管的规格见表 5-2-1（2）。

燃气输送管（YB 234—63）　　表 5-2-1（1）

公称口径		钢管螺纹									每米钢管分配的管接头重量（按每 6m 一个管接头计算）(kg)
		外径 (mm)	普通管		加厚管		基本面外径 (mm)	每英寸扣数	退刀部分前的螺纹长度（mm）		
mm	英寸		壁厚 (mm)	理论重量 (kg/m)	壁厚 (mm)	理论重量 (kg/m)			锥形	圆柱形	
6	⅛	10	2	0.39	2.5	0.46	—	—	—	—	—
8	¼	13.5	2.25	0.62	2.75	0.73	—	—	—	—	—
10	⅜	17	2.25	0.82	2.75	0.97	—	—	—	—	—
15	½	21.25	2.75	1.25	3.25	1.44	20.956	14	12	14	0.01
20	¾	26.75	2.75	1.63	3.5	2.01	26.442	14	14	16	0.02
25	1	33.5	3.25	2.42	4	2.91	33.250	11	15	18	0.03
32	1¼	42.25	3.25	3.13	4	3.77	41.912	11	17	20	0.04
40	1½	48	3.5	3.84	4.25	4.58	47.805	11	19	22	0.06
50	2	60	3.5	4.88	4.5	6.16	59.616	11	22	24	0.09
70	2½	75.5	3.75	6.64	4.5	7.88	75.187	11	23	27	0.13
80	3	88.5	4	8.34	4.75	9.81	87.887	11	32	30	0.2
100	4	114	4	10.85	5	13.44	113.034	11	38	36	0.4
125	5	140	4.5	15.04	5.5	18.24	138.435	1	41	38	0.6
150	6	165	4.5	17.81	5.5	21.63	163.836	11	45	42	0.8

注：1. 钢管的长度：无螺纹的黑铁管为 4～12m，带螺纹的黑铁管和镀锌管为 4～9m。

2. 制造钢号：用易焊接的低碳钢（如 B2、B3、B2F、B3F 等）制造。

3. 用途：用于输送水、燃气及供暖系统和结构零件。

国产焊接钢管规格表　　表 5-2-1（2）

管径		管内径（mm）	管外径（mm）	管壁厚（mm）	重量（kg/m）
公称直径（mm）	英制（寸）				
15（18）	⅛″	15.75	21.25	2.75	1.25
20（19）	¾″	21.25	26.75	2.75	1.63
25	1″	27.0	33.5	3.25	2.42
32	1¼″	35.75	42.25	3.25	3.13
40（38）	1½″	41.0	48.0	3.5	3.84
50	2″	53.0	60.0	3.5	4.88
70（63，65）	2½″	68.0	75.5	3.75	6.64
80（75）	3″	80.5	83.5	4	3.34
90	3½″	93.2	101.2	4	9.50
100	4″	106	114	4	10.85
125	5″	131	140	4.5	15.04
150	6″	156	165	4.5	17.81

5-2-3　聚乙烯燃气管道有几种系列？最大允许多少工作压力？使用布置有何规定？

答：1）聚乙烯燃气管道只作埋地管道使用，严禁用作室内地上管道。

聚乙烯燃气管道分 SDR11 和 SDR17.6 两种系列。SDR11 系列用于输送人工煤气、天然气、液化石油气（气态）；SDR17.6 系列用于输送天然气。

2）最大允许工作压力。

（1）聚乙烯燃气管的最大允许工作压力应符合表 5-2-3（1）的规定。

聚乙烯燃气管最大允许工作压力　　表 5-2-3（1）

燃气种类	最大允许工作压力（MPa）	
	SDR11	SDR17.6
天然气	0.400	0.200
液化石油气（气态）	0.100	—
人工煤气	0.005	—

注：SDR 为标准尺寸比，即公称外径与壁厚之比。

（2）聚乙烯燃气管道最大允许工作压力，除应符合表 5-2-3（1）规定外，在不同温度下的允许工作压力还应符合表 5-2-3（2）的规定。

聚乙烯燃气管不同温度下的允许工作压力　　表 5-2-3（2）

工作温度 t（℃）	允许工作压力（MPa）	
	SDR11	SDR17.6
$-20<t\leqslant 0$	0.1	0.0075
$0<t\leqslant 20$	0.4	0.2
$20<t\leqslant 30$	0.2	0.1
$30<t\leqslant 40$	0.1	0.0075

(3) 聚乙烯燃气管道在输送其他成分组成的燃气时，必须经过充分论证，并在安全性能得到保证后，可参考以上相似的气种确定允许工作压力。聚乙烯燃气管道在输送不含冷凝液的人工煤气时，工作压力可适当提高，但不得超过 0.2MPa；当聚乙烯燃气管道在输送不含冷凝液的气态液化石油气时，工作压力可适当提高，但不宜超过 0.3MPa。

3) 聚乙烯燃气管道布置的规定

(1) 聚乙烯燃气管道不得从建筑物或大型构筑物下穿越，不得在堆放易燃、易爆材料和具有腐蚀性液体的场地下面穿越，不得与其他管道或电缆同沟敷设。

(2) 聚乙烯燃气管道与供热管道之间水平净距不应小于表 5-2-3 (3) 的规定，与其他建筑物、构筑物的基础或相邻管道之间的水平净距应符合表 5-2-3 (4) 的规定。燃气管道与构筑物或相邻管道之间垂直净距见表 5-2-3 (5)。

聚乙烯燃气管道与供热管之间水平净距（m）　　表 5-2-3 (3)

供热管道种类	净　距	说　明
t<150℃直埋供热管道 供热管 回水管	 3.0 2.0	燃气管埋深小于 2m
t<150℃热水供热管沟蒸汽供热管沟	1.5	
t<280℃蒸汽供热管沟	3.0	聚乙烯管工作压力不超过 0.1MPa，燃气管埋深小于 2m

地下燃气管道与建筑物、构筑物或相邻管道之间的水平净距（m）　　表 5-2-3 (4)

项　目		地下燃气管道				
		低压	中　压		高　压	
			B	A	B	A
建筑物基础		0.7	1.5	2.0	4.0	6.0
给 水 管		0.5	0.5	0.5	1.0	1.5
排 水 管		1.0	1.2	1.2	1.5	2.0
电 力 电 缆		0.5	0.5	0.5	1.0	1.5
通信电缆	直　埋	0.5	0.5	0.5	1.0	1.5
	在导管内	1.0	1.0	1.0	1.0	1.5
其他燃气管道	DN≤300mm	0.4	0.4	0.4	0.4	0.4
	DN>300mm	0.5	0.5	0.5	0.5	0.5
热 力 管	直　埋	1.0	1.0	1.0	1.5	2.0
	在管沟内	1.0	1.5	1.5	2.0	4.0
电杆（塔）的基础	≤35kV	1.0	1.0	1.0	1.0	1.0
	>35kV	5.0	5.0	5.0	5.0	5.0
通信照明电杆（至电杆中心）		1.0	1.0	1.0	1.0	1.0
铁 路 钢 轨		5.0	5.0	5.0	5.0	5.0
有轨电车钢轨		2.0	2.0	2.0	2.0	2.0
街树（至树中心）		1.2	1.2	1.2	1.2	1.2

地下燃气管道与构筑物或相邻管道之间垂直净距（m）　　表 5-2-3（5）

项　　目		地下燃气管道（当有套管时，以套管计）
给水管、排水管或其他燃气管道		0.15
热力管的管沟底（或顶）		0.15
电　缆	直　埋	0.50
	在导管内	0.15
铁　路　轨　道		1.20
有轨电车轨道		1.00

（3）聚乙烯燃气管道与各类地下管道、电缆或设施的垂直净距不应小于表 5-2-3（6）的规定。

聚乙烯燃气管道与各类地下管道或设施的垂直净距（m）　　表 5-2-3（6）

名　称	埋设方式及条件	净　距	
		聚乙烯管在该设施上方	聚乙烯管在该设施下方
给水管燃气管	—	0.15	0.15
排水管	—	0.15	0.2 加套管
电　缆	直埋 在导管内	0.50 0.20	0.50 0.20
供热管道	$t<150$℃ 直埋供热管	0.5 加套管	1.30 加套管
	$t<150$℃ 热水供热管道 蒸汽供热管道	0.20 加套管或 0.40	0.30 加套管
	$t<280$℃ 蒸汽供热管道	1.00 加套管，套管有降温措施可缩小	不允许
铁路轨底	—	—	1.20 加套管

（4）聚乙烯燃气管道埋设的最小管顶覆土厚度应符合以下规定：

① 埋设在车行道下时，不宜小于 0.8m。

② 埋设在非车行道下时，不宜小于 0.6m。

③ 埋设在水田下时，不宜小于 0.8m。

当采取行之有效的防护措施后，上述规定可适当降低。

4）聚乙烯燃气管道在输送含有冷凝水的燃气时，应埋设在土壤冰冻线以下，并应设凝水缸。管道坡向凝水缸的坡度不宜小于 0.003。

5）中压聚乙烯燃气管道干管上，应设置分段阀门，并应在阀门两侧设置放散管；中压聚乙烯燃气支管起点也应设置阀门；低压聚乙烯燃气管道可不设置阀门。阀门宜设置在阀门井内。

6）聚乙烯燃气管道不宜直接引入建筑物内或直接引入附属在建筑墙上的调压箱内。当直接用聚乙烯燃气管道引入时，穿越基础或外墙以及地上部分的聚乙烯燃气管道必须用硬质套管保护。

5-2-4　聚乙烯燃气管道主要技术性能及特点有哪些？

答：燃气管道方面新技术的主要技术性能及特点及适用范围见表 5-2-4。

燃气管道新技术简表　　表 5-2-4

技术名称	主要技术性能及特点	适用范围
聚乙烯燃气管道系统	耐化学稳定性能好，耐环境低温性能好，重量轻，管材连接简便可靠，抗地震性能强。品种包括：高密度聚乙烯管（HDPE）、中密度聚乙烯管（MDPE）、钢骨架聚乙烯复合管。原料应选用国产或进口聚乙烯燃气管道专用料（混配料），产品性能应符合相应国家或行业标准要求，设计施工应符合相应的工程技术规程要求	城镇燃气管道

5-2-5　燃气管道常用哪些安全附属设备?

答：为保证管网安全运行，考虑到检修、接线的需要，管道应设置必要的安全附属设备如下：

1）阀门的作用是用来启闭管道通络、调节流体流量的设备，要求强度好、转动灵活、严密性强、经久耐用、能抗腐蚀等，以保证系统的正常运转。铜、铜合金易被硫化物腐蚀，故不采用。常用的阀门按压力等级分为以下三类：

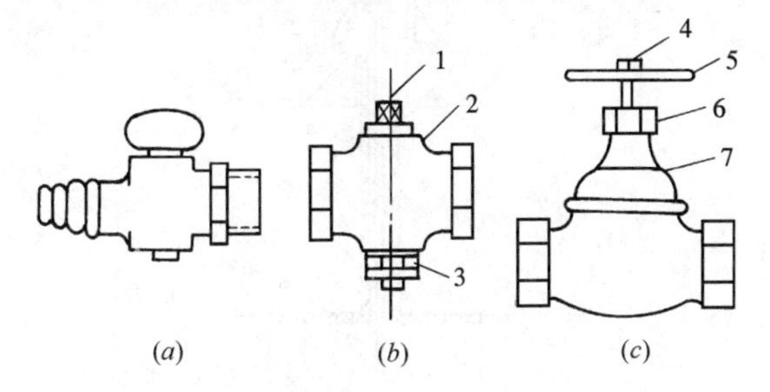

图 5-2-5（1）　低压阀门

（a）煤气嘴；（b）填料旋塞；（c）低压截止阀

1—阀芯；2—阀体；3—螺母；4—阀杆；5—手轮；6—压母；7—大盖

（1）低压阀门，又称压力不大于 1.6MPa，如煤气嘴（考克）、旋塞（转心门）、截止阀等，见图 5-2-5（1）。

（2）中压阀门，公称压力为 2.5～6.4MPa，如闸阀、中压截止阀、球阀等见图 5-2-5（2）。

（3）高压阀门，公称压力大于 10.0MPa 如针形阀等。

2）补偿器也称调长器，作用是调节管道胀缩量，便于阀门检修。常用于架空管道和需要用蒸汽吹扫的管道上。其补偿量约为 10mm，如图 5-2-5（3）所示。

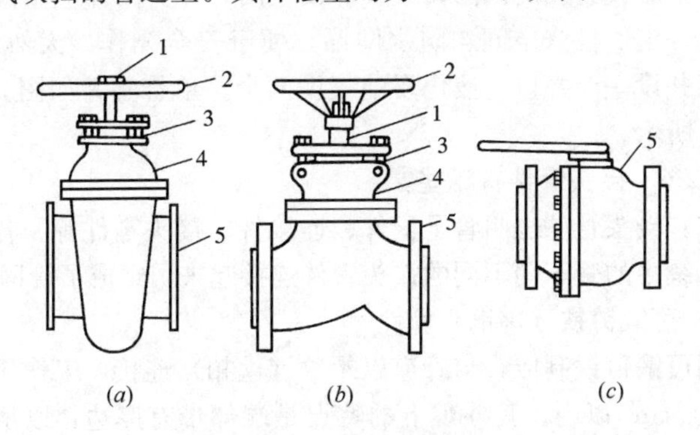

图 5-2-5（2）　中压阀体

（a）闸阀（暗杆）；（b）截止阀；（c）球阀

1—阀杆；2—手轮（手柄）；3—填料函；4—压盖；5—阀体

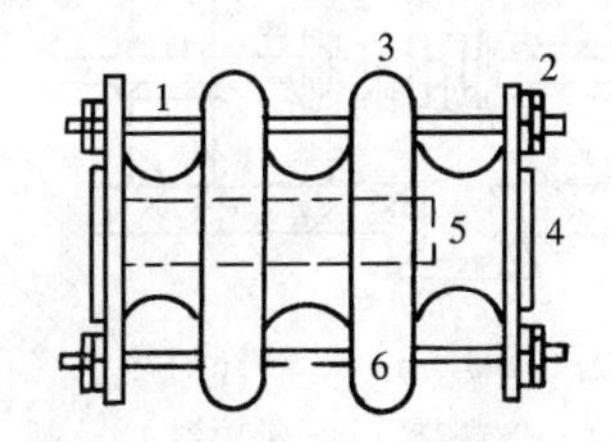

图 5-2-5（3）　补偿器

1—螺杆；2—紧固螺母；3—波节；4—法兰盘；5—套管；6—沥青

3）排水器

排水器又称抽水缸，其作用是把燃气中的水或油收集起来并能排出管道之外。管道应有一定的坡度，且坡向排水器，设在管道低点。通常 500m 设置一台。考虑到在冬季防止水结冰和杂物堵塞管道，排水器的直径可适当加大。排水器分为低压、中压或高压型，见图 5-2-5（4）和图 5-2-5（5）又有手动排水和自动排水两种。

4）放散管

放散管的作用是，在管线投入运行前，排放管内的空气，防止燃气与空气混合形成爆炸性气体。管线检修前，可排放管内的燃气。

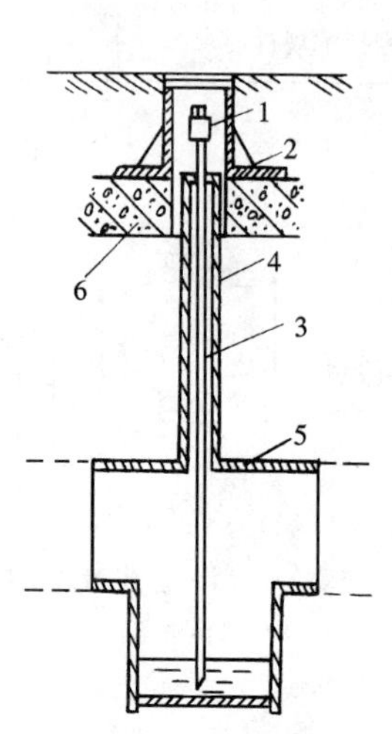

图 5-2-5（4） 低压抽水缸

1—丝堵；2—防护罩；3—抽水管；4—套管；5—集水器；6—底座

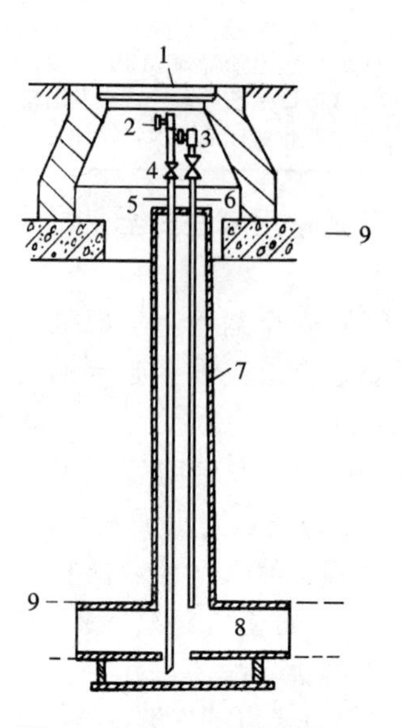

图 5-2-5（5） 高压抽水缸

1—井盖；2—阀门；3—丝堵；4—旋塞；5—抽水管；6—循环管；7—套管；8—集水器；9—底座

5）闸井

地下燃气管线的阀门，一般都设在闸井中。闸井应坚固耐久、有一定的检修空间、防水防漏，便于安全操作。天然气、煤气闸井设一个井口，液化石油气设两个。单管闸井如图 5-2-5（6）所示。

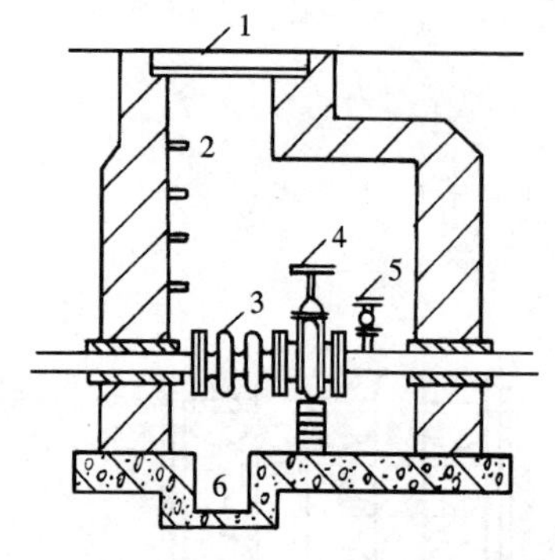

图 5-2-5（6） 单管闸井

1—井盖；2—爬梯；3—补偿器；4—闸门；5—放散管；6—集水坑

5-2-6 接头管件有哪些？

答：接头管件也叫管子配件、连接件、接头零件等。各种管道系统中的管子用不同的接头管件连接起来，组成了管网。

1）可锻铸铁（玛钢）管件

用可锻铸铁制成，与管道以螺纹（丝扣）连接，工作压力在 $10kg/cm^2$ 以内，其外观上的特点是端部带有厚边，以增加连接强度。

常用的可锻铸铁管件的种类如图 5-2-6 所示，用于管道的延长、分支及转弯等处。

在图 5-2-6 中，(*a*) 为管子箍，用来连接同一直线上管径相同的两根管子，有通丝和不通丝两种；(*b*) 为异径管子箍，又称大小头，用来连接同一直线上管径不同的两根管子；(*c*) 为异径偏心管子箍，又叫偏心大小头，大小两端的中心线不重合，用来连接位于同一水平直线上下侧的两根不同管径的水平管子；(*d*) 为弯头，用于管道拐直角弯处，连接两根互相垂直的等径管子；(*e*) 为异径弯头，连接两根互相垂直的不等径管子，拐直角弯；(*f*) 为 45°等径弯头，拐 45°弯，(*g*) 为三通，用于管道分岔处，连接三根等径管子；(*h*) 为异径三通，在直线方向的两端同径，与之垂直分岔的一端为小管径，用于小管径支管的连接；(*i*) 为 45°斜三通，又叫 Y 形支管，用于管道

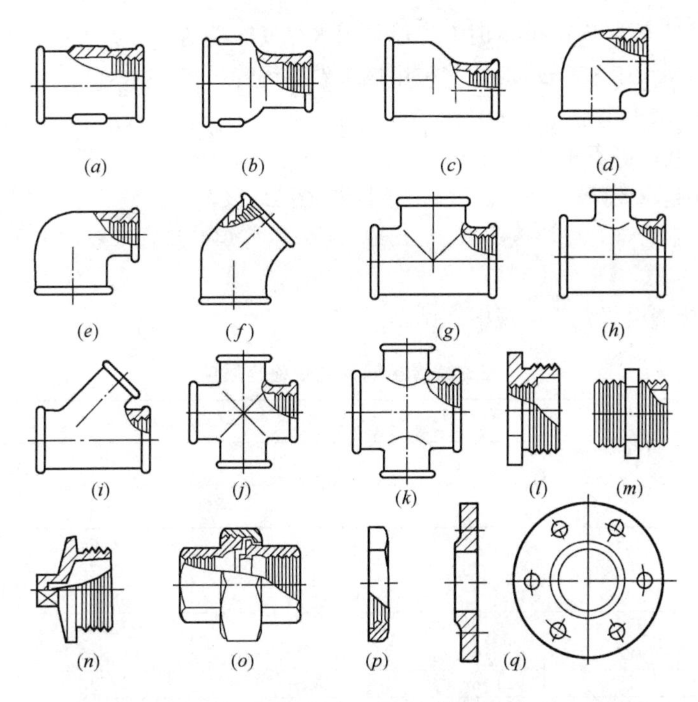

图 5-2-6 管道螺纹连接的接头管件

交会与分岔处，其局部阻力较小；(*j*) 为四通，用于管道垂直交叉连接处；(*k*) 为异径四通，在管道上垂直连接两根较小管径的支管时用；*l* 为补心，又称内外丝，内外异径，内丝小，外丝大，外丝与其他管件连接，内丝直接连以管子，用于管道的变径连接处；(*m*) 为外螺纹短接头，用来连接两个紧靠着的管件，常用车床旋制的管子短接头代替，非常短的接头称为对丝；(*n*) 为丝堵，又叫堵头、塞头，为外螺纹，用来堵住管件的孔口；(*o*) 为活接头，由两个能互相扣合的短管节公口、母口，以及连接公口母口的套母组成，相扣部分用胶垫或石棉纸垫衬垫，以免漏水，活接头用于管网中需将同径管道进行活连接的地方，即不转动管子也能将管道拆开，以便于拆卸修理管网中的设备；此处在管道安装中活接头也是必不可少的；(*p*) 为根母，又叫根箍、锁紧螺母。用一个端为短丝扣，另一端为长丝扣（根部无梢度）的短管段和一个根母，再加一个内壁为通丝的管子箍，就组成了长丝，其作用同活接头，用作可拆卸的活连接。当用在散热器补心上时，通丝管子箍也可省去；(*q*) 为法兰盘，左右两片组成一副，作用同活接头，规格为口径 d50 毫米以上。由于大规格的阀门两端多为法兰式接口，故法兰盘也多用于管道与阀门的连接上。

凡不等径管件的表示方法，是在两头管径的中间加上乘号“×”，如 1/2″×3/4″的补心，即表示内径为 1/2″，外径为 3/4″的内外丝。

接头管件也有镀锌与不镀锌两种。散热器的补心和堵头是散热器专用的暖气配件，与管道的接头管件不同。

2）钢制管件

钢管以螺纹连接时，若工作压力较高（约在 $16kg/cm^2$ 以内），可采用钢制管件。各种钢制管件的名称及用途和可锻铸铁管件相同，只是种类要少些。二者在外观上的区别在于钢制管件的端部是平的，没有加厚边。

钢制管件用碳素钢制成，俗称熟铁管件，它的可焊性能好，可用于需要焊接的地方，例如钢制管子箍常作为接口焊接在锅炉或水箱等钢制设备上。

5-2-7 市政燃气用钢管规格有哪些?

答：1）选用钢管时：

（1）当管径 DN 不大于 150mm 时，一般采用水煤气输送钢管。

（2）当管径 DN 大于 150mm 时，多采用螺旋卷焊钢管。

2）钢管壁厚要求不小于 3.5mm：

（1）在街道红线内侧不小于 4.5mm。

（2）当管道穿越重要障碍物以及土壤腐蚀性甚强的地段，壁厚应不小于 8mm。

（3）燃气管道钢管当管壁厚度不大于 4mm，可采用气焊；当管壁厚度大于 4mm 必须使用电弧焊。

3）燃气用螺旋缝电焊钢管的规格（见表 5-2-7）：

螺旋缝焊接钢管的规格与质量 **表 5-2-7**

公称直径 D_g (mm)	外径 D (mm)	壁厚（mm）			
		6	7	8	9
		质量（kg/m）			
200	219	31.52	36.60	41.63	—
250	273	39.51	45.92	52.28	—
300	325	47.20	54.89	62.54	—
350	377	54.89	63.87	72.80	
400	426	62.14	72.25	82.46	—
450	478	69.84	81.30	92.72	—
500	529	77.38	90.11	102.78	—
600	630	92.33	107.54	122.71	—
700	720	105.64	123.08	140.46	157.80

5-2-8 燃气用聚乙烯管有哪些要求？

1）燃气聚乙烯管材平均外径、不圆度（见表 5-2-8（1））。

2）燃气聚乙烯管材最小壁厚（见表 5-2-8（2））。

3）燃气聚乙烯管材壁厚公差（见表 5-2-8（3））。

燃气聚乙烯管管材平均外径和不圆度（mm） **表 5-2-8（1）**

公称外径 D_n	最小平均外径	最大平均外径		最大不圆度（°）
		等级 A	等级 B	等级 N
110	110.0	—	110.7	2.2
125	125.0	—	125.8	2.5
140	140.0	—	140.9	2.8
160	160.0	—	161.0	3.2
180	180.0	—	181.1	3.6
200	200.0	—	201.2	4.0
225	225.0	—	226.1	4.5
250	250.0	—	251.5	5.0
280	280.0	282.6	218.7	9.8
315	315.0	317.9	316.9	11.1
355	355.0	358.2	357.2	12.5
400	400.0	403.6	402.4	14.0
450	450.0	454.1	452.7	15.6
500	500.0	504.5	503.0	17.5
560	560.0	565.0	563.4	19.6
630	630.0	635.7	633.8	22.1

注：1. 标准管材采用等级 A，精公差采用等级 B。具体采用等级可由供需双方商定，无明确要求时，视为采用等级 A。

2. 对于盘卷管，D_n 不小于 75 时最大不圆度应由供需双方协商确定。

燃气聚乙烯管管材最小壁厚（mm）　　表 5-2-8（2）

公称外径 D_n	最大平均壁厚	
	SDR17.6	SDR11
110	6.3	10.0
125	7.1	11.4
140	8.0	12.7
160	9.1	14.6
180	10.3	16.4
200	11.4	18.2
225	12.8	20.5
250	14.2	22.7
280	15.9	25.4
315	17.9	28.6
355	20.2	32.3
400	22.8	36.4
450	25.6	40.9
500	28.4	45.5
560	31.9	50.9
630	35.8	57.3

注：直径大于 40mm 的 SDR17.6 和直径大于 32mm 的 SDR11 管材以壁厚表征；直径不小于 40mm 的 SDR17.6 和直径不小于 32mm 的 SDR11 管材以 SDR 表征。

燃气聚乙烯管任一点壁厚公差（mm）　　表 5-2-8（3）

最小壁厚 $e_{y,min}$		允许偏差	最小壁厚 $e_{y,min}$		允许偏差
＞	≤		＞	≤	
5.0	6.0	0.7	32.0	33.0	3.4
6.0	7.0	0.8	33.0	34.0	3.5
7.0	8.0	0.9	34.0	35.0	3.6
8.0	9.0	1.0	35.0	36.0	3.7
9.0	10.0	1.1	36.0	37.0	3.8
10.0	11.0	1.2	37.0	38.0	3.9
11.0	12.0	1.3	38.0	39.0	4.0
12.0	13.0	1.4	39.0	40.0	4.1
13.0	14.0	1.5	40.0	41.0	4.2
14.0	15.0	1.6	41.0	42.0	4.3
15.0	16.0	1.7	42.0	43.0	4.4
16.0	17.0	1.8	43.0	44.0	4.5
17.0	18.0	1.9	44.0	45.0	4.6
18.0	19.0	2.0	45.0	46.0	4.7
19.0	20.0	2.1	46.0	47.0	4.8
20.0	21.0	2.2	47.0	48.0	4.9
21.0	22.0	2.3	48.0	49.0	5.0
22.0	23.0	2.4	49.0	50.0	5.1
23.0	24.0	2.5	50.0	51.0	5.2
24.0	25.0	2.6	51.0	52.0	5.3
25.0	26.0	2.7	52.0	53.0	5.4
26.0	27.0	2.8	53.0	54.0	5.5
27.0	28.0	2.9	54.0	55.0	5.6
28.0	29.0	3.0	55.0	56.0	5.7
29.0	30.0	3.1	56.0	57.0	5.8
30.0	31.0	3.2	57.0	58.0	5.9
31.0	32.0	3.3			

4）燃气聚乙烯管件插口端尺寸（表 5-2-8（4））。

燃气聚乙烯管插口管件尺寸和公差（mm）　　**表 5-2-8（4）**

公称外径 d_n	管件的平均外径			不圆度 max	最小通径 D_{3min}	最小回切长度 L_{1min}	管状部分的最小长度 L_{2min}
	D_{1min}	D_{1max}					
		等级 A[b]	等级 B[b]				
110	110	—	110.7	1.7	87	32	82
125	125	—	125.8	1.9	99	35	87
140	140	—	140.9	2.1	111	38	92
160	160	—	161.0	2.4	127	42	98
180	180	—	181.1	2.7	142	46	105
200	200	—	201.2	3.0	159	50	112
225	225	—	226.4	3.4	179	55	120
250	250	—	251.5	3.8	199	60	129
280	280	282.6	281.7	4.2	223	75	139
315	315	317.9	316.9	4.8	251	75	150
355	355	358.2	357.2	5.4	283	75	164
400	400	403.6	402.4	6.0	319	75	179
450	450	454.1	452.7	6.8	359	100	195
500	500	504.5	503.0	7.5	399	100	212
560	560	565.0	563.4	8.4	447	100	235
630	630	635.7	633.8	9.5	503	100	255

注：插口管件交货时可以带有一段工厂组装的短的管段或合适的电熔管件。

5）燃气聚乙烯管件电熔承口端尺寸（表 5-2-8（5））。

6）燃气聚乙烯管材管件验收、存放和运输。

（1）接收管材、管件必须进行验收，验收产品合格证、产品使用说明书、质量保证书和各项性能检验报告等有关资料。并按现行国家标准《燃气用埋地聚乙烯管材》和《燃气用埋地聚乙烯管件》进行规格尺寸和外观性能检查，必要时进行全面测试；

（2）燃气聚乙烯管和管件应存放在通风良好、温度不超过 40℃的库房或简易棚内。管材、管件的存放、搬运和运输应符合相应要求。

电熔管件承口尺寸（mm）　　**表 5-2-8（5）**

管件的公称直径 d_n	插入深度 L_1			熔区最小长度 L_{2min}
	min		max	
	电流调节	电压调节		
110	32	53	82	15
125	35	58	87	16
140	38	62	92	18
160	42	68	98	20
180	46	74	105	21
200	50	80	112	23
225	55	88	120	26
250	73	95	129	33
280	81	104	139	35
315	89	115	150	39
355	99	127	164	42
400	110	140	179	47
450	122	155	195	51
500	135	170	212	56
560	147	188	235	61
630	161	209	255	67

5.3 燃气管道工程施工与设备安装

5-3-1 地下燃气管道的敷设有哪些方法和规定?

答: 1)埋地燃气铸铁管道、钢管道的沟槽开挖、工作坑设置、管材下管、土方回填等内容与市政给水管道相同。

2)聚乙烯燃气管道宜在沟上进行连接,当沟边组装敷设时,沟底宽度为管道公称外径加0.3m。

3)埋地聚乙烯燃气管道下管方法:

(1)埋地聚乙烯燃气管道下管与其他管道施工方法相同,此外对于聚乙烯燃气管道下管还有其他方法。

(2)拖管法施工:

① 用机动车带动犁沟刀,车上装有掘进机,犁出沟槽,盘卷的聚乙烯管道或已焊接好的聚乙烯管道在掘进机后部被拖带进入沟中;

② 采用拖管施工时,拉力不得大于管材屈服拉伸强度的50%;

③ 拖管法一般用于支管或较短管段的聚乙烯燃气管道敷设。

(3)喂管法施工:

① 将固定在掘进机上的盘卷的聚乙烯管道,通过装在掘进机上的犁刀后部的滑槽喂入管沟;

② 喂管弯曲不可超过表5-3-1(2)的规定。

(4)人工法,包括常用压绳法、人工抬放等。

4)管道敷设的披度必须符合设计要求和规范规定,如遇特殊情况,需变更设计坡度时。

(1)最小坡度不得低于0.3%。

(2)在管道上下坡度折转处或穿越其他管道之间时,个别地点允许连续3根管子坡度小于0.3%。

(3)管道安装在同一坡段内,不能局部存水。严禁大管坡向小管安装。

5)沿直线敷设金属管时,其承口内壁与插口外壁的环形间隙,应保持均匀。

6)沿曲线敷设时,其最大允许偏转角度见表5-3-1(1)。

曲线敷设时最大允许偏转角度 **表5-3-1(1)**

铸铁管公称直径 *DN*(mm)	最大允许偏转角	铸铁管公称直径 *DN*(mm)	最大允许偏转角
75~100	3°	250~300	2°
150~200	2.5°	>300	1.5°

7)聚乙烯燃气管道敷设时,管道允许弯曲半径应符合下列规定:

(1)管段上无承插接头时,应符合表5-3-1(2)的规定。

管道允许弯曲半径(mm) **表5-3-1(2)**

管道公称外径 D	允许弯曲半径 R
$D \leqslant 50$	$30D$
$50 < D \leqslant 160$	$50D$
$160 < D \leqslant 250$	$75D$

(2)管段上有承插接头时,不应小于$125D$。

8)聚乙烯燃气管道敷设时的金属示踪线。

(1) 敷设的金属示踪线：

① 裸露金属线；

②带有塑料绝缘层的金属导线。

(2) 距管顶不小于300mm处应埋设警示带，避免损坏燃气管道。

9) 敷设在严寒地区的地下燃气铸铁管道，埋设深度必须在当地的冰冻线以下，当管道位于非冰冻地区时，一般埋设深度不小于0.8m。

10) 聚乙烯燃气管道在输送含有冷凝水的燃气时，应埋设在土壤冰冻线以下，并应设凝水缸。管道坡向凝水缸的坡度不宜小于0.003。

5-3-2 管道敷设要求有哪些？

答： 1) 燃气管道的坡度应保证与设计坡度一致，最小坡度不小于0.003，高程偏差±100mm，中心线偏差每10m为±50mm。

2) 相邻环焊缝的间距不小于管径的1.5倍，且有环焊缝的地方不准开口焊接支管。

3) 地下燃气管道穿过其他构筑物时，在基础外1m的范围内不准有焊接接头。

4) 夏季下管与焊接均应选在一天内气温较低的时间进行，冬季则应选在气温较高的时间进行。固定口焊缝应连续施焊完毕，不得将未施焊完毕的焊缝留至次日继续操作。

5) 管道下入沟槽后，管道下面悬空长度不应大于0.5m，全线累计悬空长度不应超过全线总长的15%，如发现悬空，要在未回填前及时垫土并夯实。

6) 地下燃气管道折点处，可以使用冲压弯头，冲压弯头的弯曲半径 R 为管径的3.5～4.0倍。

7) 地下燃气管道不准穿越地下构筑物。地下燃气管道与其他管道及构筑物应保持规定的安全距离。

8) 聚乙烯燃气管道不宜直接穿越河底。

9) 聚乙烯燃气管道不宜直接引入建筑物内或直接引入附属在建筑墙上的调压箱内。当直接用聚乙烯燃气管道引入时，穿越基础或外墙以及地上部分的聚乙烯燃气管道必须用硬质套管保护。

5-3-3 地下燃气金属管道的连接

答： 1) 两个方向相反的承口在连接时，需装一段长度不得小于0.5m的直管。两个承插口接头之间必须保持0.4m的净距。

2) 不同管径的管道相互连接时，应使用合适的管件，不得将小管径管道插口直接接在大管径管道承口内。铸铁渐缩管不宜直接接在管件上，其间必须先装一段短管，短管长度不得少于1.0m。

3) 管道分叉后需改小口径时，应采用异径丁字管，如有困难，可采用渐缩管。

4) 在铸铁管上钻孔。

(1) 孔径应小于该管内径的1/3。

(2) 孔径等于或大于1/3时，应加装马鞍法兰或双承丁字管等配件，不得利用小径孔连接较大口径的支管。

(3) 钻孔的允许最大孔径（见表5-3-3 (1)）。

钻孔的允许最大孔径（mm） **表5-3-3 (1)**

公称直径 DN（mm）/ 连接方法	100	150	200	250	300	350	400	450	500
直接连接	25	32	40	50	63	75	75	75	75
管卡连接	32～40	50	—	—	—	—	—	—	—

注：管卡即马鞍法兰，用此件连接可以按新设的管径规格只钻孔不套螺纹。

（4）钻孔数超过1个时，孔与孔之间的距离（见表5-3-3（2））。

铸铁管上孔与孔间距（m）　　**表5-3-3（2）**

钻孔数	孔径小于或等于铸铁管本身口径的管堵	孔径大于铸铁管本身口径的管堵
连续2孔者	0.20	0.50
连续3孔者	0.30	0.80

5-3-4　聚乙烯燃气管道工作压力有多大？

答：1）SDR11系列宜用于输送人工煤气、天然气、液化石油气（气态）。

2）SDR17.6系列宜用于输送天然气。

3）聚乙烯燃气管的最大允许工作压力（见表5-3-4（1））。

聚乙烯燃气管最大允许工作压力（MPa）　　**表5-3-4（1）**

燃气种类	最大允许工作压力	
	SDR11	SDR17.6
天然气	0.400	0.200
液化石油气（气态）	0.100	—
人工煤气	0.005	—

注：SDR为标准尺寸比，即公称外径与壁厚之比。

4）聚乙烯燃气管道最大允许工作压力，在不同温度下的允许工作压力还应符合表5-3-4（2）的规定。

聚乙烯燃气管不同温度下的允许工作压力（MPa）　　**表5-3-4（2）**

工作温度 t（℃）	允许工作压力	
	SDR11	SDR17.6
$-20<t\leqslant0$	0.1	0.0075
$0<t\leqslant20$	0.4	0.2
$20<t\leqslant30$	0.2	0.1
$20<t\leqslant40$	0.1	0.0075

5-3-5　聚乙烯燃气管道连接要点有哪些？

答：1）聚乙烯燃气管道连接前，应对管材、管件及附属设备按设计要求进行核对。核对管材、管件外观是否符合现行的《燃气用埋地聚乙烯管材》和《燃气用埋地聚乙烯管件》国家标准的要求。

2）聚乙烯燃气管道连接方式：

（1）电熔承插连接、电熔鞍形连接。

（2）热熔承插连接、热熔对接连接、热熔鞍形连接。

（3）聚乙烯管道与金属管道连接，必须采用钢塑过渡接头连接。

3）聚乙烯燃气管不同的连接形式应采用对应的专用连接工具或设备。如热熔对接采用对接设备，电熔连接采用电熔专用设备等。连接时，不得使用明火加热。

4）聚乙烯燃气管道连接宜采用同种牌号、材质的管材和管件。对性能相似的不同牌号、材质的管材与管材或管材与管件之间的连接，应经过试验，确定连接质量能得到保证后，方可使用。

5）在寒冷气候（−5℃以下）和大风环境条件下进行操作时，应采取保温措施或调整连接工艺。

6）聚乙烯燃气管材、管件存放处与施工现场温差较大时，连接前，应将管材和管件在施工现场放置一定时间，使其温度接近施工现场温度。

5-3-6　聚乙烯燃气管道电熔连接要点有哪些?

答：1）电熔承插连接管材的连接端应切割垂直，以保证管材插入端有足够的熔融区（图5-3-6）。

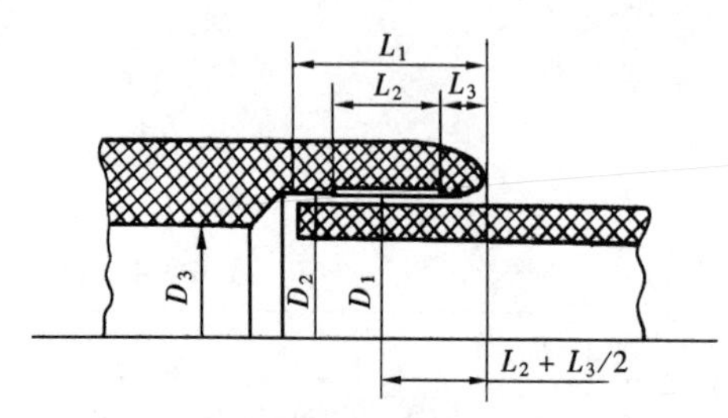

图5-3-6　电熔承插连接

D_1—熔融区域平均内径；D_2—承口最小内径；D_3—管件最小内径；L_1—插入深度；L_2—加热长度；L_3—不加热长度

2）电熔鞍形连接。

（1）干管连接部位的管段下部应用托架支撑并固定，保证连接面能完全吻合；

（2）电熔鞍形连接前，应擦净其上污物，刮除连接部位外表面的氧气层，将连接面打毛。

3）电熔连接机具与电熔管件应正确接通。

（1）先将电熔管件套在管材、管件上并检查合格。

（2）通电。通电加热的电压和加热时间应符合电熔连接机具和电熔管件生产厂的规定，以保证在最佳供给电压、最佳加热时间下，获得最佳的熔接接头。

（3）冷却期间，不得移动连接件或在其上施加外力，从而影响接头质量。

5-3-7　聚乙烯热熔承插连接要点有哪些?

答：1）将管材外表面和管件内表面同时加热至材料的熔化温度，然后撤去承插加热工具，将熔化的管材插口插入内表面熔化的管件承口，保压、冷却直至冷却到环境温度。

2）管径大于50mm的管道承插连接应用机械设备，以保证连接质量。

3）承插熔接一般常用于小口径管道连接。热熔承口管件见图5-3-7。

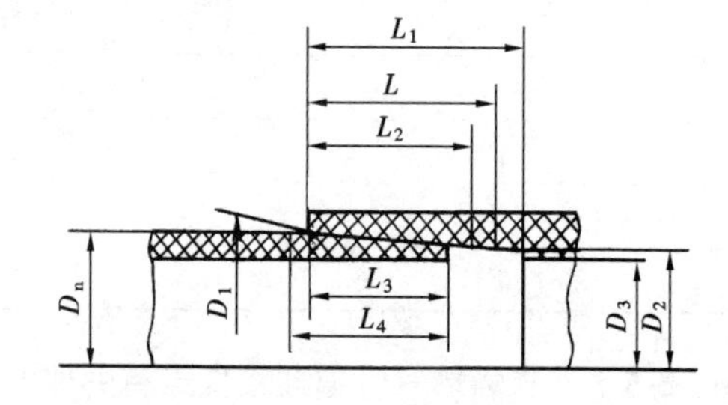

图5-3-7　热熔承口管件

D_1—承口部平均内径；D_2—承口根部平均内径；D_3—插口最大外径；L—承口最小长度；L_1—承口实际长度；L_2—管件加热长度；L_3—管材插入深度；L_4—管材加热长度

4）承插热熔连接管材的连接端要求。

（1）连接管材的连接端应切割垂直，标出插入深度L_3，刮除其表皮氧化层。

（2）承插连接前，应校直两对应的管材、管件，使其在同一轴线上。

5）插口外表面和承口内表面用热熔承插连接工具加热，热熔连接加热时间和加热温度应符合热熔连接工具生产厂和管材、管件生产厂的规定。

6）加热完毕，待连接件应迅速脱离承插连接加热工具，用均匀外力插至标记深度，并使其在同一轴线上，形成均匀凸缘。

7）插口的插入深度应在规定的范围：

（1）插入过深，容易在管件内部形成过大的凸缘，增加管道局部阻力。

（2）插入过浅，接头不牢固，耐压强度达不到要求。

8）热熔连接保压、冷却时间，不得移动连接件或在连接件上施加任何外力。

5-3-8　聚乙烯管热熔对接连接要点有哪些?

答: 1）将与管轴线垂直的两对应管子端面与加热板接触，加热至熔化，然后撤去加热板，将熔化端压紧，保压、冷却，直至冷却至环境温度。

2）管材或管件连接面要处理。

3）对接连接前，两管段应各伸出夹具一定自由度，并应校直两对应的连接件，使其在同一轴线，管口错边不宜大于管壁厚度的10%。

4）对接连接件要留有夹具工作宽度。

5）待连接的端面应用专用对接连接工具加热，其加热时间与加热温度应符合对接连接工具生产厂和管材、管件生产厂的规定。

6）加热完毕，待连接件应迅速脱离对接连接工具的加热板，并用均匀外力使其完全接触，形成均匀凸缘。

7）热熔连接保压、冷却时，不得移动连接件或在连接件上施加任何外力。

5-3-9　热熔鞍形连接是怎样的?

答: 1）热熔鞍形连接（见图5-3-9）是将管材连接部位外表面和鞍形管件内表面加热熔化，然后撤去鞍形加热工具，将鞍形管件压到管材部位，保压、冷却到环境温度。

2）热熔鞍形连接一般用于管道支管连接，它可在带气情况下操作。

3）将干管连接部位的骨段下部用托架支撑、固定，擦净连接面，刮除干管连接处氧化层、打毛。

4）待连接面用鞍形连接工具加热完毕，加热工具应迅速脱离，将鞍形管件压到干管连接部位，形成均匀凸缘。

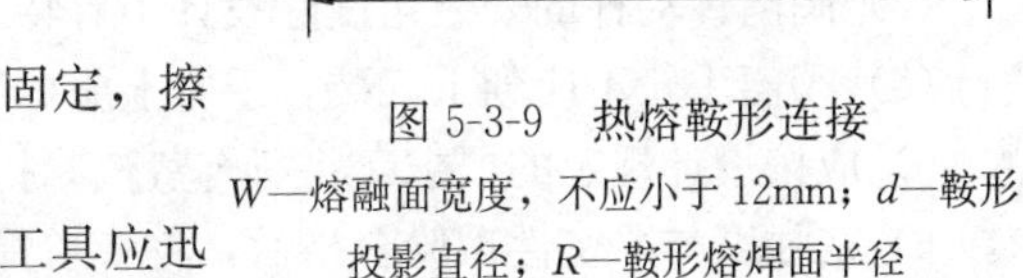

图5-3-9　热熔鞍形连接

W—熔融面宽度，不应小于12mm；d—鞍形投影直径；R—鞍形熔焊面半径

5）当干管上先开孔时，鞍形管件的圆孔应与干管上的圆孔对正。

5-3-10　钢塑过渡接头连接有哪些规定?

答: 1）钢塑过渡接头的聚乙烯管端与聚乙烯管道连接应符合有关电熔连接（电熔承插连接）或热熔连接（热熔承插连接、热熔对接连接）的规定。

2）钢塑过渡接头钢管端与金属管道连接，可采用焊接、法兰连接和机械连接。

3）当与钢管焊接时，应采取降温措施，聚乙烯管道熔点在210℃左右，过高温度会使聚乙烯管与其接合部位熔化。

5-3-11　架空管道布管有何要求

答: 1）须在支架的两侧搭设脚手架。

(1) 脚手架走台板（脚手板）的高度比管道中心标高低1m为宜。

(2) 脚手架宽度在管道两侧各为约1m左右，以便工人通行、操作和堆放一些材料。

(3) 脚手架与脚手板必须搭设牢固、安全可靠。

2）布管按照设计图纸将管子运到工地，沿支架放置在支架旁的地上。

5-3-12　钢制燃气架空管道安装要点有哪些?

答: 1）钢制燃气管道组装焊接

(1) 通常是将2～3根管子在地上组对焊接，采用滚动焊接。

(2) 焊接管子的根数由管径与吊装设备与吊点数量而定，不可使管段承受过大的弯曲应力。

(3) 管道内壁清扫、坡口、整圆、组对、焊接等均与埋地燃气管道相同。

2）钢制燃气管道吊装。

(1) 吊装通常使用起重机吊装，也使用桅杆，用人工吊装。

（2）吊装时用尼龙软带绑扎管段起吊，管段两端绑麻绳，由人拉住以调整管段的方向。

（3）管段下放就位前应放好活动支座，再将管段放置在活动支座上。如使用滚动支座与滚柱支座时，支座下为一圆滚，支座难以放稳，应用木块支稳，待安装管道后，再去掉。

3）焊接钢制燃气管道与支座。

（1）管段调整就位后与已安装的管段组对检查每个支座是否都受力，如果发现支座与支架之间有间隙，应用钢板垫平，此钢板应与钢支架或钢筋混凝土支架顶部预埋的钢支承板焊牢，以保证全部支座都受力。

（2）然后，将所有活动支座（包括滚动支座与滚柱支座的滚子）调整到安装位置。

（3）将活动支座与管道焊接起来，再焊接固定支座。

（4）所有支座与管道焊接都必须在管道强度试验前完毕，以免在强度试验后焊接支座而造成渗漏。

（5）支座端面距管道焊缝距离应符合以下要求：

① $DN<200$mm 时，应不小于 300mm；

② $DN>200$mm 时，应不小于 500mm；

③ 支座到法兰的距离不应小于 400mm。

4）阀门，排水器等安装以及接地装置的焊接。

（1）应在管道安装敷设时进行。

（2）阀门传动杆的安装角度除设计中有特殊规定外，一般不应大于 30°。

（3）阀门手轮不应朝下安装，手轮上应标明开闭方向的符号。

5）应按设计规定的要求，将所有蒸汽吹扫管、排水器、水封和管道设备装好。

6）在强度与严密性试验合格后，将管道焊缝和管道与支座及与管道焊接处除锈、刷油漆。

5-3-13　燃气管道穿越铁路、河流等障碍物要点有哪些？

1）燃气管道穿越铁路要点：

（1）穿越使用的燃气管道，应采用钢管。

（2）可以采用架空敷设，也可采用地下敷设。

（3）燃气管道在铁路、电车轨道及城市主要交通干线下穿过时，应敷设在套管或地沟内。穿过铁路干线时，应敷在钢套管内（见图 5-3-13（1））。

① 套管两端应超出路基底边，至最外边轨道的距离应不小于 3m；

② 置于套管内的燃气管段焊口应为最少，并经物理方法检查，还应采用特殊加强绝缘层防腐；

③ 埋深要求，从轨底到燃气管道保护套管顶应不小于 1.2m，在穿越工厂企业的铁路支线时，燃气管道的埋深可略小些；

④ 燃气管道在穿越电车轨道和城市主要交通干线时，允许敷设在钢制的、铸铁的、钢筋混凝土的或石棉水泥的套管内；

⑤ 对于穿过城市非主要干道并位于地下水位以上的燃气管道，可敷设在过街沟内（见图 5-3-13（2））。

2）燃气管道穿越河流。

（1）燃气管道穿越河底的敷设方式：

① 应尽可能从直线河段穿越，并与水流轴向垂直，从河床两岸有缓坡而又未受冲刷，河滩宽度最小的地方经过；

② 燃气管道从水下穿越时，一般宜用双管敷设（见图 5-3-13（3）），每条管道的通过能力是设计流量的 75%；

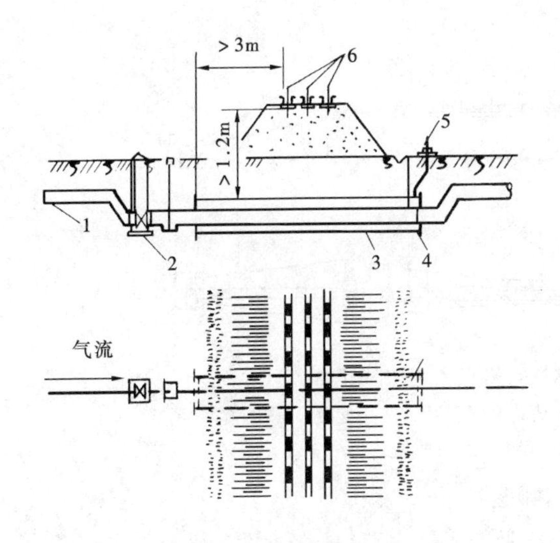

图 5-3-13（1） 燃气管道穿越铁路

1—燃气管道；2—阀门；3—套管；
4—密封层；5—检漏管；6—铁道

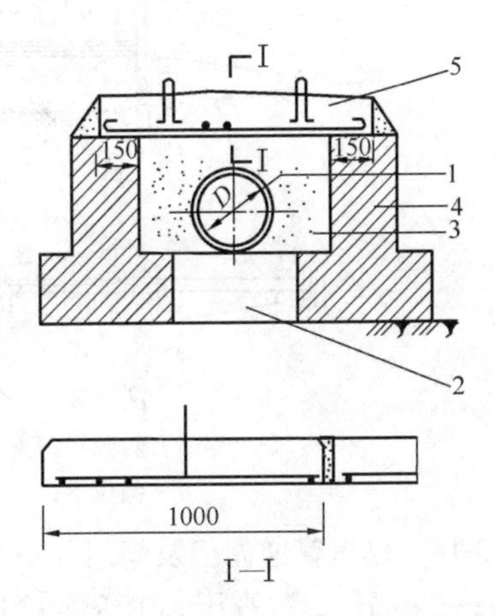

图 5-3-13（2） 燃气管道的单管过街沟

1—燃气管道；2—原土夯实；3—填砂；
4—砖墙沟壁；5—盖板

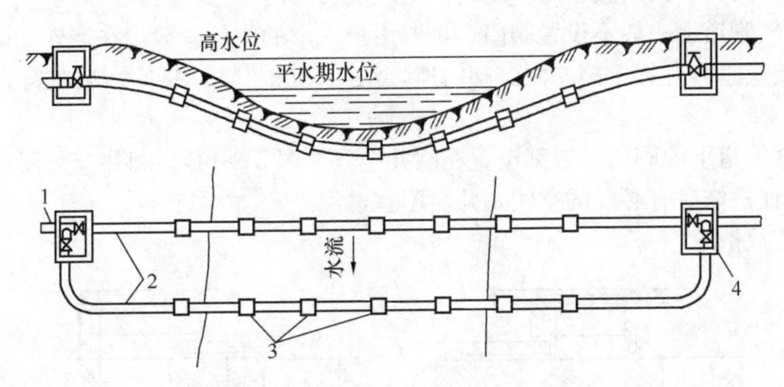

图 5-3-13（3） 燃气管道穿越河流

1—燃气管道；2—过河管；3—稳管重块；4—闸井

③ 在过河管检修期间，可用其他燃料代替的情况下，允许采用敷设单管；

④ 在不通航河流和不冲刷的河流下，双管允许敷设在同一沟槽内，两管的水平净距不应小于 0.5m。

(2) 燃气管道架空穿越的敷设方式：

① 采用水上（或地上）跨越。跨越可采用桁架式、拱式、悬索式以及栈桥式，最好采用单跨结构。在得到有关部门同意时，也可利用已建的道路桥梁；

② 架空敷设时，管支架应采用难燃或不燃材料制成，并在任何可能的载荷情况下，能保证管道的稳定与不受破坏（见图 5-3-13（4））。

(3) 燃气管道穿越河底的敷设要点：

① 当双管分别敷设时，平行管道的间距不得小于 30～40m；

② 燃气管道在河床下的埋设深度，一般不小于 0.5m；

③ 水下燃气管道的稳管一般采用钢筋混凝土重块，或中间浇灌混凝土的套管，也允许用铸铁重块；

④ 水下燃气管道的每个焊缝均应进行物理方法检查，按规定采用特殊加强绝缘层。在加上稳管重块之前，应在管道周围绑扎 20mm×60mm 的木头，以保护绝缘层不受损坏。

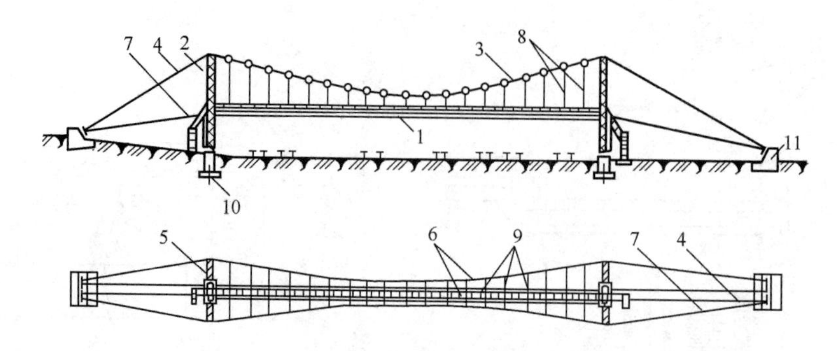

图 5-3-13（4） 燃气管道悬索式跨越铁道

1—燃气管道；2—钢支架；3—拉索；4—斜拉索；5—支墩；6—吊索；7—斜拉索；8—吊索；9—管架；10—支墩；11—支墩

5-3-14 燃气管道阀门及阀门井安装要点有哪些？

答：1）高压、次高压、中压燃气干管：

（1）应设置分段阀门，各分支管的起点附近也应安装阀门。

（2）并应在阀门两侧设置放散管；管网连通管上应设阀门 1 个。

（3）穿越重要河流、铁路及公路干线的两侧应安装阀门。

（4）低压燃气管道上一般不设置阀门、重要用户入户的阀门一般设在墙外 2m 处。

2）阀门安装应垂直且置于阀井内。阀门连接法兰、法兰垫、螺栓螺帽应符合阀门安装的有关规定和要求。

3）地下燃气管道上的阀门一般都设置在闸井中（见图 5-3-14）。闸井应坚固耐久，有良好的防水性能，并保证检修时有必要的空间，井筒不宜过深。

4）燃气管道放散管：

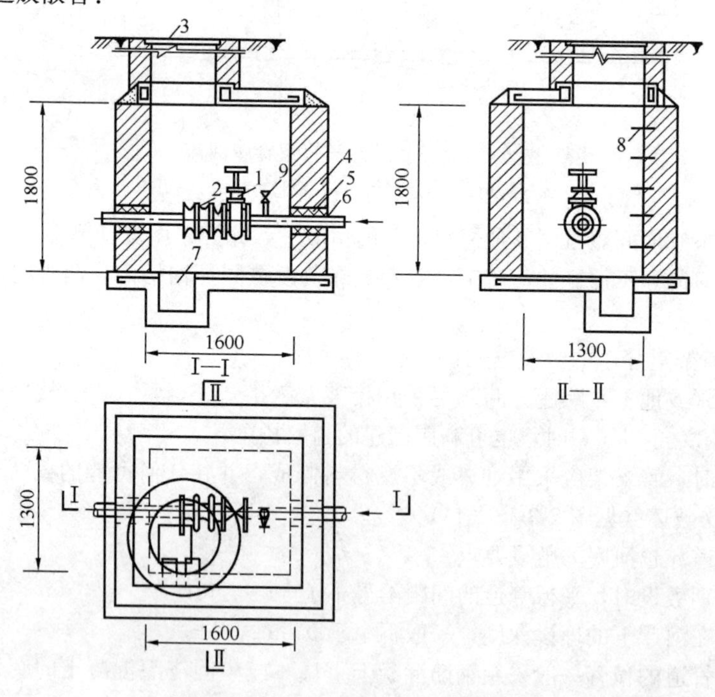

图 5-3-14 设在闸井中的放散管

1—阀门；2—波形管；3—井盖；4—井筒；5—填料；6—燃气管道；7—渗井；8—爬梯；9—放气阀

(1) 在管道投入运行时排空管内空气，防止在管道内形成爆炸性混合气体。

(2) 在管道或设备检修时，可利用放散管排空管道内燃气。

(3) 放散管一般设在闸井中，在管网中安装在阀门前后，在单向供气的管道上则安装在阀门之前。

5-3-15　燃气管道补偿器安装要点有哪些?

答：1) 补偿器：

(1) 用于管道的热胀冷缩，常用于需进行蒸汽吹扫的管道上。

(2) 补偿器通常安装在阀门的下侧（按气流方向），利用其伸缩性能，方便阀门的拆卸和检修。

(3) 常用补偿器有波形补偿器及填料式补偿器。

① 波形补偿器用不锈钢压制，依靠补偿器弹性达到补偿；

② 填料式补偿器有套筒式及承口式两种，它依靠管接口的滑动进行补偿。接口填料通常采用石棉盘根、黄油嵌实密封，一般用于过桥管补偿用。

(4) 波形补偿器安装：

① 补偿器内套管有焊缝的一端，应迎向介质的流动方向，但垂直管应置于上部；

② 管道与波纹管的轴中心应对准确，不应有水平方向和标高的错位；

③ 导向支架应按设计要求安装，确保质量，起到导向作用，以免波纹管失稳；

④ 在安装中，波纹管应妥善保护，防止碳钢波纹管的镀锌层磨掉；严禁焊接的熔渣飞溅到不锈钢波纹管上，焊接时应用石棉布或其他不易燃物质包裹保护；

⑤ 波纹管冷拉，预拉伸长度允许偏差不大于＋5mm；当冷拉和管道水压试验时，波纹管应有加固措施，以防损坏。

2) 埋地管道上多采用钢制波形补偿器（见图 5-3-15 (1)）：

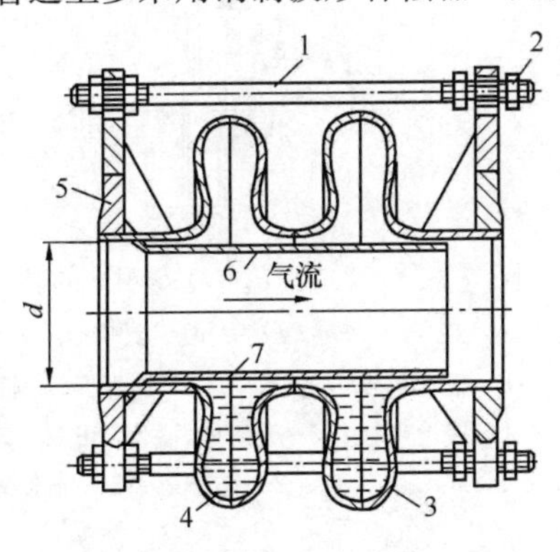

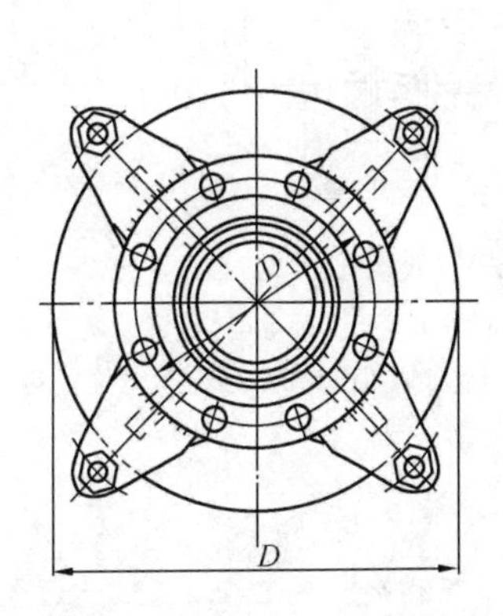

图 5-3-15 (1)　波形补偿器

1—螺杆；2—螺母；3—波节；4—石油沥青；5—法兰盘；6—套管；7—注入孔

(1) 波形补偿器补偿量约为 10mm。

(2) 由套管的注入孔灌入石油沥青，安装时注入孔应在下方。

(3) 补偿器的安装长度应是螺杆不受力时的补偿器的实际长度。

3) 橡胶一卡普隆补偿器（图 5-3-15 (2)）。

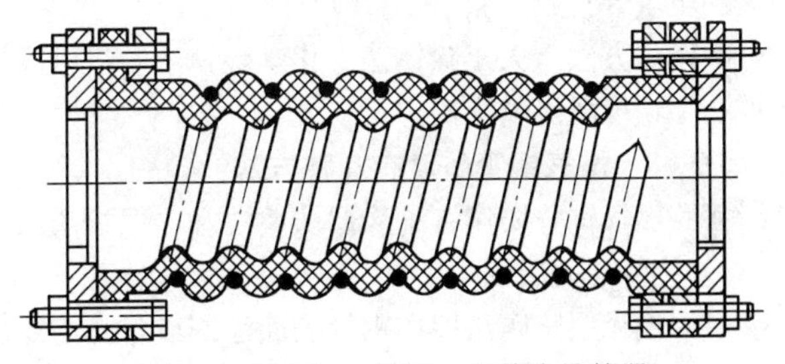

图 5-3-15 (2)　橡胶一卡普隆补偿器

(1) 橡胶一卡普隆补偿器是带法兰的

螺旋波纹软管，软管是用卡普隆布作夹层的胶管，外层则用粗卡普隆绳加固。

(2) 补偿器的补偿能力在拉伸时为150mm，压缩时为100mm。

(3) 优点是纵横方向均可变形，可用于坑道和许多地区的中、低压燃气管道上。

5-3-16　燃气管道排水器的安装要点有哪些?

答: 1) 排水器的功能:

(1) 排水器能排除燃气管道内的冷凝水和天然气管道中的轻质油。

(2) 管道敷设时应具有不小于0.003的坡度坡向排水器，且螺纹连接排水器各管道。

(3) 排水器的间距，视水量和油量多少而定，通常为500m左右。

2) 低压排水器（见图5-3-16（1））当管道内压力较低，水或油依靠手动抽水设备排出。

3) 高、中压排水器（见图5-3-16（2））由于管道内压力较高，积水（油）在排水管打开以后就能自行喷出。

(1) 为防止剩余在排水管内的水在冬季冻结，另设有循环管，利用燃气的压力将排水管中的水压回到下部的集水器中。

(2) 为避免燃气中焦油及萘等杂质堵塞管道，排水管与循环管的直径应适当加大。

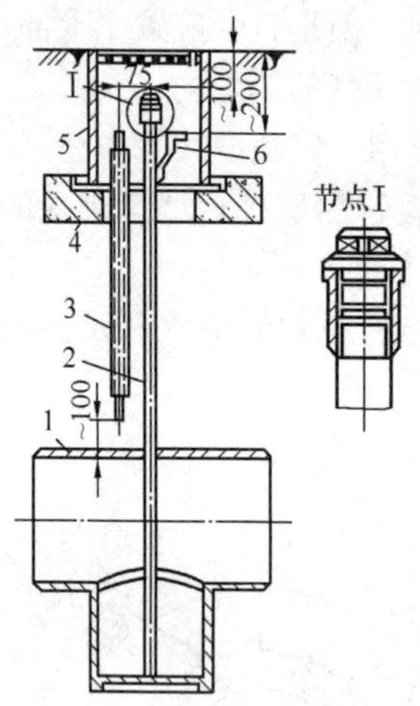

图5-3-16（1）　低压排水器（D_0＝200～600mm）

1—外壳；2—排水管；3—接地电极；4—防护罩底座；5—防护罩；6—测定管道和土壤之间电位差的接点

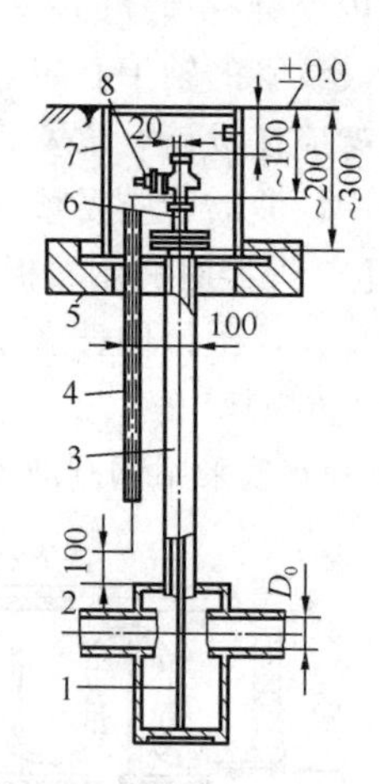

图5-3-16（2）　P_s≤0.6MPa的高、中压排水器（D_0＝50～150mm）

1—集水容器内的管道；2—外壳；3—ϕ57×6的套管；4—接地电极；5—保护罩底座；6—测定电位差的接点；7—防护罩；8—排水阀

5-3-17　燃气钢管除锈有几种方法?

答: 为了使防腐绝缘层牢固地粘附在钢管表面，必须仔细地清除钢管表面的氧化皮、铁锈、油渍和土壤等污物。

除锈的方法有人工除锈法、化学除锈法、机械除锈法三种，依据除锈质量要求和除锈机具的条件、除锈现场等情况确定。

5-3-18　燃气钢管防腐有几种方法?

答: 燃气钢管防腐有绝缘层防腐法和电保护法两种。

1) 绝缘层防腐法

(1) 绝缘层防腐法即在钢管表面涂刷或包扎绝缘层材料。

(2) 防腐绝缘层种类:

① 有沥青绝缘层、聚氯乙烯包扎带、塑料薄膜涂层、酚醛泡沫树脂等塑料绝缘层以及搪瓷涂层和水泥砂浆涂层等。

② 沥青是埋地管道中应用最多和效果较好的防腐材料。煤焦油沥青具有抗腐蚀的特点，但有毒性。

③ 塑料绝缘层在强度、弹性、受撞击粘结力、化学稳定性、防水性和电绝缘性等方面，均优于沥青绝缘层。

2）电保护法

电保护法有外加电源阴极保护法和牺牲阳极保护法。电保护法一般与绝缘层防腐法相结合，以减小电流的损耗。

（1）阴极保护法。根据微电池原理，管道受到腐蚀的部位是电流流入土层的部位，也就是阳极部位。电极部位决定于流入或流出的直流电。电流流入时向负极方向变化，电流流出时向正值方向变化。如果把一直流电源的负极与管道相连，直流电源的正极与一辅助阳极相连，接线见图5-3-18（1）通电后，电源给管道以阴极电流，管道的电位向负值方向变化。当电位降至阴极起始电位时，金属管道的阳极腐蚀电流等于零，管道就不再受腐蚀。如果把金属管道的一个很小部分看作只有一个阳极和阴极的腐蚀电池，则接线图的等效电路见图5-3-18（2）阴极保护要确定每个阴极保护站管辖的长度、保护站的数目和设置地点、每个阴极保护站的装置等。

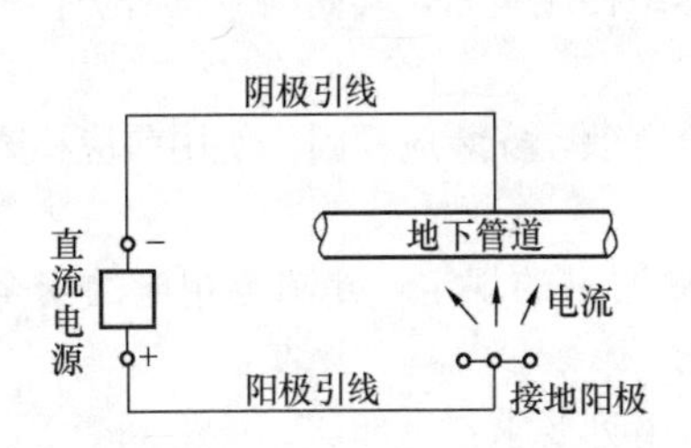

图5-3-18（1） 阴极保护原理接线图

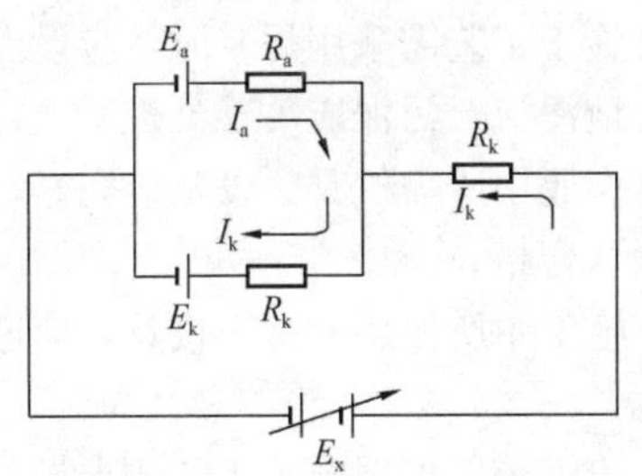

图5-3-18（2） 阴极保护的等效电路

阴极保护站中的阳极所用材料有石墨、高硅铁、普通钢铁。经常采用的是碳钢钢管。阳极分垂直式和水平式两种。

垂直阳极的间距一般为20m，施工时应按设计要求进行作业，接线牢靠，不易损坏。

（2）牺牲阳极保护法。采用比保护金属电极电位较负的金属材料和被保护金属相连，以防止被保护金属遭受腐蚀，这种方法称为牺牲阳极保护法。电极电位较负的金属与电极电位较正的被保护金属，在电解质溶液（土壤）中形成原电池，作为保护电源。电位较负的金属成为阳极，在输出电流过程中遭受破坏，故称为牺牲阳极。比铁电位更负的金属如镁、铝、锌及其合金作为阳极。

被保护的燃气钢管应有良好的绝缘层。每种牺牲阳极都相应地有一种或几种最适宜的填包料，例如锌合金阳极，用硫酸钠、石膏粉和膨润土作填包料。填包料的电阻率很小，使保护器（牺牲阳极）流出的电流较大，填包料使保护器受均匀的腐蚀。

施工安装时，阳极应埋在土壤冰冻线以下。在土壤不致冻结的情况下，阳极和管道的距离在0.3～0.7m范围内，对保护电位影响不大。同样在安装时，应注意接线牢靠，按设计要求安装保护器。

5-3-19 燃气管道安装施工安全一般规定有哪些?

答: 1）施工组织设计中，应根据燃气种类、压力、管材、管径、附件、设备、现场环境等情况编制燃气管道安装方案和制定相应的安全技术措施。

2）新旧管线的连接（勾头）施工，应由管理单位负责。施工前必须制定专项安全技术措施，并在施工中贯彻实施。施工单位应予密切配合。

3）施工中，尚应遵守施工安全的有关规定。

5-3-20　燃气管道安装施工安全下管与铺管规定有哪些?

答：1）燃气管道与地上地下建（构）筑物和其他管道之间的水平与垂直净距，应按设计规定保持安全距离。任何情况下，不得将燃气管道与动力或照明电缆同沟铺设。

2）机具下管、排管、对口作业应遵守有关规定。

3）采用水平定向钻进等非明挖方法敷设管子时，应遵守下列规定：

(1) 施工前，应根据设计文件、工程地质、水文地质、地上地下管线等建（构）筑物、交通和现场环境状况，编制施工方案，确定施工工艺，选择工作坑位置，制定安全技术措施。

(2) 施工中应设专人指挥，各工序应定员定岗，明确职责，同时做好通讯联系工作。

(3) 作业前必须根据设计文件和作业现场勘察情况，调查、复核新敷设管道与沿线现况地下管线等建（构）筑物的距离，确认安全；不符合安全要求时，必须采取可靠措施处理，确认安全并形成文件后，方可施工。

(4) 敷设管道与原地下管线等建（构）筑物的最小水平、垂直净距应符合现行《城镇燃气设计规范》GB 50028—2006 的有关规定。

(5) 施工工艺需采用泥浆时，应设泥浆沉淀池，池体结构应坚固，其周围应设防护栏杆；泥水不得随地漫流，污泥应妥善处理。

(6) 作业中所需机具、设备应完好，安全装置应齐全有效，安装应稳固，使用前应检查、试运转，确认合格。

(7) 施工中所使用的专用机具，应遵守原产品使用说明书的规定，并制定相应的安全操作规程。

(8) 施工前应根据施工工艺要求设工作坑，并应符合下列要求：

① 工作坑宜选择在现况道路之外，不影响居民出行的地方。需在现况道路内时，必须在施工前编制交通导行方案，并经交通管理部门批准。施工中必须设专人疏导交通和清理现场。

② 工作坑不宜设在电力架空线路下方。需设在电力架空线路下方时，施工中严禁使用起重机、钻孔机、挖掘机等；在其一侧时 必须遵守有关规定，保持安全距离。

③ 地下水位高于工作坑底部时，应采取降水措施，保持干槽作业。

④ 工作坑坑沿部位不得有松动的石块、砖、工具等物，坑壁必须稳定。需支护时，其结构应经结构计算确定，并形成文件。

⑤ 坑口外 2m 范围内不得有障碍物，周围应设围挡，非作业人员严禁入内。

⑥ 工作坑基础应坚实、平整，满足施工需要，并经验收，确认合格。

⑦ 人员上下工作坑应设安全梯或土坡道。

⑧ 两端工作坑的作业人员应密切联系，步调一致。

(9) 管线敷设完成后，应及时按施工设计规定回填，恢复原地貌。

4）管道穿越河道施工时，应遵守下列规定：

(1) 过河管道宜在枯水季节施工。

(2) 施工前，应对河道和现场环境进行调查，掌握现场的工程地质、地下水状况和河道宽度、水深、流速、最高洪水位、上下游闸堤、施工范围内的地上与地下设施等现况，编制过河管道施工方案，制定相应的安全技术措施。

(3) 施工前，应向河道管理部门申办施工手续，并经批准。

(4) 作业区临水边应设护栏和安全标志，阴暗和夜间时应加设警示灯。

（5）进入水深超过1.2m的水域作业时，应选派熟悉水性的人员，并应采取防止溺水的安全措施。

（6）采用渡管导流方法施工应符合下列要求：

① 筑坝范围应满足过河管道施工安全作业的要求。

② 渡管过水断面、筑坝高度与断面应经水力计算确定。坝顶的高度应比施工期间可能出现的最高水位高70cm以上。

③ 当渡管大于或等于两排时，渡管净距应大于或等于2倍管径。

④ 渡管应采用钢管焊制，上下游坝体范围内管外壁应设止水环。

⑤ 渡管的吊运应符合有关规定。

⑥ 人工运渡管及其就位应统一指挥，上、下游作业人员应协调配合。

⑦ 渡管必须稳定嵌固于坝体中。

（7）围堰施工应遵守下列规定：

① 围堰断面应据水力状况确定，其强度、稳定性应满足最高水位、最大流速时的水力要求。围堰不得渗漏。

② 围堰内的面积应满足沟槽施工和设置排水设施的要求。

③ 围堰外侧迎水面应采取防冲刷措施。

④ 围堰顶面应高出施工期间可能出现的最高水位70cm以上。

⑤ 筑堰应自上游起，至下游合拢。

⑥ 拆除坝体、围堰应先清除施工区内影响航运和污染水体的物质，并应通知河道管理部门。拆除时应从河道中心向两岸进行，将坝体、围堰等拆除干净。

（8）采用土围堰应符合下列要求：

① 水深1.5m以内、流速50cm/s以内、河床土质渗透系数较小时，可筑土围堰。

② 堰顶宽度宜为1～2m，堰内坡脚与基坑边缘距离应据河床土质和基坑深度而定，且不得小于1m。

③ 筑堰土质宜采用松散的黏性土或砂夹黏土，填土出水面后应进行夯实。填土应自上游开始至下游合拢。

④ 由于筑堰引起流速增大，堰外坡面可能受冲刷危险时，应在围堰外坡用土袋、片石等防护。

（9）采用土袋围堰应符合下列要求：

① 水深1.5m以内、流速1.0m/s以内、河床土质渗透系数较小时可采用土袋围堰。

② 堰顶宽宜为1～2m，围堰中心部分可填筑黏土和黏土芯墙。堰外边坡宜为1∶1～1∶0.5；堰内边坡宜为1∶0.5～1∶0.2，坡脚与基坑边缘距离应据河床土质和基坑深度而定，且不得小于1m。

③ 草袋或编织袋内应装填松散的黏土或砂夹黏土。

④ 堆码土袋时，上下层和内外层应相互错缝、堆码密实且平整。

⑤ 水流速度较大处，堰外边坡草袋或编织袋内宜装填粗砂砾或砾石。

⑥ 黏土心墙的填土应分层夯实。

（10）管道验收合格后应及时回填沟槽。回填应符合有关规定。

（11）施工中，过河管道两端检查井井口应盖牢或设围挡。

5）聚乙烯管安装应遵守下列规定：

（1）接口机具的电气接线与拆卸必须由电工负责，并符合本规程的有关规定。作业中应保护缆线完好无损，发现破损、漏电征兆时，必须立即停机、断电，由电工处理。

(2) 施工中严禁明火。热熔、电熔连接时，不得用手直接触摸接口。

(3) 管材和管材粘接材料应专库存放，并建立管理制度，余料应回收。

(4) 施工中，尚应遵守现行《聚乙烯燃气管道工程技术规程》CJJ 63—2008的有关规定。

5-3-21　燃气管道安装施工安全焊接规定有哪些？

答： 1) 在沟槽内焊接钢管固定口时，应挖工作坑。工作坑应满足施焊人员安全操作的要求，其尺寸不得小于表5-3-21的规定。

焊接钢管固定口工作坑尺寸　　表5-3-21

管径（mm）	宽度（cm）	长度（cm）		深度（cm）
		焊口前	焊口后	
125～200	D+50×2	30	60	40
250～700	D+60×2	30	90	50

注：1. 表中管径当开挖分支管工作坑时，应以分支管管径计；
2. 表中工作坑尺寸应以工作坑底部计；
3. 表中 D 示管外径（cm）。

2) 燃气管道采用手工氩弧焊等焊接工艺时，除应遵守有关规定外，尚应遵守下列规定：

(1) 弧光区应实行封闭。

(2) 焊接时应加强通风。

(3) 对焊机高频回路和高压缆线的电气绝缘应加强检查，确认绝缘符合规定。

3) 使用无损探伤法检测焊缝应遵守下列规定：

(1) 检测设备及其防护装置应完好、有效。使用前应经具有资质的检测单位检测，确认合格，并形成文件。

(2) 无损探伤的检测人员应经专业技术培训，考试合格，持证上岗。

(3) 现场应划定作业区，设安全标志。作业时，应派人值守，非检测人员严禁入内。

(4) 检测设备周围必须设围挡。

(5) 检测设备的电气接线和拆卸必须由电工操作，并符合相关规定。检测中应保护缆线完好无损，发现缆线破损、漏电征兆时，必须立即停机、断电，由电工处理。

(6) χ、γ射线射源运输、使用过程中，必须按其说明书规定采取可靠的防护措施。χ、γ射线探伤人员必须按规定佩戴防射线劳动保护用品，并应在防射线屏蔽保护下操作。

(7) 现场作业使用射线探伤仪时，应设射线屏蔽防护遮挡和醒目的安全标志。射源必须根据探伤仪和防射线要求设有足够的屏蔽保护，确认安全，并应由专人管理、使用；现场放置和作业后必须置于安全、可靠的地方，避离人员；作业后必须及时收回专用库房存放。

(8) 使用超声波探伤仪作业时，仪器通电后严禁打开保护盖。

(9) 仪表设施出现故障时，必须关机、断电后方可处理。

(10) 长期从事射线探伤的检测人员应按劳动保护规定，定期检查身体。

(11) 检测中，γ射线防护尚应遵守《工业γ射线探伤放射卫生防护要求》GB 18465—2001的规定。

(12) 对接钢管焊缝的射线探伤尚应符合现行《钢熔化对接接头射线照相》GB 3323—2005的规定。对接钢管焊缝的超声探伤尚应符合现行《承压设备无损检测》JB/T 4730—2005的规定。

5-3-22　燃气管道安装施工安全管路附件安装规定有哪些？

答： 1) 设备和附件安装前，应学习设计文件和产品说明书，掌握安装要求，确定吊装方案、吊点位置，选择吊装机具，制定相应的安全技术措施。

2）阀门、套筒、管路附件等安装前，应经检查，确认合格。

3）采用机具吊运附件应遵守有关规定。

4）人工搬运、安装附件应由专人指挥，作业人员协调配合，并采取防碰伤措施。

5）阀门安装应遵守有关规定。

6）需安装凝水缸时应遵守下列规定：

(1) 凝水缸应按设计规定加工制作。

(2) 现场加工焊制应符合有关规定。

(3) 加工焊制完成经验收合格后，方可安装。凝水缸安装时，作业人员手脚应避离其底部。

(4) 安装中需灌注沥青时尚应遵守有关规定。

7）波形补偿器安装应遵守有关规定。需灌注沥青类填料时，填料的配制、运输等应遵守有关规定。

8）流量计、压力表安装应遵守有关规定。

5-3-23　燃气管道施工一般规定有哪些？

答：1）适用城镇燃气管道设计压力 4.0MPa（含）的新建、改建、扩建输配气管道工程施工。

2）管道吊装时，吊装点间距不得大于 8m。吊装管道的最大长度不宜大于 36m。

3）管道下沟前必须对防腐层进行 100%的外观检查，回填前应进行 100%电火花检漏，回填后必须对防腐层完整性进行全线检查，不合格必须返工处理直至合格。

4）管道在套管内铺设时，套管内的燃气管道不宜有环向焊缝。

5-3-24　燃气管道施工管道安装规定有哪些？

答：1）钢质管道除锈、防腐、焊接安装除应符合有关规定外，尚应符合下列规定：

(1) 管道环向焊缝间距不得小于公称管径，且不得小于 150mm。

(2) 不得在管道焊缝上开孔。管道开孔边缘与管道焊缝的间距不得小于 100mm。当无法避开时，应对已开孔中心为圆心，1.5 倍开孔直径为半径的圆中所包容的全部焊缝进行 100%射线照相检测。

(3) 强度试验及严密性试验之前，必须对所有焊缝进行外观检查，按设计要求焊缝等级进行内部质量检查。

2）补口、补伤和设备、管件及管道套管的防腐等级不得低于管体的防腐等级。当相邻两管道为不同防腐等级时，应以最高防腐等级为补口标准。当相邻两管道为不同防腐材料时，补口材料的选择应考虑材料的相容性。

3）防腐涂层应均匀、完整，颜色一致，不得有损坏、流淌。漆膜应附着牢固，不得有剥落、皱纹、针孔等缺陷。

4）埋地钢管采用阴极保护（牺牲阳极）防腐应符合下列规定：

(1) 安装的牺牲阳极规格、数量及埋设深度应符合设计要求，设计无要求时，宜按现行《埋地钢质管道阴极保护技术规范》GB/T 21448 的规定执行。

(2) 牺牲阳极填包料应注水浸润。

(3) 牺牲阳极电缆焊接应牢固，焊点应进行防腐处理。

(4) 检查钢管的保护电位值应低于 $-0.85V_{cse}$。

5-3-25　燃气管道施工聚乙烯管、聚乙烯复合管安装规定有哪些？

答：1）管材、管件从生产到使用之间的存放时间，黄色管道不宜超过 1 年，黑色管道不宜超过 2 年。超过上述期限时必须重新抽样检验，合格后方可使用。

2）管道安装前，应核对管材、管件规格、压力等级确认符合要求。管材表面不宜有磕、碰、划伤，伤痕深度超过壁厚10%的管材严禁使用。

3）聚乙烯管安装施工应符合下列规定：

（1）当管材、管件存放处与施工现场温差较大时，连接前应将管材、管件在施工现场搁置一定时间，使其温度和施工现场温度接近。

（2）不同级别、不同熔体流动速率的聚乙烯管材、管件，或不同标准尺寸比（SDR值）的聚乙烯燃气管道连接时，必须采用电熔连接。施工前应进行试验，试验连接质量合格后，方可进行电熔连接。

（3）管道铺设时，应在管顶同时随管道走向铺设示踪线，示踪线的接头应有良好的导电性。

（4）连接完成后的接头应自然冷却，冷却过程中不得移动接口、拆卸加紧工具或对接口施加外力。

（5）管道连接完成后，应进行序号标记，并做好记录。

（6）采用热熔连接或电熔连接的接口完成连接后，应进行100%外观检验，热熔连接的接口尚应做10%翻边切除检验。

（7）管道铺设完毕后，应在管道强度、严密性试验合格，且外壁经外观检查，确认不存在影响管道质量的划痕、磕碰等缺陷，做好隐蔽验收记录，方可进行回填。

（8）管道安装施工尚应符合现行《聚乙烯燃气管道工程技术规程》CJJ 63—2008的有关要求。

4）钢骨架聚乙烯复合管施工应符合下列规定：

（1）钢骨架聚乙烯复合管应采用电熔连接或法兰连接。当采用法兰连接时，宜设置检查井（室）。

（2）施工现场断管时，截口应进行塑料（与母材相同材料）热封焊。严禁使用未封截口的管材。

（3）电熔连接应符合下列要求：

① 电熔连接后应进行外观检查，溢出电熔管件边缘的溢料量（轴向尺寸）不得超过表5-3-25的规定。

电熔连接熔焊溢料量（轴向尺寸） **表 5-3-25**

管道公称直径（mm）	50～300	350～500
溢出电熔管件边缘量（mm）	10	15

② 电熔连接内部质量应符合现行《燃气用钢骨架聚乙烯复合管件》CJ/T 126—2000的规定，可采用在现场抽检试验件的方式检查。试验件的接头应采用与实际施工相同的条件焊接制备。

（4）法兰连接应符合下列要求：

① 法兰密封面、密封件（垫圈、垫片）不得有影响密封性能的划痕、凹坑等缺陷。

② 管材应在自然状态下连接，严禁强行扭曲组装。

（5）采用钢质套管时，其内径应大于穿越管段上直径最大部位的外径加50mm；采用混凝土套管时，其内径应大于穿越管段上直径最大部位的外径加100mm。套管内严禁设法兰接口，并尽量减少电熔接口数量。

（6）在管道上安装直径大于100mm的阀门、凝水缸等管路附件时，应设置支撑加固。

5-3-26 燃气管道施工管道附件与设备安装规定有哪些？

答：1）管道附件、设备应在管道吹扫完成后安装。

2）阀门、凝水缸、补偿器等附件、设备安装应符合下列规定：

(1) 阀门、凝水缸及补偿器等管件安装前，应确认其品种、规格、型号符合要求。并按其产品标准要求进行强度和严密性试验，经试验合格的设备、附件应做好标记，并应填写试验记录后方可使用。

(2) 安装前应将管道附件及设备的内部清理干净，不得存有杂物。

(3) 阀门应检查阀芯的开启度和灵活度，对阀体进行清洗、上油。

3) 每处附件、设备均宜一次完成安装，且安装时不得有再次污染已吹扫完毕管道的操作。

4) 管道附件、设备安装完毕后，应及时对连接部位进行防腐处理。

5) 管道附件、设备安装完成后，应与管线一起进行严密性试验。

6) 阀门安装应符合下列规定：

(1) 安装有方向性要求的阀门时，阀体上的箭头方向应与燃气流向一致。

(2) 法兰或螺纹连接的阀门应在关闭状态下安装，焊接阀门应在打开状态下安装。焊接阀门与管道连接焊缝宜采用氩弧焊打底。

(3) 阀门安装过程中应保证受力均匀，阀门下部应根据设计要求设置承重支撑。严禁强力组装。

(4) 阀门连接时，与阀门连接的法兰应保持平行，其偏差不得大于法兰外径的1.5%。且不得大于2mm。并符合有关规定。

(5) 在阀门井内安装阀门和补偿器时，阀门应与补偿器先组对后，再与管道上的法兰组对。

(6) 对直埋的阀门，应按设计要求做好阀体、法兰、紧固件及焊口的防腐。

(7) 安全阀应垂直安装，安装前必须经法定检验部门检验并铅封。

7) 凝水缸安装应符合下列规定：

(1) 钢制凝水缸在安装前，应按设计要求对外表面进行防腐。

(2) 凝水缸的抽液管应按同管道的防腐等级进行防腐。

(3) 凝水缸必须安装在所在管段的最低处。

(4) 凝水缸盖应安装在凝水缸井的中央位置，出水口阀门的安装位置应方便操作和检修。

8) 波纹补偿器的安装应符合下列规定：

(1) 安装前应按设计要求的补偿量进行预拉伸（压缩），补偿器受力应均匀。

(2) 补偿器安装应与管道保持同轴，安装时不得用补偿器的变形（轴向、径向、扭转等）来调整管位的安装误差。

(3) 安装时应设临时约束装置，待管道固定后，方可拆除临时约束装置，并解除限位装置。

9) 绝缘法兰安装应符合下列规定：

(1) 安装前，应对绝缘法兰进行绝缘试验检查，其绝缘电阻不得小于1MΩ；当相对湿度大于60%时，其绝缘电阻不得小于500kΩ。

(2) 两对绝缘法兰的电缆线连接应符合设计要求，并应做好电缆线及接头的防腐，金属部分不得裸露于土中。

(3) 绝缘法兰外露时，应有保护措施。

5-3-27　聚乙烯燃气管道安装施工准备有何要求？

答： 最大允许工作压力不大于0.4MPa（表压），工作温度在－20～40℃的埋地聚乙烯燃气管道工程的施工。准备要求如下：

1) 材料要求：

(1) 聚乙烯燃气管材应符合《燃气用埋地聚乙烯管材》GB 15558.1—2003的规定；聚乙烯管件应符合《燃气用埋地聚乙烯管件》GB 15558.2—2005的规定。

(2) 聚乙烯燃气管道分为SDR11和SDR17.6两个系列，SDR11系列宜用于输送人工燃气、天然气、液化石油气（气态）；SDR17.6 系列宜用于输送天然气。

（3）聚乙烯燃气管出厂时在管身上应印有下列永久性标志，其间距不宜超过 2m。

①“燃气”字样或“Gas”字样。

② 原料牌号。

③ SDR。

④ 规格尺寸。

⑤ 生产厂名或商标、生产日期和批号。

（4）管材的颜色分为黄色和黑色，黄色表示中压，黑色管身加黄色条纹表示低压。管材、管件从生产至使用之间的存放时间，黄色管道不宜超过 1 年，黑色管道不宜超过 2 年。超过上述期限时必须重新抽样检验，合格后方可使用。

（5）施工时所用聚乙烯燃气管管材及相应管件，均须有出厂合格证及试验证明、生产日期等相关文件。公称外径为 315mm 和 400mm 规格的管材进场时除具有一般管材的材质证明外，还应有耐快速开裂扩展试验合格证书和生产厂家提供的壁厚检验报告。

（6）聚乙烯燃气管直管管材长度一般为 6m、9m、12m，允许偏差±20mm；盘管管材的最大外径不大于 110mm，盘管的盘架直径不应小于 24 倍管材外径且不得小于 0.6m。

（7）管材、管件应设专门料场存放，并设专人看管，材料在户外堆放时，必须有遮蔽物，管材两端加盖进行封堵，堆放高度不得超过 1.5m。管材从生产到使用存放期不得超过一年。管材进场后，暂不施工时，不得打开外包装。

（8）管材在码放、运输过程中，不得使用金属材料直接捆扎和吊运管道，管道下沟时应防止划伤、扭曲和强力拉伸。管材外壁如划痕深度超过 1/10 管壁厚度严禁使用。

（9）钢塑转换接头的钢管端在出厂前涂敷的防腐底漆质量应符合国家现行有关钢管防腐标准的规定。

2）施工机具（设备）：

（1）机具：热熔焊机、电熔焊机。

（2）辅助工具：龙门架、吊带、旋转刮刀、割管器、固定夹具、压扁工具、旋转切刀、鞍型三通钥匙、标记笔等。

（3）检测工具：水准仪、经纬仪、焊缝检查尺、直尺、卷尺、小线等。

（4）焊接设备应与使用管件相匹配，具有产品合格证书。

3）作业条件：

（1）施工人员必须经过专业培训，考试合格后持证上岗。焊机操作人员必须准确理解焊接工艺要求，熟悉焊接设备的性能及操作方法，并能在各种复杂的环境下保证焊接质量。

（2）在寒冷气候（－5℃以下）和大风环境下不宜进行焊接操作，当必须进行作业时要有相应防护措施或调整连接工艺（如将热熔连接改为电熔连接）。

（3）聚乙烯燃气管材、管件存放处与施工现场温差较大时，应将管材和管件在施工现场放置一定时间，使其温度接近施工现场温度后进行连接。

（4）聚乙烯燃气管道连接宜采用同种牌号、材质的管材和管件。对材质相似、牌号不同的管材，必须经过试验，确定连接工艺标准。

（5）聚乙烯燃气管道与其他地下管线或设施距地上建筑物的水平、垂直距离应符合燃气管道施工技术行业和国家标准。

4）技术准备：

（1）认真审核施工图纸及设计文件并进行图纸会审和编制施工组织设计。

（2）向操作人员进行安全技术交底，并熟悉设备操作规程。

5-3-28　聚乙烯燃气管道安装施工工艺流程是怎样的?

答: 工艺流程:

测量放线→沟槽开挖→沟槽铺底→人工下管→管道对口、熔接→管道敷设→吹扫、打压→土方回填→验收

5-3-29　聚乙烯燃气管道安装施工操作方法要点有哪些?

答: 操作方法要点如下:

1) 沟槽开挖:

(1) 单管沟边组装铺设:沟底宽二管子外径+150mm×2。双管同沟铺设:沟底宽=两管外径之和+两管之间净距+C。C为工作宽度,当在沟底组装时,C=600mm,当在沟边组装时,C=300mm。

(2) 管道可直接敷设在未经扰动的原状土上,若地基为岩石、砾石时,须铺设100~150mm厚的细土或砂垫层。凡可能引起管道系统不均匀沉降的地段,地基应进行处理或采取其他防沉降措施。

(3) 管道系统中阀门或其他附属设施等节点处必须设单独基础,并与之固定并采取防沉降措施。

2) 人工下管:

(1) 根据工程情况,先在沟槽一侧布管,沟上连接,整体下管。

(2) 人工下管时使用大麻绳、尼龙带,拴点间距宜为3~4m,将管材整根下至沟底。单根下管时,每根管拴点2~3处,下至沟底后依次排放。

(3) 下管时重点保护管口及管壁,做到不砸、不摔、不撞。

3) 管道对口、熔接:

(1) 熔接的种类有对接热熔、承插热熔和鞍形热熔。管径大于110mm的一般采用对接热熔。对接热熔适用于同牌号、同管径、同壁厚的管材与管件的连接。

(2) 将专用连接热板加热到200℃,使聚乙烯管道两端受热熔化,撤去加热板,沿专用夹具导轨迅速将两管端口贴合,同时使用机具施加一定压力,待冷却后达到连接的目的。

(3) 熔接步骤:

使用220V、50Hz的交流电将焊机的电源接通,电压变化在±10%以内,电源应有接地线。

将液压泵与机架液压系统连通。清理接头处的污物,防止污物损坏液压器件;液压系统接好后,应锁定接头,防止高压工作时接头被打开。

将待焊管材(管件)夹紧,固定在机架上。熔接大口径管时,用废弃的管节或专用支架垫平,以保护管子和减小摩擦力。

打开机架,放入铣刀,将铣刀固定在机架上,锁紧旋钮。液压泵启动时,应在方向控制手柄处于中位时进行,严禁在高压状态启动。

闭合夹具,启动铣刀,对管子(管件)的端面进行切削。

当形成连续的切屑时,即完成切削程序,此时要严格按照先降压,再打开夹具,最后关闭铣刀的顺序进行。

取下铣刀,闭合夹具,进行试对口,管子两端口间隙应均匀,其间隙量不得大于0.3mm。取下铣刀时,应避免铣刀与端面碰撞,铣削好的端面不要手摸、防止油污等污染。

检查管子的同轴度(其最大错边量为管壁厚的10%)。当两端面的错边量不能满足要求时,应重新夹持,反复检验,合格后进行下一步操作。

启动加热板时应保证加热板表面清洁、没有划伤。加热过程中指示灯闪烁,当加热板的温度达到(210±10)℃时,指示灯亮起。加热过程应持续10min,以确保整个加热板的温度均匀。

将温度适宜的加热板置于机架上，闭合夹具，并按系统压力户 P_1，进行挤压。系统压力按下式进行计算：

$$P_1 = P_0 + \text{接缝压力}$$

式中 P_0——测试系统的拖动压力。每个焊口的拖动压力都需测定；当拖动压力过大时，可采用加垫滚动短管等方法解决。

接缝压力应符合表 5-3-29（1）规定。

待管子（管件）间的凸起均匀，且高度达到要求（表 5-3-29（1））时，将压力降至 P_2，同时按下吸热计时按钮，开始记录吸热时间。

$$P_2 = P_0 + \text{吸热压力}$$

吸热压力见表 5-3-29（1）。

到达吸热时间后，迅速打开夹具，取下热板。取板时，应避免与熔融端面发生碰撞。

迅速闭合夹具，并在规定的时间内，匀速地将压力调节到 P。（此压力要保持到焊口完全冷却，避免形成假焊、虚焊），同时按下计时器，记录冷却时间。

$$P_3 = P_0 + \text{冷却压力}$$

冷却压力应符合表 5-3-29（1）规定。

塑料热熔对接焊机熔接工艺参数（SDR11） **表 5-3-29（1）**

机器型号：PBF160A

序号	参 数	单 位	管径（mm）					
			40	50	63	90	110	160
1	接缝压力	巴（bar）	1.5	2.5	3.5	7	10.5	22
	凸起高度	毫米（mm）	0.5	0.5	0.5	1.0	1.0	1.0
2	吸热压力	巴（bar）	几乎为零					
	吸热时间	秒（s）	38	43	56	85	103	140
3	夹缝开闭时间	秒（s）	4	5	5	6	6	8
	调压时间	秒（s）	2	3	7	9	10	13
4	冷却压力	巴（bar）	1.5	2.5	3.5	7	10.5	22
	冷却时间	分（min）	5	6	8	12	14	20

到达冷却时间后，将压力降为零，打开夹具，取下焊好的管子（管件）。若需移动焊机，应拆下液压管线，并及时做好接头处的防尘工作。

（4）电熔连接：

电熔连接适用于所有尺寸规格的管材，电熔焊接管件必须选择同牌号管件。

熔接步骤：

接好焊机电源，输入电压 220V 交流电，必须有接地保护，严禁接 380V 三相动力电。当电源距离焊机超过 100m 时，将可能产生欠压报警现象，应加粗电源线或配接发电机。

去除管材需熔接区域外表面的氧化层和碎屑，在管材端头表面用记号笔划出承口深度的标记。

用旋转刮刀将管材端头标记段刮好，插入管件（承口）内至标记处，将待焊组合件固定在专用机架上。

将焊机导线引至管件两极接线柱上，开始熔接操作。

应严格按照焊机说明书的具体步骤进行熔接操作。在焊接过程中要避免周围磁场的干扰，焊机上盖应敞开，要避免雨淋；焊机搬运过程中严禁拉拽光电笔输出导线，焊机不可倒置、避免碰撞。

熔接鞍型管件时，刮去管材熔接区域外表面的氧化层，用专用夹具调节固定好组合件，使两连接面完全吻合，接通电源，进行熔接。特熔接完毕且冷却后，卸下管帽，用专用钻孔工具在主管道上钻孔。钻孔后钻刀复位，戴好管帽，拆除夹具。

4）管道敷设：

（1）聚乙烯燃气管道可随地形走势敷设，其管道允许弯曲半径应符合下列规定：

管段采用非承插接头时，应符合表5-3-29（2）的规定；管段采用承插接头时，管道允许弯曲半径不应小于125D。

管道允许弯曲半径 **表5-3-29（2）**

管道外径 D（mm）	允许弯曲半径 R（mm）	管道外径 D（mm）	允许弯曲半径 R（mm）
$D \leqslant 50$	30D	$250 < D \leqslant 315$	125D
$50 < D \leqslant 160$	50D	$D=400$	按钢性管考虑
$160 < D \leqslant 250$	75D		

（2）聚乙烯燃气管道上方不得堆积易燃、易爆材料和具有腐蚀性液体，管道与热力方沟距离小于设计规范的规定时应采取隔热降温措施。

（3）管道敷设时，可预先在地面上将管材对口熔接好，待所有焊口充分冷却后，用非金属绳将管材吊装下沟，管材两端安装防尘帽。

（4）聚乙烯管道口使用钢塑转换接头时，可以采用电熔或热熔连接，但操作应符合相应管材的焊接规定，钢塑转换接头及其连接件做好防腐保护后，可以直接埋地。

（5）聚乙烯管道的阀门井为砖砌结构，随同管道敷设后回填时一并施工。

（6）聚乙烯燃气管道敷设时，随管道走向、距管顶0.5m处埋设金属警示带，警示带的搭接长度不小于0.5m。聚乙烯管警示带与钢质管道警示带严禁混用。

5）吹扫与试压：

聚乙烯管道吹扫时，宜在管道末端连接一段长度不小于4m的钢管，吹扫阀设在钢管上，钢管做好接地保护，其接地电阻应不大于4Ω。

吹扫与试压施工工艺见管道系统吹扫、强度、严密性试验工艺。

6）土方回填：

土方回填施工工艺见土方回填施工工艺。

5-3-30 聚乙烯燃气管道安装施工冬雨期施工有何要求？

答：1）雨期施工：

（1）每日收工和下雨前，在管道的端头进行临时封堵，防止雨水、泥砂进入管中。

（2）焊接作业时，如遇雨天应搭设防雨棚，五级以上大风施工时要有遮风设施。

（3）各种电气动力设备必须定期进行绝缘、防雷、接地、接零保护的测试，发现问题及时处理，严禁带隐患运行。

2）冬期施工：

在寒冷季节（−5℃以下）施工时要有相应防护保温设施。

5-3-31 聚乙烯燃气管道安装施工质量标准是怎样的？

答：1）主控项目

（1）基本要求：

① 热熔焊接中，接口应具有沿管材整个外缘平滑对称的焊缝环，所形成的凸缘应均匀一致。

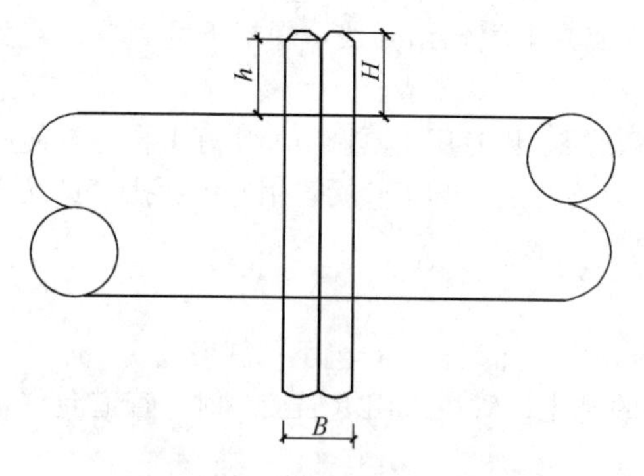

图 5-3-31　热熔焊接口示意图

一般控制如图表 5-3-31：

环的宽度　　$B=0.35\sim0.45s$；

环的凸出高度　$H=0.20\sim0.25s$；

环缝高度　　$h=0.10\sim0.25s$；

s 为管壁厚度。

（上述数据的选取应遵循“小管径选较大值，大管径选较小值”的原则。）

② 电熔熔接完毕后，观察孔内应有物料顶起，焊缝处应有物料挤出。

（2）实测项目：

聚乙烯管道安装允许偏差符合表 5-3-31 规定。

聚乙烯管道安装允许偏差　　**表 5-3-31**

项　目	允许偏差及质量标准	检验频率		检验方法
		范围	点数	
坡　度	坡向凝水缸，且≥0.003	100m	4	水平尺
管顶高程	±10mm	100m	4	水准尺
热熔焊接口缺陷	不得有未熔合或裂纹	全数	—	目测
热熔对接错边	≤10%s（s 为管壁厚度）	全数	—	尺量

注：输送不含冷凝液的燃气，管道坡度可不作要求。

2）一般项目

（1）聚乙烯管道与地下热力管道或其他管道水平、垂直间距应符合设计和规范的要求。

（2）与其他建筑物、构筑物的基础或相邻管道之间的水平净距应符合现行《燃气输配工程设计施工验收技术规定》DB11/T 302—2005 的规定。

（3）聚乙烯燃气管道与各类地下管道或设施的垂直净距符合《燃气输配工程设计施工验收技术规定》DB11/T 302—2005 的规定。

（4）管道露出地面部分或穿越建筑物部分应采取硬度套管保护。

（5）两对应连接的管材或管件应在同一轴线上。

（6）采用钢塑连接件在金属端进行焊接时，不得对聚乙烯管端的接口造成影响。

5-3-32　聚乙烯燃气管道安装施工质量记录有哪些？

答：1）管材及管件的出厂合格证及检测报告。

2）聚乙烯管道连接记录。

3）聚乙烯管道焊接工作汇总表。

4）燃气管道气压严密性试压记录。

5）隐蔽工程验收记录。

6）管线工程定位测量记录和测量复核记录。

7）土壤压实度试验记录。

8）工序质量评定表。

5-3-33　聚乙烯燃气管道安装施工安全与环保措施有哪些？

答：1）安全措施：

（1）不宜在潮湿环境下使用焊机，如在此环境下操作，应使用 48V 输入电源或进行电气隔离。

(2) 应经常检查焊机接地漏电保护装置，确保操作人员安全。

(3) 焊机工作环境应远离易燃易爆物品。

(4) 使用机电工具时，操作人员必须戴绝缘手套，穿绝缘鞋。

(5) 熔接操作人员必须经过培训，持证上岗。

2) 环保措施：

(1) 切削后的管道废料不得随意丢弃，应集中存放、统一处理，避免污染环境。

(2) 施工现场堆土应遮盖或硬化处理，防止扬尘。

5-3-34 聚乙烯燃气管道安装施工成品保护有何要求?

答: 1) 合理安排工序，减少交叉作业，避免已完成品的损坏。

2) 管道不得相互碰撞，管道焊好后，应在端口加设临时封堵并严禁往管道上乱扔杂物。

5-3-35 燃气管道附件与设备安装施工准备有何要求?

答: 一般室外燃气管道，工作压力不大于4.0MPa的城镇燃气管道附件与设备安装（不适用于液化石油气管道）施工准备要求如下：

1) 材料要求：

(1) 弯头、三通、异径管、法兰及紧固件等须进行检查，其尺寸偏差应符合现行标准，材质应符合设计要求。

(2) 钢管件的加工制造厂家要有产品合格证明，并注明按有关标准要求检验的项目和结果。

(3) 法兰密封面应平整光洁，无伤痕、毛刺等缺陷。螺栓与螺母应配合良好，无松动或卡涩现象。

(4) 螺栓及螺母的螺纹应完整，无伤痕、毛刺等缺陷，无老化变质或分层现象，表面不得有折损、皱纹等缺陷。

(5) 石棉橡胶、橡胶、塑料等非金属垫片应质地柔韧，无老化变质或分层现象。表面不应有折损、皱纹等缺陷。

(6) 金属垫片的加工尺寸、精度、粗糙度及硬度应符合要求，表面应无裂纹、毛刺、凹槽、径向划痕及锈斑等缺陷。

(7) 包金属及缠绕式垫片不应有径向划痕，松散、翘曲等缺陷。

(8) 阀门出厂合格证应注明型号、类别、驱动方式、连接形式、公称压力等。

(9) 阀门、冷凝水缸等在正式安装前，建设方有要求时，应按其产品标准进行复试，并出具试验报告。

2) 施工机具（设备）：

(1) 中小型机具：砂轮角磨机、电动钢丝刷、直流电焊机、氩弧焊机、气焊设备等。

(2) 仪器：无损探伤设备等。

(3) 工具：龙门架或三脚架、捯链、焊条烘干箱、焊条保温桶、水平尺、尼龙吊装带、扳手、撬棍、探尺、钢卷尺等。

3) 作业条件：

(1) 管道强度试验已完成，并填好燃气管道验收单。

(2) 管道设备及附件检验合格。

4) 技术准备：

(1) 管道施工前认真审核设计图纸和说明，做好图纸会审。

(2) 向有关人员做好书面技术交底。

(3) 组织必要的技术培训，特殊工种经现场考试合格后，方可上岗。

(4) 组织测量、技术、质量、试验人员编制工程量表、工程材料计划表、质量目标设计。

5-3-36　燃气管道附件与设备安装施工工艺流程是怎样的？

答：工艺流程：

管道附件与设备安装→设备初验→严密性试验→接口防腐。

5-3-37　燃气管道附件与设备安装施工操作方法要点有哪些？

答：操作方法要点如下

1）管道附件与设备安装

（1）阀门安装：

安装前应检查阀芯的开启度和灵活度，并根据需要对阀体进行清洗、上油。

阀门安装位置应符合设计要求，在安装过程中阀体采取整体吊装，吊装绳索应拴在阀体上，严禁拴在手轮、阀杆、转动机构上。

安装有方向性要求的阀门时，阀体上的箭头方向应与燃气流向一致。

法兰或螺纹连接的阀门应在关闭状态下安装，焊接阀门应在打开状态下安装。焊接阀门与管道连接焊缝宜采用氩弧焊打底。

对直埋的阀门，应按设计要求做好阀体、法兰、紧固件及焊口的防腐。

安全阀应垂直安装，安装前必须经法定检验部门检验并铅封。

法兰连接应使用设计要求的同一规格螺栓，螺母应在同一侧。紧固螺栓时应径向对称，均匀用力、松紧适度，紧固后螺栓宜伸出螺母 2～3 扣，并涂上机油或黄油以防锈蚀。严禁强力组装，阀门下部应设置永久性承重支撑（台、架、墩）。

在阀门井内安装阀门和补偿器时，阀门应与补偿器先组对好，然后与管道上的法兰组对，将螺栓与组对法兰紧固好后，方可进行管道与法兰的焊接。

阀门安装前，通常在管道上对阀门进行准确定位，划出控制线，沿线进行切割，移出管道短节，然后将连接好的阀门组（管道法兰＋阀门＋管道法兰）进行对口、焊接。

（2）法兰安装：

必须是同样型号、同样公称压力的两片法兰，组装在一起。

管道法兰的安装通常有两种做法：①管道端口与法兰盘平焊；②管道端口插入法兰盘，一般先焊内口，后焊外口，法兰内侧焊缝不得凸出法兰的密封面（距密封面 3mm）。

法兰垫片厚度要求一致，不得使用双垫片，垫要保持与法兰同心，有盲板的法兰间应在盲板的两侧各加一片法兰垫。垫片周边应整齐，环向宽度应与法兰密封面相符。

法兰螺孔应对正，螺孔与螺栓直径应配套，螺栓长度一致，安装完毕后螺母应在同一侧，螺栓拧紧后宜伸出螺母 2～3 扣，并涂上机油或黄油以防锈蚀。

（3）凝水器安装：

凝水器必须按现场实际情况，安装在所在管段的最低处。

凝水器集水缸在防腐之前应参加强度试验，试验压力与管线相同，拐角部分的防腐应用腻子抹平。

凝水器的抽水管头部应按设计要求设防护井。

人工燃气设计压力在 0.2MPa 以上的凝水器应按要求设置集水井。

（4）波纹补偿器安装：

波纹补偿器安装前应按设计规定的补偿量进行预拉伸（压缩），受力应均匀。补偿器的内套插管应安装在燃气流入端。

波纹补偿器的安装长度由设计指定，在安装时应增设限位螺杆装置，保证安装长度符合设计要求（通常每根螺杆用 4 个螺母定位）。严密性试验时，将内侧两个定位螺母拧松，外侧限位螺母不动。试验合格后将限位螺杆拆除。

波纹补偿器安装应与管道保持同轴，不得偏斜。安装时不得用波纹补偿器的变形（轴向、径向、扭转等）来调整管位的安装误差。

当设计有补偿量要求时，应进行预拉伸或压缩，安装后应使固定拉杆处于自由松动状态，但拉杆不得拆下。

（5）套管安装：

钢套管（凝水器引上管）应进行防腐，防腐材料及等级与原燃气管道相同，钢套管两端用管道防腐材料进行封堵。

燃气管道内套管（测温计、流量计）应符合设计要求。

所有套管参加强压试验。

套管与燃气管道应同心，误差不大于10mm。

2）设备初验

（1）安装后应再次检查阀芯的开启度和灵活度。

（2）波纹补偿器安装后确认限位螺杆定位准确。

（3）检查凝水器全套设备安装就位。

5-3-38　燃气管道附件与设备安装施工冬雨期施工有何要求?

答：1）雨期施工：

（1）焊接作业时，如遇雨天应搭设防雨棚，五级以上大风天气施工时要有遮风设施。

（2）雨后必须由电工检测电气设备，确认不漏电，并记录，方可使用。

（3）各种电气动力设备必须定期进行绝缘、防雷、接地、接零保护的测试，发现问题及时处理，严禁带隐患运行。

2）冬期施工：

在寒冷季节（−5℃以下）施工时要有相应防护保温设施。

5-3-39　燃气管道附件与设备安装施工质量标准有什么要求?

答：主控项目、一般项目：

《城镇燃气输配工程施工及验收规范》CJJ 33—2005的规定：

1）阀门法兰与管道法兰应保持平行，其偏差不应大于法兰外径的1.5‰，且不得不大于2mm。

2）阀门、补偿器应与管道保持同轴，不得偏斜，不得用补偿器的轴向、径向变形掩盖安装误差。

3）凝水器出水管应安装在集水缸的中央位置，出水口阀门的安装位置应合理，并应有足够的操作和维修空间。

4）试验使用的压力表必须经校验合格，且在有效期内，量程宜为试验压力的1.5～2.0倍，阀门试验用压力表的精度等级不得低于1.5级。

5）绝缘法兰安装前，应进行绝缘试验检查，其绝缘电阻不应小于1MΩ；当相对湿度大于60%时，其绝缘电阻不应小于500kΩ。

6）两对绝缘法兰的电缆线连接应符合设计要求，并应做好电缆线及接头的防腐，金属部分不得裸露于土中。

7）绝缘法兰外露时，应有保护措施。

5-3-40　燃气管道附件与设备安装施工质量记录有哪些?

答：质量记录有以下11项：

1）设备、材料进场检验及复验。

2）设备、配（备）件开箱检验记录。

3）阀门试验记录。

4）金属波纹管质量检验报告。

5）焊缝综合质量记录。

6）补偿器安装记录。

7）设备安装检查记录（通用）。

8）主要材料、设备等产品质量合格证、检测报告。

9）主要器具和设备安装使用说明书。

10）隐蔽工程检查记录。

11）验收批质量验收记录表。

5-3-41　燃气管道附件与设备安装施工安全与环保措施有哪些？

答：1）安全措施：

（1）工前编制专项安全技术交底，提前对施工相关人员进行书面交底。

（2）夜间施工要有充足的照明。

（3）现场配电柜、开关箱统一编号，外涂安全色标，做好安全防护。

（4）施工人员及管理人员进入施工现场必须戴安全帽，电工、电焊工、司机等特殊工种应持证上岗。

（5）建立安全用电管理制度，配电箱、电焊机等用电设备由专人负责，电源、电缆线做好安全防护，经常检查，防止出现破损、漏电事故。

（6）在比较潮湿的阀室内，施工照明电压不应大于36V。使用行灯，灯体与手柄坚固绝缘良好，电源线必须使用橡胶套电缆线。

（7）电焊机应单独设开关，电焊机外壳做接零或接地保护，一次线长度不大于5m，二次线小于30m，两侧接线应连接牢固，并安装可靠防护罩，焊把线双线到位，不得借用管道、金属脚手架等做回路。

（8）手持式电动工具电缆芯线数应根据负荷及其控制电器的相数和线数确定，确保保护线连接牢固可靠。使用时戴好绝缘手套，穿好绝缘鞋。在施工时防止电缆线缠绕在用电设备和其他不安全的物体上。

2）环保措施：

（1）对焊接材料的废弃物应存放在固定位置，不得乱扔。

（2）焊渣要及时清理干净、不得撒落在地。

5-3-42　燃气管道附件与设备安装施工成品保护有何要求？

答：1）阀门安装完后不允许任何人进行开闭操作，保持待试严密度状态。

2）设备附件安装完后，作好清理、防护工作，各井室加强警卫。

5-3-43　室外架空燃气管道施工工艺流程是怎样的？

答：工艺流程：

测量放线→支架制作安装→管道、附件吊装→管道吹扫、焊接、探伤、吹扫、通球、试压、补口防腐→管道保温、接地保护

5-3-44　室外架空燃气管道施工操作要点有哪些？

答：操作要点如下：

1）测量放线：

（1）根据燃气管道的中线测放支架结构基础中心坐标。

（2）将施工水准点引至拟建支架附近构筑物上，做好拴桩。

2）支架制作安装：

(1) 单柱式钢筋混凝土支架：

单柱式钢筋混凝土支架可根据设计图纸提前预制，经养护达到强度后，按其编号吊装就位。

当支架基础为杯形基础时，其杯形基础应提前浇筑并达到设计强度后方可安装支架。

钢筋混凝土支架横梁与支架立柱的连接宜采用预埋钢板焊接形式，其钢板尺寸、焊缝长度应满足管道轴向推力的受力要求。

(2) 钢结构支架：

按设计要求选择的支架型钢应首先进行外观检查、清理除锈。

按照支架用料的尺寸划线后进行切断。通常采用机械切割，如采用气割切断，切口要用砂轮将氧化层磨光，断面应平齐、光滑。

当支架立柱是型钢或钢板组合断面时，通常采取焊接的形式，焊接工艺应按《钢结构工程施工质量验收规范》GB 50205—2001 要求执行。

支架横梁与立柱的连接可为栓接或焊接，通常采取焊接的形式。钢板接触面尺寸、焊缝长度除应满足管道轴向推力的受力要求外，还应考虑横向稳定性。

支架开孔应用电钻或冲床加工，其孔径应比管卡螺栓或吊杆直径大 1～2mm。

卡环一般用圆钢或扁钢制作，其内表面应圆滑匀称，卡环内径应与管道外径相匹配。

(3) 支架安装前一般按管道的坡度确定管段起点及终点位置，两点连接一条直线，在直线上划出各支架的具体位置。

(4) 埋入墙内的支架应将埋入端开角或加焊挡铁。

(5) 焊缝不得有漏焊、欠焊、裂纹等缺陷。

(6) 抱柱支架通常采用型钢制作，连接方式可采取焊接或栓接，安装过程中不能损伤原有柱的断面和承载能力。

(7) 当架空管道穿过建筑物时，吊杆应与建筑结构焊接牢固。

(8) 支、吊装的弹簧盒工作面应平整。

(9) 支架打磨后涂刷防锈底漆、面漆。

(10) 管道支座安装：

支座由固定板和管道滑靴组成，安放在支、吊架上方，通常采用厚度 20mm 的钢板制作。

支座安装前应进行标高和坡降测量，固定后的支座钢板板面应平整、与支架焊接牢固。

固定支架应按设计规定安装，安装补偿器时，应在补偿器预拉伸（压缩）之后固定。

管道滑靴与管道焊接应按设计要求进行，钢质滑靴应做防腐处理。

导向支座或滑动支座的滑动面应洁净平整，不得有歪斜卡涩现象。其滑靴安装位置应从支座固定板面中心向位移反向偏移，偏移量应为设计计算位移的 1/2 或按设计规定。

3) 管道、附件吊装：

(1) 在安装架空管道时，为了安全和操作方便，必须在支架的两侧搭设脚手架，一般脚手架的平台板（脚手板）的高度应比管道低 0.8～1.0m。脚手架必须搭设牢固、安全可靠。

(2) 为了减少高空作业，提高焊接质量，通常将 2～3 根管子在地面焊接。

(3) 使用起重机用尼龙软带吊管，管段两端拴麻绳，由人拉住控制管段方向，将管段放置在支座上。

(4) 支座与支架之间有间隙，应用钢板垫平焊牢。

(5) 滑靴与管道的焊接必须在管道强度试验前完成。

(6) 补偿器安装：

根据安装地点的气温对补偿器进行预拉伸（压缩），其拉伸量（压缩量）按设计要求进行。波形、鼓形补偿器用安装螺栓调整其长度。补偿器应与管道同心、坡度相同。

滑动支座安装时，在连接补偿器的管道两侧设置导向支座，通常由型钢制作的立柱和焊在管道上的滑轨组成，一般导向支座应设置三道，其间距由设计指定。

(7) 阀门、排水器等安装与管道铺设同时进行，阀门传动杆的安装角度除设计有特殊规定外，一般不应大于45°，手轮上应标明开闭方向的符号，阀门、排水器处必须设置操作平台，安装护身栏杆。

4) 管道吹扫、焊接、探伤、通球、试压、补口防腐按埋地钢质燃气管道施工工艺及燃气管道系统吹扫、强度、严密性试验工艺规定采用。

5) 管道保温、接地保护：

(1) 保温：

应在钢管表面质量检查及防腐合格后进行。

保温材料及其保温厚度应符合设计要求，常用材料有水泥珍珠岩瓦、矿渣岩棉瓦、聚氯乙烯发泡剂、瓦型聚苯板等。

采用管壳、预制块保温时，预制块双向接缝应错开，管壳的水平接缝应在侧面，保温层应用18～20号镀锌钢丝绑扎牢固，每个管壳、预制块必须用两道以上钢丝绑扎，绑扣插入管壳。

管托滑靴处的管道保温，应不妨碍管道的膨胀位移，力求保温层完整。

当采用玻璃布做保护层时，玻璃布应缠绕紧密圆顺，搭接宽度不小于50mm。

当采用镀锌钢板做保护层时，咬缝应牢固，包裹应紧凑，其纵缝搭口应朝下，钢板的搭接长度环形为30mm，镀锌钢板安装力求美观。

当采用石棉水泥做保护层时，厚度应均匀，充填应密实，无严重凹凸现象，表面应光滑。

(2) 接地保护：

按设计要求对管道及其支架做好妥善的接地保护，镀锌扁钢引下线对地电阻不大于4Ω。根据支架的高度有必要时考虑防雷设施。

5-3-45　室外架空燃气管道施工冬雨期施工有何要求？

答： 1) 冬期施工：

(1) 对所有参加施工人员进行冬期施工培训，备好阻燃草帘、防风棚、烤把、燃气罐、保温筒等材料。

(2) 对混凝土基础、柱靴等采取防冻措施，加强养护。

2) 雨期施工：

(1) 利用现况排水系统，做好支架周围的排水，防止淹槽泡管事故的发生。

(2) 所使用的机电设备应做好防护，雨期施工必须搭设防雨棚。

(3) 对动力、照明线路及供配电设备进行全面检查，杜绝跑漏电现象。配电箱、电闸箱有防雨、防潮措施，外壳有接地保护。

(4) 架空管道支架安装过程中，雷雨天要采取临时避雷措施。

5-3-46　室外架空燃气管道施工质量标准是怎样的？

答： 1) 主控项目

(1) 基本要求：

① 在安装管道之前，必须对支架的稳固性、中心线和标高进行严格检查，支架顶面应在同一水平面内。有坡度要求的，应检查各支架标高，不允许出现反坡。

② 导向支架或滑动支架的滑动面应洁净平整，不得有歪斜和卡涩现象。

(2) 实测项目：

① 支座端面距管道焊缝距离应符合以下要求：

$DN<200$mm时，不应小于300mm；$DN>200$mm时，不应小于500mm。

② 支座到法兰的距离不应小于 400mn。

2）一般项目

管道的防腐要求：涂层质量应符合下列要求：

涂层应均匀，颜色应一致。漆膜应附着牢固，无剥落、皱纹、气泡、针孔等缺陷。涂层应完整，无损坏、流淌。

5-3-47　室外架空燃气管道施工质量记录有哪些？

答：质量记录有以下 12 项：

1）工程定位测量记录。

2）测量复核记录。

3）管材的产品质量证明文件。

4）管架（固、支、吊、滑等）安装调整记录。

5）补偿器安装记录。

6）钢制平台/钢架制作安装检查记录。

7）管道/设备保温施工检查记录。

8）管道系统吹洗记录。

9）管道通球试验记录。

10）燃气管道严密性试验验收单。

11）混凝土抗压强度试验报告。

12）单位工程质量评定表。

5-3-48　室外架空燃气管道施工安全与环保措施有哪些？

答：1）安全措施：

(1) 夜间施工要有充足的照明光源，在防护栏杆上挂好安全警示灯，高位支架下方路口派专人疏导交通。

(2) 现场各类配电箱，开关箱均外涂安全色标，统一编号。

(3) 施工人员及管理人员进入施工现场必须戴安全帽，电工、电焊工、司机等特殊工种应持证上岗。

(4) 高位支架的施工电源、电缆线、配电箱、电焊机等设专人负责，电源线做好保护，防止破损。

(5) 管道吊装时，设专人指挥，吊索、吊钩要经常检查，吊装前经过起落试验，确认起吊机具及绳索无问题时，方可正式起吊。

(6) 压力容器应有安全阀、压力表，并避免暴晒、碰撞。氧气瓶严防油脂污染，乙炔气瓶必须有防止回火的安全装置。氧气瓶、乙炔气瓶分开放置，使用时两者距离不得小于 5m，距操作点的距离不得小于 10m。

(7) 在高位支架上焊接作业时，焊接点的正下方严禁放置氧气、乙炔气瓶。

(8) 高空作业时，使用的脚手架、吊架、靠梯和安全带等，必须认真检查合格后，方可使用。

(9) 进行保温作业时，操作人员必须穿戴防护服装，佩戴口罩。

2）环保措施：

(1) 作业现场作为改善作业环境可采取封闭保护措施。

(2) 在施工过程中随时对场区和周边道路进行洒水，防止扬尘。

(3) 保温后留下的碎料应集中存放、统一处理。

5-3-49　室外架空燃气管道施工成品保护有何要求？

答：1）合理安排工序，减少立体交叉作业，杜绝各工序间相互损坏已完成品。

2）支架安装完毕后，吊装管道时做好保护措施，防止撞击。

3）阀门、补偿器等较小附件安装时，防止坠落损坏。

5-3-50　简述燃气管网上闸井（检查井）防水层的施工要点有哪些？

答：地下燃气管道上的闸门处必设闸井（检查井），这种闸井大部分为砖砌结构，如图 5-3-50（1）所示。为了使管道能安全运行，闸井内应保持干燥，所以闸井必须做成防水结构，则井室的墙外面要做水泥砂浆抹面防水层，如图 5-3-50（1）所示。

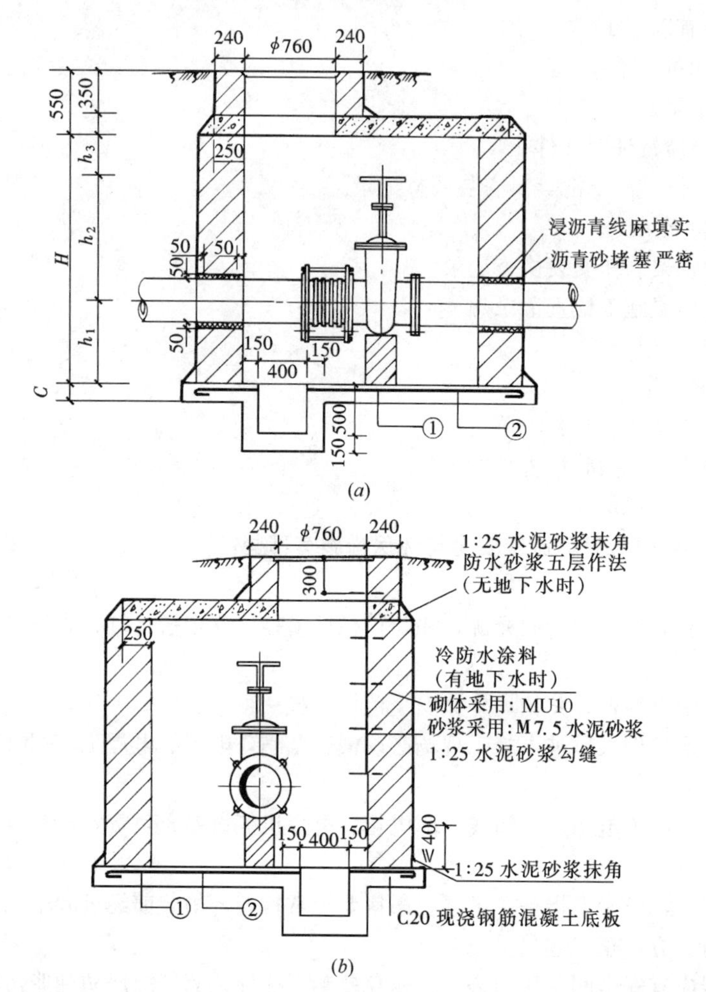

图 5-3-50（1）　燃气管道闸井图

（*a*）平行燃气管道方向；（*b*）垂直燃气管道方向

水泥砂浆抹面防水层施工要点如下：

1）水泥砂浆防水层的组成与要求

水泥砂浆防水层俗称“防水砂浆五层作法”是把水泥砂浆涂抹在闸井四壁的外表面，如图 5-3-50（2）所示。水泥砂浆防水层是刚性的，当闸井产生不均匀下沉时，水泥砂浆防水层容易产生裂缝。

水泥砂浆防水层是用水泥浆、素灰（即稠度较小的水泥浆）和水泥砂浆等交替抹压密实，形成防水层来防水的。

地下燃气管道闸井通常采用五层防水作法，即第一层用素灰，第二层用水泥砂浆，第三层用素灰，第四层用水泥砂浆，第五层再刷一层水泥浆。

由于防水层是分层交替抹压密实的，各层的残留毛细孔道就能被堵死因此具有较高的抗渗防水能力。

为了达到防水效果，必须满足以下基本要求：

（1）防水层必须是连续而封闭的整体，不得有任何缝隙。否则，必将产生渗漏水现象。穿过闸井壁的燃气管道，是影响防水层整体性的因素，必须对此部位采取有效的防水处理措施，使防水层仍然达到封闭连续的要求。

（2）防水层必须与井壁外表面结合牢固，共同受力。因为，防水层只能阻止水的渗透，而水受阻所产生的压力必须由井壁来承担。防水层抗渗能力愈高，这种压力对井壁的作用也愈大。所以，在施工中使防水层与井壁表面牢固地结合和共同受力，才能保证防水层获得应有的抗渗能力。

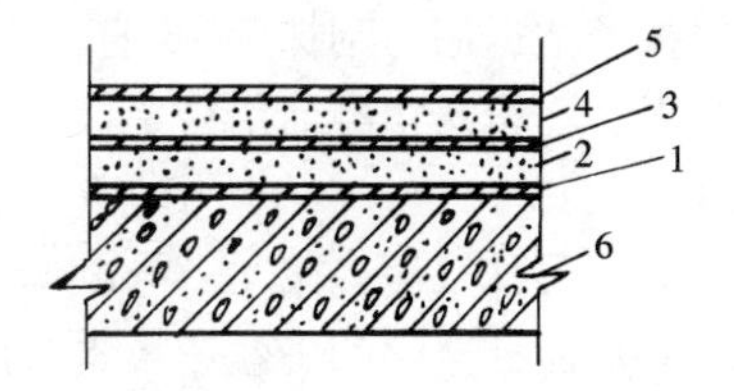

图 5-3-50（2） 五层泥砂浆防水层

1、3—素灰，厚 2mm；2、4—水泥砂浆层，厚 4～5mm；5—水泥浆层，厚 1mm；6—砖墙

为了满足上述基本要求，除了设计中应采取周密的防水措施外，还必须严格按照操作规程精心施工，确保防水工程的质量。

2）素灰和水泥砂浆的制备

（1）对材料的要求。材料的技术性能对防水层的质量十分重要。各组成材料应满足以下要求：

① 水泥。常用的有普通水泥、矿渣水泥和火山灰质水泥，水泥强度等级不应低于 32.5 级，并不得受潮和结块。不同品种、标号的水泥不得混用，以免由于化学成分和凝结时间不同而影响防水层质量。

② 砂。应以粗砂为主。由于水泥砂浆层的厚度为 4～5mm，砂的粒径应在 1～3mm 之间，粒径大于 3mm 的在使用前应筛除。砂的颗粒要坚硬、粗糙、洁净，砂中不得含有垃圾、草根等有机杂质，含泥量应不大于 3%，含硫化物和硫酸盐量应不大于 1%。

③ 水。能饮用的天然水和自来水均可使用。水中不得含有影响水泥正常凝结和硬化的糖类、油类等有害杂质。海水不能使用。

（2）材料的配合比。必须严格掌握各组成材料的配合比，保证用量正确。

① 素灰。用水泥与水拌合而成，稠度（流动性）为 7cm，水灰比为 0.37～0.4。

② 水泥浆。用水泥与水拌合而成，其稠度比素灰大，水灰比为 0.55～0.6。

③ 水泥砂浆。配合比为水泥：砂＝1：2.5，稠度为 8.5cm，水灰比为 0.4～0.45。

（3）拌合方法。素灰和水泥浆的拌合方法，是将水泥先放在桶中，而后加水搅拌均匀。水泥砂浆尽量用砂浆搅拌机来拌合。机械搅拌时，将水泥与砂逐步加入，干拌到色泽一致，再加水搅拌 1～2min。若用人工拌合时，先将水泥与砂在拌板上干拌均匀，堆成中间低四周高的形式，再在低处倒入水，反复搅拌均匀。

无论哪种拌合方法，材料称量都要准确，不得任意增加或减少用水量。

拌合好的砂浆要装在不吸水和漏浆的容器里，及时运到施工地点，如到施工地点后发现有离析现象，应进行二次搅拌。运输时间不宜过长，要保证砂浆在用完以前不发生初凝现象。当气温较高时，运输小车上应加以遮盖，防止太阳直晒，水分蒸发过快。

3）闸井墙面防水层施工操作方法

闸井砖墙表面防水层施工前两天就要开始浇水了，浇水时要按次序反复进行，浇到表面饱和，抹上灰浆没有吸水现象为合格。

砖墙表面用钢丝刷清除干净，露出新砖面为合格。用水泥砂浆砌筑的砌体不必勾缝。

第一层抹素灰 2mm 厚，是抹在浇水湿透的砖墙面上。素灰分两次抹成，先抹 1～2mm 厚，用铁抹子往返用力刮抹 5～6 遍，使之填实砖墙表面的孔隙，为与其牢固结合。随即再抹 1 毫米厚找平。在素灰初凝前用排笔蘸水依次均匀水平涂刷一遍，以堵塞和填平毛细孔道，增加不透水性。

第二层抹水泥砂浆 4～5mm 厚。应在素灰层初凝期间进行，抹压要轻，以免破坏素灰层，但也要使水泥砂浆中的砂粒压入素灰层，使两层能牢固地黏接一起。在水泥砂浆初凝前，用笤帚将砂浆表面层沿一个方向扫出横向条纹，此时不准另行加水，也不能往返扫，以免引起水泥砂浆层脱落。

第三层抹素灰层 1～2mm 厚，俟第二层水泥砂浆凝固后进行，并要适当浇水湿润砂浆面。按照第一层作法进行第三层的施工操作，但要垂直方向抹，上下往复刮抹 4～5 次。

第四层抹水泥砂浆层 4～5mm 厚，按照第二层作法抹上水泥砂浆，在水泥砂浆初凝前，分次用铁抹子抹压 5～6 遍，以增加其密实性，最后用铁抹子压光。每遍抹压间隔时间的长短应根据施工季节的气温及温度而定，一般情况下抹压前三遍的间隔时间为 1～2h。最后从抹压倒压光，在夏季约 10～12h，冬季最长不超过 14h，以免砂浆凝固后反复抹压产生起砂现象。

第五层刷一层水泥浆厚度约 1mm。

以防水层施工操作过程可以看出，前二层基本上是连续操作的，后两层或后三层是连续操作的。

养护也很重要，要在湿润条件下养护到表面发黑发绿。

5-3-51　简述燃气管道闸门井为钢筋混凝土结构的施工要点有哪些？

答：地下燃气管道的闸门（见图 5-3-51（1））除了采用砖结构外，还有采用钢筋混凝土的。

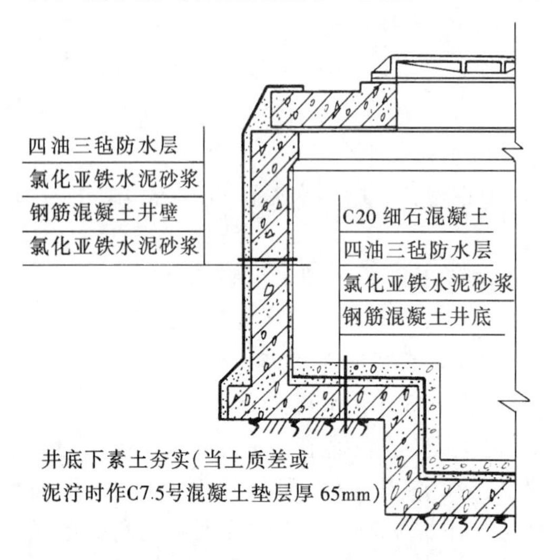

图 5-3-51（1）　钢筋混凝土闸井

某市设计所设计出钢筋混凝土结构闸门井，如图 5-3-51（2）所示。同时采用氯化亚铁防水砂浆层：卷材防水层，如图 5-3-51（1）所示。燃气管道穿井墙防水处理如图 5-3-51（3）所示。

钢筋混凝土闸门井混凝土采用 C20，钢筋采用Ⅰ级，钢筋的混凝土保护层厚 20mm。闸门井底板与井壁的混凝土一次现浇而成，闸井盖板可预制后安装，在安装闸井盖板、铸铁井盖圈时，应用 1∶2 水泥砂浆作好接合部位的密封工作。

燃气管道穿闸门井壁，采用预埋有翼环套管，在燃气管道与套管间隙内用沥青油麻填实，两端用沥青砂堵严。

在闸门井底板上表面，井墙内外表面抹 20mm 厚 1∶2 掺氯化亚铁 3%～5%（占水泥重量）的水泥砂浆，在干后在闸门井底板上表面和井壁外表面做四油三毡防水层，在闸门井底板四油三毡防水层上面再浇筑 50mm 厚 C20 细石混凝土。

5-3-52　燃气管道用户引入管的安装是怎样的？

答：用户引入管是指由室外管道到室内管道总截门处之间的管道，如图 5-3-52（1）（*c*）所示。引入管的作用是将庭院管道内燃气安全可靠地输送到室内燃气管道，使用户通过灶具得到燃气的正常应用，因而对用户引入管的设计与安装要有一定的要求。

1）用户引入管的类型

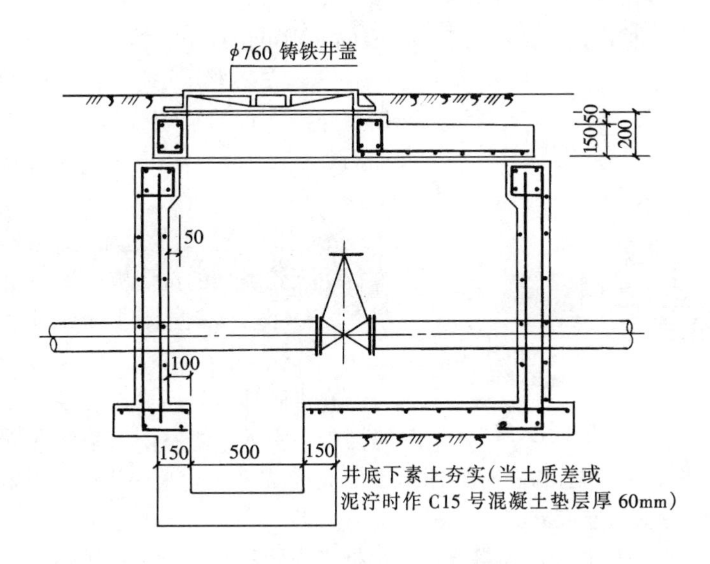

图 5-3-51（2） 闸门配筋图

用户引入管的类型，各地根据各自具体情况、作法不完全相同，但大致可分为如下几类。

（1）按管材种类分。用户引入管按管材种类可分为三类：镀锌钢管，如图 5-3-52（1）（*a*）所示；铸铁管，如图 5-3-52（2）所示；无缝钢管，5-3-52（1）（*c*）所示。

（2）按用户引入管引入方式分。用户引入管按引入方式可分为两类：地下引入，如图 5-3-52（1）（*c*）所示；地上引入，如图 5-3-52（1）（*a*）、（*b*）及图 5-3-52（3）所示，

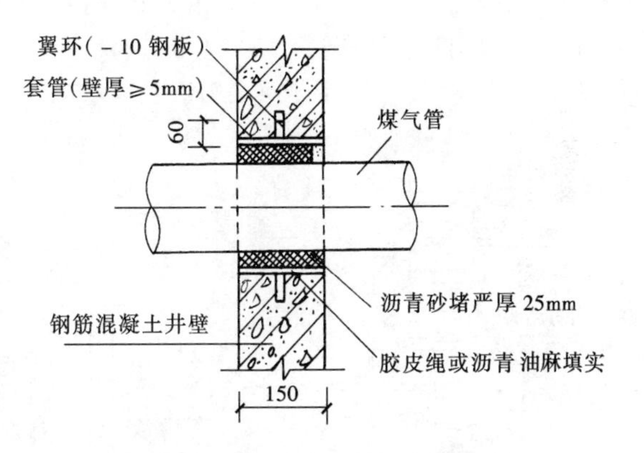

图 5-3-51（3） 闸门井穿墙管作法

在供暖地区输送湿燃气的引入管一般由地下引入室内，当采取防冻措施时也可由地上引入。在非

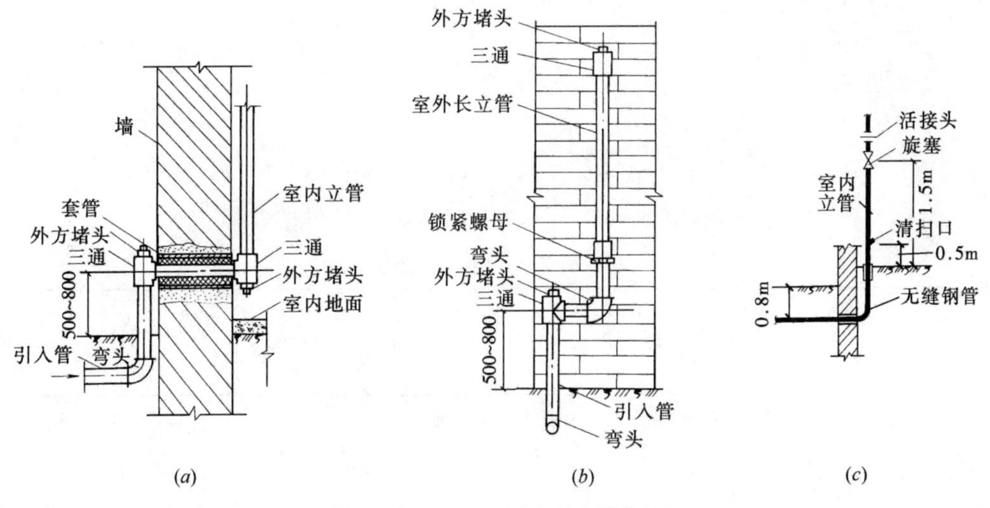

图 5-3-52（1） 用户引入管类型

（*a*）室外短立管；（*b*）室外长立管；（*c*）地下引入管

供暖地区或输送干燃气时，且管径不大于75mm的，则可由地上直接引入室内。

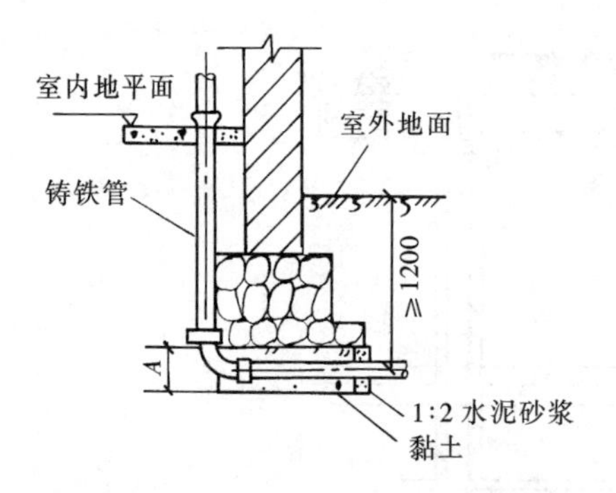

图 5-3-52（2） 铸铁管引入管

（3）按室外引入明立管的长短分。用户引入管按室外明立管的长短分为两种：室外短立管引入，如图5-3-52（1）（*a*）所示；室外长立管引入，如图5-3-52（1）（*b*）所示。

2）引入管类型的选用

引入管类型的选用应根据使用管材不同，输送燃气干（湿）不同，供暖或非供暖地区不同而选用。

在供暖地区，而又输送湿燃气的引入管应首先考虑地下引入。当室内墙基下有暖气沟，通风道等时，可由地上引入并采取保温措施。在非供暖地区应首先考虑地上引入，便于施工与维修。

3）引入管与庭院管的连接方法

用户引入管与庭院燃气管道的连接方法，根据引入管和庭院管道使用不同的管材连接方法也不相同。当庭院燃气管道及引入管为钢管时，一般应为焊接或丝接；当庭院燃气管道为铸铁管，引入管为镀锌钢管或铸铁管，应为丝扣连接或承插连接方法，如图5-3-52（4）所示；连接方法的选用见表5-3-52（1）。管卡子（马鞍法兰），如图5-3-52（5）所示，其规格尺寸见表5-3-52（2）。

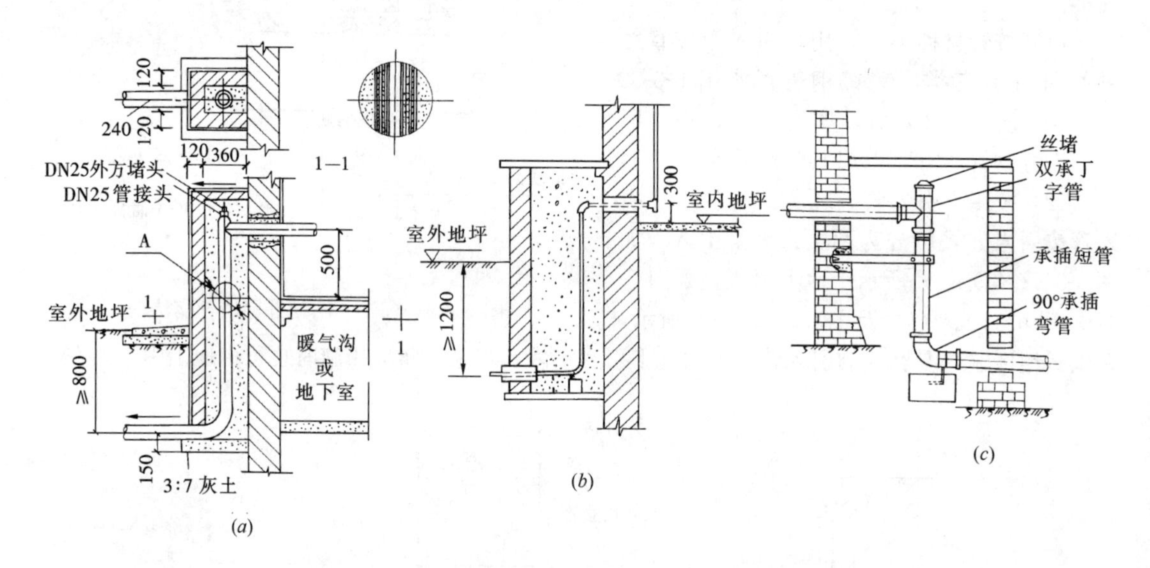

图 5-3-52（3） 地上引入管

（*a*）无缝钢管引入管；（*b*）镀锌钢管引入管；（*c*）铸铁管引入管

引入管与干管连接方法表 **表 5-3-52（1）**

引入管 \ 连接方法 \ 干管	*DN*75	*DN*100	*DN*150	*DN*200	*DN*250	*DN*300
*DN*20（3/4″）	用接点（a）	用接点（a）	用接点（a）	用接点（a）	用接点（a）	用接点（a）
*DN*25（1″）	用接点（a）	用接点（a）	用接点（a）	用接点（a）	用接点（a）	用接点（a）

续表

引入管 \ 连接方法 \ 干管	DN75	DN100	DN150	DN200	DN250	DN300
DN32（1¼″）	用接点（a）	用接点（b）	用接点（a）	用接点（a）	用接点（a）	用接点（a）
DN40（1½″）	用接点（c）	用接点（b）	用接点（b）	用接点（a）	用接点（a）	用接点（a）
DN50（2″）	用接点（c）	用接点（b）	用接点（b）	用接点（a）	用接点（a）	用接点（a）
DN80（3″）	用接点（d）	用接点（d）	用接点（d）	用接点（d）	用接点（d）	用接点（a）

注　表中 a、b、c、d 分别对应图 5-3-52（4）（a）、（b）、（c）、（d）几种接点做法。

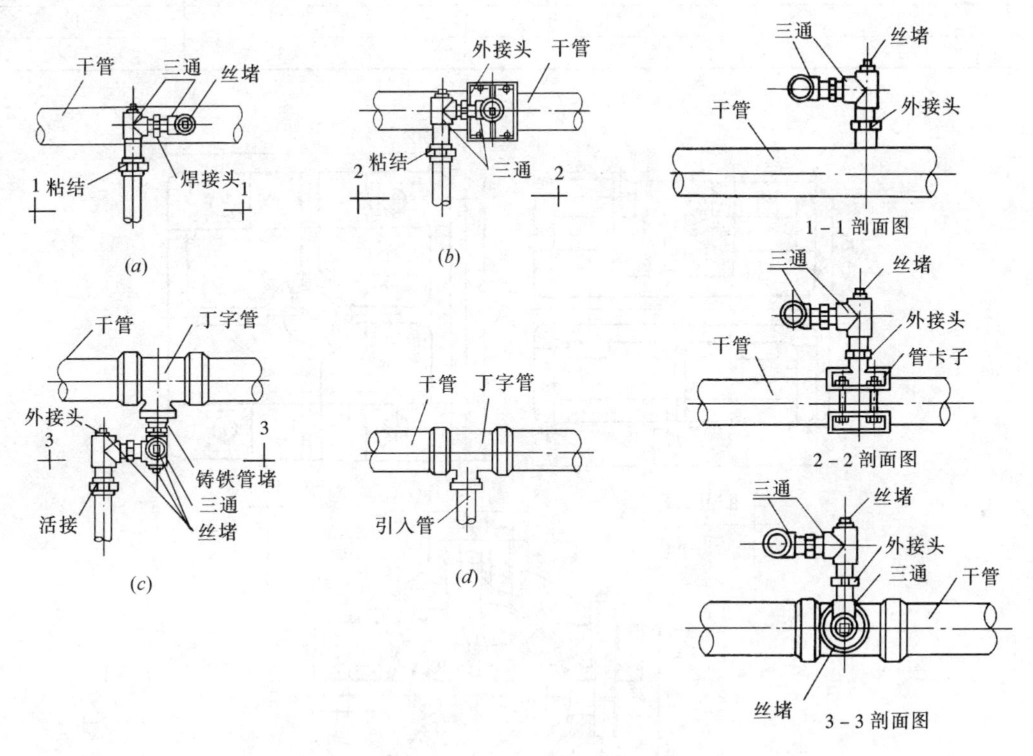

图 5-3-52（4）　引入管接点做法

（a）引入接点做法平面图；（b）引入接点做法平面图；（c）引入管接点做法平面图；（d）引入管接点做法平面图

管卡子规格尺寸表　　**表 5-3-52（2）**

代号 \ 规格	DN80×DN32	DN100×DN32	DN100×DN40	DN150×DN50
R_1	49.5	62	62	87.5
R_2	46.5	59	59	84.5
R_3	78	92	92	120
R_4	75	89	89	117

续表

代号 \ 规格	$DN80 \times DN32$	$DN100 \times DN32$	$DN100 \times DN40$	$DN150 \times DN50$
D_1	41.9	41.9	47.8	59.6
D_2	70	70	90	90
D_3	38.9	38.9	44.8	56.6
L_1	210	230	230	250
L_2	110	130	130	150
M_1	210	232	232	290
M_2	160	182	182	240
H_1	67	81	81	109
H_2	64	78	78	106
T_1	12	13	13	14
T_2	14	15	15	16
T_3	15	16	16	17
T_4	13	14	14	15
T_5	24	35	35	36

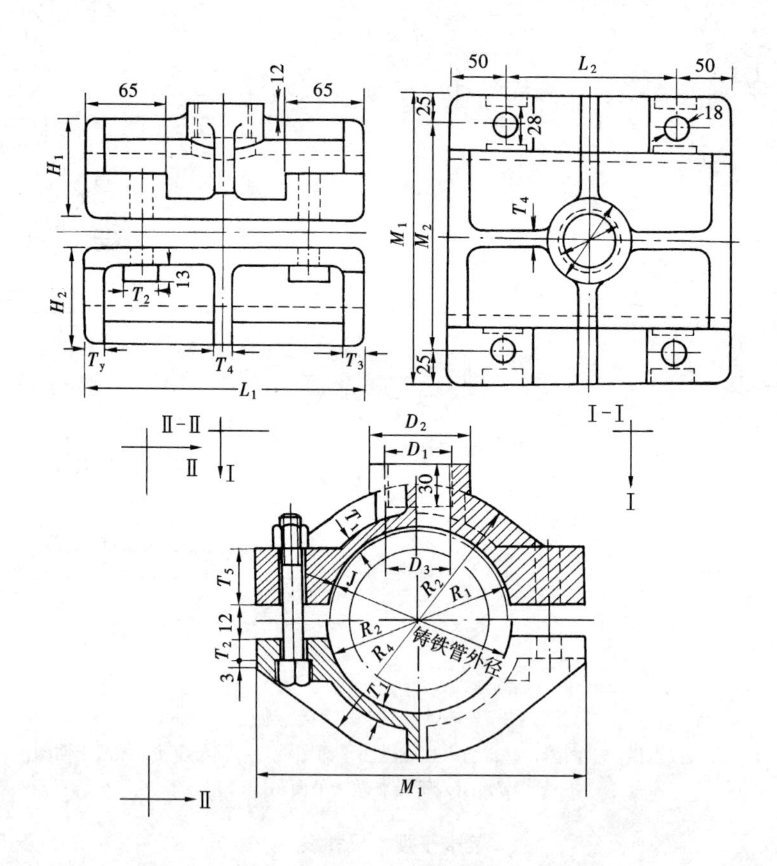

图 5-3-52（5） 管卡子（mm）

4）对用户引入管的一般规定

（1）用户引入管不得敷设在卧室、卫生间、地下室、易燃或易爆品的仓库、有腐蚀性介质的房间、配电间、变电室、电缆沟、烟道、进风道、垃圾道和水池等地方。

（2）用户引入管的最小公称直径，应遵守下列规定：

① 当输送人工煤气或液化石油气混合气时，不得小于 25mm。

② 当输送天然气或气态液化石油气时，不得小于 15mm。

(3) 用户引入管阀门的布置，应符合下列要求：

① 北方地区阀门一般设置在室内（厨房、楼梯间），对重要用户尚应在室外另设置阀门。

② 地上低压用户引入管的公称直径小于或等于 75mm 时，可在室外设置带丝堵的三通，不宜设置阀门。

(4) 用户引入管穿过建筑物基础、隔墙或暖气沟时，应设置在套管内，套管内的管段不应有接头，套管与引入管之间用沥青油麻填塞，并用热沥青封口。一般情况下，套管公称直径应比引入管的公称直径大两号。

(5) 引入管穿过高层建筑物承重墙时，应考虑建筑物沉降的影响，可采用加大套管或预留竖槽形孔洞等措施，安装时应考虑在引入管上部留有不小于建筑物最大沉降量的间隙，并在引入管周围填满砂子，两端做好防水处理。

(6) 室外地上引入管顶端应设置丝堵，地下引入管在室内地面上应设置清扫口，便于通堵。

(7) 输送湿燃气引入管的埋深应在当地冰冻线以下，当保证不了这一埋深，应采取保温措施。

(8) 在供暖地区，输送湿燃气或杂质较多的燃气，对室外地上引入管部分，为防止冬季冰堵或茶堵，应砌筑保温台，内部应做保温处理，如图 5-3-52 (3) 所示。

(9) 输送燃气的引入管应有不小于 2%的坡度，并应坡向庭院管道。

(10) 当引入管的管材为镀锌钢管埋设或无缝钢管埋设时，必须采取防腐措施。

(11) 当引入管的管材为铸铁管承插连接时，应优先考虑使用青铅油麻填料。

(12) 用户引入管铸铁管的承插连接，镀锌管的丝扣连接，无缝钢管的焊接及煨弯均应符合规范中管道的连接有关质量标准。

(13) 用户引入管无论使用何种管材、管件、使用前均应认真检查质量，并应彻底清除管内堵塞物。

5-3-53 燃气管道检漏管的施工要点有哪些？

答： 1) 检漏管的作用。检漏管是用来检查燃气管道可能出现渗漏的设施。燃气管道敷设在重要的地区，如穿越铁路、公路或河道等处。为确保安全，需经常检查燃气管道是否漏气时，可设燃气检漏管。

2) 检漏管的安装要点：

(1) 检漏管由管罩、检查管和防护罩组成。管罩可以采用砌砖或利用废旧管道，在管罩和燃气管之间填以碎石或中粗砂。检漏管要伸入在地面的防护罩内，并在管端装有管箍和外方堵头，如图 5-3-53 所示。

(2) 检漏管的安装如图 5-3-53 所示。

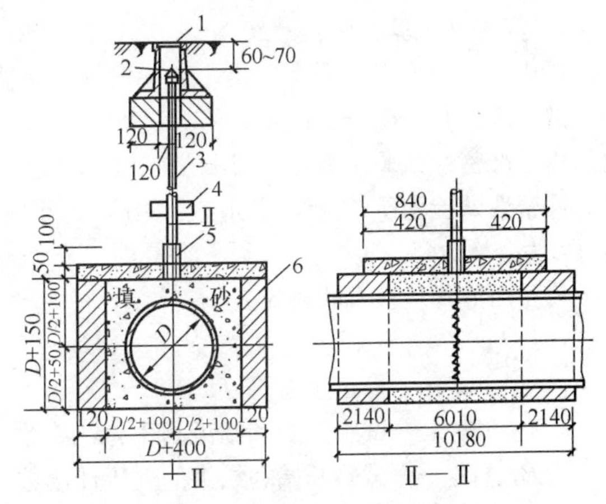

图 5-3-53 检漏管安装图

1—DN100 防护罩；2—DN20 丝堵；3—DN20 检漏管；4—固定板；5—DN32 套管；6—MU10 砖 M7.5 砂浆砌体

5.4 燃气管道工程质量控制及验收

5-4-1 燃气管道压力试验一般规定有哪些？

答： 1) 压力试验介质为压缩空气。

2）在压力试验前，应编制强度、气密性试验的试验方案。

3）管道系统应分段进行强度试验，试验管段长度不宜超过1km。

4）压力表应在校验的有效期内，量程为试验压力的1.5～2.0倍，精度不低于1.5级。

5）强度试验可由施工单位会同建设单位进行。

6）气密性试验应由燃气管理部门、施工单位、建设单位联合进行。

7）试验时所发现的缺陷，应在试验压力降至大气压时进行处理，处理后应进行复试。

8）燃气管道试压前的其他准备工作，可参照上述给水管道试压前的准备工作执行。

5-4-2　燃气管道强度试验要点有哪些？

答：1）试验压力：

钢骨架塑料（聚乙烯）复合管管道系统的强度试验压力为管道设计压力的1.5倍，且最低试验压力不应小于0.4MPa。

2）强度试验方法：

进行强度试验时，压力应逐步缓升，当压力升至试验压力的50%时，应对管道系统进行检查，如无泄漏和异常现象（用肥皂液或洗涤液检查接头是否漏气，检查完毕应及时用清水冲洗检查泄漏用的肥皂或洗涤液，以防管道产生龟裂），继续缓慢升压至试验压力，达到试验压力后稳压1h，观察压力计30min，无明显压力降为合格。

3）经分段试压合格的管段互相连接的接头，经检验合格后，可不再进行强度试验。

5-4-3　燃气管道严密性试验要点有哪些？

答：1）严密性试验在强度试验合格后进行。

2）设计压力$P<0.005$MPa时，试验压力为0.02MPa；设计压力$P\geqslant0.005$MPa时，试验压力为设计压力的1.15倍且不得小于0.1MPa。

3）聚乙烯燃气管道的严密性试验使用压力表量程为试验压力的1.5～2倍，精度为0.4级，最小表盘直径150mm。

4）气密性试验方法：

试压时的升压速度不宜过快，对于设计压力大于0.8MPa的管道，压力缓慢上升至30%和60%试验压力时，应分别停止升压，稳压30min，并检查系统有无异常，如无异常继续升压。管内压力至严密性试验压力后，待温度、压力稳定后开始记录。

严密性试验稳压的持续时间应为24h，每小时记录不应少于一次，当修正压力降小于$\Delta P<$133Pa为合格。

修正压力降应按下式确定：

$$\Delta P=(H_1+B_1)-(H_2+B_2)\times(273+t_1)/(273+t_2)$$

式中　ΔP——修正压力降（Pa）；

H_1、H_2——试验开始和结束的压力计读数（Pa）；

B_1、B_2——试验开始和结束的气压计读数（Pa）；

t_1、t_2——试验开始和结束的管内介质温度（℃）。

5）所有未参加气密性试验的设备、仪表，在试验合格后应及时复位，然后按设计压力对系统升压，用肥皂液或洗涤液检查设备、仪表及其管道的连接处，不漏气为合格，检查完毕应及时用清水冲洗检查用的肥皂液或洗涤液，以防管道产生龟裂。

5-4-4　燃气管道系统吹扫、强度、严密性试验施工准备有哪些要求？

答：适用于城镇燃气管道设计压力不大于4.0MPa的新建、改建和扩建输配工程的施工。管道安装完毕后应依次进行管道吹扫、强度试验和严密性试验。

1）材料要求：

(1) 阀门：规格、型号必须符合设计及国家现行有关产品规定，并具有出厂产品合格证、质量检验证明书和安装说明等。

(2) 法兰：规格、型号必须符合设计及国家现行有关产品规定，具有出厂合格证，并进行外观检查。密封面应平整光洁、无毛刺和径向沟槽，法兰垫片质地柔韧、无老化变质，表面无折损、皱纹等缺陷。

(3) 管件：弯头、三通、封堵等符合设计及国家现行有关产品规定，具有出厂合格证。

(4) 焊条、焊丝：焊条应符合现行国家标准《非合金钢及细晶粒钢焊条》GB/T 5117—2012的规定，焊丝应符合现行国家标准《熔化焊用钢丝》GB/T 14957—1994、《气体保护焊用钢丝》GB/T 14958的规定。应有出厂合格证，焊条、焊丝的化学成分、机械性能应与管道母材相匹配。

(5) 螺栓、螺母：螺栓螺母的螺纹应完整、无伤痕、毛刺等缺陷，螺栓与螺母应配合良好，无松动或卡涩现象，并具有出厂合格证。

2) 施工机具（设备）：

(1) 主要设备：打压车或空气压缩机、发电机、起重机、压力计等。

(2) 辅助设备：电焊机、电火花检测仪、烘干机、焊条保温桶、抽水泵等。

(3) 工具：扳手、铁锹、小毛刷、泡沫水、警戒线、警示灯等。

3) 作业条件：

(1) 燃气管道分段焊接完毕，射线探伤符合设计及规范要求。

(2) 试验前管道回填至管顶0.5m以上并留出焊口位置。

4) 技术准备：

(1) 管道吹扫、强度试验及严密性试验前应编制施工方案，制定安全措施。

(2) 施工前向作业人员进行施工技术和安全交底。

5-4-5　燃气管道系统吹扫、强度、严密性试验施工工艺流程是怎样的?

答：工艺流程：

管道吹扫→（分段）强度试验→整体连接→全线通球吹扫→设备安装→严密性试验

5-4-6　燃气管道系统吹扫、强度、严密性试验施工操作要点有哪些?

答：操作要点如下：

1) 管道吹扫

(1) 气体吹扫：

球墨铸铁管道、聚乙烯管道、钢骨架聚乙烯复合管道和公称直径小于100m或长度小于100mm的钢质管道，可采用气体吹扫。吹扫的介质宜采用压缩空气。

每次吹扫管道的长度不宜超过500m，否则应分段吹扫。

吹扫压力不得大于管道的设计压力，且不得小于0.3MPa。吹扫气体的流速不小于20m/s。

吹扫口应设在开阔地段并加固，吹扫口与地面的夹角应在30°～45°之间，吹扫口管段与被吹扫管段必须采取平缓过渡对焊，吹扫口直径应符合表5-4-6（1）规定。

吹扫口直径（mm）　　**表5-4-6（1）**

末端管道公称直径*DN*	*DN*<150	150≤*DN*≤300	*DN*≥350
吹扫口公称直径	与管道同径	150	250

当管道长度在200m以上，且无其他管段或储气容器可利用时，应在适当部位安装吹扫阀，采用分段储气，轮换吹扫；当管道长度不足200m，可采用管道自身储气放散的方式吹扫，打压点与放散点应分别设在管道的两端。

在吹扫口末端设置白布或白漆木靶板进行检验，5min内靶上无铁锈、尘土、污渍时，清扫试验合格。

（2）清管球吹扫：

公称直径不小于 100mm 的钢质管道，宜采用清管球进行清扫。

当输气管道采用清管球吹扫时，清扫管段的长度不宜超过 500m，当管道长度超过 500m 时，宜分段吹扫。

管段直径必须是同一规格，不同管径的管道应断开分别清扫。凡影响清管球通过的管件、设施，在清管前应采用必要措施进行处理。

首先将发球筒和收球筒分别与待吹扫管道的两端连接，其次将发球筒的进气管与空压机连接，安装好收球筒的排气管，排气管应设静电接地。

将清管球放入发球筒内，处于待发射状态。压入压缩空气，当清管球两端的压差在 0.4MPa 时，打开阀门，发射清管球。

清管球在压缩空气的推动下，管道内的残存水、尘土、铁锈、焊渣等杂物随球清至管道末端收球筒内，杂物从吹扫口排出。

清管球吹扫后进行检验，不合格应再进行吹扫，直至合格。

2）强度试验（分段）

（1）一般要求：

管道焊接检验、清扫合格后方可进行强度试验作业，试验压力应满足设计及规范要求。

直埋管道回填土宜回填至管顶 0.5m 以上，留出焊口。

管道应分段进行压力试验，试验管道分段最大长度宜按表 5-4-6（2）执行。

管道试压分段最大长度 **表 5-4-6（2）**

设计压力 PN（MPa）	试验管段最大长度（m）
$PN \leqslant 0.4$	1000
$0.4 < PN \leqslant 1.6$	5000
$1.6 < PN \leqslant 4.0$	10000

管道试验用压力计不应少于两块，并应分别安装在试验管道的两端。

管道试验有温度测试要求时，试压管段的两端应各安装 1 支温度计，且避免阳光直射，温度计的最小刻度应小于或等于 I～C。

试验用压力计的量程应为试验压力的 1.5～2 倍，其精度不得低于 1.5 级。

强度试验压力和介质应符合表 5-4-6（3）的规定。

强度试验压力和介质表 **表 5-4-6（3）**

管道类型	设计压力 PN（MPa）	试验介质	试验压力（MPa）
钢　管	$PN > 0.8$	清洁水	$1.5PN$
	$PN \leqslant 0.8$	压缩空气	$1.5PN$ 且 $\geqslant 0.4$
球墨铸铁管	PN		$1.5PN$ 且 $\geqslant 0.4$
钢骨架聚乙烯复合管	PN（SDR11）		$1.5PN$ 且 $\geqslant 0.4$
聚乙烯管	PN（SDR11）		$1.5PN$ 且 $\geqslant 0.4$
聚乙烯管	PN（SDR17.6）		$1.5PN$ 且 $\geqslant 0.2$

当待检验的管段为钢管时，管道两端用管盖封堵。

椭圆封堵钢板厚度按下式计算：

$$\delta = \{0.75P \times 2R/[\delta]\}1/2$$

式中　δ——钢板厚度（m）；

P——管道压力（MPa）；

R——管道半径（m）；

$[\delta]$——钢板允许应力（MPa），钢板选 Q235。

（2）水压试验：

水压试验时，试验管段任何位置的管道环向应力不得大于管材标准屈服强度的 90%。液压试验宜在环境温度 5℃以上进行，如环境温度低于 5℃应采取防冻措施。

架空管道采用水压试验前，应核算管道及其支撑结构强度，必要时应临时加固。

管道注水时，应将置于管段内最高点的排气阀全部打开进行排气，依次检查所有排气阀，排气阀出水后，关闭阀门。

进行强度试验时，压力应逐步缓升，首先升至试验压力的 50%，进行初检，如无泄漏、异常，继续升压至强度试验压力，然后宜稳压 1h，观察压力计不应少于 30min，无压降为合格。

水压试验合格后，应及时将管道中的水放（抽）净。并按要求进行吹扫。

经分段试压合格的管段相互连接的焊缝，经射线照相检验合格后，可不再进行强度试验。

（3）气压试验：

采用压缩空气为介质连接空气压缩机，待检验管道管径在 DN150mm 以下时可选用 0.6m^3 空气压缩机，管径在 DN150～600mm 时可选用 6m^3 空气压缩机，管径在 $DN\geqslant$700mm 应采用 9m^3 以上空气压缩机。当检验长距离管道时，为缩短试验时间，空气压缩机应适当增大。

采用泡沫水检测焊口，当发现有漏气点时，及时标出漏洞的准确位置，待全部接口检查完毕后，将管内的介质放掉，方可进行补修，补修后重新进行强度试验。

3）整体连接：

（1）管道在分段试验合格后，进行全线焊接，准备吹扫作业。

（2）分段试压合格的管段相互连结的焊缝，经射线照相检验合格后，可不再进行强度试验。

4）全线吹扫：

（1）吹扫管段内的调压器、阀门、孔板、过滤网、燃气表、波纹补偿器等设备不参与吹扫，待吹扫合格后再安装复位。

（2）吹扫工艺见管道吹扫相关条。

5）管道附件、设备安装：

管道附件、设备安装完成后，与管线一起进行严密性试验。

6）严密性试验：

（1）严密性试验应在强度试验合格、管线全线回填后方可进行。

（2）管道设备、附件安装后方可进行严密性试验，试验压力应满足设计及规范要求。

（3）试压用的压力计应在校验有效期内，其量程应为试验压力的 1.5～2 倍，其精度等级、最小分格值及表盘直径应满足表 5-4-6（4）的要求。

试压用压力表选择要求　　**表 5-4-6（4）**

量程（MPa）	精度等级	最小表盘直径（mm）	最小分格值（MPa）
0～0.1	0.4	150	0.0005
0～1.0	0.4	150	0.005
0～1.6	0.4	150	0.01
0～2.5	0.25	200	0.01
0～4.0	0.25	200	0.01
0～6.0	0.16	250	0.01
0～10	0.16	250	0.02

(4) 严密性试验介质宜采用压缩空气，试验压力应满足下列要求：

设计压力小于 5kPa 时，试验压力应为 20kPa。

设计压力大于或等于 5kPa 时，试验压力应为设计压力的 1.15 倍，且不得小于 0.1MPa。

严密性试验仪表宜采用电子压力记录仪。

严密性试验稳压的持续时间应为 24h，每小时记录不应少于 1 次，当修正压力降小于 133Pa 为合格。修正压力降应按下式确定：

$$\Delta P' = (H_1 + B_1) - (H_2 + B_2)[(273 + t_1)/(273 + t_2)]$$

式中 $\Delta P'$——修正压力降（Pa）；

H_1、H_2——稳压开始和结束时压力计读数（Pa）；

B_1、B_2——稳压开始和结束时气压计读数（Pa）；

t_1、t_2——稳压开始和结束时管内介质温度（℃）。

(5) 强度试验完成后，如果具备直接进行严密性试验的条件，可以在强度试验合格后，放掉管道中的部分介质，使管内压力降至严密性试验压力，开始进行严密性试验。

(6) 单独进行严密性试验时，升压速度不宜过快。对设计压力大于 0.8MPa 的管道，压力缓慢上升至 30%和 60%试验压力时，应分别停止升压，稳压 30min，检查系统有无异常情况，如无异常情况继续升压。管内压力升至严密性试验压力后，待温度、压力稳定后开始记录。

(7) 若系统有异常情况或试验结果不合格，对管道附件、设备进行检查，找出原因，必要时将压力降至大气压力，进行调整、更换、修补、焊接乃至重新安装之后重新进行严密性试验，直至合格。

(8) 所有未参加强度、严密性试验的设备、仪表、管件，应在严密性试验合格后进行安装，然后按设计压力对系统升压，并采用泡沫水检查设备、仪表、管件及其与管道的连接处，不漏为合格。

5-4-7 燃气管道系统吹扫、强度、严密性试验施工冬雨期施工有何要求?

答：1) 雨期施工：

(1) 各种电气动力设备必须定期进行绝缘、防雷、接地、接零保护的测试，发现问题及时处理，严禁带隐患运行。

(2) 焊接作业时，应搭设防雨、防风棚。

2) 冬期施工：

(1) 管道焊接的允许最低温度为－20℃。焊接前应对管口进行均匀预热。在风速大于 5m/s 时不能施焊。冬施焊接作业面应有专用防风棚防护，以防风砂影响；雪天严禁焊接，以保证焊口质量。

(2) 焊接前，管道两端进行封堵。焊接完成后，焊口应用阻燃材料进行包裹保温，使焊口缓慢冷却，防止猝冷裂纹。

(3) 冬季进行水压试验应采取防冻措施，可将管道回填土适当加厚，用阻燃草帘将暴露的管道包严，对注水及试压临时管线缠绳保温。

5-4-8 燃气管道系统吹扫、强度、严密性试验施工质量标准是怎样的?

答：一般要求：

《城镇燃气输配工程施工及验收规范》CJJ 33—2005 规定：

1) 吹扫：水压冲洗当设计无规定时，则以出口的水色和透明度与入口处目测一致为合格；气压吹扫时，在排气口用白布或涂有白漆的靶板检查，如 5min 内检查其上无铁锈、尘土、污渍及其他脏物即为合格。

2) 强度试验：当升压至设计试验压力后宜稳压 1h，观察压力计不应少于 30min，无压力降为合格。

3）严密性试验：管内压力升至严密性试验压力后，稳压24h，采用电子压力记录仪时，压力不下降为合格；采用其他类型的测压仪表时，修正压力降不小于133Pa为合格。

5-4-9　燃气管道系统吹扫、强度、严密性试验施工质量记录有哪些？

答：1）管道通球试验记录。

2）管道系统吹洗记录。

3）燃气管道强度试验验收单。

4）燃气管道严密性试验验收单。

5）燃气管道气压严密性试验记录（一）、（二）。

5-4-10　燃气管道系统吹扫、强度、严密性试验施工安全与环保措施有哪些？

答：1）安全措施：

（1）试压前，制定应急预案，成立领导小组，分工明确，专人指挥。

（2）试压时，打压车和管道应连接牢固，避免气流伤人。

（3）试压、稳压期间指定专人负责看管，保护打压设备。

（4）试压时，应明确联络信号，统一指挥，试压中，不得带压作业。无关人员严禁进入警戒线，打压表附近严禁站人，进气管要固定好，防止接口松动。在试验的连续升压过程中和强度试验的稳压结束前，所有人员不得靠近试验区，人员离试验管道的安全距离满足规范要求。

（5）夜间进行作业时，现场设置值班棚，要有充足的照明设施。

（6）参加试压的人员应熟悉试压方案和规范，做好安全技术交底。

2）环保措施：

（1）施工期间产生的污油、污水、废液等应设置专用回收装置。

（2）在施工期间应对防腐材料等固体废弃物、垃圾分类回收。

（3）对产生噪声的设备应采取隔声措施。

5-4-11　燃气管道系统吹扫、强度、严密性试验施工成品保护有何要求？

答：1）管道在吊装、下管过程中必须使用专用吊带。

2）阀门等设备必须带包装箱运输，存放在料场时，包装箱下应垫方木，上遮塑料布，周围挖排水沟，避免雨淋、水泡。

5-4-12　燃气管道吹扫与功能性（允许渗水量）试验有哪些规定？

答：1）管道吹扫应符合下列规定：

（1）吹扫范围内的管道除补口、涂漆外，应按设计图纸全部完成，并经外观检验合格。

（2）吹扫管道应与无关系统采取隔离措施，与已运行的燃气系统之间必须加装盲板且有明显标志。

（3）吹扫管段内的调压器、阀门、孔板、过滤网、燃气表等设备不得参与吹扫，吹扫前应采取拆除或其他保护措施，待吹扫合格后再安装复位。

（4）管道宜分段吹扫，吹扫管段的长度不宜超过500m。吹扫介质宜采用压缩空气，严禁采用氧气和可燃性气体。吹扫压力不得大于管道的设计压力，且不得大于0.3MPa。管道内吹扫气体流速不宜小于20m/s。

（5）公称直径大于或等于100mm的钢质管道，宜采用清管球进行清扫。球墨铸铁、聚乙烯、钢骨架聚乙烯复合管道和公称直径小于100mm或长度小于100m的钢质管道，可采用气体吹扫。

（6）管道吹扫时设置的进气口、出气口应布设合理，出气口前方100m范围内不得有建（构）筑物。吹扫口与地面的夹角应在30°～45°之间，吹扫口管段与被吹扫管段必须采取平缓过渡对焊，吹扫口直径应符合表5-4-12（1）的规定。

吹扫口直径（mm）　　**表 5-4-12（1）**

末端管道公称直径 DN	$DN<150$	$150\leqslant DN\leqslant 300$	$DN\geqslant 350$
吹扫口公称直径	与管道同径	150	250

（7）对聚乙烯管道或钢骨架聚乙烯复合管道吹扫时，进气口应采取油水分离及冷却等措施，确保管道进气口气体干燥，且其温度不得高于 40℃；排气口应采取防静电措施。

（8）当吹扫至目测排气无烟尘，且在排气口设置的白布或涂白漆木靶检验时，5min 内靶上无铁锈、尘土等其他杂物为合格。

（9）管道吹扫合格，设备复位后，不得再进行影响管内清洁的其他作业。

2）采用清管球清扫除符合有关规定外，尚应遵守下列要求：

（1）不同管径的管道应断开分别进行清扫。

（2）清管球直径、结构应经计算确定。注水清管球应经专业加工厂制作。

（3）清管球清扫完成后，如不能符合质量要求，应采用气体再清扫至合格。

3）管道吹扫合格后方可进行强度试验。强度试验前应对管道进行回填土（固定焊口、管件部位除外）至管顶以上 500mm。

4）管道强度试验应符合下列规定：

（1）管道应分段进行压力试验，试验管道分段最大长度宜按表 5-4-12（2）执行。

管道试压分段最大长度　　**表 5-4-12（2）**

设计压力 PN（MPa）	试验管段最大长度（m）
$PN\leqslant 0.4$	1000
$0.4<PN\leqslant 1.6$	5000
$1.6<PN\leqslant 4.0$	10000

（2）管道试验用压力计及温度记录仪表应在检验有效期内，处于完好状态，试验中每种仪表均不得少于两块，并应分别安装在试验管道的两端。

（3）试验用的压力计量程应为试验压力的 1.5～2 倍，其精度等级、最小分格值及表盘直径应满足表 5-4-12（3）的要求。

试压用压力表选择要求　　**表 5-4-12（3）**

量程（MPa）	精度等级	最小表盘直径（mm）	最小分格值（MPa）
0～0.1	0.4	150	0.0005
0～1.0	0.4	150	0.005
0～1.6	0.4	150	0.01
0～2.5	0.25	200	0.01
0～4.0	0.25	200	0.01
0～6.0	0.16	250	0.01
0～10	0.16	250	0.02

（4）强度试验压力应符合表 5-4-12（4）的规定。

强度试验压力与介质　　**表 5-4-12（4）**

管道类型	设计压力 PN（MPa）	试验介质	试验压力（MPa）
钢管	$PN>0.8$	清洁水	$1.5PN$
	$PN\leqslant 0.8$	压缩空气	$1.5PN$ 且 $\geqslant 0.4$
球墨铸铁管	PN		$1.5PN$ 且 $\geqslant 0.4$
钢骨架聚乙烯复合管	PN		$1.5PN$ 且 $\geqslant 0.4$
聚乙烯管	PN（SDR11）		$1.5PN$ 且 $\geqslant 0.4$
	PN（SDR17.6）		$1.5PN$ 且 $\geqslant 0.2$

(5) 强度试验为水压试验时，应符合现行《液体石油管道压力试验》GB/T 16805—2009 的有关规定。试验管段任何位置的管道环向应力不得大于管材标准屈服强度的 90%。架空管道采用水压试验前，应核算管道及其支撑结构的强度，必要时应临时加固。试压宜在环境温度 5℃以上进行，否则应采取防冻措施。

(6) 试验时压力应逐步缓升，首先升至试验压力的 50%进行初检，如无泄漏、异常，继续升至试验压力，然后宜稳压 1h 后，观察压力计不得少于 30min，无压力降为合格，并形成有关单位签认的验收报告。

(7) 水压试验合格后，应及时将管道中的水放（抽）净，并按有关要求进行吹扫。

(8) 经分段试压合格的管段相互连接的焊缝，经射线照相检验合格后，可不再进行强度试验。

5) 严密性（允许渗水量）试验应符合下列规定：

(1) 严密性（允许渗水量）试验应在强度试验合格、管线全线回填后进行。

(2) 试验用的压力计应符合相关要求。

(3) 严密性（允许渗水量）试验介质宜采用空气，试验压力应满足下列要求：

① 设计压力小于 5kPa 时，试验压力应为 20kPa。

② 设计压力大于或等于 5kPa 时，试验压力应为设计压力的 1.15 倍，且不得小于 0.1MPa。

(4) 试压时的升压速度不宜过快。对设计压力大于 0.8MPa 的管道试压，压力缓慢上升至 30%和 60%试验压力时，应分别停止升压，稳压 30min，并检查系统有无异常情况，如无异常情况继续升压。管内压力升至严密性试验压力后，待温度、压力稳定后开始记录。

(5) 严密性试验稳压的持续时间应为 24h，每小时记录不得少于 1 次，当修正压力 133Pa 为合格。修正压力降应按下式确定：

$$\Delta P' = (H_1 + B_2) - (H_2 + B_2)\frac{273 + t_1}{273 + t_2}$$

式中 $\Delta P'$——修正压力降（Pa）；

H_1、H_2——试验开始和结束时的压力计读数（Pa）；

B_1、B_2——试验开始和结束时的气压计读数（h）；

t_1、t_2——试验开始和结束时的管内介质温度（℃）。

(6) 所有未参加严密性试验的设备、仪表、管件，应在严密性试验合格后进行复位，然后按设计压力对系统升压，应采用发泡剂检查设备、仪表、管件及其与管道的连接处，不漏为合格。

(7) 严密性（允许渗水量）试验合格后应形成有关单位签认的验收报告。

6) 管道进行吹扫、强度试验、严密性（允许渗水量）试验中，发生卡球、漏水、漏气等现象时，均不得当时处理，必须在停机、泄压、断电后方可检查、处理。

5-4-13 燃气管道工程质量控制要点有哪些？

答： 1) 煤气管及附件，焊条及其他材料均应符合现行标准，具有出厂合格证，法兰垫片在使用前应用机油浸透。

2) 地下煤气管道在与其他管道交叉处不应安装抽水缸和阀门。

3) 煤气管道最小覆土深度一般不应小于 0.8m。

4) 穿过墙壁的管道应设预留孔或装套管。

5) 管道铺设时不得损坏管道防腐层或保温层。

6) 阀门表面不应有粗砂、裂纹等缺陷，开关灵活，安装前应灌煤油作油渗检验。

7) 调长器应安装在控制来气阀的后面，内套短管活口应向排水方向安装，注油孔应放在下方，并用石油沥青（强度等级 A-100）灌满。

8）抽水缸安装前应进行气压试验，涂抹肥皂水检验焊缝，合格后进行除锈和特加强绝缘层防腐工作，安装时应将抽水缸内部清理干净。

9）煤气管道穿过构筑物时应加套管保护，套管两端应予堵塞。进户调压器应有合格证，安装平整稳牢，进出口方向不得装错。

10）流量孔板接仪表的管口位置一般应装在管道的上方。

11）严格检查绝缘防腐层厚度质量，操作应符合施工规定。

12）沟槽下的管道固定处作绝缘防腐。

13）煤气管道进行强度试验时，采用弹簧压力表观测0.3MPa，进行严密性试验时，采用U形水银压力表观测0.1MPa。

5-4-14　钢筋混凝土工程质量控制要点有哪些?

答：1）混凝土标号符合设计要求，有经过批准的配比，用料计量准确。

2）钢筋、水泥、石子、砂、水等经试验符合要求。

3）模板、支架牢固，板缝严密不漏浆，尺寸符合设计。

4）钢筋表面清洁，绑架、焊接牢固，搭接符合规范。

5）混凝土拆模时间要根据使用要求，实际混凝土强度决定，作做好后期养生和成品保护工作。

6）做好防水层的保护。

7）做好钢筋混凝土的各项隐蔽工程验收。

8）检查混凝土搅拌、振捣、运输等各个环节准备工作。

9）做好气象资料，混凝土测温，保证混凝土合格后再进行下一工序。

10）做好各项资料保管工作，对混凝土及强度试验进行专项管理。

5-4-15　燃气钢管要检查哪些项目才能保证安全运行?

答：煤气管道主要采用钢管。因为煤气在管道内运行时带有一定的压力，称工作压力。按工作压力高低，煤气管道分为低压（$P\leqslant5$kPa）管道，中压（5kPa$<P\leqslant$15kPa）管道和次高压（15kPa$<P\leqslant$30kPa）管道。煤气管道运行前还要作管道系统试验，即强度试验和严密性试验，保证管道安全运行。

为了达到以上要求，对各类钢管的钢号、直径和壁厚要作核查，钢管及附件、焊条及有关材料，均符合现行标准，并具有出厂合格证明，铁管应无腐蚀，无裂纹、重皮和压延不良现象。

5-4-16　钢管铺设主要有哪几项检验?

答：钢管铺设的检验项目，主要有管道高程（坡度）、中心线位移、对口间隙和对口错口、管道弯曲度（直顺度）和垂直度、成排管平整度和管间距、交叉管或防腐层间距，大管径椭圆度等。

5-4-17　燃气钢管绝缘防腐检验有何特殊要求?

答：煤气管道的绝缘防腐要求，除与给水管道和供热管道要求相同以外，在绝缘防腐层的工艺操作和质量检验方面还有特殊要求。

煤气管道的绝缘防腐层分为普通绝缘、加强绝缘和特加强绝缘三类。这三类共同之处是冷底子油、沥青玛琋脂，不同之处是普通绝缘为一层冷底子油、两层沥青玛琋脂；加强绝缘则在普通绝缘层上加一层麻布或玻璃丝布和两层沥青玛琋脂；特加强层又在加强层上加一层麻布或玻璃丝布和两层沥青玛琋脂。各类绝缘层厚分别为2mm，麻布6mm加玻璃丝布4mm及麻布9mm加玻璃丝布6mm。

绝缘层的外观检查项目和方法与给水管道和供热管道相同，绝缘防腐层厚度用钢针刺入检查，厚度允许偏差较小，检查后用相同材料修补好被检查的地方。

需要时采用电火花方法检验绝缘性。

5-4-18　管道系统强度试验有何规定？

答：1）检验范围、频率

每100m为一检验范围，逐个检查焊口，每个口计1点。

2）检验方法

用压缩空气试压，用涂肥皂水的方法对接口逐个检查，无漏气为合格。

5-4-19　严密性试验有何规定？

答：管道系统严密性试验条件和方法是：

1）管道、管件等全部安装完毕。

2）强度试验合格。

3）管道回填土至管顶50cm以上。

4）严密性试验用压缩空气试压，观测时间不少于24h，试验结果不超过允许压力降数值为合格。

5-4-20　调压站强度及严密性试验有何规定？

答：强度试验用涂肥皂水的方法检查每个接口，无漏气为合格。

煤气管道强度试验、严密性试验、用检查压力表下降数量和涂肥皂水检查漏气情况两个指标来控制。

5-4-21　阀门检验有何规定？

答：1）阀门的公称直径、钢号及型号等符合设计要求。煤气管道上应安装闸板阀，但不得使用铜密封圈的闸板阀。

2）阀门壳体外表面，不应有黏砂、砂眼、裂纹等缺陷；阀门内外清洁无杂物；压兰盘根高度符合要求；阀门启闭灵活。

为了保证阀门在使用上的质量和安全，安装前需做油渗检验。

检验方法：关紧阀门，灌煤油进行检验，经过1h，密封面未发现煤油渗出即为合格。

5-4-22　调长器安装检验有何规定？

答：1）检查调长器是否安装在来气阀门的后面。

2）检查内套短管的活口应向排水方向安装。

3）注油孔应放在下部，孔内是否灌满石油沥青（强度等级为100）。

虽然以上均为检查项目，但又非常重要，应引起质检人员的注意。

5-4-23　抽水罐安装检验有何规定？

答：1）检查范围、频率

抽水罐每组都需检验，每组计1点。

2）强度检验

每组抽水罐必须进行强度检验，用气泵充气进行气压试验，气压与管道强度试压相同，所有焊口涂刷肥皂水检查有否漏气。

5-4-24　套管安装检验有何规定？

答：1）煤气管道穿越构筑物应加套管保护，套管与煤气管之间的空隙用中、粗砂填满，套管两端堵严，套管两端伸出量应符合规范规定。

2）煤气管道穿越铁路所采用的钢筋混凝土管或钢管，其端部应设检漏管。

3）套管采用铸铁管或钢管，应符合下列要求：

(1) 套管管径一般应大于煤气管管径2级（管径的级指的是管径系列，煤气管管径≥500mm时，可考虑加大1级）。

（2）钢套管采用加强绝缘层。

（3）套管与煤气管的间隙应均匀。

4）套管内的煤气管应采用特加强绝缘处理，并尽量减少接口。

5-4-25　调压器安装检验有何规定？

答：1）调压器安装条件

（1）调压器合格证并有说明。

（2）调压器经气压试验，强度和严密性以及进出口压力的调节，均达到质量标准。

2）调压器安装检验

（1）调压器外表面无黏砂、砂眼、裂纹等缺陷。

（2）调压器安装平正、牢固，进出口方向正确。

（3）调压器薄膜的连接管，指挥器的连接管，均连于调压器出口管道上方，连接管长度符合设计要求。

5-4-26　流量计安装检验有何规定？

答：1）流量孔板安装检验

（1）孔板的进气及出气方向。

（2）孔板接仪表的管口在管道上方。

（3）在流量孔板前两倍直径范围内的管道内表面平滑，无凹凸不平现象。

（4）孔板前后直管长度符合设计规定。

2）流量表安装检验

（1）流量表的进气口及出气口接法。一般表的进气口与孔板进气口上部的小管口相接，表的出气口与孔板出气口上部的小管口相接。

（2）接仪表的小管安装丝扣，密封橡胶垫的质量。

（3）仪表安装垂直向上。

5-4-27　燃气管道的吹扫要点有哪些？

答：燃气管道安装完后，均应进行试验，即强度试验和气密性试验。在试验前还应进行吹扫（长管道的吹扫可用管球法）。

为了保证吹扫工作顺利进行，在管道安装过程中，要保持管道内的清洁，不允许将杂物落入管内，凡间隔 4h 以上作业的管道，两端应用麻袋或塑料布封堵严密，以免杂物进入。

1）钢管道吹扫应作好下列准备工作

（1）吹扫口应设在开阔地段，安装临时控制阀门，阀门按出口中心线偏离垂直线 30°角，要进行加固，并应高出管沟沟顶。

（2）输气管道应根据吹扫介质、压力和气量来确定分段长度，一般不宜超过 3km。

（3）对吹扫管段内设置的孔板、过滤器应拆下妥善保管，待吹扫后复位。对仪表应严格保护，如无可靠保护措施时，也应拆下。

（4）对吹扫段应采取临时加固措施，以保证在吹扫时不发生位移和强烈振动。

2）吹扫方法及要求

吹扫宜采用有足够压力的压缩空气，但吹扫压力不得大于设计压力，吹扫用的压缩空气的流量应满足吹扫流速不小于 20m/s 的要求。

吹扫顺序应从大管到小管，从干管到支管，吹扫出的污物严禁进入设备和已吹扫过的管道。吹扫时，可用锤子敲打管道，对焊缝、弯头、死角、管底等部位应重点敲打，但不得损伤管子及防腐层。

吹扫应反复进行数次，确认吹净为止，同时做好记录。记录表如表 5-4-27 所示。

吹扫结束后将所有临时拆除的附件、仪表、设备等复位安好，将吹入排水器前凝水缸的杂物应打开缸盖进行清除。并把吹扫后的这一管段用盲板封闭，再进行其他作业。

吹扫的合格标准是：在排气口用白布或涂有白漆的靶板检查，5min 内上面无铁锈、尘土、水分及其他污物。

管道系统吹扫记录 **表 5-4-27**

工程名称 年 月 日

管线号	材质	工作介质	吹扫				
			介质	压力（Pa）	流速（m/s）	吹扫次数	鉴定

施工单位________ 部分负责人________ 技术负责人________

质量检查员______ 施工人员或组长________

建设单位________ 部门负责人________ 质量检查员________

5-4-28 燃气管道用管球法清（吹）扫的施工要点有哪些？

答： 1）管球清扫法的工作原理

管球是管球清扫法的重要工具，它是用耐磨的氯丁橡胶制成的圆球。其工作原理是利用气体压力将管球从被清扫管道的始端推向末端。由于管球的外径比管道内径大 4%～6%，在管内处于卡紧密封的状态，当压缩空气推动管球在管道中前进时，便将管道内的各种杂物清扫出来。

2）管球法的主要设备

（1）发球筒（见图 5-4-28（1））。发球筒上设压力表，用以观察推动管球运行的压力，并以此分析管球运行的情况。在正常情况下，有 0.1～0.3MPa 左右的压力即可推动管球运行了（其具体数值因管径的大小、管道的坡度、管道的长短以及管内积水和杂物的多少而有所不同）。若管道有阻塞，即根据实际需要而提高推球压力。

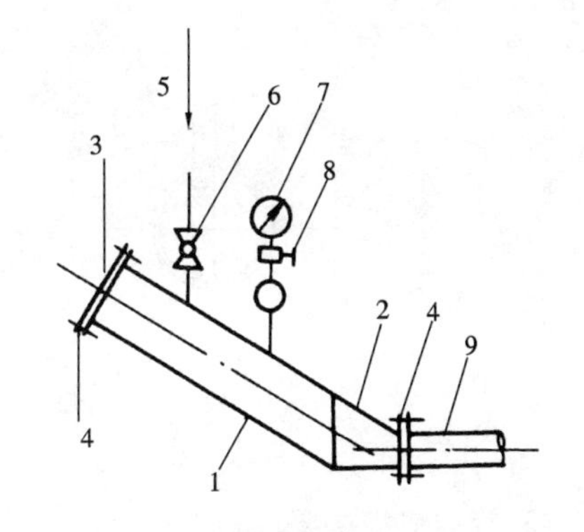

图 5-4-28（1） 发球筒

1—发球筒；2—偏心大小头；3—法兰盖；4—法兰；5—压缩空气；6—旋塞；7—压力表；8—针形阀；9—连接短管

推动管球运行的气体，一般是采用压缩空气。若清扫管道的口径较小或长度较短，耗气量不太大，可采用氮气。但切忌使用氧气、天然气进行吹扫。

（2）收球筒（见图 5-4-28（2））。

（3）型号 LGY 25-17/7 空压机若干台。

（4）管球（见图 5-4-28（3））。

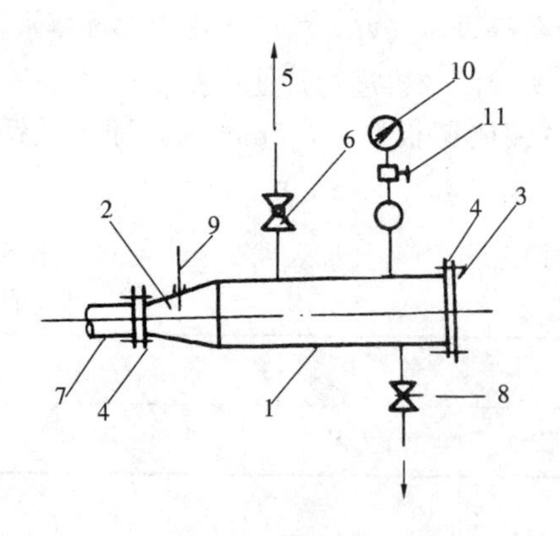

图 5-4-28（2） 收球筒

1—收球筒；2—大小头；3—盲板；4—法兰；5—排气管；6—旋塞；7—连接短管；8—排污管；9—探测器；10—压力表；11—针形阀

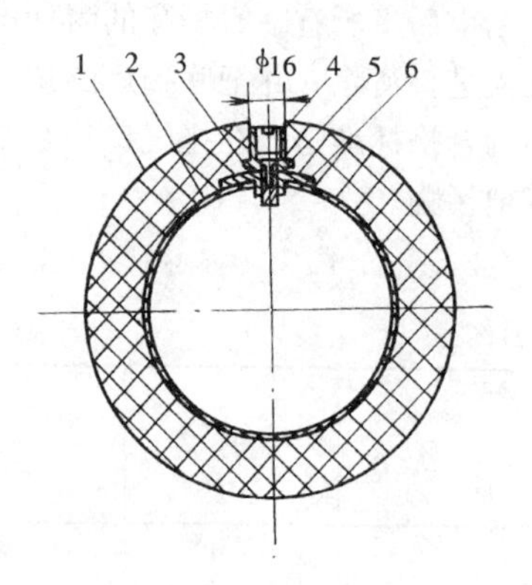

图 5-4-28（3） 管球

1—球体；2—球胆；3—嘴头；4—嘴芯塞；5—嘴芯；6—胶芯

3）管球清扫法的适用条件

（1）被清扫管道的口径必须一致，即管道沿途不能有变径管，而且管子壁厚也不得相差太大（一般应保持在 2～3mm 以内）。

（2）管道的弯头必须采用冲压弯头，不得使用折皱弯头、焊接弯头或椭圆度较大的弯头。

（3）管道的支管焊接不能采用“插入焊接”，如图 5-4-28（4）所示，而必须采用“骑马口”焊接，即“外部焊接”，如图 5-4-28（5）所示。否则，影响管球的运行。

（4）管道上的阀门必须采用球阀，而不能采用闸板阀，更不能采用截止阀等，否则管球无法通过。

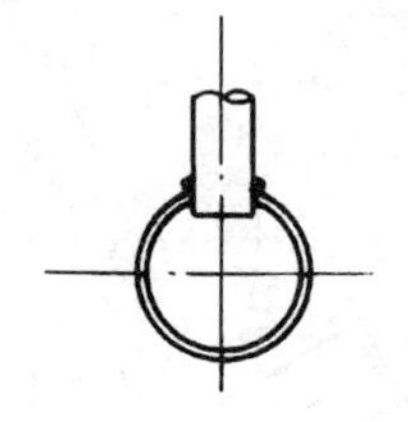

图5-4-28（4） 错误的焊接方法

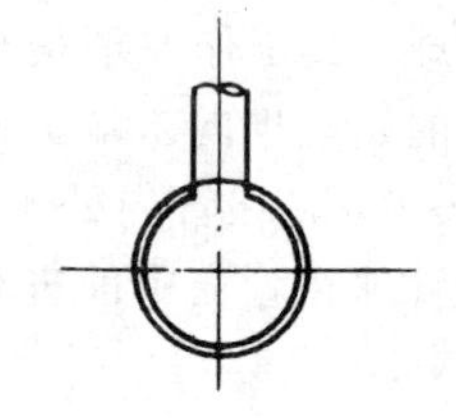

图 5-4-28（5） 正确的焊接方法

4）管球清扫法要点

（1）用管球法清扫燃气管道一般长度以不大于 10km 为宜。

（2）在正式清扫前要用 0.7MPa 的空气把要清扫的管道试验一下，看是否有漏气的地方，如有漏气的地方，应修理好后，方能进行清扫。

（3）在收、发球处及重要节点处应设专职人员、负责监视和通信工作（在清扫工作中应设置专用通信设备）。

（4）装球。首先将发球筒和收球筒的连接短管分别与被清扫管道的始、末端焊接起来，再连接好发球筒的进气管，安装好收球筒的排气管。然后卸开发球筒的法兰盖，将事先准备好的管球放入发球筒内，依靠管球自身的重力和发球筒的倾斜作用，管球即会自动滚入被清扫管道的始端卡紧，处于待发射状态。

(5) 发球。装好发球筒的法兰盖，从与空压机相连接的进气管压入压缩空气。由于管球在管道中处于卡紧密封状态，于是球的前后便产生了压力差。当压力差达到一定的程度时（即能克服球与管壁之间的摩擦力时），管球便被压缩空气推动而发射出去了。管球在管道中的前进状态是既滚动又旋转的。在管球前进的过程中，即将管道中的各种杂物也推动前进了。

(6) 及时控制收、发球两端的压差：在一般情况下，两端压差在 0.4MPa 时，球即可前进，两端压差过大要及时分析，及时处理；

(7) 清扫过程中，要做详细记录，一般每 3～5min 记录一次两端的压力值。

(8) 清扫的次数，要视清扫出的污物而定，一般情况下，10km 的管道至少也要清扫 4 次。如果清扫过程中有异常情况，要及时分析，采取有效措施解决。

5）管球运行的情况分析

管球在清扫管道中的运行情况，是断断续续前进的。当球与管壁的摩擦力以及管内积水和杂物所造成的阻力大于推球气体的压力时，球即停住不动。当球在管道中保持卡紧密封状态时，则空气压缩机在不断地向发球装置压入压缩空气的情况下，推球压力即不断上升。当压力上升到克服了球与管壁的阻力和管内积水及杂物所造成的阻力时，便将球推动前进一段距离。此时，球与发球装置之间的距离便增长了，容积便增大了，推球气体的压力即随之减小。当因容积增大而压力降低，管球所受到的推力又小于球所受到的摩擦力和阻力了，此时球便又卡住不动了。于是又循环重复上述过程，又再前进一段距离。从安装在发球装置上的压力表，即可观察到压力一阵上升，一阵下降地波动（幅度不一定很大)，这就表明管球在正常运行。压力波动幅度越小，则表明管内积水和杂质越少，反之则相反。

当管球在管道中被堵塞卡住不能前进时，压力指针显示便会持续上升，不再下降；反之，若在不断压入空气的情况下，压力表指针显示始终不上升，则表示管球在管内未能保持卡紧密状态了，有漏气故障，即无法再正常运行了。以上两种情况，均属于发生了事故，必须加以处理。

6）管球运行中的事故处理

(1) 球被堵塞的事故处理。管球在管内运行中被堵塞，主要有以下原因：管内积水、石块、泥土等杂物太多，造成阻力太大，球推不动。

处理的方法首先是提高压力，即在不断压入压缩空气的情况下，管球所受到的压力逐步增大，增大一到定程度时，又能将球继续向前推进了。

但若当压力增加到管道的强度试验压力值时，球仍被堵塞，可则能管内杂物太多，已完全堵死或弯头处有铁件等物卡住，顶不出来，此时，必须找出球被堵塞部位，割断管道，清除堵塞物。

查找球被堵塞的部位是比较麻烦的。一般是根据“容积计算法”（即依据压入管内的空气量和管内具有的压力及单位长管段的容量等数据来计算球在管道内所处的位置）；沿途监听的情况；施工人员对管道的问题掌握的情况以及“管内气压 1/2 分段钻孔法”等综合分析判断来决定，一般情况下同时采用几种办法，因为单用某一种办法解决问题不是完全可靠的。

(2) 球与管壁之间密封不严漏气，球停不走的事故处理：引起此种事故的主要原因有下列几种：

① 球破，变形漏气，如图 5-4-28（6）(*a*) 所示。

② 空心球未灌足水而发软，遇石块等物卡住而漏气，如图 5-4-28（6）(*b*) 所示。

③ 球磨损太大，过盈量不够，再加上管道

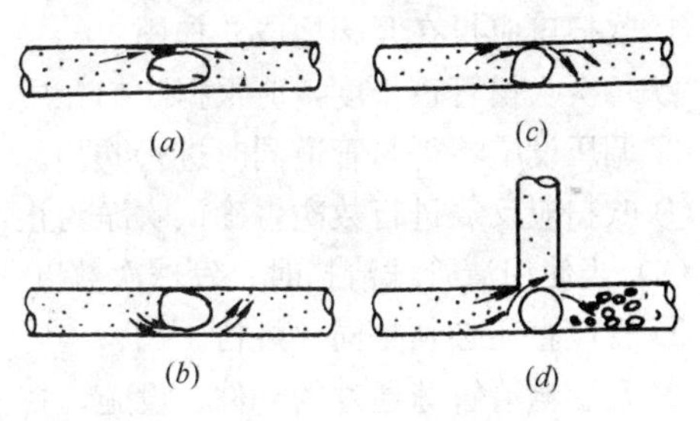

图 5-4-28（6） 管球受阻的几种情况

椭圆度太大，不能起到密封作用而漏气，如图 5-4-28（6）（*c*）所示。

④ 当球通过同径三通时，因杂物太多，阻力很大，速度太慢，未能通过而造成漏气，如图 5-4-28（6）（*d*）所示。

以上事故的处理办法，通常都是再加入一个新球，加强密封作用，将第一个球顶出来，必须注意的是第二球质量要好，过盈量较大，效果才好。若漏气情况不很严重，也可采用关闭收球筒的排气阀门，提高全段管道的压力，然后迅速打开排气管阀门，快速排气，在管球下游形成“吸力”的办法解决。这种办法对第④种情况很有效。

7）使用管球清管的注意事项

（1）空心球必须要灌水。管球一般有两种，*DN*150 以下是实心球，*DN*200 以上是空心球。在使用空心球时，事先必须用注射器将球灌满水并打足压力，使胶球膨胀并且有刚性，才能使用。空心球在设计上就考虑了灌水孔，用螺栓塞子封住，灌水时拧开螺栓塞子即可，灌水后必须注意将塞子拧紧。

（2）通球前必须检查管球的过盈量。为了保证管球具有良好的密封性，管球必须要有足够的过盈量。按照要求，空心球的外径应比管道的内径大 2%，灌水打足压力后，应大 4%～6%。如过盈量不足，则密封性不好，影响通球效果。过盈量太小或根本没有过盈量的球，不能使用。

（3）通球次数不能少于四遍。为了保证管道内清扫彻底，通了一次球后，取出球来无污物，也要再通两三遍直到最后确认无任何杂物为止。若一次放进两个球，也只能算通球一次。

（4）管道沿线应设置监听点。为了掌握球的运行状态特别是为了便于分析判断球被堵塞后球所处的位置，在管道沿线的适当地点（如急弯、陡坡、立管、露管等处），应设置监听点（口径较小和距离较短的管道除外），监听球是否已通过该点及何时通过了该点，以便分析判断管球的运行情况。

（5）放球应注意检查管球在管内与管壁之间的密封状态，当将管球放进发球筒后，必须注意检查管球是否已进入清扫管端并处于卡紧密封状态。达到上述要求后，才能装法兰盖，向发球筒压入压缩空气——发球。

（6）发球筒的排气管安装的注意事项。管球在正常运行情况下，若管内杂物不多，阻力较小，而球的推力又较大时，则球的运行速度是较快的。特别是当接近管道末端时，若管道坡度平缓或处于下坡地段时，球的运行速度可高达每秒钟数十米。此外排气管排气的流速也很高，受力很大。若收球筒固定不牢，则容易酿成事故。此外，排气管将排出大量的铁锈灰尘、杂物，甚至排出污水，所以排气管应接往污染影响较小的安全地方。

5-4-29　燃气管道的试验与验收要点有哪些？

答：1）燃气管道试验的一般规定

（1）燃气管道安装完后，均应进行试验，钢管道在试验前还应进行吹扫，吹扫与试验介质宜采用压缩空气。

（2）钢管道吹扫应满足下列要求：

① 吹扫口应投在开阔地段并加固。

② 每次吹扫管道长度，应根据吹扫介质、压力和气量来确定，不宜超过 3km。

③ 调压设施不得与管道同时进行吹扫。

④ 吹扫应反复进行数次，确认吹净为止，同时做好记录。

（3）当使用清管球清扫时，发球次数以达到管道清洁为准，并应遵守下列规定：

① 管段直径必须是同一规格。

② 凡影响清管球通过的管件、设施，在清管前应采取必要措施。

（4）试验用的压力表，应在校验有效期内，其量程不得大于试验压力的 2 倍。弹簧压力计精度不得低于0.4级。

（5）强度试验可由施工单位会同建设单位进行；气密性试验应由燃气管理单位、施工单位、建设单位等联合进行。

（6）试验时所发现的缺陷，应在试验压力降至大气压时进行修补，修补后应进行复试。

2）强度试验

（1）燃气管道的强度试验压力应为设计压力的1.5倍，但钢管不得低于0.3MPa，铸铁管不得低于0.05MPa。

（2）调压器两端的附属设备及管道的强度试验压力应为设计压力的1.5倍。

（3）进行强度试验时，达到试验压力后，稳压1h，然后仔细进行检查。

3）气密性试验

（1）气密性试验应在强度试验合格后进行，试验压力值应遵守下列规定：

① 设计压力$P<5$kPa时，试验压力应为20kPa。

② 设计压力$P\geqslant 5$kPa时，试验压力应为设计压力的1.15倍，但不小于100kPa。

（2）埋入地下燃气管道的气密性试验宜在回填至管顶以上0.5m后进行。

（3）在气密性试验开始前，应向管道内充气至试验压力，保持一定时间、达到温度、压力稳定。计算$\Delta P'\leqslant\Delta P$为合格。

（4）燃气管道的气密性试验时间宜为24h，压力降不超过下式计算结果认为合格。

① 设计压力$P\geqslant 5$kPa时：

同一管径

$$\Delta P=40T/d$$

不同管径

$$\Delta P=40\frac{T(d_1L_1+d_2L_2+\cdots+d_nL_n)}{d_1^2L_1+d_2^2L_2+\cdots+d_n^2L_n}$$

② 设计压力$P<5$kPa时：

同一管径

$$\Delta P=6.47T/d$$

不同管径

$$\Delta P=6.47\frac{T(d_1L_1+d_2L_2+\cdots+d_nL_n)}{d_1^2L_1+d_2^2L_2+\cdots+d_n^2L_n}$$

式中 ΔP——允许压力降（Pa）；

T——试验时间（h）；

d——管段内径（m）；

d_1，$d_2\cdots$，d_n——各管段内径（m）；

L_1，$L_2\cdots$，L_n——各管段长度（m）。

（5）试验实测的压力降，应根据在试压期间管内温度和大气压的变化按下列予以修正：

$$\Delta P'=(H_1+B_1)-(H_2+B_2)\frac{273+t_1}{273+t_2}$$

式中 $\Delta P'$——修正压力降（Pa）；

H_1、H_2——试验开始和结束时的压力计读数（Pa）；

B_1、B_2——试验开始和结束时的气压计读数（Pa）；

t_1、t_2——试验开始和结束时的管内温度（℃）。

（6）管道穿越河流、铁路、公路与重要的城市道路时，下管前宜做强度试验。

（7）调压器两端的附属设备及管道应分别按其设计压力进行气密性试验，合格后将调压器与管道连通，涂皂液检查，不漏为合格。

4）验收

（1）在工程验收时，施工单位应提交以下资料：

① 开工报告。

② 各种测量记录。

③ 隐蔽工程验收记录。

④ 材料、设备出厂合格证，材质证明书，安装技术说明书以及材料代用说明书或检验报告。

⑤ 管道与调压设施的强度和气密性试验记录。

⑥ 焊接外观检查记录和无损探伤检查记录。

⑦ 防腐绝缘措施检查记录。

⑧ 管道及附属设备检查记录。

⑨ 设计变更通知单。

⑩ 工程竣工图和竣工报告。

⑪ 储配与调压各项工程的程序验收及整体验收记录。

⑫ 其他应有的资料。

（2）验收机构参照《城镇燃气输配工程施工及验收规范》CJJ 33—2005 第 7.4.1 条，并在现场检查，作出结论。

5-4-30　燃气管道工程质量评定与验收有何规定要求？

答：目前燃气管道工程质量评定尚无统一的国家标准，现将施工中常用“数字”推荐如下。有关验收过程中，施工单位所应出示的资料，应符合《市政基础设施工程资料管理规程》DBJ 0L-71—2003。

1）室外燃气管道的验收

（1）工程验收。施工单位应提交的资料有开工报告，各种测量记录，隐蔽工程验收记录，材料、设备出厂合格证，材质证明书，安装技术说明书及材料代用说明书或检验报告，管道与调压设备的强度和气密性试验记录，焊接外观检查记录和无损探伤检查记录，防腐绝缘措施检查记录，管道及附属设备检查记录，设计变更通知单，工程竣工图和竣工报告，以及其他应有的资料。

验收机构审阅以上资料后，到现场检查，作出结论。

（2）保证项目及其检查。管网的强度试验和严密性试验结果，必须符合设计要求，检查管段试验记录。

管道的坡度必须符合设计要求，检查数量按管网内直径管段长度每 100m 抽查 3 段，不足 100m 不少于 2 段，采用水准仪（水平尺）、拉线和尺量检查或检查测量记录。

管道及管座(墩)，严禁铺设在冻土和未经处理的松土上。观察检查或检查隐蔽工程记录。

管网竣工后根据设计要求进行的吹扫，检查吹扫记录。

埋地燃气管道与建筑物、构筑物的基础或相邻管道之间的最小水平和垂直净距要符合设计要求和有关规定，应全部进行观察和尺量检查。

伸缩器的位置必须符合设计要求，并按规定进行预拉伸，对照图纸检查和检查预拉伸记录。

（3）基本项目及其检查。检查管道螺纹和法兰连接处的质量，检查管道焊接、铸铁管道的承插、套箍接口的质量，均应符合有关标准，采用观察、尺量检查及探伤检验，数量每种均不少于 10 个。

检查管道支(吊、托)架及管座(墩)的安装应符合设计要求，检查数量不少于 5 个。

检查阀门安装的型号、规格、耐压强度和严密性试验结果，应符合设计要求，位置、进出口方向正确，连接牢固、紧密。

埋地管道的防腐层材质结构符合设计要求和施工规范规定。卷材与管道以及各层卷材间粘贴牢固，表面平整，无皱折、空鼓、滑移和封口不严等缺陷。观察或切开防腐层检查，每50m抽查1处，但不少于10处。

管道和金属支架涂漆应符合设计要求，附着良好，无脱皮、起泡和漏涂，色泽一致，无流淌及污染现象。观察检查不少于10处。

(4) 允许偏差项目。室外燃气管道对其坐标、标高、水平管纵横方向弯曲、弯管、凝水器和井盖等安装允许偏差和检验方法见表5-4-30 (1)。

室外燃气管道安装的允许偏差和检验方法　　表5-4-30 (1)

项次	项目				允许偏差(mm)	检验方法、数量
1	坐标	铸铁管		埋地	50	用水准仪（水平尺）、直尺、拉线和尺量检查 分别按管网的起点、终点、分支点、变向点查各点之间的直线管段，每100m抽查3点（段）不足100m，不少于2点（段）
				敷设在沟槽内	20	
		碳素钢管		埋地	50	
				敷设在沟槽内	20	
2	标高	铸铁管		埋地	±30	
				敷设在沟槽内	±20	
		碳素钢管		埋地	±15	
				敷设在沟槽内	±10	
3	水平管道纵、横方向弯曲	铸铁管		每1m	1.5	
				全长(25m以上)	不大于40	
		碳素钢管	每1m	管径小于或等于100mm	0.5	
				管径大于100mm	1	
			全长（25m以上）	管径小于或等于100mm	不大于13	
				管径大于100mm	不大于25	
4	弯管	椭圆率 $D_{max}-D_{min}$		管径小于或等于100mm	10/100	用外卡钳和尺量检查 按管网内弯管全部抽查10%但不少于10个
		D_{max}		管径125～400mm	8/100	
		折皱不平度		管径小于或等于100mm	4	
				管径125～200mm	5	
				管径250～400mm	7	
5	凝水器	凝水器缸体水平度			3	用水平尺、直尺检查
		抽水管垂直度（每1m）			2	用吊线、尺量检查
		纵向轴线			10	用直尺、拉线和尺量检查
		抽水管顶端距防护罩盖或井盖盖顶高度			±10	用水准仪（水平尺）直尺、拉线和尺量
6	井盖	标高			±5	

注：D_{max}、D_{min}分别为管子最大及最小外径。

2）室内燃气管道的验收

室内低压燃气管道的验收，施工单位应提交的资料与室外燃气管道的验收提交资料相同。

其保证项目仍然是耐压强度和严密性试验结果，管道坡度等要符合设计要求，燃气引入管和室内燃气管与其他各类管道和电力电缆等的最小距离应符合有关规定。其基本检查项目仍然是管道连接、支架、管座、阀门、埋地防腐管道和金属支架涂漆，另外，还要检查穿楼板和墙壁时的套管，其质量要符合设计规定。

允许偏差项目和检验方法应符合表 5-4-30（2）的规定。检查数量为：

室内燃气管道安装的允许偏差和检验方法　　表 5-4-30（2）

项次	项目			允许偏差（mm）	检验方法
1	坐标			10	用水准仪（水平尺）、直尺、拉线和尺量检查
2	标高			±10	
3	水平管道纵、横方向弯曲	每 1m	管径小于或等于 100mm	0.5	用水平尺、直尺、拉线和尺量检查
			管径大于 100mm	1	
		全长（25mm 以上）	管径小于或等于 100mm	不大于 13	
			管径大于 100mm	不大于 25	
4	立管垂直度	每 1m		2	吊线和尺量检查
		全长（5m 以上）		不大于 10	
5	进户管阀门	阀门中心距地面		±5	尺量检查
6	煤气表	表底部距地面		±15	
		表后面距墙内表面		5	
		中心线垂直度		1	吊线和尺量检查
7	煤气嘴	距炉台表面		±15	尺量检查
8	管道保温	厚度		$+0.1\delta$ -0.05δ	用钢针刺入保温层检查
		表面平整度	卷材或板材	5	用 2m 靠尺和楔形塞尺检查
			涂抹或其他	10	

注：δ 为管道保温层厚度。

（1）立管的坐标。检查管轴线与墙内表面的中心距、横管的坐标和标高。检查管道的起点、终点、分支点及变向点间的直管段，各抽查 10%，但均不少于 5 段。

（2）纵、横方向弯曲。按系统内直线管段长度每 30m 抽查 2 段，不足 30m 不少于 1 段，有分隔墙建筑，以隔墙为分段数，抽查 5%，但不少于 5 段。

（3）立管垂直度。一根立管为 1 段，两层及其以上按楼层分段，各抽查 5%，但均不少于 10 段。

（4）进户管阀门。全部检查。

（5）燃气表和气嘴。各抽查 10%，但均不少于 5 个。

（6）管道保温。每 20m 抽查 1 处，但不少于 5 处。

5-4-31　燃气管道铺管质量检验及室内燃气管道的试压及验收要点有哪些？

答：1）铺管质量检验

铺管质量检验应在铺管后和管道试压前进行。铺管质量检验与管道试验的时间间隔不宜过长，如间隔时间过长，为防止外部因素引起的对铺管质量的影响，在管道试压开始前，重新进行铺管质量检验。

铺管质量检验应根据管材和接口方式，确定相应的检验质量要求。

（1）铸铁管铺管质量检验要求

①管道平面中心线尺寸偏差应在±2cm 以内。

②管底高程偏差应在±2cm 以内。

③管道坡向和坡度应符合设计要求，不得出现坡度方向相反的现象。

④管道的底部必须与管基紧密接触，不允许有间隙尺寸。

⑤承口与插口的对口间隙不大于表 5-4-31（1）规定的间隙尺寸。

铸铁管承口与插口的对口允许间隙尺寸　　表 5-4-31（1）

公称直径 DN（mm）	最大允许对口间隙尺寸(mm)	
	沿直线铺设	沿曲线铺设
80	4	5
100～250	5	7
300～500	6	10
600～700	7	12

⑥承插铸铁管接口的环形间隙允许偏差应符合表 5-4-31（2）的规定。

承插铸铁管接口环形间隙尺寸　　表 5-4-31（2）

公称直径 DN(mm)	标准环形间隙尺寸(mm)	允许偏差(mm)
80～200	10	+3，−2
250～450	11	+4，−2
500～700	12	+4，−2

⑦管道内部不得有任何污物。

⑧接口材料的配方和配合料的性能应符合设计要求，并应抽样检查投料记录。

⑨使用耐油橡胶圈时，应对样品胶圈进行抽验。

⑩分支管与渐缩管之间的直管段长度不得小于 0.5m。

⑪管道与阀门、凝水缸等法兰连接部位，法兰垫厚度应为 3～5mm，使用耐油石棉橡胶板，内径应大于管道内径 2～3mm；外径应距固定螺栓 2～3mm。

⑫阀门、凝水缸等管道附件应符合加工质量和产品质量要求，安装前应根据有关技术文件检查产品质量检验记录，并对实物抽验。

（2）钢管铺管质量检验要求

钢管焊口的外观质量应符合表 5-4-31（3）要求，检验不合格者应修补或重焊。

钢管焊口外观质量检验允许值　　表 5-4-31（3）

项　目		单　位	允　许　值
焊缝宽度	管道壁厚 δ<6mm	mm	14～16
	管道壁厚 δ=7～10mm	mm	15～20
	管道壁厚 δ=11～14mm	mm	20～24
焊缝高度	一般焊位	mm	2～3
	仰焊位	mm	>5，长度≤100
咬　边	深度	mm	<0.5
	总长度	—	小于管子圆周长的$\frac{1}{10}$
焊缝偏移		mm	<1.5
焊瘤高度		mm	<4

2）室内燃气管道的试压及验收

室内燃气管道竣工后，应先审查施工单位移交的全部施工技术文件：管材、燃具、燃气表出厂合格证；管道系统的试压记录；竣工图纸、隐蔽工程记录等是否齐全。然后进行系统的外观检查，确定其施工质量是否符合设计要求，如发现问题，施工单位应进行修正。外观检查合格后，进行室内管道的强度试验及气密性试验。试验介质采用空气。

（1）居民用户室内燃气管道试压

试压分三个阶段进行。

①在安装煤气表前，对从进户总阀门到表前阀的管段（天然气），或由进用户立管的丝堵处到表前阀管段（人工煤气）用0.1MPa的压力进行强度试验，用肥皂水涂抹每个接头，无漏气、压力无明显下降为合格。

②强度试验合格后进行气密性试验，试验压力为7000Pa，观测10min，压力降不超过100Pa为合格。

③管道气密性试验合格后再连上煤气表、灶具一起进行气密性试验，试验压力为3000Pa（人工煤气）或4000Pa（天然气），观察5min，压力降不超过50Pa为合格。

（2）公共建筑用户室内燃气管道试压

①强度试验范围：自进气总阀门到每个灶具连接管阀门前的管段（装表处应将煤气表拆下用短管临时连通）。

a. 设计压力：P小于0.005MPa的燃气管道（低压管）试验压力为0.1MPa。

b. 设计压力：P大于0.005MPa的燃气管道（高、中压管）试验压力为设计压力的1.5倍，但不小于0.1MPa。

试验时用肥皂水涂抹所有连接缝，不漏气为合格。

②气密性试验范围：自进气管总阀门到每个灶具的管段（不包括煤气表）。

a. 设计压力P小于0.005MPa的燃气管道（低压管）试验压力为7000Pa，观察10min，压力降不超过200Pa为合格。

b. 设计压力P大于0.005MPa的燃气管道（高、中压管）参照地下燃气管道试压标准执行。

高、中压管道试验时，稳压不小于3h观察1h、压力降按地下燃气管道公式计算。

③气密性试验合格后，接上煤气表、用4000Pa（天然气）的压力或3000Pa（人工煤气）的压力进行试验，观察10min，压力降不超过100Pa为合格。

④如果室内燃气管道系统较大，试压时不易观察压力变化，可适当关断分段阀门，分几个单元分别进行严密性试验，合格后打开所有被关断的阀门，利用气密性试验压力，用肥皂水涂抹这些阀门，无漏气为合格。

⑤压力试验时，压力表的精度不低于Ⅰ级，其量程不大于试验压力的2倍，温度计量程不大于0.5℃。

⑥室内低压管严密性试验应用U形水柱压力计，其最小刻度为1mm。

（3）室内燃气管道验收

室内燃气管道与设备安装工程按表5-4-31（4）安装质量标准验收。

室内燃气管道与设备安装质量标准　　　　**表5-4-31（4）**

序号	分项工程名称	技术要求项目	质量要求及允许偏差
1	打楼板、墙洞眼	1. 位置	正确
		2. 大小	适中
		3. 恢复	表面平整牢固

续表

序号	分项工程名称	技术要求项目	质量要求及允许偏差
2	管道安装	1. 垂直度	立管垂直偏差±1cm
		2. 坡度	水平管坡度1‰～3‰
		3. 附件	托勾、卡子、钩钉位置正确。不多不少。套管位置、规格、长度，填塞物饱满度等符合要求
		4. 阀门	型号规格符合设计要求，位置正确
3	煤气表安装	1. 表位	正确，垂直平稳，垂直偏差小于1cm（垂直指前后、左右方向的垂直度）
		2. 法兰连接	法兰与管道轴向垂直偏差不超过±1～2mm，螺栓孔错位不超过1mm
		3. 管道坡度	连接煤气表两侧的水平管均应坡向立管或灶具，不得坡向煤气表
4	灶具安装	1. 位置	符合设计要求，灶具设在灶板上居中、平稳，灶具不缺项，不缺件
		2. 灶板	灶板平稳、牢固
5	炉灶砌筑	1. 灶面平整度	用1m靠尺检查，凹凸不平不超过2mm
		2. 瓷砖缝隙	瓷砖对缝，横平竖直、宽窄均匀一致
		3. 贴瓷砖空鼓率	不得超过15%
		4. 炉膛与锅底间隙	弧形锅底与炉膛的间隙自上而下1、2、3cm
		5. 烟道炉膛内表面	光滑、无龟裂
		6. 燃烧器安装	燃烧器位置居中平稳，出火孔表面与锅底距离应视煤气种类、燃烧器形式以火焰温度最高点接触锅底为准，垂直距离偏差不得超过±15mm
6	除锈、刷油	1. 除锈	黑铁管在使用前应彻底清除浮锈、锈皮
		2. 刷油	表面光滑均匀，光泽一致，不得有流坠痕迹和漏刷

5.5 某燃气工程概算实例

5-5-1 某燃气工程概算编制说明是怎样的？

答：见下文。

概算编制说明

1）工程概况

本工程为××××××燃气工程，位于××××××路。外线共526.8m，调压箱1座，PE闸井2座。

2）编制依据

（1）××××××燃气工程的图纸及其有关说明。

（2）采用现行的标准图集、规范、工艺标准、材料做法。

（3）使用现行的北京市建筑安装定额，单位估价表，材料价格及有关的补充说明解释等。

（4）根据现场施工条件、实际情况。

3）概算内容

（1）本工程概算中所含外线工程量为挖土方，管道铺设、焊口、防腐及回填。未含工程范围内的地上、地下拆迁，以及因特殊情况而发生的技术措施。

（2）本工程图纸中外线所涉及的主材及设备的价格均按《燃气集团物资公司产品销售价格表》计取。

4）工程造价

本工程造价为417731.44元。

5-5-2　某燃气工程项目工程费用汇总表是怎样的？

答：见表5-5-2。

项目工程费用汇总表　　**表5-5-2**

项目名称：××××××燃气工程

序号	工程名称	概算造价（元）	定额直接费（元）	其中(元)			占造价百分比（%）
				人工费	主材费合计	材料费合计	
1	室内工程	5127.87	4500.45	489.08	2522.20	1346.13	100.00
2	外线工程	319094.57	284645.46	18453.93	239426.95	23962.13	100.00
3	代交各项费用	93509.00					100.00
4	合计(Sum)	417731.44	289145.91	18943.01	241949.15	25308.26	100.00

编制人：[编制人]×××　　审核人：[审核人]××　　2004年4月8日

5-5-3　某燃气工程外线单位工程费用表是怎样的？

答：见表5-5-3。

外线单位工程费用表　　**表5-5-3**

项目名称：××××××燃气工程____外线

行号	序号	费用名称	取费说明	费率	费用金额
1	一、	定额直接费	直接费＋主材费合计＋设备费合计		284645.46
2		其中：人工费	人工费合计		18453.93
3	二、	现场经费	[4]＋[5]		9596.05
4		1. 临时设施费	[2]	21	3875.33
5		2. 现场经费	[2]	31	5720.72
6	三、	直接费	[1]＋[3]		294241.51
7	四、	企业管理费	[2]	13.5	2491.28
8	五、	利润	[6]＋[7]	4	11869.31
9	六、	税金	[6]＋[7]＋[8]	3.4	10492.47
10	七、	工程造价	[6]＋[7]＋[8]＋[9]		319094.57

编制人：[报价员]　　审核人：　　2004年4月8日

5-5-4　某燃气工程单位工程概预算表是怎样的?

答: 见表 5-5-4。

单位工程概预算表　　　　**表 5-5-4**

项目××××××燃气工程______外线

序号	定额编号	子目名称	工程量		价值(元)		其中(元)	
			单位	数量	单价	合价	人工费	材料费
1	1∶1-4	人工土石方 人工挖土沟槽	m^3	632.16	12.67	8009.47	8009.47	
2	1∶1-7	人工土石方 回填土 夯填	m^3	632.16	6.82	4311.33	3856.18	
3	8∶9-17	钢管直埋铺设 公称直径(300mm 以内)	m	6.00	15.60	93.60	43.62	14.46
	主材	(0103-1)钢管 公称直径(300mm 以内)	m	6.08	164.70	1001.05		
4	8∶9-15	钢管直埋铺设 公称直径(200mm 以内)	m	6.00	11.46	68.76	30.90	7.80
	主材	(0103-2)钢管 公称直径(200mm 以内)	m	6.08	240.99	1466.18		
5	8∶11-41	钢管喷砂除锈 钢管外壁除锈 公称直径(200mm 以内)	m	6.00	25.81	154.86	20.82	114.60
6	8∶11-43	钢管喷砂除锈 钢管外壁除锈 公称直径(300mm 以内)	m	6.00	38.17	229.02	30.96	169.26
7	8∶11-240	钢管防腐 塑化沥青防腐带 公称直径(200mm 以内)	m	6.00	67.59	405.54	22.20	382.68
8	8∶11-242	钢管防腐 塑化沥青防腐带 公称直径(300mm 以内)	m	6.00	100.20	601.20	32.94	567.24
9	8-6	室外管道及附件安装 无缝钢管(焊接)管外径(mm 以内)159	m	210.00	12.70	2667.00	980.70	753.90
	主材	(0105-1)无缝钢管 管外径(mm 以内)159	m	213.15	92.37	19688.67		
10	15-170	集中防腐 塑化沥青防蚀带 管道外径(mm 以内)159	m	210.00	61.34	12881.40	464.10	12390.00
11	15-181	喷砂除锈 管道 外壁	m^2	105.00	37.22	3908.10	475.65	2930.55
12	15-178	管道警示带、电伴热带/缆敷设警示带 燃气	m	526.80	1.09	574.21	121.16	447.78
13	8-19	室外管道及附件安装 聚乙烯管道(热熔连接)管外径(mm 以内)315	m	292.80	4.09	1197.55	922.32	26.35

续表

序号	定额编号	子目名称	工程量		价值(元)		其中(元)	
			单位	数量	单价	合价	人工费	材料费
	主材	(1704-1)PE燃气管 管外径(mm以内)315	m	298.66	349.60	104410.14		
14	8-17	室外管道及附件安装 聚乙烯管道(热熔连接)管外径(mm以内)200	m	11.00	3.09	33.99	26.40	0.88
	主材	(1704-2)PE燃气管 管外径(mm以内)200	m	11.22	139.70	1567.43		
15	8-25	聚乙烯管道附件安装 钢塑转换接头(电熔连接)管外径(mm以内)200	套	1.00	43.30	43.30	17.66	11.16
	主材	(1707-1)钢塑转换接头 管外径(mm以内)200	套	1.00	2088.00	2088.00		
16	8-27	聚乙烯管道附件安装 钢塑转换接头(电熔连接)管外径(mm以内)315	套	1.00	71.16	71.16	27.50	16.85
	主材	(1707-2)钢塑转换接头 管外径(mm以内)315	套	1.00	7800.00	7800.00		
17	8-34	聚乙烯管道附件安装 聚乙烯阀门(热熔连接)管外径(mm以内)315	个	1.00	76.88	76.88	54.70	1.89
	主材	(1901-1)阀门 管外径(mm以内)315	个	1.00	38948.40	38948.40		
	8-32	聚乙烯管道附件安装 聚乙烯阀	个					
18		门(热熔连接)管外径(mm以内)200		1.00	57.17	57.17	41.24	1.63
	主材	(1901-2)阀门 管外径(mm以内)200	个	1.00	15852.00	15852.00		
19	8-47	聚乙烯管道附件安装 聚乙烯管件(热熔连接)管外径(mm以内)315	个	1.00	66.67	66.67	47.06	2.15
	主材	(1715032)PE燃气管管件 对接三通315(毫米)	个	1.01	3055.80	3086.36		
20	8-47	聚乙烯管道附件安装 聚乙烯管件(热熔连接)管外径(mm以内)315	个	1.00	66.67	66.67	47.06	2.15

续表

序号	定额编号	子目名称	工程量		价值(元)		其中(元)	
			单位	数量	单价	合价	人工费	材料费
	主材	(1715032-1)PE燃气管管件 异径三通 315/200(毫米)	个	1.01	3384.60	3418.45		
21	8-122	调压器及附件安装 组合式调压装置 调节箱 进口管径(mm以内)200	台	1.00	1160.23	1160.23	256.00	879.29
	主材	(2205-1)调压箱 1000M(好石佳)	台	1.00	40100.00	40100.00		
22	14-17	低、中压管道气压试验 公称直径(mm以内)300	100m	2.99	265.97	794.72	584.84	124.24
23	14-16	低、中压管道气压试验 公称直径(mm以内)200	100m	2.27	218.23	495.38	371.01	65.83
24	14-25	低、中压管道泄漏性试验 公称直径(mm以内)300	100m	2.99	233.91	698.92	496.76	120.00
25	14-24	低、中压管道泄漏性试验 公称直径(mm以内)200	100m	2.27	191.64	435.02	315.46	63.20
26	8∶6-20换	砖砌PE阀门井 公称直径(800mm以内)	座	2.00	1500.00	3000.00	536.04	2445.98
27	1∶4-1	调压箱基础	m^3	18.00	173.13	3116.34	621.18	2422.26
		合计	元			284645.46	18453.93	23962.13

编制人：××× 审核人：××× 2004年4月8日

5-5-5 某燃气工程室内单位工程费用表是怎样的?

答：见表5-5-5。

室内单位工程费用表 **表5-5-5**

项目名称：××××××燃气工程____室内工程

行号	序号	费用名称	取费说明	费率	费用金额
1	一、	定额直接费	直接费+主材费合计+设备费合计		4500.45
2		其中：人工费	人工费合计		489.08
3		材料费	材料费合计		1346.13
4		机械费	机械费合计		143.04
5		主材费	主材费合计		2522.20
6		设备费	设备费合计		
7		暂估价材料费	暂估价材料市场价合计		

续表

行号	序号	费用名称	取费说明	费率	费用金额
8	二、	脚手架使用费	[2]	2	9.78
9		其中：人工费	[8]	20	1.96
10	三、	现场经费	[11]+[12]		220.97
11		1. 临时设施费	[2]+[9]	18	88.39
12		2. 现场经费	[2]+[9]	27	132.58
13	四、	直接费	[1]+[8]+[10]		4731.20
14	五、	企业管理费	[2]+[9]	7.6	37.32
15	六、	利润	[13]+[14]	4	190.74
16	七、	税金	[13]+[14]+[15]	3.4	168.61
17	八、	工程造价	[13]+[14]+[15]+[16]		5127.87

编制人：[报价员]　　　　审核人：　　　　2004 年 4 月 8 日

5-5-6　某燃气工程材料设备清单是怎样的？

答：见表 5-5-6。

材料设备清单　　　　**表 5-5-6**

序号	设备或材料名称	规格型号	单位	数量	单价	合价	设备品牌	产地	厂家名称	备注
1	螺旋钢管	*DN*300	m	6.08	164.70	1001.05		鞍山	三冶	
2	无缝钢管	*DN*200	m	6.08	240.99	1466.18		包头	包头钢铁公司	
3	无缝钢管	*DN*150	m	213.15	92.37	19688.67		包头	包头钢铁公司	
4	PE 燃气管	*de*315	m	298.66	349.60	104410.14	亚大	涿州	亚大塑料制品公司	
5	PE 燃气管	*de*200	m	11.22	139.70	1567.43	亚大	涿州	亚大塑料制品公司	
6	钢塑转换接头	*de*200/ *DN*200	套	1.00	2088.00	2088.00	亚大	涿州	亚大塑料制品公司	
7	钢塑转换接头	*de*315/ *DN*300	套	1.00	7800.00	7800.00	亚大	涿州	亚大塑料制品公司	
8	PE 燃气管管件 对接三通	*de*315	个	1.01	3055.80	3086.36	港华辉信	南京	港华辉信工程 塑料有限公司	
9	PE 燃气管管件 异径三通	*de*315 *de*200	个	1.01	3384.60	3418.45	港华辉信	南京	港华辉信工程 塑料有限公司	
10	阀门 管外径 (mm 以内)315	*de*315	个	1.00	38948.40	38948.40	保利泰克	韩国	保利泰克有限公司	
11	阀门 管外径 (mm 以内)200	*de*200	个	1.00	15852.00	15852.00	保利泰克	韩国	保利泰克有限公司	

5-5-7　某燃气工程代交各项费用明细汇总表是怎样的?

答: 见表 5-5-7。

代交各项费用明细汇总表　　5-5-7

序号	项目名称	金　额	备　注
1	技术服务费	8000.00	
2	咨询费	4785.00	
3	竣工测量费	5000.00	
4	带气接线费	75724.00	
5	合计	93509.00	

第6章

城市通信管道施工

6.1 通信管道管材

6-1-1 通信水泥管块的种类有几种？

答：水泥管块从生产工艺分为两种，一种是混凝土管，另一种是干打砂浆管。干打砂浆管是目前国内常用的。

6-1-2 干打砂浆管的模具及制作工序是怎样的？

答：1）干打砂浆管的模具是由两块边模和两块管块堵头，及若干管芯和配套的木底板等构成。

2）干打砂浆管的制作工序

（1）装模：将管模装在木底板上。

（2）搅拌砂浆：

①制管砂浆的灰砂体积比为1∶3。

②制管砂浆系干硬性砂浆，其用水量必须严格控制，一般以用手攥砂浆，松开手砂浆不散开、不粘手为度。

③砂浆自拌合至用完不宜超过45min。

（3）制管：以四孔管为例。

①将拌合的砂浆装入管模，厚度较底层管口（下边缘）稍厚，经振捣密实，即装底层管芯。

②如上述①法再装料、振捣后；装第二层管芯。

③二层管芯装好后，装料、振捣，刮平砂浆，再压实、抹光表层砂浆。

④抽出管芯：管芯抽出次序应为先上层后下层；抽管芯必须保持水平，严禁左右摇摆。

⑤连同管模运至晾管场地后，拆模。

⑥拆模后，应立即检查管块坯外形有无损伤，清理管孔口内的残碴，以确保管口之喇叭口光滑。其他管块质量、规格均应符合成品要求。

3）养护

（1）水泥管拆模后，一般在平均温度20℃时，隔2h后，即应用喷壶洒水养护，尔后每间隔30min左右洒水，约经12h养护后，即可入池"脱碱"（入池的管块应不带木底板）。

（2）管坯在水池经水（中性水）浸泡168h（七个昼夜）后，即可出池。

（3）水泥管出池后，应覆盖草帘等物，并经常浇水继续养护约20d。

6-1-3 通信管道器材检验一般规定有哪些？

答：1）通信管道工程所用的器材规格、程式及质量，应由施工单位在使用之前进行检验，发现问题应及时处理。

2）凡有出厂证明的器材，经检验发现问题时，应做质量技术鉴定后处理；凡无出厂证明的器材，应按本规范的规定进行检验。

3）通信管道工程施工，严禁使用质量不合格的器材。

6-1-4　水泥及水泥制品要求有哪些?

答: 1）各种标号的水泥应符合国家规定的产品质量标准。工程施工中不得使用过期的水泥，严禁使用受潮变质的水泥。

2）水泥凡无产品出厂证明或无标记的，以及储存时间超过三个月，或有变质迹象的，使用前均应进行试验鉴定，依据鉴定情况确定使用方案或另行更换。

3）水泥预制品生产前，必须按水泥类别、强度等级及混凝土强度等级，做至少一组（三块）混凝土试块，具体组数由生产单位根据需要自定，其混凝土试块的规格如表 6-1-4（1）所示。

混凝土试块规格　　**表 6-1-4（1）**

混凝土骨料最大粒径（mm）	试块规格（长×宽×高）（mm）
30 以下	100×100×100
30 以上	150×150×150

4）通信管道工程的施工单位，亦应执行上述 3）的规定。

5）水泥制品的规格应进行逐个检验。不同规格的水泥制品严禁混合堆放。

6）水泥管块的质量应符合下列规定:

（1）管块的标称孔径允许最大负偏差应不大于 1mm、管孔无形变。

（2）管块长度允许偏差应不大于±10mm，宽、高允许偏差不大于±5；一孔以上的多孔管块，其各管孔中心相对位置，允许偏差应不大于 0.5mm。

（3）干打水泥管块的实体重量应不低于表 6-1-4（2）的参考值。混凝土管块应大于表 6-1-4（2）的参考值 5%以上。

干打水泥管参考重量表　　**表 6-1-4（2）**

孔数（个）×孔径（mm）	标　称	外形尺寸 长×宽×高（mm）	重量 千克/根
2×90	二孔管块	600×250×140	27
3×90	三孔管块	600×360×140	37
4×90	四孔管块	600×250×250	45
6×90	六孔管块	600×360×250	62

（4）管块的成品表面单位强度应不小于 10.78MPa（兆帕）（即 $110kgf/cm^2$）（系指养护 28 天的试块）；如用管块整体试验，其破坏的单位强度应不低于表面单位强度的 8%，本规范的新旧计量单位换算见有关规定。

（5）干打水泥管块成品的其他指标要求和干打水泥管块的生产工艺应符合有关规定。

（6）水泥管块强度有问题应进行抽样试验。抽样的数量应以工程用管总量的 3‰（或大分屯点数量的‰）为基数，试验的管块有 90%达到标准即为合格；否则可再试 3‰，其 90%（数量）达到标准仍算合格；如试验数 10%以上达不到标准，则全部管块表面强度应按不合格处理。

7）水泥（含混凝土）管块表面强度可用撞痕法试验，试验方法见附录三。

8）通信管道工程使用的水泥制品管块，必须脱出氢氧化钙物质（俗称"脱碱"），没有经过"脱碱"处理的管块，严禁在其管道内敷设电缆。

9）水泥管块的管身应完整，不缺棱短角，管孔的喇叭口必须圆滑，管孔内壁应光滑无凹凸起伏等缺陷，其摩擦系数应不大于 0.8。管体表面的裂纹（指纵、横向）长度应小于 50mm，超过 50mm 的不宜整块使用。管块的管孔外缘缺边应小于 20mm，但外缘缺角的其边长小于 50mm 的，允许修补后使用。

6-1-5　钢材、管材与铁件要求有哪些?

答: 1）钢材的材质、规格、型号应符合设计文件的规定，不得有锈片剥落或严重锈蚀。

2）管材的材质、规格、型号应符合设计文件规定。管的内径负偏差应不大于1mm，管孔内壁应光滑、无节疤、无裂缝。

3）各种管材的管身及管口不得变形，接续配件齐全有效，承插管的承口内径应与插口外径吻合。

4）各种铁件的材质、规格及防锈处理等均应符合质量标准，不得有歪斜、扭曲、飞刺、断裂或破损。铁件的防锈处理和镀层应均匀完整、表面光洁、无脱落、无气泡等缺陷。

5）通信管道工程采用硬聚氯乙烯管、玻璃钢管时，其管身应光滑无伤痕，管孔无形变。孔径、壁厚应符合设计要求，负偏差应不大于1mm。

6）人（手）孔铁盖应符合下列要求：

(1) 人（手）孔铁盖装置（包括外盖（内盖）、口圈等）的规格应符合标准图的规定；

(2) 人（手）铁盖装置应用灰口铁铸造，铸铁的抗拉强度应不小于11.77kN（即是1200kgf/cm²）铸铁质地应坚实，铸件表面应完整，无飞刺、砂眼等缺陷。铸件的防锈处理应均匀完好；

(3) 铁盖与口圈应吻合，盖合后应平稳、不翘动；

(4) 铁盖的外缘与口圈的内缘间隙应不大于3mm；铁盖与口圈盖合后，铁盖边缘应高于口圈1～3mm。

7）人（手）孔内装设的铁支架及电缆托板，应用铸钢（玛钢或球墨铸铁）或型钢制成，不得用铸铁制造。

8）人（手）孔内设置的拉力（拉缆）环，应用ϕ16普通碳素圆钢制造，全部做镀锌防锈处理。拉力（拉缆）环不应有裂纹、节瘤、锻接等缺陷。

6-1-6　建筑材料要求有哪些？

答：1）通信管道工程用于砌筑的普通黏土砖（以下简称砖）或混凝土砌块品种、标号均应符合设计文件规定，其外形应完整，耐水性能好。通信管道工程采用砖的标号、强度应符合表6-1-6的规定。

通信管道工程中严禁使用耐水性能差、遇水后强度降低的炉渣砖或硅酸盐砖等。

普通黏土砖强度等级及强度表　　**表6-1-6**

砖强度等级	抗压强度MPa（kgf/cm²）		抗折强度N/cm²（kgf/cm²）	
	平均值	最小值	平均值	最小值
MU7.5	7.35(7.5)	4.90(50)	176.52(18)	88.26(9)
MU10	9.81(100)	7.36(75)	215.75(22)	107.87(11)

2）使用推荐标准图纸中的混凝土砌块（以下简称砌块）规格、强度等要求，应符合推荐标准图纸的各项要求。

3）通信管道工程用的石料，应符合下列规定：

(1) 应采用天然砾石或人工碎石，不得使用风化石；

(2) 石料的粒径应符合设计文件的规定；

(3) 石料中含泥量，按重量计不得超过2%；

(4) 针状、片状颗粒含量，按重量计不得超过20%；

(5) 硫化物和硫酸盐类含量，按重量计不得超过1%；

(6) 石料中不得有树叶、草根、木屑等杂物。

4）通信管道工程用砂应符合下列规定：

(1) 通信管道工程应采用天然砂；

(2) 通信管道工程宜使用中砂；砂的细度模数（M_x）如下：

粗砂 M_x 为 3.7～3.1，平均粒径不小于 0.5mm；

中砂 M_x 为 3.0～2.3，平均粒径不小于 0.35mm；

细砂 M_x 为 2.2～1.6，平均粒径不小于 0.25mm；

特细砂 M_x 为 1.5～0.7，平均粒径不小于 0.15mm。

泥系指粒径小于 0.08mm 尘屑、黏土等。

(3) 砂中的云母和轻物质，按重量计不得超过 3%；

(4) 砂中的泥土、按重量计不得超过 5%；

(5) 砂中的硫化物和硫酸盐，按重量计不得超过 1%；

(6) 砂中不得含有树叶、草根、木屑等杂物。

5) 通信管道工程中用特细砂配制混凝土，应按有关规定执行。

6) 通信管道工程用水，应使用可供饮用的水，不得使用工业废污水及含有硫化物的泉水；施工时如发现水质可疑，应取样送有关部门进行化验、鉴定后再确定可否使用。

6-1-7 特细砂混凝土配制有哪些规定？

答： 1) 本规定所指特细砂，不包括山砂。

2) 砂子细度模数（M_x）在 1.5～0.7 的，平均粒径≤0.25mm 和≥0.15mm 者称为特细砂。用这种砂配制的混凝土，称为特细砂混凝土。

注：平均粒径系指增加 0.075mm 筛后，以 0.075、0.15、0.30 及 0.60mm 筛上的分计筛余百分率，通过计算求得平均粒径，其计算公式如下。

$$\text{平均粒径}=\frac{1}{2}\sqrt[3]{\frac{\Sigma a}{90a_0+11a_1+1.37a_2+0.17a_3}}$$

式中 a_0——0.075mm 筛上的分计筛余百分率；

a_1——0.15mm 筛上的分计筛余百分率；

a_2——0.30mm 筛上的分计筛余百分率；

a_3——0.60mm 筛上的分计筛余百分率；

$$\Sigma a=a_0+a_1+a_2+a_3$$

3) 配制 200 号以下的特细砂混凝土，其砂的细度模数不得小于 0.7，且通过 0.15mm 筛的量不得大于 30%，或平均粒径不得小于 0.15mm。配制 C25、C30 特细砂混凝土，宜采用细度模数（M_x）>0.9，且通过 0.15mm 筛的量不大于 15%，或平均粒径大于 0.18mm 的砂。

4) 特细砂混凝土中砂的允许含泥量，一般应按粗、中砂的含泥量规定，但不得含有泥团。

5) 鉴于特细砂混凝土耐磨性能较差，故通信管道人孔口圈稳固用混凝土、不宜使用特细砂混凝土。

6) 用特细砂配制钢筋混凝土时，所采用水泥的强度等级应比一般混凝土提高 10 级、并不得低于 32.5 级。

7) 特细砂混凝土的强度与水灰比关系重大，其坍落度应不大于 3cm。

8) 特细砂混凝土拌合物黏度较大，宜采用机械搅拌、机械振捣、拌合时间可延长 1～2min。

9) 特细砂混凝土必须加强养护工作，特别注意早期养护，养护期应保证表面经常湿润，养护期可适当延长。

10) 采用特细砂混凝土除本规定外，仍按《混凝土结构设计规范》GB 50010—2010 的规定办理。

6-1-8 人（手）孔、通道建筑一般规定有哪些？

答： 1) 砖、混凝土砌块（以下简称砌块）砌体墙面应平整、美观，不应出现竖向通缝。

2) 砖砌体砂浆饱满程度应不低于 80%；砖缝宽度应为 8～12mm，同一砖缝的宽度应一致。

3) 砌块砌体横缝应为 15～20mm，竖缝应为 10～15mm；横缝砂浆饱满程度应不低于 80%，竖缝灌浆必须饱满，严实，不得出现跑漏现象。

4）砌体必须垂直，砌体顶部四角应水平一致；砌体的形状、尺寸应符合图纸要求。

5）设计规定抹面的砌体，应将墙面清扫干净，抹面应平整、压光、不空鼓，墙角不得歪斜。抹面厚度、砂浆配比应符合设计规定。

勾缝的砌体、勾缝应整齐均匀，不得空鼓、不应脱落或遗漏。

6）通道的建筑规程、尺寸、结构形式，通道内设置的安装等，均应符合设计图纸的规定。

一般局内主机房引出建筑物的通道，不应越出局所院墙。其他地方的通信用浅埋通道，其内部净高宜为 1.8m。

7）通信管道的弯管道，当曲率半径小于 36m 时，宜改为通道。

6-1-9　人（手）孔、通道的地基与基础施工有哪些规定？

答：1）人（手）孔、通道的地基应按设计规定处理，如系天然地基必须按设计规定的高程进行夯实、抄平。

人（手）孔、通道采用人工地基，必须按设计规定处理。

2）人（手）孔、通道基础支模前，必须校核基础形状、方向、地基高程等。

3）人（手）孔、通道基础的外形、尺寸应符合设计规定，其外形偏差应不大于±20mm，厚度偏差应不大于±10mm。

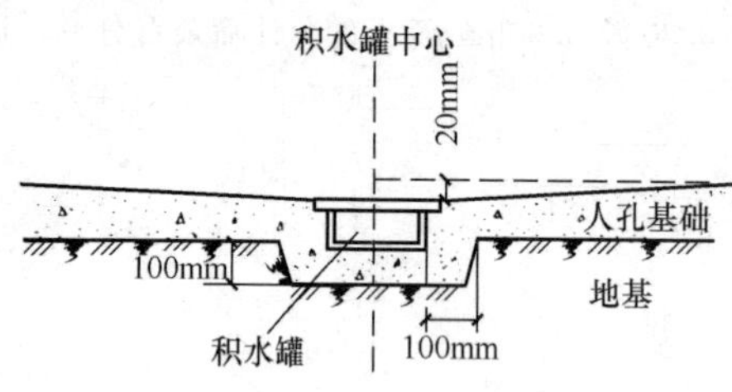

图 6-1-9　人（手）孔基础断面图

4）基础的混凝土强度等级、（配筋）等应符合设计规定。浇灌混凝土前，应清理模板内的杂草等物，并按设计规定的位置挖好积水罐安装坑。积水罐安装坑应比积水罐外形四周大 100mm，坑深比积水罐高度深 100mm；基础表面应从四方向积水罐做 20mm 泛水。如图 6-1-9 所示。

5）设计文件对人（手）孔、通道地基、基础有特殊要求时，如提高混凝土强度等级、加配钢筋、防水处理及安装地线等等，均应按设计规定办理。

6-1-10　墙体施工有哪些规定？

答：1）人（手）孔、通道内部净高应符合设计规定。墙体的垂直度（全部净高）允许偏差应不大于±10mm，墙体顶部高程允许偏差应不大于±20mm。

2）墙体与基础应结合严密、不漏水，结合部的内外侧应用 1：2.5 水泥砂浆抹八字，基础进行抹面处理的可不抹内侧八字角，如图 6-1-10 所示。抹墙体与基础的内、外八字角时，应严密、贴实、不空鼓、表面光滑、无欠茬、无飞刺、无断裂等。

3）砌筑墙体的水泥砂浆标号应符合设计规定；设计无明确要求时，应使用不低于 M7.5 水泥砂浆。

通信管道工程的砌体，严禁使用掺有白灰的混合砂浆进行砌筑。

4）人（手）孔、通道墙体的预埋铁件应符合下列规定：

(1) 电缆支架穿钉的预埋

①穿钉的规格、位置应符合设计规定、穿钉与墙体应保持垂直。

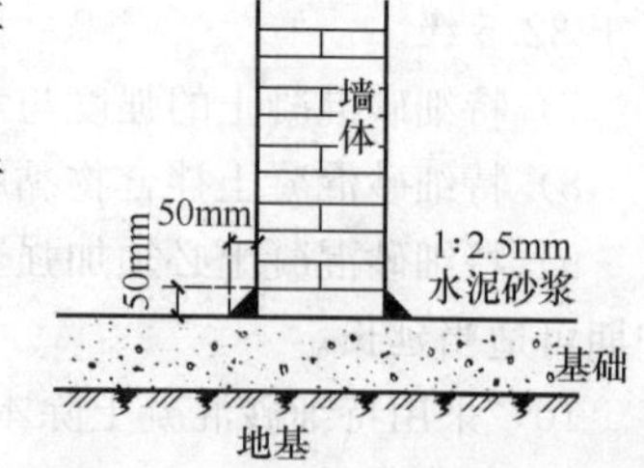

图 6-1-10　基础与墙体抹八字图

②上、下穿钉应在同一垂直线上，允许垂直偏差不大于 5mm，间距偏差应小于 10mm。

③相邻两组穿钉间距应符合设计规定，偏差应小于 20mm。

④穿钉露出墙面应适度，应为 50～70mm，露出部分应无砂浆等附着物，穿钉螺母应齐全

有效。

⑤穿钉安装必须牢固。

(2) 拉力（拉缆）环的预埋

①拉力（拉缆）环的安装位置应符合设计规定。一般情况下应与管道底保持200mm以上的间距。

②露出墙面部分应为80～100mm。

③安装必须牢固。

5) 管道进入人（手）孔、通道的窗口位置，应符合设计规定，允许偏差应不大于10mm，管道端边至墙体面应呈圆弧状的喇叭口；人（手）孔、通道内的窗口应堵抹严密，不得浮塞，外观整齐、表面平光。

管道窗口外侧应填充密实、不得浮塞，表面整齐。

6) 管道窗口宽度大于700mm时，或使用承重易形变的管材如塑料管等的窗口处，应按设计规定加过梁或窗套。

6-1-11　人（手）孔上覆及通道沟盖施工有哪些规定?

答： 1) 人（手）孔上覆（简称上覆）及通道沟盖（简称沟盖）的钢筋配制，加工、绑扎，混凝土的标号应符合设计图纸的规定。

2) 上覆、沟盖外形尺寸、设置的高程应符合设计图纸的规定。外形尺寸偏差应不大于20mm，厚度允许最大负偏差不大于5mm。预留孔洞的位置及形状，应符合设计图纸的规定。

3) 预制的上覆、沟盖两板之间缝隙应尽量缩小，其拼缝必须用1：2.5砂浆堵抹严密，不空鼓、不浮塞，外表平光、无欠茬、无飞刺、无断裂等。人（手）孔、通道内顶部不应有漏浆等现象。板间拼缝抹堵如图6-1-11 (1) 所示。

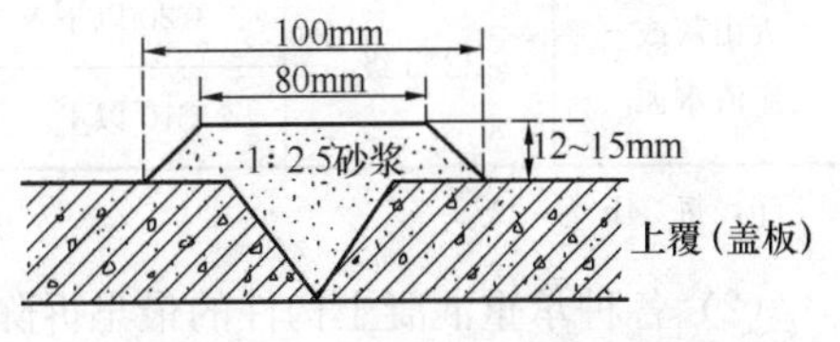

图6-1-11 (1)　板间拼缝断面

4) 上覆、沟盖混凝土必须达到设计强度以后，方可承受荷载或吊装、运输。

5) 上覆、沟盖底面应平整、光滑、不露筋、无蜂窝等缺陷。

6) 上覆、沟盖与墙体搭接的内、外侧，应用1：2.5的水泥砂浆抹八字角。但上覆、沟盖直接在墙体上浇灌的可不抹角。

八字抹角应严密、贴实、不空鼓、表面光滑、无欠茬、无飞刺、无断裂等。上覆、沟盖与墙体抹角如图6-1-11 (2) 所示。

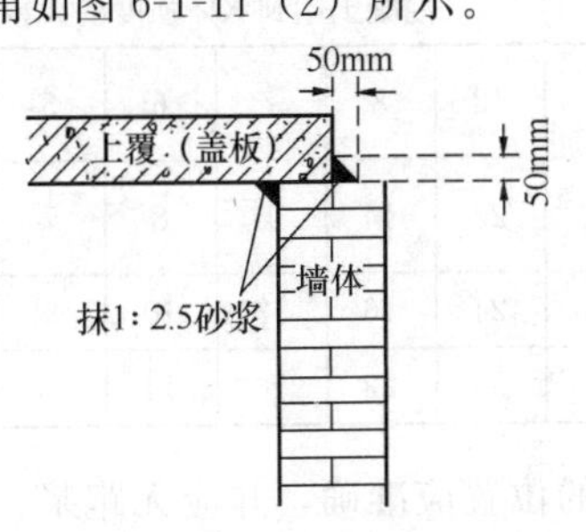

图6-1-11 (2)　土覆、沟盖与墙体抹角

6-1-12　口圈安装有哪些要求?

答： 1) 人（手）孔口圈顶部高程应符合设计规定，允许正偏差应不大于20mm。

2) 稳固口圈的混凝土（或缘石）应符合设计图纸的规定。自口圈外缘应向地表做相应的泛水。

3) 人孔口圈与上覆之间宜砌不小于200mm的口腔（俗称井脖子）；人孔口腔应与上覆预留洞口形成同心圆的圆筒状，口腔内、外应抹面。口腔与上覆搭接处应抹八字，八字抹角应严密、贴实、不空鼓、表面光滑、无欠茬、无飞刺、无断裂等。

4) 人（手）孔口圈应完整无损。车行道人孔必须安装车行道的口圈。

5) 通信管道工程在正式验收之前，所有装置必须安装完毕、齐全有效。

6-1-13　装拆模板有哪些规定？

答：1）通信管道工程中的混凝土基础、包封、上覆及沟盖等，均应按设计图纸的规格要求支架模板。

2）浇制混凝土的模板，应符合下列规定：

(1) 各类模板必须有足够的强度、刚度和稳定性，浇筑混凝土后不得产生形变。

(2) 模板的形状、规格应保证设计图纸要求所浇制混凝土构件的规格和形状。

(3) 模板与混凝土的接触面应平整、边缘整齐，拼缝严密、牢固，预留孔、洞位置准确，尺寸符合规定。

(4) 重复使用的模板，表面不得有粘结的混凝土、水泥砂浆及泥土等附着物。

3）模板拆除的期限，应符合下列要求：

(1) 各种非承重混凝土构件最早拆除模板的期限，应符合表 6-1-13 (1) 的规定。

非承重混凝土构件拆模时间表　　**表 6-1-13 (1)**

水泥品种	水泥强度等级	混凝土强度等级	日平均温度（℃）					
			5	10	15	20	25	30
			混凝土达到 2.45MPa（25kgf/cm²）强度的拆模天数					
硅酸盐水泥	42.5 级	C10 以下	5.0	4.0	3.0	2.0	1.5	1.0
		C10～C20	4.5	3.0	2.5	2.0	1.5	1.0
		C20 以上	3.0	2.5	2.0	1.5	1.0	1.0
火山灰或矿渣水泥	32.5 级	C20 以下	8.0	6.0	4.5	3.5	2.5	2.0
		C10 以上	6.0	4.5	3.5	2.5	2.0	1.5

注：每 24h 为一天。

(2) 各种承重混凝土构件的最早拆除模板期限，应符合表 6-1-13 (2) 的规定。

承重混凝土构件拆模时间表　　**表 6-1-13 (2)**

结构类别	水泥种类	水泥强度等级	拆模需要的强度（按设计强度 X%计）	日平均温度（℃）					
				5	10	15	20	25	30
				混凝土达到 X%强度的天数					
跨度 2.5m 以下的板及装配钢筋混凝土构件	硅酸盐	42.5 级	50	12	8	7	6	5	4
	火山灰或矿渣	32.5 级以上	50	22	14	10	8	7	6
跨度 2.5～8m 的板梁的底模板	硅酸盐	42.5 级	70	24	16	12	10	9	8
	火山灰或矿渣	32.5 级以上	70	36	22	16	14	11	9

4）浇灌混凝土的模板各部位的尺寸，预留孔洞及预埋件的位置应准确，并应无跑浆、漏浆等现象。

6-1-14　钢筋加工有哪些规定？

答：1）通信管道工程所用的钢筋品种、规格、型号均应符合设计的规定。

2）钢筋加工应符合下列规定：

(1) 钢筋表面应洁净，应清除钢筋的浮皮、锈蚀、油渍、漆污等。

(2) 钢筋应按设计图纸的规定尺寸下料，并按规定的形状进行加工。圆钢（也叫Ⅰ级筋）如需进行端头弯钩处理的，其弯钩圆弧的直径应不小于钢筋直径的 2.5 倍，如图 6-1-14 (1) 所示。

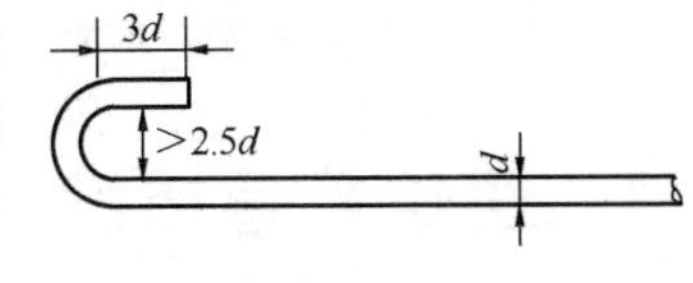

图 6-1-14 (1) 钢筋端头弯钩图

(3) 加工钢筋时应检查其质量，凡有劈裂、缺陷等伤痕的残段不得使用。

(4) 短段钢筋允许接长用在分布筋（辅助筋），其接续如图 6-1-14 (2) A、B 所示。主筋严禁有接头。

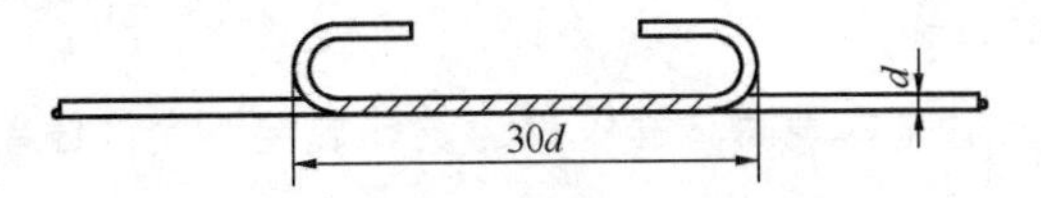

图 6-1-14 (2) A 圆钢筋搭接图

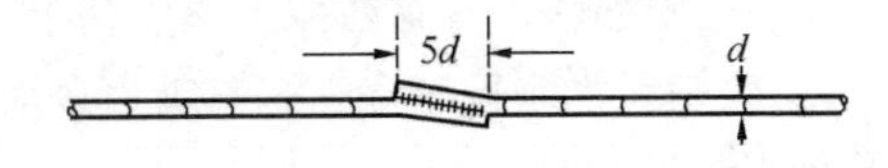

图 6-1-14 (2) B 竹节（螺纹）钢焊接图

3）钢筋排列的形状及各部位尺寸，主筋与分布筋位置均应符合设计图纸的规定，严禁倒置；主筋间距误差应不大于 5mm，分布筋间距误差应不大于 10mm。

4）钢筋纵横交叉处应采用直径 1.2mm 或 1.0mm 的钢线绑扎牢固、不滑动、不遗漏。

5）使用接续的钢筋时，接续点应避开应力最大处，并应相互错开，不得集中在一条线上，同一钢筋不得有一个以上的接续点。

6）钢筋与模板的间距应为 20mm，为保持钢筋与模板的间距相等，可在钢筋下垫以自制的混凝土块或砂浆块等，严禁使用木块，塑料等有机材料衬垫。

6-1-15 混凝土浇灌有哪些规定?

答: 1）配制混凝土所用的水泥、砂、石和水应符合使用标准。不同种类、强度等级的水泥不得混合使用；砂和石料的含泥量如超过标准，必须用水洗干净后方能使用。

2）各种强度等级混凝土的配料比、水灰比应适量，以保证设计规定的混凝土强度等级。施工时，应采用实验后确定的各种配比。

3）混凝土的搅拌必须均匀，以混凝土颜色一致为度。搅拌均匀的混凝土应在初凝期内（约 45min）浇灌完毕。

4）浇灌混凝土前，应检查模板内钢筋衬垫是否稳妥，并清除模内杂物。

混凝土在初凝之前如发生离析现象，可重新搅拌后再浇灌。

混凝土浇灌倾落高度在 3m 以上时，应采用漏斗或斜槽的方法倾注。

5）浇灌混凝土构件必须进行振捣，无论采用人工或机械振捣都应按层依次进行，捣固应密实，不得出现跑模、漏浆等现象。

6）混凝土灌注完毕经初凝（约 1h）后，应覆盖草帘等物并进行洒水养护；混凝土构件应避免被阳光直晒。

7）在日平均气温 5℃的自然条件下浇灌混凝土，应采取保温为主的蓄热法措施防冻。宜采用热水拌制混凝土或构件外露部分加以覆盖等措施，或按设计规定要求处理。

8）非直接承受荷载的混凝土构件浇灌混凝土后，在日平均气温 15℃的情况下，必须养护 24h 以上，方能在其上面进行下一道工序。

6-1-16 水泥砂浆施工有何要求?

答: 1）水泥砂浆的配比，必须严格按规定进行配制。

2）凡抹缝、抹角、抹面及管块接缝等处的水泥砂浆，其砂料必须过筛后使用，不得有豆石等较大粒径碎石在内。

3）水泥砂浆的养护，应执行有关规定。

6.2 通信管道铺设

6-2-1 通信管道地基施工有哪些要求？

答：1）通信管道的地基处理应符合设计文件的规定。凡采用天然地基而设计又没有具体说明如何处理的，遇下列情况应及时向有关单位反映，待处理后方可施工。

（1）地下水位高于管道及人（手）孔最低高程的；

（2）土质松软、有腐蚀性土壤或属于回填的杂土层。

2）凡是天然地基的管道沟挖成后必须夯实抄平，地基表面高程应符合设计规定，允许偏差应不大于±10mm。

3）通信管道沟底的宽度应符合下列要求：

（1）管道基础63cm以下宽时，其沟底宽度应为基础宽度加30cm（即每侧各加15cm）。

（2）管道基础63cm以上宽时，其沟底宽度应为基础宽度加60cm（即每侧各加30cm）。

（3）无基础管道（水泥管块的管道在非特殊情况不应采用此法）的沟底宽度，应为管群宽度加40cm（即每侧各加20cm）。

6-2-2 基础施工有哪些规定？

答：1）通信管道一般宜采用素混凝土基础，混凝土的强度等级、基础宽度、基础厚度应符合设计规定。

凡设计规定管道基础使用预制基础板或加钢筋的段落，应按设计处理。

2）通信管道基础的中心线应符合设计规定，左右偏差应不大于10mm；高程误差应不大于10mm；基础的宽度和厚度负偏差应不大于10mm。

管道基础宽度应比管道组群宽度加宽100mm（即每侧各宽50mm）。

3）通信管道基础进入人（手）孔窗口的部分，设计有规定的应按设计规定处理；设计没有规定时，应按管道基础宽度参照表6-2-2和图6-2-2加配钢筋。钢筋应搭在窗口墙上不少于100mm。

管道基础进入人（手）孔窗口处配筋表 **表6-2-2**

管道基础宽度（mm）	钢筋直径（mm）	根数	长度（mm）	总长（m）
350mm宽基础	6	8	310	2.48
	10	4	1565	6.26
460mm宽基础	6	8	420	3.36
	10	5	1565	7.83
615mm宽基础	6	8	590	4.72
	10	7	1565	11.00
735mm宽基础	6	8	690	5.52
	10	8	1565	12.52
880mm宽基础	6	8	840	6.72
	10	9	1565	14.09

4）基础在浇灌混凝土之前，应检查核对加钢筋的段落位置是否符合设计规定，其钢筋的绑扎、衬垫等是否符合规定；并应清除基础模板内的杂草等物。

浇灌的混凝土应捣固密实，初凝后应覆盖草帘等物并洒水养护。基础模拆除后，基础侧面应无蜂窝、掉边、断裂及欠茬等现象，如发现有上述缺陷，应进行认真的修整、补强等。

5）通信管道基础的混凝土应振捣密实、表面平整、无断裂、无波浪、无明显接茬、欠茬，混凝土表面不起皮、不粉化。

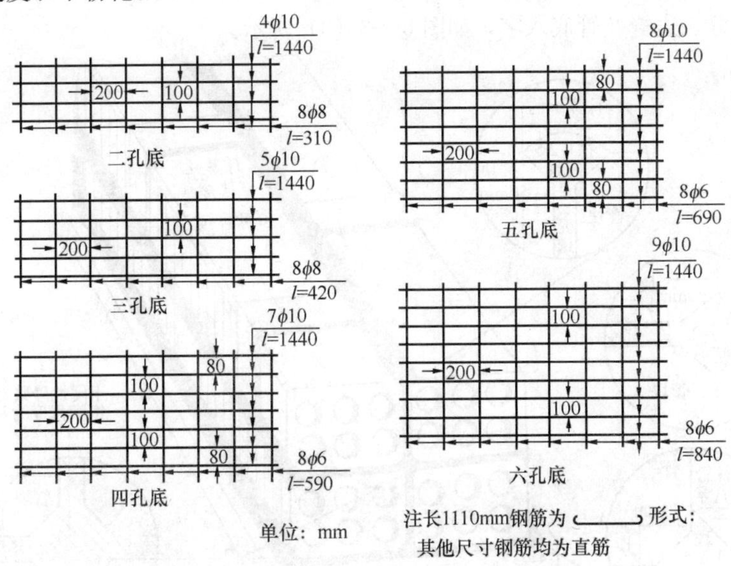

图 6-2-2　管道基础进入人（手）孔处配筋图

6-2-3　通信管道铺设要点有哪些？

答：1）通信管道所用管材的材质、规格、程式和断面的组合必须符合设计的规定。

改、扩建管道工程，不应在原有管道两侧加扩管孔；在特殊情况下非在原有管道的一侧扩孔时，必须对原有的人（手）孔及原有电缆等做妥善的处理。

2）水泥管块的铺设应符合下列规定：

（1）管群的组合断面必须符合设计规定。

（2）水泥管块的顺向连接间隙不得大于5mm。上下两层管块间及管块与基础应为15mm，允许偏差不大于5mm。

（3）管群的两层管及两行管的接续缝应错开。水泥管块接缝无论行间、层间均宜错开二分之一管长，如图 6-2-3（1）、（2）所示。

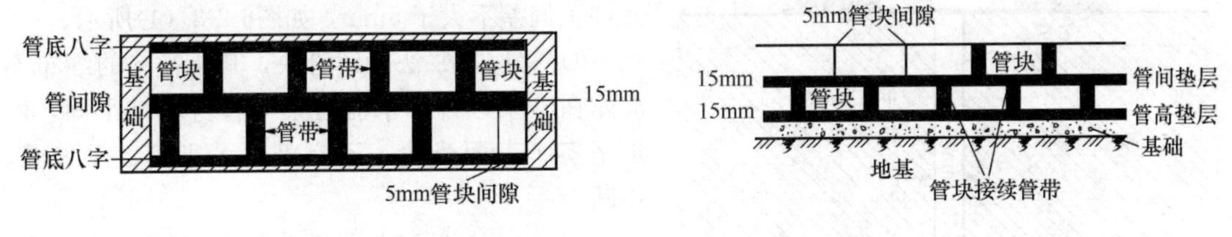

图 6-2-3（1）　两行管块接缝错开图　　　图 6-2-3（2）　两层管块接缝错开图

（4）水泥管块的弯管道及设计上有特殊技术要求的管道，其接续缝及垫层按设计规定。

3）铺设水泥管道时，应在每个管块的对角管孔用两根拉棒试通管孔；其拉棒外径应小于管孔的标称孔径3～5mm；拉棒长度，铺直线管道宜为1200～1500mm；铺弯管道（其曲率半径大于36m）宜为900～1200mm。具体的拉棒规格可由施工单位自定。

4）铺设水泥管道的管底垫层砂浆标号，应符合设计要求，其砂浆的饱满程度应不低于

95%，不得出现凹心，不得用石块等物垫管块的边、角。管块应平实铺卧在水泥砂浆垫层上。

两行管块间的竖缝充填的水泥砂浆，其强度等级应符合设计的规定，充填的饱满程度应不低于75%。

管顶缝、管边缘、管底八字应抹1：2.5水泥砂浆；严禁使用铺管或充填管间缝的水泥砂浆进行抹堵。抹顶缝、边缝及管底八字，如图6-2-3（3）所示。

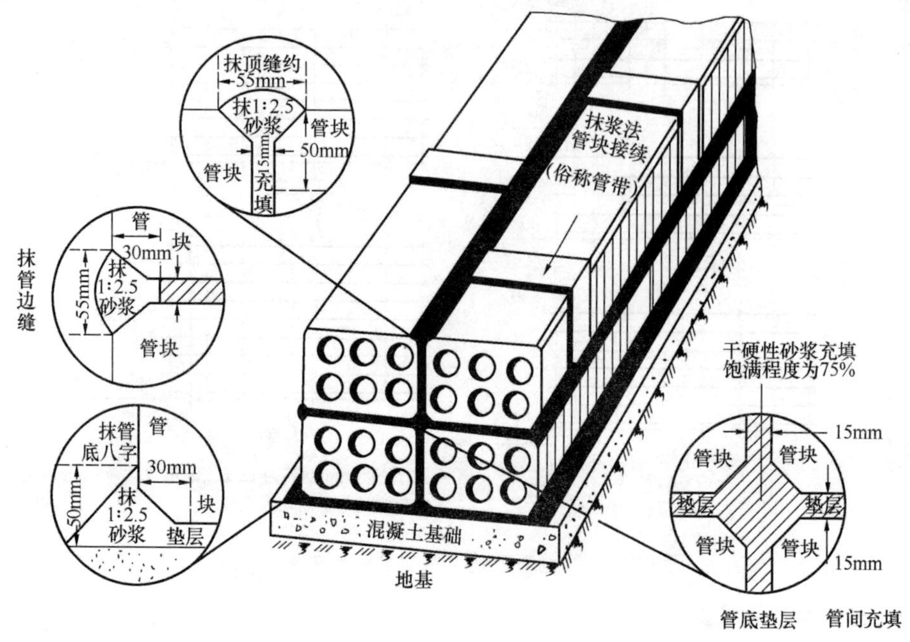

图6-2-3（3） 抹管顶缝、边缝、角八字图

5）水泥管块的接缝方法宜采用抹浆法，应符合下列规定：

（1）两管块接缝处应用纱布80mm宽，允许±10mm的误差，长为管块周长加80～120mm，均匀地包在管块接缝上；

（2）接缝纱布包好后，应先在纱布上刷清水，水要刷到管块饱和为度，再刷纯水泥浆；

（3）接缝纱布刷完水泥浆后，应立即抹1：2.5的水泥砂浆；

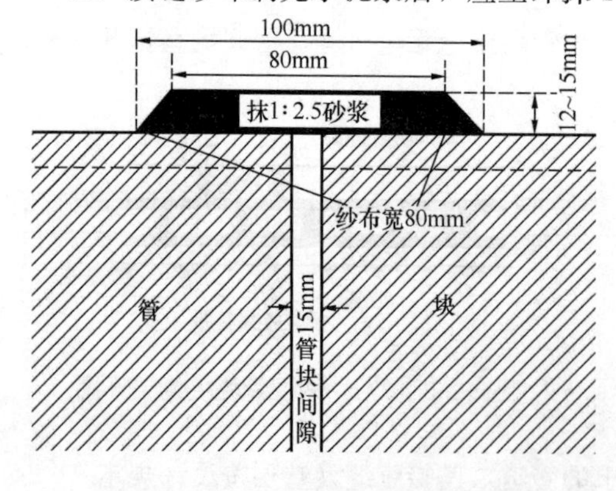

图6-2-3（4） 管块接续抹缝图

（4）纱布上抹的1：2.5水泥砂浆厚度应为12～15mm，其下宽应为100mm，上宽应为80mm，允许正偏差不大于5mm，如图6-2-3（4）所示。

6）采用抹浆法接续管块，其所衬垫的纱布不应露在砂浆以外，水泥砂浆与管身粘结牢固，质地坚实、表面光滑、不空鼓、无飞刺、无欠茬、不断裂。

7）用1：2.5水泥砂浆抹管顶缝、管边缘、管底八字，应粘结牢固、平整光滑、不空鼓、无欠茬、不断裂。

8）各种管道引入人（手）孔、通道的位置尺寸应符合设计规定，其管顶距人（手）孔、通道上覆、沟盖底面应不小于300mm，管底距人（手）孔、通道基础面应不小于400mm。

9）引上管引入人（手）孔及通道时，应在管道引入窗口以外的墙壁上，不得与管道叠置。

引上管进入人（手）孔、通道，宜在上覆、沟盖下200～400mm范围以内。

10）弯管道的曲率半径应符合设计要求，一般不宜小于36m。其水平或纵向弯管道各折点坐标或标高，均应符合设计要求。弯管道应成圆弧状。

11）石棉水泥管通信管道的接续，应按设计的规定。其他如接续点错开等技术要求与水泥管道相同。

6-2-4　钢管通信管道铺设有哪些规定?

答：钢管通信管道的铺设方法、断面组合等均应符合设计规定；钢管接续宜采用管箍法，并应符合下列规定：

（1）两根钢管应分别旋入管箍长度的三分之一以上。两端管口应锉成坡边。

（2）使用有缝管时，应将管缝置于上方。

（3）钢管在接续前，应将管口磨圆或锉成坡边，保证光滑无棱。

（4）严禁不等径的钢管接续使用。

6-2-5　铸铁通信管道铺设规定有哪些?

答：1）铺设铸铁管应符合下列规定：

（1）铺设直线段铸铁管时，承口应在高程低的一端。

（2）铺设引上管时，承口宜在人（手）孔、通道端。

（3）铸铁管的接续，应在插口端头缠两层宽20～30mm的麻布条（缠麻布条应距管口约10mm），插入承口后再用水泥砂浆堵抹，堵抹与承口外缘平齐即可。

2）各种引上管引入人（手）孔、通道时，管口不应凸出墙面，应终止在墙体内30～50mm处，并应封堵严密、抹出喇叭口。

6-2-6　塑料管通信管道铺设应符合哪些规定?

答：1）塑料管通信管道宜采用硬质塑料管（如硬聚氯乙烯管等），其铺设方法、组群方式、接续方式等均应符合设计规定。

2）塑料管的接续宜采用承插法或双承插法等。采用承插法接续时，承插部分的长度可参考表6-2-6（1）。

塑料管承插接续部分长度参考表　　　　**表6-2-6（1）**

塑料管外径（mm）	40	50	60	75	90	100及以上
承插长度（mm）	40	50	50	55	60	70

采用双承插法接续塑料管，其接续管的接头如图6-2-6，各部分长度如表6-2-6（2）所示。

塑料管双承接头各部尺寸参考表　　　　**表6-2-6（2）**

塑料管外径 D（mm）	40	50	60	75	90	100及以上
承口长度 L_2（mm）	40	50	50	55	60	70
直管部分长度 L_1（mm）	60	70	90	100	110	110
双承接头总长度 L（mm）	140	170	190	210	230	250

3）采用承插法接续塑料管，其承插部分可涂粘合剂，其粘合剂应按塑料管生产厂的要求或施工所在地的常用粘合剂。涂抹粘合剂应在距直管管口10mm处向管身涂抹，涂抹承插长度的近$\frac{2}{3}$。

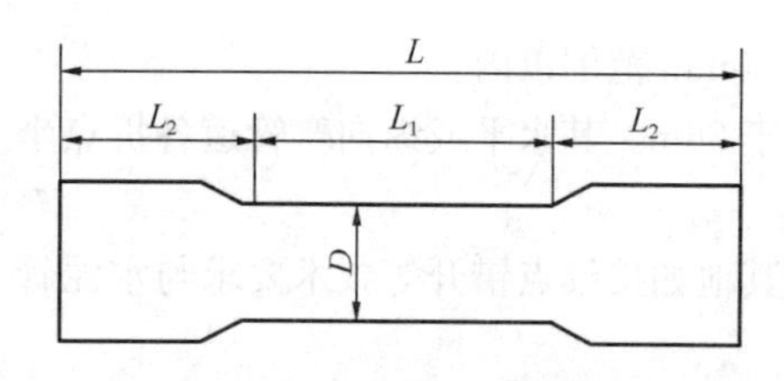

图 6-2-6　双承接续管头示意图

4）塑料管的组群管间缝隙宜为 10～15mm，接续管头必须错开，每隔 2～3m 可设衬垫物（但不得使用钢筋）的支撑，并保证管群的整体形状统一，直至进入窗口部分其形状仍应一致。窗口部分的堵抹要求与水泥管相同。

6-2-7　通信管道最小埋深等应符合什么规定？

答：1）通信管道的包封规格、段落、混凝土强度等级，应符合设计规定。

2）通信管道的防水、防蚀、防强电干扰等防护措施，必须按设计要求处理。

3）各种材质构成的通信管道，其最小埋深应符合表 6-2-7（1）的规定。

通信管道最小埋深表　　**表 6-2-7（1）**

管道类别	管顶距地表最小深度（米）			
	人行道	车行道	电车轨道	铁路[①]
水泥、石棉水泥管、玻璃钢等管	0.5	0.7	1.0	1.5
钢管	0.2	0.4	0.7	1.2

注：1. 具体应与铁道部门协商。
2. 钢管最小埋深在有冰冻的范围以内时，施工时应注意管内不能有进水或存水的可能。

4）通信管道与其他各种管线平行或交越的最小净距，应符合表 6-2-7（2）的规定。

通信管道与其他管线最小净距表　　**表 6-2-7（2）**

其他管线类别		最小平行净距（m）	最小交越净距（m）
给水管	直径≤300mm	0.5	0.15
	直径 300～500mm	1.0	
	直径＞500mm	1.5	
排水管		1.0	0.15
热力管		1.0	0.25
煤气管	压力＜294.20kPa（3kgf/cm²）	1.0	0.30
	压力＝294.20～784.55kPa（3～8kgf/cm²）	2.0	
电力电缆	35kV 以下	0.5	0.5
	35kV 以上	2.0	

6-2-8　某新建信息管道工程施工准备是怎样的？

答：1）组织技术人员及施工人员进行现场勘察，学习图纸、施工技术规范和监理程序文件，编制切实可行的施工组织设计，对所有施工人员作施工组织和技术交底。

2）开工前，施工现场做到通水、通电，现场平整。

3）组织施工人员进场，对民工进行入场教育。

4）做好施工交底工作，做好工程交接桩和测量定线工作。

5）编制开工报告，申请正式开工。

6）投入劳力 60 人，技工 20 人，普工 40 人，挖沟机 1 台，运土汽车 4 辆，发电机 1 台，电焊机 1 台，各种施工机器具齐全。

6-2-9　某新建信息管道工程施工要点有哪些？

答：1）工程测量：通信管道工程测量严格按照设计图纸的位置、坐标和高程进行。施工前依据设计图纸和现场交底的控制桩点进行管道及人孔的位置复测。沿管线每隔 10m 设一桩点。

通信管道的各种高程，以水准点为基准，允许误差应不大于±10mm。

2）沟槽开挖：

（1）施工中结合管道设计深度、现场土质坚实程度确定开槽形式。严格按照设计深度进行开挖，根据不同的土质和深度进行放坡施工，放坡系数一般为1：0.5～1：0.33，开槽宽度考虑到工作面及夯实机具行走的宽度，遇有过深的管道及人孔应采取二次倒土施工。

（2）用机械挖土时，槽底留出15cm厚的土层，人工清理至设计标高，确保槽底土体不被干扰或破坏，如发现坟穴、枯井等情况时，把软弱层清除至硬底，然后回填9%灰土至槽底高程。

3）管道、人孔基础：

（1）基础支模前必须校核槽底高程、基础外形、混凝土强度等级、配筋、结构尺寸符合设计规定。在沟槽开挖完毕后，先进行地基抄平，地基表面高程符合设计规定。基础用素混凝土基础，要密实，表面平整、无断裂、无明显接茬欠茬。

（2）管道基础进入人孔窗口部分，做加筋处理，长度为2m。

（3）基础宽度、厚度按照设计要求施工人孔及通道基础外形、尺寸符合设计规定，外行偏差不大于±20mm。厚度偏差不大于±10mm

4）管道铺设：

（1）铺设水泥管块：基础施工完毕后，铺设水泥管块接缝无论行间和层间要错开二分之一管长，管道铺设不能出现S弯。水泥管块顺向连接间隙不大于5mm，上下两层管块间及管块与基础间应为15mm。

（2）铺设钢管：按照设计要求管径进行选材。钢管铺设用钢管管箍接续，管箍长为30cm/个。每隔3m钢管外侧用扁钢（ϕ12钢筋）焊接固定，扁钢为40×4，以防钢管错动。钢管管口要磨圆或锉成坡边，保证光滑，以免划破电缆，使用有缝钢管，管缝置于上方，钢管进入人孔3.0m范围内管与管之间全部用M10水泥砂浆填满充实。

（3）铺设塑料管道，全部做包封处理，每隔2m，做钢筋框架固定，钢筋框架根据塑料管道不同排列程式进行制作。管与管之间全部用M10水泥砂浆填满充实。管缝间隙宜为10～15mm，接续管头必须错开。

5）管道基础及包封混凝土强度等级为C15，配合比为1：2.28：4.32：0.59即32.5级水泥304kg+砂子693kg+碎石1313kg+水180kg/m^3。铺设管道、人孔砌筑用M10水泥砂浆为1：5，即42.5级水泥307kg+砂子1533kg+水300kg/m^3。管带及人孔内外壁抹面用1：2.5水泥砂浆，即42.5级水泥478kg+砂子1463kg+水300kg/m^3。根据本工程情况，管道基础及包封、人孔基础采用商品混凝土。

6）人孔砌筑

（1）人孔基础：支模前校核基础形状、方向、槽底高程。按照设计规定位置挖好积水罐安装坑，基础表面应从四方向积水罐做20mm泛水。

（2）墙体：做好选砖、浸砖，砖砌砂浆饱满。墙体垂直，表面平整光滑，不出现竖向通缝，井室内壁一次完成，不留接口，不空鼓，墙角不歪斜，抹面厚度、砂浆配比符合设计规定。

（3）穿钉安装：穿钉与墙体垂直，上、下穿钉在同一垂直线上，允许垂直偏差不大于5mm，间距偏差应小于10mm，穿钉露出墙面应适度，应为5～7cm，穿钉安装必须牢固。

（4）拉力环的预埋：其安装位置应符合设计规定，一般情况下应与管道底保持20cm以上的间距，露出墙面应适度，应为8～10cm，穿钉安装必须牢固。

（5）人孔上覆：人孔上覆按YDJ-101图集加工，必须达到设计强度方可运输、使用，与墙体间用1：2.5水泥砂浆抹成八字，八字抹角饱满、密实、表面光滑。

（6）人孔口圈：按照设计要求进行选定，人孔口圈与人孔上覆之间砌不小于20cm的口腔

（俗称井脖子），无特殊情况不得大于 80cm。

7）成品保护：每道工序完成后，必须按照规范达到养护期后方可进行下一道施工工序。整体结构未总体验收前，进行成品保护，发现问题及时与有关单位联系协商解决。

8）回填土：

（1）管道回填：管道及人孔施工完毕后，经 24h 养护和隐蔽工程检验合格后才进行回填。遇有不稳定土壤和腐蚀性土壤，要根据建设单位和设计单位要求采取必要措施，进行特殊处理，夯填石灰或砂子等，回填土质和夯填的遍数达到规范要求，回填密实度符合市政道路要求。回填必须分层夯实，采用蛙式夯，虚土厚度 20cm。管道两侧同时进行回填土。管道两侧和管道顶部 50cm 范围内要用蛙式夯夯实。

（2）人孔回填：每回填 30cm 用蛙式夯夯实，回填土禁止高出人孔口圈的高程。

管道两侧即胸腔回填密实度 5%（轻型击实），管顶以上 50cm 范围内＞87%（轻型击实）。信息管道回填必须按照北京市公联公司城市道路工程地下管线回填技术标准执行。

通信管道工程的回填土，应在管道或人孔按施工顺序完成施工内容，并经 24h 养护和隐蔽工程验收合格后进行。

6-2-10　某新建信息管道工程质量目标设计是怎样的？

答：1）质量标准：《通信管道工程施工及验收技术规范》YDJ 39—90。原邮电部 1990 年 7 月《通信管道人孔和管块组群图集》YDJ 101—90 的规定进行施工。

2）我们的质量方针和目标是：科学管理、精心操作、质量一流。

满足合同要求、顾客至上；本工程工序合格率 100%；单位工程达到优良标准。

6-2-11　某新建信息管道工程质量保证措施有哪些？

答：1）建立完善的质量保证体系（见质量保证体系框图）。

2）施工前，做好地上、地下障碍物的勘察工作。

3）为了保证质量，我们在施工的每个环节都要精益求精，每天坚持记施工日志，出现不合格作业，立即返工，奖惩分明，并且总结经验教训。

4）施工过程中，现场人员首先进行自检，互检，再经管理人员进行抽检。

5）隐蔽工程项目包括管道地基、基础，铺设管道，人孔砌筑，回土夯实，管孔试通，我们做到必须达到的养护时间。

6）施工中遇有其他市政管线等，不得私自拆改其他管线，不得私自更改设计，应服从建设单位、设计单位要求。

7）在选用施工队伍方面，要用技术过硬的队伍，有丰富的施工经验，能克服施工过程中的任何困难。

8）为了保证施工质量，在施工用料上，所使用材料全部提供合格证。必须符合设计图纸要求，要有出厂合格证等准用资料。电信专用器材要到上级物资部门指定厂家购买，对于水泥、砂石、机砖等地材，我们选用质优价廉的材料。

9）在施工机具上，使用合格产品，配备齐全。

10）在工程用款方面，做到专款专用。保证施工顺利进行。

11）做好各种质量记录：技术交底、施工记录、测量和试验资料、质量评定，并要准确及时。

12）高程配置服从管线整体及综合施工要求，符合高程标准。

6-2-12　某新建信息管道工程雨季施工方法及措施有哪些？

答：雨季施工措施如下：

（1）土方施工：土方开挖前备好排水机械设备。防止进水泡槽，挖土前要在工作区域四周做好土埂、排水沟等截水，防止水流入沟槽。挖管道及人孔不得在有积水的情况下作业，必须先将水排放后进行挖掘工作。积水和污泥不得进入管眼，加强排水、抽水。为防止边坡塌方，备有足够的板材，在适当位置增加集水坑，以利于雨水的排除。水泵等抽水机械要绝缘。备有水泵、泵管、草袋子、导流管。尽量缩短开槽长度，做到速战速决。

(2) 混凝土施工：不宜冒雨浇筑混凝土，严格控制坍落度，确保混凝土质量。对终凝前的混凝土，应及时覆盖防止受雨冲淋。

(3) 材料储存与保管：施工中所用材料水平存放，存放场地保持干燥，底层要搁置木板等。砂子等松散材料，堆放周围要加以围挡，防止被雨水冲散。

(4) 机械设备：使用机械设备要按相应规定做好接地或接零保护装置，并经常进行检测。配电箱、电闸箱等要采取防雨、防潮、防雷等措施，外壳做接地保护。

6-2-13　某新建信息管道工程文明施工环境保护措施有哪些?

答: 1) 施工前，做好施工地区的宣传工作，张贴施工安民告示，求得市民谅解。

2) 施工前，对民工进行安全生产教育，维护生产秩序。

3) 施工中，管道沟旁设置安全护栏；各行人、车辆出入口，各路口设置过桥板和铺设钢板；设置安全警示灯。施工现场人员要佩戴安全帽。

4) 派专人清扫现场，保持现场清洁；派专人协助指挥交通，以保行人、车辆正常通行。

5) 管道出土一侧堆置，堆土的坡脚边应距沟或坑边 40cm 以上，堆土不得压埋热力、雨水、污水、闸门井等。

6) 施工用料码放整齐，施工住所讲究卫生。

7) 工地的电工持证上岗，做好绝缘措施，不得违章操作。

8) 施工机具包括路面切割机、水泵、电夯、电焊机等，在使用前，先检查能否正常使用，不能带障作业。

9) 施工后，彻底清理现场，恢复正常路况。

10) 对施工人员加强环保教育，提高全体人员环保意识。

11) 施工过程中，注意施工区、办公区、生活区的污染。

12) 施工现场采用洒水车洒水降尘。

13) 水泥等易飞扬的材料严密遮盖，及时清理现场的废弃料。

14) 对树木、绿地进行保护。

6-2-14　某新建信息管道工程安全措施有哪些?

答: 1) 安全生产的规章制度

在工程现场，建立完善的保证安全生产的规章制度，并严格监督实施。认真执行国家有关劳动保护标准的安全技术规程，作业人员必须遵守本工程的安全操作规程。对全体工人进行安全技术知识培训，使进场的工人了解工种的要求，掌握施工安全技术，提高安全处理能力。

2) 安全保障体系

施工中建立以项目经理为首的安全保障体系，全面负责安全工作。下设安全监察部门、专职安全检查安监员，施工班组设置兼职安全员，自上而下形成安全生产监督、保障体系，对施工生产全过程实施监控。落实全线各类人员的安全生产责任制，推行安全交底、安全宣传教育、安全检查、安全设施验收和事故报告等管理制度。加强对全体工作人员的安全生产及劳动保护教育，使参加施工的每一个人从思想上都对安全工作得以充分重视。做到人人讲安全，杜绝重大安全事故的发生。

3) 安全保证措施

(1) 坚持全员安全教育制度，提高施工人员的自保与互保意识，将安全生产责任制落实到各职能部门，各作业班组责任到人。

(2) 各工种人员必须经安全培训考试合格后方可上岗，不得无证上岗，严禁管理人员违章指挥，操作人员违章作业。

(3) 各专业工种使用、操作施工工具时，严格执行本工种、本机械的安全操作规程。机械设备设专人负责检修，不得带病运转，不准超负荷作业，不准违章操作。

(4) 做好现况管线调查和管线标识工作，加强对地下管线的保护意识，沟槽开挖前必须进行坑探工作。机械开槽距管线 1.5m 时必须由人工开挖。

(5) 多种作业时，必须设专人负责，统一指挥，互相配合。所有进入施工现场人员必须佩戴安全帽等个人劳动保护用品，凡不符合规定者，严禁上岗。

(6) 设立专职安全分队对施工围挡进行巡逻检查，保证封闭式围挡及施工护栏牢固有效，并协助交通等部门维护社会安全。

(7) 吊装作业时，必须设专人指挥。吊臂回转半径内严禁站人。

(8) 开工前必须对施工队伍进行书面安全交底，注明施工注意事宜及禁止事项。

(9) 夜间施工时作业场地必须有足够的照明，沟槽部位设防护栏杆及红色警示灯。

(10) 施工现场不得存放易燃易爆等危险物品，电气线路的敷设要符合有关规定。进行明火作业及电气焊等作业时要制定可靠的安全防火措施。

(11) 对路口附近的沟槽，必须设定型的金属围栏和警示标志。基础施工前，根据雨季特点制定防坍塌措施。

4) 用电安全措施

(1) 用电施工人员均应掌握一定的安全用电常识和所用施工设备的性能。

(2) 设立专职用电管理安全员，加强对临时用点的安全管理。

(3) 用电严格执行三相五线制，实行两极漏电保护的规定，合理布置临时用电系统，配电箱必须设置防护栏，并配明显的安全警示标志。

(4) 接、拆电源时必须由专职电工操作。严禁无证人员私自拆、接。

5) 机械安全措施

(1) 各种机械设备要有专人负责维修保养，经常对其关键部位进行检查，避免机械故障及机械伤害事件发生。

(2) 机械安装时基础必须牢固，吊臂回转半径内严禁站人。

(3) 机械设备设专人负责检修，不得带病运转，不准超负荷作业，不准违章操作。

(4) 施工中所用机械、电气设备必须达到国家安全防护标准，自制设备、设施必须通过安全检验及性能检验合格后方可使用。

6) 消防保卫

(1) 施工现场和生活区建立保卫和巡逻护场制度，设专人值勤。

(2) 消防器材要按规定配备齐全。

7) 应急预案措施

(1) 为了预防和控制重大事故发生，并能在重大事故发生后有条不紊地开展救援工作，制定应急预案措施。

(2) 遇有非典病人应及时上报有关部门。

6-2-15 某新建信息管道工程电信管道施工流程图是怎样的?

答：流程图如下：

1) 管道施工

测量放线—开槽—地基处理、整平—基础施工—铺设管道—管道保护（包封）—管道回填—清理现场—初验试通—竣工验工

2）人孔施工

测量放线—开槽—地基处理、整平—砌筑墙壁—人孔内外壁抹面—管道入人孔窗口—吊装上覆—砌人孔口腔—安装人孔口圈—清理人孔内部、安装支架—井室回填—清理现场—隐蔽初验—竣工验工

6.3 通信管道工程检验、验收

6-3-1 通信管道工程沟槽检验要点有哪些?

答：1）槽底高程检验

挂高程线用尺量检验。

(1) 检验范围、频率：

每检验 5m，计 1 点。

(2) 检验工具

锦纶小线，钢尺、高程尺。

(3) 检验操作步骤：

①事先用钢尺接测量的下返数值，返在高程尺上做一记号，一般系小线或用笔画一标志。

②将小线系在高程钉上，注意拉紧系牢。

③用准备好的高程尺抽检，量测每 5m 量测一处，计 1 点，

(4) 注意事项：

①高程钉必须是经过测量人员及时复核后，才能使用。

②使用高程尺必须紧贴高程线，并使高程尺垂直于地面，避免人为误差。

2）中心线及底宽检验

挂中心线用尺量检验。

(1) 检验范围：每 50m 为一检验段（观察检查，不计点）。

(2) 检验工具：小线、钢尺

(3) 检验操作步骤：

①将中心桩钉在槽底上，拉紧小线并系在中心钉上。

②用尺由中心线向两侧丈量所需的数值（1/2 槽底宽），检查槽底每侧宽度。

(4) 注意事项：

①挂中心线必须拴在桩钉的同一侧。

②量检的钢尺必须垂直于中心线，以避免人为误差。

6-3-2 通信管道工程混凝土基础检验要点有哪些?

答：1）中心线位移检验

测定混凝土基础中心线，有两种方法。第一种是用经纬仪将测出的中心点标在混凝土基础面上，画上④标记，按标记拉上小线，第二种也是用经纬仪测出中心线，然后用黑线把中心线弹在混凝土基础面上。

(1) 检验范围、频率：每检验 5m，计 1 点。

(2) 检验工具：小线、钢尺。

(3) 检验操作步骤：

①在基础中心钉钉，栓上小线拉紧，系在中心钉上形成中心线。

②用钢尺往返 2 次取平均数

(4) 注意事项：

①钢尺必须经检定有合格证

②量测时要拉紧钢尺，不得有垂度。

2）高程检验

挂高程线用尺量检验。

(1) 检验范围、频率：每检验 5m，计 1 点。

(2) 检验工具：小线、钢尺、高程尺。

(3) 检验操作步骤：

①事先用钢尺按测量人员验定的下返数值，返在高程尺上做一记号，一般系小线作为标志。

②把小线系在高程钉上，必须要拉紧，不得有垂度。

③用准备好的高程尺沿着高程线，抽检高程。

(4) 注意事项：

①高程钉必须经过测量人员及时复核才能使用。

②使用高程尺必须紧贴高程线，而高程尺应垂直于混凝土基础面，以减少人为误差。

6-3-3　通信管道工程铺设管块检验要点有哪些？

答：1）中心线位移检验

一般情况下铺设管块以基础中心线为准，管块铺设以后即没有原中心线的标志，在检验时采用边线法量检管块直顺度较为适宜。

(1) 检验范围、频率：每检验 5m，计 1 点。

(2) 检验工具：小线、钢尺或钢板尺、垂球。

(3) 检验操作步骤：

①检验混凝土基础中心位移在允许偏差之内时，可用垂球对准混凝土基础边沿量 1/2 基础宽找出中心点，过 20m 再找出中心点。

②两点联线即为中心线、量检两侧宽度、检查中心偏移情况，量出误差数值，每检验 5m，计 1 点。量取最大偏差值

(4) 注意事项：

①垂线要对准管块边沿。

②量测垂线至组合管块中心距离时，钢尺必须垂直组合管块的中心线。

③量测管块中心位移的数值是用组合管块全宽的 1/2 宽度来检验。

2）管块组合排列检查（观察检查不计点）

上下两层管块与相邻两管块的接缝均应错开管长的 1/2，见图 6-3-3(1)及图 6-3-3(2)。

3）接口及抹缝检验

(1) 检验范围、频率：每检验 5 块，计 1 点。

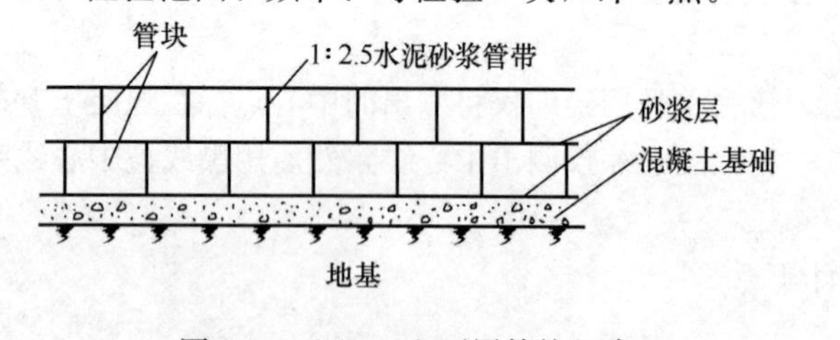

图 6-3-3（1）　上下层管块组合

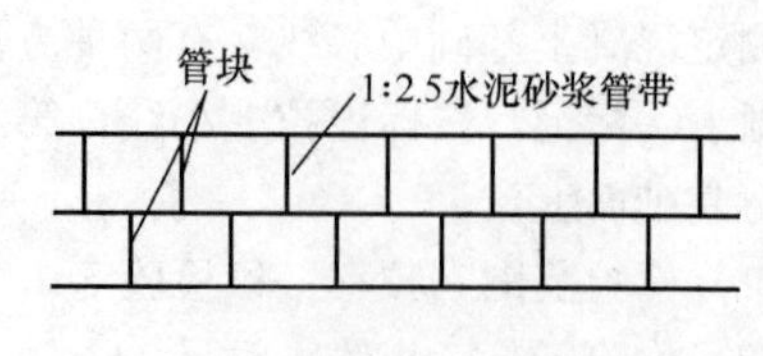

图 6-3-3（2）　相邻管块排列

(2) 接口绷带检验：

①检验绷带宽度，长度必须符合规范要求。

②检验绷带应在管块取中的接缝上、绷带搭接在管顶部位。

③绷带包好后应先刷清水达到饱和后再刷水泥浆。

④绷带接口完毕，及时进行水泥砂浆抹带。

（3）水泥砂浆抹带检验

①水泥砂浆抹带按接缝取中，不得偏心。

②抹好的带不得空鼓、裂缝。

③水泥砂浆抹带接口后，及时覆盖，洒水养护。

6-3-4　通信管道工程拉棒检验是怎样的?

答：检验方法：拉棒法试通就是用规定尺寸的木棒，在管块孔中从一端拉向另一端，检查孔道和接口是否通顺。

1）直线管道试通过，拉棒直径比管孔直径小 5mm，长 900mm。两孔以上管道应抽试每个管块的任意两孔，一般为对角方向的孔道。

2）弯管道曲率半径不小于 36m，拉棒直径比管孔直径小 6mm，长 900mm 拉棒试通，试通要求与 1）相同。

6-3-5　撞痕法试验管块强度是怎样的?

答：1）试验用具

（1）撞痕球：球体直径 51mm（实物测值）；球重 546g（实物称值）；钢材制作。

（2）钢卷尺、复写纸及片页纸各一。

2）试验方法

（1）被试物应放置平稳，试验面置于上方（系指管块的模具面，不得将管块的木底板面或表面作为试验面）。

（2）在被试物的试验面放上复写纸，再用片页纸重合于复写纸上。

（3）撞痕球从距离试验面 600mm 处自由坠落于片页纸上，试验三次（落点不得重合）。

（4）以片页纸上三个复写纸印痕的最大直径之平均值，衡量管块的表面强度。

3）标准

痕径	水泥制品强度等级
14mm	40
13mm	60
12mm	80
11mm	110
10.2mm	140
9mm	170

4）注意事项

（1）被试面应平整无损伤。

（2）撞痕球落点重合的不得计值，应补做。

（3）撞痕球自由坠落，严禁施加外力。

6-3-6　提交竣工技术资料有哪些要求

答：1）通信管道工程竣工后，应按竣工验收的法定程序进行验收工作。

2）通信管道工程验收前十日，施工单位应交给建设单位竣工图纸一式二份，全部工程的隐蔽工程签证一份。在提交竣工资料的同时送给建设单位“工程质量评定表”一式四份，待验收后由建设单位签退施工单位二份。

6-3-7　隐蔽工程签证有哪些规定?

答：1）通信管道工程可分段进行竣工验收，可按不小于一公里的整段管道为验收单位。

2）通信管道工程的隐蔽工程签证，应符合下列规定：

（1）凡隐蔽工程质量符合本规范规定或临时补充规定者，均为“合格”，否则为“不合格”。

（2）凡属“不合格”的隐蔽工程内容，必须返修至合格，经再次签证后方可进行下一工序或掩埋。

6-3-8　通信管道竣工验收的内容有哪些？

答：通信管道工程竣工验收的内容如下：

1）核对竣工图与管道、人（手）孔口圈高程及其他可见部分是否相符；检查人（手）孔、通道内的设置安装是否齐全、合格。

2）已签证的隐蔽工程如发现异常，应进行抽检复验。

3）管孔试通。

6-3-9　电信工程质量控制要点有哪些？

答：1）通信管道所用管材的规格、程式及断面组合等必须符合设计规定。

2）水泥管块的顺向连接间隙不得大于5mm，上、下两层及基础间的间隙为15mm，两层管真的接续缝应错开管长的二分之一。

3）管底铺设砂浆饱满度不低于95%，不得出现凹心。

4）管道引入人孔的尺寸应符合设计规定，管顶与人孔上覆底面距离不应小于30cm。

5）管道纱布包封，防水、防蚀、防强电等保护措施应符合设计规定。

6）塑料管采用承插法连接，深度长50mm。

7）钢管宜采用管箍法接续，两根钢筋应分别旋入管箍长的1/3，使用有缝管时，将管缝置于上方，管口接续前应磨圆锉平，保证光滑无棱。

8）人（手）孔通道基础支模前应校核基础形状、方向等，外形尺寸偏差不大于20mm，厚度误差不大于10mm。

9）积水罐中心应对下人孔口圈中心，允许偏差不大于50mm，基础表面应从四面向积水罐方向做20mm泛水。

10）通道墙体的预埋铁件应符合设计要求，穿钉埋入位置正确，拉力环不得松动。

11）上覆的标高，外形尺寸应符合图纸要求，偏差不大于20mm，底面应平整，不露筋，无蜂窝，上覆厚度允许最大负偏差为5mm。

12）直线管道应采用比被试管孔标准直径小5mm，长900mm的拉棒试通。

6-3-10　通信管道工程质量关键项目是什么？应符合哪些规定？

答：通信管道工程试通管孔，是通信管道工程质量评定具有否决权的关键项目，并应符合下列规定：

1）直线管道管孔试通，应用比被试管孔标称直径小5mm、长900mm的拉棒进行。

两孔以上的水泥管块管道，每块管块任意抽试两孔；两孔以下的管块应试全部管孔。

钢材等单孔组群的通信管道，每五孔抽试一孔；五孔以下抽试二分之一；二孔试一孔；一孔则全试。

2）弯管道在曲率半径大于36m时，应用比被试管孔标称直径小6mm、长900mm的拉棒试通，其试通孔数按上款处理。

3）有包封的管道管孔试通，亦按上述1）、2）条处理。

4）通信管道工程管孔试通的评定标准，应按下列规定执行。

（1）管孔试通全部通过第1）条的标准为“优良”。

在试通总数（孔段）的5%以下标准拉棒不能通过，但能通过比标准拉棒直径小1mm的，也可定为“优良”。

(2) 在试通总数6%～10%的孔段，不能通过标准拉棒，但能通过比标准拉棒直径小1mm的拉棒，应定为“合格”。

(3) 凡达不到上述2）条规定的，应由施工单位返修至合格后，再进行验收。

6-3-11 通信管道工程的随工检验、隐蔽工程签证及竣工验收的内容有哪些？

答：见表6-3-11。

随工检验、隐蔽工程签证及竣工验收内容表　　表6-3-11

项　目	内　容	检验方式
管道地基	1. 沟底夯实、抄平质量； 2. 地基高程、坡度； 3. 土壤情况。	随工检验
管道基础	1. 基础位置、高程、规格； 2. 基础混凝土标号及质量； 3. 设计特殊规定的处理、进人孔段加筋处理； 4. 障碍物处理情况。	隐蔽工程签证
铺设管道	1. 管道位置、断面组合、高程； 2. 管道接续质量（应逐个检查）； 3. 抹顶缝、边缝、管底八字质量（砂浆标号是否符合1：2.5的规定）； 4. 填管间缝及管底垫层质量。	隐蔽工程签证
回土夯实	应符合本规范要求	随工检验
人（手）孔、通道掩埋部分	1. 砌体质量及墙面处理质量； 2. 混凝土浇灌质量（含基础、上覆等）； 3. 管道入口外侧填充情况，质量； 4. 结合部位质量。	隐蔽工程签证
管孔试通及人（手）孔、通道等可见部分	1. 按第8.2.4条第4）条试通管孔； 2. 人（手）孔、通道内可见部分的质量（四壁、基础表面，铁件安装、管道窗口处理等）； 3. 人（手）孔口圈安装质量、位置、高程	竣工验收
核对竣工圈	核对图纸与实际是否相符	竣工验收

6-3-12 某小区电信工程施组审批表是怎样的？

答：见表6-3-12。

施工组织设计审批表　　表6-3-12

<table>
<tr><td colspan="4">××××年×月×日</td></tr>
<tr><td>工程名称</td><td>某电信工程</td><td>施工单位</td><td>某城建公司市政分公司电信施工队</td></tr>
<tr><td colspan="4">本工程为住宅小区的综合市政工程，我单位负责小区外部市政工程，该电信工程为分包工程，其工程量如下：
1. ×××路：24孔塑料管道　39m
24孔钢管道　369.5m
中号标准人孔　4个
特殊入孔　3个
2. ××路：24孔水泥管道　619m
48孔水泥管道　96m
6孔水泥管道　89m
各类人孔　18个</td></tr>
<tr><td colspan="4">结论：
同意按该方案施工。但对电信沟槽的回填土，应按当年修路规范要求进行回填，严格控制回填土的密实度。</td></tr>
<tr><td>审批单位某城建公司技术部</td><td>审批人</td><td colspan="2">×××</td></tr>
</table>

6-3-13　某电信工程施工前的准备工作有哪些？

答：1）施工拆迁：

（1）×××路北红线以内所有地面的房屋、树木、电线杆等障碍物均于施工前拆迁完毕。

（2）××路东红线以内所有地面的房屋、树木、电线杆等障碍物均于施工前拆迁完毕。

2）用水、用电，由于该工程属综合性工程中的单项工程在电信施工前

（1）×××路先进行雨、污施工，在路南侧沿线布置配电箱及水源以供使用。

（2）×××路施工顺序与杏石口路相同，在路东侧沿线布置配电箱及水源以供使用。

6-3-14　某电信工程施工方法是怎样的？

答：1）施工程序

测量放线→土方开挖→验槽及基础处理→垫层混凝土→放线→管块（钢管、塑管）铺设→抹带（焊接、包封）砌井→回填土→试通→竣工验收

2）施工方法

（1）基槽开挖，由于是综合性工程，交叉作业施工，为加快施工进度，最好采用机械开挖，但不排除人工开挖，测量人员控制标高，坡度及中线位置，基坑放坡，$H<2m$，采用1∶0.15放坡，$2m<H<3m$，采用1∶0.25放坡，挖槽时，应注意地下管线，如发现地下管线，做好悬吊保护措施。

（2）垫层混凝土，基槽达到设计标高，经设计、监理、建设单位、施工单位等有关人员验收合格后，方可进行支模，垫层混凝土浇筑；支模时，为保证垫层施工质量，垫层高程及垫层边缘钉控制桩，间距每5m设一个，平整度利用边模控制，边模用100mm×100mm方木或小槽钢模板上口用高程控制采用人工拌制混凝土，（配比要达到要求），搭设滑槽下混凝土，选用插入式振捣棒振捣，用通长木刮杆刮平后用木抹子抹平，并注意浇水，覆盖养护。

（3）管块铺设：采用人工下管块铺设

①水泥管块顺向连接间隙不大于5mm，上下两导管块间及与基础间应为15mm，允许偏差不大于5mm。

②管群的两层管及两行管的接续缝应错开，水泥管块接缝无论行间、层间均宜错开三分之一管长。

③铺设水泥管块时，应在每个管块的对角管孔用两根拉棒试通管孔，其拉棒外径为Φ85mm。

④铺设水泥管道的管底垫层砂浆和竖向充填砂浆标号应符合设计要求，其铺设砂浆饱满程度不低于95%，两行管块间的竖缝充填的水泥砂浆的饱满程度不低于75%，管顶缝、管边缝管底八字应抹1∶2.5水泥砂浆。

⑤水泥管块的接续方法要用抹浆法，两管块接缝处应用纱布80mm宽，允许±10mm的误差，长为管块周长加80～120mm，均向地包在管块接缝上先在纱布上刷清水，水要刷到管块饱和为适度，再刷纯水泥浆，立即抹1∶2.5的水泥砂浆，厚度为12～15mm，下宽100mm，上宽为80mm，允许偏差不大于5mm，用1∶2.5水泥砂浆抹管顶缝，管边缝，管底八字，应粘结牢固，平整光滑，不空鼓，无欠茬，不断裂。

⑥各种管道引入孔的位置尺寸应符合设计规定，其管顶距人孔上覆应不小于300mm，管底距人孔基础面应不小于400mm。

（4）钢管通信管道的铺设方法，断面组合等均应符合设计规定，钢管接续采用管箍法。

①两根钢管应分别旋入管箍长度的三分之一以上，两端管口应锉成坡边。

②钢管在接续前，应将管口磨成圆或锉成坡边，保证光滑无棱。

（5）塑料管的接续采用承插法，其承插部分可涂粘合剂，粘合剂应在距直管之口10mm处向管身涂抹承插长度的三分之二，塑料管的组群管间缝隙宜为10～15mm，接头必须错开，每隔开

2～3m 可设衬垫钢筋的支撑，进行组群管的加固，然后进行 C20 混凝土包封。

（6）回填土，按当年修路规范要求进行回填，严格要求土方回填密度，严禁将土直接倒入基坑内，必须进行人工摊铺回填，回填土每层虚铺不得大于 300mm，土中不得有大于 50mm 的硬块及腐烂杂物，采用蛙式打夯机夯实，当胸腔底部不够宽时，采用木夯进行人工夯实，每层虚铺厚度不大于 100mm，并严格按市政施工验收标准及验收规范规定的点数进行取土试验，达到密实度要求后，才可进行下步回填。

（7）器材检验，通信管道工程所用的器材规格、程式及质量，应在使用前进行检验，工程施工中，严禁使用质量不合格的器材，各种原材料应有合格证及检验报告，并有专用器材使用许可证，须经监理甲方等有关人员认可后方可使用。

6-3-15　雨季现场管线保护措施有哪些？

答：1）电信管块及方沟类结构保护

沿边线向外 1.5m 范围向下挖 500mm 深的槽，架 2 组工字钢梁（工字钢梁大小及间距由悬吊管块或方沟大小确定），在工字钢下垫放 10mm×10mm 方木，在工字钢上每隔 500mm 架 1 组组合槽钢（大小根据悬吊管道确定），在组合槽钢中间穿 ϕ16 钢筋吊杆，钢筋下垫 41m 厚钢垫板，上部套丝用螺栓拧紧。在管线下部每隔 500mm 担 1 根 20 号槽钢，在槽钢上打眼与钢筋用螺栓连接。在挖槽时随挖随砌砖墩进行支顶，对于污水方沟等结构砖墩进行加密排列（详见图 6-3-15（1））。

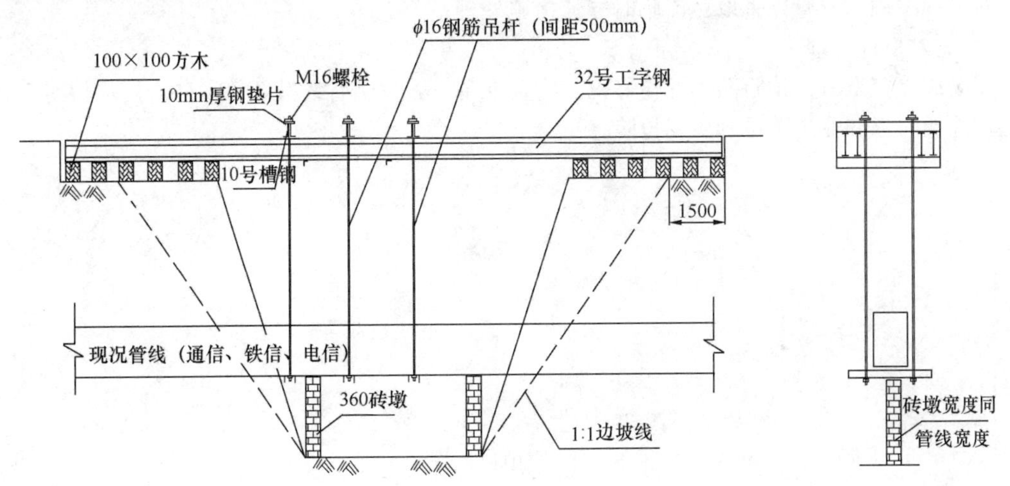

图 6-3-15（1）　电信管块及方沟类结构保护

2）上水、天然气等管线保护

沿边线向外 1.5m 范围向下挖 700mm 深的槽，架 2 组工字钢梁（工字钢梁大小、间距根据现况管线的大小而定），在工字钢下垫放 10mm×10mm 方木，在工字钢上每隔 500mm 架 1 组组合槽钢（根据悬吊管线大小确定），在组合槽钢中间穿 ϕ18 钢筋吊杆，钢筋下垫 2mm 厚钢垫板，上部套丝用螺栓拧紧。每隔 1m 在工字钢下焊 1 根 50mm×50mm 角钢。在挖槽时随挖随砌砖墩支住管子（详见图 6-3-15（2））

3）直埋电缆保护

直埋电缆按不同直径用钢管或方木进行悬吊。钢管或方木搭设在槽边不小于 2m，在电缆线长度方向间距 1.5m，用 ϕ6 钢筋与钢管或方木相连进行悬吊。当电缆线距新建管线较近为避免由于管线施工不慎破坏电缆线，须在现况电缆线外侧包木板后再进行悬吊。

4）现状管线与设计管线高程或位置发生冲突

现状管线与设计雨水管道在高程或位置上发生冲突时，在设计允许的前提下尽量通过调整雨

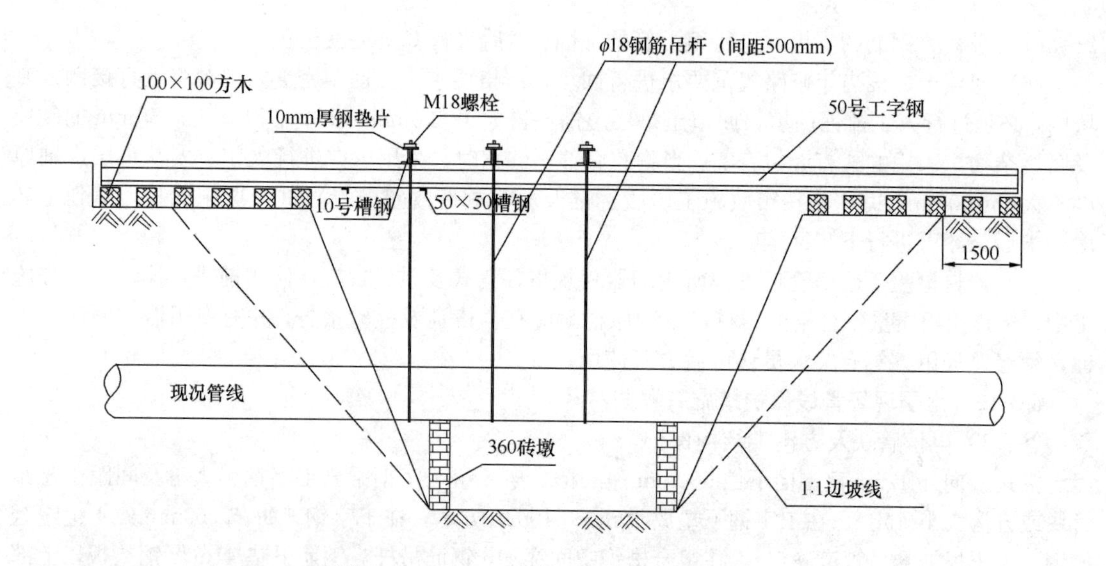

图 6-3-15（2） 上水、天然气等管线保护

水管道高程或位置避免冲突，如果设计不能进行调整，以有压让无压、支线让干线为原则进行处理。对于现况雨污水管则采取截流临时导流措施处理。

5）突发事件处理

现场成立突发事件抢险队，并作好抢险物资准备，若发生管线破坏等事件，用最快时间进行修缮，并及时通知业主单位，协助抢险。

第7章 电力管道施工

7.1 电缆管埋管及电力沟施工

7-1-1 海泡石电缆管埋管施工准备有哪些要求?

答: 1) 适用于北京地区220kV及以下输变电基建工程及改扩建工程电力海泡石电缆管埋管施工。

2) 材料要求:

(1) 海泡石电缆管内径及壁厚必须符合设计要求，应有出厂合格证和性能检测报告。

(2) 钢筋：钢筋的品种、级别、规格和质量应符合设计要求。钢筋进场应有产品合格证和出厂检验报告。按《钢筋混凝土用钢 第2部分：热轧带肋钢筋》GB 1499.2—2007等的规定抽取试件做力学性能检验。

(3) 加工成型钢筋：必须符合加工单的规格、尺寸、形状、数量。

(4) 水泥：其品种、级别、厂别等应符合混凝土配合比通知单的要求。其质量符合《通用硅酸盐水泥》GB 175—2007。

(5) 砂：质量应符合现行国家标准《普通混凝土用砂、石质量及检验方法标准》JGJ 52—2006的规定，并满足混凝土配合比通知单的要求。

(6) 石：宜用卵石，最大粒径不大于20mm，其质量应符合现行国家标准《普通混凝土用砂、石质量及检验方法标准》JGJ 52—2006的规定。并满足配合比的要求。

(7) 掺合料：其质量应符合现行国家标准《用于水泥和混凝土中的粉煤灰》GB/T 1596—2005、《用于水泥和混凝土中的粒化高炉矿渣粉》GB/T 18046—2008等规定。

3) 施工机具(设备):

(1) 钢筋工程：钢筋弯曲机、卷扬机、钢筋调直机、电焊机、钢筋钩子、撬棍、扳子、钢丝刷子。

(2) 模板工程：模板宜采用P6015系列的市政组合钢模板；连接件、U形卡、钢管等；支撑件：方木、槽钢。

(3) 混凝土工程：混凝土输送泵、插入式振动器、空气压缩机、铁锹、灰槽、铁板等。

(4) 检测工具：钢尺、140×1000拉棒、小线、水平尺等。

(5) 压实机具：夯实打夯机、木夯等。

(6) 固定工具：定位卡、垫块。

4) 作业条件:

(1) 沟槽开挖完成，沟槽宽度、边坡符合设计要求及方案规定。

(2) 使用预拌混凝土时，与混凝土供应商签订技术合同；当现场搅拌混凝土时，应进行混凝土配比设计，现场搅拌站的搭设应经有关部门验收合格。

5）技术准备：

(1) 完成结构边线、高程控制线的测放与复测工作，并办理相关测量记录。

(2) 编制施工方案，明确施工做法，对有关人员进行技术交底。

7-1-2 海泡石电缆管埋管施工工艺流程是怎样的？

答：工艺流程：

测量放线→沟槽开挖→基槽验收→素土夯实→垫层混凝土→下层钢筋绑扎→管道安装→上层钢筋绑扎→检查验收（拉棒试通）→支模→浇筑包封混凝土→养护→验收→回填土方。

7-1-3 海泡石电缆管埋管施工操作要点有哪些？

答：操作要点如下：

1）沟槽开挖、基槽验收及垫层施工：按“沟槽开挖工艺”的规定。

2）素土夯实：当无垫层时，必须加强基础处理，沟槽开挖完成后，按照测放的高程控制桩及中线对槽底进行人工清理、整平，超挖部分填素土夯实，当超挖大于10cm，按设计填灰土夯实。密实度达到95%。

3）钢筋绑扎：基本上与电缆管道安装同步进行。钢筋套子为整体结构。因此，线绑扎下层网片，进行管道安装，再绑上层网片形成整体。

(1) 钢筋横向箍筋开口左右错开，开口均朝上，箍筋加工按照规范执行，采用135°角形成。

(2) 纵向钢筋与箍筋绑扎，每交叉点均绑扎。纵向起步筋从箍筋角部开始。

(3) 钢筋间距必须符合要求，绑扎完成后，垫好水泥垫块，厚度20mm。

4）管道安装：

(1) 制作架立筋：为保证管道位于设计位置，必须作架立筋，间距1.5～2m，保证能承受电缆管的重量。架立筋采用ϕ16～ϕ20钢筋。测设架立筋的高程，使管道安装后与设计相符。

(2) 排管：排管在架立筋上进行，排管按照管段顺序进行。

先在设计第一根管边线位置设第一道定位筋；纵向拉通线进行定位。定位筋必须竖直，偏差不能大于5mm。

管道接口套好胶圈，上好套环。接口安装时要保证胶圈不卷边、不错位、不滑动，保证密封良好，防止混凝土进入管内。

相邻管道接口错开0.5～1.0m。

安装管道时，要拉通线找直、找正，保证管道坡度与设计坡度一致，保证管道直顺，接口不得出现错台，弯折现象。

事先计算好管道截断位置和长度，保证承口插口的正常使用，被截断端应进入设计井室，管端距井内壁50mm较为适宜。

(3) 第二层管道安装：

在第一层管道安装完成后进行，事先安装架立筋，与下层定位筋焊接牢固。管道安装方法与下层管道安装方法相同，上下层管道接口应错开0.5～1.0m。

(4) 拉棒试通：安装完成后，进行拉棒试通，不合格接口处及时调整。管内留钢丝以利于后续拉棒试通。

5）模板支护：采用设置钢模板，小方木和钢管进行支撑。

(1) 模板支设前应将板面清理干净并均匀涂刷隔离剂。

(2) 模板安装应从一端向另一端顺序安装，相邻两块横板的肋孔用U形卡卡紧，保证拼缝严密；纵面设通长钢管，根据模板高度应设2～3道，保证模板成一整体，横板与钢筋间设垫块和钢筋定位装置，保证埋管保护层及尺寸符合设计要求。

(3) 模板支撑搭设：背面采用5cm×10cm的小方木，小方木斜撑下端与地锚相顶紧，或直接与沟槽壁顶紧。

(4) 为保证支撑稳定，模板不跑模，纵向每 3～5m 设一道横拉杆将两侧横板联系在一起。

6) 检查验收：模板支设完成后，应对模板及其支撑进行检查，清除模内杂物，对于踩踏变形的钢筋调整合格。办理预检手续，方可浇筑混凝土。

7) 混凝土浇筑：

(1) 混凝土浇筑前，应检查埋管端口是否用软木封堵严实，防止混凝土进入管道。

(2) 混凝土浇筑方法：混凝土自由下落高度应不大于 2m，且下灰口不得集中于一点，尽量分散布置。为防止漂管，严禁混凝土直接倾倒，而应在下灰口处铺薄钢板，通过混凝土自身流动性流人管间空隙，或人工导人管间空隙处。

(3) 混凝土振捣：采用插入式振动器，移动间距不宜大于振动器作用半径的 1.5 倍，一般为 400～500mm，每振点的延续时间为 10～30s，由于管道较密间距较小，因此，振捣时必须仔细，不能碰撞管道接头及定位钢筋，防止管道移位。

8) 拆模：模板拆除时，混凝土强度不得低于 2.5MPa，拆模时不得使混凝土表面和棱角受损。

9) 养护：浇筑完毕应及时进行覆盖、洒水养护，养护时间 7d，养护期内保持混凝土表面处于潮湿状态。

10) 验收：回填土方之前，再次进行拉棒试通，合格后方可进行回填。

11) 管道与管井的连接要求：

(1) 管道端口用水泥砂浆抹成 50mm×50mm 内八字。

(2) 管道进入检查井、隧道时，其管顶距离结构内顶面不宜小于 500mm 或设计规定；其管底距离结构内底面不宜小于 500mm 或设计规定；以利于电力沟运营管理。

(3) 埋管中心与检查井端墙中心重合。

12) 管端甩口：按设计要求进行砌砖封堵，地面相应作电力标志。

7-1-4　海泡石电缆管埋管施工冬雨期施工有何要求?

答： 1) 冬施期间要严格按照冬期混凝土施工要求施工。冬施混凝土优先选用硅酸盐水泥和普通硅酸盐水泥，混凝土强度等级采用设计混凝土强度等级，最小水泥用量不宜少于 300kg/m^3，水灰比不大于 0.6。搅拌时间适当延长，为避免罐车受阻，加速混凝土的运输，减少热量损失，施工时派人沿途进行交通疏导。

2) 进入冬期施工后混凝土集中搅拌，严格控制砂、石集料质量和混凝土坍落度，并按规范要求掺人低碱的复合高效防冻剂，防冻剂符合现行《混凝土外加剂应用技术规范》的规定。抗冻剂的使用型号、品牌由施工单位与监理工程师共同商定，物资供应管理中心统一订购。此外，外加剂必须进行现场复试，合格后方可使用。

3) 冬期浇筑混凝土将掺用引气剂，以提高其抗冻性，用于搅拌混凝土的各项材料温度，应满足混凝土搅拌生成所需要的温度，当原有材料温度不能满足需要时，对拌合用水加温。

4) 混凝土运输必须合理安排，尽量减少运输时间和浇筑时间，混凝土运输车要加盖棉被保温。浇筑时外界气温不得小于—20℃浇筑成型，开始养护，养护气温不得低于 10℃。

5) 混凝土养护采用综合蓄热法，做好测温记录。在采用抗冻剂的情况下，达到 3.5MPa 强度后，每 6h 测温一次。混凝土浇筑后采用塑料薄膜、阻燃草帘覆盖。混凝土试块多做两组与结构同条件养护，按 7d、14d 试压，以确保拆模时间，注意天气、气温变化。一般情况下，混凝土出机温度不低于 15℃，入模温度不低于 10℃。

6) 根据同条件下养护时间的检验，证明混凝土已达到要求的抗冻强度和拆模强度后，方可拆除模板。当混凝土与外界气温相差大于 20℃时，拆除模板后的混凝土表面要加以覆盖，使其缓慢冷却。

7）钢筋工程施工在负温条件下施工应注意：

（1）钢筋在运输加工过程中，防止划痕和碰伤。

（2）钢筋焊接时，气温不低于－20℃，并有防雪挡风措施。焊后的接头，严禁立即碰到冰雪。

7-1-5　海泡石电缆管埋管施工质量标准是怎样的？

答：质量标准如下：

1）主控项目

管道连接：不得有错台、折线、高程突然变化，接口应相互错开、接口严密、不漏浆。管道的中心线高程符合设计要求，允许偏差见表 7-1-5（1）。

管道安装允许偏差表　　　表 7-1-5（1）

序号	项　目	允许偏差（mm）	检验方法
1	Δ管道高程	±10	用水准仪测量
2	中线位移	10	用尺量
3	拉棒试通（150 管道）	通过 ϕ140×1000 钢管	拉棒试通

2）一般项目

包封混凝土质量标准：包封混凝土基础不得有石子外露、脱皮、裂缝等现象。其允许偏差应符合表 7-1-5（2）。

包封混凝土允许偏差表　　　表 7-1-5（2）

序号	项　　目	允许偏差（mm）	检验方法
1	混凝土抗压强度	必须符合设计要求	按规范要求评定
2	高程	±10	用水准仪测量
3	厚度	±10	用尺量
4	中线每侧宽度	±10	用尺量
5	蜂窝、麻面面积	1%	用尺量蜂窝麻面总面积（按井段计算）

7-1-6　海泡石电缆管埋管施工质量记录有哪些？

答：1）沟槽开挖检验记录（参考北京市地方标准 DBJ 01-13—2004）。

2）混凝土垫层浇筑记录及检验记录（参考 DBJ 01-13—2004）。

3）混凝土配合比申请单及试验报告或商品混凝土的合格证。

4）钢筋绑扎检验记录（参考 DBJ 01-13—2004）。

5）管道安装检验记录（参考 DBJ 01-13—2004）。

6）模板安装检验记录（参考 DBJ 01-13—2004）。

7）混凝土包封浇筑记录及检验记录（参考 DBJ 01-13—2004）。

8）混凝土配合比申请单及试验报告或商品混凝土的合格证。

9）沟槽回填检验记录（当年做路根据道路要求须采用重型击实时，按照《城镇道路工程施工质量检验标准》DBJ 01-11—2004）。

7-1-7　海泡石电缆管埋管施工安全与环保注意什么？

答：1）安全注意事项

（1）机械：设备操作人员应熟悉机械设备性能和设备使用规定，严格遵守操作规程，并持证上岗。

（2）电工、焊工必须经培训考试合格，持证上岗。雨天禁止露天施焊，电焊机应设单独开关箱，作业时穿戴防护用品，施焊完毕，拉闸上锁。使用蛙式打夯机必须遵守打夯机的安全操作规程，穿戴齐全防护用品。

2）环保措施

（1）废弃的垃圾必须到指定的地点消纳，不得随意弃置。

（2）灰土、水泥等易飞扬的细颗粒材料，必须在库内存放，露天存放时应采取严密遮盖措施。

7-1-8　海泡石电缆管埋管施工成品保护注意什么？

答：1）电缆管运至现场后，暂不能安装就位，应及时用苫布盖好，各胶圈套袖要入库存放，防止丢失。

2）装卸安装电缆管要轻拿轻放，防止管口破损。

3）电缆管码放要稳妥，码放整齐，堆垛地点要平整、不积水，要符合安全操作要求。

4）混凝土强度达到5.0MPa方可开始回填。

7-1-9　钢管埋管施工准备有哪些要求？

答：1）“钢管埋管施工”适用于电力沟道工程，采用混凝土包封。钢管埋管一般用于过路段埋管铺设。

2）材料要求：

（1）钢管：采用镀锌钢管，壁厚必须符合设计要求，钢管执行《低压流体输送用焊接钢管》GB/T 3091—2008标准。钢管套袖：长度50cm，厚度与镀锌钢管相同，采用大一级钢管，内径较镀锌钢管外径大2～3mm。钢管管口内必须做45°倒角，打磨光滑，无毛刺。

（2）钢筋：钢筋的品种、级别、规格和质量应符合设计要求。钢筋进场应有产品合格证和出厂检验报告。按《钢筋混凝土用钢　第2部分：热轧带肋钢筋》GB 1499.2—2007等的规定抽取试件做力学性能检验。

（3）加工成型钢筋：必须符合加工单的规格、尺寸、形状、数量。

（4）水泥：其品种、级别、厂别等应符合混凝土配合比通知单的要求。其质量符合《通用硅酸盐水泥》GB 175—2007。

（5）砂：质量应符合现行国家标准《普通混凝土用砂、石质量及检验方法标准》JGJ 52—2006的规定，并满足混凝土配合比通知单的要求。

（6）石：宜用卵石，最大粒径不大于20mm，其质量应符合现行国家标准《普通混凝土用砂、石质量及检验方法标准》JGJ 52—2006的规定。并满足配合比单的要求。

（7）掺合料：其质量应符合现行国家标准《用于水泥和混凝土中的粉煤灰》GB/T 1596—2005、《用于水泥和混凝土中的粒化高炉矿渣粉》GB/T 18046—2008等规定。

（8）防腐材料：稀料、防锈漆。

3）施工机具（设备）：

（1）钢筋工程：钢筋弯曲机、卷扬机、钢筋调直机、电焊机、钢筋钩子、撬棍、扳子、钢丝刷子。

（2）模板工程：模板宜采用P6015系列的市政组合钢模板；连接件、U形卡、钢管等；支撑件：方木、槽钢。

（3）混凝土工程：混凝土输送泵、插入式振动器、空气压缩机、铁锹、灰槽、铁板等。

（4）检测工具：钢尺、140×1000拉棒、小线、水平尺等。

（5）压实机具：夯实打夯机、木夯等。

（6）管道加工工具：气焊、角磨机、锉、无齿锯、毛刷等。

4）作业条件：

(1) 沟槽开挖完成，沟槽宽度、边坡符合设计要求及方案规定。

(2) 使用预拌混凝土时，与混凝土供应商签订技术合同；当现场搅拌混凝土时，应进行混凝土配比设计，现场搅拌站的搭设应经有关部门验收合格。

5) 技术准备：

(1) 完成了结构边线、高程控制线的测放与复测工作，并办理相关测量记录。

(2) 编制施工方案，明确施工做法，对有关人员进行技术交底。

7-1-10　钢管埋管施工工艺流程是怎样的?

答: 工艺流程如下：

测量放线→沟槽开挖→基槽验收→素土夯实→垫混凝土→下层钢筋绑扎→管道安装→上层钢筋绑扎→检查验收（拉棒试通）→支模→浇筑包封混凝土→养护→验收→回填土方

7-1-11　钢管埋管施工操作要点有哪些?

答: 1) 沟槽开挖、基槽验收及垫层施工：按沟槽开挖工艺的规定。

2) 素土夯实：当无垫层时，必须加强基础处理，沟槽开挖完成后，按照测放的高程控制桩及中线对槽底进行人工清理、整平，超挖部分填素土夯实，当超挖大于10cm，按设计填灰土夯实。密实度达到95%。

3) 钢筋绑扎：基本上与电缆管道安装同步进行。钢筋套子为整体结构。因此，先绑扎下层网片，进行管道安装，再绑上层网片形成整体。

(1) 钢筋横向箍筋开口左右错开，开口均朝上，箍筋加工按照规范执行，采用135°角形成。

(2) 纵向钢筋与箍筋绑扎，每交叉点均绑扎。纵向起步筋从箍筋角部开始。

(3) 钢筋间距必须符合要求，绑扎完成后，垫好水泥垫块，厚度20mm。

4) 管道安装：

(1) 制作架立筋：为保证管道位于设计位置，必须作架立筋，其间距1.5～2m，保证能承受电缆管的重量。架立筋采用$\phi16$～$\phi20$钢筋。当为双层埋管时，则设双层架立筋，测设好架立筋的高程，使管道安装后与设计相符。

(2) 排管：排管在架立筋上进行，排管按照管段顺序进行。

排管由一端开始，先在一侧设第一道定位筋，定位筋与架立筋焊接牢固；纵向拉通线进行找直、找正。定位筋必须竖直，偏差不能大于5mm。

安装：管道接口采用外套钢管方式。

管道要拉线找直，进行点焊固定，采用四点，上下左右各一点。焊后清渣刷防锈漆。注意控制电流不能过大，不能产生焊瘤等毛刺。将套袖穿到管道接口处，接口位于套袖中央进行焊接。

套袖与钢管壁进行满焊，其焊接质量执行管道焊接标准，焊缝高度不小于最小管壁厚度，余高2～3mm，焊后清渣，表面无气孔、夹渣、咬肉现象。外观质量必须符合规范要求。

焊接合格后，刷防锈漆两道进行防腐处理。

为保证管道安装质量，点焊后必须拉棒试通，合格后方可进行接口套袖焊接安装。

相邻管道接口错开0.5～1.0m。

安装管道时，要拉通线找直、找正，保证管道坡度与设计坡度一致，保证管道直顺，接口不得出现错台、弯折现象。

要事先计算好管段长度，保证管道进入井室位置符合设计规定。进入井室的管端作胀口，胀口在现场热烤制作，胀口外缘与井室内壁平齐或进入墙内10～20mm。胀口做完后，刷防锈漆两道进行防腐处理。

(3) 安装顺序：第1根管从起点到终点焊接完成后，按设计位置进行固定牢固后，方可进行相邻第2根管道安装，依此顺序进行。

（4）第二层管道安装：在第一层管道安装完成后进行，事先安装架立筋，与下层定位筋焊接牢固。其安装方法与下层管道安装方法相同，上下层管道接口应错开0.5～1.0m。

（5）拉棒试通：安装完成后，进行拉棒试通，不合格接口处及时调整。管内预留通长钢丝以利于后续拉棒试通和清理。

5）模板支护：采用设置钢模板，小方木和钢管进行支撑。

（1）模板支设前应将板面清理干净并均匀涂刷隔离剂。

（2）横板安装应从一端向另一端顺序安装，相邻两块横板的肋孔用U形卡卡紧，保证拼缝严密；纵面设通长钢管，根据模板高度应设2～3道，保证模板成一整体，横板与钢筋间设垫块和钢筋定位装置，保证埋管保护层及尺寸符合设计要求。

（3）模板支撑搭设：背面采用5cm×10cm的小方木，小方木斜撑下端与地锚相抵紧，或直接与沟槽壁抵紧。

（4）为保证支撑稳定，模板不跑模，纵向每3～5m设一道横拉杆将两侧横板联系在一起。

6）检查验收：模板支设完成后，应对模板及其支撑进行检查，清除模内杂物，对于踩踏变形的钢筋调整合格。办理预检手续，方可浇筑混凝土。

7）混凝土浇筑：

（1）混凝土浇筑前，应检查埋管端口是否用软木封堵严实，防止混凝土进入管道。

（2）混凝土浇筑方法：混凝土自由下落高度应不大于2m，且下灰口不得集中于一点，尽量分散布置。为防止漂管，严禁混凝土直接倾倒于管间，而应在下灰口处铺薄钢板，混凝土倒于钢板上，通过混凝土自身流动性流入管间空隙，或人工导入管间空隙。

（3）混凝土振捣：采用插入式振动器，移动间距不宜大于振动器作用半径的1.5倍，一般为400～500mm，每振点的延续时间为10～30s，由于管道较密，间距较小，因此，振捣时必须仔细，不能碰撞管道接头及定位钢筋，防止管道移位。

8）拆模：模板拆除时，混凝土强度不得低于2.5MPa，拆模时不得使混凝土表面和棱角受损。

9）养护：浇筑完毕应及时进行覆盖、洒水养护，养护时间7d，养护期内保持混凝土表面处于潮湿状态。

10）验收：回填土方之前，再次进行拉棒试通，合格后方可进行回填。

11）管道与管井的连接：

（1）管道端口做成50mm×50mm内八字。

（2）管道进入检查井、隧道时，其管顶距离结构内顶面不宜小于500mm或设计规定；其管底距离结构内底面不宜小于500mm或设计规定；以利于电力沟运营管理。

（3）埋管中心与检查井端墙中心重合。

12）管端甩口：按设计要求进行砌砖封堵，地面作相应的电力标志。

7-1-12 钢管埋管施工冬雨期施工有何要求？

答：1）按相关规定采用。

2）焊接作业时，应搭设防雨、防风棚。

3）冬期施焊时采取必要的保温措施。

7-1-13 钢管埋管施工质量标准是怎样的？

答：质量标准如下：

1）主控项目

管道连接：不得有错台、折线、高程突然变化、接口相互错开、接口严密、不漏浆。管道的中心线高程符合设计要求，允许偏差应符合表 7-1-13（1）。

管道安装允许偏差表 **表 7-1-13（1）**

序号	项　目	允许偏差（mm）	检验方法
1	Δ管道高程	±10	用水准仪测量
2	中线位移	10	用尺量
3	拉棒试验（150 管道）	通过 ϕ140×1000 钢管	拉棒试通

2）一般项目

包封混凝土质量标准：包封混凝土基础不得有石子外露、脱皮、裂缝等现象。其允许偏差应符合表 7-1-13（2）。

包封混凝土允许偏差表 **表 7-1-13（2）**

序号	项　目	允许偏差（mm）	检验方法
1	混凝土抗压强度	必须符合设计要求	按规范统计评定
2	高　程	±10	用水准仪测量
3	厚　度	±10	用尺量
4	中线每侧宽度	±10	用尺量
5	蜂窝、麻面面积	1%	用尺量蜂窝麻面总面积

7-1-14　钢管埋管施工质量记录有哪些？

答：1）沟槽开挖分项验收批检验记录。（参考 DBJ 01-13—2004）。

2）垫层（砂或混凝土）分项验收批检验记录。（参考 DBJ 01-13—2004）。

3）物资进场报验单（产品合格证、检验报告、现场抽检试验报告等）。

4）管道安装验收批检验记录。（参考 DBJ 01-13—2004）

7-1-15　钢管埋管施工安全与环保注意什么？

答：1）安全注意事项

（1）机械：设备操作人员应熟悉机械设备性能和设备使用规定，严格遵守操作规程，并持证上岗。

（2）电工、焊工必须经培训考试合格，持证上岗。雨天禁止露天施焊，电焊机应设单独开关箱，作业时穿戴防护用品，施焊完毕，拉闸上锁。使用蛙式打夯机必须遵守打夯机的安全操作规程，穿戴齐全防护用品。

2）环保措施

（1）废弃的垃圾必须到指定的地点消纳，不得随意弃置。

（2）灰土、水泥等易飞扬的细颗粒材料，必须在库内存放，露天存放时应采取严密遮盖措施。

7-1-16　钢管埋管施工成品保护注意什么？

答：1）装卸安装电缆管要轻拿轻放，防止管口破损。

2）钢管码放要稳妥，码放整齐，堆垛地点要平整、不积水，要符合安全操作要求。

3）混凝土强度达到 5.0MPa 方可开始回填。

7-1-17　CPVC 电缆管埋管施工准备有哪些要求？

答：电力 CPVC 电缆管埋管施工准备要求如下：

1）材料要求

(1) CPVC电缆管：执行《埋地式高压电力电缆用氯化聚氯乙烯（PVC-C）套管》QB/T 2479，进场管材必须有出厂合格证及检测报告，进行外观颜色检查，并对弯曲度、密度、准卡软化温度、环片热压缩力、摩擦系数、体积电阻率及落锤冲击试验进行复试。管道内径壁厚按设计要求选取，ϕ150管在过路情况下壁厚一般为8mm，其余情况敷设时一般采用6mm壁厚。

(2) 套袖及胶粘剂：由管材生产厂家配套供应。胶粘剂必须采用符合氯化聚乙烯材质要求的溶剂型胶粘剂。

(3) 管枕：采用构件厂预制，其标准尺寸必须一致，以方便管道安装。

(4) 砂：采用中砂、细砂。

2) 施工机具（设备）

(1) 混凝土工具：插入式振动器、灰槽、铁板、木抹子等。

(2) 压实机具：夯实打夯机、平板振动器、木夯、压路机等。

(3) 检测工具：钢尺、140×1000拉棒、小线、水平尺等。

(4) 管道安装工具：手锯、万能笔、量尺、棉纱、毛刷、氯化聚氯乙烯胶粘剂。

3) 作业条件

(1) 沟槽开挖完成，基底已经夯实整平，沟槽边坡、宽度符合技术方案规定。

(2) 使用预拌混凝土时，已与混凝土供应商签订技术合同；当现场搅拌混凝土时，应进行混凝土配合比设计。

4) 技术准备

(1) 完成高程控制线的测设和复测工作。

(2) 编制施工方案，明确施工做法，对有关人员进行交底。

7-1-18　CPVC电缆管埋管施工工艺流程是怎样的?

答：工艺流程如下：

测量放线→沟槽开挖→基槽验收→素土夯实→条基安装或浇筑→管枕安装→管道安装→管间回填→验收

7-1-19　CPVC电缆管埋管施工操作要点有哪些?

答：1) 沟槽开挖、基槽验收及垫层施工：按沟槽开挖工艺相关规定。

2) 素土夯实：沟槽完成后，对基底土层进行夯实，密实度达到95%，当超挖大于10cm，采用灰土回填夯实。

3) 条基浇筑与安装：条基按设计尺寸、间距、深度、人工开挖，以土体作为横板，顶部与土基相平。混凝土强度等级C15，采用人工下灰浇筑，插入式振动棒振捣密实，顶部压实抹平，顶部标高偏差0～5mm。条基亦可采用预制块进行安装。

4) 管枕安装：

(1) 管枕由有资质的厂家预制，圆孔内径应略比CPVC管设计外径大2～3mm。

(2) 同一工程中管枕尺寸必须严格一致，构件厂生产管枕必须有足够的刚度和抗变形能力，确保管枕偏差在允许范围内，满足安装要求。

(3) 在管枕和条基上弹中心线及边线，以便安装时对准。

(4) 条基可以预制，其强度必须达到设计要求，方可进行管枕施工。

5) 管道安装：

(1) 采用人工安装，调整管材长短时可采用手锯切割，断面应垂直平整，不应有损坏。

(2) CPVC管采用溶剂粘接方法：

检查管材、管件质量：必须将套管内侧和插口外侧表面擦拭干净，被粘接面应保持清洁，不得有尘土水迹。表面沾有油污时，必须用棉纱蘸丙酮等清洁剂擦净。

粘接前宜试插一次，插入深度及松紧度配合应符合要求，在管口端表面划出插入套袖深度的标线。

在管道接头表面用毛刷涂上专用的胶粘剂，先涂在套袖内面，后涂在管端外面，顺轴向由里向外涂抹均匀，不得漏涂或涂抹过量。

涂膜胶粘剂后，应立即找正对准轴线，将插口插入承口，用力推挤至所划标线。插入后将管旋转 1/4 圈，在 60s 时间内保持施加外力不变，并保持接口在正确位置。

插接完毕应及时将挤出接口的胶粘剂擦拭干净，静止固化。固化时间应符合生产厂家胶粘剂厂的规定。

6）上层管枕及管道安装：管道安装时接头错开 2.0m。底下一层管道安装完成后，开始安装上一层管枕及管道直至完成。

7）管间回填：采用中砂或细砂回填，回填砂必须灌入管间空隙。为保证回填质量，砂可分层回填，砂回填可辅以水泥，保证管间回填密实。

7-1-20　CPVC 电缆管埋管施工冬、雨期施工要求有哪些？

答：1）雨期施工：因采取防止管材漂浮的措施。当管道安装上未还土而遭到水泡时，应进行管中心线和管底高程复测和外观检查。如出现位移、漂浮、拔口现象，应返工处理。

2）冬期施工：

（1）各种基槽开挖后应及时做好保温防冻措施，每日收工前，不论沟槽是否见底，应及时覆盖保温，以防槽底受冻。

（2）准备用于回填的土方，应采取大堆堆存。

（3）冬期施工的沟槽需回填时，应用不冻土回填或换填天然砂石，每层虚厚须较常温施工所规定的标准小 20%～25%，按常温规定分层夯实，且在每天中气温较高时间段进行，每天收工后用阻燃草帘覆盖保温，以防基础受冻。

7-1-21　CPVC 电缆管埋管施工质量标准是怎样的？

答：质量标准如下：

主控、一般项目：

管道连接：不得有错台、折线、高程突然变化、接口相互错开、接口严密。管道的中心线高程符合设计要求，允许偏差应符合表 7-1-21 的规定。

管道安装允许偏差表　　表 7-1-21

序号	项　目	允许偏差（mm）	检验方法
1	Δ管道高程	±10	用水准仪测量
2	中线位移	10	用尺量
3	拉棒试验（150 管道）	通过 ϕ140×1000 钢管	拉棒试通

注：Δ为主控项目，其余为一般项目。

7-1-22　CPVC 电缆管埋管施工质量记录有哪些？

答：1）沟槽开挖分项验收批检验记录。（参考 DBJ 01-13—2004）

2）垫层（砂或混凝土）分项验收批检验记录。（参考 DBJ 01-13—2004）

3）物资进场报验单（产品合格证、检验报告、现场抽检试验报告等）。

4）管道安装验收批检验记录。（参考 DBJ 01-13—2004）

7-1-23　CPVC 电缆管埋管施工安全与环保注意什么？

答：1）安全注意事项：

（1）机械：设备操作人员应熟悉机械设备性能和设备使用规定，严格遵守操作规程，并持证上岗。

（2）电工、焊工必须经培训考试合格，持证上岗。雨天禁止露天施焊，电焊机应设单独开关箱，作业时穿戴防护用品，施焊完毕，拉闸上锁。使用蛙式打夯机必须遵守打夯机的安全操作规程，穿戴齐全防护用品。

2）环保措施：

（1）废弃的垃圾必须到指定的地点消纳，不得随意弃置。

（2）灰土、水泥等易飞扬的细颗粒材料，必须在库内存放，露天存放时应采取严密遮盖措施。

7-1-24 CPVC电缆管埋管施工成品保护注意什么？

答：1）电缆管道至现场后，暂不能安装就位，应及时用苫布盖好，管枕及配件要入库存放，防止丢失。

2）装卸安装电缆管要轻拿轻放，防止管口破损。

3）电缆管码放要稳妥、整齐，堆垛地点要平整、不积水，要符合安全操作要求。

7-1-25 砖砌电力沟施工包括哪些内容？

答：砖砌电力沟一般采用明挖方法施工，施工过程主要包括工程测量、施工降水、排水、沟槽开挖、混凝土垫层、底板钢筋混凝土结构、砖墙砌筑、变形缝施工、水泥砂浆抹面、预制盖板安装、防水施工、土方回填及步道附属构筑物等等内容。

7-1-26 砖砌电力沟施工工艺流程是怎样的？

答：工艺流程如下：

工程测量→施工降水→沟槽开挖→混凝土垫层→防水施工→底板钢筋绑扎→底板模板支护→底板混凝土浇筑→侧砖墙砌筑→变形缝施工→水泥砂浆抹面→预制盖板安装→防水施工→土方回填→附属构筑物

7-1-27 砖砌电力沟施工操作要点有哪些？

答：1）各种预留洞、预埋件必须按设计要求留置，避免事后剔凿，影响砌体质量。对预埋件均应事先做好镀锌等防腐处理。不得在墙体设置脚手眼。金属预埋件必须镀锌防腐处理。

2）变形缝在砌筑过程中，按设计要求安装止水带，止水带位置正确，与地沟垂直。

3）砖墙抹水泥砂浆防水层：

（1）基层处理：砖墙抹防水层时，必须在砌砖时划缝，深度为10～12mm。

（2）贴灰饼：吊垂直、套方找规矩，弹厚度控制线，按厚度线用防水砂浆做标准厚度灰饼、冲筋。灰饼为梅花点布置，两点间距离为2000mm。

（3）基层浇水湿润：抹灰前一天用水把砖墙浇透，第二天抹灰时再把砖墙浇水湿润。

（4）抹底层砂浆：配合比为水泥：砂＝1：2.5，加水泥重量3%的防水粉。先用铁抹子薄薄刮一层，然后用木抹子上灰、搓平，压实表面并顺平。抹灰厚度为6～10mm。

（5）刷水泥素浆：底层抹完后1d，将表面浇水湿润，再抹水泥防水素浆，掺水泥重量3%的防水粉。先将水泥与防水粉拌合，然后加入适量水搅拌均匀，用毛刷刷一遍，厚度在1mm左右。

（6）抹面层砂浆：抹完水泥素浆之后，紧接着抹面层砂浆，配合比与地层相同，先用木抹子搓平，后用铁抹子压实、压光。抹灰厚度在6～8mm之间。

（7）刷防水素浆：面层抹灰1d后，先将水泥和水拌匀后，加入防水粉再搅拌均匀，用软毛刷子将面层均匀涂刷一遍，厚度为1mm，再用铁抹子抹压密实。

7-1-28 砖砌电力沟施工成品保护注意什么？

答：1）对外露或预埋在墙体内的套管、预埋件，应注意保护不得损坏，外露螺纹部分缠绕黑胶布予以保护。

2）在止水带、变形缝处，应用塑料薄膜或木板等遮盖，保持止水带、木丝板等防水材料不受损坏。

3）预埋件上残留的砂浆应及时清理干净。框装前要粘贴保护膜，嵌缝用中性砂浆应及时清洁并用洁净的棉丝将砂擦净。

4）保护好墙面预埋件。

7-1-29　钢筋混凝土电力沟施工包括哪些内容?

答: 钢筋混凝土电力沟一般设计为明挖方法施工，采用现场支模并整体浇筑而成的混凝土结构。主要施工内容包括工程测量、降水、排水、沟槽开挖与回填、地基与基础（含基础处理）、电力沟防水施工、钢筋混凝土结构主体、通风设施、钢构件、步道、井筒等附属构筑物。

其中工程测量、降水排水施工、沟槽开挖及回填、地基与基础（含基础处理）等相关规定采用；通风设施、钢构件、步道、井筒等附属构筑物施工按相关规定采用。

现浇钢筋混凝土管沟是电力沟的一种重要结构形式，其施工过程主要包括混凝土垫层、钢筋绑扎、钢筋连接、模板支护、混凝土浇筑、冬雨期施工等内容。现浇钢筋混凝土电力沟一般采用整体现浇结构，分两次浇筑完成，第一次浇筑底板混凝土，第二次浇筑侧墙顶板混凝土，在侧墙底部设水平施工缝。一般工艺流程如下：

混凝土垫层→底板钢筋绑扎→底板模板支护→底板混凝土浇筑→侧墙、顶板内模支护→侧墙、顶板钢筋绑扎→侧墙、顶板外模安装→侧墙、顶板混凝土浇筑

本工艺适用于电力工程钢筋混凝土电力沟的施工，主要描述电力沟防水混凝土施工工艺，其他施工工艺按现浇混凝土管沟施工工艺的相关规定采用。

7-1-30　钢筋混凝土电力沟施工准备有哪些要求?

答: 电力沟（隧道）的防水混凝土施工，依靠电力沟的结构自防水性能是电力沟防水的重要方面，影响混凝土防水性能主要因素有：混凝土材料、混凝土浇筑、混凝土细部防水构造（主要有对拉螺栓、支撑钢筋、施工缝及变形缝）等。

1）材料要求（防水混凝土）

(1) 水泥：采用强度等级为32.5以上的硅酸盐水泥、普通硅酸盐水泥或矿渣硅酸盐水泥。使用矿渣硅酸盐水泥必须掺加高效减水剂。

(2) 砂：宜用中砂，含泥量不大于3%，泥块含量不得大于1.0%。

(3) 石：碎石或卵石，粒径宜为5～40mm，含泥量不得大于1.0%，泥块含量不得大于0.5%。吸水率不应大于1.5%，不得使用碱活性集料。

(4) 水：饮用水或对混凝土无腐蚀性的纯净水。

(5) 外加剂：性能和质量用符合行业产品标准，掺量经试验确定。

(6) 每立方米防水混凝土中各类材料的总碱含量（Na_2O当量）不得大于3kg。

(7) 防水混凝土可根据设计和工程抗裂性需要掺加钢纤维或合成纤维。

(8) 为保证结构不发生碱集料反应，所有进场的水泥、砂子、豆石、外加剂应按《预防混凝土结构工程碱集料反应规程》DBJ 01-95—2005和《混凝土碱含量限值标准》CECS53：93等标准要求作含碱量测试，严禁使用不符合要求的材料。

2）机具设备

(1) 混凝土搅拌机械：强制式混凝土搅拌机、自动上料设备、铲车。

(2) 混凝土输送机械：混凝土罐车、翻斗车、混凝土汽车泵、固定式输送泵（地泵）、泵管、混凝土布料杆。

(3) 混凝土振动机械：混凝土振动机、振动棒。

(4) 养护材料：水管、塑料布、土工布、养护剂。

(5) 辅助工具：标尺杆、喷雾器、铁锹、串筒等。

3) 作业条件

(1) 钢筋混凝土施工缝及电力预留管、预埋件通过隐蔽验收，模板工程、标高通过预检验收。检查墙体对拉螺栓止水环安装情况。

(2) 预拌混凝土进场前，由混凝土公司提供混凝土的配合比通知书，碱含量计算书，自拌混凝土应有开盘鉴定书。

(3) 混凝土浇筑前填报浇筑申请单，经批准后方可浇筑。

(4) 浇筑混凝土前，混凝土接槎部位、顶板模板均需浇水湿润。并支立混凝土浇筑厚度控制标尺杆。

4) 技术准备

防水混凝土施工方案编制完成并经审批，向操作人员进行技术交底。

7-1-31　钢筋混凝土电力沟施工工艺流程是怎样的？

答：工艺流程如下：

混凝土搅拌→混凝土输送→混凝土浇筑→混凝土养护→拆模→质量检查验收

↓（混凝土浇筑）

制作混凝土抗渗、抗压、抗冻等试块

7-1-32　钢筋混凝土电力沟施工操作要点有哪些？

答：1) 混凝土搅拌：现场搅拌混凝土必须严格按照北京市对现场搅拌站管理的要求执行，严格计量、专人管理，由有关部门验收合格后方可使用。

2) 混凝土运输：混凝土运输供应应保持连续均衡，间隔不宜超过 1.5h，运输后如出现离析，必须进行二次搅拌。

3) 混凝土浇筑：

(1) 混凝土进场质量检查：预拌混凝土进场后，及时检查其强度等级和抗渗等级是否正确，混凝土出厂时间、进场时间和浇筑时间能否满足质量要求；在浇筑过程中，试验员对进场的每车混凝土应进行坍落度检查，每班至少抽查两次。

(2) 底板混凝土浇筑：底板混凝土应连续浇筑，不宜设置施工缝，如确需留置施工缝时，应按照设计要求，设置止水带。局部底板较厚时，混凝土要分层浇筑，浇筑厚度 400～500mm。一般以变形缝为界，由一端向另一端推进。

(3) 墙体混凝土浇筑：首先在墙底均匀浇筑 30～50mm 厚与墙体混凝土同配比的水泥砂浆，再正式浇筑墙体混凝土。

(4) 当混凝土入模自落高度大于 2m 时应采用串筒、溜槽、溜管等工具进行浇筑，分层浇筑、分层振捣，以防混凝土分层离析，每层浇筑厚度 400～500mm。

(5) 混凝土结构的防水构造措施：

固定外墙模板的螺栓应有防水措施，可采用工具式螺栓或在螺栓上加焊方形止水环等。所有外墙的穿墙套管均应加工成止水套管。施工缝防水的构造形式按设计要求执行。

(6) 混凝土施工缝留置：

水平施工缝不应留在剪力或弯矩最大处或底板与侧墙的交接处，留在高出底板表面 100～300mm 的墙体上。板墙结合处不留水平施工缝，板墙一次浇筑完成。

垂直施工缝即为变形缝，变形缝应避开地下水较多的地段。

(7) 施工缝的处理：

水平施工缝浇筑混凝土前，应进行凿毛处理。将其表面浮浆、松动的石子和杂物清除，浇筑前先铺 30～50mm 厚与混凝土同配比的水泥砂浆，再浇筑防水混凝土。

变形缝施工，可按“电力沟变形缝施工工艺”的相关规定采用。

(8) 混凝土振捣：

应用机械振捣，以保证混凝土密实，振捣时间一般10～30s为宜，避免漏振、欠振、超振；振捣延续时间应使混凝土表面泛浆、无气泡、不下沉为止。应选择对称位置铺灰和振捣，防止模板移动；结构断面较小，钢筋密集的部位应严格按分层浇筑、分层振捣的要求操作，浇筑到最上层表面，必须用木抹找平，使表面密实平整。

使用振动棒时，混凝土振捣由两人配合，一人负责振捣，一人负责移动电缆线；振捣方式采取梅花形振捣，快插慢拔；上层混凝土振捣时，插入下层混凝土50mm。在现场由操作人员依据结构浇灌部位确定混凝土的有效浇筑半径，但相邻两振捣有效半径的重叠位置应不少于振捣半径的1/3，且不少于200mm。

变形缝处的止水带要定位准确，止水带两侧的混凝土要对称浇筑，施工过程中应有专人看护，严防振动棒撞击止水带，确保位置准确。

4) 混凝土养护：

(1) 混凝土的养护应在混凝土表面上人走动不留痕迹时，且在浇筑完毕后12h以内开始。常温下混凝土养护时间不应少于14d。

(2) 常温防水混凝土采用覆盖浇水养护方法，要保持混凝土表面处于湿润状态，墙体宜涂刷养护剂养护。冬期施工采用塑料薄膜养护，覆盖保温，不得浇水养护。

5) 拆模：

非承重构件的防水混凝土强度达到1.2MPa，其拆模时构件不缺棱掉角，方可拆除模板；承重构件的防水混凝土拆模时间以设计、规范要求及同条件养护试块强度为依据。

7-1-33 钢筋混凝土电力沟施工冬雨期施工有何要求？

答： 1) 冬期施工时，水和砂、石应根据冬期施工方案规定加热，应保证混凝土入模温度不低于5℃。当采用综合蓄热法时，应采取有效的保温保湿措施，严禁混凝土受冻、脱水。冬期施工掺入的防冻剂应选用复合型外加剂，并经检验合格的产品。拆模时混凝土表面温度与环境温度差不大于20℃。

2) 下雨时不宜浇筑混凝土，雨中浇筑的混凝土应采取可靠的覆盖防雨措施。

7-1-34 钢筋混凝土电力沟施工质量标准是怎样的？

答： 1) 主控项目

(1) 防水混凝土的原材料、外加剂、配合比及坍落度必须符合设计要求。检验方法：检查出厂合格证、质量检验报告、计量措施和现场抽样试验报告。

(2) 防水混凝土的抗压强度、抗渗等级必须符合设计要求。检验方法：检查混凝土的抗压、抗渗实验报告。抗渗试块500m^{3}以下留两组（每组6块），一组标养，一组同条件养护，养护期28d，每增250～500m^{3}增留两组。

(3) 防水混凝土的变形缝、施工缝、穿墙管道、埋件设置和构造，均须符合设计要求，严禁有渗漏。施工缝严禁有夹泥现象。

2) 一般项目

(1) 防水混凝土结构表面应坚实、平整，不得有漏筋、蜂窝等缺陷，埋设件位置准确。

(2) 防水混凝土结构表面的裂缝宽度不应大于0.2mm，并不得贯通。

7-1-35 钢筋混凝土电力沟施工质量记录有哪些？

答： 1) 原材料（水泥、砂、石子、外加剂等）的出厂合格证、复试报告。

2) 基层隐检记录。

3) 防水混凝土施工质量验收批检验记录。（参考DBJ 01-13—2004或QGD-007—2005）

7-1-36　钢筋混凝土电力沟施工安全与环保注意什么?

答: 1）安全注意事项

(1) 混凝土振捣操作时，振捣手必需穿绝缘鞋、戴绝缘手套。施工用电应符合现行国家标准《施工现场临时用电技术规程》JGJ 46—2005 的规定。

(2) 墙体混凝土浇筑时，要搭设操作平台，不得站在模板或支撑上操作。

(3) 泵送混凝土软管末端或布料杆宜采用绳子牵引浇筑，地泵的管道接头、安全阀、管架等要安装牢固。

2）环保措施

(1) 在城区施工时，现场搅拌站、地泵应采取封闭措施。混凝土振捣宜采用低噪声振动棒振捣。

(2) 搅拌站设置沉淀池，废水不得直接排入市政污水管网。

(3) 废弃的塑料薄膜、保温材料应及时回收。

(4) 现场搅拌站的后台上料系统应设降尘喷淋装置，作业人员应戴防护口罩。

7-1-37　钢筋混凝土电力沟施工成品保护注意什么?

答: 1）浇筑防水混凝土时不得踩踏钢筋，不得改动模板位置。

2）浇筑外墙混凝土时，做好外墙预埋管、孔洞模板的保护，防止预埋管、预留孔洞位移。保护好穿墙管、电缆管及预埋件等，振捣时勿挤偏或勿使其挤入混凝土内。

3）严禁在电力沟顶板上集中堆放施工材料，以防施工荷载过大，造成沟道顶板裂缝。

4）冬期施工的混凝土不得过早拆除覆盖保温，混凝土强度应达到临界强度并满足冬期施工的有关要求后方可拆除保温。

7-1-38　电力沟防水层施工明挖电力沟采用哪几种防水措施?

答: 明挖电力沟一般采用多种防水措施以保证电力沟不渗不漏，达到隧道运营使用要求。其主要防水措施有防水混凝土、水泥砂浆防水层、聚合物改性沥青卷材防水层、双组分聚氨酯防水层、水泥基渗透结晶型防水涂层等。变形缝、施工缝等防水薄弱环节则采取相应的构造措施。防水混凝土施工工艺按有关规定采用，变形缝、施工缝等防水工艺的相关规定采用。

7-1-39　电力沟防水层施工适用于什么范围?

答: 适用范围：

1）水泥砂浆防水层工艺适用于电力工程中砖砌地沟、砖混结构检查井多层抹面的聚合物水泥砂浆防水层施工（内外防水砂浆层）；当暗挖电力沟渗水严重时，先用水泥砂浆防水层进行初步处理，防水砂浆厚度 20～25mm，然后再进行柔性防水层铺贴，形成刚柔结合防水层。

2）聚合物改性沥青卷材防水层工艺适用于电力沟结构防水层采用 SBS、APP 等高聚物改性沥青防水卷材施工。

3）双组分聚氨酯防水层工艺适用于电力沟采用双组分聚氨酯防水涂料冷作业涂抹的防水施工。

4）水泥基渗透结晶型防水层工艺适用于电力沟地下混凝土结构刚性防水施工。水泥基渗透结晶型防水涂料是一种粉状防水涂料。经与水拌合后可调配成刷涂或喷涂在混凝土表面的浆料。材料中的活性化学物质向混凝土内部渗透，在混凝土表面及一定深度范围内形成不溶于水的结晶体，填塞毛细孔道，从而使混凝土致密、防水。

7-1-40　电力沟防水层施工准备有什么要求?

答: 1）材料要求

(1) 水泥砂浆防水层：

① 水泥：一般采用强度等级大于 32.5 级的普通硅酸盐水泥、硅酸盐水泥，不得使用过期或

受潮结块的水泥。水泥进场应有产品合格证和复验报告。

② 砂：宜用中砂，不得含有杂物。含泥量不大于1%，硫化物和硫酸盐含量不大于1%，使用前必须经过3mm孔径的筛。

③ 水：采用自来水或对混凝土无腐蚀性的纯净水。

④其他材料：外加剂、掺合料、防水粉及界面剂等，应根据设计要求选用，其产品质量应符合相应的质量标准。

（2）高聚物改性沥青防水卷材：

① SBS、APP高聚物改性沥青防水卷材是以聚酯毡或玻纤毡为胎体，两面覆以隔离材料所制成的防水卷材制品；与防水卷材配套的辅助材料必须和防水卷材材料性能相容。

② 防水卷材的卷重、面积及厚度应符合表7-1-40（1）的规定。

高聚物改性沥青防水卷材的规格 **表7-1-40（1）**

材料名称		SBS、APP改性沥青防水卷材					
公称厚度（mm）		3			4		
上表面材料		PE	S	M	PE	S	M
面积（m^2/卷）		10×1.0，10±0.1			7.5×1.0，7.5±0.1		
标称重量（kg/卷）		35			45		
最低卷重（kg）		32.0	35.0	40.0	31.5	33.0	37.5
厚度（mm）	平均值	≥3.0	≥3.2		≥4.0	≥4.2	
	最小单值	2.7	2.9		3.7	3.9	
说明	1. SBS：苯乙烯、丁二烯、苯乙烯热塑弹性体。 2. APP：无规则聚丙烯塑性体。 3. PE—聚乙烯膜；S—细砂；M—矿物粒（片）料						

③ 卷材的主要物理性能应符合表7-1-40（2）规定。

高聚物改性沥青防水卷材主要物理性能 **表7-1-40（2）**

项　目		性能要求		
		聚酯毡胎体卷材	玻纤毡胎体卷材	聚乙烯膜胎体卷材
拉伸性能	拉力（N/50mm）	≥800（纵横向）	≥500（纵向）	≥140（纵向）
			≥300（横向）	≥120（横向）
	最大拉力时延伸（%）	≥40（纵横向）	—	≥250（纵横向）
最低温度（℃）		≤−15		
		3mm厚，r=15mm；4mm厚，r=25mm；3s，弯180°，无裂纹		
不透水性		压力0.3MPa，保持时间30min，不透水		

④ 防水材料应包装完好，标识清楚（名称、生产厂家、生产日期、产品质量有效期、防伪标志等）。

⑤ 辅助材料：冷底子油及密封材料等配套材料。

（3）双组分聚氨酯防水层：

① 双组分聚氨酯防水涂料：甲组分（异氰酸基含量以3.5%±0.2%为宜）；乙组分（如为羟基因比时，羟基含量以0.7%±0.1%为宜）。聚氨酯防水涂料的物理力学性能应符合表7-1-40（3）要求。

② 水泥：32.5 级普通硅酸盐水泥，用于配制水泥砂浆保护层。砂、中砂，含泥量不大于 3%。

③ 辅助材料：磷酸（用作缓凝剂）、二月桂酸二丁基锡（用作促凝剂）、乙酸乙酯（用于稀释和清洗工具）、涂膜增强材料（聚酯无纺布，规格为 60～80g/m^2，幅宽 0.96m，横向拉力 100N/50mm，横向延伸 20%以上；符合上述指标要求的化纤无纺布和玻璃纤维布）、基层处理剂。

聚氨酯防水涂料物理力学性能指标　　　表 7-1-40（3）

可操作时间（min）	湿潮基面粘接强度（MPa）	抗渗性（MPa）			浸水 168h 后断裂伸长率（%）	浸水 168h 后拉伸强度（MPa）	耐水性（%）	表干（h）	实干（h）
		涂膜（30min）	砂浆迎水面	砂浆背水面					
≥20	≥0.3	≥0.3	≥0.6	≥0.2	≥300	≥1.65	≥80	≤8	≤24

（4）水泥基渗透结晶型防水层：

① 水泥基渗透结晶型防水涂料按物理力学性能分为Ⅰ型、Ⅱ型两种，其性能指标应符合表 7-1-40（4）的要求，产品质量应符合现行国家标准《水泥基渗透结晶型防水涂料》GB 18445—2012 的规定，并有出厂合格证和检测报告。

水泥基渗透结晶防水涂料性能指标　　　表 7-1-40（4）

试验项目		性能指标	
		Ⅰ型	Ⅱ型
安定性		合格	
凝结时间	初凝时间（min）	≥20	
	终凝时间（h）	≤24	
抗折强度（MPa）	7d	≥2.80	
	28d	≥3.50	
抗折强度（MPa）	7d	≥12.0	
	28d	≥18.0	
湿基面粘接强度（MPa）		≥1.0	
抗渗压力，28d（MPa）		≥0.8	≥1.2
第二次抗渗压力，56d（MPa）		≥0.6	≥0.8
渗透压力比，28d（%）		≥200	≥300

② 配套材料：基层处理剂和防水砂浆（混凝土），其性能均应和水泥基渗透结晶型防水涂料相容。

2）施工机具（设备）

（1）水泥砂浆防水层：

① 机械：砂浆搅拌机。

② 工具：灰板、铁抹子、阴阳角抹子、半截大桶、钢丝刷、软毛刷、靠尺、榔头、尖凿子、铁锹、扫帚、木抹子、刮杠等。

（2）高聚物改性沥青防水卷材：

① 操作机具：滚动刷、吹尘器、电动搅拌器、火焰加热器（汽油喷灯或单头、多头石油液化气加热器等）、压辊、胶皮刮板、开刀、剪刀、油桶或燃气瓶、扁铲、扫帚、钢卷尺、弹线盒、毛刷、铁锹。

② 安全防护设施：安全帽、防护手套、口罩、脚手架、消防器材。

(3) 双组分聚氨酯防水层：

① 操作机具：电动搅拌机、抖料桶、料桶、毛刷、滚动刷、弹簧秤、小平铲、扫帚等。

② 安全防护设施：安全帽、防护手套、口罩、脚手架、消防器材。

(4) 水泥基渗透结晶型防水层：

① 机械：低速电动搅拌机（250r/min）、打磨机。

② 工具：专用刷、专用喷枪、钢丝刷、扫帚、台秤、料桶、搅拌棒、抹布、錾子、锤子、胶皮手套、刮板等。

3）作业条件

地下防水工程施工期间，必须保持地下水位稳定在基底防水部位500mm以下并保持至防水层施工完毕。防水工程必须由具有相应资质的专业防水队施工。操作工人应进行技术培训，合格后持证上岗。

(1) 水泥砂浆防水层：

① 结构基层表面应平整、坚实、粗糙、清洁，并充分湿润，无积水。防水砂浆基层经验收合格，并办理隐检手续。

② 电力沟（隧道）的预留孔洞、管道进出口等细部应按设计要求做好防水处理，并办理隐检手续。

③ 防水水泥砂浆施工环境气温条件应为5～35℃。

④ 已按设计要求通过试验确定水泥砂浆（或防水砂浆）配合比，确定防水剂等外加剂的掺量。

(2) 高聚物改性沥青防水卷材：

① 混凝土垫层表面应随浇筑、随抹平并压光；用于防水卷材铺贴的临时性保护墙，宜采用1∶3白灰砂浆砌筑并抹找平层；用于防水卷材铺贴的永久性保护墙的防水基层，还应采用1∶3水泥砂浆抹找平层压光。如防水基层表面不易达到干燥要求时，可采用添加无机铝盐防水剂拌制的防水砂浆（无机铝盐占水泥的10%）作防水基层找平层，以隔绝地下水的渗透。

② 防水层基层阴阳转角、管根部抹成圆弧形角（$r \geqslant 50$mm）。

③ 防水层的基层表面应坚固密实，不得有起砂、空鼓、松动、裂纹等现象；平整且不得有麻面、凹凸坑等缺陷；干燥（以含水率9%为宜，其经验测定方法是将1m^{2}的防水卷材平坦地覆盖在基层表面上，静置3～4h，紧贴基层一面无明显凝结水印即可）。

④ 检验防水卷材规格尺寸和外观质量，以同一生产厂的同一品种、同一等级的产品，入场量大于1000卷抽取5卷、500～1000抽取4卷、100～499卷抽取3卷、100卷以下抽取2卷进行规格尺寸和外观质量检验；外观应无断裂、皱褶、孔洞、剥离、胎体露白，整卷应无接头。

⑤ 基层处理剂的外观质量检验，开桶搅匀观察质量：在溶液中应无明显沥青丝团。

⑥ 密封材料的检验，是以每进场量为一批，抽样观察其质量：外观呈黑色均匀膏状，无结块和未浸透的填料。

⑦ 对防水材料进行现场抽样复试：在点验外观质量检验合格的卷材中，任取一卷切除距外层卷头2500mm后，顺纵向切取800mm长（其中改性沥青聚乙烯膜胎防水卷材应切取1000mm长）的全幅卷材2块作物理性能检验；在点验外观质量检验合格的密封材料堆上，均匀取样不少于5处，每处取洁净的等量试样共2kg作物理性能检验，待复验合格后方可使用。

(3) 双组分聚氨酯防水层：

① 涂刷防水层的基层表面应平整、光滑、牢固，不得有空鼓、开裂及起砂等缺陷，表面残留的灰浆硬块及突出部分应刮平、清扫干净；阴阳角处应抹成圆弧，圆弧半径不应小于20mm。基层验收合格。穿墙套管应安装牢固、收头圆滑。

② 基层表面必须保持干燥，含水率不大于9%，其简易测定方法是将$1m^2$厚1.5～2.0mm的防水卷材覆盖在基层表面上，静置3～4h后，掀开片材观察，贴基层一侧无凝结水印即可。

③ 对涂料应进行抽样检查验收。其中同一生产厂甲组分每5t为一验收批，不足5t也按一批计算。乙组分按产品重量配比相应增加。每一验收批按产品的配比分别取样，甲、乙组分样品总重为2kg。搅拌均匀后的样品分别装入干燥的样品容器中，样品容器内应留有5%的空隙，密封并做好标志。

（4）水泥基渗透结晶型防水层：

① 地下混凝土结构施工已部分或全部完成，并对防水施工部位的混凝土结构进行隐检验收。

② 当地下水位较高时，涂刷防水层前应先将地下水位降低到防水操作层以下，并做好排水处理，且基坑以外积水排除干净。

③ 施工防水涂料所用的脚手架已搭设完毕，并经安全主管部门验收合格。

4）技术准备：

施工地下防水工程前，施工单位应进行图纸会审并编制针对防水工程特点和设计要求的施工方案并经审批，向操作人员进行技术交底。对进场材料经检查复验合格。

7-1-41 电力沟防水层施工工艺流程是怎样的？

答：1）水泥砂浆防水层工艺流程：

防水砂浆拌制↓

基底冲洗→堵漏→刷界面剂→刷水泥素浆→抹底层砂浆→刷水泥素浆→抹面层砂浆→养护→注浆封堵

↑抹灰程序、接槎及阴阳角处理↓

2）高聚物改性沥青防水卷材工艺流程：

（1）外防外贴法施工（防水层贴在保护墙上）：

清理基层→涂布基层处理剂→铺贴卷材附加层→弹线控制→铺贴底板及保护墙下部防水层→验收→做防水保护层→混凝土结构→混凝土墙面清理→涂布基层处理剂→铺贴卷材附加层→铺贴墙面防水层→验收→施工墙体防水层保护墙

（2）外防内贴法施工（防水层贴在结构外表面）：

清理基层→涂布基层处理剂→铺贴卷材附加层→弹控制线→铺贴墙面、底板防水层→验收→做墙面、底板防水层的保护层→混凝土结构→墙面防水层收口→验收→做防水层收口保护

3）双组分聚氨酯防水层工艺流程：

基层处理→涂刷基层处理剂→细部附加层处理→施工涂膜防水层→验收→施工涂层保护层

4）水泥基渗透结晶型防水层工艺流程：

制浆↓

基层处理及验收→清洗湿润基层→涂刷水泥基渗透结晶型防水涂料→养护→验收

7-1-42 电力沟防水层施工水泥砂浆防水层操作要点有哪些？

答：（1）防水砂浆拌制：

浆应采用机械搅拌，拌合时严格按照配合比加料，拌合要均匀一致，搅拌时间不少于3min，应随拌随用。

拌合好的砂浆存放时间：普通硅酸盐水泥砂浆，当气温为5～25℃时，不宜超过60min；当气温为25～35℃时，不宜超过45min。

严格按照配合比掺加各种材料，外加剂等材料事先称重装袋，以保证计量准确。

（2）混凝土墙抹水泥砂浆防水层：

基层处理：对基层的蜂窝及松散混凝土要剔除，用水冲刷干净，用 1∶2 干硬性水泥砂浆捻实。表面有油污应用 10%浓度的火碱溶液刷洗干净，混凝土表面应凿毛。当暗挖电力沟出现严重渗水等特殊情况时，应先采用水泥砂浆防水层进行初步处理，防水砂浆厚度 20～25mm，进行防水砂浆施工前，对渗水处进行堵漏处理，处理由专业单位进行，采用"堵排结合、先排后堵"的方法，处理由上至下逐个进行，辅以压注水泥浆液；当渗水严重时，采用压注水泥一水玻璃双液浆方法进行综合整治。

刷混凝土界面剂：用滚刷在基层表面刷混凝土界面剂，随即抹底层砂浆。

抹底层砂浆：用 1：2 水泥砂浆，加水泥重量 3%～5%的防水粉，水灰比宜为 0.4～0.5。先将防水粉和水泥、砂子拌匀后，再加水拌合。搅拌均匀后进行抹灰操作，抹灰厚度为 5～10mm，在砂浆初凝之前用木抹抹压密实。

刷水泥素浆：底层砂浆抹完后 1d，将表面浇水湿润，再抹水泥防水素浆，水灰比宜为 0.37～0.4，并掺水泥重量 3%的防水粉。先将水泥与防水粉拌合，然后加入适量水搅拌均匀，用毛刷刷一遍，厚度在 1mm 左右。

抹面层砂浆：刷完水泥素浆后，紧接着抹面层砂浆，配合比同底层砂浆，抹灰厚度在 5～10mm 左右，凝固前要先用木抹子搓平，用铁抹子压实、压光。

刷水泥素浆：面层砂浆抹完 1d 后刷水泥素浆一道，配合比同第一道水泥素浆，先将水泥与水拌合后，加入防水粉再搅拌均匀，用软毛刷子将面层均匀涂刷一遍。

(3) 顶板、底板抹水泥砂浆防水层（五层做法）：

清理基层：将基层上松散的混凝土、砂浆等清理干净，凸出的鼓包剔除。

刷水泥素浆：其配合比按设计要求，加适量水拌合成粥状，铺摊在地面上，用扫帚均匀扫一遍。

抹底层砂浆：底层用 1∶3 水泥砂浆，掺水泥重量 3%～5%的防水粉。将拌好的砂浆倒在地上，用杠尺刮平，木抹子顺平，铁抹子压一遍。

刷水泥素浆：常温间隔 1d 后刷水泥素浆一道，配合比为水泥：防水粉＝1∶0.03（重量比），加适量水。

抹面层砂浆：刷水泥素浆后，接着抹面层砂浆，配合比及做法同底层。

刷防水素浆：面层砂浆初凝后刷最后一遍素浆（不要太薄，以满足耐磨的要求），配合比为水泥：防水粉＝1∶0.01（重量比），加适量水，使其与面层砂浆紧密结合在一起，并压光、压实。

(4) 抹灰程序、接槎及阴阳角处理：一般先抹立墙后抹地面。槎子不应留在阴阳角处，各层抹灰槎子不得留在一条线上，底层与面层搭槎间距在 150～200mm 之间，接槎时要先刷水泥防水素浆。所有墙的阴角都要做半径 50mm 的圆角，阳角做成半径为 10mm 的圆角。地面的阴角都要做成 50mm 以上的圆角，用阴角抹子压光、压实。做法总厚度应符合设计要求。每层宜连续施工，各层紧密结合，不留或少留施工缝。施工缝应留成阶梯形接槎，接槎要依照层次顺序操作，层层搭接紧密，接槎宽度不应小于 200mm。接槎位置均须离开阴、阳角处 200mm。

(5) 养护：一般情况下，在水泥砂浆防水层有一定强度后，表面覆盖麻袋片或草袋，每隔 4h 浇水一次，保持防水层表面经常湿润，养护时间视气温条件决定，一般不得少于 14d，养护环境温度不宜低于＋5℃。

7-1-43　高聚物改性沥青防水卷材操作要点有哪些？

答：(1) 清理基层：将基层表面的砂浆疙瘩、杂物、尘土等彻底铲除并清扫干净。

(2) 涂布基层处理剂：将配套的基层处理剂开桶后用搅拌器搅拌均匀，再用滚刷或刮板均匀涂布在基层表面上，不宜滚刷、刮涂的部位可用油刷补齐，要求不露底，晾干 8h 并以指触不粘时方可铺贴防水卷材。

（3）铺贴卷材附加层：在大面防水卷材铺贴前，防水基层面上所有的阴阳角及设计有要求的特殊部位等均先铺贴一道防水卷材附加层，其附加层卷材宽度为：阴阳转角部位不小于500mm、管根部位不小于管直径加300mm并平分于转角处，变形缝部位每侧外加300mm，其具体铺贴方法为阴阳角部位应采取满粘铺贴法，变形缝的水平面宜采用空铺法。

（4）弹控制线：根据防水卷材的规格尺寸及搭接部位要求，用明显的色粉线盒弹出防水卷材铺贴控制基准线。

在立面与平面的转角部位，卷材的搭接位置应设在水平面上并距立面不小于600mm。

防水卷材的长边、短边搭接宽度不宜小于100mm。

卷材防水层为双层及双层以上铺贴时，其上下层相邻的防水卷材搭接缝位置应相互错开1/3～1/2幅宽，且上下层卷材不得相互垂直铺贴。

（5）防水卷材铺贴法：底板平面与临时保护墙立面相交部位的防水卷材宜采用空铺、点粘、条粘法；上下层防水卷材之间、防水卷材与永久性保护墙面之间、防水卷材与混凝土结构外墙面迎水面之间均应用满粘铺贴法。

外防外贴法：防水卷材先铺贴附加层，后铺贴水平面，再铺贴立面。从底板平面折向立面保护墙面的防水卷材甩头部位，应在防水卷材甩头面铺软保护层的同时，砌两皮临时性保护砖墙压重等措施，以防止防水卷材下滑。

外防内贴法：防水卷材先铺贴附加层，后铺贴立面大面，再铺贴水平面。

防水卷材铺贴要点：

满粘铺贴法：依据卷材铺贴控制基准线，先把防水卷材展开铺设在预定的部位，调整后卷起卷材长向的1/2段，用火焰加热器对准卷材与基层表面粘接面的夹角，使火焰加热器的喷嘴距卷材面约350mm，均匀加热至卷材表面热熔胶开始融化时（胶面发黑并呈光亮）即可边加热边缓慢地向前滚压铺贴卷材，卷材的搭接缝部位以挤溢出热熔胶并随即刮平为好，此段卷材铺贴完成后，卷起卷材的另一段用同样的热熔铺贴方法进行铺贴，相邻的每幅卷材照此铺贴。

空铺法：依据控制基准线，先把卷材展开铺设在预定的部位，调整后分别掀起相邻卷材的每个搭接边，用火焰加热器对准卷材搭接面均匀加热烘烤至卷材表面热熔胶开始熔化时（胶面发黑并呈光亮），即可将卷材搭接面全部合贴粘接，卷材的搭接缝部位挤溢出热熔胶并随即刮平。

点粘铺贴法：卷材与基层表面粘接点150mm×150mm，间距100mm，相邻搭接头部位必须全部满粘贴在一起，其操作要点参见满粘铺贴法、空铺法。

条粘铺贴法：每幅卷材长向与基层面粘接不少于两条，条宽150mm，相邻卷材的搭接头部位必须全部满粘贴在一起，其操作要点采参见满粘铺贴法、空铺法。

细部做法：

每层卷材收头应后铺卷材收头盖过先铺的附加层收头。

卷材防水层为单层防水时，应在搭接缝处进行补强处理，其主要方法是以搭接缝为中线，骑缝热熔满粘铺贴一条120mm宽的防水卷材盖缝条。

外墙面防水卷材甩头部位搭接前，应先拆除临时保护墙，清理卷材甩头表面的砂浆及杂物，再将卷材甩头合贴于结构墙面上，搭接时以甩头卷材表面无损伤处顺水搭接150mm长，卷材搭接缝上满粘盖缝条。如双层及双层以上卷材搭接时，每层卷材甩头的搭接部位应相互错槎，不小于150mm，其防水卷材盖缝条设在表层卷材搭接缝上。

底板防水保护层：一般采用厚50mm细石混凝土。

7-1-44　双组分聚氨酯防水层操作要点有哪些？

答：（1）基层清理：涂膜防水层施工前先将基层表面的尘土、砂粒、灰浆硬块等杂物清理干净。

(2) 涂刷基层处理剂：

配制基层处理剂：将聚氨酯甲料、乙料和稀释剂按产品说明书的比例（重量比）配合搅拌均匀。配制量视施工用量而定，一次配料不宜过多。

涂刷基层处理剂：将配制好的基层处理剂混合料，用长把滚刷均匀涂刷在基层表面，不得露底。涂刷量约为 0.3kg/m²，涂刷后指触不粘时，即可做下道工序。

(3) 细部附加层处理：在大面积涂刷前，应对阴阳角、变形缝、工作缝、板缝等细部薄弱环节先做"一布二涂"防水附加层。具体做法是：基层处理剂表干后先涂刷一层防水涂料，而后按加强部位尺寸再刷第二道涂膜防水涂料；实干后，即可进行大面积涂膜防水层施工。

(4) 施工涂膜防水层：

涂膜材料的配制：将聚氨酯甲、乙组分按产品说明书的比例（重量比）配合，注入拌料桶中，用电动搅拌器强力搅拌均匀备用（搅拌时间不少于 5min)。配制量视工作量而定，配好的料应 2h 内用完。

涂膜防水层的施工：将已配好的聚氨酯涂膜防水材料用塑料或者橡皮刮板涂刷在已涂好基层处理剂且已干燥的基层表面。涂刷时要求厚薄均匀一致。对平面基层应涂刷 3～4 遍，每遍的涂布量为 0.6～0.8kg/m²；对立面基层应涂刷 4～5 遍，每层的涂布量为 0.5～0.6kg/m²，涂层总厚度在 2.0mm。

涂完第一道涂膜后，一般需固化 5h 以上，至手指触摸基本不粘时再按上述方法涂刷第二、三、四、五道涂层，直至满足防水层厚度要求，其上下相邻涂层的涂刷方向应相互垂直。涂刷防水涂料时同层涂膜的先后搭茬宽度宜为 30～50mm；施工缝处搭接缝宽度应大于 100mm，接涂前应将甩槎表面处理干净。

外防外涂法施工时，应先涂刷立面后涂刷平面。平面与立面交接处应交叉搭接。底板与立墙相连接的阴角，均应铺设聚酯无纺布进行附加增强处理。无纺布埋入底板下约 500mm，伸出立墙约 500mm。具体做法是在涂刷第二遍涂膜后立即铺贴聚酯无纺布，使无纺布平坦地粘在涂膜上，在无纺布上再涂刷防水涂料。经过 24h 的固化后方可涂刷第三遍涂膜。聚氨酯涂膜防水不宜采用外防内涂法。

在防水层施工中，应采取如下措施处理相应问题：

当涂料黏度过大不易涂刷时，可加入少量稀释剂稀释，其加入量应不大于乙料的 10%。当发生涂料固化太快、影响施工时，可加入少量磷酸或苯磺酰氯等缓凝剂，其加入量不应大于甲料的 5%。当发生涂料固化太慢、影响施工时，可加入少量二月桂酸二丁基锡作促凝剂，其加入量应不大于甲料的 3%。如发现乙料有沉淀现象时，应搅拌均匀后再进行配制，否则不许使用。

(5) 验收：当最后一遍涂膜完全固化，经检查验收合格后方可进行下道工序。

(6) 施工涂层保护层：底板的细石混凝土保护层厚度应大于 50mm，侧墙的迎水面采用聚苯乙烯泡沫塑料保护层或铺抹 30mm 厚的 1：2.5 水泥砂浆保护。

7-1-45 水泥基渗透结晶型防水层操作要点有哪些?

答: (1) 基层处理及验收

将混凝土表面的浮浆、泛碱、油污、尘土等杂物清理干净。墙面上的钢筋头应割除，且凹入墙面，用掺有与水泥基渗透结晶型防水涂料相容的防水砂浆补平。

当基层表面比较光滑时，应用打磨机进行打磨或喷砂处理，使其形成麻面。

所有阴、阳角和其他转角处，均应做成圆弧，阴角直径宜大于 50mm，阳角直径宜大于 10mm。

对预埋穿墙套管部位、大于 0.4mm 的裂缝及蜂窝麻面等缺陷应精心查找剔凿，并修补加强。对预埋穿墙套管、大于 0.4mm 的裂缝等薄弱处的迎水面应凿成 20mm×20mm 的"U"形槽，槽内用清水冲刷干净，并除去表面明水，再涂刷水泥基渗透结晶性防水涂料（配合技术要求）于“U”形槽内，待固化后，再将半干的掺有水泥基渗透结晶型防水涂料的砂浆填进缝内，用手或锤捣固压实在“U”形槽内，且接缝两边应抹平。对于蜂窝及疏松结构应凿除，将所有松动物用压力水冲掉，直至露出坚硬的混凝土基层，并在潮湿的基层上涂刷一道基层处理剂，随后用与水泥基渗透结晶型防水涂料相容的防水砂浆（混凝土）填补并压实。

基层处理完毕应及时办理隐检验收手续。

(2) 清洗湿润基层：用清水对作业面进行分段清洗，使混凝土表面完全湿润(无明水)。

(3)（喷）涂刷水泥基渗透结晶型防水涂料：

制浆（喷）涂刷水泥基渗透结晶型防水涂料的配比应符合设计要求和材料本身的性能要求，将计量过的防水涂料和水倒入筒内，用低速搅拌器或搅拌棒拌合均匀，每次拌合浆料的量应经过计算，确保每次拌合料在从拌料起的规定时间内用完，使用过程中若混合物变稠应进行不间断的搅拌，严禁中途加水。

水泥基渗透结晶型防水涂料的每层厚度及总厚度应符合产品和设计要求，且总厚度不应小于0.8mm。

涂刷水泥基渗透结晶型防水涂料时，墙面或地面表面应无明水且不渗水。防水层涂刷的顺序应遵循“先高后低、先细部后大面、先立面后平面”的原则用力往返涂刷，或使用专用喷枪喷涂。每道涂层涂刷完毕，终凝后方可进行下一道涂层的施工。但两涂层涂刷间隔时间不宜过长，否则应湿润后再涂刷。施工时上一道涂刷方向应与下一道相互垂直，且每遍涂刷时应交替改变涂刷方向。同层涂膜的先后搭槎宽度宜为30～50mm。涂刷时应用力来回纵横刷，以保证凹凸处都能涂上并均匀；喷涂时喷嘴距涂层要近些，以保证灰浆能喷进表面微孔或微裂纹中。每道涂刷应厚薄均匀、不漏刷、不透底。涂层施工完后，应检查是否均匀，对于不均匀部位，需要进行再次修补；如有起皮现象，应将起皮部分去除，重新进行基层处理，待充分湿润后再涂刷涂料。

养护：水泥基渗透结晶型防水涂层凝固且呈半干状态即应开始喷洒雾水养护，养护水必须使用洁净水，水流不宜过大，否则会冲坏涂层。养护以保持涂层潮湿为准，一般每天喷雾水3～4次，天气炎热或干燥时应多喷几次。为防止涂层过早干燥，必要时可以进行遮盖，养护时间和方法应符合产品说明书的要求。

验收：养护结束后，应对水泥基渗透结晶型防水涂层的施工质量和防水效果进行检查验收，并填写“地下工程防水效果检查记录”，发现问题应及时处理。

7-1-46 电力沟防水层施工冬雨期施工有哪些要求？

答：1）水泥砂浆防水层

水泥砂浆防水层室外施工时，不宜在雨天及五级以上大风中施工。冬期施工时，气温不应低于5℃。夏季施工时，不应在35℃以上或烈日照射下施工。

2）高聚物改性沥青防水卷材

地下防水层严禁在雨天、雪天和五级风及其以上时施工，其施工作业环境气温应不低于－10℃。

3）双组分聚氨酯防水层

防水层严禁在雨、雪天和五级风及其以上时施工；冬期施工的环境温度不宜低于5℃；夏季施工的环境温度不宜超过35℃。

4）水泥基渗透结晶型防水层

(1) 水泥基渗透结晶型防水涂层严禁在雨天、雪天和五级风及其以上时施工。

(2) 涂层施工后48h内避免雨淋。

(3) 环境温度低于5℃时，不允许进行室外施工；若室内施工也应有相应供暖措施，保持室温在5℃以上。

7-1-47　电力沟防水层施工质量标准是怎样的？

答：1）主控项目

（1）水泥砂浆防水层：

① 防水砂浆的原材料（水泥、砂、外加剂）必须符合相应产品标准要求，砂浆配合比必须符合设计要求。

② 水泥砂浆防水层与基层必须结合牢固，无空鼓、无裂纹。

（2）高聚物改性沥青防水卷材：

参考《地下工程防水技术规范》GB 50108—2008。

（3）双组分聚氨酯防水层：

① 涂料防水层所用材料及配合比应符合设计要求。

② 涂料防水层及其转角处、变形缝、穿墙管道等细部做法应符合设计要求。检验方法：观察检查和检查隐蔽工程验收记录。

（4）水泥基渗透结晶型防水层：

① 涂料防水层所用材料及配合比必须符合设计要求。检验方法：检查出厂合格证、质量检验报告、计量措施和现场抽样试验报告。同一类型、型号的50t为一批量，不足50t按一批量计。

② 涂料防水层及其转角处、变形缝、穿墙管道的细部做法均必须符合设计要求。检验方法：观察检查和检查隐蔽工程验收记录。

③ 涂料防水层的平均厚度应符合设计要求，最小厚度不得小于设计厚度的80%。检验方法：针测法。

2）一般项目

（1）水泥砂浆防水层：

① 外观：表面平整、密实，无起砂、麻面等缺陷。阴阳角呈圆弧形，尺寸符合要求。

② 水泥砂浆防水层施工缝：留槎位置应正确，按层次顺序操作，成层搭接紧密。修补空鼓、裂缝时应将空鼓处的防水层剔成斜坡形。

③ 防水层厚度应符合设计要求。

（2）高聚物改性沥青防水卷材：

① 卷材防水层所用卷材及配套材料必须符合设计要求。

检验方法：检查产品出厂合格证、质量检验报告和现场抽样试验报告。

② 卷材防水层的基层应牢固、平整和洁净，不得有空鼓、松动、起砂和脱皮现象；阴阳角应做成弧形圆角。

检验方法：观察检查和检查隐蔽工程验收记录。

③ 防水层及其转角处、变形缝、穿墙管道等细部做法均必须符合设计要求。

检验方法：观察检查和检查隐蔽工程验收记录。

④ 卷材防水层的搭接缝应粘接牢固，密封严密，不得有皱褶、翘边和鼓泡等缺陷。

检验方法：观察检查。

⑤ 卷材防水层不得有鼓泡现象。

检验方法：观察检查。

⑥ 侧墙卷材防水层的保护层与防水层应粘接牢固、结合紧密，厚度均匀一致。

检验方法：观察检查。

⑦ 防水卷材搭接宽度允许偏差为－10mm。

检验方法：观察检查和尺量检查。

(3) 双组分聚氨酯防水层：

① 涂膜防水层的基层应牢固，表面洁净、平整，不得有空鼓、松动、起砂和脱皮现象；基层阴阳角处呈圆弧形。

② 涂料防水应与基层粘接牢固，表面平整，涂刷均匀，不得有流淌、皱褶、鼓泡、漏胎体和翘边等缺陷。检验方法：观察检查。

③ 涂料防水层的最小厚度不得小于设计厚度的80%。检验方法：针测法或割取20mm×20mm实样用卡尺测量。

④ 墙涂料防水层的保护层与防水层粘接牢固，结合紧密，厚度均匀一致。检查方法：观察检查。

(4) 水泥基渗透结晶型防水层：

① 涂料防水层的基层应牢固，基面应洁净、平整，不得有空鼓、松动、起砂和脱皮现象；基层阴阳角处应做成圆弧形。检验方法：观察检查和检查隐蔽工程验收记录。

② 涂料防水层应与基层粘接牢固，表面平整，涂刷均匀，不得有流淌、鼓泡等缺陷。检验方法：观察检查。

③ 涂料防水层的施工质量检验数量，应按涂层面积每100m^{2}抽查1处，每处10m^2，且不得少于3处。

7-1-48　电力沟防水层施工质量记录有哪些？

答： 1) 水泥砂浆防水层

(1) 原材料（水泥、砂、外加剂等）出厂合格证、复试报告。

(2) 基层隐检记录。

(3) 水泥砂浆防水层施工质量验收批检验记录。(参考DBJ 01-13—2004或QGD-007—2005)

2) 高聚物改性沥青防水卷材

(1) 物资进场报验单（防水卷材产品出厂合格证、质量检验报告和现场抽样试验报告）。

(2) 基层隐蔽工程验收记录。

(3) 防水施工验收批检验记录。（参考DBJ 01-13—2004、QGD-007—2005、GB 50108—2008)

3) 双组分聚氨酯防水层

(1) 聚氨酯的出厂合格证、质量检验报告和现场抽样（包括见证取样）复验报告。

(2) 基层隐蔽工程检查验收记录。

(3) 涂膜防水层施工记录。

(4) 分项工程质量验收记录。

4) 水泥基渗透结晶型防水层

(1) 水泥基渗透结晶型防水涂料出厂合格证、产品质量检验报告、复验报告。

(2) 施工防水涂层单位资质证明。

(3) 基层隐检记录。

(4) 地下工程防水效果检查记录。

(5) 水泥基渗透结晶型防水涂层施工质量验收批验收记录。

7-1-49　电力沟防水层施工安全与环保注意什么？

答： 1) 安全注意事项

(1) 水泥砂浆防水层：

① 基层处理时要戴防护眼镜。

② 抹灰时使用的木凳、金属脚手架等架设应平稳牢固，脚手板跨度不得大于1.8m，架上堆

放材料不得过于集中，在同一跨度的脚手板内不应超过两人同时作业。

③ 夜间施工或在光线不足的地方施工时，应用36V以下安全电压照明。

(2) 高聚物改性沥青防水卷材：

① 防水卷材、辅助材料及燃料，应按规定分别存放并保持安全距离，设专人管理，发放应坚持领用登记制度。其中防水卷材应单卷立放，大汽油桶、燃气瓶必须分别入库存放。

② 材料堆放处、库房、防水作业区必须配备消防器材。

③ 施工作业人员必须持证上岗并穿戴防护用品（口罩、工作服、工作帽、工作鞋、手套、安全帽等）。按规程操作，不得违章。

④ 防水作业区必须保持通风良好。

⑤ 高处作业必须有安全可靠的脚手架，并满铺脚手板，作业人员必须系好安全带。

⑥ 施工用火必须取得现场用火许可证。

⑦ 火焰加热器必须专人操作，定时保养，禁止带故障使用。在加油、更换气瓶时必须关火，禁止在防水层上操作，喷灯点火时不得正面对人并远离油桶、气瓶、防水材料及其他易燃易爆材料。

(3) 双组分聚氨酯防水层：

① 施工人员作业时应穿戴防护用品（口罩、工作服、工作帽、工作鞋、手套、安全帽等)。

② 施工人员应持证上岗，按规程作业，不得违章。

③ 立面高处作业时必须系好安全带。

④ 库房及施工现场的防水材料应单独堆放，存放材料的库房和施工现场应通风良好，并配备消防器材，严禁烟火。

(4) 水泥基渗透结晶型防水层：

① 施工防水涂料所用的脚手架必须符合要求，未经验收不得使用，施工中严禁随意拆改。

② 在基坑边施工时，边坡应稳定，防止坍塌伤人。

③ 电动工具应有漏电保护装置，经专业人员检查后方可使用。

④ 在封闭的地下、池、井施工时，应加强通风换气。

⑤ 防水涂料一般有异味，操作人员应带胶皮手套、防护眼镜、口罩等防护用品。

2) 环保措施

(1) 水泥砂浆防水层：

① 搅拌站应设置沉淀池，废水不得直接排入市政污水管网。

② 施工用砂、散装水泥等应封闭，集中存放，不得露天存放，以免扬尘。

(2) 高聚物改性沥青防水卷材：

① 废弃的防水卷材、基层处理剂、密封料、燃料等，应统一收集，妥善处置。

② 清洗现场机具时不得污染地面，应采取液体接漏收集措施，以重复利用。

(3) 双组分聚氨酯防水层：

① 防水材料必须用密封的容器包装，现场施工时应即开包装即使用。

② 防水作业时不得污染其他作业面。

③ 废弃的防水材料不得随便排放，应统一收集，以便妥善处理。

④ 每次施工后清洗机具时，应将洗液回收，重复利用，不得污染地面。

(4) 水泥基渗透结晶型防水层：

① 施工垃圾应集中堆放并及时清运。打磨时严禁干作业，以防打磨掉的粉尘飞扬。

② 冲洗基层时，水管接头应严密，冲洗用水不得四处乱流，以免造成施工环境污染和水资源浪费。

③ 配料应在经铺垫的场地上集中进行。剩料应集中处理，严禁随地倾倒。

7-1-50　电力沟防水层施工成品保护注意什么？

答：1）水泥砂浆防水层

（1）抹灰架子应离开墙面150mm。拆架子时不得碰坏墙角及墙面。

（2）落地灰应及时清理使用，做到工完场清。

（3）地面达到一定强度后方能上人施工。

（4）施工时保护好电缆埋管等部位安放的临时堵头，以防灌入砂浆、杂物造成堵塞。

（5）被污染的预埋铁件、螺牙应及时清理干净。

2）高聚物改性沥青防水卷材

（1）防水层施工期间：严禁向基坑内抛运材料及工具，所有进入防水作业面的施工及各级检查验收人员不得穿带钉鞋，与施工及检查验收无关的人员，不得进入未作保护的防水层面。

（2）已做好的防水层面严禁剔孔、凿洞，如确需剔凿时，必须按规定程序履行审批手续并制定修复方案，经批准后方可实施。

（3）立面防水卷材的临时甩槎，应有防止断裂和损坏的保护措施，表面浇筑细石混凝土。

（4）防水卷材铺贴完成后，要及时隐蔽验收并作保护层。浇筑细石混凝土保护层时，底板上运送细石混凝土的行车线路应铺垫马道，手推车的铁腿根部必须用橡胶皮包裹，混凝土不得直接倒在防水层上。

（5）外防外贴法施工的外墙防水层，在砌筑砖保护墙时，应随砌随用砂浆填充保护墙与防水层之间的缝隙。

（6）防水层的紧后工序作业过程中，必须设专人监护防水层。

（7）基层处理剂及配套材料入场后，不得再添加苯类稀释剂和溶剂，现场施工时应即开包装即使用，不得污染非防水层作业面。

3）双组分聚氨酯防水层

（1）已涂刷好的涂膜防水层，应及时采取保护措施，不得损坏，操作人员不得穿带钉子的鞋作业。

（2）涂膜防水层未固化前不允许上人行走踩踏。

（3）涂膜防水层施工时应防止对其他成品的污染。

4）水泥基渗透结晶型防水层

（1）不得碰撞已施工完毕的防水涂层，对损坏部位应立即修补。

（2）防水涂层施工时，不得损坏穿墙套管、预埋件等。

（3）材料进厂后应密闭储存在干燥、阴凉的环境中，且忌较长时间暴露在空气中，严禁与水接触。

7-1-51　电力沟变形缝施工准备要求有哪些？

答：电力沟（包括砖砌电力沟、钢筋混凝土电力沟、浅埋暗挖隧道二次衬砌）变形缝的施工准备要求如下：

1）材料要求

（1）橡胶止水带：

① 橡胶止水带应有出厂合格证和性能检测报告，其尺寸偏差应符合表7-1-51（1）的规定。

止水带尺寸偏差　　表7-1-51（1）

止水带公称尺寸		极限偏差
厚度B（mm）	4～6	+1，0
	7～10	+1.3，0
	11～20	+2.0
宽度L（%）		±3

② 止水带的物理性能应符合表 7-1-51（2）的规定。

止水带物理性能指标 **表 7-1-51（2）**

项　　目		性能要求
硬度（邵尔 A，度）		60±5
拉伸强度（MPa）		≥15
扯断伸长率（%）		≥380
压缩永久变形	70℃×24h，%	≤35
	23℃×168h，%	≤20
撕裂强度（kN/m）		≥30
脆性温度（℃）		≤−45
热空气老化（70℃×168h，%）	硬度（邵尔，度）	+8
	拉伸强度（MPa）	≥12
	扯断伸长率（%）	≥300
臭氧老化 5ppb：20%，48h		2 级

③止水带表面不允许有开裂、缺胶、海绵状等影响使用的缺陷，表面允许有深度不大于 2mm、面积不大于 16mm^2 的凹痕、气泡、杂质、明疤等缺陷不超过 4 处。中心孔偏心不允许超过管状断面厚度的 1/3。

（2）填缝材料：应选用浸透沥青油的松木板、硬聚乙烯泡沫板等作为填缝材料，按变形缝的形状加工成型。

（3）嵌缝材料：嵌缝材料宜选用聚硫橡胶类、聚氨酯类等柔性密封材料，最大伸长强度不应小于 0.2MPa，最大伸长率应大于 300%。拉伸—压缩循环性能的级别不应小于 8020。

2）施工机具（设备）

接头热压焊工具、嵌缝工具、手推车、剪刀、刷子等。

3）作业条件

（1）暗挖隧道外层防水结构验收完毕，二衬钢筋绑扎已在变形缝设计位置进行施工。

（2）橡胶止水带现场抽样试验合格。

4）技术准备

熟悉施工图纸，编制变形缝施工方案，并已进行施工技术交底。

7-1-52　电力沟变形缝施工工艺流程是怎样的？

答：工艺流程：

钢筋骨架制作↓

测量放线→安装钢筋骨架→安装止水带和填充材料→安装模板→浇筑混凝土→嵌缝施工

7-1-53　电力沟变形缝施工操作要点有哪些？

答：1）测量放线：根据设计要求，准确放出变形缝的位置。止水带安装位置应准确，结构顶、底板位置应设成盆状，并妥善固定。

2）安装钢筋骨架：

（1）制作固定止水带的钢筋骨架。安装止水带的钢筋骨架可预先分段制作成型。制作时固定用钢筋之间应留置合适的缝隙宽度，确保能压紧止水带。

（2）钢筋骨架连接采用连接板和螺栓，不宜进行现场焊接。

3）安装止水带和填充材料：

(1) 止水带宜根据结构变形缝的长度定制成环的止水带，尽量不设接缝；当止水带有接缝时，应设在边墙较高的位置上，不得设在结构转角处，接头宜采用热压焊。

(2) 止水带中心线应和变形缝中心线重合，不得穿孔或用铁钉固定，损坏处应及时进行修补。

(3) 变形缝先施工一侧混凝土时，应先固定该侧止水带，再安装填缝材料结构的截面尺寸进行准确下料、安装并固定好。

(4) 止水带和填缝材料安装完毕后应及时进行隐蔽验收，合格后方可合模。

安装模板：端模支立时应支撑牢固，严防漏浆，安装完毕后应进行预检验收，合格后方可进行混凝土浇筑。

混凝土浇筑：拱顶和边墙变形缝两侧混凝土振捣采用附着式或插入式振动器振捣密实。暗挖隧道变形缝两侧拱顶位置留设注浆孔，可作为排气孔和二衬施工完成后的注浆孔，混凝土浇筑饱满时排气孔应出现溢浆。底板混凝土振捣时，严禁振动棒接触止水带，防止止水带位置偏离。

嵌缝施工：变形缝两侧二衬结构拆模后即可清理变形缝，缝内两侧应平整、清洁、无渗漏水。变形缝清理后，应先在缝底部嵌填嵌缝材料，嵌填应密实，与两侧粘接牢固，然后涂刷与嵌缝材料相容的基层处理剂；最后涂刷嵌缝涂料。

7-1-54　电力沟变形缝施工质量标准是怎样的?

答：1）主控项目

(1) 止水带的质量应符合设计要求。

① 检验方法：检查出厂合格证、性能检验报告和现场抽样试验报告。

② 现场抽样试验要求：同月生产的同标记的止水带为一批抽样。外观质量检查项目包括尺寸公差；开裂、缺胶；中心孔偏心；凹痕、杂质、明疤等。物理性能试验项目包括拉伸强度、扯断伸长率、撕裂强度。

(2) 变形缝的做法必须符合设计要求，严禁有渗漏。检验方法：观察检查和检查隐蔽工程验收记录。

(3) 变形缝处混凝土结构的厚度不应小于300mm。检验方法：用尺量和检查隐蔽工程验收记录。

2）一般项目

(1) 止水带中心线应与变形缝中心线重合，止水带应固定牢固、平直，不得有扭曲现象。检验方法：观察检查和检查隐蔽工程验收记录。

(2) 变形缝处混凝土表面应密实、洁净、干燥；嵌缝材料应粘接牢固，不得有开裂、鼓泡等现象。检验方法：观察检查。

7-1-55　电力沟变形缝施工质量记录有哪些?

答：1）橡胶止水带检验报告。

2）伸缩缝密封填料试验报告。

3）施工通用记录。

7-1-56　电力沟变形缝施工成品保护注意什么?

答：止水带属易燃物，施工现场严禁烟火，且需备消防器材，防止发生意外。

1）变形缝止水带安装验收后应进行保护，防止在模板支立、拆除时或混凝土浇筑时造成止水带破损、移位或扭曲。

2）变形缝两侧混凝土在拆模时和拆模后应注意保护，防止破坏。

7-1-57　电力顶管施工工艺是怎样的?

答：电力顶管施工一般指钢筋混凝土顶管施工，管径根据电缆需要确定，管道顶进到位后，在管道内安装电缆支架等附属设施，以敷设电缆。顶管施工主要内容包括工作竖井及后背施工、工程注浆和管道顶进等方面。

具体施工工艺按相关规定采用。电缆支架、扁铁安装按相关规定采用。

电力顶管施工总体工艺：

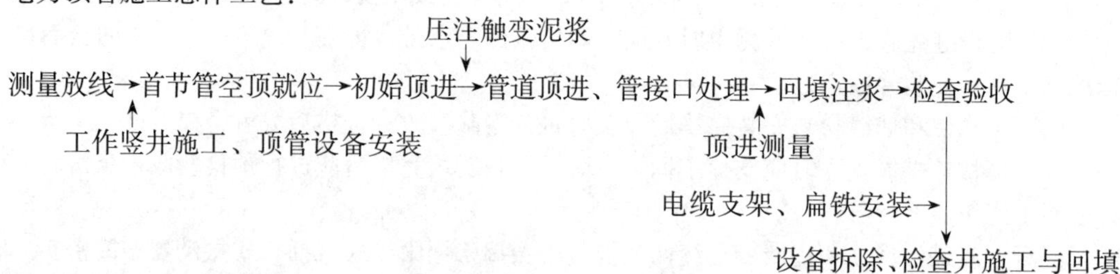

7-1-58　电力浅埋暗挖施工工艺是怎样的？

答：电力隧道浅埋暗挖施工方法是在浅埋软质地层的隧道中，基于新奥法而发展的一种工法。电力隧道（检查井）目前一般采用复合初砌结构形式，初期支护（一衬、初衬）为C20喷射混凝土＋网构钢架＋钢筋网支护，二衬为模筑抗渗混凝土，二衬外包聚乙烯丙纶防水卷材，以加强电力隧道防水效果。主要施工内容有施工测量、监控量测、工作竖井施工、浅埋暗挖隧道施工、防水层施工、二衬模筑混凝土施工及附属构筑物施工等内容。初期支护是施工的重点和难点，施工中必须坚持"管超前、严注浆、短开挖、强支护、快封闭、勤量测"的十八字原则，确保隧道施工和周边建筑物、地下管线等的安全。

施工工艺主要参照通用管沟中浅埋暗挖施工工艺，暗挖防水工程参照电力沟防相关水层施工工艺的规定采用。电缆支架、扁铁安装按相关规定采用。

电力浅埋暗挖施工总体工艺：

竖井施工　超前小导管注浆　初衬回填注浆　二衬背后注浆

测量放线→马头门施工→全断面或分部开挖、支护(一衬施工)→防水施工→二衬施工→检查验收

电力隧道掘进测量、监控测量　电缆支架、扁铁安装

7-1-59　电力盾构施工工艺是怎样的？

答：1）盾构施工是采用盾构掘进的不开槽施工地下隧道方法之一，一般用于管径1500mm以上有特殊要求的长距离隧道施工。电力盾构施工工艺具体参见通用管沟盾构施工工艺相关内容。

2）盾构法施工总体工艺流程（见图7-1-59）：

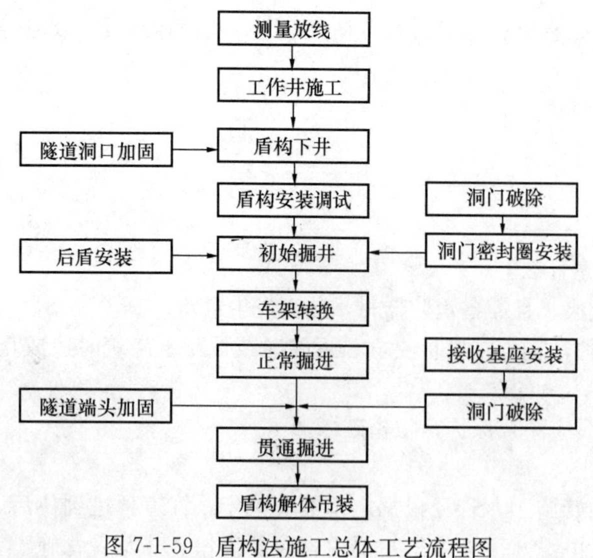

图7-1-59　盾构法施工总体工艺流程图

7-1-60　隧道开挖规定有哪些？

答：1）隧道开挖必须符合设计要求，喷射混凝土前必须留核心土，边坡不小于1∶0.5。

2）隧道开挖轮廓应保证平直圆顺，开挖后土质能保证满足施工要求的自稳时间。

3）记录描述开挖断面的土质分类和地质情况用以核对地质钎探提供的地质勘察报告。

4）隧道开挖轮廓允许偏差见表7-1-60。

隧道开挖允许偏差表 **表 7-1-60**

序号	项目	允许偏差（mm）	检验频率		检验方法
			范围	点数	
1	拱顶高度	+50 0	每 5m	1	用激光指向仪或样板尺垂球和钢尺
2	中线每侧宽度	+20 0	20m	1	用钢尺量测
3	底部高程	−30 0	10m	1	用水准仪

7-1-61 电力隧道竖井开挖规定有哪些？

答： 1）工作面自稳性良好，开挖后土质必须保证满足施工要求的自稳时间和空间。

2）基底及井壁不允许水泡和受冻。

3）钢筋的材质规格强度和刚度以及连接均应符合设计要求。

4）竖井各部允许偏差见表 7-1-61。

竖井开挖允许偏差表 **表 7-1-61**

序号	项目		允许偏差（mm）	检验频率		检验方法
				范围	点数	
1	轴线位移		50	每座	1	用经纬仪量测纵横向各量一点
2	井身直径		±20	每座	2	用钢尺量测
3	井身尺寸	长	±20	每座	2	用钢尺量长宽各 1 点
		宽				
4	井底标高		±20	每座	1	用水准仪测量
5	竖井垂直度		少于 5%H	每座	2	用垂球钢尺

7-1-62 电力隧道钢筋加工有哪些规定？

答： 1）钢筋和型钢的技术条件与加工，必须符合设计要求和有关标准和规定，钢筋和型钢表面应洁净，不得有锈皮、油渍、油漆等污垢。

2）钢筋和型钢的规格、形状、尺寸、数量，接头位置必须符合设计要求。

3）钢筋弯曲成型后，表面不得有裂纹，鳞落或断裂现象。

4）钢筋或型钢焊缝表面应平整，不得有较大凹凸、焊瘤、药皮，接头处不得有裂纹。

5）钢筋制做外观尺寸允许偏差见表 7-1-62。

钢筋加工允许偏差 **表 7-1-62**

序号	项目		允许偏差（mm）	检验频率		检验方法
				范围	点数	
1	焊接网片	长度 宽度 网格尺寸	±10	每片网片或拱架 每一类型抽查 10%且不少于 5 件	1 1 3	用钢尺量
2	焊接拱架	长度 宽度 高度	0 +20		1 1 1	
3	拱架箍筋间距		±10		3	
4	网片对角线之差		±10		1	
5	受力钢筋		±10		2	

7-1-63　电力隧道钢筋焊接规定有哪些？

答：1）焊接前必须清除钢筋或钢板焊接部位的铁锈水锈和油污等，钢筋端部的扭曲、弯折应予以矫正直顺或切除。

2）所用焊条应与母材匹配并符合规范要求。

3）接头焊缝表面应均匀平整，不应有咬边、咬肉、焊瘤药皮及裂纹。

4）机械性能、缺陷、尺寸允许偏差表 7-1-63。

机械性能、缺陷、尺寸允许偏差　　**表 7-1-63**

序号	项　目	允许偏差（mm）	检验频率		检验方法
			范围	点数	
1	抗拉强度	符合材料性能指标	每个接头每批抽查 3 件	1	按《锁拉力试验法》
2	帮条沿接头中心线的纵向偏移	$<0.5d$	每个接头每批抽查 10%且不少于 10 个	1	用钢尺量
3	焊缝厚度	$-0.05d$		2	用工具尺量
4	焊缝宽度	$-0.1d$		2	用工具尺量
5	焊缝长度	$-0.3d$		2	用工具尺量
6	咬肉深度	$0.05d$ 且不大于 1mm		2	用钢尺量

注：表中 d 为钢筋直径（mm）为以 300 个同类型接头（同钢筋级别，同接头型式）为一批。

7-1-64　电力隧道钢筋安装允许偏差规定是多少？

答：钢筋安装允许偏差见表 7-1-64。

钢筋安装允许偏差　　**表 7-1-64**

序号	项　目		允许偏差（mm）	检验频率		检验方法
				范围	点数	
1	骨架	横向间距	0　+20	每个构件或构筑物	2	用钢尺和垂球
		纵向间距	±30		2	
		倾斜度	<2°		2	
2	网片搭接长度		±30		2	用钢尺量
3	连接筋搭接长度		±20		2	用钢尺量
4	保护层厚度		±5		2	用钢尺量

7-1-65　电力隧道喷射混凝土规定是怎样的？

答：1）喷射混凝土的施工配合比，原材料质量必须符合有关标准规定。

2）喷射混凝土表面不应出现滴水和滴水现象，基面不应遗留残碴堆积物。

3）喷射混凝土外观不应有裂缝、空鼓、露筋现象，表面应密实平整圆顺。

4）喷射混凝土允许偏差见表 7-1-65。

喷射混凝土允许偏差　　**表 7-1-65**

序号	项　目	允许偏差（mm）	检验频率		检验方法
			范围	点数	
1	混凝土强度	不低于设计强度	每 30m	2 组	拱部和边墙各一组

续表

序号	项　目	允许偏差（mm）	检验频率		检验方法
			范围	点数	
2	拱顶标高	+20 0	20m	1	用水准仪
3	底板标高	−20 0	20m	1	用水准仪
4	隧道中线每侧宽度	±10	20m	1	用钢尺量
5	喷层厚度	不小于设计厚度	2m	2	拱边和墙边各一点
			每座井	4	
6	墙面垂直度	±20	20m	2	用垂球
7	预埋件检查	±10	20m	4	用钢尺量

7-1-66　电力隧道二次衬砌混凝土规定有哪些？

答：1）衬砌混凝土原材料质量必须符合有关规定要求，施工配合比满足设计要求。

2）水泥混凝土配合比必须按照有关标准，经过计算试配，使用商品混凝土要有合格证明。

3）浇注混凝土时，必须保证结构几何尺寸，浇注速度和施工缝位置要符合有关规定。

4）混凝土的振捣要求密实，不得漏捣，振捣后的混凝土不得有蜂窝，麻面及露筋等现象。

5）结构沉降缝必须按设计要求设置，必须直顺，且全部贯通。

6）二次衬砌现浇混凝土洞体允许偏差见表 7-1-66（1）。

二次衬砌混凝土允许偏差　　**表 7-1-66（1）**

序号	项　目		允许偏差	检验频率		检验方法
				范围	点数	
1	混凝土抗压强度		不低于设计	30m	2 组	GB/T 50107—2010
2	混凝土抗渗		不低于设计	30m	2 组	GB/T 50107—2010
3	底板高程		±10mm	20mm	1	用水准仪
4	断面尺寸	高度	±10	20m	2	用尺量每侧记一点
		宽度	±20			
5	墙混凝土厚度		+10	20m	2	用钢尺量
6	墙面垂直度		≤15m	20m	2	垂球、钢尺量取最大值
7	墙面平整度		≤10m	20m	2	用 2 米直尺取最大值
8	麻面		≤1%	20m	1	用钢尺量麻面面积

7）隧道贯通允许偏差见表 7-1-66（2）。

隧道贯通允许偏差　　**表 7-1-66（2）**

序号	项　目	允许偏差（mm）	检验频率		检验方法
			范围	点数	
1	隧道中线	50	每 20m	1	经纬仪及钢尺
2	隧道高程	50	每 20m	1	水准仪

注：隧道中线、高程只参加检验，不参加评定。

检验有关项目时，应以贯通后进行调整闭合的中线高程为准。

7-1-67　电力隧道现浇钢筋混凝土结构规定有多少?

答: 1）水泥混凝土的原材料，配合比必须符合有关标准、规范的规定。

2）水泥混凝土浇捣要密实，不应有蜂窝、麻面、露筋等现象。

3）现浇钢筋混凝土圈梁允许偏差见表 7-1-67。

钢筋混凝土结构允许偏差　　**表 7-1-67**

<table>
<tr><th rowspan="2">序号</th><th rowspan="2" colspan="2">项　目</th><th rowspan="2">允　许</th><th colspan="2">检验频率</th><th rowspan="2">检验方法</th></tr>
<tr><th>范围</th><th>点数</th></tr>
<tr><td>1</td><td colspan="2">混凝土抗压强度</td><td>不低于设计</td><td rowspan="6">每个结构</td><td>1</td><td>GB/T 50107—2010</td></tr>
<tr><td rowspan="3">2</td><td rowspan="3">断面几何尺寸</td><td>长</td><td>+20　−10</td><td>3</td><td rowspan="3">用尺量</td></tr>
<tr><td>宽</td><td>±10</td><td>3</td></tr>
<tr><td>高</td><td>±5</td><td>3</td></tr>
<tr><td>3</td><td colspan="2">顶面高程</td><td>±5</td><td>3</td><td>用水准仪</td></tr>
<tr><td>4</td><td colspan="2">麻面</td><td>≤1%</td><td>1</td><td>用尺量麻面的总面积</td></tr>
</table>

7-1-68　电力隧道钢筋混凝土预制件安装有何规定?

答: 1）梁、板安装必须平稳，支点处必须严密、稳固。

2）盖板支承面处铺垫砂浆要密实，不得有空隙，板眼必须用砂浆嵌填密实。

3）钢筋混凝土预制件安装允许偏差见表 7-1-68。

预制构件安装允许偏差　　**表 7-1-68**

<table>
<tr><th rowspan="2">序号</th><th rowspan="2">项　目</th><th rowspan="2">允许偏差（mm）</th><th colspan="2">检验频率</th><th rowspan="2">检验方法</th></tr>
<tr><th>范围</th><th>点数</th></tr>
<tr><td>1</td><td>轴线位置</td><td>10</td><td>每 10 件</td><td>1</td><td>用尺量</td></tr>
<tr><td>2</td><td>相邻板差</td><td>5</td><td>每座井</td><td>2</td><td>用尺量</td></tr>
</table>

7-1-69　电力隧道变形缝装置规定有哪些?

答: 1）变形缝装置处结构物的缝隙应符合设计要求，上下缝应贯通。

2）伸缩装置安装必须牢固，直顺，不得扭曲。

3）缝宽对接方法符合设计要求，缝隙均匀。

4）变形缝装置允许偏差见表 7-1-69。

变形缝装置允许偏差　　**表 7-1-69**

<table>
<tr><th rowspan="2">序号</th><th rowspan="2">项　目</th><th rowspan="2">允许偏差（mm）</th><th colspan="2">检验频率</th><th rowspan="2">检验方法</th></tr>
<tr><th>范围</th><th>点数</th></tr>
<tr><td>1</td><td>直顺度</td><td>≤5</td><td rowspan="2">每条缝</td><td>2</td><td>用 2m 小线</td></tr>
<tr><td>2</td><td>缝宽度</td><td>−2
+5</td><td>1</td><td>用尺量</td></tr>
</table>

7-1-70　电力隧道砌砖规定有哪些?

答: 1）砌筑方法正确，不应有通缝砂浆配合比要符合设计要求砂浆应饱满。

2）灰缝整齐均匀，抹面应压光，不得有空鼓、裂缝等现象。

3）清水墙面应保持清洁，勾缝深度适宜，深浅一致。

4）砌砖允许偏差见表 7-1-70。

砌砖允许偏差 **表 7-1-70**

序号	项　　目	允许偏差	检查频率		检查方法
			范围	点数	
1	砂浆抗压强度	不低于设计	每座	1	见注解
2	墙高	±10mm	每座井	2	用尺量
3	墙面垂直度	≤15mm	每座井	2	用垂球
4	墙面平整度	清水墙 5mm 混水墙 10mm	每座井	2	2m 靠尺

注：1. 每个构筑物或每 $50m^3$ 砌体中制做一组砂浆试块（6 块）。

2. 同标号砂浆的各组试块的平均强度不得低于设计规定。

3. 任意一组试块的强度最低值不得低于设计规定的 85%。

7-1-71　电力隧道检查井规定有哪些？

答： 1）井壁必须互相垂直，不得有通缝必须保证灰浆饱满，灰缝平整，抹面须压光，不得有空鼓，裂缝等现象。

2）井室盖板尺寸及预留孔位置应正确，压墙缝应整齐。

3）砂浆强度等级必须符合设计要求，配比准确，不得使用过期砂浆。

4）井内踏步，爬梯或平台必须安装牢固，位置正确焊接，防腐应符合设计要求。

5）井圈井盖必须完整无损，安装要平稳，位置正确。

6）检查井允许偏差见表 7-1-71。

检查井允许偏差 **表 7-1-71**

序号	项　　目		允许偏差（mm）	检验频率		检验方法
				范围	点数	
1	井室尺寸	长宽	±20	每座井	2	用尺量长宽各计一点
2		直径				
3	井筒直径		±20	每座井	2	用尺量
4	井底高程		±10	每座井	1	水准仪
5	踏步爬梯安装： 水平及垂直间距外露度		±10	每座井	1	用尺量计最大一点

7-1-72　支架的成品检验与安装规定有哪些？

答： 1）焊缝表面应平整、焊波均匀、不得有气孔、焊瘤药皮、裂纹、夹渣等缺陷。

2）钢件涂镀锌前，钢件表面应清洁、无锈、无氧化铁皮和油污。

3）支架安装、应平稳、牢固、不得有滑动、移位、歪斜、扭曲等现象。

4）支架制作安装允许偏差表 7-1-72。

支架制做安装允许偏差 **表 7-1-72**

序号	项　目			允许偏差（mm）	检验频率		检验方法
					范围	点数	
1	成品检验	外型尺寸	长	5	抽查 10%且不少于 2 件	2	用尺量
			宽	5			
		孔距		1	抽查 10%且不少于 2 件	2	用尺量
		喷涂层厚度		<设计要求		2	磁性测量法

续表

序号	项　目		允许偏差（mm）	检验频率		检验方法
				范围	点数	
2	安装	垂直度	5	20m	2	垂线检验
		直顺度	5	20m	2	10m 小线取最大点
		支架间距	±20	20m	2	用尺量每侧各一点

7-1-73　电力隧道防水工程规定有哪些?

答: 1）基层必须牢固，无松散，掉皮和龟裂现象。

2）基层表面应基本平整、圆顺、空隙仅允许平缓变化，不得有明显凹凸现象。

3）卷材防水原材料应符合有关规定，粘接牢固，搭接缝应错开。

4）复合防水原材料应符合有关规定，配料准确，涂层均匀，薄厚一致，抹面不得有气泡，空鼓、裂缝等现象。

5）防水层允许偏差见表 7-1-73。

防水层允许偏差　　表 7-1-73

序号	项　目		允许偏差（mm）	检验频率		检验方法
				范围	点数	
1	卷材防水层	搭接	长边不小于 100	$20m^2$	1	用尺量
			短边不小于 150		1	
2	复合防水层	砂浆混凝土抗压强度	见注解 5）	100m 每一配合比	1	见注解
		厚度	±5	100m	1	用尺量
		平整度	±10	100m	1	用尺量（2m 尺）

7-1-74　电力隧道成品验收规定有哪些?

答: 1）隧道底面，墙面光洁不得有裂缝，空鼓，露筋等现象。

2）墙和拱圈的伸缩缝应与底板的伸缩缝对正、贯通。

3）止水带安装位置正确，牢固、闭合、止水带附近抹面应坚固密实美观。

4）隧道底面清理干净，平整坚实。

5）随道允许偏差见表 7-1-74。

隧道允许偏差　　表 7-1-74

序号	项　目	允许偏差	检验频率		检验方法
			范围	点数	
1	砂浆抗压强度	见注解	100m 每一配合比	1	见注解
2	拱顶高	－10　＋20	20m	1	用尺量
3	隧道宽	0 ＋20	20m	1	用尺量
4	墙面垂直度	≤15	－20m	2	用垂线检验每侧计一点
5	墙面平直度	≤10	20m	2	用 2m 直尺量取最大值，每侧计一点

注：砂浆强度检验：

① 每个构筑物或每 50m 砌体中制作一组试块（6 块），如砂浆配合比变更时，也相应加做试块。

② 同强度砂浆的各组试块的平均值不得低于设计规定。

③ 任意一组试块强度的最低值，不得低于设计规定的 85%。

7-1-75　电力隧道喷射混凝土原材料规定有哪些?

答: 1) 应优先选用普通硅酸盐水泥，水泥强度等级一般不低于 42.5 级，采用特种水泥时须经设计同意。

2) 细骨料应采用坚固耐久的中砂或粗砂，细度模数宜大于 2.5，含水率宜控制在 5%～7%。

3) 粗骨料应采用坚硬耐久的卵石或碎石，粒径不大于 15mm。

4) 骨料级配宜控制在表 7-1-75 内。

骨料通过各筛径的累计重的百分数　　表 7-1-75

项目	骨料粒径 (mm)							
	0.15	0.30	0.60	1.20	2.50	5.00	10.00	15.00
1	5～7	10～15	17～12	23～31	35～43	50～60	73～82	100
2	4～8	5～22	13～31	18～41	26～54	40～70	62～90	100

5) 应采用符合质量要求的外加剂，每立方米混凝土因掺用外加剂加入碱量不得超过 1kg。

6) 掺加外加剂后混凝土性能必须满足设计要求，在使用速凝剂前应做与水泥以及防水剂的相容性试验，水泥净浆凝结效果试验初凝不应大于 5min，终凝不应大于 10min。

7) 喷射混凝土用水不应用含有影响水泥正常凝结与硬化的有害物质，不得使用污水以及 pH 值小于 4 的酸性水和含硫酸盐量按硫酸根计算超过水重 1%的水。

7-1-76　喷射混凝土试验方法是怎样的?

答: 1) 喷射混凝土抗压强度所需试块应在工程施工中插样制取，每组试块不得少于 3 个。

2) 试块采用边长 100mm 立体，无底钢模喷射成型，大板切割等方法制取，并在标准养护条件下养护 28 天。用标准试验方法测得的极限抗压强度乘以 0.95 的系数。

3) 喷射混凝土必须达到设计要求的抗压强度，其试块抗压强度应符合下列要求：

(1) 当同批试件组数 $n>10$ 时。

$$R_n - K \cdot S_n > 0.85R,\ R_{min} > 0.85R$$

式中　n——同批喷射混凝土试块组数；

R_n——同批几组试块抗压强度的平均值 (MPa)；

S_n——同批几组试块抗压强度的标准差 (MPa)；

R——喷射混凝土设计强度；

R_{min}——同批几组试块中抗压强度最低一组的值 (MPa)；

K——合格制定系数按表 7-1-76 取值。

合格制定系数　　表 7-1-76

n	10～14	15～24	>25
k	1.7	1.65	1.60

(2) 当同组试块组数 $n<10$ 时

$$R_n > 1.05R,\ R_{min} > 0.9R$$

7-1-77　电力沟施工缝的三种形式是怎样的?

答: 电力沟施工缝防水基本构造三种形式如图 7-1-77 所示。

1) 施工缝防水基本构造；

2) 施工缝防水基本构造：外贴止水带 $L \geqslant 150$mm；外涂防水涂料 $L=200$mm；外抹防水砂浆 $L=200$mm；

3) 施工缝防水基本构造：钢板止水带 $L \geqslant 100$mm；橡胶止水带 $L \geqslant 125$mm；钢边橡胶止水

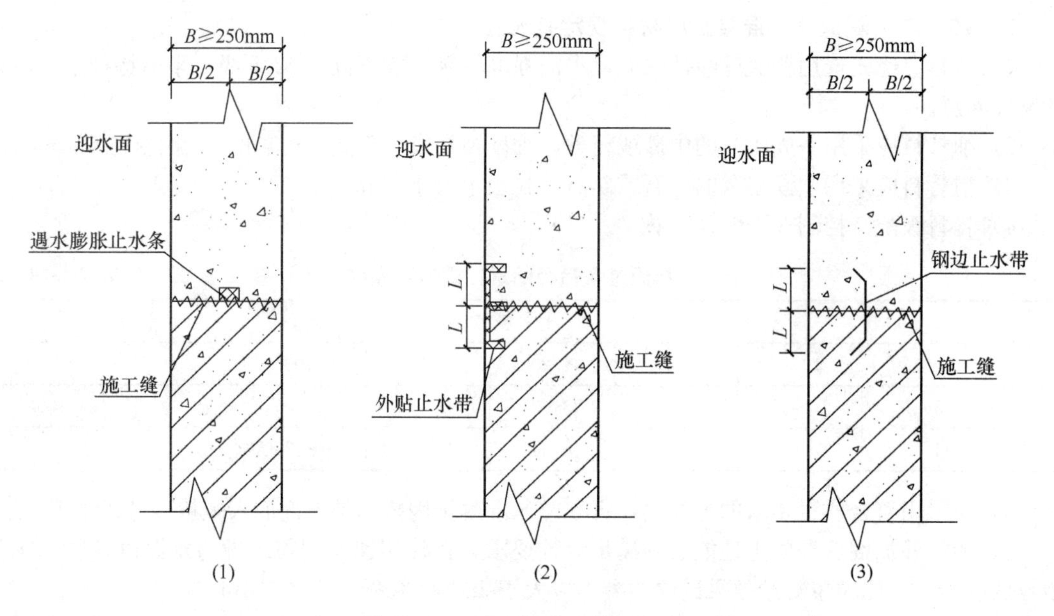

图 7-1-77　施工缝防水构造形式

带 $L \geqslant 120$mm。

7-1-78　电力沟防水措施有哪几种?

答: 明挖电力沟一般均采用防水措施以保证电力沟不渗漏。其主要防水措施有防渗混凝土、水泥砂浆防水层、聚合物改性沥青卷材防水层、自粘橡胶沥青防水层、双组分聚氨酯防水层等。变形缝、施工缝等防水薄弱环节应采取相应的构造措施。

7-1-79　抗渗混凝土电力沟施工有哪些规定?

答: 抗渗混凝土电力沟施工应符合下列规定:

1）抗渗混凝土可根据设计和工程抗裂性需要掺加钢纤维或合成纤维。

2）固定管沟外墙模板的螺栓，宜采用工具式螺栓或在螺栓上加焊止水装置。外墙上使用的穿墙套管均应加工为止水套管。

3）沟墙施工缝应不渗、不漏、垂直贯通符合设计要求。设计未规定时，应要求设计确定。

7-1-80　施工缝有哪些规定?

答: 混凝土管沟施工缝应符合下列规定:

1）底板混凝土应连续浇筑，不宜设置施工缝，宜以变形缝为施工缝，由一端向另一端推进如确需留置施工缝时，应按照设计要求，设置止水带。

2）水平施工缝不得留在剪力或弯矩最大处。基础与墙分次浇筑时，施工缝宜设在两侧墙体上，距底板 100mm 左右处。顶板与墙宜一次浇筑完成，需分次浇筑时，宜在板上、下 100mm 左右设缝。

3）垂直施工缝应设在变形缝的位置，变形缝应避开地下水较多的地段。

砌筑墙体与预制顶板电力沟施工应符合《砌体结构施工技术规程》Q/BMG 104 的有关规定。

7-1-81　变形缝等施工有哪些规定?

答: 变形缝与止水带安装施工应符合下列规定:

1）侧墙和顶板的变形缝与底板变形缝应对正、垂直贯通。

2）止水带宜根据结构变形缝的长度定制成环的止水带，接头宜采用热压焊。尽量不设接缝;当止水带有接缝时，应设在边墙较高的位置上，不得设在结构转角处。

3）止水带中心线应与变形缝中心线重合，不得穿孔或用铁钉固定，损坏处应及时进行修补。

4）变形缝（止水带）两侧混凝土不得同时浇筑，应先将浇筑混凝土一侧的止水带固定，再按照填缝材料结构的截面尺寸进行准确下料、安装并固定好。止水带和填缝材料安装完毕后应及时进行验收，确认合格后方可合模。

5）支立端模板时应支撑牢固、拼缝严密，严防漏浆，经验收确认合格后方可浇筑混凝土。

6）变形缝止水带安装验收后应进行保护，防止在模板支立、拆除时或混凝土浇筑时造成止水带破损、移位或扭曲。

7）变形缝两侧混凝土在拆模时和拆模后应注意保护，防止破坏。变形缝清理干净后，应及时填嵌缝料，填料应密实，与结构粘结牢固。

7-1-82　卷材防水施工有哪些规定?

答：1）卷材防水层为单层防水时，应在搭接缝处进行补强处理。卷材防水层为多层时，每层卷材的搭接部位应相互错茬，且不小于150mm。

2）防水层及其转角处、变形缝、穿墙管道等细部做法均必须符合设计要求。阴阳角应做成弧形圆角。

3）卷材防水层的搭接缝应粘结牢固，密封严密，不得有皱褶、翘边和鼓泡等缺陷。

4）侧墙卷材防水层的保护层与防水层应粘结牢固、结合紧密，厚度均匀一致。

5）地下防水层严禁在雨天、雪天和五级风及其以上时施工，其施工作业环境气温应不低于－10℃。

7-1-83　电力沟检查井施工应符合哪些规定?

答：电力沟检查井施工除应符合相关规定外，现浇混凝土尚应符合下列规定：

1）井室为异形结构时，模板支立应符合施工设计要求，各连接部位必须严密、牢固。

2）使用组合钢模板，对于不合模数的部分，应按现况采用与模板同厚的木板，四角刨平，紧密嵌入缝中，并保持严密、牢固。

3）模板支搭完毕，必须经检查，确认合格、牢固，方可进入下一工序。

4）拆除模板时，应按施工方案有序进行，并保持混凝土表面棱角不受损害和安全作业。

5）井筒可用内径为800mm的钢筋混凝土企口管，或用预制钢筋混凝土井筒。井筒与井室连接应严密，不得渗漏。

6）踏步安装应符合下列要求：

（1）踏步应为防腐踏步。

（2）踏步从井口向下第一个踏步距井口宜为220～360mm，安装应上下垂直，尺寸一致，圆形踏步应向圆井中心。

（3）踏步应位置正确，埋设牢固。砂浆或混凝土未达到设计强度前不得踩踏。

7）人孔应按设计要求选用和安设井盖，井盖安装应牢固。

8）检查井及管沟中的集水井尺寸应符合设计要求，井口加箅子。

9）管沟及检查井内电缆支架、吊架、螺栓、拉环等安装除应符合设计要求外，尚应符合下列规定：

（1）预埋件应位置正确、安装牢固，无遗漏。

（2）混凝土浇筑中应有专人检查、修正，防止墙、柱钢筋及预埋件位移和松动。

10）沟内步道应符合下列要求：

（1）步道采用现浇、预制均应符合本规程混凝土施工相关要求。

（2）步道采用台阶、礓礤或坡道等应符合设计要求。

（3）步道施工不得损伤原有防水结构。

（4）步道混凝土或砂浆强度达到设计要求前不得踩踏。

7-1-84　明挖钢筋混凝土检查井施工准备有哪些要求?

答：电力工程中现浇钢筋混凝土检查井底板、侧墙、顶板钢筋绑扎及结构底板、侧墙和顶板模板施工及检查井一般采用钢模，局部木模拼缝，采用碗扣支架或钢管排架等钢木混合支撑体系的施工准备要求如下：

1）材料要求

（1）钢筋绑扎：

①钢筋：其品种、级别、规格和质量应符合设计要求。钢筋进场应有产品合格证和出厂检验报告，进场后，应按现行国家标准《钢筋混凝土用钢第 2 部分：热轧带肋钢筋》GB 1499.2—2007 等的规定抽取试件作力学性能检验。当采用进口钢筋或加工过程中发生脆断等特殊情况，还需做化学成分检验。钢筋应平直、无损伤，表面不得有裂纹、油污、颗粒状或片状老锈。

②加工成型钢筋：必须符合配料单的规格、尺寸、形状、数量、外加工钢筋还应有半成品钢筋出厂合格证。

③绑扎丝：采用 20～22 号钢丝（火烧丝）或镀锌钢丝。绑扎丝切断长度应满足使用要求。

④保护层控制材料：混凝土垫块（用细石混凝土制作）、塑料卡等。

（2）模板支护：

①组合钢模板：规定、型号应符合现行国家标准《组合钢模板技术规范》GB/T 50214—2013 的规定。平模：一般采用长度为 450～1800mm；宽度为 100～600mm。角模：阴角模、阳角模、连接角模。

②配件：对拉螺栓（含止水对拉螺栓）、套管、垫片、U 形卡、L 形插销、3 形扣件、碟形扣件、紧固螺栓、钩头螺栓。

③支撑加固材料：柱箍、钢管、空腹方钢、方木、可调钢支撑、扣件、顶托、花篮螺栓、钢丝绳等。

④其他材料：隔离剂、海棉条、补缺用木模板、铁钉、模板专用吊笼等。

2）施工机具（设备）

（1）钢筋绑扎：

①机械：钢筋连接设备，电焊机。

②工具：钢筋钩、撬棍、扳子、绑扎架、钢丝刷、粉笔、墨斗、钢尺等。

（2）模板支护：

①机械：电钻、气泵、电刨、电锯。

②工具：吊笼、锤子、锯、扳手、线坠、托线板、方尺、水平尺、钢尺、撬棍、棉丝、滚子等。

3）作业条件

（1）钢筋绑扎：

①协调各相关工种做好配合工作，如电缆管接入、预防螺栓预埋件安装、止水带安装等。

②完成钢筋加工工作，钢筋规格、数量、几何尺寸经检查合格。

③垫层或防水保护层施工完成，并验收合格，方可进行底板钢筋绑扎。

④内模支护完成，并经预检合格后进行侧墙、顶板钢筋绑扎。

⑤钢筋机械连接或焊接形式检验及现场工艺检验合格。

（2）模板支护：

①弹好轴线、模板边线、模板控制线、预留洞口及标高控制线，并办完预检验收。

②制作好预留洞口模板和人孔模板。

③完成墙体、柱钢筋绑扎，水电管线箱盒和预埋件埋设，固定好保护层垫块，并隐检合格。

④施工缝软弱层剔凿、清理干净，办理交接检验手续。

4）技术准备

（1）钢筋绑扎：

①完成了垫层结构边线、高程控制线的测放与复测工作，并办理相关测量记录。

②编制钢筋绑扎（连接）施工工艺，并进行技术交底。

（2）模板支护：

根据工程结构型式、结构施工图，考虑工期、质量等要求，合理划分施工流水段，进行模板设计；验算模板和支撑系统的强度、刚度及稳定性，编制相应的技术和安全措施。

7-1-85　明挖钢筋混凝土检查井施工操作要点有哪些?

答：底板钢筋绑扎

1）工艺流程

弹出钢筋位置线→绑扎底板下层钢筋→绑扎基础梁钢筋→绑扎底板上层钢筋→绑扎侧墙插筋→隐检验收

2）操作方法

弹出钢筋位置线：根据设计图纸要求的钢筋间距弹出底板钢筋位置线和墙、基础梁钢筋位置线。三通井、四通井实际放样，转弯半径不小于设计规定。

基础底板下层钢筋绑扎：按底板钢筋受力情况，确定主受力筋方向（设计五指定时，一般为短跨方向）。施工时先铺主受力筋，再铺另一方向钢筋。底板钢筋绑扎可采用顺扣或八字扣，绑点适宜，绑扎牢固。底板钢筋的连接：板的受力钢筋直径大于或等于 18mm 时，宜采用机械连接，小于 18mm 时，可采用绑扎连接，搭接长度及接头位置应符合设计及规范要求。当采用绑扎接头时，在规定搭接长度的任一区段内有接头的受力钢筋截面面积占受力钢筋总截面面积百分率，不宜大于 25%。当采用机械连接时，接头应错开，其错开间距不小于 $35d$（d 为受力钢筋的较大直径），且不小于 500mm。任一区段内有接头的受力钢筋截面面积占受力钢筋总截面面积百分率，不宜大于 50%，接头位置下层钢筋宜设在跨中 1/3 区域。钢筋绑扎后应随即垫好垫块，间距不宜大于 1m，垫块厚度应确保主筋保护层厚度符合规范及设计要求。

基础梁钢筋绑扎：基础梁一般采用就地绑扎成型方式施工，基础梁高大于 1m 时，应搭设钢管绑扎架。基础梁主筋宜采用直螺纹机械连接方式接长。将基础梁的架立筋两端放在绑扎架上，划出箍筋间距，套上箍筋，按已划好的位置与底板上层钢筋绑扎牢固。穿基础梁的下层纵向钢筋，与箍筋绑牢。

底板上层钢筋绑扎：摆放钢筋马凳，间距 2m，并与底板下层钢筋绑牢。马凳一般加工成“工”字形，并有足够的刚度。在马凳上绑扎上层定位钢筋，并在其上画出钢筋间距，然后绑扎纵、横方向钢筋。

侧墙插筋绑扎：根据弹好的侧墙位置线，将侧墙伸入基础底板的插筋绑扎牢固。插筋锚入基础深度应符合设计要求，插筋甩出长度应考虑接头位置。其上部绑扎两道以上水平筋、箍筋定位筋；其下部伸入基础底板部分也应绑扎两道以上水平筋或箍筋，以确保墙体插筋垂直，不位移。

底板钢筋和侧墙插筋绑扎完毕后，经检查验收并办理隐检手续，方可进行下道工序施工。

7-1-86　侧墙顶板钢筋绑扎操作要点有哪些?

1）工艺流程

修整预留筋→绑竖向钢筋→绑水平钢筋→绑拉筋及定位筋→检查验收

2）操作方法

修整预留筋：将墙预留钢筋调整顺直，用钢丝刷将钢筋表面砂浆清理干净。

钢筋绑扎：先立墙梯子筋，梯子筋间距 2m，然后在梯子筋下部 1.5m 处绑两根水平钢筋，并在水平钢筋上划好分格线，最后绑竖向钢筋及其余水平钢筋。双排钢筋之间应设双“F”形定位筋，定位筋间距不宜大于1.5m。墙拉筋应按设计要求绑扎，间距一般不大于600mm。墙拉筋应拉在竖向钢筋与水平钢筋的交叉点上。绑扎侧墙钢筋时一般用顺扣或八字扣，绑扎牢固。墙筋保护层厚度应符合设计及规范要求，垫块或塑料卡应绑在墙外排筋上，呈梅花形布置，间距1m，以使钢筋的保护层厚度准确。

侧墙水平钢筋的连接：墙水平钢筋一般采用搭接，接头位置应错开。接头的位置、搭接长度及接头错开的比例应符合规范要求。搭接长度末端与钢筋弯折处的距离不得小于10d，搭接处应在中心和两端绑扎牢固。

侧墙竖向钢筋的连接：直径大于或等于16mm时，宜采用焊接，小于16mm时，宜采用绑扎搭接，搭接长度应符合设计及规范要求。

侧墙的洞口补强：补强钢筋的直径、暗柱和暗梁设置应符合设计及规范要求。

7-1-87　顶板钢筋绑扎操作要点有哪些？

答：1）工艺流程

放位置线→钢筋绑扎→安装预埋件→检查验收

2）操作方法

在顶板底模上用墨线分别弹出主筋和分布筋的位置线。

四通井绑扎钢筋（先绑梁筋后绑板筋），要求如下：梁钢筋绑扎应按设计要求将主筋与箍筋分别绑扎。顶板筋绑扎时，应根据设计图纸主筋、分布筋的方向，先绑扎主筋后绑扎分布筋，每个点均应绑扎，一般采用八字扣，然后，放马凳筋，绑上层负弯矩钢筋及分布筋。马凳筋一般采用“工”字形. 间距1m。

7-1-88　安装预埋件操作要点有哪些？

答：1）侧墙安装支架螺栓、拉力环；支架螺栓外露40～50mm，与墙面垂直，上下与底板垂直，拉力环离地300mm；与钢筋绑扎牢固。

2）顶板安装电缆吊架螺栓，形式按设计要求执行。

7-1-89　底板模板支护操作要点有哪些？

答：1）工艺流程

模板清理→外模支护→埋设定位钢筋→支设内模→安装支撑→预检验收

2）操作方法

底板上设100～200mm堤坎。

模板清理：底板采用市政钢模，弯曲部分宜采用弧形模板。钢模使用前应仔细清理干净、并刷隔离剂。

模板安装：按照垫层上测设的边线，弧形墙体位置安装定位钢筋，并测设高程。模板严格按照控制钢筋进行支护。

支撑和拉杆的安装与校正：根据截面尺寸确定支撑、拉杆数量，校正模板垂直度及断面尺寸。

7-1-90　侧墙模板安装操作要点有哪些？

答：1）工艺流程

基层处理→焊模板定位筋→安装预留洞口模板→安装模板、穿对拉螺栓→安装背楞、上紧对拉螺栓→加斜撑、拉杆、校正模板并紧固→检查验收

2）操作方法

模板定位钢筋在墙两侧预埋插筋上点焊定位筋，间距依据支模方案确定，在墙对拉螺栓处加焊定位钢筋。

按照位置线安装洞口模板，并将模板与四周钢筋可靠固定。

按照墙模板边线依次安装一侧模板，用U形卡将模板卡紧，穿入对拉螺栓。再安装另一侧模板，将对拉螺栓对应穿入孔内，并将模板做临时固定，防止倾覆。墙体的对拉螺栓间距应依据模板设计安装。

外背楞安装到位，上紧对拉螺栓。用支撑和拉杆调整模板的平整度和垂直度。模板安装完毕后，检查扣件、螺栓是否紧固，模板下口拼缝是否严密。

三通井、四通井弧形段采用弧形钢模或木模拼装。

7-1-91　顶板模板安装操作要点有哪些？

答：1）工艺流程

搭设支架→铺设模板→调整模板标高并起拱→模板预检

2）操作方法

顶板模板的支架搭设，自边跨开始先完成一个格构的立柱、水平连接杆及斜撑安装，在逐排、逐跨向外扩展。立柱间距应根据顶板厚度与模板规格、型号设计确定，支架搭设完成后应检查支架的标高和稳定性。

在支架上安装顶托后，铺设方木。

拉通线，调节可调支托和模板的标高，当顶板跨度大于4m时应按照设计要求在板的中部起拱，边缘部分要保持水平，当设计无要求时，应按照1‰～3‰起拱。

铺设组合钢模板：先用阴角模与墙模或梁模连接，然后逐块向跨中铺设平模。相邻两块模板用U形卡卡紧。

对于不合模数的窄条缝，应采用与模板同厚的木板，四面刨平，紧密嵌入缝中，保证接缝严密。

模板面安装完毕后，检查平整度与顶板底标高、起拱高度，办理预检手续。

7-1-92　预留洞预埋件安装操作要点是什么？

答：按设计要求安装，与钢筋绑扎或焊接牢固。预埋件安装处模板封堵严密。

1）模板拆除操作要点

模板拆除应遵循下列原则：按照先支后拆，后支先拆；先拆不承重的模板，后拆承重部分的模板；自上而下；先拆侧向支撑，后拆竖向支撑。

2）侧墙模板拆除

侧墙模板拆除时，混凝土强度应能保证其表面及棱角不因拆除模板受损坏。侧墙模板拆除应逐块拆除。先拆除斜拉杆或斜支撑，再拆除对拉螺栓及纵横龙骨、钢管卡，将U形卡等附件拆下，然后用锤向外侧轻击模板上口，用撬棍轻轻撬动模板，使模板脱离墙体，将模板逐块卸下。

3）顶板模板拆除

模板拆除时，应根据混凝土的强度填写拆模申请，经批准后，方可拆模。

梁、板模板拆除时，其混凝土同条件试块强度应满足表7-1-92的要求。

梁、板模板拆除时的混凝土强度要求　　**表7-1-92**

构件种类	构件跨度（m）	拆模强度（按设计强度等级的百分率计）
顶板	≤2	≥50
	>2，≤8	≥75
	>8	≥100
梁	≤8	≥75
	>8	≥100

7-1-93　明挖钢筋混凝土检查井施工冬雨期施工要求有哪些？

答：根据《建筑工程冬期施工规程》JGJ 104—2011、《混凝土结构工程施工质量验收规范》

GB 50204—2002 进行施工。

1）钢筋绑扎

（1）雨期施工：钢筋原材及已加工的半成品用方木垫起，上面用棚布覆盖，防止生锈，已绑扎成型的钢筋应做好覆盖防雨措施，如遇雨生锈，应在浇筑前用钢丝刷将锈迹彻底清除干净。

（2）冬期施工：钢筋焊接时，环境温度不宜低于－20℃，且应有防雪防雨措施，已焊接完毕的部位应及时覆盖阻燃草帘被保温；焊后未冷却的接头严禁碰到冰雪。

2）模板支护

（1）雨期施工：模板使用表面涂刷的隔离剂，应采取有效的覆盖措施，防止雨水直接冲刷而流失，影响混凝土表面质量。对已支设的模板及其支撑，应在雨后进行重新检查，防止模板及其支撑体系雨后松动、失稳。

（2）冬期施工：

模板使用前将冻块、冰碴、积雪彻底清除干净。冬施期间应根据结构设计进行热工计算，必要时应在模板外采取相应的覆盖、保温措施。

冬期模板拆除时混凝土强度应达到受冻临界强度，并在拆模后用保温材料进行覆盖。

7-1-94　明挖钢筋混凝土检查井施工质量标准是怎样的?

答：1）主控项目

（1）钢筋绑扎：

①受力钢筋的品种、级别、规格和数量符合设计要求。

检查数量：全数检查。检验方法：观察和尺量检查。

②受力钢筋的连接方式应符合设计要求。

检查数量：全数检查。检验方法：观察检查。

③钢筋机械连接或焊接接头的力学性能，按现行国家标准《钢筋机械连接技术规程》JCJ 107—2010 或《钢筋焊接及验收规程》JCJ 18—2012 的规定抽取钢筋机械连接接头或焊接接头试件做力学性能检验，试验结果合格。

检查数量：按有关规定确定。检验方法：检查产品合格证、接头力学性能试验报告。

（2）模板支护：

①井室、盖板混凝土抗压强度必须符合设计要求。

②井盖选用符合设计要求，标志明显。

③井周边回填必须符合设计要求。

2）一般项目

（1）钢筋绑扎：

①采用机械连接接头或焊接接头的外观检查，其质量应符合有关标准、规程的规定。

检查数量：全数检查。检验方法：观察检查。

②钢筋绑扎允许偏差应符合表 7-1-94（1）的规定。

检查数量：在同一验收批内，对基础梁、侧墙插筋，应抽查构件数量的 10%，且不少于 3 件。

钢筋安装允许偏差表　　**表 7-1-94（1）**

项　目		允许偏差（mm）	检验方法
受力钢筋间距	间距	±10	尺量
	排距	±5	
	保护层厚度	0～+3	尺量

续表

项　目		允许偏差（mm）	检验方法
绑扎箍筋间距		±10	尺量
钢筋弯起点位移		±10	尺量
预埋件	中心线位置	±3	尺量
	水平高差	0～+3	尺量

（2）模板支护：

①在涂刷模板隔离剂时，不得沾污钢筋和混凝土的接槎处。

检查数量：全数检查。检验方法：观察检查。

②模板接缝不应漏浆，模板与混凝土的接触面应清理干净并涂刷隔离剂，不得采用影响结构性能或妨碍装饰工程施工的隔离剂。浇筑混凝土前，模板内应清理干净。模板拆除时，不应对顶板形成冲击荷载。拆除的模板和支架宜分散堆放。

检查数量：全数检查。检验方法：观察检查。

③固定在模板上的预埋件、预留孔洞不得遗漏，且应安装牢固。预埋件、预留洞和模板安装的允许偏差见表 7-1-94（2）。

检查数量：在同一验收批内，对梁、墙和板应按有代表性地抽查 10%。

模板安装的允许偏差　　**表 7-1-94（2）**

项　目		允许偏差（mm）	检验方法
预埋铁件中心线位置		3	尺量检查
预埋螺栓	中心线位置	3	尺量检查
	螺栓外露长度	+10，0	尺量检查
预留洞	中心线位移	10	拉线、尺量检查
	尺寸	+10，0	
轴线位置		5	尺量检查
底模上表面标高		±5	水准仪或拉线尺寸量检查
截面内部尺寸	基础	±10	尺量检查
	板、墙、梁	+4，-5	
墙面垂直度		0.1%H，且≤6	经纬仪或吊线、钢尺检查
相邻两板表面高低差		2	尺量检查
表面平整度		5	靠尺、塞尺检查

7-1-95　明挖钢筋混凝土检查井施工质量记录有哪些？

答：1）检查井底板钢筋绑扎检验记录（参考 DBJ 01-13—2004）。

2）检查井侧墙及顶板钢筋绑扎检验记录（参考 DBJ 01-13—2004）。

3）检查井底板模板检验记录（参考 DBJ 01-13—2004）。

4）检查井侧墙及顶板模板检验记录（参考 DBJ 01-13—2004）。

7-1-96　明挖钢筋混凝土检查井施工安全与环保注意什么？

答：1）安全注意事项

（1）钢筋绑扎：

①高空作业时（高度超过 2m）应系安全带，一端系于腰间，另一端系于稳固构件或杆件上。

②钢筋吊运时，应采用两道绳索捆绑牢固，起吊设专人指挥。遇到下列情况时应停止作业：风力超过五级；噪声过大、不能听清指挥信号时；大雾或夜间照明不足时。

③现场用电应符合现行国家标准《施工现场临时用电安全技术规范》JGJ 46—2005 的规定。

(2) 模板支护：

①施工人员进入现场必须戴安全帽，高于 2m 作业时应系好安全带。

②装拆模板，必须有稳固的登高工具。

③组合钢模板装拆时，上下应有人接应，钢模板应随装拆随搬运，不得堆放在脚手板上，严禁抛掷传接。

④模板及其支撑系统在安装、拆除过程中，若中途停歇，必须把活动部件固定牢固，必要时应设置临时固定设施，严防倾覆。支模应严格按工序进行，模板没有固定前，不得进行下道工序施工。

⑤拆模时应有专人看护，设围栏，明显标识，非操作人员不得入内，操作人员应站在安全处。

⑥模板堆放时，高度不得超过 1.5m。

2) 环保措施

(1) 钢筋绑扎：

①钢筋下脚料及废钢筋应集中堆放，并及时回收外运处理。

②现场机具应有防油污措施。

(2) 模板支护：

①模板刷隔离剂、防锈漆时，应铺设垫板或塑料布，防止污染场地。

②清理模板的垃圾应装入容器运出，不得从施工洞口向下抛撒。

③废弃的隔离剂、海绵条、胶粘剂等应按规定消纳。

7-1-97　明挖钢筋混凝土检查井施工成品保护注意什么？

答： 1) 钢筋绑扎

(1) 加工成型的钢筋应按指定地点用垫木垫放并码放整齐，防止钢筋变形、锈蚀、油污。

(2) 钢筋吊运及绑扎时，应注意保护防水层，防止被钢筋碰破。

(3) 底板钢筋绑扎时，支撑马凳要绑扎牢固，垫块强度应满足要求，以保证底板钢筋整体质量。

2) 模板支护

(1) 吊装模板时，应轻吊轻放，不准碰撞结构、外脚手架、已安装模板等，防止模板变形和损伤混凝土。

(2) 不得集中堆放重物在梁、板模板上，防止荷载集中。

(3) 拆模时，不得用大锤硬砸或撬棍硬撬，防止损伤混凝土表面和棱角，严禁将模板直接从高处扔下，以防模板变形、损坏。

(4) 拆下的模板和支撑、加固件、连接材料，应清理粘接物，涂刷隔离剂，并分类堆放，如发现模板不平或肋边损坏变形应及时修理，并补刷防锈剂。

(5) 经检查合格的预组装模板，平行叠放时应稳当妥帖，避免碰撞，每层之间应加设垫木，模板与垫木均应上下对齐；立放时，必须采取措施防止倾倒。

(6) 不得随意在模板面用电、气焊开孔，严禁切割钢筋。

7-1-98　浅埋暗挖井室衬砌施工顺序是怎样的？

答： 暗挖工作竖井一般采用复合衬砌结构，一般顺序为：喷射混凝土初期支护（初衬）→防水层施工→二衬模筑钢筋混凝土→盖板安装（浇筑）→顶板防水层施工→井筒砌筑→土方回填。

其中，防水层施工按有关规定采用、二衬模筑混凝土按有关规定采用。电缆支架等按有关规定采用。

7-1-99　浅埋暗挖井室衬砌施工准备要求有哪些?

答：暗挖工作竖井初衬施工准备要求如下：

1）材料要求

（1）钢筋：钢筋的品种、级别、规格和质量应符合设计要求，钢筋进场应有产品合格证和出厂检验报告，进场后按现行国家标准 GB 1499 等的规定抽取试件做力学性能试验。

（2）加工成型钢筋：必须符合加工单的规格、尺寸、形状、数量，外加工钢筋应有半成品出厂合格证。

（3）水泥：水泥的品种、级别、厂别等应符合混凝土配比通知单的要求，宜选用硅酸盐水泥、普通硅酸盐水泥，强度等级不低于 32.5 级。水泥进场应有产品合格证和出厂检验报告，进场后应对其强度、安全性及其他必要的性能指标进行取样复验，其质量必须符合 GB 175 等的规定。当怀疑水泥有质量问题或出厂超过三个月，应进行复验，并按复验结果使用。

（4）集料：细集料应采用坚硬耐久的中砂或粗砂，细度模数宜大于 2.5，含水率宜控制在 5%～7%。粗集料应采用坚硬的卵石或碎石，粒径不宜大于 15mm。细集料的质量符合现行国家标准 JGJ 52—2006 的规定，粗集料的质量符合国家现行标准 JGJ 52—2006 的规定，进场后应取样复验合格。

（5）外加剂：外加剂的质量及应用应符合现行国家标准 GB 8076、GB 50119—2003、现行国家标准《喷射混凝土用速凝剂》JC 477—2005 等和有关环境保护的规定。

（6）水：宜采用饮用水或符合工程用水的有关规定，水中不应含有影响水泥正常凝结与硬化的有害杂质。

（7）小导管：一般采用 ϕ32 的钢筋，长度 2～5m。

2）施工机具（设备）

（1）机具：风镐、空压机、混凝土喷射机、搅拌机、镐、铁锹、手推车、提升架等。

（2）测量设备：经纬仪、水准仪、全站仪。

3）作业条件

（1）圈梁钢筋已加工完成，经验收合格。

（2）格栅钢架已加工完成，经检查验收合格，满足设计和施工要求。

（3）现场搅拌站搭设完成，并经验收合格。

4）技术准备

（1）已测放出工作竖井位置控制点，并经过复测合格。

（2）编制竖井施工工艺，并进行技术交底。

7-1-100　浅埋暗挖井室衬砌施工工艺流程是怎样的?

答：工艺流程：

竖井提升架和起重设备安装

↓

测量放线→圈梁施工→喷射混凝土初衬施工（土方开挖、格栅钢架等安装、喷射混凝土）→竖井封底→检查验收

7-1-101　浅埋暗挖井室衬砌施工操作要点有哪些?

答：1）测量放线：按照有关内容执行。

2）圈梁施工：按图纸要求在规定位置设井口圈梁，绑扎圈梁钢筋，支搭模板，并预留安装竖向连接筋，沿环向每米内外各 1 根，保证圈梁与初衬连成一体，保证结构稳定。圈梁混凝土采

用预拌混凝土，浇筑时用振动棒仔细振捣，圈梁表面压实抹光，覆盖塑料薄膜等材料养护。待混凝土强度达到设计强度的75%后，方可进行竖井下部及井壁的喷射混凝土施工。

3）喷射混凝土初衬施工：

（1）土方开挖：竖井应按设计开挖，土方开挖应分层进行；根据土质情况，可按竖井占地面积1/2开挖或1/4对角线开挖，以保持井壁的竖向稳定。

（2）格栅钢架、钢筋网和连接筋安装：竖井格栅钢架现场拼装，竖向焊接连接筋，铺设内外钢筋网。

（3）喷射混凝土：应分层喷射至设计厚度，喷射混凝土工艺的具体要求参见暗挖隧道有关内容。

（4）竖井喷射混凝土初期支护必须分层开挖，逐榀进行，每次开挖深度不得大于设计规定。开挖完成后及时安装格栅钢架，喷射混凝土。重复开挖支护，直到井底。

（5）遇到上层滞水时，应设滤管排水，将滞水引出。

4）竖井封底：竖井到底后，在井底中部开挖1m深或方或圆的土坑，在稍偏位置开挖集水坑，安装500mm混凝土管，底板其余部分用喷射混凝土封底。同时将隧道中心点、高程控制点及时引入竖井。

5）竖井提升架和起重设备安装：

（1）按施工方案设计安装竖井提升架和起重设备，以进行出土、格栅钢架等材料运输。

（2）安装前必须对电动葫芦等起重设备进行全面检查，设备完好，方可安装。

（3）电动葫芦起重能力应与行走梁匹配。

（4）起重设备安装后在正式作业前必须试吊，吊离地面10cm左右时，检查重物、设备有无问题，确认安全后方可起吊。

（5）起重设备设专人检验、安装，并必须遵守安全操作规程。

7-1-102　浅埋暗挖井室衬砌施工冬雨期施工要求有哪些？

答：1）雨期施工

竖井封底后设置临时集水坑，配置水泵，雨后及时将水排出。施工场地有条件的需全部采取硬化措施，以利于排水。竖井四周设挡水墙及排水沟，确保地面水不流入竖井内。施工机械设备停放在地形较高、排水顺畅的地方。

2）冬期施工

冬期施工工作平台需要有防滑措施。

7-1-103　浅埋暗挖井室衬砌施工质量标准有什么要求？

答：1）主控项目

（1）土层开挖：

①开挖方法必须符合施工组织设计要求。

②应按设计尺寸，严格控制隧道开挖断面，不得小于设计的开挖断面尺寸；并不应超挖；若出现超挖，其超挖允许值不得超出现行国家标准《地下铁道工程施工及验收规范》GB 50299—1999的规定。

（2）初期支护：

①钢筋材料规格、直径、焊接质量必须符合设计要求。

②钢筋格栅部件拼装的整体结构尺寸必须符合设计要求。

（3）喷射混凝土：喷射混凝土所用水泥、集料、水、外加剂等原材料和混凝土抗压强度必须符合设计要求。

（4）防水层：防水层及衬垫材料品种、规格必须符合设计规定。

2）一般项目

（1）竖井锁口圈梁钢筋混凝土质量要求：

①保证项目：

钢筋混凝土圈梁所用钢筋及水泥、集料等必须符合设计要求及有关标准的规定。检验方法：检查出厂质量证明书或出厂合格证以及试验报告。

钢筋绑扎或模板支护、模板工程及混凝土配合比必须符合施工规范的规定。检查方法：观察检查及施工记录。

评定混凝土强度的试块，必须按《混凝土强度检验评定标准》的有关规定进行。检验内容：检查试验报告。

现浇混凝土外观应光滑、平整、颜色一致，且不得有蜂窝、露筋及裂缝。检查方法：观察检查。

②实测项目：现浇钢筋混凝土圈梁允许偏差见表 7-1-103（1）。

（2）竖井格栅钢架质量要求：

①保证项目：

格栅钢架必须符合设计要求和有关标准规定。检查方法：检查出厂质量证明书及试验报告单，观察检查。

现浇钢筋混凝土圈梁允许偏差　　　表 7-1-103（1）

序号	项目		允许偏差（mm）	检查频率		检查方法
				范围	点数	
1	圈梁尺寸	长	+20，−10	每个圈梁	2	用钢尺量，两端各计 1 点
		宽	±10		3	用钢尺量，两端各计 1 点
		高	±5		3	用钢尺量，均匀取 3 点
2	圈梁顶面高程		±10		3	用钢尺量，均匀取 3 点
3	平整度		10		2	用 2m 直尺

钢筋和型钢的规格、形状、尺寸、数量、接头设计必须符合设计要求。检查方法：观察检查用尺量检查。

钢筋和型钢接头焊接前必须清除与型钢焊接部位的铁锈、水锈及油污等，钢筋端部的扭曲、弯折应予以矫正。钢筋或型钢电弧接头焊缝表面平整，不得有凹陷、焊瘤、药皮：接头处不得有裂纹。其机械性能实验结果必须符合《钢筋焊接及验收规程》JGJ 18—2012 中有关规定。检查方法：观察检查及检查焊接试件、试验报告。

格栅钢架安装前应清除底部的废渣及其他杂物，超挖部分宜用混凝土填充。

②实测项目：

首榀格栅钢架加工后要进行试拼，当各部尺寸符合设计要求时，方可进行批量生产。周边拼装允许偏差为±30mm，平面翘曲应小于 20mm。检查方法：尺量。

格栅钢架安装允许偏差：横向及高程均为±20mm。检查方法：用尺量。

（3）喷射混凝土质量要求：

①保证项目：具体内容见电力暗挖有关内容。

②实测项目：网喷支护竖井尺寸允许偏差及检查方法见表 7-1-103（2）、（3）。

圆形竖井尺寸允许偏差及检查方法　　表 7-1-103 (2)

序号	检查项目	允许偏差	检　查　方　法
1	井深直径	不得小于设计井径 20mm	用经纬仪及钢尺检查 3m 一处
2	井深	不得超过井深±0.2%	用水准仪检查
3	喷层厚度	不应小于设计厚度	每 3m 检查一个断面，每个断面 7 个检查点，间距 2m

矩形竖井尺寸允许偏差及检查方法　　表 7-1-103 (3)

序与	检查项目	允许偏差	检　查　方　法
1	井深对角线长	不得大于设计值 20m	用经纬仪及钢尺检查 3m 一处
2	井深	不得超过井深±0.2%	用水准仪检查
3	喷层厚度	不应小于设计厚度	每 3m 检查一个断面，每个断面 7 个检查点，间距 2m

7-1-104　浅埋暗挖井室衬砌施工质量记录有哪些？

答： 1）原材料、构配件质量证明文件及复试报告（钢筋、钢材、预拌混凝土、防水卷材等）。

2）喷射混凝土配合比申请单、通知单。

3）隐蔽工程检查记录。

4）中间交接检查记录。

5）土层锚杆成孔、注浆、张拉锁定记录。

7-1-105　浅埋暗挖井室衬砌施工安全与环保注意什么？

答： 1）安全注意事项

(1) 竖井施工及使用过程中，应设置临时安全扶梯。

(2) 应按施工方案设计安装竖井提升架和起重设备，起重设备安装后，应进行空载和重载的安全检验。

(3) 竖井应在地面上设置防雨棚，井口周围应设防汛墙和安全护栏。

(4) 上下吊物、运料时，吊斗下方严禁站人。

2）环保措施

(1) 施工现场内达到整洁、卫生，合理组织材料进场，减少现场材料堆放量，按平面布置图分别标识整齐码放，不在施工区外堆料堆物。

(2) 施工现场采取设置硬质围挡全封闭的措施，围挡基础采用砌筑 30cm 砖墙，防止现场土方流出围挡污染道路，进出现场的道路采取硬化措施，出口处设置车辆冲洗槽，所有驶出车辆需将车轮及槽帮冲洗干净后方可上路，路口处围挡设夜间警示灯和反光膜。

(3) 现场存放的水泥和其他易扬尘的细颗粒，散体材料安排在库内存放或严密遮盖。运输时采取措施防止遗撒、飞扬，卸运时采取有效措施，以减少扬尘。

(4) 现场临时存土场地采用集中存放钢板围挡，堆放的砂石料采取砌筑砖墙围挡存放，同时采取防尘网覆盖措施，现场存土要及时清运，砂石料随用随上，防止堆积过多发生扬尘。

(5) 强噪声的施工机械尽量避开夜间施工，空气压缩机专用隔声棚内贴吸声聚苯板，空压机底部垫橡胶板，隔声棚顶部横梁上覆盖柳条席。

(6) 混凝土搅拌机要选用强制式封闭搅拌方式，同时搭设隔声防尘棚以减少施工噪声及粉尘，工作结束后冲洗设备的废水要进行收集，汇入废水池在进行过滤后再排入地下管线。

7-1-106　浅埋暗挖井室衬砌施工成品保护注意什么?

答: 1) 加工成型的格栅钢架在运输、安装时应采取措施，防止格栅钢架变形，装卸中禁止抛摔。

2) 喷射混凝土后应根据所埋设的混凝土喷射标志，用铁铲或抹子将超过厚度标志的部分刮除，严禁拍打。

7-1-107　电缆钢构件安装工艺电缆钢构件有哪些?

答: 电力沟（隧道）及其检查井中的钢构件主要包括预埋铁、电缆支架、吊架、接地装置、爬梯、休息平台、电缆爬架安装等。钢构件的制作、热浸锌防腐处理、现场安装焊接等是主要内容，钢构件的制作热浸锌防腐处理一般由专业厂家制作完成。现场采用手工焊接方式进行，经检查合格后，涂刷防锈漆进行防腐处理。

7-1-108　电缆钢构件安装工艺适用于什么范围?

答: 适用范围如下：

1) 电缆支架安装施工工艺适用于电力沟（隧道）、检查井中的电缆支架安装。电缆支架是固定于电力沟（隧道）侧墙用于支撑电缆的悬臂式层状型钢结构，是电力沟（隧道）中的重要附属构筑物。电缆支架一般设计间距1.0m，通过预埋螺栓与墙体固定。

2) 接地装置安装施工工艺适用于电力沟（隧道）中的接地装置安装。接地装置是接地极和接地扁钢（母线）的统称，是电力沟（隧道）的特有部分。接地极是电力沟（隧道）中埋入地下并与大地接触的金属导体，一般用L50×5镀锌角钢做成，长度2m。接地扁钢将电力沟（隧道）内电缆支架、吊架等铁件与接地极连接起来，形成接地回路，一般采用搭接焊连接。

3) 爬梯安装施工工艺适用于电力隧道中竖井、沉管井、检查井中的爬梯安装。凡是能从地面通过井口下到隧道内的竖井、沉管井、检查井都要在井壁安装爬梯。

4) 休息平台安装施工工艺适用于电力检查井中的休息平台安装。休息平台主要是为方便人员出入隧道检修和电缆敷设安装。

5) 电缆吊架和爬架的安装工艺适用于电力沟（隧道）、检查井中的电缆吊架和爬架的安装。电缆吊架主要用于三通井、四通井、转弯井、二层井、三层井等凌空敷设电缆。电缆爬架垂直安装在竖井井壁上，与出线口对应。由竖井底部至出线口通长安装。

7-1-109　电缆钢构件安装工艺施工准备要求有哪些?

答: 1) 材料要求

(1) 电缆支架安装：电缆支架（钢圈支架）成品由专业厂家生产，并按照设计要求进行防腐处理，经检查验收合格，使用材料有出厂合格证和检验报告。

(2) 接地装置安装：

①接地极和接地扁钢：有出厂合格证和检验报告，均按设计要求在专业厂家进行防腐处理，现场检查验收合格。

②电焊条：焊条型号必须符合设计要求，一般Q235钢材用E4303、E4313焊条。电焊条必须有出厂质量证明文件和检验证书。电焊条外观涂料均匀、坚固，无显著裂纹，无成片剥落；电弧容易打火。燃烧熔化均匀，无金属和熔渣的过大飞溅，也不得有因焊条不能连续熔化的“马蹄”；熔渣应均匀盖住熔化金属，冷却后容易清除；熔化金属无气孔夹渣和裂纹；焊条应按焊条厂的技术要求烘干。

③防锈漆：符合设计规定和国家产品质量标准的要求。

(3) 爬梯安装：

①爬梯：有出厂合格证和检验报告。爬梯均在专业工厂加工，并进行防腐处理。

②预埋铁：符合设计要求，并安装完成。

(4) 休息平台安装：工字钢、花纹钢板、钢管、角钢：符合国家产品标准要求，有出厂质量合格证明文件。竖井休息平台均用防腐型钢制作。

(5) 电缆吊架和爬架的安装：

①角钢、槽钢：有出厂合格证和检验报告。

②预埋铁。

2) 施工机具（设备）

(1) 焊接机具：电焊机（交、直流）、焊把线、焊钳、面罩、小锤、焊条烘箱、焊条保温桶、钢丝刷、石棉布、测温计、轴流强制通风机等。

(2) 防腐机具：铲刀、手砂轮、砂布、钢丝刷、棉丝、油漆小桶、刷子等。

3) 作业条件

(1) 已完成混凝土结构、砖砌沟结构、暗挖结构、顶管施工等电力沟，按要求在相应部位预埋螺栓。

(2) 螺栓预埋位置准确，上下螺栓连线应垂直底板，间距符合设计要求。

(3) 在电力沟、检查井中操作时，接通低压照明灯，并采取良好的通风措施，能够保证洞内施工要求。

(4) 现场供电应符合焊接用电要求。

(5) 接地装置安装前电缆支架已安装完毕，并经检查验收，其位置、间距满足设计要求，各层平整直顺。接地极预埋件安装完成。

(6) 施焊前应检查焊工合格证有效期限，应证明焊工所能承担的焊接工作。

(7) 竖井和检查井混凝土结构完成，在混凝土结构工程施工时，按设计要求在相应部位预埋钢平台、预埋爬梯的预埋铁。

(8) 运至现场爬梯等件经检验合格。

(9) 螺栓、预埋铁预埋位置要准确，上下应对应，符合设计要求。

4) 技术准备

熟悉图纸，明确施工做法，做焊接工艺、防腐处理技术交底。

7-1-110　电缆钢构件安装工艺流程是怎样的？

答： 1) 电缆支架安装：

预埋螺栓
↓
电缆支架定制→支架进场检查验收→支架安装→检查验收

2) 接地装置安装：

(1) 暗挖隧道接地极安装工艺流程：

一衬结构完成后设置接地极→接地极电阻测试→焊接地扁钢→节点防腐→质量检查验收

(2) 明挖隧道接地极安装工艺流程：

结构施工时设置接地埋件→结构施工→接地极安装→接地极电阻测试→焊接地扁钢→节点防腐→质量检查验收

(3) 地线安装工艺流程：

电缆支架安装→检查验收、支架调整→接地扁钢焊接→节点防腐处理→检查验收

3) 爬梯安装：

预埋铁
↓
热浸锌爬梯制作→爬梯进场检查验收→爬梯安装→检查验收

4）休息平台安装：

预埋铁

热浸锌花纹钢板制作→花纹钢板、工字钢进场检查验收→钢平台安装、组装、焊接→检验验收

5）电缆吊架和爬架的安装：

预埋铁

热浸锌角钢、槽钢制作→角钢、槽钢进场检查验收→电缆吊架、电缆爬架安装→检查验收

7-1-111　电缆支架安装操作要点有哪些？

答：1）由专业厂家按设计图纸要求加工电缆支架。电缆支架表面必须进行防腐处理运输到现场的电缆支架必须符合质量标准。

2）支架进场经甲方、设计、监理、管理单位验收合格后，方可进行安装。

3）预埋螺栓：

在电力沟和检查井侧墙施工时，按设计要求在相应部位预埋镀锌螺栓。暗挖隧道预埋螺栓按图制作并准确牢固地焊接在主筋上。

镀锌螺栓外露3cm，满足支架安装要求。

预埋螺栓位置要准确，纵向成一线，上下螺栓连线与底板垂直，间距一致。施工时必须纵向拉线找直，垂向吊线找正。

预埋螺栓不应设在变形缝上，至少距缝300mm，与相邻螺栓距离超过1100mm时须在另一侧增加一组。

竖井砖墙内螺栓应牢固地固定在砖墙内，螺栓尾部用连接筋与竖井钢筋焊接。

预埋螺栓应与墙面垂直；防水砂浆层施工和混凝土浇筑前，应采取保护措施，防止后续施工损坏螺纹。

4）支架安装满足以下要求：

支架安装应垂直底板不翘曲，间距符合设计要求，一般为1m。支架外侧加垫片及弹簧垫片，最后用润滑油涂抹螺栓螺母。支架安装完成后，应平顺。检查井内电缆支架与端头出线口（进线口）的距离必须符合设计要求。电缆支架上横担距离顶板高度和最下横担距离底板高度必须符合设计要求。

5）钢圈支架的安装：管道顶进完毕后，拆除临时的内胀圈，进行钢圈支架的安装。

对正管缝的两侧划出钢圈边线和管顶中心线，在钢圈支架上划出中心线，以便于钢圈支架的水平安装。

管口处应采用加宽型钢圈支架，安装时用木楔将支架与管之间的缝隙调整均匀一致。

每节管中间按设计要求安装常规钢圈支架。

钢圈支架与管壁间空隙采用水泥砂浆填充，挤压密实，撤出木楔后，端面抹平。

钢圈支架安装质量要求：填料饱满、密实，且与管节接口内侧表面齐平；安装前划线准确，保证支架横担水平、直顺。

7-1-112　接地装置安装操作要点有哪些？

答：1）地线和接地极由专业厂家按设计图纸要求定制接地极和接地扁钢。接地极和接地扁钢表面经除锈、防腐处理。运输到现场的接地极和接地扁钢不应有变形，扭曲。

2）接地极安装按设计图进行。要求如下：

接地极一般为多组串联在一起，采用L50×5×2500的角钢，长度不小于2m或设计规定，埋入地下深度不少于 2m。

暗挖隧道在隧道喷护完成后在设计桩号处进行安装，接地极在隧道两侧同时设置，纵向间距一般 5m。接地极做好防水处理。

明挖隧道：在结构施工过程中进行预埋件的安装，预埋件必须进行热浸锌防腐处理。结构施工完成后先于隧道两侧进行接地极的安装，后进行接地极与预埋件的连接，采用手工搭接焊形式，焊接长度、焊接质量必须符合要求；焊后清渣、涂两层防锈漆进行防腐处理。电缆支架安装完成后，于隧道内进行地线连接，隧道内接地扁钢与接地装置进行连接，采用焊接形式，焊接长度、焊接质量必须符合要求。接地引线转弯（不能转成死弯）后与接地扁钢顺搭焊接，焊接长度不得小于 10cm。接地装置电阻检测：接地装置完成后，必须测量接地电阻是否不大于 0.5Q，如大于 0.5Q 则加长接地极。施工单位完成接地极的安装测试后，须通知有关单位（管理单位）进行复测，合格后方可进行下道工序。

3）隧道内扁钢安装：

扁钢类型：一般型号——50×5，除锈后进行防腐处理，经检查验收合格后运至施工现场。

扁钢布置与焊接：隧道内接地扁钢在电缆支架的上端布置，距离侧墙 20～30mm。扁钢与电缆支架、检查井吊架、爬架等隧道铁件焊接，三面满焊牢固，焊缝高度 5mm。扁钢相互之间、隧道扁钢与变电站扁钢间焊接，连成封闭通路，焊接长度为 2 倍扁钢宽度。扁钢相互焊接部位必须三面焊牢，有条件地段四面满焊，焊缝高度 5mm。手工焊接质量必须符合规范要求。焊后清渣，经检查无咬肉、焊瘤、气孔等质量缺陷后，涂灰色防锈漆两道作防腐处理。

扁钢转弯：在隧道封端，扁钢必须连成闭合回路，因此隧道扁钢需要转弯。在检查井隧道转弯半径处，扁钢也必须随结构进行转弯。

4）接地扁钢手工焊接方法：

焊接前，检查坡口、组装间隙是否符合要求，定位焊是否牢固，焊缝周围不得有油污、锈物。可以采用棉丝、电刷等工具将焊口两侧不少于 10mm 范围内的铁锈、污垢、油脂等清除干净。

烘焙焊条应符合规定的温度与时间，从烘箱中取出的焊条，放在焊条保温桶内，随用随取。

焊接电流应根据现场的条件选择：

平焊：$I=kd$

式中 I——电流（A）；

d——焊条直径（mm）；

k——由焊条决定的系数，一般取 35～50。

立焊和横焊，电流比平焊小 5%～10%；仰焊，电流比平焊小 10%～15%。

选择合适的焊接层数、焊条直径和电流强度是焊接好坏的重要因素，应根据被焊支架的厚度、坡口形式和焊口位置确定。立焊和横焊时，焊条直径不超过 5mm；仰焊时，焊条直径不超过 4mm。各种形式焊接的焊接层数、焊条直径及电流强度见表 7-1-112（1）、（2）、（3）。

不开坡口对接电弧焊接的焊接层数、焊条直径及电流强度　　表 7-1-112（1）

焊件厚度	焊缝形式	间隙（mm）	焊条直径（mm）	电流强度平均值（A）		备　注
				平焊	立、仰焊	
3～4	单面	1	3	120	110	如焊不透时，应开坡口
5～6	双面	1～1.5	4～5	180～260	160～230	

V 形坡口和 X 形坡口对接电弧焊接的焊接层数、焊条直径及电流强度　　表 7-1-112（2）

钢板厚度（mm）	焊接层数	焊条直径（mm）		电流强度平均值（A）	
		第一层	以后各层	平焊	立、横、仰焊
6～8	2～3	3	4	120～180	90～160
10	2～3	3～4	5	140～260	120～160
12	3～4	4	5	140～260	120～160
14	4	4	5～6	140～260	120～160
16～8	4～6	4～5	5～6	140～260	120～160

（1）平焊：焊接电流：根据焊件厚度、焊接层次、焊条型号、直径、焊工熟练程度等因素，选择适宜的焊接电流。

引弧：角焊缝起落弧点应在焊缝端部，宜大于 10mm，不应随便打火。打火引弧后应立即将焊条从焊缝区拉开，使焊条与构件间保持 2～4mm 间隙产生电弧。对接焊缝及对接和角接组合焊缝，在焊缝两端设引弧板和引出板，必须在引弧板上引弧后再焊到焊缝区，中途接头则应在焊缝接头前方 15～20mm 处打火引弧，将焊件预热后再将焊条退回到焊缝起始处，把熔池填满到要求的厚度后，方可向前施焊。

搭接与角接电弧焊接的焊接层数、焊条直径及电流强度　　表 7-1-112（3）

钢板厚度（mm）	焊接层数	焊条直径（mm）		电流强度平均值（A）		
		第一层	以后各层	平焊	立焊	仰焊
4～6	1～2	3～4	4	120～180	100～160	90～160
8～12	2～3	4～5	5	160～180	120～230	120～160
14～16	3～4	4～5	5～6	160～320	120～230	120～160
18～20	4～5	4～5	5～6	160～320	120～230	120～160

焊接速度：要求等速焊接，保证焊缝厚度、宽度均匀一致，从面罩内看熔池中铁水与熔渣保持等距离（2～3mm）为宜。

焊接电弧长度：根据焊条型号不同而确定，一般要求电弧长度稳定不变，酸性焊条一般 3～4mm，碱性焊条一般 2～3mm 为宜。

焊接角度根据两焊件的厚度确定。焊接角度有两个方面：一是焊条与焊接前进方向的夹角为 60°～75°；二是焊条与焊接左右夹角有两种情况，当焊件厚度相等时，焊条与焊件夹角均为 45°。当焊件厚度不等时，焊条与较厚焊件一侧夹角应大于焊条与较薄焊件一侧夹角。

收弧：每条焊缝焊到末尾，应将弧坑填满后，往焊接方向相反的方向带弧，使弧坑甩在焊道里边，以防弧坑咬肉。

清渣：整条焊缝焊完后清除熔渣，经焊工自检（包括外观及焊缝尺寸等）确无问题后，方可转移地点继续焊接。

（2）立焊：基本操作工艺过程与平焊相同，但应注意下述问题：

在相同条件下，焊接电流比平焊电流小。采用短弧焊接，弧长一般为 2～3mm。焊条角度根据焊件厚度确定。两焊件厚度相等，焊条与焊条左右方向夹角均为 45°；两焊件厚度不等时，焊条与较厚焊件一侧的夹角应大于较薄一侧的夹角。焊条应与垂直面形成 60°～80°时，使电弧略向上，吹向熔池中心。收弧：当焊到末尾时，采用排弧法将弧坑填满，把电弧移至熔池中央停弧，严禁使弧坑甩在一边。为了防止咬肉，应压低电弧变换焊条角度，使焊条与焊件垂直或由弧稍向下吹。

（3）横焊：基本与平焊相同，焊接电流比同条件平焊的电流小，电弧长2～4mm。焊条的角度，横焊时焊条应向下倾斜，其角度为70°～80°，防止铁水下坠。根据两焊件的厚度不同，可适当调整焊条角度，焊条与焊接前进方向为70°～90°。

（4）仰焊：基本与立焊、横焊相同，焊条与焊接方向成70°～80°角，宜用小电流、短弧焊接。

5）焊接点防腐处理：所有焊接点焊后均要清渣、除锈，涂两层防锈漆进行防腐处理。第一遍底漆，第二遍面漆。

人工除锈，由人工用一些比较简单的工具，如刮刀、砂轮、砂布、钢丝刷等工具，清除钢构件上的铁锈。

底漆涂装：调和红丹防锈漆，控制油漆的黏度、稠度、稀度，兑制时应充分搅拌，使油漆色泽、黏度均匀一致。刷漆时应采用勤沾、短刷的原则，防止刷子带漆太多而流坠。待第一遍刷完后，应保持一定的时间间隙，防止第一遍未干就上第二遍，这样会使漆液流坠发皱，质量下降。待第一遍干燥后，再刷第二遍，第二遍涂刷方向应与第一遍涂刷方向垂直，这样会使漆膜厚度均匀一致。底漆涂装后起码需4～8h后才能达到表干，表干前不应涂装面漆。

面漆涂装：面漆的调制应选择颜色完全一致的面漆，兑制的稀料应合适，面漆使用前应充分搅拌，保持色泽均匀。其工作黏度、稠度应保证涂装时不流坠，不显刷纹。面漆在使用过程中应不断搅拌，涂刷的方法和方向与上述工艺相同。表面涂装施工时和施工后，应对涂装过的工件进行保护，防止飞扬尘土和其他杂物。涂装后的检查，应该是涂层颜色一致，色泽鲜明光亮，不起皱皮，不起疙瘩。

7-1-113　爬梯安装操作要点有哪些？

答：1）由专业厂家按设计图纸要求定制爬梯。爬梯加工成型后，表面经热浸锌防腐处理。运输到现场的爬梯不应有变形、扭曲。

2）预埋铁：在电力沟竖井、检查井混凝土结构工程施工时，按要求在相应部位预埋100mm×200mm预埋铁。每对预埋铁间隔距离小于1.5m。

3）爬梯安装时首先将预埋铁凿出，进行测量放线。在正确位置焊接连接角钢，然后把爬梯用ϕ16钢管焊接在预埋铁上。

4）焊接工艺及施工方法严格按照相关内容执行，确保焊接及防腐施工质量符合规范要求。

7-1-114　休息平台安装操作要点有哪些？

答：1）由专业厂家按设计图纸要求定制工字钢、花纹钢板、钢管、角钢。工字钢、花纹钢板、钢管加工成型后，表面经防腐处理。运输到现场的构件不应有变形、扭曲。

2）预埋铁：在现浇竖井二衬混凝土井壁时，按要求在相应部位预埋300mm×300mm预埋铁。

3）平台的设置要求按设计图纸进行。

4）首先将预埋铁凿出，进行测量放线，把工字钢骨架焊接在预埋铁上，每隔1.5m焊接角钢作为加强筋板。

5）钢平台分为满铺和走廊式两种：满铺钢平台即在工字钢和角钢上铺设与竖井同面积的花纹钢板；走廊式钢平台应装防护栏杆。满铺式平台一般采用花纹钢板，第一层平台人孔处按设计要求安装金属箅子。

6）焊接工艺及施工方法严格按照本节中相关内容执行。

7-1-115　电缆吊架和爬架的安装操作要点有哪些？

答：1）由专业厂家按设计图纸要求制作角钢、槽钢。角钢、槽钢加工成型后，表面经防腐处理。运输到现场的构件不应有变形、扭曲。

2）预埋铁：在竖井和检查井混凝土结构施工时，按设计要求在相应部位设置预埋铁。

3）电缆吊架安装：

在三通井或四通井内要凌空安装电缆吊架，以达到电缆敷设的要求。

明挖钢筋混凝土检查井：在检查井顶板施工中安装预埋螺栓，预埋螺栓的相对位置必须符合设计要求。预埋螺栓外露30～40mm。结构施工完成后，安装电缆吊架。

砖砌盖板检查井在盖板安装后，进行电缆吊架安装，电缆支架每侧压墙200mm；井内电缆支架距离埋管端900～1000mm。

设计预埋件的检查井，首先将预埋铁凿出，进行测量放线，在正确位置焊接连接角钢，然后把槽钢吊架焊接在预埋铁上。

4）电缆出线爬架：爬架由防腐型钢制作，自竖井底部至出线口通长安装，爬架要满足电缆出线敷设要求，爬架横梁要有固定电缆的孔位。电缆出线爬架安装在出线竖井井壁上，与出线口相对应。首先将预埋铁凿出，进行测量放线，在正确位置焊接连接角钢，然后把角钢爬架焊接在预埋铁上。

7-1-116　电缆钢构件安装工艺冬雨期施工要求有哪些？

答：1）雨期施工：

(1) 雨后必须由电工检测电气设备，确认不漏电并记录，方可使用。

(2) 各种电气动力设备必须定期进行绝缘、防雷、接地、接零保护的测试，发现问题及时处理，严禁带隐患运行。

(3) 雨期施工时，在坑下、沟内及潮湿的场所，应使用行灯变压器照明，照明电压不得高于24V，在特别潮湿的场所，行灯电压应为12V。

2）冬期施工：在寒冷季节（−5℃以下）时要有相应防护保温设施。

7-1-117　电缆钢构件安装工艺质量标准有哪些要求？

答：1）电缆支架安装主控项目：

(1) 电缆支架必须符合设计尺寸要求。

(2) 电缆支架的防腐层应均匀，表面光滑没有毛刺，焊接符合国家标准。

(3) 电缆支架安装牢固。

2）电缆支架安装一般项目：

电缆支架安装允许偏差见表7-1-117。

电缆支架安装允许偏差　　表7-1-117

序号	项　目	允许偏差	检查距离	检查频率	检查方法
1	支架间距	±50mm	20mm	4	用钢尺量
2	相邻支架高差	+5mm	20mm	4	用钢尺量
3	与底板垂直度	±2°	20mm	4	垂球
4	距底板高度误差	±5mm	20mm	4	用钢尺量

3）接地装置安装：

(1) 接地电阻不得大于0.5Ω。检测方法：电阻测试。

(2) 接地扁钢搭接长度满足设计要求，扁钢搭接焊缝满足设计要求。检测方法：尺量。

4）爬梯安装：爬梯安装牢固，符合设计要求。

5）休息平台安装：钢平台安装牢固，符合设计要求，没有翘曲、不平现象。

6）电缆吊架和爬架的安装：电缆吊架和电缆爬架安装牢固，符合设计要求。

7-1-118　电缆钢构件安装工艺质量记录有哪些？

答：记录有以下 6 种：

1）材料进场检验记录。

2）电缆支架安装检验记录。

3）接地装置安装检验记录。

4）爬梯安装检验记录。

5）休息平台安装检验记录。

6）电缆吊架和电缆爬架安装检验记录。

7-1-119　电缆钢构件安装工艺安全与环保注意什么？

答：1）安全注意事项

（1）电焊机外壳应接地，一、二次绕组间及金属外壳必须绝缘良好，电焊机各接线点应紧固牢靠。

（2）在地下潮湿环境中进行焊接操作，除特别注意周围的绝缘情况外，还应设专人监护。

（3）电焊机的裸露带电部分和转动部分必须设有安全护罩。

（4）遇到触电情况时，不许赤手救触电人员，应迅速切断电源，再及时抢救。焊工应具备必要的电工安全基础知识及掌握触电后的急救方法。

（5）焊接操作人员必须穿绝缘鞋、戴好绝缘手套，高空焊接作业时，应系好安全带，与结构、架子连接可靠。

（6）高空作业时，应注意防止火化飞溅伤害下面的工作人员和引发火灾等事故发生。

2）环保措施

（1）通风措施：在隧道内焊接时，实行局部通风。局部通风主要办法是使用轴流式风机进行洞内通风换气，排除有毒烟尘。

（2）防电弧辐射的保护措施：

①电弧辐射主要是紫外线对人身的危害，焊工操作必须戴安全防护面罩，穿白色帆布工作服，防止弧光灼伤皮肤。

②设置必要的挡光板，以使附近人员免受弧光危害。

（3）防飞溅金属和火灾的防护措施：

①焊接时，操作人员不仅应穿戴好工作服和面罩等正常防护用品，同时应戴工件帽和批肩工作帽，保护颈部，仰焊时尤其应注意。

②操作人员应穿绝缘性能良好的胶鞋并戴鞋盖，以防飞溅火花灼伤皮肤和烧坏衣物。

7.2　电力隧道质量检验与验收

7-2-1　电力隧道是怎样划分单位工程，分部工程，分项工程的？

答：1）单位工程

电力隧道工程中的独立核算项目，应是一个单位工程；同一电力隧道工程分成若干个独立核算项目，应是若干个单位工程。

2）分部工程

电力隧道的分部工程主要是指喷射混凝土＋网构钢架＋钢筋网支护工程，防水层工程以及模注混凝土二次衬砌工程等。

3）分项工程

电力隧道的分项工程按工序划分，如小导管注浆、土方开挖、网构钢架及钢筋网安装、喷射混凝土及防水层工程等。

检验评定分为外观检查和量测检验。外观检查是定性的检验，量测偏差的检验表现为定量的检验，必须在外观检查全部合格后才能进行。

7-2-2　电力隧道工程质量检验标准有哪三级标准？

答：电力隧道工程质量检验及评定按分项工程、分部工程及单位工程三级进行。其评定标准如下：

1）分项工程

合格：符合下列要求者，应评为“合格”：

（1）保证项目必须符合本标准（暂行）的有关规定。

（2）检验项目抽检的处（件）应符合质量检验评定标准的合格规定。

（3）允许偏差项目抽检的点数中，应有70%及其以上的实测值应在本标准（暂行）的允许偏差范围内。

优良：符合下列要求者应评为“优良”：

（1）保证项目必须符合本标准（暂行）的有关规定。

（2）基本项目每项抽检的处（件）应符合本标准（暂行）的合格规定；其中有50%及其以上的处（件）符合优良规定，该项即为优良；优良项数应占检验项数50%及其以上。

（3）允许偏差项目抽检的点数中，应有90%及其以上的实测值应在本标准（暂行）的允许偏差范围内。

2）分部工程

合格：所含分项工程的质量全部合格；

优良：所含分项工程的质量全部合格，其中50%及其以上为优良；

3）单位工程

合格：

（1）所含分部工程的质量应全部合格；

（2）质量保证资料应基本齐全；

（3）观感质量的评定得分率应达到70%及以上。

优良：

（1）所含分部工程的质量应全部合格，其中50%及其以上为优良。

（2）质量保证资料齐全。

7-2-3　当分项工程不合格时如何确定质量等级？

答：当分项工程质量不符合本标准（暂行）合格的规定时，必须及时处理，并按以下规定确定其质量等级：

（1）返工重做的可重新评定质量等级；

（2）经加固补强或经法定检测单位鉴定能够达到设计要求的，其质量只能评为合格；

（3）经法定单位检测达不到设计要求，但经设计单位认可能够满足结构安全和使用功能要求可不加固补强的；或经加固补强改变外形尺寸或造成永久缺陷的，其质量可定为合格，但所在分部工程不应评为优良。

7-2-4　暗挖电力隧道工程质量检验及评定程序是什么？

答：必须符合下列程序：

1）分项工程交接检验

在施工班组自检、互检的基础上由施工员组织质量检验人员及班组负责人参加交接检验，按照本标准评定分项工程质量。

2）分部工程检验

质量检验人员进行工序交接检验评定部分工程等级。

3）单位工程检验

质量检验人员在分部工程检验的基础上进行单位工程检验，评定单位工程质量等级，并上报质量监督部门，对工程质量等级进行评验。

7-2-5　小导管注浆加固地层的评定方法及标准是什么？

答：超前小导管注浆是在较软弱地层中开挖隧道的一种重要辅助施工措施，一般只在隧道超拱线以上沿拱部环向右置，超前小导管用 $\phi32$（公称直径）焊接钢管制作，长 2.25m，沿管壁每隔 100～200mm 交叉钻成注浆孔，孔位互成 90°，孔径 6～8mm。

超前小导管施工应满足下列要求：

1）应和网构钢架配合使用，从其断面腹部穿过；

2）超前小导管在拱部环向布置，间距一般为 300mm，仰角宜为 5°～8°；

3）小导管的安装一般采用引孔打入法。钻孔直径比小导管直径大 20mm，导管就位后，应用压缩空气（风压 0.5MPa）将管内积砂吹出，管口周围用快硬水泥浆封堵；

4）注浆：

视地质条件一般可采用改性水玻璃浆液、水泥浆液或水泥-水玻璃浆液，必要时采用高分子化学浆液。注浆浆液扩散半径宜为 0.3～0.5m。以隧道开挖不坍塌为前提。

因电力隧道埋置绞线，在其周围还有其他管线，故注浆孔口处的注浆压力应控制在 0.5MPa 以内。

检查方法：观察检查、尺量及仪表读数。

7-2-6　隧道土方开挖检查什么？

答：1）保证项目

（1）隧道开挖顺序及施工方法必须符合设计要求，采用短台阶法开挖时，台阶长度不宜大于 1 倍隧道毛跨。

检查方法：观察检查和检查工程记录。

（2）隧道开挖轮廓应保证平直、圆顺。

检查方法：观察检查和检查工程记录。

（3）隧道中线及高程的贯通误差横向贯通误差应小于 100mm；高程贯通误差应小于 50mm。

检查方法：检查测量记录或实测。

2）实测项目

隧道开挖轮廓尺寸及检查方法应符合表 7-2-6 的规定。

隧道开挖轮廓尺寸及检查方法　　表 7-2-6

序号	项　目	允许偏差（mm）	检　查　方　法
1	拱顶标高	+50 −0	量测隧道周边轮廓尺寸，绘制断面图核对
2	宽度	+50 −0	每 5～10m 检查一次，在安装网构钢架和喷射混凝土前进行。

注：“+”为超挖，“−”为反挖。

此分项工程不予评定等级，其质量可反映在网喷支护工程质量中。

7-2-7　电力隧道网构钢架及钢筋网检查什么？

答：1）保证项目

(1) 钢筋和型钢的技术条件必须符合设计要求和有关标准规定。钢筋和型钢表面应洁净，不得有锈皮、油渍、油漆等污垢。

检查方法：检查出厂质量证明书及试验报告单，观察检查。

(2) 钢筋和型钢的规格、形状、尺寸、数量、接头设置必须符合设计要求。

检查方法：观察检查及尺量检查。

(3) 钢筋和型钢接头焊接

焊接前必须清除钢筋或型钢焊接部位的铁锈、水锈及油污等，钢筋端部的扭曲、弯折应予以矫正顺当或切除。

钢筋或型钢电弧接头焊缝表面应平整，不得有较大的凹陷、焊瘤、药皮；接头处不得有裂纹；接头处用小锤敲击时，应发出与原钢筋同样的清脆声。其机械性能试验结果必须符合 GB 50202—2002 中有关规定。

检查方法：观察检查及检查焊接试件试验报告。

2) 实测项目

(1) 首榀网构钢架加工后要进行试拼，当各部尺寸符合设计要求时，方可进行批量生产。周边拼装允许偏差为±30mm，平面翘曲应小于 20mm。

检查方法：尺量

(2) 网构钢架安装

①安装前应清除底脚下的虚碴及其他杂物、超挖部分宜用混凝土填充。

②网构钢架安装允许偏差：横向及高程均为±20mm，垂直度允许偏差为±2°。

检查方法：尺量及垂球尺量。

7-2-8 电力隧道喷射混凝土检查什么？

答： 1) 保证项目

(1) 喷射混凝土所用水泥、骨料、水、外加剂等必须符合下列规定：

①应优先选用普通硅酸盐水泥，必要时可采用特种水泥；

水泥强度等级不得低于 42.5 级，性能符合现行水泥标准。

②应采用坚硬耐久的中砂或粗砂、细度模数宜大于 2.5，含水率宜控制在 5%～7%。

③应采用坚硬耐久的卵石或碎石，粒径不宜大于 15mm。

④喷射混凝土用的骨料级配宜控制在表 7-2-8 (1) 范围内。

喷射混凝土骨料通过各筛径的累计重量的百分数 (单位：%) **表 7-2-8 (1)**

项目	骨料粒径 (mm)							
	0.15	0.30	0.60	1.20	2.50	5.00	10.00	15.00
优	5～7	10～15	17～22	23～31	35～43	50～60	73～82	100
良	4～8	5～22	13～31	18～41	26～54	40～70	62～90	100

⑤应采用符合质量要求的外加剂，掺加外加剂后的喷射混凝土性能必须满足设计要求：在使用速凝剂前，应做与水泥以及防水剂的相容性试验、水泥净浆凝结效果试验，初凝不应大于 5min，终凝不应大于 10min。

⑥混合水中不应含有影响水泥正常凝结与硬化的有害物质，不得使用污水以及 pH 值小于 4 的酸性水和含硫酸盐量按 SO_4 计算超过水重 1%的水。

检查方法：检查出厂合格证及试验报告。

(2) 喷射混凝土的施工配合比、原材料计量以及速凝剂、防水剂掺量应符合以下规定：

①混合料配合比：

水泥与砂石之重量比宜为 1：4～1：4.5。

砂率宜为45%～55%；

水灰比宜为0.4～0.45；

速凝剂掺量应通过试验确定。

②原材料称量（按重量计）的允许偏差：

水泥和速凝剂、防水剂均为±2%。

砂、石均为±3%。

检查方法：观察检查及检查施工记录和试验报告。

(3) 混合料拌合、喷射作业必须符合GB 50086—2001规范要求。

检查方法：观察检查及检查施工记录和试验报告。

(4) 喷射混凝土不应出现滴水和滴水现象，当出现时应查找原因根治，或采取引排后补喷混凝土的办法。

检查方法：观察和检查施工记录。

(5) 喷射混凝土不应有大于0.5mm的贯通裂缝及大面积（<$400cm^2$）的空鼓现象，当出现时应凿除重喷或采用背后注浆补强。

检查方法；观察检查和检查施工记录。

(6) 在网构钢架连接板和预埋铁处，其背后喷射混凝土必须密实，不可留有孔洞，当出现时必须补喷密实。

检查方法：施工中观察，检查施工记录或剥离抽查。

2) 检验项目

(1) 每30延长米检查一次喷射凝土有无露筋。

合格：30m范围内不多于1处外露钢筋，露筋长度小于15cm。

检查方法：尺量外露钢筋长度。

(2) 隧道喷射混凝土基面无遗留残碴堆积物。

检查方法：观察检查。

3) 实测项目

(1) 网喷支护隧道轮廓尺寸允许偏差及检查方法见表7-2-8 (2)、(3)、(4)。

网喷支护隧道轮廓尺寸允许偏差及检查方法 **表7-2-8 (2)**

序号	检查项目	允许偏差（mm）	检查方法
1	隧道拱顶标高	+20 −0	用水准仪检查，20m一个点
2	隧道宽度	+20 −0	用经纬仪及钢尺检查，20m一处
3	喷层厚度	不应小于设计厚度	每15m检查一个断面，每个断面以拱部中线起、每隔2m有一个检查点，但每个断面不得少于5个点。

(2) 网喷支护竖井尺寸允许偏差及检查方法。

①圆形竖井

圆形竖井尺寸允许偏差及检查方法 **表7-2-8 (3)**

序号	检查项目	允许偏差（mm）	检查方法
1	井身直径	不得小于设计井径20	用经纬仪及钢尺检查3m一处
2	井深	不得超过设计井深±2‰	用水准仪检查
3	喷层厚度	不应小于设计厚度	每3m检查一个断面，每个断面布7个检查点，间距2m左右

②矩形竖井

矩形竖井尺寸允许偏差及检查方法 表 7-2-8（4）

序号	检查项目	允许偏差（mm）	检 查 方 法
1	井身对角线长	不得小于设计值的 20	用经纬仪及钢尺检查 3m 一处
2	井深	不得超过设计井深±2‰	用水准仪检查
3	喷层厚度	不应小于设计厚度	每 3m 检查一个断面，每个断面布 7 个检查点，间距 2m 左右。

（3）喷射混凝土抗压强度检查应遵守下列规定：

①喷射混凝土必须做抗压强度试验：

②检查喷射混凝土抗压强度所需试块应在工程施工中抽样制取，电力隧道每 30m，至少应在拱部和边墙各取一组试块，每组试块不得少于 3 个；材料或配合比变更时，应另作一组。

③试块可采用边长 100mm 的立方体无底钢模喷射成型、现场钻取试件、大板切割等方法制取，并在标准养护条件下养护 28d，用标准试验方法，测得的极限抗压强度乘以 0.95 的系数。注意在做抗压强度试验时，加载方向必须与试块喷射成型方向垂直。

④喷射混凝土必须达到设计要求的抗压强度，其试块抗压强度应符合下列要求：

a. 当同批试件组数 $n>10$ 时：

$$\overline{R}_n - K.S_n > 0.85R$$

$$R_{min} > 0.85R$$

式中 n——同批喷射混凝土试块组数；

$\overline{R}_n$——同批 n 组试块抗压强度的平均值（MPa）；

S_n——同批 n 组试块抗压强度的标准差（MPa）；

R——喷射混凝土设计强度；

R_{min}——同批 n 组试块中抗压强度最低一组的值（MPa）；

K——合格制定系数、按表 7-2-8（5）数值。

合格制定系数 表 7-2-8（5）

n	10～14	15～24	>25
k	1.7	1.65	1.60

b. 当同组试块组数 $N<10$ 时：

$$\overline{R}_n > 1.05R$$

$$R_{min} > 0.9R$$

（4）喷射混凝土厚度检查：

喷射混凝土厚度可用钻孔或其他方法检查，电力隧道每 30m、每座竖井，至少检查一个断面。

每个断面应从拱顶起（竖井沿周边），每间隔 2m 设一个检查点，总计不应少于 5 个点。

合格条件：每个断面上，全部检查孔处的喷层厚度，95%以上不应小于设计厚度。

7-2-9 水泥砂浆防水层工程检查什么？

答：1）本条适用于电力隧道采用网喷支护结构基面上加抹掺有防水外加剂的水泥砂浆防水层。

检查数量：每 100m² 抽查 1 处，但不应少于 3 处。

2）保证项目

(1) 防水砂浆的原材料、外加剂、配合比及其分层做法必须符合设计要求及施工规范规定。

检查方法：观察检查及检验产品出厂合格证、试验报告、施工配合比。

(2) 水泥砂浆防水层各层之间必须结合牢固，无空鼓。

检验方法：观察和用小锤轻击检查。

3) 实测项目

(1) 水泥砂浆防水层的外观质量应符合以下规定：

合格：表面无裂纹、起砂、阴阳角处呈圆弧形或钝角。

优良：表面平整、密实，无裂纹、起砂、麻面等缺陷、阴阳角处呈圆弧形或钝角，尺寸符合要求。

检验方法：观察检查。

(2) 水泥砂浆防水层的施工缝应符合下列规定：

合格：留槎位置正确，搭接紧密。

优良：留槎位置正确，按层次顺序操作，层层搭接紧密。

检验方法：观察及尺量检查。

7-2-10　刚柔复合防水层工程检查什么?

答： 1) 本条适用电力隧道采用网喷支护结构基面上先抹压一层防水砂浆（称刚性防水层），再涂一层柔性防水材料（称柔性防水层），最后用水泥砂浆罩面。此种做法称为刚柔复合防水层。

检查数量：每 100m² 抽查 1 处，但不应少于 3 处。

2) 水泥砂浆刚性防水层做法及标准、检查方法同上题 7-2-9。

3) 涂料防水层（柔性防水层）

(1) 保证项目

①所用涂层防水材料性能指标及配合比必须符合设计要求及有关规定。

检查方法：检查原材料出厂合格证、现场配制记录及试验报告单。

②涂刷方法、工艺必须符合设计要求及适应材料特性。涂料防水层形成薄膜（简称涂层）厚薄均匀、连续，不得有气泡、气孔、漏涂等缺陷。

检查方法：观察检查。

(2) 检查项目

①涂层成膜厚薄均匀、无气泡及气孔，每 10 延米隧道检查 1 次，其质量应符合以下要求：

合格：每 10m² 中有 3 处以上所述缺陷；

优良：每 10m² 仅有 1 处缺陷。

凡发生缺陷部位必须经过处理达到设计及有关规定要求。

检验方法：观察检查。

②涂层厚度要满足设计要求。

检查方法：根据所用材料及设计要求，可采用涂层样板对比法进行检查。

7-2-11　变形缝装置检查什么?

答： 通常在竖井与隧道接头部位设置变形缝，根据工程特点采用双组分聚硫橡胶嵌缝及在隧道内用焦油聚氨酯涤纶布就地粘在隧道壁面而形成变形装置。

1) 保证项目

(1) 变形装置处，隧道结构的缝隙应符合设计要求，上下贯通。

检验方法：尺量、观察检查。

(2) 嵌缝用双组分聚硫橡胶及焦油聚氨酯涤纶布等材料的质量，必须符合设计要求及有关规定。

检验方法：检查产品出厂合格证、配合比及试验报告。

（3）双组分聚硫橡胶嵌缝必须填嵌严密——粘结牢固，无开裂；焦油聚氨酯涤纶布与喷射混凝土基面粘结牢固，尺寸及做法符合设计要求。嵌缝与粘贴的变形装置不得有渗漏，开裂等现象。

检验方法：观察与尺量检查。

2）实测项目见表 7-2-11。

实测项目 **表 7-2-11**

序号	项　目	允许偏差（mm）	检验频率		检验方法
			范围	点数	
1	直顺度	5	每条缝	各 1	用尺、线任意选点，量缝内两边，取最大值
2	缝宽度	−2 +5		1	用尺量，任意选点，量缝宽

7-2-12　电力隧道地面及步道混凝土工程检查什么？

答：根据设计要求电力隧道底板为网喷混凝土，为防水可靠，在底板上打一层细石防水混凝土作为地面；在隧道中间地面又做一混凝土步道。

1）保证项目

（1）混凝土强度（配合比）必须符合设计要求和施工规范规定。

检验方法：检查试验报告。

（2）面层和底板喷射混凝土的结合必须牢固无空鼓。

检查方法：用小锤轻击检查。

注：空鼓面积不大于 400cm²，无裂纹，虽在一个检查范围内不多于 2 处者，可不计。

（3）细石防水混凝土面层及混凝土步道面层

合格：表面密实压光，无明显裂纹、脱皮、麻面及起砂等缺陷。

优良：表面密实光洁，无裂缝、脱皮、麻面及起砂等现象。

检查方法：观察检查。

2）实测项目

地面及步道允许偏差及检验方法见表 7-2-12。

地面及步道允许偏差及检验方法 **表 7-2-12**

项　目	允许偏差（mm）	检　验　方　法
表面平整度	5	用 2m 靠尺检查

7-2-13　电力隧道混凝土二次衬砌检查什么？

答：在电力隧道建设中，当穿越河流域地质条件很差时，常采用复合式衬砌，即网喷作为初期支护衬砌，然后再用模注混凝土作为二次衬砌，在两层衬砌之间铺设塑料防水层。

1）保证项目

（1）混凝土所用水泥、水、骨料、外加剂等必须符合施工规范及有关规定。

检验方法：检查出厂合格证及试验报告。

（2）混凝土的配合比、原材料计量、搅拌、养护及施工缝的处理必须符合施工规范的规定。

检验方法：观察检查和检查施工记录。

（3）评定混凝土强度的试块，必须按《混凝土强度检验评定标准》GB/T 50107—2010 规定的取样、制作、养护及试验，其强度应满足设计要求。

检验方法：检查施工记录及试验报告。

（4）模板安装支撑必须牢固，不得有松动、跑模等现象；模板拼缝必须严密，不得漏浆；模内必须清洁。

检验方法：观察检查及检查施工记录。

（5）混凝土应振捣密实。混凝土表面不应出现孔洞。

合格：无孔洞，一处蜂窝面积不大于 2000cm^2，累计不大于 4000cm^2。

优良：无孔洞，一处蜂窝面积不大于 400cm^2，累计不大于 800cm^2。

检查方法：尺量外露石子面积及深度。

注：蜂窝系指混凝土表面无水泥浆，露出石子深度大于 5mm。

2）实测项目

二次衬砌隧道轮廓尺寸允许偏差及检查方法见表 7-2-13。

二次衬砌隧道轮廓尺寸允许偏差及检查方法 **表 7-2-13**

序号	检查项目	允许偏差（mm）	检 查 方 法
1	隧道拱顶标高	+10 −0	用水准仪检查，20m 一个点。
2	隧道宽度	+10 −0	用钢尺检查，20m 一处。
3	混凝土厚度	全部检查点 95%不小于设计厚度：最薄处不小于设计厚度 85%	立模后进行检查，每 10～20m 检查一个断面。

7-2-14 竖井锁口现浇钢筋混凝土圈梁检查什么?

答：1）保证项目

（1）钢筋混凝土圈梁所用钢筋及水泥、骨料等必须符合设计要求及有关标准的规定。

检验方法：检查出厂质量证明书或出厂合格证，以及试验报告。

（2）钢筋绑扎或焊接、模板工程及混凝土配合比必须符合施工规范的规定。

检验方法：观察检查及检查施工记录。

（3）评定混凝土强度的试块，必须按《混凝土强度检验评定标准》GB/T 50107—2010 的有关规定。

检验方法：检查试验报告。

（4）现浇混凝土外观应光滑、平整、颜色一致，且不应有蜂窝、露筋及裂缝。

检验方法：观察检查。

2）实测项目

现浇钢筋混凝土圈梁允许偏差见表 7-2-14。

现浇钢筋混凝土圈梁允许偏差 **表 7-2-14**

序号	项 目		允许偏差（mm）	检验频率		检 验 方 法
				范围	点数	
1	圈梁尺寸	长	+20 −10	每个圈梁	2	用钢尺量，两端各计 1 点
		宽	±10		3	用钢尺量，均匀取 3 点
		高	±5		3	
2	圈梁顶面高程		±5		3	用水准仪，均匀取 3 点
3	平整度		5		2	用 2m 直尺

7-2-15 电力工程质量控制要点有哪些?

答：1）砖沟采用 M5 砂浆砌 MU7.5 砖，盖板为 C20 钢筋混凝土预制品，所有金属件连接均采用电焊。

2）电缆支架涂醇酸底漆一道，过氯乙烯漆两道。

3）放缆前先检查电缆，严禁有拧绞、铠装被压扁，护层断裂，表面严重划伤等缺陷。

4）电缆排列 10kV 在最上层，其他在下、避免电缆间交叉紊乱。

5）电缆绝缘摇测用 1000V 摇表，阻值$>1M\Omega$，接地电阻$<10\Omega$。

6）电缆转弯半径$>20d$。

7）电缆支架要紧固，间距均匀排列整齐，横平竖直。

8）路灯杆埋设保证成直线，高度一致，灯具仰角保持一致，灯架、灯要符合设计要求。

9）沟盖板重合于人行道面时要与九格砖人行步道对齐，保持平整，按九块板下坐浆，一块板活动（预留孔）原则铺设。

10）电缆接头等操作人员要持证上岗。

7-2-16　电缆敷设记录是怎样的?

答：见表 7-2-16。

电缆沟内和电缆竖井内电缆敷设工程检验批质量验收项目记录表 GB 50303—2002

表 7-2-16

<table>
<tr><td colspan="3">单位（子单位）工程名称</td><td colspan="4"></td></tr>
<tr><td colspan="3">分部（子分部）工程名称</td><td colspan="2">验收部位</td><td colspan="2"></td></tr>
<tr><td colspan="2">施工单位</td><td colspan="1"></td><td colspan="2">项目经理</td><td colspan="2"></td></tr>
<tr><td colspan="2">分包单位</td><td colspan="1"></td><td colspan="2">分包项目经理</td><td colspan="2"></td></tr>
<tr><td colspan="3">施工执行标准名称及编号</td><td colspan="4"></td></tr>
<tr><td colspan="4">施工质量验收规范的规定</td><td colspan="2">施工单位检查评定记录</td><td>监理（建设）单位验收记录</td></tr>
<tr><td rowspan="2">主控项目</td><td>1</td><td>金属电缆支架、电缆导管的接地或接零</td><td></td><td colspan="2"></td><td rowspan="2"></td></tr>
<tr><td>2</td><td>电缆敷设检查</td><td></td><td colspan="2"></td></tr>
<tr><td rowspan="4">一般项目</td><td>1</td><td>电缆支架安装</td><td></td><td colspan="2"></td><td rowspan="4"></td></tr>
<tr><td>2</td><td>电缆的弯曲半径</td><td></td><td colspan="2"></td></tr>
<tr><td>3</td><td>电缆的敷设固定和防火措施</td><td></td><td colspan="2"></td></tr>
<tr><td>4</td><td>电缆的首端、末端和分支处的标志牌</td><td></td><td colspan="2"></td></tr>
<tr><td colspan="2" rowspan="2">施工单位检查评定结果</td><td colspan="2">专业工长（施工员）</td><td></td><td>施工班组长</td><td></td></tr>
<tr><td colspan="5">项目专业质量检查员：　　　　年　月　日</td></tr>
<tr><td colspan="2">监理（建设）单位验收结论</td><td colspan="5">专业监理工程师：
（建设单位项目专业技术负责人）　　　　年　月　日</td></tr>
</table>

7-2-17　电力隧道工程施工验收要提交哪些资料?

答：施工单位应向建设单位提交以下资料，并列入工程技术档案。

1）原材料出厂合格证或工地材料试验记录。

2）开挖、网喷支护、防水层施工的试验和检查记录。

3）变更设计和原材料代用证明文件。

4）工程重大问题处理文件。

5）施工期间工程地质素描图。

6）监控量测资料：

（1）实际测点布置图；

（2）监控量测记录汇总及变形时态曲线；

（3）根据监控量测结果而修改施工前设计及改变开挖方式地段的信息反馈记录。

7）隐蔽工程检查记录。

8）设计文件及竣工图。

9）工程总结及存在问题。

7.3 电缆隧道工程实例

7-3-1 某甲电缆隧道工程设计说明有哪些内容？

答：设计说明全文如下：

1）工程名称：×××××10kV 电缆隧道工程

2）工程编号：XDLT-006067

3）工程地址：××××胡同×号

4）工程联系人：×× 电话：略

5）设计依据

（1）甲方委托及提供有关资料。

（2）《电力工程电缆设计规范》GB 50217—2007。

（3）《锚杆喷射混凝土支护技术规范》GB 50086—2001。

（4）《铁路隧道喷锚构筑法技术规则》TB 10108—2002。

6）工程概况及主要工作量

本设计为青塔变电站出线电缆隧道施工图设计。为解决×××××10kV 电缆进线问题，本设计起点为××街南侧现状电力沟至××胡同，新建暗挖电缆隧道 70m（设计里程 0＋000～0＋070），暗挖隧道采用复合衬砌式结构，断面尺寸为 2.0m×2.05m。共设暗挖人孔井 2 座，其中 Φ4.5m 三通井竖井 2 座，竖井内设工作平台，每座人孔井设活挂梯 1 个，设接地极 1 组。

7）材料

（1）模筑混凝土强度等级 C30。抗渗要求达到 P8。

（2）喷射混凝土应采用普通硅酸盐水泥，水泥强度不小于 42.5 级。

（3）喷射混凝土强度等级 C20。

（4）喷射混凝土中掺 8%（重量比）FS-1 型混凝土补偿收缩防水剂。

（5）喷射混凝土中的石子采用豆石，粒径不大于 15mm。

（6）钢材：

受力筋为 HRB335。

构造筋为 HPB235。隧道内铁件使用 Q235 级钢，E43 型焊条。

（7）防水层采用聚乙烯丙纶双面复合防水卷材（$600g/m^2$）

8）浅埋暗挖法施工设计

（1）横断面设计：

①隧道断面净空尺寸为 2.0m×2.05m，直墙、圆拱，平底板，净宽 2m，起拱线高 1.6m，矢高 0.45m，净高 2.05m。

②隧道支护采用喷射混凝土＋网构钢架＋钢筋网支护，衬砌厚度 0.2m。

③钢架受力钢筋用 HRB335 4ϕ20，其间用 ϕ12 冷压成形的“8”字加强筋焊接而成受力较好的钢架。

④钢架间距 0.5m 一榀。

⑤为防止坍塌，开挖前必须沿拱顶环向打超前小导管，其直径 ϕ32mm，长 2.25m，环向间距 0.15m，仰角 5°～8°每榀打注超前管棚；每榀拱架连接板上方 10cm 位置打锁脚锚杆，锚杆与拱架相交处焊接牢固，锚杆长度为 2m，角度向下 30°。

⑥由于地层松软，自稳能力差，故需通过超前导管向地层压注改性水玻璃，加固地层，要求固砂体单轴抗压强度达到 0.3～0.5MPa。

⑦为保证喷射混凝土支护与地层密贴要及时进行衬砌背后回填注浆，注浆孔布置在拱顶，ϕ32mm 钢管纵向间距 2m。跳跃式布置，且要求喷混凝土结构完成段每 1m 即做背后筑浆工作，注浆压力应小于 0.4MPa。背后回填注浆配方：

灰砂比：1∶1.5～1∶3（重量比）

水灰比：1∶1～1∶1.1

（2）纵断面设计：

全线在现状道路及现状管线下部构筑。

（3）防水设计：

①在喷射混凝土中和模注混凝土中掺加 FS-1 型混凝土补偿收缩防水剂，掺加量为水泥用量的 6%和 8%（重量比）。

②复合衬砌防水材料采用聚乙烯丙纶双面复合防水卷材 600g/m^2，如结构渗水需先进行堵漏后再做防水卷材。

③在过河段采用双层聚乙烯丙纶复合防水卷材 600g/m^2，变形缝处采用 HPZ-A2 型止水带；全线工程施工缝设置遇水膨胀止水条。

④在喷射混凝土基面上施作聚乙烯丙纶双面复合防水卷材，做法如下：验收基层→清扫基层（打平层）→制备粘接胶→处理复杂部位→铺贴复合卷材→检验复合防水卷材施工质量→保护层施工。

（4）变形缝设计：

①在变形缝处应先用 30mm 聚苯板作分界板，待隧道两侧喷射混凝土及防水层做好后，先将缝中聚苯板剔成宽 30mm，深 65mm 的缝，然后用聚合物水泥砂浆嵌缝深 30mm，在聚合物水泥砂浆干硬后，在缝中嵌双组分聚硫橡胶。

②注意在缝底，聚合物水泥砂浆顶面上粘贴牛皮纸，以起到隔离作用。

③在施作完变形缝后，用焦油聚氨酯及涤纶布就地制作止水带。

④洞门 1.5m～3m，需做变形缝参照相关规定。

（5）监控量测：

①监控量测项目

a. 洞内外观察；

b. 净空水平收敛量测；

c. 拱顶下沉量测；

d. 地面下沉量测。

②项目量测频率按表 7-3-1 实施。

表 7-3-1

变形速度（mm/d）	量测断面距开挖工作面的距离（B）	量测频率
>10	(0～1) B	1～2次/d
10～5	(1～2) B	1次/d
5～1	(2～5) B	1次/2d
<1	>5B	1次/周

注：B表示隧道开挖宽度。

③净空水平收敛量测断面间距3m，拱顶下沉量测应与净空水平收敛量测在同一量测断面进行。

④工作面在开挖前进行一次观测，当地层基本稳定无变化时每天进行一次，对已施工区段每天观测一次。

⑤监控量测是保证施工质量的重要环节，它的及时信息反馈可以随时调整设计，保证工程质量。

9）设计要求

(1) 施工单位必须严格按设计图要求施工，严格施工工艺，严格施工纪律，严格管理，确保工程质量。

(2) 喷射混凝土作业应分段、分片、分层由下而上依次进行，如有较大凹洼时应先填平，一次喷射厚度拱部3～5cm，墙5～8cm。

(3) 钢筋网的钢筋焊接而成，两个网片搭接长度100～200mm。钢架连接采用螺栓连接。

(4) 首榀钢架加工完成后应放在水泥地面上试拼，周边拼装允许偏差±3cm，平面翘曲应小于2cm。

(5) 隧道中线及高程的贯通误差应小于50mm。

(6) 电力隧道按“北京地区暗挖电力隧道工程质量检验评定标准”（暂行）进行验收。

(7) 电缆支架纵向间距为1m，水平方向安装误差±100mm，垂直安装误差±5mm。电缆支架采用M16镀锌钢膨胀螺栓固定。

(8) 在有坡度地段支架、网构钢架均应垂直底板。

(9) 施工过程中隧道所穿过地层，应进行详细描述并有记录（纳入竣工资料中）。

(10) 所用井套，井盖由北京电力公司电缆公司提供。

(11) 隧道内地线焊接，要求搭接长度为2倍扁钢宽度，与支架三面焊牢，清渣后涂灰色防锈漆。

(12) 关于变形缝设置问题：暗挖段人孔井，隧道两端距洞口2～3m处设置变形缝。

(13) 隧道坡度最小不得小于0.5%。当15%<坡度<35%时，步道做成礓礤。

(14) 隧道内铁件均需浸锌防腐处理。

(15) 槽后由甲方组织设计，运行，施工单位对首榀拱架及圈梁进行验收合格后方能进行下道工序。

(16) 开工前施工单位组织施工配合会邀请有关单位参加，确认施工地段有无地下管线，以免发生事故。

(17) 开工前施工单位应认真核实规划和现状管线与电力隧道是否有矛盾，以免发生事故。

(18) 接地线应与站内沟道连通。

(19) 因设计工期紧迫，施工前甲方提供本工程勘察地质报告。施工时，请参考工程勘察地质报告。

(20) 施工应按有关施工规范及技术要求进行，并满足电缆运行部门要求。施工单位绘制竣工图，交运行单位存档。

（21）本设计须经北京电力公司审核及设计交底后方可施工。

（22）井盖采用北京电力公司电缆运行部门专用井盖（须符合北京电力公司检查井井盖技术规范要求）。

（23）开槽后甲方组织设计，电缆运行等有关单位验槽，验收合格后方可进行下道工序。

（24）竖井钢平台，二层以上的平台，中间层为条形平台，上下层必须满铺；竖井内有电缆埋管的，钢平台全部满铺。

7-3-2 某甲电缆隧道工程有哪23项设计图纸（目录）？

答：见下文及表7-3-2：

工程名称：×××××10kV电缆隧道工程

工程编号：XXDLT-006067

设计阶段：施工设计

专业类别：电缆土建

图纸目录 **表7-3-2**

图 纸 目 录			
序号	图 名	图 号	备 注
1	设计说明	XDLT-006067-01	5页
2	材料表	XDLT-006067-02	
3	电力沟施工平面图	XDLT-006067-03	
4	纵断面图	XDLT-006067-04	
5	2.0×2.05m复合衬砌断面设计图	XDLT-006067-05	
6	2.0×2.05m复合衬砌网构钢架设计图	XDLT-006067-06	
7	2.0×2.05m复合衬砌初衬施工程序图	XDLT-006067-07	
8	ϕ4.5m复合衬砌埋管三通井设计图	XDLT-006067-08	
9	ϕ4.5m竖井网构钢架设计图	XDLT-006067-09	
10	ϕ4.5m复合衬砌竖井人孔盖板设计图	XDLT-006067-10	
11	ϕ4.5m复合衬砌竖井盖板钢筋表	XDLT-006067-11	
12	电缆支架设计图	XDLT-006067-12	
13	井腔施工图	XDLT-006067-13	
14	变形缝设计图	XDLT-006067-14	
15	活挂梯设计图	XDLT-006067-15	
16	爬梯加工、安装图	XDLT-006067-16	
17	集水坑施工图	XDLT-006067-17	
18	接地装置设计图	XDLT-006067-18	
19	结构设计说明	XDLT-006067-19	3页
20	1.6m×1.9m×5.6m埋管三通井施工图	XDLT-006067-20	
21	1.6m×1.9m×5.6m埋管三通井配筋图	XDLT-006067-21	
22	ϕ4.5m复合衬砌竖井井内平台设计图	XDLT-006067-22	
23	电缆管横断面图	XDLT-006067-23	
24			
25			
26			
27			
28			
29			

7-3-3　某乙电缆隧道工程设计说明是怎样的？

答：设计说明如下：

1）工程名称：××××10kV 电缆隧道工程

2）工程编号：DLT-00445

3）工程地址：××区××胡同×号

4）工程联系人：××，电话：略

5）设计依据：(1) 甲方委托及提供有关资料。

(2) 供电方案高基 YK20020536 号。

6）工程概况及主要工作量

(1) 工程概况：为解决×××××等单位用电问题，本工程需沿××××西侧路建设 2.0m×2.05m 暗挖电缆隧道 492m，电力管井 294m。由于××××的电缆入口甲方还没有最后确定，但工程又要尽快实施，因此在暗挖 2 号、4 号井处预留甩口，以便将来与×××入口相接。

(2) 主要工作量：

本工程做暗挖隧道 492m，采用复合衬砌式结构，断面尺寸为 2.0m×2.05m，共设暗挖人孔井 7 座，其中 Φ5.7m 竖井 5 座，Φ4.5m 竖井 2 座，每座暗挖人孔井设活挂梯 1 个，共计 7 个；本工程做电力管井路径长度 294m，井室尺寸 1.6m×1.9m×5.6m，共埋设 G150 无缝镀锌钢管 2370m，设人孔井 10 座。

7）材料

(1) 模筑混凝土强度等级 C30。抗渗要求达到 P6。

(2) 喷射混凝土应采用普通硅酸盐水泥，水泥强度等级不小于 42.5 级。

(3) 喷射混凝土强度等级 C20。

(4) 喷射混凝土中掺 8%（重量比）FS-1 型混凝土补偿收缩防水剂。

(5) 喷射混凝土中的石子粒径不大于 15mm。

(6) 钢材：受力筋为 HRB335（20MnSi）。构造筋为 HPB235（A3）。隧道内铁件使用 Q235 级钢，E43 型焊条。

(7) 复合衬砌防水采用聚乙烯丙纶复合防水卷材，结构渗水时再作 EVA 改性聚合物水泥砂浆防水层。

①对混凝土基面处理：无积灰及突出物，基面力求做到圆顶。

②施做 LDPE 防水层，要严格按施工程序施工。

③初级支护完成后，在无水条件下做 LDPE 防水层，LDPE 防水层完成后，经检测合格方可进行下道工序。

(8) 变形缝设计

①在变形缝处应先用 30mm 聚苯板作分界板，待隧道两侧喷射混凝土及防水层做好后，先将缝中聚苯板剔成宽 30mm，深 65mm 的缝，然后用聚合物水泥砂浆嵌缝深 30mm，在聚合物水泥砂浆干硬后，在缝中嵌双组分聚硫橡胶。

②注意在缝底，聚合物水泥砂浆顶面上粘贴牛皮纸，以起到隔离作用。

③在施作完变形缝后，用焦油聚氨酯及涤纶布就地制作止水带。

④复合衬砌内现浇混凝土 10m 为一施工段，施工缝处需用膨润土橡胶止水条，变形缝每 60m 设一处，与一衬变形缝在同一断面。

(9) 监控量测

①监控量测项目

a. 洞内外观察；

b. 净空水平收敛量测；

c. 拱顶下沉量测；

d. 地面下沉量测。

②项目量测频率按表 7-3-3 实施。

项目量测频率 **表 7-3-3**

变形速度（mm/d）	量测断面距开挖工作面的距离（B）	量测频率
>10	（0～1）B	1～2次/d
10～5	（1～2）B	1次/d
5～1	（2～5）B	1次/2d
<1	>5B	1次/周

注：B 表示隧道开挖宽度。

③净空水平收敛量测断面间距 10m，拱顶下沉量测应与净空水平收敛量测在同一量测断面进行。

④工作面在开挖前进行一次观测，当地层基本稳定无变化时每天进行一次，对已施工区段每天观测一次。

⑤监控量测是保证施工质量的重要环节，它的及时信息反馈可以随时调整设计，保证工程质量。

8）设计要求

（1）施工单位必须严格按设计图要求施工，严格施工工艺，严格施工纪律，严格管理，确保工程质量。

（2）喷射混凝土作业应分段、分片、分层由下而上依次进行，如有较大凹洼时应先填平，一次喷射厚度拱部 3～5cm，墙 5～8cm。

（3）钢筋网的钢筋焊接而成，两个网片搭接长度 100～200mm。钢架连接采用螺栓连接。

（4）首榀钢架加工完成后应放在水泥地面上试拼，周边拼装允许偏差±3cm，平面翘曲应小于 2cm。

（5）隧道中线及高程的贯通误差应小于 50mm。

（6）电力隧道按“北京地区暗挖电力隧道工程质量检验评定标准”（暂行）进行验收。

（7）电缆支架纵向间距为 1m，水平方向安装误差±100mm，垂直安装误差±5mm。电缆支架采用 M16 镀锌钢膨胀螺栓固定。

（8）在有坡度地段支架、网构钢架均应垂直底板。

（9）施工过程中隧道所穿过地层，应进行详细描述并有记录（纳入竣工资料中）。

（10）所用井套，井盖由电缆管理处提供。

（11）隧道内地线焊接，要求搭接长度为 2 倍扁钢宽度，与支架三面焊牢，清渣后涂灰色防锈漆。

7-3-4　某乙电缆隧道工程规模为多少？

答：本工程暗挖电缆隧道 492m，电力管井 294m。电缆隧道采用浅埋暗挖法施工，其结构为复合衬砌，内净空 2.0m×2.05m。全线设 7 座人孔井，其中 ϕ5.7m 竖井五座，ϕ4.5m 竖井两座，每座暗挖人孔井。设活挂梯一个。

隧道结构为初期支护采用喷射混凝土＋网构钢架＋钢筋网支护，厚度 0.20m，二衬采用模筑混凝土浇筑，内配钢筋，厚度 0.2m。鉴于隧道在第四纪软地层中修建，为防止坍塌，隧道开挖前沿拱顶环向打设超前小导管，直径 32mm，长 2.25m，环向间距 0.3m，仰角 5°～8°，每三榀格栅打设一次小导管，两次超前管重叠 0.75m。小导管内注改性水玻璃浆。

7-3-5　某乙电缆隧道工程特点、重点及难点有哪些？

答：1）隧道埋深浅，地下水位高

隧道埋深最深处 7m，最浅处约 5m，位于第四纪沉积层，地层较松软，土体自稳能力差；根据对附近场地地质情况勘察，地下水位基本在地下 7～10m 位置，即隧道开挖区域内已有地下水。

2）周边环境复杂，场地紧张，施工制约因素多

目前某乙电缆隧道工程正在施工中，同时有若干家单位在现场内施工，与兄弟单位的配合对施工的正常进展关系重大；且电缆隧道的施工要占据部分场区内消防通道和施工用房，需要对大批钢筋进行搬移，拆迁量大，拆迁周期短。同时，电缆隧道距大剧院基坑距离较近，施工中如何有效地控制沉降，保证周边房屋建筑的安全使用，是在施工中需要解决的一个关键问题。

3）工期紧，一次投入大

本工程长度长，工期紧，近 500m 长度的暗挖隧道必须于 2005 年 3 月底完成，施工期间正值春节，且竖井设置数量较多，虽然竖井位置设置相对合理，但为保证工程工期，需要同时投入大量的人力及机械、材料，一次投入量在浅埋暗挖施工中较为少见。

4）地下管线众多，竖井位置管线保护难度较大

电缆隧道通过的场区内已存在热力、电讯、电力、供水等多条管线，也不排除有未知的重要军缆等管线，在竖井开挖时可能部分管线会侵入竖井结构，如何对这些管线进行保护，是我们施工中的一大重点，同时也是一个难点。

5）结构防水施工难度大

结构防水是地下工程施工的重中之重，施工不易，保证质量更难，以往许多地下工程失败的原因就是因为结构防水出现问题造成渗漏，功亏一篑。处理好本工程结构的施工缝、变形缝、穿墙管和卷材防水层搭接接头的施工质量，保证本工程结构的防水效果是工程的重要环节，也是工程的难点。

7-3-6　某乙电缆隧道针对施工制约因素的措施是怎样的？

答：本工程周边环境复杂，地面交通繁忙，场地狭窄，复杂的周边环境对施工中的变形控制和环境保护提出了较高的要求，必须对地面、地上、地下的所有设施进行综合分析，结合具体要求，制定保护措施和保护方案，实现三维控制。

根据结构重要程度确定监测报警值。以监控量测数据分析反馈作为依据基础。

为保护对周围环境的变形控制，施工中处理好工序衔接，严格按批准的施工作业程序施工，严格遵守管超前、严注浆、短开挖、强支护、快封闭、勤量测的原则；同时，控制好每层开挖步距，尽量缩短暴露时间。当通过监测，变形接近警戒值时，采取补偿跟踪注浆或注浆加固等措施确保周边环境的安全稳定。

7-3-7　保证工期的措施是怎样的？

答：充分利用竖井，同时向两侧掘进，施作初支，同时科学发排施工，相距较近的竖井同时开工对开挖不利，在施工安排时只利用 4 个竖井作为工作井，其他竖井在大部分开挖完成后平行施作；在初支完成后根据工期情况，在二衬阶段一次性投入足够的材料及拱架，以保证多段平行作业，缩短作业时间，以保证按期完成工程。

7-3-8　某乙电缆隧道结构防水的技术措施是怎样的？

答：在隧道结构土方开挖阶段，伴随开挖作业及时进行初期支护的施作，视开挖面渗漏水情况，控制超前支护导管的注浆压力和注浆量，防止地下水的大量涌入，实现对地下水的综合治理。

防水层严格按规范要求施工，保证焊缝质量，防水板在接头部位和预留接口部位留足搭接长度，防水板铺设基面整平处理，对渗漏水部位进行封堵。后序施工时注意采取措施保护防水板。对施工缝、变形缝等部位控制好止水条、止水带的安设时间，接头处焊接成整体，在混凝土灌筑时加强对施工缝、变形缝接缝部位的振捣，同时在施工接缝部位埋设注浆管，必要时进行二次注浆，填充接头部位的缝隙封堵渗漏水，确保施工接缝处的防水效果。

7-3-9　某乙电缆隧道周边环境保护的技术措施是怎样的？

答：隧道施工中，对影响范围以内的地面建（构）筑物、地下管线、交通设施等结构设施加以监测和保护。

对于地面建（构）筑物、周边设施，根据其重要程度及允许变形，考虑结构体受隧道施工的影响程度，分情况确定监测报警值，当变形接近保护警戒值时，采取监控量测、打设锚杆和跟踪注浆等措施加以保护。

7-3-10　某乙电缆隧道管线保护措施是怎样的？

答：对于进入竖井内的管线在进场后委托专业物探队伍进行详细物探，根据物探结果施工前对施工人员进行管线保护的技术交底工作，施工中作业场所用标识牌将地下管线保护方案和保护措施进行标识，进入竖井结构的管线采用万能杆件桁架进行悬吊保护，根据管线变形控制要求计算确定吊点点位，先将吊点位置的土方挖至管底下，然后安装万能杆件桁架和螺杆，吊连槽钢，上铺木板，支撑管线。万能杆件桁架搭设在灌注桩的冠梁上，对悬吊支撑的强度和稳定性进行验算后进行土方开挖。竖井开挖采用人工开挖作业，防止碰伤管线，管线悬吊好后，根据管线的种类，做好相应的警示标志，禁止施工人员在悬吊设施上走动，防止其他作业时碰撞悬吊设施，开挖现场内的管线派专人巡视和管理，防止吊装等其他作业损坏管线；竖井结构最终施作完成后，及时进行恢复，对相关管线的恢复作业按有关规范要求进行。

7-3-11　某丙电气外线工程概况是怎样的？

答：本工程位于×××××西侧，由×××××胡同电线杆接至×××结构内，管线单线长度 72m，采用 6 根镀锌钢管直埋敷设，镀锌钢管采用焊接连接，共设置检查井 1 座，为砖砌长形检查井。

7-3-12　某丙电气外线工程施工操作要点有哪些？

答：1）平面测量控制（沟槽放线）

（1）认真学习图纸，依据设计图提供的定线条件，结合工程施工的需要做到测量所需各项数据的内业搜集、计算、复核工作。

（2）根据内业计算数据，用平面控制点，测设管道中线的起点、终点、平面折点、竖向折点及直线段控制点，钉中心桩，桩顶钉中心钉。并在沟槽适当位置设置栓桩。

（3）测定中心桩桩号时，用测距仪或钢尺测量中心钉的水平位置，用钢尺丈量时要拉紧伸平。

（4）沟槽形成后，用经纬仪把中线及时投测到槽下，钉上中心桩。

2）管道高程控制

（1）用两个高程控制点为一环进行临时水准点测设及校测，其闭合差不大于 $12L^{1/2}$mm（L 为两点间水平距离，以 km 计）。临时水准点放在稳固的不易被碰到的地方，其间距不大于 100m，应经常复测。

（2）以两个临时水准点为一环进行施工高程点测设，施工高程点每次使用前应进行复测。

（3）控制槽底及管道铺设时，沟槽两帮每隔 10m 用施工高程点测设一对高程控制桩，标明桩号，钉高程钉画上红油漆标志作为控制铺管高程。

（4）井室处需设一对高程桩，并标明井室号，其高程下返数标明写清。

3）挖槽

（1）挖槽以前技术人员认真熟悉施工图纸及有关规范、工艺标准，勘探现场，充分了解挖槽段的土质、地下水、地下构筑物、沟槽附近地上建筑物及施工环境等情况，按施工规范确定挖槽断面，合理地选用施工机械，并根据需要制定必要的安全措施，以确保施工质量及安全。

（2）在现有地下管线附近挖槽时，事先与有关管理单位联系，采取保护措施，防止损坏周边的现有管道。

（3）本工程采用人工配合机械开挖土方，为保证槽底土壤不被扰动破坏，设计槽底高程以上20cm由人工清挖。

（4）严格控制槽底高程和宽度，防止超挖。

（5）堆土在距槽边1m以外，并适当留出运输材料工作面。

（6）本工程槽深小于3m，边坡为1∶0.33。

（7）槽边1m处沿沟槽走向设1.2m高红白漆护栏。

（8）沟槽经监理工程师验收合格后，方可进行下道工序。

（9）电信管线穿越软土地基础及其他不良地基处时，根据现场实际情况，采取有效的处理措施。

4）基底处理

由于施工超挖，地基土扰动，地基土质松软，或发现坟穴、枯井、地质不均匀或地基土壤不符合设计要求，需要换土时，会同监理工程师、设计人员共同研究处理措施并办理设计变更或洽商手续。

5）暂存土和弃土

本工程挖方暂存土的堆放场地和路线选择，运输过程中的遮盖、时间选择、运输机械的选择，按城市规划、交通管理、市容卫生的有关法规规定执行，在办理完有关手续后再实施，地点为环卫局指定卸土点。

6）施工测量（受线定位）

管线开工前测定管线中线，检查井位置，建立临时水准点；测定管道中心时，在起点、终点、平面折点、纵向折点及直线段的控制点测设中心桩：在挖槽见底前、管道铺设前，及时校测管道中心线及高程桩的高程。

7）管道铺设施工

（1）管道铺设施工工艺流程

放线定位（验线）→下管→管子就位（定位焊）→钢管焊接→复测→管道回填→验收。

（2）下管

①本工程采用人工下管，缓慢下放，不得急速下降，以避免与沟槽边坡、槽底等碰撞。

②下管过程中要保护好管口和防腐层。

（3）管子就位

管子就位前须先将管子内腔粘附的杂物清除干净，并认真复查管口的外形及坡口质量，不合格的管口必须进行修整，对口处应垫置牢固，避免在焊接时产生错位和变形，管口对正后沿管周以间距400mm左右交错进行定位点焊，每处长度80～100mm，根部必须焊透。不得采用在焊缝两侧加热延伸管道长度及夹焊金属填充物等方法对接管口。（宜用套管焊）

（4）管道焊接的工艺要求

①每道焊缝施焊一层以上，焊缝根部必须焊透，但不得烧穿，各层焊头应错开，每层焊缝的厚度为焊条直径的0.8～1.2倍。不允许在非焊接面上引弧。

②每层焊完后，应清除熔渣、飞溅等附着物，并进行外观检查，发现缺陷必须铲除重焊。

③管道焊完后，清除内腔焊渣及其他附着物，将内腔清扫干净。

8）土方回填

（1）沟槽回填在管子两侧同时进行回填。施工过程中要严格要求。回填土密实度达到95%。

（2）钢管回填土前应对回填人员进行施工教育，且回填时管理人员必须在现场监督，严格按规定进行，保证外防腐不受损坏。

（3）还土前应清理槽内杂物，如有地下水必须排净后再回填。

（4）回填时应两侧同时操作分层夯实，摊铺虚厚度为20cm，两侧高差不能大于20cm。

（5）沟槽回填时检查井的砌体强度要达到5MPa以上。

9）检查井砌筑砂浆在高温度时要采取各施工措施，确保施工质量。

7-3-13　某丙电气外线工程文明施工措施有哪些？

答：1）施工扬尘控制

（1）在土方开挖施工过程中，要安排专人指挥挖土机司机，按标准规定装车，不能盲目多装车，车上要覆盖苫布，在车辆外运土方时必须采用全封闭运输车，车辆出基坑到沥青路面，要在路面上覆盖1～15m长麻袋片或草帘。防止更多的泥土带到道路上，并设专人对出土车辆进行车槽帮、车身的冲洗等，待冲洗干净后方可上路。

（2）施工现场要及时洒水降尘，正常情况下每天上、下午各洒水一遍，遇到风沙天气，每天洒水四遍。

（3）施工过程中对水泥等扬尘污染的建材建库房存放。使用时要轻放，不要用铁锹等工具将粉面物质高高扬起，避免水泥起更多的尘。

（4）对送到工地的水泥等粉末状物资，应检查包装完好，不能有破袋或不密封情况，要求在库房存放或严密覆盖。在运输时应覆盖，装卸时注意轻拿轻放，严禁扔摔，以免包装破损，材料散失。

（5）施工过程中渣土及时清运，运输过程中必须加盖苫布、防尘罩、封闭严密，不得沿途遗洒、飞扬，进入消纳应服从管理人员指挥，在指定地点倾倒。

（6）施工现场应设专人管理车辆物资运输，防止遗洒。土方运输车驶出现场前必须将土方拍实，将车辆槽帮和车轮冲洗干净，防止带泥土上路和遗洒现象发生。施工现场要制定洒水降尘制度，配备洒水设备，指定专人负责现场洒水降尘和及时清理浮土。在易产生扬尘的季节，应落实洒水降尘措施的实施。

（7）加强对使用车辆维修、保养、使其保持良好的技术状态，保证机动车尾气排放达标。

2）噪声控制措施

（1）所有机械设备需按照“施工设备技术保养规程”进行保养，最大限度地减少有形磨损，使设备在正常状态下使用。

（2）施工阶段的噪声控制按照GB 12523—1990建筑施工场界噪声限值标准执行。

（3）杜绝人为敲打、叫嚷、野蛮装卸等现象，最大限度的减少噪声扰民。

3）土地污染控制措施

遇有树木、绿地等妨碍施工时，向园林部门报审批手续，严禁无证砍伐树木。

7-3-14　某丙电气外线工程安全施工措施有哪些？

答：工程项目严格贯彻执行国家和北京市政府有关法令、及业主制定的有关管理规定的要求。按照GB/T 28001—2001和集团公司职业健康安全管理体系进行项目安全控制。

1）方针及目标

方针：安全第一，预防为主，以人为本。

目标：实现“五无”（即无重伤、无死亡、无倒塌、无中毒、无火灾）。

减少一般事故，轻伤率控制在3‰以下，不断改进职业安全健康行为。

2）安全生产保证体系

项目经理部建立以项目经理为首的分级负责安全保证体系，组织落实严格的安全生产责任制。项目经理部由经验丰富的安全工作人员组成安保部，各作业队设专职安全员。

3）项目经理部安全保护体系基本职责

本工程严格按照2002年6月29日第九届全国人民代表大会常务委员会第二十八次会议通过过的《中华人民共和国安全生产法》以及由北京市经济委员会2002年5月选编的《现行安全生产法规》施工。

7-3-15　某丙电气外线工程安全生产技术措施有哪些？

答：1）施工现场的安全教育

施工现场安全教育的目的，是为了提高员工的安全意识，树立安全生产的正确认识，培养安全生产必须具备的基本知识和技能。参见《北京市安全生产教育管理办法》北京市人民政府1998年第13号令。

施工现场安全教育，包括定期教育和新工人（含民工）、变换工种工人、特种作业工人及分包单位的安全教育。职工（含民工）新进场，未经三级安全教育不准上岗。采用新设备、新材料及技术难度复杂或危险较大的作业，必须进行专门的安全教育，并有可靠的措施，才能进行作业。

2）施工现场安全措施

现场实行安全主任负责制，具体制定各项安全施工规则，检查安全施工情况，对职工进行安全教育，组织有关人员学习防护手册，并进行安全作业考试，考试合格的职工才准进入施工作业面作业。加强安全检查，建立专门安全监督岗，实行安全生产承包责任制。在各自业务范围内，对实现的安全生产负全责。遇有特别紧急的事故征兆时，停止施工，采取措施确保人员、设备的安全。确立安全检查制度，由项目经理组织，各职能部室、作业队班组管理人员参加，对施工现场每月进行一次联合安全大检查。安全员及作业队班组管理人员对施工现场每班进行一次巡查，并填写《安全检查日志》技术负责人及安全技术人员对设备工艺进行不定期的专项检查。电气、吊装及防火等专业人员对专业设备按规定进行检查，并填写《安全检查日志》。

施工员在下达生产任务的同时，必须向施工作业队进行书面安全交底。

完善安全保护设施：合理布置安排场地，临时房屋建筑布局、布置必须符合消防条例的规定和要求。

施工现场设置醒目、统一的安全标志（或标志牌）。

严格控制方案审批程序和落实情况，每一工序开工前，必须做出针对性强、内容详尽的施工方案及方案落实执行措施，报请监理工程师审批。方案经监理工程师审批后，及时下达施工技术、安全交底，实施过程中严格监督检查、严格执行。

开展预测、预防工作，针对施工过程中可能发生的安全事故开展预测、预防工作，找出工程施工安全风险点，防患于未然。

3）施工机械安全控制措施

施工过程中严格执行国家颁布的安全生产操作规程及有关规定，严禁违章指挥、违章操作。

车辆驾驶员和各类机械操作员，必须持证上岗，严禁无证操作，对驾驶员、机械操作员定期进行安全管理规定的教育。

严禁酒后驾驶车辆和操作机械，车辆严禁超载、超高、超速驾驶，严禁使用带病的车辆、机械和超负荷运转。

机械设备在施工现场集中停放，严禁对运转中的机械设备机械检修、保养。

指挥机械作业的指挥人员，指挥信号必须准确，操作人员必须听从指挥，严禁蛮于作业。

设专人对机械设备、各种车辆定期检查、维修和保养、对查出隐患要及时进行处理，并制定防范措施，防止发生机械伤害事故。

第8章

综合管沟施工

8.1 综合管沟布置规划

8-1-1 何谓共用沟？

答：“共用沟”也叫“地下城市管道综合走廊”，即地下管廊。它是把设置在地上架空和地下敷设的各类管线集中容纳于一体的地下隧道（其中包含规划预留的管道和检修空间。）这样便于科学合理地做好地下管线的规划和铺设，集中共同管理，特别是能解决“马路开膛”问题，将“马路拉链”锁住。具备条件的城市采用缆线“共用沟”、“管线共用沟”等方式建设和管理地下管线，在城市道路下统一建设一条综合性的地下管道通道，将各类地下缆线、管道合而为一，置于一个管沟内，以减少道路开挖次数和降低安全隐患。

8-1-2 何谓共同沟（综合管廊）？分为几种？

答：共同沟（Utility Tunnel）是指设置于道路下，将两种或两种以上的城市地下管线集中敷设于同一人工空间中所形成的一种现代集约化城市基础设施，它包括相应构造物及其附属设备。共同沟，是沿用日本的称谓，我国又将其称为“总管道”、“市政管廊”、“综合管道”、“综合管沟”或“综合管廊”。

共同沟一般可分为：干线（干管）共同沟，支线（供给管或配给管）共同沟，电线、电缆专用共同沟和干、支线混合共同沟4种。

8-1-3 综合管沟对城市的发展有何意义？

答：综合管沟是指按城市规划将几种管线紧凑合理地布置在综合管沟中，减少了管线对地下空间的占用，提高了地下空间的利用率。

国内城市发展正日益面临着土地紧缺、交通拥挤、环境污染、能源缺乏、防灾脆弱等问题。为了解决城市建设用地紧张、人口密度高和交通拥挤的矛盾，城市的空间拓展方式正从“地上”转向“地下”。城市发展方式正在发生深刻的变化，对地下空间的系统开发可以缓解日益严重的各种城市问题，以利于城市空间整体协调发展。综合管沟（城市综合管沟）的建设已成为现代化城市的概念之一。

8-1-4 地下综合管沟建设为什么要树立全寿命周期成本理念？

答：全寿命周期成本是指工程全寿命周期的成本总和，包括工程建设成本、运营管理成本和养护维修成本。研究降低综合管沟工程造价措施，首先要树立全寿命周期成本的理念，防止出现从一个极端走向另一个极端的现象。

以往我们较多关注的是综合管沟建设的初期成本，对运营、养护等后期成本关注不够，尤其是对综合管沟建设给环境所带来的长远损失估计不足。当建设资金不足时，一般是减少环保及防护排水等工程措施费用，由于投入不足，造成综合管沟灾毁、使用寿命缩短、大修提前，甚至诱发地质灾害，引发环境问题，这不仅增大了建设投资，还造成了不良的社会影响。由于初期投入少，强度低，不少项目出现早期破损，造成运营没几年就以高额的费用大修的现象。相反，初期加大投入，不仅总投入降低，还减少了施工交通干扰，提高了社会及公众的满意度。

树立全寿命周期成本的理念，就是把综合管沟放到环境和社会两大系统中，从项目生命周期的全过程去看待成本，不但考虑项目初期成本，还要考虑后期维修和养护成本，还要看到社会和环境成本。在可能的条件下，宁可先期投入大一些，也要减少后期更大的成本投入，延长综合管沟使用寿命，降低对社会、环境的影响，提高综合管沟的综合服务能力。

树立全寿命同期成本的理念，必须坚持科学合理的经济设计理念，该投入的一定要投入，能节约的一定要节约，在确保安全、功能的前提下，通过提高技术含量，使用合理、灵活的设计措施，用好每一分建设资金，达到最佳的社会经济效益。

8-1-5　“人在地上，物在地下”赋予综合管沟建设什么意义？

答：综合管沟作为城市地下空间的一部分，必须是对城市上下部空间的整体利用，维护和保障城市整体利益和公众的利益。城市上下部结构的协调发展是城市地下空间规划的重要组成部分，城市下部结构对应于城市上部结构，具有从属性和制约性，它们经历着从制约到协调，再由协调到制约这样一个演化过程。

在地下空间开发中，辩证地协调两者的发展，以求达到城市布局结构的优化。在整体开发的同时，应坚持以人为本的原则。“人在地上，物在地下”，目的是建设以人为本的现代城市，与自然相协调发展的“山水城市”，将尽可能多的城市空间留给人类活动。

同时，道路级别对综合管沟系统规划具有重要的指导意义，城市交通主干线宜优先规划建设干线综合管沟以减少对交通动脉的反复开挖，并形成综合管沟网络系统的主体框架，以利于网络的延伸与拓展。

8-1-6　共同沟技术的优越性有哪些？

答：共同沟技术的优越性主要有：

1）能避免因埋设维修管线而导致道路反复开挖，确保交通运输畅通。

2）能有效集约化地利用道路下的空间资源，为城市发展预留宝贵空间。

3）根据远期规划容量设计建设共同沟，从而满足管线远期发展需要。

4）由于管线增设、扩容较方便，管线可分阶段敷设，管线资金可分期投资。

5）沟内管由于不直接与土壤、地下水、道路结构层酸碱物质接触，可减少腐蚀，延长管线使用寿命。

6）为各管线综合管理和利用先进监视系统进行综合管理提供了可能，能及时维修管理，提高管线的安全性和稳定性，提高城市的安全度。

7）共同沟结构具有一定的坚固性，能抵御一定程度的冲击荷载作用，具有较好的防灾性能。

8）能减少管线故障对沿线地区工矿企业生产、商业营业及居民生活出行的影响。

9）由于架空线进入共同沟，改善了城市景观并提高了城市的安全性，又避免了架空线与绿化的矛盾，提高了城市的环境质量。

10）集中修建，避免了反复挖掘道路，避免了道路通车后又开挖埋设某种管线的浪费或中断交通，并且将电缆“入地”，使路面空间得到有效的利用，而其他管线综合在共同的公用管道内，不必单独占用空间，从而使城市的管线设施井然有序，提高城市的环境质量。

8-1-7　共同沟施工方法和要求有哪些？

答：目前，共同沟施工采用开槽或盾构等方法，敷设具体要求如下：

1）管沟内相互无干扰的工程管线可设置在管沟的同一个小室；相互有干扰的工程管线应分别设在管沟的不同小室。

2）电信电缆管线与高压输电电缆管线必须分开设置；给水管线与排水管线可在综合管沟一

侧布置，排水管线应布置在综合管沟的底部，也可不设在共同沟内。

3）工程管线干线综合管沟的敷设，应设置在机动车道下面，其覆土深度应根据道路施工、行车荷载和综合管沟的结构强度以及当地的冰冻深度等因素综合确定；敷设工程管线支线的综合管沟，应设置在人行道或非机动车道下，其埋设深度应根据综合管沟的结构强度以及当地的冰冻深度等因素综合确定。

4）共同沟设计的主要技术关键有：断面模式及内空尺寸确定，最小埋置深度，主体结构计算，防水设计，共同沟交叉口设计，各类孔口布置，附属设备设计，防火设计，各类管线技术设计等。

8-1-8　综合管沟项目建设标准选择的基本程序是怎样的?

答：在选择标准时，可遵循以下程序：现状资料→规划→线路位置→入沟管线确定→断面形式及尺寸→方案（技术、经济、施工）比较→推荐方案→管线工艺设计→结构设计→附属系统设计

现状资料调研应包括以下几方面：地下市政设施、现状管线情况；地上建、构筑物的情况；现状道路状况；沿线地质情况；如果需要穿越河流、铁路、高架桥等，需对其资料做详细调查。

规划资料应包括：城市总体规划；城市地下空间规划；各种市政管线的专项规划。

8-1-9　纳入综合管沟选择的基本管线有哪些?

答：1）电力、通信电缆在综合管沟内具有可以变形、灵活布置等优点，另外也是容易受到外界破坏的管线。在信息时代，这两种管线的破坏所引起的损失也越来越大。

2）给水（再生水）管线

一般情况下综合管沟内均纳入给水（再生水）管，与传统的直埋方式相比，将给水（再生水）管纳入综合管沟具有以下的优点：

(1) 依靠先进的管理与维护，可以克服管线的漏水问题，在建设可持续发展城市的过程中，减少自来水管漏水十分重要。

(2) 避免了外界因素引起的自来水管爆裂，以及避免管线维修引起的交通阻塞。另外，为管线的扩容提供了必要的弹性空间。

但与直埋方式相比，将给水（再生水）管纳入综合管沟对于管线的接出及管材的投入，需要有足够的作业空间。

3）燃气管线

据有关的统计资料，当燃气管线采用传统的直埋方式时，全国每年因邻近地区施工等各种因素引起的燃气管爆裂事故多达数百例，这些事故往往引起城市火灾或人员伤亡，后果十分严重。当把燃气管线纳入综合管沟，就可以避免这类事故的发生。所以，从城市防灾的角度考虑，把燃气管线纳入综合管沟十分有利。

将燃气管线（或液化天然气）纳入综合管沟，具有以下的优点：

(1) 不易受到外界因素的干扰而破坏，如各种管线的叠加引起的爆裂，砂土液化引起的管线开裂和燃气泄漏，外界施工引起的管线开裂等，提高了城市的安全性。

(2) 纳入综合管沟后，依靠监控设备可随时掌握管线状况，发生燃气泄漏时，可立即采取相应的救援措施，避免了燃气外泄情形的扩大，最大限度地降低了灾害的发生和引起的损失。

(3) 避免了管线维护引起的对城市道路的反复开挖和相应的交通阻塞和交通延滞。

燃气管线纳入综合管沟时，也存在不利因素，主要是平时使用过程中的安全管理与安全维护成本高于传统直埋方式的维护和管理成本，但其安全性得到了极大地提高，所造成的总损失也得到了显著降低。

4）热水管道纳入综合管沟的研究

热水管道压力较大，一般 8～10MPa，管材一般为钢管外套保温层，虽然外套保温层有隔水

的作用，能够对热水管道进行保护，但实践证明，埋在地下的热水管道还是受到不同程度的腐蚀。例如滨海新区地下水腐蚀性较大，管道每隔几年就需更换，热水管道纳入综合管沟可以有效地延长热水管道的使用年限，以及避免管道维修引起的交通阻塞。另外，综合管沟为管线扩容提供了一定的空间。

以上电力通信电缆、自来水、再生水及燃气、热力管线构成了纳入综合管沟的基本管线

8-1-10　雨、污水管线为什么不宜纳入综合管沟

答：1）污水管线自身是一种独立的系统，通常每隔一定的距离即要求设置人孔以供人员进入维修，并需设置泵站进行提升，并且所收集的污水会产生硫化氢、甲烷等有毒、易燃、易爆的气体，若将污水管线纳入综合管沟中，不仅要求综合管沟的纵断面随之变化，而且也需每隔一定的距离设置通风管道，以维持空气的正常流动，有时还需配硫化氢、甲烷等的监测与自动防火设备，无疑将提高综合管沟的造价。

将污水管线纳入综合管沟之中，可以将各种管线综合布置在同一构筑物之中，但却因此极大地限制了综合管沟纵断面坡度，加大了综合管沟的埋深与横断面尺寸，工程造价剧增。另一方面，将污水管线纳入综合管沟，也增加了综合管沟中其他管线与用户的接户问题，并且还需相应调整邻近地区的污水管线埋深，而重新调整污水管线的埋深，其建设费用将非常巨大，经济效益很低。

2）雨水管线中的雨水不会产生硫化氢、甲烷等有毒、易燃、易爆气体，但作为重力流管线，若将其纳入综合管沟中，会遇到与污水管线同样的技术问题。如每隔一定的距离设置人孔、泵站、通风管道等，同时又需要调整相邻地区的雨水管线，否则要将部分区域改用压力输送方式，且需配合布置相关的加压设施、泵站等，不仅耗资巨大，而且技术难度也相对较大。

综上所述，将给水、再生水、通信、燃气、热力管线纳入综合管沟。电力电缆可以设置独立的缆线沟，也可以与上述管线同沟。污水、雨水管线建议不纳入综合管沟。

8-1-11　电力沟、电信沟、给水管道标准断面尺寸是怎样的?

答：1）电力电缆沟标准断面设计图（见图 8-1-11（1））。

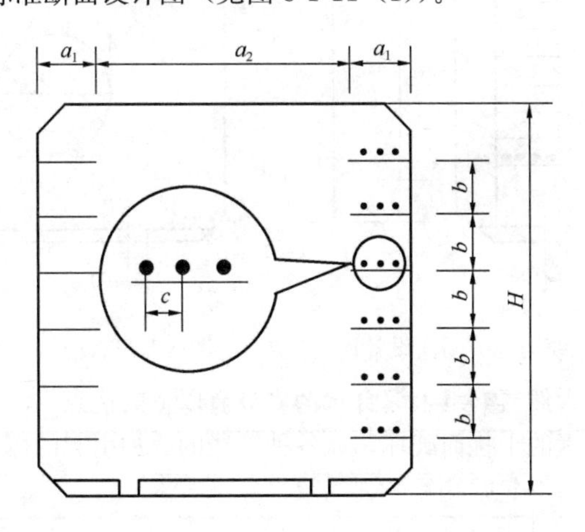

图 8-1-11（1）　电力电缆沟标准断面设计图

图中符号意义见表 8-1-11（1）。

图 8-1-11（1）中各符号的意义　　　　**表 8-1-11（1）**

	敷设方式	净距要求
H		≥1900mm
a_2	两侧有电缆支架	a_2≥1000mm
	一边有电缆支架	与墙壁净距≥900mm

续表

	敷设方式	净距要求
b	支架层垂直净距＝35kV	⩾250mm
	⩽10kV	⩾200mm
	控制电缆	⩾120mm
c	电力电缆水平净距	⩾35mm（但不小于电缆外径）
a_1	电缆沟内	⩽350mm
	隧道内	⩽500mm

2）电信电缆沟标准断面设计图（见图 8-1-11（2））。

图中各尺寸如表 8-1-11（2）所示。

图 8-1-11（2）中各尺寸数据（mm）　　**表 8-1-11（2）**

每段电缆数	H	a_1	a_2	a_3	b_1	b_2
5 条	250 以上	200	525	1000	600	250
4 条	250 以上	200	425	1000	600	250

3）给水管道标准断面设计图（见图 8-1-11（3））。

图中各尺寸如表 8-1-11（3）所示。

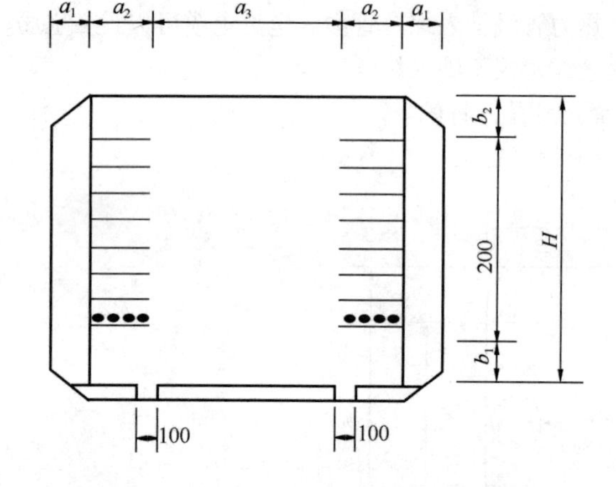

图 8-1-11（2）　电信电缆沟标准断面设计图

图 8-1-11（3）　给水管道标准断面设计图

图 8-1-11（3）中各尺寸的数据（mm）　　**表 8-1-11（3）**

口　径	铸铁管				钢　管			
(D)	a_1	a_2	b_1	b_2	a_1	a_2	b_1	b_2
400 以下	850	400	400	2100－（b_1＋D）	750	500	500	2100－（b_1＋D）
400～800		500	500	2100－（b_1＋D）				2100－（b_1＋D）
800～1000	850	500	500	800	750	500	500	800
1000～1500	850	600	600	800	750	600	600	800
1500 以上	850	700	700	800	750	700	700	800

8-1-12　综合管沟十字交口、积水坑断面图是怎样的？

答：1）十字交口断面图见图 8-1-12（1）。

2）积水坑断面图见图 8-1-12（2）。

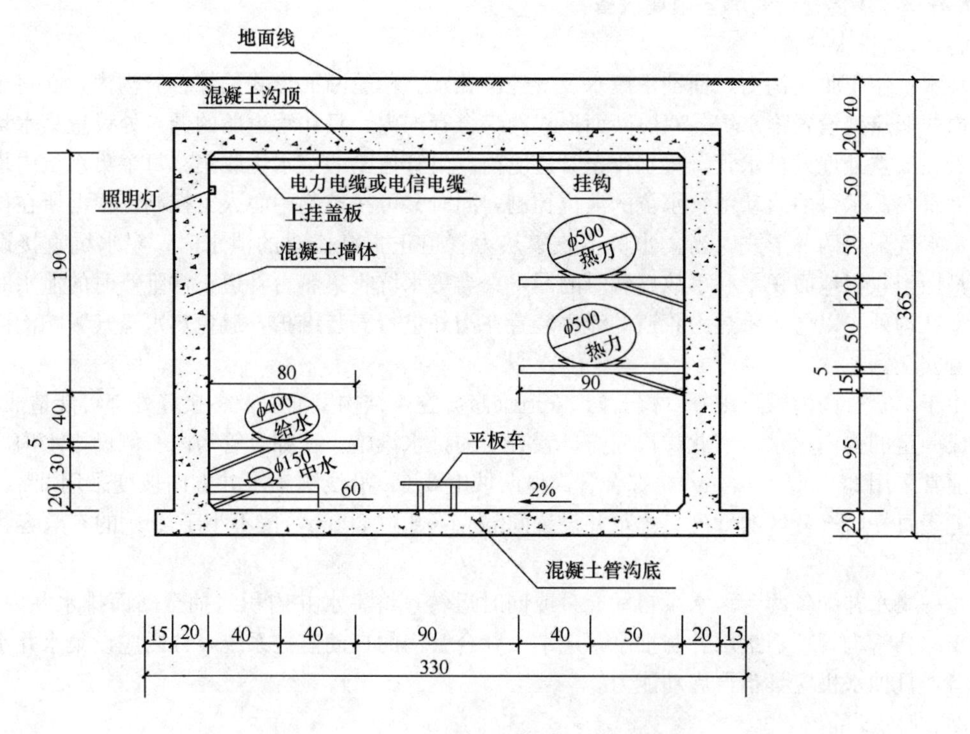

图 8-1-12（1） 综合管沟十字交口断面图

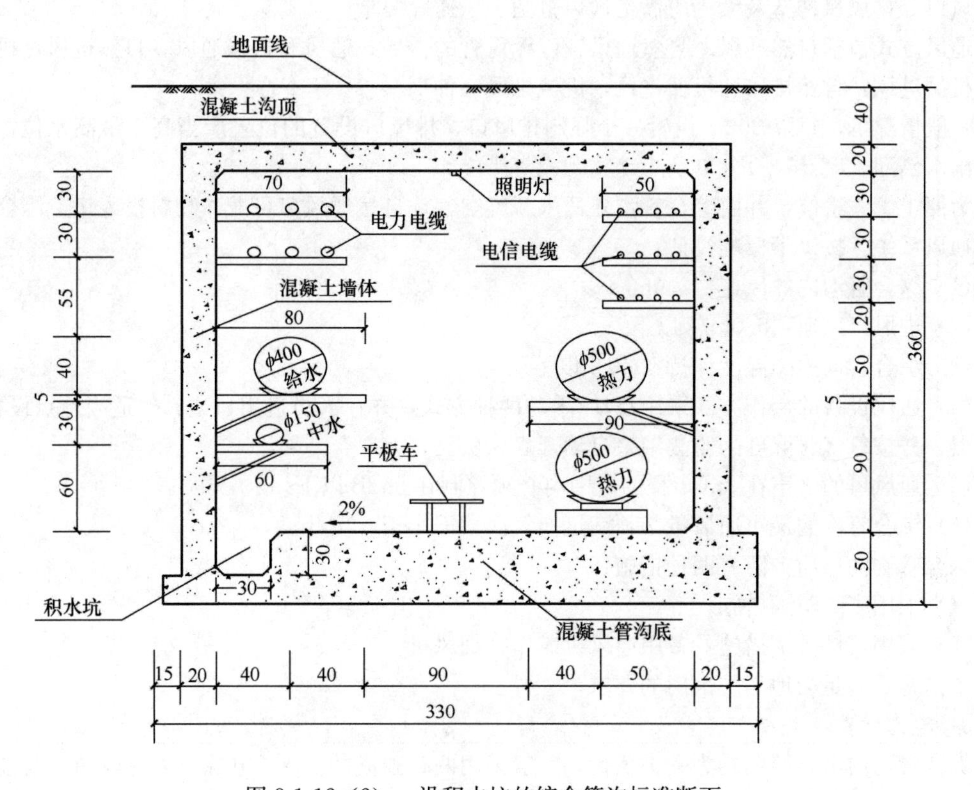

图 8-1-12（2） 设积水坑的综合管沟标准断面

8-1-13　综合管沟有哪些附属设备？

答： 1）排水设备

集水坑用于收集沟内地面冲洗废水及管道泄孔水。单舱断面形式的综合管沟内，在每个防火分区内的低点处设置集水坑；双舱断面形式的综合管沟内，只在管道舱的低点处设置集水坑；电力舱只在低点处埋设排水管，将水排至管道舱内，由管道舱的集水坑收集。每个集水坑内均设置一台潜水泵。水泵的启动由集水坑的液位控制，同时又可在控制中心人工控制。根据所在位置不同，集水坑采用两种形式，当集水坑不收集热力管道正常维修时的泄水时，集水坑直接设在沟内，只用于收集地面积水和事故爆管时的漏水；当集水坑收集热力管道正常维修时的泄水时，集水坑设在沟外，以便于将热力管道的泄水装置在沟外进行安装维护，避免热水蒸气影响沟内温度及人身安全。

由于综合管沟内管道破损（爆管）、管道维修放空，结构壁面以及各接缝处都可能造成渗水，将造成一定的沟内积水。因此，沟内需设置必要的排水设施。在综合管沟内一侧设排水沟，断面尺寸通常采用200mm×100mm，综合管沟横向坡度2%，沿线顺集水井方向坡度采用2‰。集水井设置于每一防火分区的低处，集水井设置间隔应不超过200m，按不小于2m^{3}的有效容积进行设计。

每一集水井配备两台潜水泵自动交替或同时运转，将集水井内积水抽至路面排水井内排放。为便于综合管沟管理，集水井与抽水泵应纳入综合管沟的自动监控系统，井内应设集水井水位探测设备，且抽水机应具备自启动能力。

2）通风设备

为了将综合管沟内的高压电缆热量及有害气体及时排出，在综合管沟内每隔一定的距离应设置排风口。排风口构造及大小应满足通风范围、风速等要求。

通风方式包括自然通风、自然通风辅以无风管的诱导式通风和机械通风（自然进风，机械排风；机械进风，自然排风和机械进风，机械排风三种）。

一般情况下，每隔200m设置一个强制排风口，排风口设置的位置应当高于最高水位，并有防止雨水倒灌、废弃物投入以及小动物爬入等措施。

为便于管线检修，并由综合管沟外送入新鲜空气，自然通风口可兼作物料投入口。综合管沟内的通风系统，按以下标准设计：

（1）综合管沟内的风速：2.0m/s以下。

（2）进风口风速：5.0m/s以下。

（3）综合管沟内的温度保持在40℃以下。

（4）通风设备的操作方式采用自动/手动两种方式，并在人员进出口或其他适当地点设警报、监视器，并按氧气、湿度的监测结果自动开启风机。

（5）通风口的噪声在3m半径的范围内必须控制在55dB以下。

（6）综合管沟的最小通风量必须满足换气次数不小于6次/h。

综合管沟的通风消防有两种措施：

（1）采用密闭防烟措施；

（2）采用机械排烟措施，备用通风机兼作排烟风机。

本措施需满足当地消防部门的要求。

3）电力设备

综合管沟内电力照明均为一类负荷，一般采用两路独立的10kV电源作为主电源、柴油发电机作备用电源，并设不间断供电装置（UPS）作应急电源，以保证计算机、防火、通信系统、事故照明、电话等特别重要一级负荷可靠性的要求。

照明负荷虽然年负荷曲线变化不大，但日负荷曲线变化较大，且通风与排水设备使用是无规律性的。因此，应考虑负荷变动而导致电压的波动，影响设备的正常运行和使用寿命。因此，应选用带自动调压的变压器，使变压器输出电压能随负荷的变化而变化，保证适当的电压水平。

为保证综合管沟内设备人员的安全，对综合管沟内电力、通信、计算机等设备实行接地。接地系统的类别及要求为：

（1）电力系统及设备共同接地，接地电阻在10Ω以下；

（2）通信系统设备接地，接地电阻在10Ω以下；

（3）计算机系统接地，接地电阻在5Ω以下；

（4）变压器配电室单独接地系统，接地电阻10Ω以下。

各系统接地方式均采用铜棒或铜板接地，埋深合乎变压器室内线配线规则，各类接地均应设置接地电阻测试箱，并至少埋设两组铜棒（测试参考点）以供测试，接地系统配线皆采用PVC管内配设裸铜线，各接点焊接采用铜粉药焊，以确保接地质量。

4）通信设备

为使综合管沟检修及管理人员与控制中心联络方便，综合管沟内应配备相应的通信设备，可以采用有线与无线两套通信设备。

有线通信系统：自控制中心引入综合管沟，设内部通信线路，每隔150m设一电话插座，检修与管理人员进入时携带自动电话，插入电话即可与控制中心进行有线联络。

无线对讲系统：主要为便于各管线单位维修作业时，综合管沟内的工作人员与地面其他维修作业人员联络而设置，通信模式与对讲机型号由各管线单位自定，在综合管沟的设计中，只需消除屏蔽，能将无线信号引入即可。

5）广播设备

广播系统分为一般广播与紧急广播两种，其中一般广播为区域性广播系统，而紧急广播系统为综合管沟全区的广播系统。播音室设于中央监控中心，平时可分区选择播放，紧急情况下可作全区紧急播音。

综合管沟内还应设置闭路电视系统。安装摄像头作为监控设备，在人员进出口、材料搬入口、管线进出口等可能会有人员进出的地方均应装设摄像头作为监视系统，以备外人闯入。在综合管沟内顶棚相应位置，应每隔一定距离安装一定数量的摄像头。用以监控管线运行情况，以便在故障时迅速准确地确定故障位置。因为需要在多处监视多个目标，所以宜选择由摄像头、传输电（光）缆、切换分配器、视频分配器等组成的多头多尾系统。

6）照明设备

除特殊断面外，综合管沟内每隔10m设1个60W的日光灯；局部的维修照明，采用工作灯补偿，故每隔20m设一多孔插座。所有灯具和插座均采用防潮、防爆型。人员进出口内灯的开关应能遥控。照度可控制在5～20lx之间。另设铅蓄电池组作应急灯电源。

照明系统的配线方式为：

（1）照明器具：由出口至灯具以金属软管内穿PVC线施工；

（2）为了使救生及消防设备在紧急时能够继续工作，每个防火分隔区中的自动设备、紧急照明、消防水泵、排水水泵等电源线路应当使用耐火阻燃电缆。

7）监控系统

（1）安全监测设备

考虑综合管沟的特殊性，会产生一定有害气体，所以应设氧气检测仪，有害气体检测仪，还应设火灾探测器。

（2）集水井水位探测设备

设置水位自动探测设备的主要目的是为了防止集水井内的积水溢出。为此，应在每一个集水井内设一水位自动探测设备，当水位超过有效容积对应的水位时，自动探测设备自动向监控中心报知水位异常的信息，并应与潜水泵联动，自动开启潜水泵，在短时间内排出集水井内的积水。

(3) 燃气自动探测设备

燃气是否纳入综合管沟，曾经是影响综合管沟推广和普及的重要因素之一，而根据国内外综合管沟建设的成功经验，只要在结构上采取必要的技术措施，并加强综合管沟内部对燃气的监测，纳入燃气管线的综合管沟的安全性是可得到保证的。

综合管沟如果纳入了燃气管线，为保证其安全，除采取单室布置的措施外，还必须增加相应的燃气浓度自动探测设备。

浓度自动探测设备每隔 50m 设置一个，除能够向监控中心报知异常情况外，必须与通风设备和火灾报警系统配合，当燃气浓度超标时，可自动打开通风换气设备，有火花出现时，则启动灭火装置，避免事故的发生。

8) 自动报警系统

自动报警系统包括气体泄漏探测和火灾探测，报警系统的组成有：探测器（信号源）、布线系统（信号传输）和控制器（信号处理和信号输出）三个部分。根据综合管沟规模的大小，自动报警系统可分为区域报警系统、集中报警系统和消防控制中心报警系统。随着技术的进步，IT 技术也已经应用于自动报警，出现了数字式、智能化、网络化、可编程的控制器，布线则采用总线制综合布线系统。探测器由燃气管道泄漏探测、可燃气体探测和火灾探测等三个部分组成。对于燃气综合管沟来说，主要的探测方式是燃气管道泄漏探测和可燃气体探测。控制器是火灾报警系统的关键部分，它包含有信号处理、信号识别、信号记忆、智能判断及其联动功能。控制器具有若干对输出控制点，用于控制通风、自动灭火等联动设备。

按照探头安装部位的不同，气体泄漏探测可分为内部探测和外部探测两种。内部探测是指在管道上安装传感器，直接接收因泄漏产生的信号波，通过分析处理，判断是否发生泄漏；外部探测是指在管道周围安装燃气探测器，当泄漏出的燃气达到设定的浓度时发出报警。按照信号源的不同，探测方法有：压力梯度法、水力坡降线法、负压力波法、应力波检漏法、流量（质量）平衡法、超声波检测法、泄漏音频检漏法和燃气浓度检测等。按照信号分析和处理的方法不同，探测的方法还可分为：基于神经网络的检漏方法、统计检漏法、相关分析法、模式识别法、小波变换分析法、灰色模型分析法等。

8-1-14 《城市工程管线综合规划规范》GB 50289—1998 总则的内容有哪些？

答：总则的内容如下：

1) 为合理利用城市用地，统筹安排工程管线在城市的地上和地下空间位置，协调工程管线之间以及城市工程管线与其他各项工程之间的关系，并为工程管线规划设计和规划管理提供依据，制定本规范。

2) 本规范适用于城市总体规划（含分区规划）、详细规划阶段的工程管线综合规划。

3) 城市工程管线综合规划的主要内容包括：确定城市工程管线在地下敷设时的排列顺序和工程管线间的最小水平净距、最小垂直净距；确定城市工程管线在地下敷设时的最小覆土深度；确定城市工程管线在架空敷设时管线及杆线的平面位置及周围建（构）筑物、道路、相邻工程管线间的最小水平净距和最小垂直净距。

4) 城市工程管线综合规划应重视近期建设规划，并应考虑远景发展的需要。

5) 城市工程管线综合规划应结合城市的发展合理布置，充分利用城市地上、地下空间。

6) 城市工程管线综合规划应与城市道路交通、城市居住区、城市环境、给水工程、排水工程、热力工程、电力工程、燃气工程、电信工程、防洪工程、人防工程等专业规划相协调。

7）城市工程管线综合规划除执行本规范外，尚应符合国家现行有关标准、规范的规定。

8-1-15　城市工程管线综合规划的一般规定有哪些？

答：城市工程管线宜地下敷设。工程管线的平面位置和竖向位置均应采用城市统一的坐标系统和高程系统。工程管线综合规划要符合下列规定：

1）应结合城市道路网规划，在不妨碍工程管线正常运行、检修和合理占用土地的情况下，使线路短捷。

2）应充分利用现状工程管线。当现状工程管线不能满足需要时，经综合技术、经济比较后，可废弃或抽换。

3）平原城市宜避开土质松软地区、地震断裂带、沉陷区以及地下水位较高的不利地带；起伏较大的山区城市，应结合城市地形的特点合理布置工程管线位置，并应避开滑坡危险地带和洪峰口。

4）工程管线的布置应与城市现状及规划的地下铁道、地下通道、人防工程等地下隐蔽性工程协调配合。

5）编制工程管线综合规划设计时，应减少管线在道路交叉口处交叉。当工程管线竖向位置发生矛盾时，宜按下列规定处理：

（1）压力管线让重力自流管线；

（2）可弯曲管线让不易弯曲管线；

（3）分支管线让主干管线；

（4）小管径管线让大管径管线。

8-1-16　城市工程管线直埋敷设的规定有哪些？

答：1）严寒或寒冷地区给水、排水、燃气等工程管线应根据土壤冰冻深度确定管线覆土深度；热力、电信、电力电缆等工程管线以及严寒或寒冷地区以外的地区的工程管线应根据土壤性质和地面承受荷载的大小确定管线的覆土深度。

工程管线的最小覆土深度应符合表8-1-16（1）的规定。

工程管线的最小覆土深度（m）　　表8-1-16（1）

序号		1		2		3		4	5	6	7
管线名称		电力管线		电信管线		热力管线		燃气管线	给水管线	雨水排水管线	污水排水管线
		直埋	管沟	直埋	管沟	直埋	管沟				
最小覆土深度（m）	人行道下	0.50	0.40	0.70	0.40	0.50	0.20	0.60	0.60	0.60	0.60
	车行道下	0.70	0.50	0.80	0.70	0.70	0.20	0.80	0.70	0.70	0.70

注：10kV以上直埋电力电缆管线的覆土深度不应小于1.0m。

2）工程管线在道路下面的规划位置，应布置在人行道或非机动车道下面。电信电缆、给水输水、燃气输气、污雨水排水等工程管线可布置在非机动车道或机动车道下面。

3）工程管线在道路下面的规划位置宜相对固定。从道路红线向道路中心线方向平行布置的次序，应根据工程管线的性质、埋设深度等确定。分支线少、埋设深、检修周期短和可燃、易燃和损坏时对建筑物基础安全有影响的工程管线应远离建筑物。布置次序宜为：电力电缆、电信电缆、燃气配气、给水配水、热力干线、燃气输气、给水输水、雨水排水、污水排水。

4）工程管线在庭院内建筑线向外方向平行布置的次序，应根据工程管线的性质和埋设深度确定，其布置次序宜为：电力、电信、污水排水、燃气、给水、热力。

当燃气管线可在建筑物两侧中任一侧引入均满足要求时，燃气管线应布置在管线较少的一侧。

5）沿城市道路规划的工程管线应与道路中心线平行，其主干线应靠近分支管线多的一侧，工程管线不宜从道路一侧转到另一侧。

道路红线宽度超过 30m 的城市干道宜两侧布置给水配水管线和燃气配气管线；道路红线宽度超过 50m 的城市干道应在道路两侧布置排水管线。

6）各种工程管线不应在垂直方向上重叠直埋敷设。

7）沿铁路、公路敷设的工程管线应与铁路、公路线路平行。当工程管线与铁路、公路交叉时宜采用垂直交叉方式布置；受条件限制，可倾斜交叉布置，其最小交叉角宜大于 30°。

8）河底敷设的工程管线应选择在稳定河段，埋设深度应按不妨碍河道的整治和管线安全的原则确定。当在河道下面敷设工程管线时应符合下列规定：

(1) 在一至五级航道下面敷设，应在航道底设计高程 2m 以下；

(2) 在其他河道下面敷设，应在河底设计高程 1m 以下；

(3) 当在灌溉渠道下面敷设，应在渠底设计高程 0.5m 以下。

9）工程管线之间及其与建（构）筑物之间的最小水平净距应符合表 8-1-16（2）的规定。当受道路宽度、断面以及现状工程管线位置等因素限制难以满足要求时，可根据实际情况采取安全措施后减少其最小水平净距。

工程管线之间及其与建（构）筑物之间的最小水平净距（m）　表 8-1-16（2）

序号	管线名称	1 建筑物	2 给水管 d≤200mm	2 给水管 d>200mm	3 污水雨水排水管	4 燃气管 低压	4 燃气管 中压 B	4 燃气管 中压 A	4 燃气管 高压 B	4 燃气管 高压 A	5 热力管 直埋	5 热力管 地沟	6 电力电缆 直埋	6 电力电缆 缆沟	7 电信电缆 直埋	7 电信电缆 管道	8 乔木	9 灌木	10 地上杆柱 通信照明及<10kV	10 地上杆柱 高压铁塔基础边 ≤35kV	10 地上杆柱 高压铁塔基础边 >35kV	11 道路侧石边缘	12 铁路钢轨（或坡脚）
1	建筑物		1.0	3.0	2.5	0.7	1.5	2.0	4.0	6.0	2.5	0.5	0.5		1.0	1.5	3.0	1.5		*			6.0
2	给水管 d≤200mm	1.0			1.0	0.5			1.0	1.5	1.5		0.5		1.0		1.5		0.5	3.0		1.5	5.0
	给水管 d>200mm	3.0			1.5																		
3	污水、雨水排水管	2.5	1.0	1.5		1.0	1.2		1.5	2.0	1.5		0.5		1.0		1.5		0.5	1.5		1.5	
4	燃气管 低压 P≤0.05MPa	0.7	0.5		1.0	DN≤300mm 0.4 DN>300mm 0.5					1.0		0.5		0.5	1.0	1.2		1.0	1.0	5.0	1.5	
	燃气管 中压 0.005MPa<p≤0.2MPa	1.5			1.2						1.0	1.5											
	燃气管 中压 0.2MPa<p≤0.4MPa	2.0																					
	燃气管 高压 0.4MPa<p≤0.8MPa	4.0	1.0		1.5						1.5	2.0	1.0		1.0							2.5	
	燃气管 高压 0.8MPa<p≤1.6MPa	6.0	1.5		2.0						2.0	4.0	1.5		1.5								
5	热力管 直埋	2.5	1.5		1.5	1.0	1.0		1.5	2.0			2.0		1.0		1.5		1.0	2.0	3.0	1.5	1.0
	热力管 地沟	0.5					1.5		2.0	4.0													
6	电力电缆 直埋	0.5	0.5		0.5	0.5	0.5		1.0	1.5	2.0				0.5		1.0			0.6		1.5	3.0
	电力电缆 缆沟																						

续表

<table>
<tr><td rowspan="4">序号</td><td rowspan="4" colspan="3">管线名称</td><td>1</td><td colspan="2">2</td><td>3</td><td colspan="5">4</td><td colspan="2">5</td><td colspan="2">6</td><td colspan="2">7</td><td>8</td><td>9</td><td colspan="3">10</td><td>11</td><td>12</td></tr>
<tr><td rowspan="3">建筑物</td><td colspan="2">给水管</td><td rowspan="3">污水雨水排水管</td><td colspan="5">燃气管</td><td colspan="2">热力管</td><td colspan="2">电力电缆</td><td colspan="2">电信电缆</td><td rowspan="3">乔木</td><td rowspan="3">灌木</td><td colspan="3">地上杆柱</td><td rowspan="3">道路侧石边缘</td><td rowspan="3">铁路钢轨(或坡脚)</td></tr>
<tr><td rowspan="2">d≤200mm</td><td rowspan="2">d>200mm</td><td rowspan="2">低压</td><td colspan="2">中压</td><td colspan="2">高压</td><td rowspan="2">直埋</td><td rowspan="2">地沟</td><td rowspan="2">直埋</td><td rowspan="2">缆沟</td><td rowspan="2">直埋</td><td rowspan="2">管道</td><td rowspan="2">通信照明及<10kV</td><td colspan="2">高压铁塔基础边</td></tr>
<tr><td>B</td><td>A</td><td>B</td><td>A</td><td>≤35kV</td><td>>35kV</td></tr>
<tr><td rowspan="2">7</td><td rowspan="2">电信电缆</td><td colspan="2">直埋</td><td>1.0</td><td rowspan="2" colspan="2">1.0</td><td rowspan="2">1.0</td><td colspan="3">0.5</td><td rowspan="2">1.0</td><td rowspan="2">1.5</td><td rowspan="2" colspan="2">1.0</td><td rowspan="2" colspan="2">0.5</td><td rowspan="2" colspan="2">0.5</td><td>1.0</td><td rowspan="2">1.0</td><td rowspan="2">0.5</td><td rowspan="2" colspan="2">0.6</td><td rowspan="2">1.5</td><td rowspan="2">2.0</td></tr>
<tr><td colspan="2">管道</td><td>1.5</td><td colspan="3">1.0</td><td>1.5</td></tr>
<tr><td>8</td><td colspan="3">乔木（中心）</td><td>3.0</td><td rowspan="2" colspan="2">1.5</td><td rowspan="2">1.5</td><td rowspan="2" colspan="5">1.2</td><td rowspan="2" colspan="2">1.5</td><td rowspan="2" colspan="2">1.0</td><td>1.0</td><td>1.5</td><td rowspan="2" colspan="2"></td><td rowspan="2">1.5</td><td rowspan="2" colspan="2"></td><td rowspan="2">0.5</td><td rowspan="2"></td></tr>
<tr><td>9</td><td colspan="3">灌木</td><td>1.5</td><td colspan="2">1.0</td></tr>
<tr><td rowspan="3">10</td><td rowspan="3">地上杆柱</td><td colspan="2">通信照明及<10kV</td><td rowspan="3">*</td><td colspan="2">0.5</td><td>0.5</td><td colspan="5">1.0</td><td colspan="2">1.0</td><td rowspan="3" colspan="2">0.6</td><td colspan="2">0.5</td><td colspan="2">1.5</td><td rowspan="3" colspan="3"></td><td rowspan="3">0.5</td><td rowspan="3"></td></tr>
<tr><td rowspan="2">高压铁塔基础边</td><td>≤35kV</td><td rowspan="2" colspan="2">3.0</td><td rowspan="2">1.5</td><td colspan="5">1.0</td><td colspan="2">2.0</td><td rowspan="2" colspan="2">0.6</td><td rowspan="2" colspan="2"></td></tr>
<tr><td>>35kV</td><td colspan="5">5.0</td><td colspan="2">3.0</td></tr>
<tr><td>11</td><td colspan="3">道路侧石边缘</td><td></td><td colspan="2">1.5</td><td>1.5</td><td colspan="3">1.5</td><td colspan="2">2.5</td><td colspan="2">1.5</td><td colspan="2">1.5</td><td colspan="2">1.5</td><td colspan="2">0.5</td><td colspan="3">0.5</td><td></td><td></td></tr>
<tr><td>12</td><td colspan="3">铁路钢轨（或坡脚）</td><td>6.0</td><td colspan="8">5.0</td><td colspan="2">1.0</td><td colspan="2">3.0</td><td colspan="2">2.0</td><td colspan="2"></td><td colspan="3"></td><td></td><td></td></tr>
</table>

10）对于埋深大于建（构）筑物基础的工程管线，其与建（构）筑物之间的最小水平距离，应按下式计算，并折算成水平净距后与表 8-1-16（2）的数值比较，采用其较大值。

$$L=\frac{(H-h)}{\tan\partial}+\frac{a}{2}$$

式中 L——管线中心至建(构)筑物基础边水平距离(m)；

H——管线敷设深度（m）；

h——建（构）筑物基础底砌置深度（m）；

a——开挖管沟宽度（m）；

∂——土壤内摩擦角（°）。

11）当工程管线交叉敷设时，自地表面向下的排列顺序宜为：电力管线、热力管线、燃气管线、给水管线、雨水排水管线、污水排水管线。

12）工程管线在交叉点的高程应根据排水管线的高程确定。

工程管线交叉时的最小垂直净距，应符合表 8-1-16（3）的规定。

工程管线交叉时的最小垂直净距（m） **表 8-1-16（3）**

<table>
<tr><td rowspan="3">序号</td><td rowspan="3">净距(m)
下面的管线名称
上面的管线名称</td><td>1</td><td>2</td><td>3</td><td>4</td><td colspan="2">5</td><td colspan="2">6</td></tr>
<tr><td rowspan="2">给水管线</td><td rowspan="2">污、雨水排水管线</td><td rowspan="2">热力管线</td><td rowspan="2">燃气管线</td><td colspan="2">电信管线</td><td colspan="2">电力管线</td></tr>
<tr><td>直埋</td><td>管块</td><td>直埋</td><td>管沟</td></tr>
<tr><td>1</td><td>给水管线</td><td>0.15</td><td></td><td></td><td></td><td></td><td></td><td></td><td></td></tr>
<tr><td>2</td><td>污、雨水排水管线</td><td>0.40</td><td>0.15</td><td></td><td></td><td></td><td></td><td></td><td></td></tr>
<tr><td>3</td><td>热力管线</td><td>0.15</td><td>0.15</td><td>0.15</td><td></td><td></td><td></td><td></td><td></td></tr>
</table>

续表

序号	上面的管线名称（净距 m）/ 下面的管线名称		1 给水管线	2 污、雨水排水管线	3 热力管线	4 燃气管线	5 电信管线		6 电力管线	
							直埋	管块	直埋	管沟
4	燃气管线		0.15	0.15	0.15	0.15				
5	电信管线	直埋	0.50	0.50	0.15	0.50	0.25	0.25		
		管块	0.15	0.15	0.15	0.15	0.25	0.25		
6	电力管线	直埋	0.15	0.50	0.50	0.50	0.50	0.50	0.50	0.50
		管沟	0.15	0.50	0.50	0.15	0.50	0.50	0.50	0.50
7	沟渠（基础底）		0.50	0.50	0.50	0.50	0.50	0.50	0.50	0.50
8	涵洞（基础底）		0.15	0.15	0.15	0.15	0.20	0.25	0.50	0.50
9	电车（轨底）		1.00	1.00	1.00	1.00	1.00	1.00	1.00	1.00
10	铁路（轨底）		1.00	1.20	1.20	1.20	1.00	1.00	1.00	1.00

注：大于35kV直埋电力电缆与热力管线最小垂直净距应为1.00m。

8-1-17 综合管沟敷设规定有哪些？

1）当遇下列情况之一时，工程管线宜采用综合管沟集中敷设：

（1）交通运输繁忙或工程管线设施较多的机动车道、城市主干道以及配合兴建地下铁道、立体交叉等工程地段。

（2）不宜开挖路面的路段。

（3）广场或主要道路的交叉处。

（4）需同时敷设两种以上工程管线及多回路电缆的道路。

（5）道路与铁路或河流的交叉处。

（6）道路宽度难以满足直埋敷设多种管线的路段。

2）综合管沟内宜敷设电信电缆管线、低压配电电缆管线、给水管线、热力管线、污雨水排水管线。

3）综合管沟内相互无干扰的工程管线可设置在管沟的同一个小室；相互有干扰的工程管线应分别设在管沟的不同小室。

电信电缆管线与高压输电电缆管线必须分开设置；给水管线与排水管线可在综合管沟一侧布置，排水管线应布置在综合管沟的底部。

4）工程管线干线综合管沟的敷设，应设置在机动车道下面，其覆土深度应根据道路施工、行车荷载和综合管沟的结构强度以及当地的冰冻深度等因素综合确定；敷设工程管线支线的综合管沟，应设置在人行道或非机动车道下，其埋设深度应根据综合管沟的结构强度以及当地的冰冻深度等因素综合确定。

8-1-18 地下管线的代号和颜色有哪些？

答：见表8-1-18。

表 8-1-18

管线名称		代号		颜色
给水		JS		天蓝
排水	污水	PS	WS	褐
	雨水		YS	
	雨污合流		HS	
燃气	煤气	RQ	MQ	粉红
	液化气		YH	
	天然气		TR	
热力	蒸汽	RL	ZQ	橘黄
	热水		RS	
工业	氢	GY	Q	黑
	氧		Y	
	乙炔		YQ	
	石油		SY	
电力	供电	DL	GD	大红
	路灯		LD	
	电车		DC	
	交通信号		XH	
电信	电话	DX	DX	绿
	广播		GB	
	有线电视		DS	
综合管沟		ZH		黑

8-1-19 燃气泄漏扩散检测通常采用的方法有哪几种?

答: 1) 质量平衡检漏法

质量平衡检漏法是一种人们较熟悉的检漏法，国内外的资料很多。其工作原理为：在一段时间（Δt）内，测量的流入质量可能不等于测得的流出质量。经现场试验测试，质量平衡检漏法的有效性得到了验证。但从试验数据和理论公式可知，管道泄漏定位算法对流量测量误差十分敏感，管道泄漏定位误差为流量测量误差的6～7倍。因此，流量测量误差的减小可显著提高管道泄漏检测定位精度。提高流量计精度是一种简便可行的方法，但造价十分昂贵，同时还会带来其他一系列问题。北京大学的唐秀家教授于1996年11月首次提出了采用三次样条插值拟合腰轮流量计误差流动曲线，动态修正以腰轮流量计滑流量为主的计量误差的方法。此方法能显著提高管道泄漏检测的灵敏度和泄漏精度。

2) 超声波检测法

压力管道泄漏时伴有超声波发生，可在远离管道处用灵敏的超声波接收换能器方便地接收到喷流声的超声波信号，配以相应的电子线路进行信号处理，最终实现泄漏点的检测和预报。

3) 水力坡降线法

水力坡降线法的技术不太复杂，这种方法是根据上游站和下游站的流量等参数，计算出相应的水力坡降，然后分别按上游站出站压力和下游站进站压力作图，其交点就是理想的泄漏点。但是这种方法要求准确测出管道的流量、压力和温度值，目前这种方法较少采用。

4）泄漏音频检漏法

泄漏音频检漏法是通过音频传感器沿管道进行检测，气体在高压下通过漏孔时，会发出噪声，检测这些噪声就可以判断是否有管道穿孔。在发现存在泄漏音频信号时，沿管道选两个测量点，根据两个测量点音频的强度可计算出泄漏的位置。这种方法虽被提出，但因为背景噪声的影响，其精度难以保证，妨碍了它的工业应用。德国 IBP 和 TWS 协作，开发并试验了一种有效的相关分析法检漏的声学技术，可以有效地消除背景噪声的影响，保证检测的准确度。因此，相关分析成为目前比较准确和可靠的一种检漏方法。北京大学、天津大学和西安交通大学也进行了相关的研究。它的原理是在管线上借助漏孔两侧的传感器对漏孔定位的相关函数分析，将其中的一个时间信号延迟一个 τ 值，并乘以另一个时间信号，相乘的结果在长时间内作平均。τ 的相关函数在 τ 处出现峰值，τ 与两个测点处接收到的两个声信号时间差是一致的。通过相关峰出现的位置就可算出漏点的位置。只需知道两个传感器之间管线段的准确长度以及在该测量管线上的准确声速即可。研究表明，如果在测量管段的另一端安装一个声反射体，原则上，只需一只传感器的信号做自相关就足够了。声信号检漏法是一种有效的微漏检测法，但无法用于长输管道。

5）压力波检漏技术

压力波检漏技术是目前各国优先发展的新型检漏技术，也是我国重点发展技术。这种技术以检测压力波为依据，当管道发生泄漏事故时，在泄漏处立即有物质损失，并引起局部密度减小，进而造成压力降低。由于管道中流体不能立即改变流速，会在泄漏处和其任一端流体之间产生压差。该压差引起管道自上而下流至泄漏处附近的低压区，该低压波称为“扩张波”，又称“压力波”。试验结果表明：压力波检测法检测管道的泄漏是一项有效而实用的技术。这种方法具有感漏精度高、漏点定位准确和反应迅速的优点。但对于缓慢增加的泄漏反应弱，甚至无效。尽管如此，这种方法也不失为一种优良的方法，尤其适合于管道断裂时产生的暴露情况。

6）气体浓度探测法

气体浓度探测法是外部探测的主要方法。燃气泄漏后在管道的周围扩散，可燃气体在管道外形成“气体云”，气体的浓度有一个在空间上的分布，在管道周围布置探头对其进行探测。气体浓度检测分为直接检测和间接检测，直接检测有：半导体式、催化燃烧式、电化学式等，对可燃气体直接发生感应。间接检测是发射光束，当光束通过泄漏的燃气时被部分吸收，分析回波信号就可判断是否有泄漏，常用的光束有激光和红外线。美国还发明一种机载红外线检漏方法，这一技术是由美国 OILTON 公司开发的。方法是应用直升机吊一航天用的精密红外摄像机沿管道飞行，通过判读燃气管道与周围土壤的细微温差成像确定是否有泄漏。美国佛罗里达技术网络公司用直升机以 160km/h 的速度沿线飞行，机上载有红外线摄像装置，记录埋地管道到周围某些不规则的地热辐射效应，利用光谱分析可检测出较小泄漏位置。苏联曾用美国研制的机载远距离激光分析仪沿输送天然气的管道飞行，可发现大小为几米，乙烷体积分数仅为百分之一的气体云，分析结果记录在摄像机内，且直升机飞行速度快。这种方法可用于长管道微小泄漏的检测。

7）封入气体压力检测法

这种方法是在双层管的两管间隙内密封一定压力的氮气，当内管泄漏时，氮气压力上升；而当外管泄漏时，氮气压力下降，由此即可检漏。如果双层管较长时，可采用加间隔的办法，利用两隔开管段间的压力差检漏。这种方法只能用于少量的双层管段，应用范围较小，适合在综合管沟采用。

8-1-20　何谓泄漏过程？泄漏形式有哪三类？各有何特点？

答：泄漏是指有压管道破损时流体在压力的作用下向外泄出的过程，发生泄漏的时间和部位是不确定的，是一种突发现象。因此，危险性极大。管道泄漏的直接原因是管道破损或爆裂，主要形式有化学腐蚀和机械破坏，诱发因素有三个：管道的质量、运行条件和敷设环境等。管道的质量包括管材的质量、管道的安装工艺和施工质量；运行条件是指管道的内部因素，包括管道的压力、介质的腐蚀作用和热影响；敷设环境是指外部因素，包括环境的腐蚀性、振动等机械力。按照管道的破坏程度，泄漏形式可分为三类：微孔渗漏、小孔泄漏和断裂爆漏。它们呈现不同的流动形式（流态），分别对应分为：渗漏式泄漏、射流式泄漏和爆炸式泄漏。从泄漏量来看，微孔泄漏的泄漏量最小，其次是小孔泄漏，大孔泄漏的泄漏量最大。从泄漏过程中管道的压力变化看，微孔泄漏对管道的压力几乎没有任何影响；小孔泄漏时虽然会产生一定的压力降，但与管道的压强相比，压降值很小，只是附加在管道压强上的一个压力波，管道的压力无显著的变化；大孔泄漏则不同，由于它的泄漏量较大，产生较为明显的压力降。从适用的探测方法看，由于微孔泄漏的泄漏量比较小，泄漏时产生的紊动强度低，产生的信号很弱以至于无法采用内部探测方法，而只能采用外部探测方法；小孔泄漏和大孔泄漏的泄漏量以及紊动强度都足够大，能够产生采用内部探测法进行有效探测的信号强度。由于内部探测法更为直接、快速和准确，实际应用也比较成功，所以小孔泄漏和大孔泄漏适合采用内部探测法进行探测。上述三种形式的泄漏在实际中都有可能发生，因此外部探测和内部探测都必须同时考虑。外部探测主要采用燃气探头，它不仅可以检测到微孔泄漏，而且也能够检测到小孔泄漏和大孔泄漏。但燃气探头的布置主要依据微孔泄漏时燃气在管道外部的扩散规律，由于微孔泄漏的泄漏量最小，扩散速度最慢，因而探头的布置间距也最小，因此燃气探头主要是针对微孔泄漏而设。内部探测只适用于小孔泄漏和大孔泄漏，无法探测到微孔泄漏。

燃气综合管沟具有很大的火灾危险性，安全的关键在于尽早发现泄漏。由于实际的泄漏情况极为复杂，泄漏形式具有较大的差别，采用单一的探测技术是不够的，应当采取内部探测与外部探测相结合的方式进行全面的探测报警，尽可能减少漏报。

8-1-21　综合管沟防灾设备有哪些？

答：1）防火设备

综合管沟按防火等级分类应为特级保护对象，应采用全面保护方式。综合管沟内应设火灾探测器、火灾报警装置、火灾应急广播等，而且应设置消火栓联动控制系统。火灾报警和消防联动控制系统，应包括自动和手动两种触发装置。综合管沟内隔墙上人手可以触摸到的地方应装设消防电话分机和手动火灾报警按钮，并应每隔50m设一组紧急电源插座。

探测器的类型可选用缆式线形感温探测器或空气管线型差温探测器，安装间距不应超过10m。火灾手动报警按钮应在火灾报警控制器或消防控制室的控制报警盘上有专用独立的报警显示部位号，不应与火灾自动报警部位号混合布置或排列，并应有明显的标志。

消火栓系统联动控制中，每个消火栓处应设直接启动消防水泵的按钮，另外还应设有一个指示灯，该指示灯应当是消火栓水泵启动后的反馈信号灯，在消防水泵启动后，消火栓箱内启泵反馈信号灯应点亮。同时要在消防控制设备上显示启泵按钮的位置。

2）防盗设备

综合管沟内应设防盗设备，以备无关人员随意闯入。应在人员进出口、材料搬入口、管线进出口等人有可能进入的地方设置防盗报警装置，当来犯者打开盖板时，报警装置启动，实现音频报警。防盗报警装置的警戒触发装置应考虑自动和手动两种方式，安装时应注意隐蔽性和保密性。防盗报警系统的探测遥控等装置宜采用具有两种传感功能组成的复合式报警装置，并应与闭路监视系统结合，以提高系统的可靠性和灵敏性。

8-1-22　监控中心的意义、任务、布置方案、设备（五部分）是怎样的？

答：1）智能中央监控的重要性

为保证综合管沟内管线运行的安全稳定，必须设置监控系统，对沟内的管线及附属设备的运行状态、沟内的环境条件和人员的出入情况进行24h远程监控。控制中心内设置两台中央计算机系统，每个系统包括监控计算机、管理计算机、服务器、通信计算机、智能化模拟屏等设备，该系统的彩色显示器上能够生动形象地反映沟内的状况、各设备状态、仪表检测数据和照明系统的实时数据和报警。这些状态的检测和度量通过各种安装在沟内的检测设备来实现，并通过信号传输线路传输到控制中心。综合管沟内设置了异常浸水报警设备、温度探测设备及电动阀门三种控制、检测设备，对沟内的水灾、火灾及水力管道的运行状况进行监视、控制。各种设备均采用就地控制和远程控制两种方式，即各种设备均应有一套控制线路连接至控制中心，以便于沟内发生事故不便于入沟操作时进行设备运行的远程控制。综合管沟是城市现代化的基础设施，其内部不仅收容了维持道路沿线城市功能的自来水、燃气、电力、信息管线，而且自身使用的动力、照明排水等设备繁多。无论纳入管线出现故障，还是自身附属设备出现故障，都将造成沿线城市功能的瘫痪，因此必须加强综合管沟的平时管理。若采用人工管理模式，不仅运营管理费用高，而且管理水平与管理质量也无法得到保障。根据国内外综合管沟建设与运营管理的成功经验，采用现代化的自动监控设备和中央监控方案是一种经济有效、快速反应的运营管理模式。

2）监控中心的任务

综合管沟管线监控中心主要任务是确保沟内管线及操控设备能正常运转，并在发生事故时能迅速反应处理。因此，综合管沟监控中心就好比是整个综合管沟系统的神经中枢，通过自动化监视与侦测设备，将沟内任一角落的状况迅速传递收集于监控室中，使管理人员可以随时轻易地掌握所有情况。

3）监控中心布置方案

智能化配电监控系统就是用通信网络把众多的具有通信接口的多功能参数仪表、中低压断路器和控制设备与主计算机相连，由计算机进行智能化管理，从而实现数据集中处理、监视和控制的配电系统。

在综合管沟中央监控系统中，智能化监控系统至少要要由以下五部分组成，即计算机、多功能电参数模块（数据采集）、控制模块（状态采集）、通信模块和环境模块。

4）监控单元的主要功能及运用

（1）计算机：主要用来对带通信的智能单元监测控制通信和保护，可选择普通的计算机进行智能化管理。

（2）功能参数模块：主要采集数据，这部分由带有数字通信接口的智能参数仪表组成。电参数模块可检测与计量，传感器内置，测量电压、电流、有功功率、无功功率、功率因数、频率，上、下限设定报警，自诊断即自检功能，一旦有内部故障，LCD 显示特定的代码，为及时检修和处理故障提供方便，也可以脱机完成现场监控。多功能参数仪表可装在重要的负荷，如进线柜、实时监测的馈电单元等。其作用相当于智能断路器的数据通信单元。

（3）控制模块：可选择可编程序控制器（PLC），采集现场断路器、接触器的分、合闸故障状态接入 PLC 的输入端，通过 PLC 的继电器输出来控制分、合闸。附有 RS485 接口用于数据传送，通过通信网络把数据送到上位机处理，并执行上位机的命令。

（4）通信模块：采用工业远程智能单元，具有 RS485 总线接口，它可用于连接远程或本地的智能设备，如计算机、可编程控制器 PLC、有 RS485 接口的仪表。通信模块有三种类型的接口：电话线接口、RS232 接口和 RS485 接口。通过 RS485 接口用电话网络遥控远程设备。本地监控用的计算机与通信模块的 RS232 接口连接；远程的个人计算机连接一台通用的调制解调器通过电话网络与通信模块的电话线相连。通信模块提供预置密码功能，远程的监控人员只有输入正确的密码，才能接通。通过拨号可以电话网远端监控和故障拨号报警。

（5）环境监测模块：可以监测环境的温度和湿度，设定上下报警点，如配电房的温度、变压器的温度、配电柜内的温度、配电间的温度等。尤其在综合管沟中湿度比较大，中、高压配电设备对环境要求比较高的情况下，有环境监测模块，可避免因湿度、温度而引起的故障。

监控系统的通信采用工业标准 Modbus 协议，采用 RS485/RS232 总线系统。各单元可以通过双绞线与主控单元连接。通信模块可直接接公用电话进行近程及远程拨号监控，对系统进行参数设定及操作控制，也可发生故障时自动寻呼值班人员。

(6) 监控系统软件：采用 Windows 操作系统下数字图形化，系统软件实时采集配电柜的数据来作出相应的处理，在主界面上显示整个系统图，通过鼠标点击在现场终端是否分合闸确认按钮，可完成断路器或接触器的操作。系统集中显示了配电柜的数据状态，当某一数据不在设定范围或有故障时，现场数据窗口以不同的颜色来显示，对运行的参数最大值、最小值、发生的时间及全部参数存入磁盘或硬盘，作为设备运行参数档案或直接打印，大大提高了管理运行能力。

8.2 综合管沟施工要求及工程实例

8-2-1 综合管沟混凝土工程对混凝土工艺的相关规定有哪些?

答: 1) 配合比

(1) 混凝土配合比的设计由试验室设计后签发，定出既满足设计和施工要求，又比较经济合理的混凝土配合比。

(2) 在混凝土施工中，应测定备料、填充料的含水率，每一工作班不少于一次。当含水率有明显变化时，应增加测定次数，及时调整用水量。

(3) 根据设计配合比和含水率检测结果，换算出一盘混凝土的实际用料，并挂牌公布数据以便配料。

(4) 当原材料发生显著变化时，应重新进行配合比设计。施工过程中，严禁随意改变配合比。

2) 运输道路

(1) 应平坦通畅，以减小运输中的振荡，避免混凝土产生分层、离析、泌水等现象。同时还应考虑布置环形回路，以免车辆相互拥挤、阻塞。

(2) 临时搭设运输道应牢固，接头平顺，并保证在浇捣过程中不使模板、钢筋受损、变形、移位。

(3) 脚手架的搭设应安全、牢固，脚手板的铺设应合理，并能满足混凝土浇筑的要求。

(4) 行走车辆的施工栈桥应进行结构设计计算，利用基坑临时支护设施搭设的施工栈桥应进行结构验算。

3) 模板钢筋验收

(1) 检查模板标高、位置、构件的截面尺寸是否满足设计要求，构件预留拱度是否正确。

(2) 检查模板的支架是否稳定，支柱的支撑和模板的固定是否牢靠。

(3) 检查模板的紧密程度，模板的缝隙应嵌实。

(4) 检查钢筋、预埋件的规格、数量、安装位置是否与设计和施工规范的要求相符合。

(5) 检查水、电、暖等设备管道的位置、数量是否准确无误。

(6) 模板内的垃圾、杂物应用高压空气或高压水清理干净。

(7) 在混凝土浇筑前必须进行隐蔽工程验收。班组、工种间自检、互检，施工单位质量部门专职检验后，报监理检查验收。经检查无误后，办理好隐蔽工程验收手续方可浇筑混凝土。

(8) 浇筑混凝土时，有木工、钢筋工配合看模和看钢筋，以保证模板、钢筋不变形。

4) 水、电、机具的施工采料

(1) 施工现场应有充足、洁净的水源，电源线路电流、电压稳定。有临时停水、停电的应急措施。

(2) 机电设备应有专人管理，确保其正常运转。

(3) 混凝土的搅拌、运输、振捣设备应处于良好的工作状态，在浇筑前认真检查，并要考虑应急措施，准备备用设备（振捣），以保证混凝土的连续浇筑。

5) 见证、取样、送样

(1) 现场搅拌混凝土所用原材料的检验和用于评定混凝土强度、抗渗性的试件，其取样、送样均应见证取样、送样。

(2) 专人进行取样、制作试件。取样时，应由获得授权且具备相应资格的见证人员见证，并对试样进行监护。

(3) 取样人员必须按规定的取样频率和方法从检验对象中抽取试样，用专用工具送样，必须有见证人亲自封样（原材料的取样频率为：每验收一批取样一次）。

(4) 经封样的试样送所在检测机构检验。未封样的试样，见证人员应监送。应由送样单位填写委托单，监护送样的见证人员应在委托单上签字。

(5) 当检测不合格，按有关规定允许复试取样（第二次取双倍样）进行检测时，其取样送检也应见证取样、送样。

8-2-2 综合管沟混凝土工程对材料要求有哪些？

答： 1) 水泥

(1) 其性能指标必须符合国家现行有关产品标准的规定。

(2) 同一厂家生产的同期出厂的同品种、同强度等级的水泥，以进场的同一批出厂编号为一批，但一批总量不得超过 200t。

(3) 进场的水泥，应有出厂检验报告和质量证明书，并对其质量、品种、编号、强度等级、出厂日期等检查验收。还应对袋装水泥的质量进行抽查，每袋不得少于标志质量（50kg）的 98%，且随机抽样 20 袋，总重量不得少于 1000kg。

(4) 水泥进场时，必须按批对安定性和强度进行检验。

(5) 取样方法及数量：水泥试样必须在同一批水泥的不同部位处等量采集，取样点至少在 20 点以上，并且有代表性。取样的试样经充分混合、均匀后，用防潮容器包装，重量不少于 6kg。

(6) 水泥进场后，应按不同品种、编号，按批分别存放，并作出标记。贮存在干燥的库棚内，下面垫板，离地、四周墙壁 300mm，堆放高度不超过 10 包。水泥贮存期从出厂之日起，一般不得超过三个月。贮存期间定期翻包（每一个月一次）。超过三个月，应在使用前对其质量进行复验，并按复验结果使用。

2) 砂

(1) 砂子应质地紧硬、干净。质量符合现行行业标准的规定。

(2) 同产地、同规格的砂 400m^3 为一验收批。

(3) 砂进场时，供货单位应提供产品合格证和质量检验报告。

(4) 取样方法及数量：从料堆上取样时，取样部位应均匀分布，取样前先将表面铲除，然后由各部位抽取大致相等的砂共 8 份，总量不少于 10kg，混合均匀。

(5) 按产地、品种和规格分别堆放。

3) 碎石（含碎石卵石）或卵石

(1) 碎石（含碎石卵石）质地坚硬，耐久，干净，质量符合现行行业标准的规定。

(2) 同产地、同规格的碎石 400m^3 为一批验收。当质量比较稳定，进料量较大时，可定期检验。

(3) 碎石进场时，供货单位应提供产品合格证和质量检验报告。施工单位应批验收。

(4) 取样方法及数量：从堆料上取样时，取样部位应均匀分布，在料堆的顶部、中部和底部分别选取均匀分布的5个不同部位。取样前先将取样部位表层铲除，然后从各部位抽取大致相等的碎石15份，总量不少于60kg，混合均匀。

(5) 按产地、种类和规格分别堆放，堆料高度不应超过5m。

4) 水

拌制混凝土采用的符合国家标准的生活用水，水质必须符合现行行业标准《混凝土拌合用水标准》的规定。

5) 外加剂

配制混凝土所用的外加剂，其质量应符合国家现行有关标准的规定。

8-2-3　综合管沟混凝土工程施工机具有哪些？

答：1) 混凝土浇筑主要工具：平锹、铁板、胶皮管、推车、溜槽、铁杆、抹子等。

2) 后台上料机具：装载机。

3) 计量器具：磅秤、自动计量配料机。

4) 混凝土搅拌设备：2台强制式ST500搅拌机。

5) 混凝土运输机具：手推车20辆，机动翻斗车4辆，井架运输机10台。

6) 振动机具：插入式振动棒10套，平板式振动器3台。

7) 试样用具：坍落度筒2只（顶面直径100mm，底面直径210mm，高300mm的圆台形筒），标准抗压试模（15cm×15cm×15cm），抗渗试模（顶面直径175mm，底面直径185mm，高150mm圆台）。

8-2-4　综合管沟混凝土工程对质量标准有何要求？

答：1) 混凝土所用的水泥、水、骨料、外加剂等必须符合施工规范和有关规定。

2) 混凝土的配合比，原材料计量、搅拌、养护和施工缝处理必须符合施工规范的规定。

3) 凡设计不允许有裂缝的结构，严禁出现裂缝；设计允许出现裂缝的结构，其裂缝宽度必须符合设计规范要求。

4) 混凝土应振捣密实。每个检查件（处）的任何一处及累计蜂窝面积应符合以下规定：梁、柱上一处不大于1000cm^2，累计不大于2000cm^2；基础、墙、板上一处不大于2000cm^2，累计不大于4000cm^2。

5) 混凝土应振捣密实。每个检查件（处）的任何一处孔洞，其面积应符合以下规定：梁、柱上一处不大于40cm^2，累计不大于80cm^2；基础、墙、板上一处不大于100cm^2，累计不大于200cm^2。

6) 每个检查件（处）的任何一根主筋的露筋长度应符合以下规定：柱上的露筋长度不大于10cm，累计不大于20cm；基础、墙、板上一处不大于20cm。

8-2-5　综合管沟混凝土工程混凝土配制是怎样的？

答：综合管沟工程采用商品混凝土由商品混凝土搅拌站供应。混凝土配制严格按设计要求的技术指标确定。混凝土配合比必须经试验确定，水泥的选用要减小地下水对钢筋及混凝土的腐蚀，并应适当掺加外加剂以减少水泥用量和降低水灰比。

混凝土拌合按下列原则执行：必须采用强制式搅拌机搅拌，搅拌要均匀，时间要准确。称量准确，水泥、水、外加剂、掺合料允许误差为±1%，砂、石为±2%，外加剂溶成较小浓度溶液加入搅拌机内。

混凝土浇筑采用溜槽直卸的方法，混凝土到达现场后，材料试验员核对混凝土发车时间，混凝土的品种、强度等级，现场测混凝土坍落度是否在规定的范围内（8～10cm），并随机取样测定和作试快，严格把好混凝土的质量关。

混凝土施工分述如下：

1）底板厚300mm，混凝土强度等级为C30、抗渗等级为P6。由于管沟结构较长，为了防止底板混凝土出现温度收缩裂缝，从而导致管沟结构漏水，混凝土水化热问题成了施工中的关键问题。为此可采取如下措施：优化混凝土配合比，掺入高效减水剂和超细骨料（一级粉煤灰和超细矿粉），降低水泥用量减少水灰比，水泥用量控制在280kg左右，以达到降低水化热的目的。具体配合比要通过试验室试配确定。

2）根据设计要求，综合管沟工程相邻变形缝间距为30.0m，为混凝土一次浇筑施工段，中间不设竖向施工缝，为减少裂缝的产生，可考虑在混凝土中掺入少量膨胀剂。

3）区间结构合理分段，以提高施工精度。薄层浇筑，以加强混凝土的前期散热。信息化施工：在混凝土施工时埋设测温计，分别测板底、板中、板面的温度，比较不同深度的温差。板面与板中温差报警值在20℃，绝对温度不超过60℃。若接近控制值，则将调整蓄水深度，以防止温差超过报警值。

8-2-6　综合管沟混凝土工程现浇混凝土施工质量保证措施有哪些？

答：1）浇筑前，全面检查支架、模板和预埋件等，并清理干净模板内杂物，使之不得有滞水、锯末、施工碎屑和其他附着物质。

2）混凝土浇筑前，保证混凝土温度维持在10～32℃之间，若遇日光暴晒，用冷水搅拌混凝土以降低入模温度。

3）浇筑混凝土期间，安排专人检查支架、模板、钢筋和预制件等稳固情况，若出现松动、变形、移位时，及时处理。

4）混凝土一经浇筑，当即进行全面捣实，使之形成密实，均匀的整体。混凝土捣实后1.5～24h内，不得受到振动。

5）混凝土初凝至达拆模强度之前，保持模板稳定，伸出的钢筋不受力。

6）拆模后，若混凝土表面有粗糙、不平整、蜂窝或不良外观时，要凿除混凝土到适当的深度，并用强度等级高一号的混凝土重新填筑和修整表面。

7）混凝土表面修整要求按表8-2-6执行：

混凝土表面修整类别及标准　　**表8-2-6**

等级	修 整 类 别	修 整 标 准
F1	模板成形的表面，埋置结构	突变不平整，不超过30mm
F2	模板形成的表面，一般修整	突变不平整，不超过6mm；渐变不平整，不超过10mm
F3	模板形成的表面，高标准修整	突变不平整，不超过3mm；渐变不平整，不超过5mm

8）墙体分段砌筑，分段位置设在伸缩缝和沉降缝处，相邻工作段高差不大于1.2m，确保施工质量。

8-2-7　综合管沟混凝土浇筑有哪些规定？

答：规定如下：

1）水泥出厂应有合格证，且不得超过三个月，进场后需进行取样进行物理性能试验，及时出具试验报告，合格后方可用于施工，水泥出厂超过三个月应对水泥进行物理性能检验，合格后方可用于施工。

2）混凝土应严格按照试验室出具的配比通知单进行拌制并要严格控制水灰比，严格对混凝土所用材料的计量。

3）混凝土应按有关规定充分搅拌。

4）混凝土浇筑前应清除模板上的杂物。

5）混凝土浇筑过程中应正确留置施工缝，施工缝的位置应在混凝土浇筑前确定并留置在结构受力较小且便于施工的部位，柱宜留在基础的顶面、梁或吊车梁的腿下面、吊车梁的上面。单向板留置在平行于板短边的任何位置，有主次梁的楼板宜顺着次梁方向浇筑，施工缝应留在次梁跨中1/3范围内。

6）在施工缝处继续浇筑混凝土时，应清除已硬化混凝土表面上的水泥薄膜和松动的石子以及软弱混凝土层，并加以充分湿润且不得有积水，在混凝土浇筑前，宜先在施工缝处铺一层与混凝土内成分相同的水泥砂浆，浇筑前应先在底部填5～10cm与混凝土内成分相同的水泥浆。

7）梁板要整体浇筑，浇混凝土时要保证混凝土保护层厚度；混凝土浇筑完毕后，12h内即开始浇水养护，梁板浇水养护时间不得小于7d，柱可缠塑料膜保持内部水分。

8）混凝土振捣要密实，厚度小的构件用平板振动器振捣，柱梁用振动棒振捣。

9）混凝土浇筑时，混凝土自由倾落高度超过2m时，应设串筒或溜槽，构件高度过大时，应每隔2～3m留置一处浇灌孔，浇筑过程中，混凝土不得产生离析现象。

10）混凝土应随混凝土的浇筑在搅拌地点随机取样，按有关规定留置用于检查结构构件混凝土质量的试块，送试验室试验，及时出具试验报告。

8-2-8　综合管沟混凝土工程预埋件及变形缝施工有何规定？

答：1）做好预埋钢板或钢管的保护工作，采用涂刷含锌硅酸盐漆或热浸镀锌的方法保护钢板（管）材料。

2）对钢板（管）材进行保护处理前，采用喷射、抛光、化学清洗或其他经认可的方法将污垢、油、油脂、铁锈、热轧钢材表面的氧化皮、焊渣或其他杂质从待处理的金属上清除干净，使其露出金属色。

3）变形缝施工时，产品在任何时候都要严格按照厂家推荐的方法装卸、放置、装配和安装。

8-2-9　综合管沟混凝土工程止水带施工有哪些要求？

答：1）保证止水带宽度和材质的物理性能符合设计要求，且无裂缝和气泡；接头采用热接，不重叠，接缝做到平整、牢固，不出裂口和脱胶现象。

2）止水带中心线和变形缝中心线保持重合。

3）防水涂料涂刷前，先在基面上涂一层与涂料相容的基层处理剂。

4）防水涂膜分多遍完成，每遍涂刷时交替改变涂层的涂刷方向，同层涂膜的先后搭接宽度控制在30～50mm。

5）防水涂料的涂刷程序为：先涂刷转角处、穿墙管道、变形缝等部位，后进行大面积涂刷。

6）综合管沟工程总体质量应符合表8-2-9的要求。

综合管沟工程总体质量要求　　　　**表8-2-9**

项次	检查项目	规定值或允许偏差	检查方法
1	综合管沟的中心线偏位	±10mm	用经纬仪检查3～8处
2	内、外包尺寸	±10mm	用钢尺测量3～5处
3	标高误差	±10mm	用水准仪测量
4	相邻段不均匀沉降	±15mm	用水准仪测量
5	地下工程防水（二级防水）	允许漏水，结构表面可有少量湿渍，湿渍总面积不大于0.1m²，任意100m²防水面积不超过1处	目测、钢尺测量

8-2-10　综合管沟混凝土工程后浇带施工要求有哪些？

后浇带是一种现浇钢筋混凝土结构施工过程中，克服由于温度收缩和结构主体沉降而可能产生的有害伸缩和沉降的一种临时施工缝。在建筑物的总体布置中，过去常常用沉降缝、伸缩缝或防震缝来消除沉降、温度收缩和体型复杂对建筑物的不利影响，这常与建筑物使用要求和立面效果以及防水发生矛盾，而现在常常采用施工后浇带克服此矛盾。后浇带的优点是立面效果好，有利于发挥建筑物的使用功能等，但由于对后浇带的构造理解不够深刻，经常由于施工不当，造成板面裂缝、漏水等。优质施工后浇带，要做好以下几方面工作：

1）施工要求

后浇带可做平直缝或阶梯缝，为了施工方便，同时也能满足规范要求，一般采用平直缝，缝宽 80cm，若有防水要求的部位，缝上做止水处理，根据《钢筋混凝土结构设计与施工规程》的要求，每 30～40m 留出施工后浇带，对于综合管沟的后浇带要在主体完毕、沉降趋于稳定后浇灌。后浇带混凝土采用补偿收缩混凝土，浇灌时的温度尽量与主体混凝土浇灌时的温度相近。

后浇带属于刚性接缝，应优先采用补偿收缩混凝土。采用掺有 UEA 的混凝土，它是补偿收缩混凝土，补偿收缩混凝土是膨胀混凝土的一种，即用膨胀来抵消混凝土的全部或大部分收缩，因而避免混凝土的开裂。此外，补偿收缩混凝土还具有良好的抗渗性和较高的强度，所以它还是一种比较理想的结构抗渗材料。

做后浇带时要求水泥强度等级和品种与两侧先浇筑的混凝土相同，混凝土强度等级比原浇筑的混凝土提高一级。另外，膨胀剂掺量按水泥重量的百分数掺，养护条件、拌合及振捣工艺等必须先做试验，再作适当调整后，应用到施工中。

2）材料及配合比的确定

目前，使用比较多的有 UEA 等膨胀剂，它在实际工程应用中还是比较成熟的。在工程中它可以直接掺入搅拌机制成补偿收缩混凝土，UEA 掺量一般为水泥重量的 10％～12％。UEA 还能与高效减水剂复合应用，减少用水量，同时减少水泥用量，增大流动性，共同解决混凝土开裂问题。

当配制补偿收缩混凝土时，除应遵守普通混凝土关于原材料、配合比和拌合等方面的规定之外，还应特别注意以下几个问题，这是与配制一般混凝土不一样的地方：

(1) 水泥用量对膨胀率的影响很大，所以水泥称量必须准确，误差不得超过 1％，如果是直接掺加膨胀剂，则称量误差应更小，以保证设计规定的膨胀率。

(2) 补偿收缩混凝土的需水量较大，所以拌合水应比相同坍落度的普通混凝土多 12％左右，但是增加水量会增大水灰比，使膨胀率减少和干缩增加，所以应在操作条件允许的前提下，尽量少加水，或掺加减水剂以减少加水量，现在多掺加高效减少剂。

(3) 选择骨料应使其不对膨胀率和干缩率带来不利影响，若有条件的情况下，骨料采用间断级配有利于提高膨胀性能。

笔者认为尤其是前面两点要认真对待，不能像浇灌一般的混凝土那样，误差相对较大。

3）试验检验

(1) 强度抗渗试验结果。UEA 和高效减水剂在规定掺量下，混凝土 28d 抗压强度与不掺 UEA 的空白强度大致相同，后期强度持续增长，抗渗等级也远远超过设计要求。

(2) 收缩试验结果。收缩试验分自由膨胀试验和限制膨胀试验两种，限制膨胀率是补偿收缩混凝土最重要的性能，一般来说，自由膨胀率对限制膨胀有一定影响，自由膨胀率为 2～10，如果自由膨胀率太大，混凝土的强度和耐久性就会显著降低，在钢筋混凝土中甚至会使钢筋保护层脱落，同时，由限制膨胀率值减去各种因素造成混凝土收缩率得到残余膨胀率值接近于零，未出现拉应力。

4）后浇带补偿收缩混凝土的浇筑

根据《钢筋混凝土结构设计与施工》后浇带浇灌时宜与主体混凝土浇灌时的温度相近，后浇带浇灌前，特别针对底板后浇带，首先用钢钎铲掉下部钢筋网上的水泥砂浆及杂物，用高压水冲向集水坑清洗边壁，用钢丝刷刷干净并打毛，钢筋用钢丝刷除锈。

在进行综合管沟后浇带时应注意管沟上的后浇带，在封闭前及封闭后混凝土还未达到设计强度时，其端部的支撑架和钢模板还不能拆除，否则将发生结构在后浇带处下塌变形，后浇带的施工能保证结构的抗渗性能和安全性能，缝内混凝土与原主体接缝严密，不会出现干缩裂缝。

某综合管沟从浇筑后浇带直至使用至今，没有出现裂缝或漏水现象，达到了施工及设计的各项要求，用户非常满意。

8-2-11　综合管沟裂缝产生的原因有哪些？如何控制？

答：混凝土是一种非均质的复杂多相混相材料，在其微观结构相组成之间主要的结合力是范德华力。当混凝土内部产生拉应力超过其抗拉强度时，就会产生裂缝。因此，混凝土发生开裂的条件就是：在约束下变形产生的拉应力超过实时的抗拉强度，也就是说必须同时考虑以下条件：变形的大小、约束等。

1）混凝土结构产生裂缝的原因及控制的必要

混凝土是一种非均质的复杂多相混相材料，在其微观结构相组成之间主要的结合力是范德华力，因此其抗拉强度远低于抗压强度。当混凝土内部产生拉应力超过其抗拉强度时，就会产生裂缝。因此，混凝土发生开裂的条件就是：在约束下变形产生的拉应力超过实时的抗拉强度，也就是说必须同时考虑三个条件：变形的大小、约束的程度、实时抗拉强度。不受约束的自由变形不会产生应力；抗拉强度足以抵抗所产生的拉应力时则不会开裂。也就是说不能笼统地认为收缩必然开裂。所产生的应力大小和实时的弹性模量和能够松弛应力的徐变有关；是否引起开裂还和混凝土的抗拉强度有关。

凡是组成良好并经适当捣固和养护的混凝土，只要内部孔隙和裂缝尚未形成相互连接而直达表面的通道，则综合管沟上是水密性的；在使用中，结构的荷载以及大气环境的影响（如冷热交替、干湿循环），可使这些内部微裂缝发展并传播，成为环境中侵蚀性介质浸入的通道。早期裂缝控制的意义在于，已有裂缝的扩展比新生成裂缝容易。

可能引起开裂的变形主要是收缩，影响最大的早期收缩如下：

(1) 干缩：停止养护后，环境相对湿度低于100%，混凝土干缩即开始。在干燥的空气中，收缩会持续进行，甚至在20多年后仍能观察到一些变化。对于普通混凝土，28d收缩约40%，3个月收缩60%左右，180d收缩约70%，1年平均收缩75%，完全收缩的时间可长达20年。完全干缩值为10000μm应变，F. M. Lee曾实测到4000μm应变。影响收缩的主要因素是骨料的品种和用量。当骨料品种一定时，单方混凝土中骨料用量越大，即浆骨比越小，则干缩越小。骨料的"骨架"作用即在于此。当水泥（或胶凝材料）用量不变时，水灰比（或水胶比）越大时，浆骨比越大，干缩也越大。因此混凝土的配合比中应当尽量减小用水量。

(2) 温度收缩：随着水泥实际强度的提高以及比表面积的增大，水化热也相应较大，再加上因要求混凝土具有较高早期强度而使用大量的水泥，适用于厚度为30cm的混凝土构件也需要控制内部温度的变化。混凝土温度每下降15℃时，收缩约150μm应变。例如抗压强度约30MPa的混凝土，其弹性模量为约30GPa（按我国结构设计规范），则在约束下可产生弹性拉应力约4.5MPa，而30MPa的混凝土的直接抗拉强度约为2.7MPa。常有工程中的混凝土拆除模板时就发现已产生裂缝，显然是由温度变形所致。

(3) 自收缩：是在与外界无水分交换的情况下因水泥水化消耗浆体内部自身的水分而产生的。自收缩从混凝土初凝就开始产生，在1d以内发展最快，3d以后减慢，此后就发展得很缓慢了。自收缩不同于化学收缩，但由化学收缩引起。化学收缩的原因是水泥和水发生水化反应，产物的固相体积增大，而与反应前水泥与水的体积之和相比则减小，故也称化学减缩。化学收缩在初凝前导致整个体系体积减缩，在初凝后导致体系产生孔隙，而对体系体积无影响；自收缩则导致毛细孔收缩而产生体系的收缩。胶凝材料（包括水泥和活性掺合料）的活性越大、水灰比越低，自收缩越大。例如根据安明喆的试验，水灰比 $w/c=0.36$ 时，3d 自收缩约 100μm 应变，而 $w/c=0.275$ 时，3d 自收缩可超过 270μm 应变。

如果按目前的标准方法 GB/T 50082—2009 检测水泥或混凝土收缩值，检测不到全部的自收缩值，而是停止养护（1d 或 3d）后的干燥收缩和一小部分自收缩值。而不能测到的那部分自收缩值恰恰是影响早期开裂的重要部分。水灰比越低，这部分所占比例越大，而混凝土的总收缩几乎和水胶比无关。在目前大量使用较低水灰比和较大水泥用量的混凝土中，早期收缩最重要的就是温度收缩和自收缩；如果拆模较早而养护不当，则早期还可产生较大的干缩。

由于近年来混凝土所用的水泥强度高，尤其是早期强度高，混凝土水灰比较低，使混凝土温度变形和自收缩变形较大，即使早期未开裂，已产生的应力未消除，在后期使用阶段有时因外界条件（如急剧的温度和湿度）的变化，又会有新的应力生成，与已有应力叠加后如果超过混凝土实时的抗拉强度，就有可能在原有不可见微裂缝处扩展成可见的裂缝。因此控制混凝土早期内部的应力尽量减小，才是提高混凝土耐久性最重要的环节。为了减小早期内部应力，就要减小温度变形和自收缩变形，同时尽量避免高早强以降低早期弹性模量，增大早期徐变。

2）裂缝控制总则

影响开裂的因素很复杂，往往不是单一因素造成的。控制裂缝也不只是施工人员和混凝土生产者的事，而是涉及包括设计、混凝土及其原材料生产、施工甚至监理和业主（政府主管）在内各方面的责任。因此，需要各方共同努力解决。但是混凝土的施工，包括混凝土原材料的控制、混凝土的制备和现场施工的各个环节，则对于控制早期裂缝、减小后期开裂倾向、保证设计的混凝土结构耐久性是至关重要的。不能把施工看成什么人都能干的事，相反，需要知识面很宽的、能运用哲学思想（例如能根据具体情况具体分析，具体处理工程中的问题）的管理人员和技术人员共同筹划、决策和把关。

混凝土施工中影响混凝土质量的并不只是养护的问题，养护也不只是浇水保湿的问题，而是包括模板种类、浇筑方式、浇筑顺序、振捣方法等的选择，以及混凝土内部温度的控制、拆模时间和方式等各方面的内容。由于现代水泥成分中较高水化速率的组分因素增加，即使不是早强水泥的品种，水化放热速率也都加快，加之，为耐久性而设计的混凝土水灰比低，混凝土的自收缩变形和温度变形都会较大，上述施工的各环节就更加重要。

每项工程施工前，应针对不同工程的特点、环境、施工季节、条件等，由监理（必要时可还有甲方代表参加）和技术人员按照设计要求，参考综合管沟和有关混凝土结构施工验收规范，共同制定具体保证措施和实施计划。

混凝土的制备应当密切配合混凝土的施工，提供混凝土合适的流变性能和浇筑温度，并且应当做好售后服务，跟踪混凝土施工中重要阶段的质量控制。国内已有混凝土生产企业做到了“混凝土生产和施工现场浇筑及质量控制的一体化”，这是很值得提倡的。但是要做到这一点，在经济核算和责任方面必须有相应政策性的调整。

3）混凝土的制备和运输

混凝土的生产者应当改变只按强度要求购买原材料的观念，而应更关心水泥的抗裂性能以及与抗裂性有关的指标以及含碱量，美国垦务局的 Burrows 根据现场监测和其他科学家的实验认为，即使所用骨料没有碱活性，含碱量超过水泥质量的 0.6%时，也会因为促进水泥增大收缩而降低抗裂性，K_2O 比 Na_2O 的影响更大。另外，还应关心所供应的水泥质量稳定性（对主要性能指标，要求厂方提供其标准差）。水泥的实际强度不应超出标称强度太多，如果考虑储存，则一般要求富裕系数约 1.13 倍即可。如果立即使用，则富裕系数为 1.10 即可。高强度等级的水泥由于比表面积大，强度不易保持。例如某工程 C40 混凝土使用的 42.5 级硅酸盐水泥，复验 28d 实际抗压强度可达67MPa，C60混凝土用52.5级水泥，复验28d实际抗压强度则为64MPa，二者相差无几。这种水泥超强度太多，抗裂性很难控制。此外，购进散装水泥的温度常常很高，甚至可达到90℃，入仓后散热较慢，对混凝土的早期抗裂性不利，需要与水泥厂协商解决，或自行解决配制混凝土前水泥的散热。

任何工程必须根据综合管沟工程原材料、工艺条件、施工水平，选择合适的配合比进行试配，当原材料变化时还要进行调整，不能使用现成的"配方"。

应根据试配优选的配合比检测混凝土的抗裂性能和收缩值。由于混凝土自收缩在初凝时就开始，即使没有条件检测，也应在终凝后尽早测定初长。试件的养护条件应与现场实际养护条件相当。例如现场构件湿养护7d，则试验试件也应湿养护或密封养护7d，则7d内所测收缩可包含一部分自收缩值，撤除养护后继续检测的收缩值主要是干缩。除按标准制作检测抗压强度的试件外，要检测1d的抗压强度。有条件时，最好能测定直接抗拉强度，以便控制混凝土内部应力始终低于其抗拉强度。

重要工程混凝土性能宜在现场制作模拟试件钻芯取样进行检测。

热天施工的混凝土可掺入适量缓凝剂和引气剂，以延迟温峰的出现，并抑制初期强度的发展。但不可过于缓凝，否则可能引起后期的开裂。

掺用粉煤灰后混凝土拌合物黏聚性增加，达到相同流动度的流动速率减小，但与容器的粘附力下降，而且触变性明显，国内外都有经验表明，大量掺粉煤灰的混凝土拌合物坍落度大于100mm即可泵送。坍落度不要太大，有利于控制裂缝。但这必须有级配和粒形良好的骨料为前提。为了方便浇筑和振捣，对中等强度的混凝土，目前宜控制在140±20mm。坍落度可用减水剂调整。

热天用的砂石料场应当有棚子以遮盖直射的阳光和雨水，冷天要保温，避免其中的含水结冰。在砂石料场取料时，应取用距底部以上300mm以上的砂石。含水率以饱和面计算，每天检测应不少于两次，如下过雨，则应增加检测次数。

搅拌机称量装置应定期校核，并经过试验控制下料的冲量。

运送混凝土拌合物的输送车在装料前，筒体应湿润，但不得积水。

4）混凝土配合比设计

(1) 混凝土配合比的设计原则

按耐久性设计应首先满足低渗透性的要求。按工程设计的氯离子扩散系数要求或抗渗性指标确定氯离子扩散系数指标，水灰比一般不大于0.45。

掺入掺合料时混凝土的水灰比应低于无掺合料的混凝土的水灰比，胶凝材料总量应稍大于设计相同强度等级传统混凝土时的水泥用量，以保证良好的施工性，提高混凝土的耐久性。对不同强度等级的混凝土，在目前我国骨料条件下，胶凝材料总量一般不少于380kg/m^3，C50以上混凝土不大于500kg/m^3。

砂率按混凝土施工性调整。为不严重影响混凝土弹性模量，对现市售的骨料，砂率也不宜大于45%。

由于胶凝材料中各个组分密度相差较大，宜采用绝对体积法进行配合比的计算。至少第一盘试配料要采用绝对体积法。混凝土拌合物应有最小的砂石空隙率。

试配后应检验其强度是否满足设计要求。检验应按配制强度进行。混凝土配制强度为：

$$f_{cu} = f_{CUO} + 1.645\sigma$$

式中　f_{cu}——混凝土配制强度（MPa）；

f_{CUO}——混凝土设计强度（MPa）；

σ——标准差，若无统计资料档案，设计强度为C50以下时，σ取5.0MPa，设计强度为

C50 以上时（含 C50），σ 取 6.0MPa。

按计算出的配合比进行试拌，检验其施工性；调整其坍落度和坍落流动度，观察其体积稳定性，测定混凝土的表观密度，调整计算密度和各材料用量。

(2) 配合比计算步骤

①按工程所要求的耐久性，确定目标氯离子扩散系数选择水胶比。

②按照施工条件确定施工性要求。一般，泵送时坍落度可为 140±20mm，坍落流动度为 400±50mm。

③强度等级为 C30 左右时，胶凝材料总量变动在 380～430kg/m³ 范围内。

④根据步骤①初选的水胶比和步骤③初选的胶凝材料总量计算用水量。

⑤计算砂石用量用砂浆填充石子孔隙乘以砂浆富裕系数，即：

$$S_p = k \times \gamma_G \times \gamma_S / (\gamma_G + P_0 \times \gamma_S)$$

按绝对体积法列出下式：

$$V_S = [1 - (C_0/\gamma_C + \gamma_W)] \times S_p$$

式中　V_S、S_p——分别为每立方米混凝土中水泥、掺合料、水、砂的密实体积、松散体积砂率；

C、W、S、G——分别为每立方米混凝土中水泥、水、砂、石子用量；

γ_C、γ_W、γ_S、γ_G——分别为水泥、水、砂、石子的表观密度；

P_0——石子的空隙率；

k——砂浆富裕系数，k=1.5～2.0（根据流动性不同要求调整）。

根据上述两式，即可计算出砂石体积，再根据砂石表观密度，计算砂石用量。

⑥按胶凝材料总量掺高效减水剂试拌，进行坍落度和坍落流动度试验；测定拌合物表观密度，调整配合比，校验强度。

(3) 简易绝对体积法

对砂石来源稳定的搅拌站，使用该方法有简便易行的优点。其原则是要求砂石有最小的混合空隙率，按绝对体积法原理计算，步骤如下：

①按设计或甲方提出耐久性要求的氯离子扩散系数。

②求砂石混合空隙率 α，选择最小值；先按石子级配情况设定砂率；如石子级配较好，可设砂率为 35%～40%，石子级配不好则砂率可加大，但不宜超过 45%。按砂率换算成砂石比，将不同砂石比的砂石混合，分三次装入一个 15～20L 的不变形的钢筒中，每次用直径为 15mm 的圆头捣棒各插捣 30 下（或在振动台上振动至试料不再下沉为止），刮平表面后称量，计算捣实密度 ρ_0（kg/m³）；测出砂石混合料的混合表观密度 ρ（kg/m³）一般为 2.65g/cm³ 左右。计算砂石混合料的空隙率，最经济的混合空隙率约为 16%，一般为 20%～22%，24%左右则是不经济的。

③计算胶凝材料浆量，胶凝材料浆量等于砂石混合空隙体积加富余量。胶凝材料浆富余量 ΔV_P 取决于工作性要求和外加剂的性质和掺量（可先按坍落度为 180～200mm，估计为 8%～10%），试拌后，可按坍落度减小到 140±20mm，调整用水量和外加剂掺量。求得浆体积 V_P。

④计算各组分用量。设每份胶凝材料中掺入粉煤灰量为 f 份，磨细矿渣掺量为 k 份，水胶比为 W/B，水泥用量为 c 份，水 w 份，$f+k+c=1$，则为 1 份胶凝材料的体积。

每份浆体中胶凝材料用量为 b，则 1m³ 中

胶凝材料总量　　$B=V_P \times b$；

水泥含量　　$C=B \times c$；

粉煤灰含量　　$F=B \times f$；

磨细矿渣含量　　$K=B \times k$；

水含量　　　　　$W=C\times(W/C)$；

集料总量　　　　$A=(1000-V_P)$；

砂含量　　　　　$S=A\times$砂率；

石含量　　　　　$G=A-S$。

因引入浆体积富余量，总体积略超过 $1m^3$，所计算的各材料用量总和需按实测的表观密度进行校正。

⑤调整按 15L 筒试配的砂石量加以上胶凝材料、水用量×1.5%，掺入外加剂试拌，测坍落度和流动度，如不符，则调整富余量或外加剂掺量，达到要求后，再装入筒中称量筒中混凝土和多余混凝土拌合料质量，求出混凝土表观密度，并校正各计算量。富余量为±1.5%。

在以上基础上，经多次试拌，求得符合要求的合理、经济的配合比。

(4) 简易绝对体积法计算混凝土配合比举例

①某地下工程，地下水中氯最大含量为 1000×10^{-6}。要求混凝土耐蚀系数≥0.85，抗渗等级≥$P8$，设计强度等级为 C30，氯离子扩散系数应为 $14cm^2/s$ 左右。由搅拌站集中供应混凝土。选择原材料为 GB 175—2000 中规定的 42.5 级普通硅酸盐水泥，密度为 $3.1g/cm^3$，复合掺入粉煤灰和磨细矿渣共计 60%。粉煤灰为Ⅱ级，需水量比为 104%，烧失量为 7.76 %；磨细矿渣比表面积为 $3700cm^2/kg$，碎石压碎指标为 9.8%，针片状颗粒占 6.1%，堆积密度为 $1520kg/m^3$，表观密度为 $2.66g/cm^3$；细骨料：Ⅱ区中砂（中粗砂），细度模数为 2.9，堆积密度为 $1370kg/m^3$，表观密度≥$2.65g/cm^3$。

②初选目标坍落度为 18±20mm；水胶比为 0.38～0.42。

③计算。石子空隙率为 42.9%，砂空隙率为 51.7%。

砂石混合空隙体积 $\alpha=0.429\times0.517=0.22m^3$

假设胶凝材料浆体富余量为 10%，则浆体体积为 $320L/m^3$。

选择水胶比为 0.4，掺入粉煤灰和磨细矿渣共 60%，粉煤灰和磨细矿渣混合密度为 $2.5g/cm^3$。则 1.3 kg/L 得到胶凝材料总量为 $320\times1.3=416kg/m^3$。

④按前述步骤计算出配合比，掺入液体高效减水剂 2.5%，试拌中因发现有泌水现象，调整胶凝材料总量为 $420kg/m^3$，并确定水泥用量为 $180kg/m^3$，水胶比为 0.40。按前述步骤调整各材料用量后，拌合物坍落度为 220mm，坍落流动度为 550mm，抗压强度为 38.2MPa，28d 轴心抗压强度为 22.3MPa，28d 抗折强度为 50.7MPa，28d 劈裂抗拉强度为 53.5MPa，28d 弹性模量为 39.9GPa。用 ASTM C1202 法测量结果及评价（库仑）氯离子扩散系数（$10\sim14cm^2/s$）。

实测温升较快，约 1d 即达高峰，为了控制早期强度，调整至坍落度为 140～160 mm，增掺了缓凝剂，掺入引气剂 4%。

⑤不正确的浇筑顺序会造成可以避免的约束和不均匀的沉降。例如梁和柱或板和墙同时浇筑，会因沉降不匀在交接处产生裂缝。相反，采取恰当的浇筑顺序会减少开裂，如大面积的板当使用膨胀剂时，采取“跳仓”方式浇筑可减少开裂。所以不同构件浇筑前应认真规划浇筑顺序。

⑥ 应当正确进行混凝土拌合物的振捣，使用振捣棒时绝对禁止用振捣棒横拖赶动混凝土拌合物。否则必然造成离下料口远处砂浆过多而开裂。

8-2-12　综合管沟混凝土工程对于养护有何要求？

答：1) 对于板，浇筑后应立即覆盖，以避免塑性开裂。当混凝土表面“收水”过快时，会结成一层硬壳，而内部则凝结变慢。在干燥有风的条件下，硬壳会开裂并脱落。实践证明，如能及时覆盖，就能避免发生这种情况。

2) 尽早开始湿养护。墙、柱等在拆模前应及早松动模板浇水，或是用透水性模板或吸水性模板。

3）在最小断面大于30cm的构件中，早期温度应力引起的开裂往往占大部分（至少60%），因此温度控制很重要。首先应降低浇筑温度。

4）拆模时间应视混凝土内部温度而定，不能在混凝土内部温度最高时拆模，尤其不能在混凝土内部温度最高时拆模后立即浇凉水，以避免对混凝土产生热振。拆模后注意保温，以避免降温速率太快。

5）避免间断浇水。

6）混凝土在相对湿度低于100%时开始失去毛细水，在相对湿度低于65%时，开始失去凝胶的吸附水；凝胶越多，体积越不稳定。硬化的混凝土水泥浆体需要有一定量的未水化颗粒稳定其体积。因此，浇水周期既要足够，又不宜随意延长。但目前主要矛盾是湿养护不足。

目前，所供应的磨细矿渣比表面积一般都为400～450m^2/kg，则使用时宜与粉煤灰复合使用，或用于水下或地下时掺量大于75%，以减小混凝土由于矿渣过细引起的自收缩和温升。尽量避免使用硅灰，必须使用硅灰时，应与至少30%的大掺量的粉煤灰复合。尽量选用热膨胀系数小的粗骨料（例如与花岗岩相比，石灰岩的热膨胀系数就较小），提倡使用引气剂。

7）选用配合比时尽量减小水泥用量和胶凝材料总量（用水量）。除非必须（如自密实混凝土），不追求拌合物的大坍落度。

8）施工中应重视采取正确的施工浇筑顺序，严格禁止违反操作规程的浇筑和振捣方式，重要工程应有在线测定混凝土温度和应力的措施，根据实测结果调整养护措施。夏季要注意降低混凝土入模温度，并尽量提前在混凝土处于塑性的阶段开始采取降温措施，避免横跨断面的温差。在混凝土降温阶段，无论夏季还是冬季，都要注意采取合理的保温制度，避免混凝土内部降温太快。避免拆模时产生热冲击。要尽早开始湿养护，并避免间断浇水，不得在混凝土内部温度达到高峰时才开始浇水。湿养护周期要足够。

9）提倡混凝土供应商和施工承包商联合实行混凝土的生产、浇筑、养护（包括温湿度控制）等一体化的施工。这不仅有利于裂缝的控制，也有利于施工质量的控制，应当是建筑工业集约化生产的方向，建设主管部门应当支持这一措施，并在经济政策上作相应的调整。

8-2-13　综合管沟结构自防水的重要性如何体现？

答：新修订的《地下工程防水技术规范》将原规范中的“宜采用防水混凝土结构”改为“应采用防水混凝土结构”，体现了以结构自防水（含外加剂）为主的主导思想，其重要性已越来越受到结构设计工作者的重视。

1）合理确定综合管沟工程的防水等级

合理确定防水等级是确保综合管沟工程使用功能的前提，也是进行防水设计的准则和依据。综合管沟工程的防水等级确定过低，轻者会影响整个工程的正常使用，重者则使整个防水设计失败，造成综合管沟工程的报废。而防水等级确定过高，又会造成不必要的浪费，得不偿失。规范规定的防水等级划分为四级，除一级外，其他各级都给出了定量指标。在设计时，可根据规定的定量指标，结合工程的实际情况合理确定综合管沟工程的防水等级。只有合理确定综合管沟工程的防水等级，才能准确制定防水方案，做到有的放矢。

2）合理的结构形式与构造节点设计

结构自防水（含外加剂）为主的防水主导思想在《地下工程防水技术规范》中得到了充分体现，结构自防水法是利用综合管沟结构本身的密实性、渗水性以及刚度，提高综合管沟结构本身的抗渗性能，通常被称为刚性防水。它要求综合管沟结构本身必须具备一定的刚度，而合理的结构形式恰恰是提高结构整体刚度的关键。因此，设计中在结构选型方面，应根据防护要求、平时和战时使用功能、工程地质和水文地质条件等因素综合确定，避免结构突变（或断面突变），尽量使结构选型规则、整齐，借以提升结构的整体刚度，减少裂缝开展及变形缝的设置。

3）构造节点设计

变形缝、施工缝和其他（例如穿墙孔、阴角等）构造节点的设计在综合管沟工程防水设计中占有重要的位置，同时也是防水的薄弱环节，在设计中应尽量不设或少设。

长期以来就有“十缝九漏”的说法，虽然有些夸张，却也充分暴露出变形缝防水存在的问题。解决这一问题，除了解决变形缝的防水问题外，尽量减少变形缝的设置也是减少这一现象的有效途径。变形缝的渗漏问题是综合管沟工程的通病之一，已越来越受到工程界的重视，解决好它们的防水设计是铲除这一病害的根本途径。“十缝九漏”，究其原因，除变形缝防水施工难度较大外，防水设计中的单一防线也是原因之一，这就要求工程设计人员在变形缝的防水处理上加强重视，变单一式的防水设计为复合式防水设计。目前，应用最广的复合式防水设计有中埋式止水带与外贴防水层复合使用；中埋式止水带与遇水膨胀橡胶条、嵌缝材料复合使用；中埋式止水带与可卸式止水带复合使用。

施工缝的防水设计，传统的凹缝、凸缝、阶梯缝、钢板（橡胶）止水带，其原理都是延长渗水线路，等于加大了混凝土的厚度。这一原理除综合管沟本身不完善外，施工时也不好处理，因此不再提倡单独使用。建议采用外贴式止水带与中埋钢板（橡胶）复合使用，其中以遇水膨胀胶条或腻子条与中埋钢板（橡胶）复合使用最佳，但在防护结构中宜采用钢板，以确保工程的防护效果。

穿墙管、线、螺栓宜采用止水环与遇水膨胀腻子条复合使用，且应采取防止转动的措施，如将止水环平面外形改为非圆形。

总之，构造节点的防水设计应避免单一式，尽量采用复合式防水设计，并且尽量减少变形缝、施工缝的设置，以减少综合管沟工程的漏水概率。

8-2-14　综合管沟防水工程结构材料要求有哪些?

答：1）防水剂的选择及配合比的设计

为了提高自防水混凝土的抗渗能力，人们在防水材料的研究上倾注了巨大的精力，防水材料的性能有了很大的改善。如中国建筑材料科学研究院研制成功的U形膨胀剂就是一种良好的防水抗渗材料。在混凝土中掺入10%～14%U形膨胀剂，能使得混凝土抗渗能力提高1～2倍，达P30，因此选择一种应用成熟的、效果较好的混凝土防水剂是混凝土配合比设计成功的前提。

除选择性能良好的膨胀剂外，还必须选择有相应资质和能力的试验室进行配合比设计，进行配合比设计时的抗渗水压值应比设计值提高0.2MPa，水泥用量≥300kg/m^2，砂率宜为35%～45%，水灰比≤0.55，入泵坍落度不宜大于140mm。另外，采用商品混凝土时必须考虑路途远近及道路运输状况，适当延长混凝土的初凝时间，避免浇筑过程中出现冷缝，并推迟水泥水化热峰值出现时间，减小温度裂缝。

2）原材料的质量控制及准确计量

组成自防水混凝土的主要原材料有：水泥、砂、石子、膨胀剂、粉煤灰、水等。水泥强度等级应≥32.5级；石子粒径宜为5～40mm，含泥量≤1%；砂宜用中砂，含泥量≤3%；膨胀剂的技术性能必须符合国家标准一等品；粉煤灰必须达到二级，掺量≤20%；水应采用不含有害物质的洁净水。在施工前进场材料必须现场抽样检验，达不到要求不得使用，重点控制砂石含泥量及级配。混凝土如采用现场搅拌，I-T-R系统使用前必须进行校验。人工添加膨胀剂及粉煤灰时必须对操作人员进行交底和培训，务必添加准确，误差≤0.5%。加入膨胀剂后的混凝土搅拌时间应比普通混凝土延长30～60s。

3）施工中的振捣及细部结构（施工缝、变形缝、后浇带、钢筋撑角（环）、穿墙螺栓、穿墙管、桩头等）的处理

混凝土振捣时必须专人负责，振捣时间宜为10～30s，以混凝土泛浆和不冒气泡为准，确保

不漏振、不欠振、不超振。

（1）墙体施工缝的施工。按照《地下工程防水技术规范》GB 50108—2008 的规定，墙体水平施工缝应留在高出底板表面不少于 300mm 的墙体上，施工缝防水的构造形式主要有设置 BW 遇水膨胀止水条和中埋钢板止水带两种。设置 BW 止水条是近年发展起来的一种新工艺，它主要有操作简单、施工速度快等优点。但由于现场施工条件复杂，其可靠性及止水效果往往不及传统的钢板止水带。墙体水平施工缝浇灌混凝土前，其表面浮浆和松散混凝土必须清除干净，然后再铺 30～50mm 厚 1：1 水泥砂浆。铺设水泥砂浆的铺浆长度要适应混凝土的浇筑速度，不宜过长或者间断漏铺。混凝土砂浆在墙体中的卸料高度大于 3m 时，可根据墙体厚度选用柔性流管浇灌，避免混凝土出现离析现象。

（2）变形缝的施工为避免止水带局部出现卷边或接头粘接不牢，在施工中应采取以下几项措施：①选购止水带时应按图纸要求选购长度能够满足底板加两侧墙板的长度尺寸，长度不能满足要求而需接长时，可采用氯丁型 801 胶粘剂粘结，并用木制的夹具夹紧，最好采用热挤压粘结方法，以保证粘结效果；②止水带安装过程中的支模和其他工序施工中，要注意不应有金属一类的硬物损伤止水带；③浇筑混凝土时，应先将底板处的止水带下侧混凝土振捣密实，并密切注意止水带有无上翘现象；对墙板处的混凝土应从止水带两侧对称振捣，并注意止水带有无位移现象，使止水带始终居于中间位置；④为便于施工，变形缝中填塞的衬垫材料应采用聚苯乙烯泡沫塑料板或沥青浸泡过的木丝板。

（3）后浇带施工。由于工程施工的需要，常在地下结构中留设后浇带，而渗漏常出现在后浇带两侧混凝土的接缝处。后浇带的施工时间宜在两侧混凝土成型 6 周后，混凝土的收缩变形基本完成后再进行。或者通过沉降观测，当两侧沉降基本一致，结合上部结构荷载增加情况以及底下结构混凝土浇筑后的延续时间确定。施工前，应将接缝面用钢丝刷认真清理，最好凿去表面砂浆层，使其完全露出新鲜混凝土后再浇筑。施工时可根据混凝土浇筑的速度在接缝面上再涂刷一遍素水泥浆，但每次涂刷的超前量不宜过长，以免失去结合层的作用。后浇带混凝土中还可掺入 15％的 U 形膨胀剂，在混凝土硬化时起收缩补偿作用。混凝土浇筑应采用二次振捣法，以提高密实性和界面的结合力，设计中往往会对该部位配筋进行加强，针对配筋较密的特点，后浇带宜采用 T 形，以方便拆除模板。支设吊模时支撑模板的钢筋必须从中间截断，以免该钢筋成为渗水通道。

（4）钢筋的绑扎施工中必须注意将撑环、撑角设置在双排钢筋之间，对应的位置也应加设保护层垫块。撑环或撑角的每一端应不少于两道绑扎。为了可靠，宜采取焊接的方法固定在钢筋上。

（5）安装模板设置的穿墙螺栓或穿墙管时，施工规范规定要焊接止水环，但对施工中的止水环焊缝的检查要求不够严格，以至于施工中往往存在局部漏焊和严重夹渣现象，为渗水提供了通道。因此，要加强对止水环焊缝的检查，在满焊的条件下应逐个进行焊缝检验，对不合格的要补焊后方可用到工程中。用于支模的穿墙螺栓也可采用气压焊和电渣压力焊顶锻形成止水环工艺，但需注意顶锻后形成的止水环径部分应大于钢筋直径 2.5 倍以上。而且止水环相对穿墙螺栓中心不得有严重偏移现象。当混凝土达到一定强度后，应在穿墙螺栓端头迎水面侧凿 20～30mm 深的混凝土，截去穿墙螺栓，用膨胀砂浆做墙面处理。对于较大的方形套管，管子的底部常因无法振捣而出现空洞蜂窝现象，对此类套管采取在止水环两侧分别开出直径不小于振捣棒直径的洞口，便于将振捣棒插入套管下部混凝土中振捣，同时排出气体，从而保证了这部分混凝土的密实性。

（6）近年来因桩头处理不好形成的渗漏水引起工程底板渗漏水的情况时有发生，因此在新版的防水规范中增加了桩头部分应做防水的条文，并给出近年来应用效果较好的几种做法，在施工中可根据实际情况选用其中的一种。不管选用哪种处理方法，桩头及桩四周的垃圾均必须清理干净，否则将达不到应有的效果。

4）混凝土的拆模时间及拆模后的养护

防水混凝土宜延长带模养护时间，拆模后的竖向构件，如综合管沟侧壁等，应采用涂刷混凝土保护剂的方法进行养护。

规范规定，有防水要求的混凝土养护时间不得少于14d，综合管沟的底板往往同时是大体积混凝土，因此必须根据施工季节及现场的施工条件制定合理的养护方案，使混凝土中心温度与表面温度的差值、混凝土表面温度与大气温度的差值均不大于25℃。减小温度裂缝的发生，对混凝土的抗渗能力有极重要的意义，达到“不裂不渗”的效果。

8-2-15　综合管沟防水工程结构自防水设计中应注意哪几个问题？

答：综合管沟工程的防水是多方面的，涉及的领域和专业非常广泛，它需要各专业密切配合。同时对于整个工程的建设前期准备、设计、施工及使用，各单位都应该密切关注综合管沟工程的防水问题，一旦发现问题立刻采取措施。在结构自防水设计中应注意的几个问题。

1）合理确定工程的防水等级是确保工程使用功能的前提，也是进行防水设计的准则和依据。

2）防水混凝土的自防水效果影响因素主要有以下几点：①混凝土防水剂的选择及配合比的设计；②原材料的质量控制及准确计量；③施工中的振捣及细部结构（施工缝、变形缝、后浇带、钢筋撑角、穿墙管、穿墙螺栓、桩头等）的处理；④混凝土的拆模时间及拆模后的养护。

3）破除设计上“强度越高越好”的错误观念，采用合理的材料强度设计值。

4）优先采用水化热低的矿渣水泥配制大体积混凝土；合理布置钢筋和拉接筋。

5）选择规整的结构形式，做好构造节点的防水设计。

8-2-16　涂膜防水层施工对材料的要求有哪些？

答：1）涂膜防水工程材料的组成与作用见表8-2-16（1）。

涂膜防水工程材料与作用　　表8-2-16（1）

项次	项　目	主要材料	作　用
1	底漆	合成树脂、合成橡胶以及橡胶沥青（溶剂型或乳液型）涂料	刷涂、喷涂或抹涂于基层表面，用作防水施工第一阶段的基层处理材料
2	防水涂料	聚氨酯类防水涂料、丙烯酸酯类防水涂料、橡胶沥青类防水涂料、氯丁橡胶类防水涂料、有机硅类防水涂料以及其他防水涂料	是构成涂膜防水的主要材料，使建筑物表面与水隔绝，对建筑物起到防水与密封作用；同时还起到美化建筑物的装饰作用
3	胎体增强材料	玻璃纤维纺织物、合成纤维纺织物、合成纤维非纺织物等	增加涂膜防水层的强度，当基层发生龟裂时，可防止涂膜破裂或蠕变破裂；同时还可防止涂料流坠
4	隔热材料	聚苯乙烯板等	起隔热保温作用
5	保护材料	装饰涂料、装饰材料、保护缓冲材料	保护防水涂膜免受破坏和装饰美化建筑物

2）无机防水涂料、有机防水涂料的性能指标应符合表8-2-16（2）、（3）的规定。

无机防水涂料的性能指标　　表8-2-16（2）

涂料种类	抗折强度（MPa）	粘结强度（MPa）	抗渗性（MPa）	冻融循环（MPa）
水泥基防水涂料	>4	>1.0	>0.8	$>F_{50}$
水泥基渗透结晶型防水涂料	≥3	≥1.0	>0.8	$>F_{50}$

有机防水涂料的性能指标 表 8-2-16（3）

涂料种类	可操作时间（min）	潮湿基面粘结强度（MPa）	抗渗性（MPa）			浸水 168h 后拉伸强度（MPa）	浸水 168h 后断裂伸长率（%）	耐水性（%）	表干时间（h）	实干时间（h）
			涂膜（min）	砂浆迎水面	砂浆背水面					
反应型	≥20	≥0.3	≥0.3	≥0.6	≥0.2	≥1.65	≥300	≥80	≤8	≤24
水乳型	≥50	≥0.2	≥0.3	≥0.6	≥0.2	≥0.5	≥250	≥80	≤4	≤12
聚合物水泥	≥50	≥0.6	≥0.3	≥0.6	≥0.6	≥1.5	≥80	≥80	≤4	≤12

注：① 浸水 168h 后拉伸强度和断裂伸长率是在浸水取出后只经擦干即进行试验所得的值。

② 耐水性指标是指材料浸水 168h 后取出擦干即进行试验，其粘结强度即抗渗性的保持率。

8-2-17 涂膜防水层的设计要点有哪些？

答： 1）涂料防水层包括无机防水涂料和有机防水涂料。无机防水涂料可选用水泥基防水涂料、水泥基渗透结晶型涂料。有机涂料可选用反应型、水乳型、聚合物水泥防水涂料。

2）涂料防水层适用于防水等级为 1～3 级的地下工程防水。

3）无机防水涂料宜用于结构主体的背水面，有机防水涂料宜用于结构主体的迎水面。用于背水面的有机防水涂料应具有较高的抗渗性，且与基层有较强的粘结性。

4）防水涂料品种的选择应符合下列规定：

（1）潮湿基层宜选用与潮湿基面粘结力大的无机涂料或有机涂料，或采用先涂水基类无机涂料而后涂有机涂料的复合涂层。

（2）冬期施工宜选用反应型涂料，如水乳型涂料，温度不得低于 5℃。

（3）埋置深度较深的重要工程、有振动或有较大变形的工程宜选用高弹性防水涂料。

（4）有腐蚀性的地下环境宜选用耐腐蚀性较好的反应型、水乳型、聚合物水泥涂料并做刚性保护层。

5）采用有机防水涂料时，应在阴阳角及底板增加一层胎体增强材料，并增涂 2～4 遍防水保护涂料。

6）防水涂料可采用外防外涂、外防内涂两种做法。

7）水泥基防水涂料的厚度宜为 1.5～2.0mm；水泥基渗透结晶型防水涂料的厚度不应小于 0.8mm；有机防水涂料根据材料的性能，厚度宜为 1.2～2.0mm。

8）涂膜防水层的构造层次要符合规范构造要求。

9）涂膜防水层的甩槎、接槎构造见构造要求。

10）涂膜防水层保护墙可根据具体情况选用聚苯乙烯泡沫塑料板保护墙或抹砂浆进行保护，采用水泥基防水涂料或水泥基渗透结晶型防水材料时，则可以不设保护墙或砂浆保护层。

8-2-18 防水涂料的柔性有哪些？

答： 防水涂料的类型不同，其特性有一定差异，各类防水涂料的主要特性见表 8-2-18。

各类防水涂料的主要特性 表 8-2-18

液态类型	主要特性
溶剂型防水涂料	1）作为主要成膜材料的高分子物质溶解于有机溶剂中，成为溶液。高分子物质以分子状态存在于涂料溶液中。通过溶剂挥发，经过高分子物质的分子链接触、搭接而形成涂膜 2）涂膜干燥快，结膜较薄而且致密，防水效果好 3）生产工艺简单，贮存稳定性好；施工时可适当加入相应的溶剂便可调至施工所需要的黏度 4）由于溶剂挥发，施工时对环境有一定污染 5）属易燃、易爆、有毒物质，生产、贮运及使用时要注意安全

续表

液态类型	主 要 特 性
水乳型防水涂料	1）主要成膜材料为高分子物质。高分子物质以极微小的颗粒（不是分子状态）稳定悬浮（不是溶解）在水中，成为乳液状涂料。通过水分蒸发，固体颗粒相互接近、接触、变形而形成涂膜 2）涂膜干燥慢，一次成膜的致密性较差，一般不宜在5℃以下温度的环境施工 3）可在稍潮湿的基层上施工 4）生产工艺简单，生产成本低 5）无毒、不燃，生产、贮运、使用安全，操作简便，不污染环境 6）贮存期一般不宜超过半年
反应型防水涂料	1）主要成膜材料为高分子物质。高分子物质以预聚物液态形式存在，以单组分或双组分构成涂料，其中不含溶剂。主要通过高分子预聚物与相应物质发生化学反应，形成涂膜 2）该涂料可一次形成较厚的涂膜，涂膜无收缩并且致密。涂膜质量好，属高档防水涂料 3）双组分涂料需现场调配，要求调配准确，搅拌均匀。一次配料不宜太多且应在规定时间内用完 4）生产工艺相对复杂，价格较高

8-2-19　防水涂料的基本性能有哪些?

答: 防水涂料是在常温下呈无固定形状的黏稠状液态高分子合成材料，经涂布后，通过溶剂的挥发或水分的蒸发或反应固化后在基层表面可形成坚韧的防水膜的材料的总称。

防水涂料的基本性能如下：

1）防水涂料在常温下呈黏稠状液体，经涂布固化后，能形成无接缝的防水涂膜。

2）防水涂料特别适宜在立面、阴阳角、穿结构层管道、凸起物、狭窄场所等细部构造处进行防水施工，固化后，能在这些复杂部位表面形成完整的防水膜。

3）防水涂料施工属于冷作业，操作简便，劳动强度低。

4）固化后形成的涂膜防水层自重轻，对于轻型薄壳等异型屋面大都采用防水涂料进行施工。

5）涂膜防水层具有良好的耐水、耐候、耐酸碱特性和优异的延伸性能，能适应基层局部变形的需要。

6）涂膜防水层的拉伸强度可以通过加贴胎体增强材料来得到加强，对于基层裂缝、结构缝、管道根等一些易造成渗漏的部位，极易进行增强、补强、维修等处理。

7）防水涂膜一般依靠人工涂布，其厚度很难做到均匀一致。所以施工时，要严格按照操作方法进行重复多遍地涂刷，以保证单位面积内的最低使用量，确保涂膜防水层的施工质量。

8）采用涂膜防水，维修比较方便。

8-2-20　防水涂料是怎样分类的?

答: 防水涂料的分类

目前防水涂料一般按照涂料的类型和按涂料的成膜物质的主要成分进行分类。

1）按照涂料的液态类型分类。根据涂料的液态类型，可把防水涂料分为溶剂型、水乳型、反应型三种，见表8-2-18。

2）按照涂料的组分不同分类。根据组分不同，一般可分为单组分防水涂料和双组分防水涂料两类。单组分防水涂料按液态不同，一般有溶剂型、水乳型两种；双组分防水涂料属于反应型。

3）按照涂料的主要成膜物质不同分类。根据构成涂料的主要成分不同，可分为以下几类：合成高分子类（又可再分为合成树脂类和合成橡胶类）、高聚物改性沥青类（亦称橡胶沥青类）、沥青类、聚合物水泥类、水泥类。防水涂料的分类系统见图8-2-20。

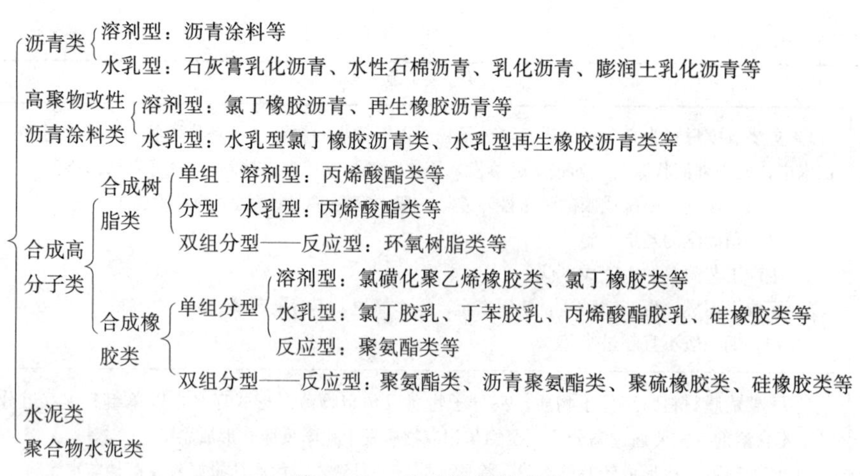

图 8-2-20　防水涂料的分类

8-2-21　《地下工程防水技术规范》对防水涂料的要求有哪些？

答：涂料防水层所选用的涂料应符合下列规定：

1）具有良好的耐水性、耐久性、耐腐蚀性及耐菌性。

2）无毒、难燃、低污染。

3）无机防水涂料应具有良好的湿干粘结性、耐磨性和抗刺穿性；有机防水涂料应具有较好的延伸性及较大适应基层变形能力。

4）涂料防水层所用的胎体增强材料要符合《地下防水工程质量验收规范》GB 50208—2011要求。

8-2-22　防水涂料的包装有何规定？

答：防水涂料的包装应符合下列要求：

1）产品应用带盖的铁桶或塑料桶密封包装，对于双组分防水涂料应按产品配比配料，分别密封包装，甲、乙组分的包装应有明显的区别。包装好的产品应附有产品合格证书和产品使用说明书。

2）水性沥青防水涂料产品一般用带盖的铁桶或塑料桶包装，每桶净重为200kg、100kg、50kg三种规格。对于水性石棉沥青防水涂料、膨润土沥青乳液防水涂料，其液面高度不得大于800mm，加盖密封。

3）溶剂型弹性沥青防水涂料的规格一般为20kg、25kg、50kg、200kg等。采用桶装，特殊规格的包装可由供需双方商定。

4）包装桶应有牢固的标志。标签上应注明以下内容：产品的牌号、型号；产品的名称、批号、颜色；产品的净重；制造（生产）日期；贮存有效期；生产厂家名称、地址、电话；贮存和运输注意事项。

5）此外，还应附有产品合格证。

8-2-23　防水涂料的运输有何规定？

答：防水涂料的运输应符合下列要求：

1）产品在运输和卸装的过程中，应注意轻拿轻放，按类别、品种和批号、颜色排放整齐，并应绑扎牢固，以防止涂料容器的窜动和坠落。涂料容器不能倒置，不能遗失标签。

2）在运输过程中，应防止雨淋和阳光直接暴晒。

3）产品在铁路运输中，应按照我国铁路《化学危险品运输暂行条例》的有关规定，办理托运手续。

4）涂料按其危险程度可分为：

（1）易燃危险品：含溶剂较多的涂料、稀释剂、防潮剂等；

（2）一般危险品：各种底漆、厚漆和腻子等；

（3）普通化学品：各种水乳型防水涂料。

8-2-24　防水涂料的贮存有何规定？

答：涂料应按下列要求贮存：

1）防水涂料应贮存在阴凉、通风和干燥的库房内，防止雨淋和日光直接暴晒。并应杜绝火源，远离热源。涂料的保存温度一般可控制在5～25℃范围内，因而应注意冬季防冻。

2）涂料进库要进行分类登记，填写产品名称、类别、型号、件数、质量、生产厂家、出厂日期、贮存保管有效朝、存放位置等登记卡，以便清查和选用。

3）涂料应按品种、颜色、出厂日期、分类分批按顺序存放，遵循“先出厂、先发放、先使用”的原则，以免产品过期，造成浪费。

4）涂料产品必须单独存放，严禁与其他易燃、易爆物品一起贮存，并应保持库内清洁，杜绝随地丢放沾有油污的杂物。

5）库房重地严禁烟火，严禁他人随便出入。电器开关设备和照明设备应有防爆罩，以免电器使用或发生故障时引燃涂料，库房区应按规定配足消防设备。

6）不允许在涂料仓库内调配涂料，以免易燃、易爆、有毒气体挥发逸散到仓库的空间内，造成安全事故。涂料桶必须密封，不得有裂缝或开口，更不允许涂料存放于敞口容器中。

7）应有严格的领发料制度，按计划发放涂料，施工现场不宜存放过多的涂料和稀释剂。

8）涂料产品在规定的贮存条件下，如果超过了有效贮存期，应按照产品技术标准的规定进行各项指标的检验，如检验结果符合技术标准的有关规定，仍可继续使用，不符合要求的涂料应及时进行处理。

9）对仓库管理人员应进行安全与防火知识培训，要求能熟练使用各种消防器材，并应定期进行检查，消除隐患。

8-2-25　防水涂料抽样复验有何规定？

答：1）沥青类防水涂料每工作班生产量为一批抽样；将涂料搅拌均匀，分散在水溶液中，外观质量检验应无明显沥青丝团；物理性能检验项目为：固含量、耐热度、柔性、不透水性、延伸率。

2）有机防水涂料每5t为一批，不足5t按一批抽样；外观质量检验包装完好无损，且标明涂料名称、生产日期、生产厂家、产品有效期；物理性能检验项目为：固体含量、拉伸强度、断裂延伸率、柔性、不透水性。

3）无机防水涂料每10t为一批，不足10t按一批抽样；外观质量检验内容同有机防水涂料；物理性能检验项目为抗折强度、粘结强度、抗渗性。

4）胎体增强材料每3000m^2为一批，不足3000m^2按一批抽样；外观质量检验应均匀、无团状、平整、无折皱；物理性能检验项目应为拉力、延伸率。

8-2-26　涂膜防水层施工要求有哪些？

答：涂膜防水层施工具有较大的适用性，无论是形状复杂的基面，还是面积窄小的节点部位，凡是可以涂刷到的部位，均可以做涂膜防水层。要保证涂膜防水层的质量，所涉及的影响因素较多，其中主要有：材料、基层条件、自然条件、施工工艺、涂布遍数及厚度、涂布间隔距离、保护层的设置等。

1）综合管沟防水层大部分位于最高地下水位以下，长年处于潮湿环境中。用涂膜防水层时，宜采用中、高档防水涂料，如合成高分子防水涂料、高聚物改性沥青防水涂料等，不得采用乳化沥青类防水涂料。采用高聚物改性沥青防水涂膜防水层时，为增强涂膜强度，宜夹铺胎体增强材料，进行多布多涂防水施工。涂膜防水层应按设计规定选用材料，对所选用的涂料及其配套材料的性能应详细了解，胎体材料的选用应与涂料的材料性能相搭配。贮存表面或饮用水等公共设施的建（构）筑物，应选用在使用中不会产生有毒和有害物质的涂料。

2）涂料等原材料进场时应检查其产品合格证及产品说明书，对其性能指标应进行复验，合格后方可使用。材料进场后应由专人保管，注意通风，严禁烟火，保管温度不超过40℃，贮存期一般为6个月。

3）综合管沟工程涂膜防水层宜涂刷在结构具有自防水性能的基层上，与结构共同组成刚柔复合防水涂料，以提高防水的可靠性能；地下工程涂膜防水层宜涂刷在补偿收缩水泥砂浆找平层上，找平层的平整度应符合要求。基层表面的气孔、凸凹不平外、蜂窝、缝隙、起砂等应修补处理，基面必须干净、无浮浆、无水珠、不渗水。涂布时，找平层应干燥。

4）涂料施工前，其自然条件最佳气温为10～30℃。无遮蔽条件时，涂膜防水层不能在5级以上大风、雨天或将要下雨或雨后尚未干燥时施工。

5）涂料施工前，基层阴阳角应做成圆弧形，阴角直径宜大于50mm，阳角直径宜大于10mm，对于阴阳角、预埋件、穿墙管等部位应先于施工进行密封或加强处理。

6）涂料的配制及施工，必须严格按涂料的技术要求进行。

7）涂料防水层的总厚度应符合设计要求。涂刷或喷涂应待前一道涂层实干后进行；涂层必须均匀，不得漏刷漏涂。施工缝接缝宽度不应小于100mm。

8）铺贴胎体材料时，应使胎体层充分浸透防水涂料，不得有白槎及褶皱。

9）由于综合管沟工程工序较多，施工人员穿插频繁，故有机防水涂料施工后应及时做好保护层，保护层应符合下列规定：

(1) 底板、顶板应采用20mm厚的1∶2.5水泥砂浆层和40～50mm厚的细石混凝土保护，顶板防水层与保护层之间宜设置隔离层。

(2) 侧墙背水面应采用20mm厚1∶2.5水泥砂浆层保护。

(3) 侧墙迎水面宜选用软保护层或20mm厚的1∶2.5水泥砂浆层保护。

8-2-27 涂膜防水层的施工工艺流程是怎样的?

答：工艺流程如下：

地下涂膜防水工程的工艺流程为：防水材料准备⟶基层清理⟶修补基层验收⟶喷（涂）基层处理剂⟶涂刷防水涂料（铺贴胎体增强材料）⟶涂刷防水涂料（铺贴胎体增强材料）。

8-2-28 涂膜防水层施工操作工艺是怎样的?

答：1）涂刷前的准备工作

(1) 基层的清理、修补工作应符合要求，其中基层的干燥程度应视涂料产品的特性而定，溶剂型涂料基层必须干燥，水乳型涂料基层干燥程度可适当放宽。

(2) 配料。采用双组分或多组分涂料时，配料应根据涂料生产厂家提供的配合比现场配制，严禁任意改变配合比。配料时要求剂量准确（过秤），主剂和固化剂的混合偏差不得大于5%。涂料的搅拌配料为先放入搅拌容器内，然后放入固化剂，并立即开始搅拌。搅拌筒应选用圆铁桶，以便搅拌均匀。采用人工搅拌时，要注意将材料上下、前后、左右及各个角落都充分搅匀，搅拌时间一般在3～5min。掺入固化剂的材料应在规定时间内使用完毕。搅拌的混合料以颜色均匀一致为标准。

(3) 涂膜防水施工前，必须根据设计要求的涂膜厚度及涂料的含固量确定（计算）每平方米涂料用量及每道涂刷的用量以及需要涂刷的遍数。如一布二涂，即先涂底层，铺加胎体增强材料，再涂面层，施工时就要按试验用量，每道涂层分几遍涂刷，而且面层最少应涂刷两遍以上。

合成高分子涂料还要保证涂层达到1mm厚才可铺设胎体增强材料，以有效、准确地控制涂膜厚度，从而保证施工质量。确保涂膜防水层的厚度是综合管沟工程的一项重要工作。不论采用何种防水涂料，都应采取"分次薄涂"的操作工艺，并应注意质量检查。每道涂层必须实干后，方可涂刷后续涂层。防水层厚度可用每平方米的材料用量控制，并辅以针刺法检查。

(4) 涂刷防水涂料前必须根据其表干和实干时间确定每遍涂刷的涂料用量和间隔时间。

2) 喷涂（刷）基层处理剂

喷涂基层处理剂时，应用刷子用力薄涂，使涂料尽量刷进基层表面毛细孔中，并将基层可能留下的少量灰尘等无机杂质，像填料一样混入基层处理剂中，使之与基层牢固结合。

3) 涂料的涂刷

涂料涂刷可采用刷涂，也可采用机械喷涂。涂布立面最好采用蘸涂法，涂刷应均匀一致，涂刷平面部位倒料时要注意控制涂料的均匀倒洒，避免造成涂料难以刷开、厚薄不匀的现象。前一遍涂层干燥后应将涂布上层的灰尘、杂质清理干净后再进行后一遍涂层的涂刷。每层涂料涂布应分条进行，分条进行时，每条宽度应与胎体增强材料宽度相一致，每次涂布前，应严格检查前遍涂层的缺陷和问题，并立即进行修补后，方可再涂布后遍涂层。

综合管沟工程结构有高低差时，在平面上的涂刷应按"先高后低，先远后近"的原则涂刷。立面则由上而下，先转角及特殊部位等应加强部位，再涂大面。同层涂层的相互搭接宽度宜为30～50mm。涂层防水层的施工缝（甩槎）应注意保护，搭接缝宽度应大于100mm，接涂前应将接槎处表面处理干净。

4) 胎体增强材料的铺设

胎体增强材料可以是单一品种的，也可以采用玻纤布和聚酯毡混合使用。如果混用时，一般下层采用聚酯毡，上层采用玻纤布。

胎体增强材料铺设后，应严格检查表面是否有缺陷或搭接不足等现象。如发现上述情况，应及时修补完整，使它形成一个完整的防水层。

5) 收头处理

为防止收头部位出现翘边现象，所有收头均应用密封材料压边，压边宽度不得小于10mm。收头处的胎体增强材料应裁剪整齐，如有凹槽时应压入凹槽内，不得出现翘边、皱折、露筋等现象，否则应先进行处理后再涂密封材料。

6) 涂膜保护层的施工

涂膜施工完毕，经检查合格后，应立即进行保护层的施工，及时保护防水层免受损伤。保护层材料的选择应根据设计要求及所用防水涂料的特性而定。

8-2-29　涂膜防水层的细部做法有哪些?

答：对于阴阳角、穿墙管道、预埋件、变形缝等容易造成渗漏的薄弱部位，应参照卷材防水做法，采用附加防水层加固。此时在加固处，可做成"一布二涂"或"二布三涂"，其中胎体增强材料亦优先采用聚酯毡。

1) 阴阳角

在基层涂布底层涂料之后，应先进行增强涂布，同时将玻纤布铺贴好，然后再涂布第一道涂膜、第二道涂膜，阴阳角的做法应符合施工规范要求。

2) 管道根部

先将管道用砂纸打毛，用溶剂洗除油污，管道根部周围基层应清洁干燥。在管道根部周围及基层涂刷底层涂料，在底层涂料固化后做增强涂布，增强层固化后再涂刷涂膜防水层。

3) 施工缝或裂缝的处理

施工缝或裂缝的处理应先涂刷底层涂料，待固化后再铺设1mm厚10cm宽的橡胶条，然后方可再涂布涂膜防水层。

8-2-30 水乳型氯丁橡胶沥青防水涂料的施工为什么能使综合管沟成本降低？

答：氯丁橡胶沥青防水涂料有溶剂型和水乳型之分，目前国内多为阳离子水乳型产品。该涂料产品兼有橡胶和沥青的双重优点，与溶剂型的同类产品相比，二者的主要成膜物质均为氯丁橡胶和石油沥青，其良好的性能亦相似，但阳离子水乳型沥青防水涂料则以水取代了甲苯等有机溶剂，不但使综合管沟成本降低，而且具有无毒、不燃、施工时无污染等特点。水乳型氯丁橡胶沥青防水涂料产品适用于地下混凝土工程的防潮防渗。

8-2-31 聚氨酯涂膜防水的施工要点有哪些？

答：1）主要材料及施工机具

（1）主要材料见表8-2-31（1）。

（2）主要辅助材料见表8-2-31（2）。

聚氨酯防水涂膜主要材料 **表8-2-31（1）**

材　料	规格（%）	用量（kg/m²）	用　途
甲组分（预聚体）	—NCO3.5	1～1.5	涂膜用
乙组分（固化剂）	—OH0.8	1.5～2.25	涂膜用
底涂乙料	—OH0.25	0.1～0.2	底膜用

聚氨酯涂膜施工用主要辅助材料 **表8-2-31（2）**

材　料	规　格	用　途	材　料	规　格	用　途
硅酸或苯磺酰氯	化学纯	凝固过快时，作缓凝剂用	乙酸乙酯	工业纯	清洗手上凝胶用
			707胶	工业用	修补基层用
二月桂酸二丁基锡	化学纯或工业纯	凝固过慢时，作促凝剂用	水泥	32.5级	修补基层用
二甲苯	工业纯	清洗施工工具用	石渣	ϕ2mm左右	粘接过渡层用

（3）施工机具见表8-2-31（3）。

聚氨酯防水涂膜主要施工工具 **表8-2-31（3）**

名　称	用　途	名　称	用　途
电动搅拌器	混合甲、乙料用	油漆刷	刷底胶用
搅拌桶	混合甲、乙料用	滚动刷	刷底胶用
小型油漆桶	装混合料用	小抹子	修补基层用
塑料刮板	涂刮混合料	油工铲刀	清理基层用
铁皮小刮板	在复杂部位涂刮混合料	墩布	清理基层用
橡胶刮板	涂刮混合料用	扫帚	清理基层用
50kg磅秤	配料称重	高压吹风机	清理基层用

2）基层要求及处理

（1）防水层应按设计要求用1∶(2.5～3)的水泥砂浆找平层，其表面要抹平压光，不允许有凸凹不平、松动和起砂掉灰等缺陷存在。阴阳角部位应做成直径约50mm和10mm的小圆角，以便涂料施工。

(2) 所有穿墙管线必须安装牢固，接缝严密，收头圆滑，不得有任何松动现象。

(3) 施工时，防水基层应基本呈干燥状态，含水率小于9%为宜，其简单测定方法是将面积约 $1m^2$、厚度为1.5～2mm的橡胶板覆盖在基层面上，放置2～3h，如覆盖的基层表面无水印，紧贴基层两侧的橡胶板又无凝结水印，说明可以满足施工要求。

(4) 施工前，先以铲刀和扫帚将基层表面的突起物、砂浆疙瘩等异物铲除，并将尘土杂物彻底清除干净。对阴阳角、管道根部等部位更应认真清理，如发现有油污、铁锈等，要用钢丝刷、砂纸和有机溶剂等将其彻底清除干净。

3) 施工工艺

(1) 清扫基层。把基层表面的尘土杂物认真清扫干净。

(2) 涂刷基层处理剂。此工序相当于沥青防水施工冷涂刷冷底子油，其目的是隔断基层潮气，防止防水涂膜起鼓脱落；加固基层，提高基层与涂膜层的粘结强度，防止涂层出现针眼气孔等缺陷。

①聚氨酯底胶的配制。将聚氨酯甲料与专供底涂用的乙料按（1∶3）～(1∶4)(质量比)的比例配合，搅拌均匀，即可使用。

②涂布施工。小面积的涂布可用油漆刷进行；大面积的涂布可先用油漆刷蘸底胶在阴阳角、管子根部等复杂部位均匀涂布一遍，再用长把滚刷进行大面积涂布施工；涂胶要均匀，不得过厚或过薄，更不允许露白见底；一般涂布量以0.15～0.2kg/m^2 为宜。底胶涂布后要干燥固化12h以上，才能进行下道工序施工。

(3) 涂膜防水层的施工

①涂膜材料的配制。聚氨酯涂膜防水材料应随用随配，配制好的混合料宜在1h内用完。配制方法是将聚氨酯甲、乙组分和二甲苯按1∶1.5∶(0～0.1)的比例配合，倒入搅拌桶中，用转速为100～500r/min的电动搅拌器搅拌5min左右，即可使用。

②涂抹防水层的操作工艺。涂抹防水层的操作关键在于科学的甩槎构造，它是实现建筑物与防水层同步位移，避免建筑下沉拉损防水层的有效措施。

在正式涂刷聚氨酯涂抹之前，先在立墙与平面交界处用密纹玻璃网布或聚酯纤维无纺布做附加过渡处理。附加层施工，应先将密纹玻璃网布或聚酯纤维无纺布用聚氨酯涂膜粘铺在拐角平面（宽300～500mm），平面部位必须用聚氨酯涂膜与垫层混凝土基层紧密粘牢，然后由上而下铺贴玻璃网布或聚酯纤维无纺布，并使网布紧贴阴角，避免吊空。在永久性保护墙（模板墙）上不刷底油，也不涂刷聚氨酯涂膜，仅将网布空铺或点粘密贴永久砖墙身，在临时保护墙上需用聚氨酯涂膜粘铺密纹玻璃网布或聚酯纤维无纺布并将它固定在临时保护墙上，随后进行大面积涂膜防水层施工。

垫层混凝土平面与模板墙立面聚氨酯涂膜防水操作要求：用长把滚刷蘸取配制好的混合料，顺序均匀地涂刷在基层处理剂已干燥的基层表面上，涂刷时要求厚薄均匀，对平面基层以涂刷3～4遍为宜，每遍涂刷量为0.6～0.8kg/m^2；对立面模板墙基层以涂刷4～5遍为宜，每遍涂刷量为0.5～0.6kg/m^2，防水涂膜的总厚度不宜大于2mm。

涂完第一遍涂膜后一般需固化12h以上，直至指触综合管沟不粘时，再按上述方法涂刷第二遍至第五遍涂膜。对平面的涂刷方向，后一遍应与前一遍的涂刷方向垂直，凡遇到底板与立墙相连接的阴角，均应铺设密纹玻璃网布或聚酯纤维无纺布进行附加增强处理。

③平面部位铺贴油毡保护隔离层。当平面部位最后一遍涂膜完全固化，经检查验收合格后，即可虚铺一层纸胎石油沥青油毡作保护隔离层，铺设时可用少许聚氨酯混合料或氯丁橡胶胶粘剂花粘固定。

④浇筑细石混凝土。在油毡保护隔离层上，直接浇筑50～70mm厚的细石混凝土作刚性保护

层，砖衬模板墙立面抹防水砂浆保护层。施工时，必须防止机具或材料损伤油毡层和涂膜防水层，如有损伤现象，必须用聚氨酯混合料修复后，方可继续浇筑细石混凝土，以免留下渗漏水的隐患。

⑤立墙结构拆模后即可涂刷界面处理剂，并抹砂浆找平层，经养护符合涂膜防水层施工时，即可进行下道工序。

⑥接槎和立墙涂膜防水施工。清理工作面，拆除临时保护墙；清除白灰砂浆层，使槎头显现出来；边墙混凝土施工缝防水处理；清理混凝土凸块、浮浆等杂物，以高强度等级的防水砂浆或聚合物砂浆局部找平施工缝（上、下各10～15cm范围），然后涂刷3道聚合物水泥砂浆（简称弹性水泥），厚约1.5mm；边墙施工缝处理好后即可按正常墙体防水施工法有关规定进行操作，操作工艺与平面基层相同。

⑦立面粘贴聚乙烯泡沫塑料保护层。在立墙涂刷的第四遍涂膜完全固化，经检查验收合格后，再均匀涂刷第五遍涂膜，在该涂膜固化前，应立即粘贴6mm厚的聚乙烯泡沫塑料片作软保护层。粘贴时要求泡沫塑料片拼缝严密，以防回填土时损伤防水涂膜。

⑧回填灰土。完成保护层的施工后，即可按照设计要求或者规范要求，分步回填三七或二八灰土，并应分步夯实。

（4）施工注意事项

①当涂料黏度过大，不便进行涂刷施工时，可加入少量二甲苯进行稀释，以降低黏度，加入量不得大于乙料的10%。

②当甲、乙料混合后固化过快，影响施工时，可加入少许磷酸苯磺酰氯作缓凝剂，但加入量不得大于甲料的0.5%。

③当涂膜固化太慢，影响到下一道工序时，可加入少许二月桂酸二丁基锡作促凝剂，但加入量不得大于甲料的0.3%。

④如刮涂第一遍涂层24h后仍有发黏现象时，可在第二遍涂层施工前，先涂上一层滑石粉，再上人施工时，可避免粘脚现象，对施工质量无影响。

⑤如涂料粘接在金属工具上固化，清洗困难时，可到指定的安全地点点火焚烧，将其清除。

⑥如发现乙料有沉淀现象，应搅拌均匀后再使用，以免影响质量。

⑦涂层施工完毕，尚未达到完全固化时，不允许上人踩踏，否则将损坏防水层，影响防水工程的质量。

⑧甲、乙两种材料均为铁桶包装，甲料净重24kg，乙料净重16kg，易燃、有毒、贮存时应密封，放在阴凉、干燥、无强日光直晒的场地。

⑨施工时要使用有机溶剂，注意防火，施工人员应采取防护措施（戴手套、口罩、眼镜等），施工现场要求通风良好，以防溶剂中毒。

⑩施工温度宜在0℃以上。

8-2-32　丙烯酸酯防水涂料施工要点有哪些？

答：1）材料准备

该涂料用量为0.6kg/m^{2}左右，使用前应按质量要求进行验收。

2）机具准备

人工涂刷用的小毛刷、毛毡辊刷、铁桶、机械喷涂用的喷涂机（包括喷枪、软管、贮料罐、空气压缩机等）、手提式电动搅拌器等。

3）基层及施工环境要求

（1）要求基层表面平整、干净，以免影响涂料的附着力和污染涂料。

（2）构件接缝、刚性防水层分仓缝等宜用聚氯乙烯油膏或胶泥嵌填，并沿接缝表面粘贴玻璃纤维布（150～300mm宽）。不宜使用石油沥青质油膏或油毡，否则会影响该部位涂料的粘着力。

（3）防水层必须干燥充分后才能施工。

（4）施工温度应在5℃以上，应避免涂料在零下的温度条件下成膜。涂料的成膜时间为4～8h，在此期间不得有雨水冲淋。

（5）不宜在大风天气进行喷涂施工，夏季中午由于太阳光直射，温度较高，成膜速度快，当涂层内水分迅速蒸发时，易造成涂膜起泡，因而不宜施工。

4）涂膜施工

（1）手工涂刷。首先将涂料搅拌均匀，然后倒入小桶中，用毛毡漆刷在黑色防水涂层上均匀地滚涂两遍。每遍涂料的时间间隔为4～8h。对于无法滚涂的部位应用毛刷涂刷。涂料用量为0.55kg/m^{2}左右。要求涂膜薄厚均匀、不堆积、不漏涂，无明显接槎。

（2）机械喷涂施工。一般由3人配合操作，1人配合移动管道，1人配合搅拌涂料和给贮料罐加料。涂料加入贮料罐前应采用手提式电动搅拌器充分搅拌，并用筛网过滤。施工前，应由下风端朝上风端的顺序后退喷涂，喷枪口离地面300～500mm。喷涂时，贮料罐压力应稳定在0.2MPa左右，喷嘴口空气压力为0.4MPa左右。这两项压力应严格控制，否则会影响涂膜质量。喷涂时尽可能连续作业，以避免涂料在管道中停留时间过长，引起凝聚结膜，堵塞管道。当喷涂施工时，若中途需停顿1h以上，应将管道和贮料罐内冲洗干净。一般应喷涂两遍，涂料用量约为0.55kg/m^2。

5）施工注意事项

（1）涂料使用前均应采用手提式电动搅拌器充分搅拌，以免由于涂料分层而造成涂膜厚度不均匀，降低涂膜性能。

（2）前一道涂膜干燥后才能进行后一道刷、喷涂施工，一般需要间隔4～8h。

（3）涂层应厚薄均匀，无漏刷、喷涂现象，无起泡、针眼，如有缺陷应及时修补。

（4）涂料应密封贮运，环境温度应大于0℃，贮存期为半年至一年。

8-2-33　聚合物水泥防水涂料的施工要点有哪些？

答：聚合物水泥防水涂料（JS防水涂料）虽作为商品在市场上流通，但实际上只是涂膜的半成品，只有通过涂装施工，形成涂膜，才能成为最终产品，起到防水的作用。

合理的方案、正确的防水施工、优质的涂料内在品质，方可保证防水层的质量。聚合物水泥防水涂料施工操作方便，施工人员容易掌握，可在潮湿或干燥的砖面、砂浆混凝土、金属、木材、各种保温层、各种沥青、橡胶、SBS、APP、聚氨酯等防水层基面上施工，形成完整的防水体系。

1）JS涂膜防水层常见的构造

地下建筑工程JS涂膜防水层常见的构造应符合规定。对于已开裂、渗水的部位，应留凹槽嵌填密封材料，并增设一层或一层以上带有胎体增强材料的增强层。

2）工艺方法

JS防水涂料的施工工艺流程应符合规范要求。根据JS防水涂料的不同产品型号及特点，生产厂商在编写施工方法方面做了不少的工作，编写了不同的施工方法，我国JS防水涂料部分生产厂商也编写了不同施工方法。

3）地下JS涂膜防水工程的施工注意事项

JS防水涂料适合于综合管沟防水，但必须注意以下事项：

（1）综合管沟墙面往往有垂直细裂缝，必须仔细检查，凡有裂缝的地方应先刷抗裂胶（宽为100mm），如裂缝宽超过1mm时，可凿成V形缝嵌填聚合物砂浆后再刷抗裂胶。

（2）防水涂层完工后，不可以马上浸水，需待防水层凝固并有一定强度后才可浸水，一般在通风良好情况下，一个星期后方可浸水。

（3）在有桩支承的地下结构，其桩顶防水处理是关键，必须合理设计，用料正确。

（4）防水层的保护层可采用聚苯乙烯泡沫板。

8-2-34　渗透结晶型防水材料的施工要点有哪些？

答：1）施工机具

电动搅拌器、搅拌桶、专用喷枪、尼龙刷、胶皮手套、鼓风机、湿草袋等。

2）基层处理

（1）将新、旧混凝土基层表面的尘土、杂物彻底清扫干净，必要时还需要将基层表面作凿毛处理，并用水冲洗干净。

（2）由于水泥基渗透结晶型防水材料在混凝土中结晶形成过程的前提条件是需要湿润，所以无论新浇筑的或原有的混凝土，都要用水浸透，但不能有明水。

（3）新浇筑的混凝土表面在浇筑 20h 后方可使用该类防水涂料。

（4）混凝土浇筑后的 24～72h 为使用该类涂料的最佳时段，因为新浇的混凝土仍然潮湿，所以基面仅需少量的预喷水。

（5）混凝土基面应当粗糙干净，以提供充分开放的毛细管系统以利于渗透。

3）施工工艺

（1）将水泥基渗透结晶型防水涂料或防水剂与水按规定的比例进行配比，搅拌均匀，使涂料配制成膏浆状材料，然后按顺序涂刷或喷涂在干净、潮湿而无明水的基层表面上，涂层的厚度以控制在 1.5～2.0mm 为宜。

（2）施工刷涂、喷涂时需用半硬的尼龙刷或专用喷枪，不宜用抹子、滚筒、油漆刷或油漆喷枪。涂层要求均匀，各处都要涂刷，一层的厚度应小于 1.2mm，如果太厚则养护困难。涂刷时应注意用力，来回纵横地刷，以保证凹凸处都能涂上并达到均匀。喷涂时喷嘴距涂层要近些，以保证灰浆能喷进表面微孔或微裂纹中。

（3）当需涂第二层（浓缩剂或增效剂）时，一定要等第一层初凝后仍呈潮湿状态时（即 48h 内）进行，如太干则应先喷洒些水。

（4）在热天露天施工时，建议在早、晚或夜间进行，防止涂层过快干燥，造成表面起皮，影响渗透。

（5）对水平地面或台阶阴阳角必须注意将涂料涂匀，阳角要刷到，阴角及凹陷处不能有涂料的过厚沉积，否则在堆积处可能开裂。

（6）对于水泥类材料的后涂层，在前涂层初凝后（8～48h）即可使用。

4）养护

当涂层凝固到不会被洒水损伤时，即可及时喷洒水或覆盖潮湿麻袋、草帘等进行保湿养护，养护时间不得少于 3d。渗透结晶型防水涂层的养护注意事项如下：

（1）在养护过程中必须用净水，必须在初凝后使用喷雾式洒水，以免涂层被破坏。一般每天需喷洒水 3 次，连续 2～3d，在热天或干燥天气要多喷几次，防止涂层过早干燥。

（2）在养护过程中，必须在施工后 48h 内避免雨淋、霜冻、烈日曝晒、污水及 2℃以下的低温。在空气流通很差的情况下（如封闭的水池或湿井），需用风扇或鼓风机帮助养护。露天施工用湿草袋覆盖较好，不能覆盖不透气的塑料薄膜。如果使用塑料薄膜作为保护层，必须注意架开，以保证涂层的“呼吸”及通风。

（3）对盛装液体的混凝土结构必须养护 3d 之后，再放置 12d 才能灌进液体。对盛装特别热或腐蚀性液体的混凝土结构，需放 18d 才能灌装。

5）回填

在涂层施工 36h 后可回填湿土，7d 内均不可回填干土，以防止其向涂层吸水。

8-2-35　密封防水施工对材料要求是怎样的?

答：建筑密封材料是指能承受接缝位移以达到气密、水密目的而嵌入建筑接缝中的定形和不定形的材料。

在综合管沟工程施工中，为了加快施工进度，常采用小流水段施工法和预制标准段结构，从而出现了大量的建筑结构缝和施工缝，伴随着建筑结构缝对防水和节能要求的不断提高，解决水密、气密的良好办法是对这些设计上有意安排，施工中产生的施工缝、结构缝、板缝以及各类节点等接缝部位填充密封材料。建筑密封材料主要用于地下工程及其他部位的嵌缝密封防水。

建筑密封材料可分为定形和不定形密封材料两大类型。定形密封材料是指具有一定形状和尺寸的密封材料。不定形密封材料即密封胶，又称密封膏、密封剂，是溶剂型、水乳型、化学反应型等黏稠状的密封材料。将这类密封材料嵌填于缝隙内，具有良好的粘结性、弹性、耐老化性和温度适应性，能长期经受其粘附构件的伸缩与振动。

建筑密封材料的品种较多，众多密封材料的不同点主要表现在材质和形态两个方面，按材质的不同，一般可将密封材料分为合成高分子密封材料和改性沥青密封材料两大类，沥青、油灰类嵌缝材料一般不具备弹塑性，只用于普通临时性建筑填充缝隙，在用途上与密封材料相似，故广义上亦称其为密封材料。

改性沥青密封材料是以石油沥青为基料，配以适量的合成高分子聚合物进行改性，加入填料和其他化学助剂配制而成的膏体状密封材料。

改性沥青密封材料其主要品种有 SBS 沥青弹性密封膏、沥青橡胶防水嵌缝膏、沥青桐油废橡胶嵌缝油膏、聚氯乙烯建筑密封材料等。其技术性能、质量要求应符合要求。

通常用的橡胶、废橡胶、树脂等改性的沥青防水嵌缝油膏按其耐热度和低温柔性可分为 701、702、703、801、802、803 六个强度等级。

合成高分子密封材料是以合成高分子为主体，加入适量的化学助剂、填充材料和着色剂，经过特定的生产工艺加工制成的膏体状密封材料。

合成高分子密封材料的主要品种有聚氨酯密封膏、聚硫密封膏、有机硅建筑密封膏、丙烯酸酯建筑密封膏、氯磺化聚乙烯建筑密封膏、丁基密封膏、丁苯密封膏等。

建筑密封材料应具有良好的弹塑性、粘结性、挤注性、施工性、耐候性、延伸性、水密性、气密性、贮存及耐化学稳定性，并能长期经受拉伸、膨胀、压缩、收缩和振动疲劳。

拉伸、膨胀、收缩特性亦称为拉伸（膨胀）-压缩（收缩）循环性，指的是密封材料在使用过程中，经受住因季节温度变化而引起接缝产生的位移循环变化及密封材料自身的膨胀、收缩的周期性变化，这是反映密封材料密封性能的重要参数。密封材料具有以下特征：

1）挤注速度和挤出性。把密封材料用挤注枪（手动或气动）施工时，在规定压力、温度下，单位时间内由规定口径的枪嘴挤出的量值（mL）称为挤注速度。

挤出性是密封材料挤注的施工性能，密封材料挤出挤注枪的特性，一般要求流畅不费力，挤出性差的材料挤出时费力、费时，并难以充满接缝，渗入基层毛细孔缝的能力差。施工温度过低时，挤出性亦会下降，应注意进行调整。

2）适用时间，即密封材料从施工初期至能保持适于施工挤注性、挤注速度的一段时间。双组分密封材料混合后，必须在限定的时间内用完。使用环境温度过高时，同一种材料的适用时间将会明显缩短，所以，宜适当减少固化剂用量，以适应施工需要。

3）下垂度，即密封材料在垂直缝或顶板缝中挤注后不流淌、不坍落、不下坠的性能。施工温度过高或接缝过宽时，一次填充量过大亦会发生下垂，所以宜分 2～3 次嵌填。

4）自流平度，即水平接缝中密封材料自动流平、充满的性能。施工温度过低时，流平性能变差，会发生虚涂和空穴现象，应调整流平性能。

5）表干时间，即自密封材料嵌填结束至表面初步硬化，不易粘着尘砂，触摸后不留指印和变形所需要的时间。嵌填后几天或十几天后仍粘手时，应更换密封材料或适当增加固化剂用量。

6）弹性恢复率，即密封材料经拉伸变形一定时间后，当拉伸消失时，能恢复原料形状和尺寸的能力。

7）粘结拉伸性能，即自密封材料嵌填粘结后，受拉力破坏的最大强度和最大伸长率。

8）贮存期，即密封材料自制造之日起，不降低使用性能的最长贮存时间。一般密封材料至少应在6个月以上。

9）拉伸-压缩循环性能，即随着环境温度周而复始地变化，密封材料抵抗接缝位移和综合管沟自身膨胀收缩循环变化的能力，一般分为若干等级。

合成高分子密封材料按GB/T 13477—2002的要求，在不同温度压缩加热和在不同拉伸-压缩率下，经2000次循环拉伸-压缩后，根据其承受接缝位移能力大小可分为6个级别。

8-2-36　密封防水层施工方法有哪两种？

答：综合管沟工程常用的嵌缝防水密封材料主要有改性沥青防水密封材料和合成高分子防水密封材料两大类。它们的性能差异较大，施工方法亦应根据具体材料而定，常用的施工方法有冷嵌法和热灌法两种。

防水密封材料的施工一般都是在工程临近竣工之前进行，此时工期要求紧，各种误差集中，施工条件特殊，如不精心施工，就会降低密封材料的性能，提高漏水的概率。为了满足接缝的水密、气密要求，在正确的接缝设计和施工环境下完成任务，就需要充分做好施工准备，各道工序认真施工，并加强施工管理，才能达到要求。

8-2-37　环境条件对密封防水有什么影响？

答：防水密封工程的施工大部分是露天作业，因此天气的影响极大。防水密封工程施工最理想的气候条件是温度在20℃左右的无风天气，但客观上气温是经常变化的，有时下雨下雪，有时刮风，施工期的雨、雪、露、雾、霜以及高温、低温、大风等天气情况，对防水密封的质量都会造成不同程度的影响。因此，在施工期间，必须掌握好天气情况和气象预报，下雨、下雪时应停止施工。雨季在计划安排上应考虑降雨时中止施工的时间，以保证施工顺利进行和施工的质量。气候条件对接缝的影响主要是指气温和水分的影响，其中水分对施工的影响至关重要。

1）天气

施工期的天气主要是指雨、雪、霜、露、雾和大气湿度等天气情况。

雨雪天气或预计在施工期中有雨雪时，就不应该进行施工，以免雨雪破坏已完工的工作面，使嵌缝密封材料失去防水效果。如果有降雨降雪预报，应及时停止施工，如果在施工中途遇到雨雪，则立即停止施工并作好保护工作。在重新开始作业时，应确认粘结面的干燥程度不会降低密封材料性能时，再进行密封作业。

霜、雾天气或大气湿度过大时，会使基层的含水率增大，需待霜、雾退去，基层晒干后方可施工，否则就可能造成粘接不良或起鼓等现象。

2）气温

由于防水密封材料性能各异，工艺不同，对气温的要求略有不同，但一般讲宜在5～35℃的气温下施工，这时工程质量易保证，操作人员施工也方便。

在高温、低温、高湿度环境下施工，密封材料会出现不正常的固化，影响粘结性。在炎热的天气中，当气温超过35℃时，所有的密封材料均不宜施工，在高温天气时，可选在夜间施工，但应注意，如果下半夜露水较大时，也不得施工。气温低于－4℃时，为防止结露，也不宜施工。

3）大风

五级以上的大风天气，防水密封工程不得施工，因为大风天气易将尘土及砂粒等刮起，粘附在基层上，影响密封材料与基层的粘接，此外，大风对运输和操作都有影响。为了保证质量，大风后应对基层进行清扫，清除基层上的尘土和砂粒，以保证施工质量。

8-2-38　密封防水施工施工前的准备有哪些?

答：1）施工前的技术准备

（1）了解施工条件和要求。施工条件的成熟是保证施工质量的首要条件，没有充分、完备的施工条件，势必影响施工的正常进行，也就不能从根本上保证施工质量。

施工技术管理人员首先应做好技术准备，通过对设计图纸的学习和了解，领会设计意图、熟悉建（构）筑物构造、细部节点构造、设防层次及采用的材料、规定的施工工艺和技术要求。在了解施工条件和要求、领会设计意图的基础上组织图纸会审，认真解决设计图和在施工中可能会出现的问题，以便防水密封设计更加完善、更加切实可行。

（2）编制施工方案及技术措施。针对施工单位制定的施工方案应真实、细致地考虑整个施工过程中的每一个环节，使设计意图得到落实。防水工程施工方案应明确施工段的划分、施工顺序、施工方法、施工进度、施工工艺，提出操作要点、主要节点构造施工做法，保证质量的技术措施、质量标准、成品保护及安全注意事项等内容。

（3）人员培训。防水工程必须经过认可的单位进行系统地培训，经过考核合格后方可持证上岗。

根据工程防水施工方案的内容要求，对防水工程进行新材料、新工艺、新技术培训学习，绝不可使用非专业防水人员任意施工。必要时还应对施工人员进行适当的调整。

（4）建立质量检验和质量保证体系。防水工程施工前，必须先明确检验程序，定出哪几道工序完成后必须检验合格后才能继续施工，并提出相应的检验内容、方法、工具和记录。

防水工程的施工必须强调中间检验和工序检验，只有对质量缺陷在施工过程中及早发现，立即补救，消除隐患，才能保证整个防水层的质量。

（5）做好施工记录。防水工程施工过程中应详细记录施工全过程，以作为今后维修的依据和总结经验的参考，记录应包括下列内容：

①工程的基本情况。包括工程项目名称、地点、性质、结构、层次、建筑面积、防水密封面积、部位、防水层的构造层次、用材及单价、设计单位等。

②施工状况。包括施工单位、负责人、施工日期、气候环境条件、基层及相关层次质量、材料名称、生产厂家及日期批号、材料质量、检验情况、用量、节点处理方法等。

③工程验收情况。包括中间验收、完工后的试水检验、质量等级评定、施工过程中出现的质量问题和解决方法等。

④经验教训、改进意见等。

（6）技术交底。防水密封工程在施工前，施工负责人应向班组进行技术交底，其内容应包括：施工部位、顺序、工艺、构造层次、节点设防方法、增强部位及做法、工程质量标准、保证质量的技术措施、成品保护措施和安全注意事项。

2）施工前的物资准备

施工前的物资准备包括防水密封材料及配套材料的准备、防水密封材料及配套材料的进场和抽验、施工机具的进场和试运转等内容。

（1）材料的准备

①底涂料。底涂料是在填嵌密封胶之前涂于基材表面，以改进密封胶与基材粘结性能的涂料。为了提高粘结性能，原则上都应采用底涂料，但粘结体种类繁多，有的密封胶和被粘结体之间，并不一定需要使用底涂料，在这种情况下，必须遵照厂商的规定去选用底涂料，这是因为底

涂料的性能与所用的密封胶有着密切的关系。此外，由于被粘结体的种类不同，往往需要改变使用底涂料的种类，一般情况下各厂商都备有好几种底涂料，可根据被粘结体的种类确定。但是即使是同类粘结体，有时也有细微的差别，如涂装的种类虽然相同，但由于烘烤或干燥条件不同，对粘结性有很大的影响。因而在选择底涂料时，对厂商指定的底涂料，还应按实际使用的粘结体，复核其粘结性。

一般来说，混凝土、砂浆、石料、木材以及涂漆金属板，如不使用适当的底涂料，密封材料的粘结性能就不一定好。玻璃以及不上漆的金属板，最好也涂上底涂料，以提高其耐久性。

根据密封胶的种类和被粘结体的搭配，使用底涂料和不使用底涂料，其初期粘结性几乎没有差异，但其长期粘结性有时就会有明显的差异。

使用底涂料的情况有：被粘结体和密封胶虽然粘结性较好，但为减轻由伸缩、热、紫外线和水引起的粘接疲劳以及为提高长期的粘结性而使用底涂料（用在砂浆、混凝土预制板、石棉板、胶合板等）；由于被粘结体与密封胶的粘结性差，为提高相互之间的粘接效果，作为粘结介质而使用（用在铁、铝、玻璃等无吸水性的平滑面、涂漆面、合成树脂面等）；表面脆弱的基层，为去掉粉尘、增强面层而使用（如加气混凝土板、轻质硅钙板等）。底涂料的分类如表 8-2-38 所示。

底涂料的分类 **表 8-2-38**

项　目	分　类　Ⅰ	分　类　Ⅱ	分　类　Ⅲ
硅烷系	玻璃质	金属（处理）类	涂漆类
氨基甲酸酯系	水泥类等多孔质基层	金属涂漆类	
合成橡胶系	水泥类等多孔质基层	金属涂漆类	
合成树脂类	水泥类等多孔质基层		
环氧系	水泥类等多孔质基层		

底涂料一般都是具有极性基（官能基）的硅烷系或硅酮树脂等材料，溶解在乙醇、丙酮、甲苯、甲乙酮等溶剂中，刷涂或喷涂，而且多半在 20～30min 内即可干燥，底涂料的涂层一般较薄，但对于木材、砂浆、混凝土等多孔质的被粘结体，涂膜厚度一般则较厚，以防止砂浆、混凝土等的碱性成分的渗出和木材树脂成分的渗出。

②背衬材料和隔离材料。背衬材料是用于限制密封胶深度和确定密封胶背面形状的材料。在某些情况下也可作为隔离材料。

用作密封背衬材料的主要是合成树脂或合成橡胶等闭孔泡沫体，这些材料具有适当的柔软性。所选择的背衬材料必须具有圆形或方形等形状，而且应稍许大于接缝宽度。

密封胶在接缝中与接缝底面和两个侧面相粘接，称为三面粘接，嵌填后的密封胶由于受力复杂，其耐久性下降。因此，在密封背衬材料中以与密封胶粘结性不大的为好。

接缝深度较浅而不能使用密封背衬材料时，则应使用隔离材料，以免密封胶粘到接缝的底部。

防止建筑结构中在指定接触面上粘接的材料称为隔离材料。隔离材料一般放在接缝的底板，使密封胶只与侧面基材形成二面粘接。

通常使用的背衬材料一般有聚乙烯、聚氨酯、聚苯乙烯、聚氯乙烯闭孔泡沫塑料及氯丁橡胶、丁基橡胶海绵等。通常使用的隔离材料有聚乙烯胶条、聚乙烯涂敷纸条等。

背衬材料和隔离材料材质的选择标准如下：为避免在接缝伸缩时在被粘接构件上产生应力，应使用只有自身能伸缩的材料；不含油分、水分和沥青质；与密封材料不产生粘结作用的材料；不侵蚀密封材料；不析出水溶性着色成分；耐老化性能好，不吸潮，不透水的材料；形状要适合接缝状态，受热变形不大的材料；密封背衬粘结材料的粘结力，必须限制在最小限度内。

③防污带（条）。防污带（条）是防止接缝边缘被密封材料污染，保证接缝规整而粘贴的压敏胶带。

防污带的使用目的主要是在涂刷底涂料和填充密封胶时，用来防止被粘结面受到污染。在填充密封材料时，要保持封口两边的两条线笔直。

防污带材质的选择标准是必须根据施工面的具体情况，来选择使用最合适的材质与尺寸。对防污带的基本性质要求如下：防污带应不受溶剂的侵蚀或不吸收溶剂；防污带的粘接剂不应过多地脱离防污带而粘附在被粘结面上，使被粘结面污染或有斑迹，或在剥去防污带时，不应把被粘结面的涂料也一起剥离掉；防污带厚度要合适，以便在形状复杂的部位使用时，易于折叠。

（2）防水密封材料的抽验和进场

①粘结性能的试验。根据设计要求和厂方提供的资料，在实际施工前，应采用简单的方法或根据所用材料的标准进行粘接试验，以检查密封材料及底涂料是否能满足要求。

简易粘接试验可按下述程序进行：以实际构件或饰面试件作粘结体；在其表面贴塑料膜条；涂上实际使用的底涂料；在塑料膜条和涂层上粘实际使用的条状密封材料；将试件置于现场固化；按施工方法，用手将密封条向180°方向揭起牵拉；当密封条拉伸直到破坏时，粘结面仍留有破坏的密封材料（粘接破坏），则可认为密封胶和底涂料粘结性能合格。

②防水密封材料的贮存与运输。在施工期间对防水密封材料及其辅助材料的贮存与运输问题也是不能忽视的。在一般情况下，防水密封材料是根据需要预先在工厂配制好的，然后再于施工时用，有的则是从市场上采购而来的。有些防水密封材料和辅助材料是属易燃或有毒的，对人体皮肤有刺激性作用。因此，在贮存与运输过程中应注意安全。有些防水密封材料对水很敏感，怕雨淋日晒，这些材料则应妥善贮存在密封容器中，放在室内避热阴凉处，并保持干燥。

8-2-39　密封防水施工施工前的检查（基层检查）有哪些？

答：密封材料施工前，要对下列各项进行必要的确认。

1）检查接缝尺寸是否符合设计图纸，根据密封胶的性能确认接缝形状、尺寸是否合适以及施工是否可能等。嵌填密封胶的缝隙（如分格缝、板缝等）尺寸应严格按设计要求留设，尺寸太大导致嵌填过多的密封材料造成浪费，尺寸太小则施工时不易嵌填密实密封材料，甚至承受不了变形。新规范总结了国内外大量技术标准、资料和国内密封防水处理工程实践，提出了接缝宽度不应大于40mm，且不应小于10mm，接缝深度可取接缝宽度的0.5～0.7倍的技术要求。接缝尺寸如与图纸明显不同时，要记录在检查报告中。

2）检查粘结体是否与设计图纸相符，涂装面的种类和养护干燥时间是否适宜。基层应干净、干燥。对粘结体上的灰尘、砂浆、油污等均应清扫、擦拭干净，如果粘结体基层不干净、不干燥，会降低密封胶与粘结体的粘结强度，尤其是溶剂型、反应固化型密封材料，粘结体基层必须干燥。一般情况下，水泥砂浆找平层应在施工完成10d后，接缝方可嵌填密封胶，并且在施工前应晾晒干燥。

3）检查密封胶有无衬托。连接构件的焊接，固定螺丝等是否牢固。

4）检查混凝土、ALC板、PC板等基层有无缺陷、裂缝以及其他妨碍密封胶粘结的现象。分格缝两侧面高度应等高，缝隙混凝土或砂浆必须具有足够强度。分格缝表面及侧面必须平整光滑，不得有蜂窝、孔洞、起皮、起砂及松动的缺陷，如发现这些情况，应采用适合基层的修补材料进行修补，以使密封胶与分格缝表面粘结牢固，适应其变形，保证防水质量。如有砖墙处嵌填密封胶，砖墙宜用水泥砂浆抹平压光，否则会降低密封胶的粘结能力，成为渗水的通道。

5）检查混凝土、水泥砂浆、涂装等施工后是否经过充分养护，混凝土基层的含水率原则上要求在8%以下，含水率的高低，因混凝土配比、表面装修、养护时间等的不同而不同，干燥时间、基层条件差，势将影响粘接。

6）建筑用的构件是多种多样的，如处理方法有误则密封效果就会失去，根据构件的材质及表面处理剂和处理方法等情况的不同，对粘结体表面的清扫方法、清扫用溶剂以及基层涂料等的使用方法也各不相同。因此，还必须事先充分研究以下情况：了解混凝土预制板在生产时所采用的脱模剂种类；使用大理石时，还应检查有无污染性；涂漆的材质和种类；铝和铁的表面处理方法等。

7）接缝的表面处理和清理

需要填充密封胶的施工部位，必须将有碍于密封胶粘结性能的水分、油、涂料、锈迹、杂物和灰尘等清洗干净，并对基层做必要的表面处理，这些工作是保证密封材料粘结性的重要条件。

基层材料的表面处理方法一般可分为机械物理方法和化学方法两大类型。常用的砂纸打磨、喷砂、机械加工等属于机械物理方法；而酸碱腐蚀、溶剂、洗涤剂等处理属于化学方法。这些方法可单独使用，但联合使用能达到更好的效果。

8-2-40　案例1。

答：某综合管沟工程全长约10km，宽7m，高2.8m，主要布置供电、供水、供冷、电信、有线电视等5种管线，成为某省规划建设的第一条综合管沟，也是目前国内长度和规模最大、体系最完善的综合管沟工程。

该工程地质主要由流塑-软塑状淤泥或淤泥质黏土以及粉细砂、中砂类黏土组成，局部地区为黏性土。由于工程地处河口滩涂，属潮间地带，地面高程低，地下水位高，地下水除受降水的影响外，还深受径流和潮汐的影响，直接影响地下水的补给、排泄和动态。因此要采取各种方法，针对不同的构造细部实际情况，做好综合管沟的防水质量监控。该综合管沟设计为二级防水，施工综合性强，技术难度大，也是结构施工的一道关键工序。结构防水根据工程地质和水文地质条件、综合管沟结构特点、施工方法和使用要求等因素进行设计和施工，遵循“以防为主，防排结合，刚柔相济，多道设防，因地制宜，综合治理”的原则，以提高结构自防水性能为主，外防水（附加防水层）为辅，关键是处理好施工缝、变形缝等薄弱环节的整体防水，以确保综合管沟的防水施工质量。综合管沟主体框架结构底板、侧墙、顶板均采用C25、P6级防水混凝土。施工缝采用遇水膨胀胶腻子条，变形缝采用埋入式橡胶止水带，外防水采用有机水乳型防水涂料。

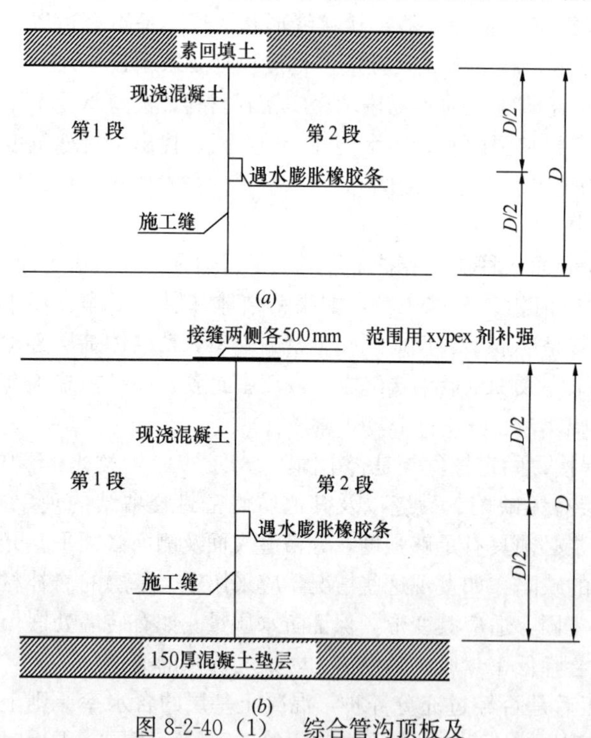

图8-2-40（1）　综合管沟顶板及底板施工缝防水构造示意图

（a）综合管沟顶板；（b）综合管沟底板

综合管沟各细部结构的防水处理措施如下：

1）施工缝

施工缝是在施工过程中，由于一次性连续浇筑不能过长或必须分段施工而设置的施工接缝，这种接缝是结构自防水的薄弱环节，其处理的好坏将直接影响建筑物的防水性能。因此，必须认真做好施工缝的防水处理。在结构二次混凝土施工时，施工缝通常有立缝和平缝两种，浇筑混凝土前除粘钉止水条的5cm范围内必须抹平压实和压光外，其余混凝土表面均需凿毛和清洗，然后在施工缝处涂刷渗透型防水材料，再在其断面中部粘钉20mm×30mm遇水膨胀橡胶腻子条，如图8-2-40

(1) 所示。

2) 后浇缝

后浇缝应在其两侧结构混凝土龄期达 6 周后再进行施工，施工前应将接缝处混凝土凿毛、清洗并干燥，再在结构断面中部附近安放遇水膨胀橡胶止水条，然后浇筑高强微膨胀补偿收缩防水混凝土，其强度等级和抗渗等级不低于其两侧主体结构混凝土，养护时间应在 28d 以上，如图 8-2-40 (2) 所示。

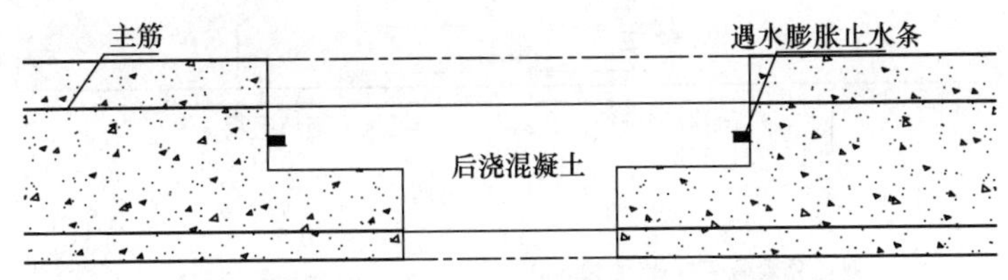

图 8-2-40 (2)　后浇缝防水构造示意图

3) 伸缩变形缝

伸缩变形缝是由于结构刚度不同、受力不均并考虑混凝土结构胀缩而设置的允许变形的结构缝隙，是防水处理和结构外防水的关键环节之一。按设计要求每 30m 设一道变形缝，其断面中部预埋橡胶止水带，在缝的迎水面即结构外侧采用外贴式止水带，并在结构内侧的缝内用双组分聚硫橡胶嵌缝。底板、顶板、侧墙和壁板变形缝的防水构造如图 8-2-40 (3) 所示。

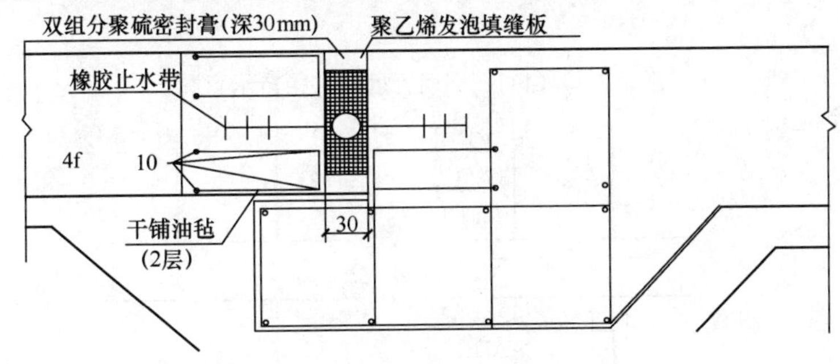

图 8-2-40 (3)　伸缩变形缝的构造示意图

4) 穿墙管

穿墙管应在混凝土浇筑前埋设，并加设止水环。当穿墙管线较多时，可采用穿墙盒，将其封口钢板与墙上预埋件焊牢，并从钢板上的浇筑孔注入密封材料，如图 8-2-40 (4) 所示。

5) 对拉螺栓

(1) 埋入结构混凝土的对拉螺栓做法与穿墙管埋设方法相同；

(2) 浇筑混凝土时，对拉螺栓四周应加强振捣，以保证混凝土密实；

(3) 拆除模板后取出模板垫块，并割去伸出墙外的钢筋，用高弹密封材料封闭钢筋头，并用聚合物水泥砂浆填平留设的凹槽，如图 8-2-40 (5) 所示。

8-2-41　案例 2。

答：某综合管沟设计防水等级标准为二级，下面结合综合管沟工程防水工程易出现问题的部位及原因，阐述施工过程等环节中如何进行质量控制。

1) 综合管沟工程易出现渗漏问题的部位和原因

(1) 基底及垫层（主要是软基段）处理不当，不均匀沉降造成底板拉裂而引起渗漏。

(2) 混凝土供应不及时，混凝土浇筑顺序安排不合理，致使混凝土之间形成冷缝，产生渗水通道。

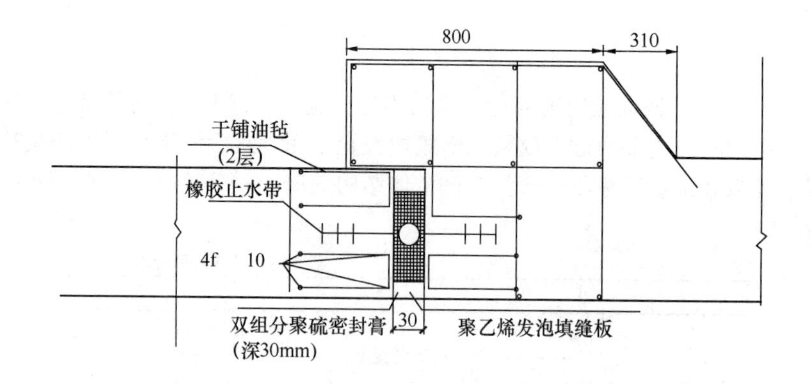

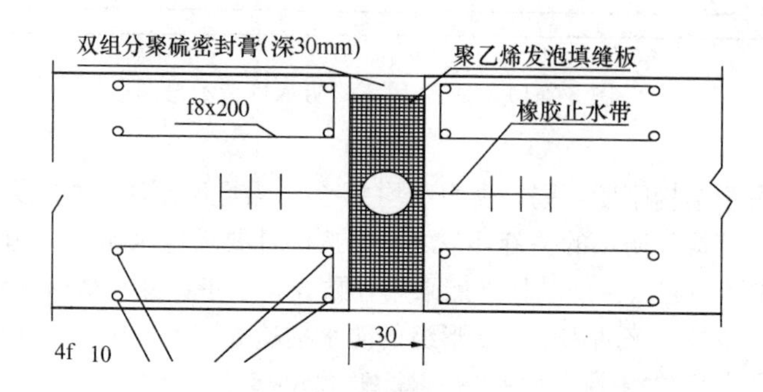

图 8-2-40（4） 穿墙管处防水构造示意图

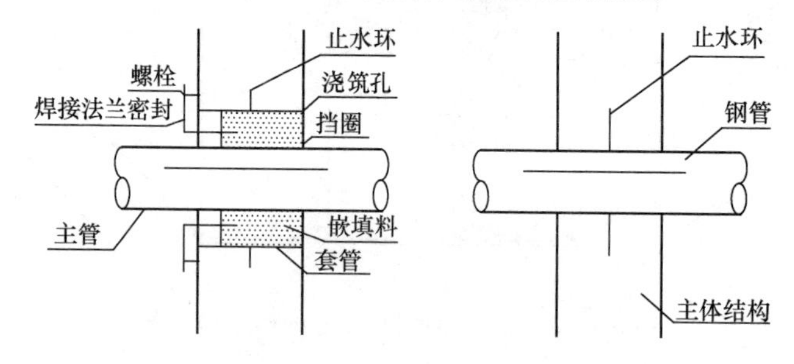

图 8-2-40（5） 对拉螺栓防水构造示意图

（3）水平施工缝凿毛不规范，止水钢板搭接长度不足，没有焊牢焊严，造成施工缝处渗漏。

（4）侧墙支模用的对拉螺栓没有止水环或止水环没有焊牢，形成渗水通道。

（5）钢筋密集处和预埋件周围振捣不密实，出现蜂窝、孔洞，形成抗渗的薄弱部位。

（6）混凝土配合比控制不严，振捣不均匀、不规范，直接影响强度和密实度，影响抗渗性能。

（7）防水混凝土施工后养护不及时，造成因干缩和温差引起开裂。

（8）外防水施工前综合管沟没有修整完毕，清洗不干净，外防水施工过程有灰尘吹到防水涂料上。

（9）材料质量不过关，外防水施工没有严格按配合比配制防水涂料，防水材料用量不足。

2）施工阶段质量控制的要点

（1）施工图设计的审查：全面了解、吃透设计意图，对不合理的地方提出设计变更建议。

①侧墙水平施工缝的防水措施：原设计采用橡胶止水条，根据施工时的实际情况，其外侧415m是7m宽沥青车道，车流量大，施工期间保洁和清洗工作困难，综合管沟施工时必须经常进行冲洗，因此橡胶止水条在混凝土浇筑前已遇水膨胀，致使混凝土收缩时无膨胀能力或膨胀

能力不足以弥补收缩量而渗水。

②外防水涂料的选择：原设计外防水采用有机型防水涂料，其性能指标如表 8-2-41（1）所示。

有机防水涂料性能指标 **表 8-2-41（1）**

涂料种类	潮湿基面粘结强度（MPa）	抗渗性（MPa）			进水 1689h 后断裂伸长度（%）	耐水性（%）	表干（h）	实干（h）
		涂料（30min）	砂浆迎水面	砂浆背水面				
水乳型	≥0.2	≥0.3	≥0.6		≥350	≥180	≤4	≤12

（2）该段综合管沟处的地下水位高，受江水潮汐的影响大，地下水位在涨潮时高出综合管沟 2m 以上，对防水涂料的抗渗性能要求较高，因此建议采用抗渗性能更高的无机防水涂料，其性能指标如表 8-2-41（2）所示。

无机防水涂料性能指标 **表 8-2-41（2）**

涂料种类	抗折强度（MPa）	粘结强度（MPa）	抗渗性（MPa）	冻融循环
水泥基渗透结晶型防水涂料	≥3	≥1.0	>0.8	$>F_{50}$
水基渗透防水涂料			>1.0	

8-2-42 某甲综合管沟基坑支护方案。

答：方案如下：

1）工程概况

市政道路某标段施工范围包括外环路 K0+360～+K3+240，2 号路 K0+000～K1+377，3 号路 K0+044.26～K1+040.31，14 号路 K0+000～K0+706，28 号路 K0+000～K0+317，32 号路 K0+650～K1+620.91。沿线均有排水管道，其中污水管基坑开挖深度 4～8m，雨水管基坑开挖深度 1～4m。3 号路在中环到外环间设计有综合管沟，基坑开挖深度 4～6m。

道路平面布置见图 8-2-42（1），基坑支护施工现场见图 8-2-42（2），横断面见图 8-2-42（3）。

2）综合管沟基坑开挖

为确保工期，考虑本标段的地下水位较高，地质状况差，管沟基坑分多个工作面开挖。为保证基坑两侧边坡稳定，尤其是保证两车道下半年按期通车及通车后的行车安全、考虑到基坑支护手段的可靠与可行性，经多方案比较，这里选用插打工字钢的基坑支护方案。按照实际地质情况应先打入工字钢后开挖，即开挖前在基坑外双车道侧人工配合反铲挖掘机静压插入工字钢，工字钢间距为 1.0m，工字钢采用 36C 工字钢，工字钢与土体之间埋放挡土板，另侧可以放缓坡开挖，坡度为 1∶1.0～1∶1.5（详见图 8-2-42（4）），具体参见工字钢计算式。对挖方段采用放坡开挖支护方案，考虑到土质情况和双车道的影响，放坡系数为 1∶0.5～1∶1，坡面抹 5.0cm 厚水泥砂浆尤其是双车道侧，以防止雨水冲刷，坡面应平顺以利后续回填黏土压实施工。

插入工字钢应保证将全部工字钢逐根插打稳定，然后依次打到基坑底以下设计深度，开始打的几组工字钢应检查其平面位置和垂直度，当发现倾斜时应及时纠正，工字钢采用静压方法下沉。

基坑开挖前，要做好基坑外地表的排水工作，基坑顶两侧设置 300mm×500mm 的排水沟，以防地表水流入基坑。基坑顶层土方用挖掘机开挖，石方采用履带式单头液压岩石破碎机破碎岩石开挖，纵向分段横向分层倒退式进行，分层开挖深度不超过 2.0m，基坑内的土石方用挖掘机

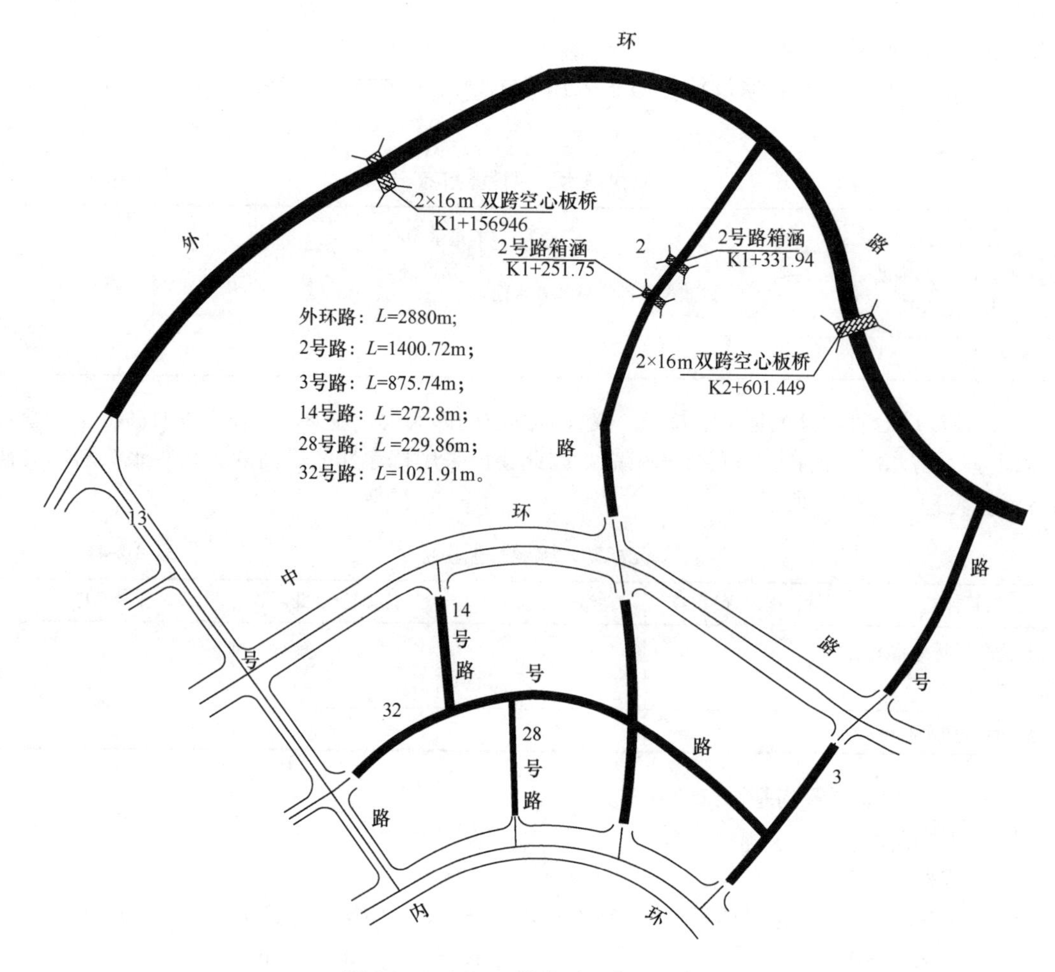

图 8-2-42（1） 道路平面布置示意图

图 8-2-42（2） 基坑支护施工现场图

倒运开挖，自卸汽车运土。挖出的土石方直接装上自卸汽车运至指定地点，留一定量的黏土作为管沟侧顶回填用料。基坑开挖按施工分段跳跃式进行，每一施工段开挖长度约 50～60m，以保证管沟施工有足够的施工面和排水沟。基坑开挖后，在基坑两侧各设一条通长 300mm×300mm 的排水沟，每 30m 左右设置一个集水坑，用大功率水泵抽水保证基坑安全，保持基坑干燥，不得有浸泡现象出现，施工过程的排水顺序为：基坑内施工水、雨水→流入到沟内→汇集到集水坑→抽至地表排水沟→排入到附近河道。土方开挖至基底 15～30cm 时采用人工挖土，以免破坏原

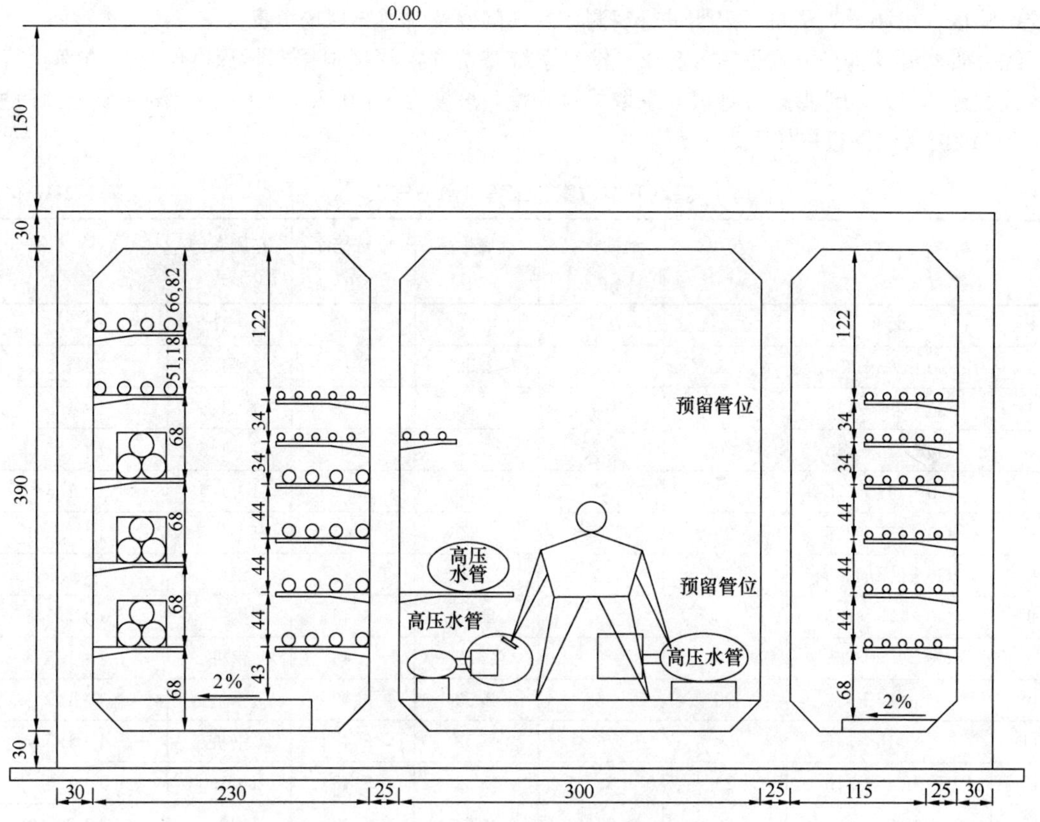

图 8-2-42（3） 综合管沟的横断面图

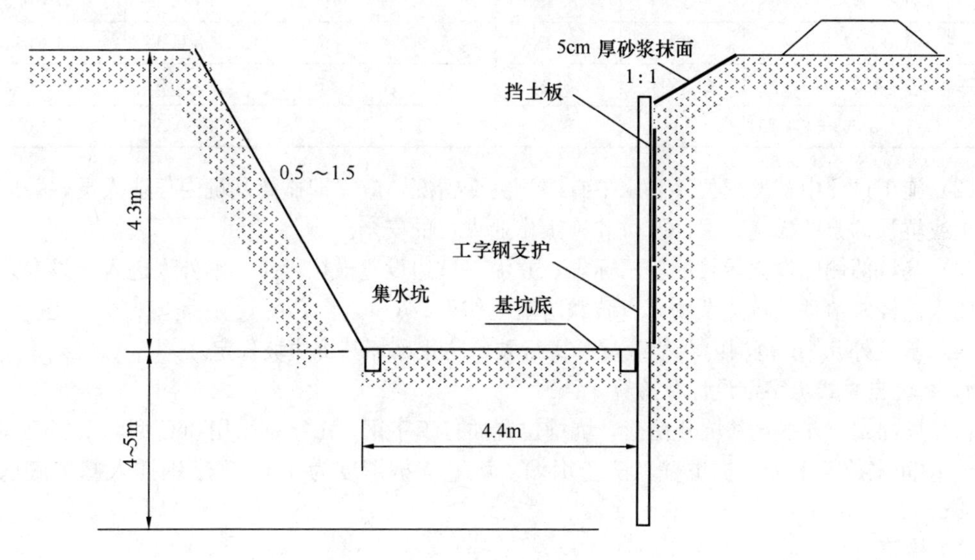

图 8-2-42（4） 管沟基坑开挖支护图

状土。

清淤换填段应做好分层压实，遇到强度达不到要求的地基，应采取相应的加固措施。基坑开挖完毕后，应及时进行基础检查和验收。

3）基坑保护与安全措施

（1）基坑上两侧每 20m 设一钢筋混凝土沉降位移观测桩，基准点设在远离基坑 100m 以上的不受影响区，由测量人员每天定期进行观测，发现问题及时通知现场负责人。

综合管沟开挖支护方式见表 8-2-42，排水系统基坑开挖深度根据实际深度结合本方案执行。具备放坡地质及现场地形条件地段，采取放坡开挖，坡度为 1∶0.25～1∶1.5；淤泥质土地段挖深大于 3m 时采取钢板桩加固。

基坑开挖方案、工程参数一览表 **表 8-2-42**

编号	桩 号	长度（m）	地面标高（m）	基底标高（m）	中桩挖深（m）	左侧支护形式	右侧支护形式
1	G0+038.29+063	24.71	6.57	2.52	4.25	1∶1.5	1∶1.5
2	G0+063+088	25	8.63	2.52	6.11	1∶1.5	1∶1.5
3	G0+088+118	30	8.45	2.52	5.93	1∶1.5	1∶1.5
4	G0+118+148	30	8.62	2.52	6.1	1∶1.5	1∶1.5
5	G0+148+175	27	8.74	2.52	6.22	1∶1.5	1∶1.5
6	G0+175+205	30	6	2.52	3.48	1∶1.5	1∶1.5
7	G0+205+235	30	6	2.52	3.48	钢桩	1∶1.5
8	G0+235+255	20	6	2.52	3.48	钢桩	1∶1.5
9	G0+255+285	30	6	2.52	3.48	钢桩	1∶1.5
10	G0+285+315	30	6	2.52	3.48	钢桩	1∶1.5
11	G0+315+345	30	6	2.52	3.48	钢桩	1∶1.5
12	G0+345+370	25	8.7	2.52	5.48	1∶1.0	1∶1.5
13	G0+370+395	25	8.6	2.52	5.38	1∶0.5	1∶0.5
14	G0+395+425	30	8.55	2.52	5.33	1∶0.5	1∶0.5
15	G0+425+450	25	8.02	1.9	5.42	1∶0.5	1∶0.5
16	G0+450+473.593	23.593	8.3	1.9	5.7	1∶0.5	1∶0.5
17	G0+473.593+484.593	11	8.3	1.9	5.7	1∶0.5	1∶0.5

（2）施工过程中若发现位移和水平有明显突变情况，应立即撤离基坑内作业人员，采取回填反压土或坑顶卸土的措施，保证基坑和施工作业人员的安全。

（3）基坑两侧应设立醒目的警示标志，并沿基坑边设置横拉彩旗严禁外人进入，设专人值班防止闯入。经常清理基坑边杂物，以防跌落基坑伤人。

（4）基坑外 5.0m 范围内严禁载重车辆行驶，防止破坏基坑边坡稳定。

4）基坑自立式工字钢设计及检算

（1）基坑支护方案：基坑开挖前，坑壁位置插打工字钢，工字钢采用 36C 型，工字钢间距为 1.0m。中间安放挡土板支护坑壁，防止坍塌。坑壁支护深度为 4m，工字钢插入基坑底以下大于 4.4m。

（2）检算过程：

① 参数确定

a. 根据图纸中提供的地质资料，并参考《建筑施工手册》（第四版 第 1、2 册）相关部分，确定设计参数如下：

γ——土的重力密度，取 $\gamma=18kN/m^3$；

c——土的黏聚力，取 $c=15kPa$；

ψ——土的内摩擦角，取 $\psi=22°$；

q——地面超载，取 $q=18\text{kN/m}^2$；

δ——桩土间摩擦角，取 $\delta=2/3$，$\psi=14.67°$。

b. 工字钢选用36C型，其截面特征为：

惯性矩 $I_X=17300\text{cm}^4$；

截面模量 $W_X=962\text{cm}^3$；

截面积 $A=102.112\text{cm}^2$；

强度标准值 $f=210\text{MPa}$；

弹性模量 $E=210\text{GPa}$。

② 各项受力检算

a. 确定桩插入深度 t

主动土压力系数 $K_a=\tan2(45°-22°/2)=0.455$，　$\sqrt{K_a}=0.675$

被动土压力系数 $K_p=\{\cos\psi/[\sqrt{\cos\delta}-\sqrt{\sin(\psi+\delta)}\times\sin\psi]\}2$

$=\{\cos22°/[\sqrt{\cos14.67°}-\sqrt{\sin(22°+14.67°)}\times\sin22°]\}\times2$

$=3.304$

$\gamma(K_p-K_a)=18\times(3.304-0.455)=51.3\text{kN/m}^3$

主动土压力强度 $ea=\gamma\cdot h\cdot K_a-2c\sqrt{K_a}$

$=18\times4\times0.455-2\times15\times0.675=12.51\text{kPa}$

土压力为零处距基坑底距离 $\mu=e/[\gamma(K_p-K_a)]$

$=(ea+q\cdot K_a)/[\gamma(K_p-K_a)]$

$=(12.51+18\times0.455)/51.3$

$=0.4\text{m}$

土压力为零处距基坑顶距离 $l=h+\mu=4+0.4=4.4\text{m}$

桩所受侧压力总计 $\sum P=ea\cdot h/2+q\cdot K_a\cdot h$

$=12.51\times4/2+18\times0.455\times4$

$=57.78\text{kPa}$

合力作用点距基坑顶距离 $a=[ea\cdot h2/3+q\cdot K_a\cdot h2/2]/\sum P$

$=(65.52+66.72)/57.78$

$=2.29\text{m}$

对C点取矩，$\sum M_c=\sum P(l+x-a)-E_p\cdot x/3=0$

而 $E_p=\gamma\cdot(K_p-K_a)\cdot X^2/2$

代入 E_p 并简化上式，得：

$X^3-6\sum P\cdot X/[\gamma\cdot(K_p-K_a)]-6\sum P\cdot(l-a)/[\gamma\cdot(K_p-K_a)]=0$

$X^3-6\cdot57.78\cdot X/51.3-6\cdot57.78\cdot2.11/51.3=0$

解之得 $X=3.33\text{m}$

确定埋深为 $t=1.2\times X+\mu=1.2\times3.33+0.4=4.4\text{m}$

b. 工字钢抗弯强度 σ 及挠度 ω 验算

因最大弯矩应在剪力为零处。设从土压力为零处往下 x_m 剪力为零，则

$\sum P-\gamma\cdot(K_p-K_a)\cdot x_m{}^2/2=0$

$x_{\mathrm{m}}=\sqrt{2}\sum P/[\gamma\cdot(K_{\mathrm{p}}-K_{\mathrm{a}})]=(2\times57.78/51.3)^{\frac{1}{2}}=1.5\mathrm{m}$

$M_{\max}=\sum P\cdot(l+x_{\mathrm{m}}-a)-\gamma\cdot(K_{\mathrm{p}}-K_{\mathrm{a}})x_{\mathrm{m}}^{3}/6$

$=57.78\times3.61-51.3\times1.53/6$

$=179.7\mathrm{kN}\cdot\mathrm{m}$

抗弯强度 $\sigma=M_{\max}/W$

$=179.7/0.000962$

$=186.8\times103\mathrm{kN/m^2}$

$=186.8\mathrm{MP}<f=210\mathrm{MP}$（即每米设一根工字钢可以满足强度要求）

桩顶挠度 $\omega=\sum P\cdot b^{2}\cdot h\cdot(3-b/h)/(6EI)$

$=57.78\times1.71^{2}\times4\times(3-1.71/4)/(6\times2.1\times108\times1.73\times10^{4})$

$=0.008\mathrm{m}=8\mathrm{mm}$

8-2-43 某乙综合管沟基坑支护方案是怎样的?

答：方案如下：

1）工程概况

拟建综合管沟为明挖综合管沟，综合管沟基坑挖深为5.252m。主管沟干线基坑支护净宽为9.00m，其他基坑支护净宽为6.50m。拟建综合管沟因位于已有主干道上，不具备大开挖条件，且大部分挖深超过3m，为保证施工安全必须采用支护开挖体系。同时在施工期间只允许半幅道路实行交通管制，另外半幅必须保证车辆的通行。因此，支护方案选择除了必须满足结构受力的要求外还须满足支护结构的施工时间短、施工影响范围小的要求，而只有拉森钢板桩支护可以满足上述要求。

2）钢板桩的设计

(1) 工程地质状况。本工程场地地质勘察情况如下：

① 杂填土：松散状态，厚度为0.6m；

② 淤泥质土夹砂：可塑，湿，含大量粉砂，部分夹薄砂层，厚度为29.40～41.80m；

③ 中粗砂：中密、饱和，厚度为5.0～17.5m；

④ 地下水位埋深为0.9m；

⑤ 土的物理学性质见表8-2-43（1）。

土的物理学性质 **表8-2-43（1）**

土　层	容重 γ（$\mathrm{kN/m^3}$）	黏聚力 c（kPa）	内摩擦角 ϕ（°）
杂填土	17.5	15	13
淤泥质土夹砂	16.04	11.73	10.83

(2) 设计假定

① 本工程基坑挖深≥3m部分采用拉森钢板桩支护，<3m部分按市政工程的常规支护方法进行施工。在此对拟建工程拉森钢板桩支护部分展开讨论。

② 支护结构主要材料选型及参数

a. 钢板桩采用包Ⅳ拉森钢板桩，长度为15m，截面尺寸为500mm×185mm，$I_{\mathrm{x}}=4565\mathrm{cm^4/m}$，$W_{\mathrm{x}}=2410\mathrm{cm^3/m}$，$[\sigma]=200\mathrm{N/mm^2}$；

b. 内支撑体系由350×350H型钢组成；

c. 支护结构选用钢材均采用 Q235 钢。

(3) 主动土压力与被动土压力计算

开挖后，作用在钢板桩的侧压力（包括土压力和水压力）与钢板桩的刚度、支撑的性质以及排水处理、开挖方法等因素有关。根据 Rankine 土压力公式，计算作用于钢板桩上的主动和被动土压力。

(4) 钢板桩的支护结构计算

①计算简图

由于钢板桩在土中的受力情况较为复杂，为简化计算，将钢板桩达到一定的入土深度时的底端 B 点视为固端，钢板桩受力转化为在主动土压力$\sum E_{ai}$和被动土压力$\sum E_{p}$作用下的对 B 点的弯矩平衡，如图 8-2-43 (1) 所示。

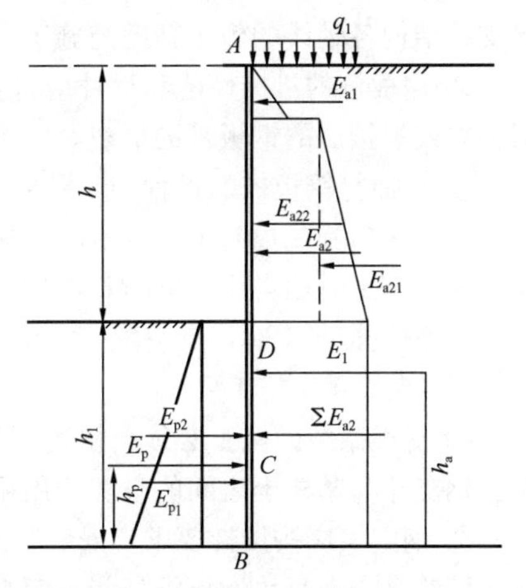

图 8-2-43 (1)　钢板桩支护结构简图

②嵌固深度设计值 h_d 按下式确定。

$$h_p\sum E_{pi}-1.2\gamma_0 h_a\sum E_{ai}\geqslant 0$$

式中　E_{ai}——主动土压力最大压强；

E_{pi}——被动土压力最大压强；

γ_0——土的密度；

h_a——基坑开挖深度。

对于本工程，若支护结构破坏，主体失稳或变形过大对基坑周边环境及地下结构施工影响一般，故取 $\gamma_0=1.0$。

③无支撑的钢板桩所受的最大弯矩 M_{cmax}位于剪力为零处，即$\sum E_{ai}=\sum E_{pi}$位置，设为图 8-2-43 (1) 的 C 点。由此求得 C 点至开挖面的深度 h_c。则无支撑的钢板桩所受的最大弯矩 M_{cmax} 及截面弯矩设计值 M 为：

$$M_{cmax}=h_{pc}\sum E_{pc}-h_{ac}\sum E_{ac}$$

$$M=1.25\gamma_0 M_{cmax}$$

开挖深度为 3～5.252m 时无支撑钢板桩的 h_d、M_{cmax}、M 的计算结果如表 8-2-43 (2) 所示。

不同深度下计算结果　　**表 8-2-43 (2)**

h	3.00	3.50	4.00	4.50	5.00	5.10	5.25
$\sum E_{ai}$	73.83	128.04	198.38	284.93	387.71	410.21	445.67
$\sum E_p$	159.98	273.19	421.02	603.90	822.02	869.89	945.35
h_d	2.68	3.77	4.90	6.07	7.25	7.49	7.85
h_p	1.10	1.50	1.90	2.31	2.72	2.80	2.92
h_a	1.99	2.67	3.37	4.08	4.80	4.95	5.17
h_c	1.05	1.58	2.16	2.75	3.36	3.49	3.67
M_{cmax}	32.19	69.72	131.59	224.86	356.68	388.30	439.99
M	40.23	87.15	164.49	281.08	445.85	485.38	549.99

④计算结果分析

由表 8-2-43 (2) 的计算结果可以看出，在不考虑土的压缩和钢板桩的转角引起的钢板桩上部的水平位移时，开挖深度不同，无支撑钢板桩所受的土侧压力值、内力值都不相同。根据计算的截面最大弯矩与钢板桩的截面系数、钢材的允许应力可求得钢板桩的最大允许开挖深度。每米钢板桩的最大允许弯矩为：$[M]=[\sigma]W=482\text{kN}\cdot\text{m}$。由表 8-2-43 (2) 可知，采用无支撑时钢板桩的最大允许开挖深度约为 5.0m，其对应的最小入土深度为 7.25m，因此使用 15m 的无支撑钢板桩能够满足本工程的要求。但是当开挖深度超过 5.0m 时，钢板桩就应设支撑或拉杆，下面对设有支撑的最大开挖深度为 5.252m 的钢板桩最小入土深度以及支撑进大开挖深度为 5.252m 的钢板桩最小入土深度以及支撑进行计算。

3）支护结构与土方开挖施工要求

（1）钢板桩施工要求

① 在拉森钢板桩施工前，必须在综合管沟支护结构钢板桩的轴线位置上进行挖沟探测，确保支护结构各轴线的施工精度与施工安全。

② 钢板桩的机械性能和尺寸应符合要求，应防止由于自重引起的变形与损坏，特别应加强对整修或焊接后的钢板桩的检查。

③ 在插打钢板桩的过程中，随时检查其平面位置是否正确，桩身是否垂直，发现倾斜，立即采取纠正措施或拔起重打。本工程施工时采用 35t 履带吊车与 DZ45A 型振动沉拔桩锤进行施工。开始施工时用自重下沉，直至桩身足够稳定后，再采用振动下沉。

④ 钢板桩拔出时，其空隙用水泥浆或中粗砂及时填充密实。

（2）支撑系统施工要求

① 支撑系统的施工必须严格遵守先支撑后开挖的原则，钢板桩施工完毕，开槽设置支撑系统。钢支撑与基槽土之间的空隙应用粗砂回填密实，并在施工机械车辆的通道处架设道板。

② 钢围檩应按设计要求，安装在同一水平线上。钢围檩与钢板桩之间的间隙，采用 C20 混凝土填筑，应使每块钢板桩都能与钢围檩有良好的接触，使其共同均匀受力。

③ 支撑体系施工完成后，开挖基坑土方，土方挖至基底后应立即施工垫层及底板，并同时设置底板与钢板桩之间的混凝土支撑层，要求支撑层紧抵钢板桩，不留任何间隙，但应做好支撑层混凝土与钢板桩的隔离措施。

④ 支撑层及综合管沟底板达到设计强度后方可拆除支撑系统。

（3）土方开挖施工要求

① 基坑开挖过程中，若发现局部漏水现象，应立即停止开挖，用注浆方法进行封堵，以防止周围地面沉降。

② 基坑土方必须分层均衡开挖，每层开挖高度不宜超过 1～2m，并防止土方开挖设备碰撞支护结构，避免扰动基底原状土。

③ 发生异常情况时，立即停止挖土，查清原因并采取措施后，方能继续挖土。

④ 当班清运土方，严禁将土方堆于基坑周围。

（4）地下水控制要求

① 基坑坑外设置截水沟。

② 坑内地下水及地表水采用以下方法进行控制：坑内设置排水沟和集水井，布置在地道基础边净距 0.4m 以外，边缘距钢板桩边不小于 0.3m，在基坑的四角或每隔 10m 设置一个集水井。排水沟底面比挖土面低 0.3～0.4m，集水井底面比排水沟底面低 0.5m。

（5）支护结构监测与检测要求

① 对钢支撑焊缝施工质量有怀疑时，采用超声探伤等非破损方法检测。

② 在基坑支护结构的施工与使用过程中，应请有资质的单位对支护结构和邻近地下管线进行监测，若遇到可能影响安全的情况时，应立即示警，情况严重时，立即停止施工，并采取应急措施。

（6）应急方案

场地内保证有一台挖土机可以随时调用，如发现开挖后，坡顶位移呈增大趋势且不收敛，立即用挖土机挖土向坡脚回填反压，直至位移稳定再采取加固措施后方可继续开挖。现场应准备好 300 个编织袋，其中 100 个预先装好砂，一旦发现位移增大不稳定时，可用砂袋回填反压。

4）实际施工观测数据

（1）观测点布设，观测点布置图如图 8-2-43（2）所示。

（2）观测结果

在整个施工期间各观测点位移均未超出 20mm，其中出现最大位移为 19.4mm。

5）结论

从工程实际施工情况看，本支护工程施工结果与设计基本吻合，说明设计假定和设计参数选择合理，能满足实际工程要求。

对于类似于明挖综合管沟的工程而言，拉森钢板桩具有良好的工程性能和可重复利用的特性，在满足支护结构强度、刚度要求的同时还具有较好的综合经济效益，是一种较合理的支护形式。

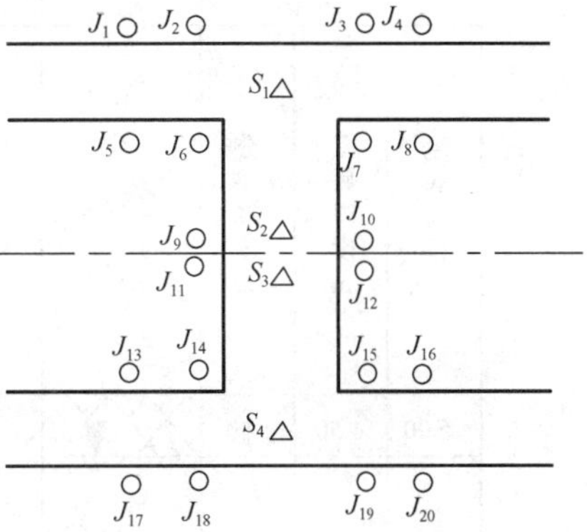

图 8-2-43（2） 观测点布设示意图

注：图中○为基坑坑顶沉降、平面位移监测点，△为基坑内水位测试点。

8-2-44 某丙综合管沟基坑支护方案？

答：方案如下：

1）工程概况

×××市政工程项目“道路（含综合管沟）、桥梁、排水工程”是×××市的重点建设项目。×××选址于××市南部。北距天河体育中心约 30km，距广州旧城中心约 40km，西离番禺区政府约 10km，东临莲花山水道连通珠江，隔狮子洋与东莞相望。

某标段×××包括：支路一（K1＋790～K3＋576.69）；次干道一（K1＋650～K2＋153.02）；支路六（K0＋000～K0＋159.83）；长南路（K0＋980～K1＋897.33）；7 号桥；13 号桥；综合管沟（ZG3K0＋980～K1＋520、ZG1K1＋180～K1＋237.8）；排水工程。其中综合管沟拉森桩支护工程，管沟总长度 597.8m，采用双面拉森桩围护总延长米 1195.6m。基坑平均开挖深度包括垫层内按道路现状标高＋6.50 以下 4.5m，局部廊段最大开挖深度 6m，拟采用长度 9～12m 的拉森Ⅳ钢板桩实施双面围护，以确保基坑安全开挖，管廊结构顺利施工。

2）地质概况

根据区域地质报告，自上而下土层分布为：

（1）表层为回填土，并不均分布积存一定量块石，积存一定量的天然降水，该层土层厚度约 1.5～2m。

（2）次层沉桩段为淤泥层，淤泥层厚度为 5～10m，局部为 14m。

（3）桩端持力层段为粉质黏土，如图 8-2-44（1）所示。

3）钢板桩方案

（1）钢板桩的选用

根据工程所在地场地特点，结合钢板桩的特性、施工方法等方面进行考虑，选用Ⅳ型拉森Ⅳ号钢板桩，拉森Ⅳ号钢板桩宽度适中，抗弯性能好，依地质资料及作业条件决定选用钢板桩长度为 9～12m，要求钢板桩入土深度为桩长的 0.5～2 倍。

（2）打桩设备

拟采用 Z550 型液压振动沉桩机，作为沉设拉森桩的主要动力，为确保基坑开挖安全，并采用 250×250 的 H 型钢实施围檩加固，必要时可沉设锚桩，对围护实施拉锚加固。投入钢板桩打拔桩机两台用于施工。打拔桩机为挖掘机（日立 550）加液压高频振动锤改装而成，为中国台湾仿荷兰产振动锤，激振力 220kN。

屋底高程(m)	屋底深度(m)	分层厚度(m)	柱状图 1:200	岩土名称及其特征
5.00	1.50	1.50		素填土：褐灰色、松散、湿、主要粉质黏土组成。
1.0	5.50~9.5	4.0~8.0		淤泥：深灰色、流塑、饱合、富含有机质，具有腐臭味及缩现象，层间夹10~20cm薄层粉砂，偶含贝壳碎屑，壳径为0.1~0.5cm
				粉质黏土：土黄色、褐黄色，可塑，顶部偏软塑。

图 8-2-44（1） 地质分层图

钢板桩支护平面示意图如图 8-2-44（2）所示。

4）钢板桩设计方案

（1）计算拉森桩入土深度

根据钢板桩入土的深度，按单锚浅埋板桩计算，假定上端为简支，下端为自由支撑。这种板桩相当于单跨简支梁，作用在桩后为主动土压力，作用在桩前为被动土压力，压力坑底以下的土重度不考虑浮力影响，计算简图如图 8-2-44（3）所示。

主动土压力 $$E_a=\frac{1}{2}e_a(H+t)=\frac{1}{2}\gamma(H+t)^2K_a$$

被动土压力 $$E_p=\frac{1}{2}e_pt=\frac{1}{2}\gamma t^2K_p$$

式中 e_a——主动土压力最大压强，$e_a=\gamma(H+t)K_a$；

e_p——被动土压力最大压强，$e_p=\gamma tK_p$；

K_a——主动土压力系数，$K_a=\tan^2\left(45°-\frac{\varphi}{2}\right)=\tan^2\left(45°-\frac{20°}{2}\right)=0.49$；

K_p——被动土压力系数，$K_p=\tan^2\left(45°+\frac{\varphi}{2}\right)=\tan^2\left(45°+\frac{20°}{2}\right)=2.04$；

φ——土的内摩擦角，$\varphi=20°$；

γ——土的密度，$\gamma=17.5\text{kN/m}^3$；

H——基坑开挖深度最小开挖深度 $H=4.5$m；最大开挖深度 $H=6$m。

为了使钢板桩保持稳定，在 A 点的力矩等于零，即$\sum M_A=0$，亦即：

$$E_aH_a=E_pH_p=E_a\frac{2}{3}(H+t)-E_p\left(H+\frac{2}{3}t\right)=0$$

当开挖深度等于 4.5m 时将以上数据代入上式中可得下式：

$$t^3+19t^2+35t-378=0$$

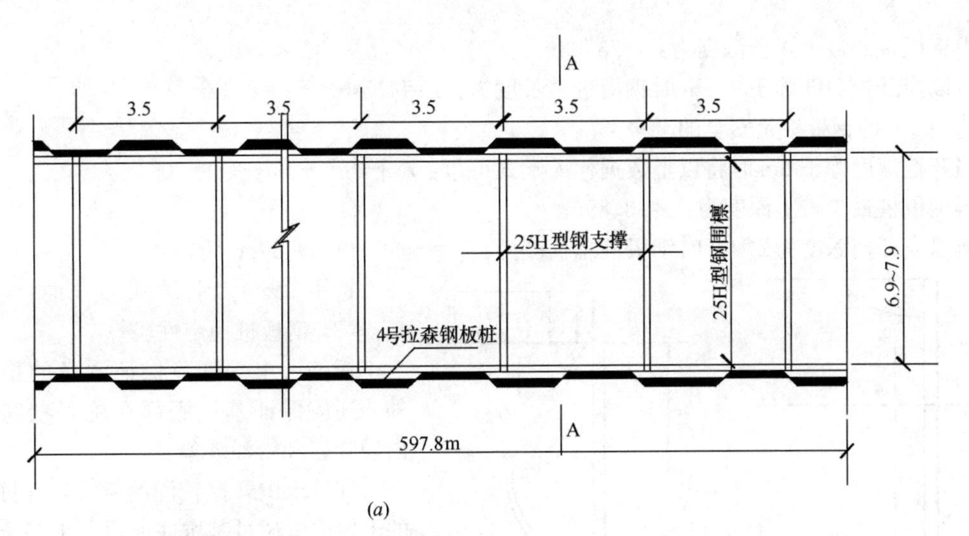

(a)

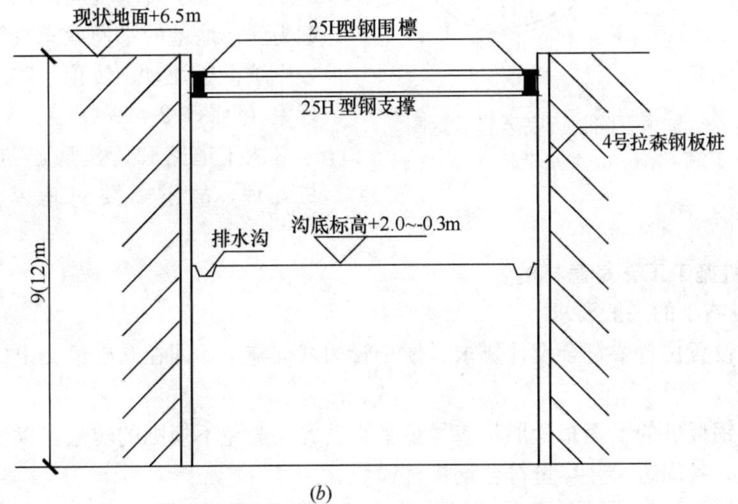

(b)

图 8-2-44（2） 钢板桩支护平面示意图

（a）钢板桩支护平面示意图；（b）A—A 剖面图

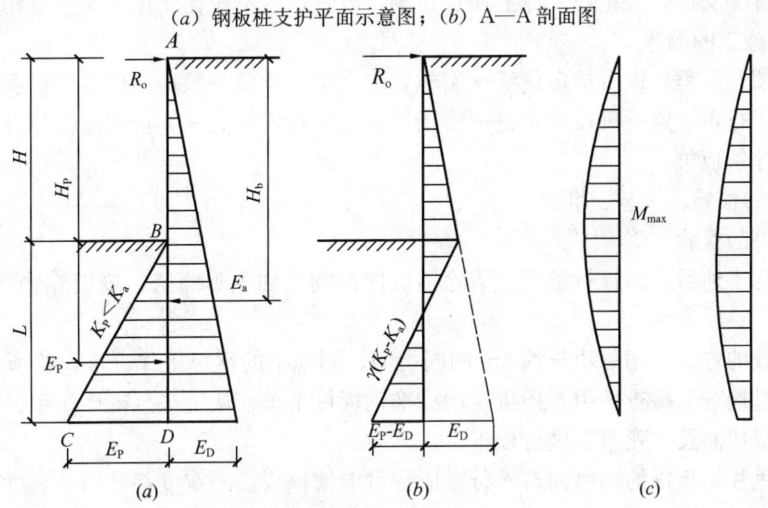

(a) (b) (c)

图 8-2-44（3） 内力分析图

（a）轴向力分析图；（b）剪力分析图；（c）弯矩分析图

得钢板桩的最少入土深度为：$t=3.68$m

所以当开挖深度等于4.5m时钢板桩总长度为：$L=4.5+3.68=8.18$m

选用9m的钢板桩是安全的。

当开挖深度等于6m时将以上数据代入上式可得：$t^3+18t^2+33t-459=0$

得钢板桩最少入土深度为：$t=3.89$m

所以当开挖深度为4.5m时钢板桩总长度为：$L=6+3.89=9.89$m

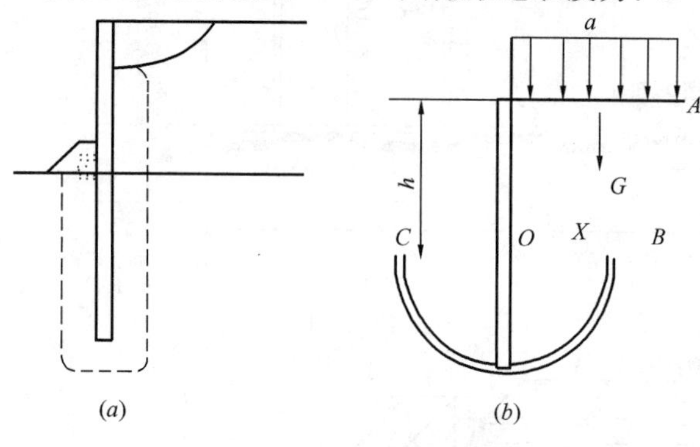

图8-2-44（4） 坑顶下陷、坑底隆起示意图

（a）坑顶下陷；（b）坑底隆起

选用12m的钢板桩是安全的。

（2）钢板桩稳定性验算

板桩入土深度除保证本身的稳定性外，还应保证基坑底部在施工期间不会出现隆起和管涌现象。

在软土中开挖较深的基坑，当桩背后的土柱重量超过基坑底面以下地基土的承载力时，地基的平衡状态受到破坏，常会发生坑壁土流动、坑顶下陷、坑底隆起的现象（见图8-2-44（4））。

由于道路和管沟底已进行水泥搅拌桩处理，故不需要对地基进行稳定性验算。

8-2-45 钢板桩施工工艺是怎样的？

答：1）钢板桩施工的一般要求

（1）钢板桩的设置位置要符合设计要求，便于管沟基础施工，即在基础最突出的边缘外留有支模、拆模的余地。

（2）基坑护壁钢板桩的平面布置形状应尽量平直整齐，避免不规则的转角，以便标准钢板桩的利用和支撑设置，各周边尺寸尽量符合钢板桩模数。

（3）整个基础施工期间，在挖土、吊运、扎钢筋、浇筑混凝土等施工作业中，严禁碰撞支撑，禁止任意拆除支撑，禁止在支撑上任意切割、电焊，也不应在支撑上搁置重物。

2）钢板桩施工的顺序

根据施工图及高程放设沉桩定位线→实施表层回填土剥离→根据定位线控设沉桩导向槽→整修平整施工机械行走道路→沉设围护桩→将围护桩送至指定标高→焊接围图支撑→挖土→管沟施工→填土→拔除钢板桩。

3）钢板桩的检验、吊装、堆放

（1）钢板桩的检验

钢板桩运到工地后，需进行整理。清除锁口内杂物（如电焊瘤渣、废填充物等），对缺陷部位加以整修。

①锁口检查的方法：用一块长约2m的同类型、同规格的钢板桩作标准，将所有同型号的钢板桩做锁口通过检查。检查采用卷扬机拉动标准钢板桩平车，从桩头至桩尾作锁口通过检查。对于检查出的锁口扭曲及“死弯”进行校正。

②为确保每片钢板桩的两侧锁口平行，应尽可能使钢板桩的宽度都在同一宽度规格内。需要进行宽度检查，方法是：对于每片钢板桩分为上中下三部分用钢尺测量其宽度，使每片桩的宽度在同一尺寸内，每片相邻数差值以小于1为宜。对于肉眼看到的局部变形可进行加密测量。对于超出偏差的钢板桩应尽量不用。

③钢板桩的其他检查，对于桩身残缺、残迹、不整洁、锈皮、卷曲等都要做全面检查，并采取相应措施，以确保正常使用。

④锁口润滑及防渗措施，对于检查合格的钢板桩，为保证钢板桩在施工过程中能顺利插拔，并增加钢板桩在使用时的防渗性能。每片钢板桩锁口都须均匀涂以混合油，其体积配合比为黄油：干膨润土：干锯屑＝5：5：3。

（2）钢板桩吊运

装卸钢板桩宜采用两点吊运。吊运时，每次起吊的钢板桩根数不宜过多，并应注意保护锁口免受损伤。吊运方式有成捆起吊和单根起吊。成捆起吊通常采用钢索捆扎，而单根吊运常用专用的吊具。

（3）钢板桩堆放

钢板桩堆放的地点，要选择在不会因重压而发生较大沉陷变形的平坦而坚固的场地上，并便于运往打桩施工现场。堆放时应注意：

①堆放的顺序、位置、方向和平面布置等应考虑到以后的施工方便；

②钢板桩要按型号、规格、长度分别堆放，并在堆放处设置标牌说明；

③钢板桩应分层堆放，每层堆放数量一般不超过5根，各层间要垫枕木，垫木间距一般为3～4m，且上、下层垫木应在同一垂直线上，堆放的总高度不宜超过2m。

4）导向架的安装

在钢板桩施工中，为保证沉桩轴线位置的正确和桩的竖直，控制桩的打入精度，防止板桩的屈曲变形和提高桩的贯入能力，需要设置一定刚度的、坚固的导向架，亦称“施工围檩”。导向架采用单层双面形式，通常由导梁和围檩桩等组成，围檩桩的间距一般为2.5～3.5m，双面围檩之间的间距不宜过大，一般略比板桩墙厚度大8～15mm。

安装导向架时应注意以下几点：

（1）采用经纬仪和水平仪控制和调整导梁的位置；

（2）导梁的高度要适宜，要有利于控制钢板桩的施工高度和提高施工工效；

（3）导梁不能随着钢板桩的打设而产生下沉和变形；

（4）导梁的位置应尽量垂直，并不能与钢板桩碰撞。

5）钢板桩打设

钢板桩施工要正确选择打桩方法、打桩机械和流水段划分，以便使打设后的板桩墙有足够的刚度和良好的防水作用，且板桩墙面平直，以满足基础施工的要求，对封闭式板桩墙还要求封闭合拢。

根据现场施工条件，采用单独打入法。

此法是从一角开始逐块插打，每块钢板桩自起打到结束中途不停顿。因此，桩机行走路线短，施工简便，打设速度快。但是，由于单块打入，易向一边倾斜，累计误差不易纠正，墙面平直度难以控制。钢板桩的打设步骤为：

（1）先由测量人员定出钢板桩围堰的轴线，可每隔一定距离设置导向桩，导向桩直接使用钢板桩，然后挂绳线作为导线，打桩时利用导线控制钢板桩的轴线。在轴向法向要求高的情况下，采用导向架；

（2）准备桩帽及送桩：打桩机吊起钢板桩，人工扶正就位；

（3）单桩逐根连续施打，注意桩顶高程不宜相差太大；

（4）在插打过程中随时测量监控每块桩的斜度，确保其不超过2%，当偏斜过大不能用拉齐方法调正时，拔起重打。

6）挖土

（1）土方开挖应分层分区连续施工，并对称开挖，土方开挖至板桩顶以下 1m 处，进行围檩支撑施工。

（2）围檩制作安装：围檩及支撑设置在板桩墙顶以下 0.5m 处，根据设计位置在钢板桩内壁上焊围檩托架，然后吊装 H 型钢围檩并焊接加固。

（3）土方开挖前在基坑外进行井点降水，保持基坑内无水，便于挖土，机械进出口通道及四周采用换填并铺垫钢板以扩散压力，减小侧压力。

（4）基坑周边（约一倍桩长）范围内严禁堆载。

（5）地面及坑内设排水措施。

（6）开挖过程中注意支护体系的变形观察。

（7）基坑内作业时，有专职安全员负责。

在基坑开挖过程中需要注意的问题：

由于工程在地下水位很高的软土地基中施工，所以钢板桩的垂直度及搭接就十分重要，钢板桩未贴靠在围檩上的部分，需作加垫处理，使钢板桩的压力传到围檩及支撑上，支撑的材料、制作、焊接必须严格按图纸施工。

其次是挖土和支撑的架设施工过程必须紧密配合，挖土过程在保证安全的前提下，迅速为支撑施工创造工作面，支撑结构必须能较快地产生整体刚度或预紧力，两者配合就能较好地利用软土施工中的时控效应，有效地控制围护体系在受力后的变形。施工中不可超挖和不及时施加支撑，土方施工要求分层均匀高效，以使支护结构处于正常的受力状态。

7）钢板桩的拔除

基坑回填后，要拔除钢板桩，以便重复使用。拔除钢板桩前，应仔细研究拔桩方法、拔桩顺序和拔桩时间，否则，由于拔桩的振动影响以及拔桩带土过多会引起地面沉降和位移，给已施工的地下结构带来危害，并影响临近的原有建筑物、构筑物或底下管线的安全。设法减少拔桩带土十分重要，目前主要采用灌水、灌砂等措施。

先用打拔桩机夹住钢板桩头部振动 1～2min，使钢板桩周围的土松动，产生“液化”，减少土对桩的阻力，然后慢慢往上振拔。拔桩时注意桩机的负荷情况，发现上拔困难或拔不上来时，应停止拔桩，可先行往下施打少许，再往上拔，如此反复可将桩拔出来。

拔桩时应注意的事项：

（1）拔桩起点和顺序：对封闭式钢板桩墙，拔桩起点应离开角桩 5 根以上。可根据沉桩时的情况确定拔桩起点，必要时也可用跳拔的方法。拔桩的顺序最好与打桩时相反。

（2）振打与振拔：拔桩时，可先用振动锤将板桩锁口振活以减小土的粘附，然后边振边拔。对较难拔除的板桩可先用柴油锤将桩振下 100～300mm，再与振动锤交替振打、振拔。

（3）对引拔阻力较大的钢板桩，采用间歇振动的方法，每次振动 15min，振动锤连续不超过 1.5min。

8-2-46　钢板桩施工组织管理是怎样的?

答：为保质保量保安全地完成施工任务，项目部配备了强有力的技术力量和管理人员：

1）投入施工机械和配合施工的测量仪器：投入 Z550 型液压振动沉桩机 2 台，挖掘机 2 台，全站仪 1 台，水平仪 4 台。

2）工期：钢板桩支护工程计划开工时间为 2008 年 7 月 14 日，计划完工时间为 2008 年 10 月 31 日。综合管沟按设计要求每 30m 做一条变形缝，每变形缝之间按流水段组织流水作业。

8-2-47　钢板桩施工安全技术保障及措施有哪些?

答：1）为提高深基坑围护的安全可靠性对拉森桩的入土深度，进行理论数据的计算，并对围护桩的强度及稳定性进行验证，确保深基坑施工的可靠性。

2）沉设围护桩的施工中，严格按照沉桩规范施工，基坑转角必需采用角桩，最大限度地提高小齿口拉森桩防漏性能，保证下道工序顺利进行。

3）采用250×250H型钢实施围护桩，周边围檩加固，并根据具体情况增设对角斜撑距离及数量，现场配备压密注浆机，对个别渗漏处进行止漏处理，实现拉森桩围护项、技术参数达到规范要求。

4）严格按照基坑施工规范实施每道工艺的施工，开挖坑土堆放至10～15m（1倍桩长）以外，坑土堆放要平整，最大限度地减小堆土对围护桩的侧压力，增强围护的安全系数。及时对坑内积水进行抽排。在对基层实施挖土时，挖土机械严格按照规范操作，最大限度地减小挖土机械单位受力面积，杜绝冲击荷载对围护桩的破坏，确保基坑安全。基坑开挖及管沟主体结构施工期间可以通过变形观测对钢板桩的位移进行有效控制，保证基坑安全。

5）建立严格的工序交接程序，制定科学、严谨、可行的施工计划，最大限度地调动施工群体的主观能动性，拟定合理的奖罚措施，坚持以人为本，安全第一的原则，加强协作意识，高度重视施工质量，如期完成施工任务。

8-2-48 钢板桩施工保障体系怎样？

答：1）安全保障体系

安全保障体系框架图如图8-2-48（1）所示。

2）安全保证组织机构（见图8-2-48（2））

3）质量保证体系

质量保证体系框架图如图8-2-48（3）所示。

4）质量检查程序（见图8-2-48（4））

5）工序质量控制程序（见图8-2-48（5））

8-2-49 综合管沟模板工程是怎样设计计算的？

答：1）模板及支撑体系的设计

综合管沟工程施工所用模板主要用在综合管沟的侧墙和顶板，采用大模板作为现浇混凝土墙的侧墙和顶板底模，可大大节省模板材料，加快施工进度。综合管沟侧墙高度为2.5m，一般是一片墙用一块或两块大钢模板成型。

2）新浇混凝土对模板侧面的压力计算

在进行侧模板及支撑结构的力学计算和构造设计时，常需计算新浇混凝土对模板侧面的压力。混凝土作用于模板的压力，一般随混凝土的浇筑高度而增加，当浇筑高度达到某一临界值时，侧压力就不再增加，此时的侧压力即为新浇混凝土的最大侧压力。侧压力达到最大值的浇筑高度称为混凝土的有效压头。

采用内部振捣器，当混凝土浇筑速度在6.0m/h以下时，新浇混凝土作用于模板的最大侧压力，按下式计算，并取其中的较小值。

$$P_{\mathrm{m}} = 4 + 1500K_{\mathrm{s}}K_{\mathrm{w}}V1/3/(T+30)$$

$$P_{\mathrm{m}} = 25H$$

式中 P_{m}——新浇混凝土的最大侧压力（kN/m^2）；

T——混凝土的入模温度（℃）；

H——混凝土侧压力计算位置处于新浇混凝土顶面的总高度（m）；

K_{s}——混凝土坍落度影响修正系数。当坍落度为50～90mm时取1.0，为110～150mm时取1.15；

K_{w}——外加剂影响修正系数。不掺外加剂时取1.0，掺有缓凝作用的外加剂时取1.2；

V——混凝土的浇筑速度（m/h）。

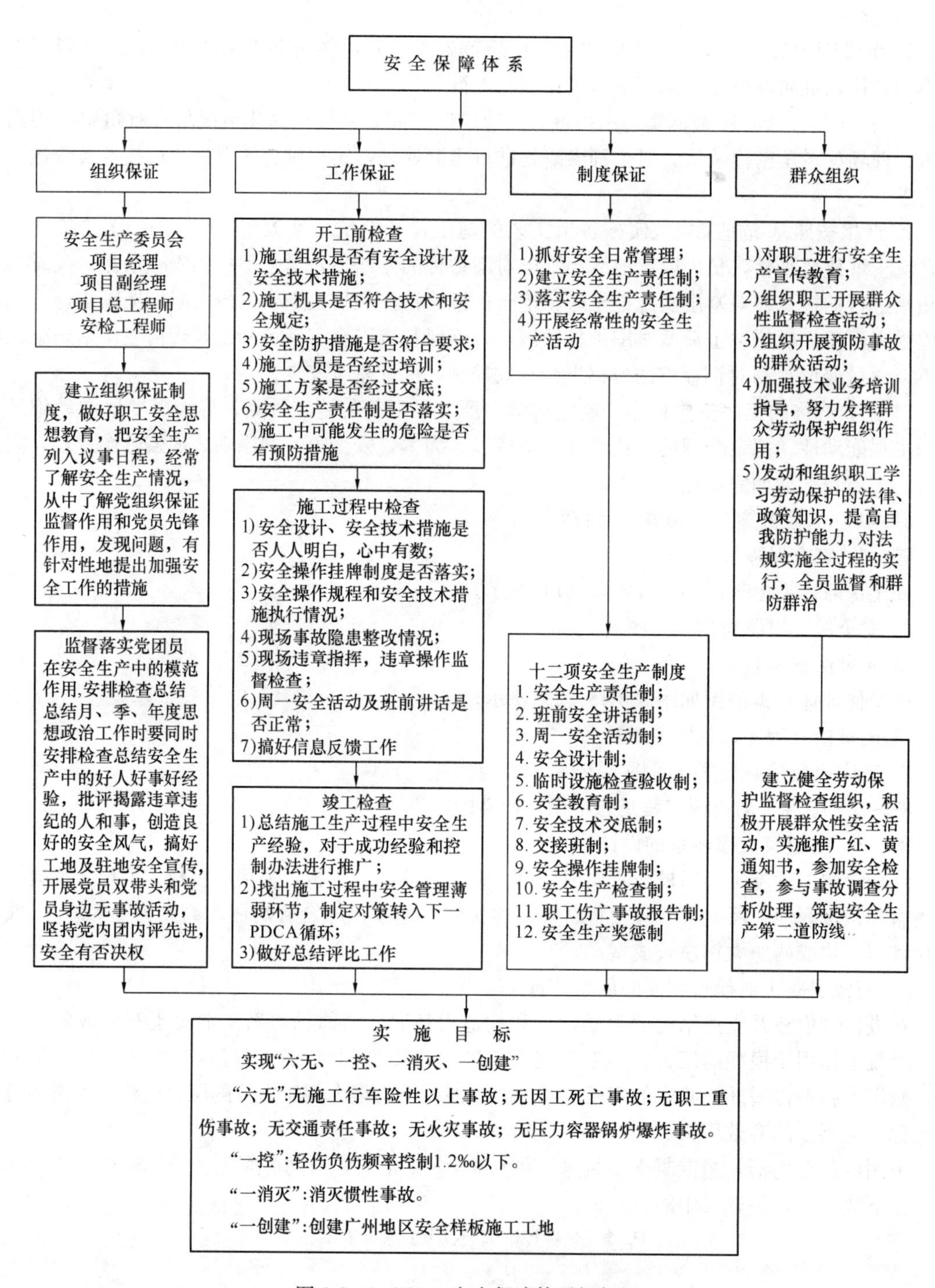

图 8-2-48（1） 安全保障体系框架图

已知混凝土墙高为 2.5m，采用坍落度为 120mm 的普通混凝土，浇筑速度为 2.5m/h，浇筑入模温度为 30℃，则有：

查表得，$K_s=1.15$，$K_w=1.2$

由上式可得，$P_m=4+1500\times1.15\times1.2\times2.5\times1/3/(30+30)=28.8\text{kN/m}^2$

由上式可得，$P_m=2.5\times25=62.5\text{kN/m}^2$

取较小值，故最大侧压力为 28.8kN/m^2。有效压头高度为：$h=28.8/25=1.152\text{m}$。

3）模板拉杆计算

模板拉杆用于连接内、外两组模板，保持内、外两组模板的间距，承受混凝土侧压力和其他荷载，使模板有足够的刚度和强度。综合管沟工程模板拉杆采用对拉螺栓，采用圆钢制作。其计算公式为：$F=P_{m}A$

式中 F——模板拉杆承受的拉力（N）；

P_{m}——混凝土的侧压力（N/m^2）；

A——模板栏杆分担的受荷面积（m^2）。其值为 $A=a\times b$（a 为模板拉杆的横向间距，b 为模板拉杆的纵向间距，单位均为m）。

已知混凝土对模板的侧压力为 $28.8kN/m^2$，$a=0.6m$，$b=0.75m$，则有：

拉杆承受的拉力为：$F=28800\times0.6\times0.75=12960N$

得：直径为M14螺栓容许拉力为17800N，满足要求。

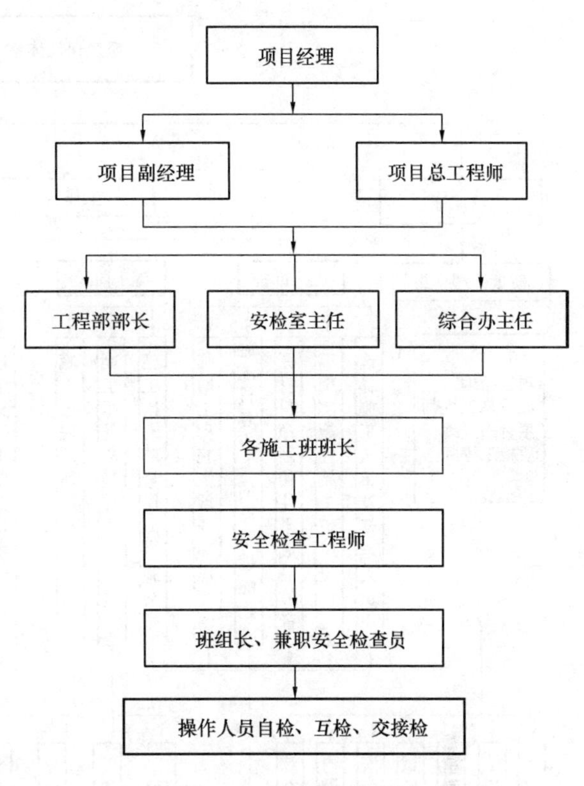

图 8-2-48（2） 安全保证组织机构

4）钢面板的计算

大模板的面板被纵横分成许多小方格或长方格，根据方格比例，可把面板当作单向板或双向板考虑。当作单向板时，可将板视作三跨或四跨梁计算，当作双向板时，可根据小方格的两边长度，求得它的内力。

（1）板的正应力

板的正压力按下式验算：$\sigma=M_{max}/W\leqslant f$

式中 W——板的截面抵抗矩，$W=bh^2/6$（b 为板单位宽度，取1mm；h 为钢板厚度）；

（2）最大挠度验算

$$W_{max}=K_{f}PL^4/B_0$$

式中 W_{max}——板的最大挠度；

P——混凝土的最大侧压力，=50kPa；

L——面板的短板长；

B_0——构件的刚度，$B_0=E_h{}^2/[12(1-\upsilon^2)]$，（$E$——钢材的弹性模量，取 $2.1\times103MPa$，h——钢材的厚度，υ——钢材的柏松系数，取0.3，K_f——挠度计算系数）。

当 $W_{max}\leqslant W=1/500$，满足要求。否则，需调整钢板厚度或肋的间距。

（3）横肋的计算

横肋支撑在竖向大肋上，可作为支承在竖向大肋上的连续梁计算，其跨距等于竖向大肋的间距。横肋上的荷载为：

$$q=Ph$$

式中 P——混凝土的侧压力；

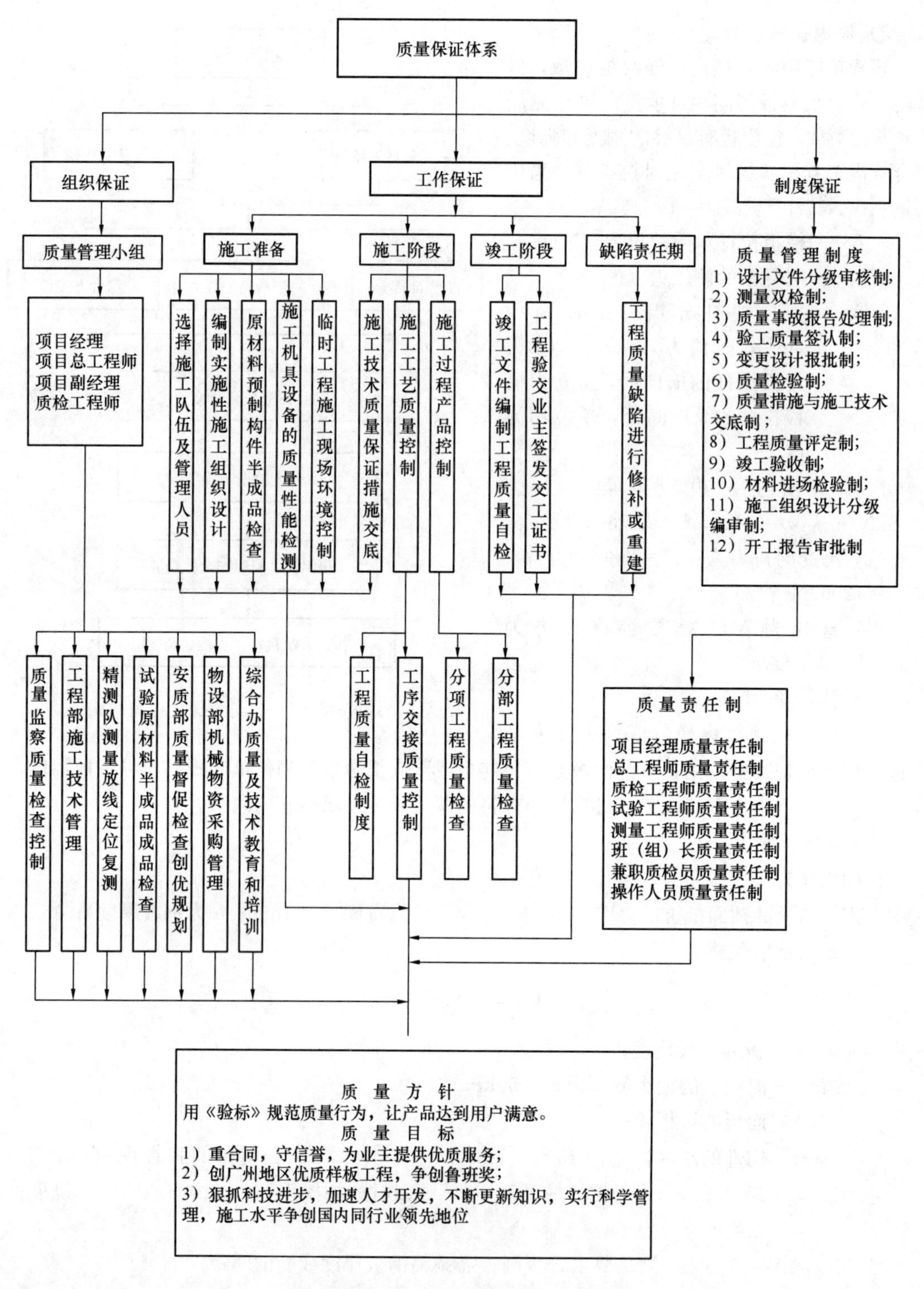

图 8-2-48（3） 质量保证体系框架图

h——横肋之间的水平间距。

5）竖向大肋的计算

竖向大肋通常用两根槽钢制成，为将内、外模板连成整体，在大肋上每隔一定距离穿上螺栓固定，计算时，可把竖向大肋视作支承在墙上的两跨连续梁。

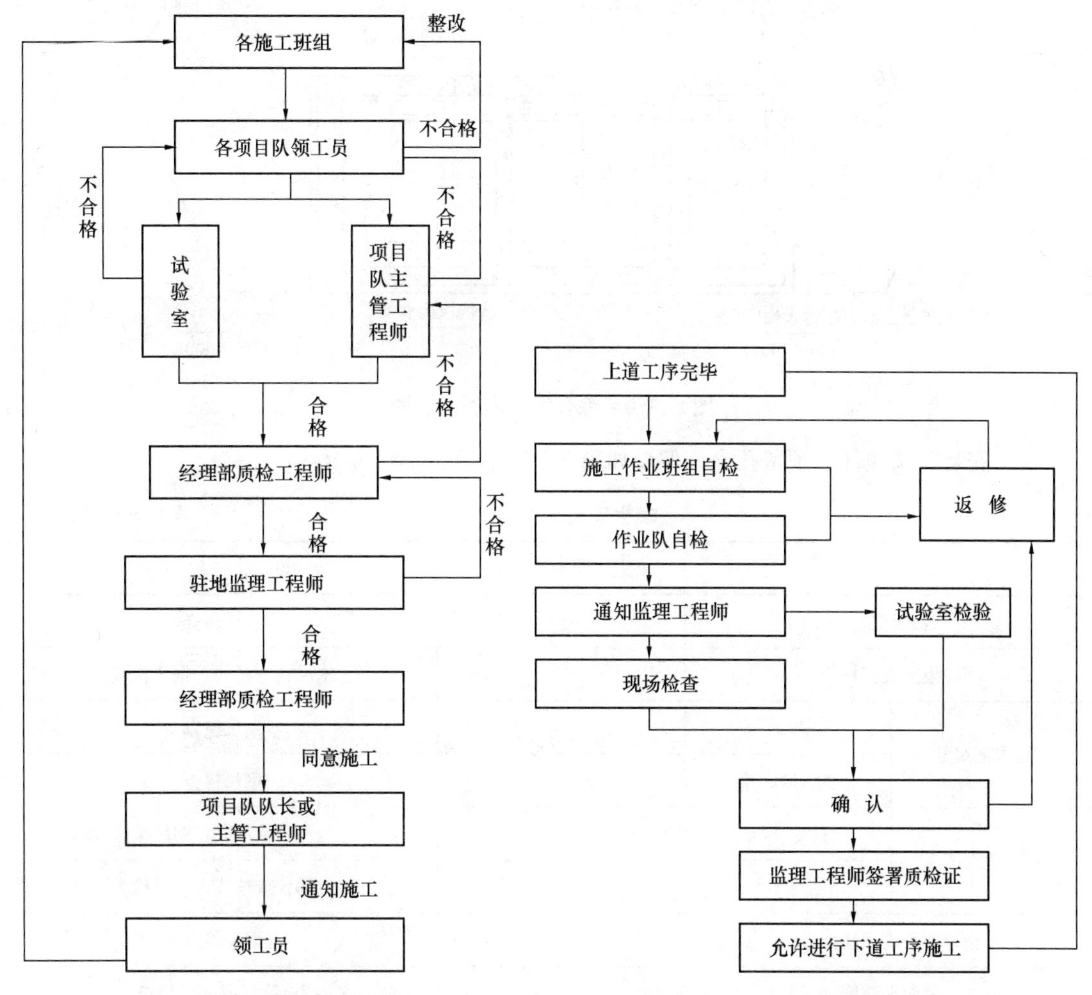

图 8-2-48（4） 质量检查程序　　图 8-2-48（5） 工序质量控制程序

大肋下部荷载：$q_1=pl$（p 为混凝土的侧压力；l 为大肋之间的水平间距）。

大肋上部荷载：$q_2=12q_1/2100$（12 为上部穿墙螺栓之间的竖向间距）。

8-2-50 模板施工技术措施有哪些？

答：模板必须支撑牢固、稳定，无松动、跑模、超规定的变形下沉等现象。对超重、大体积顶板混凝土施工时模板支撑刚度需进行施工设计计算，并经监理验算。

模板拼缝平整严密，并采取措施填缝，保证不漏浆，模内必须干净。模板安装后及时报验及浇筑混凝土。模板安装前，必须经过正确放样，检查无误后才立模安装。

顶板结构在支立支架后铺设模板，并考虑预留沉降量。当跨度大于 4m 时，模板起拱，起拱高度应确保不大于跨度的 0.3%，以确保净空和限界要求。侧墙模板采用大模板，模板拼缝处内贴胶带，防止漏浆。

结构变形缝处的端头按设计要求设填缝板，填缝板与嵌入式止水带中心线和变形缝中心线重合并用模板固定。止水带不能用打孔或用铁钉固定，填缝板的支撑必须牢固，确保不跑摸。综合管沟模板组装图如图 8-2-50 所示。

顶板的模板、支架待顶板混凝土达到强度后拆除。

模板安装前应在模板面上涂刷一层脱模剂。

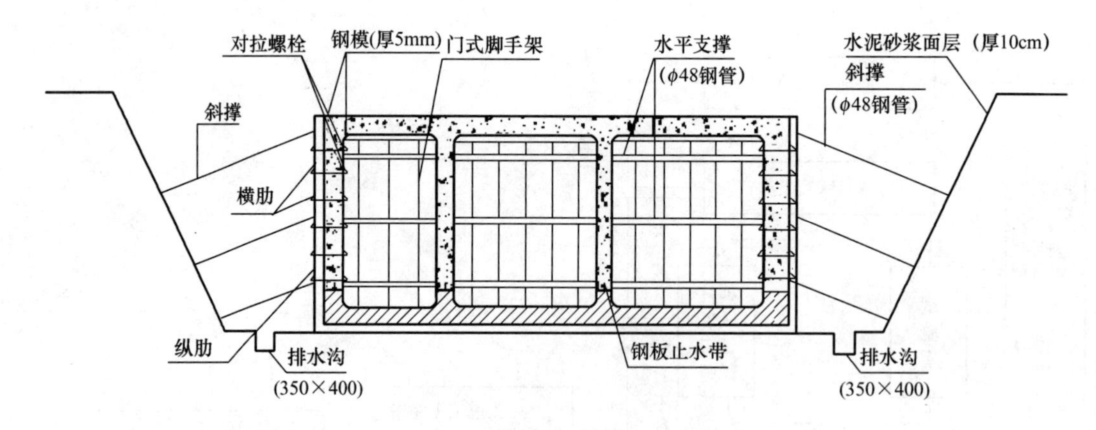

图 8-2-50　综合管沟模板组装图

模板安装、预埋件、预留孔允许偏差如表 8-2-50（1）、（2）所示。

模板安装允许偏差表　　　　**表 8-2-50（1）**

项　　目		允许偏差（mm）	检　验　方　法
轴线位置		5	钢尺检查
底模上表面标高		±5	水准仪或拉线、钢尺检查
截面内部尺寸	基础	±5	钢尺检查
	桩、墙、梁	+4，−5	钢尺检查
层高垂直度	不大于 5m	6	经纬仪或吊线、钢尺检查
	大于 5m	8	经纬仪或拉线、钢尺检查
相邻两板表面高低差		2	钢尺检查
表面平整度		5	2m 靠尺或塞尺检查

预埋件、预留孔的允许偏差表　　　　**表 8-2-50（2）**

项　　目		允许偏差（mm）
预埋钢板中心线位置		3
预埋管、预留孔中心线位置		3
插筋	中心线位置	5
	外露长度	+10.0
预埋螺栓	中心线位置	2
	外露长度	+10.0
预留洞	中心线位置	10
	外露长度	+10.0

8-2-51　模板质量控制措施有哪些？

答： 1）与混凝土接触的模板表面应无表面污物、凸出的钉子、裂缝或其他损伤。

2）浇筑混凝土前，在与混凝土接触模板表面涂一层不粘污的模板油，以防止与混凝土粘结。

3）模板严密接缝，保证混凝土浇筑和凝固时不变形和漏浆。

4）模板按永久性工程真实的形状和尺寸固定在正确位置，施工质量按《混凝土结构工程施工质量验收规范》GB 50204—2002 的规定执行。

5）承重模板、支架在混凝土强度能承受自重时开始拆除。拆除时按《混凝土结构工程施工质量验收规范》GB 50204—2002 的规定施工。

6）悬挑构件的模板、支架，在上部结构全部完工及混凝土达到设计强度后开始拆除。

8-2-52　某丁综合管沟明挖法施工方案是怎样的？

答：方案全文如下：

1）总体概述

×××综合管沟工程位于×××××区×××岛及其南岸地区，西邻××岛、北邻××岛，与××岛相望。中环路作为×××××各大学主要出入口，中环路外侧为各大学校区，内侧为生活服务区，根据各专业规划，大部分电力电缆、通信电缆都布置在中环道路下面，自来水管线、燃气管线也沿中环路埋设。因而中环路道路实施综合管沟可发挥综合优势，也便于维修。综合管沟建设在道路中央绿化带下，以尽量减少上部覆土厚度，降低工程造价。

工程规模：中环路某标段起讫里程为 K9＋700～K2＋000，线路全长 2.229km。中环路该标段综合管沟工程位于中央分割带下，该标段共有两种断面形式的综合管沟，其中 K0＋900～K2＋000 净高为 2.5m，K9＋700～K0＋900 净高为 3.1m，主要施工内容包括软基处理（清淤换填/水泥搅拌桩/碎石桩）、基坑开挖、综合管沟结构施工（含预埋件埋设）、管沟防水施工、管沟侧顶回填。综合管沟主要工程数量开挖土方 75000m^3，C15 素混凝土 3690m^3，C30 防水混凝土 18063m^3，钢筋 2800t，预埋件 300t，防水面积 45000m^2，管沟侧顶回填约 21451m^3，及电气/电缆/消防/排水预埋件等。

2）工期要求

按照合同要求，中环路某标段双车道在 2003 年 9 月 25 日前具备通行条件，所有车道于 2003 年 12 月 31 日具备通行条件，综合管沟工程于 2003 年 12 月 31 日前完成。

3）施工总体部署

（1）部署总则

综合管沟工程量大，工期紧，难度大，因此必须科学地运用计划、组织、指挥、控制和监督的职责，优化施组，力争达到工期短、质量好、成本低、安全文明生产的目标，确保本工程达到优良工程标准，为此必须充分合理地利用好劳材机，采用分段流水，各工种相互交叉作业，施工时要注重工序协调。

（2）施工管理目标

工程管理目标：确保××省优良样板工程，争创鲁班奖。

施工工期目标：2003 年 12 月 31 日前完成综合管沟工程。

安全施工目标：实现工程施工全过程“六无”，即无死亡、无重伤、无中毒、无火灾、无坍塌、无重大机械事故，确保按照公司安全目标实现安全年。

文明施工目标：确保达到××市文明施工工地标准。

（3）施工区域的划分

针对本工程特点，该标段整个工程划分为二个区域：

①A 施工区域：从 K9＋700～K0＋890，全长 1.190km，该里程段约有 175m 长路基需进行软基处理，但由于 K0＋275～K0＋530 变更处理，增加水泥搅拌桩，需要等软基处理完成后才可以施工；K9＋700～K0＋100 属于挖方地段，需挖方结束后才能开始施工。

②B 施工区域：从 K0＋890～K2＋000，全长 1.110km，该里程段约有 700m 长需进行软基处理。

(4) 施工单元的划分

①第A施工区的综合管沟施工划分为4个单元（按照变形缝及标准断面里程划分原则）分别是：①K9+700～K0+098为A-1块；②K0+098～K0+308为A-2块；③K0+308～K0+608为A-3块；④K0+608～K0+890为A-4块。

在每一个施工单元内施工时，应以变形缝为分界线，相邻变形缝作为一个施工段，设一道水平施工缝（底板以上50cm），结构主体分两次浇筑成型，中间不设竖向施工缝。在施工某段管沟时要将相邻段的底板变形缝底座一并施工。

②第B施工区的综合管沟施工划分为4个单元（按照变形缝及标准断面里程划分原则）分别是：①K0+890～K1+185为B-1块；②K1+185～K1+498为B-2块；③K1+498～K1+771为B-3块；④K1+771～K2+000为B-4块。

施工方法同①。

4) 施工组织

(1) 第A施工区域综合管沟施工队伍及机械设备投入

本施工区域综合管沟施工长度为1119m，投入施工队伍及机械设备如下：

①管沟土方开挖及回填：在本区域软基处理区段范围，综合管沟沟底埋深距现有地面5m左右，土方开挖总量约39000m^3，计划安排一个土方施工队，投入5台挖掘机、15辆自卸运土车和2台压路机进行作业。

②管沟主体结构施工：计划安排一个土建施工队，分4个施工分队，分别在4个单元区内施工，每一施工分队均配备钢筋班组、模板班组、混凝土班组及预埋件加工班组。计划投入20支混凝土振捣器、12套模板（一套模板施工长度为30.0m）、15台电焊机、15台钢筋切割机、5台钢筋弯曲机和10台电动机木锯进行施工。

③防水施工：计划投入一个专业防水施工队，配备两套防水设备进场施工。

(2) 第B施工区域综合管沟施工队伍及机械设备投入

本施工区域综合管沟长度为1110m，投入施工队伍及机械设备如下：

①管沟土方开挖回填：在本区计划安排一个土方施工队，投入5台挖掘机、15辆自卸运土车和2台压路机进行作业。

②箱体结构施工：计划安排一个土建施工队，分4个施工分队，分别在4个单元区内施工，每一个施工分队均配备钢筋班组、模板班组、混凝土班组及预埋件加工班组。计划投入20台混凝土振捣器、12套模板（一套模板施工长度为30.0m）、15台电焊机、5台钢筋切割机、5台钢筋弯曲机和9台电动木锯进行施工。

③防水施工：计划投入一个专业防水施工队，配备两套防水设备进场施工。

(3) 材料运输及堆放

材料运输主要为钢筋、混凝土和砂石料，可通过双车道进入施工现场，A施工区钢筋堆放及加工场设在里程K0+900道路边上，B施工区钢筋堆放及加工场设在里程K1+800临时道路边上；砂石料场设在K0+900处。

5) 施工组织机构和人员名单21人略

6) 施工进度计划

按照工期要求，结合目前该标段的实际情况，要在3个月的时间内完成所有综合管沟、人行地道、过水箱涵、交叉段的工程，任务量非常之大，必须充分调集人员、机械、物资，加班加点、合理安排、精心组织、多开工作面、流水作业，协调好各工序之间的关系，倒排工期，保证节点工期目标的实现，才能确保总工期目标的实现。按照本标段实际情况，结合地质资料，项目部计划在2003年10月份综合管沟首先开始表8-2-52 (1) 所列的工作量，作为试验段。

试验段工作量表　　表 8-2-52（1）

序号	施工段	长度（m）	项　目	备注
1	K0＋185～K0＋215	30	净高 3.1m，标准断面	第一施工队
2	K0＋608～K0＋658	50	净高 3.1m，标准断面	
3	K0＋688～K0＋716	28	净高 3.1m，标准断面	
4	K0＋776～K0＋806	30	净高 3.1m，标准断面	
5	K0＋838～K0＋860	22	净高 3.1m，标准断面	
6	K0＋920～K0＋950	30	净高 2.5m，标准断面	第二施工队
7	K1＋130～K1＋155	25	净高 2.5m，标准断面	
8	K1＋315～K1＋345	30	净高 2.5m，标准断面	
9	K1＋375～K1＋405	30	净高 2.5m，标准断面	
10	K1＋498～K1＋550	52	净高 2.5m，标准断面	
11	K1＋711～K1＋741	30	净高 2.5m，标准断面	
12	K1＋771～K1＋801	20	净高 2.5m，标准断面	
13	K1＋771～K1＋801	33	净高 2.5m，标准断面	
合计（m）		410		

7）劳动力、机械设备、物资材料投入计划

（1）根据本工程的实物工作量和进度安排以及配备的机械设备，并结合本公司在类似工程中积累的经验，分析测算，高峰期劳动力将达到 700 人，结合本工程专业特点和管理经验，需要充分发挥和调动每个人的劳动积极性，精心策划，科学安排，实行动态管理，弹性编组，灵活组织，实施平行、流水、交叉作业。劳动力投入也应根据施工进度计划作相应的调整。劳动力投入计划见表 8-2-52（2）。

劳动力投入计划表　　表 8-2-52（2）

序号	名称	人数	序号	名称	人数
1	项目经理	1	14	电工	10
2	项目副经理	3	15	铲车司机	12
3	技术负责人	1	16	挖机司机	10
4	结构工程师	4	17	吊车司机	6
5	测量工程师	4	18	发电机工	8
6	试验工程师	4	19	汽车司机	30
7	安质工程师	1	20	压路机司机	4
8	计统工程师	1	21	钢筋工	160
9	资料员	4	22	木工	164
10	材料员	4	23	普工	200
11	预算员	1	24	杂工	50
12	管理人员	3	25	炊事员	8
13	后勤人员	5	26	公安人员	2
合计	700 人				

（2）机械设备投入计划

施工机械设备计划见表 8-2-52（3），从表中可以看出：

①本工程施工线路长，工程量大，施工工期紧，分项工程较多，故所需投入的机械设备数量

和种类较大。

②投入的机械设备包括土石方施工机械设备、混凝土浇筑施工机械设备、模板施工机械设备、钢筋混凝土施工机械设备等。

③编制合理科学的施工机械设备投入计划，投入的数量和时间可根据施工计划进度及各分项工程施工的先后进行安排，必须做到投入的机械设备可以充分利用，避免出现因机械设备闲置而造成浪费的现象。

施工机械设备计划表 **表 8-2-52（3）**

工程部位	设备名称	规格型号	数量	产地	出厂时间	额定功率（kW）	备注
综合管沟工程	反铲挖掘机	CAT220	10 台	日本	2000		
	钢筋切断机	40mm	10 台	广东	2000		
	钢筋调直机	GTJ-4/8	10 台	武汉	2000		
	钢筋弯曲机	40mm	10 台	长沙	2001		
	交流电焊机	BS300	30 台	广东	2001		
	插入式振动器	ZX-25	40 台	广东	2000	5	
	自卸汽车	8t	30 台	日本	2002		
	柴油发电机	120kW	5 台	广东	2002		
	压路机	16t	4 台	广东	2001		
	汽车式起重机	25t	2 台	抚顺	2001		

（3）材料供应和管理

①材料的供应：选择社会信誉好，资质可靠，具有相当实力的材料供应商，作为本工程施工材料的供应商。根据工程的进度计划，制定材料计划（见表 8-2-52（4）），确保材料准时到位，满足施工顺利进行。施工过程中随时根据实际情况，合理调整材料计划，同时材料供应应做到现场有一定的储备，以免发生停工待料现象。

②材料的管理：根据施工区域的划分，合理布置材料堆放场，保证各施工段材料供应正常，各施工段材料实行统一管理。材料运输到现场后由材料员核对数量，填写收料单，施工过程中必须经常盘点剩余材料，做到动态管理。严禁材料失窃，进出工地车辆实行检查制度。

主要材料计划表 **表 8-2-52（4）**

序号	材料名称	单位	数量	备注
1	C15 混凝土	m^3	5000	
2	C30 防水混凝土	m^3	18000	
3	钢筋	t	2600	
4	橡胶止水带	m	1683	
5	钢板止水带	m	4458	
6	预埋件	t	210	
7	接地钢板	t	60	
8	水基渗透性防水材料	m^2	37449	
9	水泥基渗透性防水材料	m^2	3000	
10	变形缝填塞材料	m^2	700	

8）主要分项工程施工步骤

（1）10cm 厚 C15 混凝土垫层、底板防水层施工，如图 8-2-52（1）所示。

图 8-2-52（1）　10cm 厚 C15 混凝土垫层、底板防水层

（2）底板施工，如图 8-2-52（2）所示。

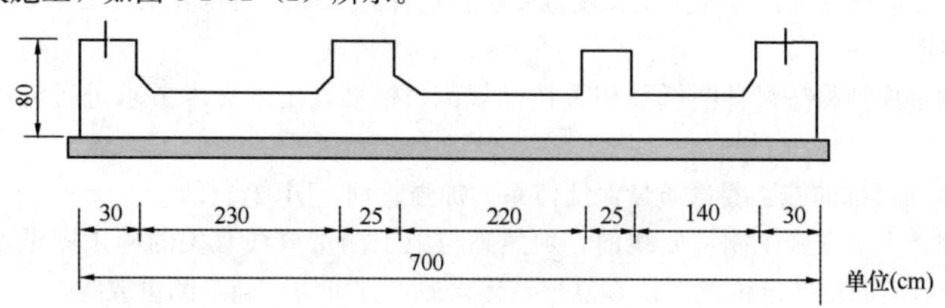

图 8-2-52（2）　底板

（3）侧墙、隔墙、顶板、结构防水层施工，如图 8-2-52（3）所示。

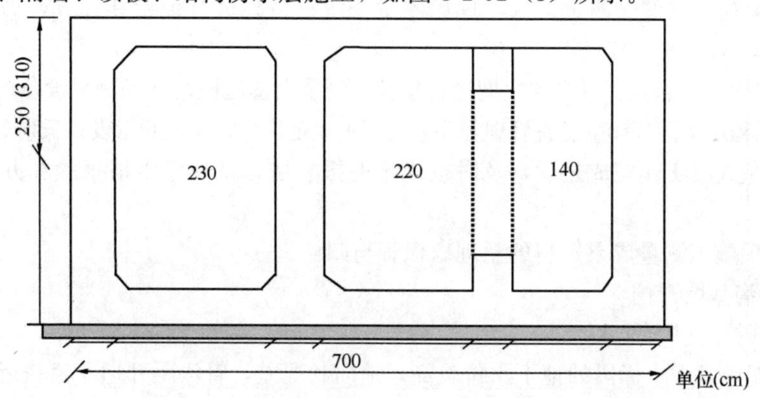

图 8-2-52（3）　侧墙、隔墙、顶板、结构防水层

8-2-53　某丁综合管沟基坑开挖要点有哪些?

答：1）综合管沟施工准备

中环路外侧为各大学校区，内侧为各大学生活服务区，大部分的电力电缆、通信电缆、自来水管线、燃气管线均敷设在中环路中央绿化带下的综合管沟内。综合管沟为地下防水钢筋混凝土结构（C30)，防水等级为二级，施工采用明挖现浇法。综合管沟包含标准断面管沟、交叉口、管线接出口、投料口、机械通风口、过地道等几部分。

施工开始前先对设计文件、图纸、资料进行现场核对，必要时进行补充调查，并将调查结果报监理工程师批准。

2）施工测量及施工图审核

（1）施工图审核

工程开工施工放线之前，项目经理部测量工程师应对整个工程施工图中给出的所有测量放线起始数据进行认真的复核计算，并以表格附图的形式形成书面资料，对经过复核计算与施工图不符合的测量放样数据，连同原图纸给定的数据以及其所在施工图的位置记录一起报送监理单位。

（2）施工测量

①选配精干测量人员，准备好测量设备与工具；熟悉综合管沟的中线，水平等控制桩资料。

②按照《公路测量技术规则》对测量仪器设备进行检验和校正，并做好其他准备工作。

③综合管沟的放样是利用全站仪放设每段管沟（20～35m）两端变形缝的中心位置，按照设计要求为保证综合管沟的平面和纵向与线路线形吻合包括平面曲线和竖曲线，每 10m 左右加密

中心位置，曲线地段每5m左右需放设该段管沟的十字线位置，并加以保护，同时用水平仪放设间距不超过100m的临时水准点控制管沟水平标高，在施工中应经常予以检查复核。

④施工测量的质量保证措施

为使各项技术指标符合设计及相关规范要求，确保施工测量质量和精度要求，制定本工程施工测量质量措施如下：

a. 施工测量应严格按设计图纸及相关技术规范、标准规定的技术要求进行施测，满足规定的精度要求。

b. 健全本项目部的施工测量质量保证体系，加强管理，明确责任。

c. 施工测量人员在施工测量放线前，须熟悉与施工测量放线有关的施工图纸及说明，并对施工设计图纸给出的放样定位数据认真复核，无误后，方可用于施工测量放线。

d. 加强复核、复检。做到放样数据要反复核实，放样点位应进行记录和复测，确保放样出的平面及高程点位的准确性。

e. 各项测量应严格健全测量记录，现场测量按统一格式进行记录和计算，做到清晰、签署齐全，原始记录不得涂擦更改。

f. 工程所有测量设备与器具必须定期进行检校。测量设备送检及现场测量设备的保管及维护遵照公司质量体系程序文件《计量设备管理程序》之相关规定执行，保证测量设备长期处于良好状态。

g. 每项测量放线工作完成之后，及时按规定的报表格式及程序申请报验和办理监理工程师签认。

h. 做好各项施工测量成果资料的整理、保管与归档。

3）综合管沟基坑开挖

（1）基坑开挖/支护/降水

为确保工期，考虑本标段的地下水位较高，地质状况差，管沟距开通车道较近，管沟基坑分多个工作面开挖；为保证基坑两侧边坡稳定，尤其是保证外侧两车道按期通车及通车后的行车安全，考虑到基坑支护手段的可靠与可行性，经多方案比较，这里选用插打工字钢的基坑支护方案。按照实际地质情况应先打入工字钢后开挖，即开挖前在基坑外双车道侧人工配合反铲挖掘机静压插入工字钢，工字钢间距为1.0m，工字钢采用36C工字钢，工字钢与土体之间埋放挡土板，靠环内侧可以放缓坡开挖，坡度为1：1.5（详见图8-2-53），具体参见工字钢计算式。对挖方段

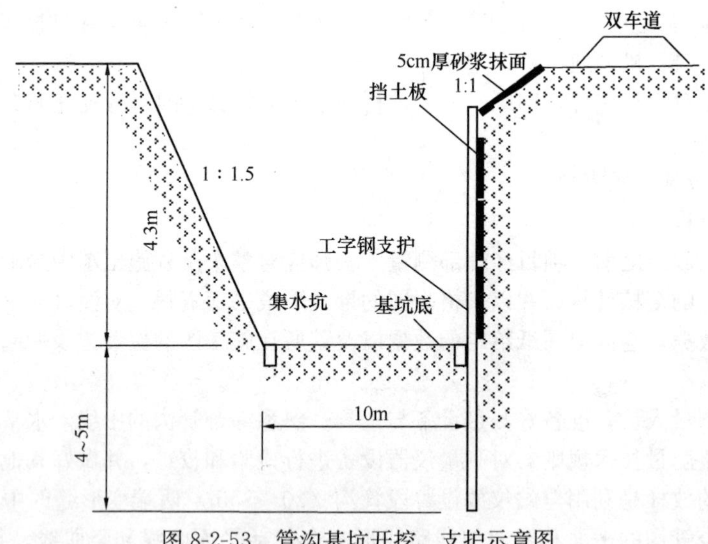

图8-2-53 管沟基坑开挖、支护示意图

采用放坡开挖支护方案，考虑到土质情况和双车道的影响，放坡系数为1：0.5～1：1，坡面抹5.0cm厚水泥砂浆尤其是双车道侧，以防止雨水冲刷，坡面应平顺以利后续回填黏土压实施工，具体工程参数见表8-2-53（1）、（2）。

插入工字钢应保证将全部工字钢逐根插打稳定，然后依次打到基坑底以下设计深度，开始打的几组工字钢应检查其平面位置和垂直度，当发现倾斜时应及时纠正，工字钢采用静压方法下沉。

挖方地段基坑开挖工程参数一览表　　表8-2-53（1）

编号	桩　号	长度（m）	设计标高（m）	基底标高（m）	挖深（m）	支护形式	距双车道边距（m）	填挖高度（m）
1	K9＋700～K9＋720	20	17.58	12.38	5.2	1∶0.5	0.9	
2	K9＋720～K9＋750	30	18.61	13.41	5.2	1∶0.5	0.9	
3	K9＋750～K9＋785	35	18.98	13.78	5.2	1∶0.5	0.9	
4	K9＋785～K9＋825	30	18.72	13.52	5.2	1∶0.5	0.9	
5	K9＋825～K9＋840	25	17.98	12.78	5.2	1∶0.5	0.9	
6	K9＋840～K9＋865	25	17.67	12.47	5.2	1∶0.5	0.9	
7	K9＋865～K9＋887	22	16.02	10.82	5.2	1∶0.5	0.9	
8	K9＋887～K0＋041	54	14.64	9.44	5.2	1∶0.5	0.9	
9	K0＋041～K0＋071	30	12.70	7.5	5.2	1∶0.5	0.9	
10	K0＋071～K0＋098	27	12.01	6.81	5.2	1∶0.5	0.9	
11	K0＋806～K0＋838	32	8.55	3.35	5.2	1∶0.5	0.9	
12	K0＋838～K0＋860	22	8.45	3.25	5.2	1∶0.5	0.9	
13	K0＋860～K0＋890	30	8.43	3.25	5.2	1∶0.5	0.9	
14	K0＋890～K0＋920	30	8.15	3.95	4.2	钢桩	3.5	
15	K0＋920～K0＋950	30	6.74	3.94	2.8	钢桩	3.5	
16	K0＋950～K0＋980	30	8.68	4.08	4.6	1∶0.5	1.2	
17	K0＋980～K1＋010	30	8.76	4.16	4.6	1∶0.5	1.2	
18	K1＋010～K1＋040	30	8.86	4.26	4.6	1∶0.5	1.2	
19	K1＋040～K1＋070	30	8.95	4.35	4.6	1∶0.5	1.2	
20	K1＋070～K1＋100	30	7.42	4.22	3.2	钢桩	3.5	1.40
21	K1＋681.23～K1＋711	30	6.90	3.5	3.4	钢桩	3.5	1.20
22	K1＋711～K1＋741	30	7.81	3.77	4.04	钢桩	3.5	0.56
23	K1＋741～K1＋771	30	8.47	3.87	4.6	1∶0.5	1.2	
24	K1＋771～K1＋801	30	8.32	3.62	4.6	1∶0.5	1.2	

填方地段基坑开挖工程参数一览表　　表 8-2-53 (2)

编号	桩　号	长度 (m)	设计标高 (m)	基底标高 (m)	挖深 (m)	支护形式	距双车道边距 (m)	填挖高度 (m)
1	K1+100～K1+130	30	6.30	4.03	2.27	钢桩	3.5	2.33
2	K1+130～K1+155	30	6.41	4.00	2.49	钢桩	3.5	2.13
3	K1+135～K1+185	30	6.17	3.82	2.35	钢桩	3.5	2.25
4	K1+185～K1+216	31	6.24	3.70	2.54	钢桩	3.5	2.06
5	K1+216～K1+248	32	6.00	3.56	2.44	钢桩	3.5	2.16
6	K1+248～K1+280	32	5.62	3.57	2.05	钢桩	3.5	2.55
7	K1+280～K1+315	35	4.79	3.66	14.13	钢桩	3.5	3.47
8	K1+315～K1+345	30	4.26	3.77	0.49	钢桩	3.5	4.11
9	K1+345～K1+375	30	5.01	3.86	1.15	钢桩	3.5	3.45
10	K1+375～K1+405	30	5.02	3.96	1.06	钢桩	3.5	3.54
11	K1+405～K1+435	30	5.00	4.05	0.95	钢桩	3.5	3.65
12	K1+435～K1+468	33	5.56	4.1	1.46	钢桩	3.5	3.14
13	K1+468～K1+498	30	5.69	4.1	1.59	钢桩	3.5	3.01
14	K1+498～K1+528	30	5.72	4.0	1.72	钢桩	3.5	2.88
15	K1+528～K1+550	22	5.65	3.96	1.69	钢桩	3.5	2.91
16	K1+550～K1+580	30	5.51	3.82	1.69	钢桩	3.5	2.91
17	K1+580～K1+609.13	29.13	6.00	3.74	2.26	钢桩	3.5	2.34
18	K1+609.13～K1+681.25	72.1	6.21	3.59	2.62	钢桩	3.5	1.98
19	K1+801～K1+830	29	8.00	4.09	3.91	钢桩	3.5	0.69
20	K1+830～K1+856.865	26.865	6.32	4.16	2.16	钢桩	3.5	2.44
21	K1+856.865～K1+937.37	80.5	6.60	4.27	2.33	钢桩	3.5	2.27
22	K1+937.365～K1+967	29.635	6.42	4.17	2.25	钢桩	3.5	2.35
23	K1+967～K2+000	33	6.52	4.09	2.43	钢桩	3.5	2.17
24	K0+095～K0+125	27	8.31	5.91	2.4	钢桩	3.5	2.8
25	K0+125～K0+155	30	8.02	5.44	2.58	钢桩	3.5	2.62
26	K0+155～K0+185	30	7.81	5.1	2.71	钢桩	3.5	2.49
27	K0+185～K0+215	30	7.34	4.66	2.68	钢桩	3.5	2.52
28	K0+215～K0+245	30	7.51	4.4	3.11	钢桩	3.5	2.09
29	K0+245～K0+278	33	7.62	3.84	3.78	钢桩	3.5	1.42
30	K0+278～K0+308	30	7.11	3.48	3.63	钢桩	3.5	1.57
31	K0+308～K0+342	34	7.04	3.73	3.67	钢桩	3.5	1.53
32	K0+342～K0+372	30	7.00	3.47	3.53	钢桩	3.5	1.67
33	K0+372～K0+402	30	6.82	3.60	3.22	钢桩	3.5	1.98
34	K0+402～K0+432	30	6.74	3.67	3.07	钢桩	3.5	2.13
35	K0+432～K0+462	30	6.94	3.68	3.26	钢桩	3.5	1.94
36	K0+462～K0+492	30	6.63	3.65	2.98	钢桩	3.5	2.22

续表

编号	桩号	长度(m)	设计标高(m)	基底标高(m)	挖深(m)	支护形式	距双车道边距(m)	填挖高度(m)
37	K0+492～K0+518	26	6.85	3.57	3.28	钢桩	3.5	1.92
38	K0+518～K0+548	30	6.76	3.47	3.29	钢桩	3.5	1.91
39	K0+548～K0+578	30	6.62	3.39	3.23	钢桩	3.5	1.97
40	K0+578～K0+608	30	6.74	3.39	3.35	钢桩	3.5	1.85
41	K0+608～K0+638	30	6.80	3.47	3.33	钢桩	3.5	1.87
42	K0+638～K0+658	20	6.95	3.34	3.41	钢桩	3.5	1.79
43	K0+658～K0+688	30	7.00	3.61	3.39	钢桩	3.5	1.81
44	K0+688～K0+716	28	6.71	3.70	3.01	钢桩	3.5	2.19
45	K0+716～K0+746	30	6.66	3.70	2.96	钢桩	3.5	2.24
46	K0+746～K0+776	30	6.53	3.60	2.93	钢桩	3.5	2.27
47	K0+776～K0+806	30	6.44	3.47	2.97	钢桩	3.5	2.23

（2）基坑开挖及支护方法

基坑开挖前，要做好基坑外地表的排水工作，基坑顶两侧应设置500mm×500mm排水沟，每50m设置一个2.0m×2.0m×3.0m集水坑，用大功率水泵抽水，以有效降低地下水位。管沟基坑顶层用挖掘机开挖，土石方采用反铲挖掘机开挖，纵向分段横向分层倒退式进行，分层开挖深度不超过2.0m，基坑内的土方用挖掘机接力开挖，自卸汽车运土。挖出的土方直接装上自卸汽车运至指定弃土地点，留一定量的黏土作为管沟侧顶回填用料。基坑开挖按施工分段跳跃式进行，每一施工段开挖长度约60m，沟底宽10m，以保证管沟施工有足够的施工面和排水沟。基坑开挖后，在基坑两侧各设一条通长为300mm×300mm排水沟，每30m设置一个集水坑，用大功率水泵抽水保持基坑安全，保持基坑干燥，不得有浸泡现象出现，施工过程的排水顺序为：基坑内施工水、雨水→流入到沟内→汇集到集水坑→抽至地表排水沟→排入到附近河道。土方开挖至基底15～30cm时采用人工挖土，以免破坏原状土。

清淤换填段应做好分层压实，遇到强度达不到要求的地基，应采取相应的加固措施。基坑开挖完毕后，应及时进行基础检查和验收，并尽快施工30cm厚碎石垫层。

（3）基坑保护与安全措施

①基坑上两侧每20m设一钢筋混凝土沉降位移观测桩，基准点设在远离基坑100m以上的不受影响区，由测量人员每天定期进行观测，发现问题及时通知现场负责人。

②施工过程中若发现位移和水平有明显突变情况，应立即撤离基坑内作业人员，采取回填反压土或坑顶卸土的措施，保证基坑和施工作业人员的安全。

③基坑两侧应设立醒目的警示标志，并沿基坑边设置横拉彩旗严禁外人进入，设专人值班防止闯入。经常清理基坑边杂物，以防跌落基坑伤人。

④基坑外5.0m范围内严禁载重车辆行驶，防止破坏基坑边坡稳定。

8-2-54　综合管沟基坑自立式工字钢设计及检算是怎样的？

答：1）综合管沟基坑支护方案

基坑开挖前，沿双车道侧坑壁位置插打工字钢，工字钢采用36C型，工字钢间距为1.0m。中间安放挡土板支护坑壁，防止坍塌。坑壁支护深度为4m，工字钢插入基坑底以下大于4.4m。

2）验算过程

（1）参数确定

①根据图纸中提供的地质资料，并参考《建筑施工手册》（第四版 第1、2册）相关部分，确定设计参数如下：

γ——土的重力密度，取 $\gamma=18kN/m^3$；

c——土的黏聚力，取 $c=15kPa$；

ψ——土的内摩擦角，取 $\psi=22°$；

q——地面超载，取 $q=18kN/m^2$；

δ——桩土间摩擦角，取 $\delta=2/3$，$\psi=14.67°$。

②工字钢选用36C型，其截面特征为：

惯性矩　　$I_x=17300cm^4$；

截面模量　$W_x=962cm^3$；

截面积　　$A=102.112cm^2$；

强度标准值　$f=210MPa$；

弹性模量　$E=2.1\times10^8Pa$。

（2）各项受力检算

①确定桩插入深度 t

主动土压力系数 $K_a=\tan^2$（$45°-22°/2$）$=0.455$　$\sqrt{K_a}=0.675$

被动土压力系数 $K_p=\{\cos\psi/[\sqrt{\cos\delta}-\sqrt{\sin(\psi+\delta)}\times\sin\psi]\}2$

$=\{\cos22°/[\sqrt{\cos14.67°}-\sqrt{\sin(22°+14.67°)}\times\sin22°]\}2$

$=3.304$

$\gamma(K_p-K_a)=18\times(3.304-0.455)=51.3kN/m^3$

主动土压力强度 $e_a=\gamma\cdot h\cdot K_a-2c\sqrt{K_a}$

$=18\times4\times0.455-2\times15\times0.675=12.51kPa$

土压力为零处距基坑底距离 $\mu=e/[\gamma(K_p-K_a)]$

$=(e_a+q\cdot K_a)/[\gamma(K_p-K_a)]$

$=(12.51+18\times0.455)/51.3$

$=0.4m$

土压力为零处距基坑顶距离 $l=h+\mu=4+0.4=4.4m$

桩所受侧压力总计 $\sum P=e_ah/2+qK_ah$

$=12.51\times4/2+18\times0.455\times4$

$=57.78kPa$

合力作用点距基坑顶距离 $a=[e_ah_2/3+qK_ah_2/2]/\sum P$

$=(65.52+66.72)/57.78$

$=2.29m$

对C点取矩，$\sum M_c=\sum P(l+x-a)-E_pX/3=0$

而 $E_p=\gamma(K_p-K_a)X^2/2$

代入 E_p 并简化上式，得：

$X^3-6\sum PX/[\gamma(K_p-K_a)]-6\sum P(l-a)/[\gamma(K_p-K_a)]=0$

$X^3-6\times57.78X/51.3-6\times57.78\times2.11/51.3=0$

解之得：$X=3.33m$

确定埋深为 $t=1.2\times X+\mu=1.2\times3.33+0.4=4.4m$

②工字钢抗弯强度 σ 及挠度 ω 验算

因最大弯矩应在剪力为零处。设从土压力为零处往下 Xm 剪力为零，则：

$\sum P-\gamma(K_p-K_a)X^2/2=0$

$X=\sqrt{2}\sum P/[\gamma(K_p-K_a)]=(2\times 57.78/51.3)1/2=1.5\text{m}$

$M_{max}=\sum P(l+X-a)-\gamma(K_p-K_a)K^3/6$

$=57.78\times 3.61-51.3\times 1.53/6$

$=179.7\text{kN}\cdot\text{m}$

抗弯强度 $\sigma=M_{max}/W$

$=179.7/0.000962$

$=186.8\times 10^3\ \text{kN/m}^2$

$=186.8\text{MPa}<f=210\text{MPa}$（即每米设一根工字钢可以满足强度要求）

桩顶挠度 $\omega=\sum Pb^2h(3-b/h)/(6EI)$

$=57.78\times 1.71^2\times 4\times(3-1.71/4)/(6\times 2.1\times 10^8\times 1.73\times 10^{-4})$

$=0.008\text{m}=8\text{mm}$

本设计验算资料参考《建筑施工手册》（第四版 第1、2册）及《深基坑支护设计与施工》相关部分进行计算。

3）管沟结构钢筋施工

管沟及其附属工程中的钢筋制作复杂、数量大、接头多，采用在工棚内集中加工，其中制作复杂的钢筋采用手工弯钩，以满足尺寸要求，钢筋连接应优先采用焊接，接地的钢筋必须采用焊接连接，保证电气通路。钢筋连接段长度不小于6倍钢筋直径，双面焊接。钢筋交叉连接采用不小于 $\phi 10$ 的圆钢或钢筋搭接，搭接连接段长度不小于其中较大截面钢筋直径的6倍，双面焊接。纵向钢筋接地干线设于板壁交叉处，每处选两根不小于 $\phi 16$ 的通常主钢筋，横向钢筋环接地均压带纵向每2m设置一档，在距变形缝0.35m处设一档。钢筋采用绑扎连接时应严格符合规范要求，连接段长度不小于 $44d$（d 为钢筋直径），钢筋切断点应选在弯矩最小处，严格符合有关规范要求。

用于综合管沟的钢筋要有出厂合格证及材质的试验报告单，进入现场要按规范要求做机械加工性能试验及焊接试验，合格后方可投入使用，不合格者清理出场。

由于地下水具有腐蚀性，要按照设计要求保证综合管沟地下结构迎水面保护层厚度为5cm，其他面保护层厚度为3cm。

钢筋存放要有标识，防止雨淋潮湿生锈，安装到综合管沟上的钢筋不能有污垢、铁锈、油脂等。

钢筋下料前必须按设计图纸尺寸和规范要求做下料工作台，弯制标准样，便于控制质量。钢筋直径较小，且弯折复杂时，采用断线钳截断和人工弯折。直径较大时用钢筋切断机截断，弯曲机弯曲。下料弯制钢筋经检验合格后分类堆码，并进行产品标识。

钢筋焊接使用焊条、焊剂的牌号、性能以及接头中使用的钢板、型钢，均必须符合设计要求和有关规定；焊接成型时，焊接处无水锈、油渍等；焊接后在焊接处无接口、裂纹以及较大的金属焊瘤；用小锤敲击时，应发出与钢筋同样的清脆声；钢筋端部的扭曲、弯折必须校直或切除。当受力钢筋采用焊接接头时设置在同一构件内的焊接接头应相互错开，在任一焊接接头中心至长度为钢筋直径 D 的35倍且不小于500mm的区段内，同一根钢筋不得有两个接头，焊接接头距离钢筋弯折处，不小于钢筋直径10倍，且不位于构件的最大弯折处。

（1）底板钢筋

垫层及底板外防水施工完毕后，在垫层上弹出管沟及各种钢筋安装定位线，底板钢筋将根据弹出的定位线进行安装。

钢筋按图纸施工，根据下料单的尺寸下料、加工，把加工好的钢筋堆放整齐，并做好标识。在底板底筋下面放好垫块，保证底筋足够的保护层；底、面筋之间采用Φ20马凳架起，间距1000mm×1000mm，架立筋顺与钢筋焊接牢固，保证其稳定性，浇筑混凝土时，钢筋骨架不发生倾斜。

钢筋网的绑扎：四周两行钢筋网的交叉点每点扎牢，中间部分梅花式跳扎。钢筋绑扎过程中，箍筋的弯钩角度必须符合设计要求，做到位置准确，插筋埋入底板的部位需焊接固定。结构施工缝按要求安装好钢板止水带，变形缝处安装好橡胶止水带。

（2）侧墙钢筋

底板钢筋绑扎时，预留侧墙钢筋按设计要求处理，待侧墙钢筋弹线后，把原预留的侧墙插筋扳直复位到正确位置，再进行绑扎；其余侧墙钢筋一次绑扎至顶板面。钢筋要求横平竖直，钢筋的规格、形状、间距必须满足设计要求。

（3）顶板钢筋

顶板钢筋绑扎可在支完模后开始，绑扎时要特别注意图纸说明。顶板钢筋上下层采用Φ20马凳架起，间距为1000mm×1000mm，并绑扎牢固，马凳可放在保护层水泥砂浆块上。钢筋安放要保证其在水平和垂直方向位置的准确性，在施工时要特别注意图纸说明，按图施工。

（4）预埋件的制作和安装

根据设计要求，综合管沟预埋件主要为预埋钢板和吊环，另外还有接地钢板，预埋件数量约为260t，由于预埋钢板数量大，钢板制作安排在车间进行，按照设计规格在车床加工钢板，根据需要数量将加工好的钢板运至施工现场。首先根据设计图纸，按照预埋件的位置在现场进行测量定位，并做好预埋定位点标志，底板、侧墙预埋钢板要在其钢筋绑扎完成后进行，顶板预埋钢板及吊环要在模板安装完成，绑扎钢筋前进行。采用埋弧压力焊的方法固定预埋件，钢板先放平，并与钢板电极接触紧密。预埋件定位复核无误后，将锚固钢筋夹于夹焊内，应夹牢，并放好挡圈，注满焊剂。预埋钢板、钢筋应用环氧沥青漆冷刷一底两度防腐。

4）管沟侧顶板支架及模板施工

管沟内侧墙模板采用高强覆膜胶合板，按照管沟结构尺寸模板采用单行竖排形式拼成，内立楞采用10cm×10cm方木，间距为0.3m，外横楞采用10cm×10cm方木，侧墙模板中需要加设等于墙厚长度的方木，在浇筑混凝土时将其取出，外侧墙模板采用Φ48钢管设上中下3道斜撑，斜撑间距为1m。钢管根部与坑壁接触处要加垫板垫牢，与侧墙模板接触处应加钢垫板撑在大肋上，采用点焊焊牢。

顶板支架采用Φ48碗扣式钢管脚手满堂搭设，支架柱距、排距均为0.9m，步距为1.2m，离底板20cm处起设纵横底杆，纵横方向每隔1.5m均搭设剪刀撑，支柱顶端用升降杆调整上承方木的标高，大块胶合模板横楞采用10cm×10cm方木，间距为0.3m，纵楞采用10cm×10cm方木，间距为0.9m。

管沟模板采用胶合模板，规格有1.22m×2.44m和0.83m×1.22m两种，厚度为1.8cm，根据管沟结构尺寸，模板主要采用1.22m×2.44m规格。立模时，保证其水平和垂直模板缝布置均匀、美观。模板支立时还要保证便于拆除，避免混凝土表面受到损伤。为了防止在浇筑混凝土模板发生变形，侧墙中设置M12的拉筋，拉筋分布的纵向间距为0.5m，横向间距为0.5m，拉筋为一次性用品，通过模板预留洞口穿过模板，两端用螺丝固定。

模板安装时，应复核侧墙轴线及边线测量放样准确无误后，并将模板组分块，再开始安装，底板钢筋绑扎完后才可以安装底板模板，模板安装时应先安装端部外侧模板，经吊锤吊直，拉线拉平后，先将其固定撑牢，再依次安装其余外侧模板，待钢筋等隐蔽验收完成后安装另一侧模板，同时安装、收紧对拉螺栓、斜撑等并加以固定。

模板接缝采用双面海绵胶密封，保证严密，防止变形和漏浆。所有模板表面要清洁、无污物，与混凝土接触的模板在放置钢筋和浇筑混凝土前，涂上一层适用的不粘污的脱模剂，以防止与混凝土粘结。模板安装完毕浇混凝土前，请监理工程师检查同意后方可浇筑。模板、支架拆卸前24h先通知监理工程师，并取得其同意，不承重的侧模在混凝土强度能保证混凝土表面及棱角不损坏的情况下拆除，承重模板、支架在混凝土强度能承受自重时拆除，并符合有关规范规定。

在整个模板安装过程中，按照模板安装流程“模板→横挡→立挡→对拉螺栓→斜撑”的顺序自下而上安装，必须严格按照图纸施工，作好构件预埋、孔洞预留工作，做到数量不漏、位置不错。

8-2-55　侧墙胶合模板设计及验算是怎样的？

答：侧墙模板采用高密度覆膜胶合板，单行竖排形式拼成，内立楞采用100mm×100mm方木，间距为0.3m，外横楞采用100mm×100mm方木，间距为0.5m。

1）计算荷载设计值

（1）混凝土侧压力

①混凝土侧压力标准值，按公式$F_1=0.22r_c t_0\beta_1\beta_2 V_1/2$

$$F_2=r_c H$$

并取其最小值。

式中　F——新浇筑混凝土对模板的最大侧压力（kN/m^2）；

r_c——混凝土的重力密度，取$24kN/m^3$；

t_0——新浇筑混凝土的初凝时间（h），可用$t_0=200/(T+15)$计，T为混凝土的浇筑温度；

V——混凝土的浇筑速度（m/h），取1.5m/h（对称浇筑）；

H——混凝土侧压力计算位置处至新浇筑混凝土顶面的总高度（m）；

β_1——外加剂影响系数，不掺外加剂时取1.0；

β_2——混凝土坍落度影响修正系数，当坍落度小于30mm时取0.85，50～90mm时，取1.0，根据实际配合比，要求坍落度为30～50mm，故取0.9。

则
$$\begin{aligned}F_1&=0.22r_c t_0\beta_1\beta_2 V_1/2\\&=0.22\times24000\times200/(20+15)\times1\times0.9\times1.51/2\\&=34.7kN/m^2\end{aligned}$$

$$F_2=r_c=24\times2=48kN/m^2$$

取较小值即$F_1=34.7kN/m^2$。

②混凝土侧压力设计值

$$\begin{aligned}F&=F\times\text{分项系数}\times\text{折减系数}\\&=34.7\times1.2\times0.9=37.5kN/m^3\end{aligned}$$

（2）倾倒混凝土时产生的水平荷载

由于采用溜槽的方式，荷载为$2kN/m^2$，则该荷载设计值为$2\times1.4\times0.9=2.5kN/m^2$。

（3）荷载组合

$$F_1=37.5+2.5=40kN/m^2。$$

2）验算

（1）胶合模板验算

①胶合模板截面特征：

惯性矩$I=1/12bh^3=1/12\times2.44\times0.018^3=1.19\times10^{-6}m^4$；

截面矩$W=1/6bh^2=1/6\times2.44\times0.018^2=1.32\times10^{-4}m^3$；

弹性模量 $E=5000\text{N/mm}^2=5\times10^6\text{kN/m}^2$；

胶合板静曲强度标准值 $f_m=15\text{MPa}$。

②通过计算简图化为线均布荷载：$q_1=F_1\times2.44/1000=97.6\text{N/mm}$

③抗弯强度验算(查表)

$M=0.107\times q_1\times L_2=0.107\times97.6\times3002=0.94\times10^6\ \text{N}\cdot\text{mm}$

$\sigma=M/W=0.94\times106/132\times103=7.1<f_m=15\text{MPa}$ （安全可用）

④挠度验算

挠度 $\omega=0.632q_1L_4/(100\cdot E\cdot I)$

$=0.632\times97.6\times3004/(100\times5\times10^6\times1.19\times10^{-6})$

$=0.84\text{mm}<[W]=1.5\text{mm}$ (可用)

(2) 内立楞验算

①100cm×100cm 方木的截面特征

$I=1/12bh^3=1/12\times100\times100^3=1/12\times1004=8.3\times10^6\text{mm}^4$；

$W=1/6bh^2=1/6\times100\times100^2=1.67\times10^5\text{mm}^3$；

弹性模量 $E=9000\text{N/mm}^2=9\times10^6\text{kN/m}^2$；

抗弯强度标准值 $f_m=13\text{MPa}$。

②外横楞的间距考虑按 500mm 布置，则立楞的跨度即为 500mm，化为线均布荷载为：

$q_2=40\times0.3/1000=12\text{N/mm}$

③抗弯能力验算

$M=0.107\cdot q_2\cdot L_2=0.107\times12\times5002=321000(\text{N}\cdot\text{mm})$

$\sigma=M/W=321000/167000=1.9\text{MPa}<[\sigma]=13\text{MPa}$ （安全可用）

④挠度验算

挠度 $\omega=0.644\times q_2\times L_4/(100\cdot E\cdot I)$

$=0.644\times12\times5004/(100\times9000\times8.3\times10^6)$

$=0.1\text{mm}<[W]=1.5\text{mm}$(可用)

(3) 外横楞验算

①100cm×100cm 方木的截面特征同内立楞。

②因拉筋间距考虑按 500mm 布置，则外横楞的跨度即为 500mm，化为线均布荷载

$q_3=40\times0.5/1000=20\text{N/mm}$。

③抗弯能力验算

$M=0.107\cdot q_3\cdot L_2=0.107\times20\times5002=535000(\text{N}\cdot\text{mm})$

$\sigma=M/W=535000/167000=3.2\text{MPa}<[\sigma]=13\text{MPa}$ (安全可用)

④挠度验算：

挠度 $\omega=0.644\times q_3\times L_4/(100\cdot E\cdot I)$

$=0.644\times20\times5004/(100\times9000\times8.3\times10^6)$

$=0.1\text{mm}<[W]=1.5\text{mm}$(可用)

(4) 对拉螺栓验算

采用 M12 的对拉螺栓，纵向 0.5m，横向 0.5m。

根据荷载计算，对拉螺栓的拉力 $N=F_1\times a\times b$

$=40\times0.5\times0.5$

$=10\text{kN}$

而 M12 对拉螺栓允许拉应力为 14.3 kN>10kN (可用)，间距和直径满足要求。

8-2-56　综合管沟顶板胶合模板设计及验算是怎样的?

答：1）综合管沟顶板胶合模板支设方案

顶板底模采用高密度覆膜胶合板，模板底铺设横纵向方木，采用碗扣式钢管满布支架支撑。支架立杆纵横距均为0.9m，横杆步距为1.2m，横木间距为0.3m，纵木置于立杆顶撑上。纵横木截面尺寸为10cm×10cm。

2）验算过程

（1）荷载设计值计算

①顶板钢筋混凝土自重标准值　　$G_1=h\times r_c$

式中　r_c——钢筋混凝土的重力密度，取$26kN/m^3$；

h——顶板厚度，为0.3m。

计算得　$G_1=0.3\times26=7.8kN/m^2$。

②模板自重　　$G_2=t\times r_m$

式中　r_m——木材的重力密度，取$6kN/m^3$；

t——顶板厚度，为1.8cm。

计算得　$G_2=0.018\times6=0.11kN/m^2$。

③施工人员及设备荷载标准值，按均布荷载取$G_3=2.5kN/m^2$。

④荷载组合及荷载设计值

荷载设计值　$F=\gamma_1G_1+\gamma_2G_2+\gamma_3G_3$

式中　γ_1，γ_2，γ_3——荷载分项系数，$\gamma_1=\gamma_2=1.2$、$\gamma_3=1.4$

计算得　$F=12.99kN/m^2$。

（2）各项受力验算

①胶合模板验算

a. 胶合模板截面特征

惯性矩$I=1/12bh^3=1/12\times2.44\times0.018^3=1.19\times10^{-6}m^4$；

截面矩$W=1/6bh^2=1/6\times2.44\times0.018^2=1.32\times10^{-4}m^3$；

弹性模量$E=5000N/mm^2=5\times10^6kN/m^2$；

胶合板静曲强度标准值$f_m=15MPa$。

b. 抗弯强度σ及挠度ω验算

底板所受线均布荷载：$q_1=F\times B=12.99\times2.44=31.7\quad kN/m$

式中　F——荷载设计值。

弯矩$M_{max}=0.107\times q_1\times L_1=0.107\times31.7\times0.32=0.306\quad kN$

抗弯强度$\sigma=M_{max}/W=0.306/(1.32\times10^{-4})=2.32\times10^3kN/m^2=2.32MPa<f_m=15MPa$（可用）

挠度$\omega=0.632\cdot q_1/(100\cdot E\cdot I)=0.632\times31.7\times0.34/(100\times1.19\times10^6\times5\times10^{-6})$
$=0.00025m\approx0.3mm$（可用）

②纵横木及钢管立杆受力验算

a. 各项技术参数

10cm×10cm方木，材质为松木。

惯性矩$I=1/12bh^3=1/12\times0.1\times0.1^3=8.33\times10^{-6}m^4$

截面矩$W=1/6bh^2=1/6\times0.1\times0.1^2=1.67\times10^{-4}m^3$

弹性模量$E=9000N/mm^2=9\times10^6kN/m^2$；

抗弯强度标准值$f_m=13MPa$。

参考《建筑施工手册》（第四版 第 1 册）得，碗扣式支架立杆纵横距为 0.9m，横杆步距为 1.2m 时，单根立杆承载力 $N_g \geqslant 30kN$。

b. 纵木抗弯强度 σ 及挠度 ω 验算

纵木所受线均布荷载：$q_2 = F \times L/3 = 12.99 \times 2.3/3 = 10.0$ kN/m

式中 F——荷载设计值；

L——孔径，为 2.3m。

弯矩 $M_{max} = 0.105 \times q_2 \times L_2 = 0.105 \times 10 \times 0.92 = 0.85$（kN·m）

抗弯强度 $\sigma = M_{max}/W = 0.85/(1.67 \times 10^{-4}) = 5.1 \times 10^3 kN/m^2$

$= 5.1MPa < f_m = 13MPa$（可用）。

挠度 $\omega = 0.644 \times q_2 L_2/(100 \cdot E \cdot I) = 0.644 \times 10 \times 0.94/(100 \times 9 \times 10^6 \times 8.33 \times 10^{-6})$

$= 0.00017m = 0.2mm$（可用）。

c. 横木抗弯强度 σ 及挠度 ω 验算

横木所受线均布荷载：$q_3 = F \times L_2 = 12.99 \times 0.3 = 3.9$ kN/m

式中 F——荷载设计值；

L_2——横木间距，为 0.3m。

弯矩 $M_{max} = q_3 \times L_3 \times (1 - 4 \times a_2/L_3)/8$

$= 3.9 \times 0.92 \times (1 - 4 \times 0.252/0.92)/8 = 0.272$（kN·m）

抗弯强度 $\sigma = M_{max}/W = 0.272/(1.67 \times 10^{-4})$

$= 1.64 \times 10^3 kN/m^2 = 1.64MPa < f_m = 13$ MPa（可用）

挠度 $\omega = q_3 L_3 \times (5 - 24 \times a_2/L_3)/(384 \cdot E \cdot I)$

$= 3.9 \times 0.94 \times (5 - 24 \times 0.252/0.92)/(384 \times 9 \times 10^6 \times 8.33 \times 10^{-6})$

$= 0.00025 = 0.3mm$（可）

d. 支架钢管立杆验算

因纵木所受最大支座反力 $R_{max} = (0.606 + 0.526) \times q_2 \times L_2$

$= 1.132 \times 10.0 \times 0.9$

$= 10.2$ kN$<$Ng$=30$ kN（可用）

本设计验算资料参考《建筑施工手册》（第四版 第 1、2 册）相关部分进行。因考虑承载力足够，故未对孔径为 2.2m 及 1.4m 的模板支架再进行验算。为保证支架整体稳定性，施工中应设置斜杆，在此未进行验算。

8-2-57 某综合管沟混凝土施工、养护、回填土要点有哪些？

答：1）混凝土施工

考虑到施工方便及防水要求，管沟主体混凝土分两次进行浇筑，第一次浇筑底板及底板顶面以上 50cm 边墙，第二次浇筑墙体及顶板。

结构采用 C30 商品防水混凝土，抗渗等级为 P6，施工时配合比应提高一级（0.2MPa），混凝土到达施工现场后，材料试验员应核准混凝土发车时间，混凝土的品种、强度等级，检查混凝土坍落度是否在规定的范围内，并随机取样和做试块，严格把好混凝土的质量关。

为保证管沟结构主体的防水性，浇筑混凝土原则上采用溜槽浇筑方式进行，混凝土坍落度为 8～10cm，在浇筑混凝土前应在底板和顶板上单独搭设钢管支架，铺上钢板，严禁将钢板与模板支架接触，防止跑模，溜槽从基坑顶铺至底板顶板作业面，人工用小平车运输混凝土，分层浇筑。

浇筑混凝土时边浇筑边振捣，采用插入式振捣棒和平板式振动器相结合的方式，振捣棒的移动距离不大于 0.5m，每点振动时间为 10～30s，振捣棒振捣时严禁接触模板，防止造成漏浆，每个施工段均选择沿管沟方向进行，逐层覆盖，混凝土浇筑要连续，一气呵成，并以混凝土开始泛浆和不冒气泡为准，混凝土浇筑不留任何纵向施工缝。侧墙浇筑要对称，为了控制板面标高及平整度，在侧墙的预留钢筋上要做好板面标记，并焊上十字钢筋，特别注意在管沟有一定纵坡的施工段保证底板面标高的变化。混凝土捣固要密实，特别是预埋件周围和变形缝周围，应加强振捣。

混凝土施工缝采用平缝，底板施工时应在侧墙预埋纵向钢板止水带，侧墙在进行钢筋安装前应先将施工缝凿毛，清除钢板止水带表面水泥并冲洗干净。混凝土浇筑前，先在底部填25mm厚的与混凝土同强度等级的水泥砂浆，然后分层对称浇筑。

变形缝处的橡胶止水带，应提前在模板安装前埋设，橡胶止水带在整个断面上必须是封闭的，包括底板、顶板、两侧边墙，接头采用热接，止水带通过两侧钢筋固定，两端模板将止水带夹紧，防止错位。

混凝土浇筑前，应详细检查预埋件的数量及位置，检查核实后，填写预埋件安装记录表，经监理确认后，方可进行下道工序。

2）混凝土养护

混凝土养护根据配合比中提供的初凝时间，侧墙混凝土在初凝后及时用塑料或草袋覆盖，浇水养护，每天浇水次数不少于7次，使草带保持润湿，带模养护时间不少于14d，顶板底板采用围堰蓄水养护，待混凝土终凝后分块砌筑120mm高的1/2砖墙，蓄水100mm深养护7d，以保证混凝土表面与内部温度不超过25℃，满足温度控制要求。混凝土养护采用专人负责，养护人员分成两班并做好交接班。

3）管沟防水处理

采用合格的防水材料，根据设计要求，水平施工缝设置一条通长的钢板止水带，二次浇筑时，先铺设25～30mm的高强度等级防水砂浆，变形缝的处理按照设计填塞泡沫材料，端口用双组分聚硫膏密封。管沟结构主体施工完后即可施工外墙防水，考虑到外墙防水的重要性，外墙防水处理由专业队伍来完成，外墙防水处理标准断面采用喷洒水基渗透型防水材料，特殊断面采用水泥基渗透结晶防水涂料，厚度为1.2mm。

4）管沟侧顶回填

两侧回填材料按设计要求采用回填黏土，起到阻水作用，人工配合装载机来分层均匀回填，两侧填土高差不应大于50cm。

为保证管沟两侧回填的密实度，在管沟两侧回填按每20cm一层，碾压机具选用蛀式打夯机，打压遍数根据现场试验来确定。

每层摊铺前认真确定摊铺宽度、长度，与路基结合处挖设台阶，台阶在路基压实处，如台阶在松散处，必须往路基延伸直至压实处。每次碾压完毕后，由试验人员用环刀法检验，最大密实度达到要求以后，请监理工程师抽检，监理工程师认可后，再进行下一层的施工。

8-2-58　导向钻进综合管沟暗挖法施工技术是怎样的?

答：非开挖工程施工为综合管沟施工提供一些新的思路如下：

导向钻进非开挖铺设地下管线施工技术主要包括导向孔施工和扩孔及铺管施工，其关键技术是导向孔的设计和施工，它受施工现场地表和地下情况等多种因素的制约。地表情况包括地形、地貌以及建筑物、道路、河流等，地下情况包括地下原有公用管线、地下水位、地层情况等。因此，在导向孔设计和施工之前必须有详细的现场勘察资料，一方面这是导向孔轨迹设计的重要依据，另一方面也是决定施工难易程度、计算工程造价的基础。

现场勘察包括地表测量和地下勘察两部分，勘察结果反映在施工剖面图和平面图上。导向钻进非开挖铺管工程施工主要过程有现场勘察、导向孔轨迹设计、施工前准备、导向孔施工、反拉扩孔及铺管施工、竣工资料编写等。导向孔轨迹如图 8-2-58（1）所示，它由第一造斜段、直线段和第二造斜段组成。直线段是管道穿越障碍物的实际长度，第一造斜段是钻杆进入铺管深度的过渡段，第二造斜段是钻杆出露地表的过渡段。因此，典型的导向钻进铺管施工导向孔的位置形态由 5 项基本参数决定：①穿越起点 B'；②穿越终点 C'；③铺管深度 h；④第一造斜段曲率半径 R_1，由钻杆最小曲率半径 R_d 和铺管深度 h 决定，一般取 $R_1 \geqslant R_d$，$R_d = 1200d$，d 为钻杆直径；⑤第二造斜段曲率半径 R_2，由所铺管的允许弯曲半径决定，一般取 $R_2 \geqslant 1200D$，D 为待铺管线直径。

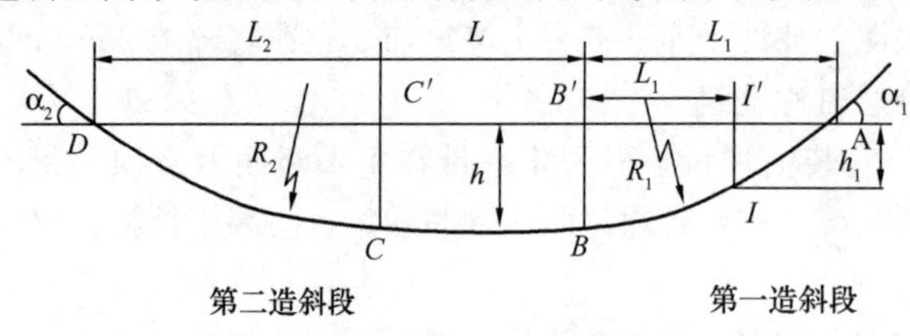

图 8-2-58（1） 导向孔轨迹

1）确定导向孔其他参数

（1）作图法。如图 8-2-58（1）所示，确定 B'、C' 点后按铺管深度 h 即可确定直线段轨迹 BC、长度为 L；作半径为 R_1 的圆与直线 BC 相切于 B 点，与 $B'C'$ 的延长线相交于 A 点，则该圆在 A 点的切线与 AB' 的夹角为入射角 α_1，AB' 的长度即为造斜距离 L_1。用类似的方法亦可画出 CD，求出 α_2、L_2。

（2）计算法。根据有关公式推导后有如下关系：

$$L_1 = h(2R_1 - h)$$

$$\alpha_1 = 2\arctan h_2 R_1 - h$$

$$L_2 = h(2R_2 - h)$$

$$\alpha_2 = 2\arctan h_2 R_2 - h$$

式中 R_1、R_2——钻杆、管道曲率半径；

α_1、α_2——入口、出口倾角。

设 I 点为第一造斜段 AB 上的一点，其对应地面 AD 上的 I' 点，则有：

$$h_i = h - R_1 + R_2 - L_i$$

$$\alpha_i = \mathrm{arctg} h - h_i R_2 - h - h_i$$

式中 h_i——I 点轨迹深度；

L_i——I' 点和 B' 点间距离；

α_i——I 点轨迹倾角。

同样，如设 I 点为第二造斜段 CD 上的一点，可用上式算出 I 点的深度 h_i 和倾角 α_i。

用作图法和计算法得出各参数之后，还应考虑其他因素对入口倾角、出口倾角的限制。钻机倾角的可调范围是限制入口倾角的主要原因，一般钻机的倾角可在 10°～35°之间调节。原地矿部勘探所 GBS-10 型钻机的倾角可调范围为 6°～23°，即 $6° \leqslant \alpha_1 \leqslant 23°$。若用 50mm 钻杆，取 $R_1 = 60$m 代入公式可算出 $0.76 \leqslant h \leqslant 4.7$m。当 $h > 4.7$m 时，可采用下列两种方法使 $\alpha_1 < 23°$。

①根据公式适当加大 R_1，使 $\alpha_1 \leqslant 23°$，但增大 R_1 时 L_1 也增大，若要 L_1 尽可能小可采用第二种方法；

②先以进口倾角 23°保直钻进一段后再进行第一造斜段的钻进，其造斜曲率 R_1 不变，这可使 L_1 在保证入口倾角的条件下最小。

考虑到小直径钢管管道的焊接问题，出口倾角一般控制在 0°～15°范围内，对于 PE、PVC 管一般控制在 0°～30°内。可采用类似于控制入口倾角的两种控制方法，或最后一段设计成不同曲率的曲线，使出口倾角在合适的范围之内。对于大直径钢管，因为管道弯曲半径 R_2 太大，使 L_2 增大，一方面导向孔距离增长，另一方面也浪费管道，因此一般用下管基坑代替第二造斜段。直线段 BC 段亦可根据需要设计成具有一定曲率半径的曲线，如穿越河流时设计成大致与河床断面曲率一致的曲线；直线穿越无法避开地下障碍物时，也可考虑将部分直线段变为曲线，但所有这些都必须符合最小曲率半径大于所铺管道的允许曲率半径。

总之，设计导向孔轨迹时，要综合工程要求、地层情况、钻杆允许曲率、拟铺设工作管线允许曲率、施工场地条件、铺管深度等多方面因素，最后优化设计出最佳轨迹曲线。

2）施工前准备

施工前的准备包括施工组织和施工现场准备。施工组织包括设计施工图、工程预算和施工组织设计、施工人员技术培训等。施工现场准备主要包括下管槽的开挖和机械进场、安装等。

3）导向钻头工作原理

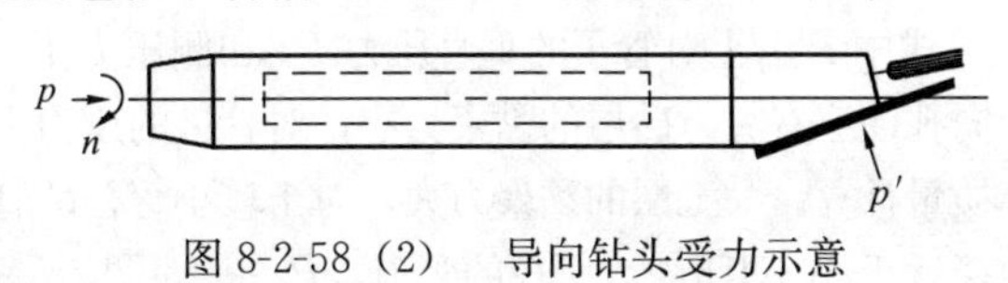

图 8-2-58（2） 导向钻头受力示意

如图 8-2-58（2）所示，导向钻头匀速回转钻进时，在钻进推力 P 的作用下，土层作用在造斜面上的反力 P' 的方向也沿圆周作均匀变化。如果钻头周围的土层硬度大致相同，在不考虑钻头本身质量的情况下，在一定时间内即可认为反力 P' 对钻头的作用互相抵消。与此同时，水射流在孔底切出相同深度的圆槽，导向钻头进行保直钻进。

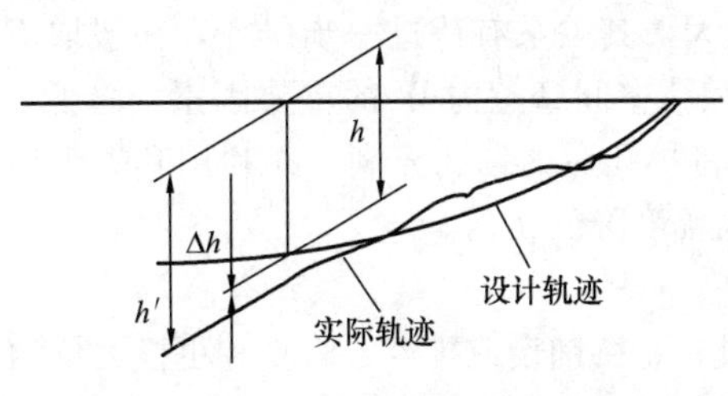

图 8-2-58（3） 造斜段钻进轨迹示意图

当钻杆只给进不回转时，即只有推力 P 的作用时，则反力 P' 作用方向始终朝着某一方向，与此同时，水射流也只冲蚀该方向上的土层。因此，钻头将朝该方向前进，从而实现造斜钻进。由于钻头是靠土层对造斜面的反作用力而使钻孔变向，故地层愈硬造斜效果愈好，反之，造斜效果愈差，当钻头前方为空洞时将不能造斜。另外，给进速度对造斜效果也有影响。

（1）造斜段钻进

造斜段钻进中不可避免地会发生钻头偏离设计轨迹的情况，一般采用以深度控制为主，倾角控制为辅的方法来纠正钻孔偏差。以深度控制为主，就是当实际钻头深度大于或小于该点设计深度时，不管钻头倾角如何，进行造斜钻进，使深度差 Δh 缩小，见图 8-2-58（3），以倾角控制为辅，就是深度差 Δh 缩小的程度应视倾角而定。

（2）直孔段钻进

由于地层的软硬变化和导向钻头以及钻杆自身重力等作用，钻孔往往会发生偏斜，多数情况下是因重力作用而向下偏斜。当钻孔向下偏斜时，同样可以深度控制为主，倾角控制为辅的方法对钻孔进行造斜钻进，直到钻孔接近设计轨迹，而后进行保直钻进。直孔段尤其要注意钻孔左右偏斜。对于铺设较大直径的钢管，发生直孔段偏斜以后应慢慢纠正，偏斜量应控制在管径以内。

（3）反拉扩孔及铺管施工

①施工步骤：卸下导向钻头换上反扩钻头及分动器→分动器后连接钻杆→扩孔→反扩钻头到达取钻头坑后卸下反扩钻头及分动器并连接前后钻杆→反扩钻头及扩孔器与钻杆相连→分动器后连接要铺管线→反扩拉管→反扩钻头到达取钻头坑后使分动器与拉管头脱离并从钻杆上卸下反扩钻头→取出剩余钻杆，铺管完成。

②扩孔钻进：扩孔的目的主要是减小反扩拉管时的扩孔工作量。对于直径较小的管道可不进行专门的扩孔钻进，可在扩孔的同时将管道拉入。对于直径较大的管道，若孔壁较稳定，可进行多级扩孔钻进，钻孔直径逐级增大。扩孔钻进时同步拉入钻杆，使全孔段始终有钻杆存在。

③反扩拉管拉力计算：反扩拉管时的钻机拉力 F 大于管壁与孔壁之间的摩擦力 W 时，即可用钻机直接将管道拉入地层；当 $F<W$ 时，对于钢管可采用辅助顶推装置在钢管尾部下管坑内进行同步顶推，辅助顶推装置包括顶管机和夯管锤。对于其他材料管道则必须增大钻机拉力。管壁与孔壁之间摩擦力 W 由下式计算

$$W = [2P(1+K_a)+P_0]fL$$

式中　f——土与管壁间的摩擦系数，0.2 ～0.6；

K_a——主动土压力系数（取 0.3）；

P——土对管子的压力；

P_0——每米管子的质量；

L——铺管长度。

式中 P 由土对管子的垂直压力 P_v 和侧压力 P_h 组成，$P=P_v+P_h$，P 的大小主要与土层性质和导向孔曲率有关。砂层的黏聚力小，对管道的压力大，其压力 P_v 一般可按所铺管径 1～2 倍高度的土体质量计算。黏土层的黏聚力大，对于较小管径的管道，一般可形成完整的孔壁，$P_v=0$，侧压力 P_h 也接近于 0；对于较大管径的管道，P_v 一般可按所铺管径 0.5～1 倍高度的土体质量计算。另外，当铺管深度较小时，还应该考虑地面负荷对 P_v 的影响。侧压力 P_h 可近似地按 P_v 计算，即：

$$P_h = P_v \tan(90° - \phi)$$

式中　ϕ——土层内摩擦角，一般砂层为 30°～40°，黏土层为 15°～25°。

另外，导向孔曲率半径 R 对 P_v 和 P_h 的影响也比较大，其关系有待进一步研究，一般取 $R>1200D$ 时，可不考虑其影响。摩擦系数 f 是影响管壁和孔壁间摩擦力 W 的重要因素，降低 f 值是降低 W 的有效方法。对于砂层，在扩孔时用浓泥浆将扩孔后的钻孔充满，并利用其失水性在孔壁形成一层泥皮，反拉铺管时继续使用浓泥浆，可大幅度降低 f 值。

4）小结

我国每年进行大规模的城市建设和地下基础设施建设，急待铺设或扩容、修复和更换大量的公用管线。城市道路是城市赖以生存和发展的重要基础设施，是城市人流、物流、信息流的载体，是城市经济运行的大动脉，随着城市主干道不断加宽，高速公路、高等级公路的网络化，人们环保意识的不断增强，传统的挖槽埋管已不适应现代化建设的步伐，现代非开挖铺管技术将逐步成为地下管线施工的主流。中国非开挖技术市场的发展与中国现代化的进程密切相关，地下管网的现状和发展状况在很大程度上反映了非开挖施工的市场潜力，非开挖行业将发展成为一个庞大的产业。

8-2-59　某戊综合管沟暗挖（拉索孔）法施工是怎样的？

答：1）工程概况

西部某城市综合管沟呈东西向穿越高速公路，管沟顶部埋深 315m，穿越长度 7012m。该综合管沟工程是一条集水利、电力、电信等为一体的综合性管沟，主体结构采用钢筋混凝土单孔矩形箱涵结构，内部截面尺寸为 2.3m×4.0m。管沟下穿高速公路段，下穿段长 75m，受现场条件及环境因素限制，采用“双向对拉钢套箱”新技术进行暗穿施工，该施工方案采用钢套箱作为支撑，钢套箱采用双向对拉的方法暗穿高速公路，钢套箱贯通后再在箱内施做管沟结构。本工程施工方法采用钢箱对拉贯通施工工艺替代传统的隧道顶进施工工艺。目前该种施工方法在国内尚无案例。钢箱对拉贯通施工就是以穿越段两端工作井内的钢箱互为反力支座，通过埋设于拟穿越地层中的钢索进行对拉，将钢箱拉至地层中直至贯通的工艺。因此本工程中拉索孔的施工是关键所在，拉索铺设精度的好坏关系到本工程施工工艺的成败。根据设计方与总承包方商定，拉索孔的施工采用目前比较先进的非开挖水平定向钻进施工工艺。

2）工程地质条件

工程场区地貌属于剥蚀残丘地貌，主要地层为亚黏土，呈硬塑状态，局部松散。在工作坑两侧地层中局部分布具有层理的风化残积土，硬度较大且软硬不均。工程施工场地内的地质情况多变，地层分布有较大差别，从西向东分别为风化残积土和亚黏土，且两种地层从北向南呈坡状分布，地层中含有少量的山体岩块。风化残积土为本工程施工的难点。场地内施工深度范围内的地下水均是上层滞水，在勘察范围内没有发现地下水含水层。

3）拉索设计及施工要求

（1）拉索施工设计参数

本标段的管沟截面为长方形，根据管沟的截面尺寸，拉索共设计为6根，拉索间水平间距为2104m，垂直间距为2135m。由于施工场区的地形是东高西低，拉索在铺设过程中自东向西按415%的坡度进行铺设。拉索中心与设计中心偏差≤5cm。

（2）拉索孔施工要求

根据设计和后续工序施工要求，在导向孔施工过程中，导向孔中心与拉索设计中心偏差≤15cm；根据钻孔间距，为了保证钻孔在施工过程中不相互影响，钻孔回扩的最大直径≤500mm。钻孔完成后孔内沉淤的厚度必须小于孔径的1/3。

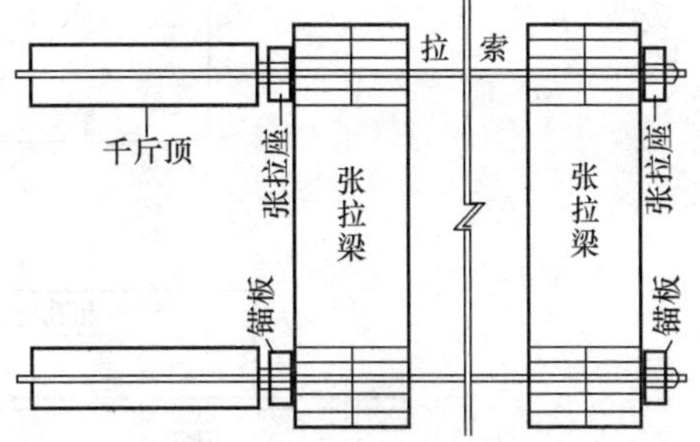

图8-2-59（1） 拉索孔施工工艺示意图

4）施工工艺

（1）拉索孔施工工艺

拉索孔施工工艺不同于一般非开挖施工过程中的造孔工艺，根据拉索铺设要求和施工过程中不断总结，得出如下施工流程：测控点放样→坑内轴线放样→钻机就位→先导孔施工→导向孔施工→钻孔回扩→钻孔清淤→套管回拖。该方案施工步骤为：工作井施工→造索孔→对拉钢套箱→浇筑箱内结构混凝土，如图8-2-59（1）所示。

（2）施工机具选择

根据本工程的地质条件和施工要求，为了保证拉索孔的施工精度，采用美国威猛牌D33×44水平导向钻机一台；Echpse地下定位系统一套；扩孔钻头30cm、40cm、50cm各一个；张拉定位设备两套；注浆设备一套。

技术参数如下：索孔管：规格D200×7.70；定位索钢绞线：规格7中5；水泥土：初凝时间7.5h，终凝时间38.7h，注浆速度为2.5m^3/h。

5）施工技术要点

（1）测控点布置。测控点就是在导向孔施工路径上，利用全站仪测出导向孔方向和各控制点深度。测控点根据钻机钻杆的长度进行布控，测控点间距一般不应大于10m，各测控点应分别量出地面的高程和地面的里程。

实地设置地面标记，以此作为导向孔施工时的参照。本工程全长为7012m，分3条施工路径，每条施工路径上设置18个测控点，工作井两端边缘必须各设置1个。

（2）坑内轴线放样。坑内轴线就是利用经纬仪将地面的拉索轴线放样至基坑的底部和工作平台上，并在地面及工作坑底部做好永久性标记。

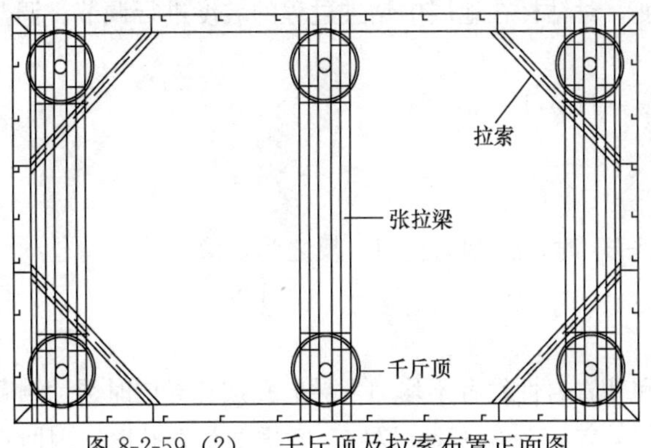

图8-2-59（2） 千斤顶及拉索布置正面图

（3）索孔平面分格定位。索孔施工在同一立面上进行，故在施工前就应对施工拉索的孔位进行定位，并在孔位四周用10号工字钢焊制定位网格。钢质定位网格既可作为导向孔施工时出土或入土时的参照点，又可为后续套管张拉时提供支座反力，同时对孔位周边的土体起到一定的加固作用。根据最大回扩孔径设置网格内净尺寸为800mm×800mm，网格的中心点与拉索中心点重合（见图8-2-59（2）、（3））。

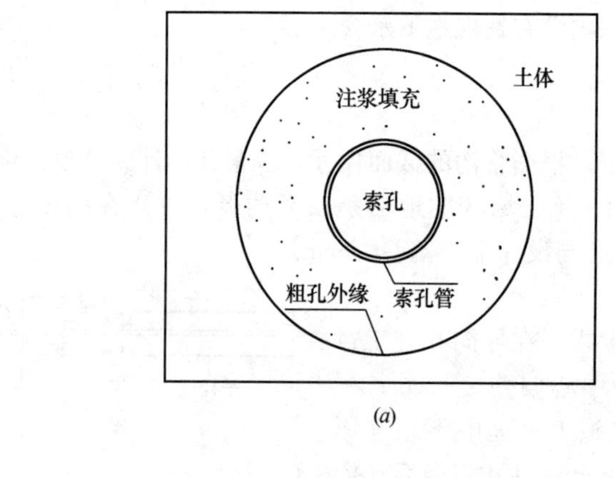

(a)

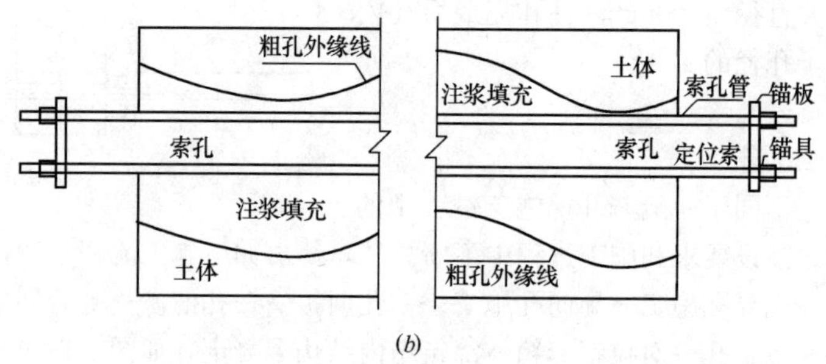

(b)

图 8-2-59（3） 索孔、定位图

（a）索孔图；（b）定位图

（4）钻机就位。钻机就位是导向孔施工前的一个重要环节。就位时掌握 3 点：钻机的钻进中心线（大梁中心线）与拉索轴线重合；钻头与拉索孔位重合；钻杆入钻坡度与拉索铺设坡度一致。

（5）先导孔成孔。先导孔是在导向孔施工前，根据钻进时导向钻头的长度，在拉索孔位上预先人工开凿的孔洞。先导孔施工时也要注意 3 点：

①满足导向钻头完全进入的长度要求；

②先导孔坡度与拉索坡度一致；

③孔的直径略小于导向钻头的直径，比钻头直径小 10～30mm。先导孔的作用既可防止钻杆入土时出现“顶层进”和“顺层跑”的现象，同时又可稳定钻杆，防止钻进过程中钻杆因抖动而发生导向孔中心偏移。

（6）导向孔施工。导向孔施工前应对导向钻头的探测系统进行校正，保证钻头的测量误差小于 5cm。导向孔施工时依据控制点的控制深度，对钻杆在地层中钻进过程的坡度进行调节。调节的坡度值可按下式计算：

$$\alpha=(H_2-H_1)/L-\alpha_1$$

式中 α——钻杆坡度的变换值；

H_2——下一个控制点的控制深度；

H_1——当前控制点的实测深度（当 $H_1>H_2$ 时，α_1 则为正值；反之为负值）；

L——两测控点的间距；

α_1——当前测控点的实测坡度。

由于本工程位于山间凹地，残积土层理和基岩岩性发育不均匀，导向孔成孔导向时须勤测勤纠，确保导向孔轨迹相对于拉索的铺设轨迹的偏差控制在 15cm 以内。考虑回扩钻孔时，因回扩头重力产生下沉，导向孔的竖向偏差宜控制为正偏差。

(7) 钻孔回扩。本工程地层以风化残积土和黏性土为主，钻孔回扩主要有3个难点：回扩钻进过程中会遇到未完全风化的孤石；黏性土的含水量较低，钻进过程中黏土吸水膨胀，造成糊钻；钻孔内泥浆及钻屑的清除。

针对地层特性，回扩钻孔时采用挤压式凹槽回扩头。这种回扩器在钻进时切削的土层较少，以挤为主，这样钻孔的孔壁会更稳定，同时钻屑较少，可缓解后续清孔的难度。此外，挤扩的回扩头对钻进过程中遇到的孤石有较好的切削效果。为了纠正导向钻孔在施工过程中产生的偏差，钻孔的回扩过程分级进行，最大的回扩直径为500mm。

钻孔回扩采用清水作冲洗液，同时向冲洗液内掺入适量的高分子聚合物，以遏制切削钻屑在冲洗液浸泡下产生膨胀。由于钻孔内的钻屑和泥浆必须清出，在回扩钻孔过程中必须边扩边推，将钻孔内的泥浆和钻屑清出钻孔。待钻孔回扩工序完成后，将回扩头拆下，换上直径与钻孔等同的橡胶托盘反推清渣。当托盘单次清出的钻屑量小于1m³，所含块状物的直径小于5cm，且呈流体状时方可认为孔内沉渣基本被清出。

(8) 回拖套管是本工程拉索的穿越通道，直径为200mm。为防止拉索铺设后产生锈蚀，在回拖过程中套管内不能进入钻屑和泥浆。套管管材是HDPE管，由于后续对拉施工时，拉索套管是随钢箱拉进而被人工拆除的，其壁厚应尽量小，本工程采用6mm。拉管时管头用钢套筒加玻璃胶水密封。套管回拖时与一般水平定向钻铺管不同之处在于：要求拉管过程中不能重新扩孔产生新的钻屑；要求能喷出冲洗液，润滑套管管壁；回拖时拉管的速度不宜太快，以免套管在回拖过程中变形而影响后续拉索穿越。

6) 结语

拉索作为钢箱对拉贯通施工工艺的重要组成部分，其铺设的精度直接关系到整个工艺的成败。由于定位索是柔性的，定位索对索孔管的定位是弹性的，在索孔管自重的作用下，形成的索孔在竖向并非直线，而是一条轻微的悬链线，造索孔的关键是通过上部定位索张力控制索孔管悬垂度，从而控制索孔的绝对偏差。

另外，受固定索孔管时的注浆浮力作用，以及浆液由液态转化为塑状再转化为固体的时效影响，索孔管最终形成的索孔轴线绝对偏差小于理论绝对偏差，但不同的注浆参数会产生不同的绝对偏差。施工中采用统一的注浆参数使绝对偏差趋于一致，从而控制各索孔的相对偏差，这样，采用同样工艺制作的6道索孔是平行的，可以满足对拉工艺对索孔的要求。

采用目前比较先进的非开挖水平定向钻进施工工艺铺设拉索，可从导向孔和钻孔两方面进行控制，能满足拉索铺设的精度要求。

8-2-60　管道穿越障碍物施工的一般方法有哪些？如何选择？

答：见表8-2-60。

管道穿越障碍物施工方法的选择　　表8-2-60

施工方法	选择的依据
顶管	1. 采用敞口式（手掘式）顶管机时，应将地下水位降至管底以下不小于0.5m处，并应采取措施，防止其他水源进入顶管的管道； 2. 周围环境要求控制地层变形、或无降水条件时，宜采用封闭式的土压平衡或泥水平衡顶管机施工； 3. 小口径的金属管道，无地层变形控制要求且顶力满足施工要求时，可采用一次顶进的挤密土层顶管法
定向钻	1. 定向钻机的回转扭矩和回拖力确定，应根据终孔孔径、轴向曲率半径、管道长度，结合工程水文地质和现场周围环境条件，经过技术经济比较综合考虑后确定； 2. 应有一定的安全储备；导向探测仪的配置应根据定向钻机类型、穿越障碍物类型、探测深度和现场探测条件选用

续表

施工方法	选择的依据
夯管	夯管锤的锤击力应根据管径、钢管力学性能、管道长度，结合工程地质、水文地质和周围环境条件，经过技术经济比较后确定，并应有一定的安全储备
浅埋暗挖	浅埋暗挖施工方案的选择，应根据工程设计（隧道断面和结构形式、埋深、长度）、工程水文地质条件、施工现场和周围环境安全等要求，经过技术经济比较后确定
盾构	盾构机选择，应根据工程设计要求（管道的外径、埋深和长度）、工程水文地质条件、施工现场及周围环境安全等要求，经技术经济比较确定
沉管	沉管是指管道浮沉法施工过河和穿越水体，详见管道水下施工的相关内容
管桥	管桥是指利用现有的桥来敷设管道的跨越工程，有桥可利用是采用管桥的条件
拱管	拱管适用于河流和水体不宽的穿越，而且对河流和通航没有影响的情况下

8-2-61　北京地下有多少类管线？

答：2005年3月1日起施行的《北京市城市地下管线管理办法》中所称的地下管线是指燃气、供热、供水、雨水、污水、中水、电力、输油、照明、通信信息、广播电视，公共交通城市基础设施地下管线，一共12类。

每一类管线未必只有一种。以通信信息管线为例，中国电信、移动、网通、联通、铁通、卫通六大电信商的总部均设在北京。各大公司都铺设了自己的传输网络。

每一种管线又未必只有一条。某单位主要探测的热力、燃气、上、下水等市政管线"在正常情况下，具体系数（与管线的种类相比）至少要翻一倍，甚至三到五倍也是有的。"所以北京到底现有多少条线路不易数清。

8-2-62　北京最老的地下管线可追溯到多少年前？

答：1）北京城最老的地下管线，可从七百三十多年前元朝建大都城时修建的排水沟渠算起。新中国成立以前，西四到阜成门地下还曾发现过这些元代沟渠的遗物。

2）而令历史悠久的北京城离近代文明更近一步的则是，诞生于1910年的京城第一条供水管线。总长161.6km的输配水管线把水从东北郊的温榆河送到东直门，再输给城区的各水站，日供水能力仅为0.33万m^3。包括铸铁水管的各种器材通过招标的方式，由德国商人的瑞记洋行采购。

3）继排水和供水管线之后，20世纪50年代末，北京开始建设煤气管网和热力管网。从1956年阜成门到水源四厂供水干线建成再到2004年底，北京市地下管线已经达到37333km。

8-2-63　北京地下管线离人们脚下有多远？使用寿命有多长？

答："地下"是一个笼统的概念，地下管网并非在一个平面上扩展开来。纵横交错的各种管线究竟离人们脚下的地面有多远？不用寻觅太深，在距地30cm左右的地方可能已经有了地下管线的踪迹。

路灯照明线路和绿化带灌溉管线的埋深通常距地表1m以内，热力、污水、上水、燃气等市政管线一般在地下2～5m的范围内；中关村西区的地下综合管廊平均深度为12m，最深处为14m，而人防工事则可达地下15m深。

电缆在理想状态下的保质期是15年左右；供水管线主要采用铸铁管材使用寿命大约是20～30年，而氧化、腐蚀、挤压等原因会不同程度地缩短管线的寿命。

8-2-64　国外主要有哪几种好的地下空间利用实例？

答：主要有：

1）在加拿大蒙特利尔，有一座长二、三十公里的地下道路，形成了一个巨大的地下城，避开了那里严峻的寒冬，既节约了能源，也节省了地上空间，还缓解了交通压力。

2）在俄罗斯莫斯科，地下空间利用达到100m以下，有三层地铁。

3）在法国巴黎，四通八达的地下公共管廊将水、电气、热力等管线纳入其中，避免了重复开挖和地质变动对管线的影响。

8-2-65　利用地下空间修建共同沟在北京早年和近年的实体是什么？

答：北京在地下储粮已有数千年的历史，在1958年，天安门广场的地下就铺设了1000多米的共同沟。

近年在中关村西区核心位置，铺设了全长1.9km的地下综合管廊。根据不同的功能划分为三层，上层为地下机动路网可直接通往各楼座地下车库和公共停车场；第二层铺设热力、煤气、给水、电力、电信等5种管道，并且是连接一、三层的枢纽；第三层为停车场和各部门的管理、办公用房。这条于2005年完工的综合管廊不仅缓解了拥挤、紧张的交通，也避免了重复开挖，大大提升了现代化都市的基础建设水平。

截至2011年底据不完全统计，自1969年9月第一条地铁（24km）通车后，北京轨道交通全路网线路达到15条，运营里程共计372km。

8-2-66　北京市地下空间开发利用规划范围如何？

答：北京属于平原地区，尤其是中心城地下空间主要以土层结构为主，岩石层基本上是在地下30～50m以下，综合起来看地下空间开发环境尤其是地下50m以上地质条件良好，适于地下工程开展。综合来看，北京市平原地区的地质条件适合大规模的地下空间开发利用，地下50m以上的空间是地下空间开发利用的主体，地下30m以上是大规模开发利用地下空间的重点。

《北京市中心城中心地区地下空间开发利用规划（2004～2020年）》于2005年7月被北京市政府审批通过。这个地下空间专项规划的规划范围为中心城中心地区，即336km^2，同时兼顾北京中心城及整个市域。规划地下空间的层次分为；浅层空间（－10m以上）；次浅层空间（－10～－30m）；次深层空间（－30～－50m）和深层空间（－50～－100m）等四个层次。

《规划》强调应充分利用地层深度，在现阶段科学利用浅层（－10m以上）作为近期建设和主要城市功能布置的重点，积极拓展次浅层（－10～－30m），这两个层次在中心城中心地区的有效资源量为10600万m^2，而北京市建成区可以利用的地下空间应该达到2～3亿m^3，地下空间利用的潜力非常大。

8-2-67　北京2010年已建成和将建成哪些地下空间利用设施？

答：见表8-2-67。

北京市部分已建和拟建地下空间利用设施　　表8-2-67

已建	西城区	金融街地下交通环廊	长2.3km，将11座大厦的8000个地下车位连通
	海淀区	中关村西区地下交通环廊	长1.9km，地下共3层，有10个出入口与地面道路相通
	朝阳区	奥林匹克森林公园地下行车环路	长9.8km，有12个入口和13个出口与市政道路相连通
计划	通州区	新城运河核心区	规划4层地下空间，地下一层供车辆通行，最下面一层与地铁接驳，其余用于地下商业设施和停车

参 考 文 献

1. 马丽生．市政基础设施工程测量技术规程．北京：中国建筑工业出版社，2010.
2. 焦永达．GB 50268—2008 实施指南．北京：中国建筑工业出版社，2009.
3. 苏何修．管道工程施工工艺规程．北京：中国建筑工业出版社，2010.
4. 孙仪琦．管道工程施工技术规程．北京：中国建筑工业出版社，2010.
5. 王健中．北京市政建设集团有限责任公司企业标准．北京：中国建筑工业出版社，2010.
6. 刘灿生．市政管道工程施工手册．北京：中国建筑工业出版社，2010.
7. 李德强．综合管沟设计与施工．北京：中国建筑工业出版社，2009.
8. 孙连溪．实用给水排水工程施工手册．北京：中国建筑工业出版社，2006.
9. 李国豪．中国大百科全书：土木工程．北京：中国大百科全书出版社，1987.
10. 黄传奇．供水管道工．北京：中国建筑工业出版社，2006.
11. 许其昌．给水排水管道工程施工及验收规范．北京：中国建筑工业出版社，1998.
12. 王梦恕．地下工程浅埋暗挖技术通论．合肥：安徽教育出版社，2004 年.
13. 董铁山，董久樟．燃气热力管道工程施工技术问题．北京：中国电力出版社，2005.
14. 李志鹏，关颂伟．给排水工程施工技术问答．北京：中国电力出版社，2006.
15. 李云青，何娟娟．给排水工程施工技术问答．北京：中国电力出版社，2006.
16. 杨树丛．下水道养护工．北京：中国建筑工业出版社，2005.
17. 姚资生．实用水暖安装工．哈尔滨：黑龙江科学技术出版社，1987.
18. 王晖，周杨．污水处理工．北京：中国建筑工业出版社，2006.
19. 张文增．郭慧琴．建筑设备施工安装通用图集．北京：华北地区建筑设计标准化办公室，1993.
20. 袁国汀．建筑安装工程施工图集：管道工程．北京：中国建筑工业出版社，2003.
21.《市政技术》，北京市政协会.
22.《中国市政》，中国市政协会.